有限元应用与工程实践系列

有限元分析——ANSYS 理论与应用
（第五版）

Finite Element Analysis
Theory and Application with ANSYS
Fifth Edition

〔美〕 Saeed Moaveni　著

李继荣　王蓝婧　邵绪强　译

张荣华　审校

电子工业出版社
Publishing House of Electronics Industry
北京·BEIJING

内容简介

本书详细讨论了有限元分析的基本理论、方法，以及 ANSYS 软件在有限元分析中的应用。书中介绍了一维和二维有限元公式的推导与实例分析，并简要阐述了三维有限元分析，讨论了桁架、轴心受力构件、梁、框架、热传递、流体流动和动态问题的有限元分析。关于 ANSYS 的内容是本书的重要组成部分，相关各章均首先介绍基本概念和有限元公式的推导过程，然后通过手工求解一些简单的实例问题，进而再利用 ANSYS 进行求解。本书特别强调分析结果的验证，在若干章的最后均提出了针对不同问题的分析结果的验证方法。

本书适合于希望学习有限元分析的基本理论和方法并将其应用于解决实际物理问题的高校学生，以及从事有限元研究与应用的工程技术人员。对于需要利用有限元分析，却不完全理解有限元分析理论的工程师来说，本书亦可作为深入理解有限元基本概念与建模方法的参考用书。

版权贸易合同登记号　图字：01-2021-1098

图书在版编目（CIP）数据

有限元分析：ANSYS 理论与应用：第五版 ／（美）
萨伊德·莫维尼（Saeed Moaveni）著 ；李继荣，王蓝婧，
邵绪强译. -- 北京 ：电子工业出版社，2025. 1.
（有限元应用与工程实践系列）. -- ISBN 978-7-121
-49478-9

Ⅰ. O241.82-39
中国国家版本馆 CIP 数据核字第 2025CV0642 号

责任编辑：冯小贝
印　　刷：三河市良远印务有限公司
装　　订：三河市良远印务有限公司
出版发行：电子工业出版社
　　　　　北京市海淀区万寿路 173 信箱　　邮编：100036
开　　本：787×1092　1/16　印张：47.5　字数：1338 千字
版　　次：2005 年 8 月第 1 版（原著第 2 版）
　　　　　2025 年 1 月第 4 版（原著第 5 版）
印　　次：2025 年 1 月第 1 次印刷
定　　价：228.00 元

凡所购买电子工业出版社图书有缺损问题，请向购买书店调换。若书店售缺，请与本社发行部联系，联系及邮购电话：(010) 88254888，88258888。

质量投诉请发邮件至 zlts@phei.com.cn，盗版侵权举报请发邮件至 dbqq@phei.com.cn。

本书咨询联系方式：fengxiaobei@phei.com.cn。

译 者 序

有限元方法是当今工程分析中应用最广泛的数值计算方法。自 1960 年 R. W. Clough 正式提出"有限元方法"以来，随着计算机科学技术的发展和进步，有限元方法得到了长足的发展和快速的普及。作为连续体离散化的一种标准研究方法，有限元方法在机械工程、航空航天、汽车、造船、土木工程、电子电气、冶金与成形等众多工程领域中得到了广泛应用。有限元方法的通用计算软件作为有限元研究的一个重要组成部分，也随着电子计算机的飞速发展而迅速发展起来。20 世纪 70 年代初期出现了大型通用有限元分析软件，其功能强大、计算可靠、工作效率高，逐渐成为结构分析的强有力工具。近 20 多年来，涌现出了更多的通用计算软件，应用领域从结构分析领域扩展至各种物理场的分析，从线性分析扩展至非线性分析，从单一场的分析扩展至若干个场耦合的分析。

美国 ANSYS 公司 20 世纪 70 年代研制开发的大型通用有限元分析软件 ANSYS 是目前应用最为广泛的有限元分析软件。ANSYS 发展至今已拥有多个更新的版本，功能更加强大和完善，操作和使用也更加方便。ANSYS 具有多种有限元分析的能力，包括从简单线性静态分析到复杂的非线性瞬态动力学分析，适用于各种工程领域问题的分析，已成为现代工程学问题分析必不可少的有力工具。ANSYS 将有限元分析、计算机图形学和优化技术结合在一起，其图形用户界面为软件的使用提供了更加直观的途径，而批处理命令方式提供了更为灵活和高效的分析手段。

本书是在第四版的基础上修订而成的，主要讲述了有限元的基本理论和通用有限元分析软件 ANSYS 在有限元分析中的应用。本书可以作为一本介绍有限元分析与应用的教材，在进行有限元理论讲解的同时，还合理地配置了一些具有详细手工求解过程的实例，以便于初学者更好地学习有限元方法的基本概念，然后再利用 ANSYS 进行求解，使读者掌握如何利用通用有限元分析软件进行问题的求解。此外，全书给出了大量的习题，以增强读者对概念的理解。本书通过理论讲解并配合实例训练加强读者对有限元理论的理解及对 ANSYS 软件的有效使用，因此特别适合于希望学习有限元分析的基本方法和理论并将其应用于解决实际物理问题的高校学生，以及从事有限元研究与应用的工程技术人员。此外，本书还特别强调分析结果的验证，主张通过"合理性检查"方法代替代价较高的实验验证法，并在若干章的最后提出了一些简单、可行的"合理性检查"方法，以检验实例问题分析结果的正确性。

全书共 15 章。第 1 章介绍了有限元分析的基本概念和方法；第 2 章讲述了有关矩阵运算的基本法则；第 3 章至第 12 章(不包含第 8 章)分别介绍了固体力学、传热学和流体力学、动态问题的一维与二维有限元分析的基本理论，每一章都首先介绍相关概念，然后进行有限元公式的推导，最后举例说明利用 ANSYS 进行有限元分析的方法；第 8 章介绍了 ANSYS 的基本功能和组织结构及利用 ANSYS 进行有限元分析的一般步骤，同时概括介绍了 ANSYS Workbench 协同仿真环境，进而通过实例讲解了如何利用 ANSYS 进行有限元分析；第 13 章简要介绍了三维有限元分析；最后两章主要介绍工程设计、材料选择与设计优化的基本思想。

与前一版相比，本书新增了关于非线性方程组求解方法，温度变化时轴心受力构件的分析，ANSYS Workbench 环境概述及其仿真建模实例的内容。

　　本书的翻译过程得到了很多人的帮助，在此衷心感谢为本书翻译付出努力的每一个人！参与本书翻译的人员主要有李继荣、王蓝婧、邵绪强、张荣华。张荣华负责全书的统稿与审校。翻译是一个再创作过程，在本书翻译过程中，译者对照原著，力求翻译准确、文字简单明了，但由于涉及的知识相当丰富及译者自身的知识局限性，译文难免有不足之处，谨向原书作者和读者表示歉意，并敬请读者批评指正！

前　言①

本书根据使用第四版的教师、学生及专业人员的建议和要求，在第四版的基础上对一部分内容进行了修改，并且增加了一些新的内容，主要包括：

- 关于有限元理论及公式推导的内容更为详尽。
- 新增一节介绍非线性方程组求解方法。
- 新增一节关于温度变化时轴心受力构件的分析。
- 针对 ANSYS 新版本对例题进行了修改。
- 附录 F 中增加了 MATLAB 新修订的内容。
- 新增一节介绍 ANSYS Workbench 协同仿真环境，并在附录 G 中提供了一些例题的建模和分析过程。
- 新增一套 PowerPoint 教学课件。

本书内容结构

近年来，有限元分析（Finite Element Analysis，FEA）作为一种工程设计方法发展迅猛。各种易用的综合性软件已经成为设计工程师必不可少的工具，例如通用有限元分析软件 ANSYS。遗憾的是，许多使用有限元分析工具的工程师缺乏关于有限元理论基本概念的理解或者分析经验。本书作为入门教材，旨在帮助工科学生和未接触过有限元建模的工程师更好地理解有限元理论的基本概念。本书在讲解有限元分析基本理论的同时，还介绍了实际问题的建模分析过程。编写时尽量避免长篇累述枯燥的理论，而是通过合理安排足够的理论知识内容，确保可以灵活、有效地使用 ANSYS。ANSYS 是本书的重要组成部分，相关各章的内容都采用了先介绍基本理论，然后给出一些简单实例问题的手工计算方法，进而再讲解如何利用 ANSYS 求解这些问题的组织方式。书中的习题也采用了相应的组织方式，一部分习题要求手工计算求解，复杂的习题则要求利用 ANSYS 进行求解。针对简单的实例问题，通过手工计算完成有限元分析的主要步骤，将有助于学生更好地理解有限元理论的基本概念。第 3 章、第 4 章、第 6 章及第 9 章至第 14 章的最后部分，均给出了针对例题利用 ANSYS 进行分析的方法。

本书还讨论了导致分析结果不正确的可能的误差来源。优秀的工程师必须能够找到检验设计结果是否正确的方法。尽管构造实际产品模型进行测试可能是最好的方法，但是这种方法往往过于耗费时间和金钱。因此，本书始终强调尽量采用"可用性测试"方法来验证有限元分析的结果，并在若干章的最后给出了可用于验证 ANSYS 分析结果的方法。

本书的另一特色是在最后两章介绍了工程设计、材料选择、设计优化和 ANSYS 参数化编程的内容。

---

① 中文翻译版的一些字体、正斜体、图示及参考文献沿用英文原版的写作风格。

全书共 15 章。第 1 章介绍了有限元分析的基本思想，以及直接法、最小总势能法和加权余量法等常用的有限元公式推导方法。第 2 章讲述了有关矩阵运算的基本法则。第 3 章分析了桁架，桁架是许多工程结构问题的最经济的解决方案；此外，第 3 章还简单介绍了 ANSYS 软件的基本使用方法，使读者可以开始着手使用 ANSYS。第 4 章介绍了轴心受力构件、梁和框架的有限元公式。第 5 章介绍了一维线性单元、二次单元和三次单元，为一维问题的分析奠定了基础；此外，第 5 章还详细介绍了全局坐标系、局部坐标系和自然坐标系的概念，以及等参单元的有限元公式和高斯-勒让德积分法。第 6 章介绍了一维热传递和流体力学问题的迦辽金法公式。第 7 章介绍了二维线性单元和高阶单元，以及二维高斯-勒让德积分法。第 8 章讲述了 ANSYS 的主要功能和软件结构，以及 ANSYS 建模和分析的基本步骤。第 9 章介绍了二维热传递问题的分析，其中有一节专门讨论了非稳定热传递问题。第 10 章分析了非圆轴的扭转及平面应力问题。第 11 章阐述了动态问题的分析，并简要介绍了机械结构系统的动力学与振动分析。第 12 章讨论了理想二维流体力学问题的分析，其中包括利用直接法进行管网和地下渗流问题的有限元分析过程。第 13 章讨论了三维单元及其有限元公式，同时还介绍了自上而下和自下而上的固体有限元建模方法。最后两章介绍了工程设计与优化的基本思想，其中第 14 章介绍了工程设计与材料选择，第 15 章介绍了设计优化与 ANSYS 参数化编程。书中的每一章均首先列举出本章知识的内容大纲，并在每一章的最后对本章应掌握的知识进行总结。

本书在利用 ANSYS 求解实例时，均详细介绍了 ANSYS 建模及分析过程。如有必要，教师也可先讲述第 8 章。

有关固体力学、热传递和流体力学的基本概念贯穿于本书各章节之中。此外，要提醒学生的是，不要急于对存在简单解析解的问题建立有限元模型。附录 A 和附录 B 中列出了常用工程材料的力学与热力学性质。附录 C 和附录 D 给出了常用型钢的截面形状及其规格参数。附录 F 详细介绍了有关 MATLAB 的操作。附录 G 提供了一些 ANSYS Workbench 实例。

感谢您使用本书，希望您对第五版感到满意。

Saeed Moaveni

目　　录

第 1 章　绪　　论

有限元方法是一种广泛应用于应力分析、传热学、电磁学和流体力学等工程问题的数值方法。本书旨在帮助读者理解有限元建模的基本概念，使读者能够熟练掌握诸如 ANSYS 的通用有限元计算软件。关于 ANSYS 的介绍是本书的重要内容。书中每章将首先介绍相关概念及其基本理论，然后给出利用 ANSYS 进行求解的实例。本书特别强调有限元分析（Finite Element Analysis，FEA）结果的验证，在相关章节的最后都将给出 ANSYS 求解结果的验证方法。

本书通过手工求解一些问题来帮助读者熟悉有限元分析的基本步骤，加深对概念的理解。此外，本书也可以作为致力于学习有限元建模技术和有限元分析相关概念的设计工程师的参考用书。

本章将介绍建立有限元公式的基本方法，其中包括直接法、最小总势能法和加权余量法。第 1 章将讨论如下内容：

1.1　工程问题
1.2　数值方法
1.3　有限元方法及 ANSYS 发展简史
1.4　有限元分析的基本步骤
1.5　直接法
1.6　最小总势能法
1.7　加权余量法
1.8　结果验证
1.9　理解问题

1.1　工程问题

工程问题通常是物理情境的数学模型。大多数工程问题的数学模型是具有相应边界条件和初始条件的微分方程。这些微分方程是针对特定的系统或控制体积应用自然界的基本定律和原理而推导出来的，描述了质量、力或能量的平衡。表 1.1 列举了一些工程问题实例。在给定的条件下，通过求解方程就可以得到系统的精确行为。所得的解析解由两部分组成：通解和特解。任何工程问题都包含影响系统行为的两组设计参数。其中一组，是反映系统自然行为的参数，包括系统的材料性能和几何特性，例如弹性模量、导热系数、黏度、截面积或惯性矩等。表 1.2 列举了用以描述不同工程系统的物理性能。

另外，还有一些参数会引起系统的扰动。表 1.3 列举了此类参数，包括外力、力矩、介质的温差和流体的压力差等。

表 1.2 所示的系统特性反映了系统的自然行为，总是体现在微分方程的通解中。而产生扰动的参数则体现在方程的特解中。在有限元建模中，了解这些参数在刚度矩阵（传导矩阵）和

荷载矩阵(力矩阵)中的位置及作用是非常重要的。系统特性将在刚度矩阵、传导矩阵或阻力矩阵中得到体现,而扰动参数将出现在荷载矩阵中。关于刚度矩阵、传导矩阵和荷载矩阵的知识将在 1.5 节进行介绍。

表 1.1　部分工程问题的控制微分方程、边界条件、初始条件及精确解

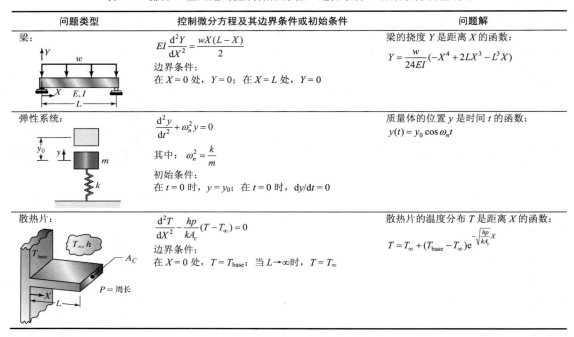

问题类型	控制微分方程及其边界条件或初始条件	问题解
梁:	$EI\dfrac{\mathrm{d}^2Y}{\mathrm{d}X^2}=\dfrac{wX(L-X)}{2}$ 边界条件: 在 $X=0$ 处,$Y=0$;在 $X=L$ 处,$Y=0$	梁的挠度 Y 是距离 X 的函数: $Y=\dfrac{w}{24EI}(-X^4+2LX^3-L^3X)$
弹性系统:	$\dfrac{\mathrm{d}^2y}{\mathrm{d}t^2}+\omega_n^2 y=0$ 其中:$\omega_n^2=\dfrac{k}{m}$ 初始条件: 在 $t=0$ 时,$y=y_0$;在 $t=0$ 时,$\mathrm{d}y/\mathrm{d}t=0$	质量体的位置 y 是时间 t 的函数: $y(t)=y_0\cos\omega_n t$
散热片:	$\dfrac{\mathrm{d}^2T}{\mathrm{d}X^2}-\dfrac{hp}{kA_c}(T-T_\infty)=0$ 边界条件: 在 $X=0$ 处,$T=T_{\text{base}}$;当 $L\to\infty$ 时,$T=T_\infty$	散热片的温度分布 T 是距离 X 的函数: $T=T_\infty+(T_{\text{base}}-T_\infty)\mathrm{e}^{-\sqrt{\tfrac{hp}{kA_c}}X}$

表 1.2　表征不同工程系统的物理性能

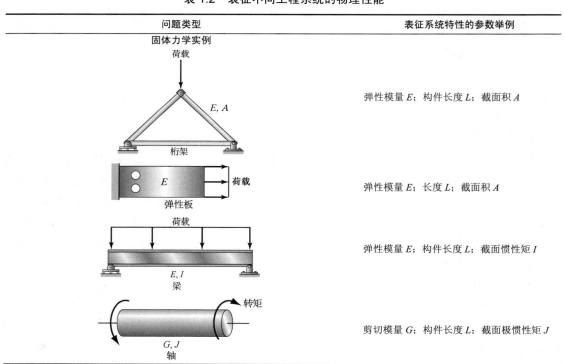

问题类型	表征系统特性的参数举例
固体力学实例	
桁架	弹性模量 E;构件长度 L;截面积 A
弹性板	弹性模量 E;长度 L;截面积 A
梁	弹性模量 E;构件长度 L;截面惯性矩 I
轴	剪切模量 G;构件长度 L;截面极惯性矩 J

问题类型	表征系统特性的参数举例
热传递实例	

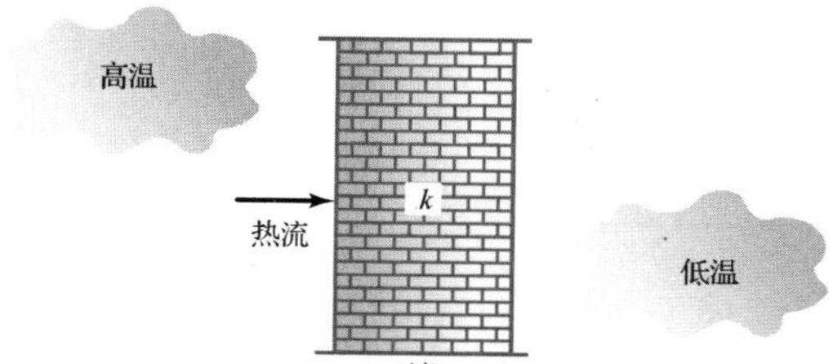

墙

导热系数 k；厚度 L；面积 A

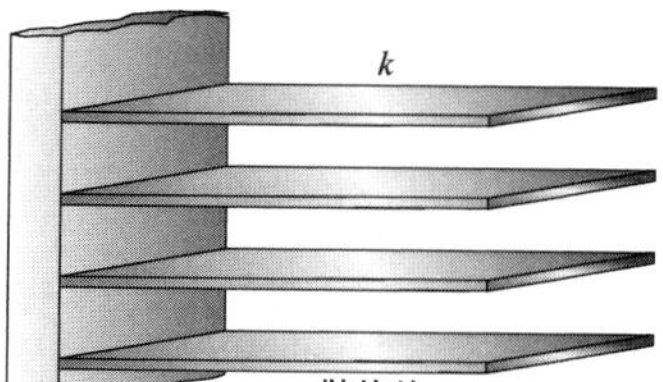

散热片

导热系数 k；周长 P；截面积 A

流体力学实例

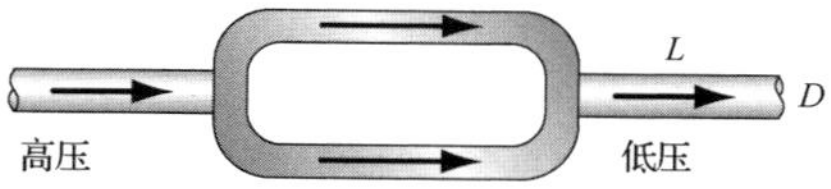

管网

流速 μ；管壁粗糙度 e；管直径 D；管长度 L

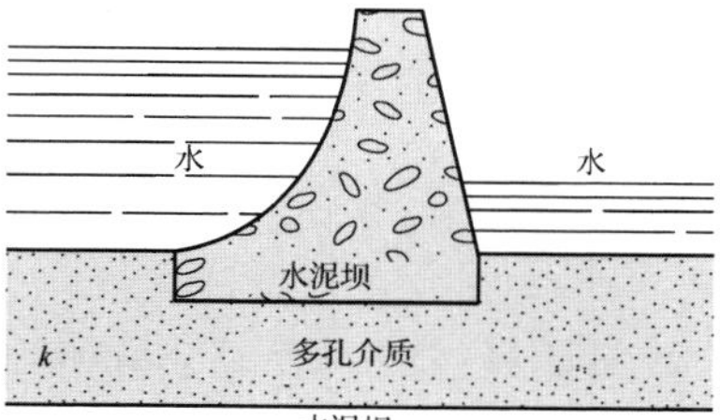

水泥坝

土壤渗透系数 k

电磁学问题

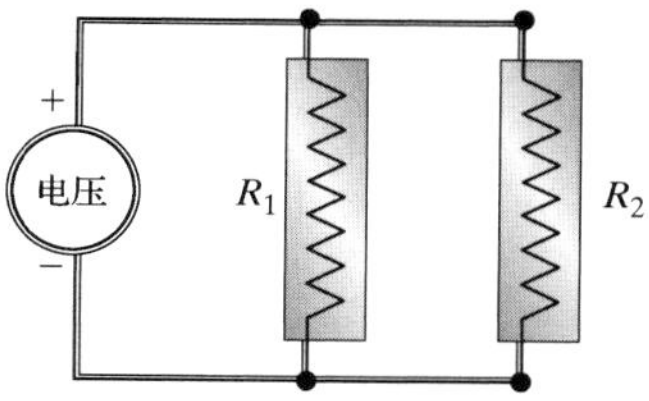

电网

电阻 R

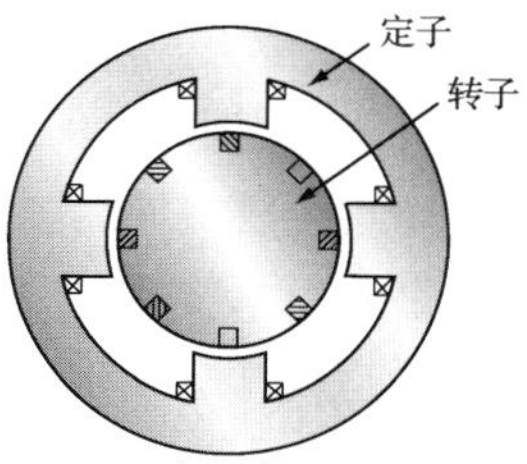

电机磁场

磁导率 μ

表 1.3　不同工程系统中引起扰动的参数

问题类型	系统中引起扰动的参数
固体力学	外力和力矩；支座激励
传热学	温差；热输入
流体力学和管网	压差；流量
电网	电压差

1.2　数值方法

许多实际工程问题的控制微分方程较为复杂，或者难以处理其边界条件和初始条件，因此无法进行求解。于是，需要借助数值方法来求取其近似解。解析解在系统中的任何点上都是精确的，而数值解只是在称为"节点"的离散的点上才近似于解析解。任何数值方法的第一步都是离散化，就是将待求解的对象细分为许多小的区域(单元)和节点。数值方法常分为两大类：有限差分法和有限元方法。有限差分法需要针对每一节点写出微分方程，并且利用差分方程代替微分方程，从而得到一组联立线性方程组。有限差分法对于较简单的问题是易于理解和应用的，但是却难以用于求解具有复杂几何条件和边界条件的问题。对于涉及各向异性材料特性的问题也是如此。

相比之下，有限元方法使用积分方法而不是微分方法来建立系统的代数方程组。而且，有限元方法使用一个连续的函数来描述每个单元的近似解，进而利用单元边界的连续性，通过将单个解连接(组装)起来而得到问题的完整解。

1.3　有限元方法[①]及 ANSYS 发展简史

有限元方法是一种用于求解各类工程问题的数值计算方法。应力分析中的稳态、瞬态、线性或非线性问题，以及传热学、流体力学和电磁学问题都可以利用有限元方法进行分析。现代有限元方法的起源可以追溯到 20 世纪初期，当时有一些研究人员利用离散的等价弹性杆来近似模拟连续的弹性体。Courant 被公认为有限元方法的奠基人。20 世纪 40 年代，Courant 发表了一篇关于在三角形子域上使用多边形分段插值的方法研究扭转问题的论文。

有限元方法应用史上的又一重要事件是 20 世纪 50 年代波音公司等采用三角形应力单元建立了飞机机翼的模型。然而，直到 20 世纪 60 年代，Clough 才使得"有限元"这一术语广泛应用。20 世纪 60 年代，研究人员开始将有限元方法应用于其他工程领域，包括热传递和渗流问题。Zienkiewicz 和 Cheung 于 1967 年撰写了第一本关于有限元方法的专著。ANSYS 于 1971 年首次发布。

ANSYS 是一个大型的通用有限元计算机软件，其代码规模超过 100 000 行。ANSYS 能够进行静态、动态、传热学、流体力学和电磁学等问题的有限元分析。在过去 40 多年间，ANSYS 是领先的有限元分析软件。与早期版本相比，ANSYS 的新版本提供了多窗口图形用户界面(GUI)，包括下拉菜单、对话框和工具栏等。ANSYS 广泛应用于工程领域，如航空、汽车、

---

① 详情参见 Cook et al.(1989)。

电子、核科学等。理解有限元方法的基本概念及其局限性将有助于更好地使用 ANSYS 或者其他有限元分析软件。

　　ANSYS 是一个强大的工程工具，能够用来解决多种问题(参见表 1.4)。然而，不理解有限元方法基本概念的用户将陷入困境，就如同一位配备许多工具但却不理解计算机内部工作原理的计算机技术人员无法修理计算机一样。

表 1.4　应用 ANSYS 功能的例子^①

这是用于前驱汽车的 V6 发动机的分析实例，由美国汽车制造业的代表 Analysis & Design Appl. Co.Ltd.(ADAPCO)公司负责开发用以改善产品性能。发动机的热应力线如上图所示

Today's Kids(一家玩具生产商)的工程师利用 ANSYS 的大变形功能寻找公司所生产的滑梯在过载时易发生损坏的位置，如上图所示。由于产品的结构特性，需要利用非线性分析功能进行应力分析

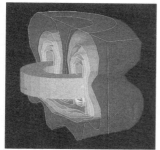

本图是用 ANSYS 的电磁分析功能分析电极板的实例，分析过程利用专门的单元将矢量场和标量场联系起来，并借助三维图形用无限边界单元描述远端电磁场的衰减。图中用等值线展示了电磁场(H 场)的强度

Structural Analysis Engineering Corporation 公司利用 ANSYS 分析盘式制动器生产线上转子的固有频率。通过分析发现，轻型卡车的刹车盘转子中存在着 50 种影响制动噪声的振动模态

1.4　有限元分析的基本步骤

　　有限元分析包括以下基本步骤。

前处理阶段

1. 将求解域离散化为数量有限的若干个单元，即将问题分解为节点和单元。
2. 假设描述单元物理行为的形函数(shape function)，即用一个连续函数近似地描述每个单元的解。
3. 建立单元方程。
4. 组装单元以描述完整问题。构造总刚度矩阵。

---

① 照片由 ANSYS 公司提供。

5. 应用边界条件和初始条件，并施加荷载。

求解阶段

6. 求解线性或非线性方程组获得节点值，例如固体力学问题中不同节点的位移或热传递问题中不同节点的温度。

后处理阶段

7. 获取其他重要信息。分析过程可能还需要获取主应力、热通量等值。

通常，有多种方法可用于建立工程问题的有限元公式，包括：(1)直接法；(2)最小总势能法；(3)加权余量法。但是，无论采用何种方法建立有限元模型，分析过程都将包括以上步骤。

1.5 直接法

下面将举例说明利用直接法进行方程推导与求解的步骤和过程。

例 1.1 如图 1.1 所示的变截面杆，一端固定，另一端承受荷载 P。杆的上端宽度为 w_1，下端宽度为 w_2，厚度为 t，长度为 L，弹性模量为 E。求承受荷载 P 时，沿杆长度方向上不同点的挠度。假设荷载远大于杆的质量，因此分析时可以忽略杆的质量。

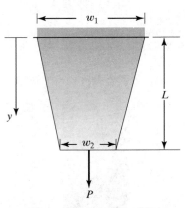

前处理阶段

1. 将求解域离散化为有限个单元

   首先，将问题分解为节点和单元。为突出有限元分析的基本步骤，需要尽量简化问题，因此将杆建模为 5 个节点和 4 个单元构成的模型，如图 1.2 所示。增加节点和单元的数目可以提高结果的精度，这个

图 1.1 受轴向荷载作用的杆

任务将留给读者作为练习来完成(参见习题 1)。杆的模型包含 4 个独立的部分(单元)，每部分为等截面，截面积为构成单元的节点处的截面积的均值，如图 1.2 所示。

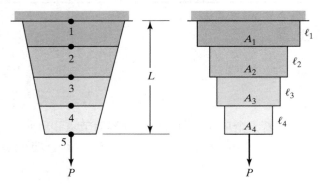

图 1.2 将杆离散为节点和单元

2. 假设模拟单元特性的近似解

为了讨论典型单元的行为特性，首先将考虑图 1.3 所示的截面积为 A、长度为 ℓ 的固体构件在外力 F 作用下的挠度。

构件的平均应力为

$$\sigma = \frac{F}{A} \qquad (1.1)$$

构件的平均正应变 ε 定义为每单位初始长度 ℓ 上的长度变化 $\Delta\ell$：

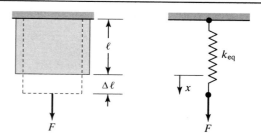

图 1.3 受外力 F 作用的等截面杆

$$\varepsilon = \frac{\Delta\ell}{\ell} \qquad (1.2)$$

在弹性区域内，应力和应变服从胡克(Hooke)定律，其公式为

$$\sigma = E\varepsilon \qquad (1.3)$$

式中，E 是材料的弹性模量。合并式(1.1)、式(1.2)和式(1.3)并化简，可得

$$F = \left(\frac{AE}{\ell}\right)\Delta\ell \qquad (1.4)$$

式(1.4)与线性弹簧的方程 $F = kx$ 类似。于是，可将轴心受力的等截面构件视为弹簧，其等效刚度为

$$k_{\mathrm{eq}} = \frac{AE}{\ell} \qquad (1.5)$$

注意，例 1.1 中杆的截面积在 y 方向上是变化的。在第 1 步的近似模拟中，将杆视为一组轴心受力且具有不同截面积的构件，如图 1.2 所示。因此，可将杆建模为 4 个弹簧串联组成的模型。节点 i 和节点 $i+1$ 构成的单元的弹性行为可由线性弹簧描述为

$$f = k_{\mathrm{eq}}(u_{i+1} - u_i) = \frac{A_{\mathrm{avg}}E}{\ell}(u_{i+1} - u_i) = \frac{(A_{i+1} + A_i)E}{2\ell}(u_{i+1} - u_i) \qquad (1.6)$$

式中，u_{i+1} 和 u_i 是节点 $i+1$ 和节点 i 处的挠度。单元等效刚度为

$$k_{\mathrm{eq}} = \frac{(A_{i+1} + A_i)E}{2\ell} \qquad (1.7)$$

式中，A_i 和 A_{i+1} 分别是节点 i 和节点 $i+1$ 处的截面积，ℓ 是单元的长度。分析将基于上述模型，并假设力施加于各个节点上。图 1.4 给出了模型中节点 1 至节点 5 的受力情况。

静力平衡条件要求各节点上的合力为零，于是将产生以下 5 个方程：

节点 1： $R_1 - k_1(u_2 - u_1) = 0$

节点 2： $k_1(u_2 - u_1) - k_2(u_3 - u_2) = 0$

节点 3： $k_2(u_3 - u_2) - k_3(u_4 - u_3) = 0 \qquad (1.8)$

节点 4： $k_3(u_4 - u_3) - k_4(u_5 - u_4) = 0$

节点 5： $k_4(u_5 - u_4) - P = 0$

整理式(1.8)，将反作用力 R_1 和外力 P 与内力分离，可得

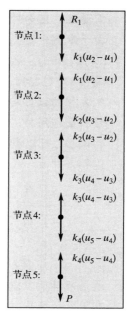

图 1.4 例 1.1 的节点受力图

$$
\begin{array}{llll}
k_1 u_1 & -k_1 u_2 & & & = -R_1 \\
-k_1 u_1 & +k_1 u_2 & +k_2 u_2 & -k_2 u_3 & = 0 \\
& -k_2 u_2 & +k_2 u_3 +k_3 u_3 & -k_3 u_4 & = 0 \\
& & -k_3 u_3 & +k_3 u_4 +k_4 u_4 & -k_4 u_5 = 0 \\
& & & -k_4 u_4 & +k_4 u_5 = P
\end{array} \tag{1.9}
$$

式(1.9)可表示为如下矩阵形式:

$$
\begin{bmatrix}
k_1 & -k_1 & 0 & 0 & 0 \\
-k_1 & k_1+k_2 & -k_2 & 0 & 0 \\
0 & -k_2 & k_2+k_3 & -k_3 & 0 \\
0 & 0 & -k_3 & k_3+k_4 & -k_4 \\
0 & 0 & 0 & -k_4 & k_4
\end{bmatrix}
\begin{bmatrix}
u_1 \\ u_2 \\ u_3 \\ u_4 \\ u_5
\end{bmatrix}
=
\begin{bmatrix}
-R_1 \\ 0 \\ 0 \\ 0 \\ P
\end{bmatrix} \tag{1.10}
$$

此时,将荷载矩阵中的反作用力与外部施加的荷载区分开是很重要的。因此,将式(1.10)给出的矩阵关系写为

$$
\begin{bmatrix}
-R_1 \\ 0 \\ 0 \\ 0 \\ 0
\end{bmatrix}
=
\begin{bmatrix}
k_1 & -k_1 & 0 & 0 & 0 \\
-k_1 & k_1+k_2 & -k_2 & 0 & 0 \\
0 & -k_2 & k_2+k_3 & -k_3 & 0 \\
0 & 0 & -k_3 & k_3+k_4 & -k_4 \\
0 & 0 & 0 & -k_4 & k_4
\end{bmatrix}
\begin{bmatrix}
u_1 \\ u_2 \\ u_3 \\ u_4 \\ u_5
\end{bmatrix}
-
\begin{bmatrix}
0 \\ 0 \\ 0 \\ 0 \\ P
\end{bmatrix} \tag{1.11}
$$

由此,在节点荷载等边界条件下,式(1.11)给出的关系可写为如下的一般形式:

$$
\boldsymbol{R} = \boldsymbol{Ku} - \boldsymbol{F} \tag{1.12}
$$

即

$$
[\text{反作用力矩阵}] = [\text{刚度矩阵}][\text{位移矩阵}] - [\text{荷载矩阵}]
$$

需要注意区分外部施加的荷载矩阵 $\boldsymbol{F}$ 和反作用力矩阵 $\boldsymbol{R}$。

由于本例中杆上端固定,因此节点 1 的位移为零。于是,只有 4 个未知的节点位移 u_2、u_3、u_4 和 u_5。此外,节点 1 的反作用力 R_1 也是未知的,那么总共有 5 个未知量。由于式(1.11)包括 5 个平衡方程,因此能够求解出所有的未知数。不过,要注意的是,虽然方程的数目与未知数的数目一致,但系统方程包含了两种不同类型的未知数——位移和反作用力。为了在求解时不必同时考虑未知的反作用力和位移,而集中考虑未知的位移,可以利用已知的边界条件,更改式(1.10)的第一行以使得 $u_1 = 0$。于是,应用边界条件 $u_1 = 0$ 消除方程中未知的反作用力,得到仅包含未知的位移的方程如下:

$$
\begin{bmatrix}
1 & 0 & 0 & 0 & 0 \\
-k_1 & k_1+k_2 & -k_2 & 0 & 0 \\
0 & -k_2 & k_2+k_3 & -k_3 & 0 \\
0 & 0 & -k_3 & k_3+k_4 & -k_4 \\
0 & 0 & 0 & -k_4 & k_4
\end{bmatrix}
\begin{bmatrix}
u_1 \\ u_2 \\ u_3 \\ u_4 \\ u_5
\end{bmatrix}
=
\begin{bmatrix}
0 \\ 0 \\ 0 \\ 0 \\ P
\end{bmatrix} \tag{1.13}
$$

通过矩阵运算就可以获得节点位移。由上述解释及式(1.13)可知,在固体力学问题的有限元公式中,应用边界条件就可以将系统方程[见式(1.11)]转变为仅由刚度矩阵、位移矩阵和荷载矩阵组成的一般形式,即

$$[刚度矩阵][位移矩阵] = [荷载矩阵]$$

利用上式求出节点位移后，就可以利用式 (1.12) 求得反作用力。下面将介绍如何建立单元刚度矩阵并构造总刚度矩阵。

3. 建立单元方程

由于例 1.1 中每个单元有两个节点，每个节点有其相应的位移，因而需要针对每个单元建立两个方程。所建立的方程必然涉及节点的位移和单元的刚度。考虑如图 1.5 所示的单元的内力 f_i 和 f_{i+1}，以及端节点的位移 u_i 和 u_{i+1}。

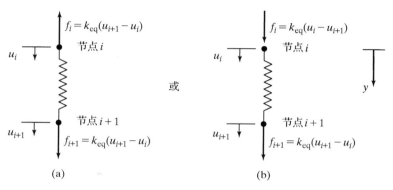

图 1.5 任意单元的内力

静力平衡条件要求 f_i 和 f_{i+1} 的和为零。注意，不管采用图 1.5 中的哪种受力图，f_i 和 f_{i+1} 之和总是为零。为确保讨论的一致性，分析将采用图 1.5(b) 所示的表示方法，即 f_i 和 f_{i+1} 与 y 的正方向一致。于是，在节点 i 和节点 $i+1$ 分别有

$$f_i = k_{eq}(u_i - u_{i+1})$$
$$f_{i+1} = k_{eq}(u_{i+1} - u_i) \tag{1.14}$$

式 (1.14) 也可以表示为如下矩阵形式：

$$\begin{bmatrix} f_i \\ f_{i+1} \end{bmatrix} = \begin{bmatrix} k_{eq} & -k_{eq} \\ -k_{eq} & k_{eq} \end{bmatrix} \begin{bmatrix} u_i \\ u_{i+1} \end{bmatrix} \tag{1.15}$$

4. 组装单元以表示完整问题

将式 (1.15) 所示的单元行为描述方程应用于所有单元，并将结果组合起来 (即放到一起)，即可得到总刚度矩阵。单元 (1) 的刚度矩阵为

$$\boldsymbol{K}^{(1)} = \begin{bmatrix} k_1 & -k_1 \\ -k_1 & k_1 \end{bmatrix}$$

在总刚度矩阵中的位置为

$$\boldsymbol{K}^{(1G)} = \begin{bmatrix} k_1 & -k_1 & 0 & 0 & 0 \\ -k_1 & k_1 & 0 & 0 & 0 \\ 0 & 0 & 0 & 0 & 0 \\ 0 & 0 & 0 & 0 & 0 \\ 0 & 0 & 0 & 0 & 0 \end{bmatrix} \begin{matrix} u_1 \\ u_2 \\ u_3 \\ u_4 \\ u_5 \end{matrix}$$

将节点位移矩阵放在总刚度矩阵中单元 (1) 的旁边，将有助于观察节点对其相邻单元的影响。类似地，对于单元 (2)、单元 (3) 和单元 (4)，有

$$\boldsymbol{K}^{(2)} = \begin{bmatrix} k_2 & -k_2 \\ -k_2 & k_2 \end{bmatrix}$$

在总刚度矩阵中的位置为

$$\boldsymbol{K}^{(2G)} = \begin{bmatrix} 0 & 0 & 0 & 0 & 0 \\ 0 & k_2 & -k_2 & 0 & 0 \\ 0 & -k_2 & k_2 & 0 & 0 \\ 0 & 0 & 0 & 0 & 0 \\ 0 & 0 & 0 & 0 & 0 \end{bmatrix} \begin{matrix} u_1 \\ u_2 \\ u_3 \\ u_4 \\ u_5 \end{matrix}$$

$$\boldsymbol{K}^{(3)} = \begin{bmatrix} k_3 & -k_3 \\ -k_3 & k_3 \end{bmatrix}$$

在总刚度矩阵中的位置为

$$\boldsymbol{K}^{(3G)} = \begin{bmatrix} 0 & 0 & 0 & 0 & 0 \\ 0 & 0 & 0 & 0 & 0 \\ 0 & 0 & k_3 & -k_3 & 0 \\ 0 & 0 & -k_3 & k_3 & 0 \\ 0 & 0 & 0 & 0 & 0 \end{bmatrix} \begin{matrix} u_1 \\ u_2 \\ u_3 \\ u_4 \\ u_5 \end{matrix}$$

$$\boldsymbol{K}^{(4)} = \begin{bmatrix} k_4 & -k_4 \\ -k_4 & k_4 \end{bmatrix}$$

在总刚度矩阵中的位置为

$$\boldsymbol{K}^{(4G)} = \begin{bmatrix} 0 & 0 & 0 & 0 & 0 \\ 0 & 0 & 0 & 0 & 0 \\ 0 & 0 & 0 & 0 & 0 \\ 0 & 0 & 0 & k_4 & -k_4 \\ 0 & 0 & 0 & -k_4 & k_4 \end{bmatrix} \begin{matrix} u_1 \\ u_2 \\ u_3 \\ u_4 \\ u_5 \end{matrix}$$

根据每个单元在总刚度矩阵中的位置将其组合起来(即相加),就可以得到总刚度矩阵:

$$\boldsymbol{K}^{(G)} = \boldsymbol{K}^{(1G)} + \boldsymbol{K}^{(2G)} + \boldsymbol{K}^{(3G)} + \boldsymbol{K}^{(4G)}$$

$$\boldsymbol{K}^{(G)} = \begin{bmatrix} k_1 & -k_1 & 0 & 0 & 0 \\ -k_1 & k_1 + k_2 & -k_2 & 0 & 0 \\ 0 & -k_2 & k_2 + k_3 & -k_3 & 0 \\ 0 & 0 & -k_3 & k_3 + k_4 & -k_4 \\ 0 & 0 & 0 & -k_4 & k_4 \end{bmatrix} \tag{1.16}$$

注意,由单元分析而得到的总刚度矩阵[式(1.16)]与通过节点受力分析所得到的总刚度矩阵[式(1.10)的左侧矩阵]完全相同。

5. 应用边界条件和施加荷载

由于杆的顶端固定,于是有边界条件 $u_1 = 0$;在节点 5 处作用有荷载 P。应用这些条件将产生如下线性方程组:

$$\begin{bmatrix} 1 & 0 & 0 & 0 & 0 \\ -k_1 & k_1 + k_2 & -k_2 & 0 & 0 \\ 0 & -k_2 & k_2 + k_3 & -k_3 & 0 \\ 0 & 0 & -k_3 & k_3 + k_4 & -k_4 \\ 0 & 0 & 0 & -k_4 & k_4 \end{bmatrix} \begin{bmatrix} u_1 \\ u_2 \\ u_3 \\ u_4 \\ u_5 \end{bmatrix} = \begin{bmatrix} 0 \\ 0 \\ 0 \\ 0 \\ P \end{bmatrix} \tag{1.17}$$

注意，式 (1.17) 中矩阵的第一行必须是一个 1 后面 4 个 0，以满足边界条件 $u_1 = 0$。如前所述，固体力学问题的有限元公式具有如下一般形式：

$$[刚度矩阵][位移矩阵] = [荷载矩阵]$$

求解阶段

6. 联立求解代数方程组

为计算节点位移，设 $E = 10.4 \times 10^6 \text{ lb/in}^2$，$w_1 = 2 \text{ in}$，$w_2 = 1 \text{ in}$，$t = 0.125 \text{ in}$，$L = 10 \text{ in}$，$P = 1000 \text{ lb}$，其他各参数参见表 1.5。

表 1.5 例 1.1 中的单元属性

单 元	节 点	平均截面积 (in²)	长度 (in)	弹性模量 (lb/in²)	单元刚度系数 (lb/in)
1	1 2	0.234 375	2.5	10.4×10^6	975×10^3
2	2 3	0.203 125	2.5	10.4×10^6	845×10^3
3	3 4	0.171 875	2.5	10.4×10^6	715×10^3
4	4 5	0.140 625	2.5	10.4×10^6	585×10^3

杆在 y 方向上的变截面积可由下式表示：

$$A(y) = \left(w_1 + \left(\frac{w_2 - w_1}{L} \right) y \right) t = \left(2 + \frac{(1-2)}{10} y \right)(0.125) = 0.25 - 0.0125y \quad (1.18)$$

利用式 (1.18) 可计算出各节点处的截面积：

$A_1 = 0.25 \text{ in}^2$ $\qquad\qquad$ $A_2 = 0.25 - 0.0125(2.5) = 0.218\,75 \text{ in}^2$

$A_3 = 0.25 - 0.0125(5.0) = 0.1875 \text{ in}^2$ $\quad$ $A_4 = 0.25 - 0.0125(7.5) = 0.156\,25 \text{ in}^2$

$A_5 = 0.125 \text{ in}^2$

单元的等效刚度系数计算公式如下：

$$k_{\text{eq}} = \frac{(A_{i+1} + A_i)E}{2\ell}$$

$$k_1 = \frac{(0.218\,75 + 0.25)(10.4 \times 10^6)}{2(2.5)} = 975 \times 10^3 \frac{\text{lb}}{\text{in}}$$

$$k_2 = \frac{(0.1875 + 0.218\,75)(10.4 \times 10^6)}{2(2.5)} = 845 \times 10^3 \frac{\text{lb}}{\text{in}}$$

$$k_3 = \frac{(0.156\,25 + 0.1875)(10.4 \times 10^6)}{2(2.5)} = 715 \times 10^3 \frac{\text{lb}}{\text{in}}$$

$$k_4 = \frac{(0.125 + 0.156\,25)(10.4 \times 10^6)}{2(2.5)} = 585 \times 10^3 \frac{\text{lb}}{\text{in}}$$

于是，单元刚度矩阵为

$$\boldsymbol{K}^{(1)} = \begin{bmatrix} k_1 & -k_1 \\ -k_1 & k_1 \end{bmatrix} = 10^3 \begin{bmatrix} 975 & -975 \\ -975 & 975 \end{bmatrix}$$

$$\boldsymbol{K}^{(2)} = \begin{bmatrix} k_2 & -k_2 \\ -k_2 & k_2 \end{bmatrix} = 10^3 \begin{bmatrix} 845 & -845 \\ -845 & 845 \end{bmatrix}$$

$$\boldsymbol{K}^{(3)} = \begin{bmatrix} k_3 & -k_3 \\ -k_3 & k_3 \end{bmatrix} = 10^3 \begin{bmatrix} 715 & -715 \\ -715 & 715 \end{bmatrix}$$

$$\boldsymbol{K}^{(4)} = \begin{bmatrix} k_4 & -k_4 \\ -k_4 & k_4 \end{bmatrix} = 10^3 \begin{bmatrix} 585 & -585 \\ -585 & 585 \end{bmatrix}$$

组合单元刚度矩阵得到总刚度矩阵：

$$\boldsymbol{K}^{(G)} = 10^3 \begin{bmatrix} 975 & -975 & 0 & 0 & 0 \\ -975 & 975+845 & -845 & 0 & 0 \\ 0 & -845 & 845+715 & -715 & 0 \\ 0 & 0 & -715 & 715+585 & -585 \\ 0 & 0 & 0 & -585 & 585 \end{bmatrix}$$

应用边界条件 $u_1 = 0$ 并施加荷载 $P = 1000$ lb，可得

$$10^3 \times \begin{bmatrix} 1 & 0 & 0 & 0 & 0 \\ -975 & 1820 & -845 & 0 & 0 \\ 0 & -845 & 1560 & -715 & 0 \\ 0 & 0 & -715 & 1300 & -585 \\ 0 & 0 & 0 & -585 & 585 \end{bmatrix} \begin{bmatrix} u_1 \\ u_2 \\ u_3 \\ u_4 \\ u_5 \end{bmatrix} = \begin{bmatrix} 0 \\ 0 \\ 0 \\ 0 \\ 10^3 \end{bmatrix}$$

由于第二行中系数-975 将与 $u_1 = 0$ 相乘，因此只需求解以下 4×4 阶矩阵：

$$10^3 \times \begin{bmatrix} 1820 & -845 & 0 & 0 \\ -845 & 1560 & -715 & 0 \\ 0 & -715 & 1300 & -585 \\ 0 & 0 & -585 & 585 \end{bmatrix} \begin{bmatrix} u_2 \\ u_3 \\ u_4 \\ u_5 \end{bmatrix} = \begin{bmatrix} 0 \\ 0 \\ 0 \\ 10^3 \end{bmatrix}$$

最终求得位移 $u_1 = 0$ in，$u_2 = 0.001\,026$ in，$u_3 = 0.002\,210$ in，$u_4 = 0.003\,608$ in，$u_5 = 0.005\,317$ in。

后处理阶段

7. 获取其他信息

本例中，还可能对单元的其他信息感兴趣。例如，单元的平均应力可由下式确定：

$$\sigma = \frac{f}{A_{\text{avg}}} = \frac{k_{\text{eq}}(u_{i+1} - u_i)}{A_{\text{avg}}} = \frac{\dfrac{A_{\text{avg}}E}{\ell}(u_{i+1} - u_i)}{A_{\text{avg}}} = E\left(\frac{u_{i+1} - u_i}{\ell}\right) \tag{1.19}$$

由于节点位移已知，式(1.19)还可以直接由应力和应变的关系得到：

$$\sigma = E\varepsilon = E\left(\frac{u_{i+1} - u_i}{\ell}\right) \tag{1.20}$$

应用式(1.20)可计算出各单元的平均正应力：

$$\sigma^{(1)} = E\left(\frac{u_2 - u_1}{\ell}\right) = \frac{(10.4 \times 10^6)(0.001\,026 - 0)}{2.5} = 4268\,\frac{\text{lb}}{\text{in}^2}$$

$$\sigma^{(2)} = E\left(\frac{u_3 - u_2}{\ell}\right) = \frac{(10.4 \times 10^6)(0.002\,210 - 0.001\,026)}{2.5} = 4925\,\frac{\text{lb}}{\text{in}^2}$$

$$\sigma^{(3)} = E\left(\frac{u_4 - u_3}{\ell}\right) = \frac{(10.4 \times 10^6)(0.003\,608 - 0.002\,210)}{2.5} = 5816\,\frac{\text{lb}}{\text{in}^2}$$

$$\sigma^{(4)} = E\left(\frac{u_5 - u_4}{\ell}\right) = \frac{(10.4 \times 10^6)(0.005\,317 - 0.003\,608)}{2.5} = 7109\,\frac{\text{lb}}{\text{in}^2}$$

由图 1.6 可以看出，从杆任意处截取一段，其内力均是 1000 lb，因此

$$\sigma^{(1)} = \frac{f}{A_{\text{avg}}} = \frac{1000}{0.234\,375} = 4267\,\frac{\text{lb}}{\text{in}^2}$$

$$\sigma^{(2)} = \frac{f}{A_{\text{avg}}} = \frac{1000}{0.203\,125} = 4923\,\frac{\text{lb}}{\text{in}^2}$$

$$\sigma^{(3)} = \frac{f}{A_{\text{avg}}} = \frac{1000}{0.171\,875} = 5818\,\frac{\text{lb}}{\text{in}^2}$$

$$\sigma^{(4)} = \frac{f}{A_{\text{avg}}} = \frac{1000}{0.140\,625} = 7111\,\frac{\text{lb}}{\text{in}^2}$$

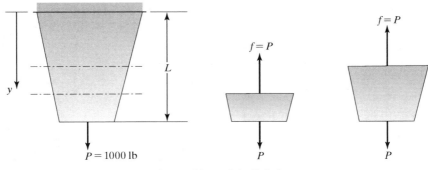

图 1.6　例 1.1 中杆的内力

在允许误差的情况下，上述结果与利用位移计算的单元应力是一致的。这说明本问题位移计算的结果是正确的。

反作用力： 有多种方法可用于计算例 1.1 中的反作用力。首先，根据图 1.4 的节点 1 处的静力平衡条件，有

$$R_1 = k_1(u_2 - u_1) = 975 \times 10^3 \times (0.001\,026 - 0) = 1000\,\text{lb}$$

对整个杆应用静力平衡条件：

$$R_1 = P = 1000\,\text{lb}$$

如前所述，也可以由式 (1.12) 给出的通用方程计算反作用力：

$$\boldsymbol{R} = \boldsymbol{K}\boldsymbol{u} - \boldsymbol{F}$$

或

$$[反作用力矩阵] = [刚度矩阵][位移矩阵] - [荷载矩阵]$$

由于本例相对简单，并不需要进行上述矩阵运算来计算反作用力。作为示例，下面仍将给出其计算过程。由通用方程可以得到：

$$\begin{bmatrix} R_1 \\ R_2 \\ R_3 \\ R_4 \\ R_5 \end{bmatrix} = 10^3 \times \begin{bmatrix} 975 & -975 & 0 & 0 & 0 \\ -975 & 1820 & -845 & 0 & 0 \\ 0 & -845 & 1560 & -715 & 0 \\ 0 & 0 & -715 & 1300 & -585 \\ 0 & 0 & 0 & -585 & 585 \end{bmatrix} \begin{bmatrix} 0 \\ 0.001\,026 \\ 0.002\,210 \\ 0.003\,608 \\ 0.005\,317 \end{bmatrix} - \begin{bmatrix} 0 \\ 0 \\ 0 \\ 0 \\ 10^3 \end{bmatrix}$$

其中，R_1，R_2，R_3，R_4 和 R_5 分别代表节点 1 到节点 5 的反作用力。通过矩阵运算可得

$$
\begin{bmatrix} R_1 \\ R_2 \\ R_3 \\ R_4 \\ R_5 \end{bmatrix} = \begin{bmatrix} -1000 \\ 0 \\ 0 \\ 0 \\ 0 \end{bmatrix}
$$

R_1 为负值,表示力的方向向上(假设的 y 的正方向向下)。与预期一样,该结果与之前的计算结果完全一致。这正是由于上述矩阵的各行分别代表了在各节点处应用静力平衡条件。利用式(1.12)求解反作用力时,必须使用式(1.11)所示的未利用边界条件简化的完整的刚度矩阵。例 1.1 也可以使用 Excel 进行求解,具体方法将在 2.11 节进行介绍。下面将考虑热传递问题的有限元公式。

例 1.2　房屋外墙(由 2×4 龙骨构成)通常包括下表所示的材料。假设室内温度为 70℉,室外温度为 20℉,暴露面积为 150 ft^2,确定沿墙壁的温度分布。

项　目	热阻 hr·ft^2·℉/Btu	U 因子 Btu/(hr·ft^2·℉)
1. 外墙隔热层(冬季,风力 15 mph)	0.17	5.88
2. 木制披叠板($1/2 \times 8$ 重叠)	0.81	1.23
3. 隔热覆板($1/2$ in,常规)	1.32	0.76
4. 隔热毡($3 \sim 3\frac{1}{2}$ in)	11.0	0.091
5. 石膏墙板($1/2$ in)	0.45	2.22
6. 内墙隔热层(冬季)	0.68	1.47

前处理阶段

1. 将求解域离散化为有限个单元

　　将问题表示为如图 1.7 所示的由 7 个节点、6 个单元构成的模型。

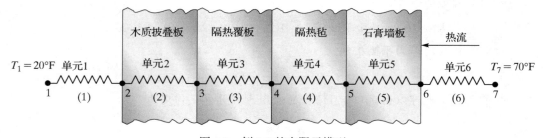

图 1.7　例 1.2 的有限元模型

2. 假定单元的近似解

　　推导(热)传导矩阵和(热)荷载矩阵之前,首先需要了解例 1.2 中包含的两种热传递方式(传导和对流)。单元(2)、单元(3)、单元(4)和单元(5)的热行为遵守傅里叶定律,即当介质中存在着温度梯度时就会出现热传导。如图 1.8 所示,能量通过分子运动由高温区传递到低温区。由傅里叶定律,传热率为

$$
q_X = -kA \frac{\partial T}{\partial X} \tag{1.21}
$$

其中,q_X 是传热率的 X 分量,k 是介质的导热系数,A 是垂直于热流的面积,$\dfrac{\partial T}{\partial X}$ 是

温度梯度。式(1.21)中的负号表示热量沿温度降低的方向传递。利用节点 i 和节点 $i+1$ 之间的距离(单元的长度) ℓ 及其温度 T_i 和 T_{i+1},可将式(1.21)写为如下形式:

$$q = \frac{kA(T_{i+1} - T_i)}{\ell} \qquad (1.22)$$

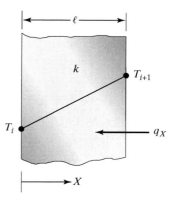

图 1.8　在介质中的热传递

在传热学中,常将式(1.22)写为热传递系数 U,即通常所称的 U 因子($U=k/\ell$)的形式。U 因子表示单位面积上传递的热量,单位为 Btu/(hr·ft²·℉)。U 因子是热阻的倒数,因此式(1.22)可写为

$$q = UA(T_{i+1} - T_i) \qquad (1.23)$$

单元(1)和单元(6)的稳态热行为遵守牛顿冷却定律,即运动中的流体接触到温度不同的表面时就会出现对流换热。流体与表面之间的总传热率遵守牛顿冷却定律,即满足方程:

$$q = hA(T_s - T_f) \qquad (1.24)$$

式中,h 是传热系数,T_s 为表面的温度,T_f 为流体的温度。牛顿冷却定律也可以写为 U 因子的形式,即

$$q = UA(T_s - T_f) \qquad (1.25)$$

式中,$U=h$,是对流边界条件引起的热阻的倒数。在稳态传导中,对存在对流的表面应用能量守恒定律,要求通过传导传递给表面的能量与通过对流传递的能量相等。如图 1.9 所示,这一原理可表示为

$$-kA\frac{\partial T}{\partial X} = hA[T_s - T_f] \qquad (1.26)$$

了解了两种热传递方式之后,就可以将能量守恒定律应用于墙壁的不同表面。首先,对于节点 2 处墙壁的外表面,通过墙壁传导而损失的热量必定与通过周围冷空气对流损失的热量相等,即

$$U_2A(T_3 - T_2) = U_1A(T_2 - T_1)$$

将能量守恒定律应用于节点 3、节点 4 和节点 5 处的表面,将产生如下方程:

$$U_3A(T_4 - T_3) = U_2A(T_3 - T_2)$$
$$U_4A(T_5 - T_4) = U_3A(T_4 - T_3)$$
$$U_5A(T_6 - T_5) = U_4A(T_5 - T_4)$$

对于节点 6 处的墙壁内表面,由热空气对流引起的热量损失与通过石膏墙板传导的热量相等,因此有如下方程:

$$U_6A(T_7 - T_6) = U_5A(T_6 - T_5)$$

将已知的温度和未知的温度分开,则有

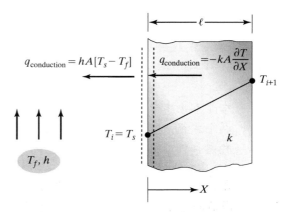

图 1.9　存在对流热传递的表面的能量平衡

$$
\begin{array}{llll}
+(U_1 + U_2)AT_2 & -U_2AT_3 & & = U_1AT_1 \\
-U_2AT_2 & +(U_2 + U_3)AT_3 & -U_3AT_4 & = 0 \\
& -U_3AT_3 & +(U_3 + U_4)AT_4 & -U_4AT_5 & = 0 \\
& & -U_4AT_4 & +(U_4 + U_5)AT_5 & -U_5AT_6 & = 0 \\
& & & -U_5AT_5 & +(U_5 + U_6)AT_6 & = U_6AT_7
\end{array}
$$

以上关系可表示为矩阵形式:

$$
A\begin{bmatrix}
U_1 + U_2 & -U_2 & 0 & 0 & 0 \\
-U_2 & U_2 + U_3 & -U_3 & 0 & 0 \\
0 & -U_3 & U_3 + U_4 & -U_4 & 0 \\
0 & 0 & -U_4 & U_4 + U_5 & -U_5 \\
0 & 0 & 0 & -U_5 & U_5 + U_6
\end{bmatrix}
\begin{bmatrix}
T_2 \\
T_3 \\
T_4 \\
T_5 \\
T_6
\end{bmatrix}
=
\begin{bmatrix}
U_1AT_1 \\
0 \\
0 \\
0 \\
U_6AT_7
\end{bmatrix}
\tag{1.27}
$$

注意,式(1.27)是将能量守恒定律应用于节点2、节点3、节点4、节点5和节点6处的表面而得到的。下面,将利用有限元理论推导本问题的公式,所得结果与上述结果一致。

3. 建立单元刚度方程

在热传导问题中,单元的传热率 q_i 和 q_{i+1} 与节点温度 T_i 和 T_{i+1} 通常存在如下关系:

$$
\begin{aligned}
q_i &= \frac{kA}{\ell}(T_i - T_{i+1}) \\
q_{i+1} &= \frac{kA}{\ell}(T_{i+1} - T_i)
\end{aligned}
\tag{1.28}
$$

节点 i 和节点 $i+1$ 之间的热流如图 1.10 所示。

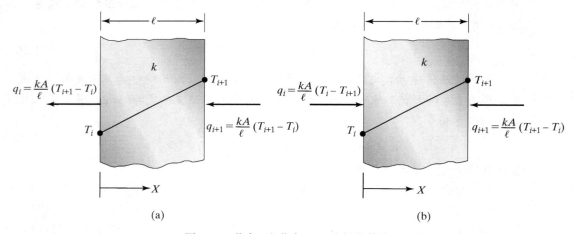

图 1.10　节点 i 和节点 $i+1$ 之间的热流

由于本例中每个单元有两个节点,每个节点有对应的温度,因此需要为每个单元建立两个方程。基于傅里叶定律建立的方程必定与节点温度及导热系数或 U 因子有关。在稳态条件下,根据能量守恒定律,单元的 q_i 和 q_{i+1} 之和必须为零;也就是说,流入节点 $i+1$ 的热量必须与流出节点 i 的热量相等。注意,不论选择图 1.10 中的哪一种表示方式,q_i 和 q_{i+1} 之和均为零。不过,为了与后面的推导保持一致,这里将采用图 1.10(b)所示的表示方式给出每一个节点的热流。由式(1.28)给出的单元方程可写为如下矩阵形式:

$$\begin{bmatrix} q_i \\ q_{i+1} \end{bmatrix} = \frac{kA}{\ell} \begin{bmatrix} 1 & -1 \\ -1 & 1 \end{bmatrix} \begin{bmatrix} T_i \\ T_{i+1} \end{bmatrix} \tag{1.29}$$

单元的传导矩阵为

$$\boldsymbol{K}^{(e)} = \frac{kA}{\ell} \begin{bmatrix} 1 & -1 \\ -1 & 1 \end{bmatrix} \tag{1.30}$$

传导矩阵也可以写为 U 因子 $(U = k/\ell)$ 的形式,即

$$\boldsymbol{K}^{(e)} = UA \begin{bmatrix} 1 & -1 \\ -1 & 1 \end{bmatrix} \tag{1.31}$$

类似地,在稳态条件下,对对流单元的节点应用能量守恒定律,可得

$$\begin{aligned} q_i &= hA(T_i - T_{i+1}) \\ q_{i+1} &= hA(T_{i+1} - T_i) \end{aligned} \tag{1.32}$$

式(1.32)可以表示为如下矩阵形式:

$$\begin{bmatrix} q_i \\ q_{i+1} \end{bmatrix} = hA \begin{bmatrix} 1 & -1 \\ -1 & 1 \end{bmatrix} \begin{bmatrix} T_i \\ T_{i+1} \end{bmatrix}$$

那么,对流单元的传导矩阵为

$$\boldsymbol{K}^{(e)} = hA \begin{bmatrix} 1 & -1 \\ -1 & 1 \end{bmatrix} \tag{1.33}$$

将式(1.33)写为 U 因子 $(U = h)$ 的形式:

$$\boldsymbol{K}^{(e)} = UA \begin{bmatrix} 1 & -1 \\ -1 & 1 \end{bmatrix} \tag{1.34}$$

4. 组合单元以表示完整问题

将式(1.31)和式(1.34)所示的单元刚度矩阵应用于例 1.2 中的所有单元,并进行组合,则可以得到总刚度矩阵。于是,对于:

$$\boldsymbol{K}^{(1)} = A \begin{bmatrix} U_1 & -U_1 \\ -U_1 & U_1 \end{bmatrix}$$

其在总刚度矩阵中的位置为

$$\boldsymbol{K}^{(1G)} = A \begin{bmatrix} U_1 & -U_1 & 0 & 0 & 0 & 0 & 0 \\ -U_1 & U_1 & 0 & 0 & 0 & 0 & 0 \\ 0 & 0 & 0 & 0 & 0 & 0 & 0 \\ 0 & 0 & 0 & 0 & 0 & 0 & 0 \\ 0 & 0 & 0 & 0 & 0 & 0 & 0 \\ 0 & 0 & 0 & 0 & 0 & 0 & 0 \\ 0 & 0 & 0 & 0 & 0 & 0 & 0 \end{bmatrix} \begin{matrix} T_1 \\ T_2 \\ T_3 \\ T_4 \\ T_5 \\ T_6 \\ T_7 \end{matrix}$$

将节点温度矩阵放置在总传导矩阵的右侧,将有助于观察每个节点对相邻单元的影响:

$$\boldsymbol{K}^{(2)} = A \begin{bmatrix} U_2 & -U_2 \\ -U_2 & U_2 \end{bmatrix} \quad \text{和} \quad \boldsymbol{K}^{(2G)} = A \begin{bmatrix} 0 & 0 & 0 & 0 & 0 & 0 & 0 \\ 0 & U_2 & -U_2 & 0 & 0 & 0 & 0 \\ 0 & -U_2 & U_2 & 0 & 0 & 0 & 0 \\ 0 & 0 & 0 & 0 & 0 & 0 & 0 \\ 0 & 0 & 0 & 0 & 0 & 0 & 0 \\ 0 & 0 & 0 & 0 & 0 & 0 & 0 \\ 0 & 0 & 0 & 0 & 0 & 0 & 0 \end{bmatrix} \begin{matrix} T_1 \\ T_2 \\ T_3 \\ T_4 \\ T_5 \\ T_6 \\ T_7 \end{matrix}$$

$$\boldsymbol{K}^{(3)} = A\begin{bmatrix} U_3 & -U_3 \\ -U_3 & U_3 \end{bmatrix} \text{ 和 } \quad \boldsymbol{K}^{(3G)} = A\begin{bmatrix} 0 & 0 & 0 & 0 & 0 & 0 & 0 \\ 0 & 0 & 0 & 0 & 0 & 0 & 0 \\ 0 & 0 & U_3 & -U_3 & 0 & 0 & 0 \\ 0 & 0 & -U_3 & U_3 & 0 & 0 & 0 \\ 0 & 0 & 0 & 0 & 0 & 0 & 0 \\ 0 & 0 & 0 & 0 & 0 & 0 & 0 \\ 0 & 0 & 0 & 0 & 0 & 0 & 0 \end{bmatrix} \begin{matrix} T_1 \\ T_2 \\ T_3 \\ T_4 \\ T_5 \\ T_6 \\ T_7 \end{matrix}$$

$$\boldsymbol{K}^{(4)} = A\begin{bmatrix} U_4 & -U_4 \\ -U_4 & U_4 \end{bmatrix} \text{ 和 } \quad \boldsymbol{K}^{(4G)} = A\begin{bmatrix} 0 & 0 & 0 & 0 & 0 & 0 & 0 \\ 0 & 0 & 0 & 0 & 0 & 0 & 0 \\ 0 & 0 & 0 & 0 & 0 & 0 & 0 \\ 0 & 0 & 0 & U_4 & -U_4 & 0 & 0 \\ 0 & 0 & 0 & -U_4 & U_4 & 0 & 0 \\ 0 & 0 & 0 & 0 & 0 & 0 & 0 \\ 0 & 0 & 0 & 0 & 0 & 0 & 0 \end{bmatrix} \begin{matrix} T_1 \\ T_2 \\ T_3 \\ T_4 \\ T_5 \\ T_6 \\ T_7 \end{matrix}$$

$$\boldsymbol{K}^{(5)} = A\begin{bmatrix} U_5 & -U_5 \\ -U_5 & U_5 \end{bmatrix} \text{ 和 } \quad \boldsymbol{K}^{(5G)} = A\begin{bmatrix} 0 & 0 & 0 & 0 & 0 & 0 & 0 \\ 0 & 0 & 0 & 0 & 0 & 0 & 0 \\ 0 & 0 & 0 & 0 & 0 & 0 & 0 \\ 0 & 0 & 0 & 0 & 0 & 0 & 0 \\ 0 & 0 & 0 & 0 & U_5 & -U_5 & 0 \\ 0 & 0 & 0 & 0 & -U_5 & U_5 & 0 \\ 0 & 0 & 0 & 0 & 0 & 0 & 0 \end{bmatrix} \begin{matrix} T_1 \\ T_2 \\ T_3 \\ T_4 \\ T_5 \\ T_6 \\ T_7 \end{matrix}$$

$$\boldsymbol{K}^{(6)} = A\begin{bmatrix} U_6 & -U_6 \\ -U_6 & U_6 \end{bmatrix} \text{ 和 } \quad \boldsymbol{K}^{(6G)} = A\begin{bmatrix} 0 & 0 & 0 & 0 & 0 & 0 & 0 \\ 0 & 0 & 0 & 0 & 0 & 0 & 0 \\ 0 & 0 & 0 & 0 & 0 & 0 & 0 \\ 0 & 0 & 0 & 0 & 0 & 0 & 0 \\ 0 & 0 & 0 & 0 & 0 & 0 & 0 \\ 0 & 0 & 0 & 0 & 0 & U_6 & -U_6 \\ 0 & 0 & 0 & 0 & 0 & -U_6 & U_6 \end{bmatrix} \begin{matrix} T_1 \\ T_2 \\ T_3 \\ T_4 \\ T_5 \\ T_6 \\ T_7 \end{matrix}$$

总传导矩阵为

$$\boldsymbol{K}^{(G)} = \boldsymbol{K}^{(1G)} + \boldsymbol{K}^{(2G)} + \boldsymbol{K}^{(3G)} + \boldsymbol{K}^{(4G)} + \boldsymbol{K}^{(5G)} + \boldsymbol{K}^{(6G)}$$

$$\boldsymbol{K}^{(G)} = A\begin{bmatrix} U_1 & -U_1 & 0 & 0 & 0 & 0 & 0 \\ -U_1 & U_1+U_2 & -U_2 & 0 & 0 & 0 & 0 \\ 0 & -U_2 & U_2+U_3 & -U_3 & 0 & 0 & 0 \\ 0 & 0 & -U_3 & U_3+U_4 & -U_4 & 0 & 0 \\ 0 & 0 & 0 & -U_4 & U_4+U_5 & -U_5 & 0 \\ 0 & 0 & 0 & 0 & -U_5 & U_5+U_6 & -U_6 \\ 0 & 0 & 0 & 0 & 0 & -U_6 & U_6 \end{bmatrix} \tag{1.35}$$

5. 应用边界条件并施加热荷载

本例墙壁的外表面暴露于温度为 T_1 的空气中,而且室内温度 T_7 也已知。为使得第 1 行 $T_1 = 20\mathrm{^\circ F}$,最后一行 $T_7 = 70\mathrm{^\circ F}$,于是有

$$A\begin{bmatrix} \frac{1}{A} & 0 & 0 & 0 & 0 & 0 & 0 \\ -U_1 & U_1+U_2 & -U_2 & 0 & 0 & 0 & 0 \\ 0 & -U_2 & U_2+U_3 & -U_3 & 0 & 0 & 0 \\ 0 & 0 & -U_3 & U_3+U_4 & -U_4 & 0 & 0 \\ 0 & 0 & 0 & -U_4 & U_4+U_5 & -U_5 & 0 \\ 0 & 0 & 0 & 0 & -U_5 & U_5+U_6 & -U_6 \\ 0 & 0 & 0 & 0 & 0 & 0 & 1/A \end{bmatrix}\begin{bmatrix} T_1 \\ T_2 \\ T_3 \\ T_4 \\ T_5 \\ T_6 \\ T_7 \end{bmatrix}=\begin{bmatrix} 20°F \\ 0 \\ 0 \\ 0 \\ 0 \\ 0 \\ 70°F \end{bmatrix} \tag{1.36}$$

注意，热传递问题的有限元公式总是满足如下形式：

$$KT = q$$

[传导矩阵][温度矩阵] = [热流矩阵]

同时需要注意，例 1.2 中的每个单元的传热率是由单元节点的温差引起的。因此，热流矩阵中外部节点的热流值为零。附着于固体表面(比如熨斗的底部)的加热器是外部节点的热流值不为零的例子；这种情况下，外部节点的热流值等于加热器产生的热流值。回到式(1.36)所示的矩阵，对第 2 行和第 6 行应用边界条件，经化简，式(1.36)变为

$$A\begin{bmatrix} U_1+U_2 & -U_2 & 0 & 0 & 0 \\ -U_2 & U_2+U_3 & -U_3 & 0 & 0 \\ 0 & -U_3 & U_3+U_4 & -U_4 & 0 \\ 0 & 0 & -U_4 & U_4+U_5 & -U_5 \\ 0 & 0 & 0 & -U_5 & U_5+U_6 \end{bmatrix}\begin{bmatrix} T_2 \\ T_3 \\ T_4 \\ T_5 \\ T_6 \end{bmatrix}=\begin{bmatrix} U_1AT_1 \\ 0 \\ 0 \\ 0 \\ U_6AT_7 \end{bmatrix}$$

注意，以上矩阵是通过单元组合并应用边界条件得到的，与通过节点热平衡方法得到的式(1.27)完全一致，这是因为有限元公式也是建立在能量守恒基础之上的。

将 U 值以及边界条件代入式(1.36)所示的初始总矩阵：

$$150\times\begin{bmatrix} \frac{1}{150} & 0 & 0 & 0 & 0 & 0 & 0 \\ -5.88 & 5.88+1.23 & -1.23 & 0 & 0 & 0 & 0 \\ 0 & -1.23 & 1.23+0.76 & -0.76 & 0 & 0 & 0 \\ 0 & 0 & -0.76 & 0.76+0.091 & -0.091 & 0 & 0 \\ 0 & 0 & 0 & -0.091 & 0.091+2.22 & -2.22 & 0 \\ 0 & 0 & 0 & 0 & -2.22 & 2.22+1.47 & -1.47 \\ 0 & 0 & 0 & 0 & 0 & 0 & \frac{1}{150} \end{bmatrix}\begin{bmatrix} T_1 \\ T_2 \\ T_3 \\ T_4 \\ T_5 \\ T_6 \\ T_7 \end{bmatrix}=\begin{bmatrix} 20°F \\ 0 \\ 0 \\ 0 \\ 0 \\ 0 \\ 70°F \end{bmatrix}$$

经化简，可得

$$\begin{bmatrix} 7.11 & -1.23 & 0 & 0 & 0 \\ -1.23 & 1.99 & -0.76 & 0 & 0 \\ 0 & -0.76 & 0.851 & -0.091 & 0 \\ 0 & 0 & -0.091 & 2.311 & -2.22 \\ 0 & 0 & 0 & -2.22 & 3.69 \end{bmatrix}\begin{bmatrix} T_2 \\ T_3 \\ T_4 \\ T_5 \\ T_6 \end{bmatrix}=\begin{bmatrix} (5.88)(20) \\ 0 \\ 0 \\ 0 \\ (1.47)(70) \end{bmatrix}$$

求解阶段

6. 求解代数方程组

进行上述矩阵运算即可得到温度沿墙壁的分布为

$$
\begin{bmatrix} T_1 \\ T_2 \\ T_3 \\ T_4 \\ T_5 \\ T_6 \\ T_7 \end{bmatrix} = \begin{bmatrix} 20.00 \\ 20.59 \\ 23.41 \\ 27.97 \\ 66.08 \\ 67.64 \\ 70.00 \end{bmatrix} \text{°C}
$$

对于与本例类似的问题，了解墙内温度的分布对于确定墙内哪些地方会出现冷凝是非常重要的，这样就可以知道应该在何处放置抗凝装置，以避免水汽凝结。下面举例说明其原理。假设水蒸气能够通过石膏墙板扩散，墙内部空气的相对湿度为 40%。利用焓湿图，并根据干球温度 70℉ 和 $\phi = 40\%$ 的条件，可以确定水蒸气凝结的温度是 44℉。因此，空气中的水蒸气将凝结于温度等于或低于 44℉ 的表面。在这种情况下，若没有抗凝装置，空气中的水蒸气将会在表面 5 和表面 4 中间凝结。

后处理阶段

7. 获取其他信息

在本例中，可能还对其他信息感兴趣，如墙壁的热量损失。这些信息对于建筑物热荷载的计算是非常重要的。由于假设为稳态条件，墙壁的热量损失应该和每个单元传递的热量相等，可由下式计算：

$$
q = UA(T_{i+1} - T_i) \tag{1.37}
$$

每个单元传递的热量为

$$
q = UA(T_{i+1} - T_i) = (1.47)(150)(70 - 67.64) = (2.22)(150)(67.64 - 66.08) = \cdots
$$
$$
= (5.88)(150)(20.59 - 20) = 520 \frac{\text{Btu}}{\text{h}}
$$

此外，也可以用以下方法通过 U 因子计算出墙壁的热量损失：

$$
q = U_{全部} A(T_{内部} - T_{外部}) = \frac{1}{\Sigma\ 热阻} A(T_{内部} - T_{外部})
$$
$$
= (0.0693)(150)(70 - 20) = 520 \frac{\text{Btu}}{\text{hr}}
$$

下面将讨论另一个应用直接法建立有限元模型的实例。

扭转问题：直接法

例 1.3 考虑图 1.11 所示的圆轴的扭转问题。若轴是等截面的，极惯性矩为 J，长度为 ℓ，由剪切弹性模量为 G 的同质材料制成，由材料力学知识可知，受扭矩 T 时，轴的扭转角 θ 为

$$
\theta = \frac{T\ell}{JG}
$$

应用直接法、平衡条件及

$$
\theta = \frac{T\ell}{JG}
$$

由两个节点构成的单元的刚度矩阵、扭转角和扭矩满足如下关系：

$$
\frac{JG}{\ell} \begin{bmatrix} 1 & -1 \\ -1 & 1 \end{bmatrix} \begin{bmatrix} \theta_1 \\ \theta_2 \end{bmatrix} = \begin{bmatrix} T_1 \\ T_2 \end{bmatrix} \tag{1.38}
$$

第 10 章将详细讨论扭转问题，这里仅考虑图 1.12 所示的由两部分组成的轴。AB 段由剪

切弹性模量 $G_{AB} = 3.9 \times 10^6$ lb/in^2 的材料构成，其直径为 1.5 in；BC 段的材料略有不同，材料的剪切弹性模量 $G_{BC} = 4.0 \times 10^6$ lb/in^2，其直径为 1 in。轴的两端固定，在 D 处施加大小为 200 lb·ft 的扭矩。要求利用 3 个单元来确定 D 处和 B 处的扭转角及边界处的扭转反力。

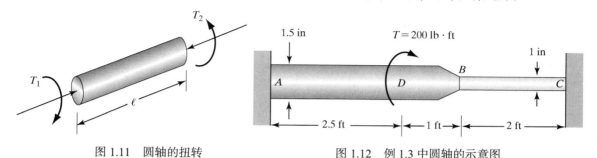

图 1.11　圆轴的扭转　　　　　　　　图 1.12　例 1.3 中圆轴的示意图

下面将用 4 个节点 A、B、C、D 与 3 个单元(AD，DB，BC)构成的模型来描述问题。

每个单元的极惯性矩为

$$J_1 = J_2 = \frac{1}{2}\pi r^4 = \frac{1}{2}\pi\left(\frac{1.5}{2}\text{ in}\right)^4 = 0.497 \text{ in}^4$$

$$J_3 = \frac{1}{2}\pi r^4 = \frac{1}{2}\pi\left(\frac{1.0}{2}\text{ in}\right)^4 = 0.0982 \text{ in}^4$$

利用式(1.38)计算每个单元的刚度矩阵：

$$\boldsymbol{K}^{(e)} = \frac{JG}{\ell}\begin{bmatrix} 1 & -1 \\ -1 & 1 \end{bmatrix}$$

因此，单元(1)的刚度矩阵为

$$\boldsymbol{K}^{(1)} = \frac{(0.497 \text{ in}^4)(3.9 \times 10^6 \text{ lb/in}^2)}{(12 \times 2.5) \text{ in}}\begin{bmatrix} 1 & -1 \\ -1 & 1 \end{bmatrix} = \begin{bmatrix} 64\,610 & -64\,610 \\ -64\,610 & 64\,610 \end{bmatrix} \text{lb} \cdot \text{in}$$

在总刚度矩阵中的位置为

$$\boldsymbol{K}^{(1G)} = \begin{bmatrix} 64\,610 & -64\,610 & 0 & 0 \\ -64\,610 & 64\,610 & 0 & 0 \\ 0 & 0 & 0 & 0 \\ 0 & 0 & 0 & 0 \end{bmatrix}\begin{matrix} \theta_1 \\ \theta_2 \\ \theta_3 \\ \theta_4 \end{matrix}$$

类似地，单元(2)和单元(3)的刚度矩阵及其在总刚度矩阵中的位置如下：

$$\boldsymbol{K}^{(2)} = \frac{(3.9 \times 10^6 \text{ lb/in}^2)(0.497 \text{ in}^4)}{(12 \times 1.0) \text{ in}}\begin{bmatrix} 1 & -1 \\ -1 & 1 \end{bmatrix} = \begin{bmatrix} 161\,525 & -161\,525 \\ -161\,525 & 161\,525 \end{bmatrix} \text{lb} \cdot \text{in}$$

$$\boldsymbol{K}^{(2G)} = \begin{bmatrix} 0 & 0 & 0 & 0 \\ 0 & 161\,525 & -161\,525 & 0 \\ 0 & -161\,525 & 161\,525 & 0 \\ 0 & 0 & 0 & 0 \end{bmatrix}\begin{matrix} \theta_1 \\ \theta_2 \\ \theta_3 \\ \theta_4 \end{matrix}$$

$$\boldsymbol{K}^{(3)} = \frac{(4.0 \times 10^6 \text{ lb/in}^2)(0.0982 \text{ in}^4)}{(12 \times 2.0) \text{ in}}\begin{bmatrix} 1 & -1 \\ -1 & 1 \end{bmatrix} = \begin{bmatrix} 16\,367 & -16\,367 \\ -16\,367 & 16\,367 \end{bmatrix} \text{lb} \cdot \text{in}$$

$$\boldsymbol{K}^{(3G)} = \begin{bmatrix} 0 & 0 & 0 & 0 \\ 0 & 0 & 0 & 0 \\ 0 & 0 & 16\,367 & -16\,367 \\ 0 & 0 & -16\,367 & 16\,367 \end{bmatrix} \begin{matrix} \theta_1 \\ \theta_2 \\ \theta_3 \\ \theta_4 \end{matrix}$$

通过组合(相加)单元刚度矩阵得到总刚度矩阵:

$$\boldsymbol{K}^{(G)} = \boldsymbol{K}^{(1G)} + \boldsymbol{K}^{(2G)} + \boldsymbol{K}^{(3G)}$$

$$\boldsymbol{K}^{(G)} = \begin{bmatrix} 64\,610 & -64\,610 & 0 & 0 \\ -64\,610 & 64\,610+161\,525 & -161\,525 & 0 \\ 0 & -161\,525 & 161\,525+16\,367 & -16\,367 \\ 0 & 0 & -16\,367 & 16\,367 \end{bmatrix}$$

在 A 点和 C 点应用边界条件并施加外扭矩:

$$\begin{bmatrix} 1 & 0 & 0 & 0 \\ -64\,610 & 226\,135 & -161\,525 & 0 \\ 0 & -161\,525 & 177\,892 & -16\,367 \\ 0 & 0 & 0 & 1 \end{bmatrix} \begin{bmatrix} \theta_1 \\ \theta_2 \\ \theta_3 \\ \theta_4 \end{bmatrix} = \begin{bmatrix} 0 \\ -(200 \times 12)\,\text{lb} \cdot \text{in} \\ 0 \\ 0 \end{bmatrix}$$

求解以上方程组可得

$$\begin{bmatrix} \theta_1 \\ \theta_2 \\ \theta_3 \\ \theta_4 \end{bmatrix} = \begin{bmatrix} 0 \\ -0.030\,20\ \text{rad} \\ -0.027\,42\ \text{rad} \\ 0 \end{bmatrix}$$

边界 A 和边界 C 处的反作用力矩可由下式确定:

$$\boldsymbol{R} = \boldsymbol{K}\boldsymbol{\theta} - \boldsymbol{T}$$

$$\begin{bmatrix} R_A \\ R_D \\ R_B \\ R_C \end{bmatrix} = \begin{bmatrix} 64\,610 & -64\,610 & 0 & 0 \\ -64\,610 & 226\,135 & -161\,525 & 0 \\ 0 & -161\,525 & 177\,892 & -16\,367 \\ 0 & 0 & -16\,367 & 16\,367 \end{bmatrix} \begin{bmatrix} 0 \\ -0.030\,20\ \text{rad} \\ -0.027\,42\ \text{rad} \\ 0 \end{bmatrix} - \begin{bmatrix} 0 \\ -(200 \times 12)\,\text{lb} \cdot \text{in} \\ 0 \\ 0 \end{bmatrix}$$

$$\begin{bmatrix} R_A \\ R_D \\ R_B \\ R_C \end{bmatrix} = \begin{bmatrix} 1951\ \text{lb} \cdot \text{in} \\ 0 \\ 0 \\ 449\ \text{lb} \cdot \text{in} \end{bmatrix}$$

注意,R_A 和 R_C 之和等于施加的外扭矩 2400 lb·in。此外还要注意,上述模型无法描述由于轴直径的变化而产生应力集中的问题。

例1.4 如图 1.13 所示的承受轴向荷载的钢板,求沿板的挠度和平均应力。假设板的厚度为 1/16 in,弹性模量为 $E = 29 \times 10^6\ \text{lb/in}^2$。

可以利用 4 个节点和 4 个单元的模型来描述问题,如图 1.13 所示。下面计算每个单元的刚度系数:

$$k_1 = \frac{A_1 E}{\ell_1} = \frac{(5)(0.0625)(29 \times 10^6)}{1} = 9\,062\,500\ \text{lb/in}$$

$$k_2 = k_3 = \frac{A_2 E}{\ell_2} = \frac{(2)(0.0625)(29 \times 10^6)}{4} = 906\,250 \text{ lb/in}$$

$$k_4 = \frac{A_4 E}{\ell_4} = \frac{(5)(0.0625)(29 \times 10^6)}{2} = 4\,531\,250 \text{ lb/in}$$

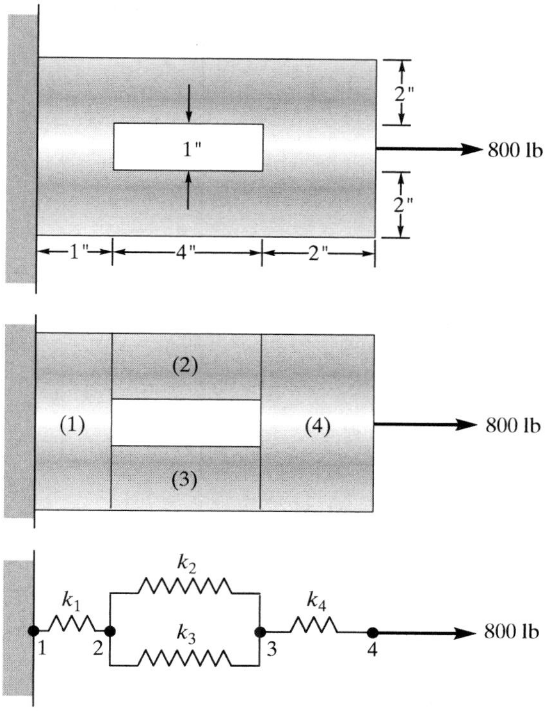

图 1.13 例 1.4 中钢板的示意图

单元(1)的刚度矩阵为

$$\boldsymbol{K}^{(1)} = \begin{bmatrix} k_1 & -k_1 \\ -k_1 & k_1 \end{bmatrix}$$

在总刚度矩阵中的位置为

$$\boldsymbol{K}^{(1G)} = \begin{bmatrix} k_1 & -k_1 & 0 & 0 \\ -k_1 & k_1 & 0 & 0 \\ 0 & 0 & 0 & 0 \\ 0 & 0 & 0 & 0 \end{bmatrix} \begin{matrix} u_1 \\ u_2 \\ u_3 \\ u_4 \end{matrix}$$

类似地，单元(2)、单元(3)和单元(4)的刚度矩阵及其在总刚度矩阵中的位置分别为

$$\boldsymbol{K}^{(2)} = \begin{bmatrix} k_2 & -k_2 \\ -k_2 & k_2 \end{bmatrix} \qquad \boldsymbol{K}^{(2G)} = \begin{bmatrix} 0 & 0 & 0 & 0 \\ 0 & k_2 & -k_2 & 0 \\ 0 & -k_2 & k_2 & 0 \\ 0 & 0 & 0 & 0 \end{bmatrix} \begin{matrix} u_1 \\ u_2 \\ u_3 \\ u_4 \end{matrix}$$

$$\boldsymbol{K}^{(3)} = \begin{bmatrix} k_3 & -k_3 \\ -k_3 & k_3 \end{bmatrix} \qquad \boldsymbol{K}^{(3G)} = \begin{bmatrix} 0 & 0 & 0 & 0 \\ 0 & k_3 & -k_3 & 0 \\ 0 & -k_3 & k_3 & 0 \\ 0 & 0 & 0 & 0 \end{bmatrix} \begin{matrix} u_1 \\ u_2 \\ u_3 \\ u_4 \end{matrix}$$

$$\boldsymbol{K}^{(4)} = \begin{bmatrix} k_4 & -k_4 \\ -k_4 & k_4 \end{bmatrix} \qquad \boldsymbol{K}^{(4G)} = \begin{bmatrix} 0 & 0 & 0 & 0 \\ 0 & 0 & 0 & 0 \\ 0 & 0 & k_4 & -k_4 \\ 0 & 0 & -k_4 & k_4 \end{bmatrix} \begin{matrix} u_1 \\ u_2 \\ u_3 \\ u_4 \end{matrix}$$

通过组合(相加)单元刚度得到总刚度矩阵:

$$\boldsymbol{K}^{(G)} = \boldsymbol{K}^{(1G)} + \boldsymbol{K}^{(2G)} + \boldsymbol{K}^{(3G)} + \boldsymbol{K}^{(4G)}$$

$$\boldsymbol{K}^{(G)} = \begin{bmatrix} k_1 & -k_1 & 0 & 0 \\ -k_1 & k_1 + k_2 + k_3 & -k_2 - k_3 & 0 \\ 0 & -k_2 - k_3 & k_2 + k_3 + k_4 & -k_4 \\ 0 & 0 & -k_4 & k_4 \end{bmatrix}$$

将单元的刚度系数代入，总刚度矩阵为

$$\boldsymbol{K}^{(G)} = \begin{bmatrix} 9\,062\,500 & -9\,062\,500 & 0 & 0 \\ -9\,062\,500 & 10\,875\,000 & -1\,812\,500 & 0 \\ 0 & -1\,812\,500 & 6\,343\,750 & -4\,531\,250 \\ 0 & 0 & -4\,531\,250 & 4\,531\,250 \end{bmatrix}$$

应用边界条件 $u_1 = 0$ 并施加节点 4 处的荷载，得

$$\begin{bmatrix} 1 & 0 & 0 & 0 \\ -9\,062\,500 & 10\,875\,000 & -1\,812\,500 & 0 \\ 0 & -1\,812\,500 & 6\,343\,750 & -4\,531\,250 \\ 0 & 0 & -4\,531\,250 & 4\,531\,250 \end{bmatrix} \begin{bmatrix} u_1 \\ u_2 \\ u_3 \\ u_4 \end{bmatrix} = \begin{bmatrix} 0 \\ 0 \\ 0 \\ 800 \end{bmatrix}$$

求解上述方程组:

$$\begin{bmatrix} u_1 \\ u_2 \\ u_3 \\ u_4 \end{bmatrix} = \begin{bmatrix} 0 \\ 8.827 \times 10^{-5} \\ 5.296 \times 10^{-4} \\ 7.062 \times 10^{-4} \end{bmatrix} \text{in}$$

每个单元的应力为

$$\sigma^{(1)} = E\left(\frac{u_2 - u_1}{\ell}\right) = \frac{(29 \times 10^6)(8.827 \times 10^{-5} - 0)}{1} = 2560\,\frac{\text{lb}}{\text{in}^2}$$

$$\sigma^{(2)} = \sigma^{(3)} = E\left(\frac{u_3 - u_2}{\ell}\right) = \frac{(29 \times 10^6)(5.296 \times 10^{-4} - 8827 \times 10^{-5})}{4} = 3200\,\frac{\text{lb}}{\text{in}^2}$$

$$\sigma^{(4)} = E\left(\frac{u_4 - u_3}{\ell}\right) = \frac{(29 \times 10^6)(7.062 \times 10^{-4} - 5.296 \times 10^{-4})}{2} = 2560\,\frac{\text{lb}}{\text{in}^2}$$

注意，本问题的模型中同时存在并联弹簧和串联弹簧。两个并联的弹簧可以由一个刚度为 $k_2 + k_3$ 的弹簧表示(参见习题 25)。同时要注意，由于孔洞的存在，截面突变会产生应力集中现象，其值超过上述计算的平均应力。在学习了平面应力有限元分析(将在第 10 章讨论)之后，将要求读者重新考虑这个问题，并利用 ANSYS 进行求解(参见第 10 章的习题)。此外，还将要求读者绘制板的应力分布图，以确定最大应力的位置和大小。

为了对第 10 章将要介绍的内容有初步了解并强调应力集中问题，图 1.14 给出了利用 ANSYS 求解例 1.4 而得到的板 x 方向的应力分布图。如图 1.14 所示，荷载以压力的形式作用于构件的整个右侧面。注意，截面 A-A 处的应力从约 3000 psi 变化到 3500 psi；截面 B-B 处应力的 x 分量

在 2300～2600 psi 之间。这些值与使用直接法得到的平均应力值相差不大。另外，还要注意 ANSYS 生成的应力的最大值和最小值将根据荷载作用于构件上的方式不同而变化，特别是对靠近荷载施加位置和孔洞的区域。依据例 1.4 和图 1.13 求解实际工程问题时，需要注意荷载总是会施加于一定的区域而不是单独的一个点上。因此，利用有限元方法求解问题时，荷载施加的方式将影响应力分布的结果，尤其是在施加荷载的区域。由于例 1.4 研究的是一块有孔短板，所以也遵从上述原理。

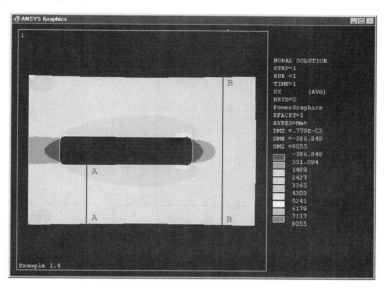

图 1.14 用 ANSYS 求解例 1.4 所得的钢板在 x 方向上的应力分布图

为方便起见，将 1.5 节的示例结果列于表 1.6 中，其中给出了单元性质、节点的自由度及物理平衡要求。

表 1.6 单元和节点示例

单 元 性 质	节点的自由度	物理平衡要求
线弹性单元(线性弹簧) $$f_i = k(u_i - u_{i+1})$$ $$f_{i+1} = k(u_{i+1} - u_i)$$	节点位移： u_i, u_{i+1}	力平衡： $f_i + f_{i+1} = 0$
扭转弹性单元(扭转弹簧) $$T_i = \frac{JG}{\ell}(\theta_i - \theta_{i+1})$$ $$T_{i+1} = \frac{JG}{\ell}(\theta_{i+1} - \theta_i)$$	节点扭转角： θ_i, θ_{i+1}	力矩平衡： $T_i + T_{i+1} = 0$

续表

单 元 性 质	节点的自由度	物理平衡要求
传导单元		
$q_i = \dfrac{kA}{\ell}(T_i - T_{i+1})$ $q_{i+1} = \dfrac{kA}{\ell}(T_{i+1} - T_i)$	节点温度： T_i, T_{i+1}	能量平衡： $q_i + q_{i+1} = 0$
管中层流单元(参见 12.1 节)		
$Q_i = C(P_i - P_{i+1})$ $Q_{i+1} = C(P_{i+1} - P_i)$	节点压力： P_i, P_{i+1}	流量平衡： $Q_i + Q_{i+1} = 0$
电阻单元		
$I_i = \dfrac{1}{R}(V_i - V_{i+1})$ $I_{i+1} = \dfrac{1}{R}(V_{i+1} - V_i)$	节点电压： V_i, V_{i+1}	电流平衡： $I_i + I_{i+1} = 0$

1.6　最小总势能法

最小总势能法是固体力学中建立有限元模型的另一种常用方法。作用在物体上的荷载会引起物体变形，此时，外力所做的功以弹性能的形式储存在物体中，称为应变能。下面，将讨论图 1.15 所示的固体构件在集中力 F 作用下的应变能。

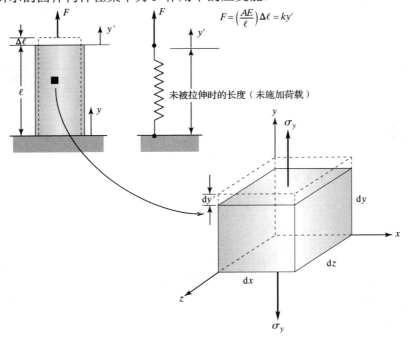

图 1.15　集中荷载作用下物体的弹性行为

图 1.15 还给出了取自构件的微元体积，以及作用于微元体积表面的正应力。如前所述，可以用线性弹簧来模拟物体的弹性行为。在图 1.15 中，y' 是表征构件变形的变量，值在 $0 \sim \Delta \ell$ 之间变化。当构件伸长一个微量 dy' 时，材料内蓄积的能量（Λ）为

$$\Lambda = \int_0^{y'} F dy' = \int_0^{y'} ky' dy' = \frac{1}{2} ky'^2 = \left(\frac{1}{2} ky' \right) y' \tag{1.39}$$

将式（1.39）应用于微元体积——物体的一部分，并将其写为正应力（σ）-应变（ε）形式：

$$d\Lambda = \frac{1}{2} \underbrace{(ky')}_{\text{弹力}} dy' = \frac{1}{2} \underbrace{(\sigma_y dx dz)}_{\text{弹力}} \underbrace{\frac{dy'}{\varepsilon dy}}_{} = \frac{1}{2} \sigma \varepsilon \, dV$$

因此，对于受轴向荷载作用的单元或构件，应变能 $\Lambda^{(e)}$ 由下式给出：

$$\Lambda^{(e)} = \int d\Lambda = \int_V \frac{\sigma \varepsilon}{2} dV = \int_V \frac{E \varepsilon^2}{2} dV \tag{1.40}$$

式中，V 是物体的体积，且 $\sigma = E\varepsilon$。由 n 个单元和 m 个节点构成的物体，其总势能 Π 为总应变能和外力所做功的差：

$$\Pi = \sum_{e=1}^n \Lambda^{(e)} - \sum_{i=1}^m F_i u_i \tag{1.41}$$

最小总势能原理表明，稳定系统相对于平衡位置发生的位移使系统的总势能最小：

$$\frac{\partial \Pi}{\partial u_i} = \frac{\partial}{\partial u_i} \sum_{e=1}^n \Lambda^{(e)} - \frac{\partial}{\partial u_i} \sum_{i=1}^m F_i u_i = 0, \quad i = 1, 2, 3, \cdots, n \tag{1.42}$$

下面将通过实例解释式（1.42）的物理含义。

例 1.5 设有下列情形：(a) 受外力 F 作用的线性弹簧如图 1.16 所示。由于弹簧具有刚度，被拉长 x。依据静力平衡条件，作用在弹簧上的外力 F 与弹簧的内力 kx 相等，即

$$F = kx \quad \text{或} \quad x = \frac{F}{k}$$

系统的总势能由式（1.41）定义。存储在弹簧内的弹性应变能为 $\Lambda = \frac{1}{2} kx^2$，外力 F 所做的功为 Fx（力与位移的乘积）。因此，系统的总势能为

$$\Pi = \frac{1}{2} kx^2 - Fx$$

使 Π 关于 x 最小，则有

$$\frac{d\Pi}{dx} = \frac{d}{dx} \left(\frac{1}{2} kx^2 - Fx \right) = kx - F = 0$$

因此，$x = \dfrac{F}{k}$。

图 1.16 外力 F 作用下的线性弹簧

(b) 图 1.17 所示的细长杆重 8 N，由一个刚度为 $k = 20$ N/cm 的弹簧支撑，在杆的端点 C 作用有压力 $P = 12$ N，求弹簧的挠度。

首先，对问题应用静力平衡条件，然后再应用最小总势能法进行求解。静力平衡条件要求作用在节点 A 的力矩之和为零。根据图 1.18 所示的受力图有

$$\circlearrowleft \sum M_A = 0 \quad -(8\,\text{N})(5\,\text{cm}) + F_s(8\,\text{cm}) - (12\,\text{N})(10\,\text{cm}) = 0$$

$$F_s = 20\,\text{N} \quad \text{和} \quad kx = (20\,\text{N/cm})(x) = 20\,\text{N}$$

$$x = 1\,\text{cm}$$

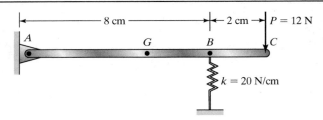

图 1.17　例 1.5 中的杆

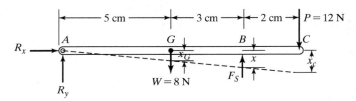

图 1.18　例 1.5 中杆的受力图

下面，利用最小总势能法继续求解问题。注意，存储在系统中的弹性势能主要取决于弹簧的弹性势能，由下式给出：

$$\Lambda = \frac{1}{2}kx^2 = \frac{1}{2}(20\ \text{N/cm})(x^2) = 10x^2$$

外力所做的功等于杆重与节点 G 处位移的乘积及压力 P 与节点 C 处位移的乘积之和。根据相似三角形定理，可以由弹簧的位移（节点 B 处）得出节点 G 和节点 C 的位移，即

$$\frac{x}{8} = \frac{x_G}{5} \quad \text{或} \quad x_G = \frac{5}{8}x$$

$$\frac{x}{8} = \frac{x_C}{10} \quad \text{或} \quad x_C = \frac{5}{4}x$$

因此，外力所做的功为

$$\sum F_i u_i = (8\ \text{N})\left(\frac{5}{8}x\right) + (12\ \text{N})\left(\frac{5}{4}x\right) = 5x + 15x = 20x$$

系统的总势能为

$$\Pi = \sum \Lambda - \sum F_i u_i = 10x^2 - 20x$$

且

$$\frac{\text{d}\Pi}{\text{d}x} = \frac{\text{d}}{\text{d}x}\left(10x^2 - 20x\right) = 20x - 20 = 0$$

求解上式中的 x，可得 $x = 1$ cm。由于只有位移为未知量，当利用式（1.41）和式（1.42）时，可用 x 代替位移 u_i，并用普通的导数符号代替偏导数符号。图 1.19 给出了作为位移 x 的函数的总势能 $\Pi = 10x^2 - 20x$ 的图形。由图 1.19 显而易见，最小总势能产生于 $x = 1$ cm 处。

回顾例 1.1，其任意单元（e）的应变能可由式（1.40）导出：

$$\Lambda^{(e)} = \int_V \frac{E\varepsilon^2}{2}\,\text{d}V = \frac{A_{\text{avg}}E}{2\ell}(u_{i+1}^2 + u_i^2 - 2u_{i+1}u_i) \tag{1.43}$$

式中，轴向应变 $\varepsilon = (u_{i+1} - u_i)/\ell$，微元体积 $V = A_{\text{avg}}\ell$。对 u_i 和 u_{i+1} 求偏导以最小化应变能，可得

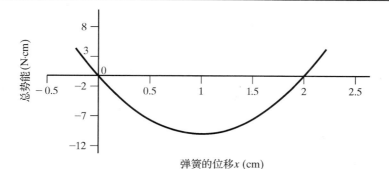

图 1.19 总势能与位移 x 的关系曲线

$$\frac{\partial \Lambda^{(e)}}{\partial u_i} = \frac{A_{\text{avg}}E}{\ell}(u_i - u_{i+1})$$

$$\frac{\partial \Lambda^{(e)}}{\partial u_{i+1}} = \frac{A_{\text{avg}}E}{\ell}(u_{i+1} - u_i)$$

$$(1.44)$$

或写为矩阵形式：

$$\begin{bmatrix} \dfrac{\partial \Lambda^{(e)}}{\partial u_i} \\ \dfrac{\partial \Lambda^{(e)}}{\partial u_{i+1}} \end{bmatrix} = \begin{bmatrix} k_{\text{eq}} & -k_{\text{eq}} \\ -k_{\text{eq}} & k_{\text{eq}} \end{bmatrix} \begin{bmatrix} u_i \\ u_{i+1} \end{bmatrix} \tag{1.45}$$

式中，$k_{\text{eq}} = (A_{\text{avg}}E)/\ell$。对于任意单元，最小化节点 i 和节点 $i+1$ 处的外力做功，则有

$$\frac{\partial}{\partial u_i}(F_i u_i) = F_i$$

$$\frac{\partial}{\partial u_{i+1}}(F_{i+1} u_{i+1}) = F_{i+1}$$

$$(1.46)$$

对于例 1.1，利用最小总势能法与利用直接法所得的总刚度矩阵完全相同，如下所示：

$$\boldsymbol{K}^{(G)} = \begin{bmatrix} k_1 & -k_1 & 0 & 0 & 0 \\ -k_1 & k_1 + k_2 & -k_2 & 0 & 0 \\ 0 & -k_2 & k_2 + k_3 & -k_3 & 0 \\ 0 & 0 & -k_3 & k_3 + k_4 & -k_4 \\ 0 & 0 & 0 & -k_4 & k_4 \end{bmatrix}$$

应用边界条件并施加荷载，则有

$$\begin{bmatrix} 1 & 0 & 0 & 0 & 0 \\ -k_1 & k_1 + k_2 & -k_2 & 0 & 0 \\ 0 & -k_2 & k_2 + k_3 & -k_3 & 0 \\ 0 & 0 & -k_3 & k_3 + k_4 & -k_4 \\ 0 & 0 & 0 & -k_4 & k_4 \end{bmatrix} \begin{bmatrix} u_1 \\ u_2 \\ u_3 \\ u_4 \\ u_5 \end{bmatrix} = \begin{bmatrix} 0 \\ 0 \\ 0 \\ 0 \\ P \end{bmatrix} \tag{1.47}$$

位移的求解结果与利用直接法，即式 (1.17) 所得的结果完全相同。第 4 章、第 10 章和第 13 章将详细介绍应变能和最小总势能的概念在固体力学问题中的应用，因此，对其基本思想的理解将有助于后续内容的理解。

例 1.1 的精确解[①]   下面将推导例 1.1 的精确解,并与用有限元方法计算的位移结果进行比较。如图 1.20 所示,静力平衡条件要求 y 方向上的合力为零,由此将导出如下关系:

$$P - (\sigma_{\text{avg}})A(y) = 0 \tag{1.48}$$

然后,应用胡克定律$(\sigma = E\varepsilon)$,利用应变表示平均应力,有

$$P - E\varepsilon A(y) = 0 \tag{1.49}$$

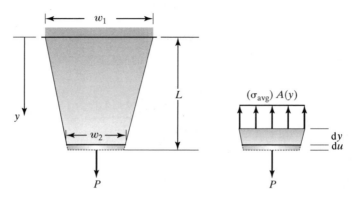

图 1.20   例 1.1 中杆的外力 P 与平均应力的关系

如前所述,平均正应变是每单位原始长度 $\mathrm{d}y$ 上的变化量 $\mathrm{d}u$,即

$$\varepsilon = \frac{\mathrm{d}u}{\mathrm{d}y}$$

将其代入式(1.49),可得

$$P - EA(y)\frac{\mathrm{d}u}{\mathrm{d}y} = 0 \tag{1.50}$$

整理式(1.50),可得

$$\mathrm{d}u = \frac{P\mathrm{d}y}{EA(y)} \tag{1.51}$$

沿杆长度对式(1.51)积分,即可求得精确解:

$$\int_0^u \mathrm{d}u = \int_0^L \frac{P\mathrm{d}y}{EA(y)}$$

$$u(y) = \int_0^y \frac{P\mathrm{d}y}{EA(y)} = \int_0^y \frac{P\mathrm{d}y}{E\left(w_1 + \left(\dfrac{w_2 - w_1}{L}\right)y\right)t} \tag{1.52}$$

其中,面积为

$$A(y) = \left(w_1 + \left(\frac{w_2 - w_1}{L}\right)y\right)t$$

对式(1.52)积分,则可以得到杆的挠度:

$$u(y) = \frac{PL}{Et(w_2 - w_1)}\left[\ln\left(w_1 + \left(\frac{w_2 - w_1}{L}\right)y\right) - \ln w_1\right] \tag{1.53}$$

---

① 剪应力忽略不计。

式 (1.53) 可用来求解杆上不同点的位移。通过与精确解进行比较，可以度量直接法和最小总势能法的计算精度。表 1.7 给出了利用精确法、直接法和最小总势能法计算得到的节点位移。

表 1.7 位移结果的比较

杆上不同节点的位置 (in)	精确法 [式 (1.53)] 的位移结果 (in)	直接法的位移结果 (in)	最小总势能法的位移结果 (in)
$y = 0$	0	0	0
$y = 2.5$	0.001 027	0.001 026	0.001 026
$y = 5.0$	0.002 213	0.002 210	0.002 210
$y = 7.1$	0.003 615	0.003 608	0.003 608
$y = 10$	0.005 333	0.005 317	0.005 317

由表 1.7 可以清楚地看出，各种方法的计算结果基本一致。

1.7 加权余量法

加权余量法的基础在于为控制微分方程假设一个近似解。假定的近似解必须满足给定的初始条件和边界条件。此外，由于假定的解并非精确解，因此将其代入微分方程将会产生一定的余量，即误差。简而言之，任何余量法都要求误差在一定的间隔内或某些节点上为零。下面将利用例 1.1 说明这一概念。例 1.1 中的控制微分方程及其边界条件如下：

$$A(y)E\frac{\mathrm{d}u}{\mathrm{d}y} - P = 0 \quad 边界条件为 \ u(0) = 0 \tag{1.54}$$

接下来，为其假设一个近似解。注意，假设的解必须满足边界条件。可以设

$$u(y) = c_1 y + c_2 y^2 + c_3 y^3 \tag{1.55}$$

其中，c_1, c_2 和 c_3 是未知系数。很显然，式 (1.55) 满足边界条件 $u(0) = 0$。将式 (1.55) 代入式 (1.54) 所示的微分方程，得到误差函数 $\mathscr{R}$：

$$\overbrace{\left(w_1 + \left(\frac{w_2 - w_1}{L}\right)y\right)t E}^{A(y)}\overbrace{(c_1 + 2c_2 y + 3c_3 y^2)}^{\frac{\mathrm{d}u}{\mathrm{d}y}} - P = \mathscr{R} \tag{1.56}$$

将例 1.1 中的 w_1, w_2, L, t 和 E 的值代入上式并化简，可得

$$\mathscr{R}/E = (0.25 - 0.0125y)(c_1 + 2c_2 y + 3c_3 y^2) - 96.154 \times 10^{-6}$$

1.7.1 配点法

配点法强制误差或余差函数 $\mathscr{R}$ 在若干节点处为零，节点的数量必须与未知系数的数量一致。由于本例中有 3 个未知数，于是需要在 3 个节点处强制误差函数为零。假设选择节点 $y = L/3$，$y = 2L/3$ 和 $y = L$，使其误差函数为零，则有

$$\mathscr{R}(c, y)\Big|_{y=\frac{L}{3}} = 0$$

$$\mathscr{R} = \left(0.25 - 0.0125\left(\frac{10}{3}\right)\right)\left(c_1 + 2c_2\left(\frac{10}{3}\right) + 3c_3\left(\frac{10}{3}\right)^2\right) - 96.154 \times 10^{-6} = 0$$

$$\mathcal{R}(c, y)\Big|_{y=\frac{2L}{3}} = 0$$

$$\mathcal{R} = \left(0.25 - 0.0125\left(\frac{20}{3}\right)\right)\left(c_1 + 2c_2\left(\frac{20}{3}\right) + 3c_3\left(\frac{20}{3}\right)^2\right) - 96.154 \times 10^{-6} = 0$$

$$\mathcal{R}(c, y)\Big|_{y=L} = 0$$

$$\mathcal{R} = (0.25 - 0.0125(10))(c_1 + 2c_2(10) + 3c_3(10)^2) - 96.154 \times 10^{-6} = 0$$

于是产生 3 个线性方程，通过求解可以得到 3 个未知系数 c_1，c_2 和 c_3：

$$c_1 + \frac{20}{3}c_2 + \frac{100}{3}c_3 = 461.539 \times 10^{-6}$$

$$c_1 + \frac{40}{3}c_2 + \frac{400}{3}c_3 = 576.924 \times 10^{-6}$$

$$c_1 + 20c_2 + 300c_3 = 769.232 \times 10^{-6}$$

求解以上方程可得 $c_1 = 423.0776 \times 10^{-6}$，$c_2 = 21.65 \times 10^{-15}$，$c_3 = 1.153\,848 \times 10^{-6}$。将其代入式(1.55)，即可得到位移的近似函数：

$$u(y) = 423.0776 \times 10^{-6}y + 21.65 \times 10^{-15}y^2 + 1.153\,848 \times 10^{-6}y^3 \tag{1.57}$$

为了了解配点法的计算精确性，本章末尾会将其结果与精确解进行比较。

1.7.2　子域法

子域法要求误差函数在某些子区间内的积分为零，并且所选择的子区间数目必须等于未知系数的数目。因此，对于假定的解，将有 3 个积分式：

$$\int_0^{\frac{L}{3}} \mathcal{R}\,\mathrm{d}y = 0$$

$$\int_0^{\frac{L}{3}} [(0.25 - 0.0125y)(c_1 + 2c_2y + 3c_3y^2) - 96.154 \times 10^{-6}]\mathrm{d}y = 0$$

$$\int_{\frac{L}{3}}^{\frac{2L}{3}} \mathcal{R}\,\mathrm{d}y = 0$$

$$\int_{\frac{L}{3}}^{\frac{2L}{3}} [(0.25 - 0.0125y)(c_1 + 2c_2y + 3c_3y^2) - 96.154 \times 10^{-6}]\mathrm{d}y = 0 \tag{1.58}$$

$$\int_{\frac{2L}{3}}^{L} \mathcal{R}\,\mathrm{d}y = 0$$

$$\int_{\frac{2L}{3}}^{L} [(0.25 - 0.0125y)(c_1 + 2c_2y + 3c_3y^2) - 96.154 \times 10^{-6}]\mathrm{d}y = 0$$

对式(1.58)积分将产生 3 个线性方程，通过求解可以得到 3 个未知系数 c_1，c_2 和 c_3：

$$763.888\,89 \times 10^{-3}c_1 + 2.469\,135\,8c_2 + 8.101\,851\,9c_3 = 320.513\,333 \times 10^{-6}$$

$$0.625c_1 + 6.172\,839\,5c_2 + 47.453\,704\,1c_3 = 3.205\,133\,3 \times 10^{-4}$$

$$0.486\,111\,1c_1 + 8.024\,691\,7c_2 + 100.694\,444c_3 = 3.205\,133\,3 \times 10^{-4}$$

求解以上方程可得 $c_1 = 391.350\,88 \times 10^{-6}$, $c_2 = 6.075 \times 10^{-6}$, $c_3 = 809.610\,92 \times 10^{-9}$。将其代入式 (1.55) 即可得到近似的位移函数:

$$u(y) = 391.350\,88 \times 10^{-6}y + 6.075 \times 10^{-6}y^2 + 809.610\,92 \times 10^{-9}y^3 \qquad (1.59)$$

为了了解子域法的计算精确性,本章末尾会将其结果与精确解进行比较。

1.7.3　迦辽金法

迦辽金 (Galerkin) 法要求误差相对于某些权函数 Φ_i 是正交的,即满足:

$$\int_a^b \Phi_i \mathscr{R}\,\mathrm{d}y = 0 \qquad i = 1, 2, \cdots, N \qquad (1.60)$$

选择权函数使之成为近似解的一部分。由于例 1.1 中假设的近似解包含 3 个未知数,因此需要 3 个方程。之前假设的近似解为 $u(y) = c_1y + c_2y^2 + c_3y^3$,因此权函数可选为 $\Phi_1 = y$,$\Phi_2 = y^2$,$\Phi_3 = y^3$。于是将产生如下方程:

$$\int_0^L y[(0.25 - 0.0125y)(c_1 + 2c_2y + 3c_3y^2) - 96.154 \times 10^{-6}]\mathrm{d}y = 0$$

$$\int_0^L y^2[(0.25 - 0.0125y)(c_1 + 2c_2y + 3c_3y^2) - 96.154 \times 10^{-6}]\mathrm{d}y = 0 \qquad (1.61)$$

$$\int_0^L y^3[0.25 - 0.0125y)(c_1 + 2c_2y + 3c_3y^2) - 96.154 \times 10^{-6}]\mathrm{d}y = 0$$

对式 (1.61) 积分将产生 3 个线性方程,通过求解可以得到 3 个未知系数 c_1,c_2 和 c_3:

$$8.333\,333c_1 + 104.166\,666\,7c_2 + 1125c_3 = 0.004\,807\,7$$

$$52.083\,333c_1 + 750c_2 + 8750c_3 = 0.032\,051\,333\,3$$

$$375c_1 + 5833.3333c_2 + 71\,428.571\,43c_3 = 0.240\,385$$

求解以上方程可得 $c_1 = 400.642 \times 10^{-6}$, $c_2 = 4.006 \times 10^{-6}$, $c_3 = 0.935 \times 10^{-6}$。将其代入式 (1.55),即可得到近似的位移函数:

$$u(y) = 400.642 \times 10^{-6}y + 4.006 \times 10^{-6}y^2 + 0.935 \times 10^{-6}y^3 \qquad (1.62)$$

为了了解迦辽金法的计算精确性,本章末尾会将其结果与精确解进行比较。

1.7.4　最小二乘法

最小二乘法要求误差相对于假定解中的未知系数最小化,即满足如下关系:

$$\text{最小化}\left(\int_a^b \mathscr{R}^2\mathrm{d}y\right)$$

于是有

$$\int_a^b \mathscr{R}\frac{\partial \mathscr{R}}{\partial c_i}\mathrm{d}y = 0 \qquad i = 1, 2, \cdots, N \qquad (1.63)$$

由于例 1.1 的近似解中包含 3 个未知数,式 (1.63) 将产生 3 个方程。之前假设的误差函数为

$$\mathscr{R}/E = (0.25 - 0.0125y)(c_1 + 2c_2y + 3c_3y^2) - 96.154 \times 10^{-6}$$

求误差函数关于 c_1,c_2 和 c_3 的微分,并将其代入式 (1.63),则有

$$\int_0^{10} \underbrace{[(0.25 - 0.0125y)(c_1 + 2c_2y + 3c_3y^2) - 96.154 \times 10^{-6}]}_{\mathscr{R}} \underbrace{(0.25 - 0.0125y)}_{\frac{\partial \mathscr{R}}{\partial c_1}} \mathrm{d}y = 0$$

$$\int_0^{10} \underbrace{[(0.25 - 0.0125y)(c_1 + 2c_2y + 3c_3y^2) - 96.154 \times 10^{-6}]}_{\mathscr{R}} \underbrace{(0.25 - 0.0125y)2y}_{\frac{\partial \mathscr{R}}{\partial c_2}} \mathrm{d}y = 0$$

$$\int_0^{10} \underbrace{[(0.25 - 0.0125y)(c_1 + 2c_2y + 3c_3y^2) - 96.154 \times 10^{-6}]}_{\mathscr{R}} \underbrace{(0.25 - 0.0125y)3y^2}_{\frac{\partial \mathscr{R}}{\partial c_3}} \mathrm{d}y = 0$$

对上式进行积分将得到 3 个线性方程：

$$0.364\,583\,333c_1 + 2.864\,583\,333c_2 + 25c_3 = 0.000\,180\,289$$
$$2.864\,583\,333c_1 + 33.333\,333c_2 + 343.75c_3 = 0.001\,602\,567$$
$$25c_1 + 343.75c_2 + 3883.928\,571c_3 = 0.015\,024\,063$$

通过求解即可得到未知系数 $c_1 = 389.773 \times 10^{-6}$，$c_2 = 6.442 \times 10^{-6}$，$c_3 = 0.789 \times 10^{-6}$。将其代入式 (1.55)，即可得到近似的位移函数：

$$u(y) = 389.733 \times 10^{-6}y + 6.442 \times 10^{-6}y^2 + 0.789 \times 10^{-6}y^3 \tag{1.64}$$

为了了解最小二乘法的计算精确性，本章末尾会将其结果与精确解进行比较。

1.7.5　加权余量解的比较

下面将上述几种加权余量法的计算结果与精确解进行比较，观察其精度如何。表 1.8 列出了利用精确法、配点法、子域法、迦辽金法和最小二乘法计算得到的节点位移。

表 1.8　加权余量法的比较

杆上不同节点的位置(in)	精确法[式(1.53)]的位移结果(in)	配点法[式(1.57)]的位移结果(in)	子域法[式(1.59)]的位移结果(in)	迦辽金法[式(1.62)]的位移结果 (in)	最小二乘法[式(1.64)]的位移结果(in)
$y = 0$	0	0	0	0	0
$y = 2.5$	0.001 027	0.001 076	0.001 029	0.001 041	0.001 027
$y = 5.0$	0.002 213	0.002 259	0.002 209	0.002 220	0.002 208
$y = 7.5$	0.003 615	0.003 660	0.003 618	0.003 624	0.003 618
$y = 10$	0.005 333	0.005 384	0.005 330	0.005 342	0.005 331

观察表 1.8 可知，各种方法的计算结果基本一致。1.7 节主要介绍了加权余量法的基本概念和计算过程。由于迦辽金法是有限元分析中应用最多的一种方法，因此第 6 章和第 9 章将更详细地介绍迦辽金法。在介绍一维和二维单元的概念之后，将会应用迦辽金法对一维和二维问题进行分析。注意，在以上使用加权余量法的实例中，所假设的近似解是针对整个问题域的。后续在应用迦辽金法时，还将利用逐段求解的策略。假设的线性或非线性的解仅在每个单元上是有效的，进而还需要将单元的解进行组合。

1.8 结果验证

近年来, 有限元分析作为一种设计工具发展迅猛。诸如 ANSYS 等易于使用的综合软件已经成为工程师应掌握的常用工具。遗憾的是, 许多使用这些工具的工程师往往缺乏经验或对基本概念缺乏足够的理解。使用有限元分析的工程师必须理解有限元方法的局限性。产生错误结果原因可能有多种, 其中包括以下几点。

1. 物理性能和尺寸之类数据的输入错误: 为了避免这类错误, 只需在进行深入分析之前, 简单地列举出各物理性能, 以及节点或关键点(用于定义物体顶点; 第 8 章和第 13 章将会对其进行详细介绍)的坐标, 并仔细核对。
2. 单元类型选择不恰当: 避免这类错误需要对基本概念的理解, 需要认真理解各种不同类型单元的局限性及其应用范围。
3. 网格划分不恰当: 在任何有限元分析中, 恰当的网格划分都非常重要。如果单元的形状和大小划分得不恰当, 则会影响计算结果的精度。因此, 理解自由网格划分(使用混合单元)和映射网格划分(使用四边形单元或六面体单元)的区别及其局限性是非常重要的。第 8 章和第 13 章将详细讨论这些概念。
4. 边界条件和荷载不正确: 这通常是建模中最难的, 涉及对实际问题有限元模型的荷载和边界条件的估测。正确的估测需要有良好的判断力和一定的经验。

工程师必须找到某种方法验证结果。尽管实验是验证结果的最好方法, 但却可能耗费时间和金钱。结果的验证可以通过将平衡条件和能量守恒定律应用到模型的不同部分来实现, 并确保其不违反物理规律。例如, 对于静态模型, 作用于物体上的外力之和必须等于零。据此可以审核计算得到的作用力是否准确。另外, 也可以通过对截面上的应力进行积分来验证结果, 即要求计算出的内力必须与外力平衡。对于稳态条件下的热传导问题, 可对包含节点的控制体积应用能量守恒定律, 以检验流入节点和流出节点的能量是否守恒。本书在某些章的末尾将给出一节专门讲述验证计算结果的方法。在这些章节中, 将首先利用 ANSYS 求解问题, 然后介绍验证结果的方法。

1.9 理解问题

在求解之前深入思考待分析的问题会节省很多时间和金钱。用计算机进行数值建模并产生有限元模型之前, 一定要先正确理解待分析的问题。优秀的工程师在建模前会提出许多问题, 例如: 物体受轴向荷载作用吗? 承受的是弯矩还是扭矩, 或是两者兼而有之? 需要考虑翘曲吗? 能够用二维模型来近似模拟物体的行为吗? 在问题中热传递起的作用大吗? 哪种形式的热传递起控制作用? 若选择使用有限元分析, 对概念的准确把握将大大促进对问题的理解。反过来也有助于选择一个良好、合理的有限元模型, 尤其是选择正确的单元类型。如果精通材料力学和传热学, 也许采用手工计算比用有限元分析解决问题更容易, 例如考虑例 1.6 中的问题。

例 1.6　假设将空咖啡壶放置在加热盘上，加热盘在壶底产生将近 20 W 的热量，周围的空气温度是 25℃，确定咖啡壶上温度的分布，传热系数 $h = 15$　W/(m²·K)。壶呈圆柱形，直径为 14 cm，高度为 14 cm，玻璃厚度为 3 mm。

加热盘

首先用有限模型对问题进行分析。当介绍了三维热实体单元之后(将在第 13 章中讨论)，将要求读者利用 ANSYS 重新分析这个问题(参见第 13 章的习题)。第 13 章将介绍如何建立咖啡壶的物理模型、划分网格、施加边界条件以计算温度分布。ANSYS 的分析结果如图 1.21 所示。

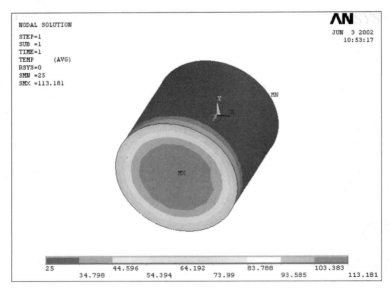

图 1.21　例 1.6 中咖啡壶的温度分布图

从有限元分析结果中不难看出，最高温度 113.181℃产生于壶底中间的位置，如图 1.21 所示。这是一个很好的例子，任何熟练掌握传热学基本概念的人都可以手工求解这个问题。在壶底部应用能量守恒定律，并将其假想为一个一维模型，就可以估计出玻璃的温度。由于咖啡壶是由薄玻璃制成的，因而可以忽略玻璃中温度的变化。在稳态条件下，施加给玻璃底部的热量近似等于空气对流传递的能量。因此，应用牛顿冷却定律，有

$$q'' = h(T_s - T_f) \tag{1.65}$$

其中：q''——热流（W/m^2），h——传热系数 $[W/m^2\cdot°C\,(W/m^2\cdot K)]$，$T_s$——咖啡壶的表面温度（℃），$T_f$——周围空气的温度（℃），估计进入壶底的热流为

$$q'' = \frac{20\text{ W}}{\dfrac{\pi}{4}(0.14\text{ m})^2} = 1299\text{ W/m}^2$$

将 h 和 T_f 代入式（1.65），即可求得 T_s：

$$1299\text{ W/m}^2 = (15\text{ W/m}\cdot°C)(T_s - 25) \qquad \rightarrow \qquad T_s = 111.6°C$$

从上面的例子可以看出，手工计算的温度结果（T_s =111.6℃）非常接近用有限元模型计算的结果（T_{max} = 113.181℃）。因此，对上面的问题无须利用有限元方法进行求解。

例 1.7 设有一承受扭矩作用的型钢构件（$G = 11×10^3$ ksi），其截面形状为矩形，如下图所示。在图示荷载作用下，测得扭转角 $\theta = 0.0005$ rad/in，求最大剪应力的位置和大小。

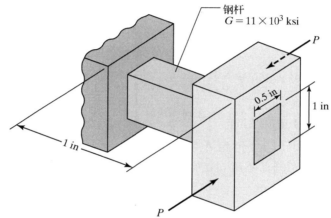

这个问题也可以利用有限元模型来分析。例 10.1 将给出利用 ANSYS 求解的步骤，这里仅列出分析结果，如图 1.22 所示。

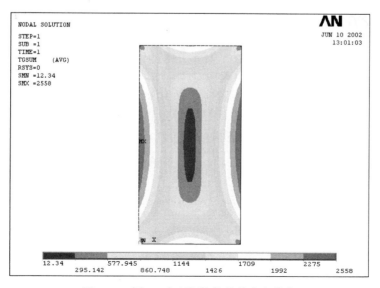

图 1.22 例 1.7 中型钢构件的剪应力分布

有限元分析结果显示，最大剪应力（2558 lb/in²）出现在矩形的中间部分。如果熟练掌握材料力学基本概念，也能够很好地手工求解这个问题。

10.1 节将介绍矩形截面构件受扭问题的分析过程。承受扭矩作用的截面为矩形的直构件，在材料的弹性范围内，由扭矩产生的最大剪应力和扭转角度应满足以下关系：

$$\tau_{\max} = \frac{T}{c_1 wh^2}$$

其中，$\tau_{\max}$——手工计算的最大剪应力（lb/in²），T——施加的扭矩（lb·in），w——矩形截面的宽度（in），h——矩形截面的高度（in），c_1——与截面纵横比有关的常数（0.246）（参见表 10.1）。

此外，

$$\theta = \frac{TL}{c_2 Gwh^3}$$

其中，L——构件的长度（in），G——材料的剪切模量或刚性模量（lb/in²），c_2——与截面纵横比有关的常数（0.229）（参见表 10.1）。

将以上数值代入上面的方程，可得

$$\theta = \frac{TL}{c_2 Gwh^3} = 0.0005 \text{ rad/in} = \frac{T(1 \text{ in})}{0.229(11 \times 10^6 \text{ lb/in}^2)(1 \text{ in})(0.5 \text{ in})^3} \Rightarrow T = 157.5 \text{ lb·in}$$

$$\tau_{\max} = \frac{T}{c_1 wh^2} = \frac{157.5 \text{ lb·in}}{0.246(1 \text{ in})(0.5 \text{ in})^2} = 2560 \text{ lb/in}^2$$

比较手工计算的结果（2560 lb/in²）和 FEA 的结果（2558 lb/in²），将会发现手工计算求解最大剪应力可以节省大量的时间，并且不用创建有限元模型。

小结

至此，读者应该能够：

1. 了解表征工程系统行为的物理属性和参数。表 1.2 和表 1.3 列举了一些实例的属性和参数。
2. 意识到深刻理解有限元方法的基本概念将有助于有效地使用 ANSYS。
3. 掌握 1.4 节讨论的有限元分析的 7 个基本步骤。
4. 了解直接法、最小总势能法和加权余量法（特别是迦辽金法）之间的区别。
5. 意识到在建立问题的有限元模型之前，应该深入了解待分析的问题。问题可能存在着合理、简单的解析解，采用手工计算反而会节省不少的时间和金钱。
6. 意识到需要寻找验证 FEA 结果正确性的方法。

参考文献

ASHRAE Handbook, *Fundamental Volume,* American Society of Heating, Refrigerating, and Air-Conditioning Engineers, Atlanta, 1993.

Bickford, B. W., *A First Course in the Finite Element Method,* Richard D. Irwin, Burr Ridge, 1989.

Clough, R. W., "The Finite Element Method in Plane Stress Analysis, Proceedings of American Society of Civil Engineers, 2nd Conference on Electronic Computations," Vol. 23, 1960, pp. 345–378.

Cook, R. D., Malkus, D. S., and Plesha, M. E., *Concepts and Applications of Finite Element Analysis,* 3rd. ed., New York, John Wiley and Sons, 1989.

Courant, R., "Variational Methods for the Solution of Problems of Equilibrium and Vibrations," *Bulletin of the American Mathematical Society*, Vol. 49, 1943, pp. 1–23.

Hrennikoff, A., "Solution of Problems in Elasticity by the Framework Method," *J. Appl. Mech.*, Vol. 8, No. 4, 1941, pp. A169–A175.

Levy, S., "Structural Analysis and Influence Coefficients for Delta Wings," *Journal of the Aeronautical Sciences*, Vol. 20, No. 7, 1953, pp. 449–454.

Patankar, S. V., *Numerical Heat Transfer and Fluid Flow*, New York, McGraw-Hill, 1991.

Zienkiewicz, O. C., and Cheung, Y. K. K., *The Finite Element Method in Structural and Continuum Mechanics*, London, McGraw-Hill, 1967.

Zienkiewicz, O. C., *The Finite Element Method*, 3d. ed., London, McGraw-Hill, 1979.

习题

1. 分别用(a) 2 个单元和(b) 8 个单元求解例 1.1，并将计算结果与精确结果进行比较。

2. 承受 500 lb 的荷载的桌面混凝土支撑柱的截面如下图所示。利用 1.5 节中的直接法确定其挠度及平均应力。将柱划分为 5 个单元 ($E = 3.27 \times 10^3$ ksi)。

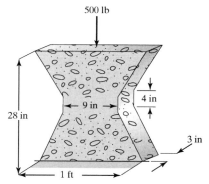

3. 有一厚度为 6 mm 的铝带材承受 1800 N 的荷载，其截面如下图所示。应用 1.5 节介绍的直接法确定构件的纵向挠度和平均应力，要求将构件分为 3 个单元。第 10 章将重新考虑这个问题，并进行更深入的分析 ($E = 68.9$ GPa)。

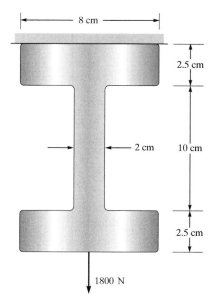

4. 有一承受轴向荷载作用的薄钢板，其外形尺寸如下图所示。用图中所示的模型求解沿板方向的近似挠度和平均应力。设板的厚度为 0.125 in，弹性模量为 $E = 28 \times 10^3$ ksi。第 10 章中将用 ANSYS 再次分析这个问题。

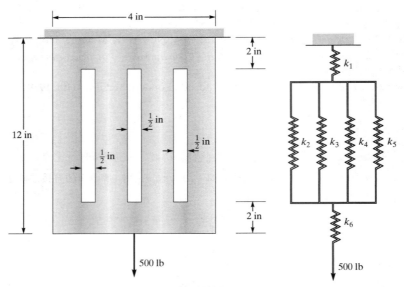

5. 运用静力平衡条件求解习题 4 中薄钢板(有限元模型)的每个节点上的挠度与平均应力。

6. 确定下图所示弹簧系统每个节点的位移。要求先确定总刚度矩阵的大小，并写出每个单元的刚度矩阵，然后指出每个刚度矩阵在总刚度矩阵中的位置，最后应用边界条件和荷载，求解线性方程组，计算出支座反力。

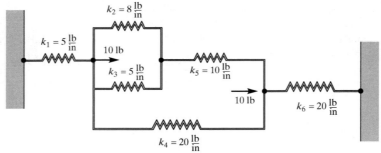

7. 如下图所示的石材房屋，其组成材料参见下表。假设室内温度为 68 ℉，室外空气温度为 10 ℉，暴露面积为 150 ft²。确定温度沿墙壁的分布，并计算墙壁的热量损失。

项　　目	热阻 hr·ft²·°F/Btu	U 因子 Btu/(hr·ft²·°F)
1. 外墙隔热层(冬季，风力 15 mph)	0.17	5.88
2. 面砖(4 in)	0.44	2.27
3. 水泥砂浆(1/2 in)	0.1	10.0
4. 粉煤灰空心砖(8 in)	1.72	0.581
5. 空气壁(3/4 in)	1.28	0.781
6. 石膏墙板(1/2 in)	0.45	2.22
7. 内墙隔热层(冬季)	0.68	1.47

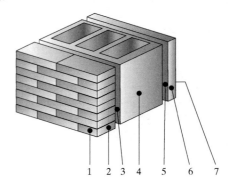

8. 为了增强外墙的保温能力，通常在墙壁的隔板间用大小为 2×6 的龙骨代替大小为 2×4 的龙骨，以放置更多的绝热材料，如例 1.2 所示。典型的大小为 2×6 的外墙的组成材料如下表所示。假设室内温度为 68 ℉，室外空气温度为 20 ℉，暴露面积为 150 ft²，确定温度沿墙壁的分布。

项 目	热阻 hr·ft²·°F/Btu	U 因子 Btu/(hr·ft²·°F)
1. 外墙隔热层(冬季，风力 15 mph)	0.17	5.88
2. 木制披叠板(1/2 × 8 重叠)	0.81	1.23
3. 隔热覆板(1/2 in，常规)	1.32	0.76
4. 隔热毡$\left(5\frac{1}{2}\ \text{in}\right)$	19.0	0.053
5. 石膏墙板(1/2 in)	0.45	2.22
6. 内墙隔热层(冬季)	0.68	1.47

9. 假设习题 8 中的湿气能够通过石膏墙板渗透，请问需要在哪里放置抗凝装置以防止湿气凝结？假设室内温度为 68 ℉，相对湿度为 40%。

10. 典型的房屋天花板的组成材料由下表所示。假设室内温度为 70 ℉，顶楼温度为 15 ℉，暴露面积为 1000 ft²。确定温度沿墙壁的分布，同时计算出通过天花板损失的热量。

项 目	热阻 hr·ft²·°F/Btu	U 因子 Btu/(hr·ft²·°F)
1. 内部阁楼隔热层	0.68	1.47
2. 隔热毡(6 in)	19.0	0.053
3. 石膏墙板(1/2 in)	0.45	2.22
4. 内墙隔热层(冬季)	0.68	1.47

11. 有一厚度为 $1\frac{3}{8}$ in 的木质保温门，其材料特性如下表所示。假设室内温度为 70℉，室外空气温度为 20 ℉，暴露面积为 22.5 ft²。确定(a)门内侧和外侧的温度；(b)通过门损失的热量。

项 目	热阻 hr·ft²·°F/Btu	U 因子 Btu/(hr·ft²·°F)
1. 外墙隔热层(冬季，风力 15 mph)	0.17	5.88
2. 实心木门$\left(1\frac{3}{8}\ \text{in}\right)$	0.39	2.56
3. 内墙隔热层(冬季)	0.68	1.47

12. 如下图所示，用三根 $\frac{1}{2}$ in 的钢杆加强习题 2 中的桌面混凝土支撑柱。确定承受 1000 lb 荷载的条件下支撑柱的竖直位移和平均正应力。要求将柱子分为 5 个单元($E_C = 3.27 \times 10^3$ ksi；$E_s = 29 \times 10^3$ ksi)。

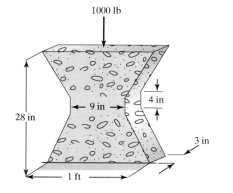

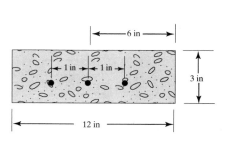

13. 计算习题 12 中桌面混凝土支撑柱的总应变能。

14. 设有一质量为 6 lb、长度为 10 in 的柔性杆,由一个刚度 $k = 60$ lb/in 的弹簧支撑。在如下图所示的位置上对杆施加力 $P = 35$ lb。用(a)静力平衡条件和(b)最小总势能法确定弹簧的挠度。

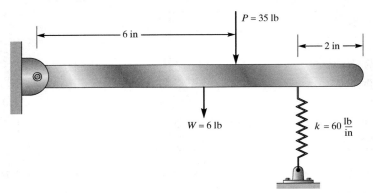

15. 在直流电路中,欧姆定律通过方程 $V_2 - V_1 = RI$,将通过电阻的电位差 $V_2 - V_1$、流经元件的电流 I 和电阻 R 关联起来。

用直接法证明,两个节点组成的电阻单元的电导矩阵、电位差和电流满足如下关系:

$$\frac{1}{R} \begin{bmatrix} 1 & -1 \\ -1 & 1 \end{bmatrix} \begin{bmatrix} V_1 \\ V_2 \end{bmatrix} = \begin{bmatrix} I_1 \\ I_2 \end{bmatrix}$$

16. 应用习题 15 的结果,建立下图所示电路中各支路的方程,并求解电压差。

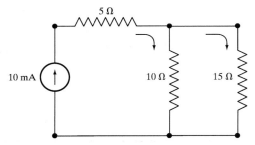

17. 如下图所示,承受均匀分布荷载的简支梁,其挠度满足以下关系:

$$\frac{\mathrm{d}^2 Y}{\mathrm{d} X^2} = \frac{M(X)}{EI}$$

其中,$M(X)$ 是内部弯矩,由下式给出:

$$M(X) = \frac{wX(L - X)}{2}$$

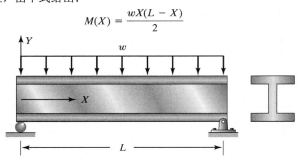

推导其精确挠度方程。假设近似解的形式为

$$Y(X) = c_1\left[\left(\frac{X}{L}\right)^2 - \left(\frac{X}{L}\right)\right]$$

要求用 (a) 配点法和 (b) 子域法计算 c_1。并且利用近似解确定梁的最大挠度，其中分布式荷载 $w = 5$ kips/ft，W24×104（翼缘形状）跨度 $L = 20$ ft。

18. 对于 1.7 节的实例，假设其近似解的形式为 $u(y) = c_1y + c_2y^2 + c_3y^3 + c_4y^4$，用配点法、子域法、迦辽金法和最小二乘法确定其未知系数 c_1，c_2，c_3，c_4，并将结果与 1.7 节中的结果进行比较。

19. 通过圆管间隙的流体的渗流可用有限个平板之间的层流模型来建模，如下图所示。对于相对较小的间隙，这个模型能提供比较合理的解释。控制流体流动的微分方程为

$$\mu\frac{\mathrm{d}^2u}{\mathrm{d}y^2} = \frac{\mathrm{d}p}{\mathrm{d}x}$$

其中，μ 是流体的动态黏度，u 是流体的流速，$\dfrac{\mathrm{d}p}{\mathrm{d}x}$ 是压力差，为常数。推导流体的精确流速。

假设流体流速的近似解为 $u(y) = c_1\left[\sin\left(\dfrac{\pi y}{H}\right)\right]$。用 (a) 配点法和 (b) 子域法计算 c_1，并将计算结果和精确解进行比较。

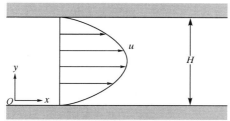

20. 用迦辽金法和最小二乘法重新求解习题 19，并将计算结果与精确解进行比较。

21. 对于下图所示的悬臂梁，在荷载 P 作用下的挠度满足如下关系：

$$\frac{\mathrm{d}^2Y}{\mathrm{d}X^2} = \frac{M(X)}{EI}$$

其中，$M(X)$ 是内部弯矩：

$$M(X) = -PX$$

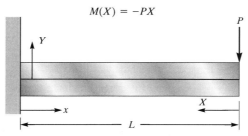

推导悬臂梁的精确挠度方程。采用多次函数拟合该挠度方程，并确保其满足给定的边界条件。用子域法和迦辽金法确定多次函数的未知系数。

22. 下图所示的转轴由三部分组成。AB 段和 CD 段由相同材料制成，剪切模量 $G = 9.8\times10^3$ ksi，直径均为 1.5 in；BC 段的剪切模量 $G = 11.2\times10^3$ ksi，直径为 1 in。轴的两端固定，大小为 2400 lb·in 的扭矩施加于 C 处，计算 B 处和 C 处的扭转角及边界处的扭转反力。

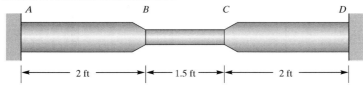

23. 对于习题 22 中的转轴,若将大小相等的两个扭矩 1200 lb·in 作用于 B 处和 C 处来代替作用于 C 处的单一扭矩,计算 B 处和 C 处的扭转角及边界处的扭转反力。

24. 考虑下图所示的变截面板,板端承受大小为 1500 lb 的力。利用直接法确定 $y = 2.5$ in,$y = 7.5$ in 和 $y = 10$ in 处板的挠度。假设板的弹性模量 $E = 10.6 \times 10^3$ ksi。

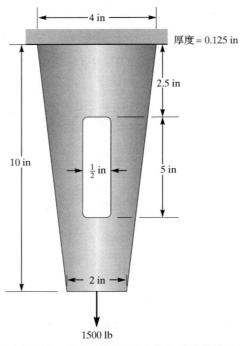

1500 lb

25. 考虑下图所示的并联和串联弹簧系统。并联弹簧系统中每个弹簧的挠度相同,并且总作用力等于各弹簧弹力之和。证明并联弹簧的等效刚度 k_{eq} 为

$$k_{eq} = k_1 + k_2 + k_3$$

串联弹簧系统的总挠度等于各弹簧的挠度之和,并且每个弹簧受到的力等于总外力。证明串联弹簧的等效刚度 k_{eq} 为

$$k_{eq} = \cfrac{1}{\cfrac{1}{k_1} + \cfrac{1}{k_2} + \cfrac{1}{k_3}}$$

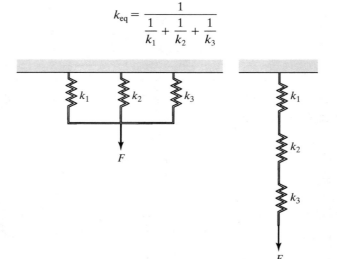

26. 利用习题 25 的结论求解下图所示弹簧系统的等效刚度。

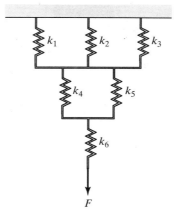

27. 确定下图所示悬臂梁的等效刚度。

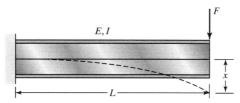

28. 利用习题 27 的结果和式 (1.5)，计算下图所示系统的等效刚度。

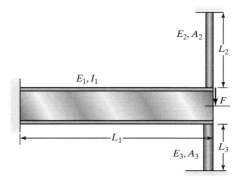

29. 确定下图所示系统的等效刚度，并利用最小总势能法求出 A 处的挠度。

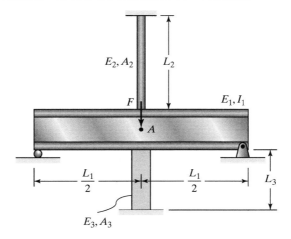

30. 忽略连接杆的质量，利用(a)静力平衡条件和(b)最小总势能法求解下图所示系统中各弹性杆的挠度。

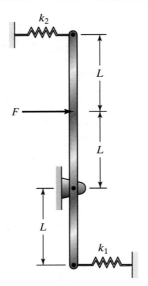

第 2 章　矩 阵 运 算

　　第 1 章介绍了有限元分析的基本步骤，包括将问题域离散化为单元与节点、选取形函数、建立单元刚度矩阵、组合单元刚度矩阵并应用荷载等边界条件。这些步骤最终将构建一组需要联立求解的线性方程组（对某些问题是非线性方程组）。掌握矩阵的基本运算法则对有限元模型的建立和求解是非常重要的。与任何运算一样，矩阵运算也有其相应的术语和运算法则。本章将简要介绍矩阵及矩阵运算的一些相关术语和运算法则。第 2 章将讨论如下内容：

2.1　矩阵的基本定义

2.2　矩阵相加和相减

2.3　矩阵相乘

2.4　矩阵分块

2.5　转置矩阵

2.6　矩阵的行列式

2.7　线性方程组的求解

2.8　逆矩阵

2.9　特征值和特征向量

2.10　MATLAB 在矩阵运算中的应用

2.11　Excel 在矩阵运算中的应用

2.12　非线性方程组的求解

2.1　矩阵的基本定义

　　矩阵是由数字或数学符号构成的阵列，构成矩阵的数字或符号称为矩阵的元素。矩阵的大小由其行数和列数定义。一个矩阵可能有 m 行、n 列。例如：

$$N = \begin{bmatrix} 6 & 5 & 9 \\ 1 & 26 & 14 \\ -5 & 8 & 0 \end{bmatrix} \quad T = \begin{bmatrix} \cos\theta & -\sin\theta & 0 & 0 \\ \sin\theta & \cos\theta & 0 & 0 \\ 0 & 0 & \cos\theta & -\sin\theta \\ 0 & 0 & \sin\theta & \cos\theta \end{bmatrix}$$

$$L = \begin{bmatrix} \dfrac{\partial f(x, y, z)}{\partial x} \\[2ex] \dfrac{\partial f(x, y, z)}{\partial y} \\[2ex] \dfrac{\partial f(x, y, z)}{\partial z} \end{bmatrix} \quad I = \begin{bmatrix} \displaystyle\int_0^L x\,\mathrm{d}x & \displaystyle\int_0^W y\,\mathrm{d}y \\[3ex] \displaystyle\int_0^L \dfrac{x^2}{L}\,\mathrm{d}x & \displaystyle\int_0^W \dfrac{y^2}{L}\,\mathrm{d}y \end{bmatrix}$$

矩阵 N 是一个 3×3 阶矩阵，其元素是数字，T 是一个包含余弦项和正弦项的 4×4 阶矩阵，L 是一个元素为偏导数的 3×1 阶矩阵，而 I 是一个元素为积分表达式的 2×2 阶矩阵，矩阵 N，

T 和 I 都是方阵。所谓方阵是指行数和列数相等的矩阵。矩阵的元素通常用其位置来表示。例如，矩阵 B 第 1 行、第 3 列的元素表示为 b_{13}，矩阵 A 第 2 行、第 3 列的元素表示为 a_{23}。书中将采用粗斜体字母来标识矩阵，例如 K，T 和 F，矩阵元素将以小写字母标识。

2.1.1　列矩阵与行矩阵

只有一列而包含多行的矩阵称为列矩阵。相应地，一行多列的矩阵称为行矩阵。例如：

$$
A = \begin{bmatrix} 1 \\ 5 \\ -2 \\ 3 \end{bmatrix}, \quad X = \begin{bmatrix} x_1 \\ x_2 \\ x_3 \end{bmatrix} \quad \text{和} \quad L = \begin{bmatrix} \dfrac{\partial f(x, y, z)}{\partial x} \\ \dfrac{\partial f(x, y, z)}{\partial y} \\ \dfrac{\partial f(x, y, z)}{\partial z} \end{bmatrix}
$$

是列矩阵。而 $C = \begin{bmatrix} 5 & 0 & 2 & -3 \end{bmatrix}$ 和 $Y = \begin{bmatrix} y_1 & y_2 & y_3 \end{bmatrix}$ 是行矩阵。

2.1.2　对角矩阵、单位矩阵和条带矩阵

对角矩阵是仅在其主对角线上有元素而其他位置上的元素全部为零($a_{ij} = 0$ 且 $i \neq j$)的矩阵。例如，4×4 阶对角矩阵 A：

$$
A = \begin{bmatrix} a_1 & 0 & 0 & 0 \\ 0 & a_2 & 0 & 0 \\ 0 & 0 & a_3 & 0 \\ 0 & 0 & 0 & a_4 \end{bmatrix}
$$

a_1，a_2，a_3，a_4 所在的对角线称为主对角线。

单位矩阵是主对角线上的元素全部为 1 的对角矩阵。例如：

$$
I = \begin{bmatrix} 1 & 0 & 0 & . & . & 0 & 0 \\ 0 & 1 & 0 & . & . & 0 & 0 \\ 0 & 0 & 1 & . & . & 0 & 0 \\ . & . & . & . & . & . & . \\ . & . & . & . & . & . & . \\ 0 & 0 & 0 & . & . & 1 & 0 \\ 0 & 0 & 0 & . & . & 0 & 1 \end{bmatrix}
$$

条带矩阵是指与主对角线平行的条形位置上有非零元素，而其他位置的元素全部为零的矩阵。例如，矩阵 B 中除条带外的元素全部为零。

$$
B = \begin{bmatrix} b_{11} & b_{12} & 0 & 0 & 0 & 0 & 0 \\ b_{21} & b_{22} & b_{23} & 0 & 0 & 0 & 0 \\ 0 & b_{32} & b_{33} & b_{34} & 0 & 0 & 0 \\ 0 & 0 & b_{43} & b_{44} & b_{45} & 0 & 0 \\ 0 & 0 & 0 & b_{54} & b_{55} & b_{56} & 0 \\ 0 & 0 & 0 & 0 & b_{65} & b_{66} & b_{67} \\ 0 & 0 & 0 & 0 & 0 & b_{76} & b_{77} \end{bmatrix}
$$

2.1.3 上三角矩阵与下三角矩阵

上三角矩阵是指主对角线之下的元素全部为零的矩阵($u_{ij} = 0$，$i>j$)，而下三角矩阵是指主对角线之上的元素全部为零的矩阵($l_{ij} = 0$，$i<j$)。例如，矩阵 U 为上三角矩阵，矩阵 L 为下三角矩阵：

$$
U = \begin{bmatrix} u_{11} & u_{12} & u_{13} & u_{14} \\ 0 & u_{22} & u_{23} & u_{24} \\ 0 & 0 & u_{33} & u_{34} \\ 0 & 0 & 0 & u_{44} \end{bmatrix} \qquad L = \begin{bmatrix} l_{11} & 0 & 0 & 0 \\ l_{21} & l_{22} & 0 & 0 \\ l_{31} & l_{32} & l_{33} & 0 \\ l_{41} & l_{42} & l_{43} & l_{44} \end{bmatrix}
$$

2.2 矩阵相加或相减

只有当两个矩阵的大小一致，即具有相同的行数和列数时，才能相加或相减。例如，矩阵 $A_{m \times n}$ 与矩阵 $B_{m \times n}$ 阶数相同，其相加是通过将对应元素相加而实现的。矩阵相减也遵循类似的法则，如下所示：

$$
A \pm B = \begin{bmatrix} a_{11} & a_{12} & . & . & a_{1n} \\ a_{21} & a_{22} & . & . & a_{2n} \\ . & . & . & . & . \\ . & . & . & . & . \\ a_{m1} & a_{m2} & . & . & a_{mn} \end{bmatrix} \pm \begin{bmatrix} b_{11} & b_{12} & . & . & b_{1n} \\ b_{21} & b_{22} & . & . & b_{2n} \\ . & . & . & . & . \\ . & . & . & . & . \\ b_{m1} & b_{m2} & . & . & b_{mn} \end{bmatrix}
$$

$$
= \begin{bmatrix} (a_{11} \pm b_{11}) & (a_{12} \pm b_{12}) & . & . & (a_{1n} \pm b_{1n}) \\ (a_{21} \pm b_{21}) & (a_{22} \pm b_{22}) & . & . & (a_{2n} \pm b_{2n}) \\ . & . & . & . & . \\ . & . & . & . & . \\ (a_{m1} \pm b_{m1}) & (a_{m2} \pm b_{m2}) & . & . & (a_{mn} \pm b_{mn}) \end{bmatrix}
$$

矩阵相加或相减的运算规则可归纳如下：假设用 a_{ij} 表示矩阵 A 的元素，用 b_{ij} 表示矩阵 B 的元素，行数 i 的取值范围为 1 到 m，列数 j 取值范围为 1 到 n，那么矩阵 A 和矩阵 B 相加得到矩阵 C 表示为

$$A + B = C$$

其中

$$c_{ij} = a_{ij} + b_{ij}, \quad i = 1, 2, \cdots, m \text{ 且 } j = 1, 2, \cdots, n \tag{2.1}$$

2.3 矩阵相乘

本节将讨论矩阵与标量及矩阵与矩阵相乘的运算法则。

2.3.1 矩阵与标量相乘

$m \times n$ 阶矩阵 A 与标量（如 β）相乘的结果仍是 $m \times n$ 阶矩阵，并且每一个元素都是原矩阵相应的元素与该标量的乘积。例如，$m \times n$ 阶矩阵 A 与标量 β 相乘，其结果为 $m \times n$ 阶矩阵，

并且结果矩阵的每一个元素都是矩阵 A 的元素与 β 的乘积，即

$$\beta A = \beta \begin{bmatrix} a_{11} & a_{12} & . & . & a_{1n} \\ a_{21} & a_{22} & . & . & a_{2n} \\ . & . & . & . & . \\ . & . & . & . & . \\ a_{m1} & a_{m2} & . & . & a_{mn} \end{bmatrix} = \begin{bmatrix} \beta a_{11} & \beta a_{12} & . & . & \beta a_{1n} \\ \beta a_{21} & \beta a_{22} & . & . & \beta a_{2n} \\ . & . & . & . & . \\ . & . & . & . & . \\ \beta a_{m1} & \beta a_{m2} & . & . & \beta a_{mn} \end{bmatrix} \tag{2.2}$$

2.3.2　矩阵与矩阵相乘

任何矩阵都可以与标量相乘，但是两个矩阵相乘要求前一个矩阵的列数与后一个矩阵的行数相等。例如，$m \times n$ 阶矩阵 A 的列数与 $n \times p$ 阶矩阵 B 的行数相等，因此，矩阵 A 可以与 B 相乘。两个矩阵相乘所得的结果矩阵 C 的阶数为 $m \times p$。矩阵相乘的运算法则如下：

$$A_{m \times n} B_{n \times p} = C_{m \times p}$$

必须一致

$$AB = \begin{bmatrix} a_{11} & a_{12} & . & . & a_{1n} \\ a_{21} & a_{22} & . & . & a_{2n} \\ . & . & . & . & . \\ . & . & . & . & . \\ a_{m1} & a_{m2} & . & . & a_{mn} \end{bmatrix} \begin{bmatrix} b_{11} & b_{12} & . & . & b_{1p} \\ b_{21} & b_{22} & . & . & b_{2p} \\ . & . & . & . & . \\ . & . & . & . & . \\ b_{n1} & b_{n2} & . & . & b_{np} \end{bmatrix} = \begin{bmatrix} c_{11} & c_{12} & . & . & c_{1p} \\ c_{21} & c_{22} & . & . & c_{2p} \\ . & . & . & . & . \\ . & . & . & . & . \\ c_{m1} & c_{m2} & . & . & c_{mp} \end{bmatrix}$$

其中，矩阵 C 的第一列为

$$c_{11} = a_{11}b_{11} + a_{12}b_{21} + \cdots + a_{1n}b_{n1}$$
$$c_{21} = a_{21}b_{11} + a_{22}b_{21} + \cdots + a_{2n}b_{n1}$$
$$\cdots\cdots\cdots\cdots\cdots\cdots\cdots\cdots\cdots\cdots\cdots\cdots$$
$$c_{m1} = a_{m1}b_{11} + a_{m2}b_{21} + \cdots + a_{mn}b_{n1}$$

矩阵 C 的第二列为

$$c_{12} = a_{11}b_{12} + a_{12}b_{22} + \cdots + a_{1n}b_{n2}$$
$$c_{22} = a_{21}b_{12} + a_{22}b_{22} + \cdots + a_{2n}b_{n2}$$
$$\cdots\cdots\cdots\cdots\cdots\cdots\cdots\cdots\cdots\cdots\cdots\cdots$$
$$c_{m2} = a_{m1}b_{12} + a_{m2}b_{22} + \cdots + a_{mn}b_{n2}$$

以此类推，其余各列为

$$c_{1p} = a_{11}b_{1p} + a_{12}b_{2p} + \cdots + a_{1n}b_{np}$$
$$c_{2p} = a_{21}b_{1p} + a_{22}b_{2p} + \cdots + a_{2n}b_{np}$$
$$\cdots\cdots\cdots\cdots\cdots\cdots\cdots\cdots\cdots\cdots\cdots\cdots$$
$$c_{mp} = a_{m1}b_{1p} + a_{m2}b_{2p} + \cdots + a_{mn}b_{np}$$

两矩阵相乘的结果矩阵 C 的元素的计算方法可表示为如下的求和形式：

$$c_{mp} = \sum_{k=1}^{n} a_{mk}b_{kp} \tag{2.3}$$

下面将列举一些与矩阵相乘相关的法则。除非特殊情况，矩阵相乘不满足交换律，即

$$AB \neq BA \tag{2.4}$$

矩阵相乘满足结合律，即

$$A(BC) = (AB)C \tag{2.5}$$

矩阵相乘满足分配律，即

$$(A+B)C = AC + BC \tag{2.6}$$

或

$$A(B+C) = AB + AC \tag{2.7}$$

方阵的 n 次幂可表示为

$$A^n = \overbrace{AA \cdots A}^{n \text{个连乘}} \tag{2.8}$$

此外，如果 I 为单位矩阵，而 A 为与之阶数相同的方阵，则二者相乘有 $IA=AI=A$，证明过程参见例 2.1。

例 2.1　设有如下矩阵：

$$A = \begin{bmatrix} 0 & 5 & 0 \\ 8 & 3 & 7 \\ 9 & -2 & 9 \end{bmatrix}, \quad B = \begin{bmatrix} 4 & 6 & -2 \\ 7 & 2 & 3 \\ 1 & 3 & -4 \end{bmatrix} \quad 和 \quad C = \begin{bmatrix} -1 \\ 2 \\ 5 \end{bmatrix}$$

执行以下运算：

a. $A+B = ?$

b. $A-B = ?$

c. $3A = ?$

d. $AB = ?$

e. $AC = ?$

f. $A^2 = ?$

g. 证明 $IA=AI=A$

下面将按照上述矩阵运算法则完成各个运算。

a. $A+B = ?$

$$A+B = \begin{bmatrix} 0 & 5 & 0 \\ 8 & 3 & 7 \\ 9 & -2 & 9 \end{bmatrix} + \begin{bmatrix} 4 & 6 & -2 \\ 7 & 2 & 3 \\ 1 & 3 & -4 \end{bmatrix}$$

$$= \begin{bmatrix} (0+4) & (5+6) & (0+(-2)) \\ (8+7) & (3+2) & (7+3) \\ (9+1) & (-2+3) & (9+(-4)) \end{bmatrix} = \begin{bmatrix} 4 & 11 & -2 \\ 15 & 5 & 10 \\ 10 & 1 & 5 \end{bmatrix}$$

b. $A-B = ?$

$$A-B = \begin{bmatrix} 0 & 5 & 0 \\ 8 & 3 & 7 \\ 9 & -2 & 9 \end{bmatrix} - \begin{bmatrix} 4 & 6 & -2 \\ 7 & 2 & 3 \\ 1 & 3 & -4 \end{bmatrix}$$

$$= \begin{bmatrix} (0-4) & (5-6) & (0-(-2)) \\ (8-7) & (3-2) & (7-3) \\ (9-1) & (-2-3) & (9-(-4)) \end{bmatrix} = \begin{bmatrix} -4 & -1 & 2 \\ 1 & 1 & 4 \\ 8 & -5 & 13 \end{bmatrix}$$

c. $3A = ?$

$$3A = 3 \times \begin{bmatrix} 0 & 5 & 0 \\ 8 & 3 & 7 \\ 9 & -2 & 9 \end{bmatrix} = \begin{bmatrix} 0 & (3)(5) & 0 \\ (3)(8) & (3)(3) & (3)(7) \\ (3)(9) & (3)(-2) & (3)(9) \end{bmatrix} = \begin{bmatrix} 0 & 15 & 0 \\ 24 & 9 & 21 \\ 27 & -6 & 27 \end{bmatrix}$$

d. $AB = ?$

$$AB = \begin{bmatrix} 0 & 5 & 0 \\ 8 & 3 & 7 \\ 9 & -2 & 9 \end{bmatrix} \begin{bmatrix} 4 & 6 & -2 \\ 7 & 2 & 3 \\ 1 & 3 & -4 \end{bmatrix} =$$

$$\begin{bmatrix} (0)(4)+(5)(7)+(0)(1) & (0)(6)+(5)(2)+(0)(3) & (0)(-2)+(5)(3)+(0)(-4) \\ (8)(4)+(3)(7)+(7)(1) & (8)(6)+(3)(2)+(7)(3) & (8)(-2)+(3)(3)+(7)(-4) \\ (9)(4)+(-2)(7)+(9)(1) & (9)(6)+(-2)(2)+(9)(3) & (9)(-2)+(-2)(3)+(9)(-4) \end{bmatrix}$$

$$= \begin{bmatrix} 35 & 10 & 15 \\ 60 & 75 & -35 \\ 31 & 77 & -60 \end{bmatrix}$$

e. $AC = ?$

$$AC = \begin{bmatrix} 0 & 5 & 0 \\ 8 & 3 & 7 \\ 9 & -2 & 9 \end{bmatrix} \begin{bmatrix} -1 \\ 2 \\ 5 \end{bmatrix} = \begin{bmatrix} (0)(-1)+(5)(2)+(0)(5) \\ (8)(-1)+(3)(2)+(7)(5) \\ (9)(-1)+(-2)(2)+(9)(5) \end{bmatrix} = \begin{bmatrix} 10 \\ 33 \\ 32 \end{bmatrix}$$

f. $A^2 = ?$

$$A^2 = AA = \begin{bmatrix} 0 & 5 & 0 \\ 8 & 3 & 7 \\ 9 & -2 & 9 \end{bmatrix} \begin{bmatrix} 0 & 5 & 0 \\ 8 & 3 & 7 \\ 9 & -2 & 9 \end{bmatrix} = \begin{bmatrix} 40 & 15 & 35 \\ 87 & 35 & 84 \\ 65 & 21 & 67 \end{bmatrix}$$

g. 证明 $IA = AI = A$

$$IA = \begin{bmatrix} 1 & 0 & 0 \\ 0 & 1 & 0 \\ 0 & 0 & 1 \end{bmatrix} \begin{bmatrix} 0 & 5 & 0 \\ 8 & 3 & 7 \\ 9 & -2 & 9 \end{bmatrix} = \begin{bmatrix} 0 & 5 & 0 \\ 8 & 3 & 7 \\ 9 & -2 & 9 \end{bmatrix}$$

$$AI = \begin{bmatrix} 0 & 5 & 0 \\ 8 & 3 & 7 \\ 9 & -2 & 9 \end{bmatrix} \begin{bmatrix} 1 & 0 & 0 \\ 0 & 1 & 0 \\ 0 & 0 & 1 \end{bmatrix} = \begin{bmatrix} 0 & 5 & 0 \\ 8 & 3 & 7 \\ 9 & -2 & 9 \end{bmatrix}$$

2.4　矩阵分块

复杂问题的有限元分析经常会涉及一些规模相对较大的矩阵。对这类矩阵进行矩阵运算时，最好先对其进行分块，然后再处理其子矩阵。分块矩阵的运算需要的计算机内存资源较少。通常，采用虚横线和虚竖线表示矩阵的分块。例如，可将矩阵 A 分为如下 4 个较小的子矩阵：

$$A = \begin{bmatrix} a_{11} & a_{12} & a_{13} & a_{14} & a_{15} & a_{16} \\ a_{21} & a_{22} & a_{23} & a_{24} & a_{25} & a_{26} \\ \hline a_{31} & a_{32} & a_{33} & a_{34} & a_{35} & a_{36} \\ a_{41} & a_{42} & a_{43} & a_{44} & a_{45} & a_{46} \\ a_{51} & a_{52} & a_{53} & a_{54} & a_{55} & a_{56} \end{bmatrix}$$

相应地，矩阵可利用其子矩阵表示为

$$A = \begin{bmatrix} A_{11} & A_{12} \\ A_{21} & A_{22} \end{bmatrix}$$

其中，

$$A_{11} = \begin{bmatrix} a_{11} & a_{12} & a_{13} \\ a_{21} & a_{22} & a_{23} \end{bmatrix} \qquad A_{12} = \begin{bmatrix} a_{14} & a_{15} & a_{16} \\ a_{24} & a_{25} & a_{26} \end{bmatrix}$$

$$A_{21} = \begin{bmatrix} a_{31} & a_{32} & a_{33} \\ a_{41} & a_{42} & a_{43} \\ a_{51} & a_{52} & a_{53} \end{bmatrix} \qquad A_{22} = \begin{bmatrix} a_{34} & a_{35} & a_{36} \\ a_{44} & a_{45} & a_{46} \\ a_{54} & a_{55} & a_{56} \end{bmatrix}$$

注意，矩阵 A 也可以用其他的方式分块，不同的分块方式将产生不同大小的子矩阵。

2.4.1 分块矩阵的相加或相减运算

下面将介绍分块矩阵的加、减运算及相乘运算。假设矩阵 B 与矩阵 A 的阶数相同（5×6 阶）。如果矩阵 B 与矩阵 A 分块的方式相同，即

$$B = \begin{bmatrix} b_{11} & b_{12} & b_{13} & b_{14} & b_{15} & b_{16} \\ b_{21} & b_{22} & b_{23} & b_{24} & b_{25} & b_{26} \\ b_{31} & b_{32} & b_{33} & b_{34} & b_{35} & b_{36} \\ b_{41} & b_{42} & b_{43} & b_{44} & b_{45} & b_{46} \\ b_{51} & b_{52} & b_{53} & b_{54} & b_{55} & b_{56} \end{bmatrix}$$

其中，

$$B_{11} = \begin{bmatrix} b_{11} & b_{12} & b_{13} \\ b_{21} & b_{22} & b_{23} \end{bmatrix} \qquad B_{12} = \begin{bmatrix} b_{14} & b_{15} & b_{16} \\ b_{24} & b_{25} & b_{26} \end{bmatrix}$$

$$B_{21} = \begin{bmatrix} b_{31} & b_{32} & b_{33} \\ b_{41} & b_{42} & b_{43} \\ b_{51} & b_{52} & b_{53} \end{bmatrix} \qquad B_{22} = \begin{bmatrix} b_{34} & b_{35} & b_{36} \\ b_{44} & b_{45} & b_{46} \\ b_{54} & b_{55} & b_{56} \end{bmatrix}$$

那么，矩阵 A 与矩阵 B 相加就可以表示为子矩阵相加的形式，即

$$A + B = \begin{bmatrix} A_{11} + B_{11} & A_{12} + B_{12} \\ A_{21} + B_{21} & A_{22} + B_{22} \end{bmatrix}$$

2.4.2 分块矩阵相乘

如前所述，只有当前一个矩阵的列数与后一个矩阵的行数相等时，二者才可以相乘。上一节中的矩阵 A 的列数与矩阵 B 的行数不相等，因而无法实现矩阵 A 乘以矩阵 B。为了讨论分块矩阵相乘，假设 6×3 阶的矩阵 C 按如下方式分块：

$$C = \begin{bmatrix} c_{11} & c_{12} & c_{13} \\ c_{21} & c_{22} & c_{23} \\ c_{31} & c_{32} & c_{33} \\ c_{41} & c_{42} & c_{43} \\ c_{51} & c_{52} & c_{53} \\ c_{61} & c_{62} & c_{63} \end{bmatrix}$$

$$C = \begin{bmatrix} C_{11} & C_{12} \\ C_{21} & C_{22} \end{bmatrix}$$

其中，

$$C_{11} = \begin{bmatrix} c_{11} & c_{12} \\ c_{21} & c_{22} \\ c_{31} & c_{32} \end{bmatrix} \quad \text{和} \quad C_{12} = \begin{bmatrix} c_{13} \\ c_{23} \\ c_{33} \end{bmatrix}$$

$$C_{21} = \begin{bmatrix} c_{41} & c_{42} \\ c_{51} & c_{52} \\ c_{61} & c_{62} \end{bmatrix} \quad \text{和} \quad C_{22} = \begin{bmatrix} c_{43} \\ c_{53} \\ c_{63} \end{bmatrix}$$

接下来，用矩阵 A 乘以矩阵 C，其结果矩阵 D 是一个 5×3 阶矩阵。分块矩阵相乘时，除了要注意相乘的矩阵的阶数，还需要注意相乘的两个矩阵的分块方式必须确保其子矩阵满足矩阵相乘的运算法则。也就是说，如果矩阵 A 在第 3 列和第 4 列之间分块，那么矩阵 C 也必须在第 3 行和第 4 行之间分块。但是，矩阵 C 可按任意的列进行分块。因为不论怎样按列进行分块，C 的子矩阵总能满足矩阵相乘的运算法则。换句话说，既可以在第 2 列和第 3 列之间，也可以在第 1 列和第 2 列之间对矩阵 C 分块，其结果都可以完成子矩阵相乘运算。

$$AC = D = \begin{bmatrix} A_{11} & A_{12} \\ A_{21} & A_{22} \end{bmatrix} \begin{bmatrix} C_{11} & C_{12} \\ C_{21} & C_{22} \end{bmatrix} = \begin{bmatrix} A_{11}C_{11} + A_{12}C_{21} & A_{11}C_{12} + A_{12}C_{22} \\ A_{21}C_{11} + A_{22}C_{21} & A_{21}C_{12} + A_{22}C_{22} \end{bmatrix}$$
$$= \begin{bmatrix} D_{11} & D_{12} \\ D_{21} & D_{22} \end{bmatrix}$$

其中，

$$D_{11} = A_{11}C_{11} + A_{12}C_{21} \quad \text{和} \quad D_{12} = A_{11}C_{12} + A_{12}C_{22}$$
$$D_{21} = A_{21}C_{11} + A_{22}C_{21} \quad \quad\quad D_{22} = A_{21}C_{12} + A_{22}C_{22}$$

例 2.2 设有如下分块矩阵，利用分块矩阵进行乘法运算 $AB = C$。

$$A = \left[\begin{array}{ccc:ccc} 5 & 7 & 2 & 0 & 3 & 5 \\ 3 & 8 & -3 & -5 & 0 & 8 \\ \hdashline 1 & 4 & 0 & 7 & 15 & 9 \\ 0 & 10 & 5 & 12 & 3 & -1 \\ 2 & -5 & 9 & 2 & 18 & -10 \end{array}\right] \quad \text{和} \quad B = \left[\begin{array}{cc:c} 2 & 10 & 0 \\ 8 & 7 & 5 \\ -5 & 2 & -4 \\ \hdashline 4 & 8 & 13 \\ 3 & 12 & 0 \\ 1 & 5 & 7 \end{array}\right]$$

$$A = \begin{bmatrix} A_{11} & A_{12} \\ A_{21} & A_{22} \end{bmatrix}$$

其中，

$$A_{11} = \begin{bmatrix} 5 & 7 & 2 \\ 3 & 8 & -3 \end{bmatrix} \quad A_{12} = \begin{bmatrix} 0 & 3 & 5 \\ -5 & 0 & 8 \end{bmatrix}$$

$$A_{21} = \begin{bmatrix} 1 & 4 & 0 \\ 0 & 10 & 5 \\ 2 & -5 & 9 \end{bmatrix} \quad A_{22} = \begin{bmatrix} 7 & 15 & 9 \\ 12 & 3 & -1 \\ 2 & 18 & -10 \end{bmatrix}$$

且

$$B = \begin{bmatrix} B_{11} & B_{12} \\ B_{21} & B_{22} \end{bmatrix}$$

其中，

$$B_{11} = \begin{bmatrix} 2 & 10 \\ 8 & 7 \\ -5 & 2 \end{bmatrix} \quad 和 \quad B_{12} = \begin{bmatrix} 0 \\ 5 \\ -4 \end{bmatrix}$$

$$B_{21} = \begin{bmatrix} 4 & 8 \\ 3 & 12 \\ 1 & 5 \end{bmatrix} \quad 和 \quad B_{22} = \begin{bmatrix} 13 \\ 0 \\ 7 \end{bmatrix}$$

$$AB = C = \begin{bmatrix} A_{11} & A_{12} \\ A_{21} & A_{22} \end{bmatrix} \begin{bmatrix} B_{11} & B_{12} \\ B_{21} & B_{22} \end{bmatrix} = \begin{bmatrix} A_{11}B_{11} + A_{12}B_{21} & A_{11}B_{12} + A_{12}B_{22} \\ A_{21}B_{11} + A_{22}B_{21} & A_{21}B_{12} + A_{22}B_{22} \end{bmatrix} = \begin{bmatrix} C_{11} & C_{12} \\ C_{21} & C_{22} \end{bmatrix}$$

其中，

$$C_{11} = A_{11}B_{11} + A_{12}B_{21} = \begin{bmatrix} 5 & 7 & 2 \\ 3 & 8 & -3 \end{bmatrix} \begin{bmatrix} 2 & 10 \\ 8 & 7 \\ -5 & 2 \end{bmatrix}$$

$$+ \begin{bmatrix} 0 & 3 & 5 \\ -5 & 0 & 8 \end{bmatrix} \begin{bmatrix} 4 & 8 \\ 3 & 12 \\ 1 & 5 \end{bmatrix} = \begin{bmatrix} 70 & 164 \\ 73 & 80 \end{bmatrix}$$

$$C_{12} = A_{11}B_{12} + A_{12}B_{22} = \begin{bmatrix} 5 & 7 & 2 \\ 3 & 8 & -3 \end{bmatrix} \begin{bmatrix} 0 \\ 5 \\ -4 \end{bmatrix}$$

$$+ \begin{bmatrix} 0 & 3 & 5 \\ -5 & 0 & 8 \end{bmatrix} \begin{bmatrix} 13 \\ 0 \\ 7 \end{bmatrix} = \begin{bmatrix} 62 \\ 43 \end{bmatrix}$$

$$C_{21} = A_{21}B_{11} + A_{22}B_{21} = \begin{bmatrix} 1 & 4 & 0 \\ 0 & 10 & 5 \\ 2 & -5 & 9 \end{bmatrix} \begin{bmatrix} 2 & 10 \\ 8 & 7 \\ -5 & 2 \end{bmatrix}$$

$$+ \begin{bmatrix} 7 & 15 & 9 \\ 12 & 3 & -1 \\ 2 & 18 & -10 \end{bmatrix} \begin{bmatrix} 4 & 8 \\ 3 & 12 \\ 1 & 5 \end{bmatrix} = \begin{bmatrix} 116 & 319 \\ 111 & 207 \\ -29 & 185 \end{bmatrix}$$

$$C_{22} = A_{21}B_{12} + A_{22}B_{22} = \begin{bmatrix} 1 & 4 & 0 \\ 0 & 10 & 5 \\ 2 & -5 & 9 \end{bmatrix} \begin{bmatrix} 0 \\ 5 \\ -4 \end{bmatrix}$$

$$+ \begin{bmatrix} 7 & 15 & 9 \\ 12 & 3 & -1 \\ 2 & 18 & -10 \end{bmatrix} \begin{bmatrix} 13 \\ 0 \\ 7 \end{bmatrix} = \begin{bmatrix} 174 \\ 179 \\ -105 \end{bmatrix}$$

最终结果可写为

$$AB = C = \begin{bmatrix} A_{11} & A_{12} \\ A_{21} & A_{22} \end{bmatrix} \begin{bmatrix} B_{11} & B_{12} \\ B_{21} & B_{22} \end{bmatrix} = \begin{bmatrix} C_{11} & C_{12} \\ C_{21} & C_{22} \end{bmatrix} = \left[\begin{array}{cc:c} 70 & 164 & 62 \\ 73 & 80 & 43 \\ \hdashline 116 & 319 & 174 \\ 111 & 207 & 179 \\ -29 & 185 & -105 \end{array} \right]$$

如前所述，矩阵 $\boldsymbol{B}$ 按任意列进行分块而得到的子矩阵都满足乘法法则。请读者在第 1 列和第 2 列之间对矩阵 $\boldsymbol{B}$ 进行分块，作为练习(参见习题3)重新计算 $\boldsymbol{AB} = \boldsymbol{C}$。

2.5　转置矩阵

后续章节中的有限元方程经常需要将矩阵的行转换成另一矩阵的列。例如，例 1.1 中的第 4 步是将单元刚度矩阵组合成总刚度矩阵。组合是通过观察的方法直接将每个单元的刚度矩阵放置到总刚度矩阵中的。为便于讨论，在此重新列出单元(1)的刚度矩阵：

$$\boldsymbol{K}^{(1)} = \begin{bmatrix} k_1 & -k_1 \\ -k_1 & k_1 \end{bmatrix}$$

在总刚度矩阵中的位置为

$$\boldsymbol{K}^{(1G)} = \begin{bmatrix} k_1 & -k_1 & 0 & 0 & 0 \\ -k_1 & k_1 & 0 & 0 & 0 \\ 0 & 0 & 0 & 0 & 0 \\ 0 & 0 & 0 & 0 & 0 \\ 0 & 0 & 0 & 0 & 0 \end{bmatrix}$$

下面，将取代观察的方式，通过下述转换过程得到 $\boldsymbol{K}^{(1G)}$：

$$\boldsymbol{K}^{(1G)} = \boldsymbol{A}_1^{\mathrm{T}} \boldsymbol{K}^{(1)} \boldsymbol{A}_1 \tag{2.9}$$

其中，

$$\boldsymbol{A}_1 = \begin{bmatrix} 1 & 0 & 0 & 0 & 0 \\ 0 & 1 & 0 & 0 & 0 \end{bmatrix}$$

且

$$\boldsymbol{A}_1^{\mathrm{T}} = \begin{bmatrix} 1 & 0 \\ 0 & 1 \\ 0 & 0 \\ 0 & 0 \\ 0 & 0 \end{bmatrix}$$

$\boldsymbol{A}_1^{\mathrm{T}}$ 称为 $\boldsymbol{A}_1$ 的转置矩阵，即将矩阵的第 1 行和第 2 行转换成转置矩阵的第 1 列和第 2 列。完成式(2.9)的矩阵乘法运算：

$$\boldsymbol{K}^{(1G)} = \begin{bmatrix} 1 & 0 \\ 0 & 1 \\ 0 & 0 \\ 0 & 0 \\ 0 & 0 \end{bmatrix} \begin{bmatrix} k_1 & -k_1 \\ -k_1 & k_1 \end{bmatrix} \begin{bmatrix} 1 & 0 & 0 & 0 & 0 \\ 0 & 1 & 0 & 0 & 0 \end{bmatrix} = \begin{bmatrix} k_1 & -k_1 & 0 & 0 & 0 \\ -k_1 & k_1 & 0 & 0 & 0 \\ 0 & 0 & 0 & 0 & 0 \\ 0 & 0 & 0 & 0 & 0 \\ 0 & 0 & 0 & 0 & 0 \end{bmatrix}$$

其结果与观察法一致，因而是正确的。

同样，通过如下运算得可到 $\boldsymbol{K}^{(2G)}$：

$$\boldsymbol{K}^{(2G)} = \boldsymbol{A}_2^{\mathrm{T}} \boldsymbol{K}^{(2)} \boldsymbol{A}_2$$

其中，

$$\boldsymbol{A}_2 = \begin{bmatrix} 0 & 1 & 0 & 0 & 0 \\ 0 & 0 & 1 & 0 & 0 \end{bmatrix}$$

则

$$A_2^T = \begin{bmatrix} 0 & 0 \\ 1 & 0 \\ 0 & 1 \\ 0 & 0 \\ 0 & 0 \end{bmatrix}$$

于是

$$K^{(2G)} = \begin{bmatrix} 0 & 0 \\ 1 & 0 \\ 0 & 1 \\ 0 & 0 \\ 0 & 0 \end{bmatrix} \begin{bmatrix} k_2 & -k_2 \\ -k_2 & k_2 \end{bmatrix} \begin{bmatrix} 0 & 1 & 0 & 0 & 0 \\ 0 & 0 & 1 & 0 & 0 \end{bmatrix} = \begin{bmatrix} 0 & 0 & 0 & 0 & 0 \\ 0 & k_2 & -k_2 & 0 & 0 \\ 0 & -k_2 & k_2 & 0 & 0 \\ 0 & 0 & 0 & 0 & 0 \\ 0 & 0 & 0 & 0 & 0 \end{bmatrix}$$

上面的例子说明,可以通过定位矩阵(如 A 及其转置矩阵)得到有限元模型的总刚度矩阵。

为获得 $m \times n$ 阶矩阵 B 的转置,需要将矩阵 B 的第 1 行转换为 B^T 的第 1 列,以此类推,直至将矩阵 B 的第 m 行转换为 B^T 的第 m 列。显然,转置矩阵 B^T 的转置就是原矩阵 B,即

$$(B^T)^T = B \tag{2.10}$$

后续章节中,为了节省空间,当结果矩阵是列矩阵时,会将其转置为行矩阵的形式。这是矩阵转置的另一种用途。例如,将如下位移矩阵

$$U = \begin{bmatrix} U_1 \\ U_2 \\ U_3 \\ \vdots \\ U_n \end{bmatrix}$$

写为其转置矩阵 $U^T = [U_1 \quad U_2 \quad U_3 \quad \cdots \quad U_n]$。

矩阵转置的运算遵从如下法则:

$$(A + B + \cdots + N)^T = A^T + B^T + \cdots + N^T \tag{2.11}$$

$$(AB \cdots N)^T = N^T \cdots B^T A^T \tag{2.12}$$

需要注意式 (2.12) 中矩阵相乘顺序的变化。

下面定义对称矩阵。矩阵元素关于主对角线对称的方阵称为对称矩阵,例如:

$$A = \begin{bmatrix} 1 & 4 & 2 & -5 \\ 4 & 5 & 15 & 20 \\ 2 & 15 & -3 & 8 \\ -5 & 20 & 8 & 0 \end{bmatrix}$$

注意,对称矩阵的元素 a_{mn} 始终等于元素 a_{nm}。也就是说,不论 n 和 m 为何值,总有 $a_{mn} = a_{nm}$。因此,对于对称矩阵,有 $A = A^T$。

例 2.3　设有如下矩阵:

$$A = \begin{bmatrix} 0 & 5 & 0 \\ 8 & 3 & 7 \\ 9 & -2 & 9 \end{bmatrix} \quad 和 \quad B = \begin{bmatrix} 4 & 6 & -2 \\ 7 & 2 & 3 \\ 1 & 3 & -4 \end{bmatrix}$$

计算:

a. $\boldsymbol{A}^{\mathrm{T}} = ?$ 和 $\boldsymbol{B}^{\mathrm{T}} = ?$

b. 证明 $(\boldsymbol{A} + \boldsymbol{B})^{\mathrm{T}} = \boldsymbol{A}^{\mathrm{T}} + \boldsymbol{B}^{\mathrm{T}}$

c. 证明 $(\boldsymbol{AB})^{\mathrm{T}} = \boldsymbol{B}^{\mathrm{T}} \boldsymbol{A}^{\mathrm{T}}$

解:

a. $\boldsymbol{A}^{\mathrm{T}} = ?$ 和 $\boldsymbol{B}^{\mathrm{T}} = ?$

如前所述，将原矩阵的第 $1, 2, 3, \cdots, m$ 行分别转换成第 $1, 2, 3, \cdots, m$ 列，即可得到转置矩阵。于是有

$$\boldsymbol{A}^{\mathrm{T}} = \begin{bmatrix} 0 & 8 & 9 \\ 5 & 3 & -2 \\ 0 & 7 & 9 \end{bmatrix}$$

同理，

$$\boldsymbol{B}^{\mathrm{T}} = \begin{bmatrix} 4 & 7 & 1 \\ 6 & 2 & 3 \\ -2 & 3 & -4 \end{bmatrix}$$

b. 证明 $(\boldsymbol{A} + \boldsymbol{B})^{\mathrm{T}} = \boldsymbol{A}^{\mathrm{T}} + \boldsymbol{B}^{\mathrm{T}}$

$$\boldsymbol{A} + \boldsymbol{B} = \begin{bmatrix} 4 & 11 & -2 \\ 15 & 5 & 10 \\ 10 & 1 & 5 \end{bmatrix} \quad 则 \quad (\boldsymbol{A} + \boldsymbol{B})^{\mathrm{T}} = \begin{bmatrix} 4 & 15 & 10 \\ 11 & 5 & 1 \\ -2 & 10 & 5 \end{bmatrix}$$

$$\boldsymbol{A}^{\mathrm{T}} + \boldsymbol{B}^{\mathrm{T}} = \begin{bmatrix} 0 & 8 & 9 \\ 5 & 3 & -2 \\ 0 & 7 & 9 \end{bmatrix} + \begin{bmatrix} 4 & 7 & 1 \\ 6 & 2 & 3 \\ -2 & 3 & -4 \end{bmatrix} = \begin{bmatrix} 4 & 15 & 10 \\ 11 & 5 & 1 \\ -2 & 10 & 5 \end{bmatrix}$$

经比较，显然 $(\boldsymbol{A} + \boldsymbol{B})^{\mathrm{T}} = \boldsymbol{A}^{\mathrm{T}} + \boldsymbol{B}^{\mathrm{T}}$。

c. 证明 $(\boldsymbol{AB})^{\mathrm{T}} = \boldsymbol{B}^{\mathrm{T}} \boldsymbol{A}^{\mathrm{T}}$。

例 2.2 中已经计算了矩阵 $\boldsymbol{A}$ 与矩阵 $\boldsymbol{B}$ 的乘积为

$$\boldsymbol{AB} = \begin{bmatrix} 0 & 5 & 0 \\ 8 & 3 & 7 \\ 9 & -2 & 9 \end{bmatrix} \begin{bmatrix} 4 & 6 & -2 \\ 7 & 2 & 3 \\ 1 & 3 & -4 \end{bmatrix} = \begin{bmatrix} 35 & 10 & 15 \\ 60 & 75 & -35 \\ 31 & 77 & -60 \end{bmatrix}$$

由此可得

$$(\boldsymbol{AB})^{\mathrm{T}} = \begin{bmatrix} 35 & 60 & 31 \\ 10 & 75 & 77 \\ 15 & -35 & -60 \end{bmatrix}$$

另外，

$$\boldsymbol{B}^{\mathrm{T}} \boldsymbol{A}^{\mathrm{T}} = \begin{bmatrix} 4 & 7 & 1 \\ 6 & 2 & 3 \\ -2 & 3 & -4 \end{bmatrix} \begin{bmatrix} 0 & 8 & 9 \\ 5 & 3 & -2 \\ 0 & 7 & 9 \end{bmatrix} = \begin{bmatrix} 35 & 60 & 31 \\ 10 & 75 & 77 \\ 15 & -35 & -60 \end{bmatrix}$$

经比较，显然等式成立。

2.6　矩阵的行列式

至此，已定义了矩阵，以及矩阵运算的基本术语和运算法则。本节将定义矩阵的行列式。在后续章节中，矩阵的行列式常被用于求解方程组、矩阵求逆，以及建立动态问题的特征方程(特征值问题)。

求解如下方程组：

$$a_{11}x_1 + a_{12}x_2 = b_1 \tag{2.13a}$$

$$a_{21}x_1 + a_{22}x_2 = b_2 \tag{2.13b}$$

将式(2.13a)和式(2.13b)写为如下矩阵形式：

$$\begin{bmatrix} a_{11} & a_{12} \\ a_{21} & a_{22} \end{bmatrix}\begin{bmatrix} x_1 \\ x_2 \end{bmatrix} = \begin{bmatrix} b_1 \\ b_2 \end{bmatrix} \tag{2.14}$$

或者写为简化格式：

$$AX = B$$

为求解未知数 x_1 和 x_2，首先利用式(2.13b)将 x_2 表示成 x_1 的形式，然后代入式(2.13a)。运算过程如下：

$$x_2 = \frac{b_2 - a_{21}x_1}{a_{22}} \quad \Rightarrow \quad a_{11}x_1 + a_{12}\left(\frac{b_2 - a_{21}x_1}{a_{22}}\right) = b_1$$

求解 x_1：

$$x_1 = \frac{b_1 a_{22} - a_{12} b_2}{a_{11} a_{22} - a_{12} a_{21}} \tag{2.15a}$$

将 x_1 代入式(2.13a)或式(2.13b)，得

$$x_2 = \frac{a_{11} b_2 - b_1 a_{21}}{a_{11} a_{22} - a_{12} a_{21}} \tag{2.15b}$$

由式(2.15a)和式(2.15b)可发现，二者的分母均为矩阵 A 主对角元素的乘积减去另一对角线元素的乘积。

$a_{11}a_{22} - a_{12}a_{21}$ 是 2×2 阶矩阵 A 的行列式，可表示为如下形式：

$$\mathrm{Det}\, A \ \ \text{或} \ \ \det A \ \ \text{或} \ \ \begin{vmatrix} a_{11} & a_{12} \\ a_{21} & a_{22} \end{vmatrix} = a_{11}a_{22} - a_{12}a_{21} \tag{2.16}$$

注意，仅方阵才有行列式，而且矩阵 A 的行列式是一个数值。也就是说，将 a_{11}，a_{22}，a_{12} 和 a_{21} 的值代入 $a_{11}a_{22} - a_{12}a_{21}$ 之后，将得到一个数值。虽然通常情况下矩阵的行列式是一个值，但是在后面会看到，由动态问题的运动方程导出的矩阵的行列式是一个多项式。

通常，求解较小的方程组时都将应用 Cramer 法则。根据 Cramer 法则，式(2.13a)与式(2.13b)所示方程的解可利用行列式表示为

$$x_1 = \frac{\begin{vmatrix} b_1 & a_{12} \\ b_2 & a_{22} \end{vmatrix}}{\begin{vmatrix} a_{11} & a_{12} \\ a_{21} & a_{22} \end{vmatrix}} \quad \text{和} \quad x_2 = \frac{\begin{vmatrix} a_{11} & b_1 \\ a_{21} & b_2 \end{vmatrix}}{\begin{vmatrix} a_{11} & a_{12} \\ a_{21} & a_{22} \end{vmatrix}} \tag{2.17}$$

设有如下 3×3 阶矩阵 C：

$$C = \begin{bmatrix} c_{11} & c_{12} & c_{13} \\ c_{21} & c_{22} & c_{23} \\ c_{31} & c_{32} & c_{33} \end{bmatrix}$$

则矩阵 C 的行列式可通过下式求得，

$$\begin{vmatrix} c_{11} & c_{12} & c_{13} \\ c_{21} & c_{22} & c_{23} \\ c_{31} & c_{32} & c_{33} \end{vmatrix} = \begin{aligned} & c_{11}c_{22}c_{33} + c_{12}c_{23}c_{31} + c_{13}c_{21}c_{32} - c_{13}c_{22}c_{31} \\ & - c_{11}c_{23}c_{32} - c_{12}c_{21}c_{33} \end{aligned} \tag{2.18}$$

"直接展开法"是求解行列式的一种简单的方法,用其可获得式(2.18)。利用直接展开法计算矩阵 C 的行列式时,首先需要将矩阵 C 的第 1 列和第 2 列紧挨在第 3 列之后重复放置,如图 2.1 所示。然后,将实线箭头上的对角元素之积相加,并减去虚线箭头上的对角元素之积。图 2.1 展示了完整的计算过程,其最终的结果与式(2.18)是一致的。

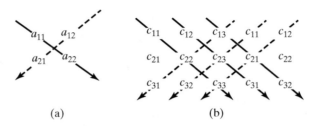

(a)   (b)

图 2.1 　利用直接展开法计算(a) 2×2 阶矩阵和(b) 3×3 阶矩阵的行列式

显然,当行列式的阶数较高时,应用直接展开法计算并不方便。于是,需要首先设法降低行列式的阶数,即采用代数余子式法,然后再计算降阶后的行列式。例如,首先提取式(2.18)右部的公因子 c_{11}、$-c_{12}$ 和 c_{13}:

$$c_{11}c_{22}c_{33} + c_{12}c_{23}c_{31} + c_{13}c_{21}c_{32} - c_{13}c_{22}c_{31} - c_{11}c_{23}c_{32} - c_{12}c_{21}c_{33}$$
$$= c_{11}(c_{22}c_{33} - c_{23}c_{32}) - c_{12}(c_{21}c_{33} - c_{23}c_{31}) + c_{13}(c_{21}c_{32} - c_{22}c_{31})$$

由上式可以看出,括号中的表达式是一个 2×2 阶矩阵的行列式。因此, 3×3 阶矩阵的行列式可由 2×2 阶矩阵的行列式表示:

$$\begin{vmatrix} c_{11} & c_{12} & c_{13} \\ c_{21} & c_{22} & c_{23} \\ c_{31} & c_{32} & c_{33} \end{vmatrix} = c_{11}\begin{vmatrix} c_{22} & c_{23} \\ c_{32} & c_{33} \end{vmatrix} - c_{12}\begin{vmatrix} c_{21} & c_{23} \\ c_{31} & c_{33} \end{vmatrix} + c_{13}\begin{vmatrix} c_{21} & c_{22} \\ c_{31} & c_{32} \end{vmatrix}$$

上述由 3 阶行列式转化为三个 2 阶行列式的计算方法可以更直观地表述为先划掉矩阵的第 1 行,再依次划掉第 1 列、第 2 列直至第 3 列,相交点上的元素(用方框表示)就是相应的低阶行列式的乘数因子,然后还需要在这些因子的前面加上正(+)号或负(−)号。如果该因子的行号与列号之和是偶数,就加上正号,否则就加上负号。例如 c_{12},与其对应的第 1 行的行号与第 2 列的列号之和$(1+2)$是奇数,则在 c_{12} 的前面加上负号。

$$\boxed{c_{11}}\ \ c_{12}\ \ c_{13} \qquad c_{11}\ \ \boxed{c_{12}}\ \ c_{13} \qquad c_{11}\ \ c_{12}\ \ \boxed{c_{13}}$$
$$c_{21}\ \ c_{22}\ \ c_{23} \qquad c_{21}\ \ c_{22}\ \ c_{23} \qquad c_{21}\ \ c_{22}\ \ c_{23}$$
$$c_{31}\ \ c_{32}\ \ c_{33} \qquad c_{31}\ \ c_{32}\ \ c_{33} \qquad c_{31}\ \ c_{32}\ \ c_{33}$$

注意,在计算 A 的行列式时,也可以划去第 2 行或第 3 行,从而将给定的行列式转化为另外三个 2 阶行列式,如例 2.4 所示。

综上所述,高阶行列式可分为多个低阶行列式,并且可以利用低阶行列式来计算高阶行列式的值。

行列式有两个重要的性质: (1)矩阵 A 与其转置矩阵 A^T 的行列式的值相等(参见例 2.4); (2)如果给矩阵的一行或一列乘以一个标量,那么其行列式也要乘以这个标量。

例 2.4　设有如下矩阵:

$$A = \begin{bmatrix} 1 & 5 & 0 \\ 8 & 3 & 7 \\ 6 & -2 & 9 \end{bmatrix}$$

计算:

a. A 的行列式

b. A^{T} 的行列式

解:

a. 分别用直接展开法和代数余子式法计算矩阵 A 的行列式。如前所述,使用直接展开法时,首先需要将矩阵的第 1 列和第 2 列紧挨第 3 列重复放置,然后计算实线上的元素乘积之和,再减去虚线上的元素乘积之和。

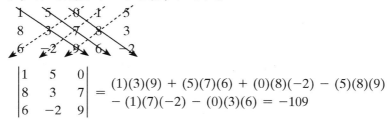

$$\begin{vmatrix} 1 & 5 & 0 \\ 8 & 3 & 7 \\ 6 & -2 & 9 \end{vmatrix} = \begin{aligned} &(1)(3)(9) + (5)(7)(6) + (0)(8)(-2) - (5)(8)(9) \\ &- (1)(7)(-2) - (0)(3)(6) = -109 \end{aligned}$$

下面,用代数余子式法计算矩阵 A 的行列式。首先划去第 1 行,然后分别划去第 1 列、第 2 列及第 3 列,如下所示:

$$\begin{vmatrix} 1 & 5 & 0 \\ 8 & 3 & 7 \\ 6 & -2 & 9 \end{vmatrix} = 1 \begin{vmatrix} 3 & 7 \\ -2 & 9 \end{vmatrix} - 5 \begin{vmatrix} 8 & 7 \\ 6 & 9 \end{vmatrix} + 0 \begin{vmatrix} 8 & 3 \\ 6 & -2 \end{vmatrix}$$

$$= (1)[(3)(9) - (7)(-2)] - (5)[(8)(9) - (7)(6)] = -109$$

此外,也可以划去第 2 行及第 1 列、第 2 列至第 3 列,重新计算,则有

$$\begin{vmatrix} 1 & 5 & 0 \\ 8 & 3 & 7 \\ 6 & -2 & 9 \end{vmatrix} = -8 \begin{vmatrix} 5 & 0 \\ -2 & 9 \end{vmatrix} + 3 \begin{vmatrix} 1 & 0 \\ 6 & 9 \end{vmatrix} - 7 \begin{vmatrix} 1 & 5 \\ 6 & -2 \end{vmatrix}$$

$$= -(8)[(5)(9) - (0)(-2)] + (3)[(1)(9) - (0)(6)] - (7)[(1)(-2) - (5)(6)] = -109$$

b. 由于 A^{T} 的行列式与 A 的行列式的值相等,因此不必重新计算 A^{T} 的行列式。但是,为了证明该结论的正确性,下面仍将计算 A^{T} 的行列式,并与 A 的行列式进行对比。要计算 A^{T} 的行列式,先将矩阵 A 转置,即将 A 的第 1 行、第 2 行和第 3 行转换成第 1 列、第 2 列和第 3 列,则有

$$A^{\mathrm{T}} = \begin{bmatrix} 1 & 8 & 6 \\ 5 & 3 & -2 \\ 0 & 7 & 9 \end{bmatrix}$$

然后利用代数余子式法计算 $\boldsymbol{A}^{\mathrm{T}}$ 的行列式，则有

$$\begin{array}{ccc} 1 & 8 & 6 \\ 5 & 3 & -2 \\ 0 & 7 & 9 \end{array} \quad \begin{array}{ccc} 1 & 8 & 6 \\ 5 & 3 & -2 \\ 0 & 7 & 9 \end{array} \quad \begin{array}{ccc} 1 & 8 & 6 \\ 5 & 3 & -2 \\ 0 & 7 & 9 \end{array}$$

$$\begin{vmatrix} 1 & 8 & 6 \\ 5 & 3 & -2 \\ 0 & 7 & 9 \end{vmatrix} = 1 \begin{vmatrix} 3 & -2 \\ 7 & 9 \end{vmatrix} - 8 \begin{vmatrix} 5 & -2 \\ 0 & 9 \end{vmatrix} + 6 \begin{vmatrix} 5 & 3 \\ 0 & 7 \end{vmatrix}$$

$$= (1)[(3)(9)-(-2)(7)]-(8)[(5)(9)-(-2)(0)] + (6)[(5)(7)-(3)(0)] = -109$$

行列式为零的矩阵称为奇异矩阵。当矩阵有两行或多行的元素对应相等时，该矩阵就是奇异矩阵。例如：

$$\boldsymbol{A} = \begin{bmatrix} 2 & 1 & 4 \\ 2 & 1 & 4 \\ 1 & 3 & 5 \end{bmatrix}$$

矩阵 $\boldsymbol{A}$ 的第 1 行与第 2 行的元素相同，其行列式为零，如下所示：

$$\begin{vmatrix} 2 & 1 & 4 \\ 2 & 1 & 4 \\ 1 & 3 & 5 \end{vmatrix} = (2)(1)(5) + (1)(4)(1) + (4)(2)(3) - (1)(2)(5) - (2)(4)(3) - (4)(1)(1) = 0$$

此外，当矩阵的两行或多行元素线性相关时也是奇异矩阵。例如，将矩阵 $\boldsymbol{A}$ 的第 2 行乘以常数 7，则结果矩阵为

$$\boldsymbol{A} = \begin{bmatrix} 2 & 1 & 4 \\ 14 & 7 & 28 \\ 1 & 3 & 5 \end{bmatrix}$$

该矩阵第 1 行和第 2 行线性相关。如下所示，矩阵 $\boldsymbol{A}$ 的行列式为零，因此是奇异矩阵。

$$\begin{vmatrix} 2 & 1 & 4 \\ 14 & 7 & 28 \\ 1 & 3 & 5 \end{vmatrix} = (2)(7)(5) + (1)(28)(1) + (4)(14)(3) - (1)(14)(5) - (2)(28)(3) - (4)(7)(1) = 0$$

2.7　线性方程组的求解

第 1 章曾经提到，有限元的计算公式为一组代数方程。回顾例 1.1 所示的受轴向荷载的变截面杆，利用有限个单元建模并应用边界条件和施加荷载之后，最终导出如下包含 4 个方程的线性方程组：

$$10^3 \times \begin{bmatrix} 1820 & -845 & 0 & 0 \\ -845 & 1560 & -715 & 0 \\ 0 & -715 & 1300 & -585 \\ 0 & 0 & -585 & 585 \end{bmatrix} \begin{bmatrix} u_2 \\ u_3 \\ u_4 \\ u_5 \end{bmatrix} = \begin{bmatrix} 0 \\ 0 \\ 0 \\ 10^3 \end{bmatrix}$$

下面将讨论求解线性方程组的两种方法。

2.7.1　高斯消元法

首先将通过实例介绍高斯消元法。假设包含 3 个未知量 x_1，x_2 和 x_3 的线性方程组如下所示：

$$2x_1 + x_2 + x_3 = 13 \tag{2.19a}$$

$$3x_1 + 2x_2 + 4x_3 = 32 \tag{2.19b}$$

$$5x_1 - x_2 + 3x_3 = 17 \tag{2.19c}$$

1. 将式 (2.19a) 两边同时除以 x_1 的系数 2：

$$x_1 + \frac{1}{2}x_2 + \frac{1}{2}x_3 = \frac{13}{2} \tag{2.20}$$

2. 将式 (2.20) 两边同时乘以方程 (2.19b) 中 x_1 的系数 3：

$$3x_1 + \frac{3}{2}x_2 + \frac{3}{2}x_3 = \frac{39}{2} \tag{2.21}$$

式 (2.19b) 减去式 (2.21) 以消去式 (2.19b) 中的 x_1：

$$
\begin{aligned}
3x_1 + 2x_2 + 4x_3 &= 32 \\
-\left(3x_1 + \frac{3}{2}x_2 + \frac{3}{2}x_3 = \frac{39}{2}\right) \\
\hline
\frac{1}{2}x_2 + \frac{5}{2}x_3 &= \frac{25}{2}
\end{aligned}
\tag{2.22}
$$

3. 同样，为从式 (2.19c) 中消去 x_1，将式 (2.20) 乘以式 (2.19c) 中 x_1 的系数 5：

$$5x_1 + \frac{5}{2}x_2 + \frac{5}{2}x_3 = \frac{65}{2} \tag{2.23}$$

然后，式 (2.19c) 减去上式以消去式 (2.19c) 中的 x_1：

$$
\begin{aligned}
5x_1 - x_2 + 3x_3 &= 17 \\
-\left(5x_1 + \frac{5}{2}x_2 + \frac{5}{2}x_3 = \frac{65}{2}\right) \\
\hline
-\frac{7}{2}x_2 + \frac{1}{2}x_3 &= -\frac{31}{2}
\end{aligned}
\tag{2.24}
$$

利用上述计算过程 1~3，消去式 (2.19b) 和式 (2.19c) 中的 x_1 后的结果如下：

$$x_1 + \frac{1}{2}x_2 + \frac{1}{2}x_3 = \frac{13}{2} \tag{2.25a}$$

$$\frac{1}{2}x_2 + \frac{5}{2}x_3 = \frac{25}{2} \tag{2.25b}$$

$$-\frac{7}{2}x_2 + \frac{1}{2}x_3 = -\frac{31}{2} \tag{2.25c}$$

4. 为从式 (2.25c) 中消去 x_2，将式 (2.25b) 两边除以 x_2 的系数 1/2：

$$x_2 + 5x_3 = 25 \tag{2.26}$$

然后，将式 (2.26) 乘以式 (2.25c) 中 x_2 的系数 -7/2，并用式 (2.25c) 减去式 (2.26)：

$$
\begin{aligned}
-\frac{7}{2}x_2 + \frac{1}{2}x_3 &= -\frac{31}{2} \\
-\left(-\frac{7}{2}x_2 - \frac{35}{2}x_3 = -\frac{175}{2}\right) \\
\hline
18x_3 &= 72
\end{aligned}
\tag{2.27}
$$

将式 (2.27) 两边除以 18 可得

$$x_3 = 4$$

总结以上计算结果，我们有

$$x_1 + \frac{1}{2}x_2 + \frac{1}{2}x_3 = \frac{13}{2} \tag{2.28}$$

$$x_2 + 5x_3 = 25 \tag{2.29}$$

$$x_3 = 4 \tag{2.30}$$

式(2.28)及式(2.29)与式(2.25a)及式(2.26)相同，为便于讨论而在此处重新编号。下面，利用回代法计算 x_2 和 x_1 的值。将 x_3 的值回代到式(2.29)中，得

$$x_2 + 5(4) = 25 \quad \rightarrow \quad x_2 = 5$$

将 x_3 和 x_2 的值代入式(2.28)中，得

$$x_1 + \frac{1}{2}(5) + \frac{1}{2}(4) = \frac{13}{2} \quad \rightarrow \quad x_1 = 2$$

2.7.2　下三角和上三角(LU)方法

在结构设计过程中，通常需要改变荷载，以确定荷载的变化对位移和应力的影响。此外，有些热传递分析也需要施加热荷载，以使介质内达到所需的温度分布。荷载的改变将导致荷载矩阵的改变。高斯消元法需要操作整个系数矩阵(刚度矩阵或传导矩阵)和右侧矩阵(荷载矩阵)才能求得未知的位移(或温度)。使用高斯消元法时，荷载矩阵每变化一次，整个计算过程都必须重复一次。因此，高斯消元法并不太适合这类情形。相反，使用 LU 方法处理这类问题要有效得多。LU 方法主要由两部分组成：分解部分和求解部分。下面将通过求解如下三元方程组来说明 LU 方法的计算过程：

$$a_{11}x_1 + a_{12}x_2 + a_{13}x_3 = b_1 \tag{2.31}$$

$$a_{21}x_1 + a_{22}x_2 + a_{23}x_3 = b_2 \tag{2.32}$$

$$a_{31}x_1 + a_{32}x_2 + a_{33}x_3 = b_3 \tag{2.33}$$

或写为矩阵形式：

$$\begin{bmatrix} a_{11} & a_{12} & a_{13} \\ a_{21} & a_{22} & a_{23} \\ a_{31} & a_{32} & a_{33} \end{bmatrix} \begin{bmatrix} x_1 \\ x_2 \\ x_3 \end{bmatrix} = \begin{bmatrix} b_1 \\ b_2 \\ b_3 \end{bmatrix} \text{或} \ \boldsymbol{A}\boldsymbol{x} = \boldsymbol{b} \tag{2.34}$$

分解阶段

LU 方法的基本思想是将系数矩阵 $\boldsymbol{A}$ 分解为下三角矩阵：

$$\boldsymbol{L} = \begin{bmatrix} 1 & 0 & 0 \\ l_{21} & 1 & 0 \\ l_{31} & l_{32} & 1 \end{bmatrix}$$

和上三角矩阵：

$$\boldsymbol{U} = \begin{bmatrix} u_{11} & u_{12} & u_{13} \\ 0 & u_{22} & u_{23} \\ 0 & 0 & u_{33} \end{bmatrix}$$

并满足：

$$\begin{bmatrix} a_{11} & a_{12} & a_{13} \\ a_{21} & a_{22} & a_{23} \\ a_{31} & a_{32} & a_{33} \end{bmatrix} = \begin{bmatrix} 1 & 0 & 0 \\ l_{21} & 1 & 0 \\ l_{31} & l_{32} & 1 \end{bmatrix} \begin{bmatrix} u_{11} & u_{12} & u_{13} \\ 0 & u_{22} & u_{23} \\ 0 & 0 & u_{33} \end{bmatrix} \tag{2.35}$$

完成上式的矩阵相乘运算：

$$\begin{aligned} \begin{bmatrix} a_{11} & a_{12} & a_{13} \\ a_{21} & a_{22} & a_{23} \\ a_{31} & a_{32} & a_{33} \end{bmatrix} &= \begin{bmatrix} 1 & 0 & 0 \\ l_{21} & 1 & 0 \\ l_{31} & l_{32} & 1 \end{bmatrix} \begin{bmatrix} u_{11} & u_{12} & u_{13} \\ 0 & u_{22} & u_{23} \\ 0 & 0 & u_{33} \end{bmatrix} \\ &= \begin{bmatrix} u_{11} & u_{12} & u_{13} \\ l_{21}u_{11} & l_{21}u_{12} + u_{22} & l_{21}u_{13} + u_{23} \\ l_{31}u_{11} & l_{31}u_{12} + l_{32}u_{22} & l_{31}u_{13} + l_{32}u_{23} + u_{33} \end{bmatrix} \end{aligned} \tag{2.36}$$

比较式(2.36)中矩阵 A 和矩阵 LU 的第 1 行，不难发现有

$$u_{11} = a_{11}, \qquad u_{12} = a_{12}, \qquad u_{13} = a_{13}$$

再比较式(2.36)中矩阵 A 和矩阵 LU 的第 1 列，可以得到 l_{21} 和 l_{31} 的值：

$$l_{21}u_{11} = a_{21} \quad \rightarrow \quad l_{21} = \frac{a_{21}}{u_{11}} = \frac{a_{21}}{a_{11}} \tag{2.37}$$

$$l_{31}u_{11} = a_{31} \quad \rightarrow \quad l_{31} = \frac{a_{31}}{u_{11}} = \frac{a_{31}}{a_{11}} \tag{2.38}$$

注意，u_{11} 的值已由前一步确定，即 $u_{11} = a_{11}$。通过比较式(2.36)中矩阵的第 2 行，可导出 u_{22} 和 u_{23} 的计算公式：

$$l_{21}u_{12} + u_{22} = a_{22} \quad \rightarrow \quad u_{22} = a_{22} - l_{21}u_{12} \tag{2.39}$$

$$l_{21}u_{13} + u_{23} = a_{23} \quad \rightarrow \quad u_{23} = a_{23} - l_{21}u_{13} \tag{2.40}$$

进而，利用已经确定的 l_{21}，u_{12} 和 u_{13} 的值求解式(2.39)和式(2.40)。通过比较式(2.36)中矩阵的第 2 列，以及已计算得到的 u_{12}，l_{21}，u_{22} 和 l_{31} 的值，可求得 l_{32} 的值：

$$l_{31}u_{12} + l_{32}u_{22} = a_{32} \quad \rightarrow \quad l_{32} = \frac{a_{32} - l_{31}u_{12}}{u_{22}} \tag{2.41}$$

最后，比较式(2.36)的第 3 行，可得 u_{33} 的值：

$$l_{31}u_{13} + l_{32}u_{23} + u_{33} = a_{33} \quad \rightarrow \quad u_{33} = a_{33} - l_{31}u_{13} - l_{32}u_{23} \tag{2.42}$$

以上用较为简单的 3×3 阶矩阵说明了 LU 方法的分解过程。n 阶方阵的分解过程可归纳如下。

第 1 步：求矩阵 U 第 1 行元素的值，有

$$u_{1j} = a_{1j}, \qquad j = 1 \sim n \tag{2.43}$$

第 2 步：求矩阵 L 第 1 列未知元素的值：

$$l_{i1} = \frac{a_{i1}}{u_{11}}, \qquad i = 2 \sim n \tag{2.44}$$

第 3 步：求矩阵 U 第 2 行元素的值：

$$u_{2j} = a_{2j} - l_{21}u_{1j}, \qquad j = 2 \sim n \tag{2.45}$$

第 4 步：求矩阵 L 第 2 列未知元素的值：

$$l_{i2} = \frac{a_{i2} - l_{i1}u_{12}}{u_{22}}, \qquad i = 3 \sim n \tag{2.46}$$

以此类推，接下来需要确定矩阵 U 第 3 行元素和矩阵 L 第 3 列元素。计算过程的模式很清晰，先求取矩阵 U 的一行，接着求取矩阵 L 的一列，重复这个过程，直至所有的未知元素求解完成。下面将这两个矩阵元素的求解算法进行归纳。对于矩阵 U 第 k 行元素的求解，有

$$u_{kj} = a_{kj} - \sum_{p=1}^{k-1} l_{kp}u_{pj}, \qquad j = k \sim n \tag{2.47}$$

对于矩阵 L 第 k 列未知元素的求解，有

$$l_{ik} = \frac{a_{ik} - \sum_{p=1}^{k-1} l_{ip}u_{pk}}{u_{kk}}, \qquad i = k + 1 \sim n \tag{2.48}$$

求解阶段

以上介绍了如何将系数矩阵 A 分解成下三角矩阵 L 和上三角矩阵 U，下面将介绍如何利用矩阵 L 和矩阵 U 求解线性方程组。仍以式(2.31)至式(2.33)所示的三元一次方程组为例，用矩阵 L 和矩阵 U 代替系数矩阵 A，即

$$Ax = b \tag{2.49}$$

$$LUx = b \tag{2.50}$$

用列矩阵 z 代替 Ux，即

$$Ux = z \tag{2.51}$$

$$L\overbrace{Ux}^{z} = b \rightarrow Lz = b \tag{2.52}$$

由于矩阵 L 是下三角矩阵，因此很容易求得矩阵 z 中元素的值。然后，再利用矩阵 z 求解式 $Ux = z$ 中未知矩阵 x 的元素。计算过程如下：

$$\begin{bmatrix} 1 & 0 & 0 \\ l_{21} & 1 & 0 \\ l_{31} & l_{32} & 1 \end{bmatrix} \begin{bmatrix} z_1 \\ z_2 \\ z_3 \end{bmatrix} = \begin{bmatrix} b_1 \\ b_2 \\ b_3 \end{bmatrix} \tag{2.53}$$

根据式(2.53)，显然有

$$z_1 = b_1 \tag{2.54}$$

$$z_2 = b_2 - l_{21}z_1 \tag{2.55}$$

$$z_3 = b_3 - l_{31}z_1 - l_{32}z_2 \tag{2.56}$$

由于矩阵 z 中的元素已知，未知矩阵 x 可以利用下式求得，

$$\begin{bmatrix} u_{11} & u_{12} & u_{13} \\ 0 & u_{22} & u_{23} \\ 0 & 0 & u_{33} \end{bmatrix} \begin{bmatrix} x_1 \\ x_2 \\ x_3 \end{bmatrix} = \begin{bmatrix} z_1 \\ z_2 \\ z_3 \end{bmatrix} \tag{2.57}$$

$$x_3 = \frac{z_3}{u_{33}} \tag{2.58}$$

$$x_2 = \frac{z_2 - u_{23}x_3}{u_{22}} \tag{2.59}$$

$$x_1 = \frac{z_1 - u_{12}x_2 - u_{13}x_3}{u_{11}} \tag{2.60}$$

以上讨论了 3 个方程、3 个未知数求解的简单情形，关于 n 个方程 n 个未知数的求解方法归纳如下。

$$z_1 = b_1 \quad 和 \quad z_i = b_i - \sum_{j=1}^{i-1} l_{ij}z_j, \qquad i = 2, 3, 4, \cdots, n \tag{2.61}$$

$$x_n = \frac{z_n}{u_{nn}} \quad 和 \quad x_i = \frac{z_i - \sum_{j=i+1}^{n} u_{ij}x_j}{u_{ii}}, \qquad i = n-1, n-2, n-3, \cdots, 3, 2, 1 \tag{2.62}$$

下面，将利用 LU 方法求解之前利用高斯消元法求解的方程。

例 2.5　利用 LU 方法求解下述方程组 $(n = 3)$：

$$2x_1 + x_2 + x_3 = 13$$
$$3x_1 + 2x_2 + 4x_3 = 32$$
$$5x_1 - x_2 + 3x_3 = 17$$

$$A = \begin{bmatrix} 2 & 1 & 1 \\ 3 & 2 & 4 \\ 5 & -1 & 3 \end{bmatrix} \quad 和 \quad b = \begin{bmatrix} 13 \\ 32 \\ 17 \end{bmatrix}$$

分解阶段

第 1 步：求矩阵 U 第 1 行元素的值：

$$u_{1j} = a_{1j}, \qquad j = 1 \sim n$$
$$u_{11} = a_{11} = 2 \qquad u_{12} = a_{12} = 1 \qquad u_{13} = a_{13} = 1$$

第 2 步：求矩阵 L 第 1 列未知元素的值：

$$l_{i1} = \frac{a_{i1}}{u_{11}}, \qquad i = 2 \sim n$$
$$l_{21} = \frac{a_{21}}{u_{11}} = \frac{3}{2} \qquad l_{31} = \frac{a_{31}}{u_{11}} = \frac{5}{2}$$

第 3 步：求矩阵 U 第 2 行元素的值：

$$u_{2j} = a_{2j} - l_{21}u_{1j}, \qquad j = 2 \sim n$$
$$u_{22} = a_{22} - l_{21}u_{12} = 2 - \left(\frac{3}{2}\right)(1) = \frac{1}{2}$$
$$u_{23} = a_{23} - l_{21}u_{13} = 4 - \left(\frac{3}{2}\right)(1) = \frac{5}{2}$$

第 4 步：求矩阵 L 第 2 列未知元素的值：

$$l_{i2} = \frac{a_{i2} - l_{i1}u_{12}}{u_{22}}, \qquad i = 3 \sim n$$
$$l_{32} = \frac{a_{32} - l_{31}u_{12}}{u_{22}} = \frac{-1-\left(\frac{5}{2}\right)(1)}{\frac{1}{2}} = -7$$

第 5 步：计算矩阵 U 和 L 中其余的未知元素：

$$u_{kj} = a_{kj} - \sum_{p=1}^{k-1} l_{kp}u_{pj}, \qquad j = k \sim n$$

$$u_{33} = a_{33} - (l_{31}u_{13} + l_{32}u_{23}) = 3 - \left(\left(\frac{5}{2}\right)(1) + (-7)\left(\frac{5}{2}\right) \right) = 18$$

由于本问题的矩阵阶数 $n = 3$，并且矩阵 $\boldsymbol{L}$ 主对角线元素全部都等于 1，即 $l_{33} = 1$，于是计算过程可以到此为止，不必用下述公式计算最后一步。

$$l_{ik} = \frac{a_{ik} - \sum_{p=1}^{k-1} l_{ip}u_{pk}}{u_{kk}}, \qquad i = k + 1 \sim n$$

至此，系数矩阵 $\boldsymbol{A}$ 已分解为如下的下三角矩阵 $\boldsymbol{L}$ 和上三角矩阵 $\boldsymbol{U}$：

$$\begin{bmatrix} 2 & 1 & 1 \\ 3 & 2 & 4 \\ 5 & -1 & 3 \end{bmatrix} = \begin{bmatrix} 1 & 0 & 0 \\ \frac{3}{2} & 1 & 0 \\ \frac{5}{2} & -7 & 1 \end{bmatrix} \begin{bmatrix} 2 & 1 & 1 \\ 0 & \frac{1}{2} & \frac{5}{2} \\ 0 & 0 & 18 \end{bmatrix}$$

手工计算时，最好验算一下分解后的结果，即检查矩阵 $\boldsymbol{L}$ 和矩阵 $\boldsymbol{U}$ 相乘的结果是否等于矩阵 $\boldsymbol{A}$。

下面，将利用式 (2.61) 进入 LU 方法的求解阶段。

求解阶段

$$z_1 = b_1, \qquad z_i = b_i - \sum_{j=1}^{i-1} l_{ij}z_j, \qquad i = 2 \sim n$$

$$z_1 = 13 \qquad z_2 = b_2 - l_{21}z_1 = 32 - \left(\frac{3}{2}\right)(13) = \frac{25}{2}$$

$$z_3 = b_3 - (l_{31}z_1 + l_{32}z_2) = 17 - \left(\left(\frac{5}{2}\right)(13) + (-7)\left(\frac{25}{2}\right) \right) = 72$$

根据式 (2.62) 可求得方程的解：

$$x_n = \frac{z_n}{u_{nn}}, \qquad x_i = \frac{z_i - \sum_{j=i+1}^{n} u_{ij}x_j}{u_{ii}}, \qquad i = n-1, n-2, n-3, \cdots, 3, 2, 1$$

由于本例中 $n = 3$，因此 $i = 2, 1$。于是

$$x_3 = \frac{z_3}{u_{33}} = \frac{72}{18} = 4$$

$$x_2 = \frac{z_2 - u_{23}x_3}{u_{22}} = \frac{\frac{25}{2} - \left(\frac{5}{2}\right)(4)}{\frac{1}{2}} = 5$$

$$x_1 = \frac{z_1 - u_{12}x_2 - u_{13}x_3}{u_{11}} = \frac{13 - ((1)(5) + (1)(4))}{2} = 2$$

2.8 逆矩阵

前面讨论了矩阵的加法、减法和乘法运算，却没有提及矩阵的除法运算。实际上，并没有关于矩阵除法的定义，而对应于除法有逆矩阵的定义。逆矩阵是与原矩阵相乘等于单位矩阵的矩阵，即有

$$A^{-1}A = AA^{-1} = I \tag{2.63}$$

上式中，矩阵 A^{-1} 称为矩阵 A 的逆矩阵。2.7 节介绍了求解线性方程组的高斯消元法和 LU 方法，而逆矩阵是求解线性方程组的又一种方法。第 1 章中曾提到，利用有限元方法求解工程问题时，最终将导出一组线性方程组，并通过求解方程以获得节点值。例如，利用有限元方法求解例 1.1 中的问题时，最终会导出如下线性方程组：

$$Ku = F \tag{2.64}$$

为获得节点位移 u，用 K^{-1} 前乘以式 (2.64)：

$$\overbrace{K^{-1}\ K}^{I}\, u = K^{-1}F \tag{2.65}$$

$$Iu = K^{-1}F \tag{2.66}$$

由于 $Iu = u$，进一步化简，有

$$u = K^{-1}F \tag{2.67}$$

由式 (2.67) 可以看出，只要 K^{-1} 为已知，则可以容易地求得节点值。这个例子说明了逆矩阵对于线性方程组求解的重要性。逆矩阵如此重要，那么应当如何求得非奇异方阵的逆矩阵呢？有多种方法可用于求逆矩阵，本节将介绍基于 LU 方法的求解过程。将矩阵 A 分解为下三角矩阵 L 和上三角矩阵 U，并根据式 (2.63)，有

$$\overbrace{L\ U}^{A}\, A^{-1} = I \tag{2.68}$$

将乘积 UA^{-1} 用矩阵 Y 表示：

$$UA^{-1} = Y \tag{2.69}$$

将 Y 代入式 (2.68) 以替换 UA^{-1}：

$$LY = I \tag{2.70}$$

利用式 (2.70) 可以求得矩阵 Y 的元素，然后再利用式 (2.69) 即可求得逆矩阵 A^{-1} 的元素，具体计算过程如例 2.6 所示。

例 2.6　设 $A = \begin{bmatrix} 1 & 1 & 1 \\ 3 & 2 & 4 \\ 5 & -1 & 3 \end{bmatrix}$，求 A^{-1}。

第 1 步：将矩阵 A 分解为下三角矩阵和上三角矩阵。例 2.5 已经介绍了矩阵 A 分解为下三角矩阵 L 和上三角矩阵 U 的过程。

$$
\boldsymbol{L} = \begin{bmatrix} 1 & 0 & 0 \\ \dfrac{3}{2} & 1 & 0 \\ \dfrac{5}{2} & -7 & 1 \end{bmatrix} \quad 和 \quad \boldsymbol{U} = \begin{bmatrix} 2 & 1 & 1 \\ 0 & \dfrac{1}{2} & \dfrac{5}{2} \\ 0 & 0 & 18 \end{bmatrix}
$$

第 2 步：利用式(2.70)求出矩阵 $\boldsymbol{Y}$ 中各元素的值：

$$
\overbrace{\begin{bmatrix} 1 & 0 & 0 \\ \dfrac{3}{2} & 1 & 0 \\ \dfrac{5}{2} & -7 & 1 \end{bmatrix}}^{\boldsymbol{L}} \overbrace{\begin{bmatrix} y_{11} & y_{12} & y_{13} \\ y_{21} & y_{22} & y_{23} \\ y_{31} & y_{32} & y_{33} \end{bmatrix}}^{\boldsymbol{Y}} = \begin{bmatrix} 1 & 0 & 0 \\ 0 & 1 & 0 \\ 0 & 0 & 1 \end{bmatrix}
$$

首先，将矩阵 $\boldsymbol{L}$ 与矩阵 $\boldsymbol{Y}$ 的第 1 列相乘：

$$
\begin{bmatrix} 1 & 0 & 0 \\ \dfrac{3}{2} & 1 & 0 \\ \dfrac{5}{2} & -7 & 1 \end{bmatrix} \begin{bmatrix} y_{11} \\ y_{21} \\ y_{31} \end{bmatrix} = \begin{bmatrix} 1 \\ 0 \\ 0 \end{bmatrix}
$$

经求解可得

$$
y_{11} = 1 \qquad y_{21} = -\frac{3}{2} \qquad y_{31} = -13
$$

然后，将矩阵 $\boldsymbol{L}$ 与矩阵 $\boldsymbol{Y}$ 的第 2 列相乘：

$$
\begin{bmatrix} 1 & 0 & 0 \\ \dfrac{3}{2} & 1 & 0 \\ \dfrac{5}{2} & -7 & 1 \end{bmatrix} \begin{bmatrix} y_{12} \\ y_{22} \\ y_{32} \end{bmatrix} = \begin{bmatrix} 0 \\ 1 \\ 0 \end{bmatrix}
$$

解得

$$
y_{12} = 0 \qquad y_{22} = 1 \qquad y_{32} = 7
$$

类似地，将矩阵 $\boldsymbol{L}$ 与矩阵 $\boldsymbol{Y}$ 的最后一列相乘：

$$
\begin{bmatrix} 1 & 0 & 0 \\ \dfrac{3}{2} & 1 & 0 \\ \dfrac{5}{2} & -7 & 1 \end{bmatrix} \begin{bmatrix} y_{13} \\ y_{23} \\ y_{33} \end{bmatrix} = \begin{bmatrix} 0 \\ 0 \\ 1 \end{bmatrix}
$$

$$
y_{13} = 0 \qquad y_{23} = 0 \qquad y_{33} = 1
$$

至此，矩阵 $\boldsymbol{Y}$ 中各元素的值已全部求出，接下来需要计算逆矩阵 $\boldsymbol{A}^{-1}$ 的各元素的值，由 $x_{11}, x_{12}, \cdots$ 表示。利用式(2.69)，有

$$UA^{-1} = Y$$

$$\begin{bmatrix} 2 & 1 & 1 \\ 0 & \dfrac{1}{2} & \dfrac{5}{2} \\ 0 & 0 & 18 \end{bmatrix} \begin{bmatrix} x_{11} & x_{12} & x_{13} \\ x_{21} & x_{22} & x_{23} \\ x_{31} & x_{32} & x_{33} \end{bmatrix} = \begin{bmatrix} 1 & 0 & 0 \\ -\dfrac{3}{2} & 1 & 0 \\ -13 & 7 & 1 \end{bmatrix}$$

同样，每次只计算矩阵 x 的一列。首先计算第 1 列，有

$$\begin{bmatrix} 2 & 1 & 1 \\ 0 & \dfrac{1}{2} & \dfrac{5}{2} \\ 0 & 0 & 18 \end{bmatrix} \begin{bmatrix} x_{11} \\ x_{21} \\ x_{31} \end{bmatrix} = \begin{bmatrix} 1 \\ -\dfrac{3}{2} \\ -13 \end{bmatrix}$$

$$x_{31} = -\frac{13}{18} \qquad x_{21} = \frac{11}{18} \qquad x_{11} = \frac{10}{18}$$

计算第 2 列：

$$\begin{bmatrix} 2 & 1 & 1 \\ 0 & \dfrac{1}{2} & \dfrac{5}{2} \\ 0 & 0 & 18 \end{bmatrix} \begin{bmatrix} x_{12} \\ x_{22} \\ x_{32} \end{bmatrix} = \begin{bmatrix} 0 \\ 1 \\ 7 \end{bmatrix}$$

$$x_{32} = \frac{7}{18} \qquad x_{22} = \frac{1}{18} \qquad x_{12} = -\frac{4}{18}$$

计算第 3 列：

$$\begin{bmatrix} 2 & 1 & 1 \\ 0 & \dfrac{1}{2} & \dfrac{5}{2} \\ 0 & 0 & 18 \end{bmatrix} \begin{bmatrix} x_{13} \\ x_{23} \\ x_{33} \end{bmatrix} = \begin{bmatrix} 0 \\ 0 \\ 1 \end{bmatrix}$$

$$x_{33} = \frac{1}{18} \qquad x_{23} = -\frac{5}{18} \qquad x_{13} = \frac{2}{18}$$

于是，矩阵 A 的逆矩阵为

$$A^{-1} = \frac{1}{18} \times \begin{bmatrix} 10 & -4 & 2 \\ 11 & 1 & -5 \\ -13 & 7 & 1 \end{bmatrix}$$

通过上述计算，可证明 $AA^{-1} = I$ 成立，即

$$\frac{1}{18} \times \begin{bmatrix} 2 & 1 & 1 \\ 3 & 2 & 4 \\ 5 & -1 & 3 \end{bmatrix} \begin{bmatrix} 10 & -4 & 2 \\ 11 & 1 & -5 \\ -13 & 7 & 1 \end{bmatrix} = \begin{bmatrix} 1 & 0 & 0 \\ 0 & 1 & 0 \\ 0 & 0 & 1 \end{bmatrix} \quad \text{证毕}$$

最后，还需要注意，对角矩阵的逆矩阵仍是对角矩阵，但其元素是原矩阵元素的倒数。例如：

$$A = \begin{bmatrix} a_1 & 0 & 0 & 0 \\ 0 & a_2 & 0 & 0 \\ 0 & 0 & a_3 & 0 \\ 0 & 0 & 0 & a_4 \end{bmatrix} \qquad \text{则} \quad A^{-1} = \begin{bmatrix} \dfrac{1}{a_1} & 0 & 0 & 0 \\ 0 & \dfrac{1}{a_2} & 0 & 0 \\ 0 & 0 & \dfrac{1}{a_3} & 0 \\ 0 & 0 & 0 & \dfrac{1}{a_4} \end{bmatrix}$$

$A^{-1}A = I$,对角矩阵的这个性质是显而易见的,证明如下:

$$A^{-1}A = \begin{bmatrix} \dfrac{1}{a_1} & 0 & 0 & 0 \\ 0 & \dfrac{1}{a_2} & 0 & 0 \\ 0 & 0 & \dfrac{1}{a_3} & 0 \\ 0 & 0 & 0 & \dfrac{1}{a_4} \end{bmatrix} \begin{bmatrix} a_1 & 0 & 0 & 0 \\ 0 & a_2 & 0 & 0 \\ 0 & 0 & a_3 & 0 \\ 0 & 0 & 0 & a_4 \end{bmatrix} = \begin{bmatrix} 1 & 0 & 0 & 0 \\ 0 & 1 & 0 & 0 \\ 0 & 0 & 1 & 0 \\ 0 & 0 & 0 & 1 \end{bmatrix}$$

2.9   特征值和特征向量

至此讨论的若干种方法,可用于求解如下形式的线性方程组:

$$Ax = b \tag{2.71}$$

方程组中矩阵 b 的各元素都是非零元素,这类方程组通常称为非齐次方程。只要系数矩阵 A 的行列式的值不等于零,非齐次线性方程组就有唯一解。有些工程问题的分析将导出如下形式的线性方程组:

$$AX - \lambda X = 0 \tag{2.72}$$

这类问题称为特征值问题,常出现在翘曲、弹性振动和电力系统分析中。通常,这类问题的解都不是唯一的。也就是说,有许多值可以满足问题分析所建立的方程中未知量之间的关系。实际应用中,一般将式(2.72)写为如下形式:

$$[A - \lambda I] X = 0 \tag{2.73}$$

其中,I 为单位矩阵,阶数与矩阵 A 的相同。在式(2.73)中,未知矩阵 X 称为特征向量。下面将举例说明如何求取振动问题的特征向量。

例 2.7   如图 2.2 所示的系统有两个自由度,确定其固有频率。第 11 章将详细讨论多自由度系统的公式与分析,此处仅介绍其线性微分方程组的推导过程。

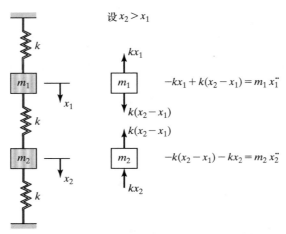

图 2.2   具有两个自由度的弹性系统的示意图

根据受力图，其运动方程为

$$m_1 \ddot{x_1} + 2kx_1 - kx_2 = 0 \tag{2.74}$$

$$m_2 \ddot{x_2} - kx_1 + 2kx_2 = 0 \tag{2.75}$$

或表示为矩阵形式：

$$\begin{bmatrix} m_1 & 0 \\ 0 & m_2 \end{bmatrix} \begin{bmatrix} \ddot{x_1} \\ \ddot{x_2} \end{bmatrix} + \begin{bmatrix} 2k & -k \\ -k & 2k \end{bmatrix} \begin{bmatrix} x_1 \\ x_2 \end{bmatrix} = \begin{bmatrix} 0 \\ 0 \end{bmatrix}$$

注意，式(2.74)和式(2.75)都是二阶齐次微分方程，由于变量 x_1 和 x_2 同时出现在两个方程中，因此方程互为耦合。这类系统常称为弹性耦合系统，其一般形式可由矩阵表示为

$$M\ddot{x} + Kx = 0 \tag{2.76}$$

其中，M 和 K 分别称为质量矩阵和刚度矩阵。将式(2.74)和式(2.75)两边分别除以相应的质量而进一步化简，可得

$$\ddot{x_1} + \frac{2k}{m_1}x_1 - \frac{k}{m_1}x_2 = 0 \tag{2.77}$$

$$\ddot{x_2} - \frac{k}{m_2}x_1 + \frac{2k}{m_2}x_2 = 0 \tag{2.78}$$

利用矩阵表示法，在运动方程的两边分别前乘以质量矩阵的逆矩阵 M^{-1}，有

$$\ddot{x} + M^{-1}Kx = 0$$

假设运动方程的调和解为 $x_1(t) = X_1\sin(\omega t + \phi)$ 和 $x_2(t) = X_2\sin(\omega t + \phi)$，或用矩阵形式表示为 $x = X\sin(\omega t + \phi)$，并将其代入式(2.77)和式(2.78)，则可获得如下线性方程：

$$-\omega^2 X_1 \sin(\omega t + \phi) + \frac{2k}{m_1}X_1\sin(\omega t + \phi) - \frac{k}{m_1}X_2\sin(\omega t + \phi) = 0$$

$$-\omega^2 X_2 \sin(\omega t + \phi) - \frac{k}{m_2}X_1\sin(\omega t + \phi) + \frac{2k}{m_2}X_2\sin(\omega t + \phi) = 0$$

化简 $\sin(\omega t + \phi)$ 项，可得

$$-\omega^2 \begin{bmatrix} X_1 \\ X_2 \end{bmatrix} + \begin{bmatrix} \dfrac{2k}{m_1} & -\dfrac{k}{m_1} \\ -\dfrac{k}{m_2} & \dfrac{2k}{m_2} \end{bmatrix} \begin{bmatrix} X_1 \\ X_2 \end{bmatrix} = \begin{bmatrix} 0 \\ 0 \end{bmatrix} \tag{2.79}$$

或表示为矩阵形式：

$$-\omega^2 X + M^{-1}KX = 0 \tag{2.80}$$

注意，质量体的位置 $x = \begin{bmatrix} x_1(t) \\ x_2(t) \end{bmatrix}$ 是时间的函数，$X = \begin{bmatrix} X_1 \\ X_2 \end{bmatrix}$ 为质量体的振幅，ϕ 为相位角。式(2.79)也可写为

$$-\omega^2 \begin{bmatrix} 1 & 0 \\ 0 & 1 \end{bmatrix} \begin{bmatrix} X_1 \\ X_2 \end{bmatrix} + \begin{bmatrix} \dfrac{1}{m_1} & 0 \\ 0 & \dfrac{1}{m_2} \end{bmatrix} \begin{bmatrix} 2k & -k \\ -k & 2k \end{bmatrix} \begin{bmatrix} X_1 \\ X_2 \end{bmatrix} = 0 \tag{2.81}$$

或

$$\left[\begin{bmatrix} \dfrac{2k}{m_1} & -\dfrac{k}{m_1} \\[3mm] -\dfrac{k}{m_2} & \dfrac{2k}{m_2} \end{bmatrix} - \omega^2 \begin{bmatrix} 1 & 0 \\ 0 & 1 \end{bmatrix} \right] \begin{bmatrix} X_1 \\ X_2 \end{bmatrix} = \begin{bmatrix} 0 \\ 0 \end{bmatrix} \tag{2.82}$$

比较式 (2.82) 与式 (2.73)（$[A - \lambda I]X = 0$），可知 $\omega^2 = \lambda$。进一步化简式 (2.82)，有

$$\begin{bmatrix} -\omega^2 + \dfrac{2k}{m_1} & -\dfrac{k}{m_1} \\[3mm] -\dfrac{k}{m_2} & -\omega^2 + \dfrac{2k}{m_2} \end{bmatrix} \begin{bmatrix} X_1 \\ X_2 \end{bmatrix} = 0 \tag{2.83}$$

注意，上式中仅当系数矩阵的行列式为零时，方程才有非零解。通过为上述方程中的常量赋值，例如 $m_1 = m_2 = 0.1\ \mathrm{kg}$ 和 $k = 100\ \mathrm{N/m}$，并使系数矩阵的行列式等于零，可得

$$\begin{vmatrix} -\omega^2 + 2000 & -1000 \\ -1000 & -\omega^2 + 2000 \end{vmatrix} = 0 \tag{2.84}$$

$$(-\omega^2 + 2000)(-\omega^2 + 2000) - (-1000)(-1000) = 0 \tag{2.85}$$

化简式 (2.85) 可得

$$\omega^4 - 4000\omega^2 + 3\,000\,000 = 0 \tag{2.86}$$

式 (2.86) 称为特征方程，特征方程的根就是系统的固有频率。

$$\omega_1^2 = \lambda_1 = 1000\ (\mathrm{rad/s})^2 \quad 则 \quad \omega_1 = 31.62\ \mathrm{rad/s}$$

$$\omega_2^2 = \lambda_2 = 3000\ (\mathrm{rad/s})^2 \quad 则 \quad \omega_2 = 54.77\ \mathrm{rad/s}$$

只要 ω^2 已知，代入式 (2.83) 就可以求得 X_1 和 X_2 之间的关系。质量体以固有频率振动时，其振幅之间的关系称为系统的模态。利用式 (2.83) 中的任意一个关系（即任意一行），有

$$(-\omega^2 + 2000)X_1 - 1000X_2 = 0 \quad 将\ \omega_1^2 = 1000\ 代入，则有$$

$$(-1000 + 2000)X_1 - 1000X_2 = 0 \quad \rightarrow \quad \frac{X_2}{X_1} = 1$$

或者利用第二行，有

$$-1000X_1 + (-\omega^2 + 2000)X_2 = 0 \quad 将\ \omega_1^2 = 1000\ 代入，则有$$

$$-1000X_1 + (-1000 + 2000)X_2 = 0 \quad \rightarrow \quad \frac{X_2}{X_1} = 1$$

与预期一致，二者的计算结果相同。采用类似的方式，将 $\omega_2^2 = 3000$ 代入式 (2.83)，即可求得二阶模态：

$$(-\omega^2 + 2000)X_1 - 1000X_2 = 0 \quad 将\ \omega_1^2 = 3000\ 代入，则有$$

$$(-3000 + 2000)X_1 - 1000X_2 = 0 \quad \rightarrow \quad \frac{X_2}{X_1} = -1$$

需要特别注意，特征值问题的解反映的是未知量之间的关系，而不是特定的值。

2.10　MATLAB 在矩阵运算中的应用

MATLAB 是多数大学的计算机实验室都拥有的数学计算软件。MATLAB 是进行矩阵运算

的强大工具，事实上，其最初就是为这一目的而设计的。本节将仅介绍利用 MATLAB 完成矩阵运算的一些基本操作，更详细的说明请参阅附录 F。

在 MATLAB 环境下，可以为变量赋值或定义矩阵中的元素。例如，将 5 赋给变量 x，仅需要输入：

$$x = 5$$

或者，为定义矩阵 $A = \begin{bmatrix} 1 & 5 & 0 \\ 8 & 3 & 7 \\ 6 & -2 & 9 \end{bmatrix}$ 的元素，需要输入：

$$A = [1\ 5\ 0;\ 8\ 3\ 7;\ 6\ -2\ 9]$$

注意，矩阵元素需要用方括号括起来，每一行的元素由空格隔开，各行之间由“;”隔开。MATLAB 基本的标量运算符如表 2.1 所示。

表 2.1　MATLAB 基本的标量运算符

操　作	运　算　符	举例: $x = 5, y = 3$	结　果
加	+	$x + y$	8
减	−	$x - y$	2
乘	*	$x * y$	15
除	/	$(x+y)/2$	4
幂	^	$x \wedge 2$	25

MATLAB 还提供了许多关于矩阵运算的工具，表 2.2 列出了部分功能。接下来举例说明 MATLAB 命令的用法。

表 2.2　MATLAB 矩阵运算符

操　作	运算符或命令	举例: A 和 B 为已定义矩阵
加	+	$A + B$
减	−	$A - B$
乘	*	$A * B$
转置	矩阵名'	A'
求逆	inv(矩阵名)	inv(A)
矩阵行列式	det(矩阵名)	det(A)
特征值	eig(矩阵名)	eig(A)
矩阵左除(用高斯消元法求解线性方程组)	\	参见例 2.8

重新计算例 2.1　设有如下矩阵：

$$A = \begin{bmatrix} 0 & 5 & 0 \\ 8 & 3 & 7 \\ 9 & -2 & 9 \end{bmatrix}, \quad B = \begin{bmatrix} 4 & 6 & -2 \\ 7 & 2 & 3 \\ 1 & 3 & -4 \end{bmatrix} \quad 和 \quad C = \begin{bmatrix} -1 \\ 2 \\ 5 \end{bmatrix}$$

用 MATLAB 求解：

a. $A+B=?$, b. $A-B=?$, c. $3A=?$, d. $AB=?$, e. $AC=?$, f. $A^2=?$

此外，还需计算 A^{T} 和 A 的行列式。

用 MATLAB 计算例 2.1 的过程如图 2.3 所示。注意，MATLAB 的输出结果用粗体表示，而用户输入的信息则用常规字体表示。按 Enter 键以结束数据输入。MATLAB 的输入提示符为"＞＞"。

```
>> A=[0 5 0;8 3 7;9 -2 9]
A =
  0    5    0
  8    3    7
  9   -2    9
>> B=[4 6 -2;7 2 3;1 3 -4]
B =
  4    6   -2
  7    2    3
  1    3   -4
>> C=[-1;2;5]
C =
 -1
  2
  5
>> A+B
ans =
  4   11   -2
 15    5   10
 10    1    5

 >> A-B
ans =
 -4   -1   °2
  1    1   °4
  8    5   13

>>3*A
ans =
  0   15   °0
 24   °9   21
 27   °6   27

 >> A*B
ans =
 35   10   15
 60   75  -35
 31   77  -60

 >> A*C
ans =
 10
 33
 32
```

图 2.3　MATLAB 运算实例

```
   ≫ A^2
ans =
   40    15    35
   87    35    84
   65    21    67
   ≫ A′
ans =
    0     8     9
    5     3    −2
    0     7     9
   ≫ det(A)
ans =
   −45
   ≫
```

图 2.3(续)　　MATLAB 运算实例

例 2.8　分别用高斯消元法和矩阵求逆法求解下列线性方程组(求矩阵 A 的逆矩阵并乘以矩阵 b):

$$2x_1 + x_2 + x_3 = 13$$

$$3x_1 + 2x_2 + 4x_3 = 32$$

$$5x_1 - x_2 + 3x_3 = 17$$

$$A = \begin{bmatrix} 2 & 1 & 1 \\ 3 & 2 & 4 \\ 5 & -1 & 3 \end{bmatrix} \quad 和 \quad b = \begin{bmatrix} 13 \\ 32 \\ 17 \end{bmatrix}$$

首先,利用 MATLAB 的左除运算符" \ "进行求解," \ "表示使用高斯消元法。然后再利用 inv 命令求解。

```
   ≫A=[2 1 1;3 2 4;5 −1 3]
A =
    2     1     1
    3     2     4
    5    −1     3
   ≫b=[13;32;17]
b =
   13
   32
   17
   ≫ x=A\b
x =
    2.0000
    5.0000
    4.0000
   ≫ x=inv(A)*b
x =
    2.0000
    5.0000
    4.0000
```

2.11　Excel 在矩阵运算中的应用

下面,将利用两个实例(重新计算例 2.1 和重新计算例 2.8)介绍如何利用 Excel 进行矩阵运算。

重新计算例 2.1　设有如下矩阵:

$$\boldsymbol{A} = \begin{bmatrix} 0 & 5 & 0 \\ 8 & 3 & 7 \\ 9 & -2 & 9 \end{bmatrix}, \quad \boldsymbol{B} = \begin{bmatrix} 4 & 6 & -2 \\ 7 & 2 & 3 \\ 1 & 3 & -4 \end{bmatrix} \quad 和 \quad \boldsymbol{C} = \begin{bmatrix} -1 \\ 2 \\ 5 \end{bmatrix}$$

用 Excel 求解:

a. $\boldsymbol{A} + \boldsymbol{B} = ?$　　b. $\boldsymbol{A} - \boldsymbol{B} = ?$　　c. $\boldsymbol{AB} = ?$　　d. $\boldsymbol{AC} = ?$

1. 在图 2.4 所示的单元格中输入相应的字符和数字。利用 Excel 中的 Format Cell(单元格格式)和 Font(字体)选项创建图中所示的粗体变量。注意,用户不必设定字符格式([**A**] =,[**B**] =,等等)并对其格式化,这里只是便于更直观地了解矩阵的操作。

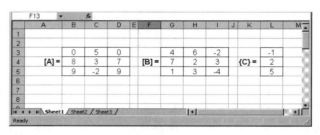

图 2.4　利用 Excel 重新计算例 2.1(第 1 步)

2. 在单元格 A10 输入[**A**] + [**B**] =,然后用鼠标选择单元格 B9 至单元格 D11,如图 2.5 所示。

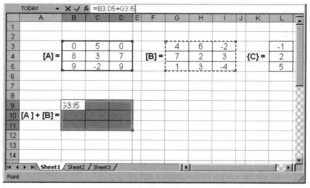

图 2.5　利用 Excel 重新计算例 2.1(第 2 步)

3. 接下来,在公式栏中输入= B3:D5 + G3:I5,再同时按下 Ctrl + Shift 键后按 Enter 键。注意,也可以通过选择单元格区域 B3:D5 或单元格区域 G3:I5 的方式取代输入的方式来完成此项操作。这一步操作会产生图 2.6 所示的结果。类似地,按第 2 步的操作方法也可以计算[**A**] − [**B**],只不过公式栏中输入的应该是= B3:D5 − G3:I5。

4. 为执行矩阵相乘运算,在单元格 A18 中输入[**A**][**B**] =,如图 2.7 所示。然后选择单元格 B17 至单元格 D19。

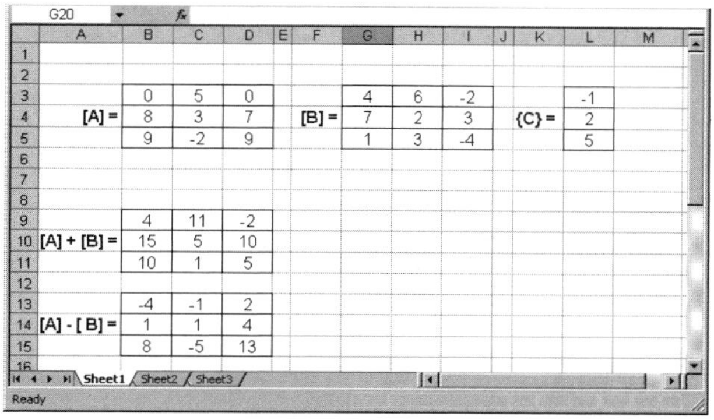

图 2.6　利用 Excel 重新计算例 2.1（第 3 步）

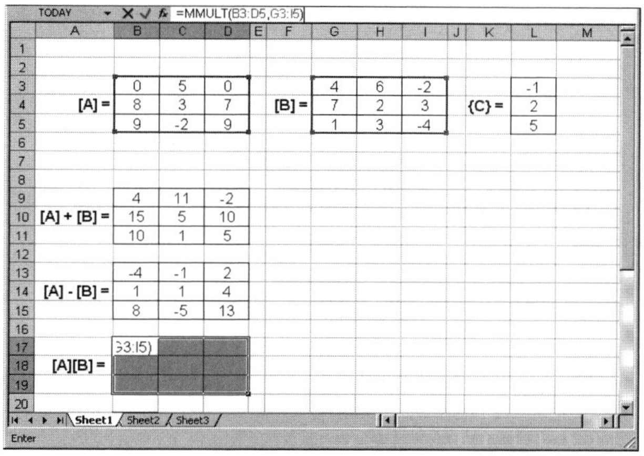

图 2.7　利用 Excel 重新计算例 2.1（第 4 步）

5. 在公式栏中输入= MMULT（B3:D5, G3:I5），同时按下 Ctrl + Shift 键后按 Enter 键。以类似方式也可以完成矩阵运算[**A**]{**C**}。首先，选择单元格 B21 至单元格 B23，在公式栏中输入= MMULT（B3:D5, L3:L5），同时按下 Ctrl + Shift 键后按 Enter 键，将产生图 2.8 的结果。

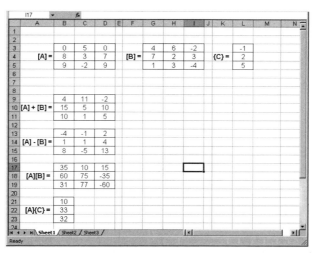

图 2.8　利用 Excel 重新计算例 2.1（第 5 步）

重新计算例 2.8　考虑如下所示的包含 3 个方程的线性方程组，其未知量为 x_1, x_2, x_3，用 Excel 求解这个线性方程组。

$$2x_1 + x_2 + x_3 = 13$$
$$3x_1 + 2x_2 + 4x_3 = 32$$
$$5x_1 - x_2 + 3x_3 = 17$$

1. 在图 2.9 所示的单元格中输入相应的字符和数字。利用 Excel 中的单元格格式和字体选项创建图中所示的粗体变量和带下标的变量。

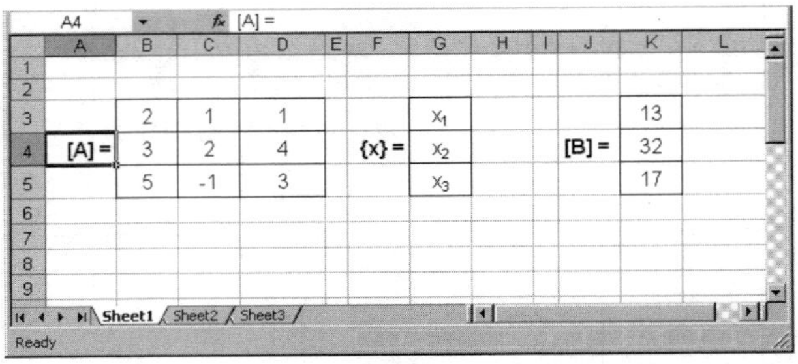

图 2.9　利用 Excel 重新计算例 2.8（第 1 步）

2. 在单元格 A10 输入 $[A]^{-1}=$，然后用鼠标选择单元格 B9 至单元格 D11，如图 2.10 所示。

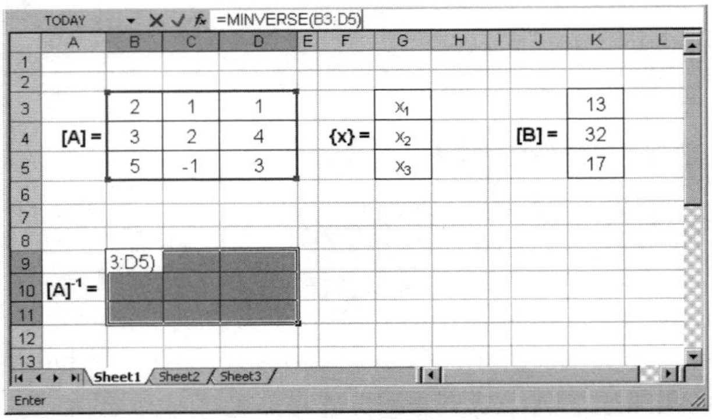

图 2.10　利用 Excel 利用 Excel 重新计算例 2.8（第 2 步）

3. 接下来，在公式栏中输入= MINVERSE（B3:D5），同时按下 Ctrl + Shift 键后按 Enter 键。这一步操作会产生如图 2.11 所示的结果。至此，矩阵[A]的逆已求出。

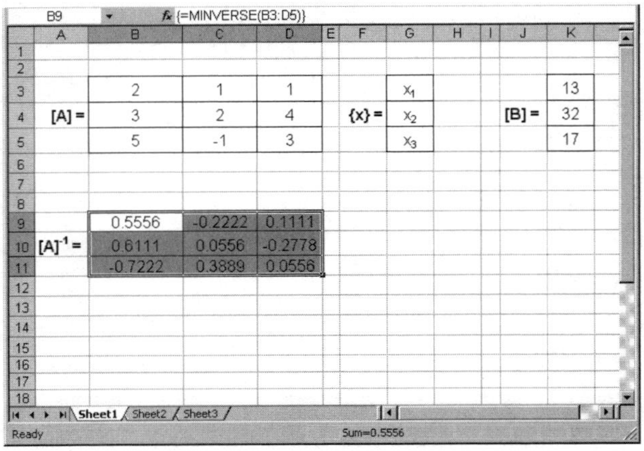

图 2.11 利用 Excel 重新计算例 2.8(第 3 步)

4. 在单元格 A14，B13 至 B15，C14，D14 和 E14 中输入如图 2.12 所示的数据。

5. 然后，选择单元格 F13 至单元格 F15，并在公式栏中输入= MMULT(B9:D11, K3:K5)，同时按下 Ctrl + Shift 键后按 Enter 键，将产生如图 2.13 所示的结果。至此，未知量 x_1，x_2 和 x_3 已求出。

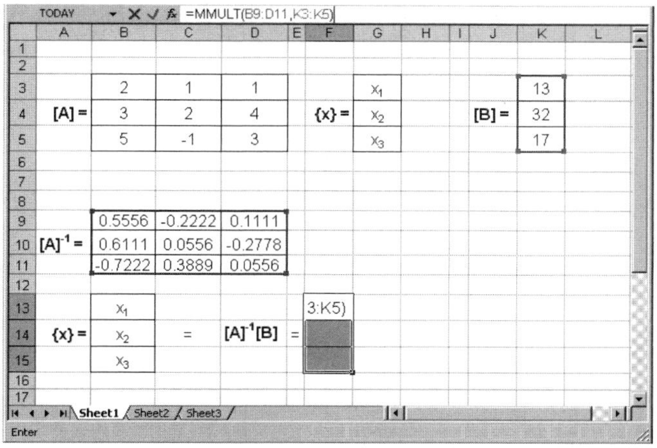

图 2.12 利用 Excel 重新计算例 2.8(第 4 步)

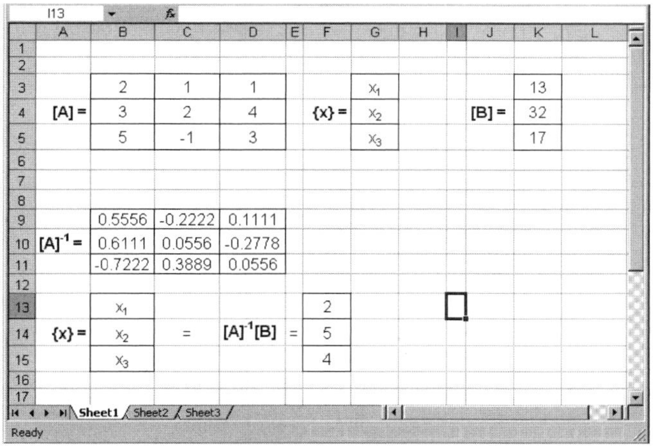

图 2.13 利用 Excel 重新计算例 2.8(第 5 步)

例 2.9 下面将通过例 1.1 介绍如何使用 Excel 求解有限元问题。求解过程中尤其需要注意单元格和一组单元格的命名，以及名字在公式中的应用。在格式化、分析、绘制图形或使用公式的过程中，经常需要选中一组单元格，这组单元格称为单元格区域。定义单元格区域时，首先要选中单元格区域的第一个单元格，然后拖动鼠标(同时按住鼠标左键)至单元格区域的最后一个单元格。在电子表格语言中，单元格区域由左上角单元格及右下角单元格的位置来定义，中间用冒号隔开。例如，选择单元格 A3 至单元格 B10，需要首先选择单元格 A3，然后拖动鼠标沿着对角线向下至单元格 B10。在 Excel 中，这个单元格区域写作 A3:B10。在需要选择非连续单元格的情况下，需要首先选择连续的单元格，然后按住 Ctrl 键，拖动鼠标选择其他非连续单元格。

在 Excel 中可以为单元格或单元格区域(一组单元格)命名。命名时需要首先选中单元格或者单元格区域，然后点击公式栏中的名称框并输入名称。输入字符包括大小写字母及数字，但是不允许在字符或数字之间有空格。

下面将利用 Excel 重新计算例 1.1。

1. 如下图所示，在单元格 A1 中输入 **Example 1.1**，在单元格 A3 和 A4 中分别输入 E＝ 和 L＝ 。在单元格 B3 输入 E 的值之后，选择 B3，并在名称框中输入 E 后按 Enter 键。在单元格 B4 输入 L 的值之后，选择 B4，并在名字栏中输入 L 后按 Enter 键。

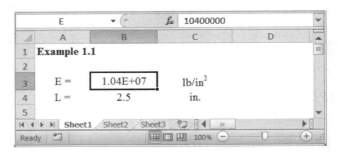

2. 创建如下图所示的表格，不包括表格项的数据。为单元格 E7 输入公式＝ 0.25 − (0.0125/2)*(I7+I6)。将公式复制至单元格 E8 至单元格 E10。将单元格区域 E7:E10 分别记作 Area1，Area2，Area3 和 Area4。

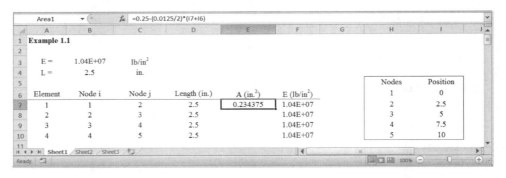

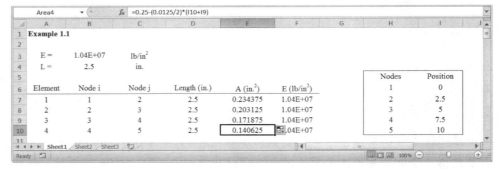

3. 如下图所示，输入 12 行至 16 行的数据。选择单元格区域 G15:H16，并输入(Areal* E/L)*D15:E16，同时按下 Ctrl + Shift 键后按 Enter 键。将 G15:H16 记作 Kelement1。

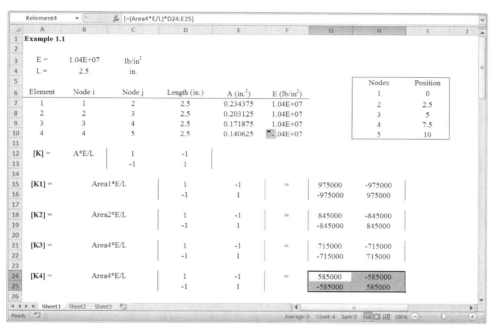

4. 以同样的方式，创建如下图所示的 Kelement2，Kelement3 和 Kelement4。可以复制[**K1**]
的值，即将 15 行和 16 行复制到 18 行和 19 行、21 行和 22 行、24 行和 25 行，然后
稍加修改。

5. 创建矩阵[**A1**]，[**A2**]，[**A3**]和[**A4**]，并分别记作 Aelement1，Aelement2，Aelement3
和 Aelement4，如下图所示。参见 2.5 节的式(2.9)，可以首先创建[**A1**]，然后以复
制的方式创建[**A2**]，[**A3**]和[**A4**]，即将 27 行至 29 行复制到 31 行至 33 行，35 行至
37 行，39 行至 41 行，然后稍加修改。将节点位移 U1，U2，U3，U4，U5 及 Ui
和 Uj 放置于矩阵[**A1**]，[**A2**]，[**A3**]和[**A4**]的顶端和右侧，以辅助观察节点对相邻
单元的影响。

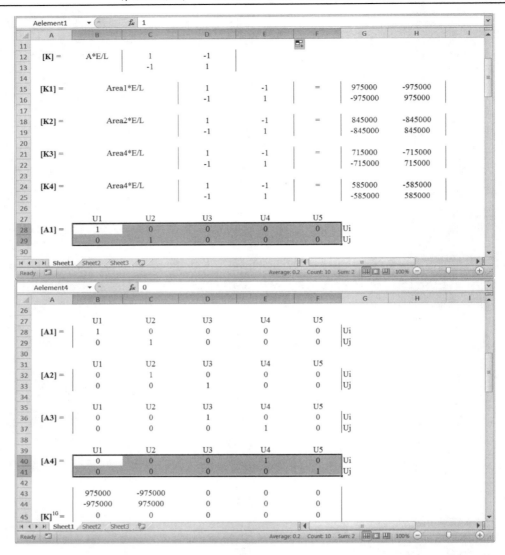

6. 创建各单元的刚度矩阵(放置于总刚度矩阵中的恰当位置), 并分别记作 K1G, K2G, K3G 和 K4G。参见式(2.9), 例如创建$[\mathbf{K}]^{1G}$, 首先选择单元格区域 B43:F47, 并输入= MMULT(TRANSPOSE(Aelement1), MMULT(Kelement1, Aelement1)), 同时按下 Ctrl + Shift 键后按 Enter 键。以同样的方式创建$[\mathbf{K}]^{2G}$, $[\mathbf{K}]^{3G}$ 和$[\mathbf{K}]^{4G}$, 如下图所示。

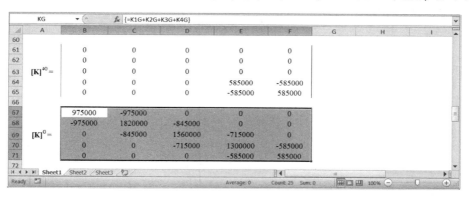

7. 生成最终的总矩阵。选择单元格区域 B67:F71，并在公式栏中输入 = K1G+K2G+K3G+K4G，同时按下 Ctrl + Shift 键后按 Enter 键。并将单元格区域 B67:F71 记作 KG，如下图所示。

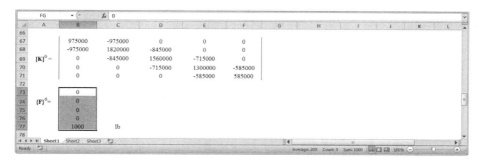

8. 如下图所示，创建荷载矩阵，记作 FG。

9. 应用边界条件。复制 KG 矩阵中的部分数据，并以数值形式粘贴于单元格区域 C79:F82，记作 KwithappliedBC。以同样的方式，在单元格区域 C84:C87 创建荷载矩阵，记作 FwithappliedBC，如下图所示。

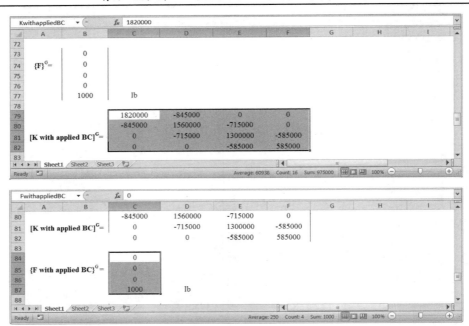

10. 选择单元格 C89 至单元格 C92，并在公式栏中输入 = MMULT（MINVERSE （Kwith-appliedBC，FwithappliedBC），同时按下 Ctrl + Shift 键后按 Enter 键，如下图所示。

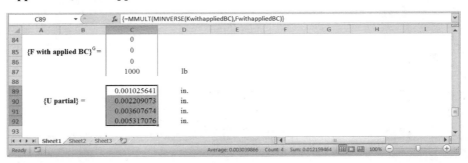

11. 如下图所示，选择单元格 C94 至单元格 C98，复制 U partial 的值，并与 U1 = 0 合并，记作矩阵 UG。

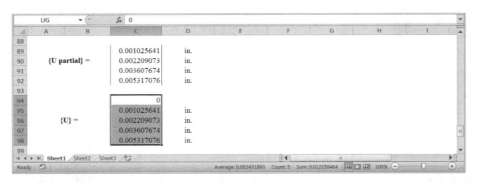

12. 计算反作用力。选择单元格 C100 至单元格 C104，并在公式栏中输入 = （MMULT（KG，UG）−FG），同时按下 Ctrl + Shift 键后按 Enter 键，如下图所示。

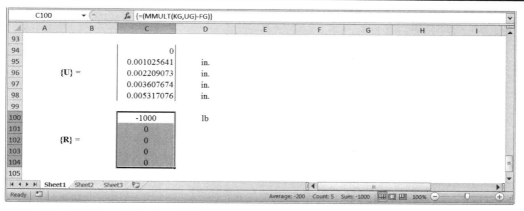

完整的 Excel 表格如下图所示。

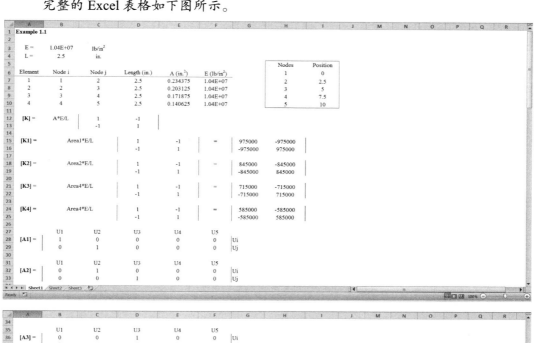

$$[K]^G = \begin{bmatrix} 975000 & -975000 & 0 & 0 & 0 \\ -975000 & 1820000 & -845000 & 0 & 0 \\ 0 & -845000 & 1560000 & -715000 & 0 \\ 0 & 0 & -715000 & 1300000 & -585000 \\ 0 & 0 & 0 & -585000 & 585000 \end{bmatrix}$$

$$\{F\}^G = \begin{Bmatrix} 0 \\ 0 \\ 0 \\ 0 \\ 1000 \end{Bmatrix} \text{ lb}$$

$$[K \text{ with applied BC}]^G = \begin{bmatrix} 1820000 & -845000 & 0 & 0 \\ -845000 & 1560000 & -715000 & 0 \\ 0 & -715000 & 1300000 & -585000 \\ 0 & 0 & -585000 & 585000 \end{bmatrix}$$

$$\{F \text{ with applied BC}\}^G = \begin{Bmatrix} 0 \\ 0 \\ 0 \\ 1000 \end{Bmatrix} \text{ lb}$$

$$\{U \text{ partial}\} = \begin{Bmatrix} 0.001025641 \\ 0.002209073 \\ 0.003607674 \\ 0.005317076 \end{Bmatrix} \text{ in.}$$

$$\{U\} = \begin{Bmatrix} 0 \\ 0.001025641 \\ 0.002209073 \\ 0.003607674 \\ 0.005317076 \end{Bmatrix} \text{ in.}$$

$$\{R\} = \begin{Bmatrix} -1000 \\ 0 \\ 0 \\ 0 \\ 0 \end{Bmatrix} \text{ lb}$$

2.12　非线性方程组的求解

有限元分析得到的方程有时也会呈现为一组需要进行联立求解的非线性方程组。与之前所介绍的线性方程组求解方法不同，非线性方程组不存在直接的求解方法。此时，可以借助迭代法进行求解。迭代法基于对未知变量的初始猜测值，通过使用泰勒级数展开法来求取方程的近似解。本节将利用一个仅包含两个非线性方程的简单方程组，介绍求解过程所涉及的主要步骤。当然，迭代法同样适用于求解大型非线性方程组。

考虑如下两个非线性方程 $f_1(x, y)$ 和 $f_2(x, y)$，其中 x 和 y 为未知变量

$$f_1(x, y) = 0$$
$$f_2(x, y) = 0 \tag{2.87}$$

首先，设 x_e 和 y_e 为方程的精确解，x_i 和 y_i 为初始猜测值。然后，对 x_i 和 y_i 使用泰勒极数展开公式，将得到如下两个方程

$$f_1(x_e, y_e) = f_1(x_i, y_i) + \Delta x \frac{\partial f_1}{\partial x}\bigg]_{x=x_i \text{ and } y=y_i} + \Delta y \frac{\partial f_1}{\partial y}\bigg]_{x=x_i \text{ and } y=y_i} + \text{高阶项} = 0$$
$$f_2(x_e, y_e) = f_2(x_i, y_i) + \Delta x \frac{\partial f_2}{\partial x}\bigg]_{x=x_i \text{ and } y=y_i} + \Delta y \frac{\partial f_2}{\partial y}\bigg]_{x=x_i \text{ and } y=y_i} + \text{高阶项} = 0 \tag{2.88}$$

式 (2.88) 中 $x_e = x_i + \Delta x$，$y_e = y_i + \Delta y$，Δx 和 Δy 表示精确解和初始猜测值之间的差值。进而，通过忽略高阶项来简化泰勒级数展开公式，使其仅保留线性分量。此时，将得到包含未知变量 Δx 和 Δy 的两个可解的线性方程。注意，由于简化的泰勒级数公式仅保留了线性分量，因此 Δx 和 Δy 的值将仅能够给出初始猜测的优化改进值：

$$x_{i+1} = x_i + \Delta x$$
$$y_{i+1} = y_i + \Delta y \tag{2.89}$$

所得的改进近似解 x_{i+1} 和 y_{i+1} 将继续用于式 (2.88) 以计算新的 Δx 和 Δy 的值，新得到的 Δx 和 Δy 将用于下一次迭代以求解 x_{i+2} 和 y_{i+2}，进而求解 x_{i+3} 和 y_{i+3}。不断重复这一过程，直至结果收敛。例 2.10 将详细介绍这一方法的各个步骤。

例 2.10　利用 2.12 节介绍的方法求解下列方程组：

$$2x^2 + 4y^2 = 44$$

$$6x^2 + 9y - 3xy = 33$$

首先，化简并整理上述方程：

$$f_1(x, y) = x^2 + 2y^2 - 22 = 0$$

$$f_2(x, y) = 2x^2 + 3y - xy - 11 = 0$$

利用初始值 $x_i = 1.5$ 和 $y_i = 2.0$ 计算，可得式 (2.88) 中各分项的值：

$$f_1(x_i, y_i) = x^2 + 2y^2 - 22 = (1.5)^2 + 2(2.0)^2 - 22 = -11.75$$

$$f_2(x_i, y_i) = 2x^2 + 3y - xy - 11 = 2(1.5)^2 + 3(2.0) - (1.5)(2.0) - 11 = -3.5$$

$$\left. \frac{\partial f_1}{\partial x} \right]_{x=x_i \text{ and } y=y_i} = 2x = 2(1.5) = 3.0$$

$$\left. \frac{\partial f_1}{\partial y} \right]_{x=x_i \text{ and } y=y_i} = 4y = 4(2.0) = 8.0$$

$$\left. \frac{\partial f_2}{\partial x} \right]_{x=x_i \text{ and } y=y_i} = 4x - y = 4(1.5) - 2.0 = 4.0$$

$$\left. \frac{\partial f_2}{\partial y} \right]_{x=x_i \text{ and } y=y_i} = 3 - x = 3 - 1.5 = 1.5$$

将计算结果代入式 (2.88)，忽略高阶项将得到

$$3\Delta x + 8\Delta y = 11.75$$

$$4\Delta x + 1.5\Delta y = 3.5$$

求解可得 $\Delta x = 0.377$ 和 $\Delta y = 1.327$。将 Δx 和 Δy 的值代入式 (2.89)，可得更精确的近似解：

$$x_{i+1} = x_i + \Delta x = 1.5 + 0.377 = 1.877$$

$$y_{i+1} = y_i + \Delta y = 2.0 + 1.327 = 3.327$$

接下来，使用得到的更精确的近似解，执行第二次迭代过程：

$$f_1(x_i, y_i) = x^2 + 2y^2 - 22 = (1.877)^2 + 2(3.327)^2 - 22 = 3.661$$

$$f_2(x_i, y_i) = 2x^2 + 3y - xy - 11 = 2(1.877)^2 + 3(3.327) - (1.877)(3.327) - 11 = -0.2175$$

$$\left. \frac{\partial f_1}{\partial x} \right]_{x=x_i \text{ and } y=y_i} = 2x = 2(1.877) = 3.754$$

$$\left. \frac{\partial f_1}{\partial y} \right]_{x=x_i \text{ and } y=y_i} = 4y = 4(3.327) = 13.308$$

$$\left. \frac{\partial f_2}{\partial x} \right]_{x=x_i \text{ and } y=y_i} = 4x - y = 4(1.877) - 3.327 = 4.181$$

$$\left. \frac{\partial f_2}{\partial y} \right]_{x=x_i \text{ and } y=y_i} = 3 - x = 3 - 1.877 = 1.123$$

将计算结果代入式 (2.88)，忽略高阶项将得到

$$3.754\Delta x + 13.308\Delta y = -3.661$$

$$4.181\Delta x + 1.123\Delta y = 0.2175$$

求解可得 $\Delta x = 0.136$ 和 $\Delta y = -0.313$。再次将 Δx 和 Δy 的值代入式 (2.89) 可得

$$x_{i+1} = x_i + \Delta x = 1.877 + 0.136 = 2.013$$

$$y_{i+1} = y_i + \Delta y = 3.327 - 0.313 = 3.014$$

迭代过程中的计算结果将趋于收敛。经过多次迭代，可以求得精确解为 $x = 2.0$，$y = 3.0$。

小结

至此，读者应该能够：

1. 掌握矩阵及矩阵运算的重要术语和基本运算。
2. 掌握如何求矩阵的转置矩阵。
3. 掌握如何求矩阵的行列式。
4. 掌握如何用 Cramer 法则、高斯消元法和 LU 方法求解线性方程组。
5. 掌握如何求矩阵的逆矩阵。
6. 了解特征值问题的求解。
7. 掌握如何求解非线性方程组。

参考文献

Gere, James M., and Weaver, William, *Matrix Algebra for Engineers,* New York, Van Nostrand, 1965.

James, M. L., Smith, G. M., and Wolford, J. C., *Applied Numerical Methods for Digital Computation,* 4th ed., New York, Harper Collins, 1993.

MATLAB Manual, *Learning MATLAB 6,* Release 12.

Nakamura, Shoichiro, *Applied Numerical Methods with Software,* Upper Saddle River, NJ, Prentice Hall, 1991.

习题

1. 确定下述矩阵的阶及类型，指出哪些是方阵，哪些是列矩阵、对角矩阵、行矩阵、单位矩阵、三角矩阵、条带矩阵或对称矩阵？

a. $\begin{bmatrix} 3 & 2 & 0 \\ 2 & 4 & 5 \\ 0 & 5 & 6 \end{bmatrix}$ b. $\begin{bmatrix} x \\ x^2 \\ x^3 \\ x^4 \end{bmatrix}$ c. $\begin{bmatrix} 4 & 0 \\ 0 & 8 \end{bmatrix}$ d. $\begin{bmatrix} 1 & y & y^2 & y^3 \end{bmatrix}$

e. $\begin{bmatrix} 1 & 0 & 0 \\ 0 & 1 & 0 \\ 0 & 0 & 1 \end{bmatrix}$ f. $\begin{bmatrix} 3 & -1 & 0 & 0 & 0 \\ 2 & 0 & 6 & 0 & 0 \\ 0 & 4 & 1 & 4 & 0 \\ 0 & 0 & 5 & 4 & 2 \\ 0 & 0 & 0 & 7 & 8 \end{bmatrix}$ g. $\begin{bmatrix} 1 & 2 & 2 & 2 \\ 0 & 1 & 3 & 3 \\ 0 & 0 & 1 & 4 \\ 0 & 0 & 0 & 1 \end{bmatrix}$ h. $\begin{bmatrix} c_1 & 0 & 0 & 0 \\ 0 & c_2 & 0 & 0 \\ 0 & 0 & c_3 & 0 \\ 0 & 0 & 0 & c_4 \end{bmatrix}$

2. 设有如下矩阵:

$$A = \begin{bmatrix} 4 & 2 & 1 \\ 7 & 0 & -7 \\ 1 & -5 & 3 \end{bmatrix}, \quad B = \begin{bmatrix} 1 & 2 & -1 \\ 5 & 3 & 3 \\ 4 & 5 & -7 \end{bmatrix} \quad 和 \quad C = \begin{bmatrix} 1 \\ -2 \\ 4 \end{bmatrix}$$

求: a. $A + B = ?$　b. $A - B = ?$　c. $3A = ?$　d. $AB = ?$　e. $AC = ?$　f. $A^2 = ?$

g. 证明 $IA = AI = A$。

3. 按如下分块方式,利用子矩阵求 $AB = C$。

$$A = \begin{bmatrix} 5 & 7 & 2 & 0 & 3 & 5 \\ 3 & 8 & -3 & -5 & 0 & 8 \\ 1 & 4 & 0 & 7 & 15 & 9 \\ 0 & 10 & 5 & 12 & 3 & -1 \\ 2 & -5 & 9 & 2 & 18 & -10 \end{bmatrix} \quad 和 \quad B = \begin{bmatrix} 2 & 10 & 0 \\ 8 & 7 & 5 \\ -5 & 2 & -4 \\ 4 & 8 & 13 \\ 3 & 12 & 0 \\ 1 & 5 & 7 \end{bmatrix}$$

4. 设有如下矩阵:

$$A = \begin{bmatrix} 1 & 4 & 2 \\ 8 & 3 & 6 \\ 7 & 1 & -2 \end{bmatrix} \quad 和 \quad B = \begin{bmatrix} 0 & 5 & -1 \\ -3 & 1 & 7 \\ 2 & 4 & -4 \end{bmatrix}$$

求:

a. $A^T = ?$ 和 $B^T = ?$

b. 证明 $(A + B)^T = A^T + B^T$

c. 证明 $(AB)^T = B^T A^T$

5. 设有如下矩阵:

$$A = \begin{bmatrix} 2 & 10 & 0 \\ 16 & 6 & 14 \\ 12 & -4 & 18 \end{bmatrix}, \quad B = \begin{bmatrix} 2 & 10 & 0 \\ 4 & 20 & 0 \\ 12 & -4 & 18 \end{bmatrix}$$

求:

a. 分别用直接展开法和代数余子式法求矩阵 A 和矩阵 B 的行列式

b. A^T 的行列式

c. $5A$ 的行列式

哪个矩阵是奇异矩阵?

6. 设有如下矩阵:

$$A = \begin{bmatrix} 0 & 5 & 0 \\ 8 & 3 & 7 \\ 9 & -2 & 9 \end{bmatrix}$$

计算 A 和 A^T 的行列式。

7. 用高斯消元法求解下列方程组,并将结果与例 1.4 的结果进行对比。

$$\begin{bmatrix} 10\,875\,000 & -1\,812\,500 & 0 \\ -1\,812\,500 & 6\,343\,750 & -4\,531\,250 \\ 0 & -4\,531\,250 & 4\,531\,250 \end{bmatrix} \begin{bmatrix} u_2 \\ u_3 \\ u_4 \end{bmatrix} = \begin{bmatrix} 0 \\ 0 \\ 800 \end{bmatrix}$$

8. 将习题 6 的参数矩阵分解成下三角矩阵和上三角矩阵。

9. 用 LU 方法求解下述方程组,并将结果与例 1.4 的结果进行对比。

$$\begin{bmatrix} 10\,875\,000 & -1\,812\,500 & 0 \\ -1\,812\,500 & 6\,343\,750 & -4\,531\,250 \\ 0 & -4\,531\,250 & 4\,531\,250 \end{bmatrix} \begin{bmatrix} u_2 \\ u_3 \\ u_4 \end{bmatrix} = \begin{bmatrix} 0 \\ 0 \\ 800 \end{bmatrix}$$

10. 利用逆矩阵求解下列方程组,并将结果与例 1.4 的结果进行对比。

$$\begin{bmatrix} 10\,875\,000 & -1\,812\,500 & 0 \\ -1\,812\,500 & 6\,343\,750 & -4\,531\,250 \\ 0 & -4\,531\,250 & 4\,531\,250 \end{bmatrix} \begin{bmatrix} u_2 \\ u_3 \\ u_4 \end{bmatrix} = \begin{bmatrix} 0 \\ 0 \\ 800 \end{bmatrix}$$

11. 分别用(a)高斯消元法、(b)LU 方法、(c)矩阵求逆法求解下列方程组:

$$\begin{bmatrix} 1 & 1 & 1 \\ 2 & 5 & 1 \\ -3 & 1 & 5 \end{bmatrix} \begin{bmatrix} x_1 \\ x_2 \\ x_3 \end{bmatrix} = \begin{bmatrix} 6 \\ 15 \\ 14 \end{bmatrix}$$

12. 求下列矩阵的逆矩阵:

$$A = \begin{bmatrix} 5 & 0 & 0 & 0 \\ 0 & 2 & 0 & 0 \\ 0 & 0 & 8 & 0 \\ 0 & 0 & 0 & 4 \end{bmatrix} \qquad B = \begin{bmatrix} 1 & 1 & 1 \\ 2 & 5 & 1 \\ -3 & 1 & 5 \end{bmatrix} \qquad C = \begin{bmatrix} k_{11} & k_{12} \\ k_{21} & k_{22} \end{bmatrix}$$

13. 如果在 4×4 阶矩阵前乘以一个标量 α,证明该矩阵的行列式值将乘以 α^4。即证明:

$$\det\left(\alpha \begin{bmatrix} a_{11} & a_{12} & a_{13} & a_{14} \\ a_{21} & a_{22} & a_{23} & a_{24} \\ a_{31} & a_{32} & a_{33} & a_{34} \\ a_{41} & a_{42} & a_{43} & a_{44} \end{bmatrix} \right) = \alpha^4 \begin{vmatrix} a_{11} & a_{12} & a_{13} & a_{14} \\ a_{21} & a_{22} & a_{23} & a_{24} \\ a_{31} & a_{32} & a_{33} & a_{34} \\ a_{41} & a_{42} & a_{43} & a_{44} \end{vmatrix}$$

如果矩阵是一个 3×3 阶矩阵,证明其行列式值将乘以 α^3。请归纳这类问题的一般结果。

14. 确定 2.9 节中例 2.7 的固有频率和模态,设 $m_1 = 0.1$ kg, $m_2 = 0.2$ kg, $k = 100$ N/m。

15. 利用 MATLAB 和 Excel 重新求解习题 2。

16. 利用 MATLAB 和 Excel 重新求解习题 4。

17. 利用 MATLAB 重新求解习题 5。

18. 利用 MATLAB 重新求解习题 6。

19. 利用 MATLAB 重新求解习题 7。

20. 利用 MATLAB 重新求解习题 8。

21. 利用 MATLAB 重新求解习题 9。

22. 利用 MATLAB 和 Excel 重新求解习题 10。

23. 利用 MATLAB 重新求解习题 11。

24. 利用 MATLAB 重新求解习题 13。

25. 利用 MATLAB 的左除命令求解下列复合墙体问题的方程组,并与例 1.2 的结果进行比较。

$$\begin{bmatrix} 7.11 & -1.23 & 0 & 0 & 0 \\ -1.23 & 1.99 & -0.76 & 0 & 0 \\ 0 & -0.76 & 0.851 & -0.091 & 0 \\ 0 & 0 & -0.091 & 2.31 & -2.22 \\ 0 & 0 & 0 & -2.22 & 3.69 \end{bmatrix} \begin{bmatrix} T_2 \\ T_3 \\ T_4 \\ T_5 \\ T_6 \end{bmatrix} = \begin{bmatrix} (5.88)(20) \\ 0 \\ 0 \\ 0 \\ (1.47)(70) \end{bmatrix}$$

26. 利用 MATLAB 及系数矩阵的逆矩阵求解习题 25。

27. 将习题 25 的系数矩阵分解成上三角矩阵和下三角矩阵,然后利用 MATLAB 求解习题 25。

28. 利用 MATLAB 求解下列散热片问题的方程组。

$$\begin{bmatrix} 1 & 0 & 0 & 0 & 0 \\ -0.0408 & 0.0888 & -0.0408 & 0 & 0 \\ 0 & -0.0408 & 0.0888 & -0.0408 & 0 \\ 0 & 0 & -0.0408 & 0.0888 & -0.0408 \\ 0 & 0 & 0 & -0.0408 & 0.044\,55 \end{bmatrix} \begin{bmatrix} T_1 \\ T_2 \\ T_3 \\ T_4 \\ T_5 \end{bmatrix} = \begin{bmatrix} 100 \\ 0.144 \\ 0.144 \\ 0.144 \\ 0.075 \end{bmatrix}$$

29. 利用 MATLAB 求解下列桁架问题的方程组,并将结果与例 3.1 的结果进行比较。

$$10^5 \times \begin{bmatrix} 7.2 & 0 & 0 & 0 & -1.49 & -1.49 \\ 0 & 7.2 & 0 & -4.22 & -1.49 & -1.49 \\ 0 & 0 & 8.44 & 0 & -4.22 & 0 \\ 0 & -4.22 & 0 & 4.22 & 0 & 0 \\ -1.49 & -1.49 & -4.22 & 0 & 5.71 & 1.49 \\ -1.49 & -1.49 & 0 & 0 & 1.49 & 1.49 \end{bmatrix} \begin{bmatrix} U_{2X} \\ U_{2Y} \\ U_{4X} \\ U_{4Y} \\ U_{5X} \\ U_{5Y} \end{bmatrix} = \begin{bmatrix} 0 \\ 0 \\ 0 \\ -500 \\ 0 \\ -500 \end{bmatrix}$$

30. 利用 MATLAB 重新求解习题 14。

31. 利用 Excel 重新求解习题 25。

32. 利用 Excel 重新求解习题 28。

33. 利用 Excel 重新求解习题 29。

34. 利用 Excel 和例 2.9 介绍的方法求解例 1.2。

35. 利用 Excel 和例 2.9 介绍的方法求解例 1.3。

36. 利用 Excel 和例 2.9 介绍的方法求解例 1.4。

37. 求解下列非线性方程组：

$$x_1 - x_2 - x_3 = 0$$
$$1.2x_2^2 - x_4 = 0$$
$$5x_1 - 0.1x_1^2 - x_4 + 50 = 0$$
$$0.01\,x_3^2 - x_4 = 0$$

第3章 桁　　架

本章将介绍桁架有限元分析的基本概念，并综述 ANSYS 软件的使用步骤。本章将利用一节的篇幅讲述 ANSYS 软件的启动、图形用户界面(GUI)和软件的组织结构。第 3 章将讨论如下内容：

3.1　桁架的定义
3.2　有限元公式
3.3　空间桁架
3.4　ANSYS 软件概述
3.5　ANSYS Workbench 环境
3.6　ANSYS 应用
3.7　结果验证

3.1　桁架的定义

桁架是一种由直杆组成并在端点处通过螺栓、铆钉、销钉或焊接连接在一起的工程结构。桁架中的杆件包括钢管、铝管、木杆、金属杆、角钢和槽钢。桁架常用于构建输电铁塔、桥梁和建筑物的屋顶等结构。平面桁架是指所有杆件均位于同一平面内，并且施加在桁架上的力也必须在同一平面。桁架的杆件通常被视为二力杆，即沿杆轴方向的内力大小相等、方向相反，如图 3.1 所示。

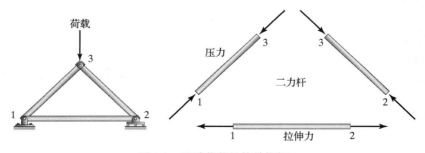

图 3.1　承受荷载的简单桁架

以下对桁架的分析都将基于两个假设。其一，各杆件均由光滑的销钉连接在一起，而三维桁架由球窝接头连接在一起。只要杆件的中心线相交于一点，螺栓或焊接接头都可以视为光滑的销钉(不发生弯曲)。另一个假设与荷载的施加方式有关，假设所有的荷载都施加于接头上。这个假设在大多数情况下都成立，因为桁架在设计时就考虑让大部分荷载施加于接头上。通常，杆件的质量与施加的荷载相比可以忽略不计。如果需要考虑杆件的质量，则可将其一半的质量施加于一侧的接头上。许多基础力学教材中都介绍了静定桁架的问题。静定桁架问题通常利用接头法或截面法进行分析。由于桁架的杆件被视为刚体，因此这些方法无法提供接头挠度的信息，也无法分析超静定问题。有限元方法可以去除刚体这一限制而解决这类问题。图 3.2 给出了静定问题和超静定问题的实例。

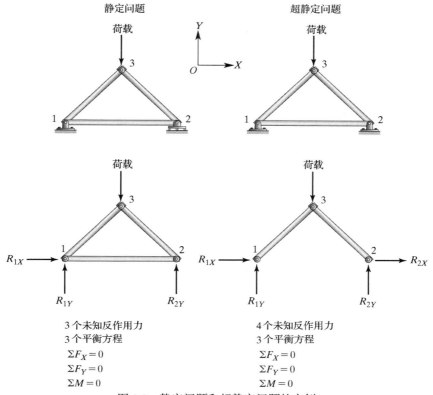

图 3.2 静定问题和超静定问题的实例

3.2 有限元公式

首先，考虑如图 3.3 所示的单个杆件在力 F 作用下的挠度。杆件刚度系数的推导与 1.5 节中求解轴心受力构件的方法一致。作为回顾，并为确保内容的连续性及方便性，下面将再次给出单元等效刚度矩阵的推导过程。任何二力杆的平均应力为

$$\sigma = \frac{F}{A} \qquad (3.1)$$

杆件的平均应变为

$$\varepsilon = \frac{\Delta L}{L} \qquad (3.2)$$

在弹性区域内，应力和应变服从胡克定律：

$$\sigma = E\varepsilon \qquad (3.3)$$

结合式 (3.1)、式 (3.2) 和式 (3.3)，有

$$F = \left(\frac{AE}{L}\right)\Delta L \qquad (3.4)$$

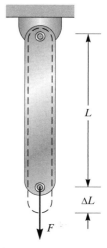

图 3.3 受力 F 作用的二力杆

注意，式(3.4)与线性弹簧的方程 $F = kx$ 相似。因此，轴心受力的等截面构件可以利用弹簧进行建模，其等效刚度为

$$k_{\text{eq}} = \frac{AE}{L} \tag{3.5}$$

图 3.4 是一个包含 5 个节点和 6 个单元的较小的阳台桁架。首先，需要对桁架不同方向上的杆件进行离散化。下面将选择单元(5)进行分析。

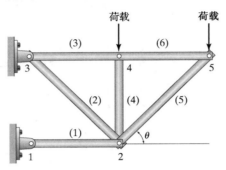

图 3.4　阳台桁架

通常，桁架问题的分析需要两个坐标系，即全局坐标系和局部坐标系。选择固定的全局坐标系 XY，(1)描述每个接头(节点)的位置，使用角度 θ 描述每个杆件(单元)的方向；(2)施加约束及荷载；(3)表示问题的解，即全局坐标系下每个节点的位移。此外，还需要一个局部坐标系或单元坐标系 xy 来描述各个杆件(单元)的受力情况。图 3.5 给出了全局坐标与局部坐标之间的关系。

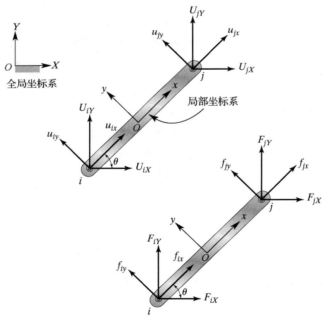

图 3.5　全局坐标与局部坐标之间的关系(注意：局部坐标系中 x 轴的正方向是由节点 i 指向节点 j 的方向)

全局位移(节点 i 的 U_{iX}，U_{iY} 及节点 j 的 U_{jX}，U_{jY})和局部位移(节点 i 的 u_{ix}，u_{iy} 及节点 j 的 u_{jx}，u_{jy})之间的关系如下：

$$U_{iX} = u_{ix} \cos \theta - u_{iy} \sin \theta$$
$$U_{iY} = u_{ix} \sin \theta + u_{iy} \cos \theta$$
$$U_{jX} = u_{jx} \cos \theta - u_{jy} \sin \theta \tag{3.6}$$
$$U_{jY} = u_{jx} \sin \theta + u_{jy} \cos \theta$$

可将式(3.6)写为矩阵形式:

$$\boldsymbol{U} = \boldsymbol{Tu} \tag{3.7}$$

其中:

$$\boldsymbol{U} = \begin{bmatrix} U_{iX} \\ U_{iY} \\ U_{jX} \\ U_{jY} \end{bmatrix}, \quad \boldsymbol{T} = \begin{bmatrix} \cos \theta & -\sin \theta & 0 & 0 \\ \sin \theta & \cos \theta & 0 & 0 \\ 0 & 0 & \cos \theta & -\sin \theta \\ 0 & 0 & \sin \theta & \cos \theta \end{bmatrix} \quad 和 \quad \boldsymbol{u} = \begin{bmatrix} u_{ix} \\ u_{iy} \\ u_{jx} \\ u_{jy} \end{bmatrix}$$

$\boldsymbol{U}$ 和 $\boldsymbol{u}$ 分别代表全局坐标系 XY 和局部坐标系 xy 下节点 i 和节点 j 的位移。$\boldsymbol{T}$ 是将变形由局部坐标系转换到全局坐标系的变换矩阵。类似地,局部力和全局力有以下关系:

$$F_{iX} = f_{ix} \cos \theta - f_{iy} \sin \theta$$
$$F_{iY} = f_{ix} \sin \theta + f_{iy} \cos \theta$$
$$F_{jX} = f_{jx} \cos \theta - f_{jy} \sin \theta \tag{3.8}$$
$$F_{jY} = f_{jx} \sin \theta + f_{jy} \cos \theta$$

或者写为矩阵形式:

$$\boldsymbol{F} = \boldsymbol{Tf} \tag{3.9}$$

其中:

$$\boldsymbol{F} = \begin{bmatrix} F_{iX} \\ F_{iY} \\ F_{jX} \\ F_{jY} \end{bmatrix}$$

是全局坐标系下施加于节点 i 和节点 j 上力的分量。

$$\boldsymbol{f} = \begin{bmatrix} f_{ix} \\ f_{iy} \\ f_{jx} \\ f_{jy} \end{bmatrix}$$

是局部坐标系下施加于节点 i 和节点 j 上力的分量。

以上步骤推导出了单元特性在局部坐标系和全局坐标系下的关系。需要注意,局部坐标系下 y 方向上的位移之和为零。原因很简单,在二力杆的假设条件下,杆件只能沿轴向(局部坐标下 x 方向)伸长或压缩,即内力总是沿 x 轴方向的,如图 3.6 所示。分析初始并不将这些值设置为零,以保持矩阵的一般形式,可便于推导单元刚度矩阵。将 y 方向的位移及力设置为零,会使得方程非常简明。根据刚度矩阵,局部坐标系下内力和位移有以下关系:

$$\begin{bmatrix} f_{ix} \\ f_{iy} \\ f_{jx} \\ f_{jy} \end{bmatrix} = \begin{bmatrix} k & 0 & -k & 0 \\ 0 & 0 & 0 & 0 \\ -k & 0 & k & 0 \\ 0 & 0 & 0 & 0 \end{bmatrix} \begin{bmatrix} u_{ix} \\ u_{iy} \\ u_{jx} \\ u_{jy} \end{bmatrix} \tag{3.10}$$

其中，$k = k_{eq} = \dfrac{AE}{L}$。上式可写为矩阵形式：

$$\boldsymbol{f} = \boldsymbol{k}\boldsymbol{u} \tag{3.11}$$

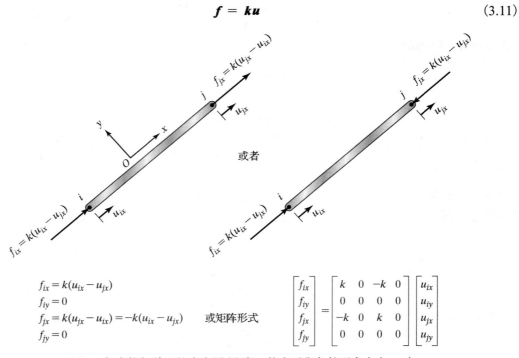

$$
\begin{aligned}
f_{ix} &= k(u_{ix} - u_{jx}) \\
f_{iy} &= 0 \\
f_{jx} &= k(u_{jx} - u_{ix}) = -k(u_{ix} - u_{jx}) \\
f_{jy} &= 0
\end{aligned}
\qquad 或矩阵形式 \qquad
\begin{bmatrix} f_{ix} \\ f_{iy} \\ f_{jx} \\ f_{jy} \end{bmatrix}
=
\begin{bmatrix}
k & 0 & -k & 0 \\
0 & 0 & 0 & 0 \\
-k & 0 & k & 0 \\
0 & 0 & 0 & 0
\end{bmatrix}
\begin{bmatrix} u_{ix} \\ u_{iy} \\ u_{jx} \\ u_{jy} \end{bmatrix}
$$

图 3.6　任意桁架单元的内力图(注意，静力平衡条件要求内力 f_{ix} 与
f_{jx} 之和为零；无论选取哪个单元，内力 f_{ix} 与 f_{jx} 之和均为零)

利用 $\boldsymbol{F}$ 和 $\boldsymbol{U}$ 替换 $\boldsymbol{f}$ 和 $\boldsymbol{u}$，有

$$\overbrace{\boldsymbol{T}^{-1}\boldsymbol{F}}^{\boldsymbol{f}} = \boldsymbol{k}\,\overbrace{\boldsymbol{T}^{-1}\boldsymbol{U}}^{\boldsymbol{u}} \tag{3.12}$$

其中，$\boldsymbol{T}^{-1}$ 是变换矩阵 $\boldsymbol{T}$ 的逆矩阵，为

$$
\boldsymbol{T}^{-1} =
\begin{bmatrix}
\cos\theta & \sin\theta & 0 & 0 \\
-\sin\theta & \cos\theta & 0 & 0 \\
0 & 0 & \cos\theta & \sin\theta \\
0 & 0 & -\sin\theta & \cos\theta
\end{bmatrix}
\tag{3.13}
$$

式(3.12)两边都乘以 $\boldsymbol{T}$ 将得到

$$\boldsymbol{F} = \boldsymbol{T}\boldsymbol{k}\boldsymbol{T}^{-1}\boldsymbol{U} \tag{3.14}$$

将矩阵 $\boldsymbol{T}$，$\boldsymbol{k}$，$\boldsymbol{T}^{-1}$ 和 $\boldsymbol{U}$ 代入式(3.14)，进行矩阵相乘后得到

$$
\begin{bmatrix} F_{iX} \\ F_{iY} \\ F_{jX} \\ F_{jY} \end{bmatrix}
= k
\begin{bmatrix}
\cos^2\theta & \sin\theta\cos\theta & -\cos^2\theta & -\sin\theta\cos\theta \\
\sin\theta\cos\theta & \sin^2\theta & -\sin\theta\cos\theta & -\sin^2\theta \\
-\cos^2\theta & -\sin\theta\cos\theta & \cos^2\theta & \sin\theta\cos\theta \\
-\sin\theta\cos\theta & -\sin^2\theta & \sin\theta\cos\theta & \sin^2\theta
\end{bmatrix}
\begin{bmatrix} U_{iX} \\ U_{iY} \\ U_{jX} \\ U_{jY} \end{bmatrix}
\tag{3.15}
$$

式(3.15)给出了任意单元的外力、单元刚度矩阵 $\boldsymbol{K}^{(e)}$ 和节点全局挠度之间的关系。桁架的任意
杆件(单元)的刚度矩阵 $\boldsymbol{K}^{(e)}$ 为

$$\boldsymbol{K}^{(e)} = k \begin{bmatrix} \cos^2\theta & \sin\theta\cos\theta & -\cos^2\theta & -\sin\theta\cos\theta \\ \sin\theta\cos\theta & \sin^2\theta & -\sin\theta\cos\theta & -\sin^2\theta \\ -\cos^2\theta & -\sin\theta\cos\theta & \cos^2\theta & \sin\theta\cos\theta \\ -\sin\theta\cos\theta & -\sin^2\theta & \sin\theta\cos\theta & \sin^2\theta \end{bmatrix} \qquad (3.16)$$

后续的步骤包括组合单元刚度矩阵、应用边界条件和荷载、求解位移，以及得到诸如平均应力等其他信息。下面将通过实例来说明这些步骤。

例 3.1 考虑如图 3.4 所示的阳台桁架及其尺寸。假设所有杆件均为木质材料(道格拉斯红杉)，弹性模量 $E = 1.90 \times 10^6 \text{ lb/in}^2$，截面积为 8 in^2。确定每个接头的挠度，以及每个杆件的平均应力。下面将手工求解这个问题。在介绍了 ANSYS 使用方法之后，我们将重新考虑这个问题，并利用 ANSYS 进行求解。

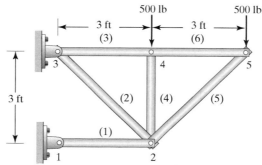

如 1.4 节所述，有限元分析共分为 7 个步骤。下面将再次讨论这些步骤，以强调和桁架问题分析相关的三个阶段(前处理阶段、求解阶段和后处理阶段)。

前处理阶段

1. 将问题离散化为节点和单元：桁架的每个杆件作为单元，每个杆件的连接点作为节点。因此，给定的桁架可以用 5 个节点和 6 个单元进行建模。求解过程中请参阅表 3.1。

表 3.1 单元和相应节点的关系

单　　元	节点 i	节点 j	θ(参见图 3.7 至图 3.10)
(1)	1	2	0
(2)	2	3	135
(3)	3	4	0
(4)	2	4	90
(5)	2	5	45
(6)	4	5	0

2. 假设各单元的近似解：如 3.2 节所述，每个单元的弹性行为可由弹簧进行模拟，其等效刚度 k 由式(3.5)给出。单元(1)、单元(3)、单元(4)、单元(6)具有相同的长度、截面积及弹性模量，于是单元(杆件)的等效刚度常数为

$$k = \frac{AE}{L} = \frac{(8\text{ in}^2)\left(1.90 \times 10^6 \dfrac{\text{lb}}{\text{in}^2}\right)}{36\text{ in}} = 4.22 \times 10^5 \text{ lb/in}$$

单元(2)和单元(5)的等效刚度常数为

$$k = \frac{AE}{L} = \frac{(8 \text{ in}^2)\left(1.90 \times 10^6 \dfrac{\text{lb}}{\text{in}^2}\right)}{50.9 \text{ in}} = 2.98 \times 10^5 \text{ lb/in}$$

3. 建立单元刚度方程：单元(1)、单元(3)和单元(6)的局部坐标系与全局坐标系平行，即 $\theta = 0$，其关系如图 3.7 所示。由式(3.16)可得到其刚度矩阵：

$$\boldsymbol{K}^{(e)} = k \begin{bmatrix} \cos^2\theta & \sin\theta\cos\theta & -\cos^2\theta & -\sin\theta\cos\theta \\ \sin\theta\cos\theta & \sin^2\theta & -\sin\theta\cos\theta & -\sin^2\theta \\ -\cos^2\theta & -\sin\theta\cos\theta & \cos^2\theta & \sin\theta\cos\theta \\ -\sin\theta\cos\theta & -\sin^2\theta & \sin\theta\cos\theta & \sin^2\theta \end{bmatrix}$$

$$\boldsymbol{K}^{(1)} = 4.22 \times 10^5 \times \begin{bmatrix} \cos^2(0) & \sin(0)\cos(0) & -\cos^2(0) & -\sin(0)\cos(0) \\ \sin(0)\cos(0) & \sin^2(0) & -\sin(0)\cos(0) & -\sin^2(0) \\ -\cos^2(0) & -\sin(0)\cos(0) & \cos^2(0) & \sin(0)\cos(0) \\ -\sin(0)\cos(0) & -\sin^2(0) & \sin(0)\cos(0) & \sin^2(0) \end{bmatrix}$$

$$\boldsymbol{K}^{(1)} = 4.22 \times 10^5 \times \begin{bmatrix} 1 & 0 & -1 & 0 \\ 0 & 0 & 0 & 0 \\ -1 & 0 & 1 & 0 \\ 0 & 0 & 0 & 0 \end{bmatrix} \begin{matrix} U_{1X} \\ U_{1Y} \\ U_{2X} \\ U_{2Y} \end{matrix}$$

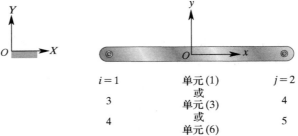

图 3.7 单元(1)、单元(3)和单元(6)的局部坐标系和全局坐标系的关系

单元(1)的刚度矩阵在全局刚度矩阵中的位置为

$$\boldsymbol{K}^{(1G)} = 10^5 \times \begin{bmatrix} 4.22 & 0 & -4.22 & 0 & 0 & 0 & 0 & 0 & 0 & 0 \\ 0 & 0 & 0 & 0 & 0 & 0 & 0 & 0 & 0 & 0 \\ -4.22 & 0 & 4.22 & 0 & 0 & 0 & 0 & 0 & 0 & 0 \\ 0 & 0 & 0 & 0 & 0 & 0 & 0 & 0 & 0 & 0 \\ 0 & 0 & 0 & 0 & 0 & 0 & 0 & 0 & 0 & 0 \\ 0 & 0 & 0 & 0 & 0 & 0 & 0 & 0 & 0 & 0 \\ 0 & 0 & 0 & 0 & 0 & 0 & 0 & 0 & 0 & 0 \\ 0 & 0 & 0 & 0 & 0 & 0 & 0 & 0 & 0 & 0 \\ 0 & 0 & 0 & 0 & 0 & 0 & 0 & 0 & 0 & 0 \\ 0 & 0 & 0 & 0 & 0 & 0 & 0 & 0 & 0 & 0 \end{bmatrix} \begin{matrix} U_{1X} \\ U_{1Y} \\ U_{2X} \\ U_{2Y} \\ U_{3X} \\ U_{3Y} \\ U_{4X} \\ U_{4Y} \\ U_{5X} \\ U_{5Y} \end{matrix}$$

注意，将节点位移矩阵附在全局刚度矩阵的右侧，有助于观察单元(1)的刚度矩阵在全局刚度矩阵中的位置。类似地，单元(3)的刚度矩阵为

$$\boldsymbol{K}^{(3)} = 4.22 \times 10^5 \times \begin{bmatrix} 1 & 0 & -1 & 0 \\ 0 & 0 & 0 & 0 \\ -1 & 0 & 1 & 0 \\ 0 & 0 & 0 & 0 \end{bmatrix} \begin{matrix} U_{3X} \\ U_{3Y} \\ U_{4X} \\ U_{4Y} \end{matrix}$$

在全局刚度矩阵中的位置为

$$\boldsymbol{K}^{(3G)} = 10^5 \times \begin{bmatrix} 0 & 0 & 0 & 0 & 0 & 0 & 0 & 0 & 0 & 0 \\ 0 & 0 & 0 & 0 & 0 & 0 & 0 & 0 & 0 & 0 \\ 0 & 0 & 0 & 0 & 0 & 0 & 0 & 0 & 0 & 0 \\ 0 & 0 & 0 & 0 & 0 & 0 & 0 & 0 & 0 & 0 \\ 0 & 0 & 0 & 0 & 4.22 & 0 & -4.22 & 0 & 0 & 0 \\ 0 & 0 & 0 & 0 & 0 & 0 & 0 & 0 & 0 & 0 \\ 0 & 0 & 0 & 0 & -4.22 & 0 & 4.22 & 0 & 0 & 0 \\ 0 & 0 & 0 & 0 & 0 & 0 & 0 & 0 & 0 & 0 \\ 0 & 0 & 0 & 0 & 0 & 0 & 0 & 0 & 0 & 0 \\ 0 & 0 & 0 & 0 & 0 & 0 & 0 & 0 & 0 & 0 \end{bmatrix} \begin{matrix} U_{1X} \\ U_{1Y} \\ U_{2X} \\ U_{2Y} \\ U_{3X} \\ U_{3Y} \\ U_{4X} \\ U_{4Y} \\ U_{5X} \\ U_{5Y} \end{matrix}$$

单元(6)的刚度矩阵为

$$\boldsymbol{K}^{(6)} = 4.22 \times 10^5 \times \begin{bmatrix} 1 & 0 & -1 & 0 \\ 0 & 0 & 0 & 0 \\ -1 & 0 & 1 & 0 \\ 0 & 0 & 0 & 0 \end{bmatrix} \begin{matrix} U_{4X} \\ U_{4Y} \\ U_{5X} \\ U_{5Y} \end{matrix}$$

在全局刚度矩阵中的位置为

$$\boldsymbol{K}^{(6G)} = 10^5 \times \begin{bmatrix} 0 & 0 & 0 & 0 & 0 & 0 & 0 & 0 & 0 & 0 \\ 0 & 0 & 0 & 0 & 0 & 0 & 0 & 0 & 0 & 0 \\ 0 & 0 & 0 & 0 & 0 & 0 & 0 & 0 & 0 & 0 \\ 0 & 0 & 0 & 0 & 0 & 0 & 0 & 0 & 0 & 0 \\ 0 & 0 & 0 & 0 & 0 & 0 & 0 & 0 & 0 & 0 \\ 0 & 0 & 0 & 0 & 0 & 0 & 0 & 0 & 0 & 0 \\ 0 & 0 & 0 & 0 & 0 & 0 & 4.22 & 0 & -4.22 & 0 \\ 0 & 0 & 0 & 0 & 0 & 0 & 0 & 0 & 0 & 0 \\ 0 & 0 & 0 & 0 & 0 & 0 & -4.22 & 0 & 4.22 & 0 \\ 0 & 0 & 0 & 0 & 0 & 0 & 0 & 0 & 0 & 0 \end{bmatrix} \begin{matrix} U_{1X} \\ U_{1Y} \\ U_{2X} \\ U_{2Y} \\ U_{3X} \\ U_{3Y} \\ U_{4X} \\ U_{4Y} \\ U_{5X} \\ U_{5Y} \end{matrix}$$

单元(4)的局部坐标系相对于全局坐标系的方向如图 3.8 所示。因此，对于单元(4)，$\theta = 90$，其刚度矩阵为

$$\boldsymbol{K}^{(4)} = 4.22 \times 10^5 \times \begin{bmatrix} \cos^2(90) & \sin(90)\cos(90) & -\cos^2(90) & -\sin(90)\cos(90) \\ \sin(90)\cos(90) & \sin^2(90) & -\sin(90)\cos(90) & -\sin^2(90) \\ -\cos^2(90) & -\sin(90)\cos(90) & \cos^2(90) & \sin(90)\cos(90) \\ -\sin(90)\cos(90) & -\sin^2(90) & \sin(90)\cos(90) & \sin^2(90) \end{bmatrix}$$

$$\boldsymbol{K}^{(4)} = 4.22 \times 10^5 \times \begin{bmatrix} 0 & 0 & 0 & 0 \\ 0 & 1 & 0 & -1 \\ 0 & 0 & 0 & 0 \\ 0 & -1 & 0 & 1 \end{bmatrix} \begin{matrix} U_{2X} \\ U_{2Y} \\ U_{4X} \\ U_{4Y} \end{matrix}$$

在全局刚度矩阵中的位置为

$$
\boldsymbol{K}^{(4G)} = 10^5 \times
\begin{bmatrix}
0 & 0 & 0 & 0 & 0 & 0 & 0 & 0 & 0 & 0 \\
0 & 0 & 0 & 0 & 0 & 0 & 0 & 0 & 0 & 0 \\
0 & 0 & 0 & 0 & 0 & 0 & 0 & 0 & 0 & 0 \\
0 & 0 & 0 & 4.22 & 0 & 0 & 0 & -4.22 & 0 & 0 \\
0 & 0 & 0 & 0 & 0 & 0 & 0 & 0 & 0 & 0 \\
0 & 0 & 0 & 0 & 0 & 0 & 0 & 0 & 0 & 0 \\
0 & 0 & 0 & 0 & 0 & 0 & 0 & 0 & 0 & 0 \\
0 & 0 & 0 & -4.22 & 0 & 0 & 0 & 4.22 & 0 & 0 \\
0 & 0 & 0 & 0 & 0 & 0 & 0 & 0 & 0 & 0 \\
0 & 0 & 0 & 0 & 0 & 0 & 0 & 0 & 0 & 0
\end{bmatrix}
\begin{matrix}
U_{1X} \\ U_{1Y} \\ U_{2X} \\ U_{2Y} \\ U_{3X} \\ U_{3Y} \\ U_{4X} \\ U_{4Y} \\ U_{5X} \\ U_{5Y}
\end{matrix}
$$

单元(2)的局部坐标系相对于全局坐标系的方向如图 3.9 所示。

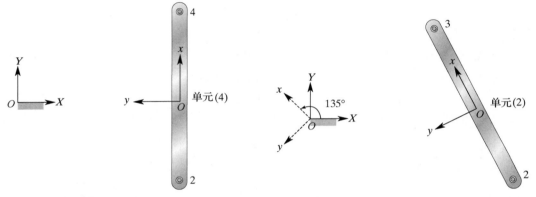

图 3.8　单元(4)的局部坐标系相对于全局坐标系的方向　图 3.9　单元(2)的局部坐标系相对于全局坐标系的方向

因此，对于单元(2)，$\theta = 135$，其刚度矩阵为

$$
\boldsymbol{K}^{(2)} = 2.98 \times 10^5 \times
\begin{bmatrix}
\cos^2(135) & \sin(135)\cos(135) & -\cos^2(135) & -\sin(135)\cos(135) \\
\sin(135)\cos(135) & \sin^2(135) & -\sin(135)\cos(135) & -\sin^2(135) \\
-\cos^2(135) & -\sin(135)\cos(135) & \cos^2(135) & \sin(135)\cos(135) \\
-\sin(135)\cos(135) & -\sin^2(135) & \sin(135)\cos(135) & \sin^2(135)
\end{bmatrix}
$$

$$
\boldsymbol{K}^{(2)} = 2.98 \times 10^5 \times
\begin{bmatrix}
0.5 & -0.5 & -0.5 & 0.5 \\
-0.5 & 0.5 & 0.5 & -0.5 \\
-0.5 & 0.5 & 0.5 & -0.5 \\
0.5 & -0.5 & -0.5 & 0.5
\end{bmatrix}
\begin{matrix}
U_{2X} \\ U_{2Y} \\ U_{3X} \\ U_{3Y}
\end{matrix}
$$

经化简可得

$$
\boldsymbol{K}^{(2)} = 1.49 \times 10^5 \times
\begin{bmatrix}
1 & -1 & -1 & 1 \\
-1 & 1 & 1 & -1 \\
-1 & 1 & 1 & -1 \\
1 & -1 & -1 & 1
\end{bmatrix}
\begin{matrix}
U_{2X} \\ U_{2Y} \\ U_{3X} \\ U_{3Y}
\end{matrix}
$$

在全局刚度矩阵中的位置为

$$\boldsymbol{K}^{(2G)} = 10^5 \times \begin{bmatrix} 0 & 0 & 0 & 0 & 0 & 0 & 0 & 0 & 0 & 0 \\ 0 & 0 & 0 & 0 & 0 & 0 & 0 & 0 & 0 & 0 \\ 0 & 0 & 1.49 & -1.49 & -1.49 & 1.49 & 0 & 0 & 0 & 0 \\ 0 & 0 & -1.49 & 1.49 & 1.49 & -1.49 & 0 & 0 & 0 & 0 \\ 0 & 0 & -1.49 & 1.49 & 1.49 & -1.49 & 0 & 0 & 0 & 0 \\ 0 & 0 & 1.49 & -1.49 & -1.49 & 1.49 & 0 & 0 & 0 & 0 \\ 0 & 0 & 0 & 0 & 0 & 0 & 0 & 0 & 0 & 0 \\ 0 & 0 & 0 & 0 & 0 & 0 & 0 & 0 & 0 & 0 \\ 0 & 0 & 0 & 0 & 0 & 0 & 0 & 0 & 0 & 0 \\ 0 & 0 & 0 & 0 & 0 & 0 & 0 & 0 & 0 & 0 \end{bmatrix} \begin{matrix} U_{1X} \\ U_{1Y} \\ U_{2X} \\ U_{2Y} \\ U_{3X} \\ U_{3Y} \\ U_{4X} \\ U_{4Y} \\ U_{5X} \\ U_{5Y} \end{matrix}$$

单元(5)的局部坐标系相对于全局坐标系的方向如图 3.10 所示。因此，对于单元(5)，$\theta = 45$，于是刚度矩阵为

$$\boldsymbol{K}^{(5)} = 2.98 \times 10^5 \times \begin{bmatrix} \cos^2(45) & \sin(45)\cos(45) & -\cos^2(45) & -\sin(45)\cos(45) \\ \sin(45)\cos(45) & \sin^2(45) & -\sin(45)\cos(45) & -\sin^2(45) \\ -\cos^2(45) & -\sin(45)\cos(45) & \cos^2(45) & \sin(45)\cos(45) \\ -\sin(45)\cos(45) & -\sin^2(45) & \sin(45)\cos(45) & \sin^2(45) \end{bmatrix}$$

$$\boldsymbol{K}^{(5)} = 2.98 \times 10^5 \times \begin{bmatrix} 0.5 & 0.5 & -0.5 & -0.5 \\ 0.5 & 0.5 & -0.5 & -0.5 \\ -0.5 & -0.5 & 0.5 & 0.5 \\ -0.5 & -0.5 & 0.5 & 0.5 \end{bmatrix} \begin{matrix} U_{2X} \\ U_{2Y} \\ U_{5X} \\ U_{5Y} \end{matrix}$$

在全局刚度矩阵中的位置为

$$\boldsymbol{K}^{(5G)} = 10^5 \times \begin{bmatrix} 0 & 0 & 0 & 0 & 0 & 0 & 0 & 0 & 0 & 0 \\ 0 & 0 & 0 & 0 & 0 & 0 & 0 & 0 & 0 & 0 \\ 0 & 0 & 1.49 & 1.49 & 0 & 0 & 0 & 0 & -1.49 & -1.49 \\ 0 & 0 & 1.49 & 1.49 & 0 & 0 & 0 & 0 & -1.49 & -1.49 \\ 0 & 0 & 0 & 0 & 0 & 0 & 0 & 0 & 0 & 0 \\ 0 & 0 & 0 & 0 & 0 & 0 & 0 & 0 & 0 & 0 \\ 0 & 0 & 0 & 0 & 0 & 0 & 0 & 0 & 0 & 0 \\ 0 & 0 & 0 & 0 & 0 & 0 & 0 & 0 & 0 & 0 \\ 0 & 0 & -1.49 & -1.49 & 0 & 0 & 0 & 0 & 1.49 & 1.49 \\ 0 & 0 & -1.49 & -1.49 & 0 & 0 & 0 & 0 & 1.49 & 1.49 \end{bmatrix} \begin{matrix} U_{1X} \\ U_{1Y} \\ U_{2X} \\ U_{2Y} \\ U_{3X} \\ U_{3Y} \\ U_{4X} \\ U_{4Y} \\ U_{5X} \\ U_{5Y} \end{matrix}$$

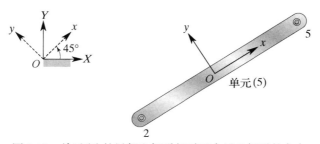

图 3.10　单元(5)的局部坐标系相对于全局坐标系的方向

注意，将各单元对应的节点位移附在刚度矩阵的右侧，将有助于将单个的刚度矩阵组合成总刚度矩阵。

4. 单元组合：组合（相加）各单元刚度矩阵即可得到总刚度矩阵

$$\boldsymbol{K}^{(G)} = \boldsymbol{K}^{(1G)} + \boldsymbol{K}^{(2G)} + \boldsymbol{K}^{(3G)} + \boldsymbol{K}^{(4G)} + \boldsymbol{K}^{(5G)} + \boldsymbol{K}^{(6G)}$$

$$\boldsymbol{K}^{(G)} = 10^5 \times
\begin{bmatrix}
4.22 & 0 & -4.22 & 0 & 0 \\
0 & 0 & 0 & 0 & 0 \\
-4.22 & 0 & 4.22+1.49+1.49 & -1.49+1.49 & -1.49 \\
0 & 0 & 1.49-1.49 & 4.22+1.49+1.49 & 1.49 \\
0 & 0 & -1.49 & 1.49 & 4.22+1.49 \\
0 & 0 & 1.49 & -1.49 & -1.49 \\
0 & 0 & 0 & 0 & -4.22 \\
0 & 0 & 0 & -4.22 & 0 \\
0 & 0 & -1.49 & -1.49 & 0 \\
0 & 0 & -1.49 & -1.49 & 0
\end{bmatrix}$$

$$
\begin{bmatrix}
0 & 0 & 0 & 0 & 0 \\
0 & 0 & 0 & 0 & 0 \\
1.49 & 0 & 0 & -1.49 & -1.49 \\
-1.49 & 0 & -4.22 & -1.49 & -1.49 \\
-1.49 & -4.22 & 0 & 0 & 0 \\
1.49 & 0 & 0 & 0 & 0 \\
0 & 4.22+4.22 & 0 & -4.22 & 0 \\
0 & 0 & 4.22 & 0 & 0 \\
0 & -4.22 & 0 & 4.22+1.49 & 1.49 \\
0 & 0 & 0 & 1.49 & 1.49
\end{bmatrix}
\begin{array}{l}
U_{1X} \\ U_{1Y} \\ U_{2X} \\ U_{2Y} \\ U_{3X} \\ U_{3Y} \\ U_{4X} \\ U_{4Y} \\ U_{5X} \\ U_{5Y}
\end{array}
$$

经化简可得

$$\boldsymbol{K}^{(G)} = 10^5 \times
\begin{bmatrix}
4.22 & 0 & -4.22 & 0 & 0 & 0 & 0 & 0 & 0 & 0 \\
0 & 0 & 0 & 0 & 0 & 0 & 0 & 0 & 0 & 0 \\
-4.22 & 0 & 7.2 & 0 & -1.49 & 1.49 & 0 & 0 & -1.49 & -1.49 \\
0 & 0 & 0 & 7.2 & 1.49 & -1.49 & 0 & -4.22 & -1.49 & -1.49 \\
0 & 0 & -1.49 & 1.49 & 5.71 & -1.49 & -4.22 & 0 & 0 & 0 \\
0 & 0 & 1.49 & -1.49 & -1.49 & 1.49 & 0 & 0 & 0 & 0 \\
0 & 0 & 0 & 0 & -4.22 & 0 & 8.44 & 0 & -4.22 & 0 \\
0 & 0 & 0 & -4.22 & 0 & 0 & 0 & 4.22 & 0 & 0 \\
0 & 0 & -1.49 & -1.49 & 0 & 0 & -4.22 & 0 & 5.71 & 1.49 \\
0 & 0 & -1.49 & -1.49 & 0 & 0 & 0 & 0 & 1.49 & 1.49
\end{bmatrix}$$

5. 应用边界条件并施加荷载：对问题应用以下边界条件：节点 1 和节点 3 是固定的，即 $U_{1X}=0$，$U_{1Y}=0$，$U_{3X}=0$，$U_{3Y}=0$。将这些条件应用于总刚度矩阵，并在节点 4 和节点 5 处应用荷载，即 $F_{4Y}=-500$ lb，$F_{5Y}=-500$ lb，即可得到如下的联立线性方程组：

$$
10^5 \times
\begin{bmatrix}
1 & 0 & 0 & 0 & 0 & 0 & 0 & 0 & 0 & 0 \\
0 & 1 & 0 & 0 & 0 & 0 & 0 & 0 & 0 & 0 \\
-4.22 & 0 & 7.2 & 0 & -1.49 & 1.49 & 0 & 0 & -1.49 & -1.49 \\
0 & 0 & 0 & 7.2 & 1.49 & -1.49 & 0 & -4.22 & -1.49 & -1.49 \\
0 & 0 & 0 & 0 & 1 & 0 & 0 & 0 & 0 & 0 \\
0 & 0 & 0 & 0 & 0 & 1 & 0 & 0 & 0 & 0 \\
0 & 0 & 0 & 0 & -4.22 & 0 & 8.44 & 0 & -4.22 & 0 \\
0 & 0 & 0 & -4.22 & 0 & 0 & 0 & 4.22 & 0 & 0 \\
0 & 0 & -1.49 & -1.49 & 0 & 0 & -4.22 & 0 & 5.71 & 1.49 \\
0 & 0 & -1.49 & -1.49 & 0 & 0 & 0 & 0 & 1.49 & 1.49 \\
\end{bmatrix}
\begin{bmatrix}
U_{1X} \\ U_{1Y} \\ U_{2X} \\ U_{2Y} \\ U_{3X} \\ U_{3Y} \\ U_{4X} \\ U_{4Y} \\ U_{5X} \\ U_{5Y}
\end{bmatrix}
=
\begin{bmatrix}
0 \\ 0 \\ 0 \\ 0 \\ 0 \\ 0 \\ 0 \\ -500 \\ 0 \\ -500
\end{bmatrix}
$$

由于 $U_{1X}=0$，$U_{1Y}=0$，$U_{3X}=0$，$U_{3Y}=0$，因此计算时可以消去第 1 行/列、第 2 行/列、第 5 行/列及第 6 行/列，于是只需求解如下 6×6 阶矩阵：

$$
10^5 \times
\begin{bmatrix}
7.2 & 0 & 0 & 0 & -1.49 & -1.49 \\
0 & 7.2 & 0 & -4.22 & -1.49 & -1.49 \\
0 & 0 & 8.44 & 0 & -4.22 & 0 \\
0 & -4.22 & 0 & 4.22 & 0 & 0 \\
-1.49 & -1.49 & -4.22 & 0 & 5.71 & 1.49 \\
-1.49 & -1.49 & 0 & 0 & 1.49 & 1.49 \\
\end{bmatrix}
\begin{bmatrix}
U_{2X} \\ U_{2Y} \\ U_{4X} \\ U_{4Y} \\ U_{5X} \\ U_{5Y}
\end{bmatrix}
=
\begin{bmatrix}
0 \\ 0 \\ 0 \\ -500 \\ 0 \\ -500
\end{bmatrix}
$$

求解阶段

6. 求解代数方程组：完成以上矩阵运算获得未知位移，$U_{2X}=-0.00355\ \text{in}$，$U_{2Y}=-0.01026\ \text{in}$，$U_{4X}=-0.00118\ \text{in}$，$U_{4Y}=-0.0114\ \text{in}$，$U_{5X}=-0.00240\ \text{in}$，$U_{5Y}=-0.0195\ \text{in}$。因此，总位移矩阵为

$$
\begin{bmatrix}
U_{1X} \\ U_{1Y} \\ U_{2X} \\ U_{2Y} \\ U_{3X} \\ U_{3Y} \\ U_{4X} \\ U_{4Y} \\ U_{5X} \\ U_{5Y}
\end{bmatrix}
=
\begin{bmatrix}
0 \\ 0 \\ -0.00355 \\ -0.01026 \\ 0 \\ 0 \\ 0.00118 \\ -0.0114 \\ 0.00240 \\ -0.0195
\end{bmatrix}
\ \text{in}
$$

注意，这些节点位移是相对于全局坐标系的。

后处理阶段

7. 获得其他信息

反作用力　如第 1 章所述，反作用力可由下式得出：

$$
\boldsymbol{R} = \boldsymbol{K}^{(G)}\boldsymbol{U} - \boldsymbol{F}
$$

即

$$
\begin{bmatrix} R_{1X} \\ R_{1Y} \\ R_{2X} \\ R_{2Y} \\ R_{3X} \\ R_{3Y} \\ R_{4X} \\ R_{4Y} \\ R_{5X} \\ R_{5Y} \end{bmatrix} = 10^5 \times \begin{bmatrix} 4.22 & 0 & -4.22 & 0 & 0 & 0 & 0 & 0 & 0 & 0 \\ 0 & 0 & 0 & 0 & 0 & 0 & 0 & 0 & 0 & 0 \\ -4.22 & 0 & 7.2 & 0 & -1.49 & 1.49 & 0 & 0 & -1.49 & -1.49 \\ 0 & 0 & 0 & 7.2 & 1.49 & -1.49 & 0 & -4.22 & -1.49 & -1.49 \\ 0 & 0 & -1.49 & 1.49 & 5.71 & -1.49 & -4.22 & 0 & 0 & 0 \\ 0 & 0 & 1.49 & -1.49 & -1.49 & 1.49 & 0 & 0 & 0 & 0 \\ 0 & 0 & 0 & 0 & -4.22 & 0 & 8.44 & 0 & -4.22 & 0 \\ 0 & 0 & 0 & -4.22 & 0 & 0 & 0 & 4.22 & 0 & 0 \\ 0 & 0 & -1.49 & -1.49 & 0 & 0 & -4.22 & 0 & 5.71 & 1.49 \\ 0 & 0 & -1.49 & -1.49 & 0 & 0 & 0 & 0 & 1.49 & 1.49 \end{bmatrix}
$$

$$
\begin{bmatrix} 0 \\ 0 \\ -0.003\,55 \\ -0.010\,26 \\ 0 \\ 0 \\ 0.001\,18 \\ -0.0114 \\ 0.002\,40 \\ -0.0195 \end{bmatrix} - \begin{bmatrix} 0 \\ 0 \\ 0 \\ 0 \\ 0 \\ 0 \\ 0 \\ -500 \\ 0 \\ -500 \end{bmatrix}
$$

注意，计算使用的是未经化简的、初始的刚度矩阵、位移矩阵及力矩阵。进行矩阵运算即可得到反作用力：

$$
\begin{bmatrix} R_{1X} \\ R_{1Y} \\ R_{2X} \\ R_{2Y} \\ R_{3X} \\ R_{3Y} \\ R_{4X} \\ R_{4Y} \\ R_{5X} \\ R_{5Y} \end{bmatrix} = \begin{bmatrix} 1500 \\ 0 \\ 0 \\ 0 \\ -1500 \\ 1000 \\ 0 \\ 0 \\ 0 \\ 0 \end{bmatrix} \text{lb}
$$

内力和正应力　计算每个杆件的内力 f_{ix} 和正应力 f_{jx}。二者大小相等，方向相反，分别为

$$
f_{ix} = k(u_{ix} - u_{jx})
$$
$$
f_{jx} = k(u_{jx} - u_{ix})
$$

$$(3.17)$$

注意，无论采用图 3.11 中的哪种描述方式，f_{ix} 和 f_{jx} 的和均为零。为了确保一致性，推导过程将使用第二种方式，即 f_{ix} 和 f_{jx} 的方向为局部坐标系中 x 轴的正方向。为了利用式(3.17)计算单元的内力，必须知道局部坐标系下单元的节点位移 u_{ix} 和 u_{jx}。为方便起见，再次列出式(3.7)，利用变换矩阵，全局位移和局部位移的关系如下：

$$
U = Tu
$$

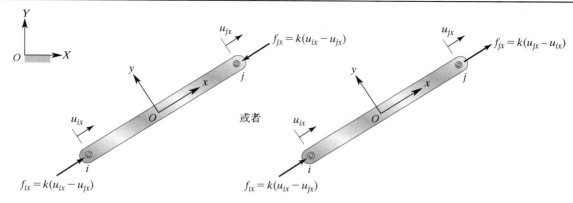

图 3.11　桁架中的内力

由全局位移表示的局部位移为

$$\boldsymbol{u} = \boldsymbol{T}^{-1}\boldsymbol{U}$$

$$\begin{bmatrix} u_{ix} \\ u_{iy} \\ u_{jx} \\ u_{jy} \end{bmatrix} = \begin{bmatrix} \cos\theta & \sin\theta & 0 & 0 \\ -\sin\theta & \cos\theta & 0 & 0 \\ 0 & 0 & \cos\theta & \sin\theta \\ 0 & 0 & -\sin\theta & \cos\theta \end{bmatrix} \begin{bmatrix} U_{iX} \\ U_{iY} \\ U_{jX} \\ U_{jY} \end{bmatrix}$$

计算出杆件的内力之后，杆件的正应力可由下式确定：

$$\sigma = \frac{\text{内力}}{\text{面积}} = \frac{f}{A}$$

或者，也可由下式计算正应力：

$$\sigma = \frac{f}{A} = \frac{k(u_{ix} - u_{jx})}{A} = \frac{\dfrac{AE}{L}(u_{ix} - u_{jx})}{A} = E\left(\frac{u_{ix} - u_{jx}}{L}\right) \tag{3.18}$$

下面，以单元(5)为例计算其内力和正应力。对于单元(5)，$\theta = 45$，$U_{2X} = -0.003\,55$ in，$U_{2Y} = -0.010\,26$ in，$U_{5X} = 0.0024$ in，$U_{5Y} = -0.0195$ in。首先，由以下关系求解节点 2 和节点 5 的局部位移：

$$\begin{bmatrix} u_{2x} \\ u_{2y} \\ u_{5x} \\ u_{5y} \end{bmatrix} = \begin{bmatrix} \cos 45 & \sin 45 & 0 & 0 \\ -\sin 45 & \cos 45 & 0 & 0 \\ 0 & 0 & \cos 45 & \sin 45 \\ 0 & 0 & -\sin 45 & \cos 45 \end{bmatrix} \begin{bmatrix} -0.003\,55 \\ -0.010\,26 \\ 0.002\,40 \\ -0.019\,50 \end{bmatrix}$$

由上式不难得出 $u_{2x} = -0.009\,76$ in 和 $u_{5x} = -0.012\,09$ in。将这些值代入式(3.17)和式(3.18)，即可得出单元(5)的内力和正应力分别为 696 lb 和 87 lb/in^2。类似地，也可以计算其他单元的内力和正应力。

后续将考虑如何利用 ANSYS 重新求解这个问题。3.6 节将详细讨论对上述结果的验证。

重新计算例 3.1　下面将介绍如何利用 Excel 重新计算例 3.1。

1. 如下图所示，在单元格 A1 中输入 **Example 3.1**，在单元格 A3 和 A4 中分别输入 E = 和 A =。在单元格 B3 输入 E 的值之后，选择 B3，并在名称框中输入 E 后按 Enter 键。同样，在单元格 B4 输入 A 的值之后，选择 B4，并在名称框中输入 A 后按 Enter 键。

2. 创建如下图所示的表格，包括单元和节点的编号，以及各单元的长度、面积和弹性模量。在单元格区域 G7:G12 中输入各单元的 Q 值，并分别记作 Theta1，Theta2，Theta3，Theta4，Theta5 和 Theta6。将单元格区域 D7:D12 分别记作 Length1，Length2，Length3，Length4，Length5 和 Length6。

	A	B	C	D	E	F	G	H
6	Element	Node i	Node j	Length (in.)	A (in.^{2})	E (lb/in.^{2})	θ See Figure 3.7-3.10	
7	1	1	2	36.0	8.00	1.90E+06	0	
8	2	2	3	50.9	8.00	1.90E+06	135	
9	3	3	4	36.0	8.00	1.90E+06	0	
10	4	2	4	36.0	8.00	1.90E+06	90	
11	5	2	5	50.9	8.00	1.90E+06	45	
12	6	4	5	36.0	8.00	1.90E+06	0	

3. 如下图所示，计算[K1]的 cos 项和 sin 项，并将选择的单元格区域记作 CSelement1。

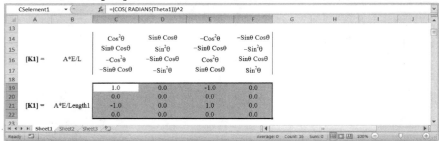

4. 以同样的方式，如下图所示，计算[K2]，[K3]，[K4]，[K5]和[K6]的 cos 项和 sin 项，并将选择的单元格区域分别记作 CSelement2，CSelement3，CSelement4，CSelement5 和 CSelement6。

5. 如下图所示，创建矩阵[**A1**]，并记作 Aelement1。关于[**A1**]矩阵的含义请参见 2.5 节的式(2.9)。将节点位移 U1X，U1Y，U2X，U2Y，U3X，U3Y，U4X，U4Y，U5X，U5Y，以及 UiX，UiY 和 UjX，UjY 附在矩阵[**A1**]的右侧以辅助观察节点对相邻单元的影响。

	A	B	C	D	E	F	G	H	I	J	K	L
49		U1X	U1Y	U2X	U2Y	U3X	U3Y	U4X	U4Y	U5X	U5Y	
50		1	0	0	0	0	0	0	0	0	0	UiX
51		0	1	0	0	0	0	0	0	0	0	UiY
52	[A1] =	0	0	1	0	0	0	0	0	0	0	UjX
53		0	0	0	1	0	0	0	0	0	0	UJY

6. 如下图所示，创建矩阵[**A2**]，[**A3**]，[**A4**]，[**A5**]和[**A6**]，并记作 Aelement2，Aelement3，Aelement4，Aelement5 和 Aelement6。

	A	B	C	D	E	F	G	H	I	J	K
55		0	0	1	0	0	0	0	0	0	0
56		0	0	0	1	0	0	0	0	0	0
57	[A2] =	0	0	0	0	1	0	0	0	0	0
58		0	0	0	0	0	1	0	0	0	0
59											
60		0	0	0	0	1	0	0	0	0	0
61		0	0	0	0	0	1	0	0	0	0
62	[A3] =	0	0	0	0	0	0	1	0	0	0
63		0	0	0	0	0	0	0	1	0	0
64											
65		0	0	1	0	0	0	0	0	0	0
66		0	0	0	1	0	0	0	0	0	0
67	[A4] =	0	0	0	0	0	0	1	0	0	0
68		0	0	0	0	0	0	0	1	0	0
69											
70		0	0	1	0	0	0	0	0	0	0
71		0	0	0	1	0	0	0	0	0	0
72	[A5] =	0	0	0	0	0	0	0	0	1	0
73		0	0	0	0	0	0	0	0	0	1
74											
75		0	0	0	0	0	0	1	0	0	0
76		0	0	0	0	0	0	0	1	0	0
77	[A6] =	0	0	0	0	0	0	0	0	1	0
78		0	0	0	0	0	0	0	0	0	1

7. 创建各单元的刚度矩阵（并将其置于总刚度矩阵的恰当位置），并分别记作 K1G，K2G，K3G，K4G，K5G 和 K6G，参见式(2.9)。例如创建[**K**]^{1G}，首先选择单元格区域 B80:K89，并输入= MMULT(TRANSPOSE(Aelement1)，MMULT(((A*E/Length1)*Cselement1)，Aelement1))，同时按下 Ctrl + Shift 键后按 Enter 键。以同样的方式创建[**K**]^{2G}，[**K**]^{3G}，[**K**]^{4G}，[**K**]^{5G}和[**K**]^{6G}，如下图所示。

	A	B	C	D	E	F	G	H	I	J	K
80		422222	0	-422222	0	0	0	0	0	0	0
81		0	0	0	0	0	0	0	0	0	0
82		-422222	0	422222	0	0	0	0	0	0	0
83	[K]^{1G} =	0	0	0	0	0	0	0	0	0	0
84		0	0	0	0	0	0	0	0	0	0
85		0	0	0	0	0	0	0	0	0	0
86		0	0	0	0	0	0	0	0	0	0
87		0	0	0	0	0	0	0	0	0	0
88		0	0	0	0	0	0	0	0	0	0
89		0	0	0	0	0	0	0	0	0	0

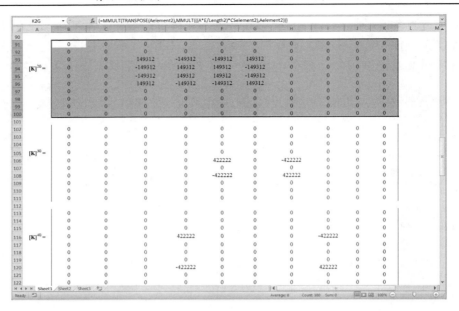

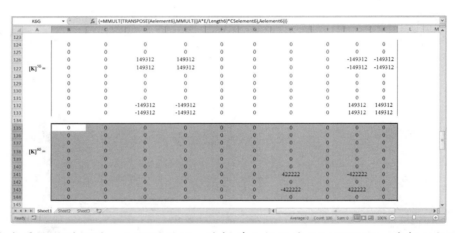

8. 生成最终的总矩阵。如下图所示，选择单元格区域 B146:K155，并在公式栏中输入 = K1G + K2G + K3G + K4G + K5G + K6G，同时按下 Ctrl + Shift 键后按 Enter 键。并将单元格区域 B146:K155 记作 KG。以同样的方式创建总荷载矩阵。

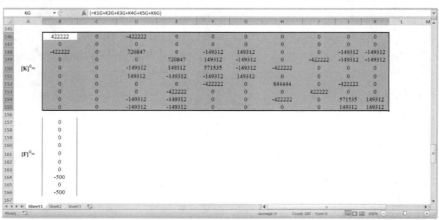

9. 应用边界条件。如下图所示，复制 KG 矩阵中的部分数据，并以数值形式粘贴于单元格区域 C168:H173，记作 KwithappliedBC。以同样的方式，在单元格区域 C175:C180 创建荷载矩阵，记作 FwithappliedBC。

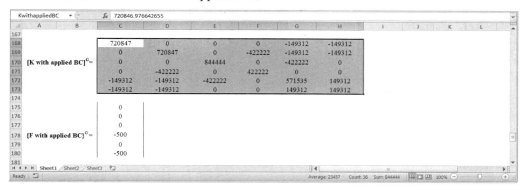

10. 选择单元格 C182 至单元格 C187，并在公式栏中输入= MMULT（MINVERSE（KwithappliedBC），FwithappliedBC），同时按下 Ctrl + Shift 键后按 Enter 键。如下图所示，选择单元格 C189 至单元格 C198，复制 U partial 的值，并与 U1X= 0，U1Y= 0，U3X= 0，U3Y= 0 合并，记作 UG。

11. 计算反作用力。如下图所示，选择单元格 C200 至单元格 C209，并在公式栏中输入 =（MMULT（KG,UG）- FG），同时按下 Ctrl + Shift 键后按 Enter 键。

完整的 Excel 表格如下图所示：

C200 ▾ (f_x {=(MMULT(KG,UG)-FG)}

Example 3.1

E = 1.90E+06 lb/in.²
A = 8.00 in.²

Element	Node i	Node j	Length (in.)	A (in.²)	E (lb/in.²)	θ See Figure 3.7-3.10
1	1	2	36.0	8.00	1.90E+06	0
2	2	3	50.9	8.00	1.90E+06	135
3	3	4	36.0	8.00	1.90E+06	0
4	2	4	36.0	8.00	1.90E+06	90
5	2	5	50.9	8.00	1.90E+06	45
6	4	5	36.0	8.00	1.90E+06	0

$[K1] =$ A*E/L

$\cos^2\theta$	$\sin\theta\,\cos\theta$	$-\cos^2\theta$	$-\sin\theta\,\cos\theta$
$\sin\theta\,\cos\theta$	$\sin^2\theta$	$-\sin\theta\,\cos\theta$	$-\sin^2\theta$
$-\cos^2\theta$	$-\sin\theta\,\cos\theta$	$\cos^2\theta$	$\sin\theta\,\cos\theta$
$-\sin\theta\,\cos\theta$	$-\sin^2\theta$	$\sin\theta\,\cos\theta$	$\sin^2\theta$

$[K1] =$ A*E/Length1

1.0	0.0	-1.0	0.0
0.0	0.0	0.0	0.0
-1.0	0.0	1.0	0.0
0.0	0.0	0.0	0.0

$[K2] =$ A*E/Length2

0.5	-0.5	-0.5	0.5
-0.5	0.5	0.5	-0.5
-0.5	0.5	0.5	-0.5
0.5	-0.5	-0.5	0.5

$[K3] =$ A*E/Length3

1.0	0.0	-1.0	0.0
0.0	0.0	0.0	0.0
-1.0	0.0	1.0	0.0
0.0	0.0	0.0	0.0

C200 ▾ (f_x {=(MMULT(KG,UG)-FG)}

$[K4] =$ A*E/Length4

0.0	0.0	0.0	0.0
0.0	1.0	0.0	-1.0
0.0	0.0	0.0	0.0
0.0	-1.0	0.0	1.0

$[K5] =$ A*E/Length5

0.5	0.5	-0.5	-0.5
0.5	0.5	-0.5	-0.5
-0.5	-0.5	0.5	0.5
-0.5	-0.5	0.5	0.5

$[K6] =$ A*E/Length6

1.0	0.0	-1.0	0.0
0.0	0.0	0.0	0.0
-1.0	0.0	1.0	0.0
0.0	0.0	0.0	0.0

	U1X	U1Y	U2X	U2Y	U3X	U3Y	U4X	U4Y	U5X	U5Y	
$[A1] =$	1	0	0	0	0	0	0	0	0	0	UiX
	0	1	0	0	0	0	0	0	0	0	UiY
	0	0	1	0	0	0	0	0	0	0	UjX
	0	0	0	1	0	0	0	0	0	0	UjY
$[A2] =$	0	0	1	0	0	0	0	0	0	0	
	0	0	0	1	0	0	0	0	0	0	
	0	0	0	0	1	0	0	0	0	0	
	0	0	0	0	0	1	0	0	0	0	
$[A3] =$	0	0	0	0	1	0	0	0	0	0	
	0	0	0	0	0	1	0	0	0	0	
	0	0	0	0	0	0	1	0	0	0	
	0	0	0	0	0	0	0	1	0	0	
	0	0	1	0	0	0	0	0	0	0	
	0	0	0	1	0	0	0	0	0	0	

C200 ▾ (f_x {=(MMULT(KG,UG)-FG)}

$[A4] =$	0	0	1	0	0	0	0	0	0	0	
	0	0	0	1	0	0	0	0	0	0	
	0	0	0	0	0	0	1	0	0	0	
	0	0	0	0	0	0	0	1	0	0	
$[A5] =$	0	0	1	0	0	0	0	0	0	0	
	0	0	0	1	0	0	0	0	0	0	
	0	0	0	0	0	0	0	0	1	0	
	0	0	0	0	0	0	0	0	0	1	
$[A6] =$	0	0	0	0	0	0	1	0	0	0	
	0	0	0	0	0	0	0	1	0	0	
	0	0	0	0	0	0	0	0	1	0	
	0	0	0	0	0	0	0	0	0	1	

$[K]^{1G} =$

422222	0	-422222	0	0	0	0	0	0	0
0	0	0	0	0	0	0	0	0	0
-422222	0	422222	0	0	0	0	0	0	0
0	0	0	0	0	0	0	0	0	0
0	0	0	0	0	0	0	0	0	0
0	0	0	0	0	0	0	0	0	0
0	0	0	0	0	0	0	0	0	0
0	0	0	0	0	0	0	0	0	0
0	0	0	0	0	0	0	0	0	0
0	0	0	0	0	0	0	0	0	0

$[K]^{2G} =$

0	0	0	0	0	0	0	0	0	0
0	0	0	0	0	0	0	0	0	0
0	0	149312	-149312	-149312	149312	0	0	0	0
0	0	-149312	149312	149312	-149312	0	0	0	0
0	0	-149312	149312	149312	-149312	0	0	0	0
0	0	149312	-149312	-149312	149312	0	0	0	0

C200 | fx {=(MMULT(KG,UG)-FG)}

	A	B	C	D	E	F	G	H	I	J	K	L	P	Q	R
97		0	0	0	0	0	0	0	0	0	0				
98		0	0	0	0	0	0	0	0	0	0				
99		0	0	0	0	0	0	0	0	0	0				
100		0	0	0	0	0	0	0	0	0	0				
101															
102		0	0	0	0	0	0	0	0	0	0				
103		0	0	0	0	0	0	0	0	0	0				
104		0	0	0	0	0	0	0	0	0	0				
105	$[K]^{10}=$	0	0	0	0	0	0	0	0	0	0				
106		0	0	0	0	0	422222	0	-422222	0	0				
107		0	0	0	0	0	0	0	0	0	0				
108		0	0	0	0	0	-422222	0	422222	0	0				
109		0	0	0	0	0	0	0	0	0	0				
110		0	0	0	0	0	0	0	0	0	0				
111		0	0	0	0	0	0	0	0	0	0				
112															
113		0	0	0	0	0	0	0	0	0	0				
114		0	0	0	0	0	0	0	0	0	0				
115		0	0	0	0	0	0	0	0	0	0				
116	$[K]^{40}=$	0	0	0	422222	0	0	0	0	-422222	0				
117		0	0	0	0	0	0	0	0	0	0				
118		0	0	0	0	0	0	0	0	0	0				
119		0	0	0	0	0	0	0	0	0	0				
120		0	0	0	-422222	0	0	0	0	422222	0				
121		0	0	0	0	0	0	0	0	0	0				
122		0	0	0	0	0	0	0	0	0	0				
123															
124		0	0	0	0	0	0	0	0	0	0				
125		0	0	0	0	0	0	0	0	0	0				
126	$[K]^{50}=$	0	0	149312	149312	0	0	0	0	-149312	-149312				
127		0	0	149312	149312	0	0	0	0	-149312	-149312				
128		0	0	0	0	0	0	0	0	0	0				
129		0	0	0	0	0	0	0	0	0	0				

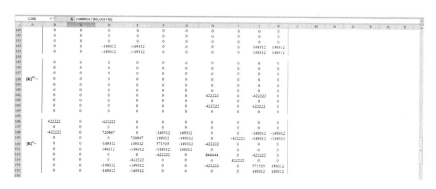

C200 | fx {=(MMULT(KG,UG)-FG)}

	A	B	C	D	E	F	G	H	I	J	K	L	M	N	O	P	Q	R
129		0	0	0	0	0	0	0	0	0	0							
130		0	0	0	0	0	0	0	0	0	0							
131		0	0	0	0	0	0	0	0	0	0							
132		0	0	-149312	-149312	0	0	0	0	149312	149312							
133		0	0	-149312	-149312	0	0	0	0	149312	149312							
134																		
135		0	0	0	0	0	0	0	0	0	0							
136		0	0	0	0	0	0	0	0	0	0							
137		0	0	0	0	0	0	0	0	0	0							
138	$[K]^{60}=$	0	0	0	0	0	0	0	0	0	0							
139		0	0	0	0	0	0	0	0	0	0							
140		0	0	0	0	0	0	0	0	0	0							
141		0	0	0	0	0	0	422222	0	-422222	0							
142		0	0	0	0	0	0	0	0	0	0							
143		0	0	0	0	0	0	-422222	0	422222	0							
144		0	0	0	0	0	0	0	0	0	0							
145																		
146		422222	0	-422222	0	0	0	0	0	0	0							
147		0	0	0	0	0	0	0	0	0	0							
148		-422222	0	720847	0	-149312	149312	0	0	-149312	-149312							
149		0	0	0	720847	149312	-149312	0	-422222	-149312	-149312							
150	$[K]^{G}=$	0	0	-149312	149312	571535	-149312	-422222	0	0	0							
151		0	0	149312	-149312	-149312	149312	0	0	0	0							
152		0	0	0	0	-422222	0	844444	0	-422222	0							
153		0	0	0	-422222	0	0	0	422222	0	0							
154		0	0	-149312	-149312	0	0	-422222	0	571535	149312							
155		0	0	-149312	-149312	0	0	0	0	149312	149312							
156																		

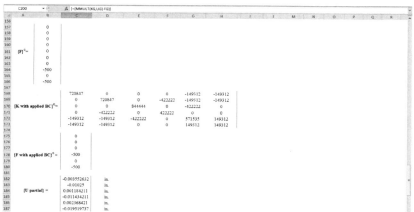

C200 | fx {=(MMULT(KG,UG)-FG)}

	A	B	C	D	E	F	G	H
156								
157		0						
158		0						
159		0						
160		0						
161	$[F]^{G}=$	0						
162		0						
163		0						
164		-500						
165		0						
166		-500						
167								
168		720847	0	0	0	-149312	-149312	
169		0	720847	0	-422222	-149312	-149312	
170	$[K \text{ with applied BC}]^{G}=$	0	0	844444	0	-422222	0	
171		0	-422222	0	422222	0	0	
172		-149312	-149312	-422222	0	571535	149312	
173		-149312	-149312	0	0	149312	149312	
174								
175		0						
176		0						
177		0						
178	$[F \text{ with applied BC}]^{G}=$	-500						
179		0						
180		-500						
181								
182		-0.003552632	in.					
183		-0.01025	in.					
184	$[U \text{ partial}]=$	0.001184211	in.					
185		-0.011434211	in.					
186		0.002368421	in.					
187		-0.019519737	in.					

C200 | fx {=(MMULT(KG,UG)-FG)}

	A	B	C	D
188				
189		0		
190		0		
191		-0.003552632	in.	
192		-0.01025	in.	
193	$[U]=$	0		
194		0		
195		0.001184211	in.	
196		-0.011434211	in.	
197		0.002368421	in.	
198		-0.019519737	in.	
199				
200		1500	lb	
201		0		
202		0		
203		0		
204	$[R]=$	-1500	lb	
205		1000	lb	
206		0		
207		0		
208		0		
209		0		

3.3　空间桁架

三维桁架通常称为空间桁架。一个简单的空间桁架至少由 6 根杆件连接在一起，从而组成了一个四面体，如图 3.12 所示。通过对简单桁架增加 3 个杆件，就可以得到更为复杂的结构，但是必须将每个新杆件的一端连接到已有的不同接头上，并将所有新杆件的另一端连接为一个新的接头，如图 3.13 所示。如前所述，桁架的杆件通常被视为二力杆。在空间桁架分析中，假设各杆件通过球窝接头进行连接。只要相邻螺栓的中心线交汇于一点，带有螺栓或焊接接头的桁架也可以认为是通过球窝接头连接的（接头处忽略弯矩）。另外一个限制是假设所有的荷载都施加于接头处。这个假设在大多数情况下都成立。如前所述，杆件的质量相对于施加的荷载通常可以忽略不计。如果需要考虑杆件的质量，那么其一半的质量应施加于一侧接头上。

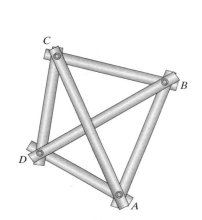

图 3.12　简单桁架

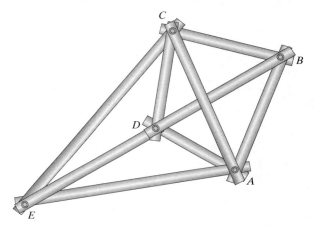

图 3.13　简单桁架上附加新的单元组成复杂的结构

空间桁架的有限元公式是平面桁架的推广。在空间桁架中，由于每个节点（接头）可以在 3 个方向上移动，因此每个单元的位移由 6 个未知量表示，即 U_{iX}，U_{iY}，U_{iZ}，U_{jX}，U_{jY}，U_{jZ}。角度 θ_X，θ_Y，θ_Z 定义了每个杆件全局坐标系下的方向，如图 3.14 所示。

方向余弦可以根据杆件节点 i 和节点 j 的坐标及杆件长度的差分得出，即满足以下关系：

$$\cos \theta_X = \frac{X_j - X_i}{L} \qquad (3.19)$$

$$\cos \theta_Y = \frac{Y_j - Y_i}{L} \qquad (3.20)$$

$$\cos \theta_Z = \frac{Z_j - Z_i}{L} \qquad (3.21)$$

其中，L 为杆件的长度，由下式给出：

$$L = \sqrt{(X_j - X_i)^2 + (Y_j - Y_i)^2 + (Z_j - Z_i)^2} \qquad (3.22)$$

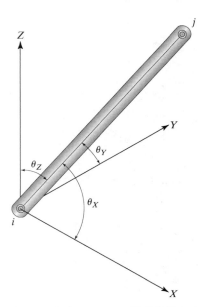

图 3.14　杆与 X，Y，Z 轴形成的角度

对于空间桁架，其单元刚度矩阵的推导过程与二维桁架单元刚度矩阵的推导过程相同。推导空间桁架的单元刚度矩阵的第一步是通过变换矩阵将全局坐标下的位移和力与局部坐标下的位移和力关联起来，然后应用二力杆的属性，利用类似于式(3.14)的关系矩阵导出单元刚度矩阵 $\boldsymbol{K}^{(e)}$。需要注意，二维桁架单元的刚度矩阵是 4×4 阶矩阵，而空间桁架的单元刚度矩阵是 6×6 阶矩阵，如下所示：

$$
\boldsymbol{K}^{(e)} = k \begin{bmatrix}
\cos^2 \theta_X & \cos \theta_X \cos \theta_Y & \cos \theta_X \cos \theta_Z \\
\cos \theta_X \cos \theta_Y & \cos^2 \theta_Y & \cos \theta_Y \cos \theta_Z \\
\cos \theta_X \cos \theta_Z & \cos \theta_Y \cos \theta_Z & \cos^2 \theta_Z \\
-\cos^2 \theta_X & -\cos \theta_X \cos \theta_Y & -\cos \theta_X \cos \theta_Z \\
-\cos \theta_X \cos \theta_Y & -\cos^2 \theta_Y & -\cos \theta_Y \cos \theta_Z \\
-\cos \theta_X \cos \theta_Z & -\cos \theta_Y \cos \theta_Z & -\cos^2 \theta_Z
\end{bmatrix}
$$

$$
\begin{bmatrix}
-\cos^2 \theta_X & -\cos \theta_X \cos \theta_Y & -\cos \theta_X \cos \theta_Z \\
-\cos \theta_X \cos \theta_Y & -\cos^2 \theta_Y & -\cos \theta_Y \cos \theta_Z \\
-\cos \theta_X \cos \theta_Z & -\cos \theta_Y \cos \theta_Z & -\cos^2 \theta_Z \\
\cos^2 \theta_X & \cos \theta_X \cos \theta_Y & \cos \theta_X \cos \theta_Z \\
\cos \theta_X \cos \theta_Y & \cos^2 \theta_Y & \cos \theta_Y \cos \theta_Z \\
\cos \theta_X \cos \theta_Z & \cos \theta_Y \cos \theta_Z & \cos^2 \theta_Z
\end{bmatrix}
\tag{3.23}
$$

空间桁架单元刚度矩阵的组合、应用边界条件及求解位移的过程与二维桁架的分析过程完全相同。

3.4 ANSYS 软件概述[①]

3.4.1 启动 ANSYS

本节将简要介绍 ANSYS 软件。关于如何应用 ANSYS 对物理问题进行建模将在第 8 章加以讨论，此处仅提供入门所需的基本内容。启动 ANSYS 软件最简单的方法是使用 ANSYS Product Launcher，如图 3.15 所示。Launcher 通过菜单向用户提供了运行 ANSYS 软件及其辅助程序所需的各种选项。

利用 Launcher 进入 ANSYS 时，可以按照以下步骤操作：

1. 若在 UNIX 平台下运行 ANSYS，则在系统提示符下输入命令激活 Launcher。若在 PC 上，则按如下步骤操作：**Start→Programs→ANSYS19.0→ANSYS Product Launcher**。

2. 将鼠标光标移到 Launcher 菜单的 ANSYS 选项上，点击鼠标左键激活具有交互式入口选项的对话框。

   a. **Working Directory（工作目录）**：ANSYS run 命令将执行的目录。如果显示的目录不是用户所需的工作目录,可以点击目录名称右边的 Browse 按钮并指定所需目录。

   b. **Job Name（初始作业名）**：ANSYS run 命令生成的所有文件名的前缀。用户可在该区域内输入自定义的作业名。

3. 将鼠标光标移到窗口底部的 Run 按钮上，点击以激活图形用户界面(GUI)。然后就可以在图形用户界面上进行各种操作。

---

① 本节资料经许可，摘录自 ANSYS 文档。

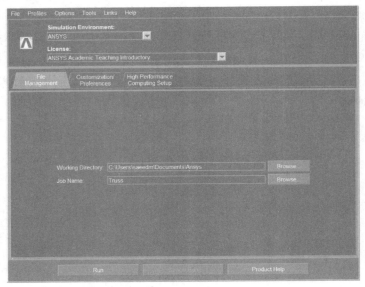

图 3.15　PC 版 ANSYS Product Launcher

3.4.2　软件的组织结构

在介绍图形用户界面之前,首先介绍一些 ANSYS 软件的基本概念。ANSYS 软件分为两层:(1) 开始层和(2) 处理层。初始进入 ANSYS 时位于开始层,由此可以进入处理层,如图 3.16所示。

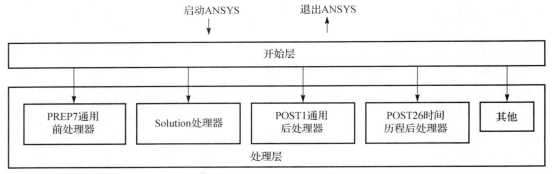

图 3.16　ANSYS 的组织结构

用户拥有的处理器可能与图 3.16 所示的不完全一样,这与特定的 ANSYS 产品有关。开始层提供进入和退出 ANSYS 软件的功能,也用于特定程序的访问控制。处理层有多个子程序(处理器)可以使用,每个子程序将完成特定的任务。大部分的分析工作都将在处理层完成。典型的 ANSYS 分析主要包括以下 3 个步骤。

1. 前处理:使用 PREP7 处理器,向软件提供诸如几何形状、材料和单元类型等数据。
2. 求解:使用 Solution 处理器,可以定义分析的类型、设置边界条件、施加荷载和启动有限元求解。
3. 后处理:使用 POST1(对于静态或稳态问题)或 POST26(对于暂态问题),用户可通过图形和列表方式查看分析结果。

此外，用户也可以在图形用户界面的 ANSYS 主菜单中选择所需的处理器，并在处理器之间进行切换。下面将简要介绍 ANSYS 的图形用户界面。

3.4.3 图形用户界面(GUI)

使用 ANSYS 最简单的方法是利用 ANSYS 的菜单系统，即所谓的图形用户界面(GUI)。GUI 是用户和 ANSYS 软件之间的接口，而软件内部是由 ANSYS 命令驱动的。因此，即使用户对 ANSYS 命令知之甚少，通过 GUI 也可以进行分析，因为每个 GUI 函数最终将产生一个或多个 ANSYS 命令，然后由软件自动执行这些命令。

GUI 的布局：GUI 由 6 个主要的区域(窗口)组成，如图 3.17 所示。

A **功能菜单**：包含 ANSYS 会话期间可用的功能，如文件控制、选择和图形控制等。退出 ANSYS 软件也是通过这个菜单执行的。

B **主菜单**：包含 ANSYS 的主要功能，主要以处理器为对象进行组织。这些功能包括前处理器、求解、通用后处理器和设计优化器等。

C **工具栏**：包含常用的 ANSYS 命令和功能的按钮。用户也可通过命令缩写增加自定义按钮。

D **输入窗口**：允许用户直接输入命令。为了便于查询和访问，还可以显示之前输入的所有命令。

E **图形窗口**：绘图显示窗口。

输出窗口：主要接收软件的文本输出，通常隐藏在其他窗口的后面，需要时可以拖至前面。

以下将讨论使用最多的 ANSYS 主菜单和 ANSYS 功能菜单。

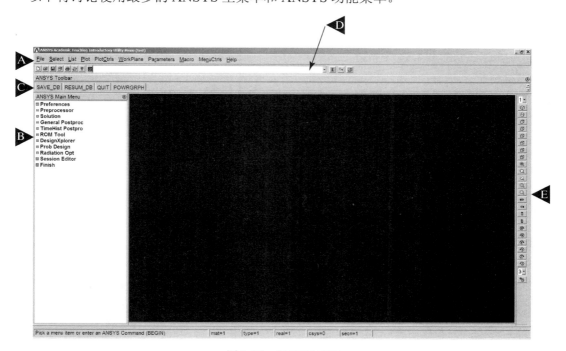

图 3.17 ANSYS GUI

3.4.4　主菜单

主菜单包含 ANSYS 的主要功能，例如前处理、求解和后处理等，如图 3.18(a)所示。

点击主菜单的标题将弹出一个子菜单，或执行相应的动作。ANSYS 主菜单具有树状结构，每一个标题可能包含子菜单，以符号"+"表示。点击"+"或菜单标题，就可列出下级菜单项。展开下级菜单后，符号"+"会变成"−"，如图 3.18(b)所示。例如，为了创建一个矩形，用户可依次选择 Preprocessor，Modeling，Create，Areas 和 Rectangle 命令。如图 3.18(b)所示，创建矩形时有 3 个选项可供选择，分别是 By 2 Corners，By Centr & Cornr 或 By Dimensions。注意，每当到达菜单的下一级标题时，"+"都会变成"−"。

鼠标左键常用于从主菜单中选择菜单项。主菜单中的子菜单将保持展开状态，除非在层级菜单中选择了上一级的菜单项。

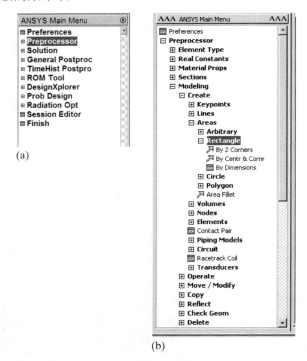

图 3.18　ANSYS 主菜单

3.4.5　功能菜单

功能菜单包含了 ANSYS 会话期间可用的操作，例如文件控制、选择和图形控制等，如图 3.19 所示。大多数操作是无模式的，可以在 ANSYS 会话期间的任意时刻执行。功能菜单大大增强了 GUI 的实用性和友好性。

图 3.19　功能菜单

功能菜单上的每一个标题都会弹出一个下拉菜单，下拉菜单的标题右侧如果有一个"▶"

标记，表示该标题包含一个层叠子菜单，如果没有标记，则直接执行相应命令。标题右侧符号的含义如下：

无符号表示立即执行某项命令

"..."表示弹出对话框

"+"表示弹出下拉菜单

在功能菜单的标题上点击鼠标左键可以弹出下拉菜单，通过滑动光标就可以选择所需的子项。当点击鼠标执行了某项菜单命令或在 GUI 中的其他位置上点击鼠标时，这些弹出菜单就会消失。

3.4.6　图形拾取

为了有效地使用 GUI，需要先熟悉一下图形是如何拾取的。用户可以利用鼠标来识别模型实体及其坐标位置。ANSYS 提供两种不同类型的图形拾取操作，位置拾取能设置新点的坐标，检索拾取能识别已有的实体。例如，在工作区上按位置创建关键点属于位置拾取操作，而在已有的关键点上施加荷载属于检索拾取操作。

无论何时使用图形拾取操作，GUI 都会弹出一个拾取菜单，图 3.20 给出了位置拾取和检索拾取的拾取菜单。下面将详细介绍拾取菜单的常用特性。

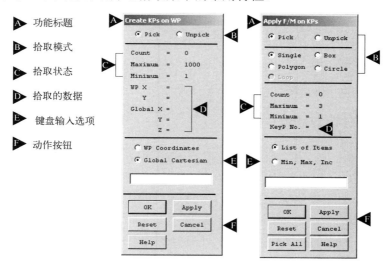

图 3.20　位置拾取和检索拾取操作

▶ **拾取模式**：允许拾取或放弃拾取的某个位置或实体，用户既可以使用切换按钮，也可以使用鼠标右键在拾取和放弃拾取模式之间切换。拾取模式中鼠标指针箭头是向上的，放弃拾取模式中鼠标指针箭头是向下的。对于检索拾取，可以选择 single（单个拾取），box（矩形区域拾取），circle（圆形区域拾取）和 polygon（多边形拾取）等模式。

▶ **拾取的数据**：显示拾取项的信息。对于位置拾取，则显示工作区和点的全局坐标；对于检索拾取，则显示实体的数目。通过按下鼠标按键并将鼠标光标拖到指定的图形区域，就可以看到这些数据。这一步操作允许用户在释放鼠标按键和拾取项目之前预览这些信息。

▶ **动作按钮**：该区域包含了在所拾取的实体上要执行某种操作的按钮，如下所示：

OK：执行针对拾取项的操作，并关闭拾取菜单。
Apply：将要执行的操作应用到拾取项上。
Reset：解除已拾取的所有项。
Cancel：取消要执行的操作，并关闭拾取菜单。
Pick All：只对检索拾取适用，允许拾取所有可用的实体。
Help：对正在执行的操作弹出帮助信息。

拾取操作中鼠标按键的任务：下面总结了拾取操作中鼠标按键的任务。

点击鼠标左键可拾取或放弃拾取离光标最近的实体或位置。按下鼠标左键并拖曳鼠标光标，可以预览所拾取或放弃的项目。

点击鼠标中键将所拾取的项目与要执行的操作联系起来，其作用与拾取菜单中的 Apply 按钮相同。

点击鼠标右键可用于在拾取模式和放弃拾取模式之间切换，其作用与拾取菜单中的切换按钮相同。

3.4.7　帮助系统

对于 GUI 中几乎所有的组件、ANSYS 命令或概念，ANSYS 帮助系统都提供了相关的信息，这些信息既可通过 GUI 中功能菜单上的帮助主题获得，也可以通过对话框中的帮助按钮来获取，而帮助主题可从用户手册的目录或索引中寻找。此外，帮助系统还有超链接、查找及打印等功能。第 8 章将更详细地解释 ANSYS 软件的功能和组织结构。

3.5　ANSYS Workbench 环境

ANSYS Workbench 协同仿真环境集成了 ANSYS 的仿真工具及各种用于项目工程管理的必要工具。仿真环境启动后将首先进入主项目工作空间，即 Project 选项卡。用户通过在项目示意图(Project Schematic)中添加一系列称为"系统"的构造块来创建分析项目。项目示意图中所添加的系统将构成一个类似于流程图的图形，用以描述整个项目中的数据流。系统是由一个或多个"细胞"构成的块结构。细胞用于描述特定类型的分析所需要的必要步骤。用户在添加了不同的系统之后，通过将其连接起来就可以实现系统之间的数据共享或传递。

用户可以在项目示意图的细胞中使用不同的 ANSYS 应用或者执行各种分析任务。有一些工作可以在 ANSYS Workbench 相应的选项卡中完成，有一些则需要在单独的窗口中完成。

如前所述，ANSYS 应用允许用户通过设置参数来确定分析问题的各种特征，包括几何尺寸、材料属性、边界条件。ANSYS Workbench 允许用户在项目层级上管理这些参数。

在进行分析时，通常根据自上而下的顺序依次处理系统中的每个细胞，包括设置输入、确定项目参数、实施仿真分析、验证结果。

用户在 ANSYS Workbench 环境中可以简便地进行不同设计方案的研究探索。当分析项目的任意部分或者一个或多个参数被修改后，项目将自动进行更新，并显示修改对于仿真结果产生的影响。ANSYS Workbench 环境的具体使用方法和实例分析请参见 8.10 节和附录 E。

3.6　ANSYS 应用

本节将使用 ANSYS 求解桁架问题。ANSYS 提供了分析桁架的三维杆单元——LINK180，它的每个节点有三个自由度(U_X, U_Y, U_Z)。输入数据必须包括节点位置、杆件截面积和弹性模量。如果杆件有预应力作用，则输入数据中还应包括初始应变。与前面在桁架单元理论中讨论的一样，不能将荷载施加在桁架单元的表面上，所有的荷载必须直接施加在节点上。要得到这些单元的更多信息，可以利用 ANSYS 的在线帮助菜单。

例 3.2　考虑例 3.1 中的桁架，如下图所示。下面将利用 ANSYS 确定在图示荷载作用下每个节点的挠度。假设所有杆件均由道格拉斯红杉制成，其弹性模量 $E = 1.90 \times 10^6$ lb/in^2，截面积为 8 in^2。

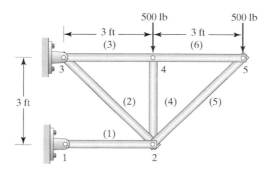

以下步骤描述了如何创建桁架的几何模型，如何选择合适的单元类型，以及如何应用边界条件和荷载并得到结果。

利用 Launcher 进入 ANSYS。

在对话框的 Job Name 文本框中输入 Truss(或自定义的文件名)。

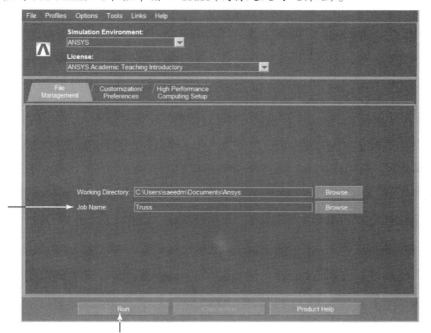

点击 Run 按钮启动 GUI。如有必要也可为所分析的问题创建标题。标题通常出现在 ANSYS 显示窗口上，以方便用户识别所显示的内容。为创建标题，可执行如下命令：

功能菜单：**File→Change Title...**

定义单元的类型和材料性能：

主菜单：**Preprocessor→Element type→Add/Edit/Delete**

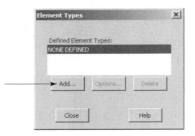

输入桁架杆件的截面积：

主菜单：**Preprocessor→Sections→Link→Add**

15.3 节给出了截面积赋值的另一种方法。

输入弹性模量：

   主菜单：**Preprocessor→Material Props→Material Models→Structural→Linear→ Elastic→Isotropic**

注意：需依次在 Structural、Linear、Elastic、Isotropic 标题上双击鼠标按键。

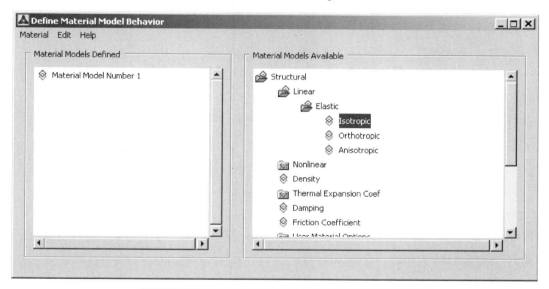

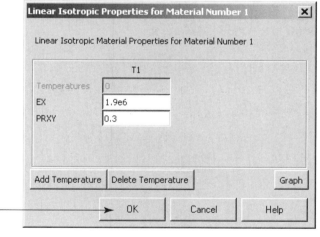

注意：

EX：弹性模量

PRXY：泊松比

对于连杆单元可忽略泊松比。

关闭 Define Material Model Behavior(定义材料属性) 对话框。

保存输入的数据：

   ANSYS 工具栏：**SAVE_DB**(点击 SAVE_DB 按钮)

设置图形区域(例如工作区和缩放等)：

功能菜单：**WorkPlane→WP Settings...**

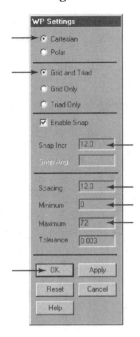

按下列命令激活工作区：

　　功能菜单：**Workplane→Display Working Plane**

按下列命令调整工作区：

　　功能菜单：**PlotCtrls→Pan，Zoom，Rotate...**

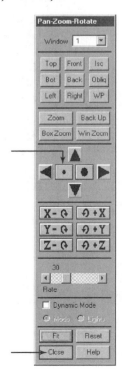

点击控制面板上的缩放图标(小圆)直到可以看到工作区。另外，也可以使用箭头按钮将工作区移至所期望的位置。然后，通过拾起工作区上的点创建节点：

主菜单：**Preprocessor→Modeling→Create→Nodes→On Working Plane**

在工作区上拾取连接点(节点)的位置：

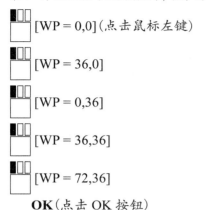

[WP = 0,0] (点击鼠标左键)

[WP = 36,0]

[WP = 0,36]

[WP = 36,36]

[WP = 72,36]

OK (点击 OK 按钮)

之后关闭工作区，打开节点编号控制器：

功能菜单：**Workplane→Display Working Plane**

功能菜单：**PlotCtrls→Numbering...**

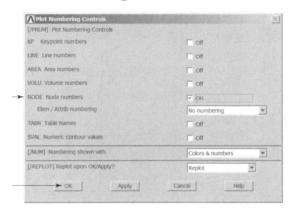

为检查所做的工作是否有误，可列出相关节点：

功能菜单：**List→Nodes...**

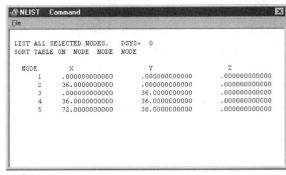

Close（点击 Close 按钮）

ANSYS 工具栏：**SAVE_DB**

拾取节点以定义单元：

主菜单：**Preprocessor→Modeling→Create→Elements→AutoNumbered→Thru Nodes**

[节点 1 和节点 2]

[在 ANSYS 图形窗口任意处]（点击鼠标中键）

[节点 2 和节点 3]

[在 ANSYS 图形窗口任意处]

[节点 3 和节点 4]

[在 ANSYS 图形窗口任意处]

[节点 2 和节点 4]

[在 ANSYS 图形窗口任意处]

[节点 2 和节点 5]

[在 ANSYS 图形窗口任意处]

[节点 4 和节点 5]

[在 ANSYS 图形窗口任意处]

OK

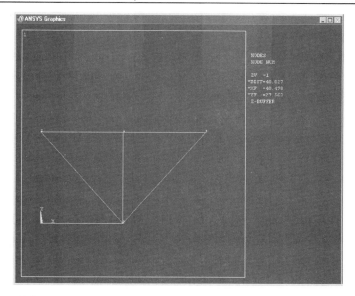

ANSYS 工具栏：**SAVE_DB**

应用边界条件并施加荷载：

　　主菜单：**Solution→DefineLoads→Apply→Structural→Displacement→On Nodes**

[节点 1]

[节点 3]

[在 ANSYS 图形窗口任意处]

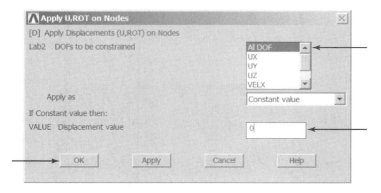

　　主菜单：**Solution→Define Loads→Apply→Structural→Force/Momen→On Nodes**

[节点 4]

[节点 5]

[在 ANSYS 图形窗口任意处]

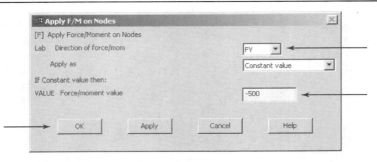

ANSYS 工具栏：**SAVE_DB**

求解问题：

　　主菜单：**Solution→Solve→Current LS**

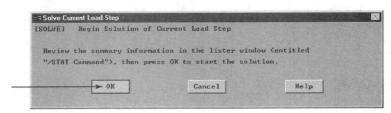

　　Close（求解完成，关闭窗口）

　　Close（关闭/STAT 命令窗口）

对于后处理阶段，首先绘制出变形曲线：

　　主菜单：**General Postproc→Plot Results→Deformed Shape**

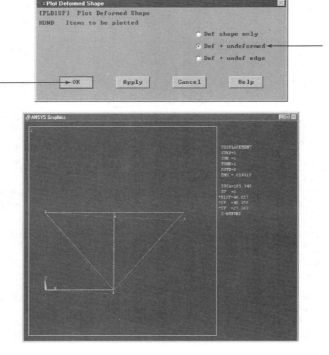

　　主菜单：**General Postproc→List Results→Nodal Solution**

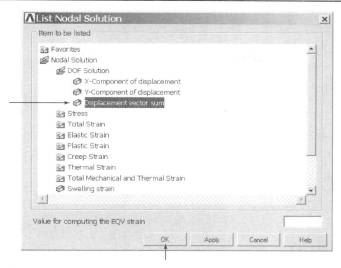

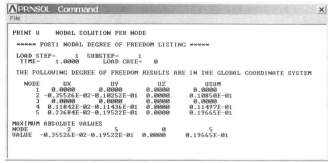

Close

为浏览其他结果，例如轴向力和轴向应力，必须将这些结果映射到单元表中。使用项目标记和序列号可以得到这些数据项，分别列于 ANSYS 单元手册中。对于桁架单元，用户可将 ANSYS 从节点位移结果计算出的内力和应力赋给用户定义的标记。对于例 3.1，由 ANSYS 计算出的每个杆件的内力已经赋给了用户所定义的标记 Axforce。不过要注意的是，ANSYS 项目标记最多可有 8 个字符。类似地，每个杆件的轴向应力结果赋给了标记 Axstress。操作顺序如下：

主菜单：**General Postproc→Element Table→Define Table**

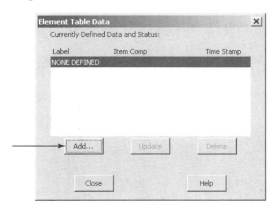

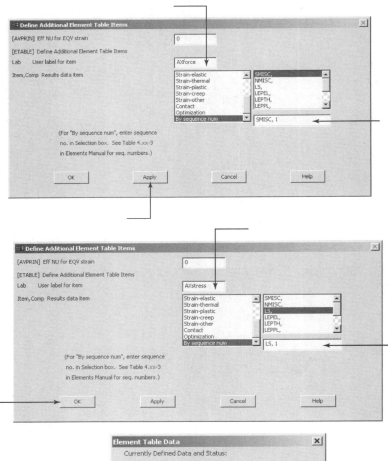

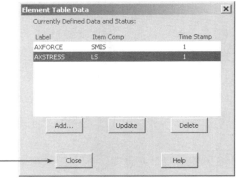

主菜单：**General Postproc→Element Table→Plot Element Table**

或者

主菜单：**General Postproc→Element Table→List Element Table**

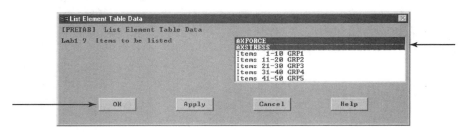

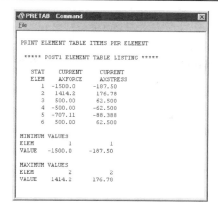

Close

列出反作用力:

主菜单: **General Postproc→List Results→Reaction Solu**

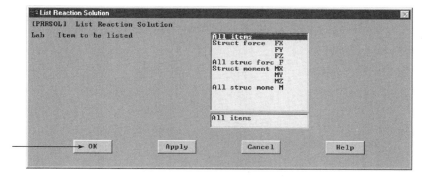

退出 ANSYS 并保存所有的信息, 包括单元表和反作用力:

ANSYS 工具栏: **Quit**(点击 Quit 按钮)

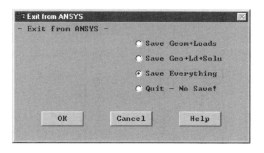

    无论出于何种原因,若需要修改模型,首先启动 ANSYS,然后在交互式对话框的 Job Name 文本框中输入模型的文件名,接着按下 Run 按钮,再从 File 菜单中选择 Resume Jobname.DB。此时,用户就可以控制自己的模型了,用户可通过绘制节点、单元等操作确认是否选择了所需模型。

例 3.3   考虑下图所示的三维桁架,要求确定图中所示荷载作用下节点 2 的挠度。节点在直角坐标系中的坐标如下图所示,单位为英尺(ft);所有杆件材质均为铝质,相应的弹性模量 E =10.6×10^6 lb/in^2,截面积为 1.56 in^2。

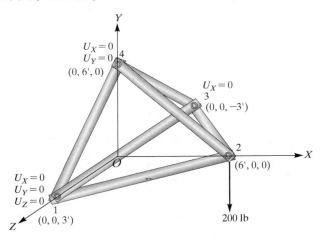

    利用 ANSYS 求解这个问题,操作步骤如下。

    利用 Launcher 进入 ANSYS。

    在对话框的 Job Name 文本框中输入 Truss3D(或自定义的文件名)。

    点击 Run 按钮启动图形用户界面(GUI)。

    创建问题的标题。这个标题将出现在 ANSYS 显示窗口上,以方便用户识别所显示的内容。创建标题的命令如下:

        功能菜单:**File→Change Title...**

定义单元类型和材料性能:

        主菜单:**Preprocessor→Element Type→Add/Edit/Delete**

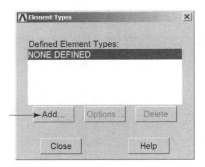

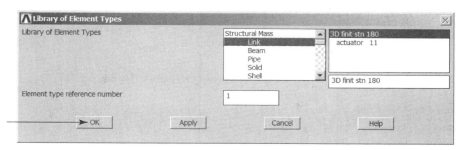

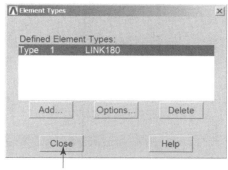

输入桁架杆件的截面积:

主菜单: **Preprocessor→Sections→Link→Add**

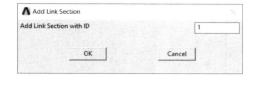

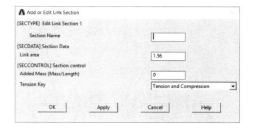

输入弹性模量:

主菜单: **Preprocessor→Material Props→Material Models→Structural→Linear→Elastic→Isotropic**

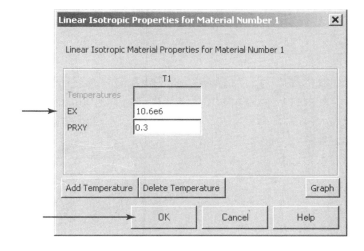

关闭 Define Material Model Behavior 窗口。

ANSYS 工具栏：**SAVE_DB**

在当前坐标系统下创建节点：

主菜单：**Preprocessor→Modeling→Create→Nodes→In Active CS**

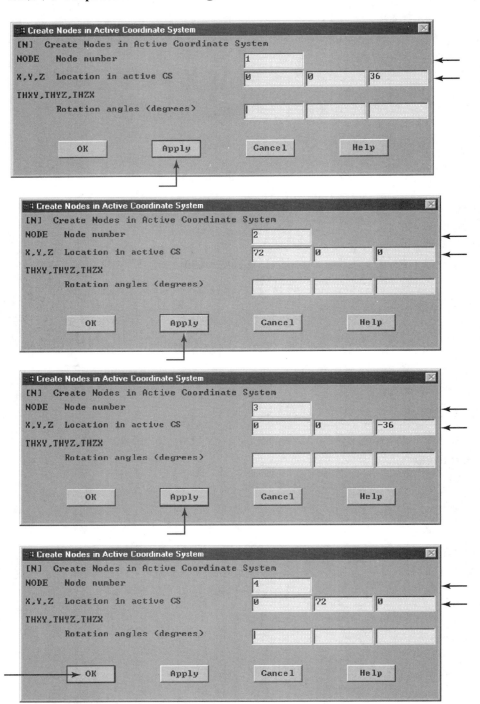

利用以下命令打开节点编号器：

　　功能菜单：**PlotCtrls→Numbering...**

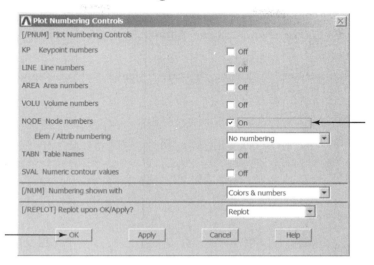

若想检查所做的工作，可以利用以下命令列出节点：

　　功能菜单：**List→Nodes...**

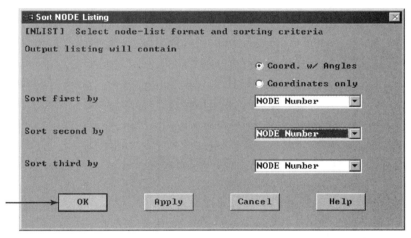

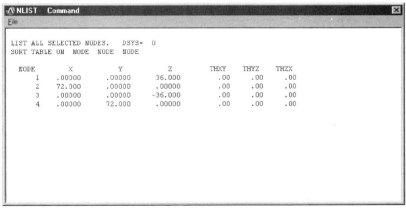

Close

ANSYS 工具栏：**SAVE_DB**

通过拾取节点定义单元。但首先需要设置视角：

功能菜单：**PlotCtrls→Pan，Zoom，Rotate...**

选择倾斜(oblique)或正交(isometric)方式查看：

主菜单：**Preprocessor→Modeling→Create→Elements→Auto Numbered→Thru Nodes**

[节点 1 和节点 2]

[在 ANSYS 图形窗口任意处]

[节点 1 和节点 3]

[在 ANSYS 图形窗口任意处]

[节点 1 和节点 4]

[在 ANSYS 图形窗口任意处]

[节点 2 和节点 3]

[在 ANSYS 图形窗口任意处]

[节点 2 和节点 4]

[在 ANSYS 图形窗口任意处]

[节点 3 和节点 4]

[在 ANSYS 图形窗口任意处]

OK

ANSYS 工具栏：**SAVE_DB**

应用边界条件并施加荷载：

主菜单：**Solution→Define Loads→Apply→Structural→Displacement→On Nodes**

[节点 1]

[节点 3]

[节点 4]

[在 ANSYS 图形窗口任意处]

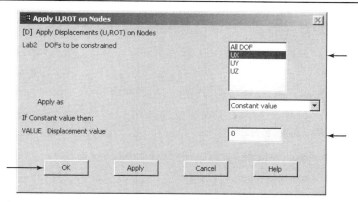

主菜单：**Solution→Define Loads→Apply→Structural→Displacement→On Nodes**

[节点 1]

[在 ANSYS 图形窗口任意处]

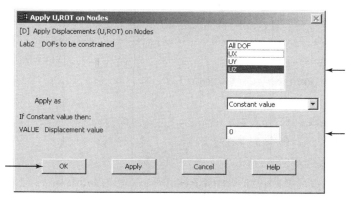

主菜单：**Solution→Define Loads→Apply→Structural→Displacement→On Nodes**

[节点 1]

[节点 4]

[在 ANSYS 图形窗口任意处]

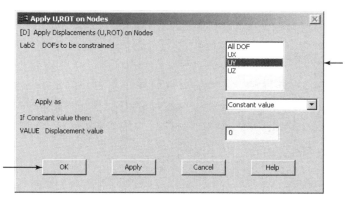

主菜单: **Solution→Define Loads→Apply→Structural→Force/Moment→On Nodes**

 [节点 2]

[在 ANSYS 图形窗口任意处]

ANSYS 工具栏: **SAVE_DB**

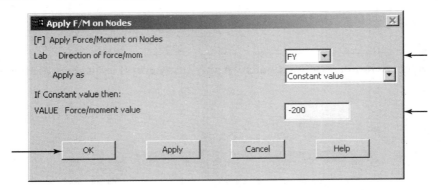

求解问题:

主菜单: **Solution→Solve→Current LS**

OK

Close(求解完成, 关闭窗口)

Close(关闭/STAT 命令窗口)

下面, 通过运行后处理阶段列出节点的解(位移):

主菜单: **General Postproc→List Results→Nodal Solution**

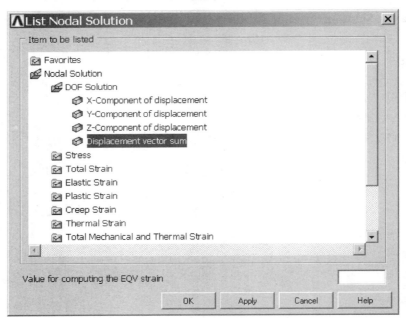

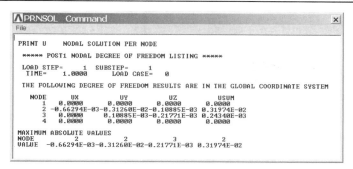

为观察其他结果，例如轴向力和轴向应力，必须将这些结果映射到单元表中，然后通过项目标记和序列号获取这些数据，分别列于 ANSYS 单元手册中。操作命令如下：

主菜单：**General Postproc→Element Table→Define Table**

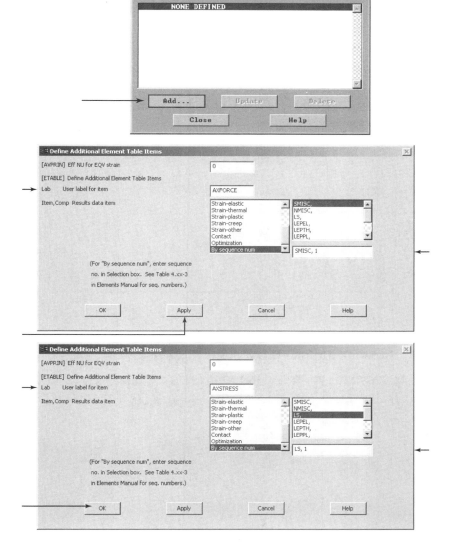

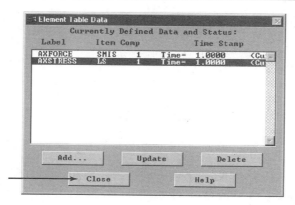

主菜单: **General Postproc→Element Table→List Element Table**

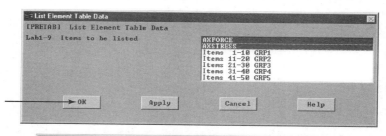

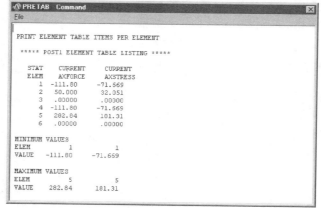

Close

列出反作用力:

主菜单: **General Postproc→List Results→Reaction Solu**

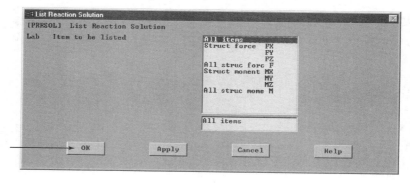

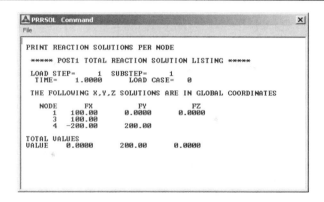

Close

退出 ANSYS 并保存所有的信息，包括单元表和应力：

ANSYS 工具栏：**Quit**

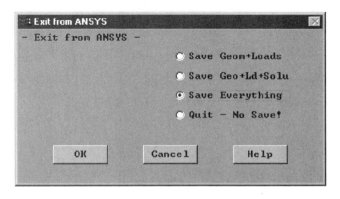

3.7　结果验证

检验 ANSYS 计算结果是否正确有多种方法。

1. 检查反作用力：可以利用 ANSYS 计算出的支座反力和所施加的外力，看其是否满足静力平衡条件：

$$\Sigma F_X = 0$$
$$\Sigma F_Y = 0$$

以及

$$\Sigma M_{\mathrm{node}} = 0$$

ANSYS 计算出的支座反力为 $F_{1X}=1500$ lb，$F_{1Y}=0$，$F_{3X}=-1500$ lb，$F_{3Y}=1000$ lb。使用如下受力图并应用静平衡方程，有

$$\overset{+}{\rightarrow} \Sigma F_X = 0 \quad 1500-1500 = 0$$

$$+\uparrow \Sigma F_Y = 0 \quad 1000-500-500 = 0$$

$$\circlearrowleft + \Sigma M_{\mathrm{node1}} = 0 \quad (1500)(3) - (500)(3) - (500)(6) = 0$$

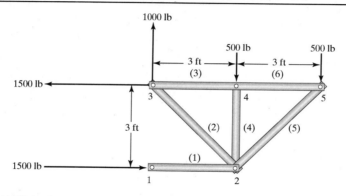

利用 ANSYS 计算出的例 3.1 的内力列于表 3.2 中。

表 3.2   ANSYS 计算出的每个单元的内力

单 元 号	内力 (ib)
(1)	−1500
(2)	1414
(3)	500
(4)	−500
(5)	−707
(6)	500

2. 检查每个节点的合力是否为零：选择任意一个节点并应用静力平衡条件。假设选择节点 5，其受力情况如右图所示，有

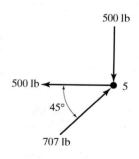

$$\xrightarrow{+} \Sigma F_X = 0 \quad -500 + 707\cos 45 = 0$$

$$+\uparrow \Sigma F_Y = 0 \quad -500 + 707\sin 45 = 0$$

3. 检查桁架任意截面的合力是否为零：检验 FEA 计算结果是否正确的另一种方法是在桁架上截取任意一个截面，并应用静力平衡条件。例如，考虑在单元(1)、单元(2)和单元(3)截取的截面，如下图所示：

$$\xrightarrow{+} \Sigma F_X = 0 \quad -500 + 1500 - 1414\cos 45 = 0$$

$$+\uparrow \Sigma F_Y = 0 \quad -500 - 500 + 1414\cos 45 = 0$$

$$\circlearrowleft \Sigma M_{node2} = 0 \quad -(500)(3) + (500)(3) = 0$$

通过上述计算，计算结果再次得到了验证。注意，当分析静力学问题时，必须始终满足静力平衡条件。

小结

至此，读者应该能够：

1. 深入理解桁架分析中的基本假设。

2. 理解使用全局坐标系和局部坐标系的重要性，并应清楚其在描述节点位移时的作用，以及相对不同参照系给出的信息是如何通过变换矩阵联系起来的。

3. 了解单元刚度矩阵和总刚度矩阵的区别，并了解如何将桁架的单元刚度矩阵组合为总刚度矩阵。

4. 了解如何将边界条件和荷载应用到总矩阵以得到节点位移的解。

5. 了解如何从位移结果得到每个杆件的内力和应力。

6. 掌握 ANSYS 的基本概念和命令。了解典型的 ANSYS 分析通常包括：前处理阶段，向软件提供诸如几何、材料和单元类型等数据；求解阶段，应用边界条件和荷载，并开始有限元求解；后处理阶段，通过图形和列表方式查看结果。

7. 了解验证桁架分析的计算结果的方法。

参考文献

ANSYS User's Manual: Procedures, Vol. I, Swanson Analysis Systems, Inc.

ANSYS User's Manual: Commands, Vol. II, Swanson Analysis Systems, Inc.

ANSYS User's Manual: Elements, Vol. III, Swanson Analysis Systems, Inc.

Beer, F. P., and Johnston, E. R., *Vector Mechanics for Engineers: Statics,* 5th ed., New York, McGraw-Hill, 1988.

Segrlind, L., Applied Finite Element Analysis, 2nd ed., New York, John Wiley and Sons, 1984.

习题

1. 证明变换矩阵的逆矩阵就是其转置矩阵，即证明：

$$\boldsymbol{T}^{-1} = \begin{bmatrix} \cos\theta & \sin\theta & 0 & 0 \\ -\sin\theta & \cos\theta & 0 & 0 \\ 0 & 0 & \cos\theta & \sin\theta \\ 0 & 0 & -\sin\theta & \cos\theta \end{bmatrix}$$

2. 将矩阵 $\boldsymbol{T}$, $\boldsymbol{K}$, $\boldsymbol{T}^{-1}$ 和 $\boldsymbol{U}$ 的值代入式(3.14)，并根据式(3.14)，$\boldsymbol{F} = \boldsymbol{TKT}^{-1}\boldsymbol{U}$，证明其满足如下的单元关系：

$$\begin{bmatrix} F_{iX} \\ F_{iY} \\ F_{jX} \\ F_{jY} \end{bmatrix} = k \begin{bmatrix} \cos^2\theta & \sin\theta\cos\theta & -\cos^2\theta & -\sin\theta\cos\theta \\ \sin\theta\cos\theta & \sin^2\theta & -\sin\theta\cos\theta & -\sin^2\theta \\ -\cos^2\theta & -\sin\theta\cos\theta & \cos^2\theta & \sin\theta\cos\theta \\ -\sin\theta\cos\theta & -\sin^2\theta & \sin\theta\cos\theta & \sin^2\theta \end{bmatrix} \begin{bmatrix} U_{iX} \\ U_{iY} \\ U_{jX} \\ U_{jY} \end{bmatrix}$$

3. 下图所示桁架的杆件截面积为 2.3 in^2，由铝合金制成（$E = 10.0\times10^6$ lb/in^2）。手工计算出接头 A 的挠度、每个杆件的应力及反作用力，并验证所得结果。

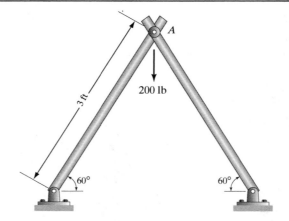

4. 下图所示桁架的杆件截面积为 8 cm^2，由钢制成（$E = 200$ GPa）。手工计算出每个接头的挠度、每个杆件的应力及反作用力，并验证所得结果。

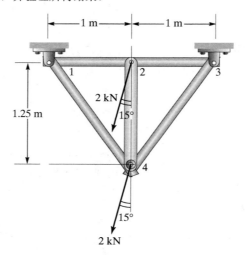

5. 下图所示桁架的杆件截面积为 15 cm^2，由铝合金制成（$E = 70$ GPa）。手工计算出每个接头的挠度、每个杆件的应力及反作用力，并验证所得结果。

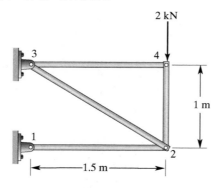

6. 下图所示桁架的杆件截面积为 2 in^2，由钢制成（$E = 30.0 \times 10^6$ lb/in^2）。手工计算出每个接头的挠度、每个杆件的应力及反作用力，并验证所得结果。

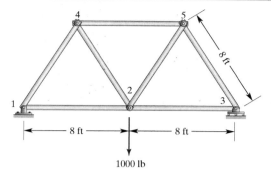

7. 下图所示三维桁架的杆件截面积为 2.5 in², 由铝合金制成 ($E = 10.0 \times 10^6$ lb/in²)。手工计算出每个接头的挠度、每个杆件的应力及反作用力, 并验证所得结果。

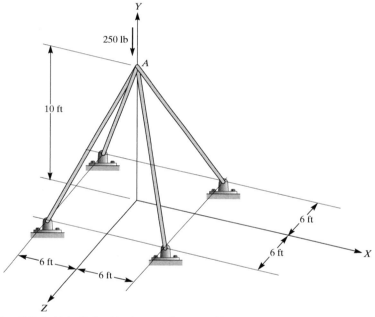

8. 下图所示三维桁架的杆件截面积为 15 cm², 由钢制成 ($E = 200$ GPa)。手工计算出接头 A 的挠度、每个杆件的应力及反作用力, 并验证所得结果。

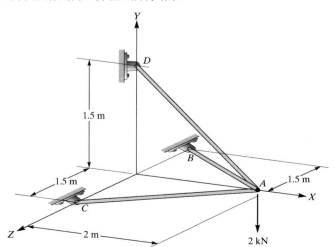

9. 考虑下图所示的输电铁塔。杆件的截面积为 10 in^2，弹性模量为 $E = 29 \times 10^6$ lb/in^2。利用 ANSYS 计算出每个接头的挠度、每个杆件的应力及支座处的反作用力，并验证所得结果。

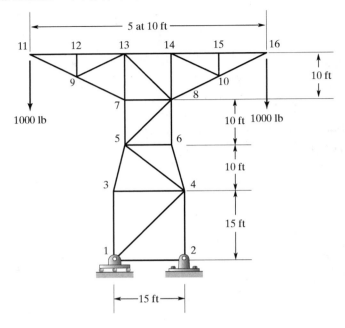

10. 考虑下图所示的楼梯桁架，共有 14 级台阶，每级台阶高 8 in，宽 12 in，杆件截面积为 4 in^2，由钢制成，弹性模量 $E = 29 \times 10^6$ lb/in^2。利用 ANSYS 计算出每个接头的挠度、每个杆件的应力及支座的反作用力，并验证所得结果。

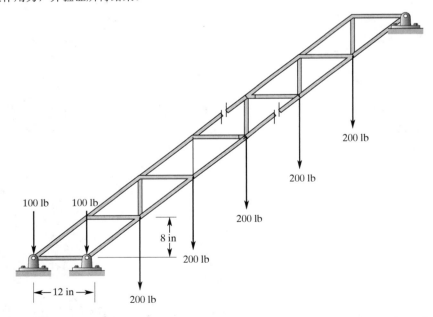

11. 下图所示的屋顶桁架的截面积为 21.5 in^2，采用木质结构，弹性模量 $E = 1.9 \times 10^6$ lb/in^2。利用 ANSYS 计算出每个接头的挠度、每个杆件的应力及支座的反作用力，并验证所得结果。如果将某个固定边界用滚轴代替，比较计算结果有何不同。

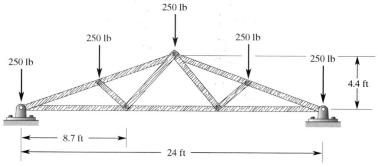

12. 下图所示的木质桁架的截面积为 21.5 in², 弹性模量 $E = 1.9 \times 10^6$ lb/in²。利用 ANSYS 计算出每个接头的挠度、每个杆件的应力及支座处的反作用力,并验证所得结果。如果将某个固定边界用滚轴代替,比较计算结果有何不同。

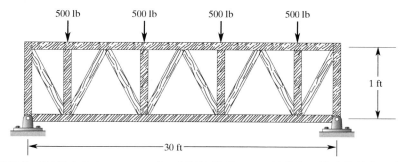

13. 下图所示的三维铝合金($E = 10.9 \times 10^6$ psi)桁架承受 500 lb 的荷载。接头的笛卡儿坐标如下图所示,单位为英尺(ft), 每个杆件的截面积为 2.246 in²。利用 ANSYS 计算每个接头的挠度、每个杆件的应力及反作用力。已知截面惯性矩为 4.090 in⁴,请问弯曲是桁架要考虑的问题吗?请验证计算结果。

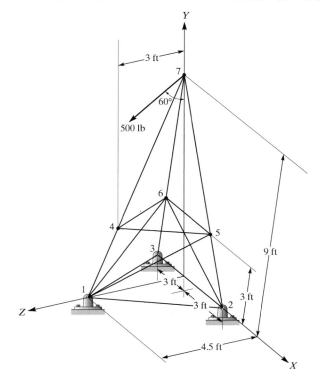

14. 下图所示的三维铝合金桁架($E = 10.4 \times 10^6$ lb/in^2)承受 1000 lb 的荷载。接头的笛卡儿坐标如下图所示，单位为英尺，每个杆件的截面积为 3.14 in^2。利用 ANSYS 计算出接头 E 的挠度、每个杆件的应力及反作用力，并验证所得结果。

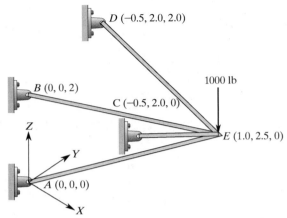

15. 下图所示的三维钢桁架($E = 29 \times 10^6$ psi)承受 1000 lb 的荷载。接头的笛卡儿坐标如下图所示，单位为英尺，每个杆件的截面积为 3.093 in^2。利用 ANSYS 计算出每个接头的挠度、每个杆件的应力及反作用力，并验证所得结果。

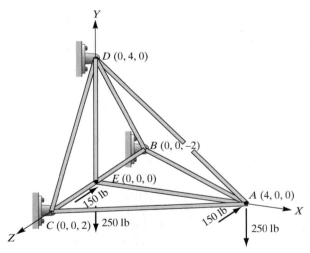

16. 在习题 15 的三维桁架的维护过程中，杆件 AB 打算用具有以下材料性能的杆件代替：$E = 28 \times 10^6$ psi，$A = 2.246$ in^2。利用 ANSYS 计算出每个接头的挠度和每个杆件的应力。

17. 在习题 13 的三维桁架的维护过程中，杆件 4-5、杆件 4-6 和杆件 5-6 打算用具有以下材料性能的钢质杆件代替：$E = 29 \times 10^6$ psi，$A = 1.25$ in^2。另外，杆件 1-5 用截面积为 1.35 in^2 的钢杆件代替。利用 ANSYS 计算出每个接头的挠度和每个杆件的应力。

18. 推导下图所示空间桁架的变换矩阵。根据杆件节点 j 和节点 i 的差分和长度，其方向余弦为

$$\cos \theta_X = \frac{X_j - X_i}{L}; \quad \cos \theta_Y = \frac{Y_j - Y_i}{L}; \quad \cos \theta_Z = \frac{Z_j - Z_i}{L}$$

其中，L 是杆件的长度，

$$L = \sqrt{(X_j - X_i)^2 + (Y_j - Y_i)^2 + (Z_j - Z_i)^2}$$

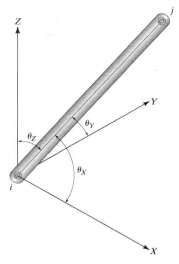

19. 三维钢质桁架($E = 29 \times 10^6$ psi)承受下图所示的荷载。每个杆件的截面积为 3.25 in²，利用 ANSYS 计算出每个接头的挠度、每个杆件的应力及反作用力，并验证所得结果（单位为英尺）。

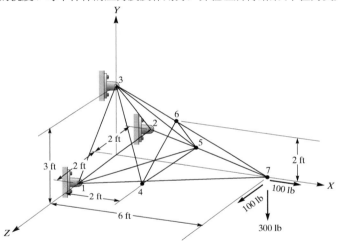

20. **设计题**。设计下图所示的桁架，要求桁架的端点挠度保持在 1 in 以下。请为杆件选择适当的材料和尺寸，并说明设计过程。

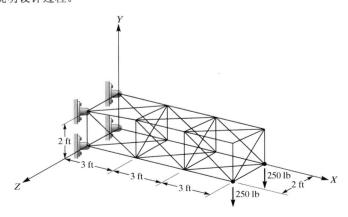

第4章 轴心受力构件、梁和框架

本章将介绍受轴向荷载作用的构件，以及梁和框架的有限元分析。通常情况下，结构构件和机械零部件都要受到推拉、弯曲或者扭转荷载的作用。结构构件的扭转和机械零部件的平面应力分析将在第 10 章中进行详细讨论。第 4 章将讨论如下内容：

4.1 轴向荷载作用下的构件
4.2 梁
4.3 梁的有限元分析
4.4 框架的有限元分析
4.5 三维梁单元
4.6 ANSYS 应用
4.7 结果验证

4.1 轴向荷载作用下的构件

本节将利用最小总势能原理建立受轴向荷载作用的构件的有限元模型。在讨论轴心受力构件的有限元模型之前，需要先定义轴力单元及其形函数与属性。

4.1.1 线性单元

本节将通过实例介绍一维单元及其形函数的基本理论。图 4.1 所示的钢柱常用于支撑多层建筑中来自各楼板的荷载。图中的钢柱可建模为 4 个单元和 5 个节点构成的有限元模型。来自楼板的荷载将引起钢柱上不同点处的竖向位移。假设荷载作用于钢柱的轴心，则可以用一组线性函数近似反映钢柱的变形，每个函数对应钢柱的不同单元(不同部分)的变形。注意，图中的变形曲线 u 表示的是钢柱不同点处的竖向(非横向)位移，因此仅是 Y 的函数。本例的有限元模型包含 4 个单元和 5 个节点，如图 4.1 所示。下面将首先详细讨论图 4.2 所示的典型单元。

典型单元的线性变形可由下式表示：

$$u^{(e)} = c_1 + c_2 Y \tag{4.1}$$

为求得未知系数 c_1 和 c_2，需要利用单元端点的变形值。由节点的变形值 u_i 和 u_j 可得

$$\begin{aligned} u &= u_i \quad \text{在 } Y = Y_i \text{ 处} \\ u &= u_j \quad \text{在 } Y = Y_j \text{ 处} \end{aligned} \tag{4.2}$$

将上式代入式(4.1)，将产生包含 2 个未知数的 2 个方程：

$$\begin{aligned} u_i &= c_1 + c_2 Y_i \\ u_j &= c_1 + c_2 Y_j \end{aligned} \tag{4.3}$$

求解 c_1 和 c_2，可得

$$c_1 = \frac{u_i Y_j - u_j Y_i}{Y_j - Y_i} \tag{4.4}$$

$$c_2 = \frac{u_j - u_i}{Y_j - Y_i} \tag{4.5}$$

于是，单元的变形可由节点变形值表示为

$$u^{(e)} = \frac{u_i Y_j - u_j Y_i}{Y_j - Y_i} + \frac{u_j - u_i}{Y_j - Y_i} Y \tag{4.6}$$

分别合并式(4.6)中 u_i 和 u_j 的相关项：

$$u^{(e)} = \left(\frac{Y_j - Y}{Y_j - Y_i}\right) u_i + \left(\frac{Y - Y_i}{Y_j - Y_i}\right) u_j \tag{4.7}$$

将上式括号中的项定义为单元的形函数 S_i 和 S_j，则有

$$S_i = \frac{Y_j - Y}{Y_j - Y_i} = \frac{Y_j - Y}{\ell} \tag{4.8}$$

$$S_j = \frac{Y - Y_i}{Y_j - Y_i} = \frac{Y - Y_i}{\ell} \tag{4.9}$$

其中，ℓ 为单元的长度。于是，单元的变形可由形函数和节点变形值表示为

$$u^{(e)} = S_i u_i + S_j u_j \tag{4.10}$$

式(4.10)也可以表示为矩阵形式：

$$u^{(e)} = [S_i \quad S_j] \begin{bmatrix} u_i \\ u_j \end{bmatrix} \tag{4.11}$$

显然，可以用同样的方法近似反映任何未知变量(如温度或速率)在空间上的变化。第 5 章将详细介绍一维单元的概念及其性质。

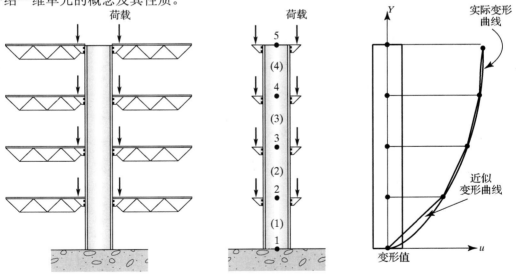

图 4.1　楼板荷载作用下钢柱的变形

第 3 章曾提到，建立有限元模型时通常需要建立两个参照系：(1)全局坐标系，用以描述每个节点的位置和每个单元的方向，以及应用边界条件和施加荷载等，有限元模型的节点的解通常也由全局坐标表示；(2)局部坐标系，用以描述系统的局部行为特性。

图 4.2 所示的一维单元的全局坐标 Y 和局部坐标 y 的关系可由式 $Y = Y_i + y$ 给出，如图 4.3

所示。用局部坐标 y 代替式 (4.8) 和式 (4.9) 中的 Y，则有

$$S_i = \frac{Y_j - Y}{\ell} = \frac{Y_j - (Y_i + y)}{\ell} = 1 - \frac{y}{\ell} \quad (4.12)$$

$$S_j = \frac{Y - Y_i}{\ell} = \frac{(Y_i + y) - Y_i}{\ell} = \frac{y}{\ell} \quad (4.13)$$

其中，y 在 0 到 ℓ 之间变化，即 $0 \leqslant y \leqslant \ell$。

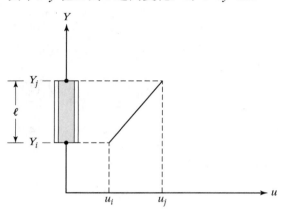

图 4.2　单元变形的线性拟合

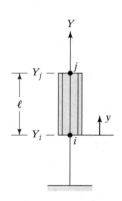

图 4.3　全局坐标系 Y 和局部坐标系 y 的关系

下面将讨论形函数 S_i 和 S_j。了解形函数所具有的特殊性质，可有助于简化刚度矩阵的推导。观察式 (4.12) 和式 (4.13) 将发现，S_i 和 S_j 在与之对应的节点处，其值为 1；而在与之相邻的节点处为 0。例如，在节点 i 上，将 $y=0$ 代入式 (4.12)，则有 $S_i=1$。同理，在节点 $j(y=\ell)$ 上，则有 $S_j=1$。式 (4.12) 所示的形函数 S_i 在其相邻节点 $j(y=\ell)$ 上有 $S_i=0$，而式 (4.13) 所示的形函数 S_j 在其相邻节点 $i(y=0)$ 上有 $S_j=0$。第 5 章将更详细地讨论形函数的性质。

例 4.1　四层建筑的支撑柱为钢结构，承受图 4.4 所示的荷载。假设荷载为轴向荷载，利用线性单元可求得在各楼层楼板与柱的连接点处，钢柱的竖向位移为

$$\begin{bmatrix} u_1 \\ u_2 \\ u_3 \\ u_4 \\ u_5 \end{bmatrix} = - \begin{bmatrix} 0 \\ 0.032\,83 \\ 0.057\,84 \\ 0.075\,04 \\ 0.084\,42 \end{bmatrix} \text{in}$$

钢的弹性模量 $E = 29 \times 10^6$ lb/in²，柱的截面积 $A = 39.7$ in²。4.1.2 节将给出问题的详细分析，此处仅介绍当给定节点位移时，如何求解点 A 和点 B 处的变形。

a. 利用全局坐标 Y，A 点的位移由单元 (1) 表示为

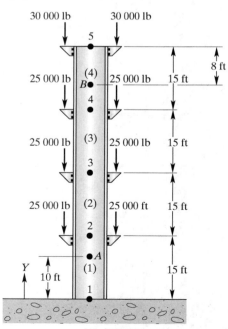

图 4.4　例 4.1 中的支撑柱

$$u^{(1)} = S_1^{(1)}u_1 + S_2^{(1)}u_2 = \frac{Y_2 - Y}{\ell}u_1 + \frac{Y - Y_1}{\ell}u_2$$

$$u = \frac{15 - 10}{15}(0) + \frac{10 - 0}{15}(-0.032\,83) = -0.021\,88 \text{ in}$$

b. B 点的位移由单元(4)表示为

$$u^{(4)} = S_4^{(4)}u_4 + S_5^{(4)}u_5 = \frac{Y_5 - Y}{\ell}u_4 + \frac{Y - Y_4}{\ell}u_5$$

$$u = \frac{60 - 52}{15}(-0.075\,04) + \frac{52 - 45}{15}(-0.084\,42) = -0.079\,41 \text{ in}$$

4.1.2　刚度矩阵和荷载矩阵

本节将利用最小总势能原理推导轴向荷载作用下构件的刚度矩阵和荷载矩阵。前文讲到，可用一组线性函数近似反映图 4.1 所示的钢柱的实际变形。此外，在 1.6 节也讨论到，外部荷载将引起构件的变形。变形时，外力所做的功将以弹性能的形式存储在材料之中，称为应变能。对于受轴向荷载作用的构件(单元)，其应变能 $\Lambda^{(e)}$ 由下式给定：

$$\Lambda^{(e)} = \int_V \frac{\sigma\varepsilon}{2}\mathrm{d}V = \int_V \frac{E\varepsilon^2}{2}\mathrm{d}V \tag{4.14}$$

由 n 个单元、m 个节点构成的构件，其总势能 Π 为总应变能和外力所做的功之差：

$$\Pi = \sum_{e=1}^n \Lambda^{(e)} - \sum_{i=1}^m F_i u_i \tag{4.15}$$

根据最小总势能原理，稳态系统平衡位置上产生的位移总会使系统的总势能最小，即有

$$\frac{\partial\Pi}{\partial u_i} = \frac{\partial}{\partial u_i}\sum_{e=1}^n \Lambda^{(e)} - \frac{\partial}{\partial u_i}\sum_{i=1}^m F_i u_i = 0, \qquad i = 1, 2, 3, \cdots, m \tag{4.16}$$

其中，i 为节点编号。根据形函数的定义，包含节点 i 和节点 j 的任意单元的挠度可表示为

$$u^{(e)} = S_i u_i + S_j u_j \tag{4.17}$$

其中，$S_i = 1 - \dfrac{y}{\ell}$，$S_j = \dfrac{y}{\ell}$，$y$ 是单元的局部坐标，原点为节点 i。由式 $\varepsilon = \dfrac{\mathrm{d}u}{\mathrm{d}y}$，构件的应变为

$$\varepsilon = \frac{\mathrm{d}u}{\mathrm{d}y} = \frac{\mathrm{d}}{\mathrm{d}y}[S_i u_i + S_j u_j] = \frac{\mathrm{d}}{\mathrm{d}y}\left[\left(1 - \frac{y}{\ell}\right)u_i + \frac{y}{\ell}u_j\right] = \frac{-u_i + u_j}{\ell} \tag{4.18}$$

将式(4.18)代入式(4.14)，则对于任意单元(e)有

$$\Lambda^{(e)} = \int_V \frac{E\varepsilon^2}{2}\mathrm{d}V = \frac{AE}{2\ell}(u_j^2 + u_i^2 - 2u_j u_i) \tag{4.19}$$

分别关于 u_i，u_j 求偏导以最小化应变能，得

$$\frac{\partial\Lambda^{(e)}}{\partial u_i} = \frac{AE}{\ell}(u_i - u_j)$$

$$\frac{\partial\Lambda^{(e)}}{\partial u_j} = \frac{AE}{\ell}(u_j - u_i)$$

$$\tag{4.20}$$

或表示为矩阵形式：

$$\begin{bmatrix} \dfrac{\partial \Lambda^{(e)}}{\partial u_i} \\[2ex] \dfrac{\partial \Lambda^{(e)}}{\partial u_j} \end{bmatrix} = \dfrac{AE}{\ell} \begin{bmatrix} 1 & -1 \\ -1 & 1 \end{bmatrix} \begin{bmatrix} u_i \\ u_j \end{bmatrix} = \begin{bmatrix} k & -k \\ -k & k \end{bmatrix} \begin{bmatrix} u_i \\ u_j \end{bmatrix} \tag{4.21}$$

其中，$k = \dfrac{(AE)}{\ell}$。最小化外力所做的功，即式(4.16)右边的第二项，可得荷载矩阵：

$$\boldsymbol{F}^{(e)} = \begin{bmatrix} F_i \\ F_j \end{bmatrix} \tag{4.22}$$

关于如何计算单元的刚度矩阵和荷载矩阵，然后将其组合起来形成总刚度矩阵和总荷载矩阵将在下面的实例中进行介绍。

例 4.2　支撑柱问题。四层建筑的支撑柱为钢结构，承受图 4.5 所示的荷载。假设荷载为轴向荷载，确定(a)各楼层的楼板与钢柱的连接点处的竖向位移(b)每个柱段的应力。$E = 29 \times 10^6 \text{ lb/in}^2$，$A = 39.7 \text{ in}^2$。

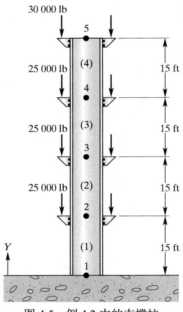

图 4.5　例 4.2 中的支撑柱

　　由于所有单元具有相同的长度、截面积和物理性能，因而单元(1)、单元(2)、单元(3)和单元(4)的单元刚度为

$$\boldsymbol{K}^{(e)} = \dfrac{AE}{\ell} \begin{bmatrix} 1 & -1 \\ -1 & 1 \end{bmatrix} = \dfrac{39.7 \times 29 \times 10^6}{15 \times 12} \begin{bmatrix} 1 & -1 \\ -1 & 1 \end{bmatrix} = 6.396 \times 10^6 \begin{bmatrix} 1 & -1 \\ -1 & 1 \end{bmatrix}$$

$$\boldsymbol{K}^{(1)} = \boldsymbol{K}^{(2)} = \boldsymbol{K}^{(3)} = \boldsymbol{K}^{(4)} = 6.396 \times 10^6 \times \begin{bmatrix} 1 & -1 \\ -1 & 1 \end{bmatrix} \dfrac{\text{lb}}{\text{in}}$$

组合单元矩阵形成总刚度矩阵：

$$\boldsymbol{K}^{(G)} = 6.396 \times 10^6 \times \begin{bmatrix} 1 & -1 & 0 & 0 & 0 \\ -1 & 1+1 & -1 & 0 & 0 \\ 0 & -1 & 1+1 & -1 & 0 \\ 0 & 0 & -1 & 1+1 & -1 \\ 0 & 0 & 0 & -1 & 1 \end{bmatrix}$$

总荷载矩阵为

$$\boldsymbol{F}^{(G)} = \left[\frac{\partial F_i u_i}{\partial u_i}\right]_{i=1,5} = \begin{bmatrix} F_1 \\ F_2 \\ F_3 \\ F_4 \\ F_5 \end{bmatrix} = -\begin{bmatrix} 0 \\ 50\,000 \\ 50\,000 \\ 50\,000 \\ 60\,000 \end{bmatrix} \text{lb}$$

注意荷载方向为 Y 的负方向。应用边界条件 $u_1 = 0$ 并施加荷载，有

$$6.396 \times 10^6 \times \begin{bmatrix} 1 & 0 & 0 & 0 & 0 \\ -1 & 2 & -1 & 0 & 0 \\ 0 & -1 & 2 & -1 & 0 \\ 0 & 0 & -1 & 2 & -1 \\ 0 & 0 & 0 & -1 & 1 \end{bmatrix}\begin{bmatrix} u_1 \\ u_2 \\ u_3 \\ u_4 \\ u_5 \end{bmatrix} = -\begin{bmatrix} 0 \\ 50\,000 \\ 50\,000 \\ 50\,000 \\ 60\,000 \end{bmatrix}$$

求解上述方程组，即可求得各节点的位移：

$$\begin{bmatrix} u_1 \\ u_2 \\ u_3 \\ u_4 \\ u_5 \end{bmatrix} = -\begin{bmatrix} 0 \\ 0.032\,83 \\ 0.057\,84 \\ 0.075\,04 \\ 0.084\,42 \end{bmatrix} \text{in}$$

每个单元的轴向应力为

$$\sigma^{(1)} = \frac{E(u_j - u_i)}{\ell} = \frac{29 \times 10^6(-0.032\,83 - 0)}{15 \times 12} = -5289 \text{ lb/in}^2$$

$$\sigma^{(2)} = \frac{29 \times 10^6(-0.057\,84 - (-0.032\,83))}{15 \times 12} = -4029 \text{ lb/in}^2$$

$$\sigma^{(3)} = \frac{29 \times 10^6(-0.075\,04 - (-0.057\,84))}{15 \times 12} = -2771 \text{ lb/in}^2$$

$$\sigma^{(4)} = \frac{29 \times 10^6(-0.084\,42 - (-0.075\,04))}{15 \times 12} = -1511 \text{ lb/in}^2$$

4.2　梁

　　梁在工程上有着极为重要的应用，例如房屋建筑、桥梁、汽车和飞机结构等应用。梁是一种截面尺寸相对于其长度较小的结构构件，通常要承受横向荷载的作用而引起弯曲。承受均布荷载作用的梁如图 4.6 所示。

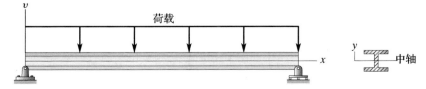

图 4.6　均布荷载作用下的梁

第 3 章将桁架定义为由二力杆组成的结构。应用桁架模型分析问题时，假设所有的荷载都作用于桁架的接头上，因而构件不会发生弯曲。但是，对于梁这类结构构件，荷载可以作用于梁的任何位置上，而造成其弯曲变形。对物理系统进行建模时，严格区分不同性质的构件是非常重要的。

设梁中轴的任意位置 x 的挠度用 v 表示。在小挠度状态下，截面正应力 σ、弯矩 M 和截面惯性矩 I 之间的关系由弯曲公式描述：

$$\sigma = -\frac{My}{I} \tag{4.23}$$

其中，y 是截面上任意一点到中轴的纵向距离。中轴的挠度 v 与弯矩 $M(x)$、横向剪切变形 $V(x)$ 和荷载 $w(x)$ 的关系如下所示：

$$EI\frac{\mathrm{d}^2 v}{\mathrm{d}x^2} = M(x) \tag{4.24}$$

$$EI\frac{\mathrm{d}^3 v}{\mathrm{d}x^3} = \frac{\mathrm{d}M(x)}{\mathrm{d}x} = V(x) \tag{4.25}$$

$$EI\frac{\mathrm{d}^4 v}{\mathrm{d}x^4} = \frac{\mathrm{d}V(x)}{\mathrm{d}x} = w(x) \tag{4.26}$$

以上公式中包含了对标准梁的符号约定，而弯矩和曲率正负号的定义如图 4.7 所示。简支梁和悬臂梁在典型荷载作用下的挠度及转角公式列于表 4.1 中。利用式(4.24)、式(4.25)和式(4.26)进行问题分析时，可参考表 4.1。

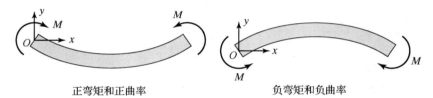

图 4.7　弯矩和曲率正负号的定义

表 4.1　典型荷载作用和支撑下的梁的挠度与转角

梁的支撑与荷载	弹性曲线公式	最大挠度	转　角
	$v = \dfrac{-wx^2}{24EI}(x^2 - 4Lx + 6L^2)$	$v_{\max} = \dfrac{-wL^4}{8EI}$	$\theta_{\max} = \dfrac{-wL^3}{6EI}$
	$v = \dfrac{-w_0 x^2}{120LEI}(-x^3 + 5Lx^2 - 10L^2 x + 10L^3)$	$v_{\max} = \dfrac{-w_0 L^4}{30EI}$	$\theta_{\max} = \dfrac{-w_0 L^3}{24EI}$

续表

梁的支撑与荷载	弹性曲线公式	最大挠度	转　角
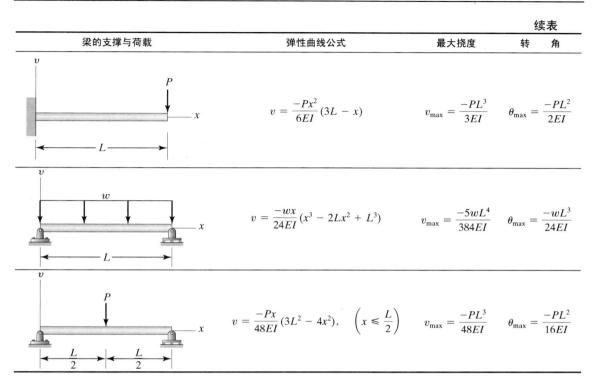	$v = \dfrac{-Px^2}{6EI}(3L - x)$	$v_{\max} = \dfrac{-PL^3}{3EI}$	$\theta_{\max} = \dfrac{-PL^2}{2EI}$
	$v = \dfrac{-wx}{24EI}(x^3 - 2Lx^2 + L^3)$	$v_{\max} = \dfrac{-5wL^4}{384EI}$	$\theta_{\max} = \dfrac{-wL^3}{24EI}$
	$v = \dfrac{-Px}{48EI}(3L^2 - 4x^2), \quad \left(x \leqslant \dfrac{L}{2}\right)$	$v_{\max} = \dfrac{-PL^3}{48EI}$	$\theta_{\max} = \dfrac{-PL^2}{16EI}$

例4.3 设有一承受均布荷载 $w = 1000$ lb/ft 作用的悬臂梁，其截面为工字形（W18×35），截面积为 10.3 in²，截面高 17.7 in，惯性矩为 510 in⁴，弹性模量 $E = 29{\times}10^6$ lb/in²。利用本节介绍的材料力学公式，计算中点 B 和端点 C 处的挠度及 C 点的转角。

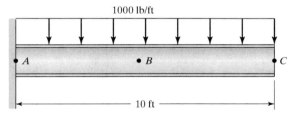

表 4.1 给出了悬臂梁的挠度公式：

$$v = \frac{-wx^2}{24EI}(x^2 - 4Lx + 6L^2)$$

梁中点 $x = \dfrac{L}{2}$ 的挠度为

$$
\begin{aligned}
v_B &= \frac{-wx^2}{24EI}(x^2 - 4Lx + 6L^2) \\
&= \frac{-(1000 \text{ lb/ft})(5 \text{ ft})^2}{24(29 \times 10^6 \text{ lb/in}^2)(510 \text{ in}^4)}((5^2 - 4(10)(5) + 6(10)^2)\text{ft}^2)\left(\frac{12 \text{ in}}{1 \text{ ft}}\right)^3 = -0.052 \text{ in}
\end{aligned}
$$

C 点的挠度为

$$
v_c = \frac{-wL^4}{8EI} = \frac{-(1000 \text{ lb/ft})(10 \text{ ft})^4\left(\dfrac{12 \text{ in}}{1 \text{ ft}}\right)^3}{8(29 \times 10^6 \text{ lb/in}^2)(510 \text{ in}^4)} = -0.146 \text{ in}
$$

最大转角出现于 C 点，为

$$\theta_{max} = \frac{-wL^3}{6EI} = \frac{-(1000\ \text{lb/ft})\,(10\ \text{ft})^3}{6(29 \times 10^6\ \text{lb/in}^2)(510\ \text{in}^4)\left(\dfrac{1\ \text{ft}}{12\ \text{in}}\right)^2} = -0.001\ 63\ \text{rad}$$

下面计算梁的最大弯曲应力。由于梁边缘 A 点处的弯矩最大，因此梁中的最大弯曲应力也必然在 A 点处。于是，A 点处的最大弯曲应力为

$$\sigma = \frac{My}{I} = -\frac{\overbrace{(1000\ \text{lb/ft})(10\ \text{ft})(5\ \text{ft})}^{M}\left(\dfrac{12\ \text{in}}{1\ \text{ft}}\right)\overbrace{\left(\dfrac{17.7}{2}\ \text{in}\right)}^{y}}{510\ \text{in}^4} = 10\ 411\ \text{lb/in}^2$$

4.3　梁的有限元分析

在介绍梁的有限元分析之前，首先需要定义梁单元。最简单的梁单元由两个节点组成，每个节点有两个自由度，即竖向位移和转角，如图 4.8 所示。

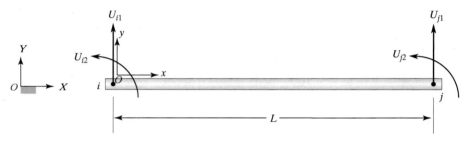

图 4.8　梁单元

由于每个梁单元有 4 个节点值，因此应当用包含 4 个未知系数的三次多项式来描述梁的位移。此外，还要求形函数的一阶导数是连续的。所得形函数通常称为埃尔米特(Hermite)形函数。下面将介绍与线性形函数不同的埃尔米特形函数。设竖向位移的三次多项式为

$$v = c_1 + c_2 x + c_3 x^2 + c_4 x^3 \tag{4.27}$$

单元端点处应满足如下条件（由节点值表示）：

节点 i：$x = 0$ 处的竖向位移为 $v = c_1 = U_{i1}$

节点 i：$x = 0$ 处的转角为 $\left.\dfrac{\mathrm{d}v}{\mathrm{d}x}\right|_{x=0} = c_2 = U_{i2}$

节点 j：$x = L$ 处的竖向位移为 $v = c_1 + c_2 L + c_3 L^2 + c_4 L^3 = U_{j1}$

节点 j：$x = L$ 处的转角为 $\left.\dfrac{\mathrm{d}v}{\mathrm{d}x}\right|_{x=L} = c_2 + 2c_3 L + 3c_4 L^2 = U_{j2}$

由此可得包含 4 个未知数及 4 个方程的方程组。求出 4 个未知数 c_1，c_2，c_3 和 c_4，代入式 (4.27)，并合并 U_{i1}，U_{i2}，U_{j1} 和 U_{j2} 的相关项，经化简可得

$$v = S_{i1} U_{i1} + S_{i2} U_{i2} + S_{j1} U_{j1} + S_{j2} U_{j2} \tag{4.28}$$

形函数如下所示：

$$S_{i1} = 1 - \frac{3x^2}{L^2} + \frac{2x^3}{L^3} \tag{4.29}$$

$$S_{i2} = x - \frac{2x^2}{L} + \frac{x^3}{L^2} \tag{4.30}$$

$$S_{j1} = \frac{3x^2}{L^2} - \frac{2x^3}{L^3} \tag{4.31}$$

$$S_{j2} = -\frac{x^2}{L} + \frac{x^3}{L^2} \tag{4.32}$$

观察式(4.29)至式(4.32)，显然，在节点 $i(x=0)$ 处，$S_{i1}=1$，$S_{i2}=S_{j1}=S_{j2}=0$；形函数在 $x=0$ 处，$\dfrac{\mathrm{d}S_{i2}}{\mathrm{d}x}=1$，$\dfrac{\mathrm{d}S_{i1}}{\mathrm{d}x}=\dfrac{\mathrm{d}S_{j1}}{\mathrm{d}x}=\dfrac{\mathrm{d}S_{j2}}{\mathrm{d}x}=0$。在节点 $j(x=L)$ 处，$S_{j1}=1$，$S_{i1}=S_{i2}=S_{j2}=0$；形函数在 $x=L$ 处，$\dfrac{\mathrm{d}S_{j2}}{\mathrm{d}x}=1$，$\dfrac{\mathrm{d}S_{i1}}{\mathrm{d}x}=\dfrac{\mathrm{d}S_{i2}}{\mathrm{d}x}=\dfrac{\mathrm{d}S_{j1}}{\mathrm{d}x}=0$。这些值展示了埃尔米特三次多项式的特性。

至此，已对梁单元进行了定义，下面将推导其刚度矩阵。推导过程将忽略剪应力对应变能的影响。任意梁单元 (e) 的应变能为

$$\Lambda^{(e)} = \int_V \frac{\sigma\varepsilon}{2}\,\mathrm{d}V = \int_V \frac{E\varepsilon^2}{2}\,\mathrm{d}V = \frac{E}{2}\int_V \left(-y\frac{\mathrm{d}^2v}{\mathrm{d}x^2}\right)^2\mathrm{d}V \tag{4.33}$$

$$\Lambda^{(e)} = \frac{E}{2}\int_V \left(-y\frac{\mathrm{d}^2v}{\mathrm{d}x^2}\right)^2\mathrm{d}V = \frac{E}{2}\int_0^L \left(\frac{\mathrm{d}^2v}{\mathrm{d}x^2}\right)^2\mathrm{d}x\int_A y^2\,\mathrm{d}A \tag{4.34}$$

积分 $\displaystyle\int_A y^2\mathrm{d}A$ 是截面惯性矩 I，于是上式可表示为

$$\Lambda^{(e)} = \frac{EI}{2}\int_0^L \left(\frac{\mathrm{d}^2v}{\mathrm{d}x^2}\right)^2\mathrm{d}x \tag{4.35}$$

然后，将位移 v 用形函数和节点值表示为如下形式：

$$\frac{\mathrm{d}^2v}{\mathrm{d}x^2} = \frac{\mathrm{d}^2}{\mathrm{d}x^2}\begin{bmatrix} S_{i1} & S_{i2} & S_{j1} & S_{j2} \end{bmatrix}\begin{bmatrix} U_{i1} \\ U_{i2} \\ U_{j1} \\ U_{j2} \end{bmatrix} \tag{4.36}$$

为化简推导并避免不必要的数学运算，需要充分利用矩阵表示法。首先，将形函数的二阶导数定义为

$$\begin{aligned}
D_{i1} &= \frac{\mathrm{d}^2S_{i1}}{\mathrm{d}x^2} = -\frac{6}{L^2} + \frac{12x}{L^3} \\[4pt]
D_{i2} &= \frac{\mathrm{d}^2S_{i2}}{\mathrm{d}x^2} = -\frac{4}{L} + \frac{6x}{L^2} \\[4pt]
D_{j1} &= \frac{\mathrm{d}^2S_{j1}}{\mathrm{d}x^2} = \frac{6}{L^2} - \frac{12x}{L^3} \\[4pt]
D_{j2} &= \frac{\mathrm{d}^2S_{j2}}{\mathrm{d}x^2} = -\frac{2}{L} + \frac{6x}{L^2}
\end{aligned} \tag{4.36a}$$

式(4.36)可写为如下矩阵形式：

$$\frac{\mathrm{d}^2v}{\mathrm{d}x^2} = \boldsymbol{DU} \tag{4.37}$$

其中，$\boldsymbol{D} = [D_{i1} \quad D_{i2} \quad D_{j1} \quad D_{j2}]$，$\boldsymbol{U} = \begin{Bmatrix} U_{i1} \\ U_{i2} \\ U_{j1} \\ U_{j2} \end{Bmatrix}$。

$\left(\dfrac{\mathrm{d}^2 v}{\mathrm{d}x^2}\right)^2$ 可由矩阵 $\boldsymbol{U}$ 和矩阵 $\boldsymbol{D}$ 表示为

$$\left(\frac{\mathrm{d}^2 v}{\mathrm{d}x^2}\right)^2 = (\boldsymbol{DU})(\boldsymbol{DU}) = \boldsymbol{U}^{\mathrm{T}} \boldsymbol{D}^{\mathrm{T}} \boldsymbol{DU} \tag{4.38}$$

注意，在式(4.38)中，$\boldsymbol{DU} = \boldsymbol{U}^{\mathrm{T}} \boldsymbol{D}^{\mathrm{T}}$。等式的证明作为练习留给读者自己完成(参见习题 26)。于是，根据式(4.38)，梁单元的应变能为

$$\Lambda^{(e)} = \frac{EI}{2} \int_0^L \boldsymbol{U}^{\mathrm{T}} \boldsymbol{D}^{\mathrm{T}} \boldsymbol{DU} \, \mathrm{d}x \tag{4.39}$$

总势能 Π 是总应变能与外力做功之差，即

$$\Pi = \Sigma \Lambda^{(e)} - \Sigma FU \tag{4.40}$$

根据最小总势能原理，平衡位置的位移总是使系统的总势能最小。对于梁单元，即有

$$\frac{\partial \Pi}{\partial U_k} = \frac{\partial}{\partial U_k} \Sigma \Lambda^{(e)} - \frac{\partial}{\partial U_k} \Sigma FU = 0, \qquad k = 1, 2, 3, 4 \tag{4.41}$$

其中，U_k 分别取节点的自由度 U_{i1}，U_{i2}，U_{j1} 和 U_{j2}。式(4.40)由两部分组成：应变能和外力做功。关于节点自由度，求应变能的偏微分将产生梁单元刚度矩阵，求外力做功的偏微分将形成荷载矩阵。首先，最小化应变能，即关于 U_{i1}，U_{i2}，U_{j1} 和 U_{j2} 的偏微分为

$$\frac{\partial \Lambda^{(e)}}{\partial U_k} = EI \int_0^L \boldsymbol{D}^{\mathrm{T}} \boldsymbol{D} \, \mathrm{d}x \, \boldsymbol{U} \tag{4.42}$$

展开式(4.42)：

$$\frac{\partial \Lambda^{(e)}}{\partial U_k} = EI \int_0^L \boldsymbol{D}^{\mathrm{T}} \boldsymbol{D} \, \mathrm{d}x \, \boldsymbol{U} = \frac{EI}{L^3} \begin{bmatrix} 12 & 6L & -12 & 6L \\ 6L & 4L^2 & -6L & 2L^2 \\ -12 & -6L & 12 & -6L \\ 6L & 2L^2 & -6L & 4L^2 \end{bmatrix} \begin{bmatrix} U_{i1} \\ U_{i2} \\ U_{j1} \\ U_{j2} \end{bmatrix}$$

梁单元的节点具有两个自由度(竖向位移和转角)，其刚度矩阵为

$$\boldsymbol{K}^{(e)} = \frac{EI}{L^3} \begin{bmatrix} 12 & 6L & -12 & 6L \\ 6L & 4L^2 & -6L & 2L^2 \\ -12 & -6L & 12 & -6L \\ 6L & 2L^2 & -6L & 4L^2 \end{bmatrix} \tag{4.43}$$

由式(4.39)和式(4.41)证明式(4.42)和式(4.43)的过程作为练习留给读者自己完成(参见习题 27)。

4.3.1　荷载矩阵

　　获得节点荷载矩阵有两种方法：(1)如上所述，通过偏微分而最小化外力做功；(2)直接计算梁的反作用力。受均布荷载作用长度为 L 的梁，以及梁端点的反作用力和弯矩，如图 4.9 所示。

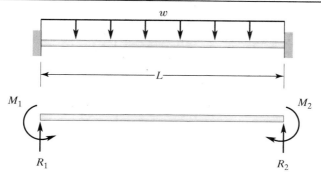

图 4.9 均布荷载作用下的梁单元

利用第一种方法首先需要计算荷载所做的外力功$\int_L wv\mathrm{d}x$。然后利用形函数和节点值代替式中的位移函数，进而对外力做功进行积分，并关于节点位移求偏微分。这种方法将在推导平面应力问题的荷载矩阵时进行详细讨论。为深入了解有限元分析的过程，下面将采用第二种方法形成荷载矩阵。由式(4.26)入手：

$$EI\frac{\mathrm{d}^4v}{\mathrm{d}x^4} = \frac{\mathrm{d}V(x)}{\mathrm{d}x} = w(x)$$

在均布荷载作用下，$w(x)$ 是一个常量。对上式进行积分，可得

$$EI\frac{\mathrm{d}^3v}{\mathrm{d}x^3} = -wx + c_1 \tag{4.44}$$

对式(4.25)应用边界条件$[x = 0$ 处 $V(x) = R_1]$，则有 $EI\dfrac{\mathrm{d}^3v}{\mathrm{d}x^3}\bigg|_{x=0} = R_1$，可得 $c_1 = R_1$。将 c_1 的值代入式(4.44)并积分，得

$$EI\frac{\mathrm{d}^2v}{\mathrm{d}x^2} = -\frac{wx^2}{2} + R_1x + c_2 \tag{4.45}$$

对式(4.24)应用边界条件$[x = 0$ 处 $M(x) = -M_1]$，则有 $EI\dfrac{\mathrm{d}^2v}{\mathrm{d}x^2}\bigg|_{x=0} = -M_1$，可得 $c_2 = -M_1$。将 c_2 的值代入式(4.45)并积分，得

$$EI\frac{\mathrm{d}v}{\mathrm{d}x} = -\frac{wx^3}{6} + \frac{R_1x^2}{2} - M_1x + c_3 \tag{4.46}$$

应用边界条件$[x = 0$ 时，转角为零，即 $\dfrac{\mathrm{d}v}{\mathrm{d}x}\bigg|_{x=0} = 0]$，则有 $c_3 = 0$，代入上式并积分，有

$$EIv = -\frac{wx^4}{24} + \frac{R_1x^3}{6} - \frac{M_1x^2}{2} + c_4 \tag{4.47}$$

应用边界条件$[x = 0$ 时，挠度为 0，即 $v(0) = 0]$，则有 $c_4 = 0$。为求 R_1 和 M_1 的值，再应用另外两个边界条件$[\dfrac{\mathrm{d}v}{\mathrm{d}x}\bigg|_{x=L} = 0$ 和 $v(L) = 0]$，则有

$$\frac{\mathrm{d}v}{\mathrm{d}x}\bigg|_{x=L} = -\frac{wL^3}{6} + \frac{R_1L^2}{2} - M_1L = 0 \tag{4.48}$$

$$v(L) = -\frac{wL^4}{24} + \frac{R_1L^3}{6} - \frac{M_1L^2}{2} = 0 \tag{4.49}$$

联立式(4.48)和式(4.49)，解得 $R_1 = \dfrac{wL}{2}$，$M_1 = \dfrac{wL^2}{12}$。由于对称性，即应用静力平衡条件，因此另一端的反作用力也为 $R_2 = \dfrac{wL}{2}$，$M_2 = \dfrac{wL^2}{12}$。上述结果如图 4.10 所示。

图 4.10　均布荷载作用下梁的反作用力

如果将端节点反作用力的符号取反，就可以用等效节点荷载表示均布荷载的影响。按同样的方法，可以获得其他荷载情况下的节点荷载矩阵。对某些典型荷载作用的梁，实际荷载和等效节点荷载之间的关系如表 4.2 所示。

表 4.2　梁的等效节点荷载

荷　载	等效节点荷载
均布荷载 w，长度 L，两端固定	$\dfrac{wL}{2}$，$\dfrac{wL}{2}$，$\dfrac{wL^2}{12}$，$\dfrac{wL^2}{12}$
三角形分布荷载 w，长度 L，两端固定	$\dfrac{3wL}{20}$，$\dfrac{7wL}{20}$，$\dfrac{wL^2}{30}$，$\dfrac{wL^2}{20}$
集中荷载 P 作用于中点，两端各 $\dfrac{L}{2}$	$\dfrac{P}{2}$，$\dfrac{P}{2}$，$M = \dfrac{PL}{8}$，$M = \dfrac{PL}{8}$

重新计算例 4.3　利用单个单元分析例 4.3 中的悬臂梁。梁具有工字形截面(W18 × 35)，截面积为 10.3 in^2，截面高 17.7 in，惯性矩为 510 in^4，弹性模量 $E = 29 \times 10^6$ lb/in^2，梁承受 1000 lb/ft 的均布荷载。求解下图的中点 B 和端点 C 处的挠度及出现于 C 点的最大转角。

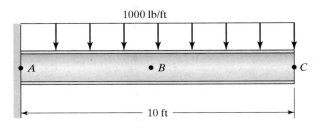

由于问题分析仅利用一个单元，因此其单元刚度矩阵和荷载矩阵与总矩阵完全一样。

$$K^{(e)} = K^{(G)} = \frac{EI}{L^3}\begin{bmatrix} 12 & 6L & -12 & 6L \\ 6L & 4L^2 & -6L & 2L^2 \\ -12 & -6L & 12 & -6L \\ 6L & 2L^2 & -6L & 4L^2 \end{bmatrix} \qquad F^{(e)} = F^{(G)} = \begin{bmatrix} -\dfrac{wL}{2} \\ -\dfrac{wL^2}{12} \\ -\dfrac{wL}{2} \\ \dfrac{wL^2}{12} \end{bmatrix}$$

$$\frac{EI}{L^3}\begin{bmatrix} 12 & 6L & -12 & 6L \\ 6L & 4L^2 & -6L & 2L^2 \\ -12 & -6L & 12 & -6L \\ 6L & 2L^2 & -6L & 4L^2 \end{bmatrix}\begin{bmatrix} U_{11} \\ U_{12} \\ U_{21} \\ U_{22} \end{bmatrix} = \begin{bmatrix} -\dfrac{wL}{2} \\ -\dfrac{wL^2}{12} \\ -\dfrac{wL}{2} \\ \dfrac{wL^2}{12} \end{bmatrix}$$

在节点 1 处应用边界条件 $U_{11} = 0$ 和 $U_{12} = 0$，则有

$$\frac{EI}{L^3}\begin{bmatrix} 1 & 0 & 0 & 0 \\ 0 & 1 & 0 & 0 \\ -12 & -6L & 12 & -6L \\ 6L & 2L^2 & -6L & 4L^2 \end{bmatrix}\begin{bmatrix} U_{11} \\ U_{12} \\ U_{21} \\ U_{22} \end{bmatrix} = \begin{bmatrix} 0 \\ 0 \\ -\dfrac{wL}{2} \\ \dfrac{wL^2}{12} \end{bmatrix}$$

经化简，可得

$$\begin{bmatrix} 12 & -6L \\ -6L & 4L^2 \end{bmatrix}\begin{bmatrix} U_{21} \\ U_{22} \end{bmatrix} = \frac{L^3}{EI}\begin{bmatrix} -\dfrac{wL}{2} \\ \dfrac{wL^2}{12} \end{bmatrix}$$

$$\begin{bmatrix} 12 & -6(10\,\text{ft}) \\ -6(10\,\text{ft}) & 4(10\,\text{ft})^2 \end{bmatrix}\begin{bmatrix} U_{21} \\ U_{22} \end{bmatrix} = \frac{(10\,\text{ft})^3}{(29\times 10^6\,\text{lb/in}^2)(510\,\text{in}^4)\left(\dfrac{1\,\text{ft}}{12\,\text{in}}\right)^2}\begin{bmatrix} -\dfrac{1000(10)}{2} \\ \dfrac{(1000)(10)^2}{12} \end{bmatrix}$$

因此，端点 C 处的挠度与转角分别为

$$U_{21} = -0.012\,17\,\text{ft} = -0.146\,\text{in}, \qquad U_{22} = -0.001\,63\,\text{rad}$$

为确定中点 B 处的挠度，需要利用梁的位移公式，并计算 $x = \dfrac{L}{2}$ 处的形函数的值。

$$v = S_{11}U_{11} + S_{12}U_{12} + S_{21}U_{21} + S_{22}U_{22}$$
$$= S_{11}(0) + S_{12}(0) + S_{21}(-0.146) + S_{22}(-0.001\,63)$$

B 点处形函数的值为

$$S_{21} = \frac{3x^2}{L^2} - \frac{2x^3}{L^3} = \frac{3}{L^2}\left(\frac{L}{2}\right)^2 - \frac{2}{L^3}\left(\frac{L}{2}\right)^3 = \frac{1}{2}$$

$$S_{22} = -\frac{x^2}{L} + \frac{x^3}{L^2} = -\frac{\left(\frac{L}{2}\right)^2}{L} + \frac{\left(\frac{L}{2}\right)^3}{L^2} = -\frac{L}{8}$$

$$v_B = \left(\frac{1}{2}\right)(-0.146\,\text{in}) + \left(-\frac{120\,\text{in}}{8}\right)(-0.001\,63\,\text{rad}) = -0.048\,\text{in}$$

将有限元的计算结果与例 4.3 给出的精确结果进行比较，不难发现二者是一致的。此外，也可以用包含两个单元的有限元模型来求解中点的挠度，作为练习请读者自己计算。

例 4.4　如图 4.11 所示，设有一个工字形截面（W310 × 52）梁，截面积为 6650 mm²，截面高 317 mm，惯性矩为 118.6×10⁶ mm⁴，弹性模量 $E = 200$ GPa，梁承受 25 000 N/m 的均布荷载。确定节点 3 的竖向位移及节点 2 和节点 3 的转角。此外，计算节点 1 和节点 2 的反作用力和弯矩。

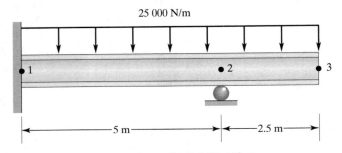

图 4.11　例 4.4 梁的有限元模型

注意，这个问题属于超静定问题。下面将利用两个单元对问题进行建模。单元的刚度矩阵可由式 (4.43) 计算，如下所示：

$$\boldsymbol{K}^{(e)} = \frac{EI}{L^3}\begin{bmatrix} 12 & 6L & -12 & 6L \\ 6L & 4L^2 & -6L & 2L^2 \\ -12 & -6L & 12 & -6L \\ 6L & 2L^2 & -6L & 4L^2 \end{bmatrix}$$

代入单元 (1) 的属性值：

$$\boldsymbol{K}^{(1)} = \frac{200 \times 10^9 \times 1.186 \times 10^{-4}}{5^3} \times \begin{bmatrix} 12 & 6(5) & -12 & 6(5) \\ 6(5) & 4(5)^2 & -6(5) & 2(5)^2 \\ -12 & -6(5) & 12 & -6(5) \\ 6(5) & 2(5)^2 & -6(5) & 4(5)^2 \end{bmatrix}$$

为方便起见，将节点的自由度列于刚度矩阵的旁边。对于单元 (1)，有

$$\boldsymbol{K}^{(1)} = \begin{bmatrix} 2\,277\,120 & 5\,692\,800 & -2\,277\,120 & 5\,692\,800 \\ 5\,692\,800 & 18\,976\,000 & -5\,692\,800 & 9\,488\,000 \\ -2\,277\,120 & -5\,692\,800 & 2\,277\,120 & -5\,692\,800 \\ 5\,692\,800 & 9\,488\,000 & -5\,692\,800 & 18\,976\,000 \end{bmatrix}\begin{matrix} U_{11} \\ U_{12} \\ U_{21} \\ U_{22} \end{matrix}$$

计算单元 (2) 的刚度矩阵：

$$\boldsymbol{K}^{(2)} = \frac{200 \times 10^9 \times 1.186 \times 10^{-4}}{(2.5)^3} \times \begin{bmatrix} 12 & 6(2.5) & -12 & 6(2.5) \\ 6(2.5) & 4(2.5)^2 & -6(2.5) & 2(2.5)^2 \\ -12 & -6(2.5) & 12 & -6(2.5) \\ 6(2.5) & 2(2.5)^2 & -6(2.5) & 4(2.5)^2 \end{bmatrix}$$

将节点自由度列于单元(2)的刚度矩阵的旁边:

$$\boldsymbol{K}^{(2)} = \begin{bmatrix} 18\,216\,960 & 22\,771\,200 & -18\,216\,960 & 22\,771\,200 \\ 22\,771\,200 & 37\,952\,000 & -22\,771\,200 & 18\,976\,000 \\ -18\,216\,960 & -22\,771\,200 & 18\,216\,960 & -22\,771\,200 \\ 22\,771\,200 & 18\,976\,000 & -22\,771\,200 & 37\,952\,000 \end{bmatrix} \begin{matrix} U_{21} \\ U_{22} \\ U_{31} \\ U_{32} \end{matrix}$$

组合 $\boldsymbol{K}^{(1)}$ 和 $\boldsymbol{K}^{(2)}$,形成总刚度矩阵:

$$\boldsymbol{K}^{(G)} = \begin{bmatrix} 2\,277\,120 & 5\,692\,800 & -2\,277\,120 & 5\,692\,800 & 0 & 0 \\ 5\,692\,800 & 18\,976\,000 & -5\,692\,800 & 9\,488\,000 & 0 & 0 \\ -2\,277\,120 & -5\,692\,800 & 20\,494\,080 & 17\,078\,400 & -18\,216\,960 & 22\,771\,200 \\ 5\,692\,800 & 9\,488\,000 & 17\,078\,400 & 56\,928\,000 & -22\,771\,200 & 18\,976\,000 \\ 0 & 0 & -18\,216\,960 & -22\,771\,200 & 18\,216\,960 & -22\,771\,200 \\ 0 & 0 & 22\,771\,200 & 18\,976\,000 & -22\,771\,200 & 37\,952\,000 \end{bmatrix}$$

参考表 4.2,分别计算单元(1)和单元(2)的荷载矩阵:

$$\boldsymbol{F}^{(1)} = \begin{bmatrix} -\dfrac{wL}{2} \\ -\dfrac{wL^2}{12} \\ -\dfrac{wL}{2} \\ \dfrac{wL^2}{12} \end{bmatrix} = \begin{bmatrix} -\dfrac{25 \times 10^3 \times 5}{2} \\ -\dfrac{25 \times 10^3 \times 5^2}{12} \\ -\dfrac{25 \times 10^3 \times 5}{2} \\ \dfrac{25 \times 10^3 \times 5^2}{12} \end{bmatrix} = \begin{bmatrix} -62\,500 \\ -52\,083 \\ -62\,500 \\ 52\,083 \end{bmatrix}$$

$$\boldsymbol{F}^{(2)} = \begin{bmatrix} -\dfrac{wL}{2} \\ -\dfrac{wL^2}{12} \\ -\dfrac{wL}{2} \\ \dfrac{wL^2}{12} \end{bmatrix} = \begin{bmatrix} -\dfrac{25 \times 10^3 \times 2.5}{2} \\ -\dfrac{25 \times 10^3 \times 2.5^2}{12} \\ -\dfrac{25 \times 10^3 \times 2.5}{2} \\ \dfrac{25 \times 10^3 \times 2.5^2}{12} \end{bmatrix} = \begin{bmatrix} -31\,250 \\ -13\,021 \\ -31\,250 \\ 13\,021 \end{bmatrix}$$

合并以上两个荷载矩阵形成总荷载矩阵:

$$\boldsymbol{F}^{(G)} = \begin{bmatrix} -62\,500 \\ -52\,083 \\ -62\,500 - 31\,250 \\ 52\,083 - 13\,021 \\ -31\,250 \\ 13\,021 \end{bmatrix} = \begin{bmatrix} -62\,500 \\ -52\,083 \\ -93\,750 \\ 39\,062 \\ -31\,250 \\ 13\,021 \end{bmatrix}$$

应用节点 1 处的边界条件 $U_{11} = U_{12} = 0$ 和节点 2 处的边界条件 $U_{21} = 0$,有

$$\begin{bmatrix} 1 & 0 & 0 & 0 & 0 & 0 \\ 0 & 1 & 0 & 0 & 0 & 0 \\ 0 & 0 & 1 & 0 & 0 & 0 \\ 5\,692\,800 & 9\,488\,000 & 17\,078\,400 & 56\,928\,000 & -22\,771\,200 & 18\,976\,000 \\ 0 & 0 & -18\,216\,960 & -22\,771\,200 & 18\,216\,960 & -22\,771\,200 \\ 0 & 0 & 22\,771\,200 & 18\,976\,000 & -22\,771\,200 & 37\,952\,000 \end{bmatrix} \begin{bmatrix} U_{11} \\ U_{12} \\ U_{21} \\ U_{22} \\ U_{31} \\ U_{32} \end{bmatrix} = \begin{bmatrix} 0 \\ 0 \\ 0 \\ 39\,062 \\ -31\,250 \\ 13\,021 \end{bmatrix}$$

应用边界条件之后,总刚度矩阵和荷载矩阵可化简为

$$\begin{bmatrix} 56\,928\,000 & -22\,771\,200 & 18\,976\,000 \\ -22\,771\,200 & 18\,216\,960 & -22\,771\,200 \\ 18\,976\,000 & -22\,771\,200 & 37\,952\,000 \end{bmatrix} \begin{bmatrix} U_{22} \\ U_{31} \\ U_{32} \end{bmatrix} = \begin{bmatrix} 39\,062 \\ -31\,250 \\ 13\,021 \end{bmatrix}$$

求解上述方程组,则可求得未知的节点位移:

$$\boldsymbol{U}^{\mathrm{T}} = [0 \quad 0 \quad 0 \quad -0.001\,372\,3(\mathrm{rad}) \quad -0.008\,577\,2(\mathrm{m}) \quad -0.004\,117(\mathrm{rad})]$$

根据下述关系可求得节点的反作用力和弯矩:

$$\boldsymbol{R} = \boldsymbol{KU} - \boldsymbol{F} \tag{4.50}$$

其中,$\boldsymbol{R}$ 为反作用力矩阵。将相关值代入式(4.50),有

$$\begin{bmatrix} R_1 \\ M_1 \\ R_2 \\ M_2 \\ R_3 \\ M_3 \end{bmatrix} = \begin{bmatrix} 2\,277\,120 & 5\,692\,800 & -2\,277\,120 & 5\,692\,800 & 0 & 0 \\ 5\,692\,800 & 18\,976\,000 & -5\,692\,800 & 9\,488\,000 & 0 & 0 \\ -2\,277\,120 & -5\,692\,800 & 20\,494\,080 & 17\,078\,400 & -18\,216\,960 & 22\,771\,200 \\ 5\,692\,800 & 9\,488\,000 & 17\,078\,400 & 56\,928\,000 & -22\,771\,200 & 18\,976\,000 \\ 0 & 0 & -18\,216\,960 & -22\,771\,200 & 18\,216\,960 & -22\,771\,200 \\ 0 & 0 & 22\,771\,200 & 18\,976\,000 & -22\,771\,200 & 37\,952\,000 \end{bmatrix} \times$$

$$\begin{bmatrix} 0 \\ 0 \\ 0 \\ -0.001\,372\,3 \\ -0.008\,577\,2 \\ -0.004\,117\,0 \end{bmatrix} - \begin{bmatrix} -62\,500 \\ -52\,083 \\ -93\,750 \\ 39\,062 \\ -31\,250 \\ 13\,021 \end{bmatrix}$$

完成上式矩阵运算,即可求得每个节点处的反作用力和弯矩:

$$\begin{bmatrix} R_1 \\ M_1 \\ R_2 \\ M_2 \\ R_3 \\ M_3 \end{bmatrix} = \begin{bmatrix} 54\,687(\mathrm{N}) \\ 39\,062(\mathrm{N \cdot m}) \\ 132\,814(\mathrm{N}) \\ 0 \\ 0 \\ 0 \end{bmatrix}$$

注意,通过使用节点位移矩阵计算反作用力矩阵,可以检验结果的正确性。在节点 1 既有反作用力,也有弯矩;在节点 2 只有反作用力,没有反弯矩;在节点 3 既没有反作用力,也没有弯矩。上述结果均与预想一致。4.7 节将进一步讨论计算结果的精确性。

重新计算例 4.4 下面将介绍如何利用 Excel 重新计算例 4.4。

1. 如下图所示,在单元格 A1 中输入 **Example 4.1**,在单元格 A3,A4 和 A5 中分别输入

E =，I = 和 w =。在单元格 B3 输入 E 的值之后，选择 B3，并在名称框中输入 E 后按
Enter 键。同样，在单元格 B4 输入 I 的值、在 B5 输入 w 的值之后，分别选择 B4 和
B5，并在名称框中输入 I 和 w。创建如图所示的表格，包括单元和节点的编号，以及
Length，I 和 E 的值。

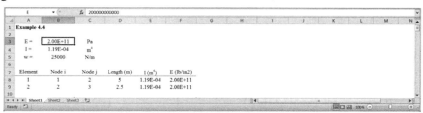

2. 如下图所示，计算矩阵[**K1**]和[**K2**]，并分别记作 Kelement1 和 Kelement2。例如创建[**K1**]，
   需要首先选择单元格区域 H16:K19，并输入=(E*I/Length1^3)*C16:F19，同时按下 Ctrl
   + Shift 键后按 Enter 键。以同样的方式创建[**K2**]。

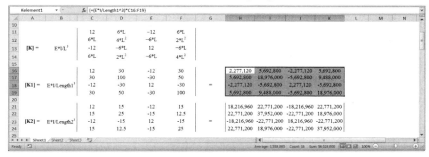

3. 如下图所示，创建矩阵{**F1**}和{**F2**}的元素，并分别记作 Felement1 和 Felement2。例
   如创建{**F1**}，首先选择单元格 D26，并输入= −w*Length1/2，在单元格 D27 输入=
   −w*Length1^2/12。

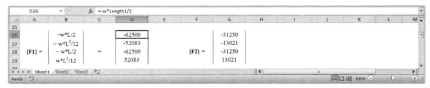

4. 如下图所示，创建矩阵[**A1**]和[**A2**]，并分别记作 Aelement1 和 Aelement2。关于 **A** 矩
   阵的含义参见 2.5 节的式(2.9)。

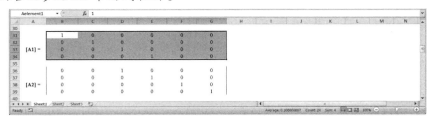

5. 创建各单元的刚度矩阵(并将其置于总刚度矩阵的恰当位置)，并分别记作 K1G 和 K2G。例
   如创建[**K**]^{1G}，首先选择单元格区域 B41:G46，并输入=MMULT(TRANSPOSE（Aelement1)，
   MMULT(Kelement1,Aelement1))，同时按下 Ctrl + Shift 键后按 Enter 键。以同样的方
   式创建[**K**]^{2G}，如下图所示。

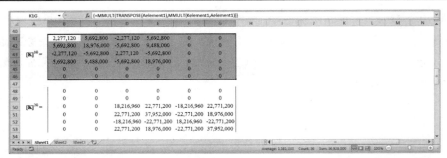

6. 如下图所示，创建矩阵$\{F\}^{1G}$和$\{F\}^{2G}$。例如创建$\{F\}^{1G}$，首先选择单元格区域 B55:B60，并输入=MMULT(TRANSPOSE(Aelement1),Felement1)，同时按下 Ctrl + Shift 键后按 Enter 键。将其记作 F1G。以同样的方式创建$\{F2\}^{2G}$，并记作 F2G。

7. 创建总刚度矩阵和总荷载矩阵。选择单元格区域 B62:G67，并输入=K1G+K2G，同时按下 Ctrl + Shift 键后按 Enter 键，将其记作 KG。以同样的方式创建总荷载矩阵，并记作 FG，如下图所示。

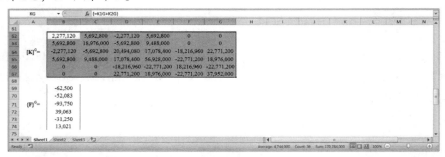

8. 应用边界条件。复制 KG 矩阵中的部分数据，并以数值形式粘贴于单元格区域 C76:E78，记作 KwithappliedBC。以同样的方式，在单元格区域 C80:C82 创建荷载矩阵，记作 FwithappliedBC，如下图所示。

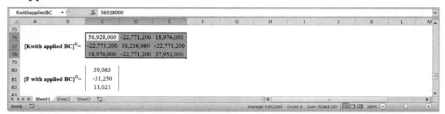

9. 选择单元格 C84 至单元格 C86，并在公式栏中输入= MMULT(MINVERSE (KwithappliedBC)，FwithappliedBC)，同时按下 Ctrl + Shift 键后按 Enter 键。如下图所示，复制 {U partial} 的值，并与边界条件 $U_{11}= 0$，$U_{12}= 0$，$U_{21}= 0$ 合并于单元格 C88 至单元格 C93，记作 UG。

10. 计算反作用力。选择单元格 C95 至单元格 C100，并在公式栏中输入=(MMULT
(KG,UG)−FG)，同时按下 Ctrl + Shift 键后按 Enter 键，如下图所示。

完整的 Excel 表格如下图所示：

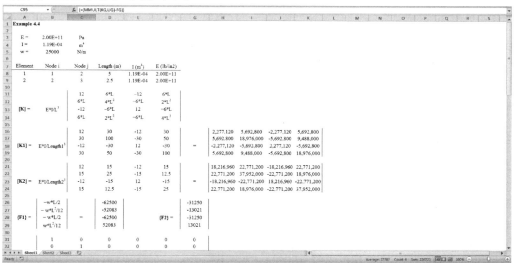

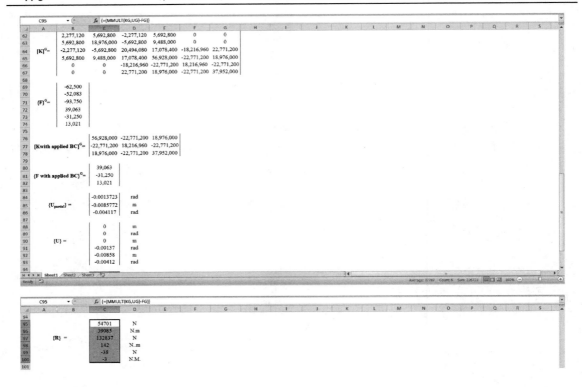

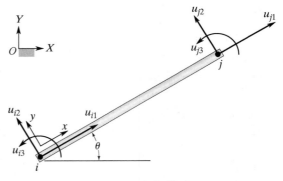

4.4　框架的有限元分析

框架是各构件由焊接或螺栓连接起来的结构。对于这类结构，除转角和横向位移外，还需要考虑轴向变形。本节将仅分析平面框架。如图 4.12 所示，每个框架单元有两个节点，每个节点有 3 个自由度，即纵向位移、横向位移和转角。

参照图 4.12，u_{i1} 表示节点 i 的纵向位移，u_{i2} 表示节点的横向位移，u_{i3} 表示节点的转角，同样，u_{j1}，u_{j2} 和 u_{j3} 分别表示节点 j 的纵向和横向位移及转角。通常，框架单元需要两个参照系，即全局坐标系和局部坐标系。全局坐标系 (X,Y) 作用如下：（1）描述每个连接点（节点）的位置，用角度 θ 表示每个单元的方向；（2）按照全局坐标系下各单元的自

图 4.12　框架单元

由度分量施加约束和荷载；（3）表示问题的解。此外，还要用局部坐标系或称之为单元坐标系来描述单元的轴向荷载性行为。局部坐标系 (x,y) 与全局坐标系 (X,Y) 的关系如图 4.12 所示。由于每个节点有 3 个自由度，框架单元的刚度矩阵是 6×6 阶矩阵。局部自由度可通过转换矩阵与全局自由度关联起来：

$$\boldsymbol{u} = \boldsymbol{T}\boldsymbol{U} \tag{4.51}$$

其中，转换矩阵为

$$
\boldsymbol{T} = \begin{bmatrix}
\cos\theta & \sin\theta & 0 & 0 & 0 & 0 \\
-\sin\theta & \cos\theta & 0 & 0 & 0 & 0 \\
0 & 0 & 1 & 0 & 0 & 0 \\
0 & 0 & 0 & \cos\theta & \sin\theta & 0 \\
0 & 0 & 0 & -\sin\theta & \cos\theta & 0 \\
0 & 0 & 0 & 0 & 0 & 1
\end{bmatrix} \tag{4.52}
$$

上一节介绍梁的刚度矩阵时仅考虑了单元的弯曲，即刚度矩阵在每个节点处仅考虑了纵向位移和转角，如下所示：

$$
\boldsymbol{K}_{xy}^{(e)} = \frac{El}{L^3}
\begin{array}{c}
\begin{matrix} u_{i1} & \ u_{i2} & \ u_{i3} & \ u_{j1} & \ u_{j2} & \ u_{j3} \end{matrix} \\
\begin{bmatrix}
0 & 0 & 0 & 0 & 0 & 0 \\
0 & 12 & 6L & 0 & -12 & 6L \\
0 & 6L & 4L^2 & 0 & -6L & 2L^2 \\
0 & 0 & 0 & 0 & 0 & 0 \\
0 & -12 & -6L & 0 & 12 & -6L \\
0 & 6L & 2L^2 & 0 & -6L & 4L^2
\end{bmatrix}
\begin{matrix} u_{i1} \\ u_{i2} \\ u_{i3} \\ u_{j1} \\ u_{j2} \\ u_{j3} \end{matrix}
\end{array} \tag{4.53}
$$

式(4.53)所示的刚度矩阵的上部和右侧分别列出了节点的自由度，以表示每一项对节点自由度的贡献。4.1 节推导的轴向荷载作用下构件的刚度矩阵为

$$
\boldsymbol{K}_{\text{axial}}^{(e)} =
\begin{array}{c}
\begin{matrix} u_{i1} & u_{i2} & u_{i3} & u_{j1} & u_{j2} & u_{j3} \end{matrix} \\
\begin{bmatrix}
\dfrac{AE}{L} & 0 & 0 & -\dfrac{AE}{L} & 0 & 0 \\
0 & 0 & 0 & 0 & 0 & 0 \\
0 & 0 & 0 & 0 & 0 & 0 \\
-\dfrac{AE}{L} & 0 & 0 & \dfrac{AE}{L} & 0 & 0 \\
0 & 0 & 0 & 0 & 0 & 0 \\
0 & 0 & 0 & 0 & 0 & 0
\end{bmatrix}
\begin{matrix} u_{i1} \\ u_{i2} \\ u_{i3} \\ u_{j1} \\ u_{j2} \\ u_{j3} \end{matrix}
\end{array} \tag{4.54}
$$

将式(4.53)和式(4.54)相加，即可得到框架单元在局部坐标系(x, y)下的刚度矩阵：

$$
\boldsymbol{K}_{xy}^{(e)} =
\begin{bmatrix}
\dfrac{AE}{L} & 0 & 0 & -\dfrac{AE}{L} & 0 & 0 \\[2mm]
0 & \dfrac{12EI}{L^3} & \dfrac{6EI}{L^2} & 0 & -\dfrac{12EI}{L^3} & \dfrac{6EI}{L^2} \\[2mm]
0 & \dfrac{6EI}{L^2} & \dfrac{4EI}{L} & 0 & -\dfrac{6EI}{L^2} & \dfrac{2EI}{L} \\[2mm]
-\dfrac{AE}{L} & 0 & 0 & \dfrac{AE}{L} & 0 & 0 \\[2mm]
0 & -\dfrac{12EI}{L^3} & -\dfrac{6EI}{L^2} & 0 & \dfrac{12EI}{L^3} & -\dfrac{6EI}{L^2} \\[2mm]
0 & \dfrac{6EI}{L^2} & \dfrac{2EI}{L} & 0 & -\dfrac{6EI}{L^2} & \dfrac{4EI}{L}
\end{bmatrix} \tag{4.55}
$$

注意，还需要将式(4.55)转换到全局坐标系下。为此，必须通过转换矩阵将应变能公式中的局部坐标系下的位移替换为全局坐标系下的位移，进而实现最小化（参见习题4.13），最终可得

$$
\boldsymbol{K}^{(e)} = \boldsymbol{T}^{\mathrm{T}} \boldsymbol{K}_{xy}^{(e)} \boldsymbol{T} \tag{4.56}
$$

其中，$\boldsymbol{K}^{(e)}$ 是全局坐标系 (X,Y) 下框架单元的刚度矩阵。下面将用另一实例介绍框架的有限元建模过程。

例 4.5 两端固定的悬臂框架，截面积、惯性矩及所受均布荷载如图 4.13 所示，其弹性模量 $E = 30\times10^6\ \mathrm{lb/in}^2$。确定框架的变形。

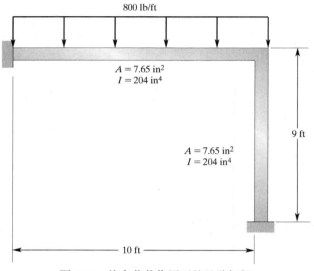

$$800\ \mathrm{lb/ft}$$

$A = 7.65\ \mathrm{in}^2$
$I = 204\ \mathrm{in}^4$

$A = 7.65\ \mathrm{in}^2$
$I = 204\ \mathrm{in}^4$

9 ft

10 ft

图 4.13　均布荷载作用下的悬臂框架

利用两个单元建立问题的有限元模型。对于单元(1)，全局坐标系和局部坐标系的关系如图 4.14 所示。

类似地，对于单元(2)，全局坐标系和局部坐标系的关系如图 4.15 所示。

图 4.14　单元(1)的全局坐标系和局部坐标系的关系

注意，问题的边界条件为 $U_{11} = U_{12} = U_{13} = U_{31} = U_{32} = U_{33} = 0$。对于单元(1)，全局坐标系和局部坐标系的方向相同，因而单元(1)的刚度矩阵可由式(4.55)直接计算，即为

$$\boldsymbol{K}^{(1)} = 10^3 \times \begin{bmatrix} 1912.5 & 0 & 0 & -1912.5 & 0 & 0 \\ 0 & 42.5 & 2550 & 0 & -42.5 & 2550 \\ 0 & 2550 & 204\,000 & 0 & -2550 & 102\,000 \\ -1912.5 & 0 & 0 & 1912.5 & 0 & 0 \\ 0 & -42.5 & -2550 & 0 & 42.5 & -2550 \\ 0 & 2550 & 102\,000 & 0 & -2550 & 204\,000 \end{bmatrix}$$

单元(2)的局部坐标系下的刚度矩阵为

$$\boldsymbol{K}^{(2)}_{xy} = 10^3 \times \begin{bmatrix} 2125 & 0 & 0 & -2125 & 0 & 0 \\ 0 & 58.299 & 3148.148 & 0 & -58.299 & 3148.148 \\ 0 & 3148.148 & 226\,666 & 0 & -3148.148 & 113\,333 \\ -2125 & 0 & 0 & 2125 & 0 & 0 \\ 0 & -58.299 & -3148.148 & 0 & 58.299 & -3148.148 \\ 0 & 3148.148 & 113\,333 & 0 & -3148.148 & 226\,666 \end{bmatrix}$$

单元(2)的转换矩阵为

$$
T = \begin{bmatrix}
\cos(270) & \sin(270) & 0 & 0 & 0 & 0 \\
-\sin(270) & \cos(270) & 0 & 0 & 0 & 0 \\
0 & 0 & 1 & 0 & 0 & 0 \\
0 & 0 & 0 & \cos(270) & \sin(270) & 0 \\
0 & 0 & 0 & -\sin(270) & \cos(270) & 0 \\
0 & 0 & 0 & 0 & 0 & 1
\end{bmatrix}
$$

$$
T = \begin{bmatrix}
0 & -1 & 0 & 0 & 0 & 0 \\
1 & 0 & 0 & 0 & 0 & 0 \\
0 & 0 & 1 & 0 & 0 & 0 \\
0 & 0 & 0 & 0 & -1 & 0 \\
0 & 0 & 0 & 1 & 0 & 0 \\
0 & 0 & 0 & 0 & 0 & 1
\end{bmatrix}
$$

转换矩阵的转置矩阵为

$$
T^{\mathrm{T}} = \begin{bmatrix}
0 & 1 & 0 & 0 & 0 & 0 \\
-1 & 0 & 0 & 0 & 0 & 0 \\
0 & 0 & 1 & 0 & 0 & 0 \\
0 & 0 & 0 & 0 & 1 & 0 \\
0 & 0 & 0 & -1 & 0 & 0 \\
0 & 0 & 0 & 0 & 0 & 1
\end{bmatrix}
$$

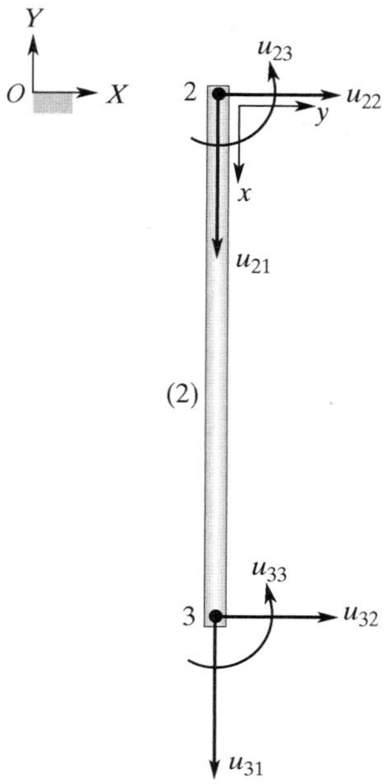

图 4.15　单元(2)的全局坐标系和局部坐标系的关系

将 T^{T}，$K_{xy}^{(2)}$ 和 T 代入式(4.56)，有

$$
K^{(2)} = 10^3 \times \begin{bmatrix}
0 & 1 & 0 & 0 & 0 & 0 \\
-1 & 0 & 0 & 0 & 0 & 0 \\
0 & 0 & 1 & 0 & 0 & 0 \\
0 & 0 & 0 & 0 & 1 & 0 \\
0 & 0 & 0 & -1 & 0 & 0 \\
0 & 0 & 0 & 0 & 0 & 1
\end{bmatrix}
\begin{bmatrix}
2125 & 0 & 0 & -2125 & 0 & 0 \\
0 & 58.299 & 3148.148 & 0 & -58.299 & 3148.148 \\
0 & 3148.148 & 226\,666 & 0 & -3148.148 & 113\,333 \\
-2125 & 0 & 0 & 2125 & 0 & 0 \\
0 & -58.299 & -3148.148 & 0 & 58.299 & -3148.148 \\
0 & 3148.148 & 113\,333 & 0 & -3148.148 & 226\,666
\end{bmatrix}
$$

$$
\times \begin{bmatrix}
0 & -1 & 0 & 0 & 0 & 0 \\
1 & 0 & 0 & 0 & 0 & 0 \\
0 & 0 & 1 & 0 & 0 & 0 \\
0 & 0 & 0 & 0 & -1 & 0 \\
0 & 0 & 0 & 1 & 0 & 0 \\
0 & 0 & 0 & 0 & 0 & 1
\end{bmatrix}
$$

进行矩阵运算，可得

$$
K^{(2)} = 10^3 \begin{bmatrix}
58.299 & 0 & 3148.148 & -58.299 & 0 & 3148.148 \\
0 & 2125 & 0 & 0 & -2125 & 0 \\
3148.148 & 0 & 226\,666 & -3148.148 & 0 & 113\,333 \\
-58.299 & 0 & -3148.148 & 58.299 & 0 & -3148.1480 \\
0 & -2125 & 0 & 0 & 2125 & 0 \\
3148.148 & 0 & 113\,333 & -3148.148 & 0 & 226\,666
\end{bmatrix}
$$

组合 $K^{(1)}$ 和 $K^{(2)}$ 形成总刚度矩阵：

$$
\boldsymbol{K}^{(G)} = 10^3 \times
\begin{bmatrix}
1912.5 & 0 & 0 & -1912.5 & 0 & 0 \\
0 & 42.5 & 2550 & 0 & -42.5 & 2550 \\
0 & 2550 & 204\,000 & 0 & -2550 & 102\,000 \\
-1912.5 & 0 & 0 & 1912.5 + 58.299 & 0 & 0 + 3148.148 \\
0 & -42.5 & -2550 & 0 & 42.5 + 2125 & -2550 \\
0 & 2550 & 102\,000 & 0 + 3148.148 & -2550 & 204\,000 + 226\,666 \\
0 & 0 & 0 & -58.299 & 0 & -3148.148 \\
0 & 0 & 0 & 0 & -2125 & 0 \\
0 & 0 & 0 & 3\,148.148 & 0 & 113\,333
\end{bmatrix}
$$

$$
\begin{bmatrix}
0 & 0 & 0 \\
0 & 0 & 0 \\
0 & 0 & 0 \\
-58.299 & 0 & 3148.148 \\
0 & -2125 & 0 \\
-3148.148 & 0 & 113\,333 \\
58.299 & 0 & -3148.1480 \\
0 & 2125 & 0 \\
-3148.148 & 0 & 226\,666
\end{bmatrix}
$$

荷载矩阵为

$$
\boldsymbol{F}^{(1)} =
\begin{bmatrix}
0 \\
-\dfrac{wL}{2} \\
-\dfrac{wL^2}{12} \\
0 \\
-\dfrac{wL}{2} \\
\dfrac{wL^2}{12}
\end{bmatrix}
=
\begin{bmatrix}
0 \\
-\dfrac{800 \times 10}{2} \\
-\dfrac{800 \times 10^2 \times 12}{12} \\
0 \\
-\dfrac{800 \times 10}{2} \\
\dfrac{800 \times 10^2 \times 12}{12}
\end{bmatrix}
=
\begin{bmatrix}
0 \\
-4000 \\
-80\,000 \\
0 \\
-4000 \\
80\,000
\end{bmatrix}
$$

其中，力的单位为 lb，弯矩的单位为 lb·in。应用边界条件($U_{11} = U_{12} = U_{13} = U_{31} = U_{32} = U_{33} = 0$)可将刚度矩阵由 9×9 阶降为 3×3 阶，即有

$$
10^3 \times
\begin{bmatrix}
1970.799 & 0 & 3148.148 \\
0 & 2167.5 & -2550 \\
3148.148 & -2550 & 430\,666
\end{bmatrix}
\begin{bmatrix}
U_{21} \\
U_{22} \\
U_{23}
\end{bmatrix}
=
\begin{bmatrix}
0 \\
-4000 \\
80\,000
\end{bmatrix}
$$

求解方程，可得如下位移矩阵：

$$
\boldsymbol{U}^{\mathrm{T}} = \begin{bmatrix} 0 & 0 & 0 & -0.000\,284\,5(\mathrm{in}) & -0.001\,635\,9(\mathrm{in}) & 0.000\,178\,15(\mathrm{rad}) & 0 & 0 & 0 \end{bmatrix}
$$

本章后续将利用 ANSYS 进一步求解该实例。

4.5　三维梁单元

ANSYS 的三维梁单元适合于梁在荷载作用下可能产生绕不同轴的拉、压、弯曲和扭转的情况。三维梁单元的每个节点有 6 个自由度，即沿 X，Y 和 Z 三个方向的位移及绕 X，Y 和 Z

三个轴的转角。第 7 个自由度(翘曲)是可选的。
因此，去除第 7 个自由度的三维梁单元的刚度
矩阵为 12×12 阶矩阵。ANSYS 的三维弹性梁
单元如图 4.16 所示。

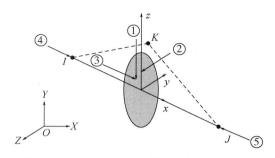

图 4.16　ANSYS 的三维弹性梁单元 BEAM188

单元的输入数据包括节点位置、截面属性
和材料性能。注意，BEAM188 单元由两个或
三个节点定义。用户可以使用第三个节点自定
义单元的 x 轴的方向。第三个节点(K)与节点 I
和节点 J 一起定义了包含单元的 x 轴和 z 轴的
平面(如图 4.16 所示，也可参见后面的例 4.6)。BEAM188 的输入数据概括如下：

节点

I，J，K(K 为定向节点，可选)

自由度(DOF)

UX，UY，UZ(分别为 X，Y，Z 方向的位移)
ROTX(绕 X 轴的转角)，ROTY(绕 Y 轴的转角)，ROTZ(绕 Z 轴的转角)

截面属性

截面属性可以直接输入，也可由 ANSYS 软件计算而得。截面属性包括：截面积；Y 和 Z
轴的惯性矩；惯性积；翘曲常数；扭转常数；形心的 Y 和 Z 轴坐标；剪切变形系数。

材料性能

EX(弹性模量)，ALPX(泊松比)，DENS(密度)，GXY(剪切模量)，DAMP(阻尼)。

面荷载

压力
面 1(I–J)(–Z 法向)
面 2(I–J)(–Y 法向)
面 3(I–J)(+X 切向)
面 4(I)(+X 轴向)
面 5(J)(–X 轴向)
(负号表示反向加载)

4.5.1　应力

在例 4.6 中，为了查看梁的应力，必须将这些结果映
射到单元表，然后通过项目标记(item label)和序号
(sequence number)才可以列举或显示。BEAM188 单元的
各应力值如表 4.3 所示。

如果需要查看某个应力值，可以用项目标记和序号将其
读入单元表中。BEAM188 单元的项目标记和序号如表 4.4
所示。例 4.5 将详细说明如何读入应力值至梁的单元表中。

表 4.3　ANSYS 中的应力举例

SDIR	轴向应力
SBYT	梁上+Y 侧的弯曲应力
SBYB	梁上–Y 侧的弯曲应力
SBZT	梁上+Z 侧的弯曲应力
SBZB	梁上–Z 侧的弯曲应力

表 4.4　BEAM188 单元的项目标记和序号

应力名称	项目标记	I	J
SDIR	SMIC	31	36
SBYT	SMIC	32	37
SBYB	SMIC	33	38
SBZT	SMIC	34	39
SBZB	SMIC	35	40

4.6　ANSYS 应用

ANSYS 提供了两种梁单元供用户建立问题的模型。

BEAM188 是一个三维梁单元，可拉伸、压缩和弯曲的单元(平面单元)。BEAM188 的每个节点具有 6 个自由度：沿 x 方向、y 方向的平移，绕 z 轴的转角，以及绕 X，Y 和 Z 轴的转角。单元的输入数据包括节点的坐标、截面属性及材料性能。输出数据包括节点位移和单元的其他数据，如表 4.3 所示。BEAM189 是一个三维二次 3 节点梁单元，适用于细长或者粗短/厚的梁结构的分析。

例 4.6　如下图所示悬臂梁，由铝合金构成，弹性模量 $E = 10 \times 10^6$ lb/in^2。截面积和荷载已经在图中给出。下面将使用 ANSYS 的 Beam188 求解此问题并将结果与梁精确解做比较。

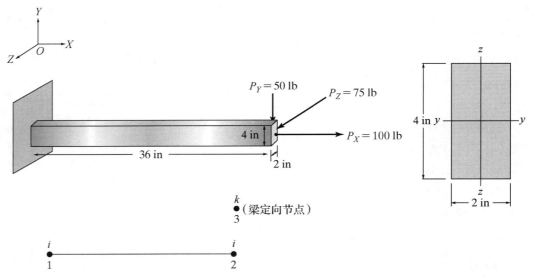

为了使用 ANSYS 求解此问题，首先需要确定梁的截面方向与预期一致。注意梁单元的截面轴方向与全局坐标方向是不同的(如上图所示)。需要特别注意单元截面轴 y、z 及全局轴 Y、Z 的方向。当使用 ANSYS 分析梁问题时，利用定向节点 K 确定一个梁单元的方向是比较好的方法。定向节点 K 定义一个包含 x 轴和 z 轴的平面(包含节点 I 和节点 J)，如图 4.16 所示。如果没有定义定向节点，则默认自动计算 y 轴的方向与 X–Y 平面平行。如果是单元与 Z 轴平行的情况，则单元的 y 轴的方向与 Y 轴平行。

利用 Launcher 进入 ANSYS。

在对话框的 Jobname 文本框中输入 Beam（或自定义的文件名），点击对话框上的 Run 按钮，启动图形用户界面（GUI）。

功能菜单：**File→Change Title...**

主菜单：**Preprocessor→Element Type→Add/Edit/Delete**

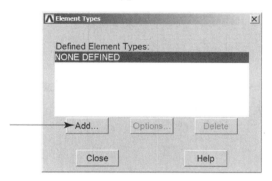

接下来，点击 Options...按钮，设置 K1, K2,…, K15 选项。

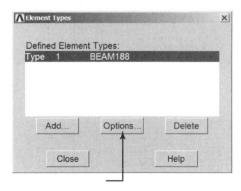

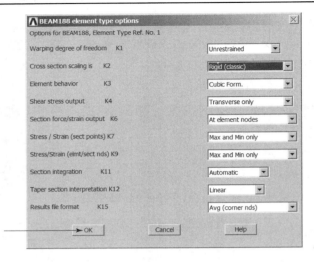

用如下命令设定弹性模量的值:

主菜单: **Preprocessor→Material Models→Structural→Linear→Elastic→Isotropic**

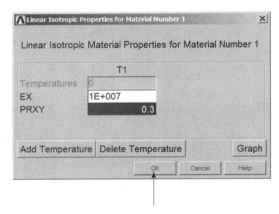

关闭 Define Material Model Behavior(定义材料属性)对话框。

主菜单: **Preprocessor→Sections →Beam→Common Sections**

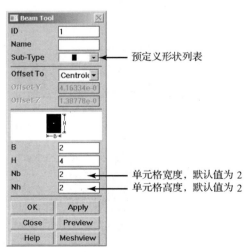

可以按以下命令查看截面属性窗口：

主菜单：**Preprocessor→Sections→List Sections**

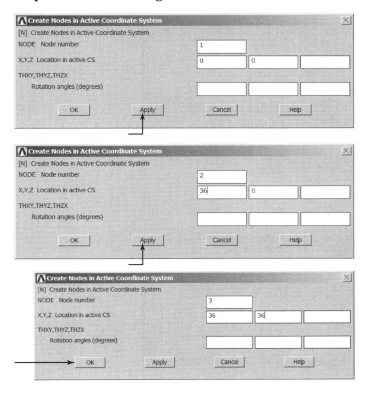

ANSYS 工具栏：**SAVE_DB**

主菜单：**Preprocessor→Modeling→Create→Nodes→In Active CS**

主菜单：**Preprocessor→Modeling→Create→Elements→Auto Numbered→Thru Nodes**

[节点 1]

[节点 2]

[节点 3]

[在 ANSYS 图形窗口任意处]

OK

功能菜单：**Plot→Elements**

工具栏：**SAVE_DB**

使用如下命令，应用边界条件：

主菜单：**Solution→Define Loads→Apply→Structural→Displacement→On Nodes**

[节点 1]

[在 ANSYS 图形窗口任意处]

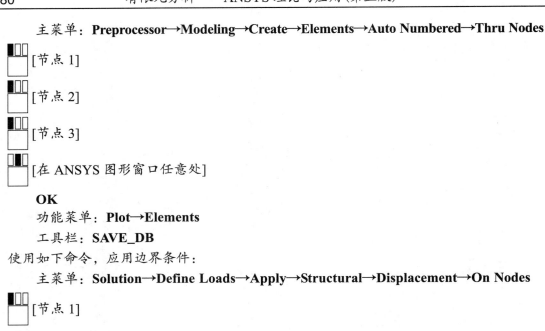

主菜单：**Solution→Define Loads→Apply→Structural→Force/Moment→On Nodes**

[节点 2]

[在 ANSYS 图形窗口任意处]

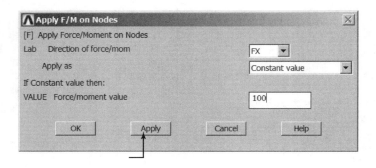

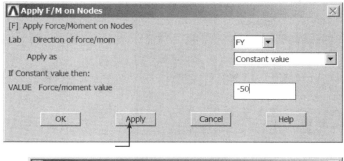

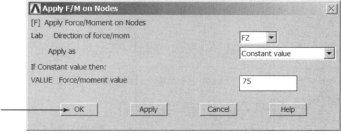

主菜单：**Solution→Solve→Current LS**

OK

Close（求解完成，关闭窗口）

Close（关闭/STAT 命令窗口）

主菜单：**General Postproc→List Results→Nodal Solution**

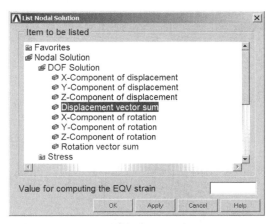

采用类似的方法，列出转角矢量和。

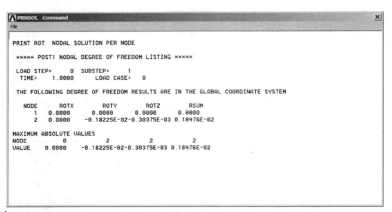

主菜单：**General Postproc→List Results→Reaction Solution**

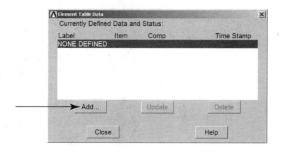

主菜单：**General Postproc→Element Table→Define Table**

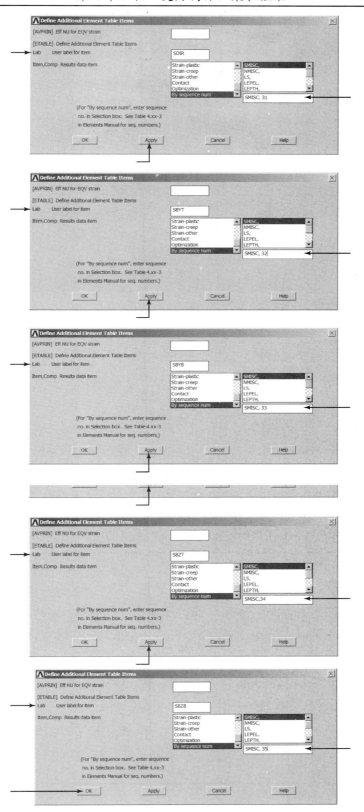

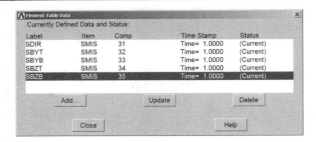

主菜单: **General Postproc→Element Table→List Element Table**

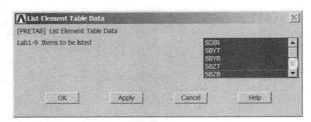

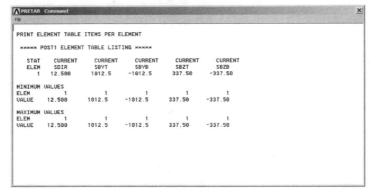

ANSYS 分析的结果与梁精确解如下表所示。正如所看到，两个结果有很好的一致性。

梁的精确解(见表 4.1) ANSYS 分析的结果

$v_X = \dfrac{P_X L}{AE} = \dfrac{(100)(36)}{(8)(10 \times 10^6)} = 0.000\,004\,5 \text{ in}$	$0.000\,004\,5 \text{ in}$
$(v_Y)_{\max} = \dfrac{-P_Y L^3}{3EI} = \dfrac{-(50)(36)^3}{3(10 \times 10^6)(10.67)} = -0.007\,29 \text{ in}$	$-0.007\,35 \text{ in}$
$(v_Z)_{\max} = \dfrac{P_Z L^3}{3EI} = \dfrac{(75)(36)^3}{3(10 \times 10^6)(2.67)} = 0.0437 \text{ in}$	0.0445 in
$\sigma_{xx-\text{axial}} = \dfrac{P_X}{A} = \dfrac{100}{8} = 12.5 \dfrac{\text{lb}}{\text{in}^2}$	$12.5 \dfrac{\text{lb}}{\text{in}^2}$
$(\sigma_{zz-\text{bending}})_{\max} = \dfrac{M_z c}{I} = \dfrac{(50)(36)(2)}{10.67} = 337.4 \dfrac{\text{lb}}{\text{in}^2}$	$337.5 \dfrac{\text{lb}}{\text{in}^2}$
$(\sigma_{yy-\text{bending}})_{\max} = \dfrac{M_y c}{I} = \dfrac{(75)(36)(1)}{2.67} = 1011 \dfrac{\text{lb}}{\text{in}^2}$	$1012 \dfrac{\text{lb}}{\text{in}^2}$

$$(\theta_Z)_{max} = \frac{-P_Y L^2}{2EI} = \frac{-(50)(36)^2}{2(10 \times 10^6)(10.67)} = -0.000\ 303\ 6 \text{ rad} \qquad -0.000\ 303\ 7 \text{ rad}$$

$$(\theta_Y)_{max} = \frac{-P_Z L^2}{2EI} = \frac{(75)(36)^2}{2(10 \times 10^6)(2.67)} = -0.001\ 82 \text{ rad} \qquad -0.001\ 82 \text{ rad}$$

$$\sum F_x = 0; \quad 100 + R_x = 0; \quad R_x = -100 \text{ lb}; \quad M_x = 0 \qquad R_x = -100 \text{ lb}; \quad M_x = 0$$

$$\sum F_y = 0; \quad -50 + R_y = 0; \quad R_y = 50 \text{ lb}; \quad M_y = (75 \text{ lb})(36 \text{ in}) \qquad R_y = 50 \text{ lb}; \quad M_y = 2700 \text{ lb} \cdot \text{in}$$
$$= 2700 \text{ lb} \cdot \text{in}$$

$$\sum F_z = 0; \quad 75 + R_z = 0; \quad R_z = -75 \text{ lb}; \quad M_z = (50 \text{ lb})(36 \text{ in}) \qquad R_z = -75 \text{ lb}$$
$$= 1800 \text{ lb} \cdot \text{in} \qquad M_z = 1800 \text{ lb} \cdot \text{in}$$

重新计算例 4.5　下面将使用 ANSYS 重新计算例 4.5 中的悬臂框架。钢的弹性模量 $E = 30 \times 10^6$ lb/in², 各单元的截面积及惯性矩如图 4.13 所示(为方便起见, 重列于图 4.17 中)。单元截面高 $h = 12.22$ in, 框架两端固定, 如图 4.17 所示。下面求在如图所示的均布荷载作用下框架的挠度和转角。本例将介绍在不使用第三节点(K)选项的情况下, 如何用自定义段求解梁和框架问题。

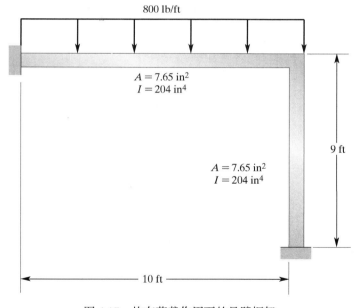

800 lb/ft

$A = 7.65 \text{ in}^2$
$I = 204 \text{ in}^4$

$A = 7.65 \text{ in}^2$
$I = 204 \text{ in}^4$

9 ft

10 ft

图 4.17　均布荷载作用下的悬臂框架

首先利用 Launcher 进入 ANSYS。

在对话框的 Jobname 文本框中输入 Frame2D(或自定义的文件名), 点击对话框上的 Run 按钮, 启动图形用户界面(GUI)。

为本问题建立一个标题, 这个标题将出现在 ANSYS 的显示窗口上, 以便于识别。操作命令如下:

功能菜单: **File→Change Title...**

主菜单：**Preprocessor→Element Type→Add/Edit/Delete**

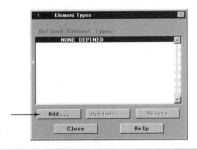

接下来点击 Options…按钮，设置 K1,K2,…,K15 选项。

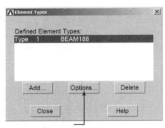

用如下命令设定弹性模量的值：

　　　主菜单：**Preprocessor→Material Props→Material Models→Structural→Linear→Elastic→Isotropic**

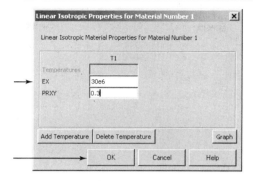

关闭 Define Material Model Behavior 窗口。

　　主菜单：**Preprocessor→Sections→Beam→Common Sections**

　　ANSYS 工具栏：**SAVE_DB**

设置图形区（如工作区、缩放区等），操作命令如下：

　　功能菜单：**Workplane→WP Settings...**

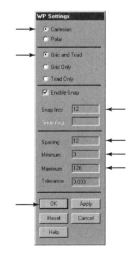

功能菜单：**Workplane→Display Working Plane**

为显示当前工作平面，操作命令如下：

功能菜单：**PlotCtrls→Pan,Zoom,Rotate...**

点击弹出菜单上的小圆圈，使工作平面可视，然后创建节点和单元：

主菜单：**Preprocessor→Modeling→Create→Nodes→On Working Plane**

[WP = 0，108]

[WP = 120，108]

[WP = 120，0]

OK

主菜单：**Preprocessor→Modeling→Create→Elements→Auto Numbered→Thru Nodes**

[节点 1]

[节点 2]

[在 ANSYS 图形窗口任意处]

[节点 2]

[节点 3]

[在 ANSYS 图形窗口任意处]

OK

功能菜单：**Plot→Elements**

工具栏：**SAVE_DB**

使用如下命令，应用边界条件：

主菜单：**Solution→Define Loads→Apply→Structural→Displacement→On Nodes**

[节点 1]

[节点 3]

[在 ANSYS 图形窗口任意处]

主菜单：**Solution→DefineLoads→Apply→Structural→Pressure→On Beams**

[单元 1]

[在 ANSYS 图形窗口任意处]

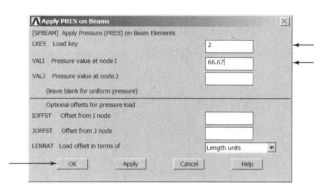

为了浏览所施加的均布荷载和边界条件，请使用如下命令：

功能菜单：**Plot Ctrls→Symbols...**

功能菜单：**Plot→Elements**

ANSYS 工具栏：**SAVE_DB**

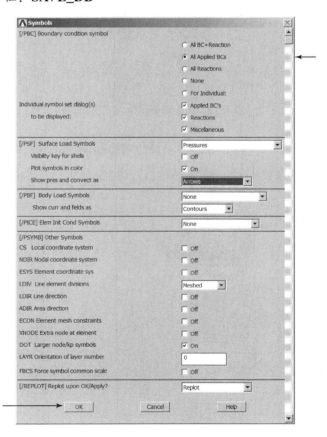

求解问题：

　　主菜单：**Solution→Solve→Current LS**

　　OK
　　Close（求解完成，关闭窗口）
　　Close（关闭/STAT 命令窗口）

使用如下命令开始后处理和绘制变形图：

　　主菜单：**General Postproc→Plot Results→Deformed Shape**

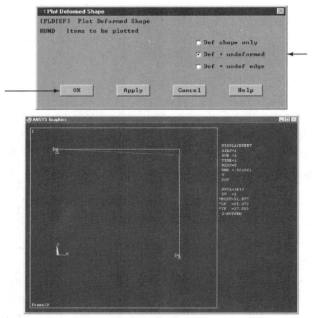

用如下命令列出节点位移：

　　主菜单：**General Postproc→List Results→Nodal Solution**

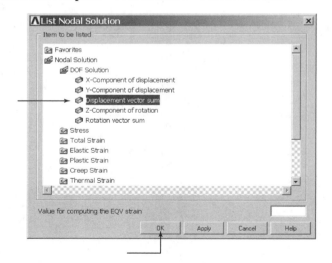

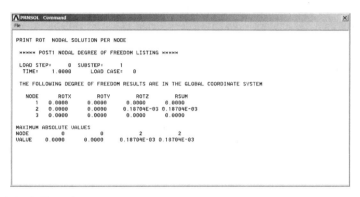

此外，也可以列出节点的转角矢量和。

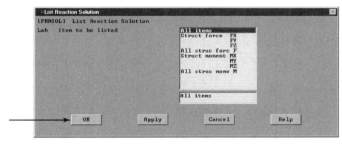

用如下命令列出反作用力：

主菜单：**General Postproc→List Results→Reaction Solution**

退出 ANSYS 并保存：

ANSYS 工具栏：**Quit**

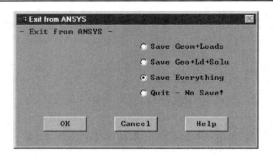

4.7 结果验证

回顾例 4.2，检验有限元计算结果是否正确的方法之一是从钢柱中任取一截面，并应用静力平衡条件。例如，如下图所示的由单元(2)所取的钢柱截面：

160 000 lb

(2)

160 000 lb

钢柱截面的平均应力为

$$\sigma^{(2)} = \frac{f_{\text{internal}}}{A} = \frac{160\ 000}{39.7} = 4030\ \text{lb/in}^2$$

类似地，单元(4)的平均应力为

$$\sigma^{(4)} = \frac{f_{\text{internal}}}{A} = \frac{60\ 000}{39.7} = 1511\ \text{lb/in}^2$$

显然，使用这种方法计算的应力结果与之前使用能量法计算出的结果完全相同。

一般情况下，梁或框架问题分析中总需要计算反作用力和反弯矩。节点反作用力和弯矩可用下式计算：

$$R = KU - F$$

已经计算出的例 4.4 的反作用力矩阵再次列举如下：

$$\begin{bmatrix} R_1 \\ M_1 \\ R_2 \\ M_2 \\ R_3 \\ M_3 \end{bmatrix} = \begin{bmatrix} 54\ 687(\text{N}) \\ 39\ 062(\text{N} \cdot \text{m}) \\ 132\ 814(\text{N}) \\ 0 \\ 0 \\ 0 \end{bmatrix}$$

前面已经介绍了如何定性地验证有限元计算结果的正确性。结果表明节点 1 处既有反作用力也有反作用力弯矩；在节点 2 处仅有反作用力，没有反作用力弯矩；在节点 3 处，既没有反作用力也没有反作用力弯矩，而这些正好与计算结果一致。下面将定量分析计算结果的正确性，利用外荷载作用下计算出的反作用力和反弯矩来验算是否满足静力平衡条件（如图 4.18 所示）：

$$+\!\uparrow\Sigma F_Y = 0 \qquad 132\,814 + 54\,687 - (25\,000)(7.5) = -1 \approx 0$$

且

$$\circlearrowleft\!\!+\,\Sigma M_{\text{node 2}} = 0 \qquad 39\,062 - 54\,687(5) + (25\,000)(7.5)(1.25) = 2 \approx 0$$

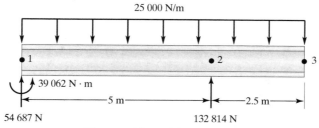

图 4.18　例 4.4 中梁的受力图

类似地，参考例 4.5，利用 ANSYS 计算出的反作用力结果如图 4.19 所示，下面验证其静力平衡条件：

$$\overset{+}{\rightarrow}\Sigma F_X = 0 \qquad 534.40 - 534.40 = 0$$

$$\uparrow\Sigma F_Y = 0 \qquad 4516.7 + 3483.3 - (800)(10) = 0$$

$$\circlearrowleft\!\!+\,\Sigma M_{\text{node 1}} = 0 \qquad 101\,470 + 18\,259 + 3483.3(10)(12) - (534.40)(9)(12)$$

$$-(800)(10)(5)(12) \approx 0$$

上述验算方法说明了静力平衡条件在验算计算结果方面的重要性。

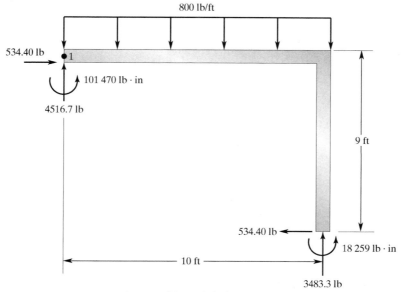

图 4.19　例 4.5 中框架的受力图

小结

至此，读者应该能够：

1. 掌握构造轴向荷载作用下构件的刚度矩阵的步方法。
2. 认识到使用简单分析方法能解决的问题，就不要用有限元方法进行建模分析，只有使用简单方法解决不了的问题才用有限元方法进行分析。
3. 了解节点有两个自由度（竖向位移和转角）的梁单元的刚度矩阵如下所示：

$$\boldsymbol{K}^{(e)} = \frac{EI}{L^3}\begin{bmatrix} 12 & 6L & -12 & 6L \\ 6L & 4L^2 & -6L & 2L^2 \\ -12 & -6L & 12 & -6L \\ 6L & 2L^2 & -6L & 4L^2 \end{bmatrix}$$

4. 能够通过查看表 4.2 利用等效节点力计算梁单元的荷载矩阵。
5. 了解包含两个节点，每个节点有 3 个自由度（轴向位移横向位移和转角）的框架单元的刚度矩阵（局部坐标和全局坐标）如下所示：

$$\boldsymbol{K}^{(e)} = \begin{bmatrix} \frac{AE}{L} & 0 & 0 & -\frac{AE}{L} & 0 & 0 \\ 0 & \frac{12EI}{L^3} & \frac{6EI}{L^2} & 0 & -\frac{12EI}{L^3} & \frac{6EI}{L^2} \\ 0 & \frac{6EI}{L^2} & \frac{4EI}{L} & 0 & -\frac{6EI}{L^2} & \frac{2EI}{L} \\ -\frac{AE}{L} & 0 & 0 & \frac{AE}{L} & 0 & 0 \\ 0 & -\frac{12EI}{L^3} & -\frac{6EI}{L^2} & 0 & \frac{12EI}{L^3} & -\frac{6EI}{L^2} \\ 0 & \frac{6EI}{L^2} & \frac{2EI}{L} & 0 & -\frac{6EI}{L^2} & \frac{4EI}{L} \end{bmatrix}$$

注意：对于非水平放置的构件，局部坐标系和全局坐标系可通过如下的转换矩阵进行变换：

$$\boldsymbol{u} = \boldsymbol{T}\boldsymbol{U}$$

转换矩阵如下：

$$\boldsymbol{T} = \begin{bmatrix} \cos\theta & \sin\theta & 0 & 0 & 0 & 0 \\ -\sin\theta & \cos\theta & 0 & 0 & 0 & 0 \\ 0 & 0 & 1 & 0 & 0 & 0 \\ 0 & 0 & 0 & \cos\theta & \sin\theta & 0 \\ 0 & 0 & 0 & -\sin\theta & \cos\theta & 0 \\ 0 & 0 & 0 & 0 & 0 & 1 \end{bmatrix}$$

6. 对于任意方向的框架单元，通过如下关系，可以计算其在全局坐标系下的刚度矩阵。

$$\boldsymbol{K}^{(e)} = \boldsymbol{T}^{\mathrm{T}}\boldsymbol{K}_{xy}^{(e)}\boldsymbol{T}$$

7. 能够通过查看表 4.2 利用等效节点力计算框架单元的荷载矩阵。

参考文献

ANSYS User's Manual: Procedures, Vol. I, Swanson Analysis Systems, Inc.

ANSYS User's Manual: Commands, Vol. II, Swanson Analysis Systems, Inc.

ANSYS User's Manual: Elements, Vol. III, Swanson Analysis Systems, Inc.

Beer, P., and Johnston, E. R., *Mechanics of Materials*, 2nd ed., New York, McGraw-Hill, 1992.

Hibbeler, R. C., *Mechanics of Materials*, 2nd ed., New York, Macmillan, 1994.

Segrlind, L., *Applied Finite Element Analysis*, 2nd ed., New York, John Wiley and Sons, 1984.

习题

1. 计算如下图所示结构中每一构件的轴向应力，以及点 D 和点 F 的挠度（$E = 29 \times 10^3$ ksi）。

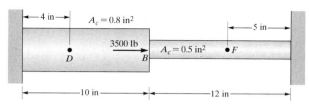

2. 类似例 4.2 的四层建筑由钢柱支撑，钢柱所承受的荷载如下图所示，假设为轴向荷载，计算 (a) 钢柱与每层楼板连接处的竖向位移；(b) 钢柱每一部分的应力（$E = 29 \times 10^6$ lb/in^2，$A = 59.1$ in^2）。

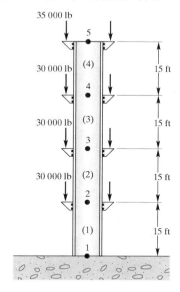

3. 计算如下图所示结构中每一构件的轴向应力，以及点 D 的挠度（$E = 10.6 \times 10^3$ ksi）。

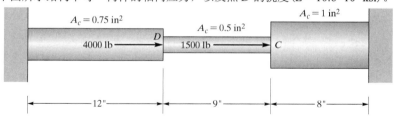

4. 如下图所示 20 ft 高的钢柱用于在其不同高度上放置广告牌，钢柱弹性模量 $E = 29 \times 10^6$ lb/in^2，假设不考虑广告牌所承受的风荷载。计算(a)钢柱上每个承受荷载的点的位移；(b)钢柱的应力。

5. 计算如下图所示结构的点 D 和点 F 的挠度，以及每一构件的轴向力和应力（$E = 29 \times 10^3$ ksi）。

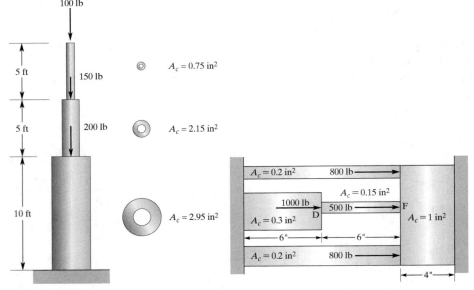

6. 计算如下图所示结构的点 D 和点 F 的挠度，以及每一构件的轴向力和应力。

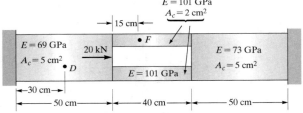

7. 如下图所示的工字形截面（W18 × 35）梁，截面积为 10.3 in^2，截面高 17.7 in，惯性矩为 510 in^4，弹性模量 $E = 29 \times 10^6$ lb/in^2，梁承受均布荷载 2000 lb/ft。手工计算节点 3 的竖向位移，以及节点 2 和节点 3 的转角。同时计算节点 1、节点 2 的反作用力和节点 1 的弯矩。

8. 如下图所示的工字形截面（W16×31）梁，截面积为 9.12 in^2，截面高 15.88 in，惯性矩为 375 in^4，弹性模量 $E = 29 \times 10^6$ lb/in^2，梁承受均布荷载 1000 lb/ft 及集中荷载 500 lb。手工计算节点 3 的竖向位移，以及节点 2 和节点 3 的转角。同时计算节点 1、节点 2 的反作用力和节点 1 的弯矩。

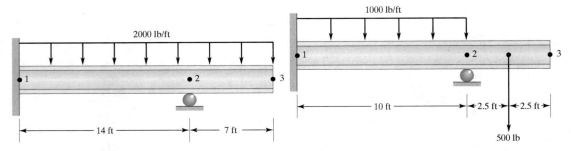

9. 如下图所示的钢制路灯架，其截面形状为中空的矩形，弹性模量 $E = 29 \times 10^6$ lb/in^2，手工计算放置灯泡的横梁端点处的挠度。

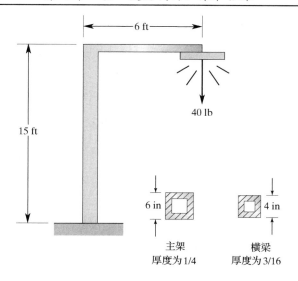

10. 公园有一野餐桌，由两个同样的金属框架支撑，如下图所示，框架埋入地下，其截面为环形，野餐桌预计承受均布荷载 250 lb/ft^2，利用 ANSYS 确定框架的截面尺寸以保证餐桌能安全使用。

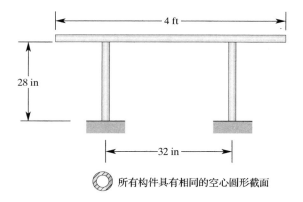

11. 如下图所示的框架用来支撑 2000 lb 的荷载，框架竖直部分的截面为环形，面积为 8.63 in^2，回转半径为 2.75 in，环形截面的外径为 6 in，其他构件的截面也是环形，截面积为 2.24 in^2，回转半径为 1.91 in，环形截面的外径为 4 in。利用 ANSYS 确定荷载施加点的挠度。假设该框架由钢材制成，弹性模量 $E = 29 \times 10^6$ lb/in^2。

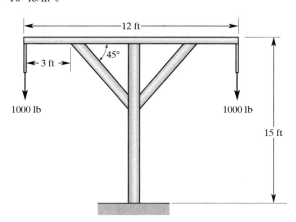

12. 如下图所示，梁单元承受三角形荷载，确定其等效节点荷载。

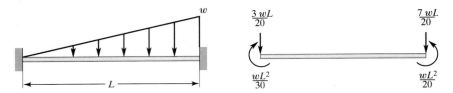

13. 请参考本章讲述的框架部分的内容，证明全局坐标系的刚度矩阵和局部坐标系的刚度矩阵的转换关系为

$$K^{(e)} = T^{\mathrm{T}} K_{xy}^{(e)} T$$

14. 如下图所示，框架承受 500 lb/ft 荷载的作用，如果使用标准截面的方钢管，利用 ANSYS 确定每个构件的截面尺寸。要求使用三种不同的截面，中间点的位移要小于 0.05 in。

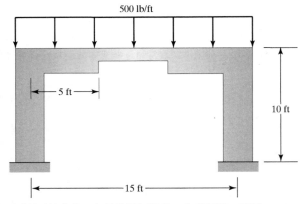

15. 有一框架承受如下图所示的荷载，如果使用标准的工字形钢梁，利用 ANSYS 确定每个构件的截面尺寸。

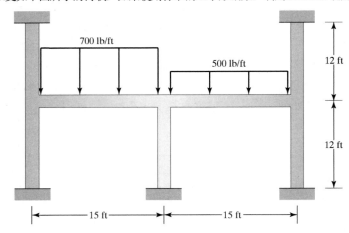

16. 梁单元承受如下图所示荷载的作用，确定等效节点荷载。

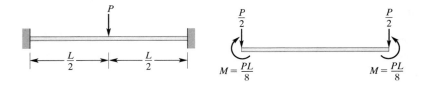

17. 利用一个单元计算如下图所示梁端点的位移和转角，并与表 4.1 的结果进行比较。

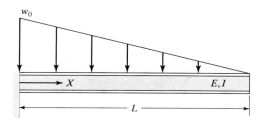

18. 利用两个单元的模型求解例 4.3，并比较与利用一个单元求解的端点位移和转角的不同。

19. 利用一个单元计算如下图所示梁的端点的位移和转角，并与表 4.1 的结果进行比较。

20. 利用一个单元计算如下图所示梁的中点的位移和转角，并与表 4.1 的结果进行比较。

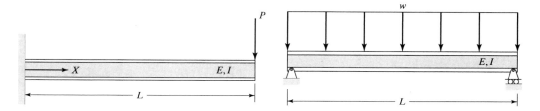

21. 如下图所示的工字形截面(W18×35)梁，截面积为 10.3 in^2，截面高 17.7 in，惯性矩为 510 in^4，弹性模量 $E = 29×10^6$ lb/in^2，梁承受集中荷载 2500 lb。利用两个单元的模型，计算梁中点的位移并与精确结果进行比较。

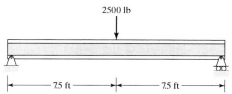

22. 如下图所示，有一框架承受 1000 lb 荷载的作用，如果使用标准工字形钢梁，利用 ANSYS 确定每个构件的截面尺寸。

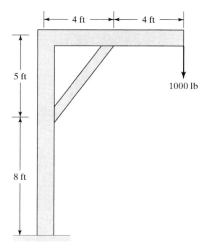

23. 承受如下图所示荷载作用的框架，如果使用标准工字形钢梁，利用 ANSYS 确定每个构件的截面尺寸。

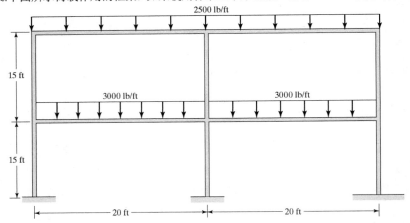

24. 承受如下图所示荷载作用的框架，如果使用标准工字形钢梁，利用 ANSYS 确定每个构件的截面尺寸。

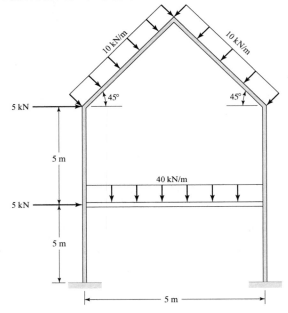

25. 承受如下图所示荷载的框架，如果使用标准工字形钢梁，利用 ANSYS 确定每个构件的截面尺寸。

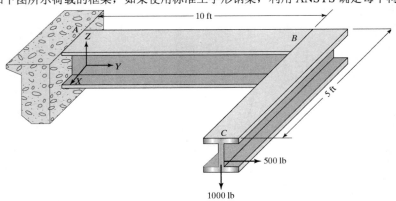

26. 证明 $\boldsymbol{DU} = \boldsymbol{U}^{\mathrm{T}}\boldsymbol{D}^{\mathrm{T}}$。

27. 利用式(4.39)和式(4.41)，证明式(4.42)所示关系的正确性。

28. 由式(4.42)，利用式(4.36a)的结论，通过积分获得式(4.43)中刚度矩阵第 1 列的结果。

29. 由式(4.42)，利用式(4.36a)的结论，通过积分获得式(4.43)中刚度矩阵第 4 行的结果。

30. **设计题**。假设桥上等间距排放 4 辆卡车，每辆卡车的有效质量是 64 000 lb，拖斗质量是 8000 lb，确定如下图所示桥梁各个构件的尺寸。提示：开始时可以对所有的梁单元使用同一截面尺寸，同时也可以假设所有桁架都有同样的截面尺寸。桥面质量为 1500 lb/ft，利用标准工字形钢梁支撑，请设计该桁架。分析中可以假设混凝土柱并没有明显变形。简要说明设计方案。

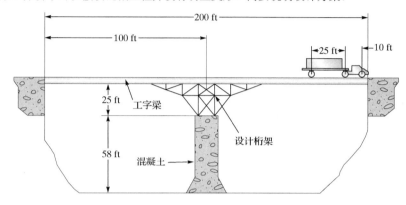

第 5 章　一 维 单 元

本章的主要目标是详细介绍一维单元及其形函数的概念和性质，给出局部坐标系和自然坐标系的概念，并将讨论在 ANSYS 中所使用的一维单元。本章主要内容包括：

5.1　线性单元
5.2　二次单元
5.3　三次单元
5.4　全局坐标、局部坐标和自然坐标
5.5　等参单元
5.6　数值积分：高斯–勒让德积分
5.7　ANSYS 中的一维单元

5.1　线性单元

本节将通过热传导的例子来介绍一维单元和形函数的基本概念。在大量的工程应用中，散热片都被用来加快冷却速度，常见的例子包括摩托车发动机缸盖、割草机的发动机头、电子设备的扩展板（散热片）和翅片管换热器等。图 5.1 是一个等截面的直散热片，作为模拟的第一步，先将其分为 3 个单元和 4 个节点，其中的曲线是温度沿散热片的典型分布，而实际的温度分布则用分段线性函数来表示。为了更好地逼近有限元模型中散热片基座处的实际温度梯度，可以增加单元的数目，或设置较小的节点间距以提高计算精度。不过对于本例，三单元模型即可满足精度要求，采用图 5.2 中的典型单元，通过线性函数来模拟沿此单元温度的分布。

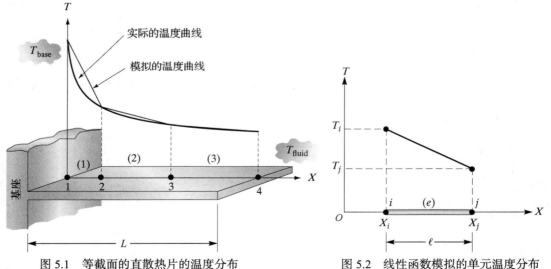

图 5.1　等截面的直散热片的温度分布　　　　图 5.2　线性函数模拟的单元温度分布

接下来，推导形函数的过程与 4.1 节中所讲述的方法类似。为方便读者回顾本方法，并保持内容连贯性，下面将再次给出推导过程。

典型单元的线性温度分布可表示为

$$T^{(e)} = c_1 + c_2 X \tag{5.1}$$

单元端点的条件由节点温度 T_i 和 T_j 给出，即

$$T = T_i \quad \text{在 } X = X_i \text{ 处}$$
$$T = T_j \quad \text{在 } X = X_j \text{ 处} \tag{5.2}$$

将节点值代入式 (5.1) 会导出两个方程和两个未知量，

$$T_i = c_1 + c_2 X_i$$
$$T_j = c_1 + c_2 X_j \tag{5.3}$$

求解未知量 c_1 和 c_2，可得

$$c_1 = \frac{T_i X_j - T_j X_i}{X_j - X_i} \tag{5.4}$$

$$c_2 = \frac{T_j - T_i}{X_j - X_i} \tag{5.5}$$

由节点值表示的单元温度分布为

$$T^{(e)} = \frac{T_i X_j - T_j X_i}{X_j - X_i} + \frac{T_j - T_i}{X_j - X_i} X \tag{5.6}$$

分别对 T_i 项和 T_j 项合并同类项，可得

$$T^{(e)} = \left(\frac{X_j - X}{X_j - X_i} \right) T_i + \left(\frac{X - X_i}{X_j - X_i} \right) T_j \tag{5.7}$$

根据此式即可将形函数 S_i 和 S_j 定义为

$$S_i = \frac{X_j - X}{X_j - X_i} = \frac{X_j - X}{\ell} \tag{5.8}$$

$$S_j = \frac{X - X_i}{X_j - X_i} = \frac{X - X_i}{\ell} \tag{5.9}$$

其中，ℓ 是单元的长度。因此，由形函数表示的单元温度分布为

$$T^{(e)} = S_i T_i + S_j T_j \tag{5.10}$$

也可以将式 (5.10) 表示为矩阵形式，即

$$T^{(e)} = [S_i \quad S_j] \begin{bmatrix} T_i \\ T_j \end{bmatrix} \tag{5.11}$$

回顾第 4 章，典型柱体单元的挠度 $u^{(e)}$ 可表示为

$$u^{(e)} = [S_i \quad S_j] \begin{bmatrix} u_i \\ u_j \end{bmatrix} \tag{5.12}$$

其中，u_i 和 u_j 表示任意单元 (e) 在节点 i 和节点 j 处的挠度。现在应该清楚的是，可以使用形函数及其相应的节点值来表示给定单元上任意未知变量的空间变化，其一般形式可表示为

$$\Psi^{(e)} = [S_i \quad S_j] \begin{bmatrix} \Psi_i \\ \Psi_j \end{bmatrix} \tag{5.13}$$

其中，Ψ_i 和 Ψ_j 表示节点的未知变量值，如节点的温度、挠度或速度。

5.1.1　形函数的性质

形函数具有很多独特的性质需要读者理解，在推导传导或刚度矩阵时，这些性质可以简化特定积分的计算。形函数固有的性质之一就是在相应节点上的值为 1，而在相邻节点上的值为 0。现在通过计算 $X=X_i$ 和 $X=X_j$ 处形函数的值来说明这个性质。在 $X=X_i$ 和 $X=X_j$ 处计算 S_i，可得

$$S_i\big|_{X=X_i} = \frac{X_j-X}{\ell}\bigg|_{X=X_i} = \frac{X_j-X_i}{\ell} = 1 \ \text{和} \ \ S_i\big|_{X=X_j} = \frac{X_j-X}{\ell}\bigg|_{X=X_j} = \frac{X_j-X_j}{\ell} = 0 \ (5.14)$$

同样，在 $X=X_i$ 和 $X=X_j$ 处计算 S_j，可得

$$S_j\big|_{X=X_i} = \frac{X-X_i}{\ell}\bigg|_{X=X_i} = \frac{X_i-X_i}{\ell} = 0 \ \text{和} \ \ S_j\big|_{X=X_j} = \frac{X-X_i}{\ell}\bigg|_{X=X_j} = \frac{X_j-X_i}{\ell} = 1 \ (5.15)$$

图 5.3 也说明了这个性质。

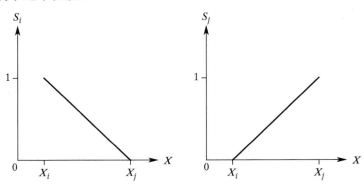

图 5.3　线性形函数

另一个性质是形函数的和为 1，即

$$S_i + S_j = \frac{X_j-X}{X_j-X_i} + \frac{X-X_i}{X_j-X_i} = 1 \tag{5.16}$$

不难看出，线性形函数对 X 的导数之和为零，即

$$\frac{\mathrm{d}}{\mathrm{d}X}\left(\frac{X_j-X}{X_j-X_i}\right) + \frac{\mathrm{d}}{\mathrm{d}X}\left(\frac{X-X_i}{X_j-X_i}\right) = -\frac{1}{X_j-X_i} + \frac{1}{X_j-X_i} = 0 \tag{5.17}$$

例 5.1　前面已经用一维线性单元近似描述了温度沿散热片的分布，节点温度及其相应位置如图 5.4 所示，确定散热片在 (a) $X=4$ cm 和 (b) $X=8$ cm 处的温度。

在第 6 章将详细讨论一维散热片问题，其中包括节点温度的计算。在本例中，应用给定的节点温度来求解上面两个问题的答案。

a. 散热片在 $X=4$ cm 处的温度由单元 (2) 来表示：

$$T^{(2)} = S_2^{(2)}T_2 + S_3^{(2)}T_3 = \frac{X_3-X}{\ell}T_2 + \frac{X-X_2}{\ell}T_3$$

$$T = \frac{5-4}{3}(41) + \frac{4-2}{3}(34) = 36.3^\circ\text{C}$$

b. 散热片在 $X=8$ cm 处的温度由单元 (3) 来表示：

$$T^{(3)} = S_3^{(3)}T_3 + S_4^{(3)}T_4 = \frac{X_4 - X}{\ell}T_3 + \frac{X - X_3}{\ell}T_4$$

$$T = \frac{10 - 8}{5}(34) + \frac{8 - 5}{5}(20) = 25.6°C$$

在这个例子中，要注意 $S_3^{(2)}$ 和 $S_3^{(3)}$ 之间的区别。

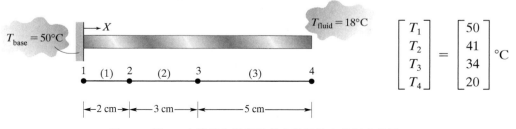

图 5.4　例 5.1 中的节点温度及其在散热片上的相应位置

5.2　二次单元

通过增加分析中所使用的线性单元的数目，或使用高阶的插值函数，都可以提高有限元结果的精度。例如，可以利用二次函数来表示未知变量的空间变化。用二次函数代替线性函数则需要使用 3 个节点来定义一个单元，这是因为需要 3 个点才能确定一个二次函数。第三个点可以取在单元的中点，例如图 5.5 中的节点 k。应用二次单元模拟前面的例子，则典型单元的温度分布可表示为

$$T^{(e)} = c_1 + c_2X + c_3X^2 \tag{5.18}$$

且节点值为

$$\begin{aligned} T &= T_i &&\text{在 } X = X_i \text{ 处} \\ T &= T_k &&\text{在 } X = X_k \text{ 处} \\ T &= T_j &&\text{在 } X = X_j \text{ 处} \end{aligned} \tag{5.19}$$

将节点值代入式 (5.18)，将导出 3 个方程和 3 个未知量，

$$\begin{aligned} T_i &= c_1 + c_2X_i + c_3X_i^2 \\ T_k &= c_1 + c_2X_k + c_3X_k^2 \\ T_j &= c_1 + c_2X_j + c_3X_j^2 \end{aligned} \tag{5.20}$$

求解 c_1，c_2 和 c_3，整理后得到由节点值和形函数表示的单元温度分布为

$$T^{(e)} = S_iT_i + S_jT_j + S_kT_k \tag{5.21}$$

将上式表示为矩阵形式：

$$T^{(e)} = \begin{bmatrix} S_i & S_j & S_k \end{bmatrix} \begin{bmatrix} T_i \\ T_j \\ T_k \end{bmatrix} \tag{5.22}$$

其中，形函数分别为

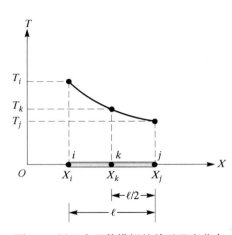

图 5.5　用二次函数模拟的单元温度分布

$$S_i = \frac{2}{\ell^2}(X - X_j)(X - X_k)$$

$$S_j = \frac{2}{\ell^2}(X - X_i)(X - X_k) \qquad (5.23)$$

$$S_k = \frac{-4}{\ell^2}(X - X_i)(X - X_j)$$

一般而言，对某一给定单元，由节点值表示的任意可变参数 Ψ 可写为

$$\Psi^{(e)} = [S_i \quad S_j \quad S_k]\begin{bmatrix} \Psi_i \\ \Psi_j \\ \Psi_k \end{bmatrix} \qquad (5.24)$$

需要注意的是，二次形函数具有和线性形函数相似的性质，即(1)形函数在相应节点上的值为 1，而在相邻节点上的值为 0；(2)对形函数求和，得到的结果为 1。线性形函数和二次形函数的主要区别在于其导数，二次形函数关于 X 的导数并不是常数。

5.3　三次单元

在有限元公式中，用二次插值法求得的结果较为精确，但当对精度有更高的要求时，就需要使用更高阶的插值函数，如三次多项式，这样就可以使用三次函数来描述给定变量的空间变化。用三次函数取代二次函数，需要使用 4 个节点来定义一个单元，这是因为使用 4 个点才能确定一个三次多项式。单元被分成等长的三段，4 个节点的取法如图 5.6 所示。应用三次函数来模拟上述散热片，典型单元的温度分布可表示为

$$T^{(e)} = c_1 + c_2 X + c_3 X^2 + c_4 X^3 \qquad (5.25)$$

且节点值为

$$\begin{aligned} T &= T_i & 在 X = X_i 处 \\ T &= T_k & 在 X = X_k 处 \\ T &= T_m & 在 X = X_m 处 \\ T &= T_j & 在 X = X_j 处 \end{aligned} \qquad (5.26)$$

将节点值代入式(5.25)，将导出 4 个方程和 4 个未知量。求解 c_1，c_2，c_3 和 c_4，整理后可得由节点值和形函数表示的单元温度分布为

$$T^{(e)} = S_i T_i + S_j T_j + S_k T_k + S_m T_m \qquad (5.27)$$

将上式表示为矩阵形式：

$$T^{(e)} = [S_i \quad S_j \quad S_k \quad S_m]\begin{bmatrix} T_i \\ T_j \\ T_k \\ T_m \end{bmatrix} \qquad (5.28)$$

其中，形函数为

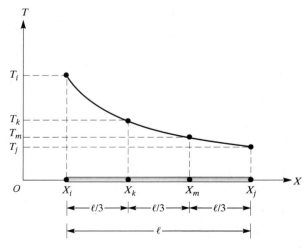

图 5.6　用三次函数模拟的单元温度分布

$$S_i = -\frac{9}{2\ell^3}(X - X_j)(X - X_k)(X - X_m)$$

$$S_j = \frac{9}{2\ell^3}(X - X_i)(X - X_k)(X - X_m)$$

$$S_k = \frac{27}{2\ell^3}(X - X_i)(X - X_j)(X - X_m)$$ (5.29)

$$S_m = -\frac{27}{2\ell^3}(X - X_i)(X - X_j)(X - X_k)$$

这里值得一提的是，当插值函数的阶数增加时，有必要用拉格朗日 (Lagrange) 插值函数代替以上方法来求得形函数。拉格朗日方法的主要优点是，不需要通过求解方程组来得到插值函数的未知系数，而是可以用线性函数的乘积形式表示形函数。因此，对于三次插值函数，与每个节点相关的形函数可以用三个线性函数的乘积表示。对于给定的节点，如节点 i，选择如下函数：函数的乘积在其他节点，即 j，k 和 m 上为 0，而在给定的节点即 i 上为 1。此外，函数的乘积必将产生线性项和非线性项，这与通常的三阶多项式函数类似。

为说明这种方法，考虑节点 i，其全局坐标为 X_i。首先，必须选择一个函数，此函数在节点 j，k 和 m 处的值应为零。不妨设

$$S_i = a_1(X - X_j)(X - X_k)(X - X_m)$$ (5.30)

这个函数是满足条件的，即将 $X = X_j$，$X = X_k$ 或 $X = X_m$ 代入方程，函数 S_i 的值都为零。然后求解 a_1，在节点 $i(X = X_i)$ 上计算形函数 S_i 时使得函数的值为 1，

$$1 = a_1(X_i - X_j)(X_i - X_k)(X_i - X_m) = a_1(-\ell)\left(-\frac{\ell}{3}\right)\left(-\frac{2\ell}{3}\right)$$

求得 a_1，

$$a_1 = -\frac{9}{2\ell^3}$$

代入式 (5.30)，有

$$S_i = -\frac{9}{2\ell^3}(X - X_j)(X - X_k)(X - X_m)$$

使用此方法可得到其他形函数。前面提到过，利用拉格朗日插值多项式公式可以直接得到 $(N-1)$ 阶多项式形函数

$$S_K = \prod_{M=1}^{N} \frac{X - X_M \quad \cdots \quad (X - X_K)}{X_K - X_M \quad \cdots \quad (X_K - X_K)} = \frac{(X - X_1)(X - X_2)\cdots(X - X_N)}{(X_K - X_1)(X_K - X_2)\cdots(X_K - X_N)}$$ (5.31)

注意，为了便于表示任意阶的多项式，式 (5.31) 中节点和形函数的下标都分别被赋予了相应的数值。

一般而言，使用三次插值函数时，由节点值表示的任意可变参数可写为

$$\Psi^{(e)} = \begin{bmatrix} S_i & S_j & S_k & S_m \end{bmatrix} \begin{bmatrix} \Psi_i \\ \Psi_j \\ \Psi_k \\ \Psi_m \end{bmatrix}$$

再次注意，三次形函数的性质与线性及二次形函数的性质相似，即 (1) 形函数在相应节点上的值为 1，而在相邻节点上值为 0；(2) 对形函数求和，结果为 1。不过要注意的是，三次形函数的空间导数为二次项。

例 5.2 运用拉格朗日插值函数直接求解二次形函数。在如下拉格朗日多项式(5.31)中,

$$S_K = \prod_{M=1}^{N} \frac{(X - X_M) \quad \cdots \quad (X - X_K)}{(X_K - X_M) \quad \cdots \quad (X_K - X_K)}$$

对于二次形函数,$N-1=2$ 且 $K=1,2,3$。参考图 5.5 并注意下标 1,2,3 分别对应节点 i,k 和 j。同时,注意大写 K 和小写 k 之间的区别,小写 k 表示一个特定的节点,而大写 K 是个可变的下标,表示不同的节点。

对于点 i 或 $K=1$,

$$S_i = S_1 = \frac{(X - X_2)(X - X_3)}{(X_1 - X_2)(X_1 - X_3)} = \frac{(X - X_2)(X - X_3)}{\left(-\dfrac{\ell}{2}\right)(-\ell)} = \frac{2}{\ell^2}(X - X_2)(X - X_3)$$

对于点 k 或 $K=2$,

$$S_k = S_2 = \frac{(X - X_1)(X - X_3)}{(X_2 - X_1)(X_2 - X_3)} = \frac{(X - X_1)(X - X_3)}{\left(\dfrac{\ell}{2}\right)\left(-\dfrac{\ell}{2}\right)} = \frac{-4}{\ell^2}(X - X_1)(X - X_3)$$

对于点 j 或 $K=3$,

$$S_j = S_3 = \frac{(X - X_1)(X - X_2)}{(X_3 - X_1)(X_3 - X_2)} = \frac{(X - X_1)(X - X_2)}{(\ell)\left(\dfrac{\ell}{2}\right)} = \frac{2}{\ell^2}(X - X_1)(X - X_2)$$

此结果与式(5.23)中给出的形函数一致。

5.4 全局坐标、局部坐标和自然坐标

正如在第 3 章、第 4 章中所讨论的,在大多数有限元建模过程中可以使用几个参考系以便于分析。其中,全局坐标系可用来表示每个节点的位置、每个单元的方向,并用来施加边界条件和荷载(根据其各自的全局分量),此外,诸如节点位移等一些所求出的解,通常也用全局坐标来表示;另一方面,局部坐标系和自然坐标系在构造几何关系或计算积分的时候具有很多便利之处,特别是积分中含有形函数的乘积时,这种优势就更为明显。对于一维单元,全局坐标 X 和局部坐标 x 之间的关系为 $X = X_i + x$,如图 5.7 所示。

将由局部坐标 x 表示的 X 代入式(5.8)和式(5.9),可得

$$S_i = \frac{X_j - X}{\ell} = \frac{X_j - (X_i + x)}{\ell} = 1 - \frac{x}{\ell} \quad (5.32)$$

$$S_j = \frac{X - X_i}{\ell} = \frac{(X_i + x) - X_i}{\ell} = \frac{x}{\ell} \quad (5.33)$$

其中,局部坐标 x 的范围为从 0 到 ℓ,即 $0 \leqslant x \leqslant \ell$。

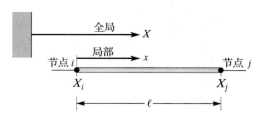

图 5.7 全局坐标 X 和局部坐标 x 的关系

5.4.1 一维线性自然坐标

从本质上讲,自然坐标是局部坐标的无量纲形式。为计算单元的刚度矩阵或传导矩阵,有必要采用数值方法来计算积分。使用自然坐标上限 1 和下限−1 进行积分比较容易。例如,令

$$\xi = \frac{2x}{\ell} - 1$$

其中，x 是局部坐标，然后指定节点 i 的坐标为 -1，节点 j 的坐标为 1，此关系如图 5.8 所示。

将由 ξ 表示的 x 代入式 (5.32) 和式 (5.33)，能够得到自然线性形函数，即

$$S_i = 1 - \frac{x}{\ell} = 1 - \frac{\ell/2(\xi+1)}{\ell} = \frac{1}{2}(1 - \xi) \quad (5.34)$$

$$S_j = \frac{x}{\ell} = \frac{\ell/2(\xi+1)}{\ell} = \frac{1}{2}(1 + \xi) \quad (5.35)$$

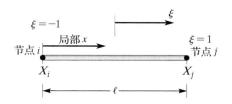

图 5.8 局部坐标 x 和自然坐标 ξ 的关系

自然线性形函数具有与线性形函数相同的性质，即对于给定单元形函数在相应节点上的值为 1，而在相邻节点上的值为 0。例如，一维散热片单元的温度分布可以表示为

$$T^{(e)} = S_i T_i + S_j T_j = \frac{1}{2}(1 - \xi)T_i + \frac{1}{2}(1 + \xi)T_j \quad (5.36)$$

从中可以看出，在 $\xi = -1$ 处 $T = T_i$，在 $\xi = 1$ 处 $T = T_j$。

5.5 等参单元

至此读者应该明确的是，位移 u 等其他变量可以通过自然形函数 S_i 和 S_j 表示出来，相应的方程为

$$u^{(e)} = S_i u_i + S_j u_j = \frac{1}{2}(1 - \xi)u_i + \frac{1}{2}(1 + \xi)u_j \quad (5.36a)$$

同时注意到，从全局坐标 $X(X_i \leqslant X \leqslant X_j)$ 或局部坐标 $x(0 \leqslant x \leqslant \ell)$ 到 ξ 的变换也可以通过相同的形函数 S_i 和 S_j 来完成，即

$$X = S_i X_i + S_j X_j = \frac{1}{2}(1 - \xi)X_i + \frac{1}{2}(1 + \xi)X_j \quad (5.36b)$$

或

$$x = S_i x_i + S_j x_j = \frac{1}{2}(1 - \xi)x_i + \frac{1}{2}(1 + \xi)x_j$$

比较式 (5.36)，式 (5.36a) 和式 (5.36b) 所给出的关系，注意到 u、T 等未知量都由同一组单一的参数 (S_i 和 S_j) 来定义，并使用同样的参数 (S_i 和 S_j) 来表示几何关系。应用这种思想的有限元方法通常被称为等参公式，以这种方式表示的单元被称为等参单元。在第 7 章和第 10 章中将进一步讨论等参单元。

例 5.3 利用局部坐标确定例 5.1 中的散热片在全局坐标 $X = 8$ cm 处的温度，并利用自然坐标确定散热片在全局坐标 $X = 7.5$ cm 处的温度。

a. 利用局部坐标，散热片在 $X = 8$ cm 处的温度由单元 (3) 根据下式来表示：

$$T^{(3)} = S_3^{(3)}T_3 + S_4^{(3)}T_4 = \left(1 - \frac{x}{\ell}\right)T_3 + \frac{x}{\ell}T_4$$

注意到单元 (3) 的长度为 5 cm，则离基座 8 cm 的点在局部坐标系下表示为 $x = 3$，

$$T = \left(1 - \frac{3}{5}\right)(34) + \frac{3}{5}(20) = 25.6°C$$

b. 应用局部坐标，散热片在 $X = 7.5$ cm 处的温度由单元(3)根据下式表示为

$$T^{(3)} = S_3^{(3)} T_3 + S_4^{(3)} T_4 = \frac{1}{2}(1 - \xi) T_3 + \frac{1}{2}(1 + \xi) T_4$$

因为全局坐标 $X = 7.5$ cm 的点是单元(3)的中点，则此点的自然坐标为 $\xi = 0$，

$$T^{(3)} = \frac{1}{2}(1 - 0)(34) + \frac{1}{2}(1 + 0)(20) = 27°C$$

5.5.1　一维自然坐标表示二次和三次形函数

用一维自然坐标表示二次和三次形函数的方法与前面讨论的方法相似。二次自然形函数为

$$S_i = -\frac{1}{2}\xi(1 - \xi) \tag{5.37}$$

$$S_j = \frac{1}{2}\xi(1 + \xi) \tag{5.38}$$

$$S_k = (1 + \xi)(1 - \xi) \tag{5.39}$$

三次自然形函数为

$$S_i = \frac{1}{16}(1 - \xi)(3\xi + 1)(3\xi - 1) \tag{5.40}$$

$$S_j = \frac{1}{16}(1 + \xi)(3\xi + 1)(3\xi - 1) \tag{5.41}$$

$$S_k = \frac{9}{16}(1 + \xi)(\xi - 1)(3\xi - 1) \tag{5.42}$$

$$S_m = \frac{9}{16}(1 + \xi)(1 - \xi)(3\xi + 1) \tag{5.43}$$

为方便起见，将 5.1 节至 5.4 节中所讨论的形函数汇总至表 5.1，注意区分全局坐标、局部坐标和自然坐标表示的形函数之间的差别。

表 5.1　一维形函数

插值函数	以全局坐标 X 表示 $X_i \leqslant X \leqslant X_j$	以局部坐标 x 表示 $0 \leqslant x \leqslant \ell$	以自然坐标 ξ 表示 $-1 \leqslant \xi \leqslant 1$
线性	$S_i = \dfrac{X_j - X}{\ell}$ $S_j = \dfrac{X - X_i}{\ell}$	$S_i = 1 - \dfrac{x}{\ell}$ $S_j = \dfrac{x}{\ell}$	$S_i = \dfrac{1}{2}(1 - \xi)$ $S_j = \dfrac{1}{2}(1 + \xi)$
二次	$S_i = \dfrac{2}{\ell^2}(X - X_j)(X - X_k)$ $S_j = \dfrac{2}{\ell^2}(X - X_i)(X - X_k)$ $S_k = \dfrac{-4}{\ell^2}(X - X_i)(X - X_j)$	$S_i = \left(\dfrac{x}{\ell} - 1\right)\left(2\left(\dfrac{x}{\ell}\right) - 1\right)$ $S_j = \left(\dfrac{x}{\ell}\right)\left(2\left(\dfrac{x}{\ell}\right) - 1\right)$ $S_k = 4\left(\dfrac{x}{\ell}\right)\left(1 - \left(\dfrac{x}{\ell}\right)\right)$	$S_i = -\dfrac{1}{2}\xi(1 - \xi)$ $S_j = \dfrac{1}{2}\xi(1 + \xi)$ $S_k = (1 - \xi)(1 + \xi)$
三次	$S_i = -\dfrac{9}{2\ell^3}(X - X_j)(X - X_k)(X - X_m)$ $S_j = \dfrac{9}{2\ell^3}(X - X_i)(X - X_k)(X - X_m)$ $S_k = \dfrac{27}{2\ell^3}(X - X_i)(X - X_j)(X - X_m)$ $S_m = -\dfrac{27}{2\ell^3}(X - X_i)(X - X_j)(X - X_k)$	$S_i = \dfrac{1}{2}\left(1 - \dfrac{x}{\ell}\right)\left(2 - 3\left(\dfrac{x}{\ell}\right)\right)\left(1 - 3\left(\dfrac{x}{\ell}\right)\right)$ $S_j = \dfrac{1}{2}\left(\dfrac{x}{\ell}\right)\left(2 - 3\left(\dfrac{x}{\ell}\right)\right)\left(1 - 3\left(\dfrac{x}{\ell}\right)\right)$ $S_k = \dfrac{9}{2}\left(\dfrac{x}{\ell}\right)\left(2 - 3\left(\dfrac{x}{\ell}\right)\right)\left(1 - \left(\dfrac{x}{\ell}\right)\right)$ $S_m = \dfrac{9}{2}\left(\dfrac{x}{\ell}\right)\left(3\left(\dfrac{x}{\ell}\right) - 1\right)\left(1 - \left(\dfrac{x}{\ell}\right)\right)$	$S_i = \dfrac{1}{16}(1 - \xi)(3\xi + 1)(3\xi - 1)$ $S_j = \dfrac{1}{16}(1 + \xi)(3\xi + 1)(3\xi - 1)$ $S_k = \dfrac{9}{16}(1 + \xi)(\xi - 1)(3\xi - 1)$ $S_m = \dfrac{9}{16}(1 + \xi)(1 - \xi)(3\xi + 1)$

例 5.4　应用 (a) 全局坐标和 (b) 局部坐标计算积分 $\int_{X_i}^{X_j} S_j^2 \mathrm{d}X$ 。

a. 应用全局坐标，可得

$$\int_{X_i}^{X_j} S_j^2 \mathrm{d}X = \int_{X_i}^{X_j} \left(\frac{X-X_i}{\ell}\right)^2 \mathrm{d}X = \frac{1}{3\ell^2}(X-X_i)^3\Big|_{X_i}^{X_j} = \frac{\ell}{3}$$

b. 应用局部坐标，可得

$$\int_{X_i}^{X_j} S_j^2 \mathrm{d}X = \int_0^\ell \left(\frac{x}{\ell}\right)^2 \mathrm{d}x = \frac{x^3}{3\ell^2}\Big|_0^\ell = \frac{\ell}{3}$$

通过这个简单的例子可以看出，应用局部坐标求解含有形函数乘积的积分较为简便。

5.6　数值积分：高斯-勒让德积分

如前所述，自然坐标本质上是局部坐标的无量纲形式。大多数有限元程序求解单元的数值积分都采用高斯积分法，积分区间为 -1 到 1。这是因为当被积函数已知时，高斯-勒让德 (Gauss-Legendre) 积分相对其他数值积分方法，如梯形法，提供了一种更为有效的积分计算方法。梯形法或辛普森法 (Simpson's method) 可用来计算离散数据的积分 (参见习题 24)，而高斯-勒让德积分用来计算不等间距点上已知函数的积分。本节随后将推导两点高斯-勒让德公式。高斯-勒让德公式的主要目标是在一些选定点上，分别将特定权因子与这些选定点的函数值相乘，再将乘积相加，最终用和来表示积分值。因此，先从下式开始：

$$I = \int_a^b f(x)\mathrm{d}x = \sum_{i=1}^n w_i f(x_i) \tag{5.44}$$

下面需要思考的问题包括：(1) 如何确定由 w_i 所表示的权因子的值？(2) 在哪些点上计算该函数，换句话说，该如何选择这些 x_i 点？首先，引入变量 λ，使之将积分范围从 a 到 b 变换为从 -1 到 1，设

$$x = c_0 + c_1\lambda$$

匹配上下限，可得

$$a = c_0 + c_1(-1)$$
$$b = c_0 + c_1(1)$$

求解 c_0 和 c_1，有

$$c_0 = \frac{(b+a)}{2}$$

且

$$c_1 = \frac{(b-a)}{2}$$

因此

$$x = \frac{(b+a)}{2} + \frac{(b-a)}{2}\lambda \tag{5.45}$$

且

$$\mathrm{d}x = \frac{(b-a)}{2}\mathrm{d}\lambda \tag{5.46}$$

这样，通过式(5.45)和式(5.46)，就可将式(5.44)的积分表示为从–1 到 1 的积分，即

$$I = \int_{-1}^{1} f(\lambda)\, \mathrm{d}\lambda = \sum_{i=1}^{n} w_i f(\lambda_i) \tag{5.47}$$

两点高斯-勒让德公式要求确定两个权因子(w_1 和 w_2)和两个样本点(λ_1 和 λ_2)来计算这些点上的函数值。因为存在 4 个未知量，这就需要应用勒让德多项式($1, \lambda, \lambda^2, \lambda^3$)来构造这个方程，如下所示：

$$w_1 f(\lambda_1) + w_2 f(\lambda_2) = \int_{-1}^{1} 1\, \mathrm{d}\lambda = 2$$

$$w_1 f(\lambda_1) + w_2 f(\lambda_2) = \int_{-1}^{1} \lambda\, \mathrm{d}\lambda = 0$$

$$w_1 f(\lambda_1) + w_2 f(\lambda_2) = \int_{-1}^{1} \lambda^2\, \mathrm{d}\lambda = \frac{2}{3}$$

$$w_1 f(\lambda_1) + w_2 f(\lambda_2) = \int_{-1}^{1} \lambda^3\, \mathrm{d}\lambda = 0$$

由上述方程组可得出

$$w_1(1) + w_2(1) = 2$$
$$w_1(\lambda_1) + w_2(\lambda_2) = 0$$
$$w_1(\lambda_1)^2 + w_2(\lambda_2)^2 = \frac{2}{3}$$
$$w_1(\lambda_1)^3 + w_2(\lambda_2)^3 = 0$$

求解 w_1，w_2，λ_1 和 λ_2，可得 $w_1 = w_2 = 1$，$\lambda_1 = -0.577\,350\,269$ 和 $\lambda_2 = -0.577\,350\,269$。表 5.2 中列出了高斯-勒让德公式的权因子，以及 2 个、3 个、4 个和 5 个样本点。注意，随着样本点数目的增加，计算的精度将会随之提高。在第 7 章读者将会看到，可以很容易地将高斯-勒让德积分推广至求解二维和三维问题。

表 5.2　高斯-勒让德公式的权因子和样本点

点数目(n)	权因子(w_i)	样本点(λ_i)
2	$w_1 = 1.000\,000\,00$ $w_2 = 1.000\,000\,00$	$\lambda_1 = -0.577\,350\,269$ $\lambda_2 = 0.577\,350\,269$
3	$w_1 = 0.555\,555\,56$ $w_2 = 0.888\,888\,89$ $w_3 = 0.555\,555\,56$	$\lambda_1 = -0.774\,596\,669$ $\lambda_2 = 0$ $\lambda_3 = 0.774\,596\,669$
4	$w_1 = 0.347\,854\,8$ $w_2 = 0.652\,145\,2$ $w_3 = 0.652\,145\,2$ $w_4 = 0.347\,854\,8$	$\lambda_1 = -0.861\,136\,312$ $\lambda_2 = -0.339\,981\,044$ $\lambda_3 = 0.339\,981\,044$ $\lambda_4 = 0.861\,136\,312$
5	$w_1 = 0.236\,926\,9$ $w_2 = 0.478\,628\,7$ $w_3 = 0.568\,888\,9$ $w_4 = 0.478\,628\,7$ $w_5 = 0.236\,926\,9$	$\lambda_1 = -0.906\,179\,846$ $\lambda_2 = -0.538\,469\,310$ $\lambda_3 = 0$ $\lambda_4 = 0.538\,469\,310$ $\lambda_5 = 0.906\,179\,846$

例 5.5 应用两点高斯-勒让德样本公式计算积分 $I = \int_2^6 (x^2 + 5x + 3)\mathrm{d}x$。

这个积分非常简单，用解析法即可计算求得其解为 $I = 161.333\ 333\ 333$，本例的主要目的是展示高斯-勒让德积分的求解过程。先通过式(5.45)将 x 换为 λ。因此，有

$$x = \frac{(b+a)}{2} + \frac{(b-a)}{2}\lambda = \frac{(6+2)}{2} + \frac{(6-2)}{2}\lambda = 4 + 2\lambda$$

并且

$$\mathrm{d}x = \frac{(b-a)}{2}\mathrm{d}\lambda = \frac{(6-2)}{2}\mathrm{d}\lambda = 2\,\mathrm{d}\lambda$$

这样，积分 I 能够用 λ 表示为

$$I = \int_2^6 \overbrace{(x^2 + 5x + 3)}^{f(x)}\mathrm{d}x = \int_{-1}^1 \overbrace{(2)[(4+2\lambda)^2 + 5(4+2\lambda) + 3]}^{f(\lambda)}\mathrm{d}\lambda$$

应用两点高斯-勒让德公式和表 5.2，即可通过下式计算出积分 I 的值

$$I \approx w_1 f(\lambda_1) + w_2 f(\lambda_2)$$

查表 5.2 可得，$w_1 = w_2 = 1$，并且在 $\lambda_1 = -0.577\ 350\ 269$ 和 $\lambda_2 = 0.577\ 350\ 269$ 处计算 $f(\lambda)$。因此有

$$f(\lambda_1) = (2)[[4 + 2(-0.577\ 350\ 269)]^2 + 5(4 + 2(-0.577\ 350\ 269) + 3)] = 50.644\ 452\ 676\ 9$$

$$f(\lambda_2) = (2)[[4 + 2(0.577\ 350\ 269)]^2 + 5(4 + 2(0.577\ 350\ 269) + 3)] = 110.688\ 880\ 653$$

$$I = (1)(50.644\ 452\ 676\ 9) + (1)110.688\ 880\ 653 = 161.333\ 333\ 33$$

例 5.6 应用两点高斯-勒让德公式计算例 5.4 中的积分 $\int_{X_i}^{X_j} S_j^2 \mathrm{d}X$。

回顾式(5.35)有 $S_j = \frac{1}{2}(1+\xi)$，并对局部坐标 x 和自然坐标 ξ 之间的关系式计算微分，如 $\xi = \frac{2x}{\ell} - 1 \Rightarrow \mathrm{d}\xi = \frac{2}{\ell}\mathrm{d}x$，可得 $\mathrm{d}x = \frac{\ell}{2}\mathrm{d}\xi$，并注意在本例中 $\xi = \lambda$，因此

$$I = \int_{X_i}^{X_j} S_j^2\mathrm{d}X = \int_{X_i}^{X_j} \left(\frac{X-X_i}{\ell}\right)^2\mathrm{d}X = \int_0^\ell \left(\frac{x}{\ell}\right)^2\mathrm{d}x = \frac{\ell}{2}\int_{-1}^1 \left[\frac{1}{2}(1+\xi)\right]^2\mathrm{d}\xi$$

应用两点高斯-勒让德公式和表 5.2，可由下式计算得出积分 I 的值，

$$I \approx w_1 f(\lambda_1) + w_2 f(\lambda_2)$$

查表 5.2 可得，$w_1 = w_2 = 1$，并且在 $\lambda_1 = -0.577\ 350\ 269$ 和 $\lambda_2 = 0.577\ 350\ 269$ 处计算 $f(\lambda)$。因此，有

$$f(\xi_1) = \frac{\ell}{2}\left[\frac{1}{2}(1+\xi_1)\right]^2 = \frac{\ell}{2}\left[\frac{1}{2}(1 - 0.577\ 350\ 269)\right]^2 = 0.022\ 329\ 099\ 389\ell$$

$$f(\xi_2) = \frac{\ell}{2}\left[\frac{1}{2}(1+\xi_2)\right]^2 = \frac{\ell}{2}\left[\frac{1}{2}(1 + 0.577\ 350\ 269)\right]^2 = 0.311\ 004\ 233\ 89\ell$$

$$I = (1)(0.022\ 329\ 099\ 389\ell) + (1)(0.311\ 004\ 233\ 89\ell) = 0.333\ 333\ 333\ell$$

注意，以上结果与例 5.4 的结果完全相同。

5.7　ANSYS 中的一维单元

　　ANSYS 提供了一些用以描述一维问题的单轴杆单元，其中包括 LINK31、LINK33 和 LINK34。LINK33 单元是一个单轴热传导单元，允许热量以传导的形式在节点间传递；单元节点的自由度是温度。该单元由两个节点、截面积和材料属性如导热系数来定义。LINK34 单元是一个单轴对流连接单元，允许热量以对流的形式在节点间传递。此单元由两个节点、对流表面面积和对流热传递系数来定义。LINK31 单元可用来模拟空间中两点之间的热辐射，由两个节点、辐射表面面积、几何形状因子、热辐射系数和斯特藩-玻尔兹曼(Stefan-Boltzman)常数定义。第 6 章将应用 LINK33 和 LINK34 来求解一维热传递问题。

小结

　　至此，读者应该能够：

1. 深入理解一维线性单元及其形函数的概念，掌握形函数的性质及使用限制。
2. 深入理解一维二次、三次单元及其形函数的概念，掌握形函数的性质及相对于线性单元的优点。
3. 了解使用局部坐标系和自然坐标系的重要性。
4. 了解等参单元和公式的意义。
5. 理解高斯-勒让德积分。
6. 了解 ANSYS 中一维单元的例子。

参考文献

ANSYS User's Manual: Elements, Vol. III, Swanson Analysis Systems, Inc.

Chandrupatla, T., and Belegundu, A., *Introduction to Finite Elements in Engineering,* Prentice Hall, 1991.

Incropera, F. P., and DeWitt, D. P., *Fundamentals of Heat and Mass Transfer,* 2nd ed., New York, John Wiley and Sons, 1985.

Segrlind, L., *Applied Finite Element Analysis,* 2nd ed., New York John Wiley and Sons, 1984.

习题

1. 前面已经讲述过应用一维线性单元来模拟温度沿散热片的分布。节点的温度及其相应位置如下图所示，试问(a)散热片在 $X = 7$ cm 处的温度是多少？ (b)应用如下关系计算散热片的热量损失：

$$Q = -kA\frac{\mathrm{d}T}{\mathrm{d}X}\Big|_{X=0}$$

其中， $k = 180$ W/m·K， $A = 10$ mm^2。

2. 分别应用(a)全局坐标和(b)局部坐标计算线性形函数的积分 $\int_{X_i}^{X_j} S_i^2 \mathrm{d}X$ 。

3. 求解下述方程中的 c_1， c_2 和 c_3，

$$T_i = c_1 + c_2 X_i + c_3 X_i^2$$
$$T_k = c_1 + c_2 X_k + c_3 X_k^2$$
$$T_j = c_1 + c_2 X_j + c_3 X_j^2$$

整理后证明形函数具有如下形式：

$$S_i = \frac{2}{\ell^2}(X - X_j)(X - X_k)$$
$$S_j = \frac{2}{\ell^2}(X - X_i)(X - X_k)$$
$$S_k = \frac{-4}{\ell^2}(X - X_i)(X - X_j)$$

4. 试用拉格朗日函数和 5.3 节中讨论的方法推导习题 3 的二次形函数。

5. 试用局部坐标推导二次形函数的表达式，并将结果与表 5.1 中给出的结果进行比较。

6. 验证表 5.1 中自然坐标下的一维二次形函数具有下列性质，(1)形函数在相应节点上值为 1，而在其他节点上值为 0；(2)对形函数求和结果为 1。

7. 验证表 5.1 中局部坐标下的三次形函数具有下列性质，(1)形函数在相应节点上值为 1，而在其他节点上值为 0；(2)对形函数求和结果为 1。

8. 验证表 5.1 中自然坐标下的三次形函数具有下列性质，(1)形函数在相应节点上值为 1，而在其他节点上值为 0；(2)对形函数求和结果为 1。

9. 推导二次和三次形函数空间导数的表达式。

10. 如前所述，增加分析中使用线性单元的数目，或者使用高阶单元，都能提高有限元结果的分析精度。试推导局部坐标下的三次形函数。

11. 分别应用(a)全局坐标；(b)自然坐标和(c)局部坐标计算二次形函数的积分 $\int_{X_i}^{X_j} S_i \, \mathrm{d}X$ 。

12. 假设用一维线性单元来模拟悬臂梁的挠度，节点的挠度及相应位置如下图所示。试确定(a)梁 $X = 2$ ft 处的挠度和(b)端点处的倾角。

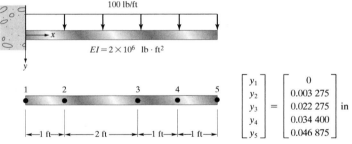

13. 前面已经应用一维线性单元近似描述了金属板内的温度分布。假设在板内嵌入加热单元，节点的温度和相应位置如下图所示。试问板在 $X = 25$ mm 处的温度是多少?假设求解节点温度时所使用的分别是(a)线性单元和(b)二次单元。

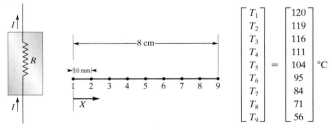

14. 应用二次单元模拟直散热片的温度分布。节点的温度和相应位置如下图所示，试确定散热片在 $X = 7$ cm 处的温度。

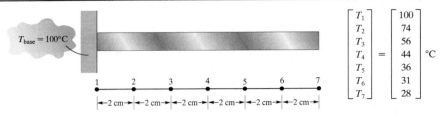

$$\begin{bmatrix} T_1 \\ T_2 \\ T_3 \\ T_4 \\ T_5 \\ T_6 \\ T_7 \end{bmatrix} = \begin{bmatrix} 100 \\ 74 \\ 56 \\ 44 \\ 36 \\ 31 \\ 28 \end{bmatrix} °C$$

15. 试用局部坐标 x 推导下图中一维线性单元的形函数，其中坐标原点位于单元的 1/4 长度处。

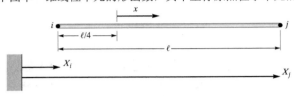

16. 试用自然坐标推导下图中所示线性单元的自然形函数。

17. 下图中节点 2 和节点 3 的挠度分别是 0.02 mm 和 0.025 mm。假设使用线性单元进行分析,确定点 A 和点 B 处的挠度。

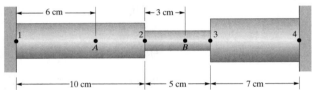

18. 假设钢柱所承受轴向荷载如下图所示,应用线性单元求得柱体在各个楼层连接点处向下的竖向位移为

$$\begin{bmatrix} u_1 \\ u_2 \\ u_3 \\ u_4 \\ u_5 \end{bmatrix} = \begin{bmatrix} 0 \\ 0.032\,83 \\ 0.057\,84 \\ 0.075\,04 \\ 0.084\,42 \end{bmatrix} in$$

试用局部形函数确定点 A 和点 B 处的挠度,其中点 A 和点 B 分别是单元(3)和单元(4)的中点。

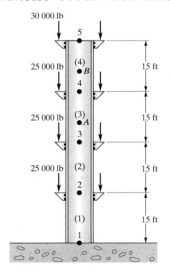

19. 应用自然坐标确定习题 18 中柱体上点 A 和点 B 处的挠度。

20. 下图中的柱体高 20 ft，可沿不同高度处支撑广告牌，由结构钢制成，弹性模量 $E = 29 \times 10^6 \, \text{lb/in}^2$。假设广告牌上的风荷载可忽略不计，应用线性单元，加载点处向下的挠度为

$$\begin{bmatrix} u_1 \\ u_2 \\ u_3 \\ u_4 \end{bmatrix} = \begin{bmatrix} 0 \\ 6.312 \times 10^{-4} \\ 8.718 \times 10^{-4} \\ 11.470 \times 10^{-4} \end{bmatrix} \text{in}$$

试应用(a)全局形函数、(b)局部形函数和(c)自然形函数来确定中间杆件中点 A 处的挠度。

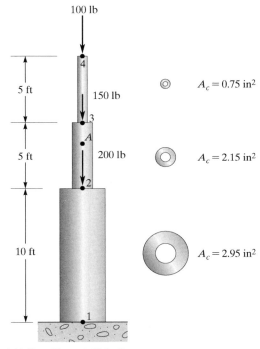

21. 试用两点高斯-勒让德公式计算习题 11 中的积分。

22. 试用解析法和高斯-勒让德公式分别计算如下积分：

$$\int_1^5 (x^3 + 5x^2 + 10)\mathrm{d}x$$

23. 试用解析法及两点、三点高斯-勒让德公式分别计算如下积分：

$$\int_{-2}^8 (3x^4 + x^2 - 7x + 10)\mathrm{d}x$$

24. 在 5.6 节中提到过，与梯形积分公式相比，当积分函数已知时，高斯-勒让德公式所提供积分计算结果要更为简单有效。梯形积分公式是用等间距的离散点来近似计算积分的，其计算公式为

$$\int_a^b f(x)\mathrm{d}x \approx h\left(\frac{1}{2}y_0 + y_1 + y_2 + \cdots + y_{n-2} + y_{n-1} + \frac{1}{2}y_n\right)$$

其中，h 是数据点 $y_0, y_1, y_2, \cdots, y_n$ 之间的距离。对于习题 23，现利用 $h = 1$ 产生 11 个积分点，分别为 $x = -2$ 处的 y_0，$x = -1$ 处的 $y_1, \cdots$，$x = 8$ 处的 y_{10}，利用这些点和梯形积分法则计算，并与习题 23 的结果进行比较。

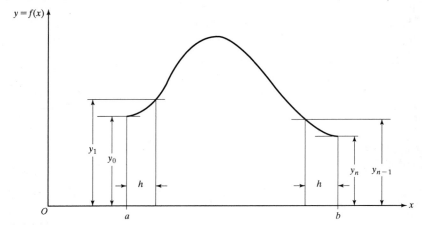

25. 试推导和绘制线性、二次和三次单元的空间导数，并比较相互之间的差别。

26. 有一种材料沿截面的温度分布如下所示：在 $X_0 = 0$，$X_1 = 2\,cm$，$X_2 = 4\,cm$，$X_3 = 6\,cm$ 处，$T_0 = 80℃$，$T_1 = 70℃$，$T_2 = 62℃$ 和 $T_3 = 55℃$。试利用线性、二次和三次单元对给出的温度分布进行近似求解，并绘制出实际的数据点，与应用线性、二次和三次单元求出的近似解进行比较。同时对给定点的空间导数进行估算，并与应用线性、二次和三次单元求解得出的导数进行比较。

27. 请用等参公式表示如下信息：在全局坐标 $X_1 = 2\,cm$，$X_2 = 5\,cm$ 处，$T_1 = 100℃$ 和 $T_2 = 58℃$，并写出全局坐标、局部坐标和自然坐标之间的转换方程。

28. 请用等参公式表示如下挠度信息：在全局坐标 $X_1 = 5\,cm$，$X_2 = 12\,cm$ 处，$U_1 = 0.01\,cm$ 和 $U_2 = 0.025\,cm$，并写出全局坐标、局部坐标和自然坐标之间的转换方程。

第 6 章　一维问题分析

本章的主要目标是介绍一维问题的有限元分析。大多数情况下，现实中的物理问题并不是一维的，作为入门，会采用一维方法对问题进行建模，这样可对一些复杂问题有基本的了解。若有必要，可再采用二维或三维方法来分析这些问题。本章首先介绍分析热传递问题的迦辽金法的公式，然后将给出一维流体力学问题及温度变化时轴心受力构件的分析实例。本章要讨论的主要内容包括：

6.1　热传递问题
6.2　流体力学问题
6.3　ANSYS 应用
6.4　结果验证
6.5　温度变化时轴心受力构件的分析

6.1　热传递问题

回顾第 1 章中所讨论的有限元分析的基本步骤。为帮助读者回顾此内容，再次给出步骤。

前处理阶段
1. 创建求解域并将其离散化为有限元，即将问题分解为节点和单元。
2. 假定描述单元行为的形函数，即假设代表单元解的近似连续函数。其中，一维的线性形函数和二次形函数已在第 5 章讨论过。
3. 建立单元方程。此步是本章讨论的重点，将应用迦辽金方法建立描述单元行为的公式。在第 4 章中，已用最小势能原理建立了轴心受力构件和梁单元的有限元模型。
4. 将单元组合来表示整个问题，构造总刚度矩阵或传导矩阵。
5. 应用边界条件和施加荷载。

求解阶段
6. 联立求解线性代数方程组以得到节点值，例如不同节点的位移量或温度值。

后处理阶段
7. 获得其他重要信息，通常感兴趣的信息包括每个单元的热量损失或应力等。

现在，请读者注意前处理阶段的第 3 步，从这一步开始建立散热片典型一维单元的(热)传导矩阵和(热)荷载矩阵。第 5 章中已对具有等截面的直散热片进行了讨论，此处为方便起见，将在图 6.1 中再次给出该散热片，并使用 3 个单元和 4 个节点建立该散热片的有限元模型，沿单元的温度分布用线性函数进行插值，实际温度和在单元上的近似温度分布参见图 6.1。这里将主要考虑单片散热片的典型单元，并建立此单元的传导矩阵和荷载矩阵公式。

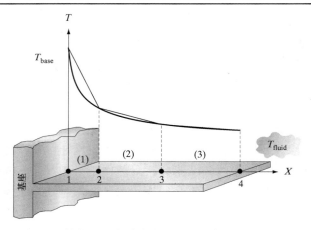

图 6.1　等截面的直散热片上实际和模拟的温度分布

在热传递的入门教程中都会给出，直散热片的一维热传递是由如下方程确定的：

$$kA\frac{\mathrm{d}^2T}{\mathrm{d}X^2} - hpT + hpT_f = 0 \tag{6.1}$$

如图 6.2 所示，对散热片微分单元应用能量守恒定律可推导出式(6.1)。散热片的热传递是通过纵向(x 方向)的热传导和与周围流体的对流来完成的。在式(6.1)中，k 为导热系数，A 为单片散热片的截面积，h 为传热系数，p 为散热片周长，T_f 为周围流体的温度。式(6.1)还对应着一组边界条件的约束。首先，基座的温度一般是已知的，即

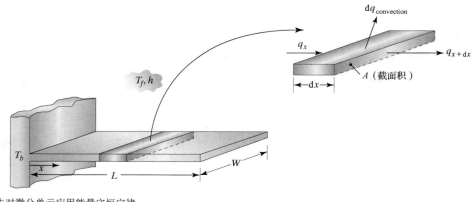

首先对微分单元应用能量守恒定律

$$q_x = q_{x+\mathrm{d}x} + \mathrm{d}q_{\mathrm{convection}}$$

$$q_x = q_x + \frac{\mathrm{d}q_x}{\mathrm{d}x}\mathrm{d}x + \mathrm{d}q_{\mathrm{convection}}$$

接下来应用傅里叶定律

$$q_x = -kA\frac{\mathrm{d}T}{\mathrm{d}x}$$

和牛顿冷却定律

$$\mathrm{d}q_{\mathrm{convection}} = h(\mathrm{d}A_s)(T - T_f)$$

$$0 = \frac{\mathrm{d}q_x}{\mathrm{d}x}\mathrm{d}x + \mathrm{d}q_{\mathrm{convection}} = \frac{\mathrm{d}}{\mathrm{d}x}\left(-kA\frac{\mathrm{d}T}{\mathrm{d}x}\right)\mathrm{d}x + h(\mathrm{d}A_s)(T - T_f)$$

将 $\mathrm{d}A_s$(表面积的微分)表示为散热片周长和 $\mathrm{d}x$ 的形式，化简后可得

$$-kA\frac{\mathrm{d}^2T}{\mathrm{d}x^2} + hp(T - T_f) = 0$$

图 6.2　散热片热量方程的推导

$$T(0) = T_b \tag{6.2}$$

其他的边界条件与散热片末端的热量损失有关，一般来说存在三种可能性。第一种可能是散热片足够长，以至于末端的温度与周围流体的温度基本相同，这种情况可表示为

$$T(L) = T_f \tag{6.3}$$

第二种可能是散热片末端损失的热量可忽略不计，则需要满足以下条件：

$$-kA \left. \frac{\mathrm{d}T}{\mathrm{d}X} \right|_{X=L} = 0 \tag{6.4}$$

第三种可能是散热片末端损失的热量不可忽略不计，分析中必须要计入，则需要满足以下条件：

$$-kA \left. \frac{\mathrm{d}T}{\mathrm{d}X} \right|_{X=L} = hA(T_L - T_f) \tag{6.5}$$

对末端的截面应用能量守恒定律，则可得到式(6.5)，此方程表示传导到末端的热量将对流传至周围的流体。因此，选定式(6.3)至式(6.5)中的一个边界条件和基座温度来建立实际问题的模型。在推导此典型单元的传导矩阵和荷载矩阵公式之前，先强调以下几点：(1)控制散热片的微分方程表示沿散热片任意一点的能量守恒，这也决定了有限单元模型中所有节点的能量守恒；(2)满足散热片 2 个边界条件的微分方程精确解(如果存在)描述了温度沿散热片的详细分布，而有限元解仅是对此精确解的近似。现在来推导典型单元的传导矩阵。第 5 章中已讨论过，典型单元的温度分布可以由线性形函数来近似，即

$$T^{(e)} = \begin{bmatrix} S_i & S_j \end{bmatrix} \begin{bmatrix} T_i \\ T_j \end{bmatrix} \tag{6.6}$$

其中，形函数由下式给出：

$$S_i = \frac{X_j - X}{\ell} \quad \text{和} \quad S_j = \frac{X - X_i}{\ell} \tag{6.7}$$

为使推导过程尽可能通用，以适用于其他具有相同微分方程形式的问题，令 $c_1 = kA$、$c_2 = -hp$、$c_3 = hpT_f$ 和 $\Psi = T$。这样，式(6.1)即可写为

$$c_1 \frac{\mathrm{d}^2\Psi}{\mathrm{d}X^2} + c_2\Psi + c_3 = 0 \tag{6.8}$$

回顾第 1 章对加权余量法的介绍，将近似解代入控制微分方程时，近似解并不能精确地满足微分方程，这样便产生了误差，或称之为余量。同时，迦辽金公式要求误差对于某些权函数是正交的且权函数是近似解的成员。这里将形函数用作权函数，因为它们是近似解的成员。

余量方程可以通过下述两种方式获得：节点法或者单元法。如图 6.3 所示，有 3 个连续的节点 i、j 和 k，属于邻近的两个单元 (e) 和 $(e+1)$，这两个单元在节点 j 将产生误差。鉴于此，节点 j 的余量方程可表示为

$$\begin{aligned}
R_j = R_j^{(e)} + R_j^{(e+1)} &= \int_{X_i}^{X_j} S_j^{(e)} \left[c_1 \frac{\mathrm{d}^2\Psi}{\mathrm{d}X^2} + c_2\Psi + c_3 \right]^{(e)} \mathrm{d}X \\
&+ \int_{X_j}^{X_k} S_j^{(e+1)} \left[c_1 \frac{\mathrm{d}^2\Psi}{\mathrm{d}X^2} + c_2\Psi + c_3 \right]^{(e+1)} \mathrm{d}X = 0
\end{aligned} \tag{6.9}$$

在后面的推导过程中，读者应密切注意表示节点编号的下标和表示单元号的上标。写出有限

元模型中每个节点的余量方程或误差方程，将导出形如下式的方程组：

$$
\begin{bmatrix} R_1 \\ R_2 \\ R_3 \\ \cdot \\ R_n \end{bmatrix} = \begin{bmatrix} 0 \\ 0 \\ 0 \\ 0 \\ 0 \end{bmatrix} \tag{6.10}
$$

式中，$R_2 = R_2^{(1)} + R_2^{(2)}$，$R_3 = R_3^{(2)} + R_3^{(3)}$，其余以此类推。

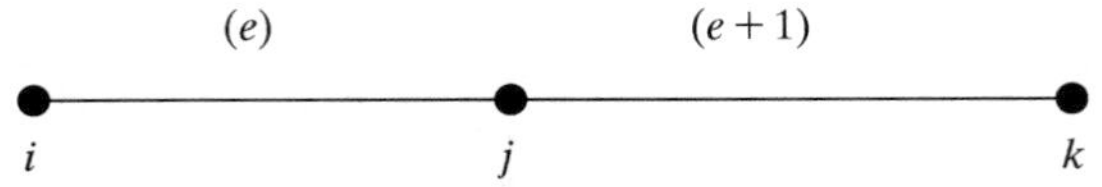

图 6.3　单元 (e)、单元 $(e+1)$ 及其节点

接下来计算各个单元对节点余量方程的影响。将式(6.9)扩展到一组节点(1、2、3、4 等)，则有

$$
R_1 = \int_{X_1}^{X_2} S_1^{(1)} \left[c_1 \frac{\mathrm{d}^2 \Psi}{\mathrm{d}X^2} + c_2 \Psi + c_3 \right]^{(1)} \mathrm{d}X = 0 \tag{6.11}
$$

$$
R_2 = R_2^{(1)} + R_2^{(2)} = \int_{X_1}^{X_2} S_2^{(1)} \left[c_1 \frac{\mathrm{d}^2 \Psi}{\mathrm{d}X^2} + c_2 \Psi + c_3 \right]^{(1)} \mathrm{d}X
$$

$$
+ \overbrace{\int_{X_2}^{X_3} S_2^{(2)} \left[c_1 \frac{\mathrm{d}^2 \Psi}{\mathrm{d}X^2} + c_2 \Psi + c_3 \right]^{(2)} \mathrm{d}X}^{\text{单元(2)的影响}} = 0 \tag{6.12}
$$

$$
R_3 = R_3^{(2)} + R_3^{(3)} = \overbrace{\int_{X_2}^{X_3} S_3^{(2)} \left[c_1 \frac{\mathrm{d}^2 \Psi}{\mathrm{d}X^2} + c_2 \Psi + c_3 \right]^{(2)} \mathrm{d}X}^{\text{单元(2)的影响}}
$$

$$
+ \overbrace{\int_{X_3}^{X_4} S_3^{(3)} \left[c_1 \frac{\mathrm{d}^2 \Psi}{\mathrm{d}X^2} + c_2 \Psi + c_3 \right]^{(3)} \mathrm{d}X}^{\text{单元(3)的影响}} = 0 \tag{6.13}
$$

$$
R_4 = R_4^{(3)} + R_4^{(4)} = \overbrace{\int_{X_3}^{X_4} S_4^{(3)} \left[c_1 \frac{\mathrm{d}^2 \Psi}{\mathrm{d}X^2} + c_2 \Psi + c_3 \right]^{(3)} \mathrm{d}X}^{\text{单元(3)的影响}}
$$

$$
+ \overbrace{\int_{X_4}^{X_5} S_4^{(4)} \left[c_1 \frac{\mathrm{d}^2 \Psi}{\mathrm{d}X^2} + c_2 \Psi + c_3 \right]^{(4)} \mathrm{d}X}^{\text{单元(4)的影响}} = 0 \tag{6.14}
$$

注意，单元(2)会影响式(6.12)和式(6.13)，单元(3)会影响式(6.13)和式(6.14)等。一般而言，具有节点 i 和节点 j 的任一单元 (e) 对余量方程所做的贡献为

$$
R_i^{(e)} = \int_{X_i}^{X_j} S_i^{(e)} \left[c_1 \frac{\mathrm{d}^2 \Psi}{\mathrm{d}X^2} + c_2 \Psi + c_3 \right]^{(e)} \mathrm{d}X \tag{6.15}
$$

$$R_j^{(e)} = \int_{X_i}^{X_j} S_j^{(e)} \left[c_1 \frac{\mathrm{d}^2\Psi}{\mathrm{d}X^2} + c_2\Psi + c_3 \right]^{(e)} \mathrm{d}X \tag{6.16}$$

按照这种方法即可推导出单元方程。至此，已建立起任意单元(e)的余量方程，然后将按这种方法导出的单元矩阵进行组合来描述整个问题，最后将余量方程置零。

对式(6.15)和式(6.16)进行积分计算就可推导出单元方程，但首先需要将上述方程中的二阶项转化为一阶项，这可以通过链式法则来完成：

$$\frac{\mathrm{d}}{\mathrm{d}X}\left(S_i \frac{\mathrm{d}\Psi}{\mathrm{d}X} \right) = S_i \frac{\mathrm{d}^2\Psi}{\mathrm{d}X^2} + \frac{\mathrm{d}S_i}{\mathrm{d}X}\frac{\mathrm{d}\Psi}{\mathrm{d}X} \tag{6.17}$$

$$S_i \frac{\mathrm{d}^2\Psi}{\mathrm{d}X^2} = \frac{\mathrm{d}}{\mathrm{d}X}\left(S_i \frac{\mathrm{d}\Psi}{\mathrm{d}X} \right) - \frac{\mathrm{d}S_i}{\mathrm{d}X}\frac{\mathrm{d}\Psi}{\mathrm{d}X} \tag{6.18}$$

将式(6.18)代入式(6.15)：

$$R_i^{(e)} = \int_{X_i}^{X_j} \left(c_1\left(\frac{\mathrm{d}}{\mathrm{d}X}\left(S_i \frac{\mathrm{d}\Psi}{\mathrm{d}X} \right) - \frac{\mathrm{d}S_i}{\mathrm{d}X}\frac{\mathrm{d}\Psi}{\mathrm{d}X} \right) + S_i(c_2\Psi + c_3) \right) \mathrm{d}X \tag{6.19}$$

对于式(6.16)，也存在类似的转换过程，但是目前读者仅需重点关注其中一个余量方程即可。式(6.19)中有 4 项需要计算：

$$\begin{aligned}
R_i^{(e)} = &\int_{X_i}^{X_j} c_1\left(\frac{\mathrm{d}}{\mathrm{d}X}\left(S_i \frac{\mathrm{d}\Psi}{\mathrm{d}X} \right) \right) \mathrm{d}X + \int_{X_i}^{X_j} c_1\left(-\frac{\mathrm{d}S_i}{\mathrm{d}X}\frac{\mathrm{d}\Psi}{\mathrm{d}X} \right) \mathrm{d}X \\
&+ \int_{X_i}^{X_j} S_i(c_2\Psi) \, \mathrm{d}X + \int_{X_i}^{X_j} S_i c_3 \, \mathrm{d}X
\end{aligned} \tag{6.20}$$

首先计算第 1 项：

$$\int_{X_i}^{X_j} c_1\left(\frac{\mathrm{d}}{\mathrm{d}X}\left(S_i \frac{\mathrm{d}\Psi}{\mathrm{d}X} \right) \right) \mathrm{d}X = c_1 S_i \frac{\mathrm{d}\Psi}{\mathrm{d}X}\bigg|_{X=X_j} - c_1 S_i \frac{\mathrm{d}\Psi}{\mathrm{d}X}\bigg|_{X=X_i} = -c_1 \frac{\mathrm{d}\Psi}{\mathrm{d}X}\bigg|_{X=X_i} \tag{6.21}$$

要得到式(6.21)的结果，会用到形函数的如下性质：S_i 在 $X = X_j$ 处为 0，在 $X = X_i$ 处为 1。然后，计算式(6.20)中的第 2 项积分：

$$\int_{X_i}^{X_j} c_1\left(-\frac{\mathrm{d}S_i}{\mathrm{d}X}\frac{\mathrm{d}\Psi}{\mathrm{d}X} \right) \mathrm{d}X = -\frac{c_1}{\ell}(\Psi_i - \Psi_j) \tag{6.22}$$

为获得式(6.22)的最终计算结果，首先需要代入 $S_i = \dfrac{X_j - X}{\ell}$ 和 $\Psi = S_i\Psi_i + S_j\Psi_j = \dfrac{X_j - X}{\ell}\Psi_i + \dfrac{X - X_i}{\ell}\Psi_j$，然后再计算积分。最后，分别计算式$(6.20)$中的第 3 项和第 4 项：

$$\int_{X_i}^{X_j} S_i(c_2\Psi) \, \mathrm{d}X = \frac{c_2\ell}{3}\Psi_i + \frac{c_2\ell}{6}\Psi_j \tag{6.23}$$

$$\int_{X_i}^{X_j} S_i c_3 \, \mathrm{d}X = c_3 \frac{\ell}{2} \tag{6.24}$$

随后，对于节点 j 的第 2 个余量方程，即式(6.16)，按上述方法计算后可得

$$\int_{X_i}^{X_j} c_1\left(\frac{\mathrm{d}}{\mathrm{d}X}\left(S_j \frac{\mathrm{d}\Psi}{\mathrm{d}X} \right) \right) \mathrm{d}X = c_1 S_j \frac{\mathrm{d}\Psi}{\mathrm{d}X}\bigg|_{X=X_j} - c_1 S_j \frac{\mathrm{d}\Psi}{\mathrm{d}X}\bigg|_{X=X_i} = c_1 \frac{\mathrm{d}\Psi}{\mathrm{d}X}\bigg|_{X=X_j} \tag{6.25}$$

$$\int_{X_i}^{X_j} c_1\left(-\frac{\mathrm{d}S_j}{\mathrm{d}X}\frac{\mathrm{d}\Psi}{\mathrm{d}X}\right)\mathrm{d}X = -\frac{c_1}{\ell}\left(-\Psi_i + \Psi_j\right) \tag{6.26}$$

$$\int_{X_i}^{X_j} S_j(c_2\Psi)\,\mathrm{d}X = \frac{c_2\ell}{6}\Psi_i + \frac{c_2\ell}{3}\Psi_j \tag{6.27}$$

$$\int_{X_i}^{X_j} S_j\,c_3\,\mathrm{d}X = c_3\frac{\ell}{2} \tag{6.28}$$

至此，读者应当清楚，式(6.15)和式(6.16)经计算将产生如下线性方程组：

$$\begin{bmatrix} R_i \\ R_j \end{bmatrix} = \begin{bmatrix} -c_1\dfrac{\mathrm{d}\Psi}{\mathrm{d}X}\Big|_{X=X_i} \\ c_1\dfrac{\mathrm{d}\Psi}{\mathrm{d}X}\Big|_{X=X_j} \end{bmatrix} - \frac{c_1}{\ell}\begin{bmatrix} 1 & -1 \\ -1 & 1 \end{bmatrix}\begin{bmatrix} \Psi_i \\ \Psi_j \end{bmatrix}$$
$$+ \frac{c_2\ell}{6}\begin{bmatrix} 2 & 1 \\ 1 & 2 \end{bmatrix}\begin{bmatrix} \Psi_i \\ \Psi_j \end{bmatrix} + \frac{c_3\ell}{2}\begin{bmatrix} 1 \\ 1 \end{bmatrix} \tag{6.29}$$

为简化传导矩阵和荷载矩阵的表示，各单元的余量将设为零。如前所述，当所有单元组合完成后应将余量置零。重新整理式(6.29)，得

$$\begin{bmatrix} c_1\dfrac{\mathrm{d}\Psi}{\mathrm{d}X}\Big|_{X=X_i} \\ -c_1\dfrac{\mathrm{d}\Psi}{\mathrm{d}X}\Big|_{X=X_j} \end{bmatrix} + \frac{c_1}{\ell}\begin{bmatrix} 1 & -1 \\ -1 & 1 \end{bmatrix}\begin{bmatrix} \Psi_i \\ \Psi_j \end{bmatrix} + \frac{-c_2\ell}{6}\begin{bmatrix} 2 & 1 \\ 1 & 2 \end{bmatrix}\begin{bmatrix} \Psi_i \\ \Psi_j \end{bmatrix} = \frac{c_3\ell}{2}\begin{bmatrix} 1 \\ 1 \end{bmatrix} \tag{6.30}$$

合并各未知的节点参数，可得

$$\begin{bmatrix} c_1\dfrac{\mathrm{d}\Psi}{\mathrm{d}X}\Big|_{X=X_i} \\ -c_1\dfrac{\mathrm{d}\Psi}{\mathrm{d}X}\Big|_{X=X_j} \end{bmatrix} + \left\{ \boldsymbol{K}_{c_1}^{(e)} + \boldsymbol{K}_{c_2}^{(e)} \right\}\begin{bmatrix} \Psi_i \\ \Psi_j \end{bmatrix} = \boldsymbol{F}^{(e)} \tag{6.31}$$

其中，

$$\boldsymbol{K}_{c_1}^{(e)} = \frac{c_1}{\ell}\begin{bmatrix} 1 & -1 \\ -1 & 1 \end{bmatrix}$$

既可以是热传递问题中单元的传导矩阵，也可以表示固体力学问题中单元的刚度矩阵，这将取决于系数 c_1；

$$\boldsymbol{K}_{c_2}^{(e)} = \frac{-c_2\ell}{6}\begin{bmatrix} 2 & 1 \\ 1 & 2 \end{bmatrix}$$

既可以是热传递问题中单元的传导矩阵，也可以表示固体力学问题中单元的刚度矩阵，这将取决于系数 c_2；

$$\boldsymbol{F}^{(e)} = \frac{c_3\ell}{2}\begin{bmatrix} 1 \\ 1 \end{bmatrix}$$

是给定单元的荷载矩阵。

$$
\left[
\begin{array}{c}
c_1 \dfrac{\mathrm{d}\Psi}{\mathrm{d}X}\Big|_{X=X_i} \\[4mm]
-c_1 \dfrac{\mathrm{d}\Psi}{\mathrm{d}X}\Big|_{X=X_j}
\end{array}
\right]
$$

对传导(或者固体力学问题中的刚度)矩阵和荷载矩阵都有贡献,具体的数值要依据特定的边界条件进行计算,这在稍后将予以解释。针对典型的一维散热片,给出以参数形式表示的热传导矩阵如下:

$$
\boldsymbol{K}^{(e)}_{c_1} = \frac{c_1}{\ell}\begin{bmatrix} 1 & -1 \\ -1 & 1 \end{bmatrix} = \frac{kA}{\ell}\begin{bmatrix} 1 & -1 \\ -1 & 1 \end{bmatrix} \tag{6.32}
$$

和

$$
\boldsymbol{K}^{(e)}_{c_2} = \frac{-c_2 \ell}{6}\begin{bmatrix} 2 & 1 \\ 1 & 2 \end{bmatrix} = \frac{hp\ell}{6}\begin{bmatrix} 2 & 1 \\ 1 & 2 \end{bmatrix} \tag{6.33}
$$

一般而言,单元的传导矩阵由以下三项组成:$\boldsymbol{K}^{(e)}_{c_1}$ 表示沿散热片经由截面的传导热传递;$\boldsymbol{K}^{(e)}_{c_2}$ 表示经由散热片单元上、下表面及侧面的热量损失;根据末端的边界条件,可能额外还存在单元传导矩阵 $\boldsymbol{K}^{(e)}_{\text{B.C.}}$。对于散热片包含上表面的最后一个单元,考虑由式(6.5)给出的边界条件,经由末端表面损失的热量由下式计算:

$$
\left[
\begin{array}{c}
c_1 \dfrac{\mathrm{d}\Psi}{\mathrm{d}X}\Big|_{X=X_i} \\[4mm]
-c_1 \dfrac{\mathrm{d}\Psi}{\mathrm{d}X}\Big|_{X=X_j}
\end{array}
\right]
=
\left[
\begin{array}{c}
kA\dfrac{\mathrm{d}T}{\mathrm{d}X}\Big|_{X=X_i} \\[4mm]
-kA\dfrac{\mathrm{d}T}{\mathrm{d}X}\Big|_{X=X_j}
\end{array}
\right]
=
\left[
\begin{array}{c}
0 \\[2mm]
hA(T_j - T_f)
\end{array}
\right]
\tag{6.34}
$$

经整理和化简:

$$
\left[
\begin{array}{c}
kA\dfrac{\mathrm{d}T}{\mathrm{d}X}\Big|_{X=X_i} \\[4mm]
-kA\dfrac{\mathrm{d}T}{\mathrm{d}X}\Big|_{X=X_j}
\end{array}
\right]
=
\left[
\begin{array}{c}
0 \\[2mm]
hA(T_j - T_f)
\end{array}
\right]
=
\begin{bmatrix} 0 & 0 \\ 0 & hA \end{bmatrix}
\begin{bmatrix} T_i \\ T_j \end{bmatrix}
-
\begin{bmatrix} 0 \\ hAT_f \end{bmatrix}
\tag{6.35}
$$

$$
\boldsymbol{K}^{(e)}_{\text{B.C.}} = \begin{bmatrix} 0 & 0 \\ 0 & hA \end{bmatrix} \tag{6.36}
$$

$-\begin{bmatrix} 0 \\ hAT_f \end{bmatrix}$ 位于荷载矩阵式(6.35)的右边,表示末端边界条件对荷载矩阵的影响。令

$$
\boldsymbol{F}^{(e)}_{\text{B.C.}} = \begin{bmatrix} 0 \\ hAT_f \end{bmatrix} \tag{6.37}
$$

总之,除最后一个单元外,其他所有单元的传导矩阵均由下式给出:

$$
\boldsymbol{K}^{(e)} = \left\{ \frac{kA}{\ell}\begin{bmatrix} 1 & -1 \\ -1 & 1 \end{bmatrix} + \frac{hp\ell}{6}\begin{bmatrix} 2 & 1 \\ 1 & 2 \end{bmatrix} \right\} \tag{6.38}
$$

如果通过散热片末端的热量损失不可忽略不计,则最后一个单元的传导矩阵必须按以下方程计算:

$$
\boldsymbol{K}^{(e)} = \left\{ \frac{kA}{\ell}\begin{bmatrix} 1 & -1 \\ -1 & 1 \end{bmatrix} + \frac{hp\ell}{6}\begin{bmatrix} 2 & 1 \\ 1 & 2 \end{bmatrix} + \begin{bmatrix} 0 & 0 \\ 0 & hA \end{bmatrix} \right\} \tag{6.39}
$$

除最后一个单元外，其他所有单元的荷载矩阵为

$$\boldsymbol{F}^{(e)} = \frac{hp\ell T_f}{2}\begin{bmatrix} 1 \\ 1 \end{bmatrix} \tag{6.40}$$

如果分析中必须包括散热片末端损失的热量，则最后一个单元的荷载矩阵须按下式计算：

$$\boldsymbol{F}^{(e)} = \frac{hp\ell T_f}{2}\begin{bmatrix} 1 \\ 1 \end{bmatrix} + \begin{bmatrix} 0 \\ hAT_f \end{bmatrix} \tag{6.41}$$

在下面的一组例子中，将单元组合在一起表示整个问题，并给出其他边界条件的处理方式。

例 6.1　散热片问题　图 6.4 中的一组矩形铝制散热片，可用来移除温度为 100℃ 的表面上的热量。周围空气温度为 20℃，铝的导热系数是 168 W/(m·K) [W/(m·℃)]，周围空气的自然对流换热系数是 30 W/(m²·K) [W/(m²·℃)]。散热片长 80 mm，宽 5 mm，厚 1 mm。(a)使用图 6.4 中的有限元模型确定温度沿散热片的分布；(b)计算每个散热片的热量损失。

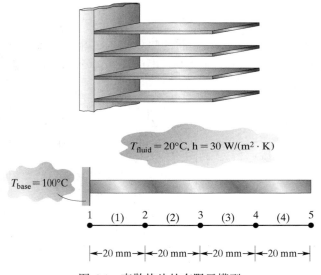

图 6.4　直散热片的有限元模型

求解本问题时，将在散热片末端应用两种不同的边界条件。首先，考虑通过末端表面传递的热量，在这种情况下，对于单元(1)、单元(2)和单元(3)，传导矩阵和荷载矩阵分别为

$$\boldsymbol{K}^{(e)} = \left\{ \frac{kA}{\ell}\begin{bmatrix} 1 & -1 \\ -1 & 1 \end{bmatrix} + \frac{hp\ell}{6}\begin{bmatrix} 2 & 1 \\ 1 & 2 \end{bmatrix} \right\}$$

$$\boldsymbol{F}^{(e)} = \frac{hp\ell T_f}{2}\begin{bmatrix} 1 \\ 1 \end{bmatrix}$$

代入相应属性值：

$$\boldsymbol{K}^{(e)} = \left\{ \frac{(168)(5 \times 1 \times 10^{-6})}{20 \times 10^{-3}}\begin{bmatrix} 1 & -1 \\ -1 & 1 \end{bmatrix} + \frac{30 \times 12 \times 20 \times 10^{-6}}{6}\begin{bmatrix} 2 & 1 \\ 1 & 2 \end{bmatrix} \right\}$$

$$\boldsymbol{F}^{(e)} = \frac{30 \times 12 \times 20 \times 10^{-6} \times 20}{2}\begin{bmatrix} 1 \\ 1 \end{bmatrix} = \begin{bmatrix} 0.072 \\ 0.072 \end{bmatrix}$$

单元(1)、单元(2)和单元(3)的传导矩阵为

$$\boldsymbol{K}^{(1)} = \boldsymbol{K}^{(2)} = \boldsymbol{K}^{(3)} = \begin{bmatrix} 0.0444 & -0.0408 \\ -0.0408 & 0.0444 \end{bmatrix} \frac{\mathrm{W}}{^\circ\mathrm{C}}$$

单元(1)、单元(2)和单元(3)的荷载矩阵为

$$\boldsymbol{F}^{(1)} = \boldsymbol{F}^{(2)} = \boldsymbol{F}^{(3)} = \begin{bmatrix} 0.072 \\ 0.072 \end{bmatrix} \mathrm{W}$$

再考虑散热片末端的边界条件，单元(4)的传导矩阵和荷载矩阵可通过如下方式求得，

$$\boldsymbol{K}^{(e)} = \left\{ \frac{kA}{\ell} \begin{bmatrix} 1 & -1 \\ -1 & 1 \end{bmatrix} + \frac{hp\ell}{6} \begin{bmatrix} 2 & 1 \\ 1 & 2 \end{bmatrix} + \begin{bmatrix} 0 & 0 \\ 0 & hA \end{bmatrix} \right\}$$

$$\boldsymbol{K}^{(4)} = \begin{bmatrix} 0.0444 & -0.0408 \\ -0.0408 & 0.0444 \end{bmatrix} + \begin{bmatrix} 0 & 0 \\ 0 & (30 \times 5 \times 1 \times 10^{-6}) \end{bmatrix} = \begin{bmatrix} 0.0444 & -0.0408 \\ -0.0408 & 0.044\,55 \end{bmatrix} \frac{\mathrm{W}}{^\circ\mathrm{C}}$$

$$\boldsymbol{F}^{(e)} = \frac{hp\ell T_f}{2} \begin{bmatrix} 1 \\ 1 \end{bmatrix} + \begin{bmatrix} 0 \\ hAT_f \end{bmatrix}$$

$$\boldsymbol{F}^{(4)} = \begin{bmatrix} 0.072 \\ 0.072 \end{bmatrix} + \begin{bmatrix} 0 \\ (30 \times 5 \times 1 \times 10^{-6} \times 20) \end{bmatrix} = \begin{bmatrix} 0.072 \\ 0.075 \end{bmatrix} \mathrm{W}$$

将上述单元组合起来，将产生总传导矩阵 $\boldsymbol{K}^{(G)}$ 和总荷载矩阵 $\boldsymbol{F}^{(G)}$：

$$\boldsymbol{K}^{(G)} = \begin{bmatrix} 0.0444 & -0.0408 & 0 & 0 & 0 \\ -0.0408 & 0.0444+0.0444 & -0.0408 & 0 & 0 \\ 0 & -0.0408 & 0.0444+0.0444 & -0.0408 & 0 \\ 0 & 0 & -0.0408 & 0.0444+0.0444 & -0.0408 \\ 0 & 0 & 0 & -0.0408 & 0.044\,55 \end{bmatrix}$$

$$\boldsymbol{F}^{(G)} = \begin{bmatrix} 0.072 \\ 0.072+0.072 \\ 0.072+0.072 \\ 0.072+0.072 \\ 0.075 \end{bmatrix}$$

最后，应用基座边界条件 $T_1 = 100\,^\circ\mathrm{C}$，则可得到线性方程组的最终形式为

$$\begin{bmatrix} 1 & 0 & 0 & 0 & 0 \\ -0.0408 & 0.0888 & -0.0408 & 0 & 0 \\ 0 & -0.0408 & 0.0888 & -0.0408 & 0 \\ 0 & 0 & -0.0408 & 0.0888 & -0.0408 \\ 0 & 0 & 0 & -0.0408 & 0.044\,55 \end{bmatrix} \begin{bmatrix} T_1 \\ T_2 \\ T_3 \\ T_4 \\ T_5 \end{bmatrix} = \begin{bmatrix} 100 \\ 0.144 \\ 0.144 \\ 0.144 \\ 0.075 \end{bmatrix}$$

求解此方程即可得到各节点的温度：

$$\begin{bmatrix} T_1 \\ T_2 \\ T_3 \\ T_4 \\ T_5 \end{bmatrix} = \begin{bmatrix} 100 \\ 75.03 \\ 59.79 \\ 51.56 \\ 48.90 \end{bmatrix} {}^\circ\mathrm{C}$$

注意，节点的温度是以℃而不是以 K 为单位的。

当散热片截面积相对较小时，其末端的热量损失就可忽略不计。在这个假设下，所有单元的传导矩阵和荷载矩阵为

$$\boldsymbol{K}^{(1)} = \boldsymbol{K}^{(2)} = \boldsymbol{K}^{(3)} = \boldsymbol{K}^{(4)} = \begin{bmatrix} 0.0444 & -0.0408 \\ -0.0408 & 0.0444 \end{bmatrix} \dfrac{\text{W}}{^\circ\text{C}}$$

$$\boldsymbol{F}^{(1)} = \boldsymbol{F}^{(2)} = \boldsymbol{F}^{(3)} = \boldsymbol{F}^{(4)} = \begin{bmatrix} 0.072 \\ 0.072 \end{bmatrix}\text{W}$$

将上述单元组合起来，将产生总传导矩阵 $\boldsymbol{K}^{(G)}$ 和总荷载矩阵 $\boldsymbol{F}^{(G)}$：

$$\boldsymbol{K}^{(G)} = \begin{bmatrix} 0.0444 & -0.0408 & 0 & 0 & 0 \\ -0.0408 & 0.0444 + 0.0444 & -0.0408 & 0 & 0 \\ 0 & -0.0408 & 0.0444 + 0.0444 & -0.0408 & 0 \\ 0 & 0 & -0.0408 & 0.0444 + 0.0444 & -0.0408 \\ 0 & 0 & 0 & -0.0408 & 0.0444 \end{bmatrix}$$

$$\boldsymbol{F}^{(G)} = \begin{bmatrix} 0.072 \\ 0.072 + 0.072 \\ 0.072 + 0.072 \\ 0.072 + 0.072 \\ 0.072 \end{bmatrix}$$

应用基座边界条件 $T_1 = 100\,^\circ\text{C}$，最终可将线性方程组整理为

$$\begin{bmatrix} 1 & 0 & 0 & 0 & 0 \\ -0.0408 & 0.0888 & -0.0408 & 0 & 0 \\ 0 & -0.0408 & 0.0888 & -0.0408 & 0 \\ 0 & 0 & -0.0408 & 0.0888 & -0.0408 \\ 0 & 0 & 0 & -0.0408 & 0.0444 \end{bmatrix} \begin{bmatrix} T_1 \\ T_2 \\ T_3 \\ T_4 \\ T_5 \end{bmatrix} = \begin{bmatrix} 100 \\ 0.144 \\ 0.144 \\ 0.144 \\ 0.072 \end{bmatrix}$$

求解得出的结果与前面的计算结果接近：

$$\begin{bmatrix} T_1 \\ T_2 \\ T_3 \\ T_4 \\ T_5 \end{bmatrix} = \begin{bmatrix} 100 \\ 75.08 \\ 59.89 \\ 51.74 \\ 49.19 \end{bmatrix}\,^\circ\text{C}$$

　　与预期一致的是，相较于前面的计算结果，此处所得的节点温度稍高，这是因为计算时忽略了通过末端表面的热量损失。

　　将各个单元的热量损失相加，即可得到散热片损失的总热量：

$$Q_{\text{total}} = \Sigma Q^{(e)} \tag{6.42}$$

$$\begin{aligned} Q^{(e)} &= \int_{X_i}^{X_j} hp(T - T_f)\,\mathrm{d}X \\ &= \int_{X_i}^{X_j} hp((S_i T_i + S_j T_j) - T_f)\,\mathrm{d}X = hp\,\ell\left(\left(\frac{T_i + T_j}{2}\right) - T_f\right) \end{aligned} \tag{6.43}$$

将温度结果代入式(6.42)和式(6.43)：

$$Q_{\text{total}} = Q^{(1)} + Q^{(2)} + Q^{(3)} + Q^{(4)}$$

$$Q^{(1)} = hp\,\ell\left(\left(\frac{T_i + T_j}{2}\right) - T_f\right) = 30 \times 12 \times 20 \times 10^{-6}\left(\left(\frac{100 + 75.08}{2}\right) - 20\right) = 0.4862\,\text{W}$$

$$Q^{(2)} = 30 \times 12 \times 20 \times 10^{-6} \left(\left(\frac{75.08 + 59.89}{2} \right) - 20 \right) = 0.3418 \text{ W}$$

$$Q^{(3)} = 30 \times 12 \times 20 \times 10^{-6} \left(\left(\frac{59.89 + 51.74}{2} \right) - 20 \right) = 0.2578 \text{ W}$$

$$Q^{(4)} = 30 \times 12 \times 20 \times 10^{-6} \left(\left(\frac{51.74 + 49.19}{2} \right) - 20 \right) = 0.2193 \text{ W}$$

$$Q_{\text{total}} = 1.3051 \text{ W}$$

重新计算例 6.1　　下面将重新计算例 6.1，以说明如何应用 Excel 建立和求解一维热传递问题。

1. 如下图所示，在单元格 A1 中输入 **Example 6.1**，并分别在单元格 A3、A4、A5、A6、A7 和 A8 中输入 L =、P =、A =、k =、h = 和 Tf =。在单元格 B3 中输入 L 值，并选定 B3，在名称框中输入 L 并按 Enter 键。按同样的方式，在单元格 B4、B5、B6、B7 和 B8 中分别输入 P、A、k、h 和 Tf 的值后，选定相应单元，并在名称框中输入 P、A、k、h 和 Tf。在为每个变量命名之后，一定要按下 Enter 键。然后，创建下图所示的表格。

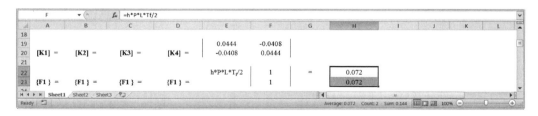

2. 如下图所示，创建矩阵 **[K1]** 和 **{F1}**。例如，选择单元格 E19，并输入 =(A*k/L)+(h*P*L/6)*2；又例如，选定单元格区域 H22: H23，并输入 =h*P*L*Tf/2，同时按下 Ctrl + Shift 键后按 Enter 键。

3. 接下来，如下图所示，创建矩阵 **[A1]**、**[A2]**、**[A3]** 和 **[A4]**，并分别命名为 Aelement1、Aelement2、Aelement3 和 Aelement4。如果读者不清楚这些矩阵的含义，可参见 2.5 节的式（2.9）。在创建 **[A1]** 后，再创建 **[A2]**、**[A3]** 和 **[A4]** 时就可将 **[A1]** 的 25 行至 27 行复制到 29 行至 31 行、33 行至 35 行及 37 行至 39 行，然后做相应地修改。将节点温度 T1、T2、T3、T4、T5、Ti 和 Tj 置于 **[A1]**、**[A2]**、**[A3]** 和 **[A4]** 矩阵旁边，以便观察节点对其相邻单元的影响。

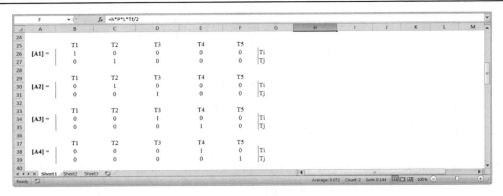

4. 接下来，创建每个单元的传导矩阵（将其置于总矩阵中的适当位置）并命名为 K1G、K2G、K3G 和 K4G。例如，为创建$[\mathbf{K}]^{1G}$，可选定单元格区域 B41: F45，并输入=MMULT（TRANSPOSE（Aelement1），MMULT（Kelement, Aelement1）），同时按下 Ctrl + Shift 键后按 Enter 键。根据同样方式，可创建$[\mathbf{K}]^{2G}$、$[\mathbf{K}]^{3G}$ 和$[\mathbf{K}]^{4G}$，如下图所示。

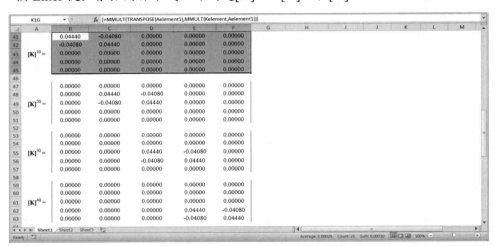

5. 接下来创建如下图所示的总矩阵。选定单元格区域 B65: F69，并输入=K1G+K2G+K3G+K4G，同时按下 Ctrl + Shift 键后按 Enter 键。

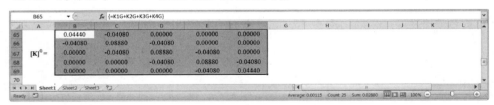

6. 创建如下图所示的荷载矩阵。

7. 应用边界条件。复制 KG 矩阵的适当部分，并将数值粘贴至单元格区域 C77: G81，按照下图进行修改，并将此单元格区域命名为 KwithappliedBC。按同样方式，在单元格区域 C83: C87 中创建相应的荷载矩阵，并将之命名为 FwithappliedBC。

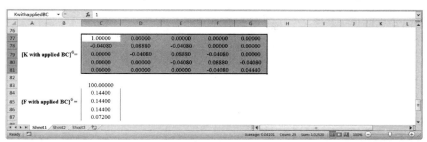

8. 选定单元格区域 C89: C93，并输入=MMULT（MINVERSE（KwithappliedBC），Fwithapp-liedBC），同时按下 Ctrl + Shift 键后按 Enter 键。

完整的 Excel 表如下图所示。

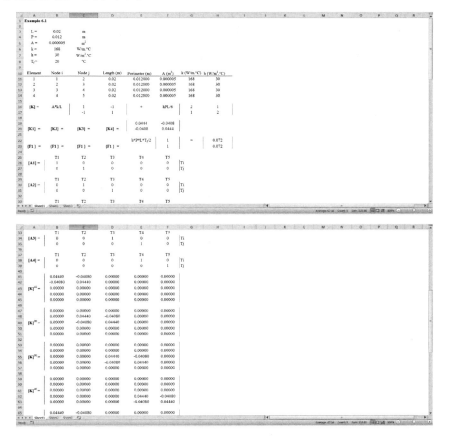

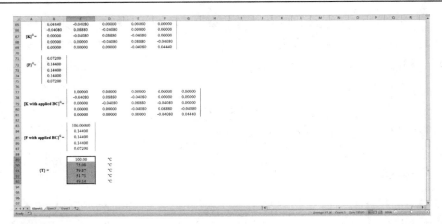

例 6.2 复合墙壁问题 图 6.5 中是一工业用炉,其墙壁由 3 种不同的材料构成,第一层由 5 cm 厚的黏性绝缘水泥构成,导热系数为 0.08 W/(m·K)[W/(m·℃)];第二层由 15 cm 厚的 6 层石棉板构成,导热系数为 0.074 W/(m·K)[W/(m·℃)];最外层由 10 cm 厚的常用砖构成,导热系数为 0.72 W/(m·K)[W/(m·℃)][①]。工业炉的内壁温度为 200℃,外部空气温度为 30℃,对流换热系数为 40 W/(m²·K)[W/(m²·℃)]。试确定沿此复合墙壁的温度分布。

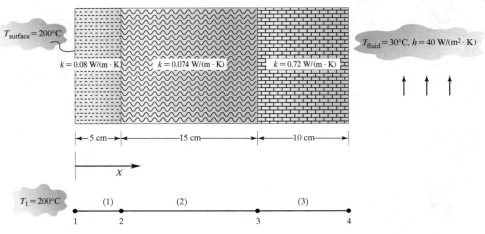

图 6.5 工业用炉的复合墙壁

该热传导问题满足如下方程:

$$kA\frac{\mathrm{d}^2T}{\mathrm{d}X^2} = 0 \tag{6.44}$$

且边界条件为 $T_1 = 200℃$ 和 $-kA\frac{\mathrm{d}T}{\mathrm{d}X}\big|_{X=30\text{cm}} = hA(T_4 - T_f)$。比较式(6.44)和式(6.8),有 $c_1 = kA$,$c_2 = 0$,$c_3 = 0$,且 $\Psi = T$。于是,对单元(1),有

$$\boldsymbol{K}^{(1)} = \frac{kA}{\ell}\begin{bmatrix} 1 & -1 \\ -1 & 1 \end{bmatrix} = \frac{0.08 \times 1}{0.05}\begin{bmatrix} 1 & -1 \\ -1 & 1 \end{bmatrix} = \begin{bmatrix} 1.6 & -1.6 \\ -1.6 & 1.6 \end{bmatrix}\frac{\text{W}}{℃}$$

$$\boldsymbol{F}^{(1)} = \begin{bmatrix} 0 \\ 0 \end{bmatrix}\text{W}$$

---

① 此处原文为 0.72 W/m²·K,可能有误——译者注

对单元(2)，有

$$\boldsymbol{K}^{(2)} = \frac{kA}{\ell}\begin{bmatrix} 1 & -1 \\ -1 & 1 \end{bmatrix} = \frac{0.074 \times 1}{0.15}\begin{bmatrix} 1 & -1 \\ -1 & 1 \end{bmatrix} = \begin{bmatrix} 0.493 & -0.493 \\ -0.493 & 0.493 \end{bmatrix}\frac{\text{W}}{℃}$$

$$\boldsymbol{F}^{(2)} = \begin{bmatrix} 0 \\ 0 \end{bmatrix}\text{W}$$

对单元(3)，包含节点 4 的边界条件，有

$$\boldsymbol{K}^{(3)} = \frac{kA}{\ell}\begin{bmatrix} 1 & -1 \\ -1 & 1 \end{bmatrix} + \begin{bmatrix} 0 & 0 \\ 0 & hA \end{bmatrix} = \frac{0.72 \times 1}{0.1}\begin{bmatrix} 1 & -1 \\ -1 & 1 \end{bmatrix} + \begin{bmatrix} 0 & 0 \\ 0 & (40 \times 1) \end{bmatrix}$$

$$= \begin{bmatrix} 7.2 & -7.2 \\ -7.2 & 47.2 \end{bmatrix}\frac{\text{W}}{℃}$$

$$\boldsymbol{F}^{(3)} = \begin{bmatrix} 0 \\ hAT_f \end{bmatrix} = \begin{bmatrix} 0 \\ (40 \times 1 \times 30) \end{bmatrix} = \begin{bmatrix} 0 \\ 1200 \end{bmatrix}\text{W}$$

将单元进行组合，可得

$$\boldsymbol{K}^{(G)} = \begin{bmatrix} 1.6 & -1.6 & 0 & 0 \\ -1.6 & 1.6 + 0.493 & -0.493 & 0 \\ 0 & -0.493 & 0.493 + 7.2 & -7.2 \\ 0 & 0 & -7.2 & 47.2 \end{bmatrix}$$

$$\boldsymbol{F}^{(G)} = \begin{bmatrix} 0 \\ 0 \\ 0 \\ 1200 \end{bmatrix}$$

应用炉内壁边界条件，可得

$$\begin{bmatrix} 1 & 0 & 0 & 0 \\ -1.6 & 2.093 & -0.493 & 0 \\ 0 & -0.493 & 7.693 & -7.2 \\ 0 & 0 & -7.2 & 47.2 \end{bmatrix}\begin{bmatrix} T_1 \\ T_2 \\ T_3 \\ T_4 \end{bmatrix} = \begin{bmatrix} 200 \\ 0 \\ 0 \\ 1200 \end{bmatrix}$$

求解上述线性方程组，可得

$$\begin{bmatrix} T_1 \\ T_2 \\ T_3 \\ T_4 \end{bmatrix} = \begin{bmatrix} 200 \\ 162.3 \\ 39.9 \\ 31.5 \end{bmatrix}℃$$

值得读者注意的是，解决此类热传导问题本来只需要简单地应用热传递的基本概念即可，而无须应用有限元公式，但在这里使用有限元分析的目的，只是借助这种简单问题来说明有限元分析的步骤。

6.2 流体力学问题

例6.3 流体力学问题 如图 6.6 所示，有一化学处理工厂，其中甘油溶液在一狭窄的通道内流动，其沿通道的压力差可被持续监测。经测量，通道上壁的温度为 50℃，下壁的温度保持

在 20℃，甘油的黏度和密度随温度的变化如表 6.1 所示。当流速较低时，测定发现沿通道的压力差为 120 Pa/m。通道长 3 m，高 9 cm，宽 40 cm。试确定流体沿高度的流速分布和沿通道的质量流率。

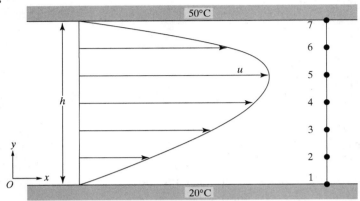

图 6.6　流经通道的甘油层流

表 6.1　甘油溶液随温度变化的性质

温度（℃）	黏度[kg/(m·s)]	密度（kg/m³）
20	0.90	1255
25	0.65	1253
30	0.40	1250
35	0.28	1247
40	0.20	1243
45	0.12	1238
50	0.10	1233

通道内作用于匀速层流的净剪力和净压力的平衡控制方程为

$$\mu\frac{\mathrm{d}^2u}{\mathrm{d}y^2} - \frac{\mathrm{d}p}{\mathrm{d}x} = 0 \tag{6.45}$$

相应的边界条件为 $u(0) = 0$ 和 $u(h) = 0$，其中 u 表示流体速率，μ 表示流体的动力黏度，$\dfrac{\mathrm{d}p}{\mathrm{d}x}$ 是沿流动方向的压力差。对此问题，比较式(6.45)和式(6.8)后有 $c_1 = \mu$，$c_2 = 0$，$c_3 = -\dfrac{\mathrm{d}p}{\mathrm{d}x}$，$\varPsi = u$。

对于本问题，甘油溶液的黏度随通道高度而变化，计算单元流动阻力矩阵时将使用每个单元上的平均黏度值。与每个单元有关的黏度和密度的平均值参见表 6.2。

表 6.2　每个单元的属性

单　　元	平均黏度[kg/(m·s)]	平均密度（kg/m³）
1	0.775	1254
2	0.525	1252
3	0.34	1249
4	0.24	1245
5	0.16	1241
6	0.11	1236

利用表 6.2 所给出的属性，可计算得出各单元的流动阻力矩阵为

$$\boldsymbol{K}^{(1)} = \frac{\mu}{\ell}\begin{bmatrix} 1 & -1 \\ -1 & 1 \end{bmatrix} = \frac{0.775}{1.5 \times 10^{-2}}\begin{bmatrix} 1 & -1 \\ -1 & 1 \end{bmatrix} = \begin{bmatrix} 51.67 & -51.67 \\ -51.67 & 51.67 \end{bmatrix}\frac{\text{kg}}{\text{m}^2 \cdot \text{s}}$$

$$\boldsymbol{K}^{(2)} = \frac{\mu}{\ell}\begin{bmatrix} 1 & -1 \\ -1 & 1 \end{bmatrix} = \frac{0.525}{1.5 \times 10^{-2}}\begin{bmatrix} 1 & -1 \\ -1 & 1 \end{bmatrix} = \begin{bmatrix} 35 & -35 \\ -35 & 35 \end{bmatrix}\frac{\text{kg}}{\text{m}^2 \cdot \text{s}}$$

$$\boldsymbol{K}^{(3)} = \frac{\mu}{\ell}\begin{bmatrix} 1 & -1 \\ -1 & 1 \end{bmatrix} = \frac{0.340}{1.5 \times 10^{-2}}\begin{bmatrix} 1 & -1 \\ -1 & 1 \end{bmatrix} = \begin{bmatrix} 22.67 & -22.67 \\ -22.67 & 22.67 \end{bmatrix}\frac{\text{kg}}{\text{m}^2 \cdot \text{s}}$$

$$\boldsymbol{K}^{(4)} = \frac{\mu}{\ell}\begin{bmatrix} 1 & -1 \\ -1 & 1 \end{bmatrix} = \frac{0.240}{1.5 \times 10^{-2}}\begin{bmatrix} 1 & -1 \\ -1 & 1 \end{bmatrix} = \begin{bmatrix} 16 & -16 \\ -16 & 16 \end{bmatrix}\frac{\text{kg}}{\text{m}^2 \cdot \text{s}}$$

$$\boldsymbol{K}^{(5)} = \frac{\mu}{\ell}\begin{bmatrix} 1 & -1 \\ -1 & 1 \end{bmatrix} = \frac{0.160}{1.5 \times 10^{-2}}\begin{bmatrix} 1 & -1 \\ -1 & 1 \end{bmatrix} = \begin{bmatrix} 10.67 & -10.67 \\ -10.67 & 10.67 \end{bmatrix}\frac{\text{kg}}{\text{m}^2 \cdot \text{s}}$$

$$\boldsymbol{K}^{(6)} = \frac{\mu}{\ell}\begin{bmatrix} 1 & -1 \\ -1 & 1 \end{bmatrix} = \frac{0.110}{1.5 \times 10^{-2}}\begin{bmatrix} 1 & -1 \\ -1 & 1 \end{bmatrix} = \begin{bmatrix} 7.33 & -7.33 \\ -7.33 & 7.33 \end{bmatrix}\frac{\text{kg}}{\text{m}^2 \cdot \text{s}}$$

由于 $\boldsymbol{K}$ 表示流体的阻力，因此将采用单元流动阻力矩阵这个术语来代替单元刚度矩阵。由于流体是全流动的，$\dfrac{\mathrm{d}p}{\mathrm{d}x}$ 为常数，因此所有单元的力矩阵都具有相同的值，即

$$\boldsymbol{F}^{(1)} = \boldsymbol{F}^{(2)} = \cdots = \boldsymbol{F}^{(5)} = \boldsymbol{F}^{(6)} = \frac{-\dfrac{\mathrm{d}p}{\mathrm{d}x}\ell}{2}\begin{bmatrix} 1 \\ 1 \end{bmatrix} = \frac{-(-120)(1.5 \times 10^{-2})}{2}\begin{bmatrix} 1 \\ 1 \end{bmatrix} = \begin{bmatrix} 0.9 \\ 0.9 \end{bmatrix}\frac{\text{N}}{\text{m}^2}$$

负号表示压力沿流体流动的方向是下降的。将单元流动阻力矩阵进行组合，可得到总流动阻力矩阵为

$$\boldsymbol{K}^{(G)} = \begin{bmatrix}
51.67 & -51.67 & 0 & 0 & 0 & 0 & 0 \\
-51.67 & 51.67+35 & -35 & 0 & 0 & 0 & 0 \\
0 & -35 & 35+22.67 & -22.67 & 0 & 0 & 0 \\
0 & 0 & -22.67 & 22.67+16 & -16 & 0 & 0 \\
0 & 0 & 0 & -16 & 16+10.67 & -10.67 & 0 \\
0 & 0 & 0 & 0 & -10.67 & 10.67+7.33 & -7.33 \\
0 & 0 & 0 & 0 & 0 & -7.33 & 7.33
\end{bmatrix}$$

总力矩阵为

$$\boldsymbol{F}^{(G)} = \begin{bmatrix}
0.9 \\
0.9+0.9 \\
0.9+0.9 \\
0.9+0.9 \\
0.9+0.9 \\
0.9+0.9 \\
0.9
\end{bmatrix}$$

应用墙壁非光滑的边界条件，有

$$
\begin{bmatrix}
1 & 0 & 0 & 0 & 0 & 0 & 0 \\
-51.67 & 86.67 & -35 & 0 & 0 & 0 & 0 \\
0 & -35 & 57.67 & -22.67 & 0 & 0 & 0 \\
0 & 0 & -22.67 & 38.67 & -16 & 0 & 0 \\
0 & 0 & 0 & -16 & 26.67 & -10.67 & 0 \\
0 & 0 & 0 & 0 & -10.67 & 18 & -7.33 \\
0 & 0 & 0 & 0 & 0 & 0 & 1
\end{bmatrix}
\begin{bmatrix}
u_1 \\ u_2 \\ u_3 \\ u_4 \\ u_5 \\ u_6 \\ u_7
\end{bmatrix}
=
\begin{bmatrix}
0 \\ 1.8 \\ 1.8 \\ 1.8 \\ 1.8 \\ 1.8 \\ 0
\end{bmatrix}
$$

求解上述方程组，每个节点的流体速率为

$$
\begin{bmatrix}
u_1 \\ u_2 \\ u_3 \\ u_4 \\ u_5 \\ u_6 \\ u_7
\end{bmatrix}
=
\begin{bmatrix}
0 \\ 0.1233 \\ 0.2538 \\ 0.3760 \\ 0.4366 \\ 0.3588 \\ 0
\end{bmatrix}
\text{m/s}
$$

通过通道的流体的质量流率按下式确定：

$$
m_{\text{total}}^{\cdot} = \Sigma m^{\cdot(e)} \tag{6.46}
$$

$$
m^{\cdot(e)} = \int_{y_i}^{y_j} \rho u W \, \mathrm{d}y = \int_{y_i}^{y_j} \rho W (S_i u_i + S_j u_j) \, \mathrm{d}y = \rho W \ell \left(\frac{u_i + u_j}{2} \right) \tag{6.47}
$$

在式 (6.47) 中，W 表示通道的宽度，ρ 表示流体的密度。各单元和整体质量流率为

$$
m^{\cdot(1)} = \rho W \ell \left(\frac{u_i + u_j}{2} \right) = 1254 \times 0.4 \times 1.5 \times 10^{-2} \times \frac{0 + 0.1233}{2} = 0.4638 \text{ kg/s}
$$

$$
m^{\cdot(2)} = 1252 \times 0.4 \times 1.5 \times 10^{-2} \times \frac{0.1233 + 0.2538}{2} = 1.4164 \text{ kg/s}
$$

$$
m^{\cdot(3)} = 1249 \times 0.4 \times 1.5 \times 10^{-2} \times \frac{0.2538 + 0.3760}{2} = 2.3598 \text{ kg/s}
$$

$$
m^{\cdot(4)} = 1245 \times 0.4 \times 1.5 \times 10^{-2} \times \frac{0.3760 + 0.4366}{2} = 3.0350 \text{ kg/s}
$$

$$
m^{\cdot(5)} = 1241 \times 0.4 \times 1.5 \times 10^{-2} \times \frac{0.4366 + 0.3588}{2} = 2.9612 \text{ kg/s}
$$

$$
m^{\cdot(6)} = 1236 \times 0.4 \times 1.5 \times 10^{-2} \times \frac{0.3588 + 0}{2} = 1.3304 \text{ kg/s}
$$

$$
m_{\text{总}}^{\cdot} = 11.566 \text{ kg/s}
$$

6.3　ANSYS 应用

重新计算例 6.2　有一工业用炉，其墙壁由 3 种不同的材料组合而成，如图 6.5 所示，这里重命名为图 6.7。第一层由 5 cm 厚的黏性绝缘水泥组成，导热系数为 0.08 W/(m·K)；第二层由 15 cm 厚的 6 层石棉板组成，导热系数为 0.074 W/(m·K)；最外层由 10 cm 厚的常用砖组成，

导热系数为 0.72 W/(m²·K)。工业用炉的内壁温度为 200℃，外部空气温度为30℃，对流换热系数为 40 W/(m²·K)。试确定温度沿复合墙壁的分布。

下面将应用 ANSYS 求解含对流边界条件的一维热传导问题，包括如下步骤：选择单元类型、赋属性值、应用边界条件和求解。

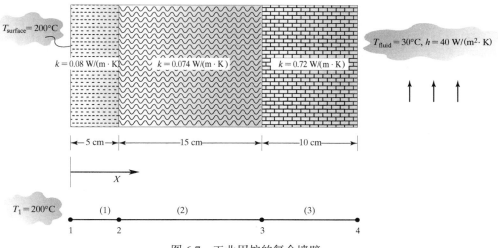

$T_{surface} = 200℃$

$k = 0.08 \text{ W/(m·K)}$ $k = 0.074 \text{ W/(m·K)}$ $k = 0.72 \text{ W/(m·K)}$

$T_{fluid} = 30℃, h = 40 \text{ W/(m}^2\text{·K)}$

5 cm 15 cm 10 cm

X

$T_1 = 200℃$

(1) (2) (3)

1 2 3 4

图 6.7 工业用炉的复合墙壁

应用 ANSYS 求解问题的步骤如下。

利用 Launcher 进入 ANSYS。

在对话框的 Jobname 文本框中输入 HeatTran(或自定义的文件名)，点击 Run 按钮启动图形用户界面。

创建本问题的标题，此标题将出现在 ANSYS 的显示窗口上，便于用户识别所显示的内容：

功能菜单：**File→Change Title…**

定义单元类型和材料属性：

主菜单：**Preprocessor→Element Type→Add/Edit/Delete**

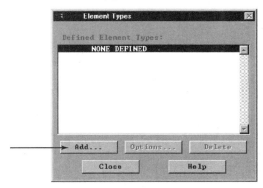

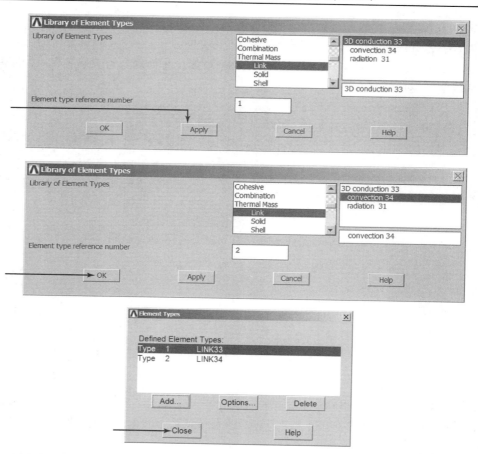

输入墙壁截面积的值。

　　　主菜单: **Preprocessor→Real Constants→Add/Edit/Delete**

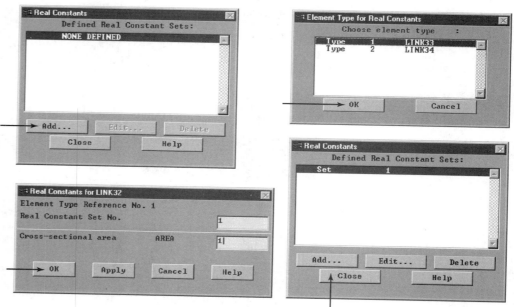

输入导热系数。

主菜单：**Preprocessor→Material Props→Material Models→ Thermal→Conductivity→ Isotropic**

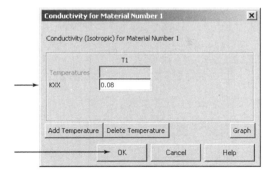

在 Define Material Model Behavior 窗口：

菜单：**Material→New Model…**

双击 Isotropic 选项。

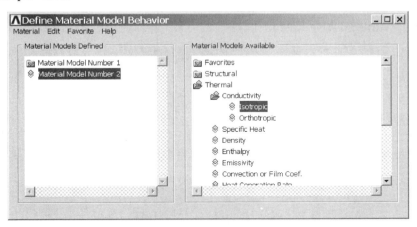

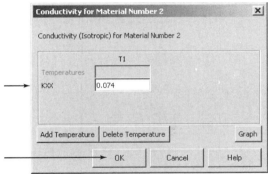

在 Define Material Model Behavior 窗口：

　　菜单：**Material→New Model...**

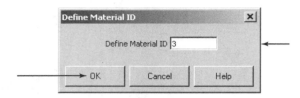

双击 Isotropic 选项，输入第 3 层的导热系数。

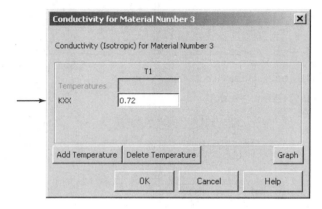

在 Define Material Model Behavior 窗口：

　　菜单：**Material→New Model...**

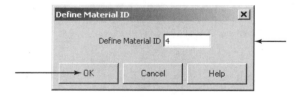

双击 Convection or Film Coef.选项，输入传热系数。

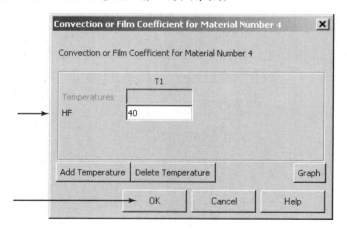

ANSYS 工具栏: **SAVE_DB**

设置图形区域(如工作区和缩放情况等):

功能菜单: **Workplane→WP Settings...**

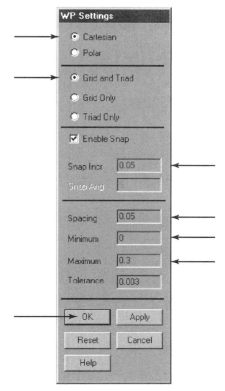

按如下操作激活工作区:

功能菜单: **Workplane→Display Working Plane**

按如下操作将工作平面转换为当前窗口:

功能菜单: **PlotCtrls→Pan，Zoom，Rotate...**

在工作区上拾取相应的点来创建节点:

主菜单: **Preprocessor→Modeling→Create→Nodes→On Working Plane**

在工作区上，拾取节点的位置并点击 Apply 按钮:

[WP = 0, 0]

[WP = 0.05, 0]

[WP = 0.2, 0]

[WP = 0.3, 0]

创建对流单元的节点:

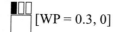 [WP = 0.3, 0]

OK

至此，可关闭工作平面，打开节点编号器：

功能菜单: **Workplane→Display Working Plane**

功能菜单: **PlotCtrls→Numbering…**

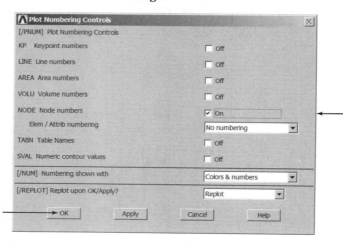

至此，可列出节点，检查当前所做的工作：

功能菜单: **List→Nodes…**

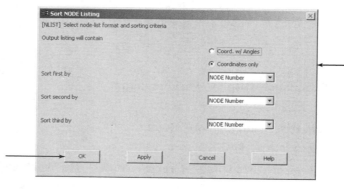

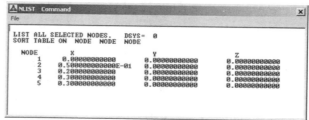

Close

ANSYS 工具栏: **SAVE_DB**

按节点定义单元：

主菜单: **Preprocessor→Modeling→Create→Elements→Auto Numbered→Thru Nodes**

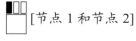[节点 1 和节点 2]

[在 ANSYS 图形窗口任意处]

OK

输入第二层材料(单元)的导热系数,然后将节点连接起来定义单元:

主菜单: **Preprocessor→Modeling→Create→Elements→Element Attributes**

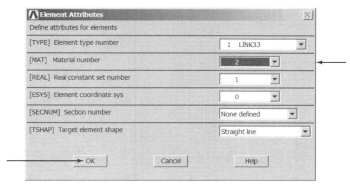

主菜单: **Preprocessor→Modeling→Create→Elements→Auto Numbered→Thru Nodes**

[节点 2 和节点 3]

[在 ANSYS 图形窗口任意处]

OK

输入第三层材料(单元)的导热系数,并将节点连接起来定义单元:

主菜单: **Preprocessor→Modeling→Create→Elements→Element Attributes**

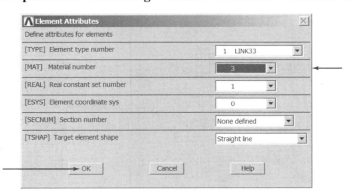

主菜单: **Preprocessor→Modeling→Create→Elements→Auto Numbered→Thru Nodes**

[节点 3 和节点 4[①]]

[在 ANSYS 图形窗口任意处]

---

① 点击 Multiple-Entities 窗口的 OK 按钮并继续。

OK

建立对流链路:

　　主菜单: **Preprocessor→Modeling→Create→Elements→Element Attributes**

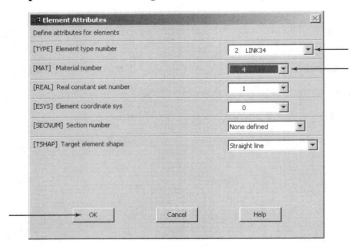

　　主菜单: **Preprocessor→Modeling→Create→Elements→Auto Numbered→Thru Nodes**

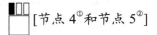[节点 4[①]和节点 5[②]]

OK

ANSYS 工具栏: **SAVE_DB**

应用边界条件:

　　主菜单: **Solution→Define Loads→Apply→Thermal→Temperature→On Nodes**

[节点 1]

[在 ANSYS 图形窗口任意处]

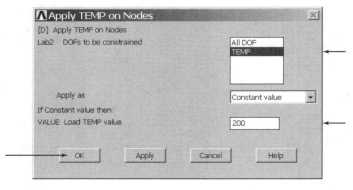

　　主菜单: **Solution→Define Loads→Apply→Thermal→Temperature→On Nodes**

---

① 点击 Multiple-Entities 窗口的 OK 按钮。

② 点击 Multiple-Entities 窗口的 Next 按钮,然后点击 OK 按钮。

[节点 5[①]]

[在 ANSYS 图形窗口任意处]

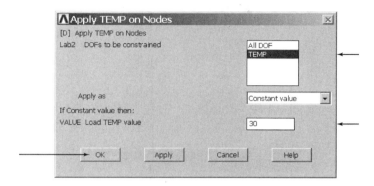

ANSYS 工具栏: **SAVE_DB**

求解问题:

　　主菜单: **Solution→Solve→Current LS**

　　OK

　　Close(求解完毕, 关闭窗口)
　　Close(关闭/STAT 命令窗口)

进入后处理阶段, 获取节点温度等信息:

　　主菜单: **General Postproc→List Results→Nodal Solution**

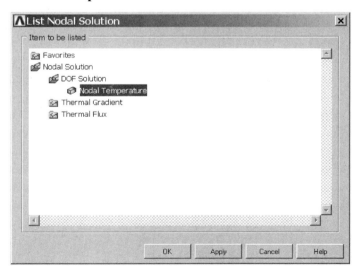

---

① 点击 Multiple-Entities 窗口的 Next 按钮, 然后点击 OK 按钮。

Close

退出 ANSYS 并保存所有的数据。

工具栏:**Quit**

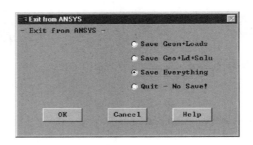

6.4　结果验证

有多种方法可验证计算结果的正确性。以例 6.2 的节点温度为例,现将 ANSYS 计算出的结果列于表 6.3 中。

一般而言,对于稳定状态下的热传递问题,包含节点的控制体积必定满足能量守恒。如何判断流入和流出节点的能量是否平衡,下面将以例 6.2 来说明这个重要的概念。通过复合墙壁每层损失的热量必须相等,而且最后一层损失的热量必须和周围空气带走的热量相等,因此

$$Q^{(1)} = Q^{(2)} = Q^{(3)} = Q^{(4)}$$

$$Q^{(1)} = kA\frac{\Delta T}{\ell} = (0.08)(1)\left(\frac{200 - 162.3}{0.05}\right) = 60 \text{ W}$$

$$Q^{(2)} = (0.074)(1)\left(\frac{162.3 - 39.9}{0.15}\right) = 60 \text{ W}$$

$$Q^{(3)} = (0.72)(1)\left(\frac{39.9 - 31.5}{0.1}\right) = 60 \text{ W}$$

表 6.3　节点温度

节 点 编 号	温度(℃)
1	200
2	162.3
3	39.9
4	31.5
5	30

流体流动带走的热量为

$$Q^{(4)} = hA\Delta T = (40)(1)(31.5 - 30) = 60 \text{ W}$$

对于热单元来说,ANSYS 能提供诸如通过每个单元热流动的信息。这样,就可以将 ANSYS 的计算结果与上面已计算得出的值进行比较。

另一种验证结果的方法是检验每层中温度的变化率。第一层的温度变化率为 754℃/m;第二层的温度变化率为 816℃/m,由于这一层材料的导热系数较低,因此温度降低较多;外墙的

温度变化率为 84℃/m，这是由于外墙材料的导热系数较高，所以这一层温度降低的程度不如另外两层明显。

现考虑例 6.1 中的散热片问题。在此问题中，每个单元的长度都是相同的，并且每个单元的温度分布和热量损失都已确定。在比较热量损失结果时，读者要意识到，单元(1)的损失应当最大，这是由于大部分热量都储存在散热片的基座处，并且随着散热片温度的下降，每个单元的热损失率也要下降。当然这个结果与之前所得结果是一致的。

这几个简单示例说明了校验结果时检查平衡条件的重要性。

6.5　温度变化时轴心受力构件的分析

许多构件经历温度变化时将发生热应变。本节将介绍如何在轴心受力构件的荷载矩阵中引入热应变因素。首先，建立因温度变化而发生应变的公式：

$$\varepsilon_{\text{thermal}} = \frac{\alpha \ell \Delta T}{\ell} = \alpha \Delta T \tag{6.48}$$

基于荷载及温度变化而发生的总的应变为(弹性应变与热应变之和)：

$$\varepsilon_{\text{total}} = \varepsilon_{\text{elastic}} + \varepsilon_{\text{thermal}} \tag{6.49}$$

将式(6.49)中的弹性应变进行移项，可得

$$\varepsilon_{\text{elastic}} = \varepsilon_{\text{total}} - \varepsilon_{\text{thermal}} = \frac{\mathrm{d}u}{\mathrm{d}x} - \alpha \Delta T \tag{6.50}$$

然后，使用式(1.40)所示的应变能公式，将式(6.50)代入式(1.40)，经过化简可得如下关系：

$$\Lambda^{(e)} = \int_V \frac{E\varepsilon^2}{2}\mathrm{d}V = \int_V \frac{E}{2}\left(\frac{\mathrm{d}u}{\mathrm{d}x} - \alpha \Delta T\right)^2 \mathrm{d}V \tag{6.51}$$

$$\Lambda^{(e)} = \int_V \frac{E}{2}\left[\left(\frac{\mathrm{d}u}{\mathrm{d}x}\right)^2 + (\alpha \Delta T)^2 - \left(2\alpha \Delta T \frac{\mathrm{d}u}{\mathrm{d}x}\right)\right]\mathrm{d}V \tag{6.52}$$

$$\Lambda^{(e)} = \frac{EA}{2} \int_0^\ell \left[\left(\frac{\mathrm{d}u}{\mathrm{d}x}\right)^2 + (\alpha \Delta T)^2 - \left(2\alpha \Delta T \frac{\mathrm{d}u}{\mathrm{d}x}\right)\right]\mathrm{d}x \tag{6.53}$$

$$\Lambda^{(e)} = \frac{EA}{2} \int_0^\ell \left(\frac{\mathrm{d}u}{\mathrm{d}x}\right)^2 \mathrm{d}x + \frac{EA(\alpha \Delta T)^2}{2} \int_0^\ell \mathrm{d}x - \frac{EA(2\alpha \Delta T)}{2} \int_0^\ell \frac{\mathrm{d}u}{\mathrm{d}x}\mathrm{d}x \tag{6.54}$$

将挠度 u 表示为形函数和节点挠度的形式(即 $u^{(e)} = S_i u_i + S_j u_j$，则 $\dfrac{\mathrm{d}u}{\mathrm{d}x} = -\dfrac{u_i}{\ell} + \dfrac{u_j}{\ell}$)，然后替换式(6.54)中的 $\dfrac{\mathrm{d}u}{\mathrm{d}x}$，并完成积分，可得

$$\Lambda^{(e)} = \frac{EA\ell}{2}\left(\frac{u_i^2 + u_j^2 - 2u_i u_j}{\ell^2}\right) + \frac{EA(\alpha \Delta T)^2 \ell}{2} - \frac{EA(\alpha \Delta T)\ell}{\ell}(-u_i + u_j) \tag{6.55}$$

化简式(6.55)，可得

$$\Lambda^{(e)} = \frac{AE}{2}\left(\frac{u_i^2 + u_j^2 - 2u_i u_j}{\ell}\right) + \frac{AE(\alpha \Delta T)^2 \ell}{2} - AE(\alpha \Delta T)(-u_i + u_j) \tag{6.56}$$

最小化相对于 u_i 和 u_i 的应变能，可得

$$\frac{\partial \Lambda^{(e)}}{\partial u_i} = \frac{AE}{\ell}(u_i - u_j) + AE(\alpha \Delta T)$$

$$\frac{\partial \Lambda^{(e)}}{\partial u_j} = \frac{AE}{\ell}(-u_i + u_j) - AE(\alpha \Delta T)$$

(6.57)

将刚度矩阵与引入了温度变化因素的荷载矩阵分离，可得

$$\boldsymbol{K}^e = \frac{AE}{\ell}\begin{bmatrix} 1 & -1 \\ -1 & 1 \end{bmatrix}$$

$$\boldsymbol{F}^e = \begin{Bmatrix} -AE(\alpha \Delta T) \\ AE(\alpha \Delta T) \end{Bmatrix}$$

(6.58)

式(6.58)展示了温度变化对轴心受力构件的荷载矩阵产生的影响。

小结

至此，读者应该能够：

1. 了解推导传导或阻力矩阵及各种一维问题的荷载矩阵的方法。
2. 了解如何恰当地应用边界条件。
3. 深入理解用于分析一维问题的迦辽金法和能量法。
4. 了解如何验证计算结果。

参考文献

ANSYS User's Manual: Procedures, Vol. I, Swanson Analysis Systems, Inc.

ANSYS User's Manual: Commands, Vol. II, Swanson Analysis Systems, Inc.

ANSYS User's Manual: Elements, Vol. III, Swanson Analysis Systems, Inc.

Incropera, F., and Dewitt, D., *Fundamentals of Heat and Mass Transfer,* 2nd ed., New York, John Wiley and Sons, 1985.

Glycerin Producers' Association, "Physical Properties of Glycerin And Its Solutions," New York.

Segrlind, L., *Applied Finite Element Analysis,* 2nd ed., New York, John Wiley and Sons, 1984.

习题

1. 如下图所示的类似于例 6.1 的铝散热片，长 150 mm，宽 5 mm，厚 1 mm，其截面用于从 150℃的表面散发热量。假设周围空气温度为 20℃，铝的导热系数为 168 W/(m·K)，周围空气的自然对流换热系数为 35 W/(m²·K)。(a)试用 5 个等长单元确定沿散热片的温度分布；(b)假设有 50 个散热片，试确定其总热量损失。

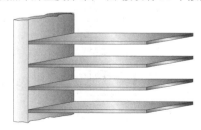

2. 对于习题 1 中的铝制散热片, 试确定距基座 45 mm 处的温度, 并计算通过该处截面的热量损失与总热量损失之比。

3. 有一组圆形铝散热片, 长 100 mm, 直径 4 mm, 用于从温度为 120℃的表面散发热量。设铝的导热系数为 168 W/(m·K), 周围空气的温度为 25℃, 与周围空气的自然对流换热系数为 30 W/(m²·K)。(a)试用 5 个等长单元确定沿散热片的温度分布; (b)假设有 100 个散热片, 试确定总热量损失。

4. 有一矩形铝制散热片, 长 100 mm, 宽 5 mm, 厚 1 mm, 用于从温度为 80℃的表面散发热量。假设周围空气温度在 18℃和 25℃之间变化, 铝的导热系数为 168 W/(m·K), 与周围空气的自然对流换热系数为 25 W/(m²·K)。(a) 试用 5 个等长单元, 分别确定这两种周围环境下沿散热片的温度分布; (b)假设有 50 个散热片, 试计算每种周围环境的总热量损失; (c)忽略末端的热量损失, 散热片精确的温度分布和热量损失由如下双曲线函数给出:

$$\frac{T(x) - T_f}{T_b - T_f} = \frac{\cosh\left[\sqrt{\dfrac{hp}{kA_c}}(L - x)\right]}{\cosh\left[\sqrt{\dfrac{hp}{kA_c}}(L)\right]}$$

$$Q = \sqrt{hpkA_c}\left(\tanh\left[\sqrt{\frac{hp}{kA_c}}(L)\right]\right)(T_b - T_f)$$

将有限元计算结果与精确解进行比较。

5. 假设传热系数 h 在给定单元上呈线性变化, 试计算积分 $\int_{X_i}^{X_j} S_i hp T_f \,\mathrm{d}X$。

6. 汽车前窗是通过在内表面提供温度为 90℉的热空气来除雾。玻璃的导热系数 $k = 0.8$ W/(m·℃), 厚约为 1/4 in。假设风扇中速运转, 空气的传热系数为 50 W/(m²·K)。外部空气温度为 20℉, 传热系数为 110 W/(m²·K)。试确定(a)玻璃内表面和外表面的温度; (b)若玻璃面积约 10 ft², 试确定通过玻璃的热量损失。

7. 如下图所示, 工业用炉的墙壁由 3 种不同的材料组成, 第一层由 10 cm 厚的黏性绝缘水泥组成, 导热系数为 0.12 W/(m·K); 第二层由 20 cm 厚的 8 层石棉板组成, 导热系数为 0.071 W/(m·K); 外层由 12 cm 厚的水泥砂浆组成, 传热系数为 0.72 W/(m²·K)。炉内壁温度为 250℃, 外部空气温度为 35℃, 对流换热系数为 45 W/(m²·K)。试确定温度沿复合墙壁的分布。

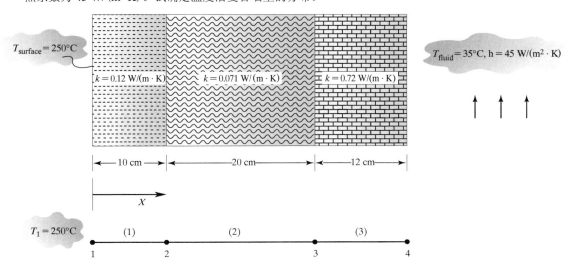

8. 将习题 7 中工业用炉内壁的温度边界条件调整为 400℃, 相应对流换热系数为 100 W/(m²·K)。试计算这种边界条件对单元(1)传导矩阵和力矩阵的贡献, 并确定沿复合墙壁的温度分布。

9. 笛卡儿坐标系下生成一维热源的扩散方程为

$$k \frac{\partial^2 T}{\partial X^2} + \dot{q} = 0$$

其中热生成率 $\dot{q}$ 表示在给定系统的体积内从电能、化学能、核能或电磁能转化而来的热能。试推导 $\dot{q}$ 对荷载矩阵的贡献。假设有一长条状热单元，嵌在汽车后座的玻璃上，以 7000 W/m³ 的热生成率持续提供热源，玻璃的导热系数为 $k = 0.8$ W/(m·℃)，厚约 6 mm。汽车后座内部空气温度为 20℃，传热系数为 20 W/(m²·K)；外部空气温度为−5℃，传热系数为 50 W/(m²·K)。试确定玻璃内表面和外表面的温度。

10. 验证式(6.23)所给出的积分计算：

$$\int_{X_i}^{X_j} S_i(c_2 \Psi) \, \mathrm{d}X = \frac{c_2 \ell}{3} \Psi_i + \frac{c_2 \ell}{6} \Psi_j$$

11. 验证式(6.26) 所给出的积分计算：

$$\int_{X_i}^{X_j} c_1 \left(-\frac{\mathrm{d}S_j \mathrm{d}\Psi}{\mathrm{d}X \mathrm{d}X} \right) \mathrm{d}X = -\frac{c_1}{\ell}(-\Psi_i + \Psi_j)$$

12. 设计一个矩形截面散热片，要求从温度恒为 80℃、面积为 400 cm² 的表面散去 200 W 的总热量，试确定此散热片的尺寸。假设周围空气温度为 25℃，自然对流换热系数为 25 W/(m²·K)。由于空间有限，散热片距热源不能超过 100 mm。可选用铝、铜或钢等材料。给出简要的设计报告，解释具体的设计思路。

第7章 二 维 单 元

本章的主要目标是介绍二维形函数和二维单元的基本概念及属性。本章将推导矩形单元、二次四边形单元及三角形单元的形函数。此外，也将介绍四边形单元和三角形单元的自然坐标。最后给出 ANSYS 中二维热单元和二维结构单元的应用实例。本章主要内容包括：

7.1 矩形单元
7.2 二次四边形单元
7.3 线性三角形单元
7.4 二次三角形单元
7.5 轴对称单元
7.6 等参单元
7.7 二维积分：高斯-勒让德积分法
7.8 ANSYS 中的二维单元

7.1 矩形单元

在第 6 章中已对一维问题进行了分析，研究了直散热片的热传递问题，使用一维线性形函数来近似模拟温度沿单元的分布，并推导了 (热)传导矩阵和(热)荷载矩阵，同时求解方程组得出了节点温度。本章将着重研究二维问题，首先分析二维形函数及单元。为便于理解，同样考虑图 7.1 所示的直散热片。根据给出的散热片维数和热边界条件，温度沿 X 方向和 Y 方向均发生了变化，这种情况下，将无法再用一维函数来模拟散热片的温度分布。

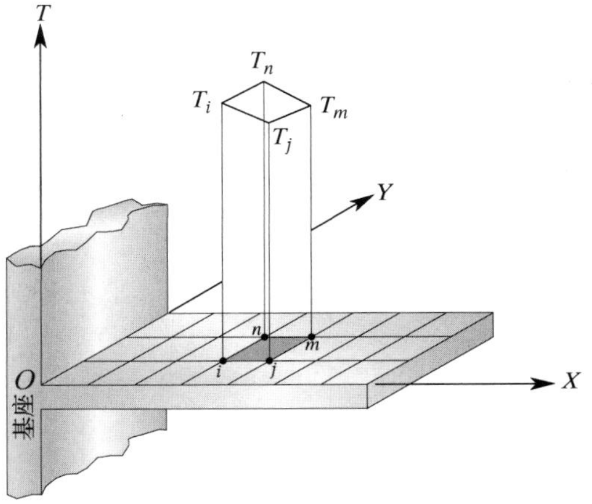

至此，读者需要理解的是，一维问题的解是用线段来近似描述的，而二维问题的解是由平面描述的，这点在图 7.1 中可清楚地看到。在图 7.2 中详细地给出了典型矩形单元及其节点值。

图 7.1 使用矩形单元模拟二维温度分布的例子

在图 7.2 中可清楚地看到，沿单元的温度分布是关于坐标 X 和 Y 的函数。对于任意一个矩形单元，都可以将温度分布表示为如下形式：

$$T^{(e)} = b_1 + b_2 x + b_3 y + b_4 xy \tag{7.1}$$

注意，式(7.1)中有 4 个未知量 (b_1, b_2, b_3, b_4)，这是因为矩形单元是由 i, j, m 和 n 这 4 个节点定义的。同时要注意的是，函数沿单元边缘呈线性变化，而在单元内部呈非线性变化(参见习题 31)。具有这种性质的单元一般称之为双线性单元。二维形函数的推导过程与一维单元基本相同。为求解 b_1，b_2，b_3 和 b_4 这 4 个未知量，将使用局部坐标 x 和 y。节点温度必须满足如下 4 个条件：

$$
\begin{aligned}
T &= T_i && \text{在 } x = 0 \text{ 和 } y = 0 \text{ 处} \\
T &= T_j && \text{在 } x = \ell \text{ 和 } y = 0 \text{ 处} \\
T &= T_m && \text{在 } x = \ell \text{ 和 } y = w \text{ 处} \\
T &= T_n && \text{在 } x = 0 \text{ 和 } y = w \text{ 处}
\end{aligned}
\tag{7.2}
$$

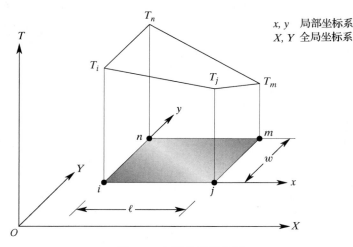

图 7.2 典型的矩形单元

将式(7.2)给定的节点条件应用于式(7.1)，并求解得出 b_1，b_2，b_3 和 b_4 为

$$
b_1 = T_i \qquad\qquad b_2 = \frac{1}{\ell}(T_j - T_i)
$$

$$
b_3 = \frac{1}{w}(T_n - T_i) \quad b_4 = \frac{1}{\ell w}(T_i - T_j + T_m - T_n)
\tag{7.3}
$$

将 b_1，b_2，b_3 和 b_4 代入式(7.1)，并基于 T_i，T_j，T_m 和 T_n 合并同类项，即可得到由形函数表示的单元温度分布为

$$
T^{(e)} = [S_i \quad S_j \quad S_m \quad S_n]
\begin{bmatrix}
T_i \\
T_j \\
T_m \\
T_n
\end{bmatrix}
\tag{7.4}
$$

其中，形函数分别为

$$
\begin{aligned}
S_i &= \left(1 - \frac{x}{\ell}\right)\left(1 - \frac{y}{w}\right) \\
S_j &= \frac{x}{\ell}\left(1 - \frac{y}{w}\right) \\
S_m &= \frac{xy}{\ell w} \\
S_n &= \frac{y}{w}\left(1 - \frac{x}{\ell}\right)
\end{aligned}
\tag{7.5}
$$

显然，有了这些形函数，就可以用节点值 Ψ_i，Ψ_j，Ψ_m 和 Ψ_n 来表示任意未知参数 Ψ 在矩形区域内的变化，其一般形式为

$$\Psi^{(e)} = [S_i \quad S_j \quad S_m \quad S_n] \begin{bmatrix} \Psi_i \\ \Psi_j \\ \Psi_m \\ \Psi_n \end{bmatrix} \quad (7.6)$$

例如，在图 7.3 中，Ψ 表示实体单元沿某一方向的位移。

7.1.1 自然坐标

如第 5 章所述，自然坐标本质上是局部坐标的无量纲形式。此外，大多数有限元

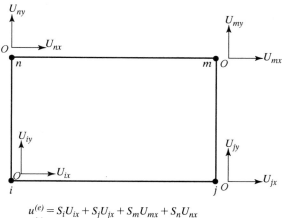

$$u^{(e)} = S_i U_{ix} + S_j U_{jx} + S_m U_{mx} + S_n U_{nx}$$
$$v^{(e)} = S_i U_{iy} + S_j U_{jy} + S_m U_{my} + S_n U_{ny}$$

图 7.3　描述平面应力问题的矩形单元

程序都通过高斯积分法求解单元的数值积分，并且积分的上限和下限分别取为 1 和 −1，而局部坐标系 x、y 的原点与自然坐标点 $\xi = -1$，$\eta = -1$ 重合，如图 7.4 所示。

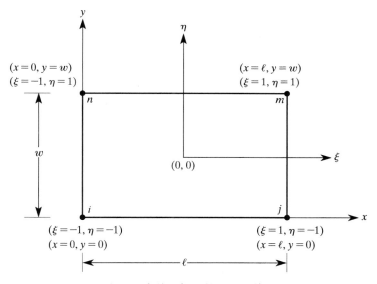

图 7.4　自然坐标下的四边形单元

令 $\xi = \dfrac{2x}{\ell} - 1$ 和 $\eta = \dfrac{2y}{w} - 1$，则由自然坐标 ξ 和 η 表示的形函数为

$$\begin{aligned} S_i &= \frac{1}{4}(1-\xi)(1-\eta) \\ S_j &= \frac{1}{4}(1+\xi)(1-\eta) \\ S_m &= \frac{1}{4}(1+\xi)(1+\eta) \\ S_n &= \frac{1}{4}(1-\xi)(1+\eta) \end{aligned} \quad (7.7)$$

此外，如 5.3 节所述，通过创建一个类似拉格朗日函数的线性函数乘积形式，也可以导出

式(7.7)中的表达式。例如，对于节点 i，可以构造一个函数，使其乘积在节点 i 的值为 1，而在其他节点即节点 j，m 和 n 处的值为 0。设构造的函数乘积为 $(1-\xi)(1-\eta)$，则沿 j-m 边$(\xi=1)$ 和 n-m 边$(\eta=1)$ 的函数值就是 0。之后再确定未知系数 a_1，使形函数 S_i 在节点 $i(\xi=-1)$ 和 $(\eta=-1)$ 处的值为 1，即

$$1 = a_1(1-\xi)(1-\eta) = a_1(1-(-1))(1-(-1)) \Rightarrow a_1 = \frac{1}{4}$$

式(7.5)和式(7.7)所示的形函数与相应的一维形函数的基本性质大体相同。例如，S_i 在节点 i 的坐标位置的值为 1，而在其他节点位置的值为 0。

7.2　二次四边形单元

8 节点二次四边形单元是二维 4 节点四边形单元的高阶单元，这类单元适用于对曲线形边界问题进行建模。典型的 8 节点二次四边形单元如图 7.5 所示。与线性单元相比，对于同样数目的单元，二次单元提供的结果要更为精确。若用自然坐标 ξ 和 η 表示，则 8 节点二次单元的一般形式为

$$\Psi^{(e)} = b_1 + b_2\xi + b_3\eta + b_4\xi\eta + b_5\xi^2 + b_6\eta^2 + b_7\xi^2\eta + b_8\xi\eta^2 \tag{7.8}$$

为求解 b_1, b_2, b_3, $\cdots$, b_8，首先必须应用节点条件，然后再建立 8 个方程，才能从中求解出这些系数。不过，这里并没有采用这种费力且困难的方法，而是采取了另一种方法，下面将进行说明。

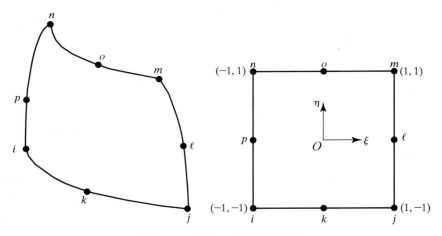

图 7.5　8 节点二次四边形单元

一般而言，与每个节点有关的形函数都可以表示为两个函数 F_1 和 F_2 的乘积，例如：

$$S = F_1(\xi, \eta)F_2(\xi, \eta) \tag{7.9}$$

对于给定的节点，不妨先选取第一个函数 F_1，使之在与给定节点无关的单元边上的值为 0；选择第二个函数 F_2 时，要使其与 F_1 的乘积在此给定节点上的值为 1，而在其他相邻节点上的值为 0。函数 F_1 和 F_2 的乘积必然会产生诸如式(7.8)中的线性和非线性项。为了说明这种方法，不妨考虑角节点 m，其自然坐标为 $\xi=1$，$\eta=1$。首先，必须选择 F_1 使之沿 i-j 边$(\eta=-1)$ 和 i-n 边$(\xi=-1)$ 的值为零。假设令

$$F_1(\xi, \eta) = (1 + \xi)(1 + \eta)$$

它满足以上两个条件。再令

$$F_2(\xi, \eta) = c_1 + c_2\xi + c_3\eta$$

确定 F_2 中的系数时，需要保证 F_2 与 F_1 的乘积在节点 m 处的值为 1，而在相邻节点 ℓ 和节点 o 处的值为 0。在节点 m 处计算 S_m，很显然 $\xi=1$、$\eta=1$ 时应该有 $S_m=1$；而在节点 ℓ 处，即 $\xi=1$、$\eta=0$ 时，应该有 $S_m=0$；在节点 o 处，即 $\xi=0$、$\eta=1$ 时，应该有 $S_m=0$。将这些边界条件应用于式 (7.9)，有

$$1 = \overbrace{(1+1)(1+1)}^{F_1(\xi,\eta)}\overbrace{(c_1 + c_2(1) + c_3(1))}^{F_2(\xi,\eta)} = 4c_1 + 4c_2 + 4c_3$$

$$0 = (1+1)(1+0)(c_1 + c_2(1) + c_3(0)) = 2c_1 + 2c_2$$

$$0 = (1+0)(1+1)(c_1 + c_2(0) + c_3(1)) = 2c_1 + 2c_3$$

经求解，有 $c_1 = -\dfrac{1}{4}$、$c_2 = \dfrac{1}{4}$ 和 $c_3 = \dfrac{1}{4}$，即 $S_m = (1+\xi)(1+\eta)\left(-\dfrac{1}{4} + \dfrac{1}{4}\xi + \dfrac{1}{4}\eta\right)$。其他角节点有关的形函数用同样的方式亦可确定

$$S_i = -\frac{1}{4}(1 - \xi)(1 - \eta)(1 + \xi + \eta)$$

$$S_j = \frac{1}{4}(1 + \xi)(1 - \eta)(-1 + \xi - \eta)$$

$$S_m = \frac{1}{4}(1 + \xi)(1 + \eta)(-1 + \xi + \eta) \tag{7.10}$$

$$S_n = -\frac{1}{4}(1 - \xi)(1 + \eta)(1 + \xi - \eta)$$

现将注意力转到中间节点的形函数上，以节点 o 为例推导与之相关的形函数。首先，F_1 必须满足其在 i-j 边（$\eta=-1$）、i-n 边（$\xi=-1$）及 j-m 边（$\xi=1$）上的值为 0。令

$$F_1(\xi, \eta) = (1 - \xi)(1 + \eta)(1 + \xi)$$

注意，F_1 给出的乘积项将产生线性和非线性的项，这是式 (7.8) 的要求。因此，第二个函数 F_2 必须是常数，否则 F_1 和 F_2 的乘积将是三阶多项式，这并不是所预期的结果。因此，

$$F_2(\xi, \eta) = c_1$$

应用节点条件

$$S_o = 1 \quad 在 \ \xi = 0 \ 和 \eta = 1 处$$

可得

$$1 = \overbrace{(1 - 0)(1 + 1)(1 + 0)}^{F_1(\xi,\eta)} \quad \overbrace{c_1}^{F_2(\xi,\eta)} = 2c_1$$

求得 $c_1 = \dfrac{1}{2}$，则 $S_o = \dfrac{1}{2}(1-\xi)(1+\eta)(1+\xi) = S_o = \dfrac{1}{2}(1+\eta)(1-\xi^2)$。按照类似的步骤，可以得到中间节点 k，ℓ 和 p 的形函数分别为

$$S_k = \frac{1}{2}(1 - \eta)(1 - \xi^2)$$

$$S_\ell = \frac{1}{2}(1 + \xi)(1 - \eta^2)$$

$$S_o = \frac{1}{2}(1 + \eta)(1 - \xi^2)$$ (7.11)

$$S_p = \frac{1}{2}(1 - \xi)(1 - \eta^2)$$

例 7.1   之前曾使用二维矩形单元建立薄板应力分布的模型，设板上单元节点的应力如图 7.6 所示，试确定单元中心的应力值。

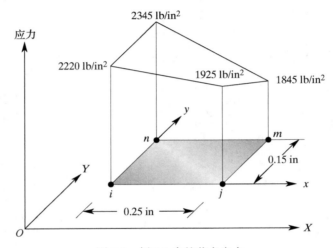

图 7.6   例 7.1 中的节点应力

单元的应力分布为

$$\sigma^{(e)} = \begin{bmatrix} S_i & S_j & S_m & S_n \end{bmatrix} \begin{bmatrix} \sigma_i \\ \sigma_j \\ \sigma_m \\ \sigma_n \end{bmatrix}$$

其中，σ_i，σ_j，σ_m 和 σ_n 分别是节点 i，j，m 和 n 处的应力。形函数由式(7.5)给出：

$$S_i = \left(1 - \frac{x}{\ell}\right)\left(1 - \frac{y}{w}\right) = \left(1 - \frac{x}{0.25}\right)\left(1 - \frac{y}{0.15}\right)$$

$$S_j = \frac{x}{\ell}\left(1 - \frac{y}{w}\right) = \frac{x}{0.25}\left(1 - \frac{y}{0.15}\right)$$

$$S_m = \frac{xy}{\ell w} = \frac{xy}{(0.25)(0.15)}$$

$$S_n = \frac{y}{w}\left(1 - \frac{x}{\ell}\right) = \frac{y}{0.15}\left(1 - \frac{x}{0.25}\right)$$

对于给定的单元，由局部坐标 x 和 y 表示的应力分布为

$$\sigma^{(e)} = \overbrace{\left(1 - \frac{x}{0.25}\right)\left(1 - \frac{y}{0.15}\right)}^{S_i}\overbrace{(2220)}^{\sigma_i} + \overbrace{\frac{x}{0.25}\left(1 - \frac{y}{0.15}\right)}^{S_j}\overbrace{(1925)}^{\sigma_j} + \overbrace{\frac{xy}{(0.25)(0.15)}}^{S_m}\overbrace{(1845)}^{\sigma_m}$$

$$+ \overbrace{\frac{y}{0.15}\left(1 - \frac{x}{0.25}\right)}^{S_n}\overbrace{(2345)}^{\sigma_n}$$

根据上述方程可计算得出单元上任意点的应力值，不过这里仅计算单元中点的应力值。将 $x = 0.125$ 和 $y = 0.075$ 代入方程，有

$$\sigma(0.125\ 0.075) = 555 + 481 + 461 + 586 = 2083\,\text{lb/in}^2$$

注意，由于感兴趣的点恰好位于单元中间，即 $\xi = 0$、$\eta = 0$，因此使用自然坐标求解这个问题会更容易。四边形单元的自然形函数由式(7.7)给出：

$$S_i = \frac{1}{4}(1 - \xi)(1 - \eta) = \frac{1}{4}(1 - 0)(1 - 0) = \frac{1}{4}$$

$$S_j = \frac{1}{4}(1 + \xi)(1 - \eta) = \frac{1}{4}(1 + 0)(1 - 0) = \frac{1}{4}$$

$$S_m = \frac{1}{4}(1 + \xi)(1 + \eta) = \frac{1}{4}(1 + 0)(1 + 0) = \frac{1}{4}$$

$$S_n = \frac{1}{4}(1 - \xi)(1 + \eta) = \frac{1}{4}(1 - 0)(1 + 0) = \frac{1}{4}$$

$$\sigma(0.125, 0.075) = \frac{1}{4}(2220) + \frac{1}{4}(1925) + \frac{1}{4}(1845) + \frac{1}{4}(2345) = 2083\,\text{lb/in}^2$$

因此，矩形单元中点处的应力是节点应力的平均值。

例 7.2 再次计算二次四边形单元形函数 S_n 的表达式。

回顾 7.2 节所讨论的步骤，将 S_n 表示为

$$S_n = F_1(\xi, \eta)F_2(\xi, \eta)$$

对于形函数 S_n，F_1 的选择必须要满足在 i-j 边($\eta = -1$)和 j-m 边($\xi = 1$)上的值为 0。因此，令

$$F_1(\xi, \eta) = (1 - \xi)(1 + \eta)$$

其次，F_2 由下式给出：

$$F_2(\xi, \eta) = c_1 + c_2\xi + c_3\eta$$

而系数 c_1，c_2 和 c_3 由以下条件确定：

$$S_n = 1 \quad \text{在 } \xi = -1 \text{ 和 } \eta = 1 \text{ 处}$$

$$S_n = 0 \quad \text{在 } \xi = 0 \quad \text{和 } \eta = 1 \text{ 处}$$

$$S_n = 0 \quad \text{在 } \xi = -1 \text{ 和 } \eta = 0 \text{ 处}$$

回顾前面章节中的讨论，F_2 中的系数选取需满足下列条件：F_2 与 F_1 的乘积在节点 n 处的值为 1，而在其他相邻节点 o 和 p 处的值为 0。应用这些条件：

$$1 = 4c_1 - 4c_2 + 4c_3$$

$$0 = 2c_1 + 2c_3$$

$$0 = 2c_1 - 2c_2$$

求得 $c_1 = -\dfrac{1}{4}$、$c_2 = -\dfrac{1}{4}$ 和 $c_3 = \dfrac{1}{4}$，这与之前给出的 S_n 的表达式完全相同，即

$$S_n = -\frac{1}{4}(1 - \xi)(1 + \eta)(1 + \xi - \eta)$$

7.3　线性三角形单元

使用双线性矩形单元最主要的不足之处，即不能很好地满足弯曲边界的要求。相比之下，图 7.7 中用来描述二维温度分布的三角形单元就能较好地模拟弯曲边界。如图 7.8 所示，三角形单元由 3 个节点定义。因此，三角形区域内的独立变量，如温度的变化，即可表示为

$$T^{(e)} = a_1 + a_2 X + a_3 Y \tag{7.12}$$

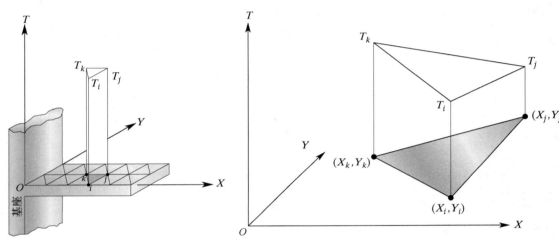

图 7.7　使用三角形单元描述二维温度分布　　　　图 7.8　三角形单元

考虑图 7.8 中的节点温度，必须满足以下条件：

$$\begin{aligned}
T &= T_i \quad 在\ X = X_i \ \ 和\ Y = Y_i \ 处 \\
T &= T_j \quad 在\ X = X_j \ \ 和\ Y = Y_j \ 处 \\
T &= T_k \quad 在\ X = X_k \ \ 和\ Y = Y_k 处
\end{aligned} \tag{7.13}$$

将节点值代入式（7.12）：

$$\begin{aligned}
T_i &= a_1 + a_2 X_i + a_3 Y_i \\
T_j &= a_1 + a_2 X_j + a_3 Y_j \\
T_k &= a_1 + a_2 X_k + a_3 Y_k
\end{aligned} \tag{7.14}$$

求得 a_1，a_2 和 a_3 为

$$\begin{aligned}
a_1 &= \frac{1}{2A}[(X_j Y_k - X_k Y_j)T_i + (X_k Y_i - X_i Y_k)T_j + (X_i Y_j - X_j Y_i)T_k] \\
a_2 &= \frac{1}{2A}[(Y_j - Y_k)T_i + (Y_k - Y_i)T_j + (Y_i - Y_j)T_k] \\
a_3 &= \frac{1}{2A}[(X_k - X_j)T_i + (X_i - X_k)T_j + (X_j - X_i)T_k]
\end{aligned} \tag{7.15}$$

其中，A 是三角形单元的面积，可按下式计算：

$$2A = X_i(Y_j - Y_k) + X_j(Y_k - Y_i) + X_k(Y_i - Y_j) \tag{7.16}$$

式(7.16)的推导过程可参考例 7.3。将 a_1，a_2 和 a_3 代入式(7.12)，并对 T_i、T_j 和 T_k 项进行分组，则有

$$T^{(e)} = [S_i \quad S_j \quad S_k] \begin{bmatrix} T_i \\ T_j \\ T_k \end{bmatrix} \tag{7.17}$$

其中，形函数 S_i，S_j 和 S_k 分别为

$$S_i = \frac{1}{2A}(\alpha_i + \beta_i X + \delta_i Y)$$

$$S_j = \frac{1}{2A}(\alpha_j + \beta_j X + \delta_j Y) \tag{7.18}$$

$$S_k = \frac{1}{2A}(\alpha_k + \beta_k X + \delta_k Y)$$

且

$$\alpha_i = X_j Y_k - X_k Y_j \quad \beta_i = Y_j - Y_k \quad \delta_i = X_k - X_j$$
$$\alpha_j = X_k Y_i - X_i Y_k \quad \beta_j = Y_k - Y_i \quad \delta_j = X_i - X_k$$
$$\alpha_k = X_i Y_j - X_j Y_i \quad \beta_k = Y_i - Y_j \quad \delta_k = X_j - X_i$$

需要再次提醒读者，三角形形函数的基本性质与之前定义的其他形函数的性质相同。例如，形函数 S_i 在节点 i 处的值为 1，而在其他节点处的值为 0。再比如，若对形函数求和，其结果为 1，这个性质可表示为

$$S_i + S_j + S_k = 1 \tag{7.19}$$

7.3.1 三角形单元的自然(面积)坐标

如图 7.9 所示，设三角形区域内有一坐标为 (X, Y) 的 P 点，将此点分别与节点 i、j 和 k 相连，这样三角形面积就被划分为 3 个面积更小的区域 A_1、A_2 和 A_3。

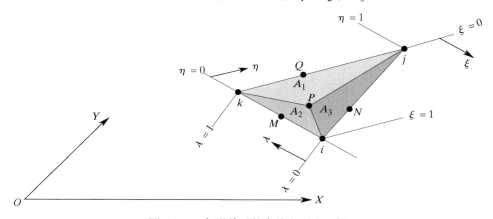

图 7.9 三角形单元的自然(面积)坐标

现在做一个实验，将 P 点从三角形内部移至单元 k-j 边的 Q 点处，此时，面积 A_1 的值将

变为 0；将 P 点移至节点 i，则 A_1 扩展为单元的整个面积 A。基于实验结果，定义自然（面积）坐标 ξ，使之为 A_1 与 A 的比值，其值在 0 到 1 之间变化。类似地，将 P 点移到 $k\text{-}i$ 边上的 M 点处，则 $A_2 = 0$；将 P 点移至节点 j 处，则 A_2 扩展为单元的整个面积 A，即 $A_2 = A$。同样，可定义另一自然坐标 η，使之为 A_2 与 A 的比值，其值在 0 到 1 之间变化。将三角形单元的自然（面积）坐标 ξ、η 和 λ 定义为

$$\xi = \frac{A_1}{A}$$
$$\eta = \frac{A_2}{A} \qquad (7.20)$$
$$\lambda = \frac{A_3}{A}$$

读者需要注意，在这 3 个自然坐标中，其中只有两个是线性独立的，这是因为

$$\frac{A_1}{A} + \frac{A_2}{A} + \frac{A_3}{A} = \frac{A}{A} = 1 = \xi + \eta + \lambda$$

例如，λ 坐标即可由 ξ 和 η 定义为

$$\lambda = 1 - \xi - \eta \qquad (7.21)$$

读者可以证明三角形自然（面积）坐标与形函数 S_i，S_j 和 S_k 完全相同，即

$$\xi = S_i$$
$$\eta = S_j \qquad (7.22)$$
$$\lambda = S_k$$

以 ξ 为例，ξ 是 A_1 与 A 之比：

$$\xi = \frac{A_1}{A} = \frac{\frac{1}{2}[(X_j Y_k - X_k Y_j) + X(Y_j - Y_k) + Y(X_k - X_j)]}{\frac{1}{2}[X_i(Y_j - Y_k) + X_j(Y_k - Y_i) + X_k(Y_i - Y_j)]} \qquad (7.23)$$

比较式(7.23)和式(7.18)[①]，可以看到 ξ 和 S_i 完全相同。式(7.23)中 ξ 是三角形面积 A_1 与 A 的比值，其中 A_1 和 A 是根据三角形顶点的坐标和式(7.16)求得的。注意，P 点可位于面积 A 内的任意位置，所以 P 点的坐标由 X 和 Y 两个值确定。

例 7.3　验证可用式(7.16)计算三角形单元的面积。

如下图所示，三角形 ABD 的面积等于以 AB 和 AD 为边的平行四边形 $ABCD$ 面积的一半。

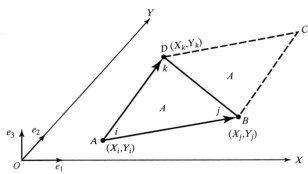

---

① 用节点坐标代替 A，α_i，β_i，δ_i。

平行四边形 $ABCD$ 的面积等于 $AB \times AD$ 的模，即

$$2A = |AB \times AD|$$

其中，

$$AB = (X_j - X_i)e_1 + (Y_j - Y_i)e_2$$

$$AD = (X_k - X_i)e_1 + (Y_k - Y_i)e_2$$

e_1、e_2 和 e_3 表示所示方向的单位向量。对向量 AB 和 AD 按分量进行如下向量乘积运算操作：

$$2A = |AB \times AD| = |[(X_j - X_i)e_1 + (Y_j - Y_i)e_2] \times [(X_k - X_i)e_1 + (Y_k - Y_i)e_2]|$$

注意，$e_1 \times e_1 = 0$，$e_1 \times e_2 = e_3$，$e_2 \times e_1 = -e_3$。因此：

$$2A = |(X_j - X_i)(Y_k - Y_i)e_3 - (Y_j - Y_i)(X_k - X_i)e_3|$$

化简上式，并基于 X_i，X_j 和 X_k 合并同类项，即可以证明式 (7.16) 是正确的，即

$$2A = X_i(Y_j - Y_k) + X_j(Y_k - Y_i) + X_k(Y_i - Y_j)$$

7.4 二次三角形单元

区域内随空间发生变化的因变量，如温度，用二次函数进行描述要更为精确，例如：

$$T^{(e)} = a_1 + a_2 X + a_3 Y + a_4 X^2 + a_5 XY + a_6 Y^2 \tag{7.24}$$

至止，读者应该对形函数的推导过程很清楚了。因此，对于图 7.10 所示的二次三角形单元，下面仅直接给出形函数而不再证明。由自然坐标表示的形函数为

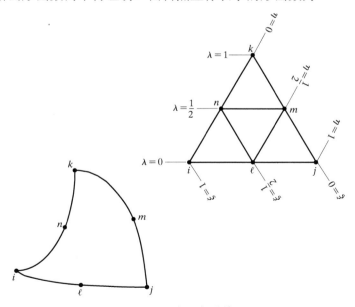

图 7.10　二次三角形单元

$$S_i = \xi(2\xi - 1)$$

$$S_j = \eta(2\eta - 1)$$

$$S_k = \lambda(2\lambda - 1) = 1 - 3(\xi + \eta) + 2(\xi + \eta)^2$$

$$S_\ell = 4\xi\eta$$ (7.25)

$$S_m = 4\eta\lambda = 4\eta(1 - \xi - \eta)$$

$$S_n = 4\xi\lambda = 4\xi(1 - \xi - \eta)$$

例 7.4 之前使用二维三角形单元建立模拟散热片温度分布的模型，假设节点的温度及其在单元中的相对位置如图 7.11 所示。试求 (a) 在 $X = 2.15$ cm，$Y = 1.1$ cm 处的温度是多少？ (b) 确定这个单元温度梯度的分量；(c) 确定温度分别为 70℃ 和 75℃ 的等温线位置。

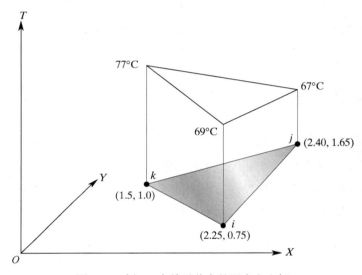

图 7.11   例 7.4 中单元节点的温度和坐标

(a) 单元内部的温度分布为

$$T^{(e)} = [S_i \quad S_j \quad S_k] \begin{bmatrix} T_i \\ T_j \\ T_k \end{bmatrix}$$

其中，形函数 S_i、S_j 和 S_k 分别是

$$S_i = \frac{1}{2A}(\alpha_i + \beta_i X + \delta_i Y)$$

$$S_j = \frac{1}{2A}(\alpha_j + \beta_j X + \delta_j Y)$$

$$S_k = \frac{1}{2A}(\alpha_k + \beta_k X + \delta_k Y)$$

且

$$\alpha_i = X_j Y_k - X_k Y_j = (2.4)(1.0) - (1.5)(1.65) = -0.075$$

$$\alpha_j = X_k Y_i - X_i Y_k = (1.5)(0.75) - (2.25)(1.0) = -1.125$$

$$\alpha_k = X_i Y_j - X_j Y_i = (2.25)(1.65) - (2.40)(0.75) = 1.9125$$

$$\beta_i = Y_j - Y_k = 1.65 - 1.0 = 0.65$$
$$\beta_j = Y_k - Y_i = 1.0 - 0.75 = 0.25$$
$$\beta_k = Y_i - Y_j = 0.75 - 1.65 = -0.9$$
$$\delta_i = X_k - X_j = 1.50 - 2.40 = -0.9$$
$$\delta_j = X_i - X_k = 2.25 - 1.5 = 0.75$$
$$\delta_k = X_j - X_i = 2.40 - 2.25 = 0.15$$

且

$$2A = X_i(Y_j - Y_k) + X_j(Y_k - Y_i) + X_k(Y_i - Y_j)$$
$$2A = 2.25(1.65 - 1.0) + 2.40(1.0 - 0.75) + 1.5(0.75 - 1.65) = 0.7125$$
$$S_i = \frac{1}{2A}(\alpha_i + \beta_i X + \delta_i Y) = \frac{1}{0.7125}(-0.075 + 0.65X - 0.9Y)$$
$$S_j = \frac{1}{2A}(\alpha_j + \beta_j X + \delta_j Y) = \frac{1}{0.7125}(-1.125 + 0.25X + 0.75Y)$$
$$S_k = \frac{1}{2A}(\alpha_k + \beta_k X + \delta_k Y) = \frac{1}{0.7125}(1.9125 - 0.9X + 0.15Y)$$

因此，单元的温度分布为

$$T = \frac{69}{0.7125}(-0.075 + 0.65X - 0.9Y) + \frac{67}{0.7125}(-1.125 + 0.25X + 0.75Y) +$$
$$\frac{77}{0.7125}(1.9125 - 0.9X + 0.15Y)$$

经化简，有

$$T = 93.632 - 10.808X - 0.421Y$$

将点 $X = 2.15$ 和 $Y = 1.1$ 代入，得 $T = 69.93℃$。

(b) 一般而言，因变量 $\Psi^{(e)}$ 的梯度分量可如下计算：

$$\frac{\partial \Psi^{(e)}}{\partial X} = \frac{\partial}{\partial X}[S_i \Psi_i + S_j \Psi_j + S_k \Psi_k]$$

$$\frac{\partial \Psi^{(e)}}{\partial Y} = \frac{\partial}{\partial Y}[S_i \Psi_i + S_j \Psi_j + S_k \Psi_k] \tag{7.26}$$

$$\begin{bmatrix} \dfrac{\partial \Psi^{(e)}}{\partial X} \\ \dfrac{\partial \Psi^{(e)}}{\partial Y} \end{bmatrix} = \frac{1}{2A}\begin{bmatrix} \beta_i & \beta_j & \beta_k \\ \delta_i & \delta_j & \delta_k \end{bmatrix}\begin{bmatrix} \Psi_i \\ \Psi_j \\ \Psi_k \end{bmatrix}$$

从式 (7.26) 中不难看出，该梯度为常量。对于线性三角形单元这一规律恒成立。温度梯度可如下计算：

$$\begin{bmatrix} \dfrac{\partial T^{(e)}}{\partial X} \\ \dfrac{\partial T^{(e)}}{\partial Y} \end{bmatrix} = \frac{1}{2A}\begin{bmatrix} \beta_i & \beta_j & \beta_k \\ \delta_i & \delta_j & \delta_k \end{bmatrix}\begin{bmatrix} T_i \\ T_j \\ T_k \end{bmatrix} = \frac{1}{0.7125}\begin{bmatrix} 0.65 & 0.25 & -0.9 \\ -0.9 & 0.75 & 0.15 \end{bmatrix}\begin{bmatrix} 69 \\ 67 \\ 77 \end{bmatrix} = \begin{bmatrix} -10.808 \\ -0.421 \end{bmatrix}$$

注意，对化简的温度方程 ($T = 93.632 - 10.808X - 0.421Y$) 直接进行偏微分，可得到相同的结果。

(c) 70℃和 75℃的等温线位置可基于如下事实确定：三角形单元的温度在 X 方向和 Y 方向均呈线性变化。这样，就可以用线性插值的方法来计算等温线的坐标。首先确定温度为 70℃的等温线，这条等温线将根据以下关系与 77℃～69℃的边相交：

$$\frac{77-70}{77-69} = \frac{1.5-X}{1.5-2.25} = \frac{1.0-Y}{1.0-0.75}$$

从而有 $X = 2.16 \text{ cm}$、$Y = 0.78 \text{ cm}$。此外，它还与 77℃～67℃的边相交，即有

$$\frac{77-70}{77-67} = \frac{1.5-X}{1.5-2.4} = \frac{1.0-Y}{1.0-1.65}$$

从而有 $X = 2.13 \text{ cm}$、$Y = 1.45 \text{ cm}$。类似地，温度为 75℃的等温线应与 77℃～69℃的边相交，即有

$$\frac{77-75}{77-69} = \frac{1.5-X}{1.5-2.25} = \frac{1.0-Y}{1.0-0.75}$$

从而有 $X = 1.69 \text{ cm}$、$Y = 0.94 \text{ cm}$。最终，沿 77℃～67℃的边，有

$$\frac{77-75}{77-67} = \frac{1.5-X}{1.5-2.4} = \frac{1.0-Y}{1.0-1.65}$$

从而有 $X = 1.68 \text{ cm}$ 和 $Y = 1.13 \text{ cm}$。各等温线及其相应位置如图 7.12 所示。

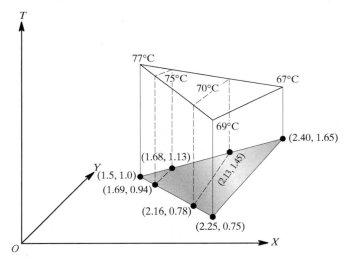

图 7.12　例 7.4 中单元的等温线

7.5　轴对称单元

有一类特殊的三维问题，其几何形状和荷载关于轴是对称的，如图 7.13 所示的 z 轴，这类问题可以用二维轴对称单元来分析。本节将讨论三角形和矩形轴对称单元，在第 9 章和第 10 章将会给出这类单元的有限元公式。

7.5.1　三角形轴对称单元

7.3 节中已经推导了线性三角形单元的形函数，回顾这部分内容，可知三角形区域内任一未知量 Ψ 的变化可由节点值 Ψ_i，Ψ_j，Ψ_k 和形函数表示为

$$\Psi^{(e)} = \begin{bmatrix} S_i & S_j & S_k \end{bmatrix} \begin{bmatrix} \Psi_i \\ \Psi_j \\ \Psi_k \end{bmatrix}$$

其中，

$$S_i = \frac{1}{2A}(\alpha_i + \beta_i X + \delta_i Y)$$

$$S_j = \frac{1}{2A}(\alpha_j + \beta_j X + \delta_j Y)$$

$$S_k = \frac{1}{2A}(\alpha_k + \beta_k X + \delta_k Y)$$

现在，以轴对称三角形单元中常用的 r 和 z 坐标的形式重新给出上述形函数的表达式。图 7.14 中给出了典型的轴对称三角形单元及其坐标。

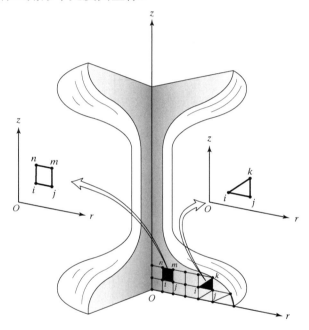

图 7.13 轴对称单元模型

用 r 和 z 坐标代替空间坐标 X 和 Y，用 R_i，Z_i，R_j，Z_j 和 R_k，Z_k 代替节点坐标 X_i，Y_i，X_j，Y_j 和 X_k，Y_k，得到如下形函数：

$$S_i = \frac{1}{2A}(\alpha_i + \beta_i r + \delta_i z)$$

$$S_j = \frac{1}{2A}(\alpha_j + \beta_j r + \delta_j z) \qquad (7.27)$$

$$S_k = \frac{1}{2A}(\alpha_k + \beta_k r + \delta_k z)$$

其中，

$$\alpha_i = R_j Z_k - R_k Z_j \qquad \beta_i = Z_j - Z_k \qquad \delta_i = R_k - R_j$$

$$\alpha_j = R_k Z_i - R_i Z_k \qquad \beta_j = Z_k - Z_i \qquad \delta_j = R_i - R_k$$

$$\alpha_k = R_i Z_j - R_j Z_i \qquad \beta_k = Z_i - Z_j \qquad \delta_k = R_j - R_i$$

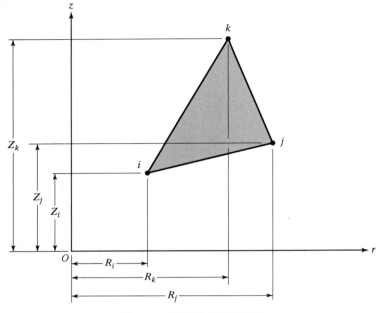

图 7.14　轴对称三角形单元

7.5.2　轴对称矩形单元

7.1 节已讨论了矩形单元，并推导出如下形函数：

$$S_i = \left(1 - \frac{x}{\ell}\right)\left(1 - \frac{y}{w}\right) \quad S_j = \frac{x}{\ell}\left(1 - \frac{y}{w}\right)$$

$$S_m = \frac{xy}{\ell w} \qquad\qquad S_n = \frac{y}{w}\left(1 - \frac{x}{\ell}\right)$$

现在，来看图 7.15 所示的轴对称矩形单元，图中给出了局部坐标 x，y 与轴对称坐标 r，z 之间的关系。

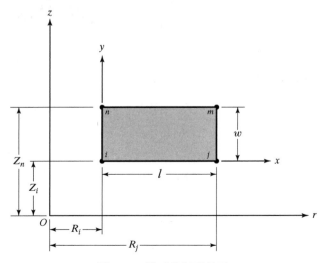

图 7.15　轴对称矩形单元

用 r 代替 x，用 z 代替 y，即利用下面给出的节点坐标之间的关系：

$$r = R_i + x \qquad 或 \qquad x = r - R_i$$

和

$$z = Z_i + y \qquad 或 \qquad y = z - Z_i$$

可得

$$S_i = \left(1 - \frac{x}{\ell}\right)\left(1 - \frac{y}{w}\right) = \left(1 - \frac{\overset{x}{\overbrace{r - R_i}}}{\ell}\right)\left(1 - \frac{\overset{y}{\overbrace{z - Z_i}}}{w}\right) = \left(\frac{\ell - (r - R_i)}{\ell}\right)\left(\frac{w - (z - Z_i)}{w}\right) \quad (7.28)$$

由于 $\ell = R_j - R_i$ 和 $w = Z_n - Z_i$，化简式 (7.28) 即可得到以 r 和 z 表示的形函数 S_i：

$$S_i = \left(\frac{\overset{\ell}{\overbrace{R_j - R_i}} - (r - R_i)}{\ell}\right)\left(\frac{\overset{w}{\overbrace{Z_n - Z_i}} - (z - Z_i)}{w}\right) = \left(\frac{R_j - r}{\ell}\right)\left(\frac{Z_n - z}{w}\right)$$

用类似的方法也可求得其他形函数。因此，轴对称矩形单元的形函数为

$$
\begin{aligned}
S_i &= \left(\frac{R_j - r}{\ell}\right)\left(\frac{Z_n - z}{w}\right) \\[4pt]
S_j &= \left(\frac{r - R_i}{\ell}\right)\left(\frac{Z_n - z}{w}\right) \\[4pt]
S_m &= \left(\frac{r - R_i}{\ell}\right)\left(\frac{z - Z_i}{w}\right) \\[4pt]
S_n &= \left(\frac{R_j - r}{\ell}\right)\left(\frac{z - Z_i}{w}\right)
\end{aligned}
\qquad (7.29)
$$

在第 9 章和第 10 章中将讨论这些单元在求解热传递和固体力学问题中的应用。

例 7.5　之前曾用轴对称矩形单元建立了空心圆柱体的温度分布模型。图 7.16 中给出了圆柱体单元的节点温度，试问在 $r = 1.2$ cm，$z = 1.4$ cm 处的温度是多少？

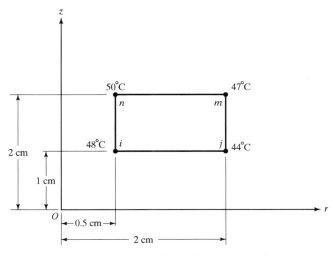

图 7.16　例 7.5 中单元的节点温度和坐标

该单元的温度分布可用下式表示为

$$T^{(e)} = \begin{bmatrix} S_i & S_j & S_m & S_n \end{bmatrix} \begin{bmatrix} T_i \\ T_j \\ T_m \\ T_n \end{bmatrix}$$

其中，T_i，T_j，T_m 和 T_n 分别是节点 i，j，m 和 n 所对应的温度值。将点的坐标代入形函数，有

$$S_i = \left(\frac{R_j - r}{\ell}\right)\left(\frac{Z_n - z}{w}\right) = \left(\frac{2 - 1.2}{1.5}\right)\left(\frac{2 - 1.4}{1}\right) = 0.32$$

$$S_j = \left(\frac{r - R_i}{\ell}\right)\left(\frac{Z_n - z}{w}\right) = \left(\frac{1.2 - 0.5}{1.5}\right)\left(\frac{2 - 1.4}{1}\right) = 0.28$$

$$S_m = \left(\frac{r - R_i}{\ell}\right)\left(\frac{z - Z_i}{w}\right) = \left(\frac{1.2 - 0.5}{1.5}\right)\left(\frac{1.4 - 1}{1}\right) = 0.19$$

$$S_n = \left(\frac{R_j - r}{\ell}\right)\left(\frac{z - Z_i}{w}\right) = \left(\frac{2 - 1.2}{1.5}\right)\left(\frac{1.4 - 1}{1}\right) = 0.21$$

则该点温度为

$$T = (0.32)(48) + (0.28)(44) + (0.19)(47) + (0.21)(50) = 47.11℃$$

7.6　等参单元

如第 5 章的 5.5 节所述，当只使用单一一组参数（一组形函数）来定义 u、v 和 T 等未知变量，并使用同样的参数（同一形函数）表示几何关系时，通常使用等参公式。使用这种方式表示的单元称为等参单元。再回到图 7.17 所示的四边形单元，考虑存在形变的固体力学问题。对于四边形单元，其内部位移可用节点值表示为

$$u^{(e)} = S_i U_{ix} + S_j U_{jx} + S_m U_{mx} + S_n U_{nx}$$
$$v^{(e)} = S_i U_{iy} + S_j U_{jy} + S_m U_{my} + S_n U_{ny} \tag{7.30}$$

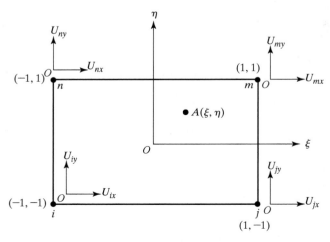

图 7.17　平面应力问题中的四边形单元

将式(7.30)所给出的关系表示为矩阵形式：

$$
\begin{bmatrix} u \\ v \end{bmatrix} = \begin{bmatrix} S_i & 0 & S_j & 0 & S_m & 0 & S_n & 0 \\ 0 & S_i & 0 & S_j & 0 & S_m & 0 & S_n \end{bmatrix} \begin{bmatrix} U_{ix} \\ U_{iy} \\ U_{jx} \\ U_{jy} \\ U_{mx} \\ U_{my} \\ U_{nx} \\ U_{ny} \end{bmatrix} \tag{7.31}
$$

注意，使用等参公式时，可用同一形函数来表示单元内任意一点的位置，如 A 点可被表示为

$$
\begin{aligned}
x &= S_i x_i + S_j x_j + S_m x_m + S_n x_n \\
y &= S_i y_i + S_j y_j + S_m y_m + S_n y_n
\end{aligned} \tag{7.32}
$$

在第 10 章中读者将会看到，位移场与应变分量（$\varepsilon_{xx} = \dfrac{\partial u}{\partial x}$，$\varepsilon_{yy} = \dfrac{\partial v}{\partial y}$ 和 $\gamma_{xy} = \dfrac{\partial u}{\partial y} + \dfrac{\partial v}{\partial x}$）有关，并且接下来将会通过形函数与节点位移关联起来。在按应变能推导单元刚度矩阵时，通常需要计算位移分量关于 x 和 y 坐标的偏导数，这意味着要对相应的形函数求关于 x 和 y 的偏导数。记住，此处形函数是由 ξ 和 η 表示的，参见式(7.7)。因此，有必要建立一种关系，使函数 $f(x,y)$ 关于 x 和 y 的偏导数可以由 $f(x,y)$ 关于 ξ 和 η 的偏导数表示，其中缘由读者稍后就会明白。应用链式规则，有

$$
\begin{aligned}
\frac{\partial f(x,y)}{\partial \xi} &= \frac{\partial f(x,y)}{\partial x}\frac{\partial x}{\partial \xi} + \frac{\partial f(x,y)}{\partial y}\frac{\partial y}{\partial \xi} \\
\frac{\partial f(x,y)}{\partial \eta} &= \frac{\partial f(x,y)}{\partial x}\frac{\partial x}{\partial \eta} + \frac{\partial f(x,y)}{\partial y}\frac{\partial y}{\partial \eta}
\end{aligned} \tag{7.33}
$$

将式(7.33)表示为矩阵形式，有

$$
\begin{bmatrix} \dfrac{\partial f(x,y)}{\partial \xi} \\[2ex] \dfrac{\partial f(x,y)}{\partial \eta} \end{bmatrix} = \overbrace{\begin{bmatrix} \dfrac{\partial x}{\partial \xi} & \dfrac{\partial y}{\partial \xi} \\[2ex] \dfrac{\partial x}{\partial \eta} & \dfrac{\partial y}{\partial \eta} \end{bmatrix}}^{J} \begin{bmatrix} \dfrac{\partial f(x,y)}{\partial x} \\[2ex] \dfrac{\partial f(x,y)}{\partial y} \end{bmatrix} \tag{7.34}
$$

其中，矩阵 $\boldsymbol{J}$ 是坐标变换的雅可比(Jacobian)矩阵。此外，式(7.34)给出的关系可表示为

$$
\begin{bmatrix} \dfrac{\partial f(x,y)}{\partial x} \\[2ex] \dfrac{\partial f(x,y)}{\partial y} \end{bmatrix} = \boldsymbol{J}^{-1} \begin{bmatrix} \dfrac{\partial f(x,y)}{\partial \xi} \\[2ex] \dfrac{\partial f(x,y)}{\partial \eta} \end{bmatrix} \tag{7.35}
$$

读者可自行练习使用式(7.32)和式(7.7)计算四边形单元的 $\boldsymbol{J}$ 矩阵，也可参见习题 7.24。第 10 章将利用等参公式来讨论单元刚度矩阵的推导过程。为方便起见，现将 7.1 节至 7.6 节的结果列于表 7.1 中。

表 7.1　二维形函数

线性矩形

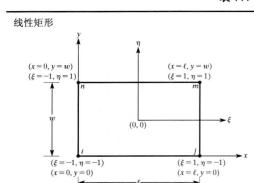

$$S_i = \left(1 - \frac{x}{\ell}\right)\left(1 - \frac{y}{w}\right)$$

$$S_j = \frac{x}{\ell}\left(1 - \frac{y}{w}\right)$$

$$S_m = \frac{xy}{\ell w}$$

$$S_n = \frac{y}{w}\left(1 - \frac{x}{\ell}\right)$$

$$S_i = \frac{1}{4}(1 - \xi)(1 - \eta)$$

$$S_j = \frac{1}{4}(1 + \xi)(1 - \eta)$$

$$S_m = \frac{1}{4}(1 + \xi)(1 + \eta)$$

$$S_n = \frac{1}{4}(1 - \xi)(1 + \eta)$$

二次四边形

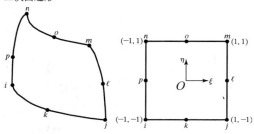

$$S_i = -\frac{1}{4}(1 - \xi)(1 - \eta)(1 + \xi + \eta)$$

$$S_j = \frac{1}{4}(1 + \xi)(1 - \eta)(-1 + \xi - \eta)$$

$$S_m = \frac{1}{4}(1 + \xi)(1 + \eta)(-1 + \xi + \eta)$$

$$S_n = -\frac{1}{4}(1 - \xi)(1 + \eta)(1 + \xi - \eta)$$

$$S_k = \frac{1}{2}(1 - \eta)(1 - \xi^2)$$

$$S_\ell = \frac{1}{2}(1 + \xi)(1 - \eta^2)$$

$$S_o = \frac{1}{2}(1 + \eta)(1 - \xi^2)$$

$$S_p = \frac{1}{2}(1 - \xi)(1 - \eta^2)$$

线性三角形

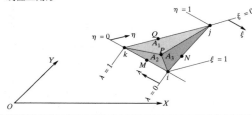

$$S_i = \frac{1}{2A}(\alpha_i + \beta_i X + \delta_i Y)$$

$$S_j = \frac{1}{2A}(\alpha_j + \beta_j X + \delta_j Y)$$

$$S_k = \frac{1}{2A}(\alpha_k + \beta_k X + \delta_k Y)$$

$$\alpha_i = X_j Y_k - X_k Y_j \quad \beta_i = Y_j - Y_k \quad \delta_i = X_k - X_j$$

$$\alpha_j = X_k Y_i - X_i Y_k \quad \beta_j = Y_k - Y_i \quad \delta_j = X_i - X_k$$

$$\alpha_k = X_i Y_j - X_j Y_i \quad \beta_k = Y_i - Y_j \quad \delta_k = X_j - X_i$$

二次三角形

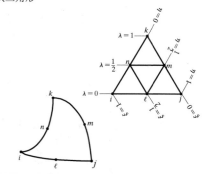

$$S_i = \xi(2\xi - 1)$$

$$S_j = \eta(2\eta - 1)$$

$$S_k = \lambda(2\lambda - 1) = 1 - 3(\xi + \eta) + 2(\xi + \eta)^2$$

$$S_l = 4\xi\eta$$

$$S_m = 4\eta\lambda = 4\eta(1 - \xi - \eta)$$

$$S_n = 4\xi\lambda = 4\xi(1 - \xi - \eta)$$

7.7 二维积分：高斯–勒让德积分法

如第 5 章所述，大多数有限元程序使用高斯积分法来进行单元的数值积分，积分区间为 -1 到 1。现将高斯–勒让德积分的应用推广到二维问题，如下所示：

$$I = \int_{-1}^{1}\int_{-1}^{1} f(\xi, \eta)\mathrm{d}\xi\,\mathrm{d}\eta \approx \int_{-1}^{1}\left[\sum_{i=1}^{n} w_i f(\xi_i, \eta)\right]\mathrm{d}\eta \approx \sum_{i=1}^{n}\sum_{j=1}^{n} w_i w_j f(\xi_i, \eta_j) \tag{7.36}$$

式(7.36)给出的关系是不证自明的,请读者回顾一下第 5 章中表 5.2 所给出的权因子和样本点。

例 7.6 为说明高斯–勒让德积分计算的步骤，考虑如下积分：

$$I = \int_{0}^{2}\int_{0}^{2}(3y^2 + 2x)\mathrm{d}x\,\mathrm{d}y$$

众所周知，以上积分可用解析法求出：

$$I = \int_{0}^{2}\int_{0}^{2}(3y^2 + 2x)\mathrm{d}x\,\mathrm{d}y = \int_{0}^{2}\left[\int_{0}^{2}(3y^2 + 2x)\,\mathrm{d}x\right]\mathrm{d}y$$

$$= \int_{0}^{2}[(3y^2 x + x^2)]_{0}^{2}\mathrm{d}y = \int_{0}^{2}(6y^2 + 4)\,\mathrm{d}y = 24$$

现应用高斯–勒让德积分法来求解。首先，利用式(5.45)所给出的关系将 x 和 y 表示的变量转换为用 ξ 和 η 来表示：

$$x = 1 + \xi \qquad 和 \qquad \mathrm{d}x = \mathrm{d}\xi$$
$$y = 1 + \eta \qquad 和 \qquad \mathrm{d}y = \mathrm{d}\eta$$

这样，积分 I 可以表示为

$$I = \int_{0}^{2}\int_{0}^{2}(3y^2 + 2x)\mathrm{d}x\,\mathrm{d}y = \int_{-1}^{1}\int_{-1}^{1}[3(1 + \eta)^2 + 2(1 + \xi)]\mathrm{d}\xi\,\mathrm{d}\eta$$

使用两点样本公式，有

$$I \approx \sum_{i=1}^{n}\sum_{j=1}^{n} w_i w_j f(\xi_i, \eta_j)$$

$$I \approx \sum_{i=1}^{2}\sum_{j=1}^{2} w_i w_j [3(1 + \eta_j)^2 + 2(1 + \xi_i)]$$

要计算这个和式，先从 $i=1$ 开始，j 分别取 1，2；再重复此过程，令 $i=2$，j 分别取 1，2，于是

$$\begin{aligned}
I \approx \ & [(1)(1)[3(1 + (-0.577\,350\,269))^2 + 2(1 + (-0.577\,350\,269))]\\
& + (1)(1)[3(1 + (0.577\,350\,269))^2 + 2(1 + (-0.577\,350\,269))]]\\
& + [(1)(1)[3(1 + (-0.577\,350\,269))^2 + 2(1 + (0.577\,350\,269))]\\
& + (1)(1)[3(1 + (0.577\,350\,269))^2 + 2(1 + (0.577\,350\,269))]] = 24.000\,000\,000
\end{aligned}$$

7.8 ANSYS 中的二维单元

ANSYS 提供了大量基于线性、二次四边形和三角形形函数的二维单元。第 9 章和第 10 章中将会详细讨论二维热问题和实体结构问题。目前，先提供一些二维结构实体和热力学单元。

PLANE35 是 6 节点三角形热力学实体单元，单元的每个节点仅有温度这一个自由度。对于这类单元，对流和热流可作为单元表面上的面荷载输入，单元的输出数据包括节点温度和单元数据，例如热梯度和热流。

PLANE77 是 8 节点四边形单元，常用于对二维热传导问题的建模。是二维 4 节点四边形单元 PLANE55 的高阶单元，可用于对曲线边界问题的建模。该单元的每个节点都仅有温度这一个自由度。单元的输出数据包括节点温度和单元数据，如热梯度和热流分量。

PLANE182 是 4 节点四边形单元，常作为平面单元(平面应力、平面应变或广义平面应变)或轴对称单元使用，为二维实体结构问题建模。

PLANE183 是 6 节点(三角形)或 8 节点(四边形)结构实体单元，具有二次变形态性，相对来说更适用于对不规则形状进行建模。此单元由 6 个或 8 个节点定义，每个节点有 2 个自由度：节点 x 和 y 方向的平移。此单元可被用于平面单元(平面应力、平面应变或广义平面应变)或轴对称单元。对于三角形单元，KEYOPT(1) 被设置为 1。

最后，需要指出的是，尽管使用高阶单元计算求得的结果精度更高，但在计算过程中所涉及的单元矩阵数值积分也更多，需要的计算时间更长。

小结

至此，读者应该能够：

1. 深刻理解二维线性矩形单元和三角形单元及其应用方面的局限性，掌握相应的形函数及其性质。
2. 深刻理解二维二次三角形单元和四边形单元，尤其是相对于线性单元的优点，掌握相应的形函数及其性质。
3. 明白使用自然坐标系的重要性。
4. 了解轴对称单元的含义。
5. 了解等参单元及其公式的意义。
6. 了解如何使用高斯-勒让德积分法求解二维积分。
7. 了解 ANSYS 中的二维单元的应用实例。

参考文献

ANSYS User's Manual: Elements, Vol. III, Swanson Analysis Systems, Inc.

Chandrupatla, T., and Belegundu, A., *Introduction to Finite Elements in Engineering,* Englewood Cliffs, NJ, Prentice Hall, 1991.

CRC Standard Mathematical Tables, 25th ed., Boca Raton, FL, CRC Press, 1979.

Segrlind, L., *Applied Finite Element Analysis,* 2nd ed., New York, John Wiley and Sons, 1984.

习题

1. 之前已利用二维矩形单元模拟了薄板内的温度分布，假设板上单元节点的温度及相应位置如下图所示。使用局部坐标下的形函数，确定单元中点处的温度。

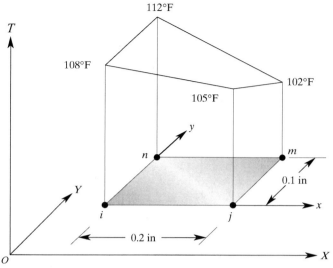

2. 使用自然形函数确定习题 1 中单元中点的温度。

3. 推导矩形单元因变量 Ψ 在 x 和 y 方向的梯度分量。

4. 确定习题 1 中单元中点处的温度梯度分量。已知单元的导热系数 $k = 92$ Btu/(h·ft·℉)，计算热通量在 x 和 y 方向的分量。

5. 确定习题 1 中单元的温度为 103 ℉ 和 107 ℉ 的等温线位置，并绘出这些等温线。

6. 使用二维三角形单元确定机械零件中的应力分布。节点应力及其在三角形单元中的相应位置如下图所示，试求 $x = 2.15$ cm，$y = 1.1$ cm 处的应力。

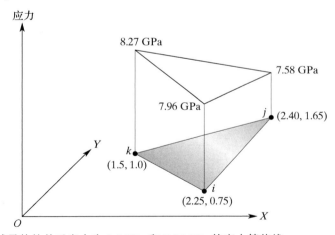

7. 绘制习题 6 中机械零件的单元应力为 8.0 GPa 和 7.86 GPa 的应力等值线。

8. 证明二次四边形单元的形函数 S_i 和 S_j 的表达式。

9. 证明二次四边形单元的形函数 S_k 和 S_ℓ 的表达式。

10. 三角形单元积分包含面积坐标的乘积，此积分可用如下阶乘关系计算：

$$\int_A \xi^a \eta^b \chi^c \mathrm{d}A = \frac{a!b!c!}{(a + b + c + 2)!} 2A$$

使用上述关系计算积分 $\int_A (S_i^2 + S_j S_k)\mathrm{d}A$ 。

11. 证明三角形单元的面积 A 可由如下行列式计算：

$$\begin{vmatrix} 1 & X_i & Y_i \\ 1 & X_j & Y_j \\ 1 & X_k & Y_k \end{vmatrix} = 2A$$

12. 在推导二维热传递问题的有限元公式时，常需要计算积分 $\int_A \boldsymbol{S}^{\mathrm{T}} hT\mathrm{d}A$，其中 h 是传热系数，T 表示温度。试使用线性三角形单元计算上述积分。假设温度变化由下式给出：

$$T^{(e)} = [S_i \quad S_j \quad S_k]\begin{bmatrix} T_i \\ T_j \\ T_k \end{bmatrix}$$

其中，h 是常数；对于三角形单元，其单元积分包含面积坐标的乘积，可由如下阶乘关系计算：

$$\int_A \xi^a \eta^b \chi^c \mathrm{d}A = \frac{a!b!c!}{(a + b + c + 2)!}2A$$

13. 在推导二维热传递问题有限元计算公式时，常常需要计算如下积分：

$$\int_A k\left(\frac{\partial \boldsymbol{S}^{\mathrm{T}}}{\partial X}\frac{\partial T}{\partial X}\right)\mathrm{d}A$$

试利用双线性矩阵单元计算此积分值，设温度由下式给出：

$$T^{(e)} = [S_i \quad S_j \quad S_m \quad S_n]\begin{bmatrix} T_i \\ T_j \\ T_m \\ T_n \end{bmatrix}$$

其中，k 为单元的导热系数且为常数。

14. 查阅 9 节点二次四边形单元(拉格朗日单元)的表示形式，讨论其性质，并与 8 节点二次四边形单元进行比较。请问拉格朗日单元与 8 节点二次四边形单元的基本差异是什么？

15. 对于三角形单元，证明面积坐标 $\eta = S_j$ 和 $\lambda = S_k$。

16. 验证由式(7.7)给出的自然四边形形函数具有如下性质：(1)确定形函数在相应节点上的值为 1，而在其他节点上的值为 0；(2)对形函数求和，得到的结果为 1。

17. 验证由式(7.25)给出的自然二次三角形形函数具有如下性质：形函数在相应节点上的值为 1，而在其他节点上的值为 0。

18. 对于平面应力问题，如使用三角形单元，则可以使用如下图所示的线性三角形单元描述位移 u 和 v。

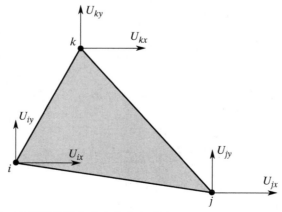

假设位移变量可用线性三角形形函数和节点位移表示为

$$u = S_i U_{ix} + S_j U_{jx} + S_k U_{kx}$$

$$v = S_i U_{iy} + S_j U_{jy} + S_k U_{ky}$$

且平面应力问题中的应变和位移关系为

$$\varepsilon_{xx} = \frac{\partial u}{\partial x} \qquad \varepsilon_{yy} = \frac{\partial v}{\partial y} \qquad \gamma_{xy} = \frac{\partial u}{\partial y} + \frac{\partial v}{\partial x}$$

试证明三角形单元的应变分量与节点位移满足如下关系：

$$\begin{bmatrix} \varepsilon_{xx} \\ \varepsilon_{yy} \\ \gamma_{xy} \end{bmatrix} = \frac{1}{2A} \begin{bmatrix} \beta_i & 0 & \beta_j & 0 & \beta_k & 0 \\ 0 & \delta_i & 0 & \delta_j & 0 & \delta_k \\ \delta_i & \beta_i & \delta_j & \beta_j & \delta_k & \beta_k \end{bmatrix} \begin{bmatrix} U_{ix} \\ U_{iy} \\ U_{x} \\ U_{jy} \\ U_{kx} \\ U_{ky} \end{bmatrix}$$

19. 如下图所示，三角形单元 $k\text{-}j$ 边上存在一个点 Q，若将此点与节点 i 连接起来，则三角形面积被分为两个小面积 A_2 和 A_3。

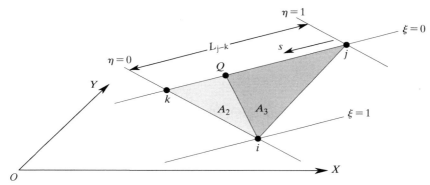

沿 $k\text{-}j$ 边上自然(面积)坐标 ξ 的值为零。请证明 $k\text{-}j$ 边上其他的自然(面积)坐标 η 和 λ 降为一维自然坐标，并可用局部坐标 s 表示为

$$\eta = \frac{A_2}{A} = 1 - \frac{s}{L_{j-k}}$$

$$\lambda = \frac{A_3}{A} = \frac{s}{L_{j-k}}$$

20. 对于习题 19 中的单元，使用一维坐标 s 推导 $i\text{-}j$ 边和 $k\text{-}i$ 边上化简的面积坐标。

21. 在第 9 章和第 10 章将会看到，通常需要计算沿三角形单元边的积分，从而推导由面荷载或边界条件的偏微分形式表示的荷载矩阵。参考习题 19，并利用下式：

$$\int_0^1 (x)^{m-1}(1-x)^{n-1}\mathrm{d}x = \frac{\Gamma(m)\Gamma(n)}{\Gamma(m+n)}$$

$$\Gamma(n) = (n-1)! \quad \text{和} \quad \Gamma(m) = (m-1)!$$

证明：

$$L\int_0^1 \left(1 - \frac{s}{L}\right)^a \left(\frac{s}{L}\right)^b \mathrm{d}\left(\frac{s}{L}\right) = \frac{a!b!}{(a+b+1)!}L$$

和

$$\int_0^{L_{k-j}} (\eta)^a(\lambda)^b \mathrm{d}s = L_{j-k}\int_0^1 \left(1 - \frac{s}{L_{j-k}}\right)^a \left(\frac{s}{L_{j-k}}\right)^b \mathrm{d}\left(\frac{s}{L_{j-k}}\right) = \frac{a!b!}{(a+b+1)!}L_{j-k}$$

22. 下图中的三角形单元在 $k\text{-}i$ 边承受均布荷载作用。

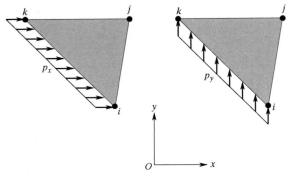

利用最小总势能原理求解均布荷载所做功对节点位移的偏导数，可导出荷载矩阵：

$$\boldsymbol{F}^{(e)} = \int_A \boldsymbol{S}^T \boldsymbol{p}\, \mathrm{d}A$$

其中，

$$\boldsymbol{S}^T = \begin{bmatrix} S_i & 0 \\ 0 & S_i \\ S_j & 0 \\ 0 & S_j \\ S_k & 0 \\ 0 & S_k \end{bmatrix} \quad \text{和} \quad \boldsymbol{p} = \begin{bmatrix} p_x \\ p_y \end{bmatrix}$$

注意，在 k-i 边上 $S_j = 0$。试确定在 k-i 边上施加荷载后的荷载矩阵。可参考习题 21 的结果。注意，本题中的 A 等于单元厚度和边长的乘积。

23. 对于习题 22 中的单元，试确定分别在 i-j 边和 j-k 边上施加均布荷载后的荷载矩阵。

24. 对于四边形单元，利用式 (7.32) 和式 (7.7) 计算雅可比矩阵 $\boldsymbol{J}$ 及其逆矩阵 $\boldsymbol{J}^{-1}$。

25. 对于轴对称矩形单元，证明式 (7.29) 给出的形函数 S_j，S_m 和 S_n。

26. 之前应用轴对称三角形单元模拟了系统的温度分布，若该系统中一个单元的节点温度值如下图所示，则 $r = 1.8\ \text{cm}$、$z = 1.9\ \text{cm}$ 处的温度是多少？

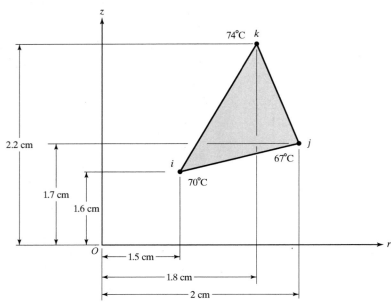

27. 之前利用轴对称矩形单元模拟了系统的温度分布，若该系统中一个单元的节点温度值如下图所示，则 $r =$ 2.1 cm，$z = 1.3$ cm 处的温度是多少？

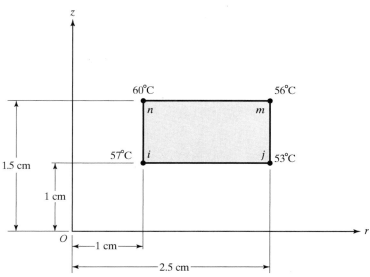

28. 推导轴对称矩形单元中因变量 Ψ 在 r 和 z 方向的梯度分量。

29. 利用解析法和高斯–勒让德积分公式计算如下积分：

$$\int_1^5 \int_0^6 (5y^3 + 2x^2 + 5)\mathrm{d}x\mathrm{d}y$$

30. 利用解析法和高斯–勒让德积分公式计算如下积分：

$$\int_{-2}^8 \int_2^{10} (y^3 + 3y^2 + 5y + 2x^2 + x + 10)\mathrm{d}x\mathrm{d}y$$

31. 对于图 7.2 中由式(7.1)表示的矩形单元，证明其温度沿单元边呈线性变化，而在单元内呈非线性变化(提示：沿 *i-j* 边 $y = 0$，沿 *i-n* 边 $x = 0$，沿 *j-m* 边 $x = \ell$，沿 *n-m* 边 $y = w$)。

第 8 章　再论 ANSYS^①

本章的主要目的是介绍 ANSYS 软件的基本功能及其组织结构，讨论用 ANSYS 创建和分析有限元模型的步骤，最后举例说明这些步骤。第 8 章的主要内容包括：

8.1　ANSYS 程序

8.2　ANSYS 数据库和文件

8.3　用 ANSYS 创建有限元模型：前处理

8.4　h 方法与 p 方法

8.5　应用边界条件、荷载并求解

8.6　有限元模型的结果：后处理

8.7　ANSYS 选项

8.8　图形功能

8.9　误差估计

8.10　深入了解 ANSYS Workbench

8.11　示例问题

8.1　ANSYS 程序

ANSYS 程序包含两个基本层：开始层和处理器层。如图 8.1 所示，用户在首次打开 ANSYS 时处于开始层，从开始层可以进入任何一个 ANSYS 处理器。处理器是完成特定功能的函数和例程的集合。用户在开始层可以清空数据库或更改文件分配。

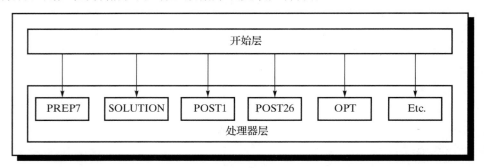

图 8.1　ANSYS 程序的组织结构

常用的 ANSYS 处理器有三种：（1）前处理器（PREP7），（2）求解器（SOLUTION），（3）通用后处理器（POST1）。前处理器（PREP7）包含了创建模型所需的命令：

● 定义单元的类型和选项

---

① 本章所引用的内容已获得 ANSYS 文档的许可。

- 定义单元的实常数
- 定义材料属性
- 建立几何模型
- 定义网格控制参数
- 用网格创建对象

求解器(SOLUTION)包含应用边界条件和荷载的命令。例如，对于结构力学问题，可以定义位移边界条件和力；对于热传递问题，可以定义边界温度或对流表面。只要提供给求解器的信息是有效的，就会求解出节点的值。分析结果可以用通用后处理器(POST1)所含的命令列举和显示：

- 从结果文件中读取结果数据
- 读取单元结果数据
- 绘制结果
- 列表显示结果

其他处理器可以用来执行额外任务。例如，时间-历程后处理器(POST26)中的命令可查看暂态分析中模型的某一点随时间变化的结果，设计优化处理器(OPT)可辅助用户进行设计优化分析。

8.2　ANSYS 数据库和文件

在 8.1 节介绍了 ANSYS 程序是如何组织的，本节将讨论 ANSYS 数据库。在典型的有限元分析过程中，ANSYS 会读写很多文件。建模时，所输入的信息(如单元类型、材料属性、维数和几何关系等)会作为输入数据保存起来；在求解阶段，ANSYS 会计算各种结果，如位移、温度、应力等，而这些信息一般都作为结果数据保存。输入数据和结果数据都保存在 ANSYS 数据库中，而这个数据库可从 ANSYS 程序的任一位置进行访问。在用户将数据库保存在数据库文件 Jobname.DB 之前，数据库一直驻留在内存中。Jobname 是用户进入 ANSYS 程序时指定的一个名称，此特性将在以后详细说明。用户可以随时保存或恢复数据库。当输入 RESUME_DB 命令后，计算机将从最近保存的数据库文件中向内存读入数据库，也就是说，将数据库中的数据更新为用户最近保存的数据。当分析过程中不能确定下一步或需要进行测试时，应该在测试之前使用 SAVE_DB 命令来保存数据库。若对测试结果不满意，则可以输入 RESUME_DB 命令，从而恢复到分析中开始测试的地方。用户可以在功能菜单上找到 SAVE_DB、RESUME_DB 和 QUIT 等命令。另外，用户可以使用位于功能菜单上的 Clear 和 Start New 选项来清空数据库。在用户想要新建数据库、但并不想离开和重新进入 ANSYS 时，这个选项特别有用。

当准备退出 ANSYS 时，用户有 4 种选择：(1)保存所有的模型数据；(2)保存所有的模型数据和求解数据；(3)保存所有的模型数据、求解数据和后处理数据；(4)不保存任何数据。

如前所述，在典型的 ANSYS 有限元分析中，ANSYS 会读写很多文件，这些文件的基本形式是 Jobname.Ext，其中，Jobname 是启动 ANSYS 程序时用户指定的名字，默认文件名是

file。同时，也给出了文件的扩展名以标识文件的内容。典型的文件包括：

- 日志文件(Jobname.LOG)：进入 ANSYS 时系统会自动打开这个文件，在 ANSYS 中输入的每个命令都会保存到这个日志文件中。当退出 ANSYS 时，系统会关闭 Jobname.LOG 文件。当系统出现故障或用户出现严重错误时，可用 Jobname.LOG 恢复以前的系统，此时用/INPUT 命令读取该日志文件。

- 错误文件(Jobname.ERR)：当进入 ANSYS 时系统会打开这个文件。ANSYS 发出的每个错误或警告信息都会记录在这个文件中。当用户开始新的 ANSYS 会话时，由于 Jobname.ERR 文件已经存在，所有新的警告和错误信息都被追加在这个文件的后面。

- 数据库文件(Jobname.DB)：这个文件是 ANSYS 文件中最重要的文件之一，包含了所有的输入数据和可能的一些计算结果。当用户退出 ANSYS 时，会自动保存数据库的模型部分。

- 输出文件(Jobname.OUT)：当进入 ANSYS 时系统会打开这个文件。如果用户使用的是图形用户界面(GUI)，那么该文件可用；否则输出数据将仅显示在计算机屏幕上。Jobname.OUT 文件会记录 ANSYS 对用户输入的每一个命令的响应、警告和错误消息，以及某些计算结果。如果用户在某一 ANSYS 会话中改变了工作文件名(Jobname)，那么输出文件名不会变为新的工作文件名。

其他的 ANSYS 文件还包括结构分析结果文件(Jobname.RST)、热结果文件(Jobname.RTH)、磁结果文件(Jobname.RMG)、图形文件(Jobname.GRPH)和单元矩阵文件(Jobname.EMAT)。

8.3　用 ANSYS 创建有限元模型：前处理

前处理器(PREP7)包含了创建有限元模型所需要的所有命令：

1. 定义单元类型及其选项
2. 定义单元截面或实常数
3. 定义材料属性
4. 建立几何模型
5. 定义网格控制参数
6. 用网格划分已创建的模型

1. 定义单元类型及其选项

ANSYS 提供了 150 多种不同的单元用来分析各种问题，因此选择适当的单元类型是分析过程中极为重要的一步。深入理解有限元理论将也有助于读者在分析过程中正确选择单元。ANSYS 中的每一个单元类型都是由类别名跟一个编号来标识的。例如，二维实体单元的类别名为 PLANE，而 PLANE182 是 4 节点四边形单元，用于对结构力学问题建模。该单元由 4 个节点定义，每个节点有两个自由度，或者说每个节点能够在 x 和 y 方向平移。PLANE183 是 8 节点(4 个角节点和 4 个中点节点)四边形单元，是二维 4 节点四边形单元 PLANE182 的高阶形式，用于对二维结构力学问题进行建模。因此，PLANE183 单元类型对带有曲线边界问题的建模能够提供更高的精度。每个节点也有两个自由度，或者说每个节点能够在 x 和 y 方向平移。ANSYS 使用的许多单元都允许用户针对特定的分析指定额外信息。这些选项在 ANSYS 中被当作关键选项(KEOPT)。例如，对于 PLANE183 单元，用户能通过 KEOPT(3)选项来选择平面应力、轴对称、平面应变或带厚度分析的平面应力选项。用户可通过如下命令定义单元类型和选项：

　　　　主菜单：**Preprocessor→Element Type→Add/Edit/Delete**

然后出现如图 8.2 所示的 Element Types(单元类型)对话框。

图 8.2　Element Types 对话框

A　**列表**：这里将给出当前已定义的单元类型列表。如果还未定义任何单元，需要使用 Add 按钮来添加单元。此时，会弹出一个 Library of Element Types(单元类型库)对话框(参见图 8.3)，然后从单元类型库中选择用户所需的单元类型。

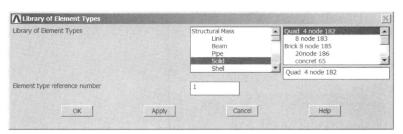

图 8.3　Library of Element Types 对话框

B　**动作按钮**：Add 按钮用于添加单元；Delete 按钮用于删除所选择的(高亮显示的)单元类型；通过 Options 按钮可以打开 element type options(单元类型选项)对话框，从而为所选单元选择期望的单元选项。例如，如果已经选择了带有 KEOPT(3)选项的 PLANE183 单元，那么就能够选择平面应力、轴对称、平面应变或带厚度分析的平面应力选项，如图 8.4 所示。

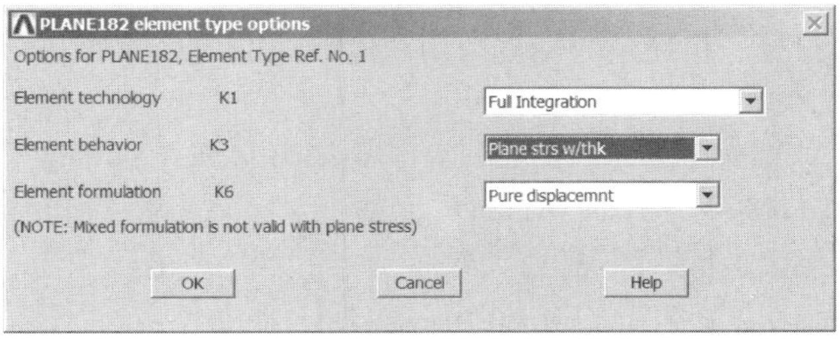

图 8.4　element type options 对话框

2. 定义单元截面或实常数

单元实常数是与特定单元有关的量。如 3.5 节、4.6 节和 6.3 节所示，link180 和 BEAM 188 单元需要定义截面，而 Link-3D conduction33 单元需要定义截面积。读者应认识到不同类型单元的实常数不同；此外，不是所有的单元都需要实常数。实常数可通过如下命令定义：

     主菜单：**Preprocessor→Real Constants→Add/Edit/Delete**

然后可以看到如图 8.5 所示的 Real Constants(实常数)对话框。

图 8.5　Real Constants 对话框

A　列表：当前已定义的实常数列表会列在上图中，如果目前还未定义任何实常数，则需要使用 Add 按钮添加实常数。图 8.6 给出了 PLANE182 单元的实常数示例。

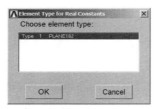

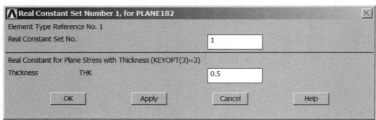

图 8.6　PLANE182 单元的实常数示例

B　动作按钮：Add 按钮用于添加单元；Delete 按钮用于删除所选择的(高亮显示的)实常数；点击 Edit 按钮会打开一个新的对话框，用户能够在这个对话框中改变现有的实常数。

3. 定义材料属性

至此，可定义材料的物理属性。例如，对于结构力学单元，可能需要定义弹性模量、泊松比或材料的密度；而对于热力学问题，可能需要定义导热系数、具体的热量或材料的密度。用户可以通过如下命令定义材料的属性：

     主菜单：**Preprocessor→Material Props→Material Models**

图 8.7 给出的是 Define Material Model Behavior(定义材料模型行为)对话框。

在这个对话框中，用户可以为自己的分析模型定义属性，如图 8.8 所示。如果用户所分析的对象由不同材料组成，那么在模型中就可以应用多种材料。此时，用户只要选择 Define Material Model Behavior 对话框上的 Material（材料）菜单，然后选择 New Model（新建材料模型）选项即可。

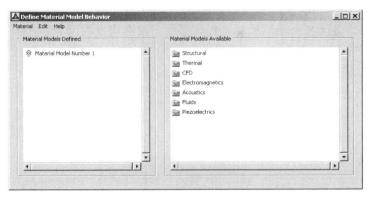

图 8.7　Define Material Model Behavior 对话框

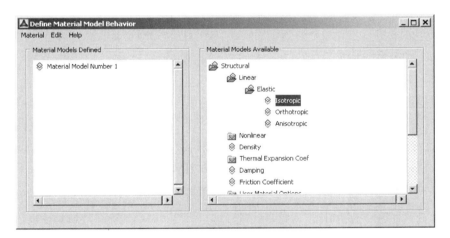

(a)　选择线性各向同性材料

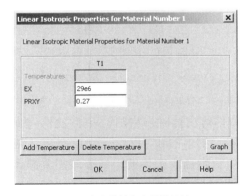

(b)　定义线性各向同性材料

图 8.8　定义线性各向同性材料

4．建立几何模型

建立有限元几何模型有两种方法：(1)直接(手工)生成法；(2)实体建模法。直接生成法，或称之为手工生成法，可以指定节点的位置，并手工定义组成单元的节点。这是一种较为简单的方法，适用于简单问题，如通过诸如链杆、梁和管等直线单元，或简单的几何形状如矩形等建立模型，例如图 8.9 所示的桁架。如有必要，读者可复习例 3.1 中的桁架问题，以便对手工生成法有一个更清晰的理解。

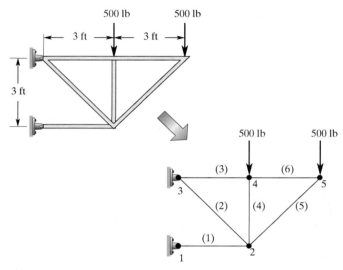

图 8.9　桁架问题：先创建节点 1 至节点 5，然后连接节点形成单元(1)至单元(6)

在实体建模法中，可以先用较为简单的原始形状(较简单的几何形状)，如矩形、圆、多边形、块、圆柱体和球体等创建模型，然后用布尔操作将原始形状组合起来。基本的布尔操作包括相加(addition)、相减(subtraction)或相交(intersection)等。然后指定单元的大小和形状，ANSYS 将自动生成所有的节点和单元，如图 8.10 所示。

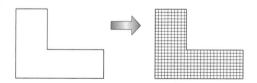

图 8.10　实体建模方法的示例

如图 8.11 所示，选择 Create 菜单，开始 ANSYS 建模。也可选择如下命令：

主菜单：**Preprocessor→Modeling→Create**

当创建关键点、线、面或体等实体时，ANSYS 程序会自动对其进行编号。用户可以用关键点定义物体的顶点，用线表示物体的边，用面表示二维实体或三维物体的表面。当使用原始形状创建模型时，读者需要特别注意实体的层次关系，关键点组成线，线组成面，面组成体。因此，可以将体看作实体建模层次关系中最高层次的实体，而关键点则是最低层次的实体。尤其当读者需要删除某个模型时，尤其需要记住这个概念。例如，定义一个矩形时，ANSYS 会自动创建 9 个实体：4 个关键点(K1,K2,K3,K4)、4 条线(L1,L2,L3,L4)和一个面(A1)。这些关键点、线和面之间的关系如图 8.12 所示。

图 8.11 Create 菜单

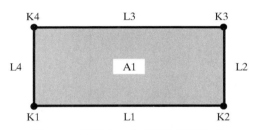

图 8.12 关键点、线和面之间的关系

面元和体元分别归于 Create 菜单中的 Areas 和 Volumes 分类下。现在，考虑常用于创建二维模型的 Rectangle 和 Circle 菜单。如图 8.13 所示，Rectangle 菜单为定义矩形提供了三种方法。也可选择如下命令：

主菜单：**Preprocessor→Modeling→Create→Rectangle**

如图 8.14 所示，Circle 菜单为定义实心圆或圆环提供了几种方法。

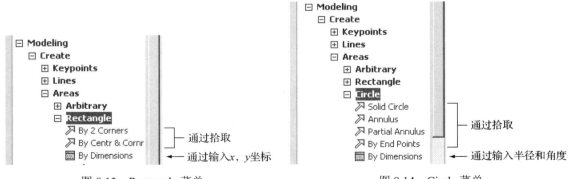

图 8.13 Rectangle 菜单　　　　　　图 8.14 Circle 菜单

Partial Annulus 选项仅局限于角度小于或等于 180° 的圆环面；By Dimension 选项可用来

创建大于 180° 的圆环面。图 8.15 给出了创建 θ 从 45° 到 315° 的部分圆环面的例子。注意，通过设置 Rad–1＝0 可以创建实心圆。

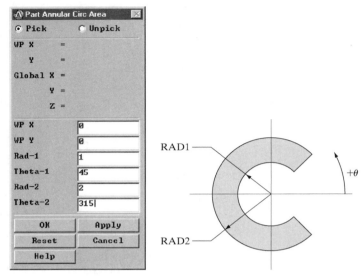

图 8.15　创建 θ 从 45° 到 315° 的部分圆环面的例子

8.3.1　工作区（WP）

在 ANSYS 中，工作区（WP）基本上可以被看作一个带有二维坐标系的无限平面，在工作区中可以创建和定位用户预备建模对象的几何形状，并定义所有的原型和模型实体。几何形状的维数是相对于工作区定义的，默认的工作区即笛卡儿坐标平面。用户也可根据需要，将笛卡儿坐标系改为极坐标系。如图 8.16 所示，工作区的其他属性可以通过打开 WP Settings 对话框进入子菜单来设置，通过如下命令可访问此对话框：

功能菜单：**Work Plane→WP Settings…**

▶**A**　**坐标系**：选择用户想使用的工作区坐标系。使用笛卡儿坐标系时，需要根据 X 坐标和 Y 坐标确定或定义点的位置；使用极坐标系时，需要根据 R 和 θ 来定义点的位置。

▶**B**　**显示选项**：该选项用于设置是仅显示网格还是同时显示网格和三参数坐标系。原点通常出现在工作区的中心（0，0 坐标处）。

▶**C**　**目标捕捉选项**：这些选项决定了所选择的点的位置。当这些选项被激活时，允许用户选择距离捕捉点最近的位置。例如，在直角工作区，Snap Incr 选项在等距离的网格内控制了 X 和 Y 的增量。如果已设置间距为 1.0，捕捉增量为 0.5，那么可以在 X，Y 网格内用 0.5 的增量来选取坐标。例如，不能选取 1.25 或 1.75 的坐标。

图 8.16　WP Settings 对话框

D 网格控制：

Spacing：定义了网格线之间的间距。

Minimum：在笛卡儿坐标系下显示网格的 X 坐标的最小值。

Maximum：在笛卡儿坐标系下显示网格的 X 坐标的最大值。

Radius：在极坐标系下显示网格的外径的大小。

Tolerance：实体处于当前工作区外但仍被认为在平面上的一个允许值。

工作区通常处于激活状态，但默认情况下并不显示，读者可通过如下命令来显示工作区：

功能菜单：**Work Plane→Display Working Plane**

当用户在总体位置之外的某一位置定义原始形状时，经常需要将工作区的原点移至其他位置。通过如下命令可移动工作区的原点：

功能菜单：**Work Plane→Offset WP to→XYZ Locations**

此外，如图 8.17 所示，也可以通过偏移来重新定位工作区，即通过如下命令来完成：

功能菜单：**Work Plane→Offset WP by Increments…**

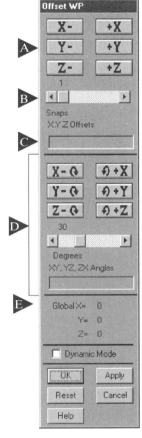

A **偏移按钮**：使工作区沿按钮上显示的方向产生偏移。偏移量由 WP Settings 对话框中偏移滑动条的 Snaps 值控制。

B **偏移滑动条**：控制偏移按钮点击一次的偏移量。如果将滑动条设置为 1，那么在 WP Setting 对话框上的偏移量将是 Snap Incr 值的一倍。

C **偏移输入文本框**：允许用户输入精确的 X，Y 和 Z 偏移量来对工作区进行偏移。例如，若在这个文本框内输入 1，2，2 并点击 Apply 或 OK 按钮，则工作区将在正 X 方向移动一个单位，在正 Y 方向和正 Z 方向各移动两个单位。

图 8.17　用于偏移工作区的对话框

E **位置状态**：显示工作区在全局笛卡儿坐标系下的当前位置。工作区每次变动后，都会随之更新状态。

另外，如图 8.18 所示，也可以通过将工作区和指定的关键点、节点、坐标位置等对齐来完成重新定位。可以通过如下命令对齐工作区：

功能菜单：**Work Plane→Align WP with**

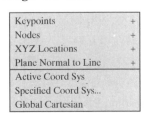

图 8.18　使用对齐方式重新定位工作区

8.3.2　绘制模型实体

Plot 菜单可用来绘制各种实体，例如关键点、线、面、体、节点和单元等。用户可执行如下命令：

功能菜单：**Plot→Keypoints**

功能菜单：**Plot→Lines**

功能菜单：**Plot→Areas**

功能菜单：**Plot→Volumes**

功能菜单：**Plot→Nodes**

功能菜单：**Plot→Elements**

如图 8.19 所示，Plot Numbering Controls 菜单包含了各类检查模型的图形选项，如打开关键点计数器、直线计数器、面计数器等。可以通过如下命令设置该选项：

功能菜单：**PlotCtrls→Numbering…**

不过，只有当用户重新绘制图形后，才能看到所使用的计数命令的效果。

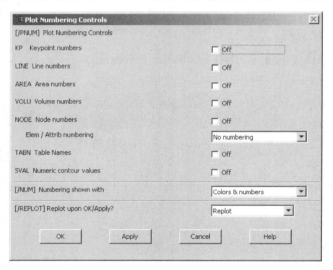

图 8.19　Plot Numbering Controls 对话框

5．定义网格控制参数

创建有限元模型的下一个步骤是将几何模型分解为节点和单元，这一过程称为网格化。指定单元属性和单元大小后，ANSYS 会自动生成节点和单元。

- 单元属性包括单元类型、实常数和材料属性。
- 单元大小控制网格的显示效果。单元越小，网格显示效果越好。定义单元大小最简单的方法是定义一个全局范围内的单元大小。例如，指定单元边长为 0.1 个单位，那么 ANSYS 自动生成的单元边长均不会超过 0.1 个单位。另一种控制单元网格大小的方法是指定边线上单元的数目。Global Element Size(全局单元大小)对话框如图 8.20 所示，执行如下命令可打开该对话框：

主菜单：**Preprocessor→Meshing→Size Cntrls→Manual Size→Global→Size**

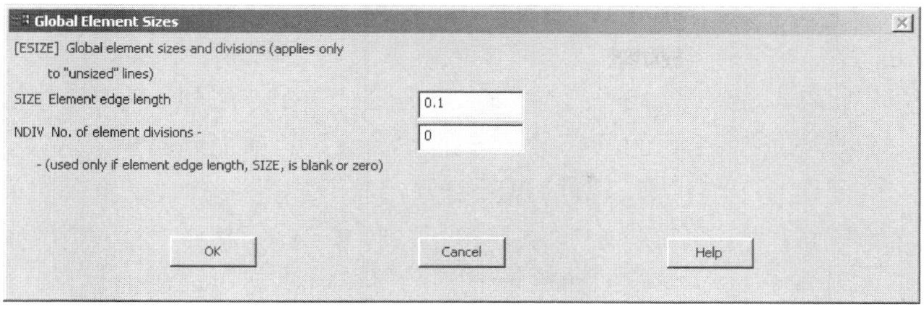

图 8.20　Global Element Size 对话框

6. 用网格划分已创建的模型

用户应该养成划分网格前先保存数据库的习惯。这样，如果对新产生的网格不满意，还可以恢复数据库，改变单元大小，并重新划分模型网格。执行如下命令可开启网格：

主菜单：**Preprocessor→Meshing→Mesh→Areas→Free**

这时会弹出一个选择菜单，此时，用户可选择单个面，或使用 Pick All 按钮选择要网格化的所有面。在选取了所需要的面之后，就可以点击 Apply 或 OK 按钮进行网格化。网格化处理需要花费一些时间，时间长短与模型的复杂程度及用户计算机的配置有关。在网格化处理过程中，ANSYS 会定期将网格化的状态写到输出窗口中。这时，用户可以将输出窗口置于前端，以便查看网格化的状态信息。

自由网格划分既可以使用混合的单元形状，也可以全部使用三角形单元，而映射网格划分仅使用四边形单元和六面体实体单元。使用映射网格划分面需要同时划分 3 条或 4 条边，并且每一边的单元数应与对边的单元数相同，如果是 3 条边围成的面，则每边的单元应为偶数。如果想对多于 4 条边围起的面进行网格划分，则可以使用并置（Concatenate）操作将一些线合并起来，以减少线的总数量。并置通常是对模型进行网格划分前的最后一个步骤。执行如下命令可进行并置：

主菜单：**Preprocessor→Meshing→Concatenate→Lines** or **Areas**

8.3.3　修改网格化模型

如果需要修改模型，必须遵循 ANSYS 强制的一些规则：

1. 不能删除或移动网格化后的线、面、体。
2. 可以使用网格化模型的清除（Clear）操作来删除节点和单元。

另外，不能删除或修改体内的面和面内的线。使用线操作命令可以将线合并或分解成更小的线段。线内的关键点也不能删除。执行如下命令可实现清除操作：

主菜单：**Preprocessor→Meshing→Clear**

清除操作将删除与选定的实体模型有关的节点和单元，也可删除与特定实体有关的所有底层实体。使用"…and below"选项将删除与特定实体有关的所有底层实体，以及该实体本身。例如，删除选项 Area and below 将自动删除面、线及与面有关的关键点。

8.4　h 方法与 p 方法

对于固体力学问题，ANSYS 提供了两种求解方法——h 方法和 p 方法，用于求解位移、应力、应变。在 h 方法中，单元的形函数一般是二次函数。前面已指出，在求解精度方面，基于二次函数的单元比基于线性形函数的单元要好，但不如更高阶单元如三次单元好。此外，单元的大小也会影响求解精度。若 h 方法使用了二次单元，则 p 方法使用更高阶的多边形形函数定义单元。因为 h 方法使用四边形单元，如果读者需要更精确的结果，则可进一步细化网格。检查网格划分的大小是否满足精度要求的最简单方法是使用两倍的单元数，重新求解问题，然后比较二者的结果。如果两个模型的结果有本质区别，那么就需要重新划分网格。读者可能需要重复做几次，直到模型之间没有本质区别时为止。

正如上面介绍的，p 方法只适合求解静态的线性结构问题——利用比二次函数更高阶的多边形形函数求解。对于这种方法，用户既可以指定求解精度，而且也能控制多边形的阶数或者 p 水平，使之更好地适应给定问题边界条件和荷载效应的复杂程度。首先，在给定的 p 水平上求解问题，然后增加多边形的阶数，再次求解。之后，按用户指定的收敛标准对比迭代结果。一般而言，p 水平越高，结果越精确。使用 p 方法最大的优点，就是用户无须人工控制单元网格的大小，就可以获得较好的结果。依据问题的不同，较粗的网格划分也能提供较合理的结果。

最后，读者将在 8.9 节中了解到，ANSYS 还提供一些误差评估计算过程，依据网格划分的粗细不同，评判计算结果的误差。注意，p 方法的自适应网格划分所提供的误差估计，要比 h 方法的精确得多，而且既可以在局部某一点计算，也可以在整体计算。

8.5　应用边界条件、荷载并求解

有限元分析的下一步是施加适当的边界条件和正确的荷载。在 ANSYS 中有两种方法可以将边界条件和荷载施加到模型上。用户可以将条件直接施加在实体模型上(关键点、线和面)；还可以将条件施加在节点和单元上。第一种方法更可取，因为以后改变网格的大小，不需要再次对新的有限元模型施加边界条件和荷载。值得一提的是，如果决定在求解阶段对关键点施加荷载，ANSYS 会自动将这些信息传递给节点。用户可以使用求解器(SOLUTION)中的命令来施加边界条件和荷载，包括：

对于结构问题：位移、力、均布荷载(压力)、热膨胀的温度、重力等。

对于热力学问题：温度、传热率、对流面、内部热源等。

对于流体力学问题：流速、压力、温度等。

对于电场问题：电压、电流等。

对于磁场问题：势能、磁通量、电流密度等。

8.5.1　自由度(DOF)约束

为了对带有固定(位移为零)边界条件的模型施加约束，需要执行如下命令：

主菜单：**Solution→Define Loads→Apply→Structural→Displacement**

用户可以对关键点、线、面或节点指定特定的条件。例如，通过如下命令可对某些特定的关键点进行约束：

主菜单：**Solution→Define Loads→Apply→Structural→Displacement→On Keypoints**

出现拾取菜单后，就可以选择要约束的关键点并点击 OK 按钮。对关键点施加位移约束的对话框如图 8.21 所示。

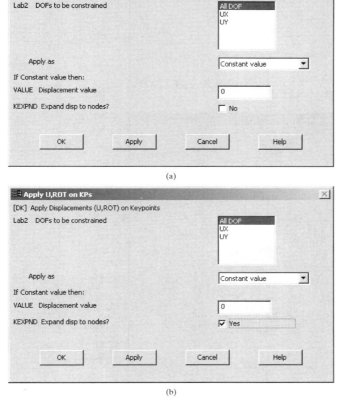

(a)

(b)

图 8.21　对关键点施加位移约束

KEXPND 选项用来将约束扩展到关键点之间的所有节点上，如图 8.22 所示。

施加约束后，约束情况就可以按图形方式显示出来。如图 8.23 所示，通过如下命令打开 Symbols 对话框，再打开边界条件的符号开关：

功能菜单：**PlotCtrls→Symbols…**

8.5.2　线或面荷载

为了在模型的线或面上施加均布荷载，可执行如下命令：

主菜单：**Solution→Define Loads→Apply→Structural→Pressures→On Lines** 或 **On Areas**

这时会出现一个拾取菜单。然后，选择需要施加荷载的线或面并点击 OK 按钮。图 8.24 给出了在线上施加荷载的对话框。

　　如图 8.25 所示，对于均布荷载，用户需要指定 VALI 的值；对于线性分布的荷载，则需要指定 VALI 和 VALJ 的值。值得注意的是，ANSYS 中 VALI 的值表示指向单元表面的力。

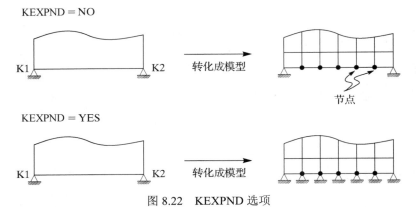

图 8.22　KEXPND 选项

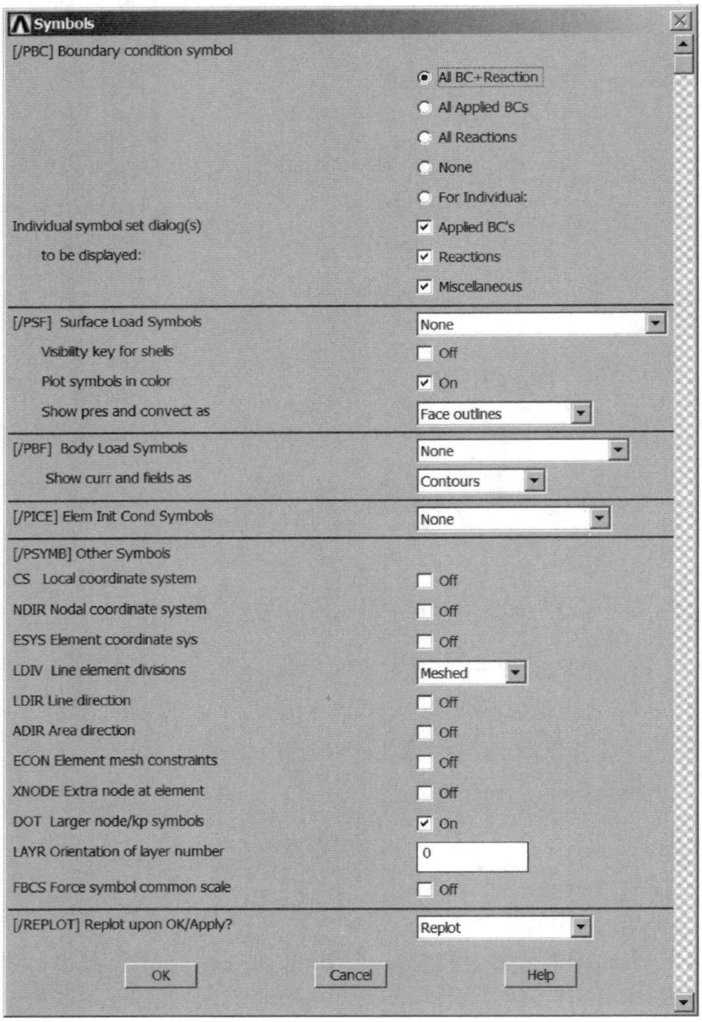

图 8.23　Symbols 对话框

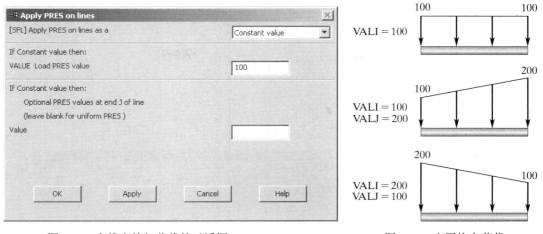

图 8.24 在线上施加荷载的对话框　　　　图 8.25 应用均布荷载

8.5.3 问题求解

当创建好模型并正确应用了边界条件和荷载后,就需要用 ANSYS 求解由模型产生的方程组。但首先需要保存数据库。执行如下命令:

主菜单: **Solution→Solve→Current LS**

8.6 节将介绍如何评判分析结果。

8.6 有限元模型的结果: 后处理

可以通过两种后处理器 POST1 和 POST26 来查看分析结果,执行后处理器(POST1)中的命令显示下列分析结果:

- 显示物体变形和等值线
- 以列表形式显示分析结果数据
- 对结果数据进行计算和路径操作
- 误差估计

用户可通过图 8.26 所示的对话框从结果文件中读取结果数据。这个对话框可以通过如下命令打开:

主菜单: **General Postproc**

例如,如果想浏览给定荷载作用下模型的变形情况,可以选择 Plot Deformed Shape(绘制变形)对话框,如图 8.27 所示。执行如下命令打开这个对话框:

主菜单: **General Postproc→Plot Results→Deformed Shape**

另外,还可以通过显示等值线来查看特定的变量,如应力分量或温度等在整个模型上的分布。执行如下命令可打开图 8.28 所示的对话框:

主菜单: **General Postproc→Plot Results→Contour Plot→Nodal Solution**

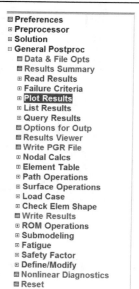

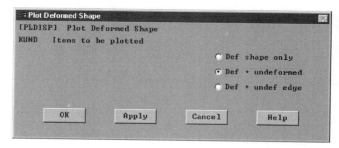

图 8.26　General Postprocessing 对话框　　　　图 8.27　Plot Deformed Shape 对话框

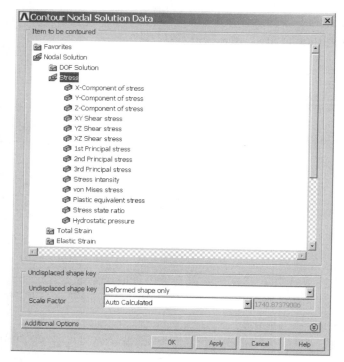

图 8.28　Contour Nodal Solution Data（节点等值线）对话框

　　如前所述，也可以用列表的形式显示结果。例如，执行如下命令来显示反力，随后将会弹出一个类似图 8.29 的对话框：

　　　　主菜单：**General Postproc→List Results→Reaction Solu**
选择要浏览的分量，并点击 OK 按钮。

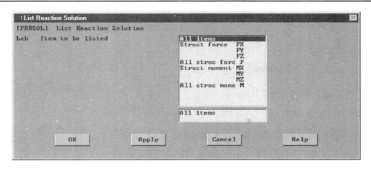

图 8.29　List Reaction Solution(反力列表)对话框

时间-历程后处理器(POST26)中有一些命令允许用户浏览暂态分析中变量随时间变化的结果。这里将不讨论这些命令，读者可以查阅 ANSYS 的在线帮助来获得使用时间-历程后处理器的详细信息。

若查看结果后要退出 ANSYS，则可以在 ANSYS 工具栏上点击 Quit 按钮，选定所期望的选项，然后点击 OK 按钮。

如果出于某种原因，需要返回修改模型，则必须先登录 ANSYS，再在 Interactive 对话框的 Initial Jobname 中输入文件名，点击 Run 按钮。然后，从文件菜单中选择 Resume Jobname.DB，这样就读取了该模型。若有必要，可通过绘制关键点、节点和单元等来判断选择是否正确。

8.7　ANSYS 选项

ANSYS 软件利用数据库存储分析期间所定义的所有数据。另外，ANSYS 还向用户提供一些功能，允许其仅选择模型的部分信息，比如某个节点、单元、线、面和体等，然后再做进一步处理。用户可在 ANSYS 的任何位置选择这些功能。为选择某功能，用户需执行如下命令，ANSYS 将弹出如图 8.30 所示的对话框。

功能菜单：**Select→Entities…**

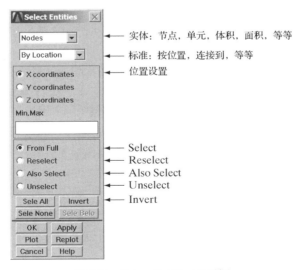

图 8.30　Select Entities 对话框

各选项及其用法说明如下：

Select：从全集中选择一个处于激活状态的子集。
Reselect：从当前已选择的子集中再次选择。
Also Select：向当前子集中添加不同的子集。
Unselect：取消当前子集的部分内容。
Select All：恢复所有的子集。
Select None：将所有的子集设为非激活状态(与 Select All 命令相反)。
Invert：在集合的活动部分和非活动部分之间切换。

利用选择对话框来选择或撤销有限元模型中的实体，既可以根据实体的位置选择，也可以选择附属在其他已选实体上的实体，例如附属在已选单元上的节点。需要注意的是，在求解模型之前必须重新激活所有的实体，未选择的实体不会包含在问题解之中。例如，如果选择了某个节点子集在其上施加约束条件，那么就应该在求解前重新激活所有的节点。在 ANSYS 中，用户只需要一个操作命令就可以激活所有的实体，如下所示：

功能菜单：**Select→Everything…**

另外，可以用分层的方式选择相关的实体集。例如，在关于面的子集中，用户可以选择：(1)定义面的所有线；(2)定义这些线的所有关键点；(3)属于这些面的所有单元等。可用如下命令：

功能菜单：**Select→Everything Below**

此外，ANSYS 还提供了一些对某些已选实体进行分组的功能。例如，用户可以将某类实体(如节点、单元、关键点和线等)归并为一组，而组名可由用户自定义(最多 8 个字符)。

8.8　图形功能

良好的图形显示功能对所分析问题的可视化和理解是非常重要的。ANSYS 提供了大量功能使用户增强呈现信息的可视化操作。ANSYS 的图形功能可以显示物体变形后的形状、结果等值线、截面图和动画等。用户若想了解 100 多个不同的图形功能，请参阅 ANSYS 程序手册。

在一个图形窗口之中，用户最多可同时打开 5 个 ANSYS 窗口且在不同的窗口中显示不同的信息。ANSYS 窗口是以屏幕坐标(x 方向从−1 到+1，y 方向从−1 到+1)定义的。在默认情况下，ANSYS 将所有的图形信息输出到一个窗口中(参见窗口 1)。为了定义另外的窗口，用户需要打开 Window Layout(窗口布局)对话框，如图 8.31 所示。为此，可执行如下命令：

功能菜单：**PlotCtrls→Window Controls→Window Layout…**

关于窗口布局，需要知道三个重要概念：(1)焦点；(2)视距；(3)观察点。所谓焦点，指的是模型出现在窗口中心的一个点，其坐标为 XF，YF，ZF。改变焦点的坐标，可使模型上不同的点出现在窗口中心。视距决定了图像的显示幅度。当距离趋向于无穷远处时，图像在屏幕上变为一点。随着视距的减少，图像逐渐增大，直到充满整个屏幕。观察点确定了观察物体的方向。从观察点到显示坐标原点有一向量，而视线与该向量平行，并指向焦点。

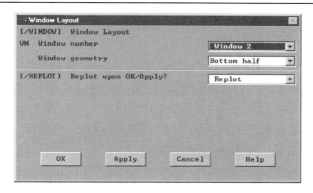

图 8.31 Window Layout 对话框

然后，用户可以使用 Pan-Zoom-Rotate（平移-缩放-旋转）对话框（参见图 8.32）改变观察方向，对模型进行放大、缩小或旋转等操作。用户可通过如下命令打开这个对话框：

功能菜单：**PlotCtrls→Pan,Zoom,Rotate…**

Pan-Zoom-Rotate 对话框中的命令及其功能说明如下：

Zoom（缩放）：要求选取矩形缩放区的中心和角点。

Box Zoom：要求选取矩形的两个角点。

Win Zoom：除缩放区是窗口外，功能与 Box Zoom 一样。

* 缩小

● 放大

动态模式：允许用户对图形进行动态平移、缩放或旋转。

　　在 X 方向和 Y 方向平移模型。

　　左右移动鼠标可以绕屏幕上的 Z 轴旋转模型，上下移动鼠标可以缩放模型。

　　左右移动鼠标可以绕屏幕上的 Y 轴旋转模型，上下移动鼠标可以绕屏幕上的 X 轴旋转模型。

Fit：修改图形尺寸，使图像正好充满窗口。

Reset：将图形尺寸恢复为默认值。

在 8.11 节中，将通过示例来说明使用 ANSYS 创建和分析模型的基本步骤。

8.9 误差估计

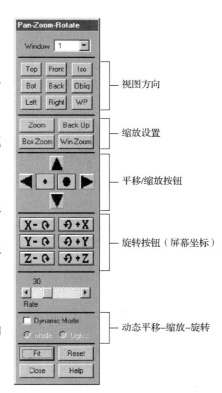

图 8.32 Pan-Zoom-Rotate 对话框

在前几章中已经讨论了如何利用基本原理，例如静力平衡方程、能量守恒定律等检验结果的可靠性。此外，若条件许可，实验是检验有限元模型计算结果是否合理的最好办法。而且我们还指出，单元划分的大小也会影响分析的结果。现在要考虑的是，使用多大的单元对模型进行分析才能获得更好的分析结果，又如何来确定这个单元的大小呢？一种简单的方法就是先用一定数量的单元划分模型，然后再用两倍的单元数量划分同一个模型，比较两次的结果，如果没有本质的不同，那么说明单元数量足够了。如果两次结果有本质区别，那就需要进一步细化网格。

　　ANSYS 程序提供了一个误差估计程序，对由于网格离散化所造成的误差进行估计。ANSYS 误差估计建立在相邻单元边界上应力(或热流)的不连续性的基础上。由于相邻单元具有共同的节点，如果每个单元所计算的节点应力不同，就会导致单元和单元之间出现不连续的应力解。当然，不连续的程度取决于网格划分的程度和应力梯度的大小。因此，ANSYS 误差估计是以单元与单元之间应力的差别为基础的。

　　ANSYS 误差估计有三种不同形式：(1)单元能量误差(对于结构问题用 SERR 表示，对于热问题用 TERR 表示)，基于节点应力(或热流)的平均值与非平均值(或热流)的差来度量每个单元的误差；(2)以能量表示的误差百分比(对于结构问题用 SEPC 表示，对于热问题用 TEPC 表示)是模型的总能量误差，是各单元能量误差之和；(3)节点分量偏差(对于结构问题用 SDSG 表示，对于热问题用 TDSG 表示)是针对每个单元的局部误差，是通过某个单元应力(或热流)平均值与非平均值之差来度量的。用如下命令显示误差分布：

　　　　主菜单：**General Postproc→Plot Results→Contour Plot→Element Solu**

　　用户既可以显示单元能量误差来观看高误差区，以便进一步细化网格，也可以通过显示 SDSG(或者 TDSG)来识别和量化有最大离散误差的区域，操作命令如下：

　　　　主菜单：**General Postproc→Element Table→Define Table**

　　此外，也可以列出单元能量误差和节点分量偏差，操作命令如下：

　　　　主菜单：**General Postproc→Element Table→List Element Table**

　　可以通过绘制 ANSYS 应力等值线和列表的方式来提供误差估计的上限和下限。如果采用图形方式显示，那么误差估计的界限分别以 SMXB 和 SMNB 标记的形式列于图形状态区中。

　　为了使单元尺寸估计和模型细化工作更简单，ANSYS 提供了一种自适应网格划分方法，能自动估计网格离散化的误差程度，并重新划分网格以减少误差。自适应网格划分由 ANSYS 的 ADAPT 程序执行，包含以下三项任务：(1)生成一个包含误差估计的 ANSYS 单元网格模型，并求解；(2)根据误差程度决定是否需要进一步细化模型；(3)如果有必要细化网格，则会自动细化并重新求解；(4)细化网格，直到循环终止或误差已达到可接受的程度。注意，如果是首次运行自适应网格划分程序，则需要建立初始的有限元模型，定义单元类型、材料属性等。

8.10　深入了解 ANSYS Workbench

　　如 3.5 节所述，ANSYS Workbench 环境集成了 ANSYS 的仿真工具及各种用于项目工程管理的必要工具。启动 ANSYS Workbench 环境将首先进入主项目工作空间，即 Project 选项卡。用户通过在项目示意图(Project Schematic)中添加一系列称为"系统"的构造块以创建分析项目。项目示意图中所添加的系统将构成一个类似于流程图的图形，用以描述项目的数据流。每个系统是由一个或多个"细胞"构成的块结构，细胞用于描述特定类型的分析所需要的必要步骤。用户在添加了系统之后，通过将其连接可以实现系统之间的数据共享或传递。

　　用户在项目示意图的细胞中可以使用不同的 ANSYS 应用或者执行各种分析任务。有一些工作在 ANSYS Workbench 相应的选项卡中可以完成，有一些则需要在单独的窗口中完成。此外，3.5 节也曾介绍，ANSYS 应用允许用户通过设置参数来确定分析问题的各种特征，包括几何尺寸、材料属性、边界条件。ANSYS Workbench 允许用户在项目层级上管理这些参数。

项目在执行分析时，通常依据自上而下的顺序依次处理系统中的每个细胞，包括设置输入、确定项目参数、实施仿真分析、验证结果。

8.10.1　配置工具箱

启动 ANSYS Workbench 环境后将打开 Project 选项卡，其中包含一个 Toolbox（工具箱）窗格，工具箱中包含当前 ANSYS 许可协议下的可用系统。用户可以通过设置使得工具箱中仅显示设计过程中常用的系统。设置步骤如下：

● 点击工具箱底部的 All/Customize 按钮。

● 在 Toolbox Customization（自定义工具箱）窗格中对于希望隐藏的系统进行取消勾选操作。

● 完成设置后，点击工具箱底部的<<Back 按钮关闭 Toolbox Customization 窗格。

8.10.2　在 Workbench 中配置单位系统

ANSYS Workbench 环境对用户提供了一些预定义的常用单位系统。基于所学工程知识可知，工程设计包括 7 种基本量：长度、时间、质量、温度、电流、物质的量和发光强度。基本量是物理量，例如长度、时间、质量、温度。基本量通常用于描述环境及进行工程计算。例如，利用长度可以描述一个物体的长、宽、高；利用温度可以描述一个物体的凉或热状态。另外还有一点非常重要，描述环境时不仅需要物理量，同时还需要特定的方式来衡量或划分这些物理量。这一需求引入了单位制的概念。例如，可以将时间划分为较小或者更大的区间，包括秒、分、时、日、月、年、十年、世纪、千年等。当有人问起一位大学生"你今年多少岁"时，他会回答"我今年 19 岁"，而不会回答大约是 6939 天或者 612 000 000 秒。尽管这样的表述对于问题也是完全正确的答案。或者，当表述两个城市之间的距离时，可以回答其距离为 100 千米而不会是 100 000 米。这两个例子说明，通过合理的划分标准来衡量物理量，可以确保其对应的数值的可控性。人类通过恰当的方式将物理量划分为合理的区间，以便描述不同的情形。例如，正确地计量物体的大小、热力学状态或者与环境相关的交互数据。此外，工程计算中涉及的其他物理量的单位可以由基本物理量的单位导出，例如速度、力、压力、能量。举例来说，力的单位牛顿是由牛顿第二运动定律导出的。施加在质量为 1 kg 的物体上，使之产生 1 米每平方秒(m/s^2)加速度的力为 1 牛顿，即 $1\ N = 1\ kg \times 1\ m/s^2$。目前，全球存在几种不同的单位制，其中包括国际单位制(简写为 SI，来自法语 Système international d'unités)、英制单位(简写为 BG，即 British Gravitational)和美制惯用单位(U.S. Customary units)。ANSYS Workbench 提供了以下预定义的单位系统：

- 公制(kg，m，s，℃，A，N，V)(默认单位系统)
- 公制(tonne，mm，s，℃，mA，N，mV)
- 美制惯用单位(lbm，in，s，℉，A，lbf，V)
- 国际单位制(kg，m，s，K，A，N，V)
- 美制工程单位(lbm，in，s，R，A，lbf，V)

在 ANSYS Workbench 环境中选择菜单 Units→Unit Systems 将打开 Unit Systems(单位系统)对话框。

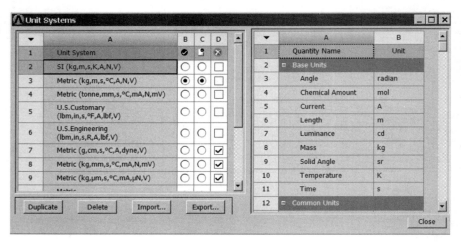

Unit Systems 对话框中的选项及其含义如下表所示：

选项	描述
Active Project(活动项目)	为活动项目设置单位系统
Default(默认)	设置默认的单位系统。每个项目都将采用此默认设置
Suppress/Un-suppress(锁定/解锁)	隐藏/显示单位系统菜单项。仅能够解锁15个单位系统并显示在菜单中
Duplicate(复制)	基于选中的单位系统创建自定义的单位系统
Delete(删除)	删除单位系统。以下单位系统无法删除： ● Predefined Unit System(预定义单位系统) ● Active Project Unit System(活动项目的单位系统) ● Default Unit System(默认的单位系统)
Import(导入)	导入一个单位系统文档(*.xml)
Export(导出)	将活动项目的单位系统导出为一个单位系统文档(*.xml)

用户通过 Duplicate 选项可以基于预定义单位系统创建自定义单位系统。自定义单位系统将默认命名为 Custom Unit System，其名称可以修改。注意，单位列表列出的单位与国际单位制或美制惯用单位一致，取决于初始设置的单位系统，这是为确保求解问题时单位系统的一致性。此外，如果更改了基本单位（Base Units），常用单位（Common Units）和其他单位（Other Units）中的导出单位也将相应自动发生更改。例如，如果质量的单位是千克（kg），长度单位是米（m），那么力的单位是牛顿（N）；如果将质量单位改为克（g），长度单位改为厘米（cm），那么力的单位将自动更改为达因（dyne）。

8.10.3　Project 选项卡

在 Project 选项卡中，可以选择工具箱中的系统将其加入项目示意图中。添加系统时需要依据从左至右、自上而下的顺序。数据采取从左（上行流）至右（下行流）的传递方式，并且不允许从右至左传递数据。因此，当添加或移动系统时，需要确保将数据接收系统放在发送系统的右侧。此外，对于数据的任何处理（例如更新）也依据此顺序，即从左至右、自上而下。因此，用户须切记添加或移动系统时的顺序。

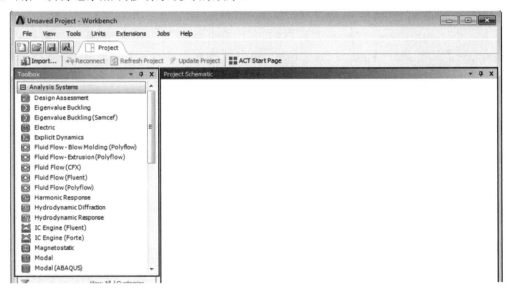

多数的分析系统都需要进行 3 个基本特征的设置，即物理类型，分析类型，求解器类型。ANSYS Workbench 环境利用这些特征来判断数据传递的有效性及系统更替的可行性。

ANSYS Workbench 的系统

Project 选项卡中的工具箱提供的系统分为以下类别：

- Analysis Systems（分析系统）——预定义的完整的系统。系统中包含用于进行分析的所有必要细胞部件，可用于进行内容填充。例如，一个 Static Structural（静态结构）分析系统包含分析所需的所有细胞，从 Engineering Data（工程数据）到 Results（结果）。
- Component Systems（部件系统）——完整分析中的构造块，部件是完整分析的一个子集。例如，用户可以使用 Component Systems 定义分析问题的几何属性并将其连接到下游系统，下游系统则可以共享同一份几何数据。Component Systems 中也包含 ANSYS

Workbench 环境之外的应用（非选项卡形式），使得用户可以在 Workbench 中管理分析的数据和文件。这对于在分析时需要使用大量文件的产品非常有用，例如 Mechanical APDL。

- Custom Systems（自定义系统）——用于构建自定义耦合系统的预定义模板，提供了大量具有预定义数据连接的分析系统。用户也可以创建自定义系统模板，自定义系统模板在保存后也将显示在这个类别中。
- Design Exploration（设计探索）——用户可以将 DesignXplorer 系统置于 Parameter Set（参数设置）工具条下方来执行各种分析探索。

8.10.4　设置参数和设计点

在 ANSYS 应用中，可以将关键的仿真属性定义为参数，这样就可以在 Workbench 环境的项目层级上控制参数，以探索不同的设计方案。设计点是描述一个可行分析的一组参数。用户可以将一系列的设计点组织为表格形式，然后通过自动运行来实现各种不同情况的模拟研究。

用户通常将在 Parameters（参数）选项卡和 Parameter Set（参数设置）选项卡中进行参数和设计点的设置，此外，也可以在 ANSYS DesignXplorer 中设置参数和设计点，以进行自动化设计探索。DesignXplorer 支持从工具箱将以下系统添加到项目示意图中，包括：Direct Optimization（直接优化），Parameters Correlation（参数相关性分析），Response Surface（响应面创建和分析），Response Surface Optimization（响应面优化），Six Sigma Analysis（六西格玛分析）。

8.10.5　ANSYS Workbench 的选项设置

通过选择菜单 Tools→Options 可以设置自定义的 ANSYS Workbench 环境。此处进行的设置是局部的，仅影响当前用户。有些通过 Options 对话框进行的更改将立即产生效果，有些则需要重启 ANSYS Workbench 环境才能实现。

通过点击 Restore Defaults（恢复默认设置）按钮，可以将当前页面可见的设置恢复为默认值，其他页面将保持不变。

附录 G 中利用若干实例完整地展示了 ANSYS Workbench 环境的使用方法。

下面将利用 ANSYS 的 Mechanical APDL Product Launcher 完成一个支撑书架的钢托架的应力分析问题。

8.11　示例问题

设有一个用于支撑书架的钢托架（$E = 29 \times 10^6$ lb/in^2，$v = 0.3$），尺寸如图 8.33 所示。该托架上表面有均布荷载作用，其中左端固定。试在给定的荷载和约束下，绘制托架变形后的形状，并确定托架的主应力和米泽斯应力。

现说明用 ANSYS 求解这个问题的步骤。

利用 Launcher 启动 ANSYS。

在对话框的 Jobname 文本框中输入 Bracket（或自定义的文件名）。

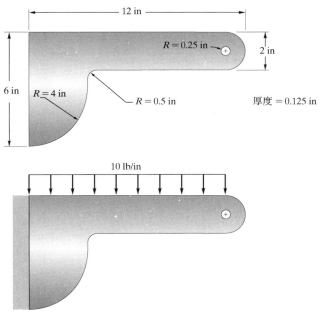

图 8.33　钢托架示意图

点击 Run 按钮启动图形用户界面。

创建本问题的标题，该标题将出现在 ANSYS 显示窗口上，用来标识所显示的内容。创建标题的命令如下：

功能菜单：**File→Change Title**

定义单元的类型和材料属性：

主菜单：**Preprocessor→Element Type→Add/Edit/Delete**

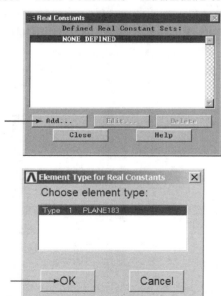

输入托架的厚度：

　　主菜单：**Preprocessor→Real Constants→Add/Edit/Delete**

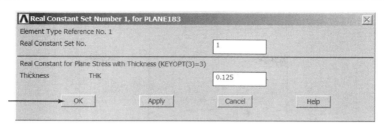

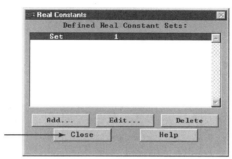

输入材料的弹性模量和泊松比：

　　　主菜单：**Preprocessor→Material Props→Material Models→Structural→Linear→** **lastic→sotropic**

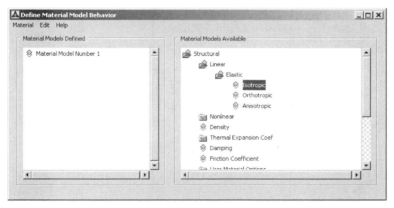

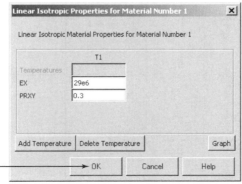

ANSYS 工具栏：**SAVE_DB**

设置图形区(即工作区和缩放等)：

　　　功能菜单：**Workplane→WP Settings…**

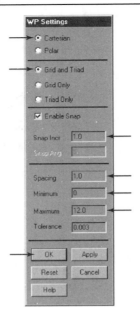

激活工作区：

  功能菜单：**Workplane→Display Working Plane**

显示工作区：

  功能菜单：**PlotCtrls→Pan，Zoom，Rotate**

点击小圆点和箭头直至工作区可视，然后创建如下的几何关系：

  主菜单：**Preprocessor→Modeling→Create→Areas→Rectangle→By 2 Corners**

(a)在工作区上，选取面 1(A1)和面 2(A2)角点的位置，如图 8.34 所示，然后应用：

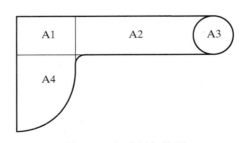

图 8.34　组成托架的面

🔲🔲 ［在工作区的左上角 WP = 0,12 处］

🔲🔲 ［将橡皮条向下移动 2.0，向右移动 4.0(然后按下左键)］

■■■ ［WP = 4,12］

■■■ ［将橡皮条向下移动 2.0，向右移动 7.0］

OK

（b）用如下命令创建圆 A3：

　　主菜单：**Preprocessor→Modeling→Create→Areas→Circle→Solid Circle**

■■■ ［WP = 11,11］

■■■ ［首先，将橡皮条的半径扩大为 1.0］

OK

（c）用以下命令创建 1/4 圆 A4：

　　主菜单：**Preprocessor→Modeling→Create→Areas→Circle→Partial Annulus**

在给定的区域内输入如下值：

［**WPX = 0**］

［**WPY = 10**］

［**Rad-1= 0**］

［**Theta-1= 0**］

［**Rad-2= 4**］

［**Theta-2 =–90**］

OK

（d）在创建圆角之前，将 A1，A2 和 A4 的关键点连接起来，操作命令如下：

　　主菜单：**Preprocessor→Modeling→Operate→Booleans→Glue→Areas**

选择 A1，A2 和 A4。

OK

（e）使用如下命令创建圆角：

　　主菜单：**Preprocessor→Modeling→Create→Lines→Line Fillet**

■■■ ［选取矩形面 2（A2）的底边］

■■■ ［选取 1/4 圆周的曲线边］

Apply

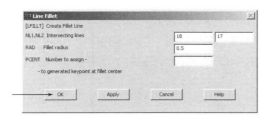

然后，执行如下命令：

　　功能菜单：**PlotCtrls→Pan,Zoom,Rotate**

使用缩放按钮对圆角区域进行缩放，并应用如下命令：

功能菜单：**Plot→Lines**

(f) 通过如下命令为圆角创建一个面：

　　　主菜单：**Preprocessor→Modeling→Create→Areas→Arbitrary→By Lines**

选择圆角线和两个相交的短线。

OK

(g) 通过如下命令将所有面加起来：

　　　主菜单：**Preprocessor→Modeling→Operate→Booleans→Add→Areas**

点击 Pick All 按钮，并执行以下命令：

　　　功能菜单：**PlotCtrls→Pan，Zoom，Rotate**

点击 Fit 按钮，然后点击 Close 按钮。

(h) 创建小圆孔区，但先在 WP Settings 对话框中将 Snap Incr 的值设为 0.25。

OK

然后执行命令：

　　　主菜单：**Preprocessor→Modeling→Create→Areas→Circle→Solid Circle**

　　[WP = 11,11]

　　[将橡皮条的半径扩大为 0.25]

OK

(i) 用以下命令减去小圆孔的面积：

　　　主菜单：**Preprocessor→Modeling→Operate→Booleans→Subtract→Areas**

　　[拾取托架的面]

　　[ANSYS 图形区的任一位置]

　　[拾取该小圆孔面(r = 0.25)]

　　[ANSYS 图形区的任一位置]

OK

现在，关闭工作区上的网格：

　　　功能菜单：**Workplane→Display Working Plane**

ANSYS 工具栏：**SAVE_DB**

至此，就可以对托架进行网格划分创建单元和节点了，命令如下：

　　　主菜单：**Preprocessor→Meshing→Size Cntrls→Manual Size→Global→Size**

ANSYS 工具栏：**SAVE_DB**

　　主菜单：**Preprocessor→Meshing→Mesh→Areas→Free**
点击 Pick All 按钮。
应用边界条件：

　　主菜单：**Solution→Define Loads→Apply→Structural→Displacement→On Keypoints**
拾取三个关键点：(1)面 1(A1)的左上角；(2)在刚拾取的关键点下方两英寸处的点［即
面 4(A4)的左上角］；(3)面 4(A4)的左下角。

OK

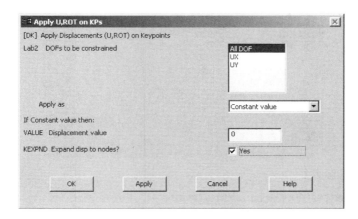

　　　主菜单：**Solution→Define Loads→Apply→Structural→Pressure→On Lines**
选择与面 1(A1)和面 2(A2)相关的两条水平线(在托架的上边)。

OK

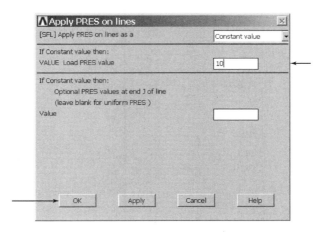

求解问题：

　　主菜单：**Solution→Solve→Current LS**

OK

Close(求解完成，关闭窗口)

Close(关闭/STAT 命令窗口)

对于后处理阶段，首先要绘制出托架变形的形状，命令如下：

　　主菜单：**General Postproc→Plot Results→Deformed Shape**

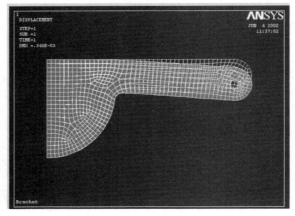

用以下命令绘制出米泽斯应力：

　　主菜单：**General Postproc→Plot Results→Contour Plot→Nodal Solu**

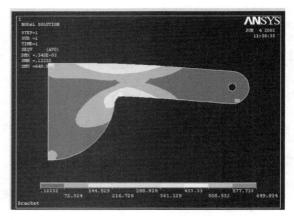

重复前一个步骤，选取要绘制的主应力。然后，保存所有信息退出 ANSYS。

工具栏：**Quit**

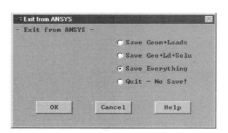

小结

至此，读者应该能够：

1. 理解 ANSYS 程序基本的组织结构，ANSYS 具有三个常用处理器：(1)前处理器 (PREP7)；(2)求解器(SOLUTION)；(3)通用后处理器(POST1)。

2. 理解前处理器(PREP7)中创建模型所需的命令：
   - 定义单元的类型和选项
   - 定义单元的实常数
   - 定义材料属性
   - 建立几何模型
   - 定义网格控制参数
   - 划分模型

3. 求解器(SOLUTION)包含应用边界条件和荷载命令。求解节点值，并计算出单元的其他信息。

4. 使用通用后处理器(POST1)中的命令列举和显示分析结果：
   - 从结果文件中读取结果数据
   - 读取单元结果数据
   - 绘制结果
   - 列表展示结果

5. 了解在典型的 ANSYS 分析中，ANSYS 可读写很多文件。

6. 了解 ANSYS 还向用户提供了一些功能，如选择有关模型的某些信息，如某些节点、单元、线、面和体等，以便进行后续处理。

7. 了解 ANSYS 提供了许多增强信息可视化操作的功能，可以绘制物体变形后的形状、结果等值线、截面图和动画等。

参考文献

ANSYS Manual: Introduction to ANSYS, Vol. I, Swanson Analysis Systems, Inc.

ANSYS User's Manual: Procedures, Vol. I, Swanson Analysis Systems, Inc.

ANSYS User's Manual: Commands, Vol. II, Swanson Analysis Systems, Inc.

ANSYS User's Manual: Elements, Vol. III, Swanson Analysis Systems, Inc.

第9章　二维热传递问题分析

本章主要目的是介绍二维热传递问题的有限元分析，主要讨论了常见的热传导问题及各种边界条件的处理。第9章的主要内容包括：

9.1　一般热传导问题

本章主要关注的是温度在介质内是如何随位置而变化的，这种变化可能是由介质的边界条件引起的，也可能由介质内部的热源所产生的。此外，还要确定系统中包括边界在内的不同点上的热流。温度和热流领域的知识在许多工程问题中都是非常重要的，例如电子设备的冷却、热流系统的设计、选材与加工流程等；而且，设备内部的温度分布有助于确定机械和结构单元中的热应力及其挠度。热传递有三种方式：热传导、热对流和热辐射。热传导是指由于介质内部存在温度梯度而引起的热交换，也就是能量以分子运动的方式从高温区传递到低温区。在笛卡儿坐标系下，传热率遵循傅里叶定律，即

$$q_X = -kA \frac{\partial T}{\partial X} \tag{9.1}$$

$$q_Y = -kA \frac{\partial T}{\partial Y} \tag{9.2}$$

式中，q_X 和 q_Y 分别为 X 和 Y 方向的传热率，k 为介质的导热系数，A 是介质的截面积，$\dfrac{\partial T}{\partial X}$ 和 $\dfrac{\partial T}{\partial Y}$ 为温度梯度。傅里叶定律也可以表示为单位面积上的传热率，即

$$q_X'' = -k \frac{\partial T}{\partial X} \tag{9.3}$$

$$q_Y'' = -k \frac{\partial T}{\partial Y} \tag{9.4}$$

其中，$q_X'' = \dfrac{q_X}{A}$ 和 $q_Y'' = \dfrac{q_Y}{A}$ 分别为 X 方向和 Y 方向的热流。注意，如图 9.1 所示，热流动的方向总是垂直于等温线(恒温线或面)的。

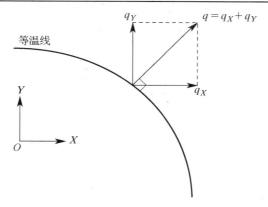

图 9.1 热流向量总是垂直于等温线的

当运动的流体接触到温度不同的固体表面时就会出现对流换热，流体和固体表面间的总传热率遵从牛顿冷却定律，即

$$q = hA(T_s - T_f) \tag{9.5}$$

其中，h 是传热系数，T_s 是固体表面的温度，T_f 是流动流体的温度。通常，特定情况下的传热系数值由实验得出，这些值在热传递理论的许多教材里都可以查到。

所有的物质都有热辐射。只要物体的温度在有限的范围内(用开氏度或兰氏度表示)，这个规律就成立。简单地说，表面辐射出的能量由以下方程确定：

$$q'' = \varepsilon\sigma T_s^4 \tag{9.6}$$

其中，q'' 表示单位表面积所辐射的热能，ε 为表面的辐射率且 $0<\varepsilon<1$，σ 为斯特藩-玻尔兹曼(Stefan-Boltzman)常数 $[\sigma = 5.67\times10^{-8}\ \text{W}/(\text{m}^2\cdot\text{K}^4)]$。这里需要注意的是，热辐射不同于热传导和热对流，热辐射可以在真空中发生，并且所有的物体都会发出热辐射。有趣的是，热辐射在物体之间形成净能量交换。热传递的三种形式如图 9.2 所示。

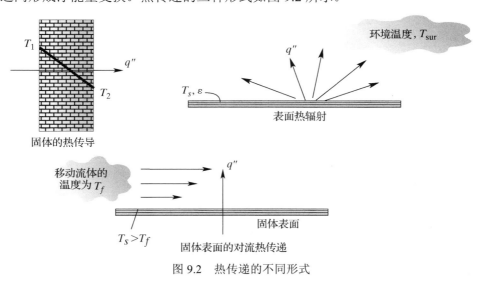

图 9.2 热传递的不同形式

第 1 章曾提到，工程问题是物理情境的数学模型，通常这种数学模型是一系列的微分方

程，这些微分方程是通过对系统或控制体积应用自然界的基本定律和原理推导出来的。在热传递问题中，这些控制微分方程代表了介质的质量、力以及能量的平衡。第 1 章还提出在可能的情况下，应该寻求控制微分方程的精确解，因其表示了精确的系统行为。然而，在大量实际工程问题中，由于微分方程组太复杂，或者边界条件难以确定，通常不可能得到系统的精确解。

　　能量守恒定律在热传递问题分析中扮演着非常重要的角色。因此，为了建立正确的物理模型，需要真正理解这个定律。能量守恒定律是这样定义的：通过边界进入系统的热能或机械能，减去通过边界离开系统的能量，再加上系统内部产生的能量，必须等于系统内储存的能量，如图 9.3 所示，其方程为

$$E_{\text{in}}^{.} - E_{\text{out}}^{.} + E_{\text{generation}}^{.} = E_{\text{stored}}^{.} \tag{9.7}$$

其中，$E_{\text{in}}^{.}$ 和 $E_{\text{out}}^{.}$ 分别代表通过系统表面吸收和散发出去的能量，生成的热量 $E_{\text{generation}}^{.}$ 表示系统内部的电能、化学能、核能或电磁能转化为热能，例如电流会使固态导体产生热量。另一方面，$E_{\text{stored}}^{.}$ 表示系统内部由于瞬态过程引起的内部热能增加或减少的数量。为了实际建模的准确性，理解每项对系统总能量平衡的作用是很重要的，而且正确理解能量守恒定律，也有助于检验模型的计算结果。

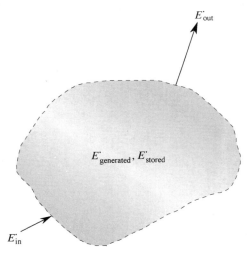

$$E_{\text{out}}^{.}$$

$$E_{\text{generated}}^{.}, E_{\text{stored}}^{.}$$

$$E_{\text{in}}^{.}$$

图 9.3　能量守恒定律

　　本章主要讨论热传递的热传导模式，以及可能的热对流或热辐射的边界条件。目前仅讨论稳态下的二维热传导问题。在笛卡儿坐标系下，对系统应用能量守恒定律，将会推出如下导热微分方程：

$$k_X \frac{\partial^2 T}{\partial X^2} + k_Y \frac{\partial^2 T}{\partial Y^2} + q^{.} = 0 \tag{9.8}$$

　　式(9.8)的推导过程如图 9.4 所示。在式(9.8)中，$q^{.}$ 表示在单位高度下得到的单位体积所产生的热量。热传导问题中常会出现以下几种边界条件：

1. 忽略表面损失或获取的能量。如图 9.5 所示，这种情况通常指绝热表面或完全绝缘的表面。在热传导问题中，对称线也就是绝热线。这类边界条件由下式表示：

$$\frac{\partial T}{\partial X}\bigg|_{(X=0,\,Y)} = 0 \tag{9.9}$$

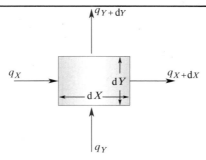

首先，在介质的一个小区域（差量）中运用能量守恒定律

$$\dot{E}_{\text{in}} - \dot{E}_{\text{out}} + \dot{E}_{\text{generation}} = \dot{E}_{\text{stored}}$$

$$q_X + q_Y - (q_{X+\mathrm{d}X} + q_{Y+\mathrm{d}Y}) + \dot{q}\,\mathrm{d}X\mathrm{d}Y(1) = \rho c\,\mathrm{d}X\mathrm{d}Y\frac{\partial T}{\partial t}$$

$$q_X + q_Y - \left(q_X + \frac{\partial q_X}{\partial X}\mathrm{d}X + q_Y + \frac{\partial q_Y}{\partial Y}\mathrm{d}Y\right) + \dot{q}\,\mathrm{d}X\mathrm{d}Y = \rho c\,\mathrm{d}X\mathrm{d}Y\frac{\partial T}{\partial t}$$

经简化，得到

$$-\frac{\partial q_X}{\partial X}\mathrm{d}X - \frac{\partial q_Y}{\partial Y}\mathrm{d}Y + \dot{q}\,\mathrm{d}X\mathrm{d}Y = \rho c\,\mathrm{d}X\mathrm{d}Y\frac{\partial T}{\partial t}$$

根据傅里叶定律，有

$$q_X = -k_X A\frac{\partial T}{\partial X} = -k_X\,\mathrm{d}Y(1)\frac{\partial T}{\partial X}$$

$$q_Y = -k_Y A\frac{\partial T}{\partial Y} = -k_Y\,\mathrm{d}X(1)\frac{\partial T}{\partial Y}$$

$$-\frac{\partial}{\partial X}\left(-k_X\,\mathrm{d}Y\frac{\partial T}{\partial X}\right)\mathrm{d}X - \frac{\partial}{\partial Y}\left(-k_Y\,\mathrm{d}X\frac{\partial T}{\partial Y}\right)\mathrm{d}Y + \dot{q}\,\mathrm{d}X\mathrm{d}Y = \rho c\,\mathrm{d}X\mathrm{d}Y\frac{\partial T}{\partial t}$$

ρ 和 c 分别代表介质的密度和比热容，t 代表时间。在稳态下，温度不会随着时间而改变，所以等式右边为零。化简后可得

$$k_X\frac{\partial^2 T}{\partial X^2} + k_Y\frac{\partial^2 T}{\partial Y^2} + \dot{q} = 0$$

图 9.4　稳态边界条件下热传导方程的推导

2. 表面的热流为常数，这类边界条件如图 9.6 所示，方程如下：

$$-k\frac{\partial T}{\partial X}\bigg|_{X=0} = q_0'' \tag{9.10}$$

3. 由对流引起的表面冷却或加热，这类边界条件如图 9.7 所示，方程如下：

$$-k\frac{\partial T}{\partial X}\bigg|_{(X=0,\,Y)} = h[T(0,y) - T_f] \tag{9.11}$$

4. 与周围环境进行净辐射交换引起的物体表面加热或冷却过程，这种条件的表达式取决于表面的角系数和热辐射率。

5. 条件 3 和条件 4 同时存在的情况。

6. 当与固体表面接触的流体发生相变时，表面温度为常数，如图 9.8 所示。常压下流体

的凝固或蒸发即为这种情况。这类边界条件可表示为

$$T(0, Y) = T_0 \tag{9.12}$$

对于这些带边界条件的问题，实际应该如何建模，将在推导二维热传导问题的有限元公式后再具体讨论，并用例子加以说明。

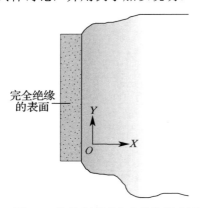

图 9.5　绝热表面或完全绝缘的表面

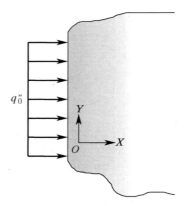

图 9.6　作用在物体表面的恒定热流

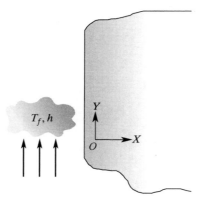

图 9.7　在表面引起冷却或加热的对流过程

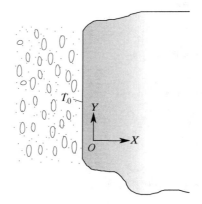

图 9.8　因流体相变引起的恒定表面温度环境

9.2　矩形单元公式的推导

在第 7 章已经详细讨论过二维双线性矩形单元。对于直边界条件的问题，利用线性矩形形函数提供的简单方法，即可模拟相关变量如温度的空间变化。为简便起见，这里再重复一下用节点温度和形函数描述矩形单元的表达式(参见图 9.9)，即

$$T^{(e)} = [S_i \quad S_j \quad S_m \quad S_n] \begin{bmatrix} T_i \\ T_j \\ T_m \\ T_n \end{bmatrix} \tag{9.13}$$

其中，形函数 S_i，S_j，S_m 和 S_n 分别为

$$S_i = \left(1 - \frac{x}{\ell}\right)\left(1 - \frac{y}{w}\right)$$

$$S_j = \frac{x}{\ell}\left(1 - \frac{y}{w}\right)$$

$$S_m = \frac{xy}{\ell w} \tag{9.14}$$

$$S_n = \frac{y}{w}\left(1 - \frac{x}{\ell}\right)$$

在局部坐标 x，y 下，对热扩散式 (9.8) 应用迦辽金法，可导出 4 个余差方程，即

$$R_i^{(e)} = \int_A S_i\left(k_x\frac{\partial^2 T}{\partial x^2} + k_y\frac{\partial^2 T}{\partial y^2} + q^{\cdot}\right)\mathrm{d}A$$

$$R_j^{(e)} = \int_A S_j\left(k_x\frac{\partial^2 T}{\partial x^2} + k_y\frac{\partial^2 T}{\partial y^2} + q^{\cdot}\right)\mathrm{d}A$$

$$R_m^{(e)} = \int_A S_m\left(k_x\frac{\partial^2 T}{\partial x^2} + k_y\frac{\partial^2 T}{\partial y^2} + q^{\cdot}\right)\mathrm{d}A \tag{9.15}$$

$$R_n^{(e)} = \int_A S_n\left(k_x\frac{\partial^2 T}{\partial x^2} + k_y\frac{\partial^2 T}{\partial y^2} + q^{\cdot}\right)\mathrm{d}A$$

注意，为了简化传导矩阵和荷载矩阵的表示形式，假设单元的余差为零。不过，前面提到过，在所有单元组合完成后，应将余差设为零。

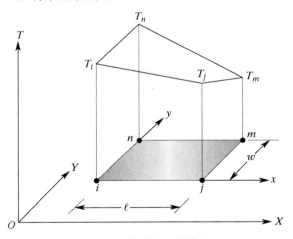

图 9.9　典型的矩形单元

将式 (9.15) 所示的四个方程表示为简单的矩阵形式：

$$\int_A \boldsymbol{S}^{\mathrm{T}}\left(k_x\frac{\partial^2 T}{\partial x^2} + k_y\frac{\partial^2 T}{\partial y^2} + q^{\cdot}\right)\mathrm{d}A = 0 \tag{9.16}$$

其中，形函数的转置矩阵如下：

$$\boldsymbol{S}^{\mathrm{T}} = \begin{bmatrix} S_i \\ S_j \\ S_m \\ S_n \end{bmatrix} \tag{9.17}$$

式(9.16)由以下三个重要的积分式组成:

$$\int_A \boldsymbol{S}^{\mathrm{T}}\left(k_x \frac{\partial^2 T}{\partial x^2}\right)\mathrm{d}A + \int_A \boldsymbol{S}^{\mathrm{T}}\left(k_y \frac{\partial^2 T}{\partial y^2}\right)\mathrm{d}A + \int_A \boldsymbol{S}^{\mathrm{T}} q^{\cdot}\mathrm{d}A = 0 \tag{9.18}$$

令 $C_1 = k_x$, $C_2 = k_y$ 和 $C_3 = q^{\cdot}$,这样,对于其他类型的问题,只要控制微分方程的形式相同,也就可以应用下面推导出的结果。在第 10 章和第 12 章中,将利用本章的通用结论分析实体构件的扭转问题和理想流体的流动问题。将其代入式(9.18),有

$$\int_A \boldsymbol{S}^{\mathrm{T}}\left(C_1 \frac{\partial^2 T}{\partial x^2}\right)\mathrm{d}A + \int_A \boldsymbol{S}^{\mathrm{T}}\left(C_2 \frac{\partial^2 T}{\partial y^2}\right)\mathrm{d}A + \int_A \boldsymbol{S}^{\mathrm{T}} C_3 \mathrm{d}A = 0 \tag{9.19}$$

计算式(9.19)给出的积分,就可以推出单元的有限元公式。首先利用链式法则将二次项转化为一次项:

$$\frac{\partial}{\partial x}\left(\boldsymbol{S}^{\mathrm{T}}\frac{\partial T}{\partial x}\right) = \boldsymbol{S}^{\mathrm{T}}\frac{\partial^2 T}{\partial x^2} + \frac{\partial \boldsymbol{S}^{\mathrm{T}}}{\partial x}\frac{\partial T}{\partial x} \tag{9.20}$$

整理式(9.20),有

$$\boldsymbol{S}^{\mathrm{T}}\frac{\partial^2 T}{\partial x^2} = \frac{\partial}{\partial x}\left(\boldsymbol{S}^{\mathrm{T}}\frac{\partial T}{\partial x}\right) - \frac{\partial \boldsymbol{S}^{\mathrm{T}}}{\partial x}\frac{\partial T}{\partial x} \tag{9.21}$$

将式(9.21)代入式(9.19)的前两项,有

$$\int_A \boldsymbol{S}^{\mathrm{T}}\left(C_1 \frac{\partial^2 T}{\partial x^2}\right)\mathrm{d}A = \int_A C_1 \frac{\partial}{\partial x}\left(\boldsymbol{S}^{\mathrm{T}}\frac{\partial T}{\partial x}\right)\mathrm{d}A - \int_A C_1 \left(\frac{\partial \boldsymbol{S}^{\mathrm{T}}}{\partial x}\frac{\partial T}{\partial x}\right)\mathrm{d}A \tag{9.22}$$

$$\int_A \boldsymbol{S}^{\mathrm{T}}\left(C_2 \frac{\partial^2 T}{\partial y^2}\right)\mathrm{d}A = \int_A C_2 \frac{\partial}{\partial y}\left(\boldsymbol{S}^{\mathrm{T}}\frac{\partial T}{\partial y}\right)\mathrm{d}A - \int_A C_2 \left(\frac{\partial \boldsymbol{S}^{\mathrm{T}}}{\partial y}\frac{\partial T}{\partial y}\right)\mathrm{d}A \tag{9.23}$$

根据格林公式,可以将积分项

$$\int_A C_1 \frac{\partial}{\partial x}\left(\boldsymbol{S}^{\mathrm{T}}\frac{\partial T}{\partial x}\right)\mathrm{d}A$$

和

$$\int_A C_2 \frac{\partial}{\partial y}\left(\boldsymbol{S}^{\mathrm{T}}\frac{\partial T}{\partial y}\right)\mathrm{d}A$$

表示为围绕单元边界的曲线积分,这几项将在以后考虑。现在先来考虑式(9.22)中的积分项:

$$-\int_A C_1 \left(\frac{\partial \boldsymbol{S}^{\mathrm{T}}}{\partial x}\frac{\partial T}{\partial x}\right)\mathrm{d}A$$

这个积分项很容易计算。计算矩形单元的偏导数,得到

$$\frac{\partial T}{\partial x} = \frac{\partial}{\partial x}[S_i \quad S_j \quad S_m \quad S_n]\begin{bmatrix} T_i \\ T_j \\ T_m \\ T_n \end{bmatrix} = \frac{1}{\ell w}[(-w + y) \ (w - y) \ y \ -y]\begin{bmatrix} T_i \\ T_j \\ T_m \\ T_n \end{bmatrix} \tag{9.24}$$

同样,计算 $\dfrac{\partial \boldsymbol{S}^{\mathrm{T}}}{\partial x}$,有

$$\frac{\partial \boldsymbol{S}^{\mathrm{T}}}{\partial x} = \frac{\partial}{\partial x}\begin{bmatrix} S_i \\ S_j \\ S_m \\ S_n \end{bmatrix} = \frac{1}{\ell w}\begin{bmatrix} -w + y \\ w - y \\ y \\ -y \end{bmatrix} \tag{9.25}$$

将式(9.24)和式(9.25)的计算结果代入积分项中,

$$-\int_A C_1\left(\frac{\partial \boldsymbol{S}^{\mathrm{T}}}{\partial x}\frac{\partial T}{\partial x}\right)\mathrm{d}A$$

有

$$-\int_A C_1\left(\frac{\partial \boldsymbol{S}^{\mathrm{T}}}{\partial x}\frac{\partial T}{\partial x}\right)\mathrm{d}A = -C_1\int_A \frac{1}{(\ell w)^2}\begin{bmatrix} -w + y \\ w - y \\ y \\ -y \end{bmatrix}[(-w + y)\ (w - y)\ y\ -y]\begin{bmatrix} T_i \\ T_j \\ T_m \\ T_n \end{bmatrix}\mathrm{d}A \tag{9.26}$$

对上式积分后可得

$$-C_1\int_A \frac{1}{(\ell w)^2}\begin{bmatrix} -w + y \\ w - y \\ y \\ -y \end{bmatrix}[(-w + y)\ (w - y)\ y\ -y]\begin{bmatrix} T_i \\ T_j \\ T_m \\ T_n \end{bmatrix}\mathrm{d}A$$

$$= -\frac{C_1 w}{6\ell}\begin{bmatrix} 2 & -2 & -1 & 1 \\ -2 & 2 & 1 & -1 \\ -1 & 1 & 2 & -2 \\ 1 & -1 & -2 & 2 \end{bmatrix}\begin{bmatrix} T_i \\ T_j \\ T_m \\ T_n \end{bmatrix} \tag{9.27}$$

为了得到式(9.27)的结果,需要计算 4×4 阶矩阵中的每一项积分。例如,对第一行、第一列中的表达式积分,可得

$$\int_0^\ell \int_0^w \frac{1}{(\ell w)^2}(-w + y)^2\mathrm{d}y\mathrm{d}x = \frac{1}{(\ell w)^2}\int_0^\ell \left(w^2 w + \frac{w^3}{3} - 2w\frac{w^2}{2}\right)\mathrm{d}x$$

$$= \frac{1}{(\ell w)^2}\int_0^\ell \frac{w^3}{3}\mathrm{d}x = \frac{1}{(\ell w)^2}\frac{w^3 \ell}{3} = \frac{1}{3}\frac{w}{\ell}$$

或对表达式的第一行和第三列积分,有

$$\int_0^\ell \int_0^w \frac{1}{(\ell w)^2}(-w + y)y\mathrm{d}y\mathrm{d}x = \frac{1}{(\ell w)^2}\int_0^\ell \left(-w\frac{w^2}{2} + \frac{w^3}{3}\right)\mathrm{d}x$$

$$= \frac{1}{(\ell w)^2}\int_0^\ell -\frac{w^3}{6}\mathrm{d}y = -\frac{1}{(\ell w)^2}\frac{w^3 \ell}{6} = -\frac{1}{6}\frac{w}{\ell}$$

按同样的方法,在 y 方向上计算式(9.23)中的积分项:

$$-\int_A C_2\left(\frac{\partial \boldsymbol{S}^{\mathrm{T}}}{\partial y}\frac{\partial T}{\partial y}\right)\mathrm{d}A$$

有

$$\frac{\partial T}{\partial y} = \frac{\partial}{\partial y}[S_i\ \ S_j\ \ S_m\ \ S_n]\begin{bmatrix} T_i \\ T_j \\ T_m \\ T_n \end{bmatrix} = \frac{1}{\ell w}[(-\ell + x)\ -x\ x\ (\ell - x)]\begin{bmatrix} T_i \\ T_j \\ T_m \\ T_n \end{bmatrix} \tag{9.28}$$

计算 $\dfrac{\partial \boldsymbol{S}^{\mathrm{T}}}{\partial y}$，有

$$\frac{\partial \boldsymbol{S}^{\mathrm{T}}}{\partial x} = \frac{\partial}{\partial y}\begin{bmatrix} S_i \\ S_j \\ S_m \\ S_n \end{bmatrix} = \frac{1}{\ell w}\begin{bmatrix} -\ell + x \\ -x \\ x \\ \ell - x \end{bmatrix} \tag{9.29}$$

将式 (9.28) 和式 (9.29) 的计算结果代入积分项，

$$-\int_A C_2\left(\frac{\partial \boldsymbol{S}^{\mathrm{T}}}{\partial y}\frac{\partial T}{\partial y}\right)\mathrm{d}A$$

有

$$-\int_A C_2\left(\frac{\partial \boldsymbol{S}^{\mathrm{T}}}{\partial y}\frac{\partial T}{\partial y}\right)\mathrm{d}A = -C_2\int_A \frac{1}{(\ell w)^2}\begin{bmatrix} -\ell + x \\ -x \\ x \\ \ell - x \end{bmatrix}[(-\ell + x)\ -x\ x\ (\ell - x)]\begin{bmatrix} T_i \\ T_j \\ T_m \\ T_n \end{bmatrix}\mathrm{d}A \tag{9.30}$$

计算上式积分，得

$$-C_2\int_A \frac{1}{(\ell w)^2}\begin{bmatrix} -\ell + x \\ -x \\ x \\ \ell - x \end{bmatrix}[(-\ell + x)\ -x\ x\ (\ell - x)]\begin{bmatrix} T_i \\ T_j \\ T_m \\ T_n \end{bmatrix}\mathrm{d}A =$$

$$-\frac{C_2\ell}{6w}\begin{bmatrix} 2 & 1 & -1 & -2 \\ 1 & 2 & -2 & -1 \\ -1 & -2 & 2 & 1 \\ -2 & -1 & 1 & 2 \end{bmatrix}\begin{bmatrix} T_i \\ T_j \\ T_m \\ T_n \end{bmatrix} \tag{9.31}$$

下一步，计算热荷载项 $\int_A \boldsymbol{S}^{\mathrm{T}} C_3 \mathrm{d}A$：

$$\int_A \boldsymbol{S}^{\mathrm{T}} C_3 \mathrm{d}A = C_3\int_A \begin{bmatrix} S_i \\ S_j \\ S_m \\ S_n \end{bmatrix}\mathrm{d}A = \frac{C_3 A}{4}\begin{bmatrix} 1 \\ 1 \\ 1 \\ 1 \end{bmatrix} \tag{9.32}$$

现在再回过头来看积分项：

$$\int_A C_1\frac{\partial}{\partial x}\left(\boldsymbol{S}^{\mathrm{T}}\frac{\partial T}{\partial x}\right)\mathrm{d}A$$

和

$$\int_A C_2\frac{\partial}{\partial y}\left(\boldsymbol{S}^{\mathrm{T}}\frac{\partial T}{\partial y}\right)\mathrm{d}A$$

如前所述，使用格林公式可将上述积分项改写为围成单元边界的线积分，即

$$\int_A C_1\frac{\partial}{\partial x}\left(\boldsymbol{S}^{\mathrm{T}}\frac{\partial T}{\partial x}\right)\mathrm{d}A = \int_\tau C_1\boldsymbol{S}^{\mathrm{T}}\frac{\partial T}{\partial x}\cos\theta\,\mathrm{d}\tau \tag{9.33}$$

$$\int_A C_2\frac{\partial}{\partial y}\left(\boldsymbol{S}^{\mathrm{T}}\frac{\partial T}{\partial y}\right)\mathrm{d}A = \int_\tau C_2\boldsymbol{S}^{\mathrm{T}}\frac{\partial T}{\partial y}\sin\theta\,\mathrm{d}\tau \tag{9.34}$$

其中，τ 表示单元的边界，θ 表示与单位法线的角度。

9.2.1　格林公式简介

计算式(9.33)和式(9.34)之前，先简要回顾一下格林公式：

$$\iint\limits_{\text{Region}} \left(\frac{\partial g}{\partial x} - \frac{\partial f}{\partial y}\right) \mathrm{d}x\mathrm{d}y = \int\limits_{\text{Contour}} f\mathrm{d}x + g\mathrm{d}y \tag{9.35}$$

在式(9.35)给出的关系中，$f(x, y)$ 和 $g(x, y)$ 是连续函数，而且其偏导数也是连续的。

现用一个简单的有关面积计算的例子来说明格林公式的推导过程。

不妨令式(9.35)中 $f=0$，$g=x$ 或者 $f=-y$，$g=0$，建立由边界 τ 组成的面积积分和曲线积分之间的关系。于是，有下面的关系：

$$A = \iint\limits_{\text{Region}} \mathrm{d}x\mathrm{d}y = \int\limits_{\text{Contour},\tau} x\mathrm{d}y \tag{9.36}$$

或

$$A = \iint\limits_{\text{Region}} \mathrm{d}x\mathrm{d}y = -\int\limits_{\text{Contour},\tau} y\mathrm{d}x \tag{9.37}$$

合并式(9.36)和式(9.37)，则会得到面积积分和曲线积分的另外一种关系，即

$$2A = 2\iint\limits_{\text{Region}} \mathrm{d}x\mathrm{d}y = \int\limits_{\text{Contour},\tau} (x\mathrm{d}y - y\mathrm{d}x) \tag{9.38}$$

现利用式(9.38)给定的关系，计算半径为 R 的圆的面积。如下图所示：

$$x^2 + y^2 = R^2$$
$$x = R\cos\theta \qquad 和 \qquad \mathrm{d}x = -R\sin\theta\,\mathrm{d}\theta$$
$$y = R\sin\theta \qquad 和 \qquad \mathrm{d}y = R\cos\theta\,\mathrm{d}\theta$$

将这些关系式代入式(9.38)中，有

$$2A = \int_{\text{Contour},\tau} (x\mathrm{d}y - y\mathrm{d}x) = \int_0^{2\pi} (\overbrace{(R\cos\theta)}^{x}\overbrace{(R\cos\theta\,\mathrm{d}\theta)}^{\mathrm{d}y} - \overbrace{(R\sin\theta)}^{y}\overbrace{(-R\sin\theta\,\mathrm{d}\theta)}^{\mathrm{d}x})$$

经化简，得

$$2A = \int_0^{2\pi} R^2(\cos^2\theta + \sin^2\theta)\mathrm{d}\theta = \int_0^{2\pi} R^2\,\mathrm{d}\theta = 2\pi R^2$$

或

$$A = \pi R^2$$

再举一个例子，计算下图所示矩形的面积。

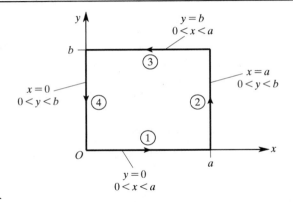

利用式(9.36)，有

$$A = \int_{\tau_1} x\mathrm{d}y + \int_{\tau_2} x\mathrm{d}y + \int_{\tau_3} x\mathrm{d}y + \int_{\tau_4} x\mathrm{d}y \qquad (9.39)$$

注意，沿 τ_1，x 从 0 变化到 a，$y = 0\,(\mathrm{d}y = 0)$；沿 τ_2，$x = a$，y 从 0 变化到 b；沿 τ_3，x 从 a 变化到 0，y 为常数 $(\mathrm{d}y = 0)$；沿 τ_4，$x = 0$，y 从 b 变化到 0。将上述关系代入式(9.39)，得

$$A = 0 + \int_0^b a\mathrm{d}y + 0 + 0 = ab$$

再看式(9.33)和式(9.34)，其隐含着带偏导数的边界条件。为了理解这种含偏导边界条件的概念，不妨考虑带有对流边界条件的单元，如图 9.10 所示。

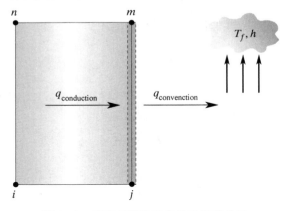

图 9.10　带有对流边界条件的矩形单元

如果忽略热辐射，在 $j\text{-}m$ 边的 x 方向应用能量守恒定律，这就要求经传导到达 $j\text{-}m$ 边的能量必须等于经对流(通过与 $j\text{-}m$ 边相邻的流体)损失的能量。因此：

$$-k\frac{\partial T}{\partial x} = h(T - T_f) \qquad (9.40)$$

将式(9.40)等号右边代入式(9.33)中，有

$$\int_\tau C_1 \boldsymbol{S}^{\mathrm{T}} \frac{\partial T}{\partial x}\cos\theta\,\mathrm{d}\tau = \int_\tau k\,\boldsymbol{S}^{\mathrm{T}}\frac{\partial T}{\partial x}\cos\theta\,\mathrm{d}\tau = -\int_\tau h\,\boldsymbol{S}^{\mathrm{T}}(T - T_f)\cos\theta\,\mathrm{d}\tau \qquad (9.41)$$

式(9.41)包含有两个积分项：

$$-\int_\tau h\boldsymbol{S}^{\mathrm{T}}(T - T_f)\cos\theta\,\mathrm{d}\tau = -\int_\tau h\boldsymbol{S}^{\mathrm{T}}T\cos\theta\,\mathrm{d}\tau + \int_\tau h\boldsymbol{S}^{\mathrm{T}}T_f\cos\theta\,\mathrm{d}\tau \qquad (9.42)$$

在矩形单元的不同边上应用对流边界条件，那么从积分项 $\int_\tau hS^\mathrm{T}T\cos\theta\,\mathrm{d}\tau$ 和 $\int hS^\mathrm{T}T\sin\theta\,\mathrm{d}\tau$ 很容易推导出传导矩阵：

$$\boldsymbol{K}^{(e)} = \frac{h\ell_{ij}}{6}\begin{bmatrix} 2 & 1 & 0 & 0 \\ 1 & 2 & 0 & 0 \\ 0 & 0 & 0 & 0 \\ 0 & 0 & 0 & 0 \end{bmatrix} \tag{9.43}$$

$$\boldsymbol{K}^{(e)} = \frac{h\ell_{jm}}{6}\begin{bmatrix} 0 & 0 & 0 & 0 \\ 0 & 2 & 1 & 0 \\ 0 & 1 & 2 & 0 \\ 0 & 0 & 0 & 0 \end{bmatrix} \tag{9.44}$$

$$\boldsymbol{K}^{(e)} = \frac{h\ell_{mn}}{6}\begin{bmatrix} 0 & 0 & 0 & 0 \\ 0 & 0 & 0 & 0 \\ 0 & 0 & 2 & 1 \\ 0 & 0 & 1 & 2 \end{bmatrix} \tag{9.45}$$

$$\boldsymbol{K}^{(e)} = \frac{h\ell_{ni}}{6}\begin{bmatrix} 2 & 0 & 0 & 1 \\ 0 & 0 & 0 & 0 \\ 0 & 0 & 0 & 0 \\ 1 & 0 & 0 & 2 \end{bmatrix} \tag{9.46}$$

参考图 9.9，注意，在上述矩阵中，$\ell_{ij}=\ell_{mn}=\ell$，$\ell_{jm}=\ell_{in}=w$。为得到式 (9.43) 至式 (9.46) 的结果，计算 4×4 阶矩阵中的每一项：

$$\int_\tau h\,\boldsymbol{S}^\mathrm{T}T\mathrm{d}\tau = h\int_\tau \begin{bmatrix} S_i \\ S_j \\ S_m \\ S_n \end{bmatrix} \overbrace{[S_i \quad S_j \quad S_m \quad S_n]\begin{bmatrix} T_i \\ T_j \\ T_m \\ T_n \end{bmatrix}}^{T}\mathrm{d}\tau$$

$$= h\int_\tau \begin{bmatrix} S_i^2 & S_jS_i & S_mS_i & S_nS_i \\ S_iS_j & S_j^2 & S_mS_j & S_nS_j \\ S_iS_m & S_jS_m & S_m^2 & S_nS_m \\ S_iS_n & S_jS_n & S_mS_n & S_n^2 \end{bmatrix}\begin{bmatrix} T_i \\ T_j \\ T_m \\ T_n \end{bmatrix}\mathrm{d}\tau \tag{9.47}$$

例如，沿着 i-j 边，$S_m=0$ 和 $S_n=0$，将其代入式 (9.47) 中，则传导矩阵为

$$\int_\tau h\,\boldsymbol{S}^\mathrm{T}T\mathrm{d}\tau = h\int_\tau \begin{bmatrix} S_i^2 & S_jS_i & 0 & 0 \\ S_iS_j & S_j^2 & 0 & 0 \\ 0 & 0 & 0 & 0 \\ 0 & 0 & 0 & 0 \end{bmatrix}\begin{bmatrix} T_i \\ T_j \\ T_m \\ T_n \end{bmatrix}\mathrm{d}\tau \tag{9.48}$$

用自然坐标表示形函数 S_i 和 S_j，有

$$S_i = \frac{1}{4}(1-\xi)(1-\eta)$$

$$S_j = \frac{1}{4}(1+\xi)(1-\eta)$$

注意：

$$\xi = \frac{2x}{\ell} - 1$$

$$\mathrm{d}\xi = \frac{2}{\ell}\mathrm{d}x \quad \text{或} \quad \mathrm{d}x = \frac{\ell}{2}\mathrm{d}\xi$$

其中，ξ 从 -1 变化到 1。将上式代入式 (9.48) 中，有

$$\int_{\tau} h\,\boldsymbol{S}^{\mathrm{T}} T \mathrm{d}\tau =$$

$$\frac{h\ell_{ij}}{2} \int_{-1}^{1} \begin{bmatrix} \left(\frac{1}{4}(1-\xi)(1-\eta)\right)^2 & \left(\frac{1}{16}(1-\xi)(1-\eta)(1+\xi)(1-\eta)\right) & 0 & 0 \\ \left(\frac{1}{16}(1-\xi)(1-\eta)(1+\xi)(1-\eta)\right) & \left(\frac{1}{4}(1+\xi)(1-\eta)\right)^2 & 0 & 0 \\ 0 & 0 & 0 & 0 \\ 0 & 0 & 0 & 0 \end{bmatrix}$$

$$\times \begin{bmatrix} T_i \\ T_j \\ T_m \\ T_n \end{bmatrix} \mathrm{d}\xi \qquad (9.49)$$

沿 *i-j* 边 $\eta = -1$，则式 (9.49) 为

$$\int_{\tau} h\,\boldsymbol{S}^{\mathrm{T}} T \mathrm{d}\tau = \frac{h\ell_{ij}}{2} \int_{-1}^{1} \begin{bmatrix} \left(\frac{1}{2}(1-\xi)\right)^2 & \left(\frac{1}{4}(1-\xi)(1+\xi)\right) & 0 & 0 \\ \left(\frac{1}{4}(1-\xi)(1+\xi)\right) & \left(\frac{1}{2}(1+\xi)\right)^2 & 0 & 0 \\ 0 & 0 & 0 & 0 \\ 0 & 0 & 0 & 0 \end{bmatrix} \mathrm{d}\xi \begin{bmatrix} T_i \\ T_j \\ T_m \\ T_n \end{bmatrix}$$

$$= \frac{h\ell_{ij}}{6} \begin{bmatrix} 2 & 1 & 0 & 0 \\ 1 & 2 & 0 & 0 \\ 0 & 0 & 0 & 0 \\ 0 & 0 & 0 & 0 \end{bmatrix} \begin{bmatrix} T_i \\ T_j \\ T_m \\ T_n \end{bmatrix}$$

其中，

$$\int_{-1}^{1} \left(\frac{1}{2}(1-\xi)\right)^2 \mathrm{d}\xi = \frac{1}{4}\left[\xi + \frac{\xi^3}{3} - \xi^2\right]_{-1}^{1} = \frac{2}{3}$$

且

$$\int_{-1}^{1} \left(\frac{1}{4}(1-\xi)(1+\xi)\right) \mathrm{d}\xi = \frac{1}{4}\left[\xi - \frac{\xi^3}{3}\right]_{-1}^{1} = \frac{1}{3}$$

$$\int_{-1}^{1} \left(\frac{1}{2}(1+\xi)\right)^2 \mathrm{d}\xi = \frac{1}{4}\left[\xi + \frac{\xi^3}{3} + \xi^2\right]_{-1}^{1} = \frac{2}{3}$$

同理，可得式 (9.44) 至式 (9.46) 的结果。

由积分项 $\int_\tau hS^\mathrm{T}T_f\cos\theta\,\mathrm{d}\tau$ 和 $\int_\tau hS^\mathrm{T}T_f\sin\theta\,\mathrm{d}\tau$ 可导出单元的荷载矩阵。沿矩形单元边计算积分，有

$$\boldsymbol{F}^{(e)}=\frac{hT_f\ell_{ij}}{2}\begin{bmatrix}1\\1\\0\\0\end{bmatrix}\tag{9.50}$$

$$\boldsymbol{F}^{(e)}=\frac{hT_f\ell_{jm}}{2}\begin{bmatrix}0\\1\\1\\0\end{bmatrix}\tag{9.51}$$

$$\boldsymbol{F}^{(e)}=\frac{hT_f\ell_{mn}}{2}\begin{bmatrix}0\\0\\1\\1\end{bmatrix}\tag{9.52}$$

$$\boldsymbol{F}^{(e)}=\frac{hT_f\ell_{ni}}{2}\begin{bmatrix}1\\0\\0\\1\end{bmatrix}\tag{9.53}$$

现总结一下已经做过的工作。双线性矩形单元的传导矩阵如下：

$$\boldsymbol{K}^{(e)}=\frac{k_xw}{6\ell}\begin{bmatrix}2&-2&-1&1\\-2&2&1&-1\\-1&1&2&-2\\1&-1&-2&2\end{bmatrix}+\frac{k_y\ell}{6w}\begin{bmatrix}2&1&-1&-2\\1&2&-2&-1\\-1&-2&2&1\\-2&-1&1&2\end{bmatrix}$$

注意，单元的传导矩阵由以下三部分组成：(1) x 方向上的传导分量；(2) y 方向上的传导分量；(3) 给定单元边界对流形成的热传递项，如给出的式 (9.43) 至式 (9.46) 所示。单元的荷载矩阵由两部分组成：(1) 由给点单元内的可能产热引起的分量；(2) 由单元边界可能存在的对流换热引起的分量，如式 (9.50) 至式 (9.53) 所示。产热对单元的荷载矩阵的影响由下式给出：

$$\boldsymbol{F}^{(e)}=\frac{\dot{q}A}{4}\begin{bmatrix}1\\1\\1\\1\end{bmatrix}$$

值得一提的是，当沿矩形单元边的热流为常数时，单元的荷载矩阵为 (见习题 5)：

$$\boldsymbol{F}^{(e)}=\frac{q_o''\ell_{ij}}{2}\begin{bmatrix}1\\1\\0\\0\end{bmatrix}\qquad\boldsymbol{F}^{(e)}=\frac{q_o''\ell_{jm}}{2}\begin{bmatrix}0\\1\\1\\0\end{bmatrix}$$

$$\boldsymbol{F}^{(e)}=\frac{q_o''\ell_{mn}}{2}\begin{bmatrix}0\\0\\1\\1\end{bmatrix}\qquad\boldsymbol{F}^{(e)}=\frac{q_o''\ell_{ni}}{2}\begin{bmatrix}1\\0\\0\\1\end{bmatrix}$$

下一步就是将单元矩阵整合成总矩阵，并求解方程组 $\boldsymbol{KT} = \boldsymbol{F}$ 得到节点的温度，这一步骤的详细推导见例 9.1。下面，将关注点集中到推导三角形单元的传导矩阵和荷载矩阵。

9.3 三角形单元公式的推导

如同第 7 章所述，矩形单元的一个主要缺点是不适用于弯曲边界的情况。相比之下，三角形单元更适用于模拟弯曲边界。为方便起见，三角形单元如图 9.11 所示。

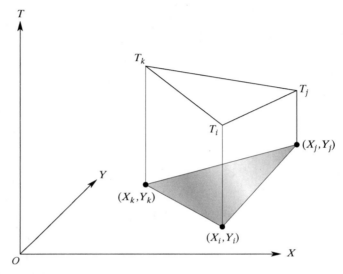

图 9.11 三角形单元

一个三角形单元由三个节点所定义。假设因变量为温度，在一个三角形区域内，用形函数和相关节点温度表示因变量的变化，即有

$$T^{(e)} = \begin{bmatrix} S_i & S_j & S_k \end{bmatrix} \begin{bmatrix} T_i \\ T_j \\ T_k \end{bmatrix} \tag{9.54}$$

其中，形函数 S_i，S_j 和 S_k 分别为

$$S_i = \frac{1}{2A}(\alpha_i + \beta_i X + \delta_i Y)$$

$$S_j = \frac{1}{2A}(\alpha_j + \beta_j X + \delta_j Y)$$

$$S_k = \frac{1}{2A}(\alpha_k + \beta_k X + \delta_k Y)$$

A 是单元面积，可以通过以下方程计算得出：

$$2A = X_i(Y_j - Y_k) + X_j(Y_k - Y_i) + X_k(Y_i - Y_j)$$

且

$$
\begin{array}{lll}
\alpha_i = X_j Y_k - X_k Y_j & \beta_i = Y_j - Y_k & \delta_i = X_k - X_j \\
\alpha_j = X_k Y_i - X_i Y_k & \beta_j = Y_k - Y_i & \delta_j = X_i - X_k \\
\alpha_k = X_i Y_j - X_j Y_i & \beta_k = Y_i - Y_j & \delta_k = X_j - X_i
\end{array}
\tag{9.55}
$$

应用迦辽金法，三角形单元的 3 个余差方程的矩阵形式为

$$\int_A \boldsymbol{S}^{\mathrm{T}}\left(k_X\frac{\partial^2 T}{\partial X^2} + k_Y\frac{\partial^2 T}{\partial Y^2} + \dot{q}\right)\mathrm{d}A = 0 \tag{9.56}$$

其中，

$$\boldsymbol{S}^{\mathrm{T}} = \begin{bmatrix} S_i \\ S_j \\ S_m \end{bmatrix}$$

下面的推导步骤与推导矩形单元的传导矩阵和荷载矩阵的步骤很相似。首先，应用求偏导的链式法则将二阶偏导转化为一阶偏导。对三角形单元，计算如下积分：

$$-\int_A C_1\left(\frac{\partial \boldsymbol{S}^{\mathrm{T}}}{\partial X}\frac{\partial T}{\partial X}\right)\mathrm{d}A$$

有

$$\frac{\partial \boldsymbol{S}^{\mathrm{T}}}{\partial X} = \frac{\partial}{\partial X}\begin{bmatrix} S_i \\ S_j \\ S_k \end{bmatrix} = \frac{1}{2A}\begin{bmatrix} \beta_i \\ \beta_j \\ \beta_k \end{bmatrix} \tag{9.57}$$

$$\frac{\partial T}{\partial X} = \frac{\partial}{\partial X}\begin{bmatrix} S_i & S_j & S_k \end{bmatrix}\begin{bmatrix} T_i \\ T_j \\ T_k \end{bmatrix} = \frac{1}{2A}\begin{bmatrix} \beta_i & \beta_j & \beta_k \end{bmatrix}\begin{bmatrix} T_i \\ T_j \\ T_k \end{bmatrix} \tag{9.58}$$

代入偏导项，有

$$-\int_A C_1\left(\frac{\partial \boldsymbol{S}^{\mathrm{T}}}{\partial X}\frac{\partial T}{\partial X}\right)\mathrm{d}A = -C_1\int_A \frac{1}{4A^2}\begin{bmatrix} \beta_i \\ \beta_j \\ \beta_k \end{bmatrix}\begin{bmatrix} \beta_i & \beta_j & \beta_k \end{bmatrix}\begin{bmatrix} T_i \\ T_j \\ T_k \end{bmatrix}\mathrm{d}A \tag{9.59}$$

积分后，可得

$$-C_1\int_A \frac{1}{4A^2}\begin{bmatrix} \beta_i \\ \beta_j \\ \beta_k \end{bmatrix}\begin{bmatrix} \beta_i & \beta_j & \beta_k \end{bmatrix}\begin{bmatrix} T_i \\ T_j \\ T_k \end{bmatrix}\mathrm{d}A = \frac{C_1}{4A}\begin{bmatrix} \beta_i^2 & \beta_i\beta_j & \beta_i\beta_k \\ \beta_i\beta_j & \beta_j^2 & \beta_j\beta_k \\ \beta_i\beta_k & \beta_j\beta_k & \beta_k^2 \end{bmatrix}\begin{bmatrix} T_i \\ T_j \\ T_k \end{bmatrix} \tag{9.60}$$

用同样的方法计算如下积分项：

$$-\int_A C_2\left(\frac{\partial \boldsymbol{S}^{\mathrm{T}}}{\partial Y}\frac{\partial T}{\partial Y}\right)\mathrm{d}A$$

得到

$$\frac{\partial \boldsymbol{S}^{\mathrm{T}}}{\partial Y} = \frac{\partial}{\partial Y}\begin{bmatrix} S_i \\ S_j \\ S_k \end{bmatrix} = \frac{1}{2A}\begin{bmatrix} \delta_i \\ \delta_j \\ \delta_k \end{bmatrix} \tag{9.61}$$

$$\frac{\partial T}{\partial Y} = \frac{\partial}{\partial Y}\begin{bmatrix} S_i & S_j & S_k \end{bmatrix}\begin{bmatrix} T_i \\ T_j \\ T_k \end{bmatrix} = \frac{1}{2A}\begin{bmatrix} \delta_i & \delta_j & \delta_k \end{bmatrix}\begin{bmatrix} T_i \\ T_j \\ T_k \end{bmatrix} \tag{9.62}$$

代入并积分，有

$$-C_2\int_A \frac{1}{4A^2}\begin{bmatrix} \delta_i \\ \delta_j \\ \delta_k \end{bmatrix}\begin{bmatrix} \delta_i & \delta_j & \delta_k \end{bmatrix}\begin{bmatrix} T_i \\ T_j \\ T_k \end{bmatrix}\mathrm{d}A = -\frac{C_2}{4A}\begin{bmatrix} \delta_i^2 & \delta_i\delta_j & \delta_i\delta_k \\ \delta_i\delta_j & \delta_j^2 & \delta_j\delta_k \\ \delta_i\delta_k & \delta_j\delta_k & \delta_k^2 \end{bmatrix}\begin{bmatrix} T_i \\ T_j \\ T_k \end{bmatrix} \tag{9.63}$$

对于三角形单元，由产热项 C_3 引起的荷载矩阵为

$$\int_A \boldsymbol{S}^{\mathrm{T}} C_3 \mathrm{d}A = C_3 \int_A \begin{bmatrix} S_i \\ S_j \\ S_k \end{bmatrix} \mathrm{d}A = \frac{C_3 A}{3} \begin{bmatrix} 1 \\ 1 \\ 1 \end{bmatrix} \tag{9.64}$$

在三角形单元各边界上应用对流边界条件，由积分项 $\int_{\tau} h\boldsymbol{S}^{\mathrm{T}} T\cos\theta\,\mathrm{d}\tau$ 和 $\int h\boldsymbol{S}^{\mathrm{T}} T\sin\theta\,\mathrm{d}\tau$ 可导出

$$\boldsymbol{K}^{(e)} = \frac{h\ell_{ij}}{6} \begin{bmatrix} 2 & 1 & 0 \\ 1 & 2 & 0 \\ 0 & 0 & 0 \end{bmatrix} \tag{9.65}$$

$$\boldsymbol{K}^{(e)} = \frac{h\ell_{jk}}{6} \begin{bmatrix} 0 & 0 & 0 \\ 0 & 2 & 1 \\ 0 & 1 & 2 \end{bmatrix} \tag{9.66}$$

$$\boldsymbol{K}^{(e)} = \frac{h\ell_{ki}}{6} \begin{bmatrix} 2 & 0 & 1 \\ 0 & 0 & 0 \\ 1 & 0 & 2 \end{bmatrix} \tag{9.67}$$

注意，在上面的矩阵中，ℓ_{ij}，ℓ_{jk} 和 ℓ_{ki} 分别表示三角形单元三条边的长度。由积分项 $\int_{\tau} h\boldsymbol{S}^{\mathrm{T}} T_f\cos\theta\,\mathrm{d}\tau$ 和 $\int h\boldsymbol{S}^{\mathrm{T}} T_f\sin\theta\,\mathrm{d}\tau$ 可得到单元的荷载矩阵。沿三角形单元的边计算积分：

$$\boldsymbol{F}^{(e)} = \frac{hT_f\ell_{ij}}{2} \begin{bmatrix} 1 \\ 1 \\ 0 \end{bmatrix} \tag{9.68}$$

$$\boldsymbol{F}^{(e)} = \frac{hT_f\ell_{jk}}{2} \begin{bmatrix} 0 \\ 1 \\ 1 \end{bmatrix} \tag{9.69}$$

$$\boldsymbol{F}^{(e)} = \frac{hT_f\ell_{ki}}{2} \begin{bmatrix} 1 \\ 0 \\ 1 \end{bmatrix} \tag{9.70}$$

现总结一下三角形单元的公式。三角形单元的传导矩阵为

$$\boldsymbol{K}^{(e)} = \frac{k_X}{4A} \begin{bmatrix} \beta_i^2 & \beta_i\beta_j & \beta_i\beta_k \\ \beta_i\beta_j & \beta_j^2 & \beta_j\beta_k \\ \beta_i\beta_k & \beta_j\beta_k & \beta_k^2 \end{bmatrix} + \frac{k_Y}{4A} \begin{bmatrix} \delta_i^2 & \delta_i\delta_j & \delta_i\delta_k \\ \delta_i\delta_j & \delta_j^2 & \delta_j\delta_k \\ \delta_i\delta_k & \delta_j\delta_k & \delta_k^2 \end{bmatrix}$$

注意，三角形单元的传导矩阵由以下三部分组成：(1)X 方向上的传导分量；(2)Y 方向上的传导分量；(3)因给定单元的边存在可能的对流引起的热量损失项，如式(9.65)至式(9.67)所示。三角形单元的荷载矩阵由两部分组成：(1)给定单元内可能存在的产热而引起的分量；(2)因单元的边可能存在热对流损失而引起的分量，如式(9.68)至式(9.70)所示。产热对单元的荷载矩阵的影响由下式给出：

$$\boldsymbol{F}^{(e)} = \frac{\dot{q}A}{3} \begin{bmatrix} 1 \\ 1 \\ 1 \end{bmatrix}$$

当三角形单元边界的热流为常数时，其对三角形单元的荷载矩阵的影响留作练习，由读者自行完成(见习题 6)。

下面将用例子说明如何将单元信息组合起来得到总传导矩阵和总荷载矩阵。

例 9.1　如图 9.12 所示，有一混凝土结构的小工业烟囱，其导热系数为 $k = 1.4$ W/(m·K)。烟囱内表面的温度为 100℃；外表面暴露在空气中，空气温度为 30℃，自然对流换热系数为 $h = 20$ W/(m²·K)。确定稳态下混凝土内的温度分布。

　　利用问题的对称性，只分析 1/8 烟囱截面的面，如图 9.12 所示。将所选择的截面分为 9 个节点、5 个单元。单元(1)、单元(2)和单元(3)是矩形，而单元(4)和单元(5)是三角形。求解时请参考表 9.1。

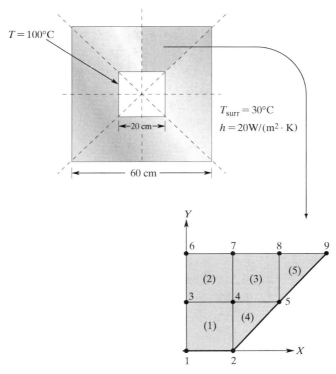

图 9.12　例 9.1 中的烟囱示意图

表 9.1　单元和相应节点之间的关系

单　元	i	j	m 或 k	n
(1)	1	2	4	3
(2)	3	4	7	6
(3)	4	5	8	7
(4)	2	5	4	
(5)	5	9	8	

　　矩形单元由热传导引起的传导矩阵为

$$\boldsymbol{K}^{(e)} = \frac{kw}{6\ell}\begin{bmatrix} 2 & -2 & -1 & 1 \\ -2 & 2 & 1 & -1 \\ -1 & 1 & 2 & -2 \\ 1 & -1 & -2 & 2 \end{bmatrix} + \frac{k\ell}{6w}\begin{bmatrix} 2 & 1 & -1 & -2 \\ 1 & 2 & -2 & -1 \\ -1 & -2 & 2 & 1 \\ -2 & -1 & 1 & 2 \end{bmatrix}$$

单元(1)、单元(2)和单元(3)的大小是相同的，因此

$$\boldsymbol{K}^{(1)} = \boldsymbol{K}^{(2)} = \boldsymbol{K}^{(3)} = \frac{(1.4)(0.1)}{6(0.1)} \begin{bmatrix} 2 & -2 & -1 & 1 \\ -2 & 2 & 1 & -1 \\ -1 & 1 & 2 & -2 \\ 1 & -1 & -2 & 2 \end{bmatrix}$$

$$+ \frac{(1.4)(0.1)}{6(0.1)} \begin{bmatrix} 2 & 1 & -1 & -2 \\ 1 & 2 & -2 & -1 \\ -1 & -2 & 2 & 1 \\ -2 & -1 & 1 & 2 \end{bmatrix}$$

为便于后面单元组合，在每个矩阵的上侧和右侧列出了每个单元相对应的节点编号：

$$\boldsymbol{K}^{(1)} = \begin{array}{cccc} 1(i) & 2(j) & 4(m) & 3(n) \\ \begin{bmatrix} 0.933 & -0.233 & -0.466 & -0.233 \\ -0.233 & 0.933 & -0.233 & -0.466 \\ -0.466 & -0.233 & 0.933 & -0.233 \\ -0.233 & -0.466 & -0.233 & 0.933 \end{bmatrix} & \begin{array}{c} 1 \\ 2 \\ 4 \\ 3 \end{array} \end{array}$$

$$\boldsymbol{K}^{(2)} = \begin{array}{cccc} 3(i) & 4(j) & 7(m) & 6(n) \\ \begin{bmatrix} 0.933 & -0.233 & -0.466 & -0.233 \\ -0.233 & 0.933 & -0.233 & -0.466 \\ -0.466 & -0.233 & 0.933 & -0.233 \\ -0.233 & -0.466 & -0.233 & 0.933 \end{bmatrix} & \begin{array}{c} 3 \\ 4 \\ 7 \\ 6 \end{array} \end{array}$$

$$\boldsymbol{K}^{(3)} = \begin{array}{cccc} 4(i) & 5(j) & 8(m) & 7(n) \\ \begin{bmatrix} 0.933 & -0.233 & -0.466 & -0.233 \\ -0.233 & 0.933 & -0.233 & -0.466 \\ -0.466 & -0.233 & 0.933 & -0.233 \\ -0.233 & -0.466 & -0.233 & 0.933 \end{bmatrix} & \begin{array}{c} 4 \\ 5 \\ 8 \\ 7 \end{array} \end{array}$$

三角形单元(4)和单元(5)的传导矩阵为

$$\boldsymbol{K}^{(e)} = \frac{k}{4A} \begin{bmatrix} \beta_i^2 & \beta_i\beta_j & \beta_i\beta_k \\ \beta_i\beta_j & \beta_j^2 & \beta_j\beta_k \\ \beta_i\beta_k & \beta_j\beta_k & \beta_k^2 \end{bmatrix} + \frac{k}{4A} \begin{bmatrix} \delta_i^2 & \delta_i\delta_j & \delta_i\delta_k \\ \delta_i\delta_j & \delta_j^2 & \delta_j\delta_k \\ \delta_i\delta_k & \delta_j\delta_k & \delta_k^2 \end{bmatrix}$$

上式中，β 项和 δ 项由式(9.55)中的关系给出。由于 β 和 δ 项是从相关节点的坐标之差计算得出的，因此与 X, Y 坐标系的原点无关。计算单元(4)的系数，有

$$\beta_i = Y_j - Y_k = 0.1 - 0.1 = 0 \qquad \delta_i = X_k - X_j = 0 - 0.1 = -0.1$$

$$\beta_j = Y_k - Y_i = 0.1 - 0 = 0.1 \qquad \delta_j = X_i - X_k = 0 - 0 = 0$$

$$\beta_k = Y_i - Y_j = 0 - 0.1 = -0.1 \qquad \delta_k = X_j - X_i = 0.1 - 0 = 0.1$$

计算单元(5)的系数，会得到同样的结果，因为其节点坐标差和单元(4)相同。因此，单元(4)和单元(5)都有如下传导矩阵：

$$\boldsymbol{K}^{(4)} = \boldsymbol{K}^{(5)} = \frac{1.4}{4(0.005)} \begin{bmatrix} 0 & 0 & 0 \\ 0 & (0.1)^2 & (0.1)(-0.1) \\ 0 & (0.1)(-0.1) & (-0.1)^2 \end{bmatrix}$$

$$+ \frac{1.4}{4(0.005)} \begin{bmatrix} (-0.1)^2 & 0 & (-0.1)(0.1) \\ 0 & 0 & 0 \\ (-0.1)(0.1) & 0 & (0.1)^2 \end{bmatrix}$$

对单元(4)和单元(5)，在各自传导矩阵的上侧和右侧标出相应的节点编号，有

$$
\boldsymbol{K}^{(4)} = \begin{array}{ccc} 2(i) & 5(j) & 4(k) \end{array}
\begin{bmatrix} 0.7 & 0 & -0.7 \\ 0 & 0.7 & -0.7 \\ -0.7 & -0.7 & 1.4 \end{bmatrix}
\begin{array}{c} 2 \\ 5 \\ 4 \end{array}
$$

$$
\boldsymbol{K}^{(5)} = \begin{array}{ccc} 5(i) & 9(j) & 8(k) \end{array}
\begin{bmatrix} 0.7 & 0 & -0.7 \\ 0 & 0.7 & -0.7 \\ -0.7 & -0.7 & 1.4 \end{bmatrix}
\begin{array}{c} 5 \\ 9 \\ 8 \end{array}
$$

如前所述，对流边界条件对传导矩阵和荷载矩阵都有影响。对流边界条件对单元(2)和单元(3)的传导矩阵的影响为

$$
\boldsymbol{K}^{(e)} = \frac{h\ell_{mn}}{6}
\begin{bmatrix} 0 & 0 & 0 & 0 \\ 0 & 0 & 0 & 0 \\ 0 & 0 & 2 & 1 \\ 0 & 0 & 1 & 2 \end{bmatrix}
\begin{array}{c} i \\ j \\ m \\ n \end{array}
$$

$$
\boldsymbol{K}^{(2)} = \boldsymbol{K}^{(3)} = \frac{(20)(0.1)}{6}
\begin{bmatrix} 0 & 0 & 0 & 0 \\ 0 & 0 & 0 & 0 \\ 0 & 0 & 2 & 1 \\ 0 & 0 & 1 & 2 \end{bmatrix}
= \begin{bmatrix} 0 & 0 & 0 & 0 \\ 0 & 0 & 0 & 0 \\ 0 & 0 & 0.666 & 0.333 \\ 0 & 0 & 0.333 & 0.666 \end{bmatrix}
$$

为单元(2)和单元(3)的传导矩阵标注节点编号信息，即

$$
\boldsymbol{K}^{(2)} = \begin{array}{cccc} 3 & 4 & 7 & 6 \end{array}
\begin{bmatrix} 0 & 0 & 0 & 0 \\ 0 & 0 & 0 & 0 \\ 0 & 0 & 0.666 & 0.333 \\ 0 & 0 & 0.333 & 0.666 \end{bmatrix}
\begin{array}{c} 3 \\ 4 \\ 7 \\ 6 \end{array}
$$

$$
\boldsymbol{K}^{(3)} = \begin{array}{cccc} 4 & 5 & 8 & 7 \end{array}
\begin{bmatrix} 0 & 0 & 0 & 0 \\ 0 & 0 & 0 & 0 \\ 0 & 0 & 0.666 & 0.333 \\ 0 & 0 & 0.333 & 0.666 \end{bmatrix}
\begin{array}{c} 4 \\ 5 \\ 8 \\ 7 \end{array}
$$

沿单元(5)的 j-k 边也会因对流有热量损失，因此:

$$
\boldsymbol{K}^{(e)} = \frac{h\ell_{jk}}{6}
\begin{bmatrix} 0 & 0 & 0 \\ 0 & 2 & 1 \\ 0 & 1 & 2 \end{bmatrix}
\begin{array}{c} i \\ j \\ k \end{array}
$$

$$
\boldsymbol{K}^{(e)} = \frac{(20)(0.1)}{6}
\begin{bmatrix} 0 & 0 & 0 \\ 0 & 2 & 1 \\ 0 & 1 & 2 \end{bmatrix}
= \begin{bmatrix} 0 & 0 & 0 \\ 0 & 0.666 & 0.333 \\ 0 & 0.333 & 0.666 \end{bmatrix}
$$

$$
\boldsymbol{K}^{(5)} = \begin{array}{ccc} 5 & 9 & 8 \end{array}
\begin{bmatrix} 0 & 0 & 0 \\ 0 & 0.666 & 0.333 \\ 0 & 0.333 & 0.666 \end{bmatrix}
\begin{array}{c} 5 \\ 9 \\ 8 \end{array}
$$

沿 *m-n* 边，对流边界条件对单元(2)和单元(3)的荷载矩阵的影响为

$$\boldsymbol{F}^{(e)} = \frac{hT_f \ell_{mn}}{2} \begin{bmatrix} 0 \\ 0 \\ 1 \\ 1 \end{bmatrix} = \frac{(20)(30)(0.1)}{2} \begin{bmatrix} 0 \\ 0 \\ 1 \\ 1 \end{bmatrix} = \begin{bmatrix} 0 \\ 0 \\ 30 \\ 30 \end{bmatrix}$$

标注上节点编号信息，有

$$\boldsymbol{F}^{(2)} = \begin{bmatrix} 0 \\ 0 \\ 30 \\ 30 \end{bmatrix} \begin{matrix} 3 \\ 4 \\ 7 \\ 6 \end{matrix} \qquad \boldsymbol{F}^{(3)} = \begin{bmatrix} 0 \\ 0 \\ 30 \\ 30 \end{bmatrix} \begin{matrix} 4 \\ 5 \\ 8 \\ 7 \end{matrix}$$

沿 *j-k* 边，对流边界条件对单元(5)的荷载矩阵的贡献为

$$\boldsymbol{F}^{(e)} = \frac{hT_f \ell_{jk}}{2} \begin{bmatrix} 0 \\ 1 \\ 1 \end{bmatrix} = \frac{(20)(30)(0.1)}{2} \begin{bmatrix} 0 \\ 1 \\ 1 \end{bmatrix} = \begin{bmatrix} 0 \\ 30 \\ 30 \end{bmatrix}$$

标注上节点编号信息，有

$$\boldsymbol{F}^{(5)} = \begin{bmatrix} 0 \\ 30 \\ 30 \end{bmatrix} \begin{matrix} 5 \\ 9 \\ 8 \end{matrix}$$

下面将所有的单元矩阵组合起来。利用与各单元所标注出的节点编号，总传导矩阵为

$$\boldsymbol{K}^{(G)} = \begin{matrix} & 1 & 2 & 3 & 4 & 5 & 6 & 7 & 8 & 9 \\ \begin{bmatrix} 0.933 & -0.233 & -0.233 & -0.466 & 0 & 0 & 0 & 0 & 0 \\ -0.233 & 1.633 & -0.466 & -0.933 & 0 & 0 & 0 & 0 & 0 \\ -0.233 & -0.466 & 1.866 & -0.466 & 0 & -0.233 & -0.466 & 0 & 0 \\ -0.466 & -0.933 & -0.466 & 4.199 & -0.933 & -0.466 & -0.466 & -0.466 & 0 \\ 0 & 0 & 0 & -0.933 & 2.333 & 0 & -0.466 & -0.933 & 0 \\ 0 & 0 & -0.233 & -0.466 & 0 & 1.599 & 0.1 & 0 & 0 \\ 0 & 0 & -0.466 & -0.466 & -0.466 & 0.1 & 3.198 & 0.1 & 0 \\ 0 & 0 & 0 & -0.466 & -0.933 & 0 & 0.1 & 3.665 & -0.367 \\ 0 & 0 & 0 & 0 & 0 & 0 & 0 & -0.367 & 1.366 \end{bmatrix} & \begin{matrix} 1 \\ 2 \\ 3 \\ 4 \\ 5 \\ 6 \\ 7 \\ 8 \\ 9 \end{matrix} \end{matrix}$$

利用节点 1 和节点 2 上的常温边界条件，将会得到总刚度矩阵：

$$\boldsymbol{K}^{(G)} = \begin{bmatrix} 1 & 0 & 0 & 0 & 0 & 0 & 0 & 0 & 0 \\ 0 & 1 & 0 & 0 & 0 & 0 & 0 & 0 & 0 \\ -0.233 & -0.466 & 1.866 & -0.466 & 0 & -0.233 & -0.466 & 0 & 0 \\ -0.466 & -0.933 & -0.466 & 4.199 & -0.933 & -0.466 & -0.466 & -0.466 & 0 \\ 0 & 0 & 0 & -0.933 & 2.333 & 0 & -0.466 & -0.933 & 0 \\ 0 & 0 & -0.233 & -0.466 & 0 & 1.599 & 0.1 & 0 & 0 \\ 0 & 0 & -0.466 & -0.466 & -0.466 & 0.1 & 3.198 & 0.1 & 0 \\ 0 & 0 & 0 & -0.466 & -0.933 & 0 & 0.1 & 3.665 & -0.367 \\ 0 & 0 & 0 & 0 & 0 & 0 & 0 & -0.367 & 1.366 \end{bmatrix}$$

组合荷载矩阵，有

$$\boldsymbol{F}^{(G)} = \begin{bmatrix} 0 \\ 0 \\ 0 \\ 0 \\ 0 \\ 30 \\ 30 + 30 \\ 30 + 30 \\ 30 \end{bmatrix}$$

利用节点 1 和节点 2 的常温边界条件，将会得到最终的荷载矩阵为

$$\boldsymbol{F}^{(G)} = \begin{bmatrix} 100 \\ 100 \\ 0 \\ 0 \\ 0 \\ 30 \\ 60 \\ 60 \\ 30 \end{bmatrix}$$

最终的节点方程组为

$$\begin{bmatrix} 1 & 0 & 0 & 0 & 0 & 0 & 0 & 0 & 0 \\ 0 & 1 & 0 & 0 & 0 & 0 & 0 & 0 & 0 \\ -0.233 & -0.466 & 1.866 & -0.466 & 0 & -0.233 & -0.466 & 0 & 0 \\ -0.466 & -0.933 & -0.466 & 4.199 & -0.933 & -0.466 & -0.466 & -0.466 & 0 \\ 0 & 0 & 0 & -0.933 & 2.333 & 0 & -0.466 & -0.933 & 0 \\ 0 & 0 & -0.233 & -0.466 & 0 & 1.599 & 0.1 & 0 & 0 \\ 0 & 0 & -0.466 & -0.466 & -0.466 & 0.1 & 3.198 & 0.1 & 0 \\ 0 & 0 & 0 & -0.466 & -0.933 & 0 & 0.1 & 3.665 & -0.367 \\ 0 & 0 & 0 & 0 & 0 & 0 & 0 & -0.367 & 1.366 \end{bmatrix} \times \begin{bmatrix} T_1 \\ T_2 \\ T_3 \\ T_4 \\ T_5 \\ T_6 \\ T_7 \\ T_8 \\ T_9 \end{bmatrix} = \begin{bmatrix} 100 \\ 100 \\ 0 \\ 0 \\ 0 \\ 30 \\ 60 \\ 60 \\ 30 \end{bmatrix}$$

求解线性方程组，得到如下节点的解：

$$\boldsymbol{T}^{\mathrm{T}} = [100 \quad 100 \quad 70.83 \quad 67.02 \quad 51.56 \quad 45.88 \quad 43.67 \quad 40.10 \quad 32.73]°\text{C}$$

要验证结果是否精确，首先要注意节点温度要低于边界温度，而边界外侧的温度要略高

于 30℃。节点 9 的温度最低，从物理意义上分析，这是由于节点 9 是最外层的角点。另一种验证结果是否精确的方法，对包含任一节点的控制体积应用能量守恒定律，验证能量是否守恒，即验证流入与流出节点的能量是否平衡，例如考虑节点 3。图 9.13 显示了包含节点 3 的控制体积。

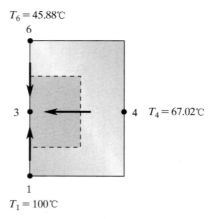

图 9.13　对节点 3 应用能量守恒定律以验证结果

首先，考虑方程：

$$\sum q = 0$$

应用傅里叶定律，有

$$k(0.1)\left(\frac{67.02 - T_3}{0.1}\right) + k(0.05)\left(\frac{45.88 - T_3}{0.1}\right) + k(0.05)\left(\frac{100 - T_3}{0.1}\right) = 0$$

经求解，有 T3 = 69.98℃。考虑到单元大小的粗略性，这个值和 70.83℃ 是比较接近的。后面将用另一个例子来讨论 ANSYS 求解结果的精确性。

重新计算例 9.1　现在，我们将介绍如何使用 Excel 来重新计算例 9.1。

1. 如下图所示，在单元格 A1 中输入 Example 9.1，在单元格 A3、A4 和 A5 中分别输入 k =、h = 和 Tsurr =。在单元格 B3 中输入 k 的值之后，选择 B3 并在名称框中输入 k，然后按下 Enter 键。同样，在单元格 B4 和 B5 中输入 h 和 Tsurr 的值之后，分别选择 B4 和 B5，并在名称框中输入 h 和 Tsurr，然后按下 Enter 键。

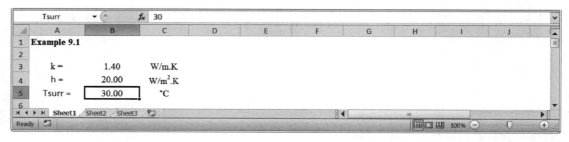

2. 创建一个表，在表中显示各个单元及其对应节点的编号和 x，y 坐标。建立矩形单元的长和宽表格。选择单元格 J9 并将其命名为 W。同样，选择单元格 J10 并将其命名为 L。在单元格 J11 中输入=W*L，并将其命名为 A$_{rectangle}$，如下图所示。

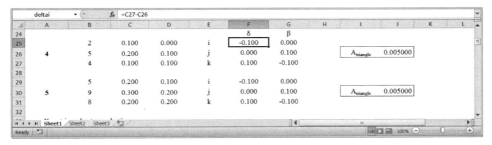

3. 输入三角形单元节点的编号和坐标后，表就创建好了。如下图所示，在单元格 F25 中输入=C27-C26；在单元格 F26 中输入=C25-C27；在单元格 F27 中输入=C26-C25；并将单元格 F25、F26 和 F27 分别命名为 deltai、deltaj 和 deltak。同样，将单元格 G25 到 G27 命名为 betai、betaj 和 betak，并分别在 G25、G26 和 G27 中输入=D26-D27，=D27-D25，=D25-D26。在单元格 J26 中输入三角形单元的量值，并将其命名为 Atriangle。以同样的方式输入单元 5 的信息并命名。

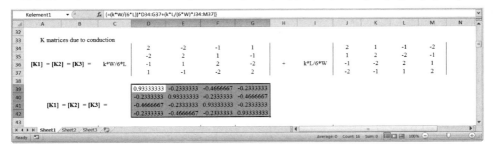

4. 计算矩形单元的传导矩阵，即[**K1**]、[**K2**]和[**K3**]，如下图所示，并将其命名为 Kelement1，Kelement2，Kelement3。注意，这三个矩阵是相等的，即[**K1**]=[**K2**]=[**K3**]。

5. 接着，如下图所示，建立三角形单元的传导矩阵，即[**K4**]和[**K5**]，并将其命名为 Kelement4。注意，这两个矩阵是相等的，即[**K4**] = [**K5**]。

6. 建立热对流矩阵 **[K2]**。如下图所示，选择单元格区域 I49:L52，并输入 =(h*L/6)*D49:G52，同时按下 Ctrl + Shift 键后按 Enter 键，并将单元格区域 I49:L52 命名为 K2duetoconvection。以同样的方式计算热对流矩阵 **[K5]**。选择单元格区域 G54: I56 并输入=(h*L/6)*C54:E56，同时按下 Ctrl + Shift 键后按 Enter 键，并将单元格区域 G54:I56 命名为 K5duetoconvection。

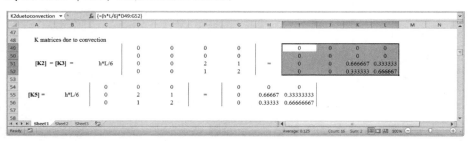

7. 如下图所示，建立矩阵 **{F2}**，**{F3}** 和 **{F5}**，并将单元格区域 E59:E62 和 K59:K61 分别命名为 Felement2 和 Felement5。

8. 接着，如下图所示，建立矩阵 **[A1]**，**[A2]**，**[A3]**，**[A4]** 和 **[A5]**，并分别命名为 Aelement1，Aelement2，Aelement3，Aelement4 和 Aelement5。

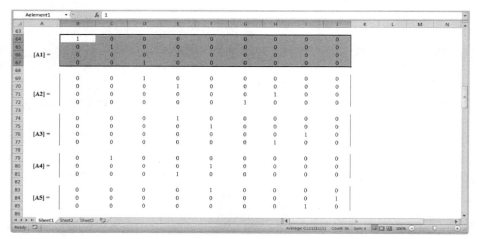

9. 现在，分别为每个单元建立刚度矩阵(及在总刚度矩阵中的正确位置)，并将其分别命名为 K1G，K2G，K3G，K4G 和 K5G。例如，为确定矩阵 $[\mathbf{K}]^{1G}$，选择单元格区域 B87:J95 并输入=MMULT(TRANSPOSE(Aelement1),MMULT(Kelement1,Aelement1))，同时按下 Ctrl + Shift 键后按 Enter 键。用同样的方式，如下图所示，分别建立矩阵 $[\mathbf{K}]^{2G}$，$[\mathbf{K}]^{3G}$，$[\mathbf{K}]^{4G}$ 和 $[\mathbf{K}]^{5G}$。注意，热对流矩阵 **[K]** 须置于 $[\mathbf{K}]^{G}$ 的恰当位置。以矩阵 $[\mathbf{K}]^{5G}$ 为例，则必须在单元格区域 B127:J135 中输入=MMULT(TRANSPOSE(Aelement5), MMULT(Kelement5+K5duetoconvection,Aelement5))。

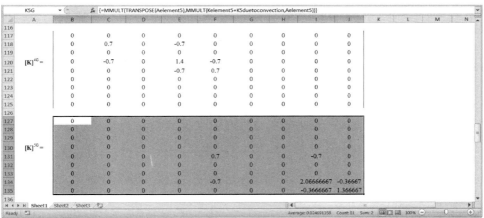

10. 下一步，如下图所示，建立荷载矩阵并命名为 F2G，F3G 和 F5G。以创建{**F**}^{2G} 矩阵为例，选取单元格区域 B137:B145，并输入=MMULT（TRANSPOSE（Aelement2），Felement2），同时按下 Ctrl + Shift 键后按 Enter 键。

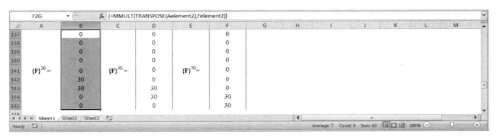

11. 下一步，如下图所示，建立最终的总刚度矩阵。选择单元格区域 B147:J155，并输入 =K1G+K2G+K3G+K4G+K5G，同时按下 Ctrl + Shift 键后按 Enter 键。

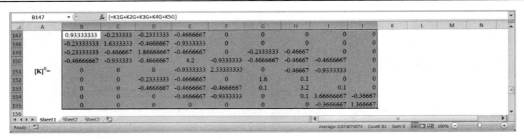

12. 建立总荷载矩阵，如下图所示。

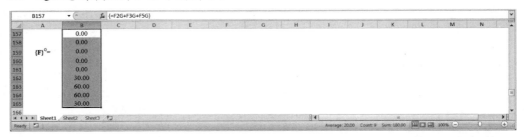

13. 应用边界条件。复制[K]^{G}矩阵的适当部分，以数值格式粘贴到单元格区域 C167:K175 中，并命名为 KwithappliedBC。同样，在单元格区域 C177:C185 中创建相关的荷载 矩阵，并命名为 FwithappliedBC，如下图所示。

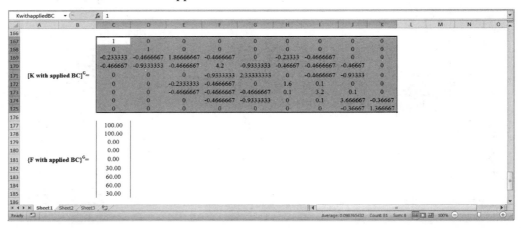

14. 如下图所示，选择单元格区域 C187:C195，输入=MMULT（MINVERSE（KwithappliedBC），FwithappliedBC），同时按下 Ctrl + Shift 键后按 Enter 键。

完整的 Excel 表格如下：

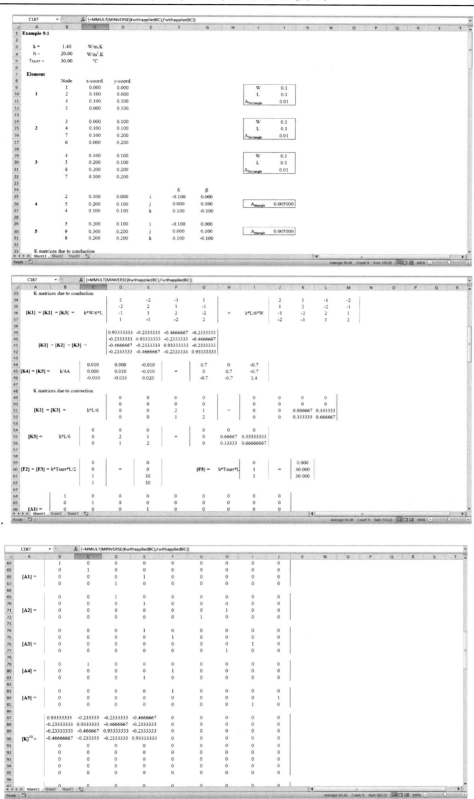

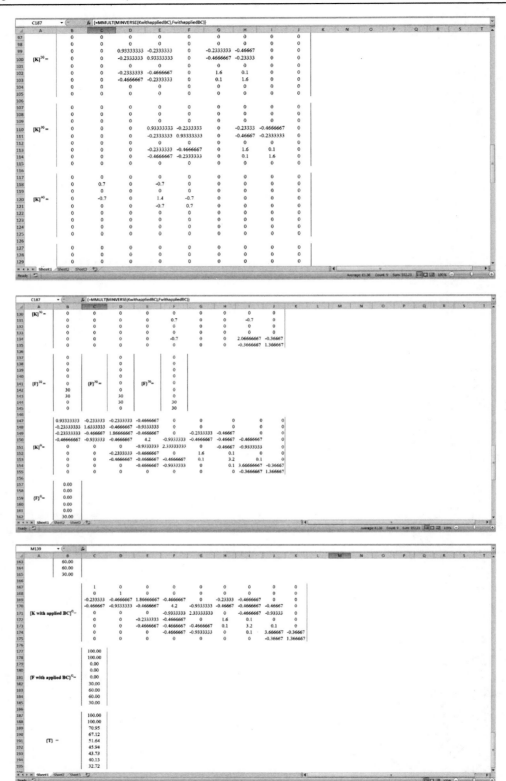

9.4 三维轴对称问题的有限元公式

在 7.5 节中曾介绍过,三维问题中有一类特殊情况,其几何形状和荷载是关于某个轴对称的,例如图 7.13 关于 z 轴对称。这些三维问题可以用二维轴对称单元进行分析。7.5 节曾讨论过轴对称单元的公式,本节则使用三角形轴对称单元,讨论轴对称热传导问题的有限元公式。

首先,在柱坐标系下对微元体积应用能量守恒定律,得到如下热传导方程:

$$\frac{1}{r}\frac{\partial}{\partial r}\left(k_r r\frac{\partial T}{\partial r}\right) + \frac{1}{r^2}\frac{\partial}{\partial \theta}\left(k_\theta\frac{\partial T}{\partial \theta}\right) + \frac{\partial}{\partial z}\left(k_z\frac{\partial T}{\partial z}\right) + q^{\cdot} = \rho c\frac{\partial T}{\partial t} \tag{9.71}$$

其中,k_r,k_θ,k_z 分别代表 r,θ,z 方向上的导热系数,$q^{\cdot}$ 表示微元体积的发热量,c 表示材料的比热容。式 (9.71) 的推导过程如图 9.14 所示。对于稳态问题,式 (9.71) 等号右边为零;而对于轴对称问题,θ 方向上的温度没有变化。假设导热系数为常数(即 $k_r = k_\theta = k_z = k$),式 (9.71) 可化简为

$$\frac{k}{r}\frac{\partial}{\partial r}\left(r\frac{\partial T}{\partial r}\right) + k\frac{\partial^2 T}{\partial z^2} + q^{\cdot} = 0 \tag{9.72}$$

任一三角形单元的迦辽金误差为

$$\boldsymbol{R}^{(e)} = \int_V \boldsymbol{S}^{\mathrm{T}}\left(\frac{k}{r}\frac{\partial}{\partial r}\left(r\frac{\partial T}{\partial r}\right) + k\frac{\partial^2 T}{\partial z^2} + q^{\cdot}\right)\mathrm{d}V \tag{9.73}$$

其中,

$$\boldsymbol{S}^{\mathrm{T}} = \begin{bmatrix} S_i \\ S_j \\ S_k \end{bmatrix} \qquad \begin{aligned} S_i &= \frac{1}{2A}(\alpha_i + \beta_i r + \delta_i z) \\ S_j &= \frac{1}{2A}(\alpha_j + \beta_j r + \delta_j z) \\ S_k &= \frac{1}{2A}(\alpha_k + \beta_k r + \delta_k z) \end{aligned}$$

$$\begin{aligned} \alpha_i &= R_j Z_k - R_k Z_j & \beta_i &= Z_j - Z_k & \delta_i &= R_k - R_j \\ \alpha_j &= R_k Z_i - R_i Z_k & \beta_j &= Z_k - Z_i & \delta_j &= R_i - R_k \\ \alpha_k &= R_i Z_j - R_j Z_i & \beta_k &= Z_i - Z_j & \delta_k &= R_j - R_i \end{aligned}$$

如标注所示,式 (9.73) 主要由三部分组成:

$$\boldsymbol{R}^{(e)} = \overbrace{\int_V \boldsymbol{S}^{\mathrm{T}}\left(\frac{k}{r}\frac{\partial}{\partial r}\left(r\frac{\partial T}{\partial r}\right)\right)\mathrm{d}V}^{\text{第一部分}} + \overbrace{\int_V \boldsymbol{S}^{\mathrm{T}}\left(k\frac{\partial^2 T}{\partial z^2}\right)\mathrm{d}V}^{\text{第二部分}} + \overbrace{\int_V \boldsymbol{S}^{\mathrm{T}} q^{\cdot}\mathrm{d}V}^{\text{第三部分}} \tag{9.74}$$

根据求导的链式法则,将第一部分重新整理为

$$\frac{k}{r}\frac{\partial}{\partial r}\left(\boldsymbol{S}^{\mathrm{T}} r\frac{\partial T}{\partial r}\right) = \frac{k}{r}\frac{\partial \boldsymbol{S}^{\mathrm{T}}}{\partial r}r\frac{\partial T}{\partial r} + \frac{k}{r}\boldsymbol{S}^{\mathrm{T}}\frac{\partial}{\partial r}\left(r\frac{\partial T}{\partial r}\right) \tag{9.75}$$

根据此式,则式 (9.74) 的第一部分整理为

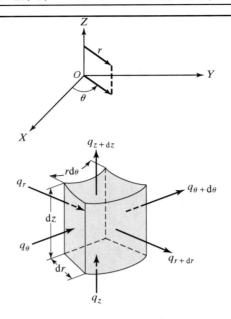

对一段柱体应用能量守恒定律:

$$\dot{E}_{\text{in}} - \dot{E}_{\text{out}} + \dot{E}_{\text{generated}} = \dot{E}_{\text{stored}}$$

在柱坐标系中分别于 r, θ, z 方向上应用傅里叶定律:

$$q_r = -k_r A_r \frac{\partial T}{\partial r} = -k_r \overbrace{r\mathrm{d}\theta\mathrm{d}z}^{A_r} \frac{\partial T}{\partial r}$$

$$q_\theta = -\frac{k_\theta}{r} A_\theta \frac{\partial T}{\partial \theta} = -\frac{k_\theta \overbrace{\mathrm{d}r\mathrm{d}z}^{A_\theta}}{r} \frac{\partial T}{\partial \theta}$$

$$q_z = -k_z A_z \frac{\partial T}{\partial z} = -k_z \overbrace{r\mathrm{d}\theta\mathrm{d}r}^{A_r} \frac{\partial T}{\partial z}$$

$$(q_r + q_\theta + q_z) - (q_{r+\mathrm{d}r} + q_{\theta+\mathrm{d}\theta} + q_{z+\mathrm{d}z}) + \dot{q}\overbrace{\mathrm{d}r\mathrm{d}zr\mathrm{d}\theta}^{\mathrm{d}V} = \rho c \overbrace{\mathrm{d}r\mathrm{d}zr\mathrm{d}\theta}^{\mathrm{d}V} \frac{\partial T}{\partial t}$$

$$(q_r + q_\theta + q_z) - \left(\overbrace{q_r + \frac{\partial q_r}{\partial r}\mathrm{d}r}^{q_{r+\mathrm{d}r}} + \overbrace{q_\theta + \frac{\partial q_\theta}{\partial \theta}\mathrm{d}\theta}^{q_{\theta+\mathrm{d}\theta}} + \overbrace{q_z + \frac{\partial q_z}{\partial z}\mathrm{d}z}^{q_{z+\mathrm{d}z}} \right) + \dot{q}\mathrm{d}r\mathrm{d}zr\mathrm{d}\theta = \rho c\, \mathrm{d}r\mathrm{d}zr\mathrm{d}\theta\frac{\partial T}{\partial t}$$

$$-\frac{\partial q_r}{\partial r}\mathrm{d}r - \frac{\partial q_\theta}{\partial \theta}\mathrm{d}\theta - \frac{\partial q_z}{\partial z}\mathrm{d}z + \dot{q}\mathrm{d}r\mathrm{d}zr\mathrm{d}\theta = \rho c\mathrm{d}r\mathrm{d}zr\mathrm{d}\theta\frac{\partial T}{\partial t}$$

将 q_r, q_θ, q_z 代入上述方程:

$$-\frac{\partial}{\partial r}\left(-k_r r\mathrm{d}\theta\mathrm{d}z \frac{\partial T}{\partial r} \right)\mathrm{d}r - \frac{\partial}{\partial \theta}\left(-\frac{k_\theta \mathrm{d}r\mathrm{d}z}{r} \frac{\partial T}{\partial \theta} \right)\mathrm{d}\theta - \frac{\partial}{\partial z}\left(-k_z r\mathrm{d}\theta\mathrm{d}r \frac{\partial T}{\partial z} \right)\mathrm{d}z + \dot{q}\mathrm{d}r\mathrm{d}zr\mathrm{d}\theta = \rho c\mathrm{d}r\mathrm{d}zr\mathrm{d}\theta\frac{\partial T}{\partial t}$$

化简微元体积可得

$$\frac{1}{r}\frac{\partial}{\partial r}\left(k_r r\frac{\partial T}{\partial r} \right) + \frac{1}{r^2}\frac{\partial}{\partial \theta}\left(k_\theta \frac{\partial T}{\partial \theta} \right) + \frac{\partial}{\partial z}\left(k_z \frac{\partial T}{\partial z} \right) + \dot{q} = \rho c\frac{\partial T}{\partial t}$$

图 9.14　稳态条件下柱坐标系中的热传导方程的推导

$$\boldsymbol{S}^{\mathrm{T}}\left(\frac{k}{r}\frac{\partial}{\partial r}\left(r\frac{\partial T}{\partial r} \right) \right) = \frac{k}{r}\frac{\partial}{\partial r}\left(\boldsymbol{S}^{\mathrm{T}} r\frac{\partial T}{\partial r} \right) - k\frac{\partial \boldsymbol{S}^{\mathrm{T}}}{\partial r}\frac{\partial T}{\partial r} \tag{9.76}$$

同样，对式(9.74)第二部分应用链式法则并重新整理为

$$k\frac{\partial}{\partial z}\left(\boldsymbol{S}^{\mathrm{T}}\frac{\partial T}{\partial z}\right) = k\,\boldsymbol{S}^{\mathrm{T}}\frac{\partial^2 T}{\partial z^2} + k\frac{\partial \boldsymbol{S}^{\mathrm{T}}}{\partial z}\frac{\partial T}{\partial z} \tag{9.77}$$

和

$$k\,\boldsymbol{S}^{\mathrm{T}}\frac{\partial^2 T}{\partial z^2} = k\frac{\partial}{\partial z}\left(\boldsymbol{S}^{\mathrm{T}}\frac{\partial T}{\partial z}\right) - k\frac{\partial \boldsymbol{S}^{\mathrm{T}}}{\partial z}\frac{\partial T}{\partial z} \tag{9.78}$$

根据式 (9.76) 和式 (9.78)，则第一部分和第二部分对余差矩阵的影响为

$$\overbrace{\int_V \boldsymbol{S}^{\mathrm{T}}\left(\frac{k}{r}\frac{\partial}{\partial r}\left(r\frac{\partial T}{\partial r}\right)\right)\mathrm{d}V}^{\text{第一部分}} = \int_V \frac{k}{r}\frac{\partial}{\partial r}\left(\boldsymbol{S}^{\mathrm{T}}r\frac{\partial T}{\partial r}\right)\mathrm{d}V - \int_V k\frac{\partial \boldsymbol{S}^{\mathrm{T}}}{\partial r}\frac{\partial T}{\partial r}\mathrm{d}V \tag{9.79}$$

$$\overbrace{\int_V \boldsymbol{S}^{\mathrm{T}}\left(k\frac{\partial^2 T}{\partial z^2}\right)\mathrm{d}V}^{\text{第二部分}} = \int_V \frac{\partial}{\partial z}\left(\boldsymbol{S}^{\mathrm{T}}\frac{\partial T}{\partial z}\right)\mathrm{d}V - \int_V \frac{\partial \boldsymbol{S}^{\mathrm{T}}}{\partial z}\frac{\partial T}{\partial z}\mathrm{d}V \tag{9.80}$$

与 9.2 节用到的方法类似，应用格林公式，将体积积分 $\int_V \frac{k}{r}\frac{\partial}{\partial r}\left(\boldsymbol{S}^{\mathrm{T}}r\frac{\partial T}{\partial r}\right)\mathrm{d}V$ 和 $\int_V \frac{\partial}{\partial z}\left(\boldsymbol{S}^{\mathrm{T}}\frac{\partial T}{\partial z}\right)\mathrm{d}V$

表示成单元表面积分的形式。这些项放到后面再介绍，先考虑式 (9.79) 中的 $-\int_V k\frac{\partial \boldsymbol{S}^{\mathrm{T}}}{\partial r}\frac{\partial T}{\partial r}\mathrm{d}V$，

此式很容易求得。计算三角形单元的偏导数，有

$$\frac{\partial T}{\partial r} = \frac{\partial}{\partial r}[S_i \quad S_j \quad S_k]\begin{bmatrix} T_i \\ T_j \\ T_k \end{bmatrix} = \frac{1}{2A}[\beta_i \quad \beta_j \quad \beta_k]\begin{bmatrix} T_i \\ T_j \\ T_k \end{bmatrix} \tag{9.81}$$

同样，计算 $\dfrac{\partial \boldsymbol{S}^{\mathrm{T}}}{\partial r}$，有

$$\frac{\partial \boldsymbol{S}^{\mathrm{T}}}{\partial r} = \frac{\partial}{\partial r}\begin{bmatrix} S_i \\ S_j \\ S_k \end{bmatrix} = \frac{1}{2A}\begin{bmatrix} \beta_i \\ \beta_j \\ \beta_k \end{bmatrix} \tag{9.82}$$

将式 (9.81) 和式 (9.82) 代入 $-\int_V k\frac{\partial \boldsymbol{S}^{\mathrm{T}}}{\partial r}\frac{\partial T}{\partial r}\mathrm{d}V$，然后积分，有

$$-\int_V k\frac{\partial \boldsymbol{S}^{\mathrm{T}}}{\partial r}\frac{\partial T}{\partial r}\mathrm{d}V = -k\int_V \frac{1}{4A^2}\begin{bmatrix} \beta_i \\ \beta_j \\ \beta_k \end{bmatrix}[\beta_i \quad \beta_j \quad \beta_k]\mathrm{d}V = \frac{k}{4A^2}\begin{bmatrix} \beta_i^2 & \beta_i\beta_j & \beta_i\beta_k \\ \beta_i\beta_j & \beta_j^2 & \beta_j\beta_k \\ \beta_i\beta_k & \beta_j\beta_k & \beta_k^2 \end{bmatrix}V \tag{9.83}$$

然后，利用 Pappus-Guldinus 定理计算由面单元绕 z 轴旋转而成的单元体的体积。由静力学知识可知，Pappus-Guldinus 定理常用来计算截面绕轴旋转而成的实体体积，如图 9.15 所示。

$$V = 2\pi \bar{r} A \tag{9.84}$$

在式 (9.84) 中，$2\pi\bar{r}$ 表示旋转截面质心绕轴线旋转的距离。参考例 9.2，可知利用 Pappus-Guldinus 定理是如何计算实体体积的。将 $V = 2\pi\bar{r}A$ 代入式 (9.83) 中，化简得

$$-\int_V k\frac{\partial \boldsymbol{S}^{\mathrm{T}}}{\partial r}\frac{\partial T}{\partial r}\mathrm{d}V = \frac{\pi \bar{r} k}{2A}\begin{bmatrix} \beta_i^2 & \beta_i\beta_j & \beta_i\beta_k \\ \beta_i\beta_j & \beta_j^2 & \beta_j\beta_k \\ \beta_i\beta_k & \beta_j\beta_k & \beta_k^2 \end{bmatrix} \tag{9.85}$$

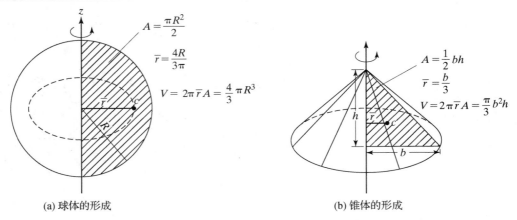

(a) 球体的形成　　　　　　　　　　　　　　　(b) 锥体的形成

图 9.15　Pappus-Guldinus 定理——面绕固定轴旋转生成的实体

正如第 7 章所讲，利用形函数可描述单元中任意一点的位置。因此，单元质心半径($S_i = S_j = S_k = 1/3$)的位置可表示为

$$\bar{r} = S_i R_i + S_j R_j + S_k R_k = \frac{R_i + R_j + R_k}{3} \tag{9.86}$$

利用式(9.86)计算 $\bar{r}$；以上述方式也可计算 $-\int_V k \dfrac{\partial \boldsymbol{S}^{\mathrm{T}}}{\partial z} \dfrac{\partial T}{\partial z} \mathrm{d}V$，即

$$\frac{\partial T}{\partial z} = \frac{\partial}{\partial z}[S_i \quad S_j \quad S_k]\begin{bmatrix} T_i \\ T_j \\ T_k \end{bmatrix} = \frac{1}{2A}[\delta_i \quad \delta_j \quad \delta_k]\begin{bmatrix} T_i \\ T_j \\ T_k \end{bmatrix} \tag{9.87}$$

$$\frac{\partial \boldsymbol{S}^{\mathrm{T}}}{\partial z} = \frac{\partial}{\partial z}\begin{bmatrix} S_i \\ S_j \\ S_k \end{bmatrix} = \frac{1}{2A}\begin{bmatrix} \delta_i \\ \delta_j \\ \delta_k \end{bmatrix} \tag{9.88}$$

将上式代入并积分，得

$$-\int_V \boldsymbol{k}\frac{\partial \boldsymbol{S}^{\mathrm{T}}}{\partial z}\frac{\partial T}{\partial z}\mathrm{d}V = -k\int_V \frac{1}{4A^2}\begin{bmatrix} \delta_i \\ \delta_j \\ \delta_k \end{bmatrix}[\delta_i \quad \delta_j \quad \delta_k]\mathrm{d}V = \frac{k}{4A^2}\begin{bmatrix} \delta_i^2 & \delta_i\delta_j & \delta_i\delta_k \\ \delta_i\delta_j & \delta_j^2 & \delta_j\delta_k \\ \delta_i\delta_k & \delta_j\delta_k & \delta_k^2 \end{bmatrix}V \tag{9.89}$$

利用 Pappus-Guldinus 定理，将 $V = 2\pi\bar{r}A$ 代入式(9.89)中，有

$$-\int_V \boldsymbol{k}\frac{\partial \boldsymbol{S}^{\mathrm{T}}}{\partial z}\frac{\partial T}{\partial z}\mathrm{d}V = \frac{k}{4A^2}\begin{bmatrix} \delta_i^2 & \delta_i\delta_j & \delta_i\delta_k \\ \delta_i\delta_j & \delta_j^2 & \delta_j\delta_k \\ \delta_i\delta_k & \delta_j\delta_k & \delta_k^2 \end{bmatrix}2\pi\bar{r}A = \frac{\pi\bar{r}k}{2A}\begin{bmatrix} \delta_i^2 & \delta_i\delta_j & \delta_i\delta_k \\ \delta_i\delta_j & \delta_j^2 & \delta_j\delta_k \\ \delta_i\delta_k & \delta_j\delta_k & \delta_k^2 \end{bmatrix} \tag{9.90}$$

将 $\mathrm{d}V = 2\pi\bar{r}\,\mathrm{d}A$ 和 $\bar{r} = (R_i + R_j + R_k)/3$ 代入由产热项产生的热荷载，然后积分得

$$\int_V \boldsymbol{S}^{\mathrm{T}} \dot{q}\,\mathrm{d}V = \dot{q}\int_V \boldsymbol{S}^{\mathrm{T}}\,\mathrm{d}V = \dot{q}\int_V \begin{bmatrix} S_i \\ S_j \\ S_k \end{bmatrix}\mathrm{d}V = \dot{q}\,2\pi\bar{r}\int_V \begin{Bmatrix} S_i \\ S_j \\ S_k \end{Bmatrix}\mathrm{d}A \tag{9.91}$$

代入 S_i，S_j，S_k 并积分：

$$\int_V \boldsymbol{S}^{\mathrm{T}} q \dot{} \mathrm{d}V = q\dot{} 2\pi \bar{r} \int_V \begin{bmatrix} S_i \\ S_j \\ S_k \end{bmatrix} \mathrm{d}A = \frac{2\pi q\dot{} A}{12} \begin{bmatrix} 2 & 1 & 1 \\ 1 & 2 & 1 \\ 1 & 1 & 2 \end{bmatrix} \begin{bmatrix} R_i \\ R_j \\ R_k \end{bmatrix} \tag{9.92}$$

现在，再来求 $\int_v \dfrac{k}{r}\dfrac{\partial}{\partial r}\left(\boldsymbol{S}^{\mathrm{T}} r \dfrac{\partial T}{\partial r}\right)\mathrm{d}V$ 和 $\int_V \dfrac{\partial}{\partial z}\left(\boldsymbol{S}^{\mathrm{T}}\dfrac{\partial T}{\partial z}\right)\mathrm{d}V$。

如前所述，根据 9.2 节所讨论的方法，利用格林公式可将上述体积积分表示成面积积分。对于由三角形单元旋转而构成的面的对流边界条件，上述两项积分对传导矩阵和荷载矩阵的影响如下：

$$沿\,i\text{-}j\,边, \boldsymbol{K}^{(e)} = \frac{2\pi\ell_{ij}}{12}\begin{bmatrix} 3R_i + R_j & R_i + R_j & 0 \\ R_i + R_j & R_i + 3R_j & 0 \\ 0 & 0 & 0 \end{bmatrix} \tag{9.93}$$

和

$$\boldsymbol{f}^{(e)} = \frac{2\pi h T_f \ell_{ij}}{6}\begin{bmatrix} 2R_i + R_j \\ R_i + 2R_j \\ 0 \end{bmatrix} \tag{9.94}$$

$$沿\,j\text{-}k\,边, \boldsymbol{K}^{(e)} = \frac{2\pi\ell_{jk}}{12}\begin{bmatrix} 0 & 0 & 0 \\ 0 & 3R_j + R_k & R_j + R_k \\ 0 & R_j + R_k & R_j + 3R_k \end{bmatrix} \tag{9.95}$$

和

$$\boldsymbol{f}^{(e)} = \frac{2\pi h T_f \ell_{jk}}{6}\begin{bmatrix} 0 \\ 2R_j + R_k \\ R_j + 2R_k \end{bmatrix} \tag{9.96}$$

$$沿\,k\text{-}i\,边, \boldsymbol{K}^{(e)} = \frac{2\pi\ell_{ki}}{12}\begin{bmatrix} 3R_i + R_k & 0 & R_i + R_k \\ 0 & 0 & 0 \\ R_i + R_k & 0 & R_i + 3R_k \end{bmatrix} \tag{9.97}$$

和

$$\boldsymbol{f}^{(e)} = \frac{2\pi h T_f \ell_{ki}}{6}\begin{bmatrix} 2R_i + R_k \\ 0 \\ R_i + 2R_k \end{bmatrix} \tag{9.98}$$

现总结一下轴对称三角形公式。轴对称三角形单元的传导矩阵为

$$\boldsymbol{K}^{(e)} = \frac{\pi \bar{r} k}{2A}\begin{bmatrix} \beta_i^2 & \beta_i\beta_j & \beta_i\beta_k \\ \beta_i\beta_j & \beta_j^2 & \beta_j\beta_k \\ \beta_i\beta_k & \beta_j\beta_k & \beta_k^2 \end{bmatrix} + \frac{\pi \bar{r} k}{2A}\begin{bmatrix} \delta_i^2 & \delta_i\delta_j & \delta_i\delta_k \\ \delta_i\delta_j & \delta_j^2 & \delta_j\delta_k \\ \delta_i\delta_k & \delta_j\delta_k & \delta_k^2 \end{bmatrix}$$

注意，轴对称三角形单元的传导矩阵主要由以下三部分组成：(1)径向传导分量；(2)z 向传导分量；(3)因单元边界存在可能由对流引起的热量损失或热量增加，如式(9.93)、式(9.95)和式(9.97)所示。轴对称三角形单元的荷载矩阵主要由两部分组成：(1)由单元内热源引起的荷载分量，如式(9.92)所示；(2)因单元边界存在可能的热对流损失或增加所引起的荷载分量，如式(9.94)、式(9.96)和式(9.98)所示。对于热流为常数的轴对称单元边界条件，传导矩阵和荷载矩阵的推导将作为练习由读者自行完成(参见习题25)。

例 9.2 试用 Pappus-Guldinus 定理计算由如下图所示的长方形绕 z 轴旋转形成的旋转体体积。

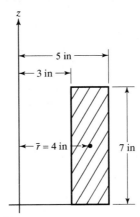

长方形质心离旋转轴 z 的距离是 4 in，

$$V = 2\pi \bar{r} A = 2\pi (4\,\text{in})(2\,\text{in})(7\,\text{in}) = 112\pi\,\text{in}^3$$

另外，也可以按下述方法计算旋转体体积：

$$V = \pi R_2^2 h - \pi R_1^2 h = \pi((5\,\text{in})^2 - (3\,\text{in})^2)(7\,\text{in}) = 112\pi\,\text{in}^3$$

显然，结果是一样的。

9.5　非稳态条件下的热传递

　　本节将探讨在热荷载的条件下，如何确定温度随位置和时间的变化。首先，请读者回顾瞬态热传递问题中的一些重要概念，明确这些概念有助于建立理想的 ANSYS 物理模型。首先考虑这样一类问题，即忽略瞬态过程中温度随空间的变化，仅考虑温度随时间的变化，比如考虑图 9.16 所示小钢球的冷却过程。

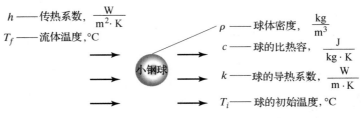

图 9.16　小钢球的冷却过程

　　影响本问题的热力学因素如图 9.16 所示。由于球体体积相对较小，球内各点的温度变化是可以忽略的。根据式 (9.7)，即 $E_{\text{in}}^{\cdot} - E_{\text{out}}^{\cdot} + E_{\text{gen}}^{\cdot} = E_{\text{stored}}^{\cdot}$，可得到温度随时间变化的表达式，同时在本问题中，$E_{\text{in}}^{\cdot} = 0$，$E_g^{\cdot} = 0$。此外，由于球体和周围流体之间存在热对流，因此满足式 (9.5)，即 $E_{\text{out}}^{\cdot} = -hA(T - T_f)$。$E_{\text{stored}}^{\cdot}$ 表示球体冷却过程中的热能减少量，且有 $E_{\text{stored}}^{\cdot} = \rho c V \dfrac{\mathrm{d}T}{\mathrm{d}t}$。将 $E_{\text{in}}^{\cdot} = 0$，$E_g^{\cdot} = 0$，$E_{\text{out}}^{\cdot} = -hA(T - T_f)$ 和 $E_{\text{stored}}^{\cdot} = \rho c V \dfrac{\mathrm{d}T}{\mathrm{d}t}$ 代入式 (9.7)，有

$$-hA(T - T_f) = \rho c V \frac{\mathrm{d}T}{\mathrm{d}t} \tag{9.99}$$

假设周围是一个大型冷藏库，空气流体的温度将不随时间变化，则式(9.99)中的 T_f 为常数。并且式(9.99)为一阶微分方程，不妨令 $\Theta = T - T_f$，然后分离变量并积分，得

$$-hA\Theta = \rho cV\frac{\mathrm{d}\Theta}{\mathrm{d}t} \Rightarrow \frac{\rho cV}{hA}\int_{\Theta_i}^{\Theta}\frac{\mathrm{d}\Theta}{\Theta} = -\int_0^t \mathrm{d}t \Rightarrow t = \frac{\rho cV}{hA}\ln\frac{\Theta_i}{\Theta} \tag{9.100}$$

则球体达到一定温度所需的时间为

$$t = \frac{\rho cV}{hA}\ln\frac{T_i - T_f}{T - T_f} \tag{9.101}$$

如果想知道某一时间内球体的温度，则重新整理式(9.101)，有

$$\frac{T - T_f}{T_i - T_f} = \exp\left(-\frac{hA}{\rho cV}t\right) \tag{9.102}$$

对于瞬态问题，有时也需要求解一定时间 t 内传递给流体的热量(或者从固体上传递走的热量)，可通过下式求得

$$Q = \int_0^t hA(T - T_f)\mathrm{d}t \tag{9.103}$$

将式(9.102)中的 $T - T_f$ 代入式(9.103)并积分，得

$$Q = \rho cV(T_i - T_f)\left[1 - \exp\left(-\frac{hA}{\rho cV}t\right)\right] \tag{9.104}$$

在分析瞬态热传递问题的过程中，有两个很重要的无量纲值，即毕奥数和傅里叶数。毕奥数表示被冷却(或加热)固体的热阻抗与致冷(或致热)流体提供的热阻抗之比。根据毕奥数的定义：

$$Bi = \frac{hL_c}{k_{\text{solid}}} \tag{9.105}$$

其中，L_c 是特征长度，一般定义为物体体积与暴露表面积的比值。如果毕奥数很小(一般 $Bi < 0.1$)，则表明固体中的热抗阻可以忽略，因此该固体内部在任一时刻的温度分布可被认为是均匀的。

　　另一重要的变量是傅里叶数，傅里叶数是关于时间参数的无量纲形式，表示固体内的热传导速率与热存储速率之比，定义如下：

$$Fo = \frac{\alpha t}{L_c^2} \tag{9.106}$$

其中，$\alpha = k/\rho c$，称为热扩散系数，是用来反映材料传热与储热能力的一个量。α 越小，表明材料的储热性能比传热性能越好。本节介绍的在一定时间内忽略物体温度的空间变化而求解问题的方法被称为集中容量法(lumped capacitance method)。当 $Bi < 0.1$ 时，利用集中容量法求解，可以得到精确解。

9.5.1　精确解

　　现在考虑温度随空间和时间同时变化的问题。瞬态条件下的一维热传递问题在笛卡儿坐标系下可表示为

$$\frac{\partial^2 T}{\partial x^2} = \frac{1}{\alpha}\frac{\partial T}{\partial t} \tag{9.107}$$

显然，求解这个微分方程需要两个边界条件和一个初始条件。对于几何形状简单、初始温度

均匀分布且存在对流性边界条件的问题，解(即温度)是一个无穷级数，即关于坐标 x 和时间 t 的函数。长圆柱体和球体的解也是这样一个无穷级数。对于 $Fo > 0.2$ 的热传递问题，其单项近似解就是精确解，并且可用海斯勒图(Heisler chart)来描述。对于简单的三维问题，问题的解可用一维解的乘积形式表示。如果读者想详细了解瞬态热传递问题的精确解，建议阅读一些有关热传递的教材，比如 Incropera and DeWitt(1996)。

例 9.3　在钢材的退火处理过程中，通常将钢板[$k = 40$ W/(m·K)，$\rho = 7800$ kg/m³，$c = 400$ J/(kg·K)]先加热到 900℃，然后在 35℃ 的环境中冷却，$h = 25$ W/(m²·K)。假设钢板厚 5 cm。试问(1)需要多长时间才能使钢板温度达到 50℃？(2)1 小时后钢板的温度是多少？

　　首先，计算毕奥数以确定是否可以应用集中容量法进行求解。对于本问题，钢板的特征长度等于钢板厚度的一半，根据特征长度的定义，特征长度是物体体积与表面积之比，即有

$$L_c = \frac{V}{A_{\text{exposed}}} = \frac{(\text{面积})(\text{厚度})}{2(\text{面积})} = \frac{0.05 \text{ m}}{2} = 0.025 \text{ m}$$

$$Bi = \frac{hL_c}{k_{\text{solid}}} = \frac{[25 \text{ W/(m}^2 \cdot \text{K)}](0.025 \text{ m})}{40 \text{ W/(m·k)}} = 0.015$$

因为 $Bi < 0.1$，显然可以使用集中容量法。现利用式(9.101)确定降到 50℃ 所需的时间：

$$t = \frac{\rho c V}{hA} \ln \frac{T_i - T_f}{T - T_f} = \frac{(7800 \text{ kg/m}^3)[400 \text{ J/(kg·K)}](0.025 \text{ m})}{[25 \text{ W/(m·K)}]} \ln \frac{900 - 35}{50 - 35} = 12\,650 \text{ s} = 3.5 \text{ h}$$

利用式(9.102)确定 1 小时后钢板的温度：

$$\frac{T - T_f}{T_i - T_f} = \exp\left(-\frac{hA}{\rho c V}t\right) = \frac{T - 35}{900 - 35} = \exp\left(-\frac{[25 \text{ W/(m·K)}](3600 \text{ s})}{(7800 \text{ kg/m}^3)[400 \text{ J/(kg·K)}](0.025 \text{ m})}\right)$$

$$\Rightarrow T = 304.4℃$$

9.5.2　有限差分法

　　在实际应用中，有许多热传递问题都无法获得精确解，只能借助数值方法求得近似值。第 1 章曾讨论过，数值方法一般有两类：(1)有限差分法；(2)有限元方法。为更好地理解瞬态问题的有限元公式，首先回顾一下两种常用的有限差分法——显函数法和隐函数法。任何差分法的第一步都是问题的离散化。如图 9.17 所示，首先将整个介质分成众多子域和节点，然后对每个节点建立微分方程 [见式(9.107)]，并将微分方程中的偏导数表示为差分形式。

　　若使用显函数法，则任意节点 n 在第 $p+1$ 个时间步内的温度为 T_n^{p+1}，可以由前一个时间步 p 中的节点 n 及相邻节点 $n-1$ 和 $n+1$ 上的温度来确定。将式(9.107)表示为有限差分的形式，即

$$\frac{T_{n-1}^p - 2T_n^p + T_{n+1}^p}{(\Delta x)^2} = \frac{1}{\alpha} \frac{T_n^{p+1} - T_n^p}{\Delta t}$$

经化简，有

$$T_n^{p+1} = \frac{\alpha \Delta t}{(\Delta x)^2}(T_{n-1}^p + T_{n+1}^p) + \left[1 - 2\left(\frac{\alpha \Delta t}{(\Delta x)^2}\right)\right]T_n^p$$

于是，有

$$T_n^{p+1} = Fo(T_{n-1}^p + T_{n+1}^p) + [1 - 2Fo]T_n^p \tag{9.108}$$

其中，

$$Fo = \frac{\alpha \Delta t}{(\Delta x)^2} \tag{9.109}$$

计算过程从 $t = 0$ 对应的时间步 $p = 0$ 开始，在式(9.108)中代入初始温度值，就可以确定下一时间步，即 $t = \Delta t$ 时节点 n 上的温度。然后，利用新计算出的温度作为时间步 p 上的值，计算出 $p + 1$ 时间步的温度，重复这一过程，直至求出给定时间上节点的温度值。顾名思义，显函数法直接使用上一时间步的温度来计算节点在下一时间步的值。虽然显函数法比较简单，但对时间步的大小划分有严格的限制。如果划分得不恰当，就会得出不稳定解，这将没有任何物理意义。在式(9.108)中，$(1 - 2Fo)$ 项必须为正值，即 $1 - 2Fo \geqslant 0$ 或 $Fo \leqslant 1/2$ 才能保证解稳定。为了更好地理解这个限制，假设在时间步 p 上节点 n 的温度 $T_n^p = 60℃$，相邻节点 $n - 1$ 和 $n + 1$ 在时间步 p 的温度分别是 $T_{n-1}^p = T_{n+1}^p = 80℃$。如果使用的傅里叶数大于 0.5，比如 0.6，则根据式(9.108)，可得

$$T_n^{p+1} = Fo(T_{n-1}^p + T_{n+1}^p) + [1 - 2Fo]T_n^p = 0.6(80 + 80) + [1 - 2(0.6)](60) = 84℃$$

很容易就可以看出，这个结果是没有物理意义的，因为节点 n 在时间步 $p + 1$ 上的温度不可能超过相邻节点的温度，这违背了热动力学第二定律。因此，一维问题的稳定标准为

$$Fo \leqslant \frac{1}{2} \tag{9.110}$$

二维问题的稳定标准为

$$Fo \leqslant \frac{1}{4} \tag{9.111}$$

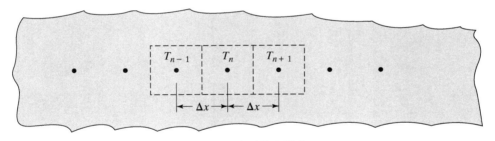

图 9.17　介质的离散化

9.5.3　隐函数法

为了解决显函数法由于稳定性要求而对时间步强加的限制，可以使用隐函数法。在隐函数法中，任意节点 n 在时间步 $p + 1$ 的温度 T_n^{p+1} 由其前一时间步 p 的值和相邻节点 $n - 1$ 和 $n + 1$ 在时间步 $p + 1$ 的温度值确定。按照这种方法，将任意节点 n 的热方程(9.107)表示为

$$\frac{T_{n-1}^{p+1} - 2T_n^{p+1} + T_{n+1}^{p+1}}{(\Delta x)^2} = \frac{1}{\alpha} \frac{T_n^{p+1} - T_n^p}{\Delta t}$$

化简可得

$$T_n^{p+1} - T_n^p = Fo(T_{n-1}^{p+1} - 2T_n^{p+1} + T_{n+1}^{p+1}) \tag{9.112}$$

分离时间步 p 的已知温度与 $p + 1$ 的未知温度，得

$$T_n^{p+1} - Fo(T_{n-1}^{p+1} - 2T_n^{p+1} + T_{n+1}^{p+1}) = T_n^p \tag{9.113}$$

隐函数法会产生一组线性方程, 求解后可得到节点在时间步 $p+1$ 的温度。例 9.4 给出了使用隐函数法和显函数法求解的基本步骤。

例 9.4 如图 9.18 所示, 有一长薄板, 各点的初始温度均为 $T = 250℃$。假设薄板由碳硅化合物组成, 并有如下性质: $k = 510 \, \text{W/(m·K)}$, $\rho = 3100 \, \text{kg/m}^3$, $c = 655 \, \text{J/(kg·K)}$。若薄板突然遇到一股对流换热系数很高的冷水, 且水的表面温度为 $0℃$, 试确定薄板内温度的变化。

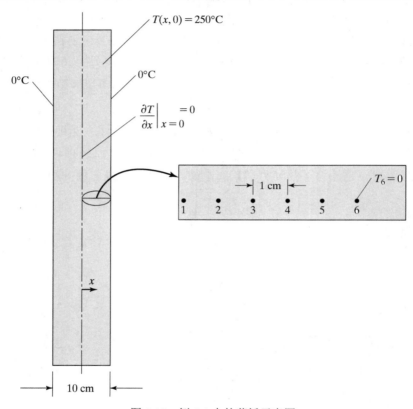

图 9.18　例 9.4 中的薄板示意图

9.5.4　使用显函数法求解

如图 9.18 所示, 由于问题具有对称性, 这里只选定薄板的一半进行分析即可, 并将其分为 6 个节点。薄板的热扩散系数为

$$\alpha = \frac{k}{\rho c} = \frac{510 \, \text{W/(m·K)}}{(3100 \, \text{kg/m}^3) \, [655 \, \text{J/(kg·K)}]} = 2.5 \times 10^{-4} \, \text{m}^2/\text{s}$$

为得到有意义的结果, 设 $Fo = 1/2$, 并据此求出适当的时间步长:

$$Fo = \frac{\alpha \Delta t}{(\Delta x)^2} = \frac{1}{2} = \frac{(2.5 \times 10^{-4} \, \text{m}^2/\text{s}) \Delta t}{(0.01 \, \text{m})^2} \Rightarrow \Delta t = 0.2 \, \text{s}$$

节点方程为

对于节点 1：$\left. \dfrac{\partial T}{\partial x} \right|_{x=0} = 0 \quad \Rightarrow \quad T_1^{p+1} = T_2^{p+1}$

在式 (9.108) 中代入 $Fo = 0.5$，对于节点 2，节点 3，节点 4 和节点 5，有

$$T_n^{p+1} = 0.5(T_{n-1}^p + T_{n+1}^p)$$

对于节点 6：$T_6^{p+1} = 0℃$。

从初始条件开始计算，将各时间步的计算结果列于表 9.2 中。

表 9.2　对例 9.4 使用显函数法求得的温度

		温度（℃）					
		$n = 1$	2	3	4	5	6
p	$t(s)$	$x = 1$	0.01	0.02	0.03	0.04	0.05
0	0	250	250	250	250	250	250
1	0.2	250	250	250	250	250	0
2	0.4	250	250	250	250	125	0
3	0.6	250	250	250	187.5	125	0
4	0.8	250	250	218.7	187.5	93.7	0
5	1	234.3	234.3	218.7	156.2	93.7	0
6	1.2	226.5	226.5	195.2	156.2	78.1	0
7	1.4	210.8	210.8	191.3	136.6	78.1	0
8	1.6	201.1	201.1	173.7	134.7	68.3	0
9	1.8	187.4	187.4	167.9	121	67.3	0
10	2	177.6	177.6	154.2	117.6	60.5	0
11	2.2	165.9	165.9	147.6	107.3	58.8	0
12	2.4	156.7	156.7	136.6	103.2	53.6	0
13	2.6	146.6	146.6	129.9	95.1	51.6	0
14	2.8	138.2	138.2	120.8	90.7	47.5	0
15	3	129.5	129.5	114.4	84.1	45.3	0

9.5.5　使用隐函数法求解

节点 1 的边界条件要求：

对于节点 1：$T_1^{p+1} = T_2^{p+1}$。

利用式 (9.113) 求得节点 2，节点 3，节点 4 和节点 5 的表达式为

$$-T_{n+1}^{p+1} + 4T_n^{p+1} - T_{n-1}^{p+1} = 2T_m^p$$

对于节点 6：$T_6^{p+1} = 0℃$。

将节点方程写为矩阵形式：

$$\begin{bmatrix} 1 & -1 & 0 & 0 & 0 & 0 \\ -1 & 4 & -1 & 0 & 0 & 0 \\ 0 & -1 & 4 & -1 & 0 & 0 \\ 0 & 0 & -1 & 4 & -1 & 0 \\ 0 & 0 & 0 & -1 & 4 & -1 \\ 0 & 0 & 0 & 0 & 0 & 1 \end{bmatrix} \begin{bmatrix} T_1^{p+1} \\ T_2^{p+1} \\ T_3^{p+1} \\ T_4^{p+1} \\ T_5^{p+1} \\ T_6^{p+1} \end{bmatrix} = \begin{bmatrix} 0 \\ 2T_2^p \\ 2T_3^p \\ 2T_4^p \\ 2T_5^p \\ 0 \end{bmatrix}$$

薄板的初始温度均为 250℃，将其代入上述矩阵方程的右边，可得

$$\begin{bmatrix} 1 & -1 & 0 & 0 & 0 & 0 \\ -1 & 4 & -1 & 0 & 0 & 0 \\ 0 & -1 & 4 & -1 & 0 & 0 \\ 0 & 0 & -1 & 4 & -1 & 0 \\ 0 & 0 & 0 & -1 & 4 & -1 \\ 0 & 0 & 0 & 0 & 0 & 1 \end{bmatrix} \begin{bmatrix} T_1^1 \\ T_2^1 \\ T_3^1 \\ T_4^1 \\ T_5^1 \\ T_6^1 \end{bmatrix} = \begin{bmatrix} 0 \\ 500 \\ 500 \\ 500 \\ 500 \\ 0 \end{bmatrix}$$

求解线性方程组，当 $t = 0.2$ s 时的节点温度值为

$$\boldsymbol{T}^1 = [248.36 \quad 248.36 \quad 245.09 \quad 232.02 \quad 183.00 \quad 0]$$

利用上述结果可进一步求得节点在 $t = 0.4$ s 的值，如下所示：

$$\begin{bmatrix} 1 & -1 & 0 & 0 & 0 & 0 \\ -1 & 4 & -1 & 0 & 0 & 0 \\ 0 & -1 & 4 & -1 & 0 & 0 \\ 0 & 0 & -1 & 4 & -1 & 0 \\ 0 & 0 & 0 & -1 & 4 & -1 \\ 0 & 0 & 0 & 0 & 0 & 1 \end{bmatrix} \begin{bmatrix} T_1^1 \\ T_2^1 \\ T_3^1 \\ T_4^1 \\ T_5^1 \\ T_6^1 \end{bmatrix} = \begin{bmatrix} 0 \\ 2 \times 248.36 \\ 2 \times 245.09 \\ 2 \times 232.02 \\ 2 \times 183.00 \\ 0 \end{bmatrix}$$

$$\boldsymbol{T}^2 = [244.38 \quad 244.38 \quad 236.44 \quad 211.19 \quad 144.29 \quad 0]$$

通过相同的步骤，可求解出任一时间内的解。例 9.4 验证了显函数法和隐函数法的不同。下面，来讨论热传递问题中的有限元公式。

9.5.6　有限元方法

在 9.2 节和 9.3 节已推导出稳态热力学问题中的传导矩阵和荷载矩阵，这种问题使用有限元求解有如下形式：

$$\boldsymbol{KT} = \boldsymbol{F} \tag{9.114}$$

$$[\text{传导矩阵}][\text{温度矩阵}] = [\text{荷载矩阵}]$$

对瞬态问题，必须要考虑热能存储项，这样就得出

$$\boldsymbol{CT} + \boldsymbol{KT} = \boldsymbol{F} \tag{9.115}$$

$$[\text{储热矩阵}] + [\text{传导矩阵}][\text{温度矩阵}] = [\text{荷载矩阵}]$$

为获得求解结果，需要在离散的时间点上对式 (9.115) 积分。为保证解的精确性，选择适当的时间步长很重要。如果时间步长太小，解中可能会出现振荡现象，从而导致解无意义。相反，如果时间步长太大，温度梯度就不能精确计算出来。因此，需要利用毕奥数 $\left(Bi = \dfrac{h\Delta x}{k_{\text{solid}}}\right)$ 和傅

里叶数 $\left(Fo = \dfrac{\alpha \Delta t}{(\Delta x)^2}\right)$ 获得合理的时间步长，其中 Δx 表示单元平均宽度，Δt 表示时间步长。若

$Bi < 1$，让傅里叶数等于 b，其中 $0.1 \leqslant b \leqslant 0.5$，就可以求得适当的时间步长，如下所示：

$$Fo = \frac{\alpha \Delta t}{(\Delta x)^2} = b$$

求解 Δt：

$$\Delta t = b \frac{(\Delta x)^2}{\alpha} \quad 当 0.1 \leqslant b \leqslant 0.5 时 \tag{9.116}$$

若 $Bi > 1$，就按以下傅里叶和毕奥数的乘积方式计算时间步长：

$$(Fo)(Bi) = \left[\frac{\alpha \Delta t}{(\Delta x)^2} \right] \left[\frac{h \Delta x}{k_{\text{solid}}} \right] = b$$

求解 Δt：

$$\Delta t = b \frac{(\Delta x) k_{\text{solid}}}{h \alpha} = b \frac{(\Delta x) \rho c}{h} \quad 当 0.1 \leqslant b \leqslant 0.5 时 \tag{9.117}$$

ANSYS 一般使用欧拉方程对时间积分，如：

$$\boldsymbol{T}^{p+1} = \boldsymbol{T}^p + (1 - \theta) \Delta t \, \dot{\boldsymbol{T}}^p + \theta \Delta t \, \dot{\boldsymbol{T}}^{p+1} \tag{9.118}$$

在式(9.118)中，θ 称作欧拉参数。根据前一时间步 p 的温度值，可以求得时间步 $p+1$ 的温度值。当初始温度已知时，可从时间 $t = 0$(对应的时间步 $p = 0$)开始计算。对于隐式欧拉方程，是绝对稳定的，可将 θ 的值限定为 $1/2 \leqslant \theta \leqslant 1$。当 $\theta = 1/2$ 时，该积分方程又称为克兰克–尼科尔森(Crank-Nicolson)方程，能为大多数瞬态热传递问题提供精确解。当 $\theta = 1$ 时，该积分方程又称为后向欧拉方程，是 ANSYS 中的默认设置。然后，将式(9.118)代入式(9.115)，得

$$\overbrace{\left(\frac{1}{\theta \Delta t} \boldsymbol{C} + \boldsymbol{K} \right)}^{\text{等价于矩阵} \boldsymbol{K}} \boldsymbol{T}^{p+1} = \overbrace{\boldsymbol{F} + \boldsymbol{C} \left(\frac{1}{\theta \Delta t} \boldsymbol{T}^p + \frac{1 - \theta}{1} \dot{\boldsymbol{T}}^p \right)}^{\text{等价于矩阵} \boldsymbol{F}} \tag{9.119}$$

求解由式(9.119)描述的系统方程，就可以求出节点在各离散时间点上的温度。现简要说明一下如何施加热荷载。如图 9.19 所示，在一段时间内热荷载既可以作为阶梯函数突然加载上去，也可以作为渐变函数(或升或降)逐渐加载上去。注意，在使用 ANSYS 时，阶梯荷载通常是在第一个时间步上加载的。在 9.7 节，将利用 ANSYS 来求解瞬态热传递问题。

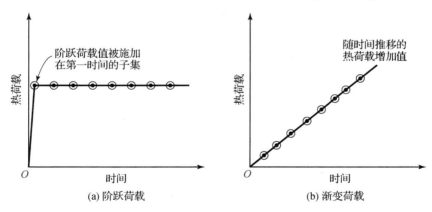

图 9.19　瞬态问题的热荷载

9.6　ANSYS 中的热传导单元

ANSYS 提供了许多二维热固体单元，这些单元建立在一次(线性)或二次四边形和三角形单元形函数上：

PLANE35：是一个 6 节点三角形热固体单元，单元的每个节点仅有一个自由度，即温度。对流和热流可作为单元表面上的面荷载输入，输出数据包括节点温度和其他数据，如热梯度和热流。这个单元与 8 节点 PLANE77 单元兼容。

PLANE55：是一个 4 节点四边形单元，适用于二维热传递问题的建模。单元的每个节点仅有一个自由度，即温度。对流或热流可作为单元表面上的面荷载输入，输出数据包括节点温度和单元数据，如热梯度与热流分量。

PLANE77：是一个 8 节点四边形单元，可看作二维 4 节点四边形单元 PLANE55 的高阶形式。此单元能对带有曲线边界的问题进行建模，常用于模拟二维热传导问题。该单元的每个节点仅有一个自由度，即温度。单元的输出数据包括节点温度和单元数据，如热梯度和热流分量。

注意，虽然使用高阶单元可以获得更高的精度，但运算过程中需进行更多的单元矩阵数值积分，因此所需的计算时间相对要更长。

9.7 ANSYS 应用

9.7.1 稳态热传递示例

设有一个由两种材料组成的工业小烟囱，烟囱的内层由混凝土制成，导热系数 $k = 0.07$ Btu/(hr·in·°F)；外层由砖块砌成，导热系数 $k = 0.04$ Btu/(hr·in·°F)。假设烟囱内表面的气体温度为 140°F，对流换热系数 $h = 0.037$ Btu/(hr·in²·°F)；外表面暴露在空气中，空气温度为 10°F，对流换热系数 $h = 0.012$ Btu/(hr·in²·°F)。烟囱的尺寸如图 9.20 所示，试确定稳态条件下在混凝土层和砖层内的温度分布，同时绘制出通过每一层的热流。

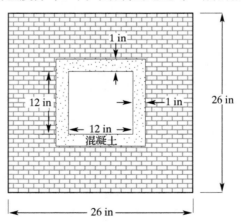

图 9.20　9.7 节示例问题的烟囱示意图

以下步骤说明了如何使用 ANSYS 选择本问题的单元类型，创建几何模型，应用边界条件并得到节点的结果等。

利用 Launcher 进入 ANSYS。在对话框的 Jobname 文本框中输入 Chimney（或自定义的文件名）。点击 Run 按钮启动图形用户界面。

为本问题创建标题，该标题将出现在 ANSYS 显示窗口上，便于用户识别所显示的内容。创建标题的命令如下：

功能菜单：**File→Change Title…**

定义单元类型和材料属性，命令如下：

主菜单：**Preprocessor→Element Type→Add/Edit/Delete**

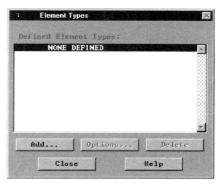

从 Library of Element Types 中的 Thermal Mass 下面选择 Solid，然后选择 Quad 4node 55。

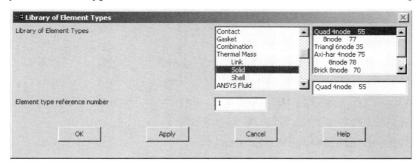

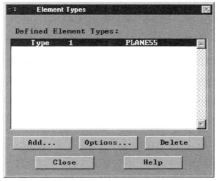

输入混凝土和砖的导热系数。首先，用如下命令输入混凝土的导热系数：

主菜单：**Preprocessor→Material Props→Material Models→Thermal→Conductivity →Isotropic**

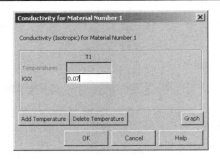

从定义材料模型的窗口选择:

Material→New Model…

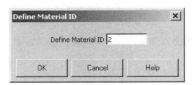

双击 Isotropic 选项，输入砖的导热系数。

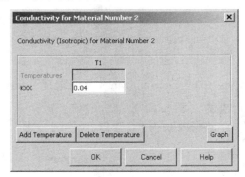

　　　ANSYS 工具栏: **SAVE_DB**

设置图形区(如工作区和缩放等)，操作命令如下:

　　　功能菜单: **Workplane→WP Settings…**

激活工作区，操作命令如下:

　　　功能菜单: **Workplane→Display Working Plane**

使用如下命令浏览工作区:

　　　功能菜单: **PlotCtrls→Pan，Zoom，Rotate…**

点击菜单上的小圆符号，直到工作区可见，然后通过以下命令创建烟囱的砖块部分:

　　　主菜单: **Preprocessor→Modeling→Create→Areas→Rectangle→By 2 Corners**

在工作区上，选取各个面角点的位置并应用:

[WP = 0,0，工作区的左下角]

[将橡皮条往上移动 26.0，往右移动 26.0]

[WP = 6,6]

　□■□□ ［将橡皮条往上移动 14.0，往右移动 14.0］

OK

为创建烟囱的砖块面，用以下命令去除已创建的两个面：

　　　主菜单：**Preprocessor → Modeling → Operate → Booleans → Subtract→Areas**

　□■□□ ［面 1］

　□■□ ［在 ANSYS 图形窗口中的任意位置］

　□■□□ ［面 2］

　□■□ ［在 ANSYS 图形窗口中的任意位置］

OK

接着，用如下命令创建烟囱的混凝土面：

　　　主菜单：**Preprocessor→Modeling→Create→Areas→Rectangles →By 2 Corners**

在工作区上，选取各个面角点的位置并应用：

　■□□ ［WP = 6,6］

　■□□ ［将橡皮条往上移动 14.0，往右移动 14.0］

这是面 4。

　■□□ ［WP = 7,7］

　■□□ ［将橡皮条往上移动 12.0，往右移动 12.0］

Apply。这是面 5。

OK

接着用以下命令去除内部的两个面：

　　　主菜单：**Preprocessor→Modeling→Operate→Booleans→Subtract→Areas**

　■□□ ［面 4］

　□□ ［在 ANSYS 图形窗口中的任意位置］

　■□□ ［面 5］

　□□ ［在 ANSYS 图形窗口中的任意位置］

OK

为验证到目前为止所做的工作是否正确，可以将各面显示出来。首先，使用如下命令关闭工作区并打开面编号器：

　　　功能菜单：**Workplane→Display Working Plane**

　　　功能菜单：**PlotCtrls→Numbering…**

WP Settings

- ● Cartesian
- ○ Polar

- ● Grid and Triad
- ○ Grid Only
- ○ Triad Only

☑ Enable Snap

Snap Incr `1.0`
Snap Ang

Spacing `1.0`
Minimum `0.0`
Maximum `26.0`
Tolerance `0.003`

[OK]　[Apply]
[Reset]　[Cancel]
[Help]

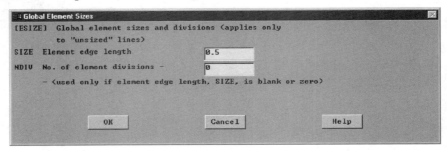

功能菜单：**Plot→Areas**

ANSYS 工具栏：**SAVE_DB**

下一步是划分网格，创建单元和节点。首先需要指定单元的大小，执行如下命令：

主菜单：**Preprocessor→Meshing→Size Cntrls→Manualsize→Global→Size**

接着，用如下命令将面粘贴在一起合并关键点：

主菜单：**Preprocessor→Modeling→Operate→Booleans→Glue→Areas**

点击 Pick All 按钮以粘贴所有的面。在进行网格划分之前，还需要为混凝土和砖块面指定材料属性。因此，执行如下命令：

主菜单：**Preprocessor→Meshing→Mesh Attributes→Picked Areas**

［混凝土面］

［在 ANSYS 图形窗口中的任意位置］

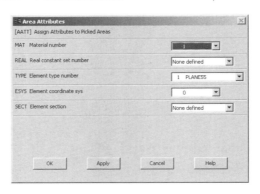

　　主菜单：**Preprocessor→Meshing→Mesh Attributes→Picked Areas**

［砖块面］

［在 ANSYS 图形窗口中的任意位置］

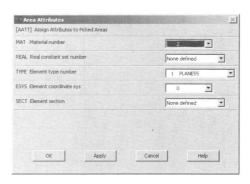

　　ANSYS 工具栏：**SAVE_DB**

现在可以划分网格了，执行如下命令：

　　主菜单：**Preprocessor→Meshing→Mesh→Areas→Free**

点击 Pick All 按钮并执行如下命令：

　　功能菜单：**PlotCtrls→Numbering…**

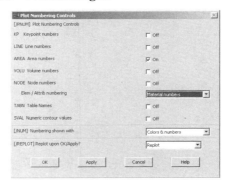

执行以下命令应用边界条件：

　　主菜单：**Solution→Define Loads→Apply→Thermal→Convection→On lines**

选取混凝土的对流线，设定对流换热系数和温度后，点击 OK 按钮：

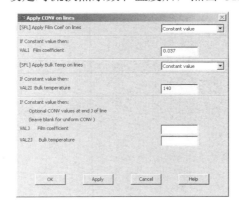

主菜单：**Solution→Define Loads→Apply→Thermal→Convection→On lines**

选取砖块层的外线，设定对流换热系数和温度后，点击 OK 按钮：

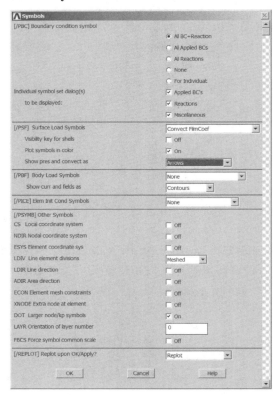

为了查看所设定的对流边界条件，执行如下命令：

功能菜单：**PlotCtrls→Symbols…**

功能菜单：**Plot→Lines**

ANSYS 工具栏：**SAVE_DB**

至此，就可求解问题了，命令如下：

　　　　主菜单：**Solution→Solve→Current LS**

OK

　　　　Close（求解完成，关闭窗口）

　　　　Close（关闭/STAT 命令窗口）

现进入后处理阶段，首先是获取相关信息，如节点温度和热流等，操作命令如下：

　　　　主菜单：**General Postproc→Plot Results→Contour Plot→Nodal Solu**

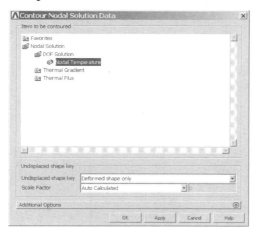

等温线如图 9.21 所示。

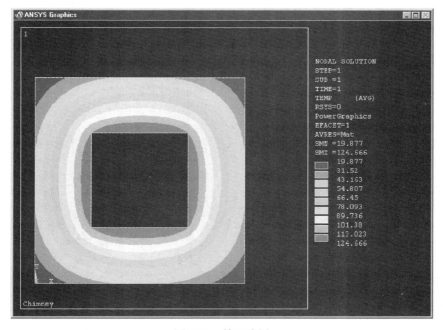

图 9.21　等温线图

现使用如下命令绘制出热流向量（如图 9.22 所示）：

　　　　主菜单：**General Postproc→Plot Results→Vector Plot→Predefined**

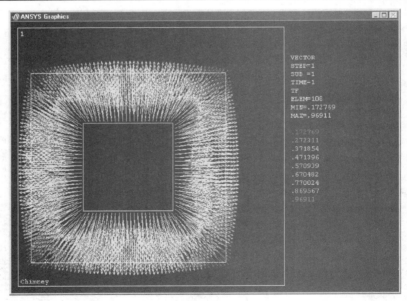

图 9.22　热流向量图

接着执行如下命令：

　　功能菜单：**Plot→Areas**

　　主菜单：**General Postproc→Path Operations→Define Path→On Working Plane**

在线上选择两点并标记为 *A-A*，如图 9.23 所示，然后点击 OK 按钮。

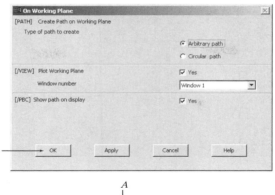

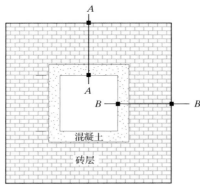

图 9.23 定义操作路径

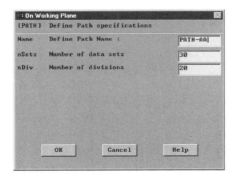

然后，执行命令：

主菜单：**General Postproc→Path Operations→Map onto Path**

下面给出沿路径 *A-A* 的温度梯度图（见图 9.24）。

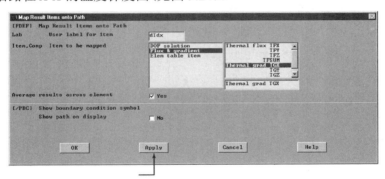

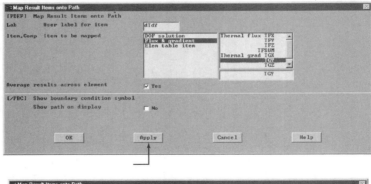

主菜单：**General Postproc→Path Operations→Plot Path Item→On Graph**

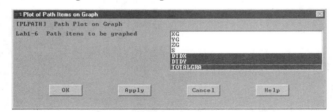

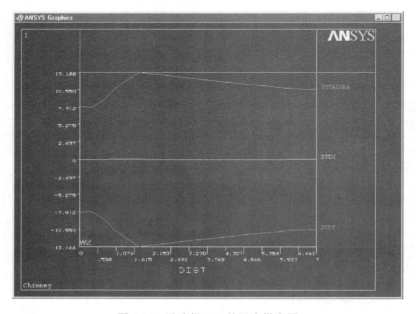

图 9.24　沿路径 *A-A* 的温度梯度图

类似地，可绘出沿路径 *B-B* 的温度梯度图（见图 9.25）。

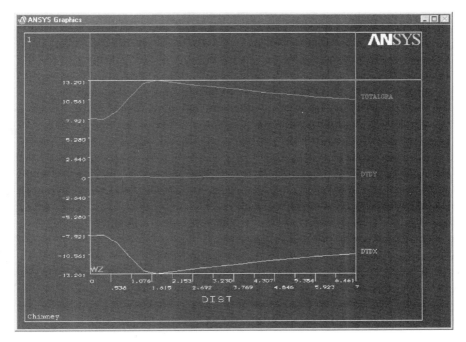

图 9.25　沿路径 *B-B* 的温度梯度图

最后，退出 ANSYS 并保存所有的信息：

　　　　ANSYS 工具栏：**Quit**

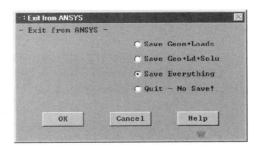

9.7.2　瞬态热传递示例

在本例中，将用 ANSYS 研究铝制散热片的瞬态反应，铝 $[k = 170$ W/(m·K)，$\rho = 2800$ kg/m^3，$c = 870$ J/(kg·K)] 常用于各种不同的散热设备中以散热。散热片的截面图见图 9.26，初始温度为 28℃。假设设备开通后，散热片基座的温度很快就上升到 90℃，周围空气的温度是 28℃，相应的传热系数 $h = 30$ W/(m^2·K)。

利用 Launcher 进入 ANSYS。在对话框的 Jobname 文本框中输入 TranFin（或自定义的文件名）。点击 Run 按钮启动图形用户界面。

为本问题创建标题，命令如下：

　　　　功能菜单：**File→Change Title…**

　　主菜单：**Preprocessor→Element Type→Add/Edit/Delete**

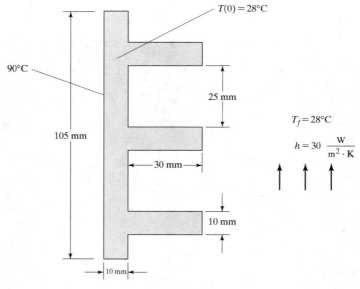

图 9.26 本例中的散热片

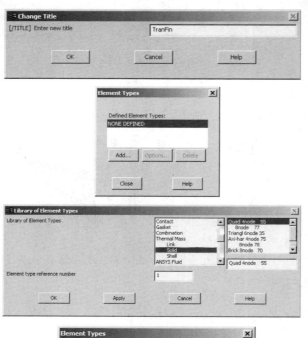

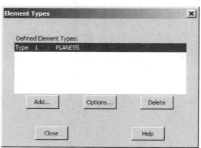

主菜单： **Preprocessor→Material Props→Material Models→Thermal→Conductivity →Isotropic**

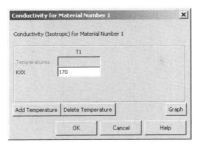

主菜单： **Preprocessor→Material Props→Material Models→Thermal→Specific Heat**

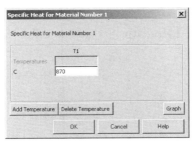

主菜单： **Preprocessor→Material Props→Material Models→Thermal→Density**

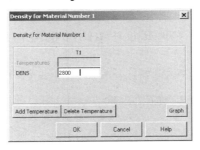

ANSYS 工具栏： **SAVE_DB**

主菜单： **Preprocessor→Modeling→Create→Areas→Rectangle→By 2 Corners**

Apply   **Apply**

Apply　　　　　　　　　　　　　　　　　　　**OK**

　　主菜单：**Preprocessor→Modeling→Operate→Booleans→Add→Areas**

Pick All

　　主菜单：**Preprocessor→Meshing→Size Cntrls→Smart Size→Basic**

　　主菜单：**Preprocessor→Meshing→Mesh→Areas→Free**

Pick All

　　主菜单：**Solution→Analysis Type→New Analysis**

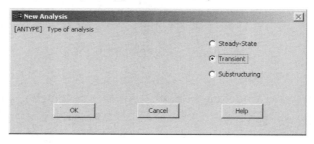

OK

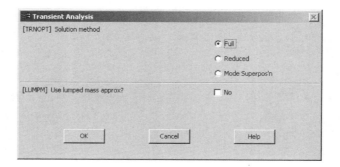

主菜单：**Solution→Define Loads→Settings→Uniform Temp**

主菜单：**Solution→Define Loads→Apply→Thermal→Convection→On Lines**
选取散热片暴露在对流环境中的外边。

Apply
　　主菜单：**Solution→Define Loads→Apply→Thermal→Temperature→On Lines**
　　选取代表散热片基座的边。

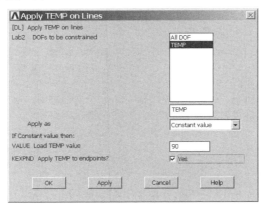

OK
　　接着，设定总时间为 300s，时间步长为 1 s。另外，也可以用 ANSYS 的自动时间步长功能来修改时间步长。
　　主菜单：**Solution→Load Step Opts→Time/Frequency→Time-Time Step**

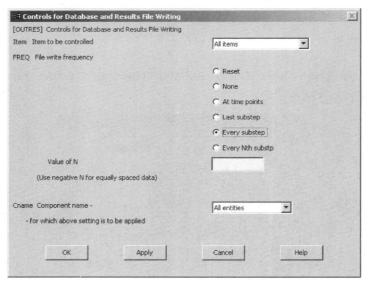

现在设置每个子集中文件的写入频率。

主菜单：**Solution→Load Step Opts→Output Ctrls→DB/Results File**

主菜单：**Solution→Solve→Current LS**

Close(求解完成，关闭窗口)

Close(关闭/STAT 命令窗口)

下一步，定义名为 corner_pt 的变量来存储 $X = 0.01$ m，$Y = 0.0475$ m，$Z = 0$ 处角节点的温度。用户也可以选择其他的节点，或者在 Time History Postprocessing 中直接选择所感兴趣的节点。

功能菜单：**Parameters→Scalar Parameters…**

点击 Accept 按钮。

Close

主菜单：**Time Hist Postproc**

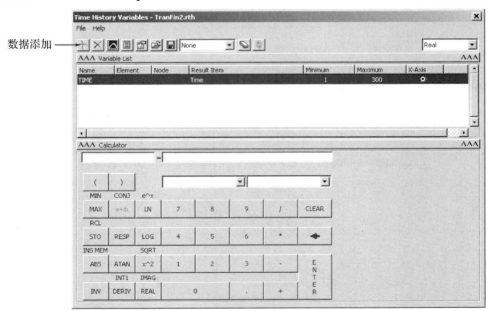

　　点击数据添加按钮，即加号按钮。然后依次双击 Nodal Solution，DOF Solution 和 Temperature。

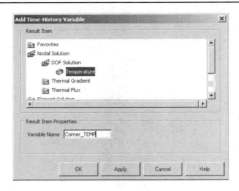

在 Variable Name 文本框输入 Corner_TEMP 或用户定义的名字。

在上图所示的文本框中输入 corner_pt。记住，本角点位置对应的节点为 $X = 0.01$ m，$Y = 0.0475$ m，$Z = 0$。按下 Enter 键，然后点击 OK 按钮。这步操作还允许用户选取其他的节点，并且不必使用所定义的参数 corner_pt。

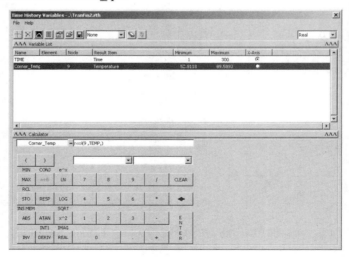

Close

主菜单：**TimeHist Postproc→Graph Variables**

在 NVAR1 1st variable to graph 文本框中输入 2。

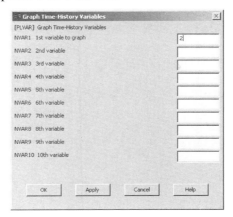

OK

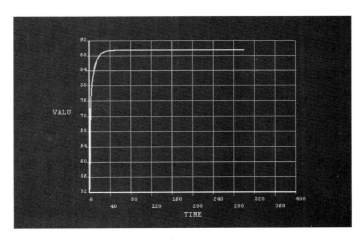

现在，读者就可以看到 corner_pt 点的温度是如何随时间变化的。

下面再看看温度随时间变化的动画。

　　主菜单：**General Postproc→Read Results→First Set**

　　功能菜单：**Plot Ctrls→Numbering…**

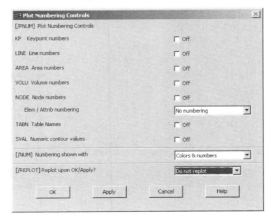

功能菜单：**Plot Ctrls→Style→Contours→Nonuniform Contours…**

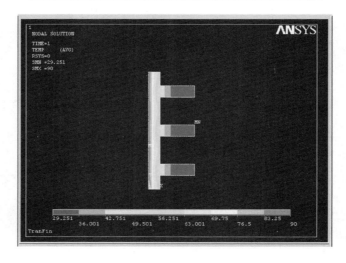

分别在 V1，V2，V3 文本框中填入 28，50，90，以定义第一、第二和第三等温线的上限。至此，就可以用如下命令观看动画了。

功能菜单：**Plot Ctrls→Animate→Over Time…**

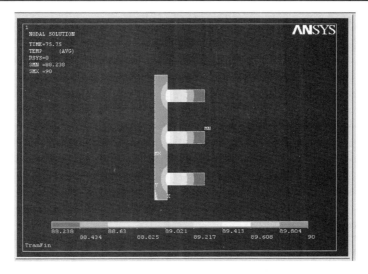

最后，退出 ANSYS。

9.8　结果验证

首先来讨论一些简单又实用的验证方法，这些方法可通过可视化的方式对结果进行验证。针对对称问题，读者首先应识别出几何条件和热条件的对称线。对称线通常是绝热线，即垂直于对称线的方向上没有热流，因此才组成了热流线。换句话说，热流平行于这些线。如图 9.25 所示，考虑温度梯度 $\frac{\partial T}{\partial X}$ 和 $\frac{\partial T}{\partial Y}$ 及其沿路径 *A-A* 的向量和。需注意，路径 *A-A*（参见图 9.23）是一条对称线，因而也是绝热线。因此，$\frac{\partial T}{\partial X}$ 沿路径 *A-A* 方向的幅值为零，而 $\frac{\partial T}{\partial Y}$ 等于向量和，如图 9.25 所示。比较温度梯度 $\frac{\partial T}{\partial X}$ 和 $\frac{\partial T}{\partial Y}$ 的变化及其沿路径 *B-B* 的向量和，不难看出 $\frac{\partial T}{\partial Y}$ 为零，而 $\frac{\partial T}{\partial X}$ 等于向量和，如图 9.26 所示。

验证计算结果的另一种可视方法，即利用等温线（温度是常数的线）总垂直于绝热线或对称线。读者从本例的烟囱等温线可以看出这种正交关系，如图 9.21 所示。

此外，对于结果是否合理，也可以进行定量验证。例如，包含任一节点的控制体积必须要满足能量守恒定律，也就是流入和流出节点的能量必须保持平衡。这一方法在例 9.1 中已有所说明。

小结

至此，读者应该能够：

1．了解热传递三种形式的基本概念，以及热传导问题中可能会出现的不同类型的边界条件。
2．掌握推导二维热传导问题的传导矩阵和荷载矩阵的方法。双线性单元的传导矩阵为

$$\boldsymbol{K}^{(e)} = \frac{k_x w}{6\ell} \begin{bmatrix} 2 & -2 & -1 & 1 \\ -2 & 2 & 1 & -1 \\ -1 & 1 & 2 & -2 \\ 1 & -1 & -2 & 2 \end{bmatrix} + \frac{k_y \ell}{6w} \begin{bmatrix} 2 & 1 & -1 & -2 \\ 1 & 2 & -2 & -1 \\ -1 & -2 & 2 & 1 \\ -2 & -1 & 1 & 2 \end{bmatrix}$$

矩形单元边界存在的热对流损失对传导矩阵的影响为

$$\boldsymbol{K}^{(e)} = \frac{h\ell_{ij}}{6} \begin{bmatrix} 2 & 1 & 0 & 0 \\ 1 & 2 & 0 & 0 \\ 0 & 0 & 0 & 0 \\ 0 & 0 & 0 & 0 \end{bmatrix} \qquad \boldsymbol{K}^{(e)} = \frac{h\ell_{jm}}{6} \begin{bmatrix} 0 & 0 & 0 & 0 \\ 0 & 2 & 1 & 0 \\ 0 & 1 & 2 & 0 \\ 0 & 0 & 0 & 0 \end{bmatrix}$$

$$\boldsymbol{K}^{(e)} = \frac{h\ell_{mn}}{6} \begin{bmatrix} 0 & 0 & 0 & 0 \\ 0 & 0 & 0 & 0 \\ 0 & 0 & 2 & 1 \\ 0 & 0 & 1 & 2 \end{bmatrix} \qquad \boldsymbol{K}^{(e)} = \frac{h\ell_{ni}}{6} \begin{bmatrix} 2 & 0 & 0 & 1 \\ 0 & 0 & 0 & 0 \\ 0 & 0 & 0 & 0 \\ 1 & 0 & 0 & 2 \end{bmatrix}$$

矩形单元的荷载向量可能有多个分量。对于给定的单元,可能包含由热源产生的分量:

$$\boldsymbol{F}^{(e)} = \frac{\dot{q}A}{4} \begin{bmatrix} 1 \\ 1 \\ 1 \\ 1 \end{bmatrix}$$

也可能包含沿单元边的热对流损失项:

$$\boldsymbol{F}^{(e)} = \frac{hT_f \ell_{ij}}{2} \begin{bmatrix} 1 \\ 1 \\ 0 \\ 0 \end{bmatrix} \qquad \boldsymbol{F}^{(e)} = \frac{hT_f \ell_{jm}}{2} \begin{bmatrix} 0 \\ 1 \\ 1 \\ 0 \end{bmatrix}$$

$$\boldsymbol{F}^{(e)} = \frac{hT_f \ell_{mn}}{2} \begin{bmatrix} 0 \\ 0 \\ 1 \\ 1 \end{bmatrix} \qquad \boldsymbol{F}^{(e)} = \frac{hT_f \ell_{ni}}{2} \begin{bmatrix} 1 \\ 0 \\ 0 \\ 1 \end{bmatrix}$$

三角形单元的传导矩阵是

$$\boldsymbol{K}^{(e)} = \frac{k_x}{4A} \begin{bmatrix} \beta_i^2 & \beta_i\beta_j & \beta_i\beta_k \\ \beta_i\beta_j & \beta_j^2 & \beta_j\beta_k \\ \beta_i\beta_k & \beta_j\beta_k & \beta_k^2 \end{bmatrix} + \frac{k_y}{4A} \begin{bmatrix} \delta_i^2 & \delta_i\delta_j & \delta_i\delta_k \\ \delta_i\delta_j & \delta_j^2 & \delta_j\delta_k \\ \delta_i\delta_k & \delta_j\delta_k & \delta_k^2 \end{bmatrix}$$

三角形单元边存在的热对流损失对传导矩阵的影响为

$$\boldsymbol{K}^{(e)} = \frac{h\ell_{ij}}{6} \begin{bmatrix} 2 & 1 & 0 \\ 1 & 2 & 0 \\ 0 & 0 & 0 \end{bmatrix} \qquad \boldsymbol{K}^{(e)} = \frac{h\ell_{jk}}{6} \begin{bmatrix} 0 & 0 & 0 \\ 0 & 2 & 1 \\ 0 & 1 & 2 \end{bmatrix}$$

$$\boldsymbol{K}^{(e)} = \frac{h\ell_{ki}}{6} \begin{bmatrix} 2 & 0 & 1 \\ 0 & 0 & 0 \\ 1 & 0 & 2 \end{bmatrix}$$

三角形单元的荷载可能由许多项组成。对于给定的单元,由热源产生的荷载项为

$$\boldsymbol{F}^{(e)} = \frac{q\dot{}A}{3}\begin{bmatrix} 1 \\ 1 \\ 1 \end{bmatrix}$$

另外，因单元边存在热对流损失而引起的荷载项为

$$\boldsymbol{F}^{(e)} = \frac{hT_f\ell_{ij}}{2}\begin{bmatrix} 1 \\ 1 \\ 0 \end{bmatrix} \qquad \boldsymbol{F}^{(e)} = \frac{hT_f\ell_{jk}}{2}\begin{bmatrix} 0 \\ 1 \\ 1 \end{bmatrix}$$

$$\boldsymbol{F}^{(e)} = \frac{hT_f\ell_{ki}}{2}\begin{bmatrix} 1 \\ 0 \\ 1 \end{bmatrix}$$

3．了解对流边界条件对荷载矩阵和传导矩阵的影响。

4．了解用三角形单元推导轴对称问题的传导矩阵和荷载矩阵的方法。

5．掌握瞬态热传递问题的公式。

6．掌握验证计算结果的方法。

参考文献

ANSYS User's Manual: Procedures, Vol. I, Swanson Analysis Systems, Inc.

ANSYS User's Manual: Commands, Vol. II, Swanson Analysis Systems, Inc.

ANSYS User's Manual: Elements, Vol. III, Swanson Analysis Systems, Inc.

Incropera, F., and Dewitt, D., *Fundamentals of Heat and Mass Transfer,* 2nd ed., New York, John Wiley and Sons, 1985.

Segrlind, L., *Applied Finite Element Analysis,* 2nd ed., New York, John Wiley and Sons, 1984.

习题

1．构造下图所示单元的传导矩阵，并将单元组装起来得到总传导矩阵。每个单元的属性和边界条件如下图所示。

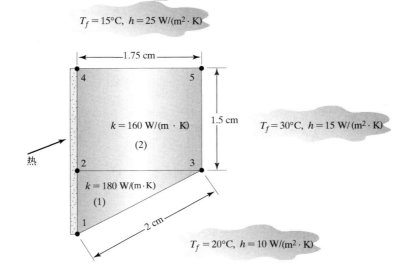

2. 对习题 1 中的每个单元构造荷载矩阵,并将单元荷载矩阵组合起来得到总荷载矩阵。

3. 对图示单元构造传导矩阵,并将单元组合起来得到总传导矩阵。每个单元的属性和边界条件如下图所示。

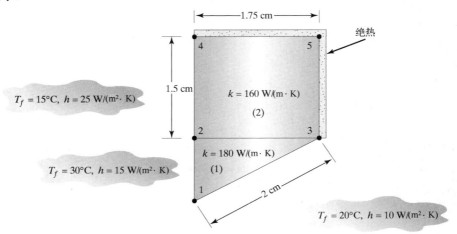

4. 对习题 3 中的每个单元构造荷载矩阵,并将单元荷载矩阵组合起来得到总荷载矩阵。

5. 试证明对于热流为常数的边界条件 q_o'',沿矩形单元边计算积分项 $\int_\tau \boldsymbol{S}^{\mathrm{T}} q_o'' \cos\theta \mathrm{d}\tau$ 和 $\int_\tau \boldsymbol{S}^{\mathrm{T}} q_o'' \sin\theta \mathrm{d}\tau$ 将会得到如下单元荷载矩阵:

$$\boldsymbol{F}^{(e)} = \frac{q_o'' \ell_{ij}}{2} \begin{bmatrix} 1 \\ 1 \\ 0 \\ 0 \end{bmatrix} \qquad \boldsymbol{F}^{(e)} = \frac{q_o'' \ell_{jm}}{2} \begin{bmatrix} 0 \\ 1 \\ 1 \\ 0 \end{bmatrix}$$

$$\boldsymbol{F}^{(e)} = \frac{q_o'' \ell_{mn}}{2} \begin{bmatrix} 0 \\ 0 \\ 1 \\ 1 \end{bmatrix} \qquad \boldsymbol{F}^{(e)} = \frac{q_o'' \ell_{ni}}{2} \begin{bmatrix} 1 \\ 0 \\ 0 \\ 1 \end{bmatrix}$$

6. 试用三角形单元重新计算习题 5,并且边界的热流为常数。

7. 试利用习题 5 中的结果,构造下图所示每个单元的荷载矩阵,并将单元荷载矩阵组合起来得到总荷载矩阵。边界条件如下图所示。请注意,如果所有单元都是由相同材料组成,则热流是一维的。

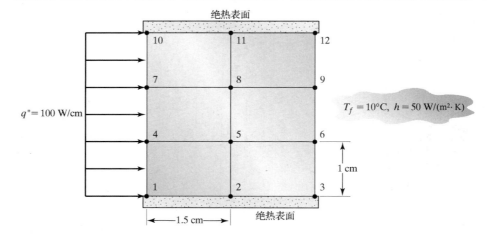

8. 在二维散热片的迦辽金公式推导过程中，由于边界存在对流热量损失而会产生积分项，$\int_A \boldsymbol{S}^{\mathrm{T}} h T\,\mathrm{d}A$ 这个积分项对单元的传导矩阵存在影响。试证明对于双线性矩形单元，从该积分项可导出

$$\int_A \boldsymbol{S}^{\mathrm{T}} h T\,\mathrm{d}A = \int_A \boldsymbol{S}^{\mathrm{T}} h [S_i \quad S_j \quad S_m \quad S_n] \begin{bmatrix} T_i \\ T_j \\ T_m \\ T_n \end{bmatrix} \mathrm{d}A = \frac{hA}{36} \begin{bmatrix} 4 & 2 & 1 & 2 \\ 2 & 4 & 2 & 1 \\ 1 & 2 & 4 & 2 \\ 2 & 1 & 2 & 4 \end{bmatrix} \begin{bmatrix} T_i \\ T_j \\ T_m \\ T_n \end{bmatrix}$$

9. 如果习题 8 采用三角形单元，请证明：

$$\int_A \boldsymbol{S}^{\mathrm{T}} h T\,\mathrm{d}A = \int_A \boldsymbol{S}^{\mathrm{T}} h [S_i \quad S_j \quad S_k] \begin{bmatrix} T_i \\ T_j \\ T_k \end{bmatrix} \mathrm{d}A = \frac{hA}{12} \begin{bmatrix} 2 & 1 & 1 \\ 1 & 2 & 1 \\ 1 & 1 & 2 \end{bmatrix} \begin{bmatrix} T_i \\ T_j \\ T_k \end{bmatrix}$$

10. 设有一尺寸为 20 cm × 10 cm 的小矩形铝板，导热系数 $k = 168$ W/(m·K)，板的边界条件如下图所示。试通过手工计算确定稳态条件下沿板的温度分布(提示：存在两个对称轴，所以读者仅需要对板的 1/4 部分进行建模)。

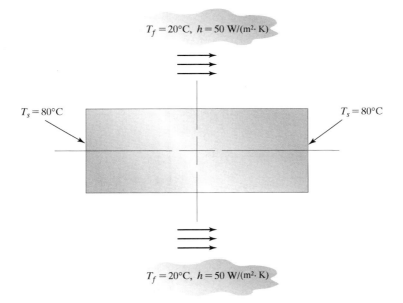

$T_f = 20°C$, $h = 50$ W/(m²·K)

$T_s = 80°C$ $T_s = 80°C$

$T_f = 20°C$, $h = 50$ W/(m²·K)

11. 设有一如下图所示的三角形铝制散热片，从温度为 150℃ 的表面散发热量。假设周围空气的温度是 20℃，与周围空气的自然传热系数为 30 W/(m²·K)，铝的导热系数为 168 W/(m·K)。试通过手工计算确定沿散热片的温度分布，并近似计算该散热片损失的热量。

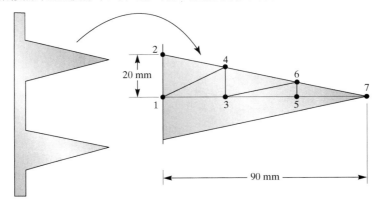

20 mm

90 mm

12. 对于习题 11 中的散热片,试用 ANSYS 确定沿散热片的温度分布,同时确定通过散热片损失的总热量是多少? 并将结果和手工计算的结果进行比较。

13. 设有如下图所示的抛物线形铝制散热片,从温度为 120℃的表面散发热量。假设周围空气的温度是 20℃,与周围空气的自然传热系数为 25 W/(m²·K),铝的导热系数为 168 W/(m·K)。试用 ANSYS 确定沿散热片的温度分布,并近似计算该散热片损失的热量。

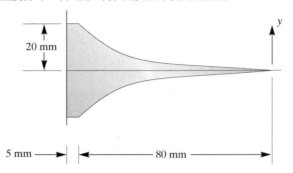

14. 试用 ANSYS 确定下图所示复合窗的温度分布。假设冬季室内温度保持在 68°F,传热系数 $h = 1.46$ Btu/(hr·ft²·°F);室外温度为 10°F,,传热系数 $h = 6$ Btu/(hr·ft²·°F)。请确定该复合窗损失的总热量是多少?

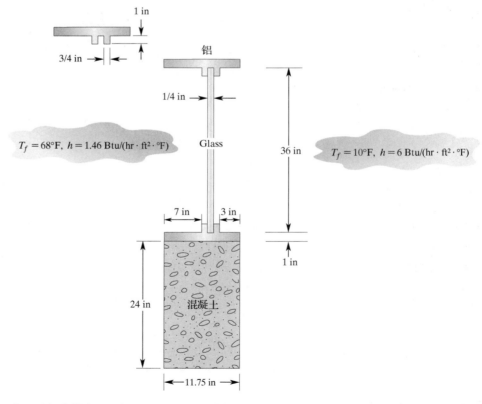

15. 电子设备中普遍使用如下图所示的铝质散热片$[k = 170$ W/(m·K)$]$进行散热,试用 ANSYS 确定沿散热片的温度分布。假设散热片基座处的热流 $q' = 1000$ W/m,散热片表面的空气由风扇驱动;周围空气的温度为 20℃,传热系数为 $h = 40$ W/(m²·K)。

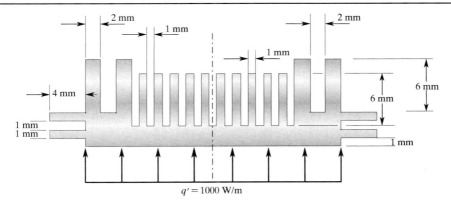

16. 假设热水管嵌在混凝土板内，其截面如下图所示，管内水温为 50℃，传热系数为 200 W/(m²·K)。边界条件参见下图，试用 ANSYS 确定表面的温度。假设热水的传热系数为常量，试求出板面结冰时水的温度。忽略通过管道壁的热阻。

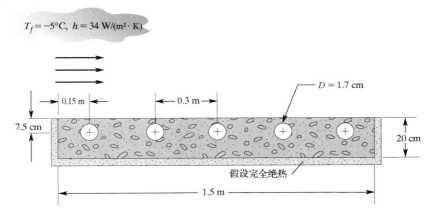

17. 设有一地下室外墙，尺寸如下图所示，墙壁由混凝土组成，导热系数为 $k = 1.0$ Btu/(hr·ft·°F)，附近地面的导热系数为 $k = 0.85$ Btu/(hr·ft·°F)。试用 ANSYS 计算确定沿墙壁的温度分布和通过墙壁损失的热量。假设室内空气温度保持在 68°F，传热系数为 $h = 1.46$ Btu/(hr·ft²·°F)；室外空气温度为 15°F，传热系数为 $h = 6$ Btu/(hr·ft²·°F)。假设从离墙壁的 4 英尺起，土壤水平方向的热传递可忽略不计。

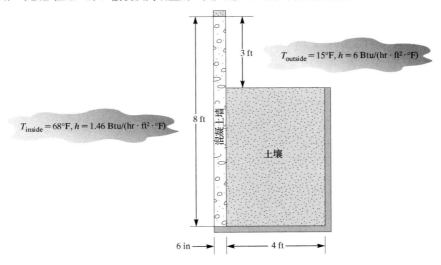

18. 如下图所示，在习题 17 的模型中，该地下室还有一个不绝热的地板，试确定在墙壁、地板和土壤中的温度分布，以及通过地板和墙壁损失的热量。假设从墙壁和地板的 4 ft 起，土壤水平方向和垂直方向的热传递可忽略不计。

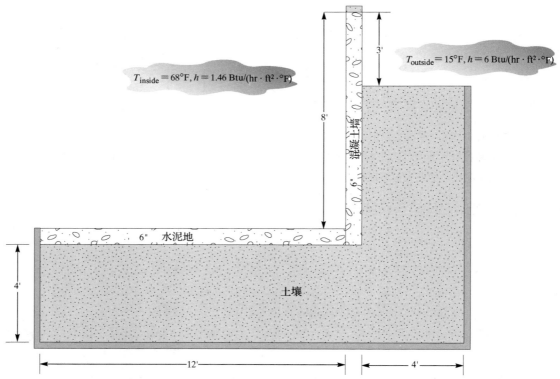

19. 如下图所示，为了提高传热率，对管道的内壁进行了改造，形成了一系列纵向翅片。试按照给出的数据确定管道内部的温度分布。

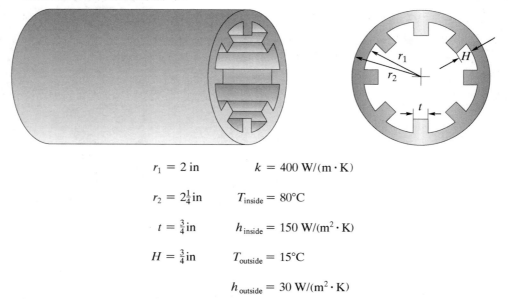

$$r_1 = 2 \text{ in} \qquad k = 400 \text{ W/(m} \cdot \text{K)}$$

$$r_2 = 2\frac{1}{4} \text{ in} \qquad T_{\text{inside}} = 80°\text{C}$$

$$t = \frac{3}{4} \text{ in} \qquad h_{\text{inside}} = 150 \text{ W/(m}^2 \cdot \text{K)}$$

$$H = \frac{3}{4} \text{ in} \qquad T_{\text{outside}} = 15°\text{C}$$

$$h_{\text{outside}} = 30 \text{ W/(m}^2 \cdot \text{K)}$$

20. 如下图所示是一个同心管热交换器，来自太阳能收集器的乙烯-乙二醇混合溶液在内管道流动，水在圆环内流动。假设截面内平均水温为 15℃，传热系数为 $h = 200$ W/(m²·K)；乙烯-乙二醇混合溶液的平均温度为 48℃，传热系数为 $h = 150$ W/(m²·K)。为提高流体间的传热率，现将内管的外表面改造成下图中的纵向翅片。假设热交换器的外壁是完全绝热的，试确定在热交换器壁上的温度分布及流体间的热交换率。

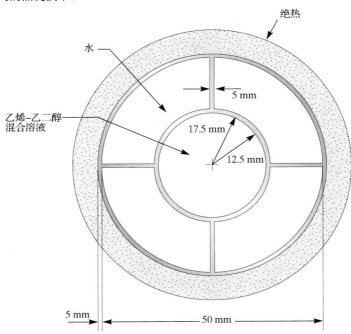

21. 利用格林公式 [参见式(9.36)] 计算下图所示三角形的面积。

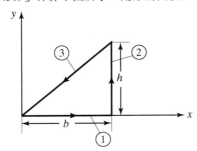

22. 试计算下图所示的轴对称三角形单元的传导矩阵。假设这个单元是用铝合金制成的，导热系数 $k = 170$ W/(m·K)。

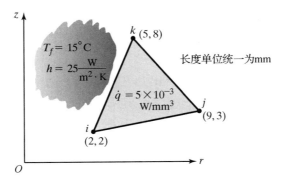

23. 请计算习题 22 的荷载矩阵。

24. 试构造下图所示的每个轴对称三角形单元的荷载矩阵，并组合单元荷载矩阵形成总荷载矩阵。

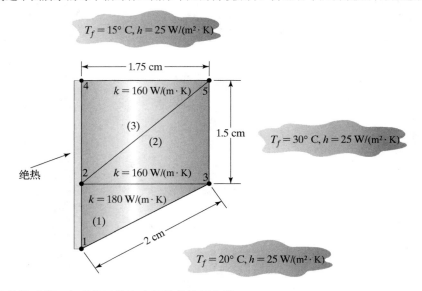

25. 试计算轴对称三角形单元热流为常数的边界条件。

26. 试计算轴对称矩形单元的积分 $-\int_V \dfrac{k}{r}\dfrac{\partial \boldsymbol{S}^{\mathrm{T}}}{\partial r}\dfrac{\partial T}{\partial r}\mathrm{d}V$。

27. 试计算轴对称矩形单元的积分 $-\int_V \dfrac{\partial \boldsymbol{S}^{\mathrm{T}}}{\partial z}\dfrac{\partial T}{\partial z}\mathrm{d}V$。

28. 如下图所示，在一定条件下，可以用方程 $q = kS(T_1 - T_2)$ 计算二维系统中的传热率 q，其中 k 是介质的导热系数，S 是形状因子，T_1、T_2 是表面温度，试利用 ANSYS 画出图示每种情形下土壤中的温度分布，同时对每一情况计算其传热率，并且与用形状因子进行计算的结果相比较。

第一种情况：等温度球体埋在土壤中，相应的土壤参数为 $k = 0.5$ W/(m·K)，$z = 10$ m，$D = 1$ m，$T_1 = 300$℃，$T_2 = 27$℃，形状因子 S 为 $S = \dfrac{2\pi D}{1 - \dfrac{D}{4z}}$。

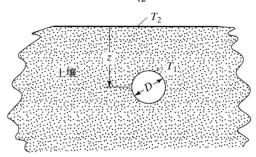

第二种情况：等温水平管埋在土壤中，相应的土壤参数为 $k = 0.5$ W/(m·K)，$z = 2$ m，$D = 0.5$ m，$L = 50$ m，$T_1 = 100$℃，$T_2 = 5$℃，形状因子为 $S = \dfrac{2\pi L}{\ln\left(\dfrac{4z}{D}\right)}$ 。

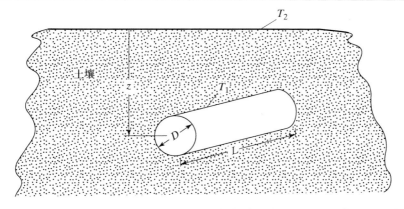

29. 对于习题 15 中的散热片，假设散热片周围环境的初始温度为 20℃，而散热片基座突然遇到一股热流 $q' = 1000$ W/m，请研究散热片的瞬态反应，同时将热流在经历很长一段时间后的瞬态结果与稳态结果进行比较。

30. 对习题 16 中的管道，假设管道最初放在温度为 –5℃ 的环境中，如果管内流过一股传热系数为 200 W/(m^2·K)、温度为 50℃ 的热水，试分析这个系统的瞬态反映，并确定需要多长时间这个管道的表面温度才能达到 2℃。

31. **设计题**。在一些滑雪胜地，为了防止路面结冰，一般在地面下埋设管道，让热水从中经过。试设计一个循环加热系统来完成这个任务。请选择自己喜欢的滑雪胜地，并获取其相关设计条件，如周围空气的温度、土壤温度等。这样的加热系统可能由一系列管道、泵、热水加热器、阀门、管件等组成。请读者自行获取这些基本信息，如管道类型和大小、管道间的距离、管道系统的配置、要埋入地表的管道间的距离等。如果时间允许，请确定泵和热水加热器的尺寸。

第10章 二维固体力学问题分析

本章主要介绍二维固体力学问题的有限元分析。结构构件和机械零部件一般要承受拉伸、压缩、弯曲或扭转之类荷载的作用。常用结构组件和机械组件通常包括梁、柱、板及其他二维构件等。在第4章讨论了轴心受力构件、梁以及框架，本章主要内容包括：

10.1　构件扭转
10.2　平面应力问题
10.3　四边形等参单元
10.4　轴对称问题
10.5　基本失效理论
10.6　ANSYS 应用
10.7　结果验证

10.1　构件扭转

在实践中，不少工程师对具有简单解析解的问题构造有限元模型。事实上，不应急于用有限元方法求解那些简单的扭转问题，譬如圆形或矩形构件的扭转。本章先简要介绍可获得解析解的扭转问题。在研究材料的力学行为时，通常以圆截面直长杆为研究对象。当绕构件纵轴施加力矩或扭矩时，就可认为这个问题是一个扭转问题，如图10.1 所示。

图 10.1　轴的扭转

在弹性范围内，圆截面构件，如轴或管的剪应力(τ)分布可用下式表示：

$$\tau = \frac{Tr}{J} \tag{10.1}$$

其中，T 是扭矩，r 是圆轴中心到计算点的轴向距离，J 是截面的极惯性矩。读者应当清楚，式(10.1)中的最大剪应力出现在轴的外表面，此时 r 等于轴的半径。另外，由扭矩产生的扭角(θ)可用下式确定：

$$\theta = \frac{TL}{JG} \tag{10.2}$$

其中，L 是杆的长度，G 是材料的剪切模量。同样，矩形截面杆扭转也存在解析解[详细内容可参见 Timoshenko and Goadier(1970)]。当扭矩施加在截面为矩形的直杆上时，在材料的弹

性范围内，由扭矩产生的最大剪应力和扭角分别为

$$\tau_{\max} = \frac{T}{c_1 w h^2} \tag{10.3}$$

$$\theta = \frac{TL}{c_2 G w h^3} \tag{10.4}$$

其中，L 是杆的长度，w 和 h 分别是截面长边和短边的边长（如图 10.2 所示）。系数 c_1 和 c_2（表 10.1 中）与截面的长宽比有关，当长宽比趋向无穷时（$w/h \to \infty$），$c_1 = c_2 = 0.3333$。扭转系数 c_1 和 c_2 与长宽比的关系如表 10.1 所示。

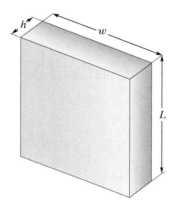

图 10.2　矩形截面杆的扭转

表 10.1　矩形截面杆扭转系数 c_1 和 c_2 的值

w/h	c_1	c_2
1.0	0.208	0.141
1.2	0.219	0.166
1.5	0.231	0.196
2.0	0.246	0.229
2.5	0.258	0.249
3.0	0.267	0.263
4.0	0.282	0.281
5.0	0.291	0.291
10.0	0.312	0.312
∞	0.333	0.333

对于截面长宽比较大（$w/h > 10$）的杆，其最大剪应力和扭角分别为

$$\tau_{\max} = \frac{T}{0.333\, w h^2} \tag{10.5}$$

$$\theta = \frac{TL}{0.333\, G w h^3} \tag{10.6}$$

这类杆件一般指薄壁杆件，有关薄壁杆件的例子如图 10.3 所示。

因此，遇到这类问题时，可用扭转公式求解，而不必花大量时间去创建有限元模型。

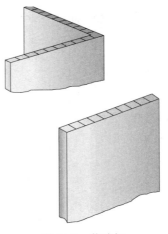

图 10.3　薄壁杆

10.1.1　扭转问题的有限元公式

Fung(1965)详细讨论了非圆形截面杆轴的弹性扭转行为。这里有两个基本理论：(1)St. Venant 公式和(2)Prandtl 公式。

本书使用的是 Prandtl 公式。控制杆轴弹性扭转的微分方程用应力函数 ϕ 表示为

$$\frac{\partial^2 \phi}{\partial x^2} + \frac{\partial^2 \phi}{\partial y^2} + 2G\theta = 0 \tag{10.7}$$

其中，G 是杆的剪切弹性模量，θ 表示杆单位长度的转角。剪应力和应力函数 ϕ 之间有以下关系：

$$\tau_{zx} = \frac{\partial \phi}{\partial y} \tag{10.8}$$

$$\tau_{zy} = -\frac{\partial \phi}{\partial x} \tag{10.9}$$

注意，使用 Prandtl 公式时，施加的扭矩并不直接出现在控制微分方程中。施加的扭矩和应力函数有以下关系：

$$T = 2\int_A \phi\, \mathrm{d}A \tag{10.10}$$

其中，A 表示杆轴的截面积。将控制杆件扭转行为的微分式(10.7)和热扩散式(9.8)进行比较，不难发现这些方程在形式上是一致的。因此，可将 9.2 节和 9.3 节中的结果直接应用到扭转问题中。经比较，有 $c_1 = 1$，$c_2 = 1$，$c_3 = 2G\theta$。因此，矩形单元的刚度矩阵表示为

$$\boldsymbol{K}^{(e)} = \frac{w}{6\ell}\begin{bmatrix} 2 & -2 & -1 & 1 \\ -2 & 2 & 1 & -1 \\ -1 & 1 & 2 & -2 \\ 1 & -1 & -2 & 2 \end{bmatrix} + \frac{\ell}{6w}\begin{bmatrix} 2 & 1 & -1 & -2 \\ 1 & 2 & -2 & -1 \\ -1 & -2 & 2 & 1 \\ -2 & -1 & 1 & 2 \end{bmatrix} \tag{10.11}$$

其中，w 和 ℓ 分别表示矩形单元的长度和宽度，如图 10.4 所示。矩形单元的荷载矩阵为

$$\boldsymbol{F}^{(e)} = \frac{2G\theta A}{4}\begin{bmatrix} 1 \\ 1 \\ 1 \\ 1 \end{bmatrix} \tag{10.12}$$

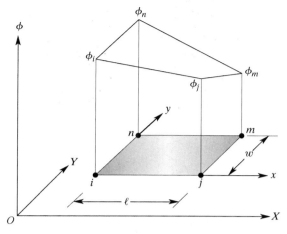

图 10.4　矩形单元应力函数在节点上的值

对于三角形单元，如图 10.5 所示，其刚度和荷载矩阵分别为

$$\boldsymbol{K}^{(e)} = \frac{1}{4A}\begin{bmatrix} \beta_i^2 & \beta_i\beta_j & \beta_i\beta_k \\ \beta_i\beta_j & \beta_j^2 & \beta_j\beta_k \\ \beta_i\beta_k & \beta_j\beta_k & \beta_k^2 \end{bmatrix} + \frac{1}{4A}\begin{bmatrix} \delta_i^2 & \delta_i\delta_j & \delta_i\delta_k \\ \delta_i\delta_j & \delta_j^2 & \delta_j\delta_k \\ \delta_i\delta_k & \delta_j\delta_k & \delta_k^2 \end{bmatrix} \quad (10.13)$$

$$\boldsymbol{F}^{(e)} = \frac{2G\theta A}{3}\begin{bmatrix} 1 \\ 1 \\ 1 \end{bmatrix} \quad \text{推导出：} \quad \boldsymbol{F}^{(1)} = \begin{bmatrix} 57.291\ 666\ 67 \\ 57.291\ 666\ 67 \\ 57.291\ 666\ 67 \end{bmatrix}\begin{matrix} 1 \\ 2 \\ 4 \end{matrix} \quad \text{和} \quad \boldsymbol{F}^{(3)} = \begin{bmatrix} 57.291\ 666\ 67 \\ 57.291\ 666\ 67 \\ 57.291\ 666\ 67 \end{bmatrix}\begin{matrix} 4 \\ 5 \\ 6 \end{matrix}$$

$$(10.14)$$

其中，A 是三角形单元的面积，α，β，δ 分别由下式给出：

$$2A = X_i(Y_j - Y_k) + X_j(Y_k - Y_i) + X_k(Y_i - Y_j)$$

$$\alpha_i = X_jY_k - X_kY_j \qquad \beta_i = Y_j - Y_k \qquad \delta_i = X_k - X_j$$

$$\alpha_j = X_kY_i - X_iY_k \qquad \beta_j = Y_k - Y_i \qquad \delta_j = X_i - X_k$$

$$\alpha_k = X_iY_j - X_jY_i \qquad \beta_k = Y_i - Y_j \qquad \delta_k = X_j - X_i$$

讨论下例中钢杆的扭转问题。

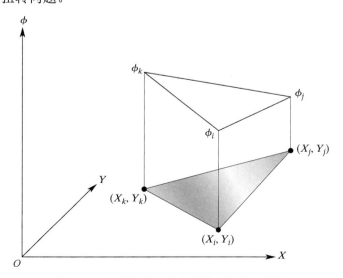

图 10.5　三角形单元应力函数在节点上的值

例 10.1　确定下图所示矩形截面钢杆($G = 11 \times 10^3$ ksi)的扭转，假设 $\theta = 0.0005$ rad/in，试用有限元方法求解上述问题，求出杆件内部剪应力的分布。注意，给出此例的主要目的是说明用有限元分析扭转问题的步骤。如前所述，这个问题存在简单的解析解，本章后续会继续讨论这个问题。

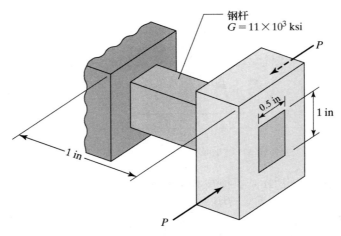

如图 10.6 所示，利用问题的对称性，我们仅需分析杆轴截面积的 1/8，现将所选取的杆轴截面积分成 6 个节点、3 个单元，其中单元(1)和单元(3)是三角形单元，单元(2)是矩形单元，求解时请参考表 10.2。

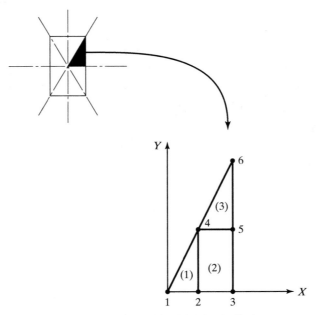

图 10.6　例 10.1 的杆轴扭转分析简图

单元(1)和单元(3)的刚度矩阵为

$$\boldsymbol{K}^{(1)} = \boldsymbol{K}^{(3)} = \frac{1}{4A}\begin{bmatrix} \beta_i^2 & \beta_i\beta_j & \beta_i\beta_k \\ \beta_i\beta_j & \beta_j^2 & \beta_j\beta_k \\ \beta_i\beta_k & \beta_j\beta_k & \beta_k^2 \end{bmatrix}$$

$$+ \frac{1}{4A}\begin{bmatrix} \delta_i^2 & \delta_i\delta_j & \delta_i\delta_k \\ \delta_i\delta_j & \delta_j^2 & \delta_j\delta_k \\ \delta_i\delta_k & \delta_j\delta_k & \delta_k^2 \end{bmatrix}$$

计算单元(1)的系数 β 和 δ，有

$$\beta_i = Y_j - Y_k = 0 - 0.25 = -0.25$$
$$\beta_j = Y_k - Y_i = 0.25 - 0 = 0.25$$
$$\beta_k = Y_i - Y_j = 0 - 0 = 0$$
$$\delta_i = X_k - X_j = 0.125 - 0.125 = 0$$
$$\delta_j = X_i - X_k = 0 - 0.125 = -0.125$$
$$\delta_k = X_j - X_i = 0.125 - 0 = 0.125$$

表 10.2 单元与节点及坐标的关系

单 元	i	j	m 或 k	n
(1)	1[0,0]	2[0.125,0]	4[0.125,0.25]	
(2)	2[0.125,0]	3[0.25,0]	5[0.25,0.25]	4[0.125,0.25]
(3)	4[0.125,0.25]	5[0.25,0.25]	6[0.25,0.5]	

注意，由于单元(3)的节点在坐标中的位置变化和单元(1)的一致，因此，单元(3)的系数 β 和 δ 与单元(1)的是一样的。因此，单元(1)和单元(3)都具有如下刚度矩阵：

$$\boldsymbol{K}^{(1)} = \boldsymbol{K}^{(3)} = \frac{1}{4(0.015\,625)} \times \begin{bmatrix} 0.0625 & -0.0625 & 0 \\ -0.0625 & 0.0625 & 0 \\ 0 & 0 & 0 \end{bmatrix}$$

$$+ \frac{1}{4(0.015\,625)} \times \begin{bmatrix} 0 & 0 & 0 \\ 0 & 0.015\,625 & -0.015\,625 \\ 0 & -0.015\,625 & 0.015\,625 \end{bmatrix}$$

为了便于单元组合，将单元相应的节点编号列在刚度矩阵的上面和右面，单元(1)和单元(3)的刚度矩阵表示为

$$\boldsymbol{K}^{(1)} = \begin{matrix} & 1(i) & 2(j) & 4(k) & \\ \begin{bmatrix} 1 & -1 & 0 \\ -1 & 1.25 & -0.25 \\ 0 & -0.25 & 0.25 \end{bmatrix} & \begin{matrix} 1 \\ 2 \\ 4 \end{matrix} \end{matrix}$$

$$\boldsymbol{K}^{(3)} = \begin{matrix} & 4(i) & 5(j) & 6(k) & \\ \begin{bmatrix} 1 & -1 & 0 \\ -1 & 1.25 & -0.25 \\ 0 & -0.25 & 0.25 \end{bmatrix} & \begin{matrix} 4 \\ 5 \\ 6 \end{matrix} \end{matrix}$$

单元(2)的刚度矩阵为

$$\boldsymbol{K}^{(2)} = \frac{w}{6\ell}\begin{bmatrix} 2 & -2 & -1 & 1 \\ -2 & 2 & 1 & -1 \\ -1 & 1 & 2 & -2 \\ 1 & -1 & -2 & 2 \end{bmatrix} + \frac{\ell}{6w}\begin{bmatrix} 2 & 1 & -1 & -2 \\ 1 & 2 & -2 & -1 \\ -1 & -2 & 2 & 1 \\ -2 & -1 & 1 & 2 \end{bmatrix}$$

$$\boldsymbol{K}^{(2)} = \frac{0.25}{6(0.125)}\begin{bmatrix} 2 & -2 & -1 & 1 \\ -2 & 2 & 1 & -1 \\ -1 & 1 & 2 & -2 \\ 1 & -1 & -2 & 2 \end{bmatrix} + \frac{0.125}{6(0.25)}\begin{bmatrix} 2 & 1 & -1 & -2 \\ 1 & 2 & -2 & -1 \\ -1 & -2 & 2 & 1 \\ -2 & -1 & 1 & 2 \end{bmatrix}$$

单元(2)的刚度矩阵和相应的节点编号为

$$\begin{array}{cccc} 2(i) & 3(j) & 5(m) & 4(n) \end{array}$$

$$\boldsymbol{K}^{(2)} = \begin{bmatrix} 0.833\,333\,33 & -0.583\,333\,33 & -0.416\,666\,66 & 0.166\,666\,67 \\ -0.583\,333\,33 & 0.833\,333\,33 & 0.166\,666\,67 & -0.416\,666\,67 \\ -0.416\,666\,67 & 0.166\,666\,67 & 0.833\,333\,33 & -0.583\,333\,33 \\ 0.166\,666\,67 & -0.416\,666\,67 & -0.583\,333\,33 & 0.833\,333\,33 \end{bmatrix} \begin{matrix} 2 \\ 3 \\ 5 \\ 4 \end{matrix}$$

单元(1)和单元(3)的荷载矩阵由下式计算得出:

$$\boldsymbol{F}^{(e)} = \frac{2G\theta A}{3}\begin{bmatrix} 1 \\ 1 \\ 1 \end{bmatrix} \quad 推导出: \quad \boldsymbol{F}^{(1)} = \begin{bmatrix} 57.291\,666\,67 \\ 57.291\,666\,67 \\ 57.291\,666\,67 \end{bmatrix}\begin{matrix}1\\2\\4\end{matrix} \quad 和 \quad \boldsymbol{F}^{(3)} = \begin{bmatrix} 57.291\,666\,67 \\ 57.291\,666\,67 \\ 57.291\,666\,67 \end{bmatrix}\begin{matrix}4\\5\\6\end{matrix}$$

矩形单元(2)的荷载矩阵及节点信息如下所示:

$$\boldsymbol{F}^{(2)} = \frac{2G\theta A}{4}\begin{bmatrix} 1 \\ 1 \\ 1 \\ 1 \end{bmatrix} = \begin{bmatrix} 85.9375 \\ 85.9375 \\ 85.9375 \\ 85.9375 \end{bmatrix}\begin{matrix}2\\3\\5\\4\end{matrix}$$

利用节点信息组合成总刚度矩阵为

$$\begin{array}{cccccc} 1 & 2 & 3 & 4 & 5 & 6 \end{array}$$

$$\boldsymbol{K}^{(G)} = \begin{bmatrix} 1 & -1 & 0 & 0 & 0 & 0 \\ -1 & 2.083\,333\,33 & -0.583\,333\,33 & -0.083\,333\,33 & -0.416\,666\,66 & 0 \\ 0 & -0.583\,333\,33 & 0.833\,333\,33 & -0.416\,666\,67 & 0.166\,666\,67 & 0 \\ 0 & -0.083\,333\,33 & -0.416\,666\,67 & 2.083\,333\,33 & -1.583\,333\,33 & 0 \\ 0 & -0.416\,666\,66 & 0.166\,666\,67 & -1.583\,333\,33 & 2.083\,333\,33 & -0.25 \\ 0 & 0 & 0 & 0 & -0.25 & 0.25 \end{bmatrix}\begin{matrix}1\\2\\3\\4\\5\\6\end{matrix}$$

组装荷载矩阵得到

$$\boldsymbol{F}^{(G)} = \begin{bmatrix} 57.3 \\ 57.3 + 85.9 \\ 85.9 \\ 57.3 + 57.3 + 85.9 \\ 57.3 + 85.9 \\ 57.3 \end{bmatrix} = \begin{bmatrix} 57.3 \\ 143.2 \\ 85.93 \\ 200.5 \\ 143.2 \\ 57.3 \end{bmatrix}$$

对节点 3、节点 5 和节点 6 应用边界条件 $\phi = 0$,可得到如下 3×3 阶矩阵:

$$\begin{bmatrix} 1 & -1 & 0 \\ -1 & 2.083 & -0.083 \\ 0 & -0.083 & 2.083 \end{bmatrix}\begin{bmatrix} \phi_1 \\ \phi_2 \\ \phi_3 \end{bmatrix} = \begin{bmatrix} 57.3 \\ 143.2 \\ 200.5 \end{bmatrix}$$

求解上述线性方程组，可得

$$\boldsymbol{\phi}^{\mathrm{T}} = \begin{bmatrix} 250 & 193 & 0 & 104 & 0 & 0 \end{bmatrix}$$

可用式(10.8)和式(10.9)求解剪应力，如图 10.7 所示。对于单元(1)和(3)，

$$\tau_{ZX} = \frac{\partial \phi}{\partial Y} = \frac{\partial}{\partial Y}[S_i\phi_i + S_j\phi_j + S_k\phi_k] = \frac{\partial}{\partial Y}[S_i \quad S_j \quad S_k]\begin{bmatrix} \phi_i \\ \phi_j \\ \phi_k \end{bmatrix} = \frac{1}{2A}[\delta_i \quad \delta_j \quad \delta_k]\begin{bmatrix} \phi_i \\ \phi_j \\ \phi_k \end{bmatrix}$$

$$\tau_{ZY} = -\frac{\partial \phi}{\partial X} = -\frac{\partial}{\partial X}[S_i\phi_i + S_j\phi_j + S_k\phi_k] = -\frac{\partial}{\partial X}[S_i \quad S_j \quad S_k]\begin{bmatrix} \phi_i \\ \phi_j \\ \phi_k \end{bmatrix}$$

$$= -\frac{1}{2A}[\beta_i \quad \beta_j \quad \beta_k]\begin{bmatrix} \phi_i \\ \phi_j \\ \phi_k \end{bmatrix}$$

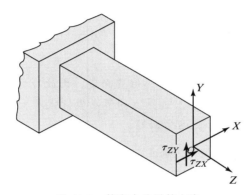

图 10.7 剪应力分量的方向

单元(1)剪应力为

$$\tau_{ZX}^{(1)} = [\delta_i \quad \delta_j \quad \delta_k]\begin{bmatrix} \phi_i \\ \phi_j \\ \phi_k \end{bmatrix} = \frac{1}{0.031\,25}[0 \quad -0.125 \quad 0.125]\begin{bmatrix} 250 \\ 193 \\ 104 \end{bmatrix} = -356 \text{ lb/in}^2$$

$$\tau_{ZY}^{(1)} = -[\beta_i \quad \beta_j \quad \beta_k]\begin{bmatrix} \phi_i \\ \phi_j \\ \phi_k \end{bmatrix} = -\frac{1}{0.031\,25}[-0.25 \quad 0.25 \quad 0]\begin{bmatrix} 250 \\ 193 \\ 104 \end{bmatrix} = 456 \text{ lb/in}^2$$

类似地，单元(3)的剪应力为

$$\tau_{ZX}^{(3)} = \frac{1}{0.031\,25}[0 \quad -0.125 \quad 0.125]\begin{bmatrix} 104 \\ 0 \\ 0 \end{bmatrix} = 0 \text{ lb/in}^2$$

$$\tau_{ZY}^{(3)} = -\frac{1}{0.031\,25}[-0.25 \quad 0.25 \quad 0]\begin{bmatrix} 104 \\ 0 \\ 0 \end{bmatrix} = 832 \text{ lb/in}^2$$

由于线性三角形单元的导数是常数，因此三角形单元上的剪应力分量也必然是常数，这是应用线性三角形单元的一个缺点。如第 7 章所述，为取得更精确的结果，可以把选取的截面分成更多个单元或选用更高阶的单元。同样，也可得到矩形单元的剪应力分量，如下所示：

$$\tau_{ZX} = \frac{\partial \phi}{\partial Y} = \frac{\partial}{\partial Y}[S_i\phi_i + S_j\phi_j + S_m\phi_m + S_n\phi_n] = \frac{\partial}{\partial Y}[S_i \quad S_j \quad S_m \quad S_n]\begin{bmatrix} \phi_i \\ \phi_j \\ \phi_m \\ \phi_n \end{bmatrix}$$

$$\tau_{ZX} = \frac{1}{\ell w}[(-\ell + x) \quad -x \quad x \quad (\ell - x)]\begin{bmatrix} \phi_i \\ \phi_j \\ \phi_m \\ \phi_n \end{bmatrix}$$

类似地，

$$\tau_{ZY} = -\frac{\partial \phi}{\partial X} = -\frac{1}{\ell w}[(-w + y) \quad (w - y) \quad y \quad -y]\begin{bmatrix} \phi_i \\ \phi_j \\ \phi_m \\ \phi_n \end{bmatrix}$$

注意，对于双线性矩形单元，剪应力分量随位置而变，因此可计算出单元内某一特定位置的剪应力分量。作为练习，读者把单元(2)边界上的节点坐标代入上式，求出该点的剪应力分量，随后我们将会利用 ANSYS 重新计算这个问题。

重新计算例 10.1 下面将介绍如何用 Excel 求解例 10.1。

1. 如下图所示，在单元格 A1 中输入 **Example 10.1**，在单元格 A3 和 A4 中分别输入 G = 和 Θ =。在单元格 B3 中输入 G 的值后，选中 B3 并在名称框内输入 G 然后按下 Enter 键。同样，在单元格 B4 中输入 Θ 的值后，选中 B4 并在名称框内输入 Theta，然后按下 Enter 键。

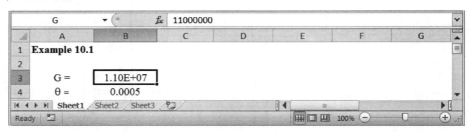

2. 如下图所示，创建工作表，显示节点的单元、节点号和坐标。在单元格 F8 中输入 =C10−C9；在单元格 F9 中输入=C8−C10，在单元格 F10 中输入=C9−C8；这三个单元格分别记为 deltai，deltaj，deltak。类似地，把单元格 G8 到 G10 分别记为 betai，betaj，betak，单元格的内容分别为=D9−D10，=D10−D8，=D8−D9。

   在单元格 I9 和 J9 中分别输入 A$_{triangle}$ 和对应的值。J9 记为 Atriangle。类似地，分别创建 W 和 L，在 J13 输入 W 的值并记为 W，在 J14 输入 L 的值并记为 L。在单元格 J15 使用公式=W*L 计算矩形的面积并记为 Arectangle。

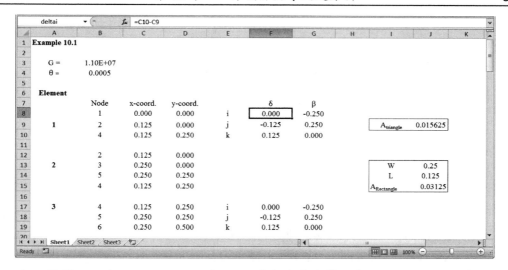

3. 如下图所示，使用 delta，beta 和 area 对应的值计算矩阵[**K1**]和[**K3**]。区域 G22：I24 分别记为 Kelement1 和 Kelement3。

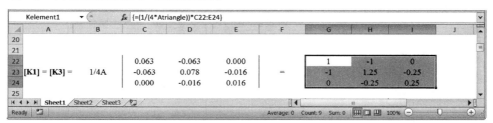

4. 如下图所示，用同样的方法创建 Kelement2。

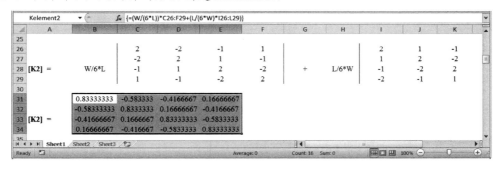

5. 如下图所示，创建矩阵{**F1**}，{**F3**}，{**F2**}。

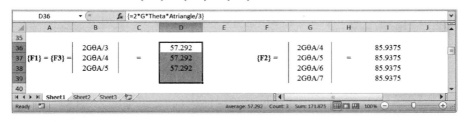

6. 接下来，创建矩阵[**A1**]，[**A3**]和[**A2**]，分别记为 Aelement1，Aelement3 和 Aelement2，如下图所示。

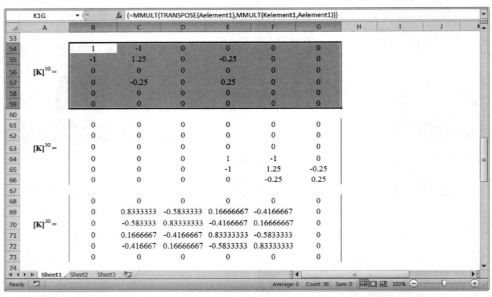

7. 下一步,为每个单元(根据其在整体矩阵中对应的位置)创建刚度矩阵并分别记为K1G、K3G 和 K2G。参见式(2.9),例如,创建[**K**]^{1G},选择 B54:G59 并输入=MMULT(TRANSPOSE(Aelement1),MMULT(Kelement1,Aelement1))。

同时按下 Ctrl + Shift 键后按 Enter 键。用同样的方法创建[**K**]^{3G}和[**K**]^{2G},如下图所示。

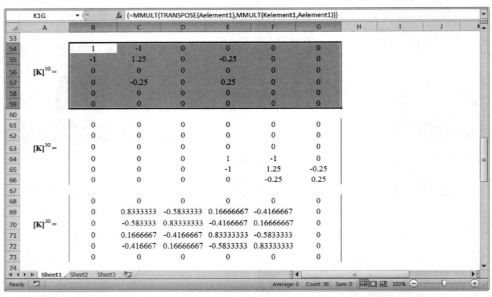

8. 创建荷载矩阵,如下图所示。

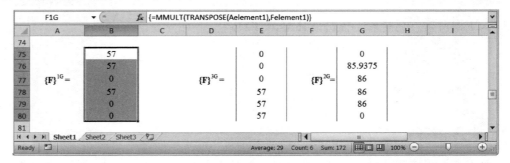

9. 下一步,创建最终整体矩阵。选择区域 B82:G87 并输入=K1G+K2G+K3G,同时按下 Ctrl + Shift 键后按 Enter 键。将区域 B82:G87 记为 KG,如下图所示。

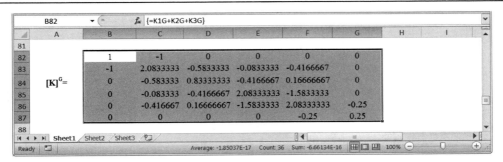

10. 创建荷载矩阵并记为 FG，如下图所示。

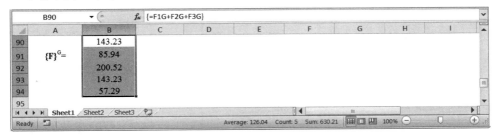

11. 应用边界条件。将矩阵 KG 中对应单元格的数据复制并粘贴到区域 C96:E98，将这个区域记为 KwithappliedBC。类似地，在区域 C100:C102 创建对应的荷载矩阵并记为 FwithappliedBC，如下图所示。

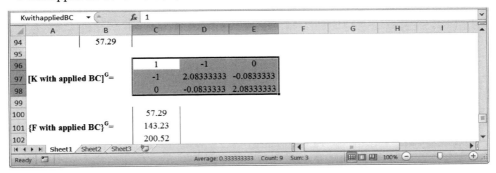

12. 选择区域 C104:C106 并输入=MMULT（MINVERSE（KwithappliedBC），FwithappliedBC），同时按下 Ctrl + Shift 键后按 Enter 键，如下图所示。

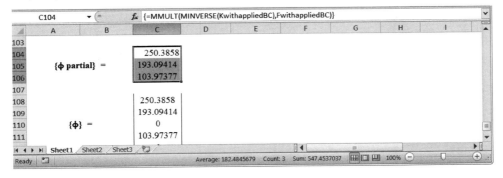

完成后的 Excel 表如下所示。

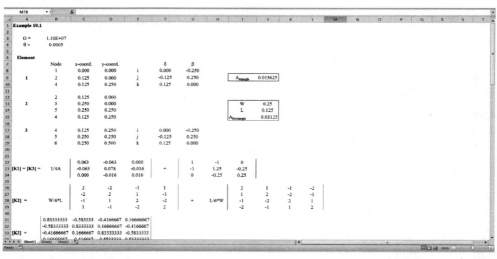

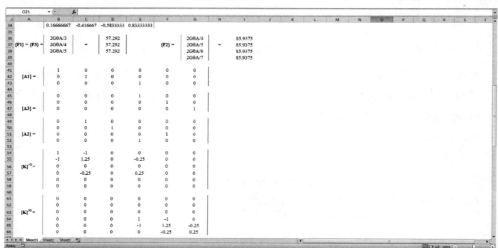

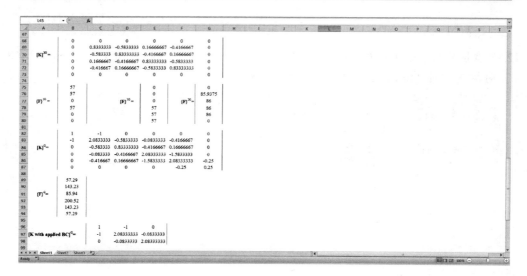

10.2　平面应力问题

首先回顾一下与材料弹性行为有关的一些基本概念。假设材料内的任意一点都由一个无限小的立方体包围，图 10.8 展示了小立方体的放大模型，其中立方体的面与 (X, Y, Z) 坐标系的坐标轴平行[注意本节中 (X, Y, Z) 和 (x, y, z) 坐标系是对齐的]。当施加外力时，材料体内会产生内力，因而会产生应力。如图 10.8 所示，任一点上的应力状态可用正面体上的 9 个应力（正向）分量及反方向上的同等分量表示。然而，由于平衡要求，只需要 6 个独立应力分量来表示一个点上的应力状态。因此，任一点上的应力状态可表示为

$$\boldsymbol{\sigma}^{\mathrm{T}} = \begin{bmatrix} \sigma_{XX} & \sigma_{YY} & \sigma_{ZZ} & \tau_{XY} & \tau_{YZ} & \tau_{XZ} \end{bmatrix} \tag{10.15}$$

其中，σ_{XX}，σ_{YY} 和 σ_{ZZ} 为正应力，τ_{XY}，τ_{YZ} 和 τ_{XZ} 为剪应力，这些力用于度量施加在立方体表面上内力大小。在许多实际问题中，会碰到在 Z 方向没有施加力的情形，因而 Z 面上也没有内力。这种情况称为平面应力问题，如图 10.9 所示。

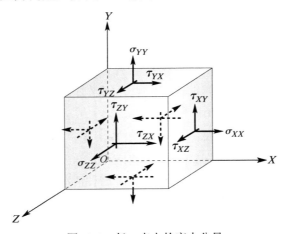

图 10.8　任一点上的应力分量

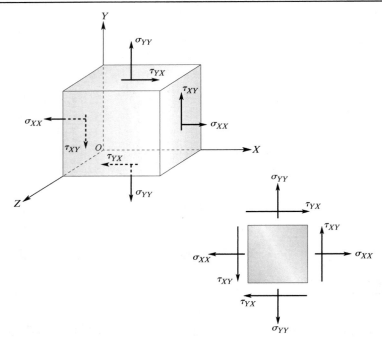

图 10.9　平面应力状态

对于平面应力问题，表示应力状态的应力分量减为 3 个，即

$$\boldsymbol{\sigma}^{\mathrm{T}} = [\sigma_{XX} \quad \sigma_{YY} \quad \tau_{XY}] \tag{10.16}$$

现考虑施加的外力是如何在物体内产生应力的。如前所述，施加的外力会使物体产生变形或改变形状。在此，可用位移向量表示物体内某一点位置的变化。在直角坐标下，位移向量 $\boldsymbol{\delta}$ 可表示为

$$\boldsymbol{\delta} = u(x, y, z)\, \boldsymbol{i} + v(x, y, z)\, \boldsymbol{j} + w(x, y, z)\, \boldsymbol{k}$$

其中，$\boldsymbol{i}$，$\boldsymbol{j}$ 和 $\boldsymbol{k}$ 为位移向量的方向向量。位移分量等于荷载引起的从点 (x, y, z) 到点 (x', y', z') 之间的坐标差，即

$$u(x, y, z) = x' - x$$
$$v(x, y, z) = y' - y$$
$$w(x, y, z) = z' - z$$

为了更好地度量物体大小和形状的变化，首先定义什么是正应变和剪应变。物体内任一点的应变状态可用 6 个独立分量表示，即

$$\boldsymbol{\varepsilon}^{\mathrm{T}} = [\varepsilon_{xx} \quad \varepsilon_{yy} \quad \varepsilon_{zz} \quad \gamma_{xy} \quad \gamma_{yz} \quad \gamma_{xz}] \tag{10.17}$$

其中，ε_{xx}，ε_{yy} 和 ε_{zz} 为正应变，γ_{xy}，γ_{yz} 和 γ_{xz} 为剪应变。这些应变提供了材料内由荷载引起的大小和形状变化的信息。当 z 方向上没有位移时，这种情况即为平面应变问题。回顾所学过的材料力学知识，读者应知道应变和位移之间的关系，即有

$$\varepsilon_{xx} = \frac{\partial u}{\partial x} \qquad \varepsilon_{yy} = \frac{\partial v}{\partial y} \qquad \varepsilon_{zz} = \frac{\partial w}{\partial z}$$

$$\gamma_{xy} = \frac{\partial u}{\partial y} + \frac{\partial v}{\partial x} \qquad \gamma_{yz} = \frac{\partial v}{\partial z} + \frac{\partial w}{\partial y} \qquad \gamma_{xz} = \frac{\partial u}{\partial z} + \frac{\partial w}{\partial x} \tag{10.18}$$

根据胡克定律，在材料的弹性区域内，应力和应变间也存在着关系，这些关系为

$$\varepsilon_{xx} = \frac{1}{E}[\sigma_{xx} - \nu(\sigma_{yy} + \sigma_{zz})]$$

$$\varepsilon_{yy} = \frac{1}{E}[\sigma_{yy} - \nu(\sigma_{xx} + \sigma_{zz})]$$

$$\varepsilon_{zz} = \frac{1}{E}[\sigma_{zz} - \nu(\sigma_{xx} + \sigma_{yy})] \tag{10.19}$$

$$\gamma_{xy} = \frac{1}{G}\tau_{xy} \quad \gamma_{yz} = \frac{1}{G}\tau_{yz} \quad \gamma_{zx} = \frac{1}{G}\tau_{zx}$$

其中，E 是弹性模量，ν 是泊松比，G 是弹性剪切模量(刚性模量)。对于平面应力问题，胡克定律的通式为

$$\begin{bmatrix} \sigma_{xx} \\ \sigma_{yy} \\ \tau_{xy} \end{bmatrix} = \frac{E}{1 - \nu^2} \begin{bmatrix} 1 & \nu & 0 \\ \nu & 1 & 0 \\ 0 & 0 & \dfrac{1 - \nu}{2} \end{bmatrix} \begin{bmatrix} \varepsilon_{xx} \\ \varepsilon_{yy} \\ \gamma_{xy} \end{bmatrix} \tag{10.20}$$

或者写成矩阵形式:

$$\boldsymbol{\sigma} = \boldsymbol{\nu}\boldsymbol{\varepsilon} \tag{10.21}$$

其中，

$$\boldsymbol{\sigma}^{\mathrm{T}} = \begin{bmatrix} \sigma_{xx} & \sigma_{yy} & \tau_{xy} \end{bmatrix}$$

$$\boldsymbol{\nu} = \frac{E}{1 - \nu^2} \begin{bmatrix} 1 & \nu & 0 \\ \nu & 1 & 0 \\ 0 & 0 & \dfrac{1 - \nu}{2} \end{bmatrix}$$

$$\boldsymbol{\varepsilon} = \begin{bmatrix} \varepsilon_{xx} \\ \varepsilon_{yy} \\ \gamma_{xy} \end{bmatrix}$$

对于平面应变问题，胡克定律变为

$$\begin{bmatrix} \sigma_{xx} \\ \sigma_{yy} \\ \tau_{xy} \end{bmatrix} = \frac{E}{(1 + \nu)(1 - 2\nu)} \begin{bmatrix} 1 - \nu & \nu & 0 \\ \nu & 1 - \nu & 0 \\ 0 & 0 & \dfrac{1}{2} - \nu \end{bmatrix} \begin{bmatrix} \varepsilon_{xx} \\ \varepsilon_{yy} \\ \gamma_{xy} \end{bmatrix} \tag{10.22}$$

而且，对于平面应变问题，应变和位移的关系为

$$\varepsilon_{xx} = \frac{\partial u}{\partial x} \quad \varepsilon_{yy} = \frac{\partial v}{\partial y} \quad \gamma_{xy} = \frac{\partial u}{\partial y} + \frac{\partial v}{\partial x} \tag{10.23}$$

前面的章节已经讨论过在固体力学问题中用最小总势能原理构建有限元模型的方法。施加在物体上的外力将使物体产生变形，变形期间外力所做的功以弹性能的方式储存在材料内，称之为应变能。对于承受双向轴力的固体材料，应变能 Λ 为

$$\Lambda^{(e)} = \frac{1}{2}\int_V (\sigma_{xx}\varepsilon_{xx} + \sigma_{yy}\varepsilon_{yy} + \tau_{xy}\gamma_{xy})\,\mathrm{d}V \tag{10.24}$$

或者写成矩阵形式：

$$\Lambda^{(e)} = \frac{1}{2} \int_V \boldsymbol{\sigma}^{\mathrm{T}} \boldsymbol{\varepsilon} \, \mathrm{d}V \tag{10.25}$$

根据胡克定律，用应变表示应力，则式（10.25）可以写为

$$\Lambda^{(e)} = \frac{1}{2} \int_V (\boldsymbol{v}\boldsymbol{\varepsilon})^{\mathrm{T}} \boldsymbol{\varepsilon} = \frac{1}{2} \int_V \boldsymbol{\varepsilon}^{\mathrm{T}} \boldsymbol{v}^{\mathrm{T}} \boldsymbol{\varepsilon} = \frac{1}{2} \int_V \boldsymbol{\varepsilon}^{\mathrm{T}} \boldsymbol{v}\boldsymbol{\varepsilon} \, \mathrm{d}V \tag{10.26}$$

注意，在积分式的最后，使用了式（2.12）和 $\boldsymbol{v}^{\mathrm{T}} = \boldsymbol{v}$。现在利用三角形单元来推导平面应力问题的有限元公式。可以使用如图 10.10 所示的线性三角形单元表示位移 u 和 v。

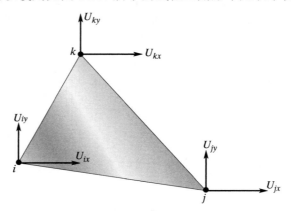

图 10.10 推导平面应力问题的三角形单元

用线性三角形形函数和节点位移表示的位移变量为

$$u = S_i U_{ix} + S_j U_{jx} + S_k U_{kx}$$
$$v = S_i U_{iy} + S_j U_{jy} + S_k U_{ky} \tag{10.27}$$

将式（10.27）写成矩阵形式：

$$\begin{bmatrix} u \\ v \end{bmatrix} = \begin{bmatrix} S_i & 0 & S_j & 0 & S_k & 0 \\ 0 & S_i & 0 & S_j & 0 & S_k \end{bmatrix} \begin{bmatrix} U_{ix} \\ U_{iy} \\ U_{jx} \\ U_{jy} \\ U_{kx} \\ U_{ky} \end{bmatrix} \tag{10.28}$$

下一步要做的工作是将应变和位移联系起来，即用形函数将应变和节点位移联系起来。考虑式（10.23）给出的应变-位移关系，当对位移分量求关于 x 和 y 坐标的导数时，意味着要对形函数求关于 x 和 y 的偏导数，即有

$$\varepsilon_{xx} = \frac{\partial u}{\partial x} = \frac{\partial}{\partial x}(S_i U_{ix} + S_j U_{jx} + S_k U_{kx}) = \frac{1}{2A}[\beta_i U_{ix} + \beta_j U_{jx} + \beta_k U_{kx}]$$

$$\varepsilon_{yy} = \frac{\partial v}{\partial y} = \frac{\partial}{\partial y}(S_i U_{iy} + S_j U_{jy} + S_k U_{ky}) = \frac{1}{2A}[\delta_i U_{iy} + \delta_j U_{jy} + \delta_k U_{ky}] \tag{10.29}$$

$$\gamma_{xy} = \frac{\partial u}{\partial y} + \frac{\partial v}{\partial x} = \frac{1}{2A}[\delta_i U_{ix} + \beta_i U_{iy} + \delta_j U_{jx} + \beta_j U_{jy} + \delta_k U_{kx} + \beta_k U_{ky}]$$

将式(10.29)表示为矩阵形式，有

$$
\begin{bmatrix} \varepsilon_{xx} \\ \varepsilon_{yy} \\ \gamma_{xy} \end{bmatrix} = \frac{1}{2A} \begin{bmatrix} \beta_i & 0 & \beta_j & 0 & \beta_k & 0 \\ 0 & \delta_i & 0 & \delta_j & 0 & \delta_k \\ \delta_i & \beta_i & \delta_j & \beta_j & \delta_k & \beta_k \end{bmatrix} \begin{bmatrix} U_{ix} \\ U_{iy} \\ U_{jx} \\ U_{jy} \\ U_{kx} \\ U_{ky} \end{bmatrix} \tag{10.30}
$$

若进一步表示，则式(10.30)变为

$$
\boldsymbol{\varepsilon} = \boldsymbol{BU} \tag{10.31}
$$

其中，

$$
\boldsymbol{\varepsilon} = \begin{bmatrix} \varepsilon_{xx} \\ \varepsilon_{yy} \\ \gamma_{xy} \end{bmatrix} \quad \boldsymbol{B} = \frac{1}{2A} \begin{bmatrix} \beta_i & 0 & \beta_j & 0 & \beta_k & 0 \\ 0 & \delta_i & 0 & \delta_j & 0 & \delta_k \\ \delta_i & \beta_i & \delta_j & \beta_j & \delta_k & \beta_k \end{bmatrix} \quad \boldsymbol{U} = \begin{bmatrix} U_{ix} \\ U_{iy} \\ U_{jx} \\ U_{jy} \\ U_{kx} \\ U_{ky} \end{bmatrix}
$$

将位移表示的应变分量代入应变能方程，有

$$
\Lambda^{(e)} = \frac{1}{2} \int_V \boldsymbol{\varepsilon}^{\mathrm{T}} \boldsymbol{v} \boldsymbol{\varepsilon} \, \mathrm{d}V = \frac{1}{2} \int_V \boldsymbol{U}^{\mathrm{T}} \boldsymbol{B}^{\mathrm{T}} \boldsymbol{v} \boldsymbol{B} \boldsymbol{U} \, \mathrm{d}V \tag{10.32}
$$

求关于节点位移的微分，有

$$
\frac{\partial \Lambda^{(e)}}{\partial U_k} = \frac{\partial}{\partial U_k} \left(\frac{1}{2} \int_V \boldsymbol{U}^{\mathrm{T}} \boldsymbol{B}^{\mathrm{T}} \boldsymbol{v} \boldsymbol{B} \boldsymbol{U} \, \mathrm{d}V \right), \quad k = 1, 2, \cdots, 6 \tag{10.33}
$$

求解方程，将会得到 $\boldsymbol{K}^{(e)} \boldsymbol{U}$ 的表达式。这样，刚度矩阵的表达式为

$$
\boldsymbol{K}^{(e)} = \int_V \boldsymbol{B}^{\mathrm{T}} \boldsymbol{v} \boldsymbol{B} \, \mathrm{d}V = V \boldsymbol{B}^{\mathrm{T}} \boldsymbol{v} \boldsymbol{B} \tag{10.34}
$$

其中，V 是单元的体积，即单元面积和单元厚度的乘积。例 10.2 将讨论如何利用式(10.34)计算二维三角形平面应力单元的刚度矩阵。

10.2.1　荷载矩阵

为了得到二维平面应力单元的荷载矩阵，必须首先计算出外力功，如均布荷载或集中荷载所做的功。集中荷载 Q 所做的功是荷载分量和相应位移分量的乘积。将集中荷载所做的功写成矩阵形式为

$$
W^{(e)} = \boldsymbol{U}^{\mathrm{T}} \boldsymbol{Q} \tag{10.35}
$$

分量 p_x 和 p_y 的均布荷载所做的功为

$$
W^{(e)} = \int_A (u p_x + v p_y) \, \mathrm{d}A \tag{10.36}
$$

其中，u 和 v 分别是 x 和 y 方向的位移，A 表示均布荷载作用范围的面积。面积 A 的大小为单元厚度 t 和均布荷载作用边长的乘积。如果使用三角形单元描述位移，则均布荷载所做的功为

$$W^{(e)} = \int_A \boldsymbol{U}^{\mathrm{T}} \boldsymbol{S}^{\mathrm{T}} \boldsymbol{p} \, \mathrm{d}A \tag{10.37}$$

其中

$$\boldsymbol{p} = \begin{bmatrix} p_x \\ p_y \end{bmatrix}$$

计算荷载矩阵的下一步是求最小值。在集中荷载的情形下，对式(10.35)求关于节点位移的微分，将会得到集中荷载作用下的荷载分量

$$\boldsymbol{F}^{(e)} = \begin{bmatrix} Q_{ix} \\ Q_{iy} \\ Q_{jx} \\ Q_{jy} \\ Q_{kx} \\ Q_{ky} \end{bmatrix} \tag{10.38}$$

对均布荷载所做的功求关于节点位移的微分，将得到均布荷载作用下的荷载矩阵

$$\boldsymbol{F}^{(e)} = \int_A \boldsymbol{S}^{\mathrm{T}} \boldsymbol{p} \, \mathrm{d}A \tag{10.39}$$

其中，

$$\boldsymbol{S}^{\mathrm{T}} = \begin{bmatrix} S_i & 0 \\ 0 & S_i \\ S_j & 0 \\ 0 & S_j \\ S_k & 0 \\ 0 & S_k \end{bmatrix}$$

考虑沿边承受均布荷载的单元，如图 10.11 所示。

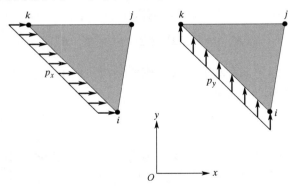

图 10.11   沿 k-i 边施加均布荷载的三角形单元

沿 k-i 边计算式(10.39)，并注意 k-i 边上 $S_j = 0$，有

$$\boldsymbol{F}^{(e)} = \int_A \begin{bmatrix} S_i & 0 \\ 0 & S_i \\ S_j & 0 \\ 0 & S_j \\ S_k & 0 \\ 0 & S_k \end{bmatrix} \begin{bmatrix} p_x \\ p_y \end{bmatrix} \mathrm{d}A = t \int_{\ell_{ki}} \begin{bmatrix} S_i & 0 \\ 0 & S_i \\ 0 & 0 \\ 0 & 0 \\ S_k & 0 \\ 0 & S_k \end{bmatrix} \begin{bmatrix} p_x \\ p_y \end{bmatrix} \mathrm{d}\ell = \frac{tL_{ik}}{2} \begin{bmatrix} p_x \\ p_y \\ 0 \\ 0 \\ p_x \\ p_y \end{bmatrix} \tag{10.40}$$

注意，图 10.11 所示的 k-i 边均布荷载的影响，是由 i 和 k 处两个相等的节点力表示的，每个

力都有 x 和 y 分量。利用类似的方法，可对施加在三角形单元其他边上的力推导荷载矩阵。沿 i-j 边和 j-k 边对式(10.39)进行积分，则有

$$\boldsymbol{F}^{(e)} = \frac{tL_{ij}}{2} \begin{bmatrix} p_x \\ p_y \\ p_x \\ p_y \\ 0 \\ 0 \end{bmatrix} \qquad \boldsymbol{F}^{(e)} = \frac{tL_{jk}}{2} \begin{bmatrix} 0 \\ 0 \\ p_x \\ p_y \\ p_x \\ p_y \end{bmatrix} \tag{10.41}$$

一般来说，线性三角形单元没有高阶单元提供的精度高。以上推导过程是为了说明推导单元刚度矩阵和荷载矩阵的一般步骤。下面用等参公式推导四边形单元的刚度矩阵。

10.3　四边形等参单元

如同第 5 章和第 7 章所述，当用一组单一的参数(形函数)来定义未知量 u，v，T 等，并同时用来表示单元内任意点的位置时，所使用的就是等参公式。以这种方式表示的单元称为等参单元。参见图 7.17 所示的四边形单元(为方便起见，这里再次给出了该图)。使用四边形单元，用式(7.30)可表示单元内的位移，即有[为方便起见，这里再次列出式(7.30)]：

$$u^{(e)} = S_i U_{ix} + S_j U_{jx} + S_m U_{mx} + S_n U_{nx}$$
$$v^{(e)} = S_i U_{iy} + S_j U_{jy} + S_m U_{my} + S_n U_{ny} \tag{7.30}$$

将式(7.30)写成矩阵形式，即式(7.31)，

$$\begin{bmatrix} u \\ v \end{bmatrix} = \begin{bmatrix} S_i & 0 & S_j & 0 & S_m & 0 & S_n & 0 \\ 0 & S_i & 0 & S_j & 0 & S_m & 0 & S_n \end{bmatrix} \begin{bmatrix} U_{ix} \\ U_{iy} \\ U_{jx} \\ U_{jy} \\ U_{mx} \\ U_{my} \\ U_{nx} \\ U_{ny} \end{bmatrix} \tag{7.31}$$

注意，使用等参单元，可以用同样的形函数来表示单元内任意点的位置：

$$x = S_i x_i + S_j x_j + S_m x_m + S_n x_n$$
$$y = S_i y_i + S_j y_j + S_m y_m + S_n y_n \tag{7.32}$$

由于应变分量与位移相关($\varepsilon_{xx} = \dfrac{\partial u}{\partial x}$，$\varepsilon_{yy} = \dfrac{\partial v}{\partial y}$，$\gamma_{xy} = \dfrac{\partial u}{\partial y} + \dfrac{\partial v}{\partial x}$)，因此可通过形函数与节点位移建立联系。

第 7 章已给出了坐标变换的雅可比矩阵，即式(7.34)，

$$\begin{bmatrix} \dfrac{\partial f(x, y)}{\partial \xi} \\ \dfrac{\partial f(x, y)}{\partial \eta} \end{bmatrix} = \overbrace{\begin{bmatrix} \dfrac{\partial x}{\partial \xi} & \dfrac{\partial y}{\partial \xi} \\ \dfrac{\partial x}{\partial \eta} & \dfrac{\partial y}{\partial \eta} \end{bmatrix}}^{\boldsymbol{J}} \begin{bmatrix} \dfrac{\partial f(x, y)}{\partial x} \\ \dfrac{\partial f(x, y)}{\partial y} \end{bmatrix} \tag{7.34}$$

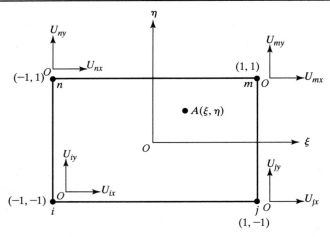

图 7.17　平面应力问题中的四边形单元

式(7.34)也可以表示成式(7.35)的形式,即

$$
\begin{bmatrix} \dfrac{\partial f(x,\,y)}{\partial x} \\[2mm] \dfrac{\partial f(x,\,y)}{\partial y} \end{bmatrix} = \boldsymbol{J}^{-1} \begin{bmatrix} \dfrac{\partial f(x,\,y)}{\partial \xi} \\[2mm] \dfrac{\partial f(x,\,y)}{\partial \eta} \end{bmatrix} \tag{7.35}
$$

对于四边形单元,可使用式(7.32)和式(7.7)计算矩阵 $\boldsymbol{J}$,

$$
\boldsymbol{J} = \begin{bmatrix} \dfrac{\partial x}{\partial \xi} & \dfrac{\partial y}{\partial \xi} \\[2mm] \dfrac{\partial x}{\partial \eta} & \dfrac{\partial y}{\partial \eta} \end{bmatrix} = \begin{bmatrix} \dfrac{\partial}{\partial \xi}[S_i x_i + S_j x_j + S_m x_m + S_n x_n] & \dfrac{\partial}{\partial \xi}[S_i y_i + S_j y_j + S_m y_m + S_n y_n] \\[2mm] \dfrac{\partial}{\partial \eta}[S_i x_i + S_j x_j + S_m x_m + S_n x_n] & \dfrac{\partial}{\partial \eta}[S_i y_i + S_j y_j + S_m y_m + S_n y_n] \end{bmatrix} \tag{10.42}
$$

$$
\boldsymbol{J} = \frac{1}{4} \times \begin{bmatrix} [-(1-\eta)x_i + (1-\eta)x_j + (1+\eta)x_m - (1+\eta)x_n] \\ [-(1-\xi)x_i - (1+\xi)x_j + (1+\xi)x_m + (1-\xi)x_n] \end{bmatrix}
$$

$$
\begin{bmatrix} [-(1-\eta)y_i + (1-\eta)y_j + (1+\eta)y_m - (1+\eta)y_n] \\ [-(1-\xi)y_i - (1+\xi)y_j + (1+\xi)y_m + (1-\xi)y_n] \end{bmatrix} = \begin{bmatrix} J_{11} & J_{12} \\ J_{21} & J_{22} \end{bmatrix} \tag{10.43}
$$

注意,二维方阵的逆矩阵可表示为

$$
\boldsymbol{J}^{-1} = \frac{1}{J_{11}J_{22} - J_{12}J_{21}} \begin{bmatrix} J_{22} & -J_{12} \\ -J_{21} & J_{11} \end{bmatrix} = \frac{1}{\det \boldsymbol{J}} \begin{bmatrix} J_{22} & -J_{12} \\ -J_{21} & J_{11} \end{bmatrix} \tag{10.44}
$$

现在再来推导刚度矩阵的公式。单元的应变能为

$$
\Lambda^{(e)} = \frac{1}{2} \int_V \boldsymbol{\varepsilon}^{\mathrm{T}} \boldsymbol{v} \boldsymbol{\varepsilon} \, \mathrm{d}V = \frac{1}{2}(t_e) \int_A \boldsymbol{\varepsilon}^{\mathrm{T}} \boldsymbol{v} \boldsymbol{\varepsilon} \, \mathrm{d}A \tag{10.45}
$$

其中,t_e 是单元的厚度。回想一下用矩阵形式表示的应变位移关系,即

$$
\boldsymbol{\varepsilon} = \begin{bmatrix} \varepsilon_{xx} \\ \varepsilon_{yy} \\ \gamma_{xy} \end{bmatrix} = \begin{bmatrix} \dfrac{\partial u}{\partial x} \\[2mm] \dfrac{\partial v}{\partial y} \\[2mm] \dfrac{\partial u}{\partial y} + \dfrac{\partial v}{\partial x} \end{bmatrix} \tag{10.46}
$$

计算其中的偏导数，有

$$
\begin{bmatrix} \dfrac{\partial u}{\partial x} \\[2mm] \dfrac{\partial u}{\partial y} \end{bmatrix} = \dfrac{1}{\det \boldsymbol{J}} \begin{bmatrix} J_{22} & -J_{12} \\ -J_{21} & J_{11} \end{bmatrix} \begin{bmatrix} \dfrac{\partial u}{\partial \xi} \\[2mm] \dfrac{\partial u}{\partial \eta} \end{bmatrix} \tag{10.47}
$$

$$
\begin{bmatrix} \dfrac{\partial v}{\partial x} \\[2mm] \dfrac{\partial v}{\partial y} \end{bmatrix} = \dfrac{1}{\det \boldsymbol{J}} \begin{bmatrix} J_{22} & -J_{12} \\ -J_{21} & J_{11} \end{bmatrix} \begin{bmatrix} \dfrac{\partial v}{\partial \xi} \\[2mm] \dfrac{\partial v}{\partial \eta} \end{bmatrix} \tag{10.48}
$$

将式(10.46)，式(10.47)和式(10.48)组合起来，有

$$
\boldsymbol{\varepsilon} = \begin{bmatrix} \dfrac{\partial u}{\partial x} \\[2mm] \dfrac{\partial v}{\partial y} \\[2mm] \dfrac{\partial u}{\partial y} + \dfrac{\partial v}{\partial x} \end{bmatrix} = \overbrace{\dfrac{1}{\det \boldsymbol{J}} \begin{bmatrix} J_{22} & -J_{12} & 0 & 0 \\ 0 & 0 & -J_{21} & J_{11} \\ -J_{21} & J_{11} & J_{22} & -J_{12} \end{bmatrix}}^{\boldsymbol{A}} \begin{bmatrix} \dfrac{\partial u}{\partial \xi} \\[2mm] \dfrac{\partial u}{\partial \eta} \\[2mm] \dfrac{\partial v}{\partial \xi} \\[2mm] \dfrac{\partial v}{\partial \eta} \end{bmatrix} \tag{10.49}
$$

注意矩阵 $\boldsymbol{A}$ 是如何定义的，它在以后还会用到。利用式(7.30)，有

$$
\begin{bmatrix} \dfrac{\partial u}{\partial \xi} \\[2mm] \dfrac{\partial u}{\partial \eta} \\[2mm] \dfrac{\partial v}{\partial \xi} \\[2mm] \dfrac{\partial v}{\partial \eta} \end{bmatrix} = \overbrace{\dfrac{1}{4} \begin{bmatrix} -(1-\eta) & 0 & (1-\eta) & 0 & (1+\eta) & 0 & -(1+\eta) & 0 \\ -(1-\xi) & 0 & -(1+\xi) & 0 & (1+\xi) & 0 & (1-\xi) & 0 \\ 0 & -(1-\eta) & 0 & (1-\eta) & 0 & (1+\eta) & 0 & -(1+\eta) \\ 0 & -(1-\xi) & 0 & -(1+\xi) & 0 & (1+\xi) & 0 & (1-\xi) \end{bmatrix}}^{\boldsymbol{D}} \overbrace{\begin{bmatrix} U_{ix} \\ U_{iy} \\ U_{jx} \\ U_{jy} \\ U_{mx} \\ U_{my} \\ U_{nx} \\ U_{ny} \end{bmatrix}}^{\boldsymbol{U}} \tag{10.50}
$$

将式(10.50)写成矩阵形式，有

$$
\boldsymbol{\varepsilon} = \boldsymbol{A}\boldsymbol{D}\boldsymbol{U} \tag{10.51}
$$

下面将应变能积分中的 $\mathrm{d}A$ 项($\mathrm{d}A = \mathrm{d}x\mathrm{d}y$)变换成自然坐标的乘积，这可以用下式实现：

$$
\Lambda^{(e)} = \dfrac{1}{2}(t_e) \int_A \boldsymbol{\varepsilon}^{\mathrm{T}} \boldsymbol{v} \boldsymbol{\varepsilon} \, \mathrm{d}A = \dfrac{1}{2}(t_e) \int_{-1}^{1} \int_{-1}^{1} \boldsymbol{\varepsilon}^{\mathrm{T}} \boldsymbol{v} \boldsymbol{\varepsilon} \overbrace{\det \boldsymbol{J} \mathrm{d}\xi \mathrm{d}\eta}^{\mathrm{d}A} \tag{10.52}
$$

将应变矩阵 $\boldsymbol{\varepsilon}$ 和材料属性矩阵 $\boldsymbol{v}$ 代入式(10.52)，并求单元应变能对节点的位移微分，则可得

到单元刚度矩阵的表达式为

$$K^{(e)} = t_e \int_{-1}^{1} \int_{-1}^{1} (AD)^{\mathrm{T}} \, v \, AD \det J \mathrm{d}\xi \mathrm{d}\eta \tag{10.53}$$

注意,上式得到的刚度矩阵为 8×8 阶矩阵。如第 7 章所述,式(10.53)中的积分可利用高斯-勒让德积分公式进行数值计算。

例 10.2 设有一二维三角形平面应力单元,由钢制成,弹性模量 $E = 200\ \mathrm{GPa}$,泊松比 $v = 0.32$,如图 10.12 所示。单元的厚度为 3 mm,图 10.12 中节点 i, j, k 的坐标单位为 cm。试确定给定条件下的刚度矩阵和荷载矩阵。

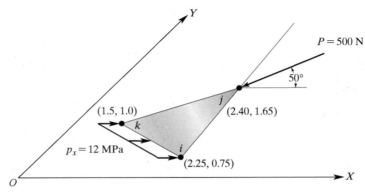

图 10.12　例 10.2 中单元的荷载和节点坐标

单元的刚度矩阵为

$$K^{(e)} = V B^{\mathrm{T}} v B$$

其中,

$$V = tA$$

$$B = \frac{1}{2A} \begin{bmatrix} \beta_i & 0 & \beta_j & 0 & \beta_k & 0 \\ 0 & \delta_i & 0 & \delta_j & 0 & \delta_k \\ \delta_i & \beta_i & \delta_j & \beta_j & \delta_k & \beta_k \end{bmatrix}$$

$$v = \frac{E}{1 - v^2} \begin{bmatrix} 1 & v & 0 \\ v & 1 & 0 \\ 0 & 0 & \dfrac{1 - v}{2} \end{bmatrix}$$

于是有

$$\beta_i = Y_j - Y_k = 1.65 - 1.0 = 0.65 \qquad \delta_i = X_k - X_j = 1.50 - 2.40 = -0.9$$

$$\beta_j = Y_k - Y_i = 1.0 - 0.75 = 0.25 \qquad \delta_j = X_i - X_k = 2.25 - 1.5 = 0.75$$

$$\beta_k = Y_i - Y_j = 0.75 - 1.65 = -0.9 \quad \delta_k = X_j - X_i = 2.40 - 2.25 = 0.15$$

并且

$$2A = X_i(Y_j - Y_k) + X_j(Y_k - Y_i) + X_k(Y_i - Y_j)$$

$$2A = 2.25(1.65 - 1.0) + 2.40(1.0 - 0.75) + 1.5(0.75 - 1.65) = 0.7125$$

将有关值代入以上矩阵，有

$$\boldsymbol{B} = \frac{1}{0.7125} \times \begin{bmatrix} 0.65 & 0 & 0.25 & 0 & -0.9 & 0 \\ 0 & -0.9 & 0 & 0.75 & 0 & 0.15 \\ -0.9 & 0.65 & 0.75 & 0.25 & 0.15 & -0.9 \end{bmatrix}$$

$$\boldsymbol{B}^{\mathrm{T}} = \frac{1}{0.7125} \times \begin{bmatrix} 0.65 & 0 & -0.9 \\ 0 & -0.9 & 0.65 \\ 0.25 & 0 & 0.75 \\ 0 & 0.75 & 0.25 \\ -0.9 & 0 & 0.15 \\ 0 & 0.15 & -0.9 \end{bmatrix}$$

$$\boldsymbol{v} = \frac{200 \times 10^5 \dfrac{\mathrm{N}}{\mathrm{cm}^2}}{1-(0.32)^2} \times \begin{bmatrix} 1 & 0.32 & 0 \\ 0.32 & 1 & 0 \\ 0 & 0 & \dfrac{1-0.32}{2} \end{bmatrix} = \begin{bmatrix} 22\,281\,640 & 7\,130\,125 & 0 \\ 7\,130\,125 & 22\,281\,640 & 0 \\ 0 & 0 & 7\,575\,758 \end{bmatrix}$$

进行相应的矩阵运算，则得到单元的刚度矩阵为

$$\boldsymbol{K}^{(e)} = \frac{(0.3) \times \left(\dfrac{0.7125}{2}\right)}{(0.7125)^2} \times \begin{bmatrix} 0.65 & 0 & -0.9 \\ 0 & -0.9 & 0.65 \\ 0.25 & 0 & 0.75 \\ 0 & 0.75 & 0.25 \\ -0.9 & 0 & 0.15 \\ 0 & 0.15 & -0.9 \end{bmatrix} \begin{bmatrix} 22\,281\,640 & 7\,130\,125 & 0 \\ 7\,130\,125 & 22\,281\,640 & 0 \\ 0 & 0 & 7\,575\,758 \end{bmatrix}$$

$$\begin{bmatrix} 0.65 & 0 & 0.25 & 0 & -0.9 & 0 \\ 0 & -0.9 & 0 & 0.75 & 0 & 0.15 \\ -0.9 & 0.65 & 0.75 & 0.25 & 0.15 & -0.9 \end{bmatrix}$$

经简化，有

$$\boldsymbol{K}^{(e)} = \begin{bmatrix} 327\,375\,9 & -181\,114\,6 & -314\,288 & 372\,924 & -295\,947\,1 & 143\,822\,1 \\ -181\,114\,6 & 447\,344\,9 & 439\,769 & -290\,716\,7 & 137\,137\,6 & -156\,628\,2 \\ -314\,288 & 439\,769 & 119\,030\,9 & 580\,495 & -876\,020 & -102\,026\,5 \\ 372\,924 & -290\,716\,7 & 580\,495 & 273\,829\,6 & -953\,420 & 168\,871 \\ -295\,947\,1 & 137\,137\,6 & -876\,020 & -953\,420 & 383\,549\,1 & -417\,957 \\ 143\,822\,1 & -156\,628\,2 & -102\,026\,5 & 168\,871 & -417\,957 & 139\,741\,1 \end{bmatrix} \, (\mathrm{N/cm})$$

由分布荷载引起的荷载矩阵为

$$\boldsymbol{F}^{(e)} = \frac{tL_{ik}}{2} \begin{bmatrix} p_x \\ p_y \\ 0 \\ 0 \\ p_x \\ p_y \end{bmatrix} = \frac{(0.3)\sqrt{(2.25-1.5)^2+(0.75-1.0)^2}}{2} \begin{bmatrix} 1200 \\ 0 \\ 0 \\ 0 \\ 1200 \\ 0 \end{bmatrix} = \begin{bmatrix} 142 \\ 0 \\ 0 \\ 0 \\ 142 \\ 0 \end{bmatrix}$$

由集中荷载引起的荷载矩阵为

$$\boldsymbol{F}^{(e)} = \begin{bmatrix} 0 \\ 0 \\ Q_{jx} \\ Q_{jy} \\ 0 \\ 0 \end{bmatrix} = \begin{bmatrix} 0 \\ 0 \\ -500\cos(50) \\ -500\sin(50) \\ 0 \\ 0 \end{bmatrix} = \begin{bmatrix} 0 \\ 0 \\ -321 \\ -383 \\ 0 \\ 0 \end{bmatrix}$$

单元的总荷载矩阵为

$$\boldsymbol{F}^{(e)} = \begin{bmatrix} 142 \\ 0 \\ -321 \\ -383 \\ 142 \\ 0 \end{bmatrix} \text{ (N)}$$

10.4　轴对称问题

这一节主要讨论利用轴对称三角形单元建立刚度矩阵的公式，其建立步骤与 10.2 节的步骤类似，当时是在直角坐标系中表示一个点的应力状态。然而，在 9.4 节中，轴对称公式要求使用柱坐标系，而且由于荷载和几何形状关于 z 轴对称，点的应力和应变状态可用如下分量定义：

$$\boldsymbol{\sigma}^{\mathrm{T}} = \begin{bmatrix} \sigma_{rr} & \sigma_{zz} & \tau_{rz} & \sigma_{\theta\theta} \end{bmatrix} \tag{10.54}$$

$$\boldsymbol{\varepsilon}^{\mathrm{T}} = \begin{bmatrix} \varepsilon_{rr} & \varepsilon_{zz} & \gamma_{rz} & \varepsilon_{\theta\theta} \end{bmatrix} \tag{10.55}$$

应变和位移的关系为

$$\varepsilon_{rr} = \frac{\partial u}{\partial r} \qquad \varepsilon_{zz} = \frac{\partial w}{\partial z} \qquad \gamma_{rz} = \frac{\partial u}{\partial z} + \frac{\partial w}{\partial r} \qquad \varepsilon_{\theta\theta} = \frac{u}{r} \tag{10.56}$$

参考图 10.13 单元的变形形式。同样地，应力和应变的关系遵循胡克定律，即有

$$\begin{bmatrix} \sigma_{rr} \\ \sigma_{zz} \\ \tau_{rz} \\ \sigma_{\theta\theta} \end{bmatrix} = \frac{E(1-\nu)}{(1+\nu)(1-2\nu)} \begin{bmatrix} 1 & \dfrac{\nu}{1-\nu} & 0 & \dfrac{\nu}{1-\nu} \\ \dfrac{\nu}{1-\nu} & 1 & 0 & \dfrac{\nu}{1-\nu} \\ 0 & 0 & \dfrac{1-2\nu}{2(1-\nu)} & 0 \\ \dfrac{\nu}{1-\nu} & \dfrac{\nu}{1-\nu} & 0 & 1 \end{bmatrix} \begin{bmatrix} \varepsilon_{rr} \\ \varepsilon_{zz} \\ \gamma_{rz} \\ \varepsilon_{\theta\theta} \end{bmatrix} \tag{10.57}$$

写成矩阵形式，有

$$\boldsymbol{\sigma} = \boldsymbol{\nu}\boldsymbol{\varepsilon} \tag{10.58}$$

接下来，用轴对称三角形单元的形函数表示位移变量 u 和 w，轴对称三角形单元节点的位移如图 10.14 所示。

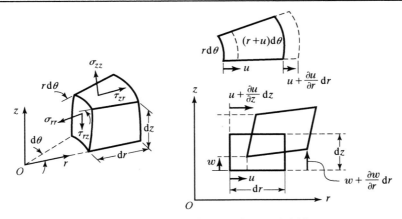

图 10.13　柱坐标系下的应力和位移分量

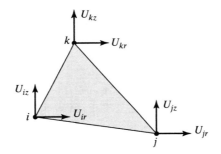

图 10.14　轴对称三角形单元的节点位移

$$
\begin{bmatrix} u \\ w \end{bmatrix} = \begin{bmatrix} S_i & 0 & S_j & 0 & S_k & 0 \\ 0 & S_i & 0 & S_j & 0 & S_k \end{bmatrix} \begin{bmatrix} U_{ir} \\ U_{iz} \\ U_{jr} \\ U_{jz} \\ U_{kr} \\ U_{kz} \end{bmatrix} \tag{10.59}
$$

其中，轴对称单元的形函数由式 (7.27) 给出。接下来，根据应变和位移的关系求解应变，即有

$$
\varepsilon_{rr} = \frac{\partial u}{\partial r} = \frac{\partial}{\partial r}[S_i U_{ir} + S_j U_{jr} + S_k U_{kr}] \tag{10.60}
$$

$$
\varepsilon_{zz} = \frac{\partial w}{\partial z} = \frac{\partial}{\partial z}[S_i U_{iz} + S_j U_{jz} + S_k U_{kz}] \tag{10.61}
$$

$$
\gamma_{rz} = \frac{\partial u}{\partial z} + \frac{\partial w}{\partial r} = \frac{\partial}{\partial z}[S_i U_{ir} + S_j U_{jr} + S_k U_{kr}] + \frac{\partial}{\partial r}[S_i U_{iz} + S_j U_{jz} + S_k U_{kz}] \tag{10.62}
$$

$$
\varepsilon_{\theta\theta} = \frac{u}{r} = \frac{S_i U_{ir} + S_j U_{jr} + S_k U_{kr}}{r} \tag{10.63}
$$

正如 10.2 节所述，对位移分量求导后，就可以用紧凑的矩阵形式表示节点位移和应变分量之间的关系，即

$$
\varepsilon = BU \tag{10.64}
$$

将轴对称单元应变能中的应变矩阵用位移表示，最后可得如下刚度矩阵：

$$\boldsymbol{K}^{(e)} = 2\pi \int \boldsymbol{B}^{\mathrm{T}} \nu \boldsymbol{B} r \mathrm{d}A \tag{10.65}$$

注意，上式是一个 6×6 阶矩阵。

10.5　基本失效理论

大多数结构实体分析的目标之一是检查其失效性。但是，要预测自然界中的东西是否失效是十分复杂的，因此有许多研究人员都致力于研究这个课题。本节简要介绍几种基本的失效理论。如果想深入了解这些理论，可以参考有关材料力学和机械设计的教材，例如 Shigley and Mischke (1989) 就是一本很好的教材。

利用 ANSYS 可以计算出材料内的应力分量 σ_x，σ_y，τ_{xy}，以及主应力 σ_1，σ_2 的分布，但如何确定所分析的物体在所施加的荷载作用下是否会产生永久变形或失效呢？读者不妨回顾一下以前学过的材料力学知识，对材料的具体性能了解得可能并不太准确，或者还有某些荷载暂时没有考虑而将来又有可能发生，为此引入了安全系数 (F.S.) 的概念，其定义为

$$\mathrm{F.S.} = \frac{P_{\max}}{P_{\text{allowable}}} \tag{10.66}$$

其中，$P_{\max}$ 是引起失效的荷载。在特定情况下，如果施加的荷载和应力是线性关系，也习惯于将安全系数定义为引起失效的最大应力和允许应力之比。但是，如何应用材料的应力分布知识预测失效呢？首先看看主应力和最大剪应力是如何计算的。平面上任一点的主应力可由 σ_x，σ_y，τ_{xy} 用以下方程确定，即

$$\sigma_{1,2} = \frac{\sigma_x + \sigma_y}{2} \pm \sqrt{\left(\frac{\sigma_x - \sigma_y}{2}\right)^2 + \tau_{xy}^2} \tag{10.67}$$

而最大剪应力由以下关系确定：

$$\tau_{\max} = \sqrt{\left(\frac{\sigma_x - \sigma_y}{2}\right)^2 + \tau_{xy}^2} \tag{10.68}$$

失效准则有很多种，包括最大正应力理论、最大剪应力理论和变形能理论。变形能理论又称为 Mises-Hencky 理论，它是预测柔性材料失效的最常用理论之一。这个理论常用来定义屈服点。为了设计的目的，可以用以下式子计算米泽斯应力 σ_v：

$$\sigma_v = \sqrt{\sigma_1^2 - \sigma_1\sigma_2 + \sigma_2^2} \tag{10.69}$$

材料的米泽斯应力应小于材料的屈服强度，只有这样设计才是安全的。米泽斯应力、材料强度和安全系数之间的关系为

$$\sigma_v = \frac{S_Y}{\mathrm{F.S.}} \tag{10.70}$$

其中，S_Y 是材料的屈服强度，取自拉伸实验。许多脆性材料都易于在没有屈服的情况下突然失效。对平面应力条件下的脆性材料，最大正应力理论说明，如果材料内任一点的主应力超过了材料极限正应力，则材料将失效。这种思想可以用下式表示：

$$|\sigma_1| = S_{\text{ultimate}} \qquad |\sigma_2| = S_{\text{ultimate}} \tag{10.71}$$

其中，S_{ultimate} 是材料的极限强度，取自拉伸实验。对于具有不同拉伸和压缩属性的材料，最大应力理论没有给出合理的预测；对于这样的结构，可以考虑使用莫尔(Mohr)破坏准则。

10.6 ANSYS 应用

ANSYS 提供了许多可用于二维结构力学问题建模的单元。第 7 章已经讨论了一些这样的单元。二维结构力学单元包括 PLANE182 和 PLANE183。

PLANE182：一个 4 节点单元，用于二维固体力学问题的建模。该单元既可用于平面单元(平面应力，平面应变或广义平面应变)，也可用于轴对称单元。

PLANE183：一个 6 节点(三角形)或 8 节点(四边形)单元，用于结构力学问题的建模。它具有二次位移的特性，并且适用于不规则形状的建模。无论 6 节点还是 8 节点，该单元的每个节点都有两个自由度， 或者说节点能够在 x 方向和 y 方向平移。该单元可用作平面单元(平面应力，平面应变或广义平面应变)或轴对称单元。对于三角形单元，将 KEYOPT(1)选项设置为 1。

正如 10.1 节所述，由于扭转问题和热传递问题有相似的控制方程，除了上述单元，还可以使用热力学单元(例如 PLANE35，6 节点三角形单元；PLANE55，4 节点四边形单元；或者 PLANE77，8 节点四边形单元)来模拟扭转问题。然而，应用热力学单元时，需要给单元赋予恰当的属性和边界条件。例 10.1 说明了上述观点。

重新计算例 10.1 如下图所示，有一矩形截面钢杆($G = 11 \times 10^3$ ksi)，假设 $\theta = 0.0005$ rad/in，试用 ANSYS 确定其最大剪应力的位置和大小，并将 ANSYS 的计算结果与 10.1 节讨论的精确结果进行对比。

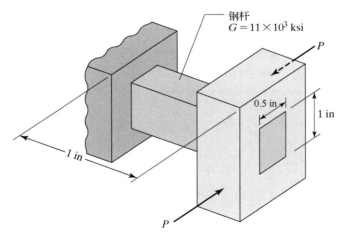

使用 Launcher 进入 ANSYS 程序。在对话框的 Jobname 文本框中输入 Torsion(或自己选定的文件名)。

点击 Run 按钮启动图形用户界面。创建该问题的标题，命令如下所述。

功能菜单：**File→Change Title...**

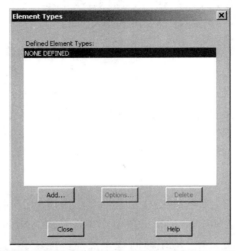

主菜单: **Preprocessor→Element Type→Add/Edit/Delete**

主 菜 单: **Preprocessor→Material Props→Material Models→Thermal→ Conductivity→ Isotropic**

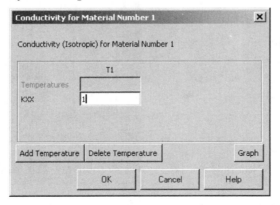

ANSYS 工具栏: **SAVE_DB**

主菜单: **Preprocessor→Modeling→Create→Areas→Rectangle→by 2 Corners**

主菜单：**Preprocessor→Meshing→Size Cntrls→Smart Size→Basic**

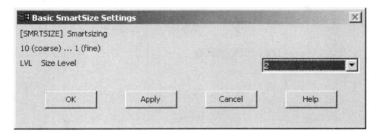

主菜单：**Preprocessor→Meshing→Mesh→Areas→Free**
Pick All（拾取全部区域）

主菜单：**Solution→Define Loads→Apply→Thermal→Temperature→On Line**
选择矩形的四条边，给它们赋予一个温度值恒为零的边界条件。

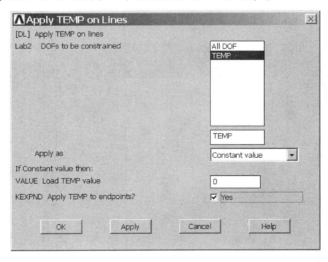

主菜单：**Solution→Define Loads→Apply→Thermal→Heat General→On Area**
选取要赋值的矩形面，输入 $2G\theta = 11\,000$。

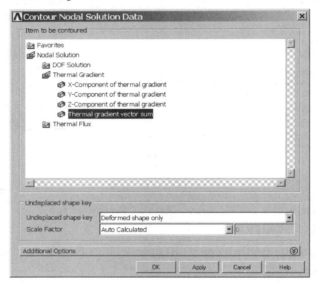

主菜单: **Solution→Solve→Current LS**

OK

Close(求解完成, 关闭窗口)

Close(关闭/STAT 命令窗口)

主菜单: **General Postproc→Plot Results→Contour Plot→Nodal Solu**

计算结果如下图所示。

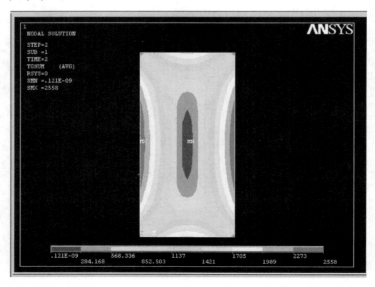

计算截面的长宽比 $\dfrac{w}{h} = \dfrac{1.0 \text{ in}}{0.5 \text{ in}} = 2.0$，查表 10.1，得到 $c_1 = 0.246$，$c_2 = 0.229$，在式(10.3)和式(10.4)中代入 G，w，h，θ，c_1，c_2 的值，得到

$$\theta = \frac{TL}{c_2 Gwh^3} = 0.0005 \text{ rad/in} = \frac{T(1 \text{ in})}{0.229(11 \times 10^6 \text{ lb/in}^2)(1 \text{ in})(0.5 \text{ in})^3} \Rightarrow T = 157.5 \text{ lb·in}$$

$$\tau_{\max} = \frac{T}{c_1 wh^2} = \frac{157.5 \text{ lb·in}}{0.246(1 \text{ in})(0.5 \text{ in})^2} = 2560 \text{ lb/in}^2$$

比较解析法的计算结果 2560 lb/in² 和有限元的计算结果 2558 lb/in²，读者会发现，如果用解析法求解最大剪应力，会比用有限元方法求解节省很多时间。

例 10.3　设有一自行车扳手，由钢制成，如图 10.15 所示，弹性模量 $E = 200 \text{ GPa}\left(200 \times 10^5 \dfrac{N}{\text{cm}^2}\right)$，泊松比 $v = 0.3$，扳手厚度为 3 mm。试确定给定均布荷载和边界条件下的米泽斯应力。

以下步骤将讨论如下问题：(1)创建问题的几何模型；(2)选择合适的单元类型；(3)应用边界条件；(4)得到节点的结果。

使用 Launcher 进入 ANSYS 程序。在对话框的 Jobname 文本框中输入 Bikewh(或自己选定的文件名)。点击 Run 按钮启动图形用户界面。

为该问题创建标题。标题总是出现在 ANSYS 显示窗口上，以便于识别所显示的内容。创建标题的命令如下所述。

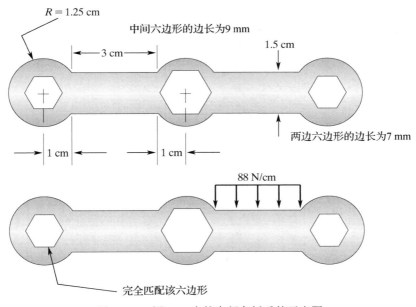

图 10.15　例 10.3 中的自行车扳手的示意图

功能菜单：**File→Change Title...**

定义单元类型和材料属性

　　主菜单：**Preprocessor→Element Type→Add/Edit/Delete**

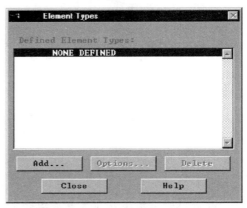

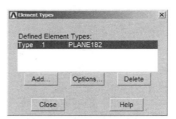

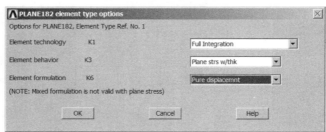

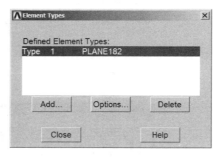

Close

用以下命令给扳手的厚度赋值。

　　主菜单：**Preprocessor→Real Constants→Add/Edit/Delete**

用以下命令输入弹性模量和泊松比。

　　主菜单：**Preprocessor→Material Props→Material Models→Structural→Linear→ Elastic→Isotropic**

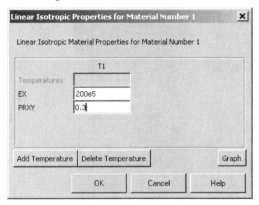

　　ANSYS 工具栏：**SAVE_DB**

设置图形区域(即工作平面和缩放等)，操作命令如下所述。

功能菜单：**Workplane→WP Settings...**

激活工作平面。

功能菜单：**Workplane→Display Working Plane**

使用如下命令观看工作平面。

功能菜单：**PlotCtrls→Pan,Zoom,Rotate...**

点击小圆直到可以看到工作平面，然后创建节点和单元。

主菜单：**Preprocessor→Modeling→Create→Areas→Rectangles→By 2 Corners**

在工作平面上，创建两个矩形。

按下述操作使用鼠标按键，或者在相应的字段内输入值

[WP = 2.25,0.5]

[将橡皮条往上移动 1.5，往右移动 3.0]

或

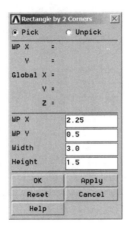

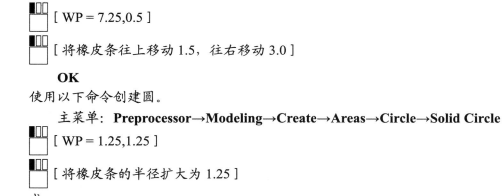

[WP = 7.25,0.5]

[将橡皮条往上移动 1.5，往右移动 3.0]

　　OK

使用以下命令创建圆。

　　主菜单：**Preprocessor→Modeling→Create→Areas→Circle→Solid Circle**

[WP = 1.25,1.25]

[将橡皮条的半径扩大为 1.25]

或

[WP = 6.25,1.25]

[将橡皮条的半径扩大为 1.25]

[WP = 11.25,1.25]

[将橡皮条的半径扩大为 1.25]

OK

用以下命令将面积相加。

　　主菜单：**Preprocessor→Modeling→Operate→Booleans→Add→Areas**

点击 Pick All 按钮，然后创建正六边形。首先，使用以下命令在 WP Settings 对话框中将 Snap Incr 的值设为 0.1。

功能菜单：**PlotCtrls→Pan,Zoom,Rotate...**

点击 Box Zoom，缩放左边的圆，然后使用如下命令创建六边形。

主菜单：**Preprocessor→Modeling→Create→Areas→Polygon→Hexagon**

按下述操作使用鼠标按键，或者在相应的字段内输入值。

■□□ [WP = 1.25,1.25]

■□□ [在 WP 上将六边形扩大为 Rad = 0.7,Ang = 120]

或

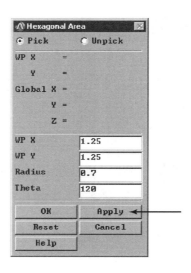

然后执行命令：

　　　　　功能菜单：**PlotCtrls→Pan,Zoom,Rotate...**

点击 Fit 按钮，然后点击 Box Zoom，缩放中间的圆。使用下面所示的鼠标按键，或者在相应的字段内输入值。

　　　[WP=6.25,1.25]

　　　[在 WP 上将六边形扩大为 Rad = 0.9,Ang = 120]

　或

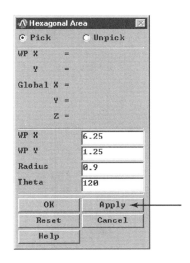

　　　　　功能菜单：**PlotCtrls→Pan,Zoom,Rotate...**

先点击 Fit 按钮，然后点击 Box Zoom，缩放右端的圆框。使用下面所示鼠标按键，或者在相应的字段内输入值。

　　　[WP = 11.25,1.25]

　　　[在 WP 上将六边形扩大为 Rad = 0.7,Ang = 120]

　或

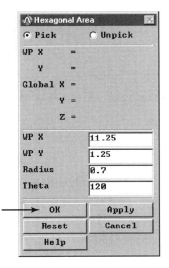

ANSYS 工具栏: **SAVE_DB**

减去六边形的面积创建传动孔。

主菜单: **Preprocessor→Modeling→Operate→Booleans→Subtract→Areas**

[选取扳手的实体面]

[在 ANSYS 图形窗口任意位置]

[拾取左边的六边形面]

[拾取中间的六边形面]

[拾取右边的六边形面]

[拾取 ANSYS 图形窗口的任意位置]

OK

现在用以下命令激活工作平面上的网格。

功能菜单: **Workplane→Display Working Plane**

ANSYS 工具栏: **SAVE_DB**

现在准备对支架进行网格划分，创建单元和节点。

执行以下命令。

主菜单: **Preprocessor→Meshing→Size Cntrls→Manual Size→Global→Size**

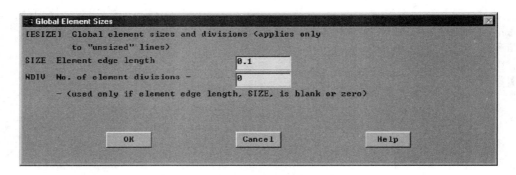

ANSYS 工具栏: **SAVE_DB**

主菜单: **Preprocessor→Meshing→Mesh→Areas→Free**

Pick All(拾取全部区域)。

OK

应用边界条件和荷载。

主菜单: **Solution→Define Loads→Apply→Structural→Displacements→On Keypoints**

选取左边六边形的 6 个顶点：

OK

主菜单：**Solution→Define Loads→Apply→Structural→Pressure→On Lines**

选取水平线。

OK

求解问题。

　　　　主菜单：**Solution→Solve→Current LS**

　　　　OK

　　　　Close（求解完成，关闭窗口）

　　　　Close（关闭/STAT 命令窗口）

现进入后处理阶段，首先用以下命令绘制出物体变形的形状。

　　　　主菜单：**General Postproc→Plot Results→Deformed Shape**

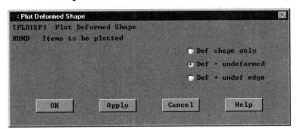

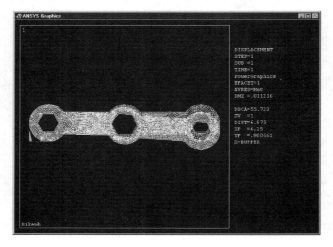

用以下命令绘制出米泽斯应力图。

　　主菜单：**General Postproc→Plot Results→Contour Plot→Nodal Solu**

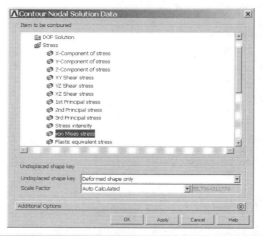

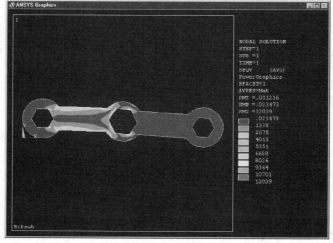

退出 ANSYS 程序，保存所有数据。

ANSYS 工具栏：**Quit**

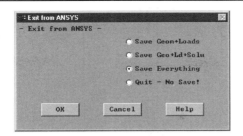

10.7　结果验证

再回到例 10.3，有许多方法可以检验这个问题结果的有效性。例如，反力与所施加的外力是否满足静力平衡条件？或者用 ANSYS 的路径操作，截取扳手上任意一个截面，观察应力 x 和 y 的分量，以及沿截面的剪力，并沿着路径对应力进行积分，看看是否和施加的外力相等，是否满足静力平衡条件？这些问题留给读者自己去验证。

小结

至此，读者应该能够：

1. 知道对于简单问题，要尽可能使用简单的解析法，而不要用有限元模型进行求解。只有在必要的情况下才使用有限元方法求解。解析法尤其适合求解基本的扭转问题。
2. 知道扭转问题的刚度矩阵和二维传导问题的传导矩阵的相似性。矩形单元的刚度矩阵和荷载矩阵分别为

$$\boldsymbol{K}^{(e)} = \frac{w}{6\ell}\begin{bmatrix} 2 & -2 & -1 & 1 \\ -2 & 2 & 1 & -1 \\ -1 & 1 & 2 & -2 \\ 1 & -1 & -2 & 2 \end{bmatrix} + \frac{\ell}{6w}\begin{bmatrix} 2 & 1 & -1 & -2 \\ 1 & 2 & -2 & -1 \\ -1 & -2 & 2 & 1 \\ -2 & -1 & 1 & 2 \end{bmatrix}$$

$$\boldsymbol{F}^{(e)} = \frac{2G\theta A}{4}\begin{bmatrix} 1 \\ 1 \\ 1 \\ 1 \end{bmatrix}$$

三角形单元的刚度矩阵和荷载矩阵分别为

$$\boldsymbol{K}^{(e)} = \frac{1}{4A}\begin{bmatrix} \beta_i^2 & \beta_i\beta_j & \beta_i\beta_k \\ \beta_i\beta_j & \beta_j^2 & \beta_j\beta_k \\ \beta_i\beta_k & \beta_j\beta_k & \beta_k^2 \end{bmatrix} + \frac{1}{4A}\begin{bmatrix} \delta_i^2 & \delta_i\delta_j & \delta_i\delta_k \\ \delta_i\delta_j & \delta_j^2 & \delta_j\delta_k \\ \delta_i\delta_k & \delta_j\delta_k & \delta_k^2 \end{bmatrix}$$

$$\boldsymbol{F}^{(e)} = \frac{2G\theta A}{3}\begin{bmatrix} 1 \\ 1 \\ 1 \end{bmatrix}$$

3. 知道平面应力三角形单元的刚度矩阵为

$$\boldsymbol{K}^{(e)} = V\boldsymbol{B}^{\mathrm{T}}\boldsymbol{\nu}\boldsymbol{B}$$

其中

$$V = tA$$

$$\boldsymbol{B} = \frac{1}{2A}\begin{bmatrix} \beta_i & 0 & \beta_j & 0 & \beta_k & 0 \\ 0 & \delta_i & 0 & \delta_j & 0 & \delta_k \\ \delta_i & \beta_i & \delta_j & \beta_j & \delta_k & \beta_k \end{bmatrix} \qquad \boldsymbol{v} = \frac{E}{1-\nu^2}\begin{bmatrix} 1 & \nu & 0 \\ \nu & 1 & 0 \\ 0 & 0 & \dfrac{1-\nu}{2} \end{bmatrix}$$

和

$$\beta_i = Y_j - Y_k \qquad \delta_i = X_k - X_j$$

$$\beta_j = Y_k - Y_i \qquad \delta_j = X_i - X_k$$

$$\beta_k = Y_i - Y_j \qquad \delta_k = X_j - X_i$$

$$2A = X_i(Y_j - Y_k) + X_j(Y_k - Y_i) + X_k(Y_i - Y_j)$$

4. 知道沿单元边界的均布荷载的荷载矩阵是

$$\boldsymbol{F}^{(e)} = \frac{tL_{ij}}{2}\begin{bmatrix} p_x \\ p_y \\ p_x \\ p_y \\ 0 \\ 0 \end{bmatrix} \qquad \boldsymbol{F}^{(e)} = \frac{tL_{jk}}{2}\begin{bmatrix} 0 \\ 0 \\ p_x \\ p_y \\ p_x \\ p_y \end{bmatrix} \qquad \boldsymbol{F}^{(e)} = \frac{tL_{ik}}{2}\begin{bmatrix} p_x \\ p_y \\ 0 \\ 0 \\ p_x \\ p_y \end{bmatrix}$$

5. 理解如何通过等参单元得到单元的刚度矩阵。

6. 理解如何得到轴对称单元的刚度矩阵。

参考文献

ANSYS User's Manual: Procedures, Vol. I, Swanson Analysis Systems, Inc.

ANSYS User's Manual: Commands, Vol. II, Swanson Analysis Systems, Inc.

ANSYS User's Manual: Elements, Vol. III, Swanson Analysis Systems, Inc.

Beer, P., and Johnston, E. R., *Mechanics of Materials,* 2nd ed., New York, McGraw-Hill, 1992.

Fung, Y. C., *Foundations of Solid Mechanics,* Englewood Cliffs, NJ, Prentice-Hall, 1965.

Hibbeler, R. C., *Mechanics of Materials,* 2nd ed., New York, Macmillan, 1994.

Segrlind, L., *Applied Finite Element Analysis,* 2nd ed., New York, John Wiley and Sons, 1984.

Shigley, J. E., and Mischke, C. R., *Mechanical Engineering Design,* 5th ed., New York, McGraw-Hill, 1989.

Timoshenko, S. P., and Goodier J. N., *Theory of Elasticity,* 3rd ed., New York, McGraw-Hill, 1970.

习题

1. 对下图所示带圆孔的扁平板受轴向均布荷载作用，试用 ANSYS 确定圆孔的应力集中分布图。请读者参考有关材料力学或机械设计的教材。应力集中因子 k 的定义为

$$k = \frac{\sigma_{\max}}{\sigma_{\text{avg}}}$$

对于本例，它的值大约在 3.0~2.0 之间，这取决于孔的大小。请用 ANSYS 的选择功能，列出点 A 或点 B 最大的应力值 $\sigma_{\max}$。

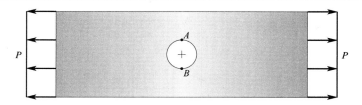

2. 有一钢质书架($E = 29×10^6$ lb/in^2，$v = 0.3$)，支架厚 1/8 in，尺寸如下图所示，上表面承受均布荷载作用，并且它的左端是固定的，请绘出在图示荷载作用和约束下书架的变形形状，同时确定支架的米泽斯应力。

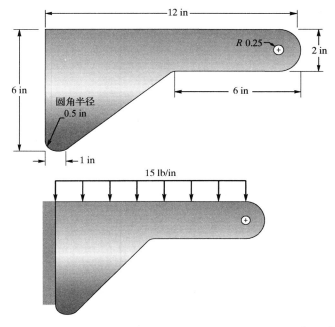

3. 如下图所示，设有一厚 1/8 in 的钢板承受着 100 lb 的荷载，其中 $E = 29×10^6$ lb/in^2 和 $v = 0.3$。试用 ANSYS 确定板的主应力。建模时，在孔的底部分配荷载。

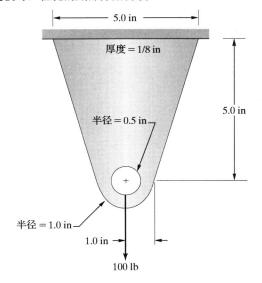

4. 假设单元(1)和单元(2)承受着如下图所示均布荷载的作用。请在节点 3，节点 4 和节点 5 处用等效荷载代替均布荷载。

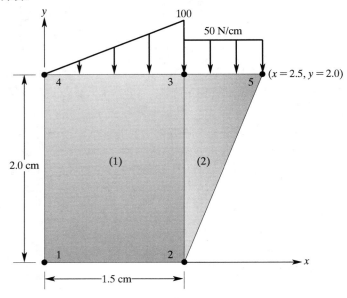

5. 对下图所示的钢板，要在材料的弹性区内进行拉伸实验。请绘制弹性区内的应力和应变曲线，并利用 ANSYS 的有关选择功能列出钢板中间截面的应力和应变。

6. **重新计算例 1.4**。对下图所示钢板承受轴向荷载作用，设板厚 1/16 in，弹性模量 $E = 29 \times 10^6$ lb/in^2。前面曾用一维直接法得出了沿板长方向的挠度和平均应力。请使用 ANSYS 重新确定板的挠度和应力分布的 x 分量与 y 分量，同时确定最大应力集中区域的位置。请绘出 *A-A* 面、*B-B* 面和 *C-C* 面应力 x 分量的变化图。另外，请将直接法的计算结果和 ANSYS 的计算结果进行比较。注意，对于本问题，在有限元模型上施加外荷载的方式将影响应力分布的结果。试通过扩大荷载和荷载接触面的方法进行加载实验，并对比结果。

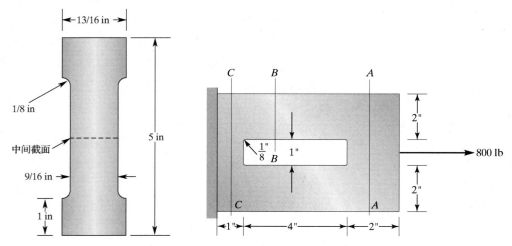

7. 下图所示的变截面板，其下端作用有荷载 1500 lb。试用 ANSYS 确定板的挠度和应力分布的 x 分量和 y 分量。设板的弹性模量 $E = 10.6 \times 10^3$ ksi。第 1 章的习题 24 曾要求用直接法分析这个问题。请将直接法所得的计算结果与 ANSYS 的计算结果进行比较。同时，通过扩大荷载和荷载接触面的方法进行加载实验，请对比结果。

8. 薄钢板承受轴向荷载，下图为其侧视图。试用 ANSYS 确定板的挠度和应力分布的 x 分量和 y 分量。设板厚 0.125 in，弹性模量 $E = 28 \times 10^3$ ksi。第 1 章的习题 4 曾要求用直接法分析这个问题，请将直接法所得的结果与 ANSYS 的计算结果进行比较，并通过扩大荷载和荷载接触面的方法进行加载实验，请对比结果。

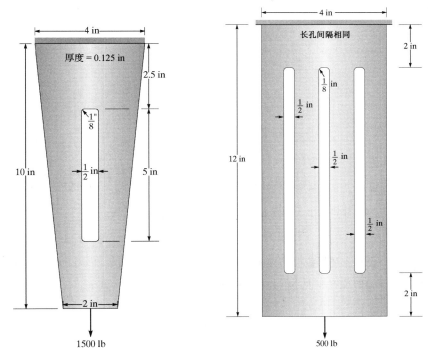

9. 如下图所示，有一等边三角形钢杆受扭 $(G = 11 \times 10^3$ ksi)，假设 $\theta = 0.0005$ rad/in，试用 ANSYS 确定最大剪应力的位置和大小，并将 ANSYS 的计算结果与用等式 $\tau_{max} = \dfrac{GL\theta}{2 \cdot 31}$ 计算出的精确解进行比较。

10. 如下图所示，设有一宽翼缘形工字形钢受扭（W4 × 13, $G = 11 \times 10^3$ ksi），截面尺寸如下图所示，假设 $\theta = 0.000\ 35$ rad/in，试用 ANSYS 绘出它的剪应力分布图。另外，请问能否利用薄壁杆件假设解决这个问题，以避免使用有限元模型求解这个问题？

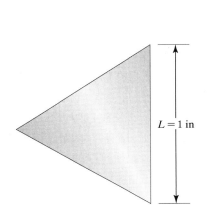

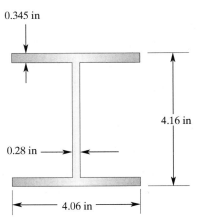

11. 如下图所示，设有截面为一正方形的钢构件受扭（$G = 11 \times 10^3$ ksi），假设 $\theta = 0.0005$ rad/in，试用 ANSYS 确定最大剪应力的位置和大小，并将 ANSYS 的计算结果与用等式 $\tau_{\max} = \dfrac{Gh\theta}{1.6}$ 计算出的精确解进行比较。

12. 如下图所示，有一截面为正多边形的钢构件受扭（$G = 11 \times 10^3$ ksi），假设 $\theta = 0.0005$ rad/in，试用 ANSYS 确定最大剪应力的位置和大小，并将 ANSYS 的计算结果与用等式 $\tau_{\max} = \dfrac{GL\theta}{0.9}$ 计算出的精确解进行比较。

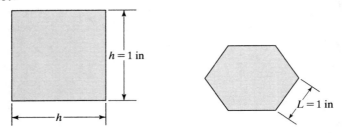

13. 如下图所示，设有一个椭圆形钢构件受扭（$G = 11 \times 10^3$ ksi），假设 $\theta = 0.0005$ rad/in，试用 ANSYS 确定最大剪应力的位置和大小，并将 ANSYS 的计算结果与用等式 $\tau_{\max} = \dfrac{Gbh^2\theta}{b^2 + h^2}$ 计算出的精确解进行比较。

14. 如下图所示，设有一环形截面钢构件受扭（$G = 11 \times 10^3$ ksi），假设 $\theta = 0.0005$ rad/in，试用 ANSYS 确定最大剪应力的位置和大小，并将 ANSYS 的计算结果与用等式 $\tau_{\max} = \dfrac{GD\theta}{2}$ 计算出的精确解进行比较。

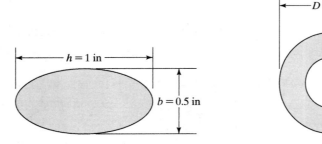

15. **设计项目**。本设计项目有两个目的：（1）利用有限元方法为固体力学问题的设计提供基础；（2）在学生间培养竞争能力。每位学生都要设计并构建出一个结构模型，结构的材料为 3/8 in × 6 in × 6 in 的树脂玻璃，其设计要求将在后面给出。设计方案的优劣主要基于如下 3 个方面的比较：（1）每个模型的最大失效荷载；（2）使用 ANSYS 预测的失效荷载；（3）需采用的工艺。本问题的模型草图如下图所示。为了插入螺栓并使模型受拉，需要在模型的两端钻出一个垂直于荷载轴的圆孔，其中孔直径要求 $d > 1/2$ in，同时要使 $a > 1$ in，两孔间的距离 $l > 2$ in，孔区的杆最大厚度 $t < 3/8$ in。这样要求，主要是为了保证模型能安装上加载装置。另外，必须保证沿荷载方向从孔的中心到外壁的距离 $b < 1$ in，只有这样才能够利用加载装置。假设最大宽度 $w < 6$ in，最大高度 $h < 6$ in，其他不限。这里提供了两块 3/8 in × 6 in × 6 in 的树脂玻璃，可以用一块进行实验，用另一块完成最后的设计。试写一个简要的报告讨论是如何设计的。

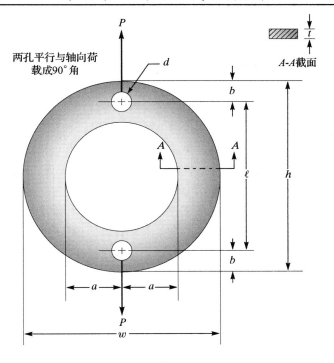

两孔平行与轴向荷
载成90°角

第 11 章　动态问题分析

本章将介绍动态系统分析。动态系统是具有一定质量，并且其组件(或部件)可以进行相对运动的系统，例如房屋、桥梁、水塔、飞机和机械零部件等。多数工程问题都不希望产生机械振动；而在诸如搅拌机、振动器等系统中，却又需要产生振动。在讨论动态系统问题的有限元公式之前，将首先简要介绍质点动力学和刚体动力学，以了解机械系统和结构系统中关于振动的基本概念。掌握这些概念，对于建立准确的有限元模型非常重要。建立基本公式之后，将介绍轴心受力构件、梁和框架单元的有限元公式。第 11 章将讨论如下内容：

11.1　动态学简介
11.2　机械与结构系统的振动
11.3　拉格朗日方程
11.4　轴心受力构件的有限元公式
11.5　梁与框架单元的有限元公式
11.6　ANSYS 应用

11.1　动态学简介

动态学主要分为两大类：运动学和动力学。运动学主要研究时间和空间的关系，即运动的几何形态。运动学研究的是变化的量，包括物体运动的距离、速度及加速度。长度和时间是与这些变量相关的根本维度。在研究运动学时，将只研究运动本身而不考虑运动是如何产生的。动力学的研究正好相反，主要研究力与运动的关系及运动产生的原因。

11.1.1　质点的运动

下面，将通过定义质点来描述何种情况下可以利用质点对问题进行建模。如果所有作用于物体上的力均不使其产生转动，则该物体可建模为质点。此外，如果物体的体积对运动行为无显著影响，则该物体也可以建模为质点。通常，质点的运动可以由其位置、速度和加速度来描述。

物体沿直线的运动称为直线运动。直线运动是运动最简单的形式。直线运动的物体的运动学关系方程如式(11.1)～式(11.3)所示，方程中的 x 代表物体的位置，t 代表时间，v 代表速度，a 代表加速度。

$$v = \lim_{\Delta t \to 0} \frac{\Delta x}{\Delta t} = \frac{\mathrm{d}x}{\mathrm{d}t} \tag{11.1}$$

$$a = \frac{\mathrm{d}v}{\mathrm{d}t} \tag{11.2}$$

$$v\,\mathrm{d}v = a\,\mathrm{d}x \tag{11.3}$$

沿直线运动物体的位置及位移如图 11.1 所示。

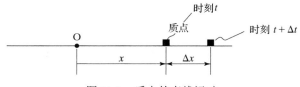

图 11.1 质点的直线运动

平面曲线运动 当质点沿弯曲的路径运动时，其运动关系可以用不同的坐标系来表示。如图 11.2 所示，当采用直角坐标系 (x, y) 时，质点的位移 r，速度 v 和加速度 a 可表示为

$$r = x\boldsymbol{i} + y\boldsymbol{j} \tag{11.4}$$

$$\boldsymbol{v} = v_x\boldsymbol{i} + v_y\boldsymbol{j} \quad \text{其中} \quad v_x = \frac{\mathrm{d}x}{\mathrm{d}t} \quad \text{和} \quad v_y = \frac{\mathrm{d}y}{\mathrm{d}t} \tag{11.5}$$

$$\boldsymbol{a} = a_x\boldsymbol{i} + a_y\boldsymbol{j} \quad \text{其中} \quad a_x = \frac{\mathrm{d}v_x}{\mathrm{d}t} \quad \text{和} \quad a_y = \frac{\mathrm{d}v_y}{\mathrm{d}t} \tag{11.6}$$

式 (11.4) 至式 (11.6) 中的 x 和 y 是位置向量的矩形分量；v_x, v_y, a_x, a_y 分别代表速度向量和加速度向量的笛卡儿坐标系分量。

自然坐标系 质点的平面运动也可以用自然坐标的切向和法向两个单位向量来描述，如图 11.3 所示。不同于直角坐标系单位向量 $\boldsymbol{i}, \boldsymbol{j}$ 的方向不变性，自然坐标系的单位向量 $\boldsymbol{e}_t, \boldsymbol{e}_n$ 的方向将随着质点的运动而改变。当质点由位置 1 运动到位置 2 时，单位向量 $\boldsymbol{e}_t, \boldsymbol{e}_n$ 的方向变化如图 11.3 所示。质点的速度和加速度与单位向量的关系为

$$\boldsymbol{v} = v\boldsymbol{e}_t \tag{11.7}$$

$$\boldsymbol{a} = a_n\boldsymbol{e}_n + a_t\boldsymbol{e}_t \quad \text{其中} \quad a_n = \frac{v^2}{r} \quad \text{和} \quad a_t = \frac{\mathrm{d}v}{\mathrm{d}t} \tag{11.8}$$

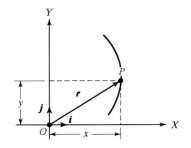

图 11.2 质点运动在直角坐标系中的分解

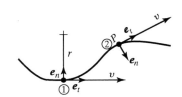

图 11.3 运动的质点的法向和切向分量

极坐标系 极坐标系是另一种描述物体的曲线运动的方法。为确定物体的位置，需要两个量：$\boldsymbol{e}_r$ 方向上的径向距离 r 和 $\boldsymbol{e}_\theta$ 方向上的角度 θ，如图 11.4 所示。物体的位移、速度和加速度的公式如下所示：

$$r = r\boldsymbol{e}_r \tag{11.9}$$

$$\boldsymbol{v} = v_r\boldsymbol{e}_r + v_\theta\boldsymbol{e}_\theta \quad \text{其中} \quad v_r = \frac{\mathrm{d}r}{\mathrm{d}t} \quad \text{和} \quad v_\theta = r\frac{\mathrm{d}\theta}{\mathrm{d}t} \tag{11.10}$$

$$\boldsymbol{a} = a_r\boldsymbol{e}_r + a_t\boldsymbol{e}_t \quad \text{其中} \quad a_r = \frac{\mathrm{d}^2 r}{\mathrm{d}t^2} - r\left(\frac{\mathrm{d}\theta}{\mathrm{d}t}\right)^2 \quad \text{和} \quad a_\theta = r\frac{\mathrm{d}^2\theta}{\mathrm{d}t^2} + 2\left(\frac{\mathrm{d}r}{\mathrm{d}t}\right)\left(\frac{\mathrm{d}\theta}{\mathrm{d}t}\right) \tag{11.11}$$

与自然坐标系中单位向量一样，$\boldsymbol{e}_\theta$ 和 $\boldsymbol{e}_r$ 的方向也将随着质点的运动而发生改变。

相对运动　两个沿不同路径运动的质点的位置关系如图 11.5 所示。图 11.5 中的 (X, Y) 坐标系是固定不变的，在原点 O 可测量质点 A 和质点 B 的绝对运动。用 r_A 和 r_B 分别代表质点 A 和质点 B 到测量点的绝对距离，用 $r_{B/A}$ 代表 B 到 A 的距离，则这些向量的关系如下：

$$r_B = r_A + r_{B/A} \tag{11.12}$$

将上式对时间求导：

$$v_B = v_A + v_{B/A} \tag{11.13}$$

v_B 和 v_A 是在原点 O 测量的质点 B 和质点 A 的绝对速度，$v_{B/A}$ 是质点 B 相对于质点 A 的相对速度。通过将式(11.13)对时间求导，可以得到质点 A 和质点 B 的绝对加速度与质点 B 相对于质点 A 的相对加速度的关系。

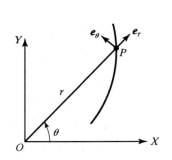
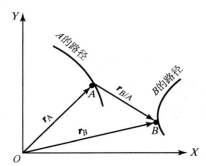

图 11.4　极坐标系下的曲线运动　　　　图 11.5　两个质点沿不同路径运动的相对运动关系

11.1.2　质点动力学

质量恒定的质点 m 在外力 $F_1, F_2, F_3, \cdots, F_n$ 作用下的运动方程满足牛顿第二定律：

$$\sum_{i=1}^{n} F_i = m\boldsymbol{a} \tag{11.14}$$

可以在直角坐标系、自然坐标系或极坐标系中任选一种来描述质点的运动方程。直角坐标系下质点的运动方程为

$$\sum F_x = ma_x \tag{11.15}$$

$$\sum F_y = ma_y \tag{11.16}$$

自然坐标系下的运动方程为

$$\sum F_n = ma_n \tag{11.17}$$

$$\sum F_t = ma_t \tag{11.18}$$

极坐标系下的运动方程为

$$\sum F_r = ma_r \tag{11.19}$$

$$\sum F_\theta = ma_\theta \tag{11.20}$$

其中，加速度已知。

通过绘制质点的受力图，可以清楚了解作用在质点上的外力。质点的受力图表明了质点与周围物体的相互作用关系。绘制受力图时，首先需要将质点从周围物体中分离出来，然后画出作用在质点上所有力的大小和方向(参见图 11.6)。

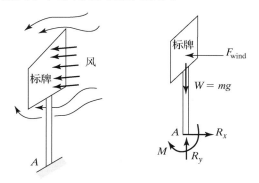

图 11.6　物体受力图(注意：图中物体不能被视为质点。本图仅用于解释受力图的概念)

牛顿第二定律是描述作用在物体上的外力与物体的质量和加速度关系的向量方程。如果需要确定物体的位移和速度，可以通过运动方程及物体的加速度进行求解。

功能原理　牛顿第二定律是向量方程，功能原理是标量方程。功能原理表明了在外力作用下物体移动的距离与物体的质量和速度的关系，常用于分析在外力作用下物体速度变化的问题。如图 11.7 所示，物体在外力作用下由位置 1 移动到位置 2 所做的功定义为

$$W_{1-2} = \int \boldsymbol{F} \cdot \mathrm{d}\boldsymbol{r} \tag{11.21}$$

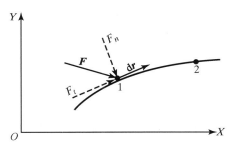

图 11.7　移动物体的外力所做的功

功能原理表明，作用在物体上的力所做的净功，等于物体获得的动能：

$$\int \boldsymbol{F} \cdot \mathrm{d}\boldsymbol{r} = \frac{1}{2} m v_2^2 - \frac{1}{2} m v_1^2 \tag{11.22}$$

其中，$\frac{1}{2} m v_2^2$ 和 $\frac{1}{2} m v_1^2$ 分别表示物体的初始动能和物体最终的动能。使用功能原理要注意：(1) 在外力作用下物体发生位移时外力做功；(2)如果力的切向分量与物体的位移方向一致，则力做正功；反之，做负功。

线性冲量与动量　对于力作用时间已知的问题，也可以用冲量和动量的概念来描述外力作用一段时间后物体速度的改变。重新整理牛顿第二定律并将其对时间积分：

$$\sum \boldsymbol{F} = \frac{\mathrm{d}m\boldsymbol{v}}{\mathrm{d}t} \Rightarrow \sum \boldsymbol{F}\mathrm{d}t = \mathrm{d}m\boldsymbol{v} \tag{11.23}$$

$$\int_{t_1}^{t_2} \sum \boldsymbol{F}\mathrm{d}t = m\boldsymbol{v}_2 - m\boldsymbol{v}_1 \tag{11.24}$$

式(11.24)适用于任意坐标系。例如，在直角坐标系下，式(11.24)为

$$\int_{t_1}^{t_2} \sum F_x \mathrm{d}t = m(v_x)_2 - m(v_x)_1 \tag{11.25}$$

$$\int_{t_1}^{t_2} \sum F_y \mathrm{d}t = m(v_y)_2 - m(v_y)_1 \tag{11.26}$$

下面，将通过例 11.1 证明上述定理。

例 11.1   如图 11.8 所示的质量为 m 的小球由位置 1 释放，求摆角为 θ 时小球的速度。分别用牛顿第二定律和功能原理来求解。

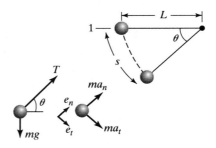

图 11.8   例 11.1 的球体

根据受力图和牛顿第二定律，应用式(11.18)，得

$$\sum F_t = ma_t$$
$$mg\cos\theta = ma_t \Rightarrow a_t = g\cos\theta$$

应用式(11.3)及 $\mathrm{d}s = L\mathrm{d}\theta$，可得速度与加速度的关系为

$$v\mathrm{d}v = a_t\mathrm{d}s$$

$$\int_0^v v\mathrm{d}v = \int_0^\theta g\cos\theta L\mathrm{d}\theta \quad \Rightarrow \quad v = \sqrt{2Lg\sin\theta}$$

下面将用功能原理来求解。由于绳与小球的运动方向垂直，因此其张力不做功。小球的重力分量所做的功 $W_{1\text{-}2} = mgL\sin\theta$ 转变成球体的动能：

$$mgL\sin\theta = \frac{1}{2}mv^2 - 0 \quad \Rightarrow \quad v = \sqrt{2Lg\sin\theta}$$

可以看出，在确定速度且不求加速度的情况下，利用功能原理较为简单。

11.1.3   刚体运动学

本节将讨论刚体的运动。与利用质点建模不同，刚体的体积将影响其运动特性，外力可以施加于刚体的任意位置。此外，顾名思义，刚体在外力作用下将不发生任何变形。如果物体在外力和力矩作用下的运动远大于其内部的位移，则可以将物体看作理想的刚体。刚体的运动是指单纯的平动或转动，或平动和转动的合成运动。

刚体的平动 若刚体做平移运动，则刚体上每一点都有相同的速度和加速度。如图 11.9 所示，点 A 和点 B 有相同的速度。

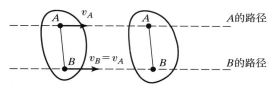

图 11.9 刚体的平动

刚体绕固定轴的转动 若刚体绕固定轴转动，则刚体上的质点做圆周运动。如图 11.10 所示，点 A 的速度 v_A 和加速度与刚体的角速度 ω、角加速度 α 的关系如下：

$$v_A = r_A \omega \tag{11.27}$$

$$a_n = r_A \omega^2 = \frac{v_A^2}{r_A} = v_A \omega \tag{11.28}$$

$$a_t = r_A \alpha \tag{11.29}$$

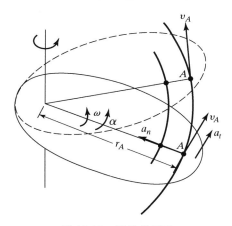

图 11.10 刚体的转动

通常，刚体上的点（例如 A）的速度和加速度可利用位置向量 $\boldsymbol{r}_A$、角速度 $\boldsymbol{\omega}$ 和角加速度 $\boldsymbol{\alpha}$ 表示为

$$\boldsymbol{v}_A = \boldsymbol{\omega} \times \boldsymbol{r}_A \tag{11.30}$$

$$a_n = \boldsymbol{\omega} \times (\boldsymbol{\omega} \times \boldsymbol{r}_A) \tag{11.31}$$

$$a_t = \boldsymbol{\alpha} \times \boldsymbol{r}_A \tag{11.32}$$

一般平面运动 刚体同时发生平动和转动称作刚体的一般平面运动。点 A 与点 B 的速度关系为

$$\boldsymbol{v}_A = \boldsymbol{v}_B + \boldsymbol{v}_{A/B} \tag{11.33}$$

其中，$\boldsymbol{v}_A$ 为点 A 的绝对速度，$\boldsymbol{v}_B$ 为点 B 的绝对速度，$\boldsymbol{v}_{A/B}$ 为点 A 对点 B 的相对速度。$v_{A/B}$ 大小可以表示为 $v_{A/B} = r_{A/B}\omega$，方向垂直于向量 $\boldsymbol{r}_{B/A}$，如图 11.11 所示。

点 A 和点 B 的加速度关系如下：

$$\boldsymbol{a}_A = \boldsymbol{a}_B + \boldsymbol{a}_{A/B} = \boldsymbol{a}_B + (\boldsymbol{a}_{A/B})_n + (\boldsymbol{a}_{A/B})_t \tag{11.34}$$

其中，

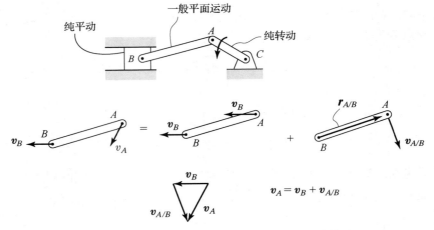

图 11.11　做一般平面运动时刚体上两点的速度关系

$$(\boldsymbol{a}_{A/B})_n = \boldsymbol{\omega} \times (\boldsymbol{\omega} \times \boldsymbol{r}_{A/B}) \tag{11.35}$$

$$(\boldsymbol{a}_{A/B})_t = \boldsymbol{\alpha} \times \boldsymbol{r}_{A/B} \tag{11.36}$$

点 B 相对点 A 的法向和切向加速度大小为

$$(a_{A/B})_n = \frac{v_{A/B}^2}{r_{A/B}} = r_{A/B}\omega^2 \tag{11.37}$$

$$(a_{A/B})_t = r_{A/B}\alpha \tag{11.38}$$

分量的方向如图 11.12 所示。

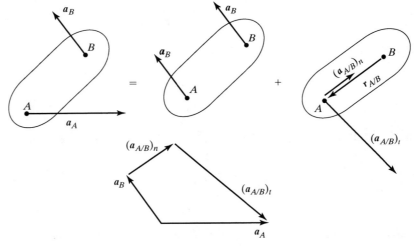

图 11.12　$\boldsymbol{a}_{A/B}$ 的切向和法向分量的方向

11.1.4　刚体动力学

刚体动力学研究使刚体产生运动的力和力矩。

刚体平动　刚体在外力 $F_1, F_2, F_3, \cdots, F_n$ 作用下满足牛顿第二定律:

$$\sum F_x = m(a_G)_x \tag{11.39}$$

$$\sum F_y = m(a_G)_y \tag{11.40}$$

虽然上式得出了总力与质心加速度 a_G 的关系。但还必须明确，做平动的刚体上的所有质点都具有相同的速度和加速度，而且，如果刚体不发生转动，那么合力矩在质心 G 处叠加应为 0，即

$$\circlearrowright\sum M_G = 0 \tag{11.41}$$

如果将力矩叠加到其他的点，例如 O 点，则力矩之和就不等于 0，由于内力 $m(a_G)_x$，$m(a_G)_y$ 对该点有力矩，于是有

$$\circlearrowright\sum M_O = m(a_G)_x d_1 - m(a_G)_y d_2 \tag{11.42}$$

纯平动刚体的隔离体受力图及在惯性力作用下的受力图如图 11.13 所示。

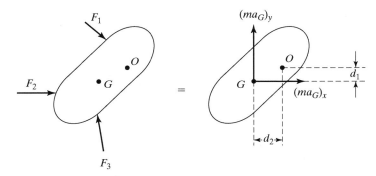

图 11.13　刚体的平动

刚体的转动　刚体转动满足下列方程：

$$\sum F_n = m r_{G/O} \omega^2 \tag{11.43}$$

$$\sum F_t = m r_{G/O} \alpha \tag{11.44}$$

$$\circlearrowright\sum M_O = I_O \alpha \tag{11.45}$$

在式 (11.45) 中，I_O 是刚体绕点 O 的转动惯量(质量惯性矩)，如图 11.14 所示。质量是物体平动阻力的度量，而转动惯量是物体转动的内阻的度量。如果刚体绕其质心 G 转动，则运动方程为

$$\sum F_x = 0 \tag{11.46}$$

$$\sum F_y = 0 \tag{11.47}$$

$$\circlearrowright\sum M_G = I_G \alpha \tag{11.48}$$

一般平面运动　当刚体既发生平动又发生转动时，则其运动方程为

$$\sum F_x = m(a_G)_x \tag{11.49}$$

$$\sum F_y = m(a_G)_y \tag{11.50}$$

$$\circlearrowright\sum M_G = I_G \alpha \tag{11.51}$$

如图 11.15 所示，绕另一点(如 O 点)的合力矩必须包括惯性力产生的力矩。

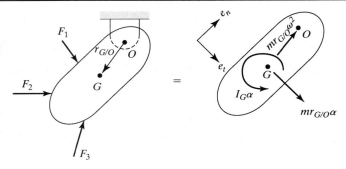

图 11.14　刚体的转动

$$\overset{\curvearrowright}{\sum} M_O = I_G \alpha + m(a_G)_x d_1 - m(a_G)_y d_2 \tag{11.52}$$

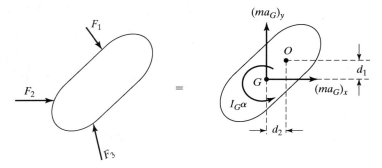

图 11.15　刚体的一般平面运动

功-能关系　如图 11.16 所示，功能原理将力和力矩所做的功与刚体的动能关联起来。力和力矩所做的功为

$$W_{1-2} = \int \boldsymbol{F} \cdot \mathrm{d}\boldsymbol{r} \tag{11.53}$$

$$W_{1-2} = \int M \mathrm{d}\theta \tag{11.54}$$

由于刚体可以平动和转动，其动能将包括两部分：平动动能和转动动能。刚体的平动动能表示为

$$T = \frac{1}{2} m v_G^2 \tag{11.55}$$

刚体绕质心 G 的转动动能为

$$T = \frac{1}{2} I_G \omega^2 \tag{11.56}$$

刚体做平面运动的全部动能为

$$T = \frac{1}{2} m v_G^2 + \frac{1}{2} I_G \omega^2 \tag{11.57}$$

刚体绕任一点 O 的转动动能为

$$T = \frac{1}{2} I_O \omega^2$$

冲量与动量　对于力和力矩作用时间已知的问题，可以利用冲量和动量原理来确定刚体速度的变化。刚体的线性冲量和动量方程为

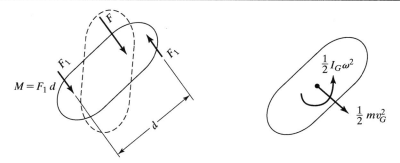

图 11.16　刚体的功能原理

$$\int_{t_1}^{t_2} \sum \boldsymbol{F} \mathrm{d}t = m(\boldsymbol{v}_G)_2 - m(\boldsymbol{v}_G)_1 \tag{11.58a}$$

$$\int_{t_1}^{t_2} \sum M_G \, \mathrm{d}t = I_G(\omega)_2 - I_G(\omega)_1 \tag{11.58b}$$

在式(11.58b)中，$\sum M_G$ 为关于质心 G 的力矩之和，I_G 是刚体关于质心的转动惯量。

下面将用例 11.2 来介绍如何应用上述原理建立刚体的运动方程。

例 11.2　本例将推导下图所示系统的运动方程。注意，本例中的杆件既有转动又有平动。

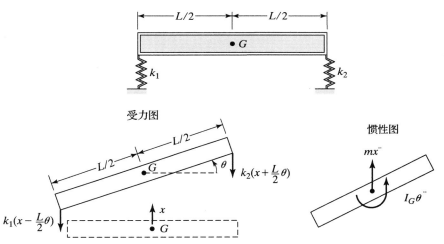

杆件的受力图如上所示。图中展示了杆件在某一时刻振动到某一点的情况。为获得图中所示情形，可将杆直接上提，然后顺时针自由落下。为了确定杆件运动的轨迹，用 x 和 $\ddot{x}$ 表征质心平动，用 θ 和 $\ddot{\theta}$ 表征转动。注意，x 在静力平衡状态下测得，此状态是杆的质量和弹簧的弹力相互抵消的结果。应用式(11.50)和式(11.51)，得

$$\sum F_x = m(a_G)_x = m\ddot{x}$$

$$-k_1\left(x - \frac{L}{2}\theta\right) - k_2\left(x + \frac{L}{2}\theta\right) = m\ddot{x}$$

经化简，平动方程为

$$m\ddot{x} + (k_1 + k_2)x - (k_1 - k_2)\frac{L}{2}\theta = 0$$

转动方程为

$$\overset{+}{\curvearrowleft}\sum M_G = I_G\alpha = I_G\ddot{\theta}$$

$$k_1\left(x - \frac{L}{2}\theta\right)\frac{L}{2} - k_2\left(x + \frac{L}{2}\theta\right)\frac{L}{2} = I_G\ddot{\theta}$$

化简后的转动方程为

$$I_G\ddot{\theta} - (k_1 - k_2)\frac{L}{2}x + (k_1 + k_2)\left(\frac{L}{2}\right)^2\theta = 0$$

至此，已简要介绍了质点和刚体的动态学，下面将介绍振动学的基本概念、原理和方程。

11.2　机械与结构系统的振动

动态系统是具有一定质量且其部件能相对运动的系统。动态系统有以下属性：

● 由于系统有质量且速度会发生变化，因此系统动能将随时间增加或减少。

● 系统的弹性构件可以存储弹性能。

● 组成系统的材料具有阻尼，可以将部分功或能量转化为热能。

● 通过支座激励或直接向系统施加外力，可对系统输入功或能量。

表 11.1 列举了一些动态系统实例。

表 11.1　动态系统实例

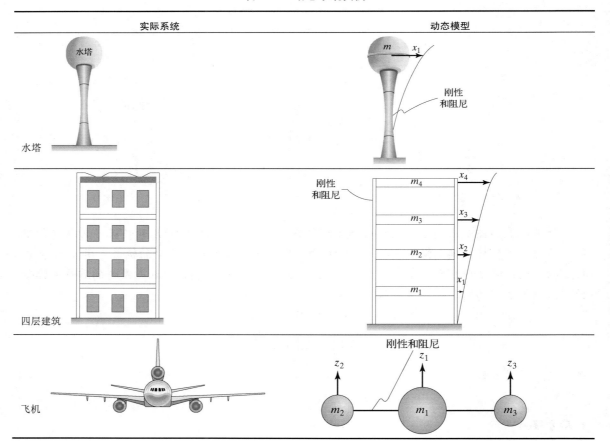

11.2.1　自由度

自由度是指完整描述系统运动的空间坐标的个数，即构成系统的所有构件或集中质量体保持自由状态所需的坐标数。例如，表 11.1 所示的四层建筑需要 4 个空间坐标来确定每层楼板质量体的当前位置；使用有 3 个自由度的模型来研究飞机的动态问题。

11.2.2　简谐振动

考虑图 11.17 所示的由一根弹簧和一个物体组成的单自由度系统的振动。

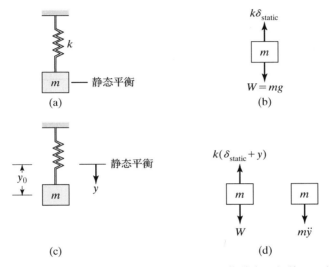

图 11.17　单自由度系统的振动：(a) 系统；(b) 隔离体受力图；(c) 物体向下拉伸 y_0；(d) 物体振动时的受力图

图 11.17(b) 是静力平衡状态下的受力图。从图中可以看出重力和弹簧力互相平衡，即 $k\delta_{static} = W$。在后面的分析中，k 表示弹簧的刚度，单位是 N/mm（或者 lb/in），δ_{static} 是静态位移，单位是 mm（或者 in）。为了得到运动方程，可将弹簧下拉后释放，如图 11.17(c) 所示。根据牛顿第二定律有

$$\sum F_y = m\ddot{y} \tag{11.59}$$

$$-k\delta_{static} - ky + W = m\ddot{y} \tag{11.60}$$

由于 $W = k\delta_{static}$，于是有

$$m\ddot{y} + ky = 0 \tag{11.61}$$

参考图 11.17(c)，可知 y 是相对于静力平衡位置的。一般将式 (11.61) 写为如下形式：

$$\ddot{y} + \omega_n^2 y = 0 \tag{11.62}$$

其中，

$$\omega_n^2 = \frac{k}{m} = 系统无阻尼状态下的固有角频率（rad/s） \tag{11.63}$$

为求解式 (11.62) 所示的微分方程，首先需要确定其初始条件。由于式 (11.62) 是一个二阶微分

方程，因此至少需要两个初始条件。假设在 $t = 0$ 时刻，将弹簧拉伸到位置 y_0 后释放，在不施加初速度的情况下，$t = 0$ 时的初始条件为

$$y = y_0 \, [或 \, y(0) = y_0] \tag{11.64}$$

和

$$\dot{y} = 0 \, [或 \, \dot{y}(0) = 0] \tag{11.65}$$

对于这个简单自由度系统，其控制微分方程的通解为

$$y(t) = c_1 \sin \omega_n t + c_2 \cos \omega_n t \tag{11.66}$$

利用微分方程的知识可知如何获得式(11.66)，并且其必须满足微分方程。那么，将式(11.66)代入式(11.62)，结果必为 0。为证明这一点，将其代入微分方程：

$$\overbrace{(-c_1 \omega_n^2 \sin \omega_n t - c_2 \omega_n^2 \cos \omega_n t)}^{\ddot{y}} + \omega_n^2 \overbrace{(c_1 \sin \omega_n t + c_2 \cos \omega_n t)}^{y} = 0$$

$$0 = 0 \qquad\qquad 证毕$$

应用初始条件 $y(0) = y_0$，得

$$y_0 = c_1 \sin(0) + c_2 \cos(0)$$

从而有 $c_2 = y_0$。应用 $\dot{y}(0) = 0$，得

$$\dot{y} = c_1 \omega_n \cos \omega_n t - c_2 \omega_n \sin \omega_n t$$
$$0 = c_1 \omega_n \cos(0) - c_2 \omega_n \sin(0)$$
$$c_1 = 0$$

将 c_1，c_2 代入式(11.66)可得质量体任意时刻的位置（相对于平衡位置）：

$$y(t) = y_0 \cos \omega_n t \tag{11.67}$$

进一步运算，可得速度和加速度的表达式为

$$\dot{y}(t) = \frac{\mathrm{d}y}{\mathrm{d}t} = -y_0 \omega_n \sin \omega_n t \tag{11.68}$$

$$\ddot{y}(t) = \frac{\mathrm{d}^2 y}{\mathrm{d}t^2} = -y_0 \omega_n^2 \cos \omega_n t \tag{11.69}$$

可以通过绘制振动图观察简谐振动的运动特性，如图 11.18 所示。

通过图 11.18 可以定义动态系统的周期和频率。周期 T 定义为物体 m 运动一周所需的时间，单位是秒；频率 f 定义为物体每秒内循环一周的次数，单位是赫兹。周期和频率的关系为

$$f = \frac{1}{T} \tag{11.70}$$

需要注意角频率 ω 和频率的区别。角频率 ω 是指物体每秒内经历的弧长，单位是弧度每秒（rad/s），ω 和 f 的关系为

$$\omega = 2\pi f$$
$$\omega\left(\frac{弧度}{秒}\right) = \left(\frac{2\pi 弧度}{周}\right) f\left(\frac{周}{秒}\right) \tag{11.71}$$

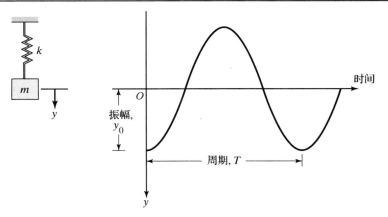

图 11.18　单自由度系统的振动

例 11.3　如右图所示的单自由度系统，弹簧下挂一质量为 4 kg 的物体，弹簧的弹性模量是 39.5 N/cm。将物体下拉 2 cm 后释放，初始速度为 0，求物体的速度、位移与时间的关系式。

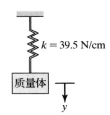

由式 (11.63) 可知，系统的固有角频率为

$$\omega_n = \sqrt{\frac{k}{m}} = \sqrt{\frac{(39.5 \text{ N/cm})(100 \text{ cm/1m})}{4 \text{ kg}}} = 31.42 \text{ rad/s}$$

则频率和周期为

$$f = \frac{\omega_n}{2\pi} = \frac{31.42}{2\pi} = 5 \text{ Hz}$$

$$T = \frac{1}{f} = \frac{1}{5} = 0.2 \text{ s}$$

显然，物体循环运行一周的时间是 0.2 s。设计动力系统时，为确保基座的完整性，确定施加给支座或地基的力的大小是很重要的。如在本例中，传递给支座的力为

$$R(t) = ky + W = ky_0 \cos \omega_n t + W$$

代入 $W = mg = (4 \text{ kg}) \times (9.81 \text{ m/s}^2) = 39.2 \text{ N}$，得

$$R(t) = (39.5)(2)\cos(31.42t) + 39.2$$

当弹簧拉伸到最大值时，具有最大支座反力，并且任意时刻 $\cos(31.42t) = 1$，因此：

$$R_{\max} = (39.5)(2) + 39.2 = 118.2 \text{ N}$$

注意，对于给定系统，最大支座反力取决于初始位移，当 $y = 0$ 时，拉力等于物体的重力。

11.2.3　单自由度系统的受迫振动

风、地震或楼板上安装的不平衡转动的机械设备都可能激发结构振动。这些激发源产生的力可能是正弦的、突发的、随机的，或者是时间的函数。本节将利用基本的激发函数介绍振动系统的行为特性，如正弦函数、阶跃函数和斜坡函数。由于大多数系统的结构阻尼相对较小，为了简化表达式，暂且忽略阻尼的影响。考虑图 11.19 所示的受到正弦力作用的弹簧系统，其运动方程为

$$my\ddot{} + ky = F_0 \sin \omega t \qquad (11.72)$$

方程两边同时除以质量 m, 有

$$y\ddot{} + \frac{k}{m}y = \frac{F_0}{m}\sin \omega t \qquad (11.73)$$

令 $\omega_n^2 = \dfrac{k}{m}$, 得

$$y\ddot{} + \omega_n^2 y = \frac{F_0}{m}\sin \omega t \qquad (11.74)$$

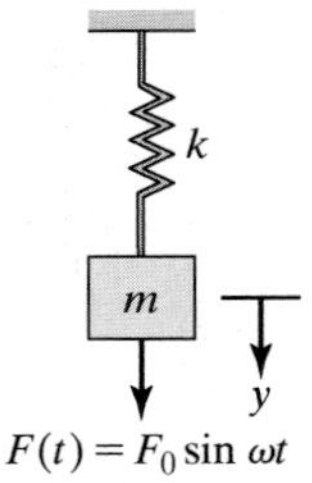

图 11.19　受正弦力作用的弹簧系统

式 (11.74) 的解分两部分: 通解和特解。如前所述, 通解 y_h 可以表示为

$$y_h(t) = A \sin \omega_n t + B \cos \omega_n t \qquad (11.75)$$

对于特解 y_p, 假定其函数形式为

$$y_p(t) = Y_0 \sin \omega t \qquad (11.76)$$

对上式两边求导, 得

$$\begin{aligned} \dot{y_p}(t) &= Y_0 \omega \cos \omega t \\ \ddot{y_p}(t) &= -Y_0 \omega^2 \sin \omega t \end{aligned} \qquad (11.77)$$

将 $\ddot{y_p}$ 和 y_p 代入式 (11.74), 有

$$-Y_0 \omega^2 \sin \omega t + \omega_n^2 Y_0 \sin \omega t = \frac{F_0}{m}\sin \omega t$$

解出 Y_0, 得

$$Y_0 = \frac{\dfrac{F_0}{m}}{-\omega^2 + \omega_n^2} = \frac{\dfrac{\dfrac{F_0}{m}}{\omega_n^2}}{\dfrac{-\omega^2 + \omega_n^2}{\omega_n^2}} = \frac{\dfrac{F_0}{k}}{1 - \left(\dfrac{\omega}{\omega_n}\right)^2} \qquad (11.78)$$

注意, 在得到 Y_0 的表达式时, 将分子、分母同时除以 ω_n^2, 然后代入 $\omega_n^2 = \dfrac{k}{m}$。

因此, 在正弦荷载作用下弹簧系统受迫振动的运动方程为

$$y(t) = \overbrace{A \cos \omega_n t + B \sin \omega_n t}^{\text{固有响应}} + \overbrace{\frac{\dfrac{F_0}{k}}{1 - \left(\dfrac{\omega}{\omega_n}\right)^2}\sin \omega t}^{\text{受迫响应}} \qquad (11.79)$$

注意, 由于系统自身具有的阻尼特性, 其固有响应会逐渐消失。所以, 今后将只讨论受迫响应。为了更直观地理解单自由度系统在正弦荷载作用下的响应, 下面将利用式 (11.78), 绘制受迫响应的振幅 Y_0 与静挠度 $\dfrac{F_0}{k}$ (由静力引起) 相对于频率比 $\dfrac{\omega}{\omega_n}$ 的关系曲线, 如图 11.20 所示。

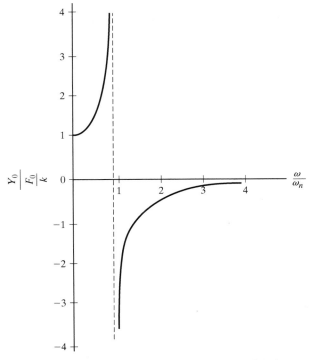

图 11.20　受迫响应的振幅与频率比的关系曲线

由图 11.20 中可以清楚看到，当频率比接近 1 时，振幅很大，这就是众所周知的共振现象。

11.2.4　不平衡旋转体的受迫振动

如前所述，机械的不平衡转动也会引起系统的振动。在机械系统中，旋转体的质心与其转动中心不重合时就会发生振动。这种不平衡体的振动，可用受正弦荷载作用的单自由度系统进行建模。如图 11.21 所示，正弦力是不平衡体法向惯性力的垂直分量。

这类情况的受力方程为

$$F(t) = m_0 e \omega^2 \sin \omega t \tag{11.80}$$

其中，m_0 为不平衡物体的质量，e 是偏心率，ω 是旋转体的角速度。比较式(11.80)和式(11.72)，得 $F_0 = m_0 e \omega^2$，将其代入式(11.79)且仅考虑受迫响应，得

$$y(t) = \frac{\overbrace{\frac{m_0 e \omega^2}{k}}^{Y_0}}{1 - \left(\dfrac{\omega}{\omega_n}\right)^2} \sin \omega t \tag{11.81}$$

以 Y_0 表示振幅，代入 $k = m\omega_n^2$，经整理得

$$Y_0 = \frac{\dfrac{m_0 e \omega^2}{k}}{1 - \left(\dfrac{\omega}{\omega_n}\right)^2} = \frac{\dfrac{m_0 e \omega^2}{m\omega_n^2}}{1 - \left(\dfrac{\omega}{\omega_n}\right)^2} \Rightarrow \frac{Y_0 m}{m_0 e} = \frac{\dfrac{\omega^2}{\omega_n^2}}{1 - \left(\dfrac{\omega}{\omega_n}\right)^2} \tag{11.82}$$

观察式(11.82)的分子项 $\dfrac{m_0 e \omega^2}{m}$，显然，增加系统的质量 m，可以减小系统的振幅。因此，通常涡轮机或大型水泵安装在巨大混凝土基座上以减小系统不期望的振幅。此外，可以证明：

$$\frac{\omega}{\omega_n} \ll 1 \quad \Rightarrow \quad \frac{Y_0 m}{m_0 e} = 0 \tag{11.83}$$

和

$$\frac{\omega}{\omega_n} \gg 1 \quad \Rightarrow \quad \frac{Y_0 m}{m_0 e} = -1 \tag{11.84}$$

利用式(11.82)，绘制 $\dfrac{Y_0 m}{m_0 e}$ 和频率比 $\dfrac{\omega}{\omega_n}$ 的曲线关系，如图 11.22 所示，可以看到，作为频率比的函数，系统的特性是显而易见的。

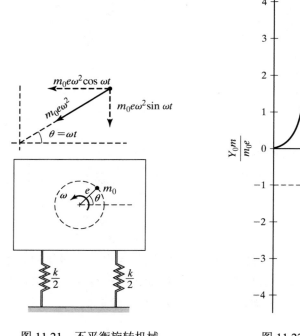

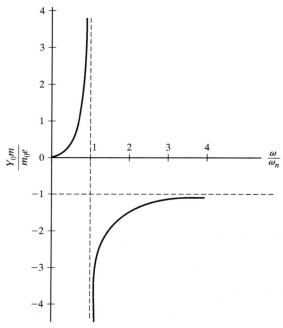

图 11.21　不平衡旋转机械

图 11.22　$\dfrac{Y_0 m}{m_0 e}$ 和频率比 $\dfrac{\omega}{\omega_n}$ 的曲线关系

单自由度弹簧系统在受到突加荷载、斜坡函数形式荷载或随时间渐弱的突加荷载作用下的系统响应，作为练习由读者自己推导(参见本章习题 4 和习题 5)。

11.2.5　传递给基座的力

如前所述，在设计动态系统时，了解传递给基座或支座的力，对保证基座的安全非常重要。物体振动和传递给基座的力的关系如图 11.23 所示。

由图 11.23 可知，力通过弹簧传递给基座，而力的大小随时间变化的方程为

$$F(t) = ky(t) = \frac{k \dfrac{F_0}{k}}{1 - \left(\dfrac{\omega}{\omega_n}\right)^2} \sin \omega t = \frac{F_0}{1 - \left(\dfrac{\omega}{\omega_n}\right)^2} \sin \omega t \tag{11.85}$$

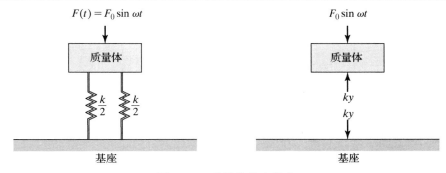

图 11.23　传递给基座的力

但是，工程应用中通常只考虑传递给基座的最大作用力，即式(11.85)中 $\sin\omega t = 1$ 时的外力，如下式所示：

$$F_{\max} = \frac{F_0}{1 - \left(\dfrac{\omega}{\omega_n}\right)^2} \tag{11.86}$$

振动学中通常将 $F_{\max}$ 与静力 F_0 之比定义为传动比或称为传递率(TR)：

$$\mathrm{TR} = \left|\frac{F_{\max}}{F_0}\right| = \left|\frac{\dfrac{F_0}{1 - \left(\dfrac{\omega}{\omega_n}\right)^2}}{F_0}\right| = \left|\frac{1}{1 - \left(\dfrac{\omega}{\omega_n}\right)^2}\right| \tag{11.87}$$

由式(11.87)定义的传递率与频率比的关系如图 11.24 所示。

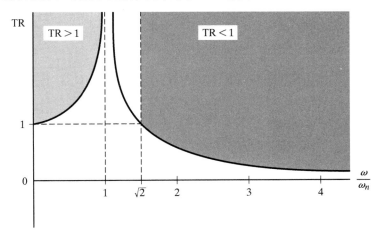

图 11.24　传递率与频率比的关系

观察图 11.24 可知，当频率比接近 1 时，传递率的值达到无穷大，这将造成严重的后果。同时，图 11.24 表明，为保持较低的传递率，机器的工作频率应远远高于其固有频率。

11.2.6　支座激励

本节将介绍支座激励的影响。如图 11.25 所示，弹簧系统受支座的激励，应用牛顿第二定

律，该振动体的运动方程为

$$-k(y_1 - y_2) = m\ddot{y}_1 \tag{11.88}$$

注意，弹簧弹力的大小取决于物体与支座的相对位置。分离激励项，有

$$m\ddot{y}_1 + ky_1 = ky_2 \tag{11.89}$$

上式两边同时除以质量 m，得

$$\ddot{y}_1 + \omega_n^2 y_1 = \omega_n^2 y_2 = \omega_n^2 Y_2 \sin \omega t \tag{11.90}$$

利用求解式(11.74)中偏微分方程的方法，不难求出式(11.90)。比较式(11.74)与式(11.90)，令 $\omega_n^2 Y_2 = \dfrac{F_0}{m}$，则式(11.90)的解为

$$y_1(t) = \frac{\dfrac{\omega_n^2 Y_2}{\omega_n^2}}{1 - \left(\dfrac{\omega}{\omega_n}\right)^2} \sin \omega t = \overbrace{\frac{Y_2}{1 - \left(\dfrac{\omega}{\omega_n}\right)^2}}^{\text{质量体振幅}} \sin \omega t \tag{11.91}$$

为理解上述解的物理意义，下面将分析式(11.91)的振幅项。如果用刚性杆件替代弹簧并激励支座，如图 11.26(a)所示，则由于刚性杆件的 k 值很大，导致 ω_n 值也很大，这必然会造成频率比很小，即 $\dfrac{\omega}{\omega_n} \ll 1$，从而使得振动物体的振幅等于支座的振幅 Y_2。如果用 k 值较小的软弹簧替代刚性杆件，如图 11.26(b)所示，则由于弹簧刚度 k 较小，相应的 ω_n 值也较小，因而频率比 $\dfrac{\omega}{\omega_n} \gg 1$。在式(11.91)中代入较大的频率比，则物体的振幅很小，近似于静止。

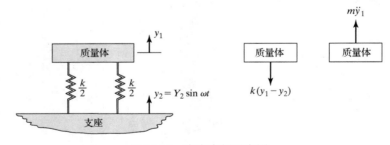

图 11.25　支座实例示意图

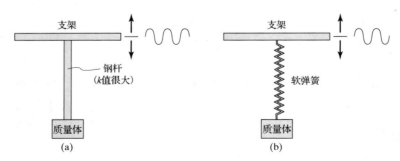

图 11.26　支座激励实验的示意图

11.2.7   多自由度系统的振动

前几节讨论了单自由度系统固有振动和受迫振动的特性，下面将以图 11.27 所示的两自由度系统为例讨论多自由度系统振动的主要特点。不过，在这里主要研究其固有频率。首先推导每个振动物体的运动方程。为此，需要让两个振动体分别经历一段位移且 $x_2 > x_1$，然后让其进行固有振动。

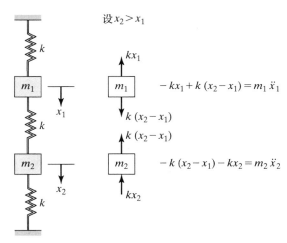

图 11.27   两自由度系统及其隔离体的受力图

根据受力图，两个物体的运动方程分别为

$$m_1 x_1^{..} + 2kx_1 - kx_2 = 0 \tag{11.92}$$

$$m_2 x_2^{..} - kx_1 + 2kx_2 = 0 \tag{11.93}$$

或以矩阵形式表示为

$$\begin{bmatrix} m_1 & 0 \\ 0 & m_2 \end{bmatrix} \begin{bmatrix} x_1^{..} \\ x_2^{..} \end{bmatrix} + \begin{bmatrix} 2k & -k \\ -k & 2k \end{bmatrix} \begin{bmatrix} x_1 \\ x_2 \end{bmatrix} = \begin{bmatrix} 0 \\ 0 \end{bmatrix}$$

注意，式 (11.92) 和式 (11.93) 均为二阶齐次偏微分方程，由于每个方程中都有未知变量 x_1 和 x_2，因此二者互为耦合。这种类型的系统统称为弹性耦合系统，其一般的矩阵形式为

$$\boldsymbol{M}\boldsymbol{x}^{..} + \boldsymbol{K}\boldsymbol{x} = 0 \tag{11.94}$$

其中，$\boldsymbol{M}$ 表示质量矩阵，$\boldsymbol{K}$ 表示刚度矩阵。简化式 (11.92) 和式 (11.93)，两边同时除以质量 m，有

$$x_1^{..} + \frac{2k}{m_1} x_1 - \frac{k}{m_1} x_2 = 0 \tag{11.95}$$

$$x_2^{..} - \frac{k}{m_2} x_1 + \frac{2k}{m_2} x_2 = 0 \tag{11.96}$$

利用矩阵表示法，并在方程两边乘以质量矩阵的逆矩阵 $\boldsymbol{M}^{-1}$，有

$$\boldsymbol{x}^{..} + \boldsymbol{M}^{-1}\boldsymbol{K}\boldsymbol{x} = 0 \tag{11.97}$$

然后，假定齐次方程的解分别为 $x_1(t) = X_1 \sin(\omega t + \phi)$ 和 $x_2(t) = X_2 \sin(\omega t + \phi)$ [或者用矩阵形式表示为 $\boldsymbol{x} = \boldsymbol{X}\sin(\omega t + \phi)$]，然后将其分别代入运动方程 [见式 (11.95) 和式 (11.96)]，则可建立一组线性代数方程。

由此可得

$$-\omega^2 X_1 \sin(\omega t + \phi) + \frac{2k}{m_1} X_1 \sin(\omega t + \phi) - \frac{k}{m_1} X_2 \sin(\omega t + \phi) = 0$$

$$-\omega^2 X_2 \sin(\omega t + \phi) - \frac{k}{m_2} X_1 \sin(\omega t + \phi) + \frac{2k}{m_2} X_2 \sin(\omega t + \phi) = 0$$

经化简，

$$-\omega^2 \begin{bmatrix} X_1 \\ X_2 \end{bmatrix} + \begin{bmatrix} \dfrac{2k}{m_1} & -\dfrac{k}{m_1} \\ -\dfrac{k}{m_2} & \dfrac{2k}{m_2} \end{bmatrix} \begin{bmatrix} X_1 \\ X_2 \end{bmatrix} = \begin{bmatrix} 0 \\ 0 \end{bmatrix} \tag{11.98}$$

或写为矩阵形式：

$$-\omega^2 \boldsymbol{X} + \boldsymbol{M}^{-1} \boldsymbol{K} \boldsymbol{X} = 0 \tag{11.99}$$

注意，$\boldsymbol{x} = \begin{bmatrix} x_1(x) \\ x_2(x) \end{bmatrix}$ 表示每个振动体的位置是时间的函数，矩阵 $\boldsymbol{x} = \begin{bmatrix} x_1 \\ x_2 \end{bmatrix}$ 表示每个振动体的振幅，

ϕ 是相位角。式(11.98)也可以写为如下形式：

$$-\omega^2 \begin{bmatrix} 1 & 0 \\ 0 & 1 \end{bmatrix} \begin{bmatrix} X_1 \\ X_2 \end{bmatrix} + \begin{bmatrix} \dfrac{1}{m_1} & 0 \\ 0 & \dfrac{1}{m_2} \end{bmatrix} \begin{bmatrix} 2k & -k \\ -k & 2k \end{bmatrix} \begin{bmatrix} X_1 \\ X_2 \end{bmatrix} = 0 \tag{11.100}$$

或者

$$\left[\begin{bmatrix} \dfrac{2k}{m_1} & -\dfrac{k}{m_1} \\ -\dfrac{k}{m_2} & \dfrac{2k}{m_2} \end{bmatrix} - \omega^2 \begin{bmatrix} 1 & 0 \\ 0 & 1 \end{bmatrix} \right] \begin{bmatrix} X_1 \\ X_2 \end{bmatrix} = \begin{bmatrix} 0 \\ 0 \end{bmatrix} \tag{11.101}$$

进一步化简式(11.101)，有

$$\begin{bmatrix} -\omega^2 + \dfrac{2k}{m_1} & -\dfrac{k}{m_1} \\ -\dfrac{k}{m_2} & -\omega^2 + \dfrac{2k}{m_2} \end{bmatrix} \begin{bmatrix} X_1 \\ X_2 \end{bmatrix} = 0 \tag{11.102}$$

对于式(11.99)或式(11.102)所示的控制方程，当且仅当其系数矩阵的行列式为 0 时，才有非零解。为直观起见，设 $m_1 = m_2 = 0.1$ kg，$k = 100$ N/m，并让系数矩阵的行列式等于 0，有

$$\begin{vmatrix} -\omega^2 + 2000 & -1000 \\ -1000 & -\omega^2 + 2000 \end{vmatrix} = 0 \tag{11.103}$$

$$(-\omega^2 + 2000)(-\omega^2 + 2000) - (-1000)(-1000) = 0 \tag{11.104}$$

经化简，

$$\omega^4 - 4000\omega^2 + 3\,000\,000 = 0 \tag{11.105}$$

式(11.105)称为特征方程，特征方程的根就是系统的固有频率。经求解，得

$$\omega_1^2 = \lambda_1 = 1000 \,(\text{rad/s})^2 \qquad 和 \qquad \omega_1 = 31.62 \text{ rad/s}$$
$$\omega_2^2 = \lambda_2 = 3000 \,(\text{rad/s})^2 \qquad 和 \qquad \omega_2 = 54.77 \text{ rad/s}$$

只要 ω^2 已知，就可以将其回代到式(11.102)求出 X_1，X_2 的关系。振动体在固有频率下振动时，其振幅之间的关系称为固有模态。取式(11.102)的任意一行，有

$$(-\omega^2 + 2000)X_1 - 1000X_2 = 0 \quad 将\ \omega_1^2 = 1000\ 代入，可得$$

$$(-1000 + 2000)X_1 - 1000X_2 = 0 \quad \rightarrow \frac{X_2}{X_1} = 1$$

或者用第二行的关系：

$$-1000X_1 + (-\omega^2 + 2000)X_2 = 0 \quad 将\ \omega_1^2 = 1000\ 代入，可得$$

$$-1000X_1 + (-1000 + 2000)X_2 = 0 \rightarrow \frac{X_2}{X_1} = 1$$

显然，二者结果相同。用同样的方法在式(11.102)中代入 $\omega_2^2 = 3000$，有

$$(-\omega^2 + 2000)X_1 - 1000X_2 = 0 \quad 将\ \omega_2^2 = 3000\ 代入，可得$$

$$(-3000 + 2000)X_1 - 1000X_2 = 0 \rightarrow \frac{X_2}{X_1} = -1$$

注意，求解特征值问题仅能建立未知量之间的关系，而无法求出具体值。通过实验可以更好地理解固有频率及其模态的含义：同时将振子 1 和振子 2 向下拉 1 英寸($X_1 = X_2 = 1$)，然后自由释放。在这种初始条件下，系统将以第一固有频率($\omega_1 = 31.62$ rad/s)振动。如果系统的初始条件变为将振子 1 向上拉 1 英寸，将振子 2 向下拉 1 英寸($X_2 = -X_1 = 1$)，然后自由释放，系统将以第二固有频率($\omega_2 = 54.77$ rad/s)振动。正如两个固有频率将影响系统行为，其他任何类型的初始条件都将引起系统的振动。

11.2.8　多自由度系统的受迫振动

上一节得出了多自由度系统固有振动的一般运动方程为

$$M\ddot{x} + Kx = 0 \tag{11.106}$$

如考虑阻尼矩阵 C，则式(11.106)变为

$$M\ddot{x} + C\dot{x} + Kx = 0 \tag{11.107}$$

对于多自由度系统的固有响应，还可以通过模态分析求得。不过，需要利用主坐标对偏微分运行方程解耦，其基本思想是：对每一质量体用一个单一的坐标描述其运动状态，而不涉及其他坐标。如果各个运动方程互不关联，那么每个独立方程都可以作为一个单自由度系统来处理。下面，将以图 11.27 所示的双自由度系统为例进一步介绍主坐标的概念。假定 $m_1 = m_2 = m$，并代入式(11.95)和式(11.96)，有

$$\ddot{x}_1 + \frac{2k}{m}x_1 - \frac{k}{m}x_2 = 0 \tag{11.95}$$

$$\ddot{x}_2 - \frac{k}{m}x_1 + \frac{2k}{m}x_2 = 0 \tag{11.96}$$

将式(11.95b)和式(11.96b)相加，然后用式(11.95b)减去式(11.96b)，得

$$\ddot{x}_1 + \ddot{x}_2 + \frac{k}{m}(x_1 + x_2) = 0 \quad \Rightarrow \ddot{p}_1 + \frac{k}{m}p_1 = 0$$

$$\ddot{x}_1 - \ddot{x}_2 + \frac{3k}{m}(x_1 - x_2) = 0 \quad \Rightarrow \ddot{p}_2 + \frac{3k}{m}p_2 = 0$$

其中，$p_1 = x_1 + x_2$，$p_2 = x_1 - x_2$。很显然，利用主坐标 p_1 和 p_2，运动方程之间就消除了耦合关系，因此系统的固有频率就不难求得：$\omega_1 = \sqrt{\dfrac{k}{m}}$，$\omega_2 = \sqrt{\dfrac{3k}{m}}$。关于特征方程的根将作为练习，留给读者完成求解。尽管解除多自由度系统运动方程的耦合关系要比上述处理复杂得多，但通过上述例子说明了主坐标和去耦的基本思想。另外，模态分析方法也可用于具有阻尼影响的多自由度系统固有响应和受迫响应的分析。

对于承受外力作用的多自由度系统，其运动方程的矩阵形式为

$$M\ddot{x} + Kx = F \tag{11.108}$$

若考虑阻尼的影响，则有如下形式：

$$M\ddot{x} + C\dot{x} + Kx = F \tag{11.109}$$

至此，我们已经介绍了如何用离散化模型，即用具有集中质量、等效刚度和有限个自由度的模型，近似处理分布式质量弹性系统的方法。此外，这些模型都是用普通的微分方程及初始条件描述的，通过求解就可以求出系统固有振动或受迫振动时的响应。

由于杆和梁在工程应用中扮演很重要的角色，11.4 节和 11.5 节将详细讨论其有限元公式。杆和梁是连续系统，理论上有无限多个自由度和固有频率。而对许多实际问题，只有前几个固有频率是重要的。一般情况下，连续系统的运动方程是一组偏微分方程，在已知边界条件和初始条件时可以求得其精确解。除了一些简单问题，实际问题的微分方程的解都将非常复杂，难以求取，所以需要借助离散模型的数值解来完成分析。下面的章节将应用拉格朗日方程讨论杆、梁和框架的有限元公式。

11.3　拉格朗日方程

在前面几节，已用牛顿第二定律推导了振动系统的运动方程。本节将利用拉格朗日方程来形成振动系统的运动方程。拉格朗日方程的一般形式为

$$\frac{\mathrm{d}}{\mathrm{d}t}\left(\frac{\partial T}{\partial \dot{q}_i}\right) - \frac{\partial T}{\partial q_i} + \frac{\partial \Lambda}{\partial q_i} = Q_i \quad (i = 1, 2, 3, \cdots, n) \tag{11.110}$$

其中，t —— 时间；T —— 系统的动能；q_i —— 坐标系；$\dot{q}_i$ —— 坐标系关于时间的导数，表示速度；Λ —— 系统势能；Q_i —— 外力或外弯矩。

下面将利用例 11.4 介绍如何应用拉格朗日方程推导动态系统的运动方程。

例 11.4　用拉格朗日方程推导图 11.28 所示系统的运动方程。

图 11.28 (a) 是一个单自由度系统，仅需要一个坐标 q 来描述其行为。为使用式 (11.110)，首先需要用坐标 q 及其导数 $\dot{q}$ 来表示系统的动能和势能。注意，对本问题设 $q = x$。系统的动能和势能分别为

$$T = \frac{1}{2}m\dot{x}^2$$

$$\Lambda = \frac{1}{2}kx^2$$

其次，按拉格朗日方程的要求，求动能关于 $\dot{q}$（即 $\dot{x}$）的导数：

$$\frac{\partial T}{\partial \dot q} = \frac{\partial T}{\partial \dot x} = \frac{\partial}{\partial \dot x}\left(\frac{1}{2}m\dot x^2\right) = (2)\left(\frac{1}{2}\right)m\dot x = m\dot x$$

然后，对 $\dfrac{\partial t}{\partial \dot x}$ 求关于时间的导数：

$$\frac{\mathrm d}{\mathrm dt}\left(\frac{\partial T}{\partial \dot x}\right) = \frac{\mathrm d}{\mathrm dt}(m\dot x) = m\ddot x$$

由于 T 是关于 $\dot x$ 而不是 x 函数的，因此 $\dfrac{\partial T}{\partial x} = 0$。求解
式 (11.110) 中的 $\dfrac{\partial \Lambda}{\partial q}$ 项，有

$$\frac{\partial \Lambda}{\partial q} = \frac{\partial \Lambda}{\partial x} = \frac{\partial}{\partial x}\left(\frac{1}{2}kx^2\right) = kx$$

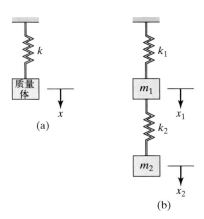

图 11.28　例 11.4 中的弹簧–质量体系统

最后，将上述各项代入式 (11.110) 中，有

$$\overbrace{\frac{\mathrm d}{\mathrm dt}\left(\frac{\partial T}{\partial \dot q_i}\right)}^{m\ddot x} - \overbrace{\frac{\partial T}{\partial q_i}}^{0} + \overbrace{\frac{\partial \Lambda}{\partial q_i}}^{kx} = \overbrace{Q_i}^{0}$$

与预期一致，最终的运动方程为

$$m\ddot x + kx = 0$$

图 11.28 (b) 所示系统有两个自由度，因此需要两个坐标，如 x_1 和 x_2，描述其动能和势能公
式为

$$T = \frac{1}{2}m_1\dot x_1^2 + \frac{1}{2}m_2\dot x_2^2$$

$$\Lambda = \frac{1}{2}k_1x_1^2 + \frac{1}{2}k_2(x_2 - x_1)^2$$

按式 (11.110) 要求，对上式求导，可得

$$\frac{\partial T}{\partial \dot x_1} = m_1\dot x_1 \qquad 则 \qquad \frac{\mathrm d}{\mathrm dt}\left(\frac{\partial T}{\partial \dot x_1}\right) = m_1\ddot x_1$$

$$\frac{\partial T}{\partial \dot x_2} = m_2\dot x_2 \qquad 则 \qquad \frac{\mathrm d}{\mathrm dt}\left(\frac{\partial T}{\partial \dot x_2}\right) = m_2\ddot x_2$$

$$\frac{\partial T}{\partial x_1} = \frac{\partial T}{\partial x_2} = 0$$

$$\frac{\partial \Lambda}{\partial x_1} = k_1x_1 + k_2(x_1 - x_2)$$

$$\frac{\partial \Lambda}{\partial x_2} = k_2(x_2 - x_1)$$

将上述各式代入式 (11.110)，可得

$$m_1\ddot x_1 + (k_1 + k_2)x_1 - k_2x_2 = 0$$
$$m_2\ddot x_2 - k_2x_1 + k_2x_2 = 0$$

或用矩阵形式表示为

$$\begin{bmatrix} m_1 & 0 \\ 0 & m_2 \end{bmatrix}\begin{bmatrix} \ddot x_1 \\ \ddot x_2 \end{bmatrix} + \begin{bmatrix} k_1 + k_2 & -k_2 \\ -k_2 & k_2 \end{bmatrix}\begin{bmatrix} x_1 \\ x_2 \end{bmatrix} = \begin{bmatrix} 0 \\ 0 \end{bmatrix}$$

11.4　轴心受力构件的有限元公式

本节首先将利用拉格朗日公式推导轴心受力构件的质量矩阵，然后用其求解构件的固有频率。如前所述，轴心受力构件的位移可由一维形函数 S_i 和 S_j 表示为

$$u = S_i U_i + S_j U_j \tag{11.111}$$

如图 11.29 所示，用局部坐标表示的形函数由下式给出：

$$S_i = 1 - \frac{x}{L} \tag{11.112}$$

$$S_j = \frac{x}{L} \tag{11.113}$$

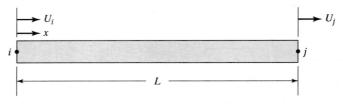

图 11.29　轴心受力构件

注意，静态问题的位移函数仅与坐标 x 有关，而动态问题的位移函数与 x 和时间 t 均有关，即 $u = u(x, t)$。构件的总动能是各连续质点的动能之和：

$$T = \int_0^L \frac{\gamma}{2} \dot{u}^2 \mathrm{d}x \tag{11.114}$$

式中，$\dot{u}$ 表示构件上各质点的速度，γ 是构件单位长度的质量。构件的速度可由其节点速度 $\dot{U}_i$ 和 $\dot{U}_j$ 表示为

$$\dot{u} = S_i \dot{U}_i + S_j \dot{U}_j \tag{11.115}$$

将上式代入式（11.114），可得

$$T = \frac{\gamma}{2} \int_0^L (S_i \dot{U}_i + S_j \dot{U}_j)^2 \mathrm{d}x \tag{11.116}$$

按拉格朗日方程［见式（11.110）］对上式求导，可得

$$\frac{\partial T}{\partial \dot{U}_i} = \frac{\gamma}{2} \int_0^L 2 S_i (S_i \dot{U}_i + S_j \dot{U}_j) \mathrm{d}x \tag{11.117}$$

$$\frac{\partial T}{\partial \dot{U}_j} = \frac{\gamma}{2} \int_0^L 2 S_j (S_i \dot{U}_i + S_j \dot{U}_j) \mathrm{d}x \tag{11.118}$$

$$\frac{\mathrm{d}}{\mathrm{d}t}\left(\frac{\partial T}{\partial \dot{U}_i}\right) = \gamma \left[\int_0^L S_i^2 \ddot{U}_i \mathrm{d}x + \int_0^L S_i S_j \ddot{U}_j \mathrm{d}x \right] \tag{11.119}$$

$$\frac{\mathrm{d}}{\mathrm{d}t}\left(\frac{\partial T}{\partial \dot{U}_j}\right) = \gamma \left[\int_0^L S_i S_j \ddot{U}_i \mathrm{d}x + \int_0^L S_j^2 \ddot{U}_j \mathrm{d}x \right] \tag{11.120}$$

注意，S_i 和 S_j 仅是 x 的函数，而 $\ddot{U}_i$ 和 $\ddot{U}_j$ 分别为节点 i 和节点 j 处的加速度，是关于时间的函数。对式（11.119）和式（11.120）积分，可得

$$\gamma \int_0^L S_i^2 \mathrm{d}x = \gamma \int_0^L \left(1 - \frac{x}{L}\right)^2 \mathrm{d}x = \frac{\gamma L}{3} \tag{11.121}$$

$$\gamma \int_0^L S_i S_j \mathrm{d}x = \gamma \int_0^L \left(1 - \frac{x}{L}\right)\left(\frac{x}{L}\right)\mathrm{d}x = \frac{\gamma L}{6} \tag{11.122}$$

$$\gamma \int_0^L S_j^2 \mathrm{d}x = \gamma \int_0^L \left(\frac{x}{L}\right)^2 \mathrm{d}x = \frac{\gamma L}{3} \tag{11.123}$$

将式(11.121)至式(11.123)代入式(11.119)和式(11.120)，最终可导出 $\boldsymbol{M\ddot{u}}$。轴心受力构件的质量矩阵为

$$\boldsymbol{M}^{(e)} = \frac{\gamma L}{6}\begin{bmatrix} 2 & 1 \\ 1 & 2 \end{bmatrix} \tag{11.124}$$

4.1 节推导的轴力单元的刚度矩阵为

$$\boldsymbol{K}^{(e)} = \frac{AE}{L}\begin{bmatrix} 1 & -1 \\ -1 & 1 \end{bmatrix}$$

下面，将通过例 11.5 来验证这一结论。

例 11.5　如图 11.30 所示的长 30 cm 的铝质杆件，弹性模量 $E = 70$ GPa，密度 $\rho = 2700$ kg/m^3 ($\gamma = 5.4$ kg/m)，杆件一端固定，用图中所示的三个单元近似求出其固有频率。

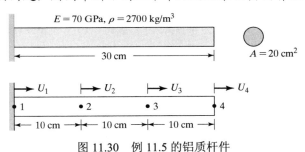

图 11.30　例 11.5 的铝质杆件

每一个单元的质量矩阵可根据式(11.124)求得：

$$\boldsymbol{M}^{(1)} = \boldsymbol{M}^{(2)} = \boldsymbol{M}^{(3)} = \frac{\gamma L}{6}\begin{bmatrix} 2 & 1 \\ 1 & 2 \end{bmatrix} = \frac{(5.4)(0.1)}{6}\begin{bmatrix} 2 & 1 \\ 1 & 2 \end{bmatrix} = \begin{bmatrix} 0.18 & 0.09 \\ 0.09 & 0.18 \end{bmatrix}$$

各单元的刚度矩阵为

$$\boldsymbol{K}^{(1)} = \boldsymbol{K}^{(2)} = \boldsymbol{K}^{(3)} = \frac{AE}{L}\begin{bmatrix} 1 & -1 \\ -1 & 1 \end{bmatrix} =$$

$$\frac{(20 \times 10^{-4})(70 \times 10^9)}{0.1}\begin{bmatrix} 1 & -1 \\ -1 & 1 \end{bmatrix} = 1.4 \times 10^9 \times \begin{bmatrix} 1 & -1 \\ -1 & 1 \end{bmatrix}$$

组合总质量矩阵和刚度矩阵，得

$$\boldsymbol{M}^{(G)} = \begin{bmatrix} 0.18 & 0.09 & 0 & 0 \\ 0.09 & 0.36 & 0.09 & 0 \\ 0 & 0.09 & 0.36 & 0.09 \\ 0 & 0 & 0.09 & 0.18 \end{bmatrix}$$

$$\boldsymbol{K}^{(G)} = 10^9 \times \begin{bmatrix} 1.4 & -1.4 & 0 & 0 \\ -1.4 & 2.8 & -1.4 & 0 \\ 0 & -1.4 & 2.8 & -1.4 \\ 0 & 0 & -1.4 & 1.4 \end{bmatrix}$$

然后，应用边界条件——由于节点 1 固定，可将质量矩阵和总刚度矩阵的第一行和第一列消去。于是，有

$$\boldsymbol{M}^{(G)} = \begin{bmatrix} 0.36 & 0.09 & 0 \\ 0.09 & 0.36 & 0.09 \\ 0 & 0.09 & 0.18 \end{bmatrix}$$

$$\boldsymbol{K}^{(G)} = 10^9 \times \begin{bmatrix} 2.8 & -1.4 & 0 \\ -1.4 & 2.8 & -1.4 \\ 0 & -1.4 & 1.4 \end{bmatrix}$$

与前面讨论的多自由度系统的固有振动一样，为求得系统的固有频率，需要求解 $\boldsymbol{M}^{-1}\boldsymbol{K}\boldsymbol{X} = \omega^2\boldsymbol{X}$，对于杆而言即为 $\boldsymbol{M}^{-1}\boldsymbol{K}\boldsymbol{U} = \omega^2\boldsymbol{U}$。求质量矩阵的逆，有

$$\boldsymbol{M}^{-1} = \begin{bmatrix} 2.9915 & -0.8547 & 0.4274 \\ -0.8547 & 3.4188 & -1.7094 \\ 0.4274 & -1.7094 & 6.4103 \end{bmatrix}$$

然后计算：

$$\boldsymbol{M}^{-1}\boldsymbol{K} = 10^{10} \times \begin{bmatrix} 0.9573 & -0.7179 & 0.1795 \\ -0.7179 & 1.3162 & -0.7179 \\ 0.3590 & -1.4359 & 1.1368 \end{bmatrix}$$

最后，可求得刚度方程的特征值，即为系统的固有频率，$\omega_1 = 1.5999 \times 10^5$ rad/s，$\omega_2 = 0.8819 \times 10^5$ rad/s，$\omega_3 = 0.2697 \times 10^5$ rad/s。

重新计算例 11.5　下面将介绍如何利用 Excel 重新计算例 11.5 所示的动态问题。

1. 如下图所示，在单元格 A1 中输入 **Example11.5**，在单元格 A3，A4，A5 和 A6 中分别输入 A=，E=，L= 和 γ =。在单元格 B3 输入 A 的值之后，选择 B3，并在名称框中输入 A 后按下 Enter 键。同样地，在单元格 B4，B5 和 B6 分别输入 E，L 和 γ 的值之后，选择 B4，B5 和 B6 并在名称框中输入 E，L 和 Gamma 后按下 Enter 键。然后创建下图所示表格。

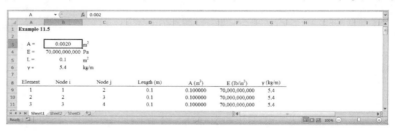

2. 如下图所示，建立矩阵[M1]，[M2]，[M3]和矩阵[K1]，[K2]，[K3]。例如，选择单元格 C16，并输入=(Gamma*L/6)*2；选择单元格 C22，并输入=(A*E/L)*1。然后，选择单元格区域 C16:D17，记作 Melement1；选择单元格区域 C22:D23，记作 Kelement1。

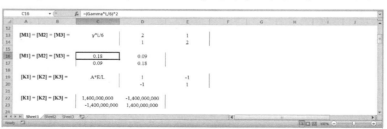

3. 如下图所示，创建矩阵[A1]，[A2]和[A3]，并分别记作 Aelement1，Aelement2 和 Aelement3。首先，创建矩阵[A1]。然后，复制 25 行至 27 行的矩阵[A1]并粘贴至 29 行至 31 行及 33 行至 35 行，并进行相应的修改即可得到[A2]和[A3]。将节点位移 U1，U2，U3 和 U4 以及 Ui 和 Uj 附在矩阵[A1]，[A2]和[A3]的右侧，以辅助观察节点对相邻单元的影响。

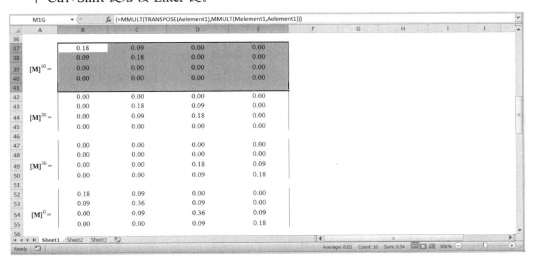

4. 创建各单元的质量矩阵(并将其置于总刚度矩阵的恰当位置)，并分别记作 M1G，M2G，和 M3G。例如创建 $[M]^{1G}$，首先选择单元格区域 B37:E40，并输入=MMULT (TRANSPOSE(Aelement1)，MMULT(Melement1,Aelement1))，同时按下 Ctrl + Shift 键后按 Enter 键。以同样的方式创建 $[M]^{2G}$ 和 $[M]^{3G}$，如下图所示。然后生成最终的总质量矩阵。选择单元格区域 B52:E55，并在公式栏中输入=M1G+M2G+M3G，同时按下 Ctrl+Shift 键后按 Enter 键。

5. 创建各单元的刚度矩阵(并将其置于总刚度矩阵的恰当位置)，并分别记作 K1G，K2G 和 K3G。例如创建 $[K]^{1G}$，首先选择单元格区域 B57:K60，并输入=MMULT (TRANSPOSE(Aelement1),MMULT(Kelement1,Aelement1))，同时按下 Ctrl + Shift 键后按 Enter 键。以同样的方式创建 $[K]^{2G}$ 和 $[K]^{3G}$，如下图所示。然后生成最终的总刚度矩阵。选择单元格区域 B72:E75，并在公式栏中输入=K1G + K2G + K3G，同时按下 Ctrl + Shift 键后按 Enter 键。

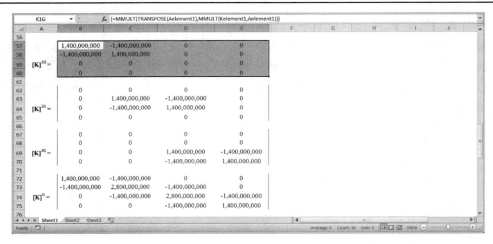

6. 应用边界条件。复制矩阵 MG 中的部分数据，并以数值形式粘贴于单元格区域 C77:E79，并按下图进行修改后，记作 MwithappliedBC。以同样的方式，在单元格区域 C81:E83 创建刚度矩阵，记作 KwithappliedBC。

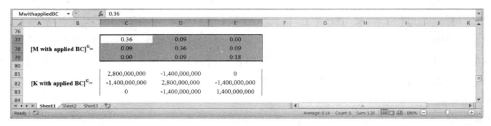

7. 如下图所示，创建矩阵$[M]^{-1}$和$[M]^{-1}[K]$。选择单元格区域 C85:E87，并输入=MINVERSE（MwithappliedBC），同时按下 Ctrl + Shift 键后按 Enter 键，将单元格记作 InversofM。然后选择单元格 C89:E91，并输入=MMULT（InverseofM,KwithappliedBC），同时按下 Ctrl + Shift 键后按 Enter 键，将单元格记作 Mminus1K。

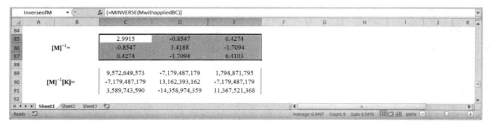

8. 如下图所示，创建单位矩阵并记作$[I]$。

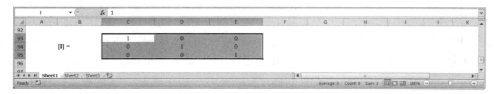

9. 如下图所示，在单元格 D98 输入初始假设条件（例如，2e10），并记作 Omegasquared。在单元格 C100 输入=MDETERM（Mminus1K−Omegasquared*I）。在单元格 B102 输入=SORT（Omegasquared）。

下面利用 Goal Seek 函数，这是 Excel 中用来计算特征值的函数。选择菜单 Data tab→What-If Analysis→Goal Seek。

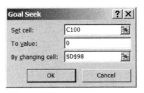

初始假设条件可以进行修改。

完整的 Excel 表格如下图所示。

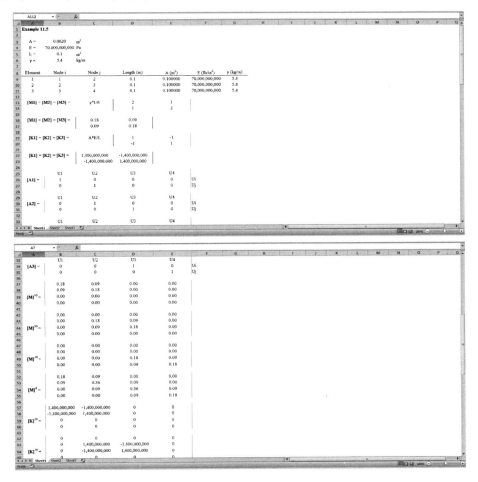

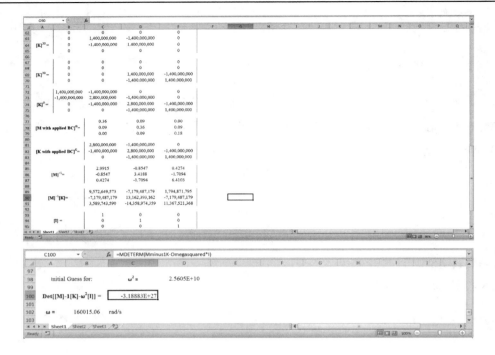

11.5　梁与框架单元的有限元公式

本节将利用拉格朗日方程推导梁和框架单元的有限元计算公式。在 4.2 节曾讲到，梁单元的变形可用形函数 S_{i1}，S_{i2}，S_{j1}，S_{j2} 及节点位移 U_{i1}，U_{i2}，U_{j1}，U_{j2} 表示为

$$v = S_{i1}U_{i1} + S_{i2}U_{i2} + S_{j1}U_{j1} + S_{j2}U_{j2}$$

其中，各形函数由下式给定：

$$S_{i1} = 1 - \frac{3x^2}{L^2} + \frac{2x^3}{L^3}$$

$$S_{i2} = x - \frac{2x^2}{L} + \frac{x^3}{L^2}$$

$$S_{j1} = \frac{3x^2}{L^2} - \frac{2x^3}{L^3}$$

$$S_{j2} = -\frac{x^2}{L} + \frac{x^3}{L^2}$$

为便于讨论，下面重绘图 4.8 所示的梁单元。

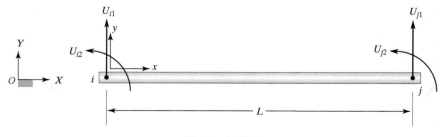

图 4.8　梁单元

梁单元的动能由各连续质点的动能累加而成，即为

$$T = \int_0^L \frac{\gamma}{2} \dot{v}^2 \, \mathrm{d}x \tag{11.125}$$

在式(11.125)中，$\dot{v}$ 表示梁内各质点的速度，是关于时间的函数。根据形函数和节点 i 与节点 j 处的水平速度和转动速度，$\dot{v}$ 可表示为

$$\dot{v} = S_{i1}\dot{U}_{i1} + S_{i2}\dot{U}_{i2} + S_{j1}\dot{U}_{j1} + S_{j2}\dot{U}_{j2} \tag{11.126}$$

将上式代入式(11.125)，可得

$$T = \int_0^L \frac{\gamma}{2} \dot{v}^2 \mathrm{d}x = \frac{\gamma}{2} \int_0^L (S_{i1}\dot{U}_{i1} + S_{i2}\dot{U}_{i2} + S_{j1}\dot{U}_{j1} + S_{j2}\dot{U}_{j2})^2 \mathrm{d}x \tag{11.127}$$

尽管 $\dot{v}$ 是关于时间和位置的函数，但节点速度仅是关于时间的函数，而形函数仅是关于空间变量的函数。依据拉格朗日方程的要求，各导数项为

$$\frac{\partial T}{\partial \dot{U}_{i1}} = \frac{\gamma}{2} \int_0^L 2S_{i1}(S_{i1}\dot{U}_{i1} + S_{i2}\dot{U}_{i2} + S_{j1}\dot{U}_{j1} + S_{j2}\dot{U}_{j2})\mathrm{d}x \tag{11.128}$$

$$\frac{\partial T}{\partial \dot{U}_{i2}} = \frac{\gamma}{2} \int_0^L 2S_{i2}(S_{i1}\dot{U}_{i1} + S_{i2}\dot{U}_{i2} + S_{j1}\dot{U}_{j1} + S_{j2}\dot{U}_{j2})\mathrm{d}x \tag{11.129}$$

$$\frac{\partial T}{\partial \dot{U}_{j1}} = \frac{\gamma}{2} \int_0^L 2S_{j1}(S_{i1}\dot{U}_{i1} + S_{i2}\dot{U}_{i2} + S_{j1}\dot{U}_{j1} + S_{j2}\dot{U}_{j2})\mathrm{d}x \tag{11.130}$$

$$\frac{\partial T}{\partial \dot{U}_{j2}} = \frac{\gamma}{2} \int_0^L 2S_{j2}(S_{i1}\dot{U}_{i1} + S_{i2}\dot{U}_{i2} + S_{j1}\dot{U}_{j1} + S_{j2}\dot{U}_{j2})\mathrm{d}x \tag{11.131}$$

以及形如 $\dfrac{\mathrm{d}}{\mathrm{d}t}\left(\dfrac{\partial T}{\partial q_i}\right)$ 的各项为

$$\frac{\mathrm{d}}{\mathrm{d}t}\left(\frac{\partial T}{\partial \dot{U}_{i1}}\right) = \gamma\left[\int_0^L S_{i1}(S_{i1}\ddot{U}_{i1} + S_{i2}\ddot{U}_{i2} + S_{j1}\ddot{U}_{j1} + S_{j2}\ddot{U}_{j2})\mathrm{d}x\right] \tag{11.132}$$

$$\frac{\mathrm{d}}{\mathrm{d}t}\left(\frac{\partial T}{\partial \dot{U}_{i2}}\right) = \gamma\left[\int_0^L S_{i2}(S_{i1}\ddot{U}_{i1} + S_{i2}\ddot{U}_{i2} + S_{j1}\ddot{U}_{j1} + S_{j2}\ddot{U}_{j2})\mathrm{d}x\right] \tag{11.133}$$

$$\frac{\mathrm{d}}{\mathrm{d}t}\left(\frac{\partial T}{\partial \dot{U}_{j1}}\right) = \gamma\left[\int_0^L S_{j1}(S_{i1}\ddot{U}_{i1} + S_{i2}\ddot{U}_{i2} + S_{j1}\ddot{U}_{j1} + S_{j2}\ddot{U}_{j2})\mathrm{d}x\right] \tag{11.134}$$

$$\frac{\mathrm{d}}{\mathrm{d}t}\left(\frac{\partial T}{\partial \dot{U}_{j2}}\right) = \gamma\left[\int_0^L S_{j2}(S_{i1}\ddot{U}_{i1} + S_{i2}\ddot{U}_{i2} + S_{j1}\ddot{U}_{j1} + S_{j2}\ddot{U}_{j2})\mathrm{d}x\right] \tag{11.135}$$

与节点速度一样，节点 i 与节点 j 处的水平速度和转动速度 $\ddot{U}_{i1}$，$\ddot{U}_{i2}$，$\ddot{U}_{j1}$，$\ddot{U}_{j2}$ 也仅是关于时间的函数，与坐标 x 无关。这意味着，可以从式(11.132)至式(11.135)的积分式中提出节点加速度，仅对形函数进行积分，有

$$\gamma \int_0^L S_{i1}^2 \mathrm{d}x = \gamma \int_0^L \left(1 - \frac{3x^2}{L^2} + \frac{2x^3}{L^3}\right)^2 \mathrm{d}x = \frac{13\gamma L}{35} = \frac{13}{35}m \tag{11.136}$$

$$\gamma \int_0^L S_{i1}S_{i2} \mathrm{d}x = \gamma \int_0^L \left(1 - \frac{3x^2}{L^2} + \frac{2x^3}{L^3}\right)\left(x - \frac{2x^2}{L} + \frac{x^3}{L^2}\right)\mathrm{d}x = \frac{11\gamma L^2}{210} = \frac{11}{210}mL \tag{11.137}$$

$$\gamma \int_0^L S_{i1}S_{j1}\,\mathrm{d}x = \gamma \int_0^L \left(1 - \frac{3x^2}{L^2} + \frac{2x^3}{L^3}\right)\left(\frac{3x^2}{L^2} - \frac{2x^3}{L^3}\right)\mathrm{d}x = \frac{9\gamma L}{70} \tag{11.138}$$

$$\gamma \int_0^L S_{i1}S_{j2}\,\mathrm{d}x = \gamma \int_0^L \left(1 - \frac{3x^2}{L^2} + \frac{2x^3}{L^3}\right)\left(-\frac{x^2}{L} + \frac{x^3}{L^2}\right)\mathrm{d}x = -\frac{13\gamma L^2}{420} \tag{11.139}$$

$$\gamma \int_0^L S_{j2}^2\,\mathrm{d}x = \gamma \int_0^L \left(-\frac{x^2}{L} + \frac{x^3}{L^2}\right)^2 \mathrm{d}x = \frac{\gamma L^3}{105} \tag{11.140}$$

$$\gamma \int_0^L S_{j2}S_{j1}\,\mathrm{d}x = \gamma \int_0^L \left(-\frac{x^2}{L} + \frac{x^3}{L^2}\right)\left(\frac{3x^2}{L^2} - \frac{2x^3}{L^3}\right)\mathrm{d}x = -\frac{11\gamma L^2}{210} \tag{11.141}$$

合并整理各积分项，最终可得 $\boldsymbol{M}\ddot{\boldsymbol{v}}$，因而梁单元的质量矩阵为

$$\boldsymbol{M}^{(e)} = \frac{\gamma L}{420}\begin{bmatrix} 156 & 22L & 54 & -13L \\ 22L & 4L^2 & 13L & -3L^2 \\ 54 & 13L & 156 & -22L \\ -13L & -3L^2 & -22L & 4L^2 \end{bmatrix} \tag{11.142}$$

下面考虑梁单元的刚度矩阵。回顾 4.2 节，梁单元的刚度矩阵为

$$\boldsymbol{K}^{(e)} = \frac{EI}{L^3}\begin{bmatrix} 12 & 6L & -12 & 6L \\ 6L & 4L^2 & -6L & 2L^2 \\ -12 & -6L & 12 & -6L \\ 6L & 2L^2 & -6L & 4L^2 \end{bmatrix} \tag{11.143}$$

下面将讨论框架单元质量矩阵的有限元公式，并通过例 11.7 介绍框架振动的有限元建模。

11.5.1　框架单元

在第 4 章已讨论了使用螺栓或焊接而成的框架结构。对于这类结构，除了转角和水平位移，还有轴向变形。为便于讨论，下面重绘图 4.12 所示的框架单元。

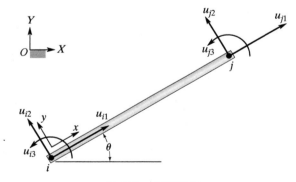

图 4.12　框架单元

前面介绍的梁单元的质量矩阵，其元素与各节点的水平位移和转角相对应，即为

$$\boldsymbol{M}^{(e)} = \frac{\gamma L}{420}\begin{bmatrix} 0 & 0 & 0 & 0 & 0 & 0 \\ 0 & 156 & 22L & 0 & 54 & -13L \\ 0 & 22L & 4L^2 & 0 & 13L & -3L^2 \\ 0 & 0 & 0 & 0 & 0 & 0 \\ 0 & 54 & 13L & 0 & 156 & -22L \\ 0 & -13L & -3L^2 & 0 & -22L & 4L^2 \end{bmatrix} \tag{11.144}$$

11.4 节介绍的轴向变形构件的质量矩阵为

$$
M^{(e)} = \frac{\gamma L}{6}
\begin{bmatrix}
2 & 0 & 0 & 1 & 0 & 0 \\
0 & 0 & 0 & 0 & 0 & 0 \\
0 & 0 & 0 & 0 & 0 & 0 \\
1 & 0 & 0 & 2 & 0 & 0 \\
0 & 0 & 0 & 0 & 0 & 0 \\
0 & 0 & 0 & 0 & 0 & 0
\end{bmatrix}
= \frac{\gamma L}{420}
\begin{bmatrix}
140 & 0 & 0 & 70 & 0 & 0 \\
0 & 0 & 0 & 0 & 0 & 0 \\
0 & 0 & 0 & 0 & 0 & 0 \\
70 & 0 & 0 & 140 & 0 & 0 \\
0 & 0 & 0 & 0 & 0 & 0 \\
0 & 0 & 0 & 0 & 0 & 0
\end{bmatrix}
\tag{11.145}
$$

将式 (11.144) 和式 (11.145) 相加，即得框架单元的质量矩阵为

$$
M^{(e)} = \frac{\gamma L}{420}
\begin{bmatrix}
140 & 0 & 0 & 70 & 0 & 0 \\
0 & 156 & 22L & 0 & 54 & -13L \\
0 & 22L & 4L^2 & 0 & 13L & -3L^2 \\
70 & 0 & 0 & 140 & 0 & 0 \\
0 & 54 & 13L & 0 & 156 & -22L \\
0 & -13L & -3L^2 & 0 & -22L & 4L^2
\end{bmatrix}
\tag{11.146}
$$

4.2 节推导的框架单元的刚度矩阵为

$$
K_{xy}^{(e)} =
\begin{bmatrix}
\dfrac{AE}{L} & 0 & 0 & -\dfrac{AE}{L} & 0 & 0 \\[2ex]
0 & \dfrac{12EI}{L^3} & \dfrac{6EI}{L^2} & 0 & -\dfrac{12EI}{L^3} & \dfrac{6EI}{L^2} \\[2ex]
0 & \dfrac{6EI}{L^2} & \dfrac{4EI}{L} & 0 & -\dfrac{6EI}{L^2} & \dfrac{2EI}{L} \\[2ex]
-\dfrac{AE}{L} & 0 & 0 & \dfrac{AE}{L} & 0 & 0 \\[2ex]
0 & -\dfrac{12EI}{L^3} & -\dfrac{6EI}{L^2} & 0 & \dfrac{12EI}{L^3} & -\dfrac{6EI}{L^2} \\[2ex]
0 & \dfrac{6EI}{L^2} & \dfrac{2EI}{L} & 0 & -\dfrac{6EI}{L^2} & \dfrac{4EI}{L}
\end{bmatrix}
\tag{11.147}
$$

在第 4 章讨论了利用局部坐标和全局坐标建立与分析有限元模型的重要意义，也介绍了如何通过转换矩阵转换局部坐标和全局坐标，其转换关系为

$$
u = TU \tag{11.148}
$$

其中，转换矩阵为

$$
T =
\begin{bmatrix}
\cos\theta & \sin\theta & 0 & 0 & 0 & 0 \\
-\sin\theta & \cos\theta & 0 & 0 & 0 & 0 \\
0 & 0 & 1 & 0 & 0 & 0 \\
0 & 0 & 0 & \cos\theta & \sin\theta & 0 \\
0 & 0 & 0 & -\sin\theta & \cos\theta & 0 \\
0 & 0 & 0 & 0 & 0 & 1
\end{bmatrix}
\tag{11.149}
$$

在局部坐标下，单元的运动方程为

$$
M_{xy}^{(e)} \ddot{u} + K_{xy}^{(e)} u = f^{(e)} \tag{11.150}
$$

利用局部位移和整体位移的关系 $u = TU$ 和 $\ddot{u} = T\ddot{U}$ 及局部和全局坐标下的关系 $f = TF$，分别取代式 (11.150) 中的 u，$\ddot{u}$，f。即可得到

$$\overset{u^{..}}{M^{(e)}_{xy}\,TU^{..}} + \overset{u}{K^{(e)}_{xy}\,TU} = \overset{f}{TF^{(e)}} \tag{11.151}$$

对式(11.151)前乘以 T^{-1}，得

$$T^{-1}M^{(e)}_{xy}TU^{..} + T^{-1}K^{(e)}_{xy}TU = T^{-1}TF^{(e)} \tag{11.152}$$

很容易证明 $T^{-1}= T^{\mathrm{T}}$（参见例 11.6），因而由式(11.152)可得到

$$\overset{M^{(e)}}{T^{\mathrm{T}}M_{xy}{}^{(e)}\,TU^{..}} + \overset{K^{(e)}}{T^{\mathrm{T}}K_{xy}{}^{(e)}\,TU} = F^{(e)} \tag{11.153}$$

经整理，在全局坐标系下，单元的运动方程为

$$M^{(e)}U^{..} + K^{(e)}U = F^{(e)} \tag{11.154}$$

其中，

$$M^{(e)} = T^{\mathrm{T}}M^{(e)}_{xy}T \tag{11.155}$$

$$K^{(e)} = T^{\mathrm{T}}K^{(e)}_{xy}T \tag{11.156}$$

　　下面将通过例 11.7 说明梁如何利用这些方程求取梁和框架的固有频率。

例 11.6　本例将证明 $T^{-1}= T^{\mathrm{T}}$。首先，证明：

$$T^{\mathrm{T}}T = I$$

$$
\begin{bmatrix}
\cos\theta & -\sin\theta & 0 & 0 & 0 & 0 \\
\sin\theta & \cos\theta & 0 & 0 & 0 & 0 \\
0 & 0 & 1 & 0 & 0 & 0 \\
0 & 0 & 0 & \cos\theta & -\sin\theta & 0 \\
0 & 0 & 0 & \sin\theta & \cos\theta & 0 \\
0 & 0 & 0 & 0 & 0 & 1
\end{bmatrix}
\begin{bmatrix}
\cos\theta & \sin\theta & 0 & 0 & 0 & 0 \\
-\sin\theta & \cos\theta & 0 & 0 & 0 & 0 \\
0 & 0 & 1 & 0 & 0 & 0 \\
0 & 0 & 0 & \cos\theta & \sin\theta & 0 \\
0 & 0 & 0 & -\sin\theta & \cos\theta & 0 \\
0 & 0 & 0 & 0 & 0 & 1
\end{bmatrix} =
$$

$$
\begin{bmatrix}
1 & 0 & 0 & 0 & 0 & 0 \\
0 & 1 & 0 & 0 & 0 & 0 \\
0 & 0 & 1 & 0 & 0 & 0 \\
0 & 0 & 0 & 1 & 0 & 0 \\
0 & 0 & 0 & 0 & 1 & 0 \\
0 & 0 & 0 & 0 & 0 & 1
\end{bmatrix}
$$

注意，$\cos^2\theta + \sin^2\theta = 1$。由于 $T^{-1}T = I$，以及以上证明的 $T^{\mathrm{T}}T = I$，因而有 $T^{-1}= T^{\mathrm{T}}$。

例 11.7　如图 11.31 所示的钢质框架，其中 $E = 30\times10^6$ lb/in²，各构件的截面积 A、惯性矩及截面高等各约束条件示于图 11.31 中。用三个单元的模型求解本系统的固有频率。构件(1)和构件(3)是 W12×26 型钢梁，构件(2)是 W16×26 型钢梁。

　　构件单位长度的质量为

$$\gamma = \frac{26\,\text{lb}}{(12\,\text{in})(32.2\,\text{ft/s}^2)(12\,\text{in/ft})} = 0.0056\,\text{lb.s}^2/\text{in}^2$$

各单元局部坐标和全局坐标的关系如图 11.32 所示。

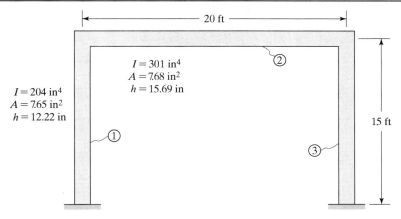

图 11.31　例 11.7 中的框架

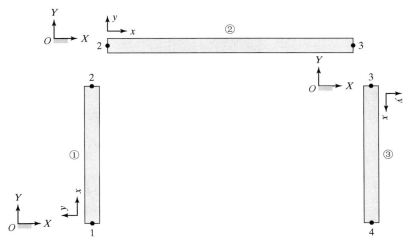

图 11.32　单元(1)、单元(2)和单元(3)的局部坐标与全局坐标

对于单元(1)和单元(3)，有

$$\frac{AE}{L} = \frac{(7.65\ \text{in}^2)(30 \times 10^6\ \text{lb/in}^2)}{(15\ \text{ft})(12\ \text{in/ft})} = 1\ 275\ 000\ \text{lb/in}$$

$$\frac{12EI}{L^3} = \frac{(12)(30 \times 10^6\ \text{lb/in}^2)(204\ \text{in}^4)}{((15\ \text{ft})(12\ \text{in/ft}))^3} = 12\ 592\ \text{lb/in}$$

$$\frac{6EI}{L^2} = \frac{(6)(30 \times 10^6\ \text{lb/in}^2)(204\ \text{in}^4)}{((15\ \text{ft})(12\ \text{in/ft}))^2} = 1\ 133\ 333\ \text{lb}$$

$$\frac{2EI}{L} = \frac{(2)(30 \times 10^6\ \text{lb/in}^2)(204\ \text{in}^4)}{(15\ \text{ft})(12\ \text{in/ft})} = 68\ 000\ 000\ \text{lb.in}$$

$$\frac{4EI}{L} = \frac{(4)(30 \times 10^6\ \text{lb/in}^2)(204\ \text{in}^4)}{(15\ \text{ft})(12\ \text{in/ft})} = 136\ 000\ 000\ \text{lb.in}$$

因此，单元(1)和单元(3)在局部坐标系下的刚度矩阵为

$$K_{xy}^{(1)} = K_{xy}^{(3)} = \begin{bmatrix} \dfrac{AE}{L} & 0 & 0 & -\dfrac{AE}{L} & 0 & 0 \\ 0 & \dfrac{12EI}{L^3} & \dfrac{6EI}{L^2} & 0 & -\dfrac{12EI}{L^3} & \dfrac{6EI}{L^2} \\ 0 & \dfrac{6EI}{L^2} & \dfrac{4EI}{L} & 0 & -\dfrac{6EI}{L^2} & \dfrac{2EI}{L} \\ -\dfrac{AE}{L} & 0 & 0 & \dfrac{AE}{L} & 0 & 0 \\ 0 & -\dfrac{12EI}{L^3} & -\dfrac{6EI}{L^2} & 0 & \dfrac{12EI}{L^3} & -\dfrac{6EI}{L^2} \\ 0 & \dfrac{6EI}{L^2} & \dfrac{2EI}{L} & 0 & -\dfrac{6EI}{L^2} & \dfrac{4EI}{L} \end{bmatrix}$$

$$= 10^3 \times \begin{bmatrix} 1275 & 0 & 0 & -1275 & 0 & 0 \\ 0 & 12.592 & 1133.333 & 0 & -12.592 & 1133.333 \\ 0 & 1133.333 & 136\,000 & 0 & -1133.333 & 68\,000 \\ -1275 & 0 & 0 & 1275 & 0 & 0 \\ 0 & -12.592 & -1133.333 & 0 & 12.592 & -1133.333 \\ 0 & 1133.333 & 68\,000 & 0 & -1133.333 & 136\,000 \end{bmatrix}$$

单元(1)和单元(3)在局部坐标系下的质量矩阵为

$$M_{xy}^{(1)} = M_{xy}^{(3)} = \dfrac{\gamma L}{420} \begin{bmatrix} 140 & 0 & 0 & 70 & 0 & 0 \\ 0 & 156 & 22L & 0 & 54 & -13L \\ 0 & 22L & 4L^2 & 0 & 13L & -3L^2 \\ 70 & 0 & 0 & 140 & 0 & 0 \\ 0 & 54 & 13L & 0 & 156 & -22L \\ 0 & -13L & -3L^2 & 0 & -22L & 4L^2 \end{bmatrix}$$

$$= \dfrac{(0.0056\ \text{lb.s}^2/\text{in}^2)(15\ \text{ft})(12\ \text{in/ft})}{420} \times$$

$$\begin{bmatrix} 140 & 0 & 0 & 70 & 0 & 0 \\ 0 & 156 & (22)(15)(12) & 0 & 54 & -(13)(15)(12) \\ 0 & (22)(15)(12) & (4)((15)(12))^2 & 0 & (13)(15)(12) & -(3)((15)(12))^2 \\ 70 & 0 & 0 & 140 & 0 & 0 \\ 0 & 54 & (13)(15)(12) & 0 & 156 & -(22)(15)(12) \\ 0 & -(13)(15)(12) & -(3)((15)(12))^2 & 0 & -(22)(15)(12) & (4)((15)(12))^2 \end{bmatrix}$$

$$M_{xy}^{(1)} = M_{xy}^{(3)} = 0.0024 \times \begin{bmatrix} 140 & 0 & 0 & 70 & 0 & 0 \\ 0 & 156 & 3960 & 0 & 54 & -2340 \\ 0 & 3960 & 129\,600 & 0 & 2340 & -97\,200 \\ 70 & 0 & 0 & 140 & 0 & 0 \\ 0 & 54 & 2340 & 0 & 156 & -3960 \\ 0 & -2340 & -97\,200 & 0 & -3960 & 129\,600 \end{bmatrix}$$

单元(1)的转换矩阵和转置矩阵分别为

$$\boldsymbol{T} = \begin{bmatrix} \cos(90) & \sin(90) & 0 & 0 & 0 & 0 \\ -\sin(90) & \cos(90) & 0 & 0 & 0 & 0 \\ 0 & 0 & 1 & 0 & 0 & 0 \\ 0 & 0 & 0 & \cos(90) & \sin(90) & 0 \\ 0 & 0 & 0 & -\sin(90) & \cos(90) & 0 \\ 0 & 0 & 0 & 0 & 0 & 1 \end{bmatrix} = \begin{bmatrix} 0 & 1 & 0 & 0 & 0 & 0 \\ -1 & 0 & 0 & 0 & 0 & 0 \\ 0 & 0 & 1 & 0 & 0 & 0 \\ 0 & 0 & 0 & 0 & 1 & 0 \\ 0 & 0 & 0 & -1 & 0 & 0 \\ 0 & 0 & 0 & 0 & 0 & 1 \end{bmatrix}$$

$$\boldsymbol{T}^{\mathrm{T}} = \begin{bmatrix} 0 & -1 & 0 & 0 & 0 & 0 \\ 1 & 0 & 0 & 0 & 0 & 0 \\ 0 & 0 & 1 & 0 & 0 & 0 \\ 0 & 0 & 0 & 0 & -1 & 0 \\ 0 & 0 & 0 & 1 & 0 & 0 \\ 0 & 0 & 0 & 0 & 0 & 1 \end{bmatrix}$$

单元 (3) 的转换矩阵和转置矩阵分别为

$$\boldsymbol{T} = \begin{bmatrix} \cos(270) & \sin(270) & 0 & 0 & 0 & 0 \\ -\sin(270) & \cos(270) & 0 & 0 & 0 & 0 \\ 0 & 0 & 1 & 0 & 0 & 0 \\ 0 & 0 & 0 & \cos(270) & \sin(270) & 0 \\ 0 & 0 & 0 & -\sin(270) & \cos(270) & 0 \\ 0 & 0 & 0 & 0 & 0 & 1 \end{bmatrix} = \begin{bmatrix} 0 & -1 & 0 & 0 & 0 & 0 \\ 1 & 0 & 0 & 0 & 0 & 0 \\ 0 & 0 & 1 & 0 & 0 & 0 \\ 0 & 0 & 0 & 0 & -1 & 0 \\ 0 & 0 & 0 & 1 & 0 & 0 \\ 0 & 0 & 0 & 0 & 0 & 1 \end{bmatrix}$$

$$\boldsymbol{T}^{\mathrm{T}} = \begin{bmatrix} 0 & 1 & 0 & 0 & 0 & 0 \\ -1 & 0 & 0 & 0 & 0 & 0 \\ 0 & 0 & 1 & 0 & 0 & 0 \\ 0 & 0 & 0 & 0 & 1 & 0 \\ 0 & 0 & 0 & -1 & 0 & 0 \\ 0 & 0 & 0 & 0 & 0 & 1 \end{bmatrix}$$

将 $\boldsymbol{T}^{\mathrm{T}}$, $\boldsymbol{K}_{xy}^{(1)}$ 和 $\boldsymbol{T}$ 代入式 (11.156), 有

$$\boldsymbol{K}^{(1)} = 10^3 \times \begin{bmatrix} 0 & -1 & 0 & 0 & 0 & 0 \\ 1 & 0 & 0 & 0 & 0 & 0 \\ 0 & 0 & 1 & 0 & 0 & 0 \\ 0 & 0 & 0 & 0 & -1 & 0 \\ 0 & 0 & 0 & 1 & 0 & 0 \\ 0 & 0 & 0 & 0 & 0 & 1 \end{bmatrix} \begin{bmatrix} 1275 & 0 & 0 & -1275 & 0 & 0 \\ 0 & 12.592 & 1133.333 & 0 & -12.592 & 1133.333 \\ 0 & 1133.333 & 136\,000 & 0 & -1133.333 & 68\,000 \\ -1275 & 0 & 0 & 1275 & 0 & 0 \\ 0 & -12.592 & -1133.333 & 0 & 12.592 & -1133.333 \\ 0 & 1133.333 & 68\,000 & 0 & -1133.333 & 136\,000 \end{bmatrix}$$

$$\begin{bmatrix} 0 & 1 & 0 & 0 & 0 & 0 \\ -1 & 0 & 0 & 0 & 0 & 0 \\ 0 & 0 & 1 & 0 & 0 & 0 \\ 0 & 0 & 0 & 0 & 1 & 0 \\ 0 & 0 & 0 & -1 & 0 & 0 \\ 0 & 0 & 0 & 0 & 0 & 1 \end{bmatrix}$$

$$
\boldsymbol{K}^{(1)} = 10^3 \times
\begin{bmatrix}
12.592 & 0 & -1133.33 & -12.592 & 0 & -1133.333 \\
0 & 1275 & 0 & 0 & -1275 & 0 \\
-1133.33 & 0 & 136\,000 & 1133.333 & 0 & 68\,000 \\
-12.592 & 0 & 133.333 & 12.59 & 0 & 1133.333 \\
0 & -1275 & 0 & 0 & 1275 & 0 \\
-1133.333 & 0 & 68\,000 & 1133.33 & 0 & 136\,000
\end{bmatrix}
$$

将 $\boldsymbol{T}^{\mathrm{T}}$，$\boldsymbol{M}_{xy}^{(1)}$ 和 $\boldsymbol{T}$ 代入式(11.155)，有

$$
\boldsymbol{M}^{(1)} = 0.0024 \times
\begin{bmatrix}
0 & -1 & 0 & 0 & 0 & 0 \\
1 & 0 & 0 & 0 & 0 & 0 \\
0 & 0 & 1 & 0 & 0 & 0 \\
0 & 0 & 0 & 0 & -1 & 0 \\
0 & 0 & 0 & 1 & 0 & 0 \\
0 & 0 & 0 & 0 & 0 & 1
\end{bmatrix}
$$

$$
\begin{bmatrix}
140 & 0 & 0 & 70 & 0 & 0 \\
0 & 156 & 3960 & 0 & 54 & -2340 \\
0 & 3960 & 129\,600 & 0 & 2340 & -97\,200 \\
70 & 0 & 0 & 140 & 0 & 0 \\
0 & 54 & 2340 & 0 & 156 & -3960 \\
0 & -2340 & -97\,200 & 0 & -3960 & 129\,600
\end{bmatrix}
\begin{bmatrix}
0 & 1 & 0 & 0 & 0 & 0 \\
-1 & 0 & 0 & 0 & 0 & 0 \\
0 & 0 & 1 & 0 & 0 & 0 \\
0 & 0 & 0 & 0 & 1 & 0 \\
0 & 0 & 0 & -1 & 0 & 0 \\
0 & 0 & 0 & 0 & 0 & 1
\end{bmatrix}
$$

$$
\boldsymbol{M}^{(1)} = 0.0024 \times
\begin{bmatrix}
156 & 0 & -3960 & 54 & 0 & 2340 \\
0 & 140 & 0 & 0 & 70 & 0 \\
-3960 & 0 & 129\,600 & -2340 & 0 & -97\,200 \\
54 & 0 & -2340 & 156 & 0 & 3960 \\
0 & 70 & 0 & 0 & 140 & 0 \\
2340 & 0 & -97\,200 & 3960 & 0 & 129\,600
\end{bmatrix}
$$

类似地，单元(3)的刚度矩阵和质量矩阵分别为

$$
\boldsymbol{K}^{(3)} = 10^3 \times
\begin{bmatrix}
0 & 1 & 0 & 0 & 0 & 0 \\
-1 & 0 & 0 & 0 & 0 & 0 \\
0 & 0 & 1 & 0 & 0 & 0 \\
0 & 0 & 0 & 0 & 1 & 0 \\
0 & 0 & 0 & -1 & 0 & 0 \\
0 & 0 & 0 & 0 & 0 & 1
\end{bmatrix}
\begin{bmatrix}
1275 & 0 & 0 & -1275 & 0 & 0 \\
0 & 12.592 & 1133.333 & 0 & -12.592 & 1133.333 \\
0 & 1133.333 & 136\,000 & 0 & -1133.333 & 68\,000 \\
-1275 & 0 & 0 & 1275 & 0 & 0 \\
0 & -12.592 & -1133.333 & 0 & 12.592 & -1133.333 \\
0 & 1133.333 & 68\,000 & 0 & -1133.333 & 136\,000
\end{bmatrix}
$$

$$
\begin{bmatrix}
0 & -1 & 0 & 0 & 0 & 0 \\
1 & 0 & 0 & 0 & 0 & 0 \\
0 & 0 & 1 & 0 & 0 & 0 \\
0 & 0 & 0 & 0 & -1 & 0 \\
0 & 0 & 0 & 1 & 0 & 0 \\
0 & 0 & 0 & 0 & 0 & 1
\end{bmatrix}
$$

$$
\boldsymbol{K}^{(3)} = 10^3 \times
\begin{bmatrix}
12.592 & 0 & 1133.33 & -12.592 & 0 & 1133.333 \\
0 & 1275 & 0 & 0 & -1275 & 0 \\
1133.33 & 0 & 136\,000 & -1133.333 & 0 & 68\,000 \\
-12.592 & 0 & -133.333 & 12.59 & 0 & -1133.333 \\
0 & -1275 & 0 & 0 & 1275 & 0 \\
1133.333 & 0 & 68\,000 & -1133.33 & 0 & 136\,000
\end{bmatrix}
$$

$$\boldsymbol{M}^{(3)} = 0.0024 \times \begin{bmatrix} 0 & 1 & 0 & 0 & 0 & 0 \\ -1 & 0 & 0 & 0 & 0 & 0 \\ 0 & 0 & 1 & 0 & 0 & 0 \\ 0 & 0 & 0 & 0 & 1 & 0 \\ 0 & 0 & 0 & -1 & 0 & 0 \\ 0 & 0 & 0 & 0 & 0 & 1 \end{bmatrix}$$

$$\begin{bmatrix} 140 & 0 & 0 & 70 & 0 & 0 \\ 0 & 156 & 3960 & 0 & 54 & -2340 \\ 0 & 3960 & 129\,600 & 0 & 2340 & -97\,200 \\ 70 & 0 & 0 & 140 & 0 & 0 \\ 0 & 54 & 2340 & 0 & 156 & -3960 \\ 0 & -2340 & -97\,200 & 0 & -3960 & 129\,600 \end{bmatrix} \begin{bmatrix} 0 & -1 & 0 & 0 & 0 & 0 \\ 1 & 0 & 0 & 0 & 0 & 0 \\ 0 & 0 & 1 & 0 & 0 & 0 \\ 0 & 0 & 0 & 0 & -1 & 0 \\ 0 & 0 & 0 & 1 & 0 & 0 \\ 0 & 0 & 0 & 0 & 0 & 1 \end{bmatrix}$$

$$\boldsymbol{M}^{(3)} = 0.0024 \times \begin{bmatrix} 156 & 0 & 3960 & 54 & 0 & -2340 \\ 0 & 140 & 0 & 0 & 70 & 0 \\ 3960 & 0 & 129\,600 & 2340 & 0 & -97\,200 \\ 54 & 0 & 2340 & 156 & 0 & -39\,600 \\ 0 & 70 & 0 & 0 & 140 & 0 \\ -2340 & 0 & -97\,200 & -3960 & 0 & 129\,600 \end{bmatrix}$$

对于单元(2)，有

$$\frac{AE}{L} = \frac{(7.68\ \text{in}^2)(30 \times 10^6\ \text{lb/in}^2)}{(20\ \text{ft})(12\ \text{in/ft})} = 960\,000\ \text{lb/in}$$

$$\frac{12EI}{L^3} = \frac{(12)(30 \times 10^6\ \text{lb/in}^2)(301\ \text{in}^4)}{((20\ \text{ft})(12\ \text{in/ft}))^3} = 7838\ \text{lb/in}$$

$$\frac{6EI}{L^2} = \frac{(6)(30 \times 10^6\ \text{lb/in}^2)(301\ \text{in}^4)}{((20\ \text{ft})(12\ \text{in/ft}))^2} = 940\,625\ \text{lb}$$

$$\frac{2EI}{L} = \frac{(2)(30 \times 10^6\ \text{lb/in}^2)(301\ \text{in}^4)}{(20\ \text{ft})(12\ \text{in/ft})} = 75\,250\,000\ \text{lb.in}$$

$$\frac{4EI}{L} = \frac{(4)(30 \times 10^6\ \text{lb/in}^2)(301\ \text{in}^4)}{(20\ \text{ft})(12\ \text{in/ft})} = 150\,500\,000\ \text{lb.in}$$

对于单元(2)，全局坐标和局部坐标是一致的，其刚度矩阵为

$$\boldsymbol{K}^{(2)} = \begin{bmatrix} \dfrac{AE}{L} & 0 & 0 & -\dfrac{AE}{L} & 0 & 0 \\[2mm] 0 & \dfrac{12EI}{L^3} & \dfrac{6EI}{L^2} & 0 & -\dfrac{12EI}{L^3} & \dfrac{6EI}{L^2} \\[2mm] 0 & \dfrac{6EI}{L^2} & \dfrac{4EI}{L} & 0 & -\dfrac{6EI}{L^2} & \dfrac{2EI}{L} \\[2mm] -\dfrac{AE}{L} & 0 & 0 & \dfrac{AE}{L} & 0 & 0 \\[2mm] 0 & -\dfrac{12EI}{L^3} & -\dfrac{6EI}{L^2} & 0 & \dfrac{12EI}{L^3} & -\dfrac{6EI}{L^2} \\[2mm] 0 & \dfrac{6EI}{L^2} & \dfrac{2EI}{L} & 0 & -\dfrac{6EI}{L^2} & \dfrac{4EI}{L} \end{bmatrix} =$$

$$10^3 \times \begin{bmatrix} 960 & 0 & 0 & -960 & 0 & 0 \\ 0 & 7.838 & 940.625 & 0 & -7.838 & 940.625 \\ 0 & 940.625 & 150\,500 & 0 & -940.625 & 75\,250 \\ -960 & 0 & 0 & 960 & 0 & 0 \\ 0 & -7.838 & -940.625 & 0 & 7.838 & -940.625 \\ 0 & 940.625 & 75\,250 & 0 & -940.625 & 150\,500 \end{bmatrix}$$

单元(2)的质量矩阵为

$$\boldsymbol{M}^{(2)} = \frac{\gamma L}{420} \begin{bmatrix} 140 & 0 & 0 & 70 & 0 & 0 \\ 0 & 156 & 22L & 0 & 54 & -13L \\ 0 & 22L & 4L^2 & 0 & 13L & -3L^2 \\ 70 & 0 & 0 & 140 & 0 & 0 \\ 0 & 54 & 13L & 0 & 156 & -22L \\ 0 & -13L & -3L^2 & 0 & -22L & 4L^2 \end{bmatrix} = \frac{(0.0056\ \text{lb.s}^2/\text{in}^2)(20\ \text{ft})(12\ \text{in/ft})}{420}$$

$$\begin{bmatrix} 140 & 0 & 0 & 70 & 0 & 0 \\ 0 & 156 & (22)(20)(12) & 0 & 54 & -(13)(20)(12) \\ 0 & (22)(20)(12) & (4)((20)(12))^2 & 0 & (13)(20)(12) & -(3)((20)(12))^2 \\ 70 & 0 & 0 & 140 & 0 & 0 \\ 0 & 54 & (13)(20)(12) & 0 & 156 & -(22)(20)(12) \\ 0 & -(13)(20)(12) & -(3)((20)(12))^2 & 0 & -(22)(20)(12) & (4)((20)(12))^2 \end{bmatrix}$$

$$\boldsymbol{M}^{(2)} = 0.0032 \times \begin{bmatrix} 140 & 0 & 0 & 70 & 0 & 0 \\ 0 & 156 & 5280 & 0 & 54 & -3120 \\ 0 & 5280 & 230\,400 & 0 & 3120 & -172\,800 \\ 70 & 0 & 0 & 140 & 0 & 0 \\ 0 & 54 & 3120 & 0 & 156 & -5280 \\ 0 & -3120 & -172\,800 & 0 & -5280 & 230\,400 \end{bmatrix}$$

下面，构造整个框架结构的总刚度和总质量矩阵:

$$\boldsymbol{K}^{(G)} = 10^3 \times \begin{bmatrix} 12.59 & 0 & -1133.333 & -12.59 & 0 & -1133.333 \\ 0 & 1275 & 0 & 0 & -1275 & 0 \\ -1133.333 & 0 & 136\,000 & 1133.333 & 0 & 68\,000 \\ -12.59 & 0 & 113.333 & 972.59 & 0 & 1133.33 \\ 0 & -1275 & 0 & 0 & 1282.84 & 940.63 \\ -1133.333 & 0 & 68\,000 & 1133.333 & 940.63 & 286\,500 \\ 0 & 0 & 0 & -960 & 0 & 0 \\ 0 & 0 & 0 & 0 & -7.84 & -940.63 \\ 0 & 0 & 0 & 0 & 940.63 & 75\,250 \\ 0 & 0 & 0 & 0 & 0 & 0 \\ 0 & 0 & 0 & 0 & 0 & 0 \\ 0 & 0 & 0 & 0 & 0 & 0 \end{bmatrix}$$

$$\begin{bmatrix} 0 & 0 & 0 & 0 & 0 & 0 \\ 0 & 0 & 0 & 0 & 0 & 0 \\ 0 & 0 & 0 & 0 & 0 & 0 \\ -960 & 0 & 0 & 0 & 0 & 0 \\ 0 & -7.84 & 940.63 & 0 & 0 & 0 \\ 0 & -940.63 & 75\,250 & 0 & 0 & 0 \\ 972.59 & 0 & 1133.33 & -12.59 & 0 & 1133.333 \\ 0 & 1282.84 & -940.63 & 0 & -1275 & 0 \\ 1133.33 & -940.63 & 286\,500 & -1133.33 & 0 & 68\,000 \\ -12.59 & 0 & -1133.33 & 12.59 & 0 & -1133.333 \\ 0 & -1275 & 0 & 0 & 1275 & 0 \\ 1133.33 & 0 & 68\,000 & -1133.33 & 0 & 136\,000 \end{bmatrix}$$

$$M^{(G)} = \begin{bmatrix} 0.37 & 0 & -9.50 & 0.13 & 0 & 5.62 & 0 & 0 & 0 & 0 & 0 & 0 \\ 0 & 0.34 & 0 & 0 & 0.17 & 0 & 0 & 0 & 0 & 0 & 0 & 0 \\ -9.50 & 0 & 311.04 & -5.62 & 0 & -233.28 & 0 & 0 & 0 & 0 & 0 & 0 \\ 0.13 & 0 & -5.62 & 0.82 & 0 & 9.50 & 0.22 & 0 & 0 & 0 & 0 & 0 \\ 0 & 0.17 & 0 & 0 & 0.84 & 16.90 & 0 & 0.17 & -9.98 & 0 & 0 & 0 \\ 5.62 & 0 & -233.28 & 9.50 & 16.90 & 1048.32 & 0 & 9.98 & -552.96 & 0 & 0 & 0 \\ 0 & 0 & 0 & 0.22 & 0 & 0 & 0.82 & 0 & 9.50 & 0.13 & 0 & -5.62 \\ 0 & 0 & 0 & 0 & 0.17 & 9.98 & 0 & 0.84 & -16.90 & 0 & 0.17 & 0 \\ 0 & 0 & 0 & 0 & -9.98 & -552.96 & 9.50 & -16.90 & 1048.32 & 5.62 & 0 & -233.28 \\ 0 & 0 & 0 & 0 & 0 & 0 & 0.13 & 0 & 5.62 & 0.37 & 0 & -9.50 \\ 0 & 0 & 0 & 0 & 0 & 0 & 0 & 0.17 & 0 & 0 & 0.34 & 0 \\ 0 & 0 & 0 & 0 & 0 & 0 & -5.62 & 0 & -233.28 & -9.50 & 0 & 311.04 \end{bmatrix}$$

应用边界条件之后，总刚度和总质量矩阵变为

$$K^{(G)} = 10^3 \times \begin{bmatrix} 972.59 & 0 & 1133.33 & -960 & 0 & 0 \\ 0 & 1282.84 & 940.63 & 0 & -7.84 & 940.63 \\ 1133.33 & 940.63 & 286\,500 & 0 & -940.63 & 75\,250 \\ -960 & 0 & 0 & 972.59 & 0 & 1133.33 \\ 0 & -7.84 & -940.63 & 0 & 1282.84 & -940.63 \\ 0 & 940.63 & 75\,250 & 1133.33 & -940.63 & 286\,500 \end{bmatrix}$$

$$M^{(G)} = \begin{bmatrix} 0.82 & 0 & 9.50 & 0.22 & 0 & 0 \\ 0 & 0.84 & 16.90 & 0 & 0.17 & -9.98 \\ 9.50 & 16.90 & 1048.32 & 0 & 9.98 & -552.96 \\ 0.22 & 0 & 0 & 0.82 & 0 & 9.50 \\ 0 & 0.17 & 9.98 & 0 & 0.84 & -16.90 \\ 0 & -9.98 & -552.96 & 9.50 & -16.90 & 1048.32 \end{bmatrix}$$

最后，求解特征方程 $M^{-1}KU = \omega^2 U$，可得

$$\omega_1 = 95 \text{ rad/s} \quad \omega_2 = 355 \text{ rad/s} \quad \omega_3 = 893 \text{ rad/s}$$
$$\omega_4 = 1460 \text{ rad/s} \quad \omega_5 = 1570 \text{ rad/s} \quad \omega_6 = 2100 \text{ rad/s}$$

11.6　ANSYS 应用

本节将利用 ANSYS 重新求解例 11.7，并且考虑矩形截面直构件的固有振荡。根据之前几节所介绍的有限元公式，受振动的轴心受力构件、梁和框架单元的刚度矩阵与相应的静态问题的刚度矩阵完全一样。不过，计算质量矩阵时必须要考虑材料的密度值。因此，建立动态问题的有限元模型时，包括单元选择在内的前处理过程与静态问题的完全一致。但是，在求解阶段必须选择正确的动态分析类型。

重新计算例 11.7　如图 11.31 所示的钢质框架，其 $E = 30 \times 10^6 \text{ lb/in}^2$。框架固定，各单元的截面积、惯性矩及截面高示于图 11.31 中。用 3 单元模型求解其固有频率。单元(1)和单元(3)是 W12 × 26 型钢梁，单元(2)是 W16 × 26 型钢梁。

利用 Launcher 进入 ANSYS。在对话框的 Jobname 文本框中输入 Osciframe(或自定义的文件名)。点击 Run 按钮启动图形用户界面。

创建问题的标题：

　　　功能菜单：**File→Change Title...**

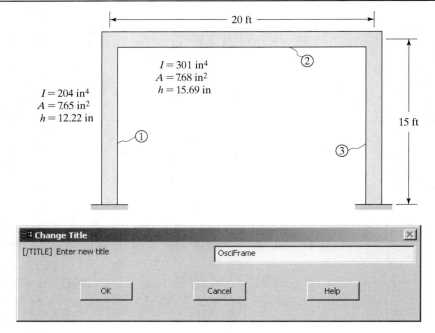

主菜单: **Preprocessor→Element Type→Add/Edit/Delete**

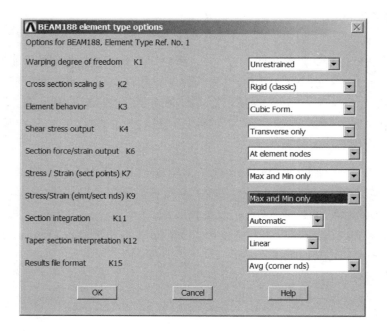

OK

主菜单：**Preprocessor→Selection→Beams→Common Sections**

Close

主菜单：**Preprocessor→Material Props→Material Models→Structural→ Linear→ Elastic→Isotropic**

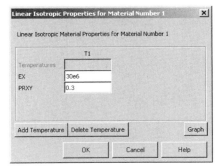

OK

主菜单：**Preprocessor→Material Props→Material Models→Structural→Density**

注意，在这里密度等
于每个单位体积之和

OK

ANSYS 工具栏: **SAVE_DB**

　　　主菜单: **Preprocessor→Modeling→Create→Nodes→In Active CS**

Create Nodes in Active Coordinate System

[N] Create Nodes in Active Coordinate System

NODE Node number	1
X,Y,Z Location in active CS	0	0
THXY,THYZ,THZX		
Rotation angles (degrees)		

OK　　Apply　　Cancel　　Help

Apply

Create Nodes in Active Coordinate System

[N] Create Nodes in Active Coordinate System

NODE Node number	2
X,Y,Z Location in active CS	0	180
THXY,THYZ,THZX		
Rotation angles (degrees)		

OK　　Apply　　Cancel　　Help

Apply

Create Nodes in Active Coordinate System

[N] Create Nodes in Active Coordinate System

NODE Node number	3
X,Y,Z Location in active CS	240	180
THXY,THYZ,THZX		
Rotation angles (degrees)		

OK　　Apply　　Cancel　　Help

Apply

Create Nodes in Active Coordinate System

[N] Create Nodes in Active Coordinate System

NODE Node number	4
X,Y,Z Location in active CS	240	0
THXY,THYZ,THZX		
Rotation angles (degrees)		

OK　　Apply　　Cancel　　Help

OK

　　　主菜单: **Preprocessor→Modeling→Create→Elements→Auto Numbered→Thru Nodes**
拾取节点 1 和节点 2 并点击 Apply 按钮。拾取节点 3 和节点 4 并点击 OK 按钮。

　　　主菜单: **Preprocessor→Modeling→Create→Elements→Elem Attributes**

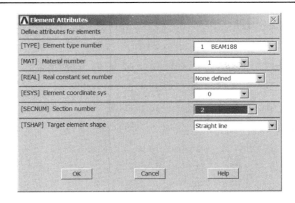

OK

  主菜单：**Preprocessor→Modeling→Create→Elements→Auto Numbered→Thru Nodes**
拾取节点 2 和节点 3 并点击 OK 按钮。
  主菜单：**Solution→Define Loads→Apply→Structural→Displacement→On Nodes**
拾取节点 1 和节点 4 并点击 OK 按钮。

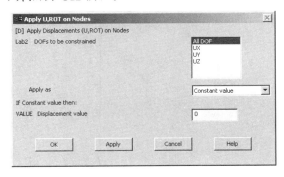

  主菜单：**Solution→Analysis Type→New Analysis**

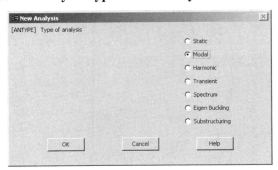

  主菜单：**Solution→Analysis Type→Analysis Options**
  如前所述，用模态分析方法可以求得振动系统的固有频率及其振动模态。此外，还应注意，当系统的固有频率与激励频率一致时，将会发生共振。
  当边界条件发生改变时，就必须重新进行分析。在选择 New Analysis 窗口中的 Modal 方法后，需要选择提取振型的方法。ANSYS 提供了几种提取方法，包括 Block Lanczos（系统默认）、Subspace、Powerdynamics、Reduced、Unsymmetric、Damped 和 QR Damped。Block Lanczos 方法可用于对称的大型特征值问题的求解。Block Lanczos 方法使用稀疏矩阵求解器，收敛速度较快。此外，也可以用 Subspace 方法求解大型对称问题，Subspace 方法提供若干求解控制选项，用于管理迭代过程。Powerdynamics 方法利用了集中质量近似处理方法，比较适合自由度个数超过 100 000 的问题。顾名思义，Reduce 方法利用降阶的矩阵求解系统的频率。虽然不如 Subspace 方法精确，但其收敛速度较快。Unsymmetric 方法通常用于求解流体和结构共存的问题，其系统矩阵一般是不对称的。Damped 方法通常用于需要考虑阻尼的问题。QR Damped 方法相对于 Damped 方法而言，具有较快的收敛速度，它通过缩减的模态阻尼矩阵来计算频率。如果选择了 Reduced、Unsymmetric 或 Damped 方法，则必须指定需要扩充的振型个数——而 Reduced 方法扩充到所有的自由度。在 ANSYS 中，扩充也意味着将振型数据重写到结果文件中。当使用 Reduced 方法时，还需要定义主自由度数——至少是所需振型数的两倍。其他的模态分析选项还包括指定提取振型的频率范围。大多数情况下，用户不需要指定，而是使用 ANSYS 的默认设置。当使用 Reduced 方法时，需要指定缩减后的振型数。最后，如果要进行频谱分析，则需要正规化振型的模态——这也是默认设置。

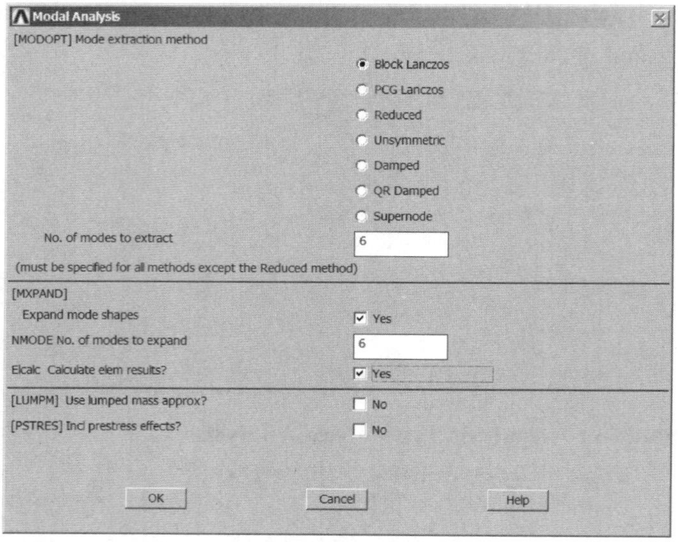

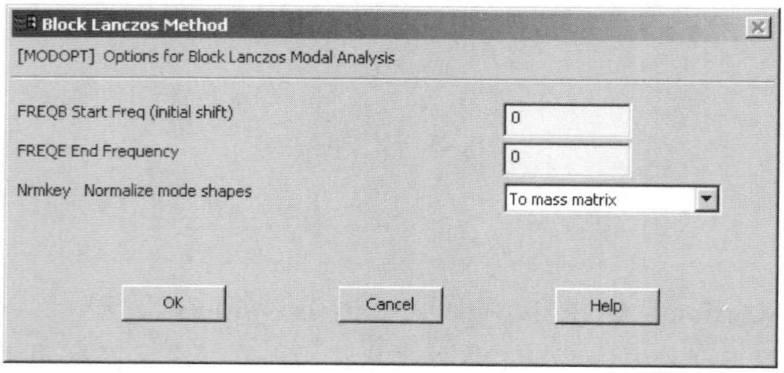

主菜单：**Solution→Solve→Current LS**

Close(求解完成，关闭窗口)

Close(关闭/STAT 命令窗口)

主菜单：**General Postproc→Results Summary**

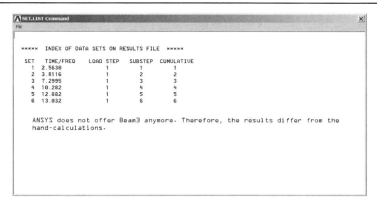

注意，频率的单位为赫兹(Hz)。

例 11.8 本例将利用 ANSYS 求解矩形截面铝板的固有振荡的振动频率，铝板长 10 cm，宽 3 cm，厚 0.5 mm，铝的密度为 2800 kg/m^3，弹性模量 E = 73 GPa，泊松比为 0.33，并假定它一端固定。

利用 Launcher 进入 ANSYS。在对话框的 Jobname 文本框中输入 Oscistrip(或自定义的文件名)。点击 Run 按钮启动图形用户界面。

创建本问题的标题，命令如下：

功能菜单：**File→Change Title...**

输入标题内容。

主菜单：**Preprocessor→Element Type→Add/Edit/Delete**

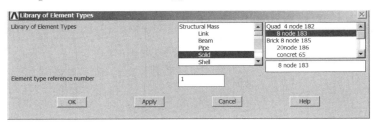

Apply

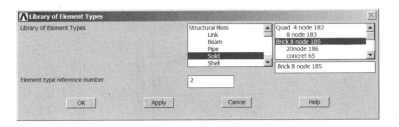

OK

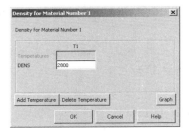

Close

主菜单: **Preprocessor→Material Props→Material Models→Structural→Linear→ Elastic→Isotropic**

OK

OK

ANSYS 工具栏: **SAVE_DB**

主菜单: **Preprocessor→Modeling→Create→Areas→Rectangle→By 2 Corners**

OK

　　主菜单：**Preprocessor→Meshing→Size Cntrls→Smart Size→Basic**

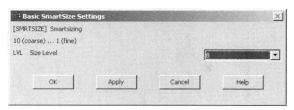

OK

　　主菜单：**Preprocessor→Meshing→Mesh→Areas→Free**

先点击 Pick All 按钮，然后点击 OK 按钮。如果弹出错误窗口，则直接点击 OK 按钮，然后继续操作。本例用于介绍如何激活不同的振荡模型。

　　主菜单：**Preprocessor→Modeling→Operate→Extrude→Elem Ext Opts**

在 Element type number 下拉列表中选择单元类型编号 2 SOLID185，在 Element sizing options for extrusion 的 VAL1 No. Elem divs 文本框中输入 10。

OK

　　主菜单：**Preprocessor→Modeling→Operate→Extrude→Areas→By XYZ Offset**

Pick All

OK

　　功能菜单：**Plot Ctrls→Pan，Zoom，Rotate...**

选择 ISO。

　　功能菜单：**Select→Entities**

首先，选择 Elements，By Attributes，Elem type num，在 Min, Max, Inc 文本框中输入 1，选择 Unselect。

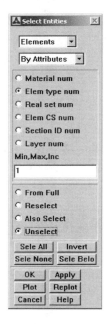

Apply

然后，选择节点并应用位移为 0 这一边界条件。选 Nodes，By Location，Z coordinate，在 Min, Max 文本框中输入 0，选择 From Full。

Apply

　　主菜单：**Solution→Define Loads→Apply→Structural→Displacement→On Nodes**

Pick All

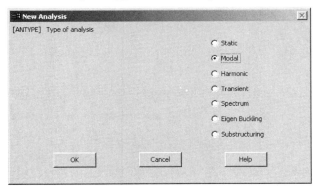

OK

功能菜单：**Select→Everything...**

主菜单：**Solution→Analysis Type→New Analysis**

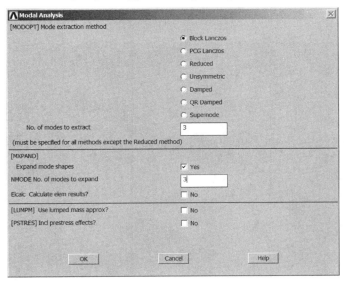

OK

主菜单：**Solution→Analysis Type→Analysis Options**

OK

利用 Help 菜单获取 Block Lanczos 方法的帮助。

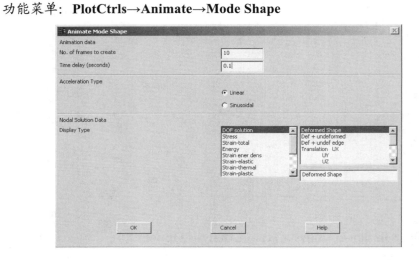

　　　　主菜单: **Solution→Solve→Current LS**

Close(求解完成，关闭窗口)

Close(关闭/**STAT** 命令窗口)

Close

　　　　主菜单: **General Postproc→Read Results→First Set**

　　　　功能菜单: **PlotCtrls→Animate→Mode Shape**

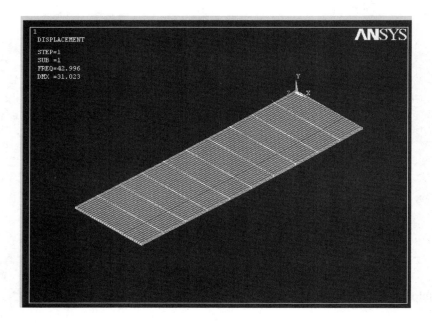

OK

用下述命令观看下一个模态：

主菜单：**General Postproc→Read Results→Next Set**

功能菜单：**PlotCtrls→Animate→Mode Shape**

退出 ANSYS。

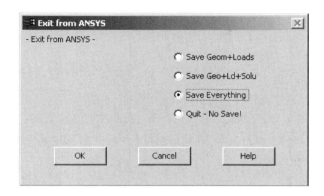

小结

至此，读者应该能够：

1. 牢固掌握质点、刚体和动态系统的基本概念及其运动方程。
2. 深刻理解机械与结构系统振动的基本概念和固有振动的特点。
3. 理解单自由度系统固有振动的公式推导及其固有振动的特点。
4. 理解单自由度系统受迫振动的公式推导及其受迫振动的特点。
5. 理解轴心受力构件、梁和框架的有限元公式。
6. 能够利用 ANSYS 求解某些动态问题。

参考文献

Beer, F. P., and Johnston, E. R., *Vector Mechanics for Engineers,* 5th ed., New York, McGraw-Hill, 1988.

Steidel, R., *An Introduction to Mechanical Vibrations,* 3rd ed., New York, John Wiley and Sons, 1971.

Timoshenko, S., Young, D. H., and Weaver, W., *Vibration Problems in Engineering,* 4th ed., New York, John Wiley and Sons, 1974.

习题

1. 利用质量 $m = 10$ kg 和 $k_{equivalent} = 100$ N/cm 的单自由度模型，模拟一个简单的动态系统，并计算其频率和振动周期 $[y(0) = 5$ mm$]$，同时求出最大的速度和加速度。
2. 如果习题 1 中的系统受到正弦力 $F(t) = 30\sin(20t)$ 的作用，计算其振幅、最大速度和加速度。
3. 推导如下图所示系统的运动方程，并求系统的固有频率。
4. 如下图所示，有一个单自由度的弹簧系统突然受到力 F_0 的作用，推导其位移响应，并绘出响应曲线。将推导结果与受迫荷载 F_0 或静力 F_0 作用的情况进行对比。

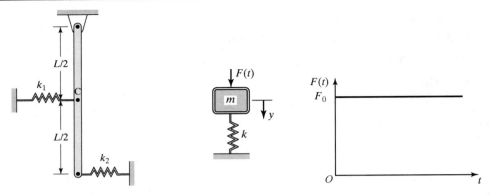

5. 如下图所示的单自由度系统突然受到力 F_0 的作用，且力 F_0 随时间按函数 $F(t) = F_0 e^{-c_1 t}$ 衰减，推导其位移反应。c_1 是衰减系数，画出系统在不同 c_1 情况下的响应图，并与静力 F_0 作用时的结果进行对比。

6. 推导如下图所示系统的位移响应。

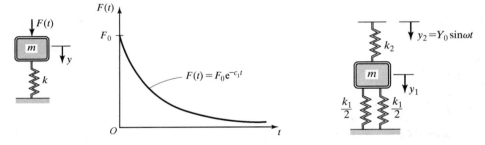

7. 利用牛顿第二定律和拉格朗日方程，推导下图所示系统的运动方程。

8. 利用牛顿第二定律和拉格朗日方程，推导下图所示系统的运动方程。

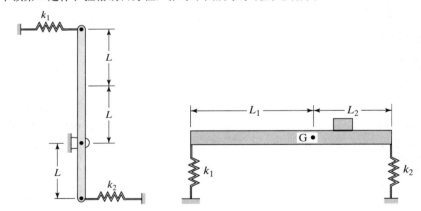

9. 利用牛顿第二定律和拉格朗日方程，推导下图所示系统的运动方程。

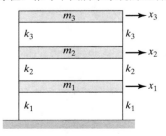

10. 确定下图所示轴心受力构件的前两个固有频率。假设该杆件由钢制成，弹性模量 $E = 29 \times 10^6$ lb/in^2，密度为 15.2 slugs/ft^3。

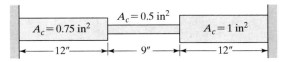

11. 确定下图所示轴心受力构件的前两个固有频率。假设该构件由铝合金制成，弹性模量 $E = 10 \times 10^6$ lb/in^2，密度为 5.4 slugs/ft^3。

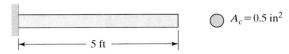

12. 确定下图所示柱子的前 3 个固有频率。假设柱子由钢制成，弹性模量 $E = 29 \times 10^6$ lb/in^2，密度为 15.2 slugs/ft^3，只考虑轴向振动。

13. 如下图所示的悬臂梁，截面为工字形（W18 × 35），确定该系统的前两个固有频率。

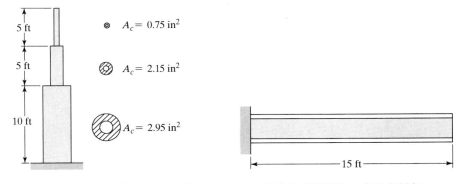

14. 如下图所示的悬臂梁，截面为工字形（W16 × 31），确定该系统的前 3 个固有频率。

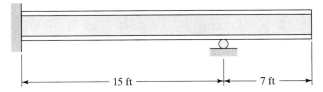

15. 如下图所示的简支梁，截面为工字形（W4 × 13），确定该系统的前两个固有频率。

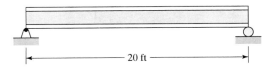

16. 如下图所示的简支梁，截面为矩形，截面尺寸如下图所示，确定该系统的前两个固有频率。

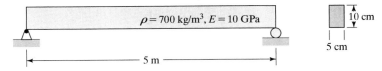

17. 有一框架，截面为工字形（W12 × 26），截面惯性矩和面积如下图所示，确定这个系统的前三个固有频率。

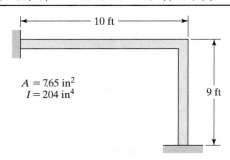

$$A = 7.65 \text{ in}^2$$
$$I = 204 \text{ in}^4$$

18. 如下图所示的框架，截面为工字形(W5 × 16)，确定该系统的前 3 个固有频率。

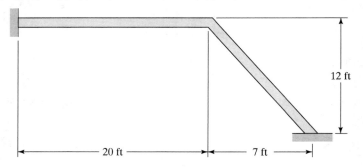

19. 假设框架中的所有构件为工字形(W12 × 26)，重新求解例 11.7。

20. 利用 ANSYS 求解下图所示框架的前三个固有频率。

21. 利用 ANSYS 求解下图所示框架的前三个固有频率。

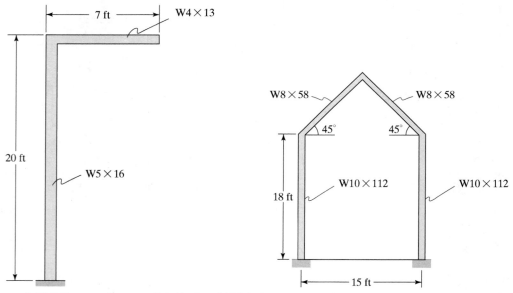

22. 在厚度为 1 mm 和 2 mm 的条件下，重新求解例 11.8，并比较结果。

第 12 章　流体力学问题分析

本章将讨论流体力学问题的分析方法。首先，介绍管网问题的直接分析法。然后，阐述理想流体(无黏流)的有限元分析。最后，简要介绍多孔介质中液体流动及地下渗流的有限元分析。第 12 章将讨论如下内容：

12.1　管流问题的数学建模
12.2　理想流体的流动
12.3　渗流
12.4　ANSYS 应用
12.5　结果验证

12.1　管流问题的数学建模

首先，回顾一下管道中流体流动的基本概念。管道中流体的运动形态可分为层流和紊流。根据著名的雷诺(Reynolds)实验，在层流情况下，注入导管的薄层染色液将呈现为一条直线，各液层互不混掺；而紊流则不同，在紊流情况下，相邻液层将相互混掺。层流和紊流如图 12.1 所示。当雷诺数小于 2100 时通常会出现层流。雷诺数定义如下：

$$\mathrm{Re} = \frac{\rho V D}{\mu} \qquad (12.1)$$

式中，ρ 为流体的密度，μ 为流体的动力黏度，V 为平均流速，D 为管的直径。当雷诺数介于 2100 和 4000 之间时，称流体处于过渡区，流体在过渡区的流动形态是无法预知的。而当雷诺数大于 4000 时，通常认为流体处于紊流状态。由稳定流质量守恒定律可知，导管中各截面的质量流量恒为常数，这可由下式表示：

$$\dot{m_1} = \dot{m_2} = \rho_1 V_1 A_1 = \rho_2 V_2 A_2 = 常数 \qquad (12.2)$$

式中，ρ 和 V 同样分别为流体的密度和截面平均流速，A 为图 12.2 中所示的截面积。

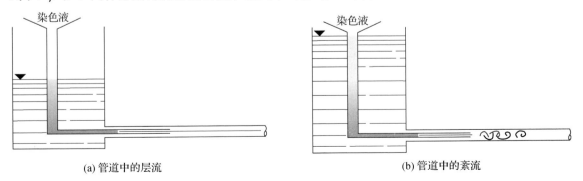

(a) 管道中的层流　　　　　　　　　　　　　　(b) 管道中的紊流

图 12.1　层流和紊流

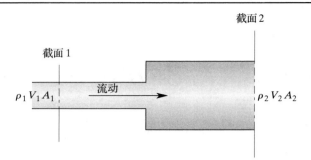

图 12.2　变截面管道中的液流

不可压缩流体(其密度恒为常数)通过导管的体积流量 Q 在任一截面也为常数:

$$Q_1 = Q_2 = V_1 A_1 = V_2 A_2 \tag{12.3}$$

对于典型的层流,体积流量与沿管长 L 的压降 $P_1 - P_2$ 相关,用公式表示为

$$Q = \frac{\pi D^4}{128\mu}\left(\frac{P_1 - P_2}{L}\right) \tag{12.4}$$

紊流的压降通常用"水头损失"来表述,"水头损失"定义如下:

$$H_{\text{loss}} = \frac{P_1 - P_2}{\rho g} = f\frac{L}{D}\frac{V^2}{2g} \tag{12.5}$$

式中,f 为摩阻系数,其值取决于雷诺数及管壁粗糙程度。对于紊流,当用体积流量 Q 替换式(12.5)中的 V 后,经过整理,同样可以得到体积流量与压降之间的关系:

$$Q^2 = \frac{1}{f}\frac{\pi^2 D^5}{8\rho}\left(\frac{P_1 - P_2}{L}\right) \tag{12.6}$$

通过对比紊流和层流,可以发现紊流的流量和压降呈非线性关系。

12.1.1　串联管道

由直径分别为 D_1,D_2,D_3,…的管道串联而成的管网如图 12.3 所示。由质量守恒定律(连续方程),稳态情况下各管道的流量相等,即

$$\dot{m_1} = \dot{m_2} = \dot{m_3} = \cdots = 常数 \tag{12.7}$$

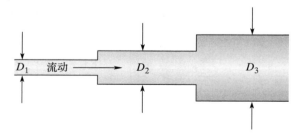

图 12.3　串联管道

此外,对于不可压缩流体,通过各管道的流量也是常数,即

$$Q_1 = Q_2 = Q_3 = \cdots = 常数 \tag{12.8}$$

当用各管道中的平均流速表示流量时,可以得到下面的等式:

$$V_1 D_1^2 = V_2 D_2^2 = V_3 D_3^2 = \cdots = 常数 \tag{12.9}$$

对于串联管道，整个管网的总压降等于各管道的压降之和，即

$$\Delta P_{总} = \Delta P_1 + \Delta P_2 + \Delta P_3 + \cdots \tag{12.10}$$

12.1.2　并联管道

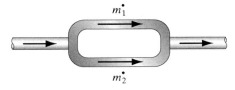

由管道并联组成的管网如图 12.4 所示，由质量守恒定律(连续方程)可知

$$m_{总}^{\cdot} = m_1^{\cdot} + m_2^{\cdot} \tag{12.11}$$

图 12.4　并联管道

此外，对于不可压缩流体有

$$Q_{总} = Q_1 + Q_2 \tag{12.12}$$

并联管网中各并行管道的压降相同，满足如下关系：

$$\Delta P_{总} = \Delta P_1 = \Delta P_2 \tag{12.13}$$

12.1.3　有限元分析

考虑图 12.5 所示管网中不可压缩的黏性层流。首先进行问题域离散化，可将其离散化为包含 4 个节点和 4 个单元的模型。

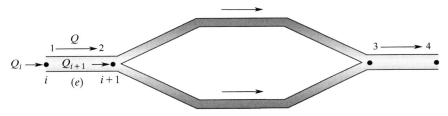

图 12.5　管网问题：通过管网的不可压缩黏性层流

可以利用包含 2 个节点的单元来建模管道中流体的流动特性。根据式(12.4)给出的流量与压降的关系，单元方程为

$$Q = \frac{\pi D^4}{128\mu}\left(\frac{P_i - P_{i+1}}{L}\right) = C(P_i - P_{i+1}) \tag{12.14}$$

式中，C 为流动阻力系数，定义如下：

$$C = \frac{\pi D^4}{128L\mu} \tag{12.15}$$

由于单元与两个节点相关联，因此需要为其建立两个等式。等式必须包括节点压力和单元的流动阻力。单元的流量 Q_i 和 Q_{i+1} 与节点压力 P_i 和 P_{i+1} 的关系如下：

$$\begin{aligned} Q_i &= C(P_i - P_{i+1}) \\ Q_{i+1} &= C(P_{i+1} - P_i) \end{aligned} \tag{12.16}$$

式(12.16)满足质量守恒。Q_i 和 Q_{i+1} 之和为 0 表明，稳态情况下流入单元的流量等于流出单元的流量。式(12.16)可以用矩阵表示为

$$\begin{bmatrix} Q_i \\ Q_{i+1} \end{bmatrix} = \begin{bmatrix} C & -C \\ -C & C \end{bmatrix} \begin{bmatrix} P_i \\ P_{i+1} \end{bmatrix} = \begin{bmatrix} \dfrac{\pi D^4}{128 L \mu} & -\dfrac{\pi D^4}{128 L \mu} \\ -\dfrac{\pi D^4}{128 L \mu} & \dfrac{\pi D^4}{128 L \mu} \end{bmatrix} \begin{bmatrix} P_i \\ P_{i+1} \end{bmatrix} \tag{12.17}$$

则单元的流动阻力矩阵为

$$\boldsymbol{R}^{(e)} = \begin{bmatrix} \dfrac{\pi D^4}{128 L \mu} & -\dfrac{\pi D^4}{128 L \mu} \\ -\dfrac{\pi D^4}{128 L \mu} & \dfrac{\pi D^4}{128 L \mu} \end{bmatrix} \tag{12.18}$$

将式(12.17)的单元方程应用于所有单元后并将其组合，便可得到总流量矩阵、总流动阻力矩阵和总压力矩阵。

例 12.1　假设有动力黏度 $\mu = 0.3\ \text{N·s/m}^2$、密度 $\rho = 900\ \text{kg/m}^3$ 的油流经如图 12.6 所示的管网。为了便于维修，将 2-4-5 分支和 2-3-5 分支并联，使得在对某一分支进行维修时另一分支仍可正常输油，管网的尺寸如图 12.6 所示。求两分支均正常工作时，管网的压力分布。节点 1 处的流速为 $5 \times 10^{-4}\ \text{m}^3/\text{s}$，压力为 39 182 Pa(g)，节点 6 处压力为 -3665 Pa(g)。在这种情况下，整个系统均为层流。流体在每一分支中是如何分配的？

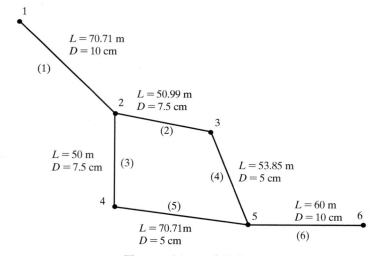

图 12.6　例 12.1 中的管网

由式(12.18)可知，单元的流动阻力矩阵为

$$\boldsymbol{R}^{(e)} = \begin{bmatrix} \dfrac{\pi D^4}{128 L \mu} & -\dfrac{\pi D^4}{128 L \mu} \\ -\dfrac{\pi D^4}{128 L \mu} & \dfrac{\pi D^4}{128 L \mu} \end{bmatrix}$$

将管网离散化为 6 个单元和 6 个节点的模型。分别计算单元(1)至单元(6)的流动阻力矩阵：

$$\boldsymbol{R}^{(1)} = 10^{-9} \times \begin{bmatrix} 115.70 & -115.70 \\ -115.70 & 115.70 \end{bmatrix} \begin{matrix} 1 \\ 2 \end{matrix} \qquad \boldsymbol{R}^{(2)} = 10^{-9} \times \begin{bmatrix} 50.76 & -50.76 \\ -50.76 & 50.76 \end{bmatrix} \begin{matrix} 2 \\ 3 \end{matrix}$$

$$\boldsymbol{R}^{(3)} = 10^{-9} \times \begin{bmatrix} 51.77 & -51.77 \\ -51.77 & 51.77 \end{bmatrix}\begin{matrix} 2 \\ 4 \end{matrix} \qquad \boldsymbol{R}^{(4)} = 10^{-9} \times \begin{bmatrix} 9.50 & -9.50 \\ -9.50 & 9.50 \end{bmatrix}\begin{matrix} 3 \\ 5 \end{matrix}$$

$$\boldsymbol{R}^{(5)} = 10^{-9} \times \begin{bmatrix} 7.23 & -7.23 \\ -7.23 & 7.23 \end{bmatrix}\begin{matrix} 4 \\ 5 \end{matrix} \qquad \boldsymbol{R}^{(6)} = 10^{-9} \times \begin{bmatrix} 136.35 & -136.35 \\ -136.35 & 136.35 \end{bmatrix}\begin{matrix} 5 \\ 6 \end{matrix}$$

注意，为便于将各单元的流动阻力矩阵组合成总流动阻力矩阵，将每一单元所对应的节点编号均标注于单元流动阻力矩阵旁边。总流动阻力矩阵为

$$10^{-9} \times \begin{bmatrix} 115.7 & -115.7 & 0 & 0 & 0 & 0 \\ -115.7 & 115.7+50.76+51.77 & -50.76 & -51.77 & 0 & 0 \\ 0 & -50.76 & 50.76+9.50 & 0 & -9.50 & 0 \\ 0 & -51.77 & 0 & 51.77+7.23 & -7.23 & 0 \\ 0 & 0 & -9.50 & -7.23 & 9.50+7.23+136.35 & -136.35 \\ 0 & 0 & 0 & 0 & -136.35 & 136.35 \end{bmatrix}\begin{matrix} 1 \\ 2 \\ 3 \\ 4 \\ 5 \\ 6 \end{matrix}$$

应用边界条件 $P_1 = 39\,182$ 和 $P_2 = -3665$，可得

$$\begin{bmatrix} 1 & 0 & 0 & 0 & 0 & 0 \\ -115.7 & 218.23 & -50.76 & -51.77 & 0 & 0 \\ 0 & -50.76 & 60.26 & 0 & -9.50 & 0 \\ 0 & -51.77 & 0 & 59.0 & -7.23 & 0 \\ 0 & 0 & -9.50 & -7.23 & 153.08 & -136.35 \\ 0 & 0 & 0 & 0 & 0 & 1 \end{bmatrix}\begin{bmatrix} P_1 \\ P_2 \\ P_3 \\ P_4 \\ P_5 \\ P_6 \end{bmatrix} = \begin{bmatrix} 39\,182 \\ 0 \\ 0 \\ 0 \\ 0 \\ -3665 \end{bmatrix}$$

求解联立方程组，可得各节点的压力值：

$$\boldsymbol{P}^{\mathrm{T}} = [39\,182 \quad 34\,860 \quad 29\,366 \quad 30\,588 \quad 2 \quad -3665]\mathrm{Pa}$$

由式（12.14）可知各管道流量为

$$Q = \frac{\pi D^4}{128\mu}\left(\frac{P_i - P_{i+1}}{L}\right) = C(P_i - P_{i+1})$$

$$Q^{(2)} = 50.76 \times 10^{-9}(34\,860 - 29\,366) = 2.79 \times 10^{-4}\,\mathrm{m^3/s}$$

$$Q^{(3)} = 51.77 \times 10^{-9}(34\,860 - 30\,588) = 2.21 \times 10^{-4}\,\mathrm{m^3/s}$$

$$Q^{(4)} = 9.50 \times 10^{-9}(29\,366 - 2) = 2.79 \times 10^{-4}\,\mathrm{m^3/s}$$

$$Q^{(5)} = 7.23 \times 10^{-9}(30\,588 - 2) = 2.21 \times 10^{-4}\,\mathrm{m^3/s}$$

12.5 节将对上述结果进行验证。

重新计算例 12.1　下面将介绍如何利用 Excel 重新计算例 12.1。

1. 如下图所示，在单元格 A1 中输入 **Example12.1**，在单元格 A3 中输入 μ=。在单元格 B3 输入 μ 的值之后，选择 B3，并在名称框中输入 Mu 后按下 Enter 键。创建如下图所示的表格，包括单元和节点的编号及各单元的长度、直径和流速。在单元格区域 D6:D11 中输入各单元的长度，并分别记作 Length1，Length2，Length3，Length4，Length5 和 Length6。并将单元格区域 E6:E11 分别记作 Diameter1，Diameter2，Diameter3，Diameter4，Diameter5 和 Diameter6。

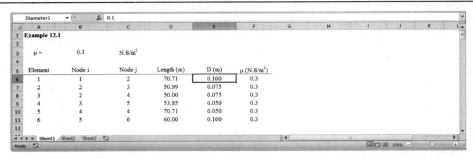

2. 如下图所示，为矩阵[**R1**]计算流阻力系数中的常数部分，即$\pi/128\mu$的值，并将选择的单元格区域记作 Celement1。以同样的方式计算[**R2**]，[**R3**]，[**R4**]，[**R5**]和[**R6**]的常数部分，并将选择的单元格区域分别记作 Celement2，Celement3，Celement4，Celement5 和 Celement6。

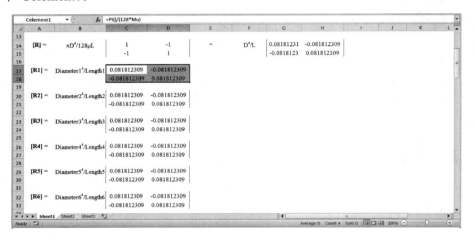

3. 如下图所示，创建矩阵[**A1**]，并记作 Aelement1。将节点压力 P1，P2，P3，P4，P5，P6 及 Pi 和 Pj 附在矩阵[**A1**]的右侧，以辅助观察节点对相邻单元的影响。以同样的方式创建矩阵[**A2**]，[**A3**]，[**A4**]，[**A5**]和[**A6**]，并分别记作 Aelement2，Aelement3，Aelement4，Aelement5 和 Aelement6。

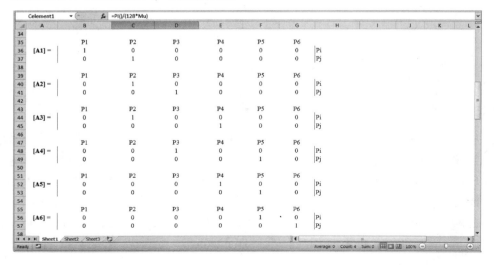

4. 创建$[\mathbf{R}]^{1G}$，$[\mathbf{R}]^{2G}$，$[\mathbf{R}]^{3G}$，$[\mathbf{R}]^{4G}$，$[\mathbf{R}]^{5G}$ 和$[\mathbf{R}]^{6G}$（并将其置于总矩阵的恰当位置），并分别记作 K1G，K2G，K3G，K4G，K5G 和 K6G（不能命名为 R1G，R2G，等等，因其在 Excel 中是不合法的名称）。例如创建$[\mathbf{R}]^{1G}$，首先选择单元格区域 B36:G37，并输入= MMULT（TRANSPOSE（Aelement1），MMULT（（（Diameter1^4/Length1)*Celement1），Aelement1)），同时按下 Ctrl + Shift 键后按 Enter 键。以同样的方式创建$[\mathbf{R}]^{2G}$，$[\mathbf{R}]^{3G}$，$[\mathbf{R}]^{4G}$，$[\mathbf{R}]^{5G}$ 和$[\mathbf{R}]^{6G}$，如下图所示。

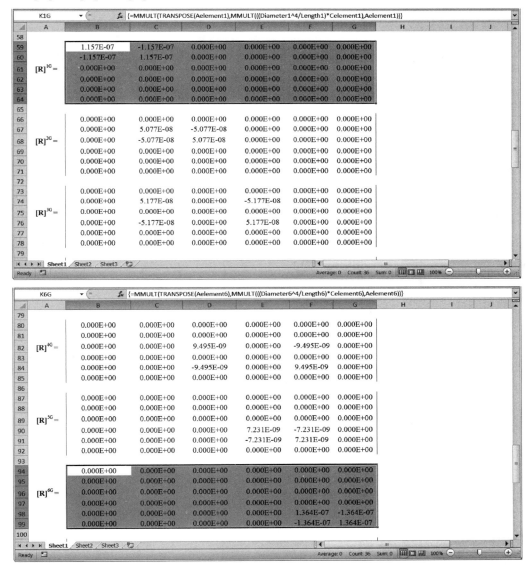

5. 生成最终的总矩阵。如下图所示，选择单元格区域 B101:G106，并在公式栏中输入 =K1G+K2G+ K3G+K4G+K5G+K6G，同时按下 Ctrl + Shift 键后按 Enter 键。并将单元格区域 B101:G106 记作 RG。应用边界条件。复制 RG 矩阵中的部分数据，并以数值形式粘贴至单元格区域 C109:H114，记作 RwithappliedBC。以同样的方式，在单元格区域 C116:C121 创建荷载矩阵，记作 FwithappliedBC。

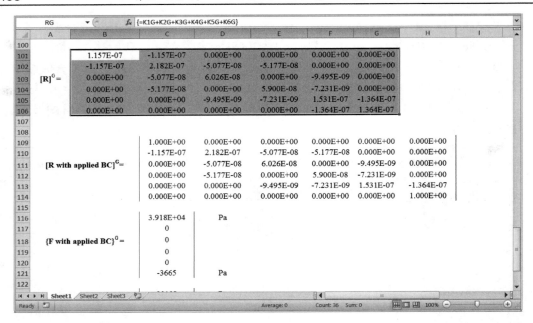

6. 如下图所示选择单元格 C123 至 C128，并在公式栏中输入=MMULT(MINVERSE (Rwithapplied BC), FwithappliedBC)，同时按下 Ctrl + Shift 键后按 Enter 键。

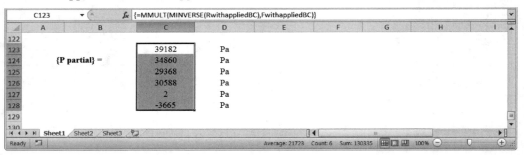

完整的 Excel 表格如下图所示:

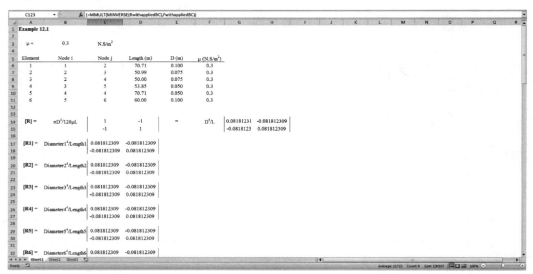

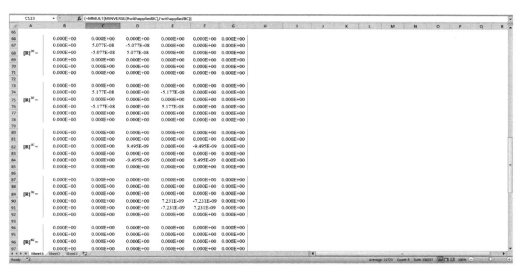

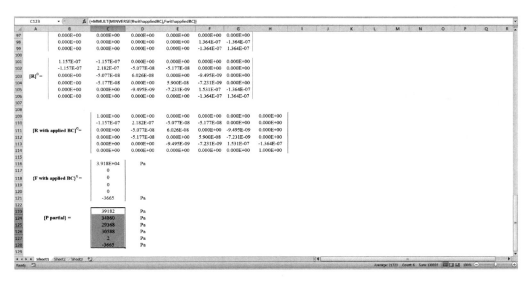

12.2　理想流体的流动

　　虽然所有流体都有黏性，但在某些情况下，可以忽略流体的黏性作用及对应的剪应力。对于黏性很小的流体，可以将忽略黏性作为简化问题的第一步。在流体外部有黏性作用时，很多情况下可以将流体分为两个区域：(1)靠近固体边界的薄层，称为边界层，该处黏性作用非常重要，不可忽略；(2)边界层之外区域的黏性作用可忽略不计，流体可以视为无黏的。这一概念可以用图 12.7 中作用于机翼上的气流来说明。对于无黏流，需要考虑的只有作用在流体单元上的压力和惯性力。

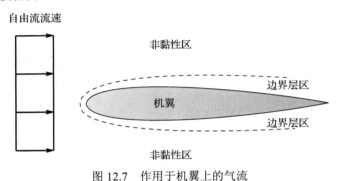

图 12.7　作用于机翼上的气流

　　在讨论理想流体的有限元分析之前，首先回顾一些基本知识。对于一个二维流场，流速为

$$V = \nu_x \boldsymbol{i} + \nu_y \boldsymbol{j} \tag{12.19}$$

式中，ν_x 和 ν_y 分别为流速向量的 x 分量和 y 分量。二维不可压缩流体的质量守恒（连续方程）可以利用流速分量的微分形式来表示：

$$\frac{\partial \nu_x}{\partial x} + \frac{\partial \nu_y}{\partial y} = 0 \tag{12.20}$$

式(12.20)的推导过程如图 12.8 所示。

12.2.1　流函数和流线

　　稳定流的流线是液体质点的运动轨迹。流线是一条与流体质点速度相切的线，流线为观察流态提供了一种可视化的方法。流函数 $\psi(x, y)$ 的定义需要满足连续方程[见式(12.20)]，可以利用如下关系：

$$\nu_x = \frac{\partial \psi}{\partial y} \quad \text{和} \quad \nu_y = -\frac{\partial \psi}{\partial x} \tag{12.21}$$

注意，将式(12.21)代入式(12.20)，质量守恒定律是满足的。$\psi(x, y)$ 为常数的线上，有

$$\mathrm{d}\psi = 0 = \frac{\partial \psi}{\partial x}\mathrm{d}x + \frac{\partial \psi}{\partial y}\mathrm{d}y = -\nu_y\,\mathrm{d}x + \nu_x\,\mathrm{d}y \tag{12.22}$$

或

$$\frac{\mathrm{d}y}{\mathrm{d}x} = \frac{\nu_y}{\nu_x} \tag{12.23}$$

式(12.23)可用于确定特定流体的流函数，此外，式(12.23)还给出了在任意点上流线的斜率与其流速分量之间的关系，如图 12.9 所示。为了更好地阐明式(12.23)的物理意义，考虑图 12.10 所示的尖角处流体的流动。这种情况下的速度场为

$$V = cx\boldsymbol{i} - cy\boldsymbol{j}$$

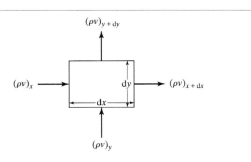

首先对流域中的小块区域(微分控制体积)应用质量守恒：

$$\dot{m}_{in} - \dot{m}_{out} = \frac{dm_{control\ volume}}{dt}$$

$$\rho v_x dy - \left(\rho + \frac{\partial \rho}{\partial x}dx\right)\left(v_x + \frac{\partial v_x}{\partial x}dx\right)dy + \rho v_y dx -$$

$$\left(\rho + \frac{\partial \rho}{\partial y}dy\right)\left(v_y + \frac{\partial v_y}{\partial y}dy\right)dx = \frac{\partial \rho}{\partial t}dxdy$$

经化简，可得

$$-\left(v_x\frac{\partial \rho}{\partial x}dx + \rho\frac{\partial v_x}{\partial x}dx\right)dy - \left(v_y\frac{\partial \rho}{\partial y}dy + \rho\frac{\partial v_y}{\partial y}dy\right)dx = \frac{\partial \rho}{\partial t}dxdy$$

$$-\frac{\partial \rho v_x}{\partial x}dxdy - \frac{\partial \rho v_y}{\partial y}dxdy = \frac{\partial \rho}{\partial t}dxdy$$

去掉 $dxdy$ 项，并假设流体为不可压缩(ρ = 常数)

$$\frac{\partial v_x}{\partial x} + \frac{\partial v_y}{\partial y} = 0$$

图 12.8　不可压缩流体连续方程的推导

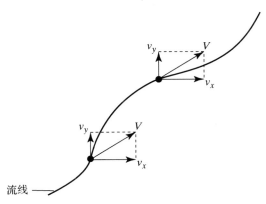

图 12.9　任意点处流线的斜率与其流速分量之间的关系

为了得到流函数的表达式，利用式(12.23)：

$$\frac{\nu_y}{\nu_x} = \frac{\mathrm{d}y}{\mathrm{d}x} = \frac{-cy}{cx}$$

对上式积分，即有

$$\int \frac{\mathrm{d}y}{y} = -\int \frac{\mathrm{d}x}{x}$$

计算积分，即可求得流函数：

$$xy = 常数$$

或

$$\psi = xy$$

通过给 ψ 赋不同的值，就可以绘制不同的流线，以观察流体质点的轨迹，如图 12.10 所示。需要注意，每条流线所对应的值本身并不重要，重要的是值之间的差。两条流线对应的值之差度量了两条流线之间的体积流量。为了说明这一概念，回顾图 12.10，沿着 *A-B* 段，有

$$\frac{Q}{w} = \int_{y_1}^{y_2} \nu_x \, \mathrm{d}y = \int_{y_1}^{y_2} \frac{\partial \psi}{\partial y} \mathrm{d}y = \int_{\psi_1}^{\psi_2} \mathrm{d}\psi = \psi_2 - \psi_1 \tag{12.24}$$

类似地，沿着 *B-C* 段，有

$$\frac{Q}{w} = \int_{x_1}^{x_2} -\nu_y \, \mathrm{d}x = \int_{x_1}^{x_2} \frac{\partial \psi}{\partial x} \mathrm{d}x = \int_{\psi_1}^{\psi_2} \mathrm{d}\psi = \psi_2 - \psi_1 \tag{12.25}$$

因此，流线值之差表示通过单位宽度 w 的体积流量。

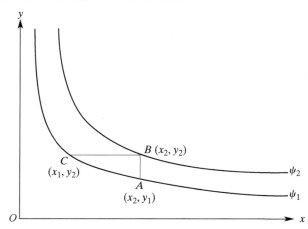

图 12.10　流体在锐角转角附近的流动情况

12.2.2　无旋流、势函数和等势线

如前所述，在很多时候，流体的黏性作用可以忽略不计。而且，在低速情况下，非黏性流体内流体单元的角速度为 0（即不旋转）。这种类型的流体称为无旋流。二维流体在满足下列条件时，就认为其是无旋流的：

$$\frac{\partial \nu_y}{\partial x} - \frac{\partial \nu_x}{\partial y} = 0 \tag{12.26}$$

势函数 ϕ 定义为其空间梯度等于速度向量在相应方向上的分量，即

$$\nu_x = \frac{\partial \phi}{\partial x} \qquad \nu_y = \frac{\partial \phi}{\partial y} \tag{12.27}$$

沿等势线，有

$$d\phi = 0 = \frac{\partial \phi}{\partial x} dx + \frac{\partial \phi}{\partial y} dy = \nu_x \, dx + \nu_y \, dy = 0 \tag{12.28}$$

$$\frac{dy}{dx} = -\frac{\nu_x}{\nu_y} \tag{12.29}$$

比较式(12.29)和式(12.23)，可以看出势线与流线正交。很显然，势函数与流函数互为共轭。用式(12.27)所示的关系式代换连续方程[见式 12.20]中的 ν_x 和 ν_y，有

$$\frac{\partial^2 \phi}{\partial x^2} + \frac{\partial^2 \phi}{\partial y^2} = 0 \tag{12.30}$$

用式(12.21)给出的流函数定义代换式(12.26)中的 ν_x 和 ν_y，有

$$\frac{\partial^2 \psi}{\partial x^2} + \frac{\partial^2 \psi}{\partial y^2} = 0 \tag{12.31}$$

式(12.30)和式(12.31)为拉普拉斯(Laplace)方程的形式，揭示了理想无旋流的典型运动规律。通常，势流的边界条件是已知的来流速度；并且，固体表面边界的流体不存在法向速度，即

$$\frac{\partial \phi}{\partial n} = 0 \tag{12.32}$$

其中，n 表示垂直于固体表面的法线。通过比较无黏流的无旋流动控制微分方程[见式(12.30)]和热扩散方程[见式(9.8)]，可以发现这两个方程形式相同；因此，可将 9.2 节和 9.3 节的分析结果应用于势流问题。不过，在求解无旋流问题时，需令 $C_1 = 1$，$C_2 = 1$，$C_3 = 0$。本章后续将用 ANSYS 分析绕圆柱体的理想流体的流动。

下面，简要分析一下黏性流的情况。如前所述，真正的流体都具有黏性。通常，复杂的黏性流动分析都是利用有限差分法，通过求解特定边界条件下的运动控制方程来实现的。近年来，黏性流的有限元分析已取得了一些进展。Bathe(1996)年讨论了用于分析不可压缩二维层流的伽辽金(Galerkin)过程。如果需要更详细地了解黏性层流分析方面的知识，可参阅 ANSYS 文档的理论卷。

例 12.2　考虑如图 12.11 所示的水平方向的均匀流(等速)。假设流质点沿水平直线流动，那么流线是平行直线。利用以上介绍的理论求流函数和势函数方程，并绘制部分流线和势线。

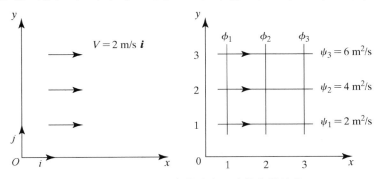

图 12.11　例 12.2 中的速度、流线和等势线

对于本问题，$v_x = 2$ m/s，$v_y = 0$，由式（12.21）可得流函数的方程：

$$v_x = \frac{\partial \psi}{\partial y} = 2 \quad \Rightarrow \quad \psi = 2y \ \text{m}^2/\text{s}$$

利用式（12.27）可得到等势线的计算公式：

$$v_x = \frac{\partial \phi}{\partial x} = 2 \quad \Rightarrow \quad \phi = 2x \ \text{m}^2/\text{s}$$

如图 12.11 所示，在 $x = 1$，$x = 2$，$x = 3$，$y = 1$，$y = 2$，$y = 3$ 处绘制 3 条流线和 3 条等势线。注意，如前所述，单个的流线值并不重要，流线值之差才是重要的。流线值之差代表每单位宽度内的体积流量，例如 $\psi_3 - \psi_1 = 6 - 2 = 4 \ \text{m}^2/\text{s}$ 代表流线 3 和流线 1 之间每单位宽度流过的体积流量。还要记住流线和速度势线是正交的。

12.3　渗流

多孔介质中的流体流动和热传递的研究对于许多工程应用是相当重要的。例如，石油分离方法、地下水文学、太阳能存储及地热问题都需要用到渗流方面的知识。无界多孔介质中的流体流动遵循达西（Darcy）定律。达西定律建立了压降和平均流速之间的关系，其关系如下所示：

$$U_D = -\frac{k}{\mu}\frac{\mathrm{d}P}{\mathrm{d}x} \tag{12.33}$$

式中，U_D 为平均流速，k 为多孔介质的渗透系数，μ 为流体的黏度，$\dfrac{\mathrm{d}P}{\mathrm{d}x}$ 为流体的压力梯度。

对于平面二维流，通常用水头 ϕ 定义流速分量。考虑大坝下水的渗流，如图 12.12 所示。

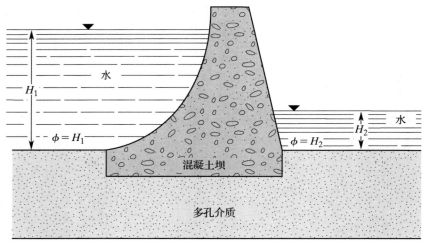

图 12.12　坝基多孔介质中水的渗流

通过土壤的二维流遵循达西定律，用公式表示即为

$$k_x \frac{\partial^2 \phi}{\partial x^2} + k_y \frac{\partial^2 \phi}{\partial y^2} = 0 \tag{12.34}$$

渗流速度的分量为

$$\nu_x = -k_x \frac{\partial \phi}{\partial x} \quad 和 \quad \nu_y = -k_y \frac{\partial \phi}{\partial y} \tag{12.35}$$

式中，k_x 和 k_y 为渗透系数，ϕ 为水头。比较地下渗流的微分方程 [见式 (12.34)] 和热扩散方程 [见式 (9.8)]，可以看出这两个方程有相同的形式。因此，可以将 9.2 节和 9.3 节的结果用于地下渗流问题。在利用该结果求解地下渗流问题的微分方程时，需要令 $C_1 = k_x$，$C_2 = k_y$，$C_3 = 0$。

矩形单元的渗透矩阵为

$$\mathbf{K}^{(e)} = \frac{k_x w}{6\ell} \begin{bmatrix} 2 & -2 & -1 & 1 \\ -2 & 2 & 1 & -1 \\ -1 & 1 & 2 & -2 \\ 1 & -1 & -2 & 2 \end{bmatrix} + \frac{k_y \ell}{6w} \begin{bmatrix} 2 & 1 & -1 & -2 \\ 1 & 2 & -2 & -1 \\ -1 & -2 & 2 & 1 \\ -2 & -1 & 1 & 2 \end{bmatrix} \tag{12.36}$$

式中，w 和 ℓ 分别为矩形单元的长度和宽度，如图 12.13 所示。对于典型的渗流问题，在某些表面处的水头大小通常是已知的，如图 12.12 所示。已知水头将作为给定的边界条件。

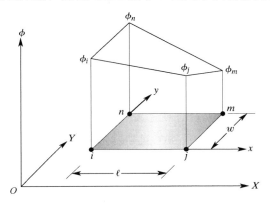

图 12.13　矩形单元各节点的水头值

图 12.14 给出了一个三角形单元各节点的水头值。三角形单元的渗透矩阵为

$$\mathbf{K}^{(e)} = \frac{k_x}{4A} \begin{bmatrix} \beta_i^2 & \beta_i\beta_j & \beta_i\beta_k \\ \beta_i\beta_j & \beta_j^2 & \beta_j\beta_k \\ \beta_i\beta_k & \beta_j\beta_k & \beta_k^2 \end{bmatrix} + \frac{k_y}{4A} \begin{bmatrix} \delta_i^2 & \delta_i\delta_j & \delta_i\delta_k \\ \delta_i\delta_j & \delta_j^2 & \delta_j\delta_k \\ \delta_i\delta_k & \delta_j\delta_k & \delta_k^2 \end{bmatrix} \tag{12.37}$$

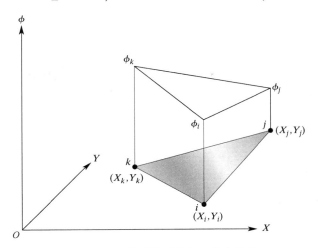

图 12.14　三角形单元各节点的水头值

三角形单元的面积 A 以及 α，β，δ 由下式给出：

$$2A = X_i(Y_j - Y_k) + X_j(Y_k - Y_i) + X_k(Y_i - Y_j)$$

$$\alpha_i = X_jY_k - X_kY_j \quad \beta_i = Y_j - Y_k \quad \delta_i = X_k - X_j$$

$$\alpha_j = X_kY_i - X_iY_k \quad \beta_j = Y_k - Y_i \quad \delta_j = X_i - X_k$$

$$\alpha_k = X_iY_j - X_jY_i \quad \beta_k = Y_i - Y_j \quad \delta_k = X_j - X_i$$

下面将讨论 ANSYS 中的单元。

12.4　ANSYS 应用

根据前面章节所提到的理论，由于各控制微分方程的相似性，因此除了利用 ANSYS 的流体单元，还可以用热实体单元（如 6 节点三角形单元 PLANE35，4 节点四边形单元 PLANE55，8 节点四边形单元 PLANE77）对无旋流和地下渗流问题进行建模。但在应用这些热实体单元时，要确保在各个属性域中输入正确的值。例 12.3 和例 12.4 将说明这一点。

例 12.3　考虑绕圆柱体流动的理想空气流，如图 12.15 所示。圆柱体半径为 5 cm，空气流的到达速度为 $U = 10$ cm/s。利用 ANSYS 确定圆柱体周围的速度分布。在此，假定空气在圆柱体周围 5 倍直径的范围内，其上游和下游的自由流流速为一常数。

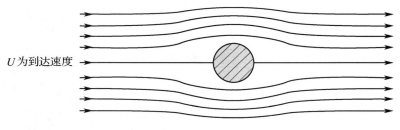

U 为到达速度

图 12.15　绕圆柱体流动的理想空气流

利用 Launcher 进入 ANSYS 程序。在对话框的 Jobname 文本框中输入 Flow CYL（或自定义的文件名）。点击 Run 按钮启动图形用户界面。

为本问题创建标题，该标题将出现在 ANSYS 显示窗口上，以便于用户识别所显示的内容。创建标题的命令如下：

功能菜单：**File→Change Title...**

主菜单：**Preprocessor→Element Type→Add/Edit/Delete**

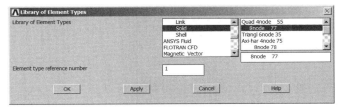

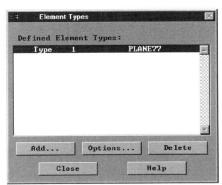

主菜单: **Preprocessor→Material Props→Material Models→Thermal→Conductivity →Isotropic**

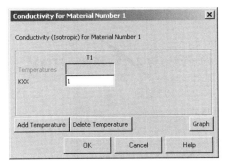

ANSYS 工具栏: **SAVE_DB**

通过下列步骤设定图形区(如工作区、缩放区等):

功能菜单: **Workplane→WP Settings...**

使用下列命令激活工作区：

　　功能菜单：**Workplane→Display Working Plane**

使用下列命令浏览工作区：

　　功能菜单：**PlotCtrls→Pan，Zoom，Rotate…**

点击界面上的小圆圈，使得工作区可视。然后，可建立模型的几何图形：

　　主菜单：**Preprocessor→Modeling→Create→Areas→Rectangle→By 2 Corners**

[WP = 0, 0]

[将该橡皮条分别向上和向右扩展到 50 和 50]

　　OK

建立圆柱体的截面：

　　主菜单：**Preprocessor→Modeling→Create→Areas→Circle→Solid Circle**

[WP = 25, 25]

[将该橡皮条扩展至 $r = 5.0$]

　　OK

　　主菜单：**Preprocessor→Modeling→Operate→Booleans→Subtract→Areas**

拾取 Area1（矩形）后点击 Apply 按钮，然后再拾取 Area2（圆）并点击 Apply 按钮。

　　OK

现在，用户就可以对这两个区域划分网格了，以建立单元和节点，但在此前首先需要定义单元的大小。为此，用户可按下列命令进行操作：

　　主菜单：**Preprocessor→Meshing→Size Cntrls→Manual Size→Global→Size**

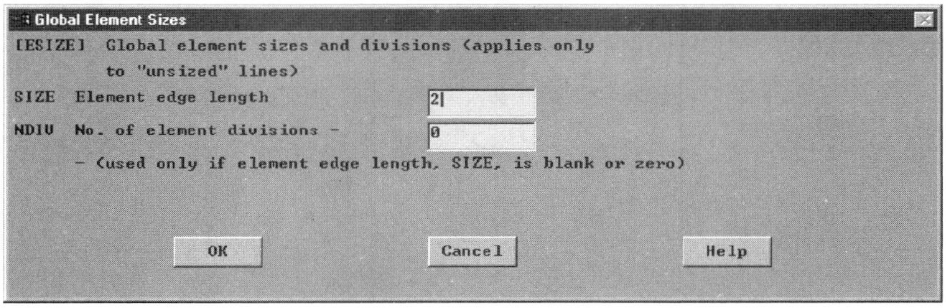

主菜单：**Preprocessor→Meshing→Mesh→Areas→Free**

Pick All(拾取全部区域)

现在，使用下列命令应用边界条件：

主菜单：**Solution→Define Loads→Apply→Thermal→Heat Flux→On Lines**

拾取矩形的左垂直边。

OK

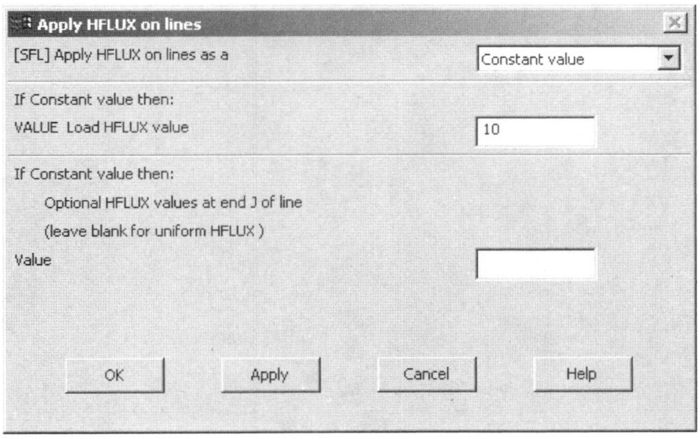

OK

主菜单：**Solution→Define Loads→Apply→Thermal→Heat Flux→On Lines**

拾取矩形的右垂直边。

OK

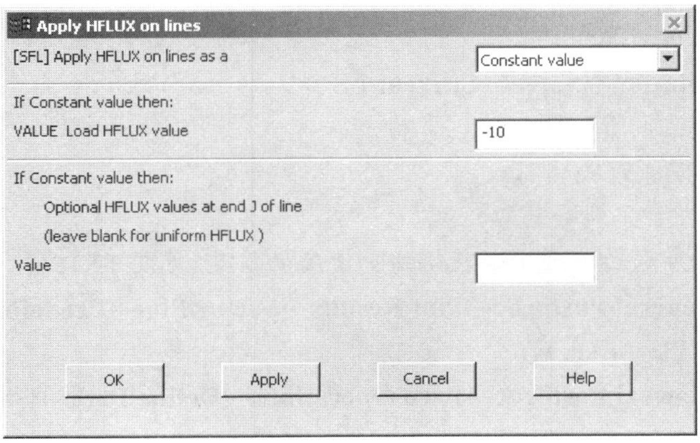

OK

功能菜单: **PlotCtrls→Symbols…**

功能菜单: **Plot→Lines**

　　ANSYS 工具栏: **SAVE_DB**

通过下列命令求解问题:

　　主菜单: **Solution→Solve→Current LS**

　　OK

　　Close(求解完成, 关闭窗口)

　　Close(关闭/STAT 命令窗口)

在后处理阶段, 可通过下列命令获得诸如速度的信息(见图 12.16)。

　　主菜单: **General Postproc→Plot Results→Vector Plot→Predefined**

　　功能菜单: **Plot→Areas**

　　主菜单: **General Postproc→Path Operations→Define Path→On Working Plane**

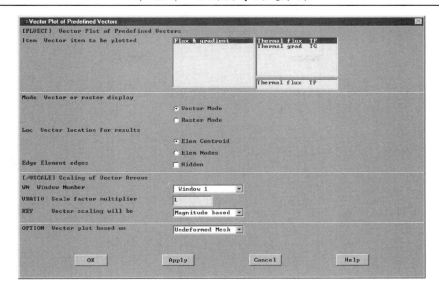

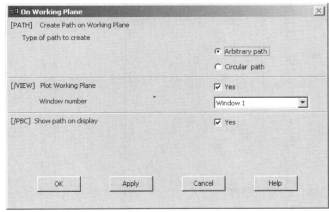

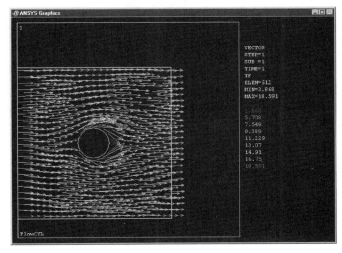

图 12.16　流速向量

如图 12.17 所示，在路径 A-B 上拾取两点。

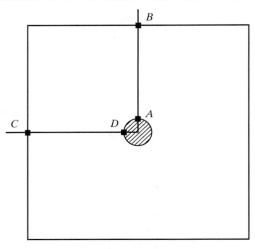

图 12.17　路径定义

主菜单：**General Postproc→Path Operations→Map onto Path**

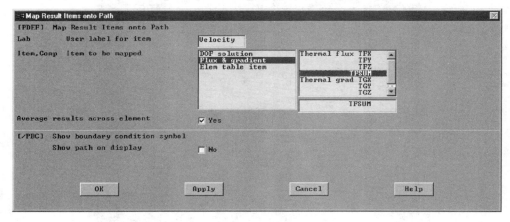

使用以下命令绘制结果(见图 12.18)：

主菜单：**General Postproc→Path Operations→Plot Path Item→On Graph**

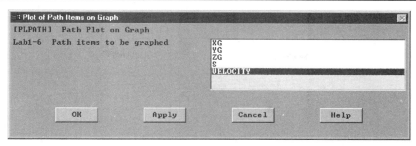

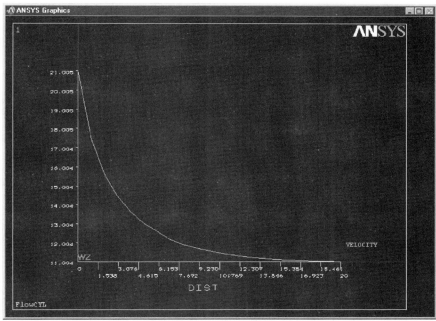

图 12.18　沿路径 *A-B* 上流速的变化

功能菜单：**Plot→Areas**

主菜单：**General Postproc→Path Operations→Define Path→On Working Plane**
如图 12.17 所示，在路径 *C-D* 上拾取两点。

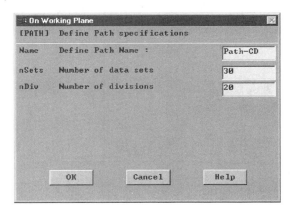

OK

主菜单：**General Postproc→Path Operations→Map onto Path**

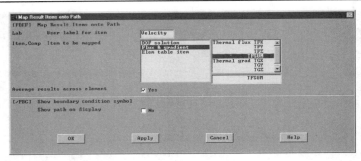

利用如下命令绘制结果(见图 12.19):

主菜单: **General Postproc→Path Operations→Plot Path Item→On Graph**

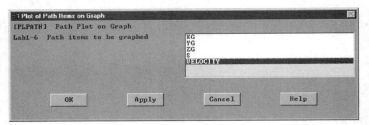

保存结果后退出:

ANSYS 工具栏: **Quit**

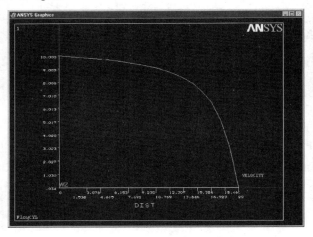

图 12.19 沿 *C-D* 面流速的变化

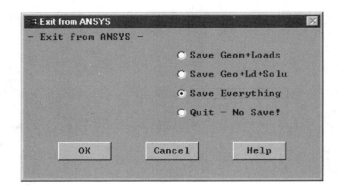

例 12.4　如图 12.20 所示，考虑混凝土大坝下水的渗流。假定坝下土壤的渗透率 k 约为每天 15 m，即 $k = 15$ m/day，确定该土壤中渗流速度分布。

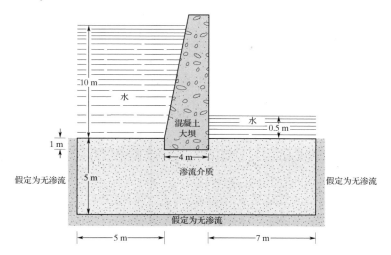

图 12.20　通过混凝土坝底土壤的水的渗流

利用 Launcher 进入 ANSYS。在对话框的 Jobname 文本框中输入初始工作文件名 DAM（或者自定义的文件名）。点击 Run 按钮启动图形用户界面。

为问题创建一个标题，该标题将出现在 ANSYS 显示窗口上，以便用户识别所显示的内容。创建标题的命令如下：

功能菜单：**File→Change Title...**

主菜单：**Preprocessor→Element Type→Add/Edit/Delete**

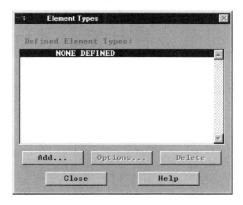

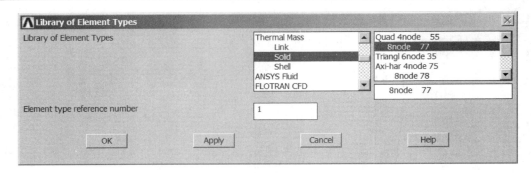

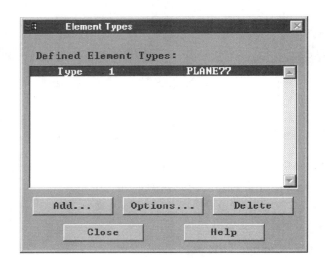

通过下列命令设置土壤的渗透率:

　　主菜单: **Preprocessor→Material Props→Material Models→Thermal→Conductivity→ Isotropic**

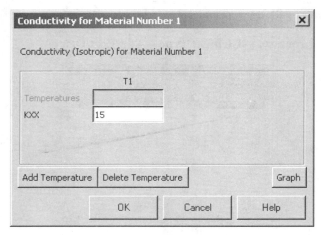

　　ANSYS 工具栏: **SAVE_DB**

通过下列命令设置图形区(如工作区,缩放区等):

　　功能菜单: **Workplane→WP Settings...**

使用下列命令激活工作区:

　　功能菜单: **Workplane→Display Working Plane**

使用下列命令浏览工作区:

　　功能菜单: **PlotCtrls→Pan，Zoom，Rotate...**

点击小圆圈直到工作区可视。然后，用户建立模型的几何图形:

　　主菜单: **Preprocessor→Modeling→Create→Areas→Rectangle→By 2 Corners**

[WP = 0, 0]

[将橡皮条分别向上和向右扩展到 5 和 16]

[WP = 5, 4]

[将橡皮条分别向上和向右扩展到 1 和 4]

　　OK

　　主菜单: **Preprocessor→Modeling→Operate→Booleans→Subtract→Areas**

拾取 Area1(较大的矩形区)后点击 Apply 按钮，然后再拾取 Area2(较小的矩形区)并点击 Apply 按钮。

　　OK

现在，用户就可以对这两个区域划分网格了，以建立单元和节点，但在此前首先需要定义单元的大小:

　　主菜单: **Preprocessor→Meshing→Size Cntrls→Manual Size→Global→Size**

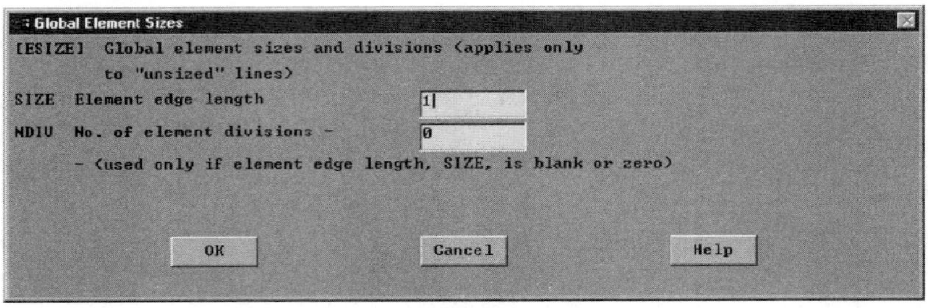

主菜单：**Preprocessor→Meshing→Mesh→Areas→Free**

Pick All

现在，使用下列命令应用边界条件：

主菜单：**Solution→Define Loads→Apply→Thermal→Temperature→On Nodes**

通过 box 拾取模式拾取矩形框左边所有的节点，并在拾取时按住鼠标的左键。

OK

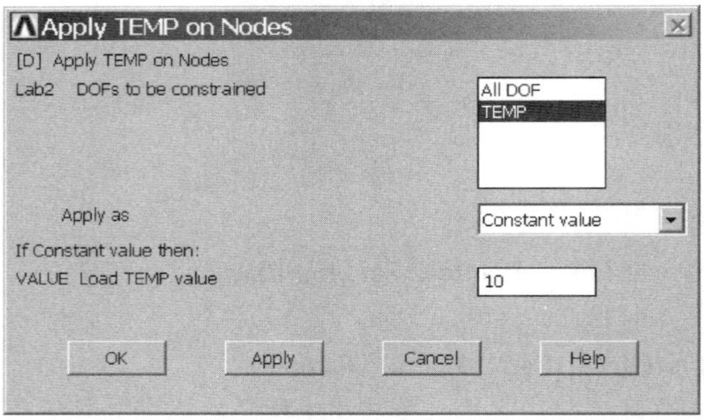

主菜单：**Solution→Define Loads→Apply→Thermal→Temperature→On Nodes**

通过 box 拾取模式拾取矩形框右边所有的节点，并在拾取时按住鼠标的左键。

OK

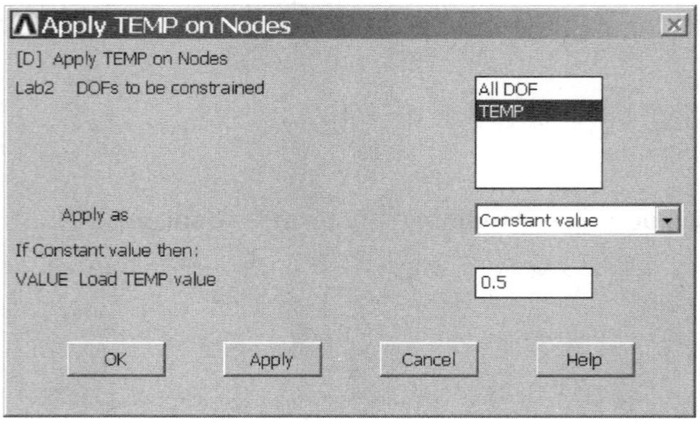

ANSYS 工具栏：**SAVE_DB**

用下列命令求解问题：

主菜单: **Solution→Solve→Current LS**

OK

Close(求解完成, 关闭窗口)

Close(关闭/STAT 命令窗口)

在后处理阶段, 可通过下列命令获得诸如速度的信息(见图 12.21):

主菜单: **General Postproc→Plot Results→Vector Plot→Predefined**

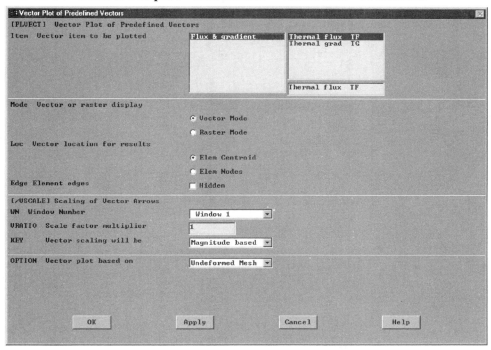

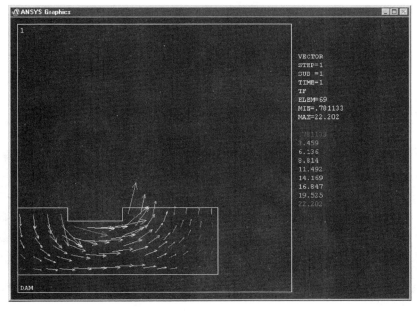

图 12.21 土壤中渗流速度的分布

功能菜单：**Plot→Areas**

主菜单：**General Postproc→Path Operations→Define Path→On Working Plane**

如图 12.22 所示，在路径 *A-B* 上拾取两点。

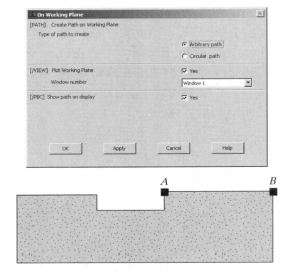

图 12.22　路径定义

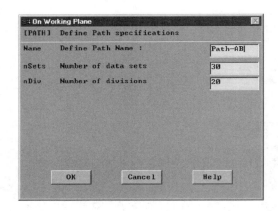

OK

主菜单：**General Postproc→Path Operations→Map onto Path**

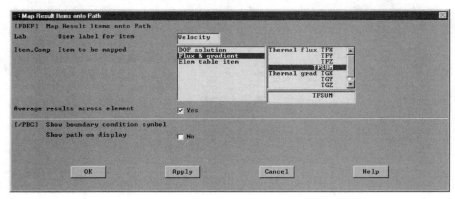

利用如下命令绘制结果(参见图 12.23):

　　主菜单: **General Postproc→Path Operations→Plot Path Item→On Graph**

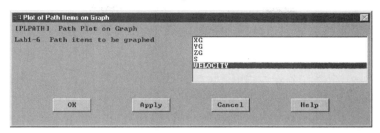

现在利用下列命令退出和保存结果:

　　ANSYS 工具栏: **Quit**

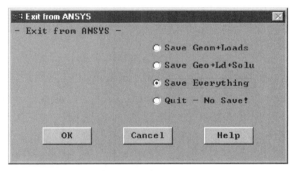

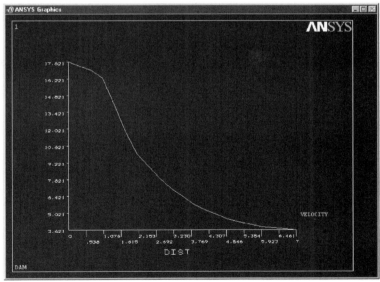

图 12.23　沿路径 A-B 上渗流速度的变化

12.5　结果验证

有多种方法可用于验证 ANSYS 的计算结果。例 12.1 中流速的计算结果如表 12.1 所示。

参考图 12.6，单元(2)和单元(4)是串联的，因此通过每一个单元的流量应当是相等的。比较 $Q^{(2)}$ 和 $Q^{(4)}$，不难发现这个条件是满足的。单元(3)和单元(5)也是串联的，那么通过的流量也是相等的。此外，单元(2)和单元(3)的流量之和应当等于单元(1)中的流量。事实证明，的确如此。

回顾例 12.3。验证有限元分析结果是否正确的方法是观察沿路径 A-B 上的空气流动速度的单元流速(m^3/s)变化情况，如图 12.18 所示。此时，流体的速度在 A 点最大，

表 12.1　例 12.1 中流速的计算结果

单元	流速(m^3/s)
1	5.0×10^{-4}
2	2.79×10^{-4}
3	2.21×10^{-4}
4	2.79×10^{-4}
5	2.21×10^{-4}
6	5.0×10^{-4}

并沿路径 A-B 下降，最后达到自由流体状态。检验计算结果是否正确的另一种方法是查看沿路径 C-D 的流速的变化情况，如图 12.19 所示。此时，气流的速度在圆柱体的前滞点上从自由流动状态变化到 0。这个结果与用欧拉方程计算圆柱体周围非黏性气流时的所得结果必定是一致的。

可以采用类似的方法通过直接观察得到验证例 12.4 的计算结果。图 12.23 显示了沿路径 A-B 渗流速度的变化情况。显然，A 点附近的渗流速度要比 B 点附近的渗流速度高。这是由于 A 点位于对流体具有较低阻力的路径上，因而与 B 点相比，在 A 点附近有更多的流体经过。检验计算结果的另一途径是比较大坝上游与下游的渗流量；当然，二者肯定相等。

小结

至此，读者应该能够：

1. 了解如何求解管网层流的问题。另外，还应了解管网层流的阻尼矩阵，即

$$\boldsymbol{R}^{(e)} = \begin{bmatrix} \dfrac{\pi D^4}{128L\mu} & -\dfrac{\pi D^4}{128L\mu} \\ -\dfrac{\pi D^4}{128L\mu} & \dfrac{\pi D^4}{128L\mu} \end{bmatrix}$$

2. 了解流线和流函数的定义及其物理含义。

3. 了解非紊流的概念。

4. 了解矩形单元的非黏性流体矩阵为

$$\boldsymbol{K}^{(e)} = \frac{w}{6\ell}\begin{bmatrix} 2 & -2 & -1 & 1 \\ -2 & 2 & 1 & -1 \\ -1 & 1 & 2 & -2 \\ 1 & -1 & -2 & 2 \end{bmatrix} + \frac{\ell}{6w}\begin{bmatrix} 2 & 1 & -1 & -2 \\ 1 & 2 & -2 & -1 \\ -1 & -2 & 2 & 1 \\ -2 & -1 & 1 & 2 \end{bmatrix}$$

三角形单元的非黏性流体矩阵是

$$\boldsymbol{K}^{(e)} = \frac{1}{4A}\begin{bmatrix} \beta_i^2 & \beta_i\beta_j & \beta_i\beta_k \\ \beta_i\beta_j & \beta_j^2 & \beta_j\beta_k \\ \beta_i\beta_k & \beta_j\beta_k & \beta_k^2 \end{bmatrix} + \frac{1}{4A}\begin{bmatrix} \delta_i^2 & \delta_i\delta_j & \delta_i\delta_k \\ \delta_i\delta_j & \delta_j^2 & \delta_j\delta_k \\ \delta_i\delta_k & \delta_j\delta_k & \delta_k^2 \end{bmatrix}$$

5. 了解渗流问题的渗透矩阵与二维传导问题的传导矩阵类似。矩形单元的渗透矩阵为

$$K^{(e)} = \frac{k_x w}{6\ell} \begin{bmatrix} 2 & -2 & -1 & 1 \\ -2 & 2 & 1 & -1 \\ -1 & 1 & 2 & -2 \\ 1 & -1 & -2 & 2 \end{bmatrix} + \frac{k_y \ell}{6w} \begin{bmatrix} 2 & 1 & -1 & -2 \\ 1 & 2 & -2 & -1 \\ -1 & -2 & 2 & 1 \\ -2 & -1 & 1 & 2 \end{bmatrix}$$

三角形单元的渗透矩阵为

$$K^{(e)} = \frac{k_x}{4A} \begin{bmatrix} \beta_i^2 & \beta_i\beta_j & \beta_i\beta_k \\ \beta_i\beta_j & \beta_j^2 & \beta_j\beta_k \\ \beta_j\beta_k & \beta_j\beta_k & \beta_k^2 \end{bmatrix} + \frac{k_y}{4A} \begin{bmatrix} \delta_i^2 & \delta_i\delta_j & \delta_i\delta_k \\ \delta_i\delta_j & \delta_j^2 & \delta_j\delta_k \\ \delta_i\delta_k & \delta_j\delta_k & \delta_k^2 \end{bmatrix}$$

参考文献

Abbot, I. H., and Von Doenhoff, A. E., *Theory of Wing Sections*, New York, Dover Publications, 1959.

ANSYS User's Manual: *Elements*, Vol. Ⅲ, Swanson Analysis Systems, Inc.

Bathe, K., *Finite Element Procedures*, Englewood Cliffs, NJ, Prentice Hall, 1996.

Fox, R. W., and McDonald, A. T., *Introduction to Fluid Mechanics*, 4th ed., New York, John Wiley and Sons, 1992.

Segrlind, L., *Applied Finite Element Analysis*, 2nd ed., New York, John Wiley and Sons, 1984.

习题

1. 设动态黏度 $\mu = 0.3$ N·s/m^2，密度 $\rho = 900$ kg/m^3 的油流经下图所示的管网，当节点 1 处的流速为 20×10^{-4} m^3/s 时，求该系统中的压力分布。给定相同的条件，在流体都是层流的情况下，流体在各个分支导管的分布情况如何？

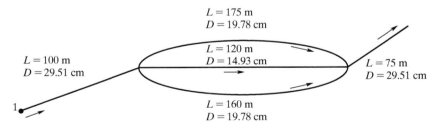

2. 假设有一气流流经下图所示的一个扩散管。忽略空气的黏滞性，并假定在扩散管的入口和出口处速度是均匀的，利用 ANSYS 计算和绘制出扩散管之中的速度分布。

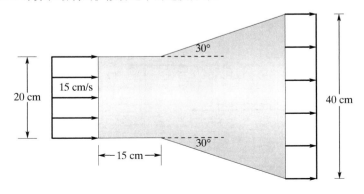

3. 设有一种气流流经如下图所示的一个直角折形管。假设该气流是一理想流体，且在入口和出口处的速度是均匀的，利用 ANSYS 计算并绘制折形管之中的速度分布。如果折形管的深度相同，用连续性方程求解出口处的速度。

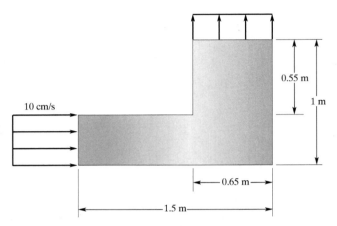

4. 设有一个折形管，其转弯处为圆弧形，如下图所示。假定空气是一理想流体，且在入口和出口处的速度是均匀的，当有空气流经此管时，利用 ANSYS 计算和绘制折形管中的速度分布。如果折形管的深度相同，用连续性方程求解出口处的速度。

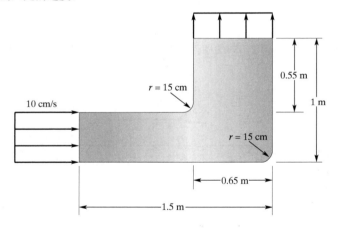

5. 设有一下水管如下图所示，利用 ANSYS 绘制过渡管中的速度分布。另外，按下表给定的面积之比及角度值，绘制计算结果。

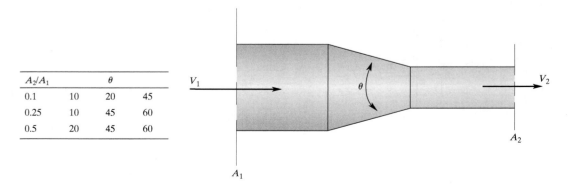

A_2/A_1	θ		
0.1	10	20	45
0.25	10	45	60
0.5	20	45	60

6. 当有一非黏性的气流流经如下图所示的一个圆角等边三角形时，现通过改变上游空气的速度和 r/L 的比值（$r/L = 0$，$r/L = 0.1$，$r/L = 0.25$），用数值方法来模拟空气的流动，求出相应情况下三角形面上的空气速度分布，并对结果予以讨论。

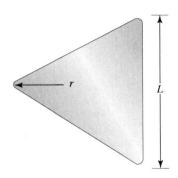

7. 当有一非黏性的气流流经如下图所示的一个圆角正方形时，通过改变上游空气的速度和 r/L 的比值（$r/L = 0$，$r/L = 0.1$，$r/L = 0.25$），以数值的方法来模拟空气的流动，并求出对应情况下正方形面上的空气速度分布，并对结果予以讨论。

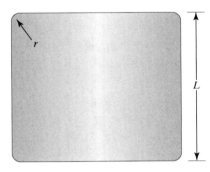

8. 假设有一非黏性的气流流经一个对称 NACA 机翼。Abbot and von Doenhoff(1959) 曾对 NACA 对称机翼的形状做过详细描述，包括其几何数据。利用他们的几何数据，计算 NACA 0012 机翼(如下图所示)上的风速分布。然后进行数值实验，通过改变迎角来计算机翼上的风速分布，并对结果予以讨论。

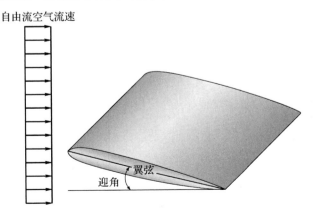

9. 如下图所示，假设有一混凝土大坝，水从坝下渗流。设坝下土壤的渗透系数 $k = 45$ ft/day，确定坝下土壤中渗流速度的分布。

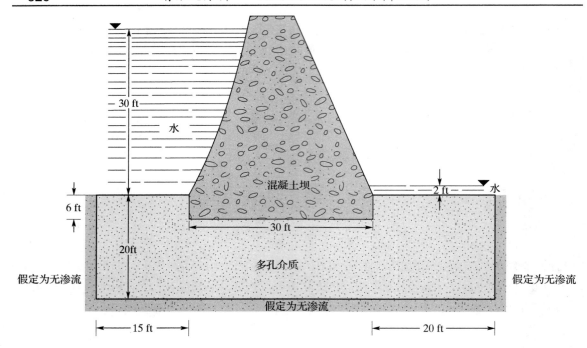

10. 如下图所示，假设有一混凝土大坝，水从坝下渗流。设坝下土壤的渗透系数 $k = 15$ m/day，确定坝下土壤中渗流速度的分布。

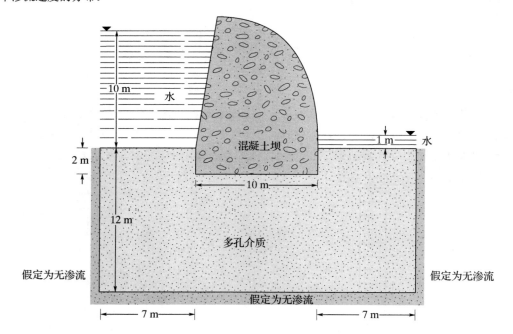

第13章 三维单元

本章将介绍三维有限元分析。首先，将讨论 4 节点四面体单元及其形函数。然后，基于 4 节点四面体单元进行固体力学问题分析并推导其刚度矩阵。本章还将介绍 8 节点六面体单元及高阶四面体单元和六面体单元，并讨论 ANSYS 所用的结构单元及热力学单元。另外，还将介绍自顶向下和自底向上的实体单元建模的基本概念。最后，将简要讲述对实体单元进行网格划分的方法。第 13 章将讨论如下内容：

13.1　4 节点四面体单元
13.2　基于 4 节点四面体单元的三维固体力学问题的有限元分析
13.3　8 节点六面体单元
13.4　10 节点四面体单元
13.5　20 节点六面体单元
13.6　ANSYS 中的三维单元
13.7　实体单元建模的一般方法
13.8　ANSYS 在热力学分析中的应用
13.9　ANSYS 在结构分析中的应用

13.1　4 节点四面体单元

4 节点四面体单元是固体力学的有限元分析中所使用的最简单的三维单元。4 节点四面体单元仅包含 4 个节点，每个节点有 3 个平移自由度，分别沿节点坐标的 X, Y, Z 方向。典型的 4 节点四面体单元如图 13.1 所示。

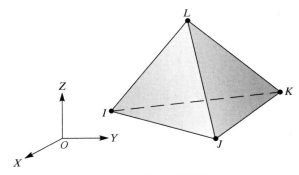

图 13.1　4 节点四面体单元

第 7 章介绍了二维问题的三角形单元的形函数的推导，下面，将采用类似的方法推导 4 节点四面体单元的形函数。设位移函数为

$$u = C_{11} + C_{12}X + C_{13}Y + C_{14}Z$$
$$v = C_{21} + C_{22}X + C_{23}Y + C_{24}Z$$

$$w = C_{31} + C_{32}X + C_{33}Y + C_{34}Z \tag{13.1}$$

节点位移必须满足如下条件:

$$u = u_I \quad 当 \quad X = X_I \quad Y = Y_I \quad 和 \quad Z = Z_I$$
$$u = u_J \quad 当 \quad X = X_J \quad Y = Y_J \quad 和 \quad Z = Z_J$$
$$u = u_K \quad 当 \quad X = X_K \quad Y = Y_K \quad 和 \quad Z = Z_K$$
$$u = u_L \quad 当 \quad X = X_L \quad Y = Y_L \quad 和 \quad Z = Z_L$$

同样,还必须满足如下条件:

$$v = v_I \quad 当 \quad X = X_I \quad Y = Y_I \quad 和 \quad Z = Z_I$$
$$\vdots \qquad\qquad \vdots \qquad \vdots \qquad\qquad \vdots$$
$$w = w_L \quad 当 \quad X = X_I \quad Y = Y_I \quad 和 \quad Z = Z_I$$

将上述节点位移代入式(13.1),可以得到包含 12 个未知数的 12 个方程:

$$u_I = C_{11} + C_{12}X_I + C_{13}Y_I + C_{14}Z_I$$
$$u_J = C_{11} + C_{12}X_J + C_{13}Y_J + C_{14}Z_J$$
$$\vdots \tag{13.2}$$
$$w_L = C_{31} + C_{32}X_L + C_{33}Y_L + C_{34}Z_L$$

求解式(13.2)的系数 C,然后回代到式(13.1)并整理,有

$$u = S_1 u_I + S_2 u_J + S_3 u_K + S_4 u_L$$
$$v = S_1 v_I + S_2 v_J + S_3 v_K + S_4 v_L \tag{13.3}$$
$$w = S_1 w_I + S_2 w_J + S_3 w_K + S_4 w_L$$

式中,形函数为

$$S_1 = \frac{1}{6V}(a_I + b_I X + c_I Y + d_I Z)$$

$$S_2 = \frac{1}{6V}(a_J + b_J X + c_J Y + d_J Z)$$

$$S_3 = \frac{1}{6V}(a_K + b_K X + c_K Y + d_K Z) \tag{13.4}$$

$$S_4 = \frac{1}{6V}(a_L + b_L X + c_L Y + d_L Z)$$

其中,V 为四面体单元的体积,可通过式(13.5)计算

$$6V = \det \begin{vmatrix} 1 & X_I & Y_I & Z_I \\ 1 & X_J & Y_J & Z_J \\ 1 & X_K & Y_K & Z_K \\ 1 & X_L & Y_L & Z_L \end{vmatrix} \tag{13.5}$$

而 $a_I, b_I, c_I, d_I, \cdots$ 和 d_L 为

$$a_I = \det \begin{vmatrix} X_J & Y_J & Z_J \\ X_K & Y_K & Z_K \\ X_L & Y_L & Z_L \end{vmatrix} \qquad b_I = -\det \begin{vmatrix} 1 & Y_J & Z_J \\ 1 & Y_K & Z_K \\ 1 & Y_L & Z_L \end{vmatrix}$$

$$c_I = \det \begin{vmatrix} X_J & 1 & Z_J \\ X_K & 1 & Z_K \\ X_L & 1 & Z_L \end{vmatrix} \qquad d_I = -\det \begin{vmatrix} X_J & Y_J & 1 \\ X_K & Y_K & 1 \\ X_L & Y_L & 1 \end{vmatrix} \tag{13.6}$$

$a_J, b_J, c_J, d_J, \cdots$ 和 d_L 等各项可按右手定则轮换下标 I, J, K 和 L 而求得。例如

$$a_J = \det \begin{vmatrix} X_K & Y_K & Z_K \\ X_L & Y_L & Z_L \\ X_I & Y_I & Z_I \end{vmatrix}$$

需要注意，对于热力学问题，4 节点四面体单元的每个节点仅有一个自由度，即温度。4 节点四面体单元上温度的变化可表示为

$$T = T_I S_1 + T_J S_2 + T_K S_3 + T_L S_4 \tag{13.7}$$

13.2   基于 4 节点四面体单元的三维固体力学问题的有限元分析

第 10 章曾经介绍过，为表示某一点的应力状态，需要 6 个独立的应力分量

$$\boldsymbol{\sigma}^{\mathrm{T}} = \begin{bmatrix} \sigma_{xx} & \sigma_{yy} & \sigma_{zz} & \tau_{xy} & \tau_{yz} & \tau_{xz} \end{bmatrix} \tag{13.8}$$

其中，σ_{xx}，σ_{yy}，σ_{zz} 是正应力，τ_{xy}，τ_{yz}，τ_{xz} 是剪应力。此外，物体受荷载作用时，用于表示物体内某一点位置改变的位移向量 $\boldsymbol{\delta}$，在笛卡儿坐标中可表示为

$$\boldsymbol{\delta} = u(x, y, z)\boldsymbol{i} + v(x, y, z)\boldsymbol{j} + w(x, y, z)\boldsymbol{k} \tag{13.9}$$

第 10 章也介绍过，某一点的应变状态可由 6 个应变分量来表示：

$$\boldsymbol{\varepsilon}^{\mathrm{T}} = \begin{bmatrix} \varepsilon_{xx} & \varepsilon_{yy} & \varepsilon_{zz} & \gamma_{xy} & \gamma_{yz} & \gamma_{xz} \end{bmatrix} \tag{13.10}$$

其中，ε_{xx}，ε_{yy}，ε_{zz} 是正应变，γ_{xy}，γ_{yz}，γ_{xz} 是剪应变。如前所述，应变和位移的关系为

$$\varepsilon_{xx} = \frac{\partial u}{\partial x} \quad \varepsilon_{yy} = \frac{\partial v}{\partial y} \quad \varepsilon_{zz} = \frac{\partial w}{\partial z}$$

$$\gamma_{xy} = \frac{\partial u}{\partial y} + \frac{\partial v}{\partial x} \quad \gamma_{yz} = \frac{\partial v}{\partial z} + \frac{\partial w}{\partial y} \quad \gamma_{xz} = \frac{\partial u}{\partial z} + \frac{\partial w}{\partial x} \tag{13.11}$$

式 (13.11) 可表示为矩阵形式：

$$\boldsymbol{\varepsilon} = \boldsymbol{LU} \tag{13.12}$$

其中，

$$\boldsymbol{\varepsilon} = \begin{bmatrix} \varepsilon_{xx} \\ \varepsilon_{yy} \\ \varepsilon_{zz} \\ \gamma_{xy} \\ \gamma_{yz} \\ \gamma_{xz} \end{bmatrix}$$

$$
\boldsymbol{LU} = \begin{bmatrix} \dfrac{\partial u}{\partial x} \\[2mm] \dfrac{\partial v}{\partial y} \\[2mm] \dfrac{\partial w}{\partial z} \\[2mm] \dfrac{\partial u}{\partial y} + \dfrac{\partial v}{\partial x} \\[2mm] \dfrac{\partial v}{\partial z} + \dfrac{\partial w}{\partial y} \\[2mm] \dfrac{\partial w}{\partial x} + \dfrac{\partial u}{\partial z} \end{bmatrix}
$$

$\boldsymbol{L}$ 是线性偏微分操作算子。

在材料的弹性区域内,应力和应变之间的关系满足胡克定律

$$
\varepsilon_{xx} = \frac{1}{E}[\sigma_{xx} - \nu(\sigma_{yy} + \sigma_{zz})]
$$

$$
\varepsilon_{yy} = \frac{1}{E}[\sigma_{yy} - \nu(\sigma_{xx} + \sigma_{zz})]
$$

$$
\varepsilon_{zz} = \frac{1}{E}[\sigma_{zz} - \nu(\sigma_{xx} + \sigma_{yy})] \tag{13.13}
$$

$$
\gamma_{xy} = \frac{1}{G}\tau_{xy} \quad \gamma_{yz} = \frac{1}{G}\tau_{yz} \quad \gamma_{zx} = \frac{1}{G}\tau_{zx}
$$

应力和应变之间的关系可表示为如下矩阵形式:

$$
\boldsymbol{\sigma} = \boldsymbol{\nu}\boldsymbol{\varepsilon} \tag{13.14}
$$

其中,

$$
\boldsymbol{\sigma} = \begin{bmatrix} \sigma_{xx} \\ \sigma_{yy} \\ \sigma_{zz} \\ \tau_{xy} \\ \tau_{yz} \\ \tau_{xz} \end{bmatrix}
$$

$$
\boldsymbol{\nu} = \frac{E}{1+\nu} \begin{bmatrix} \dfrac{1-\nu}{1-2\nu} & \dfrac{\nu}{1-2\nu} & \dfrac{\nu}{1-2\nu} & 0 & 0 & 0 \\[4mm] \dfrac{\nu}{1-2\nu} & \dfrac{1-\nu}{1-2\nu} & \dfrac{\nu}{1-2\nu} & 0 & 0 & 0 \\[4mm] \dfrac{\nu}{1-2\nu} & \dfrac{\nu}{1-2\nu} & \dfrac{1-\nu}{1-2\nu} & 0 & 0 & 0 \\[4mm] 0 & 0 & 0 & \dfrac{1}{2} & 0 & 0 \\[4mm] 0 & 0 & 0 & 0 & \dfrac{1}{2} & 0 \\[4mm] 0 & 0 & 0 & 0 & 0 & \dfrac{1}{2} \end{bmatrix}
$$

$$\boldsymbol{\varepsilon} = \begin{bmatrix} \varepsilon_{xx} \\ \varepsilon_{yy} \\ \varepsilon_{zz} \\ \gamma_{xy} \\ \gamma_{yz} \\ \gamma_{xz} \end{bmatrix}$$

在三轴加载情况下，固体材料的应变能 Λ 为

$$\Lambda^{(e)} = \frac{1}{2} \int_V (\sigma_{xx}\varepsilon_{xx} + \sigma_{yy}\varepsilon_{yy} + \sigma_{zz}\varepsilon_{zz} + \tau_{xy}\gamma_{xy} + \tau_{xz}\gamma_{xz} + \tau_{yz}\gamma_{yz}) \, \mathrm{d}V \tag{13.15}$$

可表示为如下矩阵形式：

$$\Lambda^{(e)} = \frac{1}{2} \int_V \boldsymbol{\sigma}^{\mathrm{T}} \boldsymbol{\varepsilon} \, \mathrm{d}V \tag{13.16}$$

根据胡克定律，将应力表示为应变的形式，然后代入式(13.15)，可得

$$\Lambda^{(e)} = \frac{1}{2} \int_V \boldsymbol{\varepsilon}^{\mathrm{T}} \boldsymbol{\nu} \boldsymbol{\varepsilon} \, \mathrm{d}V \tag{13.17}$$

下面将介绍 4 节点四面体单元刚度矩阵的推导过程。如前所述，4 节点四面体单元有 4 个节点，每个节点有 3 个自由度，分别沿节点坐标的 x，y，z 方向。那么，单元内任一点的位移可用节点的位移值和形函数表示为

$$\boldsymbol{u} = \boldsymbol{S}\boldsymbol{U} \tag{13.18}$$

其中，

$$\boldsymbol{u} = \begin{bmatrix} u \\ v \\ w \end{bmatrix}$$

$$\boldsymbol{S} = \begin{bmatrix} S_1 & 0 & 0 & S_2 & 0 & 0 & S_3 & 0 & 0 & S_4 & 0 & 0 \\ 0 & S_1 & 0 & 0 & S_2 & 0 & 0 & S_3 & 0 & 0 & S_4 & 0 \\ 0 & 0 & S_1 & 0 & 0 & S_2 & 0 & 0 & S_3 & 0 & 0 & S_4 \end{bmatrix}$$

$$\boldsymbol{U} = \begin{bmatrix} u_I \\ v_I \\ w_I \\ u_J \\ v_J \\ w_J \\ u_K \\ v_K \\ w_K \\ u_L \\ v_L \\ w_L \end{bmatrix}$$

4 节点四面体单元的刚度矩阵推导方法与第 10 章推导平面应力的刚度矩阵的方法类似，

只是要涉及更多的术语。首先，将应变和位移关联起来，然后通过形函数将应变与节点位移进行关联。根据式(13.12)所给出的应变位移关系，分别按坐标轴 x, y, z 对各位移分量进行偏微分，可得

$$
\begin{bmatrix} \varepsilon_{xx} \\ \varepsilon_{yy} \\ \varepsilon_{zz} \\ \gamma_{xy} \\ \gamma_{yz} \\ \gamma_{xz} \end{bmatrix} = \begin{bmatrix}
\frac{\partial S_1}{\partial x} & 0 & 0 & \frac{\partial S_2}{\partial x} & 0 & 0 & \frac{\partial S_3}{\partial x} & 0 & 0 & \frac{\partial S_4}{\partial x} & 0 & 0 \\
0 & \frac{\partial S_1}{\partial y} & 0 & 0 & \frac{\partial S_2}{\partial y} & 0 & 0 & \frac{\partial S_3}{\partial y} & 0 & 0 & \frac{\partial S_4}{\partial y} & 0 \\
0 & 0 & \frac{\partial S_1}{\partial z} & 0 & 0 & \frac{\partial S_2}{\partial z} & 0 & 0 & \frac{\partial S_3}{\partial z} & 0 & 0 & \frac{\partial S_3}{\partial z} \\
\frac{\partial S_1}{\partial y} & \frac{\partial S_1}{\partial x} & 0 & \frac{\partial S_2}{\partial y} & \frac{\partial S_2}{\partial x} & 0 & \frac{\partial S_3}{\partial y} & \frac{\partial S_3}{\partial x} & 0 & \frac{\partial S_4}{\partial y} & \frac{\partial S_4}{\partial x} & 0 \\
0 & \frac{\partial S_1}{\partial z} & \frac{\partial S_1}{\partial y} & 0 & \frac{\partial S_2}{\partial z} & \frac{\partial S_1}{\partial y} & 0 & \frac{\partial S_3}{\partial z} & \frac{\partial S_3}{\partial y} & 0 & \frac{\partial S_4}{\partial z} & \frac{\partial S_4}{\partial y} \\
\frac{\partial S_1}{\partial z} & 0 & \frac{\partial S_1}{\partial x} & \frac{\partial S_2}{\partial z} & 0 & \frac{\partial S_2}{\partial x} & \frac{\partial S_3}{\partial z} & 0 & \frac{\partial S_4}{\partial x} & 0 & \frac{\partial S_4}{\partial z} & \frac{\partial S_4}{\partial x}
\end{bmatrix} \begin{bmatrix} u_I \\ v_I \\ w_I \\ u_J \\ v_J \\ w_J \\ u_K \\ v_K \\ w_K \\ u_L \\ v_L \\ w_L \end{bmatrix} \tag{13.19}
$$

将式(13.4)所示的形函数代入上式并进行偏微分，则有

$$
\boldsymbol{\varepsilon} = \boldsymbol{B}\boldsymbol{U} \tag{13.20}
$$

其中，

$$
\boldsymbol{B} = \frac{1}{6V} \begin{bmatrix}
b_I & 0 & 0 & b_J & 0 & 0 & b_K & 0 & 0 & b_L & 0 & 0 \\
0 & c_I & 0 & 0 & c_J & 0 & 0 & c_K & 0 & 0 & c_L & 0 \\
0 & 0 & d_I & 0 & 0 & d_J & 0 & 0 & d_K & 0 & 0 & d_L \\
c_I & b_I & 0 & c_J & b_J & 0 & c_K & b_K & 0 & c_L & b_L & 0 \\
0 & d_I & c_I & 0 & d_J & c_J & 0 & d_K & c_K & 0 & d_L & c_L \\
d_I & 0 & b_I & d_J & 0 & b_J & d_K & 0 & b_K & d_L & 0 & b_L
\end{bmatrix}
$$

体积 V 和系数 b, c, d 由式(13.5)和式(13.6)给定。然后，将式(13.20)代入式(13.17)所示的应变能方程有

$$
\Lambda^{(e)} = \frac{1}{2} \int_V \boldsymbol{\varepsilon}^{\mathrm{T}} \boldsymbol{\nu} \boldsymbol{\varepsilon} \mathrm{d}V = \frac{1}{2} \int_V \boldsymbol{U}^{\mathrm{T}} \boldsymbol{B}^{\mathrm{T}} \boldsymbol{\nu} \boldsymbol{B} \boldsymbol{U} \mathrm{d}V \tag{13.21}
$$

对上式取节点位移的偏微分，则有

$$
\frac{\partial \Lambda^{(e)}}{\partial U_k} = \frac{\partial}{\partial U_k} \left(\frac{1}{2} \int_V \boldsymbol{U}^{\mathrm{T}} \boldsymbol{B}^{\mathrm{T}} \boldsymbol{\nu} \boldsymbol{B} \boldsymbol{U} \mathrm{d}V \right), \quad k = 1, 2, \cdots, 12 \tag{13.22}
$$

对式(13.22)进行运算，则可得到 $\boldsymbol{K}^{(e)}\boldsymbol{U}$ 的表达式，进而可以得到刚度矩阵的表达式：

$$
\boldsymbol{K}^{(e)} = \int_V \boldsymbol{B}^{\mathrm{T}} \boldsymbol{\nu} \boldsymbol{B} \mathrm{d}V = V\boldsymbol{B}^{\mathrm{T}} \boldsymbol{\nu} \boldsymbol{B} \tag{13.23}
$$

其中，V 是单元的体积。注意，所得刚度矩阵是一个 12×12 阶矩阵。

13.2.1　荷载矩阵

三维问题的荷载矩阵可以采用与 10.2 节介绍的一维问题的类似方法进行推导，不过四面体单元的荷载矩阵是 12×1 阶矩阵。对于集中荷载，只需要将荷载放在某个适当的节点，并

使荷载分量与节点坐标方向保持一致，就可以获得相应的荷载矩阵。对于分布荷载，可以通过下列方程获得相应的荷载矩阵：

$$\boldsymbol{F}^{(e)} = \int_A \boldsymbol{S}^{\mathrm{T}} \boldsymbol{p}\, \mathrm{d}A \tag{13.24}$$

其中，

$$\boldsymbol{p} = \begin{bmatrix} p_x \\ p_y \\ p_z \end{bmatrix}$$

A 代表分布荷载作用区域的表面积。对于四面体单元，其表面形状为三角形。假设分布力作用于节点 I-J-K 所在的表面，那么荷载矩阵为

$$\boldsymbol{F}^{(e)} = \frac{A_{I-J-K}}{3} \begin{bmatrix} p_x \\ p_y \\ p_z \\ p_x \\ p_y \\ p_z \\ p_x \\ p_y \\ p_z \\ 0 \\ 0 \\ 0 \end{bmatrix} \tag{13.25}$$

四面体单元其他表面的分布荷载矩阵可以用类似的方法得到。

13.3　8 节点六面体单元

8 节点六面体单元也是固体力学三维有限元分析中较为简单的一种单元。该单元每个节点沿坐标 x，y，z 共有 3 个平移自由度。典型的 8 节点六面体单元如图 13.2 所示。

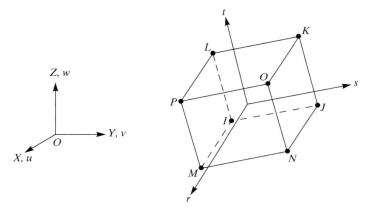

图 13.2　8 节点六面体单元

以节点位移和形函数表示的单元位移函数为

$$u = \frac{1}{8}(u_I(1-s)(1-t)(1-r) + u_J(1+s)(1-t)(1-r))$$

$$+ \frac{1}{8}(u_K(1+s)(1+t)(1-r) + u_L(1-s)(1+t)(1-r))$$

$$+ \frac{1}{8}(u_M(1-s)(1-t)(1+r) + u_N(1+s)(1-t)(1+r)) \tag{13.26}$$

$$+ \frac{1}{8}(u_O(1+s)(1+t)(1+r) + u_P(1-s)(1+t)(1+r))$$

$$v = \frac{1}{8}(v_I(1-s)(1-t)(1-r) + v_J(1+s)(1-t)(1-r))$$

$$+ \frac{1}{8}(v_K(1+s)(1+t)(1-r) + v_L(1-s)(1+t)(1-r))$$

$$+ \frac{1}{8}(v_M(1-s)(1-t)(1+r) + v_N(1+s)(1-t)(1+r)) \tag{13.27}$$

$$+ \frac{1}{8}(v_O(1+s)(1+t)(1+r) + v_P(1-s)(1+t)(1+r))$$

$$w = \frac{1}{8}(w_I(1-s)(1-t)(1-r) + w_J(1+s)(1-t)(1-r))$$

$$+ \frac{1}{8}(w_K(1+s)(1+t)(1-r) + w_L(1-s)(1+t)(1-r))$$

$$+ \frac{1}{8}(w_M(1-s)(1-t)(1+r) + w_N(1+s)(1-t)(1+r)) \tag{13.28}$$

$$+ \frac{1}{8}(w_O(1+s)(1+t)(1+r) + w_P(1-s)(1+t)(1+r))$$

类似地，对于热力学问题，温度沿单元在空间上的变化可表示为

$$T = \frac{1}{8}(T_I(1-s)(1-t)(1-r) + T_J(1+s)(1-t)(1-r))$$

$$+ \frac{1}{8}(T_K(1+s)(1+t)(1-r) + T_L(1-s)(1+t)(1-r))$$

$$+ \frac{1}{8}(T_M(1-s)(1-t)(1+r) + T_N(1+s)(1-t)(1+r)) \tag{13.29}$$

$$+ \frac{1}{8}(T_O(1+s)(1+t)(1+r) + T_P(1-s)(1+t)(1+r))$$

13.4 10 节点四面体单元

10 节点四面体单元是在三维线性四面体单元的基础上建立起来的一种高阶单元，如图 13.3 所示。与 4 节点四面体单元相比，10 节点四面体单元更适合于精度要求较高、边界为曲线的模型。

对于固体力学问题，10 节点四面体单元的位移函数如下所示：

$$u = u_I(2S_1-1)S_1 + u_J(2S_2-1)S_2 + u_K(2S_3-1)S_3 + u_L(2S_4-1)S_4$$
$$+ 4(u_M S_1 S_2 + u_N S_2 S_3 + u_O S_1 S_3 + u_P S_1 S_4 + u_Q S_2 S_4 + u_R S_3 S_4) \tag{13.30}$$

$$v = v_I(2S_1-1)S_1 + v_J(2S_2-1)S_2 + v_K(2S_3-1)S_3 + v_L(2S_4-1)S_4$$
$$+ 4(v_M S_1 S_2 + v_N S_2 S_3 + v_O S_1 S_3 + v_P S_1 S_4 + v_Q S_2 S_4 + v_R S_3 S_4) \tag{13.31}$$

$$w = w_I(2S_1 - 1)S_1 + w_J(2S_2 - 1)S_2 + w_K(2S_3 - 1)S_3 + w_L(2S_4 - 1)S_4$$
$$+ 4(w_M S_1 S_2 + w_N S_2 S_3 + w_O S_1 S_3 + w_P S_1 S_4 + w_Q S_2 S_4 + w_R S_3 S_4) \tag{13.32}$$

与此类似，10 节点四面体单元的温度空间分布函数为

$$T = T_I(2S_1 - 1)S_1 + T_J(2S_2 - 1)S_2 + T_K(2S_3 - 1)S_3 + T_L(2S_4 - 1)S_4$$
$$+ 4(T_M S_1 S_2 + T_N S_2 S_3 + T_O S_1 S_3 + T_P S_1 S_4 + T_Q S_2 S_4 + T_R S_3 S_4) \tag{13.33}$$

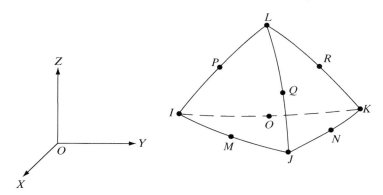

图 13.3　10 节点四面体单元

13.5　20 节点六面体单元

20 节点六面体单元是在 8 节点六面体单元的基础上建立起来的一种高阶单元，如图 13.4 所示。与 8 节点六面体单元相比，20 节点六面体单元更适合于精度要求较高、边界为曲线的模型。

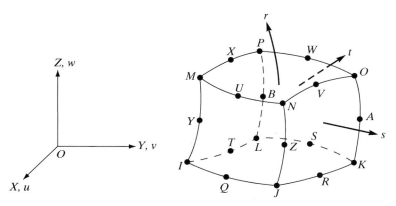

图 13.4　20 节点六面体单元

对于固体力学问题，20 节点六面体单元的位移函数可表示为

$$u = \frac{1}{8}(u_I(1-s)(1-t)(1-r)(-s-t-r-2) + u_J(1+s)(1-t)(1-r)(s-t-r-2))$$
$$+ \frac{1}{8}(u_K(1+s)(1+t)(1-r)(s+t-r-2) + u_L(1-s)(1+t)(1-r)(-s+t-r-2))$$

$$+ \frac{1}{8}(u_M(1-s)(1-t)(1+r)(-s-t+r-2) + u_N(1+s)(1-t)(1+r)(s-t+r-2))$$

$$+ \frac{1}{8}(u_O(1+s)(1+t)(1+r)(s+t+r-2) + u_P(1-s)(1+t)(1+r)(-s+t+r-2))$$

$$+ \frac{1}{4}(u_Q(1-s^2)(1-t)(1-r) + u_R(1+s)(1-t^2)(1-r))$$

$$+ \frac{1}{4}(u_S(1-s^2)(1+t)(1-r) + u_T(1-s)(1-t^2)(1-r))$$

$$+ \frac{1}{4}(u_U(1-s^2)(1-t)(1+r) + u_V(1+s)(1-t^2)(1+r))$$

$$+ \frac{1}{4}(u_W(1-s^2)(1+t)(1+r) + u_X(1-s)(1-t^2)(1+r))$$

$$+ \frac{1}{4}(u_Y(1-s)(1-t)(1-r^2) + u_Z(1+s)(1-t)(1-r^2))$$

$$+ \frac{1}{4}(u_A(1+s)(1+t)(1-r^2) + u_B(1-s)(1+t)(1-r^2))$$

$$\tag{13.34}$$

位移分量 v 和 w 与位移分量 u 类似，即

$$v = \frac{1}{8}(v_I(1-s)(1-t)(1-r)(-s-t-r-2) + v_J(1+s)(1-t)(1-r)(s-t-r-2))$$

$$+ \frac{1}{8}(v_K(1+s)(1+t)(1-r)(s+t-r-2) + \cdots)$$

$$\cdots$$

$$w = \frac{1}{8}(w_I(1-s)(1-t)(1-r)(-s-t-r-2) + w_J(1+s)(1-t)(1-r)(s-t-r-2))$$

$$+ \frac{1}{8}(w_K(1+s)(1+t)(1-r)(s+t-r-2) + \cdots)$$

$$\cdots$$

$$\tag{13.35}$$

对于传热问题，20 节点六面体单元的温度空间分布函数为

$$T = \frac{1}{8}(T_I(1-s)(1-t)(1-r)(-s-t-r-2) + T_J(1+s)(1-t)(1-r)(s-t-r-2))$$

$$+ \frac{1}{8}(T_K(1+s)(1+t)(1-r)(s+t-r-2) + \cdots)$$

$$\cdots$$

$$\tag{13.36}$$

13.6　ANSYS 中的三维单元

ANSYS 为三维有限元问题提供了相当多的单元，现对其中的一部分单元予以说明。

13.6.1 热力学-实体单元

SOLID70 是用于建立三维热传导问题模型的单元。SOLID70 有 8 个节点，每个节点仅有一个自由度——温度，如图 13.5 所示。热流可以通过单元的侧面，其编号由带圆圈的数字表示。发热率可作用于节点上。SOLID70 常用于分析静态或暂态问题。

SOLID70 的输出包括节点温度等信息，如平均表面温度、温度梯度的分量、单元中心的温度向量及热通量分量。

SOLID90 是一个 20 节点六面体单元，可用于建立静态或暂态热传导问题的模型。与 SOLID70 相比，SOLID90 具有更高的精度，但求解问题所耗费的时间也更多。SOLID90 的每个节点仅有一个自由度——温度，如图 13.6 所示。SOLID90 还适用于建立曲线边界问题的单元模型。其输入数据与输出数据的格式与 SOLID70 的基本一致。

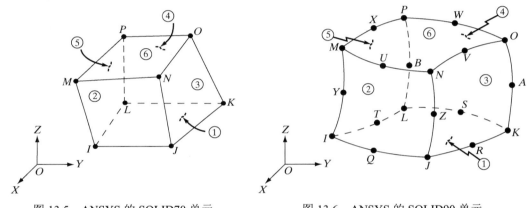

图 13.5　ANSYS 的 SOLID70 单元　　　　图 13.6　ANSYS 的 SOLID90 单元

13.6.2 结构力学-实体单元

SOLID185 是一个三维六面体单元,可用于建立各向同性固体力学问题的模型。SOLID185 有 8 个节点，每个节点有沿 x, y, z 方向的 3 个平移自由度，如图 13.7 所示(单元各侧面由图中编号所示)。当用于不规则区域时，单元可退化为棱柱、四面体或棱锥。分布荷载可作用于单元的各个侧面。SOLID185 可用于分析大变形、大应变、塑性和屈服等问题。

利用 SOLID185 求解的输出结果包括节点位移，以及 x, y, z 方向的正应力、剪应力和主应力。需要注意的是，SOLID185 的应力方向与单元的坐标系平行。

SOLID65 用于建立钢筋混凝土或钢筋复合材料(如玻璃纤维)问题的模型。与 SOLID45 类似，SOLID65 也有 8 个节点，每个节点有沿 x, y, z 方向的三个平移自由度，如图 13.8 所示。SOLID65 可用于分析受拉而开裂或受压而碎裂的情况。此外，也可用于有钢筋或没有钢筋的情况。SOLID65 可以定义至多三个方向的钢筋，并且具有处理钢筋发生塑性变形和屈服的能力。钢筋的定义包括材料编号、体积率(钢筋体积与整个单元体积之比)、钢筋的方向角。需要注意，钢筋的方向角是用相对于单元坐标系的两个角度来定义的。如果不打算考虑钢筋，则可以将钢筋的材料编号设为 0，从而消除其影响。

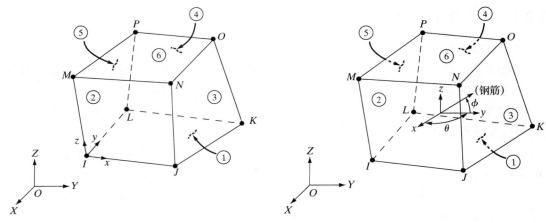

图 13.7　ANSYS 的 SOLID185 单元　　　　　　图 13.8　ANSYS 的 SOLID65 单元

用 SOLID65 求解的输出结果包括节点位移，以及 x，y，z 方向的正应力、剪应力和主应力。需要注意的是，SOLID65 的应力方向与单元的坐标系平行。

SOLID285 是一个具有节点压力的 4 节点四面体结构实体单元，每个节点有沿节点坐标 x，y，z 三个方向的三个平移自由度，以及一个静水压，如图 13.9 所示。与前面的单元一样，SOLID285 各侧面由图中编号所示。分布荷载可作用于单元的各个侧面。

SOLID285 的输出结果与其他结构实体单元的类似。

SOLID186 是一个 20 节点三维结构单元，每个节点有沿节点坐标 x，y，z 三个方向的三个平移自由度，如图 13.10 所示。SOLID186 是 SOLID185 的高阶单元。SOLID186 的输入数据与输出结果也与上面所讲述的单元的类似。

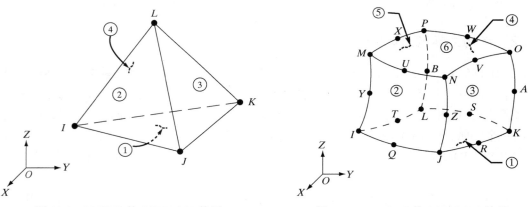

图 13.9　ANSYS 的 SOLID285 单元　　　　　图 13.10　ANSYS 的 SOLID186 单元

SOLID187 是一个 10 节点四面体单元，SOLID187 的每个节点有沿 x、y、z 方向的三个平移自由度，如图 13.11 所示。SOLID187 可用于分析大变形、大应变、塑性及屈服等问题。

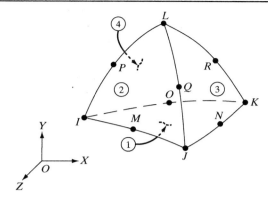

图 13.11 ANSYS 的 SOLID187 单元

13.7 实体单元建模的一般方法

建立物体的实体模型有自底向上和自顶向下两种建模方法。在利用自底向上的建模方法时，首先需要定义关键点，然后要根据所定义的关键点来定义线、面和体。用户既可以通过鼠标在工作区上拾取关键点的位置，也可以在相应的输入区域中直接输入当前/活跃的坐标系下关键点的坐标。关键点菜单如图 13.12 所示，建立关键点的命令为

主菜单：**Preprocessor→Modeling→Create→Keypoints**

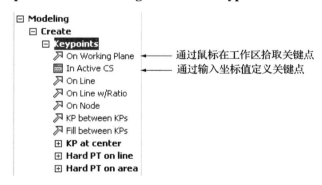

图 13.12 关键点菜单

然后，按自底向上的建模顺序用线代表建模对象的边。ANSYS 提供了 4 种可选的方法来创建直线，如图 13.13 所示。如果使用样条函数选项，则可以通过一系列的关键点创建任意形状的线。然后，用户可以利用所创建的线生成具有任意形状的面。创建线的命令为

主菜单：**Preprocessor→Modeling→Create→Lines**

在利用自底向上的建模方法时，用户可使用如图 13.14 的 Area-Arbitrary 子菜单来定义面。定义面的命令为

主菜单：**Preprocessor→Modeling→Create→Areas→Arbitrary**

另外，还有 5 种方法可用于建立面：(1)沿某条路径拖拉一条线；(2)绕某条轴旋转一条线；(3)创建倒角；(4)蒙皮法；(5)面平移法。当使用拖拉和旋转选项时，用户可以沿着另一条线(路径)拖某条线或绕着另一条线(轴)旋转某条线而形成一个面。使用 area-fillet 命令可生

成一个圆弧面，该圆弧面的半径为常数且与另两个面相切。使用 skinning 命令可在一组线段上产生一个光滑的表面。使用 area-offset 命令可通过平移一个已知面生成一个新面。上述 5 种方法的操作如图 13.15 所示。

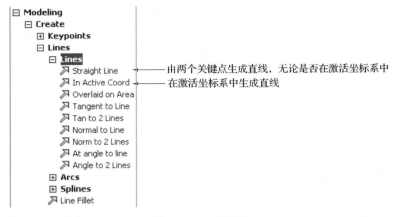

图 13.13　直线菜单

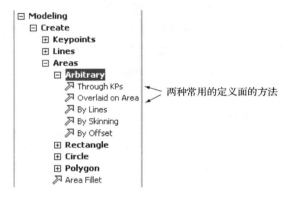

图 13.14　Area-Arbitrary 子菜单

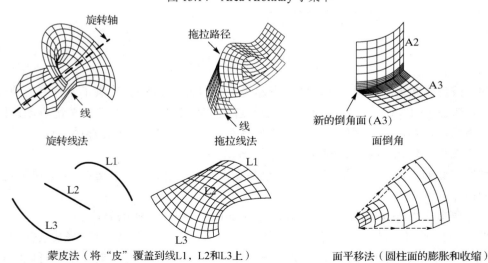

图 13.15　生成面的其他方法

此外,在利用自底向上的建模方法时,通过选择 Volume(体)
子菜单可生成体, 如图 13.16 所示。定义体的命令为

图 13.16 Volume 子菜单

主菜单:**Preprocessor→Modeling→Create→Volumes →Arbitrary**

也可以通过沿着某条线(路径)拖一个已有的面或绕某条线
(旋转轴)旋转面生成一个体。

使用自顶向下的建模方法,用户可以利用体元创建三维实
体对象。ANSYS 提供了如下几种体元:块、棱柱体、圆柱体、
圆锥体、球体和圆环体,如图 13.17 所示。

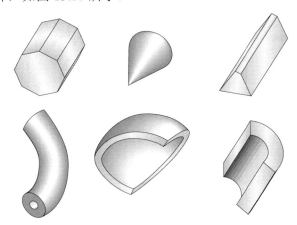

图 13.17 ANSYS 中的体元

此时应注意,当利用 ANSYS 提供的体元创建三维实体时,ANSYS 会自动给该实体相关
的面、线、关键点编号。

不过,无论用户用什么方法生成面或体,都可以利用布尔操作,增加或减少某些实体,
以形成一个实体模型。

13.7.1 网格划分控制

到目前为止,用户都是利用全局单元尺寸来控制模型中单元的大小。GLOBAL-
ELEMENT-SIZE(全局单元尺寸)对话框允许用户以自定义的单位来设置一个单元的大小。下
面将考虑的其他方法不仅能自定义单元的大小,还能自定义单元的形状。当使用具有两种形
状的单元时,需要在划分网格前设定单元的形状。例如,单元 PLANE183 就具有三角形和四
边形两种形状。利用下列命令可以看到一个包含划分网格选项的对话框(参见图 13.18)。

主菜单:**Preprocessor→Meshing→Mesher Opts**

13.7.2 自由网格划分与映射网格划分

自由网格划分既可以利用混合形状的面单元,也可以利用全三角形面单元或全四面体单
元。在结构分析时,用户有时要尽可能地避免使用较低阶的三角形和四面体单元(边上没有中
间节点)。而映射网格划分则使用全四边形单元和全六面体单元。图 13.19 展示了自由网格划
分和映射网格划分的区别。

图 13.18　单元形状设置对话框

　　然而，使用映射网格划分方法必须满足一些条件。如果其所划分的区域是面，则要求其有 3 条边或 4 条边，且在相对边上划分的单元数必须相同；如果是三角形区域，则要求 3 条边上的单元数都相同。如果要划分的区域的边数在 4 条以上，则需采用 Combine 或 Concatenate 命令将其边合并，减为 4 条。如果要划分的区域为体，则体域的边数必须为 4，5 或 6，且相对边划分的单元数必须相同；如果为五面体，则 5 条边上的单元数都必须一致。对于体，可以采用 Add 或 Concatenate 命令来减少体的边数。Concatenate 命令是划分网格前的最后一步。对于已执行过 Concatenate 命令的实体，则不能在其上再进行任何实体建模的操作了。可以按如下方式选择 Concatenate 命令(参见图 13.20)：

　　　　主菜单：**Preprocessing→Meshing→Concatenate**

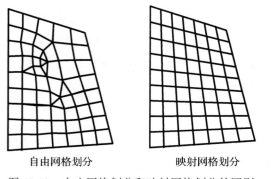

　　　　自由网格划分　　　　　映射网格划分

图 13.19　自由网格划分和映射网格划分的区别　　　　图 13.20　选择 Concatenate 命令

　　图 13.21 是分别采用自由网格和映射网格划分的实例。在网格划分中有一个总的原则，即在模型中应尽量避免出现形状不理想的单元及单元尺寸过大或过小的过渡单元。网格划分不当会出现图 13.22 所示的情况。

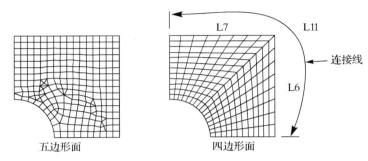

图 13.21　采用自由网格划分和映射网格划分的实例

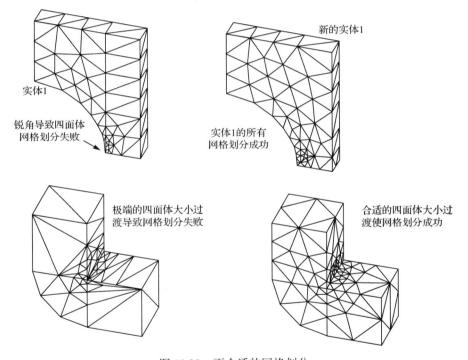

图 13.22　不合适的网格划分

　　如果用户对网格划分的结果不满意，则可以利用 Clear 命令来清除已划分好的实体中的节点和单元。可以按如下方式选择 Clear 的命令：

　　　　主菜单：**Preprocessor→Meshing→Clear**

　　下面，将通过实例介绍如何利用 Area 和 Extrusion 命令创建散热器的实体模型。

例 13.1　铝散热器常用于电子设备散热。在本例中，假设其用于计算机中微处理器的散热设备，图 13.23 是其前视图。通过 ANSYS 来生成其实体模型。由于对称性，仅需对真正实体的 1/4 进行建模，此时散热片纵向长为 20.5 mm，是前视图中长度的二分之一。

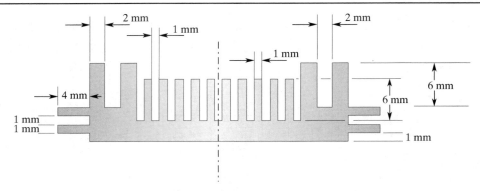

图 13.23　例 13.1 中的散热器的前视图

利用 Launcher 进入 ANSYS。在对话框的 Jobname 文本框中输入文件名 Fin(或自定义的文件名)。点击 Run 按钮启动图形用户界面。

为本问题创建一个标题,该标题会出现在 ANSYS 显示窗口的上面,供用户识别。用户可按如下命令创建标题:

　　　功能菜单: **File→Change Title...**

使用下面的命令设置图形区域(比如工作区,缩放区等):

　　　功能菜单: **Workplane→Wp Settings...**

使用下面的命令来激活工作区(Workplane):

　　　功能菜单: **Workplane→Display Working Plane**

使用下面的命令浏览 Workplane：

　　　功能菜单：　**PlotCtrls→Pan, Zoom, Rotate...**

点击小圆圈直到工作区可视。然后，建立模型的几何图形：

　　　主菜单：　**Preprocessor→Modeling→Create→Areas→Rectangle→By 2 Corners**

在工作区拾取如下位置或在 WP X，WP Y，Width 和 Height 域中输入相应的值：

[WP = 4,0]

[分别将橡皮条向上和向右拉伸到 2.5 和 16.5]

[WP = 0, 1]

[分别将橡皮条向上和向右拉伸到 1.0 和 4.0]

[WP = 0, 3]

[分别将橡皮条向上和向右拉伸到 1.0 和 4.0]

[WP = 4, 2.5]

[分别将橡皮条向上和向右拉伸到 1.5 和 6.0]

[WP = 4, 4]

[分别将橡皮条向上和向右拉伸到 6 和 2]

[WP = 8, 4]

[分别将橡皮条向上和向右拉伸到 6.0 和 2.0]

[WP = 11, 2.5]

[分别将橡皮条向上和向右拉伸到 6.0 和 1.0]

[WP = 13, 2.5]

[分别将橡皮条向上和向右拉伸到 6.0 和 1.0]

[WP = 15, 2.5]

[分别将橡皮条向上和向右拉伸到 6.0 和 1.0]

[WP = 17, 2.5]

[分别将橡皮条向上和向右拉伸到 6.0 和 1.0]

[WP = 19, 2.5]

[分别将橡皮条向上和向右拉伸到 6.0 和 1.0]

　　　OK

　　　主菜单：　**Preprocessor→Modeling→Operate→Booleans→Add→Areas**

　　　Pick All

　　主菜单：**Preprocessor→Modeling→Operate→Extrude→Areas→Along Normal**
拾取或者输入要去掉的区域，然后点击 Apply 按钮。

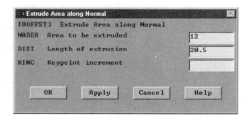

　　　功能菜单：**PlotCtrls→Pan,Zoom,Rotate...**
点击 Iso(等距视图)按钮，就可以看到图 13.24 中的图形了。

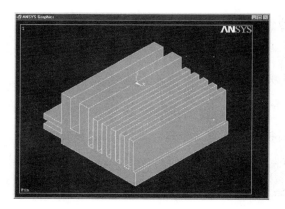

图 13.24　散热器的等距视图

退出并保存结果。
　　ANSYS 工具栏：**Quit**

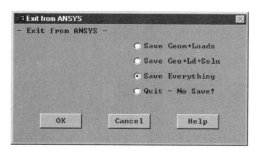

本例说明了在建立实体时如何沿法线方向减少一个面。

13.8　ANSYS 在热力学分析中的应用

例 13.2　图 13.25 是一个水族馆墙壁的截面及其尺寸。墙壁是由混凝土和其他绝热材料建造而成的，其平均导热系数 $k = 0.81$ Btu/(hr·ft·°F)。墙壁的截面上还有一扇 6 英寸厚的透明塑胶观察窗，其平均导热系数 $k = 0.195$ Btu/(hr·ft·°F)。内部空气的温度保持在 70°F，传热系数 $h = 1.46$ Btu/(hr·ft^2·°F)。假设水箱的温度为 50°F，传热系数 $h = 10.5$ Btu/(hr·ft^2·°F)，现使用 ANSYS 来分析墙壁截面的温度分布。这个例子的目的是演示在建立三维实体模型时，如何使用 ANSYS 的选择功能及变换工作面。通过公式 $q = U_{overall}(T_{inside} - T_{water})$ 及计算该墙壁的总体 U 因子，可以精确地算出热量损失。

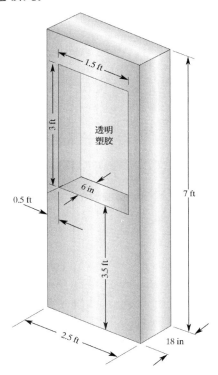

图 13.25　例 13.2 中的墙壁及透明塑胶观察窗的尺寸

利用 Launcher 进入 ANSYS。在对话框的 Jobname 文本框中输入文件名 Wall（或自定义的文件名）。点击 Run 按钮启动图形用户界面。

用户可按如下命令创建标题：

功能菜单：**File→Change Title...**

主菜单: **Preprocessor→Element Types→Add/Edit/Delete**

然后,通过下面的命令设定混凝土和塑胶的导热系数:

主菜单: **Preprocessor→Material Props→Material Models→Thermal→Conductivity→ Isotropic**

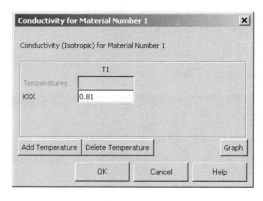

选择材料模型，命令如下：

Material→New Model...

双击 Isotropic 选项，并输入塑胶的导热系数。

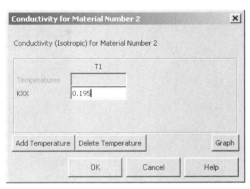

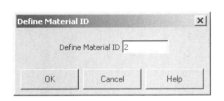

ANSYS 工具栏：**SAVE_DB**

使用下面的命令设置图形区域(比如工作区，缩放区等)：

功能菜单：**Workplane→WP Settings...**

使用下面的命令来激活工作区(Workplane)：

功能菜单：**Workplane→Display Working Plane**

使用下面的命令浏览工作区：

功能菜单：**PlotCtrls→Pan,Zoom,Rotate...**

点击小圆圈直到工作区可视，然后点击 Iso 按钮。接下来，使用下面的命令创建几何图形：

主菜单：**Preprocessor→Modeling→Create→Volumes→Block→By 2 Corners & Z**

[WP = 0, 0]

 [分别将橡皮条向上和向右拉伸到 7 和 2.5]

 [将橡皮条向 Z 轴的负方向拉伸到−1.5]

为透明塑胶创建实体(将来要删去)。

OK

主菜单：**Preprocessor→Modeling→Operats→Booleans→Subtract→Volumes**

拾取实体 1，并点击 Apply 按钮，然后拾取实体 2，并点击 Apply 按钮。

OK

功能菜单：**Plot→Volumes**

现在使用下面的命令创建透明塑胶体:

功能菜单：**WorkPlane→Offset WP by Increments...**

在 X,Y,Z Offsets 文本框中输入[0, 0, −0.5]。

OK

现在使用下面的命令继续创建模型:

主菜单: **Preprocessor→Modeling→Create→Volumes→Block→By 2 Corners & Z**

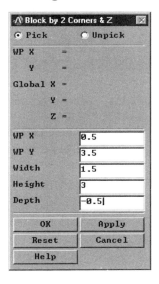

OK

主菜单: **Preprocessor→Modeling→Operate→Booleans→Glue→Volumes**

Pick All

下面将为建立的模型划分网格, 创建单元和节点。不过, 现在先要定义单元的尺寸, 命令如下所述:

主菜单: **Preprocessor→Meshing→Size Cntrls→Manual Size→Global→Size**

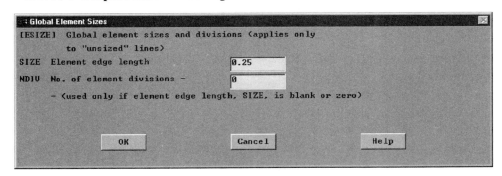

另外, 在网格划分前还必须定义混凝土和透明塑胶的材料性能, 使用下面的命令定义材料性能:

主菜单: **Preprocessor→Meshing→Mesh Attributes→Picked Volumes**

[拾取墙体中的混凝土部分]

[在 ANSYS 图形窗口中赋予混凝土的材料性能]

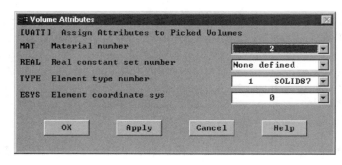

主菜单: **Preprocessor→Meshing→Mesh Attributes→Picked Volumes**

[拾取墙体中的透明塑胶部分]

[在 ANSYS 图形窗口中赋予透明塑胶的材料性能]

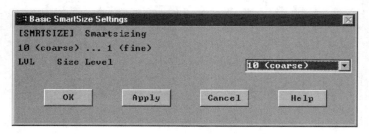

ANSYS 工具栏: **SAVE_DB**

至此,就可以使用下面的命令划分网格了。

主菜单: **Preprocessor→Meshing→Mesh→Volumes→Free**

Pick All

如果划分的单元数超过了 ANSYS 教育版所允许的最大单元数,则使用下面的命令进行修正:

主菜单: **Preprocessor→Meshing→Size Cntrls→Smart Size→Basic**

现在可以进行单元网格划分了。为了施加边界条件,首先要选择墙体的内表面,包括其中的透明塑胶体。

功能菜单: **Select→Entities...**

在 Min,Max 文本框中输入[0, −0.5]。

OK

功能菜单： **Plot→Areas**

主菜单： **Solution→Define Loads→Apply→Thermal→Convection→On Areas**

Pick All

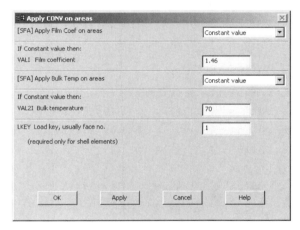

功能菜单： **Select→Everything...**

功能菜单： **Select→Entities...**

在 Min,Max 文本框内输入[−1.0, −1.5]。

OK

功能菜单：**Plot→Areas**

主菜单：**Solution→Define Loads→Apply→Thermal→Convection→On Areas**

点击 Pick All 按钮，指定对流换热系数和温度。

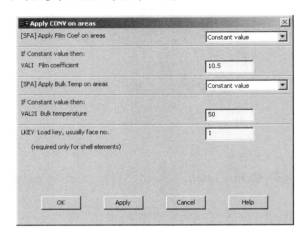

如果要观察已施加的边界条件，可使用下面的命令：

功能菜单：**PlotCntrls→Symbols...**

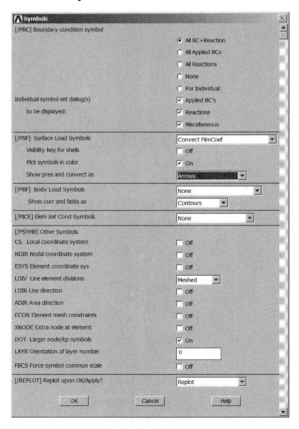

功能菜单：**Select→Everything...**

功能菜单：**Plot→Areas**

ANSYS 工具栏：**SAVE_DB**

求解问题：

主菜单：**Solution→Solve→Current LS**

OK

Close（求解完成，关闭窗口）

Close（关闭/STAT 命令窗口）

在后处理阶段，可以通过下列命令来获取节点的温度和热流（见图 13.26 和图 13.27）：

主菜单：**General Postproc→Plot Results→Contour Plot→Nodal Solu**

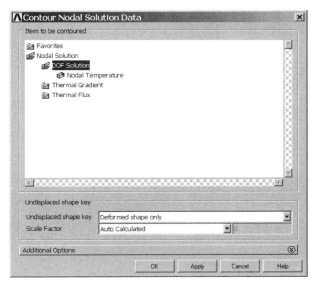

主菜单：**General Postproc→Plot Results→Vector Plot→Predefined**

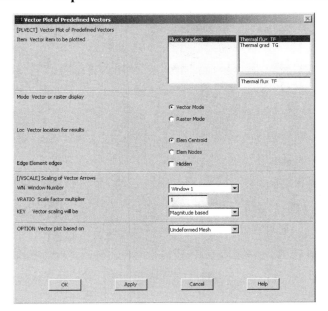

退出并保存结果。

ANSYS 工具栏: **Quit**

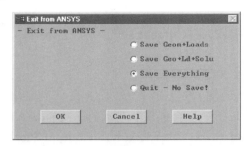

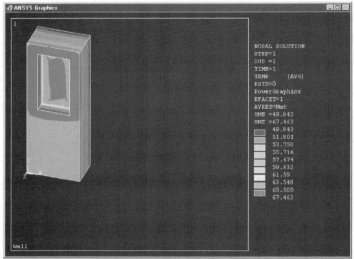

图 13.26　等温线

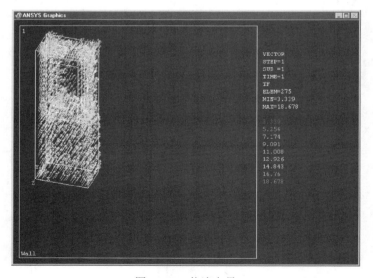

图 13.27　热流向量

13.9　ANSYS 在结构分析中的应用

例 13.3　如图 13.28 所示的托架，其顶面承受 50 lb/in² 的均布荷载。托架通过有孔的表面固定在墙上，托架是钢制的，弹性模量 $E = 29 \times 10^6$ lb/in²，泊松比 $v = 0.3$。利用 ANSYS 绘出其变形图，以及托架上的米泽斯应力分布。

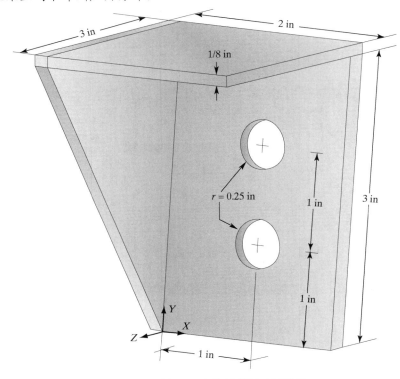

图 13.28　例 13.3 中的托架尺寸示意图

以下分析步骤包括，创建问题的几何模型，并选择合适的单元类型，然后施加边界约束条件，获得节点的解。

利用 Launcher 进入 ANSYS。在对话框的 Jobname 文本框中输入文件名 Brack3D（或自定义的文件名）。点击 Run 按钮启动图形用户界面。

用户可按下面的命令创建标题：

功能菜单：**File→Change Title...**

主菜单：**Preprocessor→Element Type→Add/Edit/Delete**

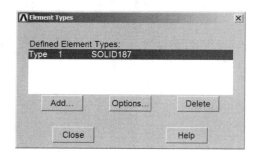

使用下面的命令设置材料的弹性模量和泊松比:

主菜单: **Preprocessor→Material Props→Material Models→Structural →Linear→Elastic→Isotropic**

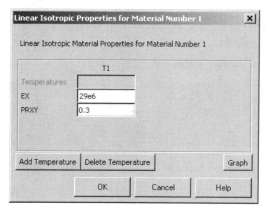

ANSYS 工具栏：**SAVE_DB**

使用下面的命令设置图形区域(比如工作区，缩放区等)：

功能菜单：**Workplane→WP Settings...**

使用下面的命令激活工作区(Workplane)：

功能菜单：**Workplane→Display Working Plane**

使用下面的命令浏览工作区：

功能菜单：**PlotCtrls→Pan, Zoom, Rotate...**

点击小圆圈直到工作区可视。然后，点击 Iso 按钮。使用下面的命令创建模型的几何图形：

主菜单：**Preprocessor→Modeling→Create→Volumes→Block→By 2 Corners & Z**

[WP = 0, 0]

[分别将橡皮条向上和向右拉伸到 3.0 和 2.0]

[将橡皮条向 Z 轴的负方向拉伸到 0.125]

OK

为了创建两个圆孔，首先使用下面的命令创建两个圆柱体：

主菜单：**Preprocessor→Modeling→Create→Volumes→Cylinder→Solid Cylinder**

在工作面上，或按如下位置拾取，或在 WP X，WP Y，Radius 和 Depth 文本框中输入相应的数据。

[WP = 1, 1]

[将圆的半径设定为 0.25]

[在 Z 轴的负方向上将圆柱体的长设定为 0.125]

[WP = 1, 2]

[将圆的半径设定为 0.25]

[在 Z 轴的负方向上将圆柱体的长设定为 0.125]

OK

现在可以创建孔了，通过布尔运算将圆柱体从垂直的面体上除去，命令如下：

主　菜　单　：　**Preprocessor→Modeling→Operate→Booleans→Subtract→ Volumes**

拾取实体 1，并点击 Apply 按钮，然后拾取实体 2 和实体 3，并点击 Apply 按钮。

OK

功能菜单：**Plot→Volumes**

ANSYS 工具栏：**SAVE_DB**

移动和旋转工作面，并用下面的命令创建顶板：

功能菜单：**Workplane→Offset WP by Increments...**

在 X,Y,Z Offsets 文本框中输入[0, 3.0, −0.125]，然后点击 Apply 按钮。为了旋转工作区，将滑动条移到 90，然后点击+X rotation 按钮。

OK

功能菜单：**PlotCtrls→Pan,Zoom,Rotate...**

点击 Bot(底部视图)按钮，并按照下面的命令进行操作：

主菜单：**Preprocessor→Modeling→Create→Volumes→Block→ By 2 Corners & Z**

[WP = 0, 0]

[在活动工作窗口分别将橡皮条向上和向右拉伸到 3.0 和 2.0]

[将橡皮条向 Z 轴的负方向拉伸到 0.125]

OK

功能菜单：**WorkPlane→Align WP With→Global Cartesian**

功能菜单：**Plot→Volumes**

功能菜单：**WorkPlane→Offset WP by Increments...**

在 X,Y,Z Offsets 文本框中输入[0, 0, −0.125]，然后点击 Apply 按钮。以 Y 轴为对称轴旋转工作面，移动角度滑动条到 90，然后点击−Y rotation 按钮。

OK

功能菜单：**PlotCtrls→Pan, Zoom, Rotate...**

将视图变为 Left(左视图)，然后按照下面命令进行操作：

　　　主菜单：**Preprocessor→Modeling→Create→Volumes→Prism→By Vertices**

　　[WP = 0, 0]

　　[WP = 0, 3.125]

　　[WP = 3, 3.125]

　　[WP = 3.0, 3.0]

　　[WP = 0.125, 0]

　　[WP = 0, 0]

将视图改变为等距视图，即点击 Iso 按钮。

　　[将橡皮条沿 Z 轴方向延长 0.125]

　　　OK

　　　功能菜单：**Plot→Volumes**

　　　功能菜单：**PlotCtrls→Pan, Zoom, Rotate...**

打开动态模式，按住鼠标右键，然后对实体进行旋转，再按照下面命令进行操作：

　　　主菜单：**Preprocessor→Modeling→Operate→Booleans→Add→Volumes**

　　　Pick All

完成上面的步骤后，下一步就要进行网格划分，但是在划分网格前，首先要确定单元的尺寸，可以按照下面的命令操作：

　　　主菜单：**Preprocessor→Meshing→Size Cntrls→Smart Size→Basic**

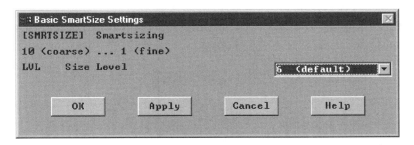

　　　ANSYS 工具栏：**SAVE_DB**

　　　主菜单：**Preprocessor→Meshing→Mesh→Volumes→Free**

　　　Pick All

　　　Close

ANSYS 工具栏：**SAVE_DB**

下一步，将施加边界约束条件。使用下面的命令对孔的边缘进行修正：

　　　功能菜单：**PlotCtrls→Pan, Zoom, Rotate...**

选择前视图(Front)，然后按照下面的命令进行操作：

主菜单：**Solution→Define Loads→Apply→Structural→Displacement→On Keypoints**

将拾取模式切换到圆。以孔的圆心为起始点，拉伸橡皮条，然后向后拉伸，直到将孔的边界全部包含进去，然后再点击 Apply 按钮。

将视图改变为等距视图，然后按照下面的命令进行操作：

功能菜单：**Select→Entities...**

在 Min,Max 文本框中输入[3.125, 3.125]。

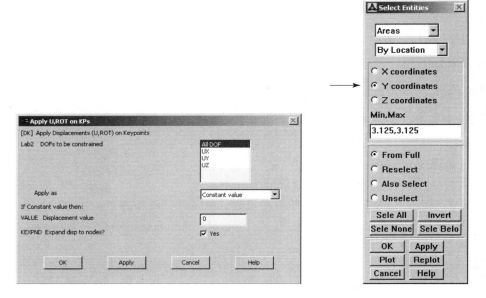

OK

功能菜单：**Plot→Areas**

主菜单：**Solution→Define Loads→Apply→Structural→Pressure→On Areas**

点击 Pick All 按钮，以确定均布荷载的数值。

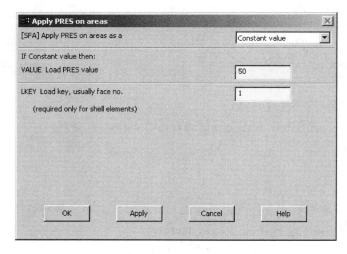

使用下面的命令，查看已经施加的边界条件：

功能菜单：**PlotCtrls→Symbols...**

功能菜单：**Select→Everything...**

功能菜单：**Plot→Areas**

ANSYS 工具栏：**SAVE_DB**

求解问题：

主菜单：**Solution→Solve→Current LS**

OK

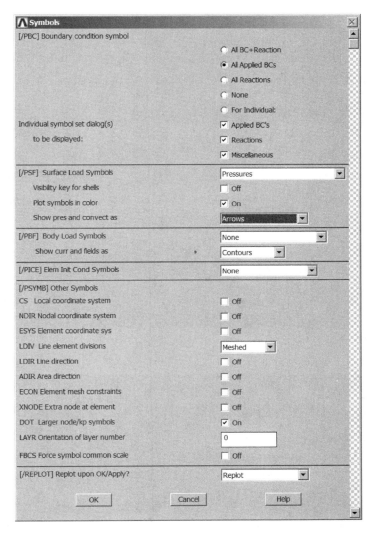

Close（求解完成，关闭窗口）

Close（关闭/STAT 命令窗口）

在后处理阶段，先使用下面命令绘制变形图（参见图 13.29）：

主菜单：**General Postproc→Plot Results→Deformed Shape**

使用下面的命令绘制米泽斯应力图（参见图 13.30）：

主菜单：**General Postproc→Plot Results→ContourPlot→Nodal Solu**

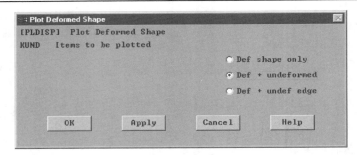

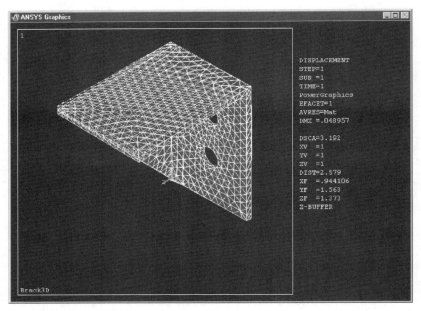

图 13.29　托架变形图

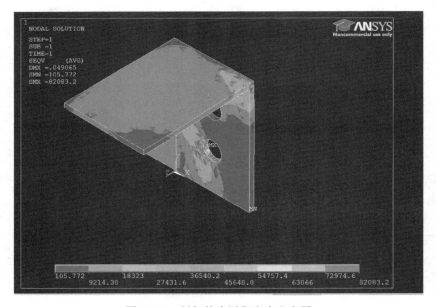

图 13.30　托架的米泽斯应力分布图

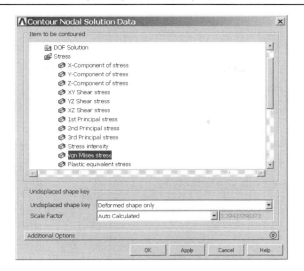

退出并保存结果。

ANSYS 工具栏: **Quit**

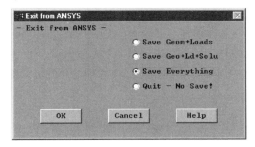

小结

至此，读者应该能够:

1. 掌握四面体单元形函数的推导过程。
2. 掌握四面体单元的刚度矩阵和荷载矩阵的推导过程。
3. 了解 8 节点六面体单元及其高阶单元——20 节点六面体单元。
4. 了解 ANSYS 提供的部分结构实体单元和热力学实体单元。
5. 了解自顶向下和自底向上两种实体建模方法的差别。
6. 找到验证有限元计算结果的方法。

参考文献

ANSYS User's Manual: *Procedures*, Vol. I, Swanson Analysis Systems, Inc.

ANSYS User's Manual: *Commands*, Vol. II, Swanson Analysis Systems, Inc.

ANSYS User's Manual: *Elements*, Vol. III, Swanson Analysis Systems, Inc.

Chandrupatla, T., and Belegundu, A., *Introduction to Finite Elements in Engineering*, Englewood Cliffs, NJ, Prentice Hall, 1991.

Zienkiewicz, O. C., *The Finite Element Method*, 3d. ed., New York, McGraw-Hill, 1977.

习题

1．根据节点位移推导四面体单元应力分量的表达式，并根据前面所得的应力分量值推导 3 个主应力。

2．利用 ANSYS 为下图所示的对象建立一个实体模型，并在动态模式中由各个角度观察模型，最后绘制对象的实体模型的等距视图。

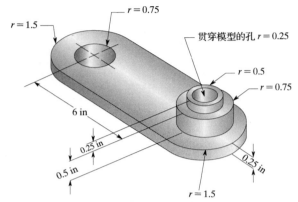

3．利用 ANSYS 为下图所示的对象建立一个实体模型，该对象为一段 1 英尺长的圆管，管内部有沿纵向的肋，并在动态模式中由各个角度观察模型，最后绘制对象的实体模型的等距视图。

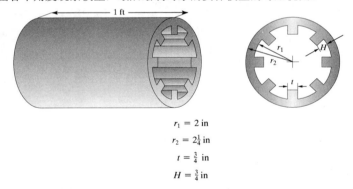

$r_1 = 2 \text{ in}$

$r_2 = 2\frac{1}{4} \text{ in}$

$t = \frac{3}{4} \text{ in}$

$H = \frac{3}{4} \text{ in}$

4．利用 ANSYS 为下图所示的对象建立一个实体模型，并在动态模式中由各个角度观察模型，最后绘制对象的实体模型的等距视图。

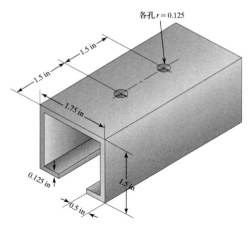

5. 利用 ANSYS 为下图所示的热交换器建立一个实体模型，并在动态模式中由各个角度观察模型，最后绘制对象的实体模型的等距视图。

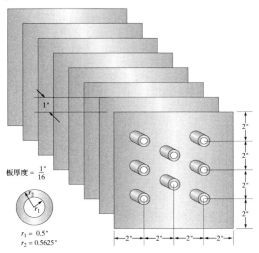

板厚度 = $\frac{1}{16}$"

$r_1 = 0.5$"
$r_2 = 0.5625$"

6. 利用 ANSYS 为下图所示的轮子建立一个实体模型，并在动态模式中由各个角度观察模型，最后绘制对象的实体模型的等距视图。

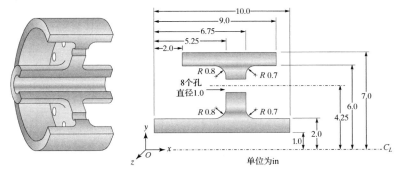

单位为in

7. 利用 ANSYS 为下图所示的圆管建立一个实体模型。圆管长 100 mm，内部有纵向翅片。在动态模式中从各个角度观察模型，最后绘制对象的实体模型的等距视图。

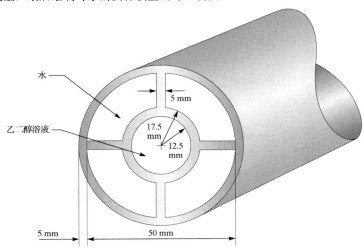

8. 利用 ANSYS 计算下图支架的主应力，并绘制其应力分布图。假设支架由钢制成，由图中所示的两个圆孔固定。

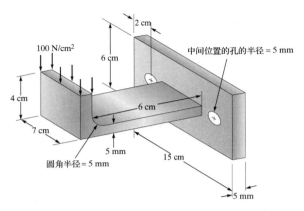

9. 利用 ANSYS 计算下图的交通标志的米泽斯应力，并绘制其应力分布图。假设支撑柱由钢材料制成，标志牌承受 60 英里/小时的风力，用公式 $F_D = C_D A \frac{1}{2} \rho U^2$ 计算风力产生的荷载，式中 F_D 为荷载，$C_D = 1.18$，ρ 表示空气密度，U 为风速，A 为标牌正向投影面积。将标牌所受的荷载分配到路牌后的支撑柱上。问是否可以将该问题简化为简单的悬臂梁受力模型，而不必建立复杂的有限元模型？并给出解释。

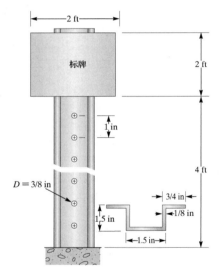

10. 确定例 13.1 中铝制散热片内的温度分布。假定散热片周围的空气温度为 25℃，传热系数 $h = 20$ W/(m²·K)，散热片下部芯片散发的热量约为 2000 W/m²。将下图所示的散热片正面缩至 20.5 mm 以建立 1/4 的散热片模型。

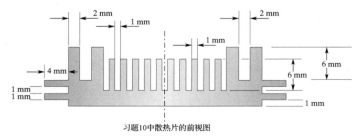

习题10中散热片的前视图

11. 假设不慎将空咖啡壶留在了加热盘上，如下图所示。如果加热盘将大约 20 W 的热能传给杯壶，咖啡壶周围的空气温度为 25℃，传热系数 $h = 15$ W/(m²·K)。咖啡壶呈圆柱形，直径 14 cm，高 14 cm，玻璃厚 3 mm。确定壶底玻璃的温度分布。是否可以利用一维热传导单元来求解这个问题以避免创建复杂的三维模型？

加热盘

12. 利用 ANSYS 构造套筒扳手的三维模型，具体尺寸依据实际套筒头。可用实心圆柱体、六角棱柱体或块元来构建模型。首先，需要为模型假定恰当的荷载和边界条件，然后进行应力分析并绘制米泽斯应力图。最后，分析会破坏该结构的荷载类型和大小。

13. 如下图中所示，冬季期间要求室内温度保持在 70℉。但由于窗户下安装了电热器，因此窗户周围热空气温度分布是不均匀的。假定窗户温度在 80℉ 到 90℉ 之间呈线性变化(每隔 1 英尺)，其传热系数 $h = 1.46$ Btu/(hr·ft²·℉)。假定室外空气温度为 10℉，传热系数 $h = 6$ Btu/(hr·ft²·℉)。利用 ANSYS 分析玻璃窗的温度分布。计算通过窗户损失的总热量。

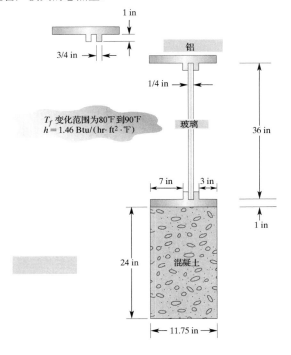

14. 利用 ANSYS 计算下图所示连接部件的主应力，并绘制其主应力分布图。假设该连接部件由钢材料制成。

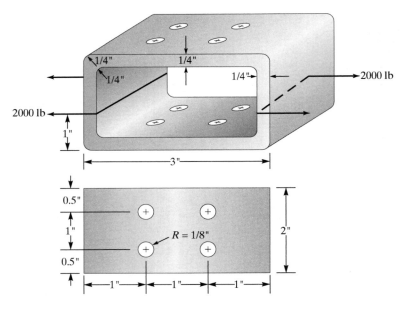

15. **设计题**。用 $\frac{3''}{8} \times 6'' \times 6''$ 树脂玻璃设计并构建第 10 章 (习题 15) 设计题中的结构模型。树脂玻璃的规格和准则同第 10 章的习题 15。设计模型的截面形状可以是任意的。下图给出了几种常见的截面形状。

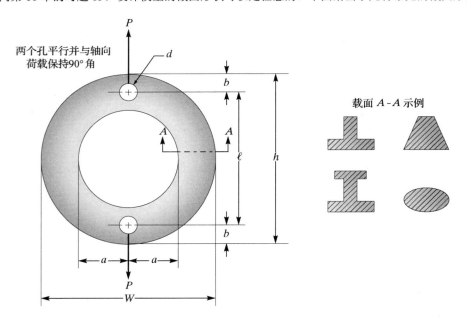

16. **设计题**。利用 ANSYS 中的三维梁单元确定下图所示框架各构件的截面尺寸，要求使用空心管。假设该框架用于支撑交通信号灯，其所承受的风力为 80 英里/小时。写一份简要的报告描述设计结果。

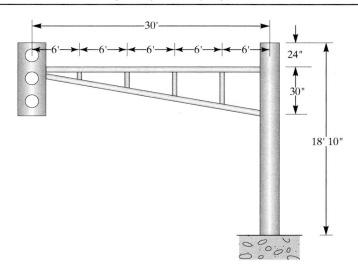

第 14 章　工程设计与材料选择[①]

工程师是问题的解决者。本章将介绍工程设计的基本步骤。工程师利用物理、化学定律及原理，借助数学等学科知识设计了各种用于日常生活的产品和服务设施，例如汽车、计算机、飞机、服装、玩具、家用电器、外科器械、加热和制冷设备、保健设备，以及制作各种产品的工具和机器等。近年来，有限元方法作为一种设计工具发展迅猛，可以用来解决各种工程问题。

本章将深入探讨"设计"的意义，并介绍工程师是如何进行产品设计的。不过，讨论将仅包括大多数工程师在设计系统或组件时所遵循的基本步骤。

作为设计工程师，无论是设计机器的零部件，还是汽车的框架，或是结构构件，选择材料都是设计工作中的重要决策。当设计工程师为特定的产品选择材料时要考虑许多因素，例如材料性能，包括密度、极限强度、可塑性、可加工性、耐久性、热膨胀性、传热性、导电性、防腐蚀性等，同时还要考虑材料的造价和可维护性。为了使产品更轻便、更结实，工程师总是致力于为不同的设备选用先进的材料。

本章将详细介绍用于不同工程设备的常用材料，并讨论设计中需要考虑的材料的基本物理特性。本章将介绍的材料包括固体材料，例如金属及其合金、塑料、玻璃、木材，以及随时间固化的材料，如混凝土。也包括基本流体材料，例如，维持生命的必需品，同时也在工程中有着重要作用的空气和水。读者是否仔细想过空气在食品加工过程、发动机或者轮胎中的重要作用呢？同样，读者可能没有想到水也可以作为一种工程材料。人类不仅需要水来维持生命，也会将河流中的水用于水力发电站发电。高压水就像一把锯，可以切割材料。第 14 章将讨论如下内容：

14.1　工程设计的基本步骤
14.2　材料选择
14.3　材料的电学、力学和热力学的性质
14.4　常用固体工程材料
14.5　常用流体材料

14.1　工程设计的基本步骤

如前所述，工程师利用物理、化学定律及原理，借助数学等学科的知识设计了日常生活中使用的各种产品和服务设施，例如汽车、计算机、飞机、服装、玩具、家用电器、外科器械、加热和制冷设备、保健设备及产品加工工具和机器等。工程师在设计产品时需要考虑一些重要的因素，例如造价、效率、可靠性和安全性。工程师通过实验确保所设计的产品可以经受住各种荷载和情况。同时，工程师也将不断地寻求改善产品质量的办法，并不断地研制

[①] 有关材料的内容经许可摘自 Moaveni 撰写的 *Engineering Fundamentals* (2002)。

新材料，以使各种产品更轻便、更坚固。下面将详细介绍设计过程，这是工程师(无论其设计领域)解决实际问题时都将遵循的基本步骤，其中包括：

1. 了解产品或服务的功能。
2. 完全理解问题(或需求)所在。
3. 进行预研和准备。
4. 概念化可行的解决方案。
5. 综合研究成果。
6. 评估设计方案。
7. 优化设计方案，找到最好的解决方案。
8. 提出最终解决方案。

注意，下面所讨论的步骤并不是彼此孤立的，也不是必须按顺序依次进行的。实际上，当客户想要改变设计参数时，工程师通常需要回到步骤 1 和步骤 2，而且工程师也经常需要定期给出口头或书面的报告。因此，虽然将提出最终解决方案放在步骤 8，但这也是其他设计步骤不可分割的一部分。下面，将由步骤 1 开始进行详细讨论。

步骤 1：了解产品或服务的功能。环顾四周，可以发现人们每天都在使用工程师设计的产品。许多时候，人们认为产品提供的服务是非常自然的事情，直到由于某种原因服务终止。为了利用新设备，许多现有产品需要不断进行更新。例如，为了兼容新设备，汽车和家用电器需要不断更新设计。为了使生活更舒适、快乐、轻闲，除了现有的设备，新产品不断地被开发出来。俗话说"需求是产品(或服务)产生的动力"。简言之，有需求就有产品(或服务)。人们所要做的就是识别需求。任何人都可能提出需求，可能是一个公司，也可能是需要解决问题或是需要更易用且高效的新产品的公司客户。

步骤 2：完全理解问题(或需求)所在。作为一名设计师，所要做的第一件事就是完全理解问题，这在任何设计过程中都是最重要的。如果没有很好地理解问题和客户的期望，就不可能提出满足客户需求的解决办法。理解问题最好的办法是询问。例如，可以向客户了解如下的问题：

打算在这个项目上投资多少钱？
使用的材料类型和尺寸有没有限制？
什么时间想要产品？
需要多少这样的产品？

一个问题往往会带出更多的问题，这将有助于更好地说明这个问题。工程师通常都是作为团队一员工作的，通过团队成员彼此商讨解决复杂的问题。工程师常将问题分解为较小的、可控的问题，以便在团队中进行任务分配。因此，产品工程师必须具有良好的团队精神。由于市场的全球化，良好的人际关系和交流能力越来越重要。任何一个工程师都必须确认完全理解所负责的部分，并且知道如何与其他工程师的设计相适应。例如，一个产品不同的部件可能由不同地区、不同国家或不同的公司制作。为了使所有的组件可以相互匹配，并且工作良好，合作与协调是必需的，这都需要良好的团队精神和优秀的表达能力。在进入下一个步骤之前，一定要确保理解了问题，并且可以正确阐明问题。这一点如何强调都不过分。只有完全理解了问题的人才是解决问题的人。

步骤 3：进行预研和准备。一旦完全理解了问题所在，下一步就是要收集有用的信息。一般来说，良好的开端是从信息搜索开始的，以了解基本满足客户需要的产品是否已经存在。如果公司已经研制出了该类产品或其组件，就可以通过修改产品或者组件来满足客户需求，而不需要从头开始！前面提到过，由于工程规模的不同，许多项目需要和其他公司合作，因此也需要从那些公司获取信息。于是，不仅需要花费时间与客户交流，而且需要和其他设计师、技师进行交流以尽可能地收集资料。Internet 搜索引擎成为越来越重要的信息搜集工具。收集了相关资料之后还必须进行审查和整理。

步骤 4：概念化可行的解决方案。在设计阶段，工程师首先需要对如何合理地解决问题提出思路或理念。换句话说，在开展具体分析之前，需要提出许多可行的解决方案。工程师需要具有创造性，以提出多个可替代的方案。在这个设计阶段，不需要排除任何合理的理念。如果问题是一个复杂的系统，则需要识别系统的组件。此时，并不需要深入每种解决方案的具体细节，但是需要进行足够的分析，以确保所提出的理念的优势。简单地说，可以提出如下问题：进一步分析时，这些理念是否还正确？在整个分析过程中，还需要合理安排时间。好的设计师应当具有管理时间的能力以更加有效地工作。需要为完成项目进行时间上的预算，并制定相应的时间计划表，在表中列出所有的工作周期及其需要完成的工作。

步骤 5：综合研究成果。好的设计师应当具备坚实的设计基础知识，并利用知识解决各种问题。好的设计师应当是有思维、有观察能力和有创造力的人。这个阶段需要开始考虑各种细节，包括进行计算、建立计算机模型、筛选所用材料、制定系统组件的尺寸、确定产品如何生产。此外，还需要查询相关的规程和标准，确保所做的设计是符合规范的。

步骤 6：评估设计方案。在这个阶段需要进行详细问题分析。设计师需要确定设计的关键参数，并考虑其对最终设计的影响。此时，必须确保所有的计算都是正确的。分析中的任何不确定的因素都必须通过实验加以验证。尽可能制作实体模型，并进行实验。在这一阶段，必须从备选方案中确认最好的解决办法，并且必须制定出产品生产的所有细节。

步骤 7：优化设计方案，找到最好的解决方案。优化意味着最小化或最大化。设计类型分为功能设计和优化设计。功能设计需要满足既定的所有设计要求，但是在一定范围内允许改进。第 15 章将讨论优化设计。

步骤 8：提出最终解决方案。将最终解决方案提供给客户。客户或许是老板、公司里的其他团队，或者公司的客户。报告也许不仅是口头的，可能还需要书面的形式。注意，虽然是在步骤 8 进行报告的提交工作，但是工程师经常需要给不同的团队提交口头或者是书面的进展报告。因此，提交报告也是其他步骤的组成部分。

14.2　材料选择

当要选择材料时，设计师经常会提出下面的问题：

施加预期的荷载后，材料强度如何？

材料会不会失效？如果没有失效，材料承受荷载的安全性如何？

如果温度改变了，材料性能如何？

如果温度升高，强度和正常条件下的强度一样吗？

如果温度升高，会膨胀多少？

质量和弯曲性能如何？

能量吸收性能如何？

耐腐蚀性能如何？

对一些物质成分的化学反应如何？

价格是否昂贵？

能否有效散热？

是电的良导体还是绝缘体？

注意，上述仅仅是一般性的问题；针对特定的设备，还需要提出其他额外的问题。例如，当为生物工程设备选择材料时，必须考虑许多额外的因素，包括：

这种材料对人体是否有毒？

能否进行消毒处理？

和人体接触时，是否会出现腐蚀、退化现象？

因为人体是一个动态系统，材料对耐机械碰撞性和疲劳强度如何？

材料的力学性能是否和骨骼相适应，以保证在接触面上有恰当的应力分布？

这些额外的特定问题对应于为特定的设备找到合适的材料。

至此，显而易见，材料的性能和价格是重要的设计因素。通常，材料的力学性能和热力学性能依赖其所处的阶段，例如，由日常经验可知，冰的密度和液态水的密度是不一样的(冰块浮在水面上)，液态水的密度和水蒸气的密度也不一样。而且特定阶段下材料的性能还取决于其周围环境的温度和压力。例如，正常大气压下，4℃～100℃范围内水的密度将随着温度升高而降低。因此，材料的性能不仅依赖其状态，而且依赖于其所处的温度和压力。这是选择材料时应该记住的另外一个重要因素。

14.3　材料的电学、力学和热力学的性质

设计师为设备选用材料时，要考虑许多材料性能。通常，材料性能可以分为三组：电学性能、力学性能和热力学性能。在电气和电子设备中，材料的电阻是很重要的。电流流过时材料的电阻是多少？在许多机械、土木和航空设备中，材料的力学性能是很重要的。这些性能包括弹性模量、剪切模量、抗拉强度、抗压强度、强度/质量比、回弹模量、刚度等。与流体(液体和气体)有关的设备的热力学性能非常重要，例如导热系数、比热容、黏度、气压和体积压缩量等。无论是固体材料还是液态材料，材料的热膨胀性能都是重要的设计参数。防腐蚀性能也是另外一个选择材料时需要考虑的重要因素。

材料性能取决于许多因素，包括材料加工过程、使用年限、确切的化学成分，以及材料

内部的不均匀性和内部缺陷等。材料的性能也随着温度和时间改变。许多材料供应公司将提供关于其生成材料重要性能的信息。作为设计师，应该在设计计算中恰当地使用生产者提供的材料信息。本书和其他书中提到的材料性能的数据仅仅是特征值，并不是精确值。

电阻率　　电阻率是衡量材料阻碍电流通过能力的一个参数。例如，塑料和陶瓷一般有很高的电阻率，而金属的电阻率一般较低。银和铜是最好的导电材料。

密度　　密度是单位体积的质量，用来衡量给定体积的材料是否密实。例如，铝合金的平均密度是 2700 kg/m^3，与钢的密度(7850 kg/m^3)相比，铝的密度大约是钢的密度的 1/3。

弹性模量　　弹性模量是衡量当材料被拉伸(承受拉力)或者压缩(承受压力)时拉长或缩短的性质。弹性模量的值越大，当材料被拉伸或压短时就需要更大的力。例如铝合金的弹性模量范围是 70～79 GPa，钢的弹性模量范围是 190～210 GPa，因此钢大约比铝合金硬 3 倍。

剪切模量(刚性模量)　　剪切模量是衡量材料扭转和剪切性质的。剪切模量也称为刚性模量，反映了材料的抗剪切变形性能。当设计师为承受扭矩的轴或杆件选材料时，需要考虑剪切模量。例如铝合金的剪切模量是 26～36 GPa，钢的剪切模量是 75～80 GPa，因此钢的抗剪切变形性能约为铝合金的 3 倍。

抗拉强度　　材料的抗拉强度是矩形或圆柱形样本能够承受的最大的、但不会导致其被破坏的荷载。材料的抗拉强度(或极限强度)为样本材料单位截面积上承受的最大拉力。利用样本材料做抗拉实验时，荷载是缓慢加载的。在加载初期，材料为弹性变形，就是说如果移除荷载，材料将恢复原来的形状，并不发生永久性的变形。屈服点是材料弹性性质的分界点。屈服强度代表材料在不产生永久性变形的条件下能够承受的最大荷载，在某些工程设计中(尤其是涉及脆性材料)，屈服强度就是抗拉强度。

抗压强度　　许多材料的抗压性能比抗拉性能要好，例如混凝土。抗压强度是立方体或圆柱体构件在不被破坏的情况下所能承受的最大压力。极限抗压强度为样本材料单位截面积上所能承受的最大压力。混凝土的抗压强度是 10～70 MPa。

回弹模量　　回弹模量是材料的一个力学性能，表示材料在不产生任何永久性损坏的情况下吸收能量的能力。

刚度　　刚度是材料的一个力学性能，表明材料在破碎之前承受过载的能力。

强度质量比　　顾名思义，强度质量比是材料的强度和密度(单位体积材料的质量)的比值。当设计师确定强度和质量的比率时，使用材料的屈服强度(极限强度)。

热膨胀　　如果材料的温度改变，线膨胀系数可以用来确定材料长度上的变化(每单位原始长度)。当设计的产品或结构在使用期间需要经受较大的温度变化时，这是一个需要考虑的重要材料性质。

导热系数　　导热系数是衡量材料将热能(热量)从高温区传到低温区的能力。

比热容　　某些材料有比其他材料更好的存储热能的性质。比热容表示将 1 kg 的物体温度升高 1℃所需要的热能，或者将 1 磅的物体温度升高 1℃所需要的热能(英美制单位)。具有较大比热容的材料有很好的储热能力。

　　黏度、蒸气压和体积压缩量是设计师在设计时需要额外考虑的流体性质。

黏度　　黏度是测量流体流动性能的度量。黏度较高的液体在流动时具有较大的阻力。例如，在同一管道中，水比甘油更容易流动。

蒸气压　在同样条件下，低蒸气压流体比高蒸气压流体蒸发得慢。例如，如果在房间里并排放一盘水和一盘甘油，水比甘油的蒸发快得多。

体积压缩量　流体的体积压缩量表示流体的可压缩性，即随着流体压力的增高，压缩流体体积的难易度。例如压缩 1 m^3 水体积的 1%，需要 2.24×10^7 N/m^2，或者说压缩后的体积是 0.99 m^3。

这一节概述了材料的物理性能的重要性和意义。附录 A 和附录 B 给出了一些材料的力学性能和热力学性能。在下一节将介绍工程中常用材料的化学成分。

14.4　常用固体工程材料

这一节将介绍一些常用固体材料的化学成分，包括轻金属、铜及其合金、钢铁、混凝土、木材、塑料、硅、玻璃及复合材料。许多读者在材料课上学习过材料，对材料的原子结构有着深入的了解，本节将简要复习一下材料的性质及其应用。

14.4.1　轻金属

铝、钛和镁，因其具有较小的密度（与钢相比），通常被称为轻金属。由于轻金属具有较高的强度和质量比，因此广泛应用于各种结构和航天技术。

铝及其合金的密度大约是钢材密度的 1/3。纯铝质地非常柔软，因此常用于电子设备及反射镜和铝箔的制作。由于纯铝质地柔软，并且拉伸强度相对较低，因此，通常将其与其他金属制成合金以提高强度，确保易于焊接的同时增强其抵抗环境腐蚀的能力。铝通常和铜、锌、镁、锰、硅、锂等组成合金。铝和铝合金一般都具有抗腐蚀性，且容易粉碎和切割，容易钎焊或焊接。铝构件也很容易用连接件连接起来。因为具有较高的热传导系数和较低的电阻值，铝及其合金是良好的热和电的导体。美国国家标准学会（ANSI）采用了不同的标号来标识铝合金。

铝可制成薄片、板、铝箔、杆及金属丝，并应用于窗框或者汽车零部件。人们对日常生活中的铝制品非常熟悉，例如，饮料罐、家用铝箔、茶几上的标签、建筑保温层等。

钛具有非常好的强度质量比。钛通常用于温度为 400℃ 至 600℃ 的设备中。钛合金常用于制造军用和民用飞机喷气发动机的叶片。事实上，没有钛合金，将不可能有民用飞机的发动机。类似于铝，将钛与其他金属制成合金可提高其性质。钛合金具有很好的抗腐蚀能力。钛相对于铝价格昂贵。此外，钛比铝的质量大，其密度大约是钢的 1/2。因为具有相对较高的强度-质量率，钛合金常用于制造民用与军用飞机的机体（机身和机翼）和起落架。钛合金已成为许多产品金属材料的选择，例如高尔夫球棍、自行车车架、网球拍、眼镜架等。由于具有良好的抗腐蚀性，钛合金也用于制造海水淡化的管材。钛也用于制造人造髋关节或其他关节。

镁也是一种轻金属，看起来很像铝。镁呈现银白色，比铝的质量小，密度大约为 1700 kg/m^3。纯镁强度较弱，不能应用于结构之中。为了提高其力学性能，常将镁与其他金属，例如铝、锰和锌等制成合金。镁及其合金常用作核设备、干电池、航空设备及汽车零部件的阳极，以防止其他金属被腐蚀。

14.4.2　铜和铜合金

铜是电的良导体，因此广泛应用于各种电器中，包括家居布线。铜及其多种合金也是热的良导体，因此广泛应用于空调和冰箱的热交换设备中。铜合金可用于泵和加热设备中管道与配件的制作材料。铜和锌、锡、铝、镍等其他元素制成合金可以提高其性能。铜和锌的合金一般称为黄铜。黄铜的性质取决于铜和锌的比例。铜和镍的合金称为青铜。铜也可和铝制成合金，称为铝青铜。铜及其合金也可以用于水管、热交换器、水龙头、水泵和螺丝刀等。

14.4.3　钢铁

钢常用于建筑框架、桥梁、家电外壳(如冰箱、微波炉、洗碗机、洗衣机和甩干机、餐具等)。钢是铁和2%或者小于2%的碳的合金。纯铁很软，不适合作为设备的框架。但只要在铁中加入很少量的碳，就能具有很好的力学性能，例如实现很高的强度。钢的性质可以通过加入其他元素而改善，包括铬、镍、锰、硅和钨等。例如，铬可用来提高钢的抗腐蚀性。钢通常分为三类：(1)低碳钢，含碳率大约为0.015%到2%；(2)低合金钢，最大为8%的合金率；(3)高合金钢，具有超过 8%的合金率。低碳钢是世界上主要的消费材料，常用于电器和汽车的框架。低合金钢强度很高，主要用于机械或工具零部件及结构构件。高合金钢，例如不锈钢含有 10%到 30%的铬，超过 35%的镍。不锈钢 18/8 则含有 18%的铬，8%的镍，通常用作餐具和厨具。铸铁也是合金，含有 2%～4%的碳。注意，加入铁中的碳完全改变了铁的性质。事实上，铸铁是脆性材料，而大多数含有少于 2%碳的铁合金具有较好的延展性。

14.4.4　混凝土

混凝土广泛用于公路、桥梁、建筑物、隧道和大坝的修建。通常意义上的混凝土含有3 种主要成分：骨料、水泥和水。骨料是指砾石和沙子，水泥是黏合材料，将骨料黏合在一起。根据用途，混凝土选用不同大小和类型(细或粗)的骨料。混凝土中的含水量也影响混凝土的强度。当然必须有足够的水，以保证水泥完全将骨料黏合起来。混凝土中水泥和骨料的比值也影响混凝土的强度和延性。浇注时的环境温度也将影响混凝土的强度。在寒冷条件下浇注混凝土时，需要在水泥中加入氯化钙，以加速硬化，从而抵抗低温条件带来的影响。在新浇注混凝土的机动车或人行道上可以看到，浇注一段时间后需要浇水。这是为了控制混凝土的收缩率。

混凝土是脆性材料，其抗压能力远远好于抗拉能力。正因为如此，通常需要在混凝土里面放置钢筋或金属网，以提高其承载能力，尤其是在可能产生拉应力的截面。混凝土被浇筑在放有钢筋或者金属丝的网格内。钢筋混凝土常用于建造地基、楼板、墙体和支撑柱。另外，建筑上还常用到预制混凝土。预制混凝土楼板、砌块和结构构件在很短的时间内就可以组装起来。在工厂里预制构件的造价很低，而且环境条件容易控制。预制混凝土构件被运到工地，在现场组装起来，这样可以节省时间和金钱。前面提到过混凝土的抗压能力远远好于抗拉能力，于是混凝土可以做成预应力混凝土。在混凝土浇筑到钢筋或金属网之前，钢筋被拉伸；在混凝土浇筑一段时间后，放开受拉的钢筋。在这个过程中，钢筋压迫混凝土。预应力混凝土就像一个压缩的弹簧，在拉力的情况下就会变得逐步解除压缩。因此，预应力混凝土在完全解除压缩之前不会产生拉应力。这样做是因为混凝土的抗拉能力较差。

14.4.5   木材

因为木材在世界各地的资源都很丰富，因此在整个人类历史中，木材成为许多产品的制作材料。木材是可再生资源，由于具有易加工性，木材可被制成许多产品。如今，木材被用于从电线杆到牙签的不同产品中。常见的使用木材的例子包括硬木地板、屋顶桁架、家具框架、壁支架、门、装饰、窗框、豪华汽车内的装饰、衣架、棒球棍、保龄球架、渔竿和酒架等。木材也是各种纸制品的主要原料。就像钢结构构件易锈蚀一样，木材容易失火、遭受白蚁吞噬和腐烂等。木材是各向异性材料，这意味着性能和方向有关。例如，在轴向荷载作用下(受拉)，木材在平行木纹方向的强度大于垂直木纹方向的强度；然而当其弯曲时，木材在垂直木纹方向上的强度高。木材的性能还取决于湿度，湿度越小，木材强度越高。木材的密度是木材强度的一个指标，密度越大，强度越高。任何缺陷都将影响木材的承载能力，例如木节。当然，木节的位置和大小会直接影响木材的强度。

木材通常分为软木和硬木两类。软木树是长有松果的树，例如松树、云杉、道格拉斯冷杉等。硬木树长有宽阔的叶子，并且会开花，例如胡桃树、枫树、橡树等。必须谨慎对待软木和硬木的分类，因为有些硬木的质地比软木的还要软。

14.4.6   塑料

在 20 世纪晚期，塑料越来越多地应用于各种产品中。塑料具有质量小、强度高、价格便宜、易塑形的优点。全世界每年生产大约 10 亿吨塑料。当然这个数量随着需求的增加还会增多。人们对许多塑料制品都很熟悉了，例如食品袋、垃圾袋、饮料瓶、家用清洁袋、聚乙烯管、阀门等在家中随处可见。人们每天都在消费聚苯乙烯塑料泡沫盘、杯、叉、刀、勺，以及三明治袋和其他塑料制品。

聚乙烯是塑料产品的主要成分，是多链式分子结构的化学合成品。塑料通常分为两类：热塑性和热固性。当加热到一定温度，热塑性塑料可以重塑。例如，回收的聚苯乙烯塑料盘可以通过加热，重新塑成杯子、碗或者各种形状的盘子。相反，热固性塑料不能通过加热重新塑造。对热固性材料不能通过加热将其软化并重塑；相反这些材料很容易破碎。塑料有多种分类方法，可以根据其化学组成、分子结构、分子组成方式或者密度进行分类。例如，根据其化学组成，最常见的材料包括聚乙烯、聚丙烯、乙烯聚合物、聚苯乙烯。食品袋是高密度聚乙烯(HDPE)产品。然而从广义上来说，聚乙烯和聚苯乙烯又都属于热塑性材料。塑料分子的组成方式将影响其力学性能和热学性质。塑料有相对较小的热和电传导率。许多塑料，例如聚苯乙烯塑料杯，会对其注入空气以减少热传导。塑料可以利用不同的金属氧化物被染成各种颜色。例如氧化钛和氧化锌可以将塑料染成白色。碳可以将塑料染成黑色，如黑色垃圾袋。根据用途的不同，还可以将其他的添加剂加入聚合物中，以获取特定的性质，例如硬化、柔软性、强化或者更长的使用寿命等。使用寿命不包括外表的任何变化或者塑料力学性能等随时间的变化。和其他材料一样，关于塑料的研究每天都在进行，以使其强度更大、更耐用、减少老化，减缓阳光造成的损害，控制水和空气无法渗透等。

14.4.7   硅

硅是非金属化学元素，广泛应用于晶体管、各种电子和计算机芯片中。自然界里并没有纯硅，硅以氧化硅的形式存在沙子和岩石中；或者和其他的元素，例如铝、钙、钠、镁等以通常称为硅酸盐的形式存在。硅的原子结构使其成为良好的半导体。半导体的导电性可以改变，或作为导电体，或作为电的绝缘体(阻止电流通过)。硅也可作为其他元素的合金元素。例如，可将硅加入铁和铜，以使钢材和黄铜获得预期的性质。注意，不要混淆硅和有机硅。有机硅是一种由硅、氧、碳和水构成的有机化合物。有机硅常用于润滑油、油漆和防水制品。

14.4.8　玻璃

玻璃通常用于制作玻璃窗、灯泡、家用器皿(例如酒瓶、化学品容器、饮料瓶、啤酒瓶)及装饰品。玻璃的用途决定了玻璃的成分。常见的玻璃多为苏达-碱-硅玻璃。制造苏达-碱-硅玻璃的材料包括沙子(二氧化硅)，石灰石(碳酸钙)和纯碱(碳酸钠)。加入其他的材料可以得到具有特定特性的玻璃。例如，玻璃瓶含大约 2%的氧化铝，玻璃钢含大约 4%的氧化镁。加入金属氧化物可以改变玻璃的颜色。例如，加入一定量的氧化银使玻璃具有淡黄色，加氧化铜使玻璃具有蓝绿色。光学玻璃有很特殊的化学成分，所以非常昂贵。光学玻璃的成分会影响其折射率和散射特性。完全由二氧化硅制成的玻璃广泛应用于工业制品中，如光纤维，但是造价相当昂贵，因为要将沙子加热到超过 1700℃。硅玻璃有较小的热膨胀系数、高电阻率、高紫外线传导率。由于硅玻璃有较低的热膨胀系数，可以应用于高温环境中。

普通玻璃有相对较大的热膨胀系数，因此，外界温度的突变而导致的热应力很容易造成玻璃破裂。玻璃制品的烹饪用具含氧化硼和氧化铝以减小热膨胀系数。

玻璃纤维　石英玻璃纤维常用于光纤中，光纤学是一门研究通过玻璃纤维或塑料纤维来传递数据、声音、图像的学科。玻璃纤维已用来替代铜线来实现网络电子通信。一根玻璃纤维的外径为 0.125 mm，内径为 0.01 mm。红外线信号的波长范围在 0.8～0.9 m 或 1.3～1.6 m 之间，通常由发光二极管或半导体激光产生，这种光信号无须放大就可以传递 100 km 的距离。由聚甲基丙烯酸甲酯、聚苯乙烯和聚碳酸酯制成的塑料纤维，也可以用于光纤中。塑料纤维价格较低、柔韧性较好，但与玻璃纤维相比，塑料纤维需要更高的信号放大倍数来弥补光能的损失，一般用于楼宇的计算机网络。

14.4.9　复合材料

由于复合材料的质量小、强度高，已成为许多产品的原材料，并应用于太空领域。这类材料在军用飞机、直升机、卫星、民用飞机、快餐店的桌椅、体育用品上随处可见。另外，也可以用复合材料修理交通工具。与传统材料如金属相比，复合材料更轻，强度更大。所以在航空领域复合材料用途很广泛。复合材料是指由两种或两种以上物质合成的一种新材料，复合后的性能比各单一物质的性能要好。复合材料有两种主要成分：基体材料和纤维。纤维嵌在基体材料中，如铝或其他金属、塑料和陶瓷制品中。例如，玻璃、石墨和金刚石等就是构成复合材料的纤维。纤维嵌入基体材料后，纤维的强度增加了，这样生产出来的复合材料具有质量小、强度高的特点。另外，在单一材料中，由于过量加载或材料缺陷导致的裂缝会一直发展，直到完全破裂；而对于复合材料，一两个纤维剥落，并不影响全局。而且，复合材料中的纤维可以朝着给定的方向或是朝着强度增强的方向排列。例如，如果荷载是轴向的，即单方向的，那么所有的纤维都朝着加荷载的方向排列。在多方向加荷载时，纤维就沿不同方向排列，使得材料在各方向上有一样的强度。

根据基质材料的品种可将复合材料分为有三大类：(1)聚合物基质复合材料；(2)金属基质复合材料；(3)陶瓷基质复合材料。在介绍金属和塑料时提到了各种基质材料的特性。

14.5　常用流体材料

流体包括气体和液体。空气和水几乎是地球上最丰富的流体，在生产和生活中扮演着重要角色。下面，将简要介绍流体的性质。

14.5.1　空气

空气和水是维持生命的必需品。空气很容易获得，因此常用来加热或冷却食物，调节室内温度，驱动发动机工作等。了解空气的属性及其在工程中如何应用很重要，如分析升力和牵引力。对空气在一定条件下的性能了解得越多，就越利于制造出更好的飞机和车辆。地球上的大气，即通常所说的空气，含有 78%的氮气，21%的氧气和不到 1%的氩气。空气中所含的其他气体如表 14.1 所示。

大气中还有二氧化碳、二氧化硫、氧化氮等气体，此外还有水蒸气。这些气体的浓度与海拔和地理纬度有关。在较高海拔(10～50 km)的大气中还含有臭氧。虽然臭氧占地球大气成分的很小一部分，但对保持人类和其他生物有个温暖舒适的环境起着很重要的作用。

表 14.1　干燥空气的组成

气　体	体积百分数
氮气(N_2)	78.084
氧气(O_2)	20.946
氩气(Ar)	0.934
其他少量气体包括：	
氖气(Ne)	0.0018
氦气(He)	0.000 524
甲烷(CH_4)	0.0002
氪气(Kr)	0.000 114
氢气(H_2)	0.000 05
氧化氮(N_2O)	0.000 05
氙气(Xe)	0.000 0087

湿度　有两种方法可以表示空气中的水蒸气的含量：绝对湿度(或湿度比)和相对湿度。绝对湿度定义为单位质量干空气中水蒸气质量所占的比率，即

$$\text{绝对湿度} = \text{水蒸气的质量}(kg)/\text{干空气的质量}(kg) \tag{14.1}$$

相对湿度通常用来表示环境的舒适程度，相对湿度定义为在一定温度下空气中所含水蒸气的质量与空气最大水蒸气含量的比值，即

$$\text{相对湿度} = \text{水蒸气的质量}(kg)/\text{空气的最大水蒸气的含量}(kg) \tag{14.2}$$

相对湿度在 30%～50%之间时许多人会感到很舒适，空气温度越高，在饱和前就能含有越多的水蒸气。空气很丰富，常常用于食品加工过程中，尤其在制作干果、意大利面条、谷物和汤料过程的食品干燥工序中。热空气通过食品时吸收水蒸气，将食品中的水蒸气带走。

了解空气在给定温度和压力下的状态很重要，这样就可以设计出能够克服空气阻力的汽车或防风建筑。

14.5.2　水

生物需要水来维持生命。除了饮用，水还可以用来洗东西、做饭、防火，等等。地球 2/3 的表面都是被水覆盖的，但是大部分水是不能直接使用的，一般含有盐和其他矿物质。太阳辐射使水蒸发，水蒸气最终形成云，在一定条件下，水蒸气转化成液态水或雪落回陆地和大洋。在陆地上，形成降雨，部分渗入土壤，部分被植被吸收，部分进入溪流、江河后汇入称为天然水库的湖泊中。地表水指的是水库、湖泊、江河、溪流的水。地下水指的是渗入地下的水。地表水和地下水最后都将汇入海洋，从而完成水的循环。人们都知道需要水维持生命，但可能不知道水也是常用的工程材料。蒸汽轮机就是用水蒸气推动叶轮发电的。在发电站，燃料充分燃烧后产生热能，并将液态水加热生成水蒸气；高压水蒸气通过涡轮机的叶片，推动叶片旋转，然后使与涡轮机相连的发电机运转，从而产生电能。低压水蒸气通过冷却转化成液体又被泵入加热，以完成一个循环。

水也常用作切割工具。高压水具有研磨特性，可以用来切割大理石和金属。在食品加工业和工业应用中，水常用作冷却剂或是清洁剂。所以，水不但用于生活，还用于工业。了解水的属性，知道水是如何传递热能的，如何运行的，这对机械工程师、土木工程师、制造工程师、农业工程师等是很重要的。

小结

至此，读者应该能够：

1. 了解工程师设计产品和服务的步骤：(1)了解产品或服务的功能；(2)完全理解问题(或需求)所在；(3)进行预研和准备；(4)概念化可行的解决办案；(5)综合研究成果；(6)评估设计方案；(7)优化设计方案，找到最好的解决方案；(8)提出最终解决方案。
2. 认识到经济在工程决策中的重要性。
3. 了解工程师选材主要基于材料的性能，如强度、密度、抗腐蚀能力、耐久性、硬度、易加工性和可加工性。另外，材料的价格也是选材的一个重要标准。
4. 熟悉基本材料，诸如轻金属及其合金、钢及其合金、复合材料、建筑材料(混凝土、木材、塑料等)。
5. 熟悉流体的应用，如空气和水在工程上的应用。熟悉空气的组成和湿度的定义。

参考文献

Moaveni, Saeed, *Engineering Fundamentals*, *an Introduction to Engineering*, Pacific Grove, CA, Brooks-Cole, 2002.

习题

1. 调查制作自行车框架的各种材料。选择一种框架，并为其建立一个有限元模型。假定合理的边界条件和荷载，然后对框架进行应力分析，并撰写设计报告。

2. 调查制作网球拍的各种材料。选择一种网球拍，并为其建立一个有限元模型。假定边界条件和荷载，然后对用不同材料制成的网球拍进行应力分析，并撰写设计报告。

3. 调查有关屋脊的设计方案，包括材料特性，并为其创建一个有限元模型以进行应力分析，并撰写设计报告。

4. 调查木屋顶和楼面桁架的设计情况。参观某个木材厂，得到屋脊和桁架的设计图，为其创建一个有限元模型，假定合理的荷载和边界条件，进行应力分析。撰写设计报告，包括选用的常用建筑材料。

5. 调查用于电子设备散热的铝制散热器的设计方案。选择一款冷却 PC 微处理器的散热片，并建立相应的有限元模型。假定合理的边界条件和热荷载，观察散热器的散热性能变化。撰写设计报告，包括选用的材料。

6. 调查有或无隔热玻璃的窗户框架的设计方案，并建立相应的有限元模型。假定合理的边界条件和热荷载。撰写设计报告并加以讨论。

7. 参观某个五金商店，注意商店货架的设计方案，并为货架创建一个有限元模型进行应力分析。假定合理的边界条件和荷载。撰写设计报告。

8. 调查雪橇的设计方案，为雪橇创建一个有限元模型。假定合理的边界条件和荷载。撰写设计报告。

9. 仔细观察像扳手一类的工具，并按实际尺寸为扳手创建有限元模型。假定合理的边界条件和荷载。撰写设计报告。

10. 调查某种健身器材的设计方案，并为其中的某个框架或组件建立有限元模型，进行应力分析。假定合理的边界条件和荷载后，撰写设计报告，并讨论选择何种材料和其他设计选项。

第15章 优化设计

本章将介绍优化设计的基本思想及 ANSYS 的参数化设计语言。第 15 章将讨论如下内容：

15.1 优化设计简介
15.2 ANSYS 的参数化设计语言
15.3 举例：ANSYS 批处理文件

15.1 优化设计简介

所谓"优化"是指"最大化"或者"最小化"。设计通常有两种主要形式，功能设计和优化设计。功能设计强调设计要能够达到预定的设计要求，并能在某些方面进行改进。为更好地理解功能设计的概念，请看下面的例子。假定要设计一个 10 英尺高的梯子用以支撑一个质量为 300 磅的人，要求设计达到一定的安全系数。可能的设计方案为梯子高 10 英尺，采用钢结构，每一台阶均能安全承受 300 磅的荷载。由于这个方案能满足强度、尺寸等所有要求，因此是一个功能设计。但是，在考虑改进设计之前，需要知道采用什么样的标准来进行设计优化。设计优化的标准一般包括成本费用、强度、尺寸、质量、可靠性、噪声及性能等。如果采用质量作为优化标准，那么问题就变为如何最小化梯子的质量。例如，可以考虑用铝材料制作梯子。另外，也可以考虑减少梯子某些部位的材料用量，然后对新的梯子做应力分析，以检验其是否仍满足承重以及安全系数的要求。

需要注意，对于由不同部分组成的工程系统，各独立部分的优化并不意味着系统一定是一个优化的系统。例如，电冰箱这样的热控系统，如果按不同的标准独立优化各部分，如压缩机、蒸发器及冷凝器，则并不能得到一个综合优化的系统。

本章将介绍优化设计的一些基本概念。例 15.2 中会将质量作为优化标准。设计优化过程一般包括如下步骤：首先完成初步设计，然后进行分析，根据分析结果决定是否可以改进初步设计，如图 15.1 所示。

在近几十年间，优化过程已经成为研究线性/非线性技术的专业学科。与任何学科一样，优化学科也有其专门术语。下面，将利用两个实例来介绍优化的基本概念及其相关术语。

例 15.1 假定公司需要购买一些储罐，购买预算为

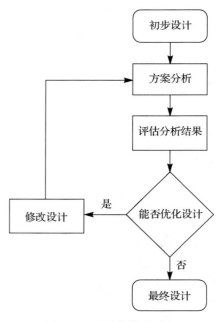

图 15.1 设计的优化过程

1680 美元。经过调查，有两家供应商满足要求。供应商 A 提供容量为 16 立方英尺的储罐，单价为 120 美元，占地面积为 7.5 平方英尺。供应商 B 提供容量为 24 立方英尺的储罐，单价为 240 美元，占地面积为 10 平方英尺。公司要求将全部储罐放置在实验室 90 平方英尺的区域内。为在限定的占地面积条件下达到最大的存储容量，在预算范围内每一种罐(x_1, x_2)应该购买几个？

　　首先，定义"目标函数"，即期望最大化(或最小化)的函数。本例要求存储容量最大化，可以用数学形式表示为

$$最大化 \ Z = 16x_1 + 24x_2 \tag{15.1}$$

此外，还需要满足下列限制条件：

$$120x_1 + 240x_2 \leqslant 1680 \tag{15.2}$$

$$7.5x_1 + 10x_2 \leqslant 90 \tag{15.3}$$

$$x_1 \geqslant 0 \tag{15.4}$$

$$x_2 \geqslant 0 \tag{15.5}$$

式(15.1)中，Z是目标函数，变量x_1和x_2称为设计变量。式(15.2)至式(15.5)为一组约束条件。尽管线性问题(本例中的目标函数和约束是线性的)有其特定的求解方法，但下面将利用图解法进行求解，同时介绍优化所涉及的其他概念。利用图形表示式(15.2)至式(15.5)中的不等式，即得到图 15.2。

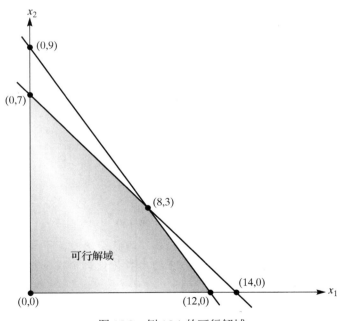

图 15.2　例 15.1 的可行解域

　　图 15.2 中的阴影区域称为"可行解域"(feasible solution region)，该区域中的任意点都满足约束条件。但优化目标是使式(15.1)中的目标函数最大化。因此，需要在可行解域中移动目标函数，并寻找使目标函数值最大的点。可以证明，目标函数的最大值出现在可行解域的角

点上。通过计算各个角点处的目标函数值，可求得最大值出现于 $x_1 = 8$，$x_2 = 3$ 处，参见表 15.1。

于是，为了在给定的约束条件下使存储容量最大，应该从供应商 A 处购买 8 个 16 立方英尺的罐，从供应商 B 处购买 3 个 24 立方英尺的罐。

下面考虑一个非线性实例，以介绍优化所涉及的其他术语。

表 15.1　目标函数在可行解域角点处的值

角点 (x_1, x_2)	函数 $Z = 16x_1 + 24x_2$ 的值
0, 0	0
0, 7	168
12, 0	192
8, 3	200 (最大)

例 15.2　考虑如图 15.3 所示的木制悬臂梁。梁的截面为矩形，承受如图所示的点荷载。为满足安全性要求，悬臂梁的平均应力不能超过 30 MPa，且最大挠度必须小于 1 cm。另外，由于空间上的约束，其截面尺寸必须满足如下限制：5 cm≤x_1≤15 cm，20 cm≤x_2≤40 cm。设计梁的截面尺寸，并使梁的质量最小。

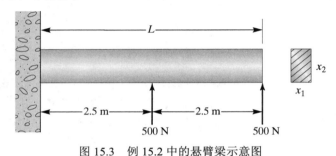

图 15.3　例 15.2 中的悬臂梁示意图

可以用下面的目标函数建立问题的模型：

$$\text{最小化}\ \ W = \rho g x_1 x_2 L \tag{15.6}$$

假定材料密度为常数，那么问题就成为一个求最小体积的问题

$$\text{最小化}\ \ V = x_1 x_2 L \tag{15.7}$$

问题的约束条件为

$$\sigma_{\max} \leqslant 30\ \text{MPa} \tag{15.8}$$

$$\delta_{\max} \leqslant 1\ \text{cm} \tag{15.9}$$

$$5\ \text{cm} \leqslant x_1 \leqslant 15\ \text{cm} \tag{15.10}$$

$$20\ \text{cm} \leqslant x_2 \leqslant 40\ \text{cm} \tag{15.11}$$

其中，变量 x_1，x_2 称为设计变量；应力 σ 和挠度 δ 称为状态变量。下面，将利用 ANSYS 来求解该问题，在求解之前，首先需要了解 ANSYS 的参数化设计语言和创建批处理文件的方法，以及 ANSYS 优化设计方法。

15.2　ANSYS 的参数化设计语言[①]

在使用 ANSYS 的参数化设计语言时，既可以自定义变量，也可以选择 ANSYS 提供的参

---

① 本节资料经许可，引自 ANSYS 文档。

数。自定义的变量必须遵循下列规则：(1)变量名必须由 1～8 个字符组成，且首字符必须是字母；(2)变量可以被赋值为数值、字符或 ANSYS 中已定义的变量；(3)变量既可以是标量，也可以是数组。定义标量变量的命令如下所述。

功能菜单：**Parameters→Scalar Parameters**

使用变量的方法是在 ANSYS 需要变量值的地方输入变量名。例如，给一个钢制的机器零件的弹性模量赋值为 29×10^6 lb/in^2，可以先定义一个名为 STEEL 的变量，然后将值 29e6 赋给该变量。

ANSYS 允许最多定义 400 个变量。在定义字符变量时，将字符用引号引起来即可。例如，如果需要定义一个名为 Element 的变量，并将字符 PLANE35 赋给该变量，可以输入 Element = 'PLANE35'。获取 ANSYS 预定义的变量的命令如下所述。

功能菜单：**Parameters→Get Scalar Data→Parameters**

此外，ANSYS 提供的值也可以作为参数。例如，可以获取节点坐标、节点数、节点位移、节点应力、单元体积等值，并将其赋给某些变量。获取 ANSYS 所提供的变量的命令如下所述。

功能菜单：**Parameters→Get Scalar Data**

或者

功能菜单：**Parameters→Get Array Data**

下述命令可以列出已定义的变量：

功能菜单：**List→Status→Parameters→Named Parameters**

可以利用已定义的变量建立表达式，如 Area = Length*Width。在命令行使用变量表达式时，括号可用于确保运算顺序的正确性。ANSYS 还提供了数学函数以进行数值运算，例如 SIN，COS，LOG，EXP，SQRT，ABS。使用这些函数的命令如下所述：

功能菜单：**Parameters→Array Operations→Vector Functions**

按设计参数定义好模型之后，就可以利用交互式图形用户界面(GUI)或批处理文件运行 ANSYS 的优化设计例程。不过，通常情况下应优先选用批处理方式，因为用这种分析方式更为快捷。目前为止，我们介绍的都是通过 GUI 与 ANSYS 进行交互的。不过，也可以使用文本编辑器创建 ANSYS 批处理文件——该文件包含建立模型时所需的必要命令。然后，将创建的批处理文件提交给 ANSYS 进行批处理作业。优化设计的过程一般包括下面 7 个主要步骤。

1. 建立迭代优化过程使用的分析文件。建立分析文件时，首先需要初始化设计变量以进行参数化建模并求解。然后，提取计算结果并赋给相应的参数以作为状态变量和目标函数。

2. 进入 OPT，指定分析文件。此时，可以启动 OPT 处理器，开始优化操作。

3. 声明优化变量。定义目标函数，并指定设计变量和状态变量。ANSYS 只允许定义一个目标函数。但可以为模型指定至多 60 个设计变量和 100 个状态变量。

4. 选择优化过程。ANSYS 提供了几种不同的优化过程。优化过程分为优化方法和优化工具。ANSYS 优化方法使单个目标函数达到最小化。而优化工具用以评估和理解问题的设计空间。如果希望全面了解 ANSYS 的优化过程及其相关理论，请参阅 ANSYS 在线文档。另外，ANSYS 也允许使用自定义的外部优化程序。

5. 指定优化过程的循环控制条件。指定优化过程的最大迭代次数。

6. 进行优化分析。

7. 查看设计结果及后处理结果。

至此，我们介绍了如何以交互方式使用 ANSYS。下面，将介绍建立批处理文件的步骤，并以例 3.1、例 6.4、第 9 章的习题 10、第 10 章的习题 1 和第 13 章的习题 6 为例，建立其批处理文件。

15.2.1 批处理文件

回顾第 8 章，进入 ANSYS 时将位于 ANSYS 的主菜单界面上，此时，可以选择进入任意的 ANSYS 处理器。需要注意，进入处理器的命令都是以斜杠(/)开始的。例如，/PREP7 是进入通用前处理器的命令，而/POST1 则是进入通用后处理器的命令。如果需要从一个处理器切换到另一个处理器，则必须先退出正在运行的处理器，返回到主菜单，才能选择进入第二个处理器。退出一个处理器并返回到主菜单需要使用 FINISH 命令。

用于输入数据和控制 ANSYS 软件的基本工具是命令(command)。有部分命令只能用于批处理文件的特定位置，而有一些命令则用于其他的处理器。例如，不能在其他处理器中使用/PREP7(前处理器)建模命令。命令通常由一个或多个字段组成，若有多个字段则用逗号隔开，且其中第一项是命令名。此外，也可以在两个逗号之间不指定任何内容而忽略命令参数，ANSYS 将对该参数采用默认值。

对于大型程序文件或希望跟踪批处理文件的处理过程，可以通过注释对批处理文件进行文档化。注释由叹号(!)标识，叹号后面的内容将被 ANSYS 解释为注释信息。下面，将利用实例介绍如何建立批处理文件。为更好地理解批处理文件的作用，建议读者复制下面的批处理文件，并执行一遍。

15.3　举例：ANSYS 批处理文件

可以使用一般的文本编辑器建立批处理文件，然后利用 ANSYS 的批处理命令或者交互式方式运行该文件。使用交互式方式的命令如下所述：

功能菜单：**File→Read Input From...**

然后选择相应的文本文件(批处理文件)。运行结束后，可以通过文件 **filename.out** 查看输出结果。如果希望学习如何使用更多命令，请利用 ANSYS 帮助文件。

第 3 章　例 3.1

```
/Title,Chapter 3，Example 3.1
/Prep7                    !开始前处理过程(定义模型)
Et, 1, link180            !单元类型，三维桁架单元
R, 1, 8                   !实常数，面积值
Mp, ex, 1, 1.9e6          !材料性能，弹性模量
Mp, nuxy, 1, 0.3          !材料性能，泊松比
N, 1, 0, 0               !节点 1，在 0, 0
N, 2, 36, 0              !节点 2，在 36, 0
```

N, 3, 0, 36	!节点 3，在 0, 36
N, 4, 36, 36	!节点 4，在 36, 36
N, 5, 72, 36	!节点 5，在 72, 36
/Pnum, node, 1	!显示节点编号
Nplot	!绘制节点
E, 1, 2	!由节点 1 和 2 定义单元 1
E, 2, 3	!由节点 2 和 3 定义单元 2
E, 3, 4	!由节点 3 和 4 定义单元 3
E, 2, 4	!由节点 2 和 4 定义单元 4
E, 2, 5	!由节点 2 和 5 定义单元 5
E, 4, 5	!由节点 4 和 5 定义单元 6
/Pnum, elem, 1	!显示单元的编号
Eplot	!绘制单元
Finish	!退出前处理器 Prep7
/Solu	!进入求解器
D, 1, all, 0	!节点 1 在任何方向上位移为 0
D, 3, all, 0	!节点 3 在任何方向上位移为 0
F, 4, fy, −500	!节点 4 在 y 的负方向施加 500 lb 的力
F, 5, fy, −500	!节点 5 在 y 的负方向施加 500 lb 的力
/Pbc, all, 1	!显示边界条件
Eplot	!绘制单元(模型)及其边界条件
Solve	!求解
Finish	!退出求解处理器
/Post1	!进入后处理过程
Etable, axforce, smisc, 1	!创建轴向力的单元表
Etable, axstress, ls, 1	!创建轴向应力的单元表
/Pbc, all, 1	!显示边界条件
pldisp, 1	!绘制变形图
Pletab, axstress	!绘制轴向应力
Prnsol, u, comp	!输出节点位移
Prrsol	!输出反作用力(求解结果)
Pretab	!输出单元表
Finish	!退出通用后处理器
/EOF	!文件结束

经过编辑，输出结果如下所示。

***** POST1 NODAL DEGREE OF FREEDOM LISTING *****

LOAD STEP=1 SUBSTEP=1
TIME=1.0000 LOAD CASE=0

THE FOLLOWING DEGREE OF FREEDOM RESULTS ARE IN GLOBAL

COORDINATES

NODE	UX	UY	UZ
1	0.0000	0.0000	0.0000
2	−0.35526E−02	−0.10252E−01	0.0000
3	0.0000	0.0000	0.0000
4	0.11842E−02	−0.11436E−01	0.0000
5	0.23684E−02	−0.19522E−01	0.0000

MAXIMUM ABSOLUTE VALUES
NODE　　2　　　5　　　0　　　5
VALUE −0.35526E−02−0.19522E−01 0.0000　 0.19665E−01

***** POST1 TOTAL REACTION SOLUTION LISTING *****

LOAD STEP=　1 SUBSTEP=1
TIME=1.0000　　LOAD CASE=0
THE FOLLOWING X,Y,Z SOLUTIONS ARE IN GLOBAL COORDINATES

NODE	FX	FY
1	1500.0	0.0000
3	1500.0	1000.0

TOTAL VALUES
VALUE 0.22737E-12 1000.0

***** POST1 ELEMENT TABLE LISTING *****

STAT ELEM	CURRENT AXFORCE	CURRENT AXSTRESS
1	−1500.0	−187.50
2	1414.2	176.78
3	500.00	62.500
4	−500.00	−62.500
5	−707.11	−88.388
6	500.00	62.500

MINIMUM VALUES
ELEM　　　　1　　　　1
VALUE　　 −1500.0　 −187.50

MAXIMUM VALUES
ELEM　　　　2　　　　2
VALUE　　　1414.2　　176.78

第 6 章　例 6.4

/Title, Chapter 6, Example 6.4

/Prep7

ET, 1, 32	!传导单元
ET, 2, 34	!对流单元
R, 1, 1	!实常数，单位面积
R, 2, 1	
MP, KXX, 1, 0.08	!材料性能，第一层的热传导值
MP, KXX, 2, 0.074	!材料性能，第二层的热传导值
MP, KXX, 3, 0.72	!材料性能，第三层的热传导值
MP, HF, 1, 40	!传热系数
N, 1, 0, 0	

```
N, 2, 0.05, 0
N, 3, 0.2, 0
N, 4, 0.3, 0
N, 5, 0.3, 0
/pnum, node, 1
nplot
Type, 1                          !定义单元前必须先指定单元类型
Mat, 1                           !材料类型 1
Real, 1
E, 1, 2
Mat, 2
E, 2, 3
Type, 1
Mat, 3
E, 3, 4
Type, 2
Real, 2
Mat, 1
E, 4, 5
/pnum, elem, 1
Eplot
Finish
/solu
antype, 0, new
solcontrol, 0
NT, 1, TEMR, 200                 !节点 1 的温度设为 200℃
NT, 5, TEMR, 30                  !节点 5 的对流温度设为 30℃
/Pbc, all
Eplot
solve
Finish
/POST1
Nlist
Elist
Mplist
Prnsol
FINISH
/EoF
```

经过编辑，输出结果如下所示。

NODE	X	Y	Z
1	0.0000	0.0000	0.0000
2	0.50000E–01	0.0000	0.0000
3	0.20000	0.0000	0.0000
4	0.30000	0.0000	0.0000
5	0.30000	0.0000	0.0000

LIST ALL SELECTED ELEMENTS. (LIST NODES)

ELEM	MAT	TYP	REL	NODES	
1	1	1	1	1	2
2	2	1	1	2	3
3	3	1	1	3	4
4	1	2	2	4	5

***** POST1 NODAL DEGREE OF FREEDOM LISTING *****

LOAD STEP=1 SUBSTEP=1
TIME=1.0000 LOAD CASE=0

NODE	TEMP
1	200.00
2	162.27
3	39.894
4	31.509
5	30.000

第 9 章　习题 10

/PREP7

/Title, Chapter 9, Problem 10

ET 1, plane77　　　　　　　　　　!单元类型，PLANE 77

MP, KXX, 1, 168　　　　　　　　　!材料性能，导热系数

k, 1, 0, 0

k, 2, 0, 0.05

k, 3, 0.1, 0.05

k, 4, 0.1, 0

L, 1, 2　　　　　　　　　　　　　!通过连接关键点定义线

L, 2, 3

L, 3, 4

L, 4, 1

AL, 1, 2, 3, 4　　　　　　　　　　!通过线 1，2，3，4，5 定义面

ESIZE, 10　　　　　　　　　　　　!定义单元划分数目

AMESH, ALL　　　　　　　　　　　!生成节点和面单元

FINISH

/solu

NSEL, S, LOC, X, 0.1　　　　　　　!在 X = 0.1 处拾取节点子集

D, All, Temp, 80

ALLSEL　　　　　　　　　　　　　!在施加边界条件和求解之前拾取所有对象

SFL, 2, Conv, 50, 20　　　　　　　!在线 2 上施加对流边界条件

```
solve
FINISH
/POST1
SET, 1
plnsol, temp                          !绘制节点解
prnsol, temp                          !输出节点解
FINISH
/eof
```

经过编辑，输出结果如下所示。

***** POST1 NODAL DEGREE OF FREEDOM LISTING *****

```
LOAD STEP=1    SUBSTEP=1
TIME=1.0000    LOAD CASE=0
```

NODE	TEMP
1	78.410
2	77.979
3	78.406
4	78.393
5	78.371
6	78.341
7	78.302
8	78.255
9	78.199
10	78.134
11	78.061
12	80.000
13	77.996
14	78.048
15	78.135
16	78.257
17	78.416
18	78.612
19	78.849
20	79.135
21	79.478
22	80.000
23	80.000
24	80.000
25	80.000
26	80.000

27	80.000
28	80.000
29	80.000
30	80.000
31	80.000
32	79.732
33	79.474
34	79.234
35	79.021
36	78.836
37	78.684
38	78.564
39	78.479

第 10 章　习题 1

/Title, Chapter 10, Problem 1

length = 6 　　　　　　　　!定义长度变量

height = 6 　　　　　　　　!定义高度变量

radius = 0.5 　　　　　　　!定义半径变量

load = −1000 　　　　　　　!定义荷载(单位为 psi)

/PREP7

ET, 1, plane182 　　　　　　!二维平面单元

MP, EX, 1, 30E6

MP, NUXY, 1, 0.3

K, 1, length, 0 　　　　　　!定义关键点

k, 2, length, height

K, 3, 0, height

K, 4, 0, radius

K, 5, radius, 0

K, 6, 0, 0

L, 1, 2 　　　　　　　　!连接关键点以定义线

L, 2, 3

L, 3, 4

LARC, 4, 5, 6, radius 　　　　!定义圆弧

　　　　!Larc, P1, P2, Pc, Rad

　　　!P1：圆弧末端上的关键点

　　　!P2：圆弧另一末端上的关键点

　　　!Pc：定义圆弧平面或曲边中心的关键点

　　　!Rad：圆弧的曲率半径

```
L, 5, 1
AL, 1, 2, 3, 4, 5          !通过连接线 1，2，3，4，5 定义面
ESIZE, 6                   !定义单元划分数目
AMESH, ALL                !网格化，生成节点和面单元
FINISH
/solu
dl, 3, 1, symm            !以线为轴建立对称表面
        !dl, line, area, lab
        !line：线编号
        !area：包含线的面（编号）
        !lab：对称标记
d1, 5, 1, symm
nsel, x, length, length    !拾取节点子集
sf, all, pres, load        !定义压力荷载
nall
solve
FINISH
/POST1
SET, 1
/pnum, kpoi, 1
/pnum, line, 1
/pnum, element, 1
/WIND, 1, LTOP            !窗口 1 在左上角
kplot
/NOERASE                 !层叠显示
/WIND, 1, OFF            !关闭窗口 1
/wind, 2, rtop          !窗口 2 在右上角
lplot
/wind, 2, off
/WIND, 3, 1bot          !窗口 3 在左下角
eplot
/wind, 3, off
/wind, 4, rbot
/pnum, element, 0
plnsol, s, x            !绘制节点解
nsel, x, 0, 0
Prnsol, s, comp         !输出节点解
FINISH
/Eof
```

第 13 章　习题 6（部分解，未给出 8 个孔）

```
/Prep7
/Title，Chapter 13，Problem 6
K, 1, 0, 1                    !关键点 1，坐标为 x = 0，y = 1
K, 2, 10, 1                   !关键点 2，坐标为 x = 10，y = 1
Kgen, 2, all, , , 0, 1, 0     !以现有方式生成其他的关键点
        !kgen, Itime, Np1, Np2, Ninc, DX, DY, DZ, Kinc, Noelem, Imove
        !Itime：待生成的集合的数目，包括原始集合
        !Np1，Np2，Ninc：关键点集合，定义了生成其他的关键点的方式
        !如果 Np1 = all，则 Np2 和 Ninc 就被忽略，生成其他关键点的模式为所有拾取的关键点
        !DX，DY，DZ：活跃坐标系下，集合之间的几何增量
        !Kinc：集合之间的关键点数的增长幅度
        !Noelem：指定是否生成单元和节点
        !0 为生成单元和节点，1 为不生成
        !Imove：指定是否移走关键点或者新定义
K, , 5.25, 2                  !如果关键点数目为空，则使用最小值
K, , 6.75, 2
Kgen, 2, −2, , , 0, 4, 0
K, , 2, 6
K, , 9, 6
Kgen, 2, −2, , , 0, 1, 0
/Pnum, kpoi, 1
kplot                        !绘制关键点
L, 1, 2                      !在两个关键点之间定义线
L, 2, 4
L, 4, 6
L, 6, 8
L, 8, 10
L, 10, 12
L, 12, 11
L, 11, 9
L, 9, 7
L, 7, 5
L, 5, 3
L, 3, 1
/pnum, line, 1
Lplot                        !绘制线
Lfillt, 9, 10, 0.8           !在两条相交线之间建立圆角
```

```
    !Lfillt, Nl1, Nl2, Rad, Pcent
    !Nl1：第一条交线的编号
    !Nl2：第二条交线的编号
    !Rad：圆角半径
    !Pcent：圆角弧心所生成的关键点的编号
Lfillt, 11, 10, 0.8
Lfillt, 3, 4, 0.7
Lfillt, 5, 4, 0.7
Lplot
kgen, 2, 1, 2, , 0, −1, 0
kplot
arotat, 1, 2, 3, 15, 4, 16, 22, 21, 360        !通过绕轴旋转线而生成面
    !Arotat, Nl1, Nl2, Nl3, Nl4, Nl5, Nl6, Pax1, Pax2, Arc
    !Nl1，Nl2，…，Nl6：列出用于旋转的线，最多 6 条
    !Pax1，Pax2：定义轴的两个关键点
    !Arc：圆弧长度
arotat, 5, 6, 7, 8, 9, 13, 22, 21, 360
arotat, 10, 14, 11, 12, , , 22, 21, 360
nummrg, kpoi                     !合并关键点
/view, 1, 5, 2, 5                !定义观察方向

!View, Wn, Xv, Yv, Zv
!Wn：窗口号
!Xv, Yv, Zv：在全局坐标系中，沿着点 Xv, Yv, Zv 与原点的连线观察物体
aplot
finish
/eof
```

小结

至此，读者应该能够：

1. 理解优化设计的基本概念，包括目标函数、约束条件、状态变量和设计变量的定义。
   还应该了解可行解域的含义。
2. 掌握如何定义和提取自定义的及 ANSYS 提供的变量。
3. 掌握 ANSYS 优化过程的基本步骤。
4. 了解如何建立批处理文件。

参考文献

ANSYS User's Manual：*Introduction to ANSYS*, Vol. I, Swanson Analysis Systems, Inc.

ANSYS User's Manual：*Procedures*, Vol. I, Swanson Analysis Systems, Inc.

ANSYS User's Manual：*Commands*，Vol. II，Swanson Analysis Systems，Inc.

ANSYS User's Manual：*Elements*，Vol. III，Swanson Analysis Systems，Inc.

Hillier，F. S.，and Lieberman，G. J.，*Introduction to Operations Research*，6th ed.，New York，McGraw-Hill，1995.

Rekaitis，G. V.，Ravindran A.，and Ragsdell，K. M.，*Engineering Optimization—Methods and Applications*，New York，John Wiley and Sons，1983.

习题

1. 使用批处理文件求解第 3 章的习题 9。
2. 使用批处理文件求解第 3 章的习题 15。
3. 使用批处理文件求解第 4 章的习题 7。
4. 使用批处理文件求解第 4 章的习题 15。
5. 使用批处理文件求解第 4 章的习题 22。
6. 使用批处理文件求解第 6 章的习题 7。
7. 使用批处理文件求解第 9 章的习题 12。
8. 使用批处理文件求解第 9 章的习题 17。
9. 使用批处理文件求解第 10 章的习题 5。
10. 使用批处理文件求解第 11 章的习题 17。
11. 使用批处理文件求解第 11 章的习题 18。
12. 使用批处理文件求解第 13 章的习题 4。

附录 A 部分材料的力学性质

表 A.1 典型工程材料的平均力学性质 [a] （公制单位）

材料类型	密度 ρ (Mg/m³)	弹性模量 E (GPa)	刚性模量 G (GPa)	屈服强度(MPa)σ_Y 张力	压力 [b]	剪力	极限强度(MPa)σ_u 张力	压力 [b]	剪力	50 mm 样品的延伸率(%)	泊松比 v	热膨胀系数 α (10⁻⁶)/℃
金属材料												
铝合金 2014-T6	2.79	73.1	27	414	414	172	469	469	290	10	0.35	23
铝合金 6061-T6	2.71	68.9	26	255	255	131	290	290	186	12	0.35	24
铸铁合金 灰色 ASTM 20	7.19	67.0	27	—	—	—	179	669	—	0.6	0.28	12
铸铁合金 锻造 ASTM A-197	7.28	172	68	—	—	—	276	572	—	5	0.28	12
Alloys 铜合金 黄铜 C83400	8.74	101	37	70.0	70.0	—	241	241	—	35	0.35	18
Alloys 铜合金 青铜 C86100	8.83	103	38	345	345	—	655	655	—	20	0.34	17
镁合金 [Am 1004-T61]	1.83	44.7	18	152	152	—	276	276	152	1	0.30	26
钢合金 结构钢 A36	7.85	200	75	250	250	—	400	400	—	30	0.32	12
钢合金 不锈钢 304	7.86	193	75	207	207	—	517	517	—	40	0.27	17
钢合金 工具钢 L2	8.16	200	78	703	703	—	800	800	—	22	0.32	12
钛合金 [Ti-6Al-4V]	4.43	120	44	924	924	—	1000	1000	—	16	0.36	9.4
非金属材料												
混凝土 低强度	2.38	22.1	—	—	—	12	—	—	—	—	0.15	11
混凝土 高强度	2.38	29.0	—	—	—	38	—	—	—	—	0.15	11
增强塑料 Kevlar 49	1.45	131	—	—	—	—	717	483	20.3	2.8	0.34	—
增强塑料 30%玻璃	1.45	72.4	—	—	—	—	90	131	—	—	0.34	—
建筑级木材 道格拉斯冷杉	0.47	13.1	—	—	—	—	2.1[c]	26[d]	6.2[d]	—	0.29[e]	—
建筑级木材 云杉	3.60	9.65	—	—	—	—	2.5[c]	36[d]	6.7[d]	—	0.31[e]	—

a 因合金或矿物的特殊成分，样品的机械加工或热处理可能会使特定的值产生变化。如若获取其他值，请查阅相关材料的参考书。
b 假定塑性材料的屈服强度和极限强度等于张力和压力。
c 与木纹垂直测量。
d 与木纹平行测量。
e 当荷载沿木纹作用时垂直于木纹测量形变。

引自 Mechanics of Materials, 2nd ed., R. C. Hibbeler, Macmillan, New York.

表 A.2　典型工程材料的平均力学性质[a]（美制惯用单位）

材料类型	比重 γ (lb/in³)	弹性模量 E (10³)ksi	刚性模量 G (10³)ksi	屈服强度(10³)ksi σ_u 张力	压力[b]	剪力	极限强度 σ_u(10³)ksi 张力	压力[b]	剪力	50 mm 样品的延伸率%	泊松比 v	热膨胀系数 α (10⁻⁶)/℉
金属材料												
铝合金 2014-T6	0.101	10.6	3.9	60	60	25	68	68	42	10	0.35	12.8
铝合金 6061-T6	0.098	10.0	3.7	37	37	19	42	42	27	12	0.35	13.1
铸铁合金 灰色 ASTM 20	0.260	10.0	3.9	—	—	—	26	97	—	0.6	0.28	6.70
铸铁合金 锻造 ASTM A-197	0.263	25.0	9.8	—	—	—	40	83	—	5	0.28	6.60
Alloys 铜合金 黄铜 C83400	0.316	14.6	5.4	11.4	11.4	—	35	35	—	35	0.35	9.80
Alloys 铜合金 青铜 C86100	0.319	15.0	5.6	50	50	—	95	95	—	20	0.34	9.60
镁合金 [Am 1004-T61]	0.066	6.48	2.5	22	22	—	40	40	22	1	0.30	14.3
钢合金 结构钢 A36	0.284	29.0	11.0	36	36	—	58	58	—	30	0.32	6.60
钢合金 不锈钢 304	0.284	28.0	11.0	30	30	—	75	75	—	40	0.27	9.60
钢合金 工具钢 L2	0.295	29.0	11.0	102	102	—	116	116	—	22	0.32	6.50
钛合金 [Ti-6Al-4V]	0.160	17.4	6.4	134	134	—	145	145	—	16	0.36	5.20
非金属材料												
混凝土 低强度	0.086	3.20	—	—	—	1.8	—	—	—	—	0.15	6.0
混凝土 高强度	0.086	4.20	—	—	—	5.5	—	—	—	—	0.15	6.0
增强塑料 Kevlar 49	0.0524	19.0	—	—	—	—	104	70	10.2	2.8	0.34	—
增强塑料 30%玻璃	0.0524	10.5	—	—	—	—	13	19	0.34	—	0.34	—
建筑级木材 道格拉斯冷杉	0.017	1.90	—	—	—	—	0.30[c]	3.78[d]	0.90[d]	—	0.29[c]	—
建筑级木材 云杉	0.130	1.40	—	—	—	—	0.36[c]	5.18[d]	0.97[d]	—	0.31[c]	—

a 因合金或矿物的特殊成分，样品的机械加工或热加处理可能会使特定的值产生变化。如若获取其他值，请查阅相关材料的参考文献。
b 可以假设塑性材料的屈服强度和极限强度等于张力和压力。
c 与木纹垂直测量。
d 与木纹平行测量。
e 当荷载沿作用时垂直于木纹测量形变。

附录 B 部分材料的热力学性质

表 B.1 部分材料的热力学性质(室温或给定温度)(公制单位)

材料类型	密度 (kg/m³)	比热容[J/(kg·K)]	导热系数[W/(m·K)]
铝(合金 1100)	2740	896	221
沥青	2110	920	0.74
水泥	1920	670	0.029
黏土	1000	920	
混凝土(石头)	2300	653	1.0
黏土砖	1790@373 K	829	1.0@473 K
玻璃(碱石灰)	2470	750	1.0@366 K
玻璃(铅)	4280	490	1.4
玻璃(pyrex)	2230	840	1.0@366 K
铁(铸铁)	7210	500	47.7@327 K
铁(锻造)	7700@373 K		60.4
纸张	930	1300	0.13
油†	2050	1840	0.5
钢(低碳钢)	7830	500	45.3
木材(白蜡木)	690		0.172@323 K
木材(红木)	550		0.13
木材(橡木)	750	2390	0.176
木材(松木)	430		0.11

† 参考文献: Incropera, F., and Dewitt D., *Fundamentals of Heat and Mass Transfer*, 4th ed., New York, John Wiley and Sons, 1996.

参考文献: *ASHRAE Handbook: Fundamental Volume*, American Society of Heating, Refrigerating, and Air-Conditioning Engineers, Atlanta, 1993.

附录 C　常用截面几何性质计算公式

表 C.1　线段的质心

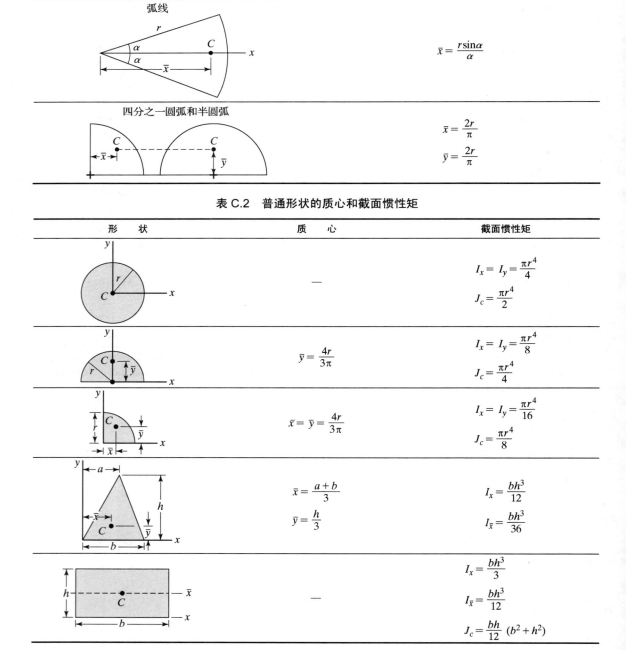

弧线	$\bar{x} = \dfrac{r\sin\alpha}{\alpha}$
四分之一圆弧和半圆弧	$\bar{x} = \dfrac{2r}{\pi}$ $\bar{y} = \dfrac{2r}{\pi}$

表 C.2　普通形状的质心和截面惯性矩

形　状	质　心	截面惯性矩
	—	$I_x = I_y = \dfrac{\pi r^4}{4}$ $J_c = \dfrac{\pi r^4}{2}$
	$\bar{y} = \dfrac{4r}{3\pi}$	$I_x = I_y = \dfrac{\pi r^4}{8}$ $J_c = \dfrac{\pi r^4}{4}$
	$\bar{x} = \bar{y} = \dfrac{4r}{3\pi}$	$I_x = I_y = \dfrac{\pi r^4}{16}$ $J_c = \dfrac{\pi r^4}{8}$
	$\bar{x} = \dfrac{a+b}{3}$ $\bar{y} = \dfrac{h}{3}$	$I_x = \dfrac{bh^3}{12}$ $I_{\bar{x}} = \dfrac{bh^3}{36}$
	—	$I_x = \dfrac{bh^3}{3}$ $I_{\bar{x}} = \dfrac{bh^3}{12}$ $J_c = \dfrac{bh}{12}(b^2 + h^2)$

表 C.3　普通形状的质量惯性矩

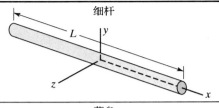

细杆

$$I_y = I_z = \frac{1}{12}\,mL^2$$

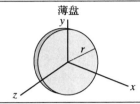

薄盘

$$I_x = \frac{1}{2}\,mr^2$$

$$I_y = I_z = \frac{1}{4}\,mr^2$$

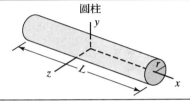

圆柱

$$I_x = \frac{1}{2}\,mr^2$$

$$I_y = I_z = \frac{1}{12}\,m(3r^2 + L^2)$$

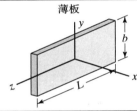

薄板

$$I_x = \frac{1}{12}\,m(b^2 + L^2)$$

$$I_y = \frac{1}{12}\,mL^2$$

$$I_z = \frac{1}{12}\,mb^2$$

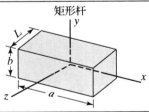

矩形杆

$$I_x = \frac{1}{12}\,m(b^2 + L^2)$$

$$I_y = \frac{1}{12}\,m(L^2 + a^2)$$

$$I_z = \frac{1}{12}\,m(a^2 + b^2)$$

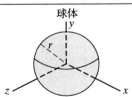

球体

$$I_x = I_y = I_z = \frac{2}{5}\,mr^2$$

附录 D 型钢规格表

表 D.1 宽翼缘或 W 型钢

| 型号* | 截面积 A | 高度 d | 腹板厚度 t_w | 翼 缘 | | x-x 轴 | | | y-y 轴 | | |
				宽 b	厚 t_f	I	S	r	I	S	r
	in²	in	in	in	in	in⁴	in³	in	in⁴	in³	in
W24 × 104	30.6	24.06	0.500	12.750	0.750	3100	258	10.1	259	40.7	2.91
W24 × 94	27.7	24.31	0.515	9.065	0.875	2700	222	9.87	109	24.0	1.98
W24 × 84	24.7	24.10	0.470	9.020	0.770	2370	196	9.79	94.4	20.9	1.95
W24 × 76	22.4	23.92	0.440	8.990	0.680	2100	176	9.69	82.5	18.4	1.92
W24 × 68	20.1	23.73	0.415	8.965	0.585	1830	154	9.55	70.4	15.7	1.87
W24 × 62	18.2	23.74	0.430	7.040	0.590	1550	131	9.23	34.5	9.80	1.38
W24 × 55	16.2	23.57	0.395	7.005	0.505	1350	114	9.11	29.1	8.30	1.34
W18 × 65	19.1	18.35	0.450	7.590	0.750	1070	117	7.49	54.8	14.4	1.69
W18 × 60	17.6	18.24	0.415	7.555	0.695	984	108	7.47	50.1	13.3	1.69
W18 × 65	16.2	18.11	0.390	7.530	0.630	890	98.3	7.41	44.9	11.9	1.67
W18 × 50	14.7	17.99	0.355	7.495	0.570	800	88.9	7.38	40.1	10.7	1.65
W18 × 46	13.5	18.06	0.360	6.060	0.605	712	78.8	7.25	22.5	7.43	1.29
W18 × 40	11.8	17.90	0.315	6.015	0.525	612	68.4	7.21	19.1	6.35	1.27
W18 × 35	10.3	17.70	0.300	6.000	0.425	510	57.6	7.04	15.3	5.12	1.22
W16 × 57	16.8	16.43	0.430	7.120	0.715	758	92.2	6.72	43.1	12.1	1.60
W16 × 50	14.7	16.26	0.380	7.070	0.630	659	81.0	6.68	37.2	10.5	1.59
W16 × 45	13.3	16.13	0.345	7.035	0.565	586	72.7	6.65	32.8	9.34	1.57
W16 × 36	10.6	15.86	0.295	6.985	0.430	448	56.5	6.51	24.5	7.00	1.52
W16 × 31	9.12	15.88	0.275	5.525	0.440	375	47.2	6.41	12.4	4.49	1.17
W16 × 26	7.68	15.69	0.250	5.500	0.345	301	38.4	6.26	9.59	3.49	1.12
W14 × 53	15.6	13.92	0.370	8.060	0.660	541	77.8	5.89	57.7	14.3	1.92
W14 × 43	12.6	13.66	0.305	7.995	0.530	428	62.7	5.82	45.2	11.3	1.89
W14 × 38	11.2	14.10	0.310	6.770	0.515	385	54.6	5.87	26.7	7.88	1.55
W14 × 34	10.0	13.98	0.285	6.745	0.455	340	48.6	5.83	23.3	6.91	1.53
W14 × 30	8.85	13.84	0.270	6.730	0.385	291	42.0	5.73	19.6	5.82	1.49
W14 × 26	7.69	13.91	0.255	5.025	0.420	245	35.3	5.65	8.91	3.54	1.08
W14 × 22	6.49	13.74	0.230	5.000	0.335	199	29.0	5.54	7.00	2.80	1.04

*标记为 W24×104 表示 24 为高度，单位为 in，104 为单位质量，单位为 1b/ft。

引自 *Mechanics of Materials*, 2nd ed., R. C. Hibbeler, Macmillan, New York.

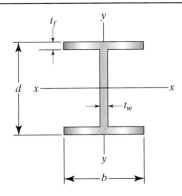

表 D.1 宽翼缘或 W 型钢（续表）

型号*	截面积 A	高度 d	腹板厚度 t_w	翼 缘		x-x轴			y-y轴		
				宽 b	厚 t_f	I	S	r	I	S	r
	in²	in	in	in	in	in⁴	in³	in	in⁴	in³	in
W12 × 87	25.6	12.53	0.515	12.125	0.810	740	118	5.38	241	39.7	3.07
W12 × 50	14.7	12.19	0.370	8.080	0.640	394	64.7	5.18	56.3	13.9	1.96
W12 × 45	13.2	12.06	0.335	8.045	0.575	350	58.1	5.15	50.0	12.4	1.94
W12 × 26	7.65	12.22	0.230	6.490	0.380	204	33.4	5.17	17.3	5.34	1.51
W12 × 22	6.48	12.31	0.260	4.030	0.425	156	25.4	4.91	4.66	2.31	0.847
W12 × 16	4.71	11.99	0.220	3.990	0.265	103	17.1	4.67	2.82	1.41	0.773
W12 × 14	4.16	11.91	0.200	3.970	0.225	88.6	14.9	4.62	2.36	1.19	0.753
W10 × 100	29.4	11.10	0.680	10.340	1.120	623	112	4.60	207	40.0	2.65
W10 × 54	15.8	10.09	0.370	10.030	0.615	303	60.0	4.37	103	20.6	2.56
W10 × 45	13.3	10.10	0.350	8.020	0.620	248	49.1	4.32	53.4	13.3	2.01
W10 × 30	8.84	10.47	0.300	5.810	0.510	170	32.4	4.38	16.7	5.75	1.37
W10 × 39	11.5	9.92	0.315	7.985	0.530	209	42.1	4.27	45.0	11.3	1.98
W10 × 19	5.62	10.24	0.250	4.020	0.395	96.3	18.8	4.14	4.29	2.14	0.874
W10 × 15	4.41	9.99	0.230	4.000	0.270	68.9	13.8	3.95	2.89	1.45	0.810
W10 × 12	3.54	9.87	0.190	3.960	0.210	53.8	10.9	3.90	2.18	1.10	0.785
W8 × 67	19.7	9.00	0.570	8.280	0.935	272	60.4	3.72	88.6	21.4	2.12
W8 × 58	17.1	8.75	0.510	8.220	0.810	228	52.0	3.65	75.1	18.3	2.10
W8 × 48	14.1	8.50	0.400	8.110	0.685	184	43.3	3.61	60.9	15.0	2.08
W8 × 40	11.7	8.25	0.360	8.070	0.560	146	35.5	3.53	49.1	12.2	2.04
W8 × 31	9.13	8.00	0.285	7.995	0.435	110	27.5	3.47	37.1	9.27	2.02
W8 × 24	7.08	7.93	0.245	6.495	0.400	82.8	20.9	3.42	18.3	5.63	1.61
W8 × 15	4.44	8.11	0.245	4.015	0.315	48.0	11.8	3.29	3.41	1.70	0.876
W6 × 25	7.34	6.38	0.320	6.080	0.455	53.4	16.7	2.70	17.1	5.61	1.52
W6 × 20	5.87	6.20	0.260	6.020	0.365	41.4	13.4	2.66	13.3	4.41	1.50
W6 × 15	4.43	5.99	0.230	5.990	0.260	29.1	9.72	2.56	9.32	3.11	1.46
W6 × 16	4.74	6.28	0.260	4.030	0.405	32.1	10.2	2.60	4.43	2.20	0.966
W6 × 12	3.55	6.03	0.230	4.000	0.280	22.1	7.31	2.49	2.99	1.50	0.918
W6 × 9	2.68	5.90	0.170	3.940	0.215	16.4	5.56	2.47	2.19	1.11	0.905

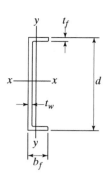

表 D.2　美国标准槽钢或 C 型钢

名称*	截面积 A	高度 d	腹板厚度 t_w		翼　缘					x-x轴			y-y轴		
					宽 b_f		厚 t_f			I	S	r	I	S	r
	in^2	in	in		in		in			in^4	in^3	in	in^4	in^3	in
C15 × 50	14.7	15.00	0.716	$^{11}/_{16}$	3.716	$3^3/_4$	0.650	$^5/_8$		404	53.8	5.24	11.0	3.78	0.867
C15 × 40	11.8	15.00	0.520	$^1/_2$	3.520	$3^1/_2$	0.650	$^5/_8$		349	46.5	5.44	9.23	3.37	0.886
C15 × 33.9	9.96	15.00	0.400	$^3/_8$	3.400	$3^3/_8$	0.650	$^5/_8$		315	42.0	5.62	8.13	3.11	0.904
C12 × 30	8.82	12.00	0.510	$^1/_2$	3.170	$3^1/_8$	0.501	$^1/_2$		162	27.0	4.29	5.14	2.06	0.763
C12 × 25	7.35	12.00	0.387	$^3/_8$	3.047	3	0.501	$^1/_2$		144	24.1	4.43	4.47	1.88	0.780
C12 × 20.7	6.09	12.00	0.282	$^5/_{16}$	2.942	3	0.501	$^1/_2$		129	21.5	4.61	3.88	1.73	0.799
C10 × 30	8.82	10.00	0.673	$^{11}/_{16}$	3.033	3	0.436	$^7/_{16}$		103	20.7	3.42	3.94	1.65	0.669
C10 × 25	7.35	10.00	0.526	$^1/_2$	2.886	$2^7/_8$	0.436	$^7/_{16}$		91.2	18.2	3.52	3.36	1.48	0.676
C10 × 20	5.88	10.00	0.379	$^3/_8$	2.739	$2^3/_4$	0.436	$^7/_{16}$		78.9	15.8	3.66	2.81	1.32	0.692
C10 × 15.3	4.49	10.00	0.240	$^1/_4$	2.600	$2^5/_8$	0.436	$^7/_{16}$		67.4	13.5	3.87	2.28	1.16	0.713
C9 × 20	5.88	9.00	0.448	$^7/_{16}$	2.648	$2^5/_8$	0.413	$^7/_{16}$		60.9	13.5	3.22	2.42	1.17	0.642
C9 × 15	4.41	9.00	0.285	$^5/_{16}$	2.485	$2^1/_2$	0.413	$^7/_{16}$		51.0	11.3	3.40	1.93	1.01	0.661
C9 × 13.4	3.94	9.00	0.233	$^1/_4$	2.433	$2^3/_8$	0.413	$^7/_{16}$		47.9	10.6	3.48	1.76	0.962	0.669
C8 × 18.75	5.51	8.00	0.487	$^1/_2$	2.527	$2^1/_2$	0.390	$^3/_8$		44.0	11.0	2.82	1.98	1.01	0.599
C8 × 13.75	4.04	8.00	0.303	$^5/_{16}$	2.343	$2^3/_8$	0.390	$^3/_8$		36.1	9.03	2.99	1.53	0.854	0.615
C8 × 11.5	3.38	8.00	0.220	$^1/_4$	2.260	$2^1/_4$	0.390	$^3/_8$		32.6	8.14	3.11	1.32	0.781	0.625
C7 × 14.75	4.33	7.00	0.419	$^7/_{16}$	2.299	$2^1/_4$	0.366	$^3/_8$		27.2	7.78	2.51	1.38	0.779	0.564
C7 × 12.25	3.60	7.00	0.314	$^5/_{16}$	2.194	$2^1/_4$	0.366	$^3/_8$		24.2	6.93	2.60	1.17	0.703	0.571
C7 × 9.8	2.87	7.00	0.210	$^3/_{16}$	2.090	$2^1/_8$	0.366	$^3/_8$		21.3	6.08	2.72	0.968	0.625	0.581
C6 × 13	3.83	6.00	0.437	$^7/_{16}$	2.157	$2^1/_8$	0.343	$^5/_{16}$		17.4	5.80	2.13	1.05	0.642	0.525
C6 × 10.5	3.09	6.00	0.314	$^5/_{16}$	2.034	2	0.343	$^5/_{16}$		15.2	5.06	2.22	0.866	0.564	0.529
C6 × 8.2	2.40	6.00	0.200	$^3/_{16}$	1.920	$1^7/_8$	0.343	$^5/_{16}$		13.1	4.38	2.34	0.693	0.492	0.537
C5 × 9	2.64	5.00	0.325	$^5/_{16}$	1.885	$1^7/_8$	0.320	$^5/_{16}$		8.90	3.56	1.83	0.632	0.450	0.489
C5 × 6.7	1.97	5.00	0.190	$^3/_{16}$	1.750	$1^3/_4$	0.320	$^5/_{16}$		7.49	3.00	1.95	0.479	0.378	0.493
C4 × 7.25	2.13	4.00	0.321	$^5/_{16}$	1.721	$1^3/_4$	0.296	$^5/_{16}$		4.59	2.29	1.47	0.433	0.343	0.450
C4 × 5.4	1.59	4.00	0.184	$^3/_{16}$	1.584	$1^5/_8$	0.296	$^3/_{16}$		3.85	1.93	1.56	0.319	0.283	0.449
C3 × 6	1.76	3.00	0.356	$^3/_8$	1.596	$1^5/_8$	0.273	$^1/_4$		2.07	1.38	1.08	0.305	0.268	0.416
C3 × 5	1.47	3.00	0.258	$^1/_4$	1.498	$1^1/_2$	0.273	$^1/_4$		1.85	1.24	1.12	0.247	0.233	0.410
C3 × 4.1	1.21	3.00	0.170	$^3/_{16}$	1.410	$1^3/_8$	0.273	$^1/_4$		1.66	1.10	1.17	0.197	0.202	0.404

*标记为 C15×50 表示 15 为高度,单位为 in,50 为质量,单位为 1b/ft。

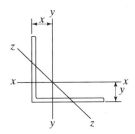

表 D.3 等边角钢

尺寸和厚度	每英尺质量	截面积 A	x-x 轴				y-y 轴				z-z 轴
			I	S	r	y	I	S	r	x	r
in	1b	in²	in⁴	in³	in	in	in⁴	in³	in	in	in
$8 \times 8 \times 1$	51.0	15.0	89.0	15.8	2.44	2.37	89.0	15.8	2.44	2.37	1.56
$8 \times 8 \times {}^3/_4$	38.9	11.4	69.7	12.2	2.47	2.28	69.7	12.2	2.47	2.28	1.58
$8 \times 8 \times {}^1/_2$	26.4	7.75	48.6	8.36	2.50	2.19	48.6	8.36	2.50	2.19	1.59
$6 \times 6 \times 1$	37.4	11.0	35.5	8.57	1.80	1.86	35.5	8.57	1.80	1.86	1.17
$6 \times 6 \times {}^3/_4$	28.7	8.44	28.2	6.66	1.83	1.78	28.2	6.66	1.83	1.78	1.17
$6 \times 6 \times {}^1/_2$	19.6	5.75	19.9	4.61	1.86	1.68	19.9	4.61	1.86	1.68	1.18
$6 \times 6 \times {}^3/_8$	14.9	4.36	15.4	3.53	1.88	1.64	15.4	3.53	1.88	1.64	1.19
$5 \times 5 \times {}^3/_4$	23.6	6.94	15.7	4.53	1.51	1.52	15.7	4.53	1.51	1.52	0.975
$5 \times 5 \times {}^1/_2$	16.2	4.75	11.3	3.16	1.54	1.43	11.3	3.16	1.54	1.43	0.983
$5 \times 5 \times {}^3/_8$	12.3	3.61	8.74	2.42	1.56	1.39	8.74	2.42	1.56	1.39	0.990
$4 \times 4 \times {}^3/_4$	18.5	5.44	7.67	2.81	1.19	1.27	7.67	2.81	1.19	1.27	0.778
$4 \times 4 \times {}^1/_2$	12.8	3.75	5.56	1.97	1.22	1.18	5.56	1.97	1.22	1.18	0.782
$4 \times 4 \times {}^3/_8$	9.8	2.86	4.36	1.52	1.23	1.14	4.36	1.52	1.23	1.14	0.788
$4 \times 4 \times {}^1/_4$	6.6	1.94	3.04	1.05	1.25	1.09	3.04	1.05	1.25	1.09	0.795
$3^1/_2 \times 3^1/_2 \times {}^1/_2$	11.1	3.25	3.64	1.49	1.06	1.06	3.64	1.49	1.06	1.06	0.683
$3^1/_2 \times 3^1/_2 \times {}^3/_8$	8.5	2.48	2.87	1.15	1.07	1.01	2.87	1.15	1.07	1.01	0.687
$3^1/_2 \times 3^1/_2 \times {}^1/_4$	5.8	1.69	2.01	0.794	1.09	0.968	2.01	0.794	1.09	0.968	0.694
$3 \times 3 \times {}^1/_2$	9.4	2.75	2.22	1.07	0.898	0.932	2.22	1.07	0.898	0.932	0.584
$3 \times 3 \times {}^3/_8$	7.2	2.11	1.76	0.833	0.913	0.888	1.76	0.833	0.913	0.888	0.587
$3 \times 3 \times {}^1/_4$	4.9	1.44	1.24	0.577	0.930	0.842	1.24	0.577	0.930	0.842	0.592
$2^1/_2 \times 2^1/_2 \times {}^1/_2$	7.7	2.25	1.23	0.724	0.739	0.806	1.23	0.724	0.739	0.806	0.487
$2^1/_2 \times 2^1/_2 \times {}^3/_8$	5.9	1.73	0.984	0.566	0.753	0.762	0.984	0.566	0.753	0.762	0.487
$2^1/_2 \times 2^1/_2 \times {}^1/_4$	4.1	1.19	0.703	0.394	0.769	0.717	0.703	0.394	0.769	0.717	0.491
$2 \times 2 \times {}^3/_8$	4.7	1.36	0.479	0.351	0.594	0.636	0.479	0.351	0.594	0.636	0.389
$2 \times 2 \times {}^1/_4$	3.19	0.938	0.348	0.247	0.609	0.592	0.348	0.247	0.609	0.592	0.391
$2 \times 2 \times {}^1/_8$	1.65	0.484	0.190	0.131	0.626	0.546	0.190	0.131	0.626	0.546	0.398

附录 E　英制单位和公制单位的换算表

表 E.1　英制单位和公制单位换算表

物　理　量	公制单位→英制单位	英制单位→公制单位
长度	1 mm = 0.039 37 in	1 in = 25.4 mm
	1 mm = 0.003 28 ft	1 ft = 304.8 mm
	1 cm = 0.393 70 in	1 in = 2.54 cm
	1 cm = 0.0328 ft	1 ft = 30.48 cm
	1 m = 39.3700 in	1 in = 0.0254 m
	1 m = 3.28 ft	1 ft = 0.3048 m
面积	$1 \text{ mm}^2 = 1.55\text{E}{-}3 \text{ in}^2$	$1 \text{ in}^2 = 645.16 \text{ mm}^2$
	$1 \text{ mm}^2 = 1.0764\text{E}{-}5 \text{ ft}^2$	$1 \text{ ft}^2 = 92\,903 \text{ mm}^2$
	$1 \text{ cm}^2 = 0.155 \text{ in}^2$	$1 \text{ in}^2 = 6.4516 \text{ cm}^2$
	$1 \text{ cm}^2 = 1.07\text{E}{-}3 \text{ ft}^2$	$1 \text{ ft}^2 = 929.03 \text{ cm}^2$
	$1 \text{ m}^2 = 1550 \text{ in}^2$	$1 \text{ in}^2 = 6.4516\text{E}{-}4 \text{ m}^2$
	$1 \text{ m}^2 = 10.76 \text{ ft}^2$	$1 \text{ ft}^2 = 0.0929 \text{ m}^2$
体积	$1 \text{ mm}^3 = 6.1024\text{E}{-}5 \text{ in}^3$	$1 \text{ in}^3 = 16\,387 \text{ mm}^3$
	$1 \text{ mm}^3 = 3.5315\text{E}{-}8 \text{ ft}^3$	$1 \text{ ft}^3 = 28.317\text{E}6 \text{ mm}^3$
	$1 \text{ cm}^3 = 0.061\,024 \text{ in}^3$	$1 \text{ in}^3 = 16.387 \text{ cm}^3$
	$1 \text{ cm}^3 = 3.5315\text{E}{-}5 \text{ ft}^3$	$1 \text{ ft}^3 = 28\,317 \text{ cm}^3$
	$1 \text{ m}^3 = 61\,024 \text{ in}^3$	$1 \text{ in}^3 = 1.6387\text{E}{-}5 \text{ m}^3$
	$1 \text{ m}^3 = 35.315 \text{ ft}^3$	$1 \text{ ft}^3 = 0.028\,317 \text{ m}^3$
面积二次矩(长度)^4	$1 \text{ mm}^4 = 2.402\text{E}{-}6 \text{ in}^4$	$1 \text{ in}^4 = 416.231\text{E}{-}3 \text{ mm}^4$
	$1 \text{ mm}^4 = 115.861\text{E}{-}12 \text{ ft}^4$	$1 \text{ ft}^4 = 8.63\,097\text{E}{-}9 \text{ mm}^4$
	$1 \text{ cm}^4 = 24.025\text{E}{-}3 \text{ in}^4$	$1 \text{ in}^4 = 41.623 \text{ cm}^4$
	$1 \text{ cm}^4 = 1.1586\text{E}{-}6 \text{ ft}^4$	$1 \text{ ft}^4 = 863\,110 \text{ cm}^4$
	$1 \text{ m}^4 = 2.40251\text{E}{-}6 \text{ in}^4$	$1 \text{ in}^4 = 416.231\text{E}{-}9 \text{ m}^4$
	$1 \text{ m}^4 = 115.86 \text{ ft}^4$	$1 \text{ ft}^4 = 8.631\text{E}{-}3 \text{ m}^4$
质量	1 kg = 68.521E−3 slug	1 slug = 14.593 kg
	1 kg = 2.2046 lbm	1 lbm = 0.4536 kg
密度	$1 \text{ kg/m}^3 = 0.001\,938 \text{ slug/ft}^3$	$1 \text{ slug/ft}^3 = 515.7 \text{ kg/m}^3$
	$1 \text{ kg/m}^3 = 0.062\,48 \text{ lbm/ft}^3$	$1 \text{ lbm/ft}^3 = 16.018 \text{ kg/m}^3$
力	1 N = 224.809E−3 lbf	1 lbf = 4.448 N
力矩	1 N·m = 8.851 in·lb	1 in·lb = 0.113 N·m
	1 N·m = 0.7376 ft·lb	1 ft·lb = 1.356 N·m
压强，压力	$1 \text{ Pa} = 145.0377\text{E}{-}6 \text{ lb/in}^2$	$1 \text{ lb/in}^2 = 6.8947\text{E}{-}3 \text{ Pa}$
弹性模量	$1 \text{ Pa} = 20.885\text{E}{-}3 \text{ lb/ft}^2$	$1 \text{ lb/ft}^2 = 47.880 \text{ Pa}$
刚性模量	1 KPa = 145.0377E−6 Ksi	1 Ksi = 6.8947E−3 KPa

物 理 量	公制单位→英制单位	英制单位→公制单位
功，能量	1 J = 0.7375 ft·lb	1 ft·lb = 1.3558 J
	1 kW·h = 3.412 14E3 Btu	1 Btu = 293.071E−6
功率	1 W = 0.7375 ft·lb/s	1 ft·lb/s = 1.3558 W
	1 kW = 3.412 14E3 Btu/h	1 Btu/hr = 293.07E−6 kW
	1 kW = 1.341 hp	1 hp = 0.7457 kW
温度	$℃ = \dfrac{5}{9}(℉-32)$	$℉ = \dfrac{9}{5}℃+32$

附录 F   MATLAB 简介

本附录将简要介绍 MATLAB 的有关知识。在很多大学的计算机机房都有 MATLAB 应用软件，这是一种功能强大的数学计算软件，尤其适合矩阵计算；事实上，它当初就是为计算矩阵而设计的。许多教材针对求解各种问题来讨论 MATLAB 的功能。在这里仅简要介绍 MATLAB 的一些基本功能，以方便读者能执行一些基本操作。在引入电子表格和诸如 MATLAB 等数学计算软件之前，不少工程师为解决某些工程问题都自己编写过计算机程序。尽管到现在，为了求解复杂问题，工程师仍少不了要编写一些特定的计算机代码，但是可充分利用诸如 MATLAB 等数学计算软件内置的一些求解功能。此外，MATLAB 的功能也足够强大，用户完全可以用来编写自己的计算程序。

我们首先讨论 MATLAB 的基本构成，进一步说明在 MATLAB 中如何输入数据或计算公式，以及执行典型的工程计算。另外，还将讲解 MATLAB 的数学、统计及逻辑功能，并介绍 MATLAB 的条件语句、循环语句及利用 MATLAB 绘制分析结果。最后，简要讨论 MATLAB 的曲线拟合及符号处理功能。

F.1   MATLAB 概述

首先给出 MATLAB 的基本概念；在读者掌握了这些概念之后，就可以求解一些工程问题。与学习其他新软件一样，MATLAB 也有自己的语法和术语。典型的 MATLAB 窗口如图 F.1 所示，在图中分别标记出了各个主要组件。

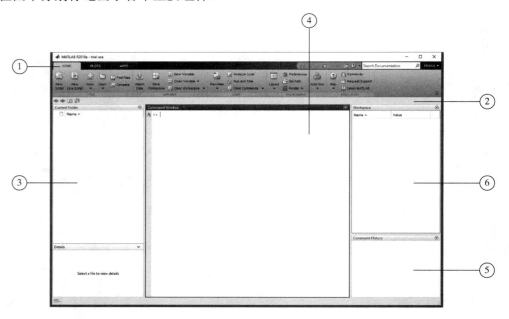

图 F.1   MATLAB 的桌面布局

1. **菜单栏**：包含执行特定操作的命令，如保存工作空间、导入数据等。
2. **当前目录**：显示当前活动的工作目录，用户也可以在此更改工作目标。
3. **当前目录文件夹**：显示当前目录下所有的文件及其类型、大小和说明。
4. **命令窗口**：用户可以输入变量及 MATLAB 命令。
5. **历史命令窗口**：显示命令窗口中所输入的所有命令及时间和日期。另外，还显示当前会话中命令的历史记录。
6. **工作空间窗口**：显示 MATLAB 工作空间中所声明的变量。

如图 F.1 所示，在默认模式下 MATLAB 的桌面布局划分为三个窗口：当前目录窗口、命令窗口和历史命令窗口。用户在命令窗口中输入命令，例如，用户可以给变量赋值或绘制一组变量。历史命令窗口显示之前 MATLAB 会话期间所发布命令日期与时间，以及当前会话过程的命令。用户也可以将之前会话期间发布的命令从历史命令窗口转移到命令窗口。为此，先将鼠标移到所要转移的命令上，然后点击鼠标左键，同时保持住点击状态将此命令行拖到命令窗口。另外，当按下键盘的上移键时，先前执行过的命令会再次出现。用户也可以复制和粘贴当前命令窗口的命令，再次编辑并执行。如果要清除命令窗口的内容，则可以输入 clc 命令。

在 MATLAB 环境中，可以给变量赋值或定义矩阵元素。例如在图 F.2 中，如果要将 5 赋给变量 x，则仅需在命令窗口的提示符>>后面输入 x = 5。MATLAB 基本的算术运算符如表 F.1 所示。

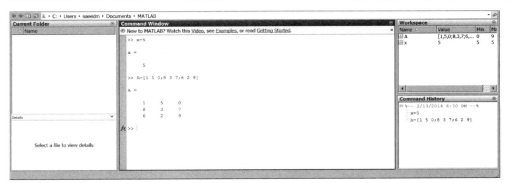

图 F.2　MATLAB 中赋值或定义矩阵元素的示例

表 F.1　MATLAB 基本的标量(算术)运算符

操　作	符　号	例如：$x = 5$, $y = 3$	结　果
加	+	$x + y$	8
减	−	$x - y$	2
乘	*	$x * y$	15
除	/	$(x + y)/2$	4
幂	^	$x \wedge 2$	25

例如 $A = \begin{bmatrix} 1 & 5 & 0 \\ 8 & 3 & 7 \\ 6 & 2 & 9 \end{bmatrix}$，为了定义此矩阵元素，可输入

```
A = [1 5 0; 8 3 7;6 2 9]
```

需要注意的是，在 MATLAB 中矩阵的元素要用中括号（[]）括起来，且各元素之间要用空格隔开，每一行的元素用分号（;）隔开。

format, disp, fprintf 命令

MATLAB 提供了好几个用于显示计算结果的命令。format 命令允许用户按照某种特定的格式显示结果。例如，如果定义 x = 2/3，则 MATLAB 显示 x = 0.6667。默认情况下，MATLAB 仅显示四位有效数字。如果用户想要显示更多的有效数字，则输入 format long 命令即可。现在如果输入 x，则显示 x 的值多达 14 位有效数字，也就是 x=0.66666666666667。此外，用户也可以用表 F.2 中的其他命令控制 x 的显示格式。注意，格式命令不影响 MATLAB 计算时的数字位数，仅影响结果的显示方式。

表 F.2　format 命令选项

MATLAB 命令	x = 2/3 的显示结果	说　　明
format short	0.6667	显示 4 位有效数字——默认模式
format long	0.66666666666667	显示 14 位有效数字
format rat	2/3	显示分式形式
format bank	0.67	显示两位有效数字
format short e	6.6667e-001	显示带 4 位有效数字的科学数字表示法
format long e	6.666666666666666e-001	显示带 14 位有效数字的科学数字表示法
format hex	3fe5555555555555	显示十六进制格式
format +	+	根据计算结果的正负或零显示+，−和空格
format compact		隐藏输出结果中的空格

disp 命令常用于显示文本或数值。例如，给定一个数组 x = [1 2 3 4 5]，输入命令 disp(x)将显示 1 2 3 4 5。或者，输入命令 disp('Result=')将显示 Result= 。注意，用户要显示的文本必须用单引号（'）引起来。

fprintf 命令具有极大的灵活性。用户既可以用来显示文本，也可以用来显示所期望有效位数的数字，而且还可以用特定的格式字符如\n 和\t 来控制分行和缩进。下面的例子将演示 fprintf 命令的运行效果。

例 F.1　在 MATLAB 命令窗口中输入如下命令:

```
x = 10
fprintf('The value of x is %g\n', x)
```

MATLAB 的显示结果为

```
The value of x is 10
```

例 F.1 的命令窗口屏幕如下图所示。

```
Command Window                                           →∣ ⊞ ⌐ ✕
>> x=10


x =

    10

>> fprintf('The value of x is %g\n', x)
The value of x is 10
>>
```

注意，文本及格式代码必须用单引号引起来。此外，% 是数字格式字符，它将被 x 的值 10 取代。尤其需要注意的是，在遇到 \n 前，MATLAB 并不会输出结果。至于 disp 和 fprintf 命令的其他功能将在后面的例子演示。

F.2　保存 MATLAB 的工作空间

用户可用形如"save+文件名"的命令将工作空间保存到文件中，这里的文件名是用户想赋给工作空间的名称。之后，用户就可以使用形如"load+文件名"的命令从硬盘中将此文件读入内存。在一段时间内，用户可能创建了许多文件，用 dir 命令可列出当前目录下的所有文件列表。对于一些简单的操作，用户可直接在命令窗口中输入变量和 MATLAB 命令。不过，当用户编写的程序行数较多时，最好使用 M 文件。在本附录的后面，将说明如何新建、编辑、运行和调试 M 文件。

F.3　设定数据的范围

在建立、分析或打印数据时，为方便起见，通常给数据设定一定的范围。为了声明数据的范围或一个行矩阵，通常需要知道其起始值、步长和结束值。例如，为了建立 x 从 0 到 100 且步长为 25 的一组数据（即 0 25 50 75 100），仅需在命令窗口输入

```
x = 0:25:100
```

注意，在 MATLAB 中，数据的范围是由起始值，后面跟冒号（:），跟步长，跟冒号，再跟结束值定义的。再举一个例子，输入

```
Countdown = 5:-1:0
```

则 Countdown 行矩阵由数值 5 4 3 2 1 0 组成。

F.4　建立数学公式

用户可以用 MATLAB 输入数学公式并计算其结果。当输入公式时，用小括号决定运算顺

序。例如，在 MATLAB 命令窗口，如果输入 count = 100+5*2，那么 MATLAB 先执行乘法运算，其计算结果为 10，然后这个结果与 100 相加，得出最终的结果为 110 赋给变量 count。如果要使 100 与 5 先相加，再与 2 相乘，则需要用括号将 100 和 5 括起来再乘以 2，即 count = (100+5)*2，得到结果为 210。MATLAB 的基本数学运算如表 F.3 所示。

表 F.3　MATLAB 的基本数学运算

操　作	符　号	示例(当 $x = 10$, $y = 2$ 时)	示例中 z 的计算结果
加	+	$z = x + y + 20$	32
减	−	$z = x - y$	8
乘	*	$z = (x * y) + 9$	29
除	/	$z = (x / 2.5) + y$	6
幂	^	$z = (x^y)^{0.5}$	10

F.5　元素与元素间的操作

除了基本的数学运算，MATLAB 还能进行元素与元素间的操作和矩阵运算。表 F.4 中给出了 MATLAB 元素与元素间的操作运算符。下面给出一个应用实例，假设有 5 名直道赛跑的运动员，他们的体重(kg)和跑步速度(m/s)分别为 m = [60　55　70　68　72] 和 s = [4　4.5　3.8　3.6　3.1]。注意，体重矩阵 m 和速度矩阵 s 中都有 5 个元素。现求解每个运动员的动量，就需要使用 MATLAB 进行元素间的相乘操作，使用如下命令：momentum = m.*s，输出结果为 momentum = [240 247.5 266 244.8 223.2]。注意，元素与元素间的相乘运算符是(.*)。

表 F.4　MATLAB 元素与元素间的操作运算符

操　作	算　术　运　算	元素与元素间的等价运算符
加	+	+
减	−	−
乘	*	.*
除	/	./
幂	^	.^

为了进一步理解元素与元素间的操作，在 MATLAB 命令窗口中输入 a = [7 4 3 -1] 和 b = [1, 3, 5, 7]，然后进行如下操作：

```
>>a+b
ans = 8 7 8 6
>>a-b
ans = 6 1 -2 -8
>>3*a
ans = 21 12 9 -3
```

```
>>3.*a
ans = 21 12 9 -3
>>a.*b
ans = 7 12 15 -7
>>b.*a
ans = 7 12 15 -7
>>3.^a
ans = 1.0e+003*
2.1870 0.0810 0.0270 0.0003
>>a.^b
ans = 7 64 243 -1
>>b.^a
ans = 1.0000 81.0000 125.0000 0.1429
```

试着自己求解下面的例题。

例 F.2　利用 MATLAB 中元素与元素间的操作功能计算随气温变化的标准空气密度。标准空气的密度公式是一个关于温度的函数，可以用理想气体的规律近似计算

$$\rho = \frac{P}{RT}$$

其中，P 为标准大气压强（101.3 kPa）；R 为气体常数，对空气而言是 286.9[J/(kg·K)]；T 为气体的热力学温度。

首先，用 MATLAB 创建一个表格，用来显示随气温从 0℃（273.15 K）上升到 50℃（323.15 K）时的空气密度值，令温度的增长幅度为 5℃。

在 MATLAB 命令窗口，输入如下命令：

```
>>Temperature = 0:5:50;
>>Density = 101300./((286.9)*(Temperature+273));
>>fprintf('\n\n');disp('Temperature(C) Density(kg/m^3)');
  disp([Temperature', Density'])
```

在上述命令中，分号（;）禁止了 MATLAB 的自动显示功能。如果输入 Temperature = 0:5:50，后面不加分号，MATLAB 则将温度一行显示出来，即

```
Temperature = 0 5 10 15 20 25 30 35 40 45 50
```

./ 是一个特殊的元素运算符，其作用是告诉 MATLAB 需要对每个温度值进行相除操作。

在 disp 命令中，变量后的单引号 Temperature' 和 Density' 的作用是将以行方式存储的温度值与密度值在显示前转化成列的格式。就像在第 2 章里解释的一样，在矩阵操作中将矩阵的行转换成列，称之为矩阵的转置。例 F.2 的结果如图 F.3 所示。注意，这里温度值和密度值是以列矩阵的形式显示的。此外，还需注意命令 fprintf 和 disp 的用法。

此例说明了元素与元素间的相除操作，其他运算符参见表 F.4。

```
>> Temperature = 0:5:50;
>> Density = 101300./((286.9)*(Temperature+273));
>> fprintf('\n\n');disp('   Temperature(C)     Density(kg/m^3)');disp([Temperature',Density'])


   Temperature(C)     Density(kg/m^3)
              0              1.29
           5.00              1.27
          10.00              1.25
          15.00              1.23
          20.00              1.21
          25.00              1.18
          30.00              1.17
          35.00              1.15
          40.00              1.13
          45.00              1.11
          50.00              1.09

fx >> |
```

图 F.3　例 F.2 的结果

F.6　矩阵运算

表 F.5 给出了 MATLAB 针对矩阵运算与操作的运算符。在本附录后面，将用例 F.9 和例 F.10 来说明如何进行 MATLAB 矩阵运算。

表 F.5　MATLAB 的矩阵运算

操　　作	运算符或命令	示例(已定义的矩阵 A 和矩阵 B)
加	+	A+B
减	−	A−B
乘	*	A*B
转置	矩阵名	A′
求逆	inv(矩阵名)	inv(A)
行列式	det(矩阵名)	det(A)
特征值	eig(矩阵名)	eig(A)
矩阵左除(用高斯消元法求解线性方程组)	\	参见例 F.10

例 F.3　用 MATLAB 建立一个所得存款利息与存款数目之间的关系表，如表 F.6 所示。

表 F.6　存款利息与存款数目之间的关系表

存款数目	存款利率			
	0.06	0.07	0.075	0.08
1000	60	70	75	80
1250	75	87.5	93.75	100
1500	90	105	112.5	120
1750	105	122.5	131.25	140
2000	120	140	150	160
2250	135	157.5	168.75	180
2500	150	175	187.5	200
2750	165	192.5	206.25	220
3000	180	210	225	240

此表的建立过程与建立表 F.6 的过程类似，输入如下命令：

```
    >>format bank
    >>Amount = 1000:250:3000;
    >>Interest-Rate = 0.06: 0.01: 0.08;
    >>Interest-Earned = (Amount')*(Interest-Rate);
    >>fprintf('\n\n\t\t\t\t\t\t\t Interest Rate');fprintf('\n\t Amount\
t\t'); ...
    fprintf('\t\t\t%g', Interest_Rate); fprintf('\n'); disp([Amount', Interest_
Earned])
```

注意，在命令行中的三点省略号(...)是连续标记，表示在这个命令行后面还有其他的命令紧随其后。注意命令 fprintf 和 disp 的用法。例 F.3 最后的结果如图 F.4 所示。

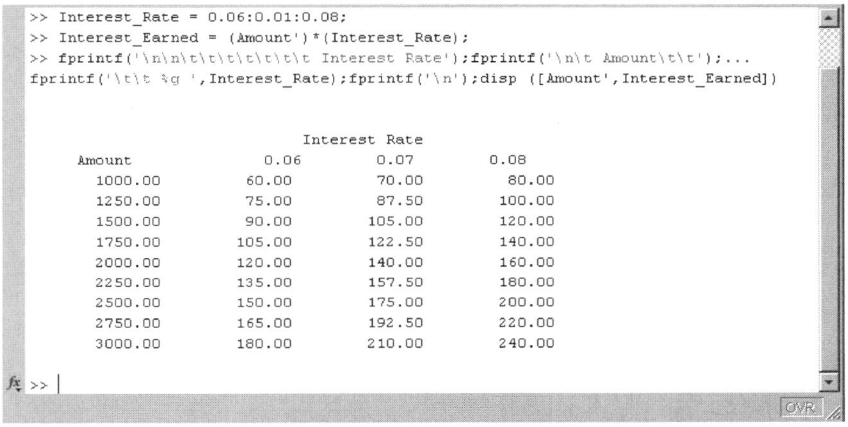

```
>> Interest_Rate = 0.06:0.01:0.08;
>> Interest_Earned = (Amount')*(Interest_Rate);
>> fprintf('\n\n\t\t\t\t\t\t\t Interest Rate');fprintf('\n\t Amount\t\t');...
fprintf('\t\t %g ',Interest_Rate);fprintf('\n');disp ([Amount',Interest_Earned])


                        Interest Rate
   Amount           0.06        0.07        0.08
     1000.00        60.00       70.00       80.00
     1250.00        75.00       87.50      100.00
     1500.00        90.00      105.00      120.00
     1750.00       105.00      122.50      140.00
     2000.00       120.00      140.00      160.00
     2250.00       135.00      157.50      180.00
     2500.00       150.00      175.00      200.00
     2750.00       165.00      192.50      220.00
     3000.00       180.00      210.00      240.00

>>
```

图 F.4　例 F.3 中的命令及结果

F.7　使用 MATLAB 函数

MATLAB 提供了许多内部函数用于分析数据，这些函数广泛应用于数学、三角几何、统计和逻辑功能等各种范畴。MATLAB 还提供了一个帮助菜单，用户可以从帮助菜单中获取各种命令和函数的信息。用户在函数名前面输入 help 就可以了解到使用这个函数的详细说明。

表 F.7 中列出了常用 MATLAB 函数的用法、例子及说明，同时请参考例 F.4。

例 F.4　下面的一组数值将用于介绍 MATLAB 的内部函数。Mass = [102 115 99 106 103 95 97 102 98 96]。

在表 F.7 中，函数的最终结果会显示在“结果”列中。

表 F.7　工程分析中常用的一些 MATLAB 函数

函　数	说　明	举　例	结　果
sum	数组求和	sum(Mass)	1013
mean	求数组的平均值	mean(Mass)	101.3
max	求数组中的最大值	max(Mass)	115
min	求数组中的最小值	min(Mass)	95
std	计算数组的标准差	std(Mass)	5.93

续表

函　　数	说　　明	举　　例	结　　果
sort	按升序对数组排序	sort(Mass)	95 96 97 98 99 102 102 103 106 115
pi	圆周率 π	pi	3.14151926535897...
tan	正切函数，单位必须是弧度	tan(pi/4)	1
cos	余弦函数，单位必须是弧度	cos(pi/2)	0
sin	正弦函数，单位必须是弧度	sin(pi/2)	1

MATLAB 的其他函数如表 F.8 所示。

表 F.8　MATLAB 的其他函数

sqrt(x)	x 值的平方根
factorial(x)	阶乘函数，例如 factorial(5)会得到：(5)(4)(3)(2)(1) = 120
反三角函数	
acos(x)	反余弦函数，已知余弦值，返回角度值
asin(x)	反正弦函数，已知正弦值，返回角度值
atan(x)	反正切函数，已知正切值，返回角度值
指数函数与对数函数	
exp(x)	自然指数函数 e^x
log(x)	自然对数函数，x 必须大于 0
log10(x)	以 10 为底的对数函数
log2(x)	以 2 为底的对数函数

例 F.5　使用 MATLAB 计算表 F.9 中水密度的平均值和标准差。

表 F.9　例 F.5 的数据

A 组水的密度 ρ(kg/m³)	B 组水的密度 ρ(kg/m³)	A 组水的密度 ρ(kg/m³)	B 组水的密度 ρ(kg/m³)
1020	950	950	900
1015	940	975	1040
990	890	1020	1150
1060	1080	980	910
1030	1120	960	1020

例 F.5 的计算结果如图 F.5 所示。

MATLAB 命令如下：

```
>>Density_A = [1020 1015 9901 0601 0309 5097 5102 0980 960];
>>Density_B = [9509 4089 0108 0112 0900 1040 1150 9101 020];
>>Density_A_Average = mean(Density_A)
Density_A_Average =
    1000.00
>>Density_B_Average = mean(Density_B)
Density_B_Average =
    1000.00
>>Standard_Deviation_For_Group_A = std(Density_A)
```

```
Standard_Deviation_For_Group_A =
    34.56
>>Standard_Deviation_For_Group_B = std(Density_B)
Standard_Deviation_For_Group_B =
    95.22
>>
```

```
>> Density_A = [1020 1015 990 1060 1030 950 975 1020 980 960];
>> Density_B = [950 940 890 1080 1120 900 1040 1150 910 1020];
>> Density_A_Average = mean(Density_A)

Density_A_Average =

        1000.00

>> Density_B_Average = mean(Density_B)

Density_B_Average =

        1000.00

>> Standard_Deviation_For_Group_A = std(Density_A)

Standard_Deviation_For_Group_A =

        34.56

>> Standard_Deviation_For_Group_B = std(Density_B)

Standard_Deviation_For_Group_B =

        95.22
```

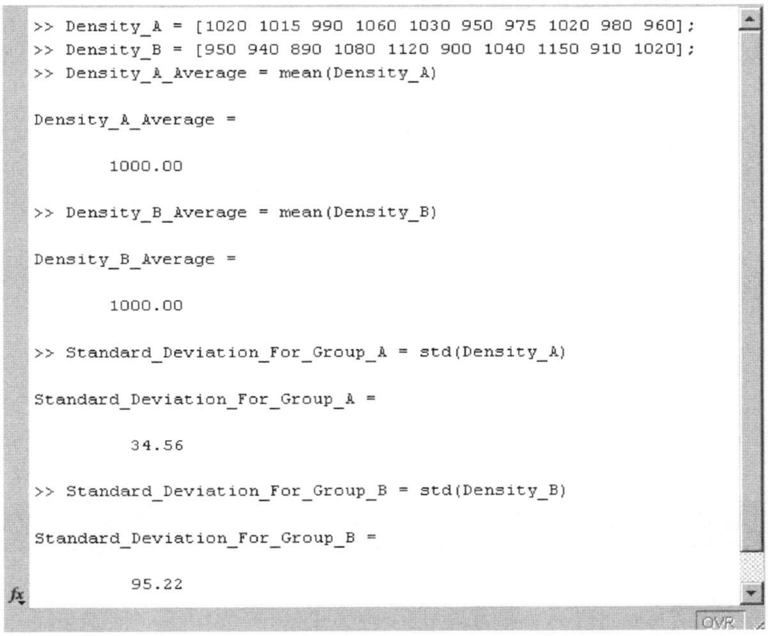

图 F.5　例 F.5 的 MATLAB 命令窗口

F.8　循环语句—— for 命令和 while 命令

编写计算机程序时，通常会有一行或一段程序需要重复执行多次，为此，MATLAB 提供了 for 命令和 while 命令来执行这样的循环任务。

for 循环

利用 for 循环，用户可按规定的次数重复执行一行或一段代码。for 循环的语法规则如下：

```
for index = 起始值：增量值：终止值
    一行或一段程序代码
end
```

例如，计算 x 等于 22.00，22.50，23.00，23.50 和 24.00 时函数 $y = x^2 + 10$ 的值，其计算结果为 494.00，516.25，539.00，562.25 和 586.00。MATLAB 代码如下所示：

```
x = 22.0;
for i = 1:1:5
```

```
y=x^2+10;
disp([x',y'])
x = x + 0.5;
end
```

注意，在这个例子中，索引变量是整数 i，其起始值是 1，增量为 1，终止值是 5。

while 循环

利用 while 循环，在遇到指定情况之前可重复执行一行或一段代码。while 循环的语法规则如下：

```
while 控制条件
    一行或一段程序代码
end
```

在 while 命令中，只要控制条件语句为真，就继续执行下面的代码。对上面的例子，用 while 命令写成的 MATLAB 代码如下：

```
x = 22.0;
while x <= 24.00
    y=x^2+10;
    disp([x',y'])
    x = x + 0.5;
end
```

符号<=表示小于等于的意思，称之为关系运算符或比较运算符，随后将介绍 MATALB 的关系和逻辑运算符。

F.9 MATLAB 的关系运算符和条件语句

本节将介绍 MATLAB 中的关系运算符和条件语句。关系或比较运算符允许检验各变量的相对大小。关系运算符如表 F.10 所示，例 F.6 中给出了这些关系运算符和条件语句的使用示例。

表 F.10 MATLAB 的关系运算符及其说明

关系运算符	含　　义
<	小于
<=	小于或等于
==	等于
>	大于
>=	大于或等于
~=	不等于

条件语句——if，else

编写计算机程序时，当一个或一组条件满足(为真)时，才可以执行下一行或一段代码，为此，MATLAB 提供了 if 和 else 语句。

if 语句

if 是最简单的条件控制语句,当 if 语句后面所跟的表达式为真时,才会执行后面的程序。if 语句的语法规则如下:

```
if expression
    一行或一段程序代码
end
```

例如,有 10 个成绩分别为 85,92,50,77,80,59,65,97,72,40,需要写段代码将成绩低于 60 的分数显示出来。关于这个例子的 MATLAB 代码可写成如下形式:

```
scores=[85 92 50 77 80 59 65 97 72 40];
for i=1:1:10
    if scores (i) <60
        fprintf('\t %g \t\t\t\t\t FAILING\n', scores (i))
    end
end
```

if, else 语句

else 语句允许 if 语句的表达式不为真时执行其他程序代码。例如,不仅要显示分数低于 60 分的成绩,还要显示已通过的成绩。则可按如下方式对上面的代码进行修改:

```
scores=[85 92 50 77 80 59 65 97 72 40];
for i=1:1:10
    if scores (i) >=60
        fprintf('\t %g \t\t\t\t\t PASSING\n', scores (i));
    else
        fprintf('\t %g \t\t\t\t\t FAILING\n', scores (i))
    end
end
```

在 MATLAB 的命令窗口,读者可自己验证此例。

此外,MATLAB 还提供 elseif 命令,此命令需要与 if 与 else 语句配合使用。想了解 elseif 更多信息,请用 MATLAB 的帮助菜单,输入 help elseif 命令。

例 F.6　如图 F.6 所示,管道与一个控制阀相连,这个控制阀在管道的压力达到 20 psi 时会自动打开。现记录不同时间的表盘读数,试利用 MATLAB 的关系运算符和条件语句建立一个表,显示控制阀开与关的状态。

控制阀

图 F.6　例 F.6 的管道示意图

例 F.6 的解决方案如图 F.7 所示,其程序代码如下:

```
>>pressure = [20 18 22 26 19 19 21 12];
>>fprintf(' \t Line Pressure(psi)\t Valve Position\n\n'); for i = 1:8
if pressure(i)> = 20
fprintf(' \t%g\t\t\t\t\t OPEN\n', pressure(i))
```

```
else
fprintf('  \t %g\t\t\t\t\t CLOSED\n' , pressure(i))
end
end
```

```
>> pressure=[20 18 22 26 19 19 21 12];
>> fprintf('\t Line Pressure (psi) \t Valve Position\n\n');for i=1:8
if pressure(i) >=20
fprintf('\t %g \t\t\t\t\t OPEN\n',pressure(i))
else
fprintf('\t %g \t\t\t\t\t CLOSED\n',pressure(i))
end
end
     Line Pressure (psi)        Valve Position

     20                         OPEN
     18                         CLOSED
     22                         OPEN
     26                         OPEN
     19                         CLOSED
     19                         CLOSED
     21                         OPEN
     12                         CLOSED
fx >> |
```

图 F.7　例 F.6 的运行结果

F.10　M 文件

前面已经介绍过，对一些简单的操作，可以直接在 MATLAB 的命令窗口中输入变量或命令。然而，对一些比较长的程序，就需要用到 M 文件，之所以被称为 M 文件，是因为其文件名后缀为.m。用户可以用任何文本编辑器或 MATLAB 自带的编辑器/调试器创建 M 文件。为了创建 M 文件，首先要打开 M 文件编辑器，这时 MATLAB 会创建一个新窗口，用户可以在里面输入程序。在输入程序时，会注意到 MATLAB 在窗口的左侧一列标注行编号，这有助于用户调试程序。如果要保存文件，可选择菜单 File→Save 命令并输入文件名。文件名必须以字母开头，中间可包括数字和其他字符。不过要注意的是，不要使自己的文件名与 MATLAB 的命令同名。要看一个文件是否与 MATLAB 命令同名，可以在 MATLAB 的命令窗口中输入 exist('文件名')。选择 Debug→Run（或按 F5 键）即可运行程序。不过，一般不建议通过直接运行程序去查找其中的错误，用户完全可以先用调试器找出程序中的错误。想要了解更多关于调试的信息，在 MATLAB 命令窗口输入 help debug 命令即可。

例 F.7　Pascal 七岁时，提出了计算 $1, 2, 3, \cdots, n$ 之和的公式为 $n(n+1)/2$。故事是这样的：有一天，老师让他将 1 到 100 之间的数全部加起来，而 Pascal 很快就算出了结果。他求解这个问题的思路如下：

先在第一行写下 1 到 100 这 100 个数字：

　　1　2　3　4 ············· 99　100

接着，再在第二行将这些数从 100 到 1 按逆序写出来：

　　　　100　99　98　97…………2　1

然后，将这两行数中对应的两个数依次相加，即可得到 100 个 101：

　　　　101　101　101　101…………101　101

最后，Pascal 将结果除以 2——因为他写了两次 1 至 100，即得出他的结果：$\dfrac{100 \times 101}{2}$ =

5050。后来，他总结了这种计算方法，并提出了求和公式 $n(n+1)/2$。

　　接下来，用 M 文件编写求解此问题的程序，实现用户输入 n 的值后计算 1 到 n 的和。这个程序的有趣之处在于并不需要用 Pascal 的公式，而用 for 循环语句来解决。先用 MATLAB 编辑器建立程序，将之命名为 For_Loop_Example.m，如图 F.8 所示。在这示例程序中，符号%是注释符，MATLAB 会将%符号后面的任何文本当作注释。另外，读者还会发现，在移动光标时，编辑器右下角会有相应的行号和列号与当前光标位置对应起来，这对调试程序非常有用。之后，选择 Debug→Run 运行程序，运行结果如图 F.9 所示。

```
1     % For_Loop_Example.m
2
3     % Ask the user to input the upper value
4     upper_value=input('please input the upper value of the unmber:');
5     % Set the sum equal to zero
6     sum=0;
7     for k=1:1:upper_value
8         sum=sum+k;
9     end
10    % Print the result
11    fprintf('\n The sum of numbers from 1 to %g is equal to: %g\n', upper_value,sum)
```

图 F.8　例 F.7 的 M 文件

```
Command Window                                    →  ⊞  ↗  ×
    please input the upper value of the unmber:100

     The sum of numbers from 1 to 100 is equal to: 5050
fx  >>
```

图 F.9　例 F.7 的运行结果

F.11　MATLAB 的绘图功能

　　MATLAB 可创建各种形式的图表，如 x-y 图、柱状图(直方图)、等值线或面等。不过，作为工程类学生及未来的见习工程师，用得最多的还是 x-y 图。因此，下面将讲述如何创建一张 x-y 图。

例 F.8　假设有一张 10 cm×10 cm 的纸，问从每个角都切去一个 x cm×x cm 的正方形，并将边折起，其体积最大。对于这个问题，有一个简单的解析解，不过为了演示 MATLAB 的绘图功能，将用 MATLAB 来求解此问题。

　　从纸的每一角切去 x cm×x cm 的正方形后其体积公式为 volume = $(10-2x)(10-2x)x$，且

当 $x=0$ 和 $x=5$ 时其体积为零。因此，x 的取值范围为 0 到 5，使用较小的增量，如 0.1。然后就可以绘制体积关于 x 的变化曲线，并寻找最大的体积。解决这个问题的 MATLAB 命令如下：

```
>>x = 0:0.1: 5;
>>volume = (10-2*x).*(10-2*x).*x;
>>plot(x,volume)
>>title(' Volume as a function of x')
>>xlabel(' x(cm)')
>>ylabel(' Volume(cm^3)')
>>grid minor
>>
```

例 F.8 的 MATLAB 命令窗口如图 F.10 所示，体积关于 x 的图形如图 F.11 所示。

```
>> x = 0:0.1:5;
>> volume = (10-2*x).*(10-2*x).*x;
>> plot (x,volume)
>> title ('Volume as a function of x')
>> xlabel ('x (cm)')
>> ylabel ('Volume (cm^3)')
>> grid minor
fx >>
```

图 F.10　例 F.8 的 MATLAB 命令窗口

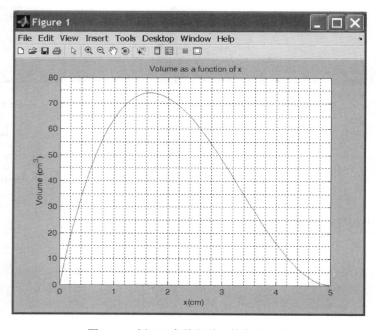

图 F.11　例 F.8 中体积随 x 的变化曲线

现在再来介绍常用的 MATLAB 绘图命令。命令 plot(x,y) 用于在平面上绘制 y 关于 x 的图。用户可用 plot(x,y,s) 命令来设置不同的线型、绘图符号或曲线颜色，其中 s 是一个定义线型、绘图符号或曲线颜色的一个字符串。s 的取值如表 F.11 所示。

表 F.11　MATLAB 的线类型与符号特性

s	颜　　色	s	数据符号	s	线　类　型
b	蓝色	.	点	–	实线
g	绿色	O	圆	:	点线
r	红色	x	x 记号	-.	点画线
c	紫色	+	加号	--	虚线
m	品红色	*	星号		
y	黄色	s	方框		
k	黑色	d	菱形符		
		v	下三角		
		^	上三角		
		<	左三角		
		>	右三角		

例如，使用命令 plot(x,y,'k*-')时，MATLAB 绘出的曲线是黑色实线，每个数据点用*号标记，如果不指定线的颜色，MATLAB 会自动为其指定。

利用 title('text')命令，用户可将文本加在曲线的顶部。xlabel('text')为 X 轴创建一个标题，这时引号内的文本将出现在 X 轴下方；ylabel('text')的功能类似，是为 Y 轴创建标题；grid on 命令(或 grid)可打开网格线；grid off 命令用于关闭网格线。grid minor 命令可用来打开如图 F.11 中的细密的网格线。

一般而言，使用图形属性编辑器会更容易实现。例如，想要加粗曲线，改变曲线的颜色，在数据点处添加符号，可将光标移至曲线上双击鼠标左键。要执行此操作，当前需处于拾取模式下，用户可通过点击打印按钮旁边的箭头来激活拾取模式。在双击曲线之后，可看到该线和标记的编辑窗口。如图 F.12 所示，线的粗细度由 0.5 增加到 2，将线的颜色变为黑色，并将数据点处的标记样式变为菱形。这些新的设置效果如图 F.13 所示。

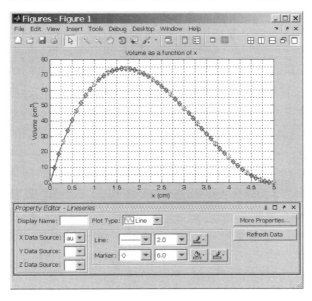

图 F.12　修改例 F.8 属性后的图形

接下来，在 Insert 菜单下选择 Text Arrow 子菜单，添加一个箭头指向体积最大的点处（参见图 F.13），并增加一段文本 "Maximum volume occurs at x = 1.7 cm"。增加后的效果如图 F.14 所示。

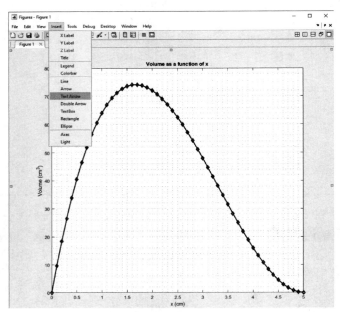

图 F.13　利用插入文本箭头或插入文本选项，即可将箭头或文本添加至图中

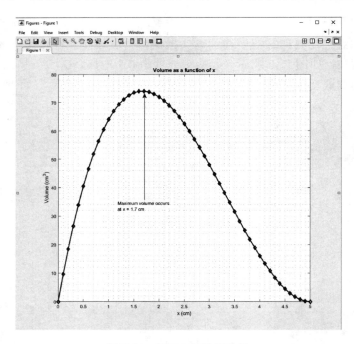

图 F.14　例 F.8 的绘图效果

也可以改变字体的大小和风格，以及使标题或坐标轴标签加粗。为此，先选择要修改的对象，然后从菜单栏选择 Edit，再选择 Current Object Properties...。这样，就可以使用属性编

辑器修改所选对象的属性了，如图 F.15 所示。修改例 F.8 的标题与标签的字体大小及粗度程度后，效果如图 F.16 所示。

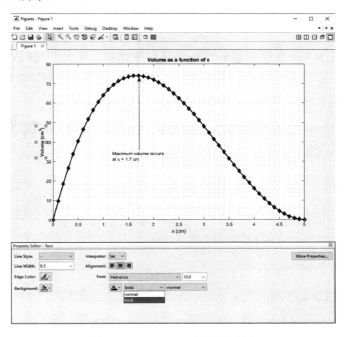

图 F.15　MATLAB 属性编辑器

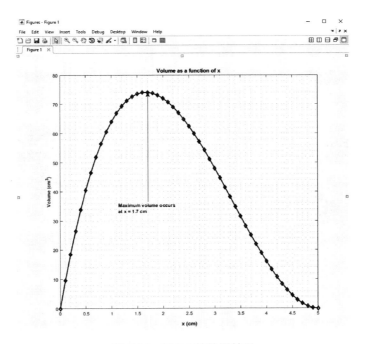

图 F.16　例 F.8 的绘图效果

　　用户也可以用 MATLAB 绘制其他类型的图形，如等值线和面等。此外，还可控制 x 轴和 y 轴的单位值。例如，MATLAB 的 `loglog(x,y)` 命令使用以 10 为底的对数作为 x 轴和 y 轴的单位值。注意，x 和 y 是所要绘制的变量。命令 $\texttt{loglog(x,y)}$ 类似于 $\texttt{plot(x,y)}$，只是使用对数坐标。命令 $\texttt{semilogx(x,y)}$ 或 $\texttt{semilogy(x,y)}$ 仅为 x 轴或 y 轴使用以 10 为底的对数绘制图形。最后要注意的是，用户可以使用 $\texttt{hold}$ 命令在同一图表上绘制多组数据。

　　最后要注意的一点是，当绘制工程图表时，不论是用 MATLAB、Excel、其他绘图软件绘制或手工绘制，工程图表的每个轴都必须标有适当的标签和单位。另外，图表还必须包含带标题的图号，说明该图代表什么。如果有多组数据需要绘制在同一张图表上，该图表还必须包含图例，用以说明该符号代表哪一组数据。

重新计算例 F.2　根据例 F.2 绘图来说明空气的密度与温度之间的关系，命令窗口及所绘制的以温度为变量的空气密度函数如下图所示。

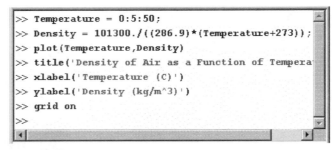

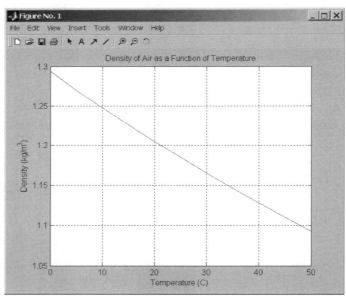

F.12　向 MATLAB 中导入 Excel 和其他数据文件

　　在实际应用中，经常需要将其他程序，如 Excel 中的数据文件导入到 MATLAB 中进行另外的分析。下面将以图 F.17 中给出的 Excel 文件为例，说明如何将数据文件导入到 MATLAB 中。这个文件即为例 F.8 中的数据，有两列，分别是 x 值和与 x 相对应的体积。为了将这个文件导入到 MATLAB 中(见图 F.18)，先从主页选项卡中选择 Import Data，再进入数据文件所在的目录并打开所需文件。MATLAB 就会导入那些数据，并将其分别保存在 x 和 volume 变量中。

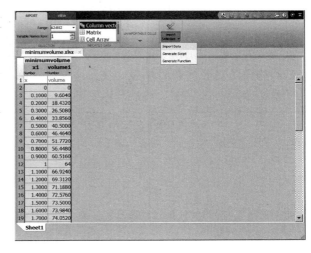

图 F.17　Excel 数据文件　　　　　　　图 F.18　MATLAB 的输入向导选项

按图 F.19 所示，输入命令就可以画出体积关于变量 x 的变化曲线，绘制结果如图 F.20 所示。

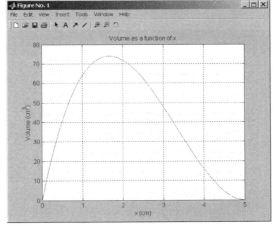

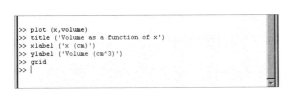

图 F.19　用于绘制图 F.20 中的命令　　　图 F.20　根据从 Excel 文件中导入的数据所绘制的体积
　　　　　　　　　　　　　　　　　　　　　　　　随 x 变化的曲线

F.13　MATLAB 的矩阵计算功能

之前提到过，MATLAB 有多种工具可用于矩阵操作和计算。表 F.5 列出了常用的一些矩阵操作。通过以下的例子来说明这些命令的用法。

例 F.9　假设有矩阵 $A = \begin{bmatrix} 0 & 5 & 0 \\ 8 & 3 & 7 \\ 9 & -2 & 9 \end{bmatrix}$，$B = \begin{bmatrix} 4 & 6 & -2 \\ 7 & 2 & 3 \\ 1 & 3 & -4 \end{bmatrix}$ 和 $C = \begin{bmatrix} -1 \\ 2 \\ 5 \end{bmatrix}$，试用 MATLAB 进行下列计算:

(a) $A + B = ?$，(b) $A - B = ?$，(c) $3A = ?$，(d) $AB = ?$，(e) $AC = ?$，(f) A 的行列式。

下面给出了这些问题的求解过程。读者会发现,在求解过程中,MATLAB 给出的结果以常规字体显示,而用户输入则以粗体字显示。

```
>>A = [0 5 0; 8 3 7; 9 – 2 9]
A =
    0    5    0
    8    3    7
    9   -2    9
>>B = [4 6 – 2; 7 2 3; 1 3 –4]
B =
    4    6   -2
    7    2    3
    1    3   -4
>>C = [–1; 2; 5]
C =
   -1
    2
    5
>>A+B
ans =
    4   11   -2
   15    5   10
   10    1    5
>>A–B
ans =
   -4   -1    2
    1    1    4
    8   -5   13
>>3*A
ans =
    0   15    0
   24    9   21
   27   -6   27
>>A*B
ans =
   35   10   15
   60   75  -35
   31   77  -60
>>A*C
```

```
ans =
    10
    33
    32
>>det(A)
ans =
    -45
>>
```

例 F.10　利用高斯消元法求解下面的线性方程组，可通过用 A 的逆矩阵(未知系数)与矩阵 b(方程组右侧的值)相乘求解得出。

$$2x_1 + x_2 + x_3 = 13$$
$$3x_1 + 2x_2 + 4x_3 = 32$$
$$5x_1 - x_2 + 3x_3 = 17$$

系数矩阵 A 和右侧矩阵 b 分别为

$$A = \begin{bmatrix} 2 & 1 & 1 \\ 3 & 2 & 4 \\ 5 & -1 & 3 \end{bmatrix} \quad 和 \quad b = \begin{bmatrix} 13 \\ 32 \\ 17 \end{bmatrix}$$

为求解这个问题，首先用到 MATLAB 的左除运算符(\)，此操作实质是利用高斯消元法，然后再用 inv 命令来求解。

```
>>A = [2 1 1; 3 2 4; 5 -1 3]
A =
    2    1    1
    3    2    4
    5   -1    3
>>b = [13; 32; 17]
b =
    13
    32
    17
>>x = A\b
x =
    2.0000
    5.0000
    4.0000
>>x = inv(A)*b
x =
    2.0000
    5.0000
    4.0000
```

注意，如果将所得结果 $x_1 = 2$，$x_2 = 5$ 和 $x_3 = 4$ 分别代入上述三个方程，就会发现此结果与线性方程组完全符合，即 $2\times(2)+5+4 = 13, 3\times(2)+2\times(5)+4\times(4) = 32$ 和 $5\times(2)-5+3\times(4) = 17$。

F.14　MATLAB 的曲线拟合

MATLAB 提供了多种曲线拟合方法。下面通过例 F.11 来演示用 MATLAB 从一组数据中如何得到一个最佳方程。在例 F.11 中，用 $\mathrm{polyfit}(\mathrm{x},\mathrm{y},\mathrm{n})$ 命令根据下式确定 n 阶多项式的系数 $(c_0, c_1, c_2, \cdots, c_n)$，使其能够实现对数据的最佳拟合：

$$y = c_0 x^n + c_1 x^{n-1} + c_2 x^{n-2} + c_3 x^{n-3} + \cdots + c_n$$

例 F.11　求解最逼近下列数据的方程。

X	Y
0.00	2.00
0.50	0.75
1.00	0.00
1.50	-0.25
2.00	0.00
2.50	0.75
3.00	2.00

通过绘制这些数据曲线，不难发现 y 与 x 是平方关系(二阶多项式)。为了获得与最逼近给定数据的二阶多项式的系数，输入下列命令：

```
>>format compact
>>x = 0:0.5:3
>>y = [2 0.75 0 -0.25 0 0.75 2]
>>Coefficients = polyfit(x,y,2)
```

例 F.11 的 MATLAB 命令窗口如图 F.21 所示。在执行 $\mathrm{polyfit}$ 命令之后，MATLAB 将返回系数 $c_0 = 1$，$c_1 = -3$ 和 $c_2 = 2$，即求得方程为 $y = x^2 - 3x + 2$。

```
>> format compact
>> x=0:0.5:3
x =
         0    0.5000    1.0000    1.5000    2.0000    2.5000    3.0000
>> y = [2 0.75 0 -0.25 0 0.75 2]
y =
    2.0000    0.7500         0   -0.2500         0    0.7500    2.0000
>> Coefficients = polyfit(x,y,2)
Coefficients =
    1.0000   -3.0000    2.0000
>>
```

图 F.21　例 F.11 的命令窗口

F.15　MATLAB 的符号计算

前几节已讨论过利用 MATLAB 求解带数值的工程问题，本节将简要介绍 MATLAB 的符号功能。在符号计算中，顾名思义，问题和解都是用符号(例如 x 的符号)而非数值来表示的。下面将通过例子来说明 MATLAB 的符号计算功能。

例 F.12　使用下面的函数来演示表 F.12 中所示的符号操作：

$$f_1(x) = x^2 - 5x + 6$$
$$f_2(x) = x - 3$$
$$f_3(x) = (x + 5)^2$$
$$f_4(x) = 5x - y + 2x - y$$

表 F.12 MATLAB 的符号操作示例

函　数	说　明	例　子	结　果
sym	创建符号函数	F1x = sym('x^2-5*x+6') F2x = sym('x-3') F3x = sym('(x+5)^2') F4x = sym('5*x-y+2*x-y')	F1x = x^2-5*x+6 F2x = x-3 F3x = (x+5)^2 F4x = 5*x-y+2*x-y
factor	若可分，则进行因式分解	factor(Fx1)	(x-2)*(x-3)
simplify	函数简化	simplify(F1x/F2x)	x-2
expand	函数展开	expand(F3x)	x^2+10*x+25
collect	表达式化简合并	collect(F4x)	7*x-2*y
solve	求解表达式	solve(F1x)	x = 2 和 x = 3
ezplot(f,min,max)	在 min 和 max 范围内绘制函数 f	ezplot(F1x,0,2)	参见图 F.22

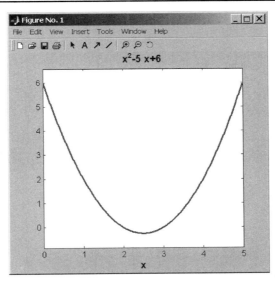

图 F.22 例 F.12 的曲线；参见表 F.12 最后一行

F.16 求解联立线性方程组

在本节，将利用 MATLAB 的符号求解器来得到线性方程组的解。考虑下面包含三个未知变量 x、y 和 z 的线性方程组

$$2x + y + z = 13$$
$$3x + 2y + 4z = 32$$
$$5x - y + 3z = 17$$

在 MATLAB 中，可以用 solve 命令来求解符号方程的解。如前所示，首先定义每一个

方程，然后利用 solve 命令来求解。

```
≫equation1 = '2 * x + y + z = 13';
≫equation2 = '3 * x + 2 * y + 4 * z = 32';
≫equation3 = '5 * x - y + 3 * z = 17';
≫[x,y,z] = solve(equation1,equation2,equation3)
```

求得问题解为 $x = 2$，$y = 5$ 和 $z = 4$。MATLAB 命令窗口如图 F.23 所示。

图 F.23　上例中线性方程组的求解结果

　　正如本附录开头所言，目前有很多教材针对不同问题的求解深入介绍了 MATLAB 的各种功能。在此仅抛砖引玉，为读者介绍一些基础知识，以便读者能熟悉基本操作，编写简单的程序来求解有限元模型。

附录 G Workbench 实例

例 1.4(Workbench 求解) 如下图所示的承受轴向荷载的钢板,求解沿板的挠度和平均应力。假设板的厚度为 1/16 in,弹性模量为 $E = 29 \times 10^6 \ \text{lb/in}^2$。

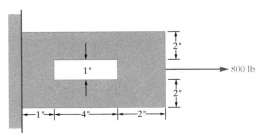

打开 Workbench 19.2,在左侧的工具箱中双击 Static Structural(静态结构),在 Project Schematic 窗口中将会出现 Static Structural 系统,双击第 3 行的 Geometry(几何体)单元。

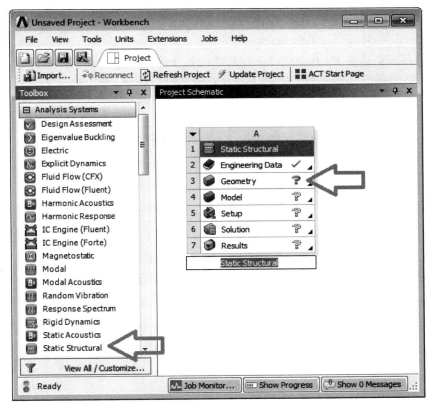

这时将启动 SpaceClaim 程序。

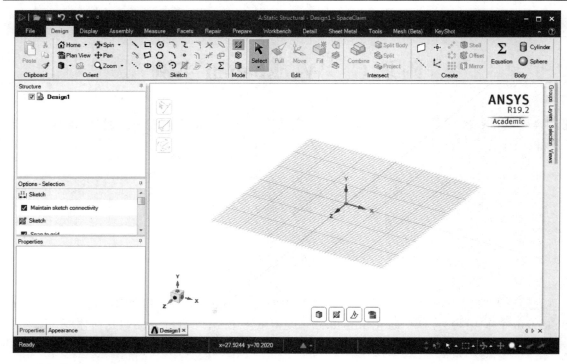

选择菜单 File→SpaceClaim Options。

在左侧的列表中选择 Units（单位）项，并进行如下设置：将 Type（类型）设置为 Imperial，将 Length（长度）设置为 Inches（英寸），滚动至 Grid（表格）部分，将 Minor grid spacing（最小表格间距）设置为 1，然后点击 OK 按钮。

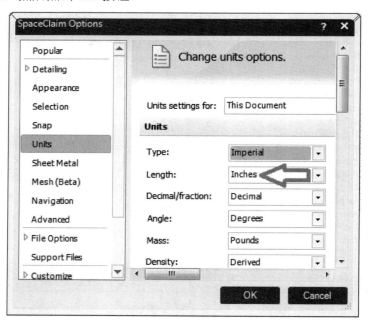

点击 Rectangle（矩形）工具，点击原点并拖出一个 7 in × 5 in 的矩形，然后在内部拖出一个 4 in × 1 in 的矩形。

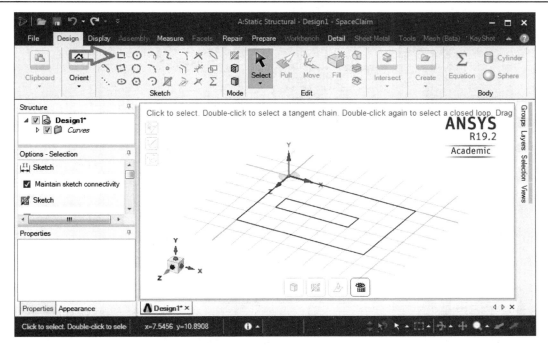

点击 3D Mode 图标，这时几条曲线将组成一个表面，然后点击 Select 工具，选择中心面并按 Delete 键。

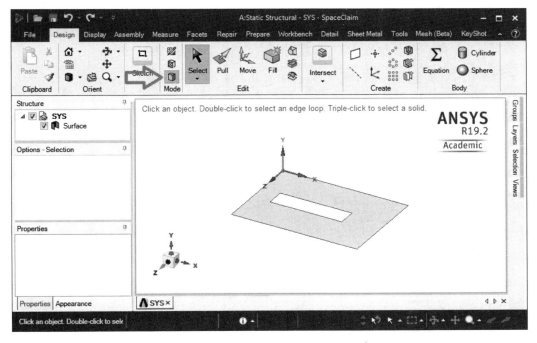

退出 SpaceClaim 程序。在 SpaceClaim 程序中无须保存文件，因为 Workbench 是 SpaceClaim 程序和接下来要启动的 Mechanical 程序的文件管理器。在 Workbench 的 Project Schematic 窗口中，双击 Model（模型）单元启动 Mechanical 程序。

在 Mechanical 程序中选择菜单 Units→U.S. Customary（in, lbm, lbf, *F, s, V, A）。

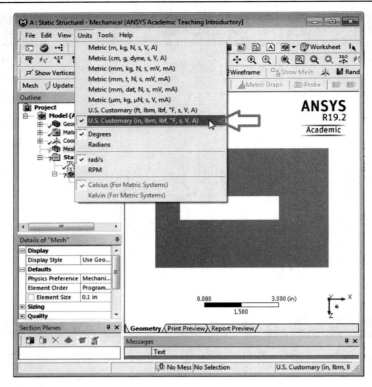

在 Outline(大纲)窗口中展开 Geometry 分支并点击 SYS\Surface。在下面的 Details(详细信息)窗口中，Thickness(厚度)用黄色(各种颜色在书中未体现)突出显示，输入=1/16 并按 Enter 键。

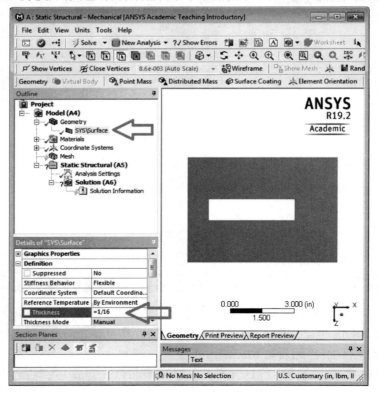

在 Outline 窗口中点击 Mesh（网格）。在 Details 窗口的 Element Size 行输入 0.1 in。右键点击 Mesh，在弹出的菜单中选择 Generate Mesh。

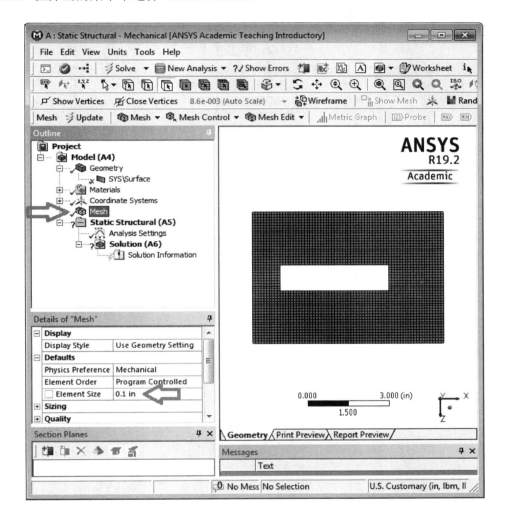

下面显示的工具条中有四种几何体过滤器，分别是 Vertex（顶点）、Edge（边缘）、Face（面）和 Body（体），选择 Edge 过滤器。

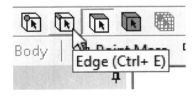

选择要固定的边缘，在点击 Outline 窗口中的 Static Structural 后， Environment 工具条将显示 Inertial、Loads、Supports 等下拉列表。选择 Supports→Fixed Support。

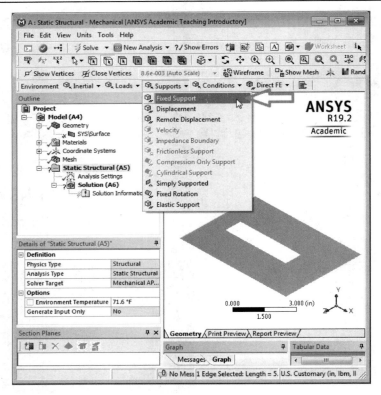

选定施加拉力的边并选择Loads→Force。在 Detail 窗口的Define By 行选择Components(分量)，在 X Component 行输入 800，其他为 0。

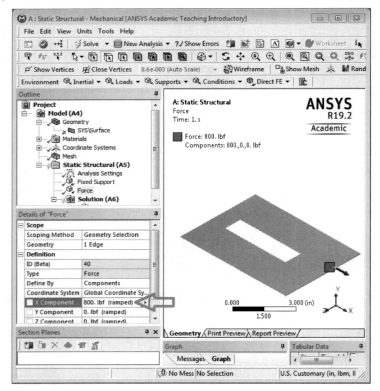

在 Outline 窗口点击 Solution（解决方案）后，在 Solution 工具条上选择 Stress→Normal。

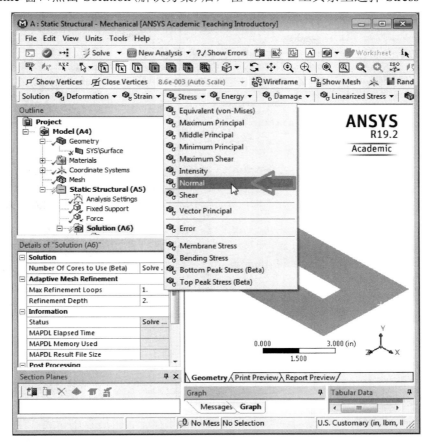

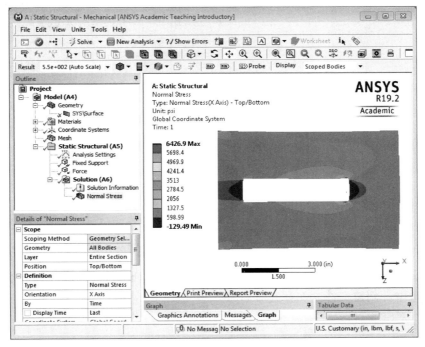

点击 Probe 工具并在板单侧和板末端选定几个点。

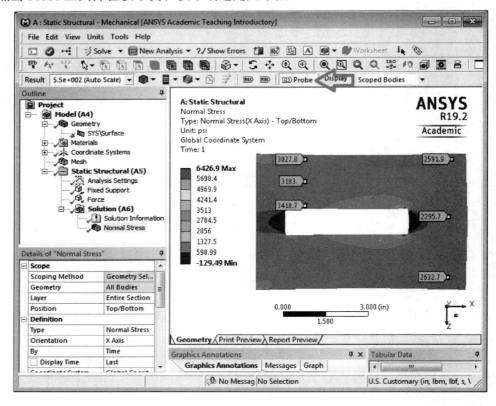

例 1.6（Workbench 求解）　假设将空咖啡壶放置在加热盘上，加热器在壶底产生将近 20 W 的热量，周围的空气温度是 25℃，确定咖啡壶上温度的分布，传热系数 $h = 15$ W/(m²·K)。咖啡壶呈圆柱形，直径为 14 cm，高 14 cm，玻璃厚 3 mm。玻璃的热传导系数 $k = 1.4$ W/(m·K)。

加热盘

启动 Workbench 19.2，从工具箱中将 Steady-State Thermal（稳态热）系统拖至 Project Schematic 窗口中。创建文件，保存并命名为 Example 1.6。

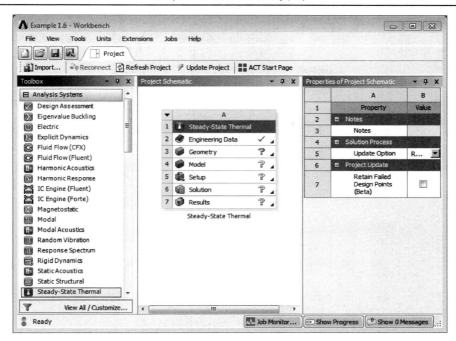

双击 Engineering Data（工程数据）单元，在 "Click here to add a new material" 位置点击并命名为 Glass。

从工具箱中将 Isotropic Thermal Conductivity 项拖至 A 列中的 Glass 处。Unit 列是一个下拉列表，可以选定当前单位。如果尚未设置，可以展开下拉列表并选择 Wm^-1C^-1，并在 Glass 的黄色区域中输入 1.4。

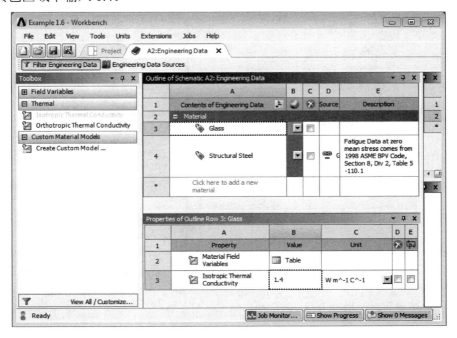

点击 Project 选项卡，在 Steady-State Thermal 系统 A 中双击 Geometry 单元，将会启动 SpaceClaim 程序。选择菜单 File→SpaceClaim Options。

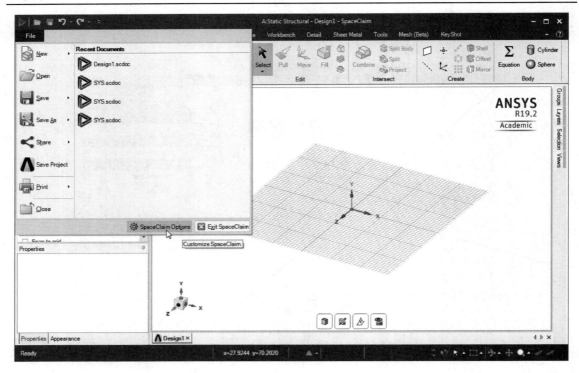

在左侧列表选择 Units，将 Length 的单位设置为 Centimeters。

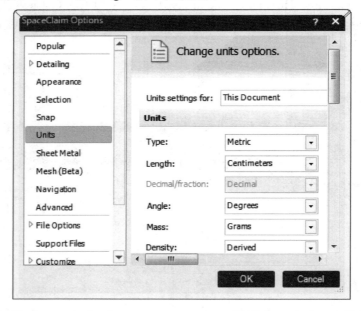

向下滚动鼠标找到 Grid 部分，将 Minor grid spacing 设置为 1，点击 OK 按钮。点击 Circle（圆）工具，然后点击原点并拖出一个直径为 14 cm 的圆。

点击 Pull 工具，圆即被替换为体。在表面上点击，然后点击黄色箭头并向上拉伸，在蓝色文本框中输入 14 并按 Enter 键。

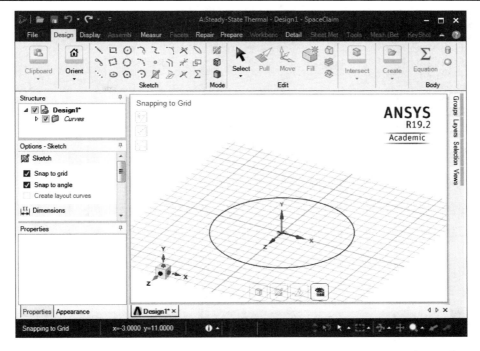

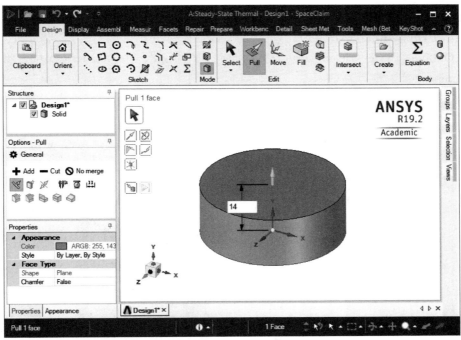

在 Create（创建）工具条中选择 Shell 工具，点击顶面（如果没有被选中则呈橙色状态），将会出现一个显示壁厚度的蓝色文本框，输入 0.3，表示壁厚 3 mm 并按 Enter 键，选中绿色的复选框来完成壳操作。

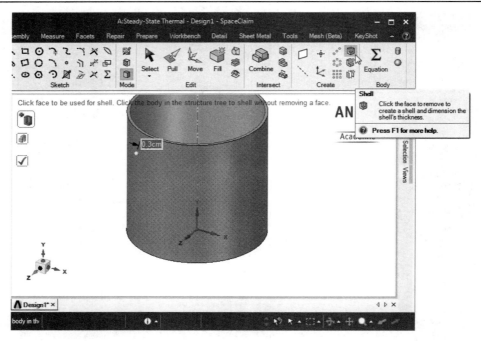

退出 SpaceClaim 程序。

在 Steady-State Thermal 系统 A 中双击 Model 单元，将会启动 Mechanical 程序。程序启动后，选择菜单 Units→Metric（m, etc）。

展开 Outline 窗口中的 Geometry 分支，选定 SYS\Solid。在 Details 窗口中，将 Material 中的 Assignment 参数设置为 Glass。

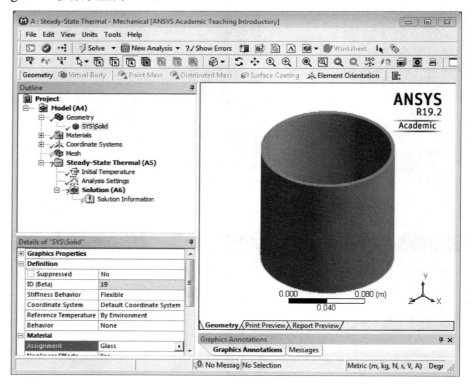

在 Outline 窗口中右键点击 Mesh，并在弹出的菜单中选择 Generate Mesh。除此之外，还有很多种方式可以创建网格以提供更精确的结果。

点击 Rotate(旋转)工具，向上转动容器来观察容器底部。

下面的工具条中给出了四种几何体过滤器：Vertex，Edge，Face 和 Body。这里选择 Face 几何体过滤器。

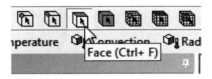

在 Outline 窗口中点击 Steady-State Thermal 分支，在键盘中同时按下 Ctrl + A 键，选中所有面。然后按住 Ctrl 键，点击容器的底部以取消选择。

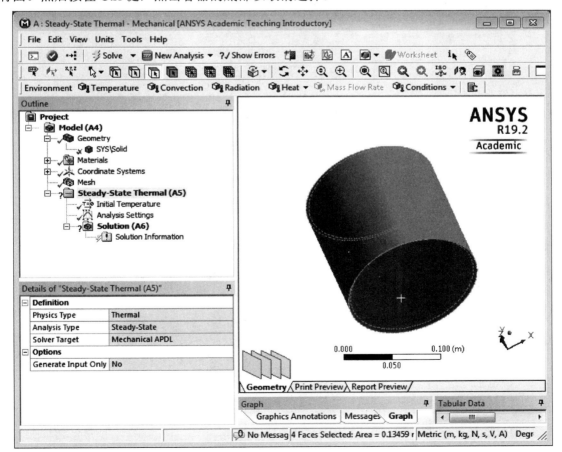

点击 Convection(对流)项，并在 Film Coefficient(膜系数)行中输入 15，以及在 Ambient Temperature(环境温度)行中输入 25。

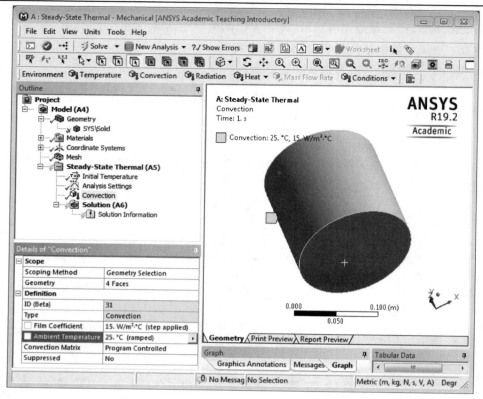

点击容器的底面，然后选择 Heat→Heat Flow，在 Magnitude 行中输入 20。

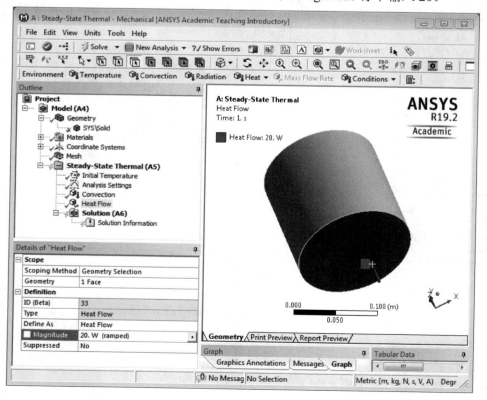

点击 Solution 分支，展开 Thermal 并选中 Temperature 项，点击 Solve 按钮将生成一个等高线图。

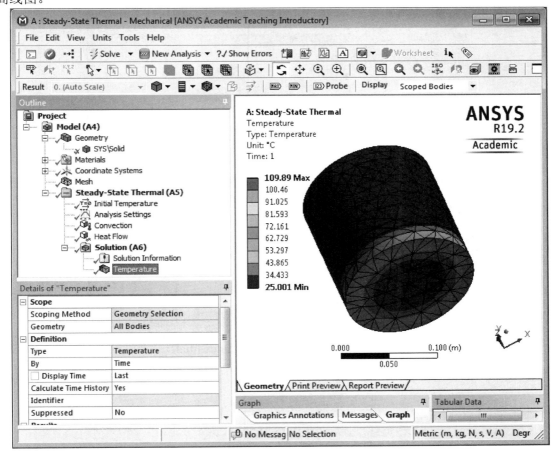

以上即为关于求解咖啡壶问题的过程。

例 3.2（Workbench 求解）　如下图所示，针对例 3.1 中的阳台桁架，求解图示荷载下每个接头的挠度，以及每个杆件的平均应力。假设所有杆件均为木质材料（Douglas 红杉），弹性模量 E = 1.90×10^6 lb/in², 且截面积为 8 in²。下面应用 ANSYS Workbench 来求解这个问题。

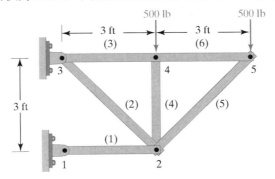

Workbench 中的操作如下，Mechanical APDL 的操作可参考本书第 121 页。

启动 Workbench 19.2，并从工具箱中将 Static Structural 系统拖至 Project Schematic 窗口中。

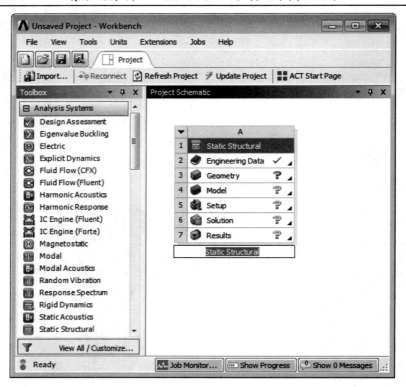

双击 Engineering Data 单元，在"Click here to add a new material"位置点击并输入 wood。

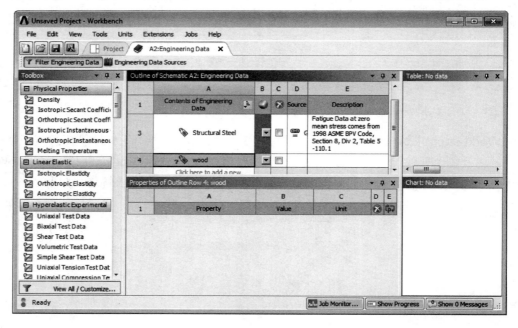

从工具箱中将 Isotropic Elasticity(各向同性弹性)拖至 wood 上，将单位从 Pa 改为 psi，然后在黄色区域的 Young's Modulus(杨氏模量)行中输入 1.9E+06 并按 Enter 键。一个常见的错误就是忘记更换单位。然后在 Poisson's Ratio(泊松比)行输入 0.3。

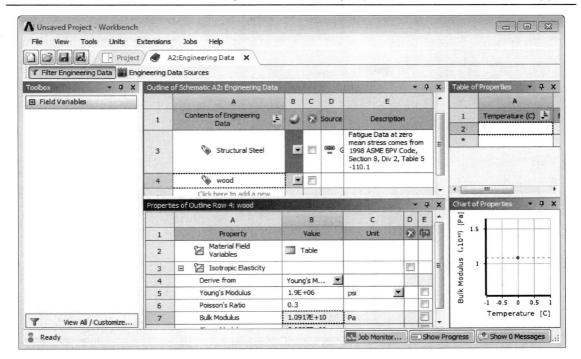

点击 Project 选项卡，双击 Geometry 单元，将会启动 SpaceClaim 程序。

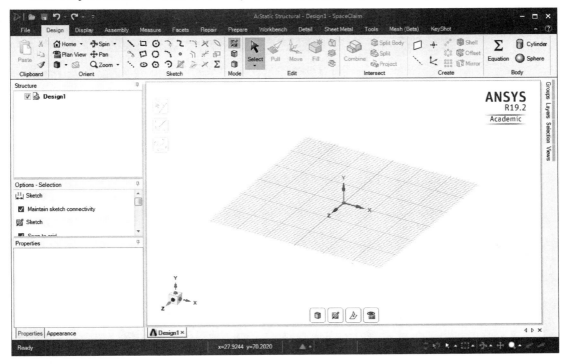

选择菜单 Flie→SpaceClaim Options。

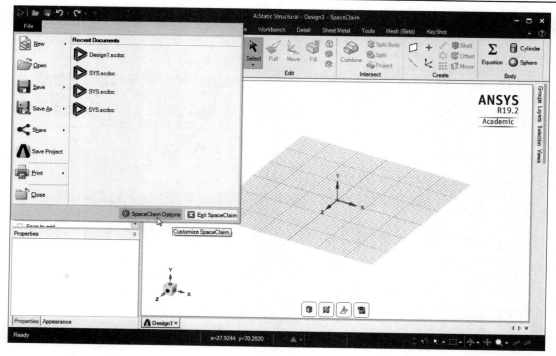

在左侧列表中选择 Units，将 Type 设置为 Imperial，将 Length 设置为 Feet，然后点击 OK 按钮。

点击 Select New Sketch Plane(选择新草图平面)图标，将鼠标放在屏幕中心的坐标系周围。

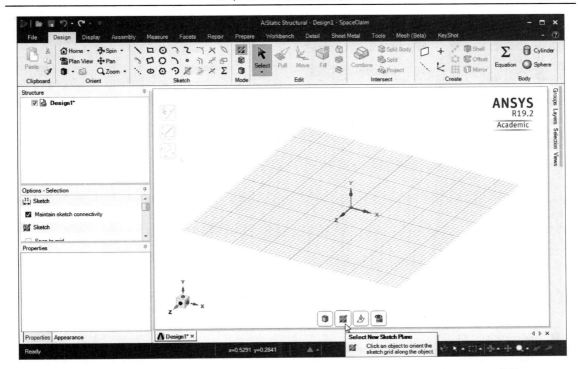

此时可以选择不同的平面。当 X-Y 平面高亮显示时点击，再点击 Plan View 图标。

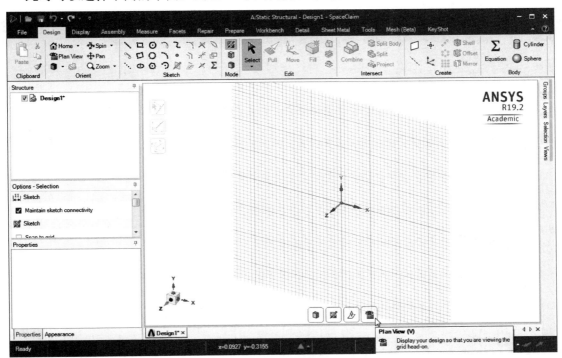

点击 Line 工具。

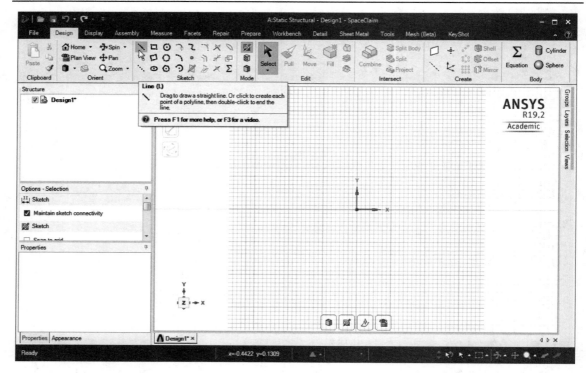

点击 X-Y 坐标系的原点并向右拖动，将会出现一条带有方框的线段。

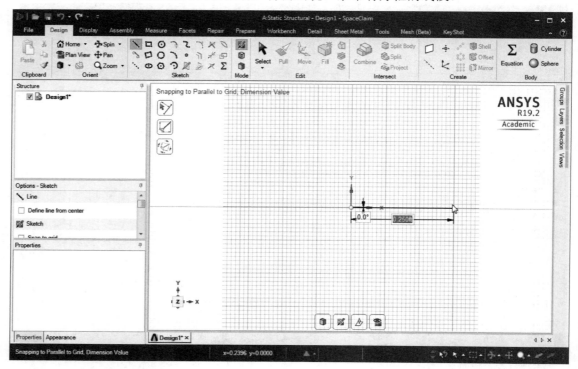

输入数字 3 并按 Enter 键，线将被拉长，视觉上屏幕将会缩小，将鼠标向下移动。

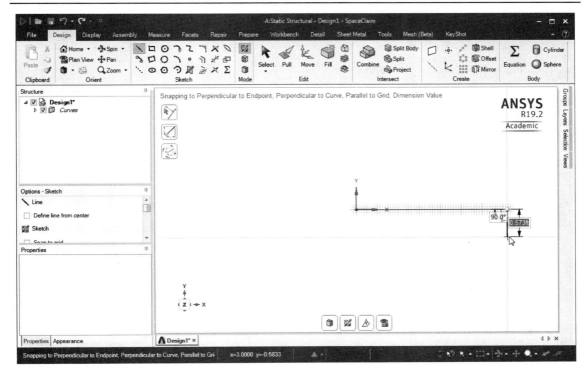

输入数字 3 并按 Enter 键，线将被拉长，视觉上屏幕将会缩小，移动鼠标直至量出 3 in。

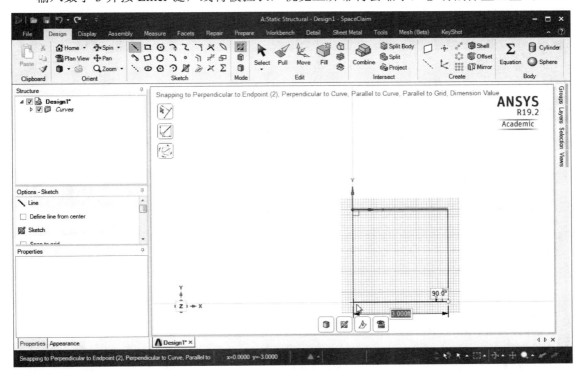

当移动鼠标时，线条仍将继续伸缩，按 Esc 键停止该线条的伸缩。点击原点开始画对角线，点击右下角，以 90 度角向上拖动，直至与 X 轴对齐后再点击。

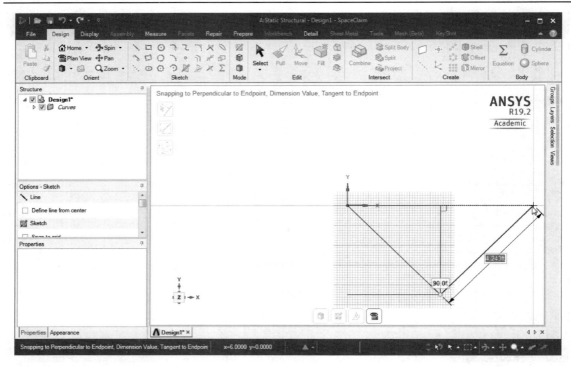

最后，点击垂直线的顶部，按两次 Esc 键。可以按 Z 键缩放至合适的大小。也可以使用滚轮进行缩放，并使用右下角工具条上的 Pan 图标将图形居中显示。

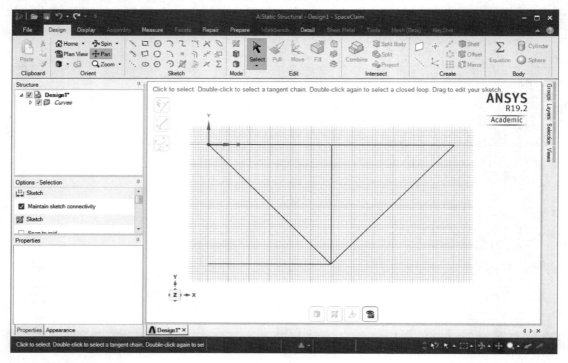

这样就完成了桁架的设计，下面来定义杆件的截面。点击 Prepare 选项卡，然后点击 Profiles（轮廓）图标，选择 Circle 轮廓。

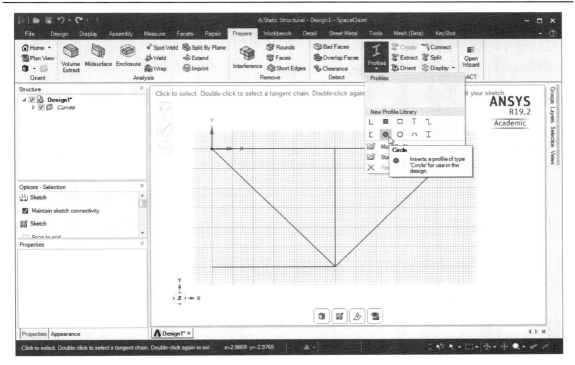

选择菜单 File→SpaceClaim Options，选择 Units 项将 Length 设为 Inches。在左侧的 Structure 窗口中，展开 Beam Profiles（梁轮廓）后点击 Circle。在 Properties 窗口中将显示 Beam Section 的信息，并在 Area 行中输入 8。

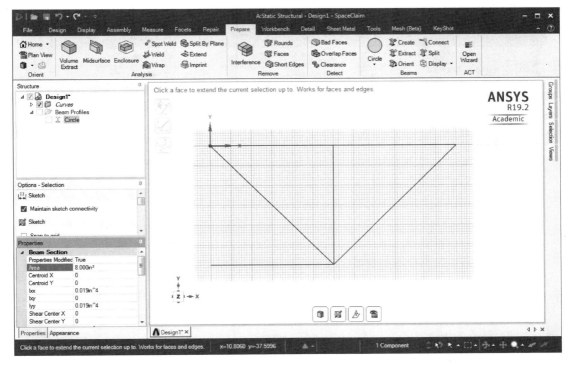

完成 Curves 文件夹中列出的所有线的绘制后，还必须将其转换为梁。该桁架需要 LINK180

单元而不是 Beam 单元，这些将在创建模型的 Mechanical 程序中指定。目前，SpaceClaim 将这些线称为梁没有问题。展开 Curves 文件夹，点击第一条线，按住 Shift 键点击最后一条线，点击 Create 按钮创建梁。

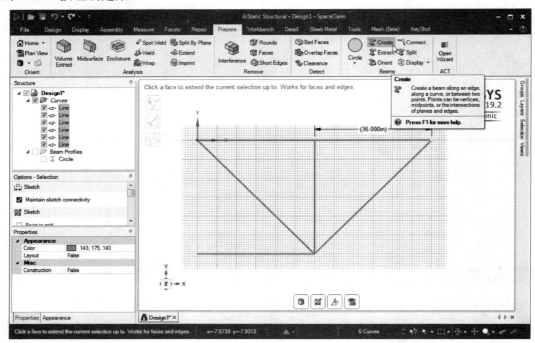

这些线即被替换为梁。

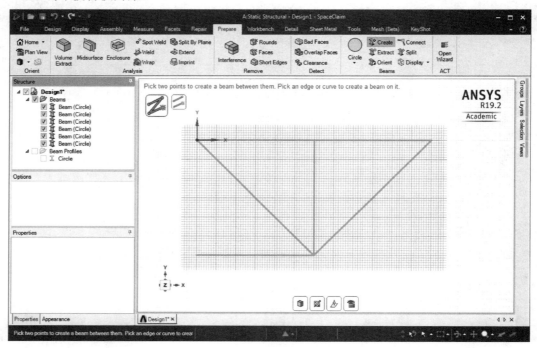

这个几何图形对每个梁都有单独的端点。但这些梁可通过共享一个公共端点以进行互连，

这可以通过以下设置来完成：点击 Design 选项卡，然后点击 Structure 窗口中的顶层名称，将
Properties 窗口中的 Share Topology 参数从 None 改为 Share。

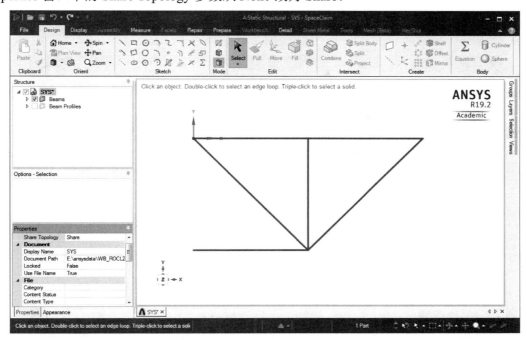

退出 SpaceClaim 程序，双击 Static Structural 系统中的 Model 单元，等待 Mechanical 程序
启动及几何体连接。

在 Mechanical 窗口中，选择菜单 View→Cross Section Solids。

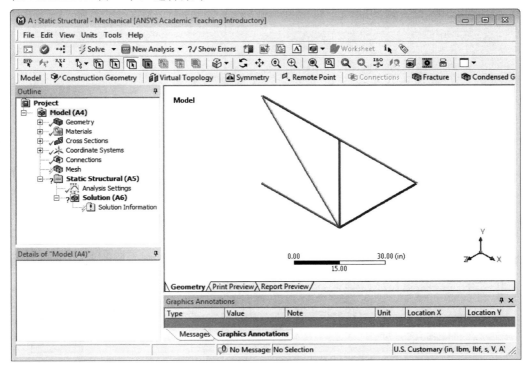

展开 Geometry 分支，点击 Beam (Circles) 项。在 Details 窗口的 Definition 类别中，找到
Model Type 并将其从 Beam 改为 Link。在 Material 类别中，将 Assignment 从 Structural Steel（结
构钢）更改为 wood。为了减少混淆，将 Geometry 分支下的线从 Beam (Circles) 重命名为 Wood
Links。

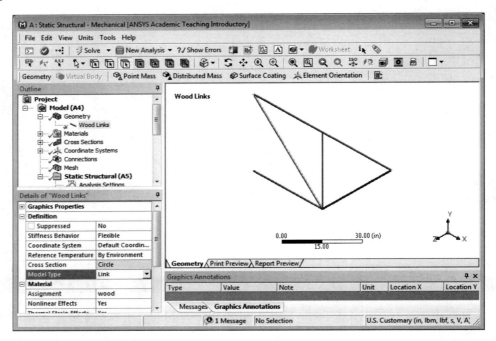

在 Outline 窗口中向下滚动，并点击 Mesh 分支。在 Details 窗口的 Defaults（默认值）类别
中，将 Element Size 设置为 80 in。

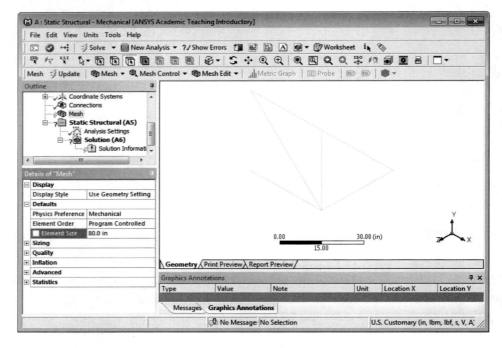

右键点击 Mesh，在弹出的菜单中选择 Generate Mesh 项，点击 Outline 窗口中的 Static Structural 分支。

工具条中给出了四种几何体过滤器：Vertex、Edge、Face 和 Body。这里选择 Vertex 几何体过滤器。

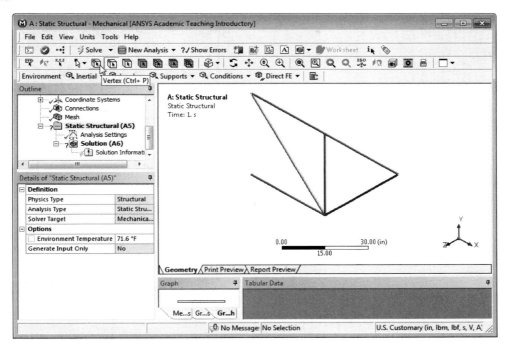

选择上部中心的顶点。在 Environment 工具条上选择 Loads→Force。

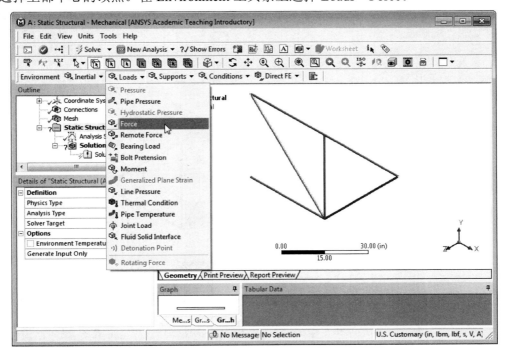

在 Force 的 Details 窗口中，将 Define By 从 Vectors(矢量)改为 Components(分量)，将 Y Component 设置为−500 lbf，这样力将作用于顶点。

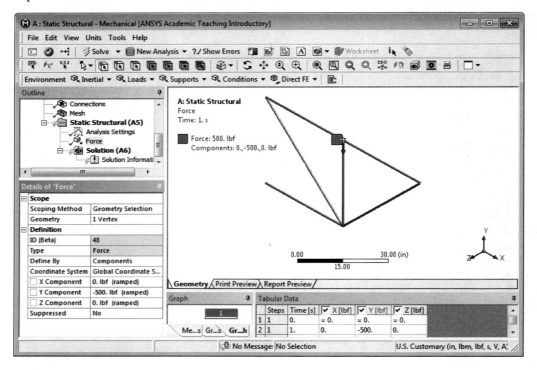

对需要施加荷载的另一个顶点重复上述操作。选择左上角的顶点，在 Supports 下拉列表中选择 Simply Supported 项。对左下角的顶点重复上述操作。

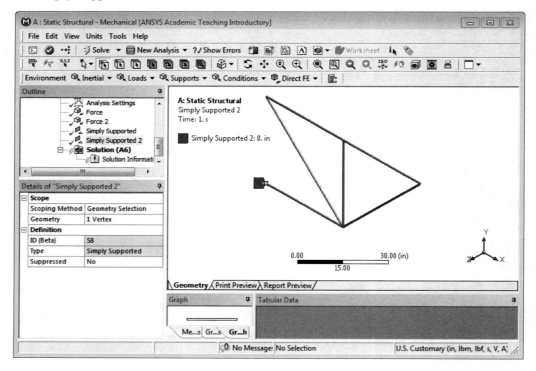

点击 Outline 窗口中的 Solution 分支，点击 Probe 下拉列表并选择 Deformation。选择右上角的顶点，点击 Geometry 旁边的 Apply 按钮。在 Details 窗口的 Options 类别中，将 Result Selection 设置为 Total，并重命名为 Point 5 Total Def。对第 4 个和第 2 个顶点重复上述操作。

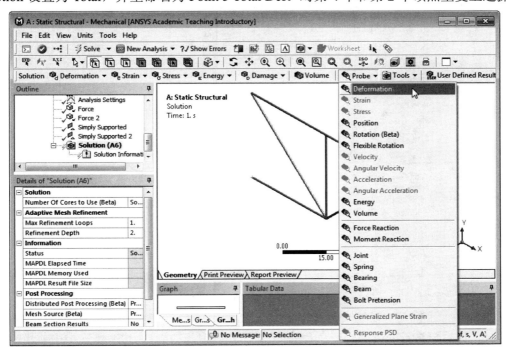

在 Probe 下拉列表中选择 Force Reaction，将 Boundary Condition 的黄色区域选项选为 Simply Supported。对 Simply Supported 2 重复上述操作。

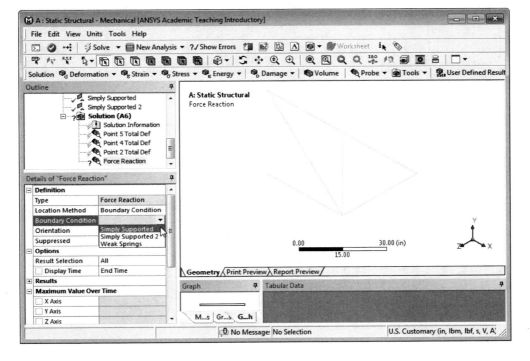

右键点击 Solution，然后在弹出的菜单中选择 Insert→Beam Results→Axial Force，这些选项并不在工具条上。点击 Solve 按钮并等待结果。

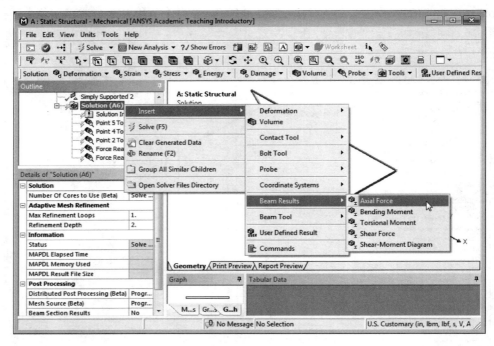

这时，将简要显示一条警告消息（并持续显示在消息窗口中），这个警告与当前模型无关。点击 Axial Force 结果，并点击屏幕右下角三轴中的 Z 轴以调整显示。点击 Probe 图标，然后点击 truss（link）单元，会出现一个标签。依次点击各个单元，直到显示出所有轴向力的值。

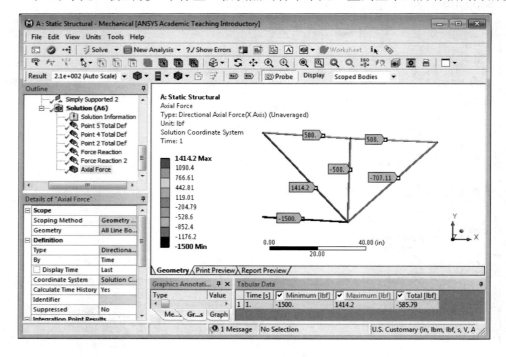

在 Result 工具条上，在数字为 2.1e+002（Auto Scale）的位置处下拉，选择 1.0（True Scale），将更新为实际比例显示。反作用力值显示在 Tabular Data 窗口中。

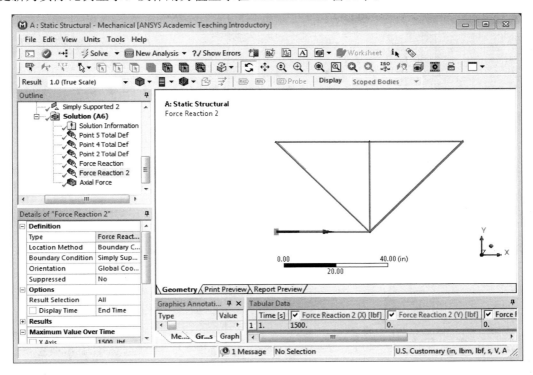

点击 Force Reaction。

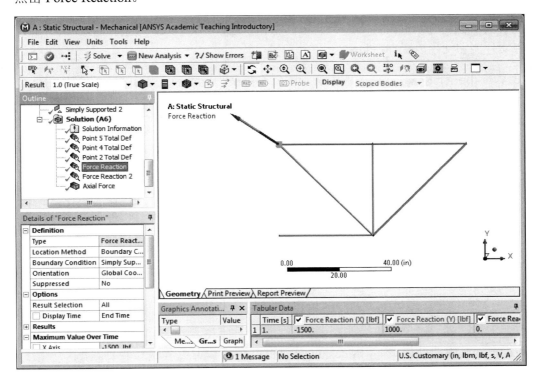

点击 Point 5 Total Def，并在 Tabular Data 窗口中读取变形。同样的步骤可用于查看 Point 4 和 Point 2。如果需要 X 和 Y 分量的变形，可创建额外的变形探测，并将 Result Selection 项设置为 X Component 或 Y Component。

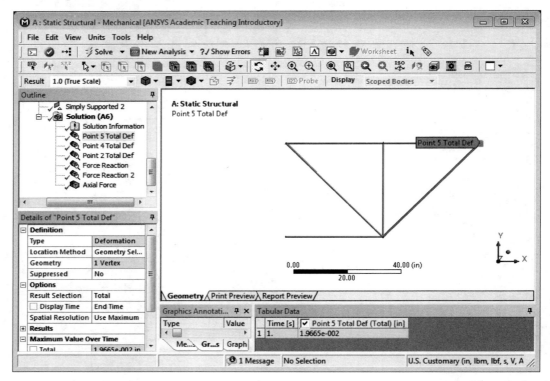

此实例求解到此结束。关闭 Mechanical 窗口，在 Workbench 中选择菜单 File→Save，然后选择文件夹和文件名保存项目。

例 3.3（Workbench 求解）   考虑下图所示的三维桁架，要求确定图中所示荷载作用下节点 2 的挠度。节点在直角坐标系中的坐标如下图所示，单位为英尺；所有杆件材质均为铝质，相应的弹性模量 $E = 10.6 \times 10^6$ lb/in^2，截面积为 1.56 in^2。

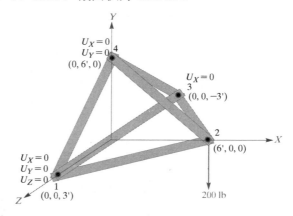

Workbench 中的操作如下，Mechanical APDL 的操作可参考本书第 132 页。

启动 Workbench 19.2，从工具箱中将 Static Structural 系统拖至 Project Schematic 窗口中。

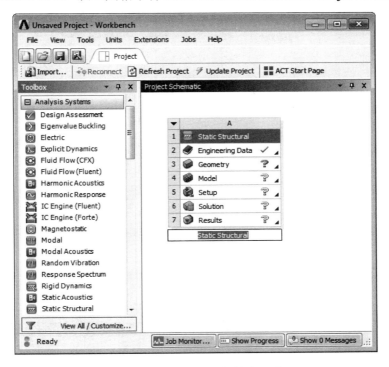

选择菜单 File→Save，并选择项目的文件夹和文件名，如 3D Truss。

双击 Engineering Data 单元，在"Click here to add a new material"位置点击并输入 Aluminum。从工具箱中将 Isotropic Elasticity 拖至 Aluminum 上，将单位从 Pa 改为 psi，在 Young's Modulus 行中输入 1.06E+07，并按 Enter 键。一个常见的错误就是没有更换单位。将 Poisson's Ratio 设置为 0.3。

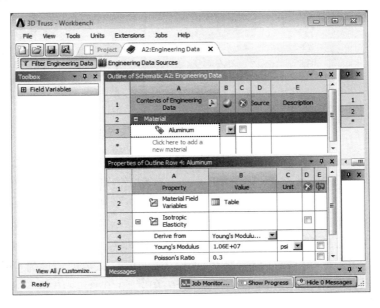

点击 Project 选项卡，双击 Geometry 单元，将会启动 SpaceClaim 程序。

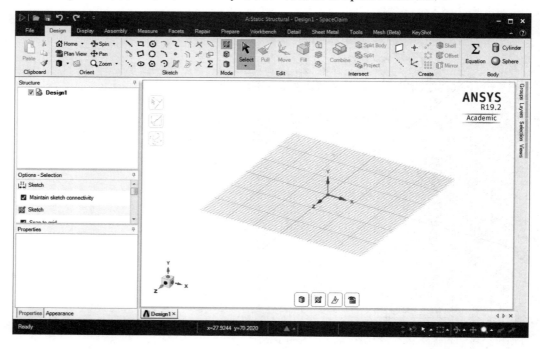

选择菜单 File→SpaceClaim Options，从左侧列表中选择 Units，将 Type 设置为 Imperial，将 Length 设置为 Feet。向下滚动到 Grid，将 Minor grid spacing 设置为 1，将 Number of grid lines per major 设置为 10，点击 OK 按钮。

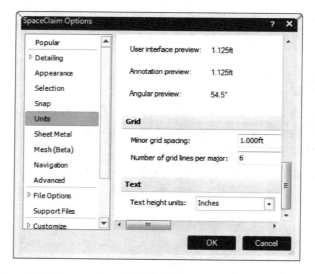

在使用 Workbench 求解例 3.2 时，所有曲线都在一个平面上。而在本例中，曲线位于不同的平面，因此必须在 Options 中选中 Create layout curves 项。如果没有选中此项，则只要选定一个新的平面，SpaceClaim 程序就会将由曲线构成的闭合三角形转换为三角形曲面。

点击 Line 工具并使用 Mesh，通过三个点 $(6, 0, 0)$，$(0, 0, 3)$，$(0, 0, -3)$ 在 X-Z 平面上绘制一个三角形。点击 Cartesian Dimensions，在屏幕上将显示笛卡儿维度信息。

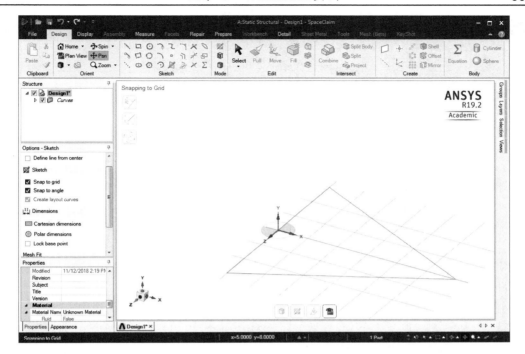

点击 Select New Sketch Plane 图标，并将鼠标悬停在屏幕中心的坐标系周围。

不同的平面都可以被选中。当 Y-Z 平面时高亮显示时点击。然后点击 Line 工具。

移动到 $(0, 0, -3)$ 坐标并点击，然后向上移动到 $(0, 0, 6)$ 坐标处。网格和笛卡儿维度将有助于绘制三角形。

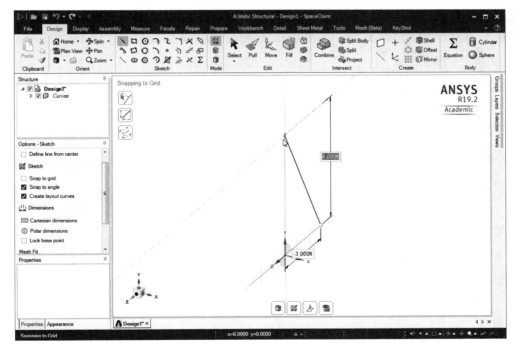

完成三角形的绘制后，按两次 Esc 键。

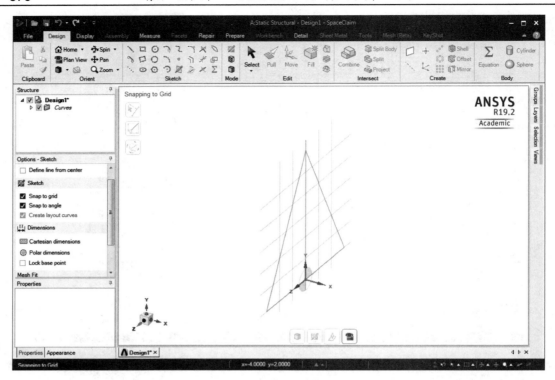

点击 Select New Sketch Plane 图标，将鼠标悬停在屏幕中心的坐标系上，可以选择不同的平面。当 X-Y 平面高亮时点击。然后点击 Line 工具，连接两个端点并按 Esc 键。点击 3D Mode 图标。

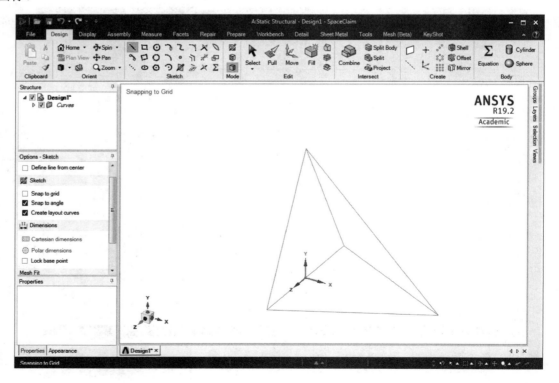

这样就完成了桁架的创建，下面定义桁架杆件的截面。点击 Prepare 选项卡，然后点击 Profiles 图标，选择 Circle 的配置文件。

选择菜单 File→SpaceClaim Options，点击 Units，将 Length 设置为 Inches。在左侧的 Structure 窗口中，展开 Beams 文件夹，点击 Circle，这样在 Properties 窗口中可以看到 Beam Section 和 Area，将 Area 设置为 1.56。

在 Curves 文件夹中绘制线好后，必须将其转换为 Beams。桁架需要 LINK180 单元，而不是 Beam 单元，这些将在创建模型的 Mechanical 程序中指定。就目前而言，SpaceClaim 称这些线路为 Beams 并没有问题。展开 Curves 文件夹，点击第一条线，按住 Shift 键后点击最后一条线，然后点击 Create 按钮创建梁，线即被梁代替。此几何图形对每个梁都有单独的端点，但这些梁可通过共享一个公共端点来进行互连。这可以通过点击 Design 选项卡，点击 Structure 中的顶层名称，将 Properties 窗口中的 Share Topology 参数从 None 更改为 Share 来实现。

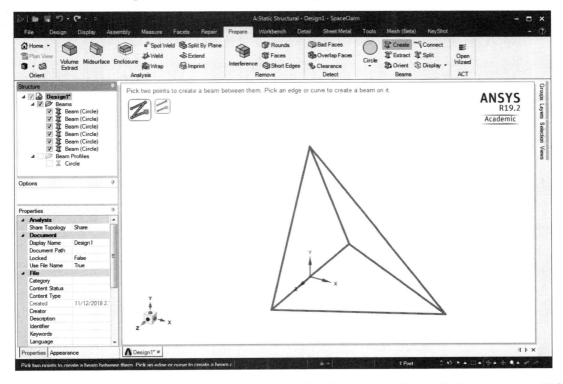

退出 SpaceClaim 程序，双击 Static Structural 系统中的 Model 单元，等待 Mechanical 程序启动及几何体连接。

在 Mechanical 窗口中选择菜单 View→Cross Section Solids。展开 Geometry 分支，点击 Beam (Circle)。在 Details 窗口的 Definition 类别中，找到 Model Type 并将其从 Beam 更改为 Link，在 Material 类别中，将 Assignment 从 Structural Steel 更改为 Aluminum。为了减少混淆，将 Geometry 分支下的线从 Beam (Circle) 重命名为 Aluminum Links。选择菜单 Units→U.S. Customary (in, etc)。

向下滚动 Outline 窗口并点击 Mesh 分支。在 Details 窗口的 Defaults 类别中，将 Element Size 设置为 200 in。

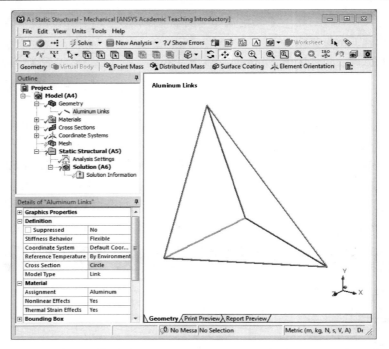

右键点击 Mesh，在弹出的菜单中选择 Generate Mesh，点击 Outline 窗口的 Static Structural 分支。

工具条中给出了四种几何体过滤器：Vertex，Edge，Face 和 Body。这里选择 Vertex 几何体过滤器。

在 Environment 工具条上，选择 Loads→Force。点击顶点 (6, 0, 0)，然后点击 Apply 按钮。在 Details 窗口中，将 Define By 参数从 Vectors 更改为 Components，将 Y Component 设置为–200 lbf。

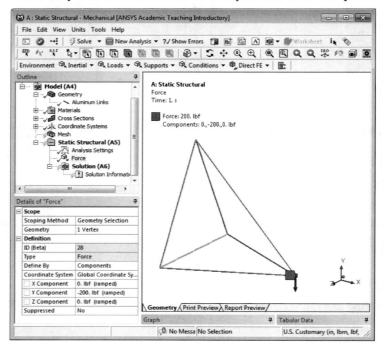

在 Supports 下拉列表中选择 Simply Supported。点击顶点 (0, 0, 3)，然后点击 Scope 类别的 Geometry 线上的 Apply 按钮。在 Supports 下拉列表中选择 Displacement。点击顶点 (0, 0, 3)，然后点击 Apply 按钮。将 X Component 设置为 0，其他分量选择 Free。

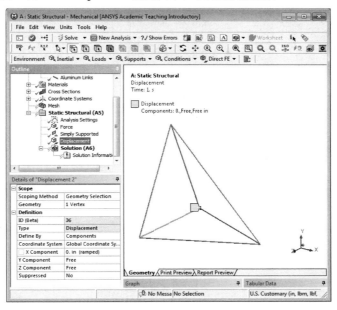

点击顶点 (0, 6, 0)，在 Supports 下拉列表中选择 Displacement。如果首先选定顶点，则不必点击 Apply 按钮。将 X Component 设置为 0，将 Y Component 设置为 0，将 Z Component 设置为 Free。

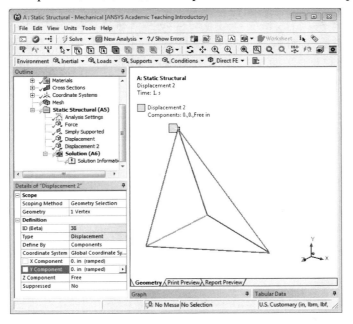

选择顶点 Point 2。点击 Outline 窗口中的 Solution 分支，在 Probe 下拉列表中选择 Deformation。在 Details 窗口的 Option 类别中，将 Result Selection 设置为 Total。将结果 Deformation Probe 重命名为 Point 2 Total Def，点击 Solve 按钮并等待。

此时，将显示一条警告消息(并持续显示在消息窗口中)，但与此模型无关。

点击 Point 2 Total Def，并在 Tabular Data 窗口中读取变形。如果需要 X 和 Y 分量的变形，可创建额外的 Deformation Probe，并将 Result Selection 设置为 X Component 或 Y Component。

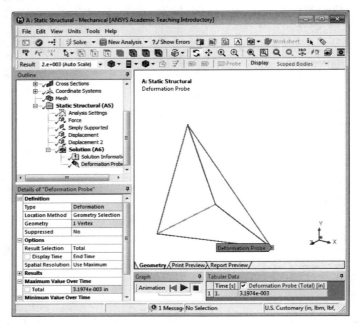

此实例求解到此结束。关闭 Mechanical 窗口，然后在 Workbench 中选择菜单 File→Save。

例 4.5(Workbench 求解) 使用 ANSYS Workbench 重新求解悬臂桁架问题。

回想一下，车架是钢制的，$E = 30 \times 10^6$ lb/in^2。两个构件各自的截面积和面积的二次矩如图 4.13 所示(为方便起见，在图 4.17 中重复给出)，构件深度为 12.22 in。桁架两端如图所示固定。确定框架在给定分布荷载下的挠度和转角。

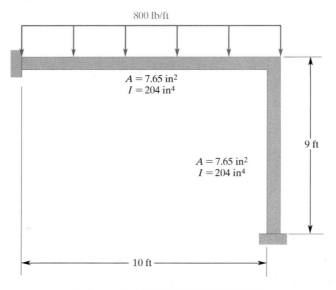

图 4.17 均布荷载作用下的悬臂框架

Workbench 中的操作如下，Mechanical APDL 的操作可参考本书第 172 页。

启动 Workbench19.2，从工具箱中将 Static Structural 系统拖至 Project Schematic 窗口中。

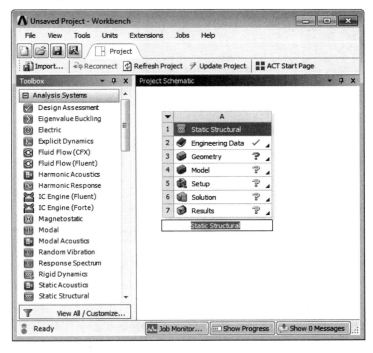

选择菜单 File→Save，选择项目的文件夹和文件名，如 Frame 2D，保存文件。

双击 Engineering Data 单元，在"Click here to add a new material"位置点击并输入 Steel。从工具箱将 Isotropic Elasticity 拖至 Steel 上，将单位从 Pa 更改为 psi，然后在 Young's Modulus 行输入 3E+07 并按 Enter 键。一个常见的错误就是没有更换单位！将 Poisson's Ratio 设置为 0.3。

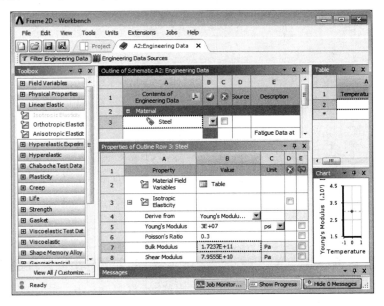

点击 Project 选项卡，双击 Geometry 单元，将会启动 SpaceClaim 程序。

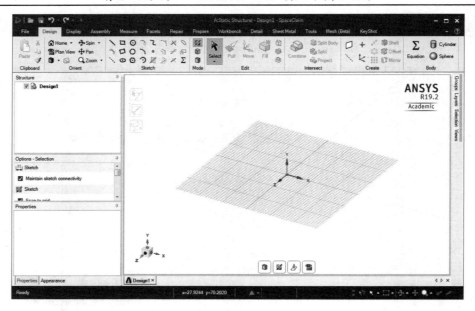

选择菜单 File→SpaceClaim Options，从左侧列表中选择 Units，将 Type 设置为 Imperial，将 Length 设置为 Feet。向下滚动到 Grid，将 Minor grid spacing 设置为 1，将 Number of grid lines per major 设置为 10，点击 OK 按钮。

点击 Select New Sketch Plane 图标，将鼠标悬停在屏幕中心的坐标系周围，可以选择不同的平面。当 X-Y 平面高亮时点击，点击 Plan View 按钮。

点击 Line 工具。移动到坐标(0，9)点击并拖至(10，9)，点击并拖至坐标(10，0)。按 Esc 键两次。

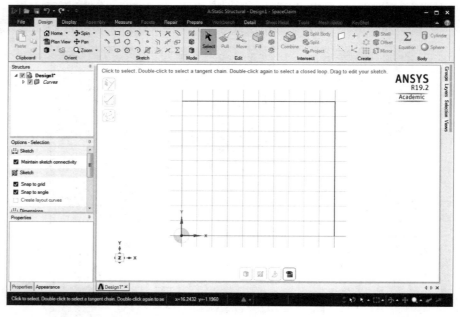

这样就完成了框架的创建，下面定义梁杆件的截面。点击 Prepare 选项卡，然后点击 Profiles 图标，选择 Rectangle 配置文件。

选择菜单 File→SpaceClaim Options，选择 Units，将 Length 设置为 Inches。在左侧的 Structure 窗口中，展开 Beam Profiles 文件夹，并点击 Rectangle。在 Properties 窗口中，在 Area 行输入 7.65，在 Ixx 行和 Iyy 行分别输入 204。

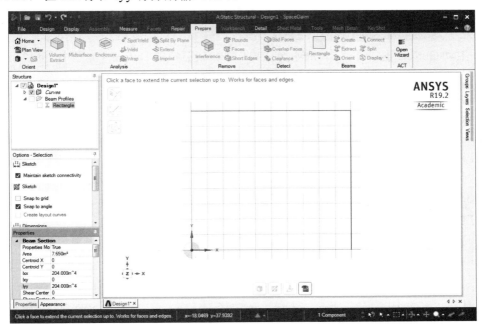

Curves 文件夹中列出的线在绘制完成后必须转换为梁。展开 Curves 文件夹，点击第一条线，按住 Shift 键并点击第二条线，点击 Create 按钮创建梁。

在几何图形中这些梁都有单独的端点，但这些梁可通过共享一个公共端点来实现互连。点击 Design 选项卡，并点击 Structure 窗口中的顶层名称，在 Properties 窗口中将 Share Topology 参数从 None 更改为 Share。

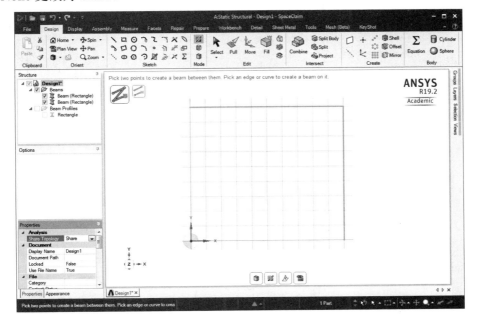

退出 SpaceClaim 程序，双击 Static Structural 系统中的 Model 单元，等待 Mechanical 程序启动及几何体连接。

在 Mechanical 程序中，选择菜单 View→Cross Section Solids。

展开 Geometry 分支，点击 Beam（Rectangle）项。在 Details 窗口的 Material 类别中，将 Assignment 从 Structural Steel 更改为 Steel。

向下滚动 Outline 窗口并点击 Mesh 分支。在 Details 窗口的 Defaults 类别中，将 Element Size 设置为 12 in。

右键点击 Mesh，在弹出的菜单中选择 Generate Mesh。点击 Outline 窗口的 Static Structural 分支。

工具箱中给出了四种几何体过滤器：Vertex，Edge，Face 和 Body。这里选择 Edge 几何体过滤器。

选取水平线。在 Environment 工具条上，选择 Loads→Line Pressure。

在 Force 的详细信息中，将 Define By 行从 Vectors 变为 Components，在 Y Component 行输入 −800 lbf/ft。

选择 Vertex 几何体过滤器。选择左上角的顶点，在 Environment 工具条上，选择 Supports →Fixed Support。对右下角的点重复上述步骤。

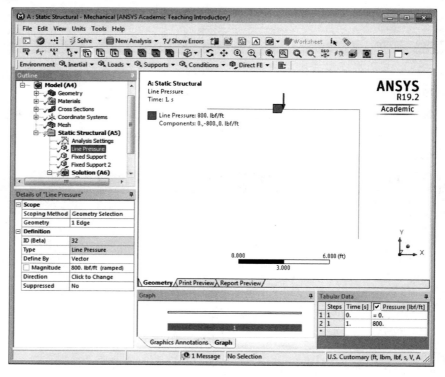

点击 Outline 窗口中的 Solution 分支。在 Solution 工具条上选择 Deformation→Total。

选择右上角的顶点。在 Solution 工具条上，选择 Probe→Deformation，将 Result Selection 设置为 Total。

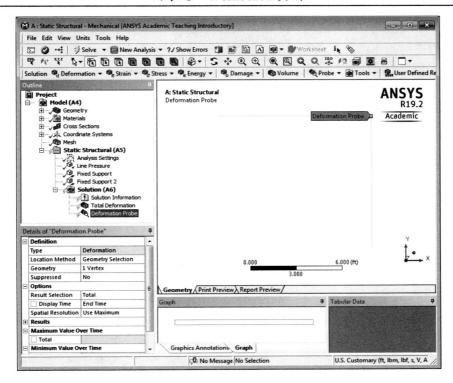

点击 Solve 按钮生成一条信息。选择菜单 Units→U.S. Customary (in, etc)。

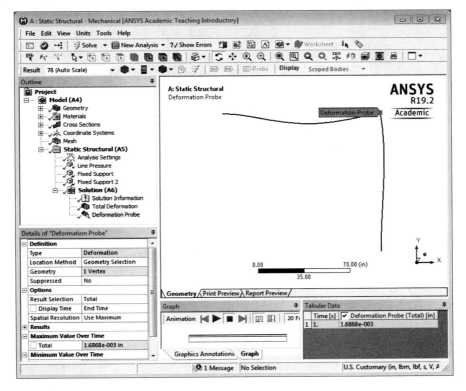

此实例求解到此结束。

例 4.6（Workbench 求解）　考虑附图中所示的悬臂梁。横梁由铝合金制成，$E = 10 \times 10^6 \, \text{lb/in}^2$，截面积和施加的荷载也已经在图中给出。下面将使用 ANSYS 的 Beam188 来解决这个问题，并将结果与梁理论的结果进行比较。

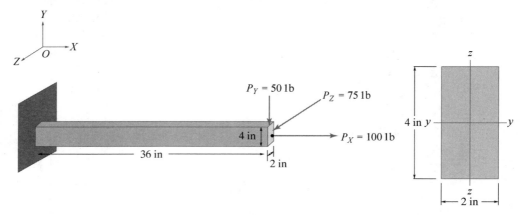

注：Beam188 是一个线性元件，Beam189 是一个平方元件。

Workbench 中的操作如下，Mechanical APDL 的操作可参考本书第 176 页。

启动 Workbench 19.2，从工具箱中将 Static Structural 系统拖至 Project Schematic 窗口上。

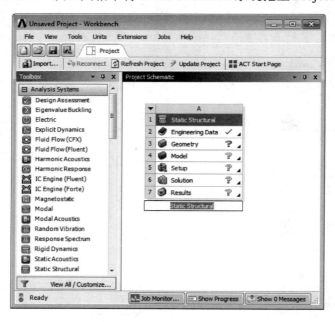

选择菜单 File→Save，为项目设置文件夹和文件名，如 Example 4.6。

双击 Engineering Data 单元。在"Click here to add a new material"位置点击并输入 Aluminum，从工具箱将 Isotropic Elasticity 拖至 Aluminum 上。将 Unit 从 Pa 更改为 psi，在 Young's Modulus 行输入 1E+07 并按 Enter 键。一个常见的错误就是没有更换单位！然后在 Poisson's Ratio 行输入 0.3。

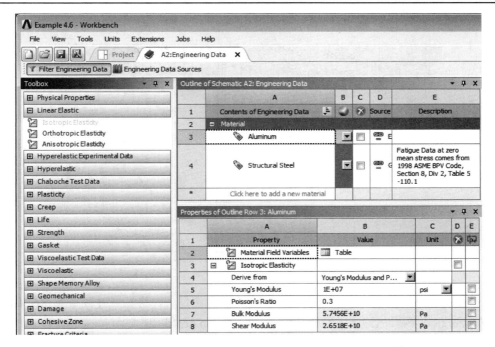

点击 Project 选项卡，双击 Geometry 单元，将会启动 SpaceClaim 程序。

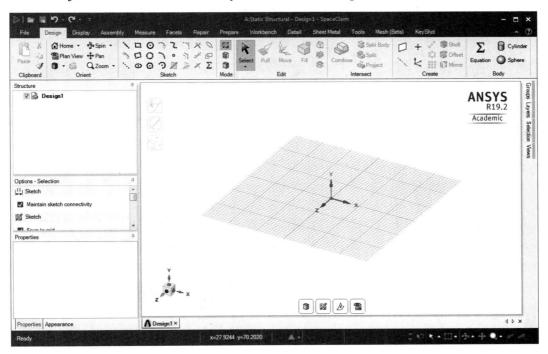

选择菜单 File→SpaceClaim Options，在左侧列表中选择 Units 项，将 Type 设置为 Imperial，将 Length 设置为 Inches，点击 OK 按钮。

点击 Line 工具，点击原点并沿 X 轴拖动，在键盘上输入 36，按 Enter 键后再按 Esc 键，然后点击 3D Mode 图标。

点击 Prepare 选项卡，然后点击 Profiles 图标，在下拉列表中选择 Rectangle 图标。

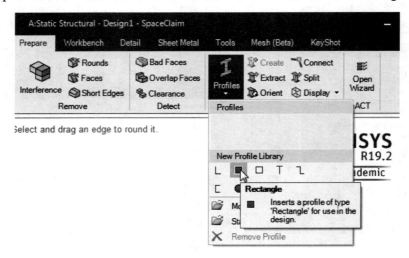

在左侧的 Structure 窗口中已生成了 Beam Profiles 文件夹，将其展开以查看 Rectangle，右键点击 Rectangle，然后从弹出的菜单中选择 Edit Beam Profile。

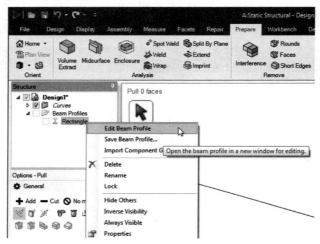

主图形窗口的底边将生成一个新的选项卡 SYS。第一个选项卡 Design1 表示绘制线条的位置。屏幕右侧有一组选项卡，第一个为 Groups。点击 Groups 选项卡，显示出两个 Driving Dimensions，分别为 B 和 H。点击 B。

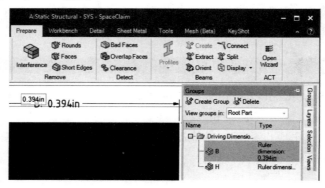

B 的默认尺寸为 0.394，用蓝色下画线标出。点击下画线，将打开一个文本框，在框内输入新值 2。

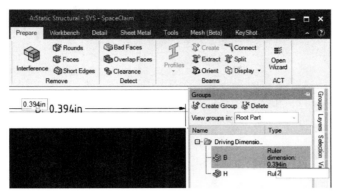

点击 Driving Dimension 中的 H，然后点击带蓝色下画线的 0.394 in，输入 4 并按 Enter 键，此时截面尺寸是 2 in × 4 in。

点击图形主窗口底部的 Design1 选项卡。在 Prepare 选项卡上，点击 Create+选项并选择线，这样线被转换成梁。

Prepare 选项卡上有一个 Display 选项，可以选择 Solid Beams 来展示，这时截面将叠加在线上，梁位于所需方向一侧。

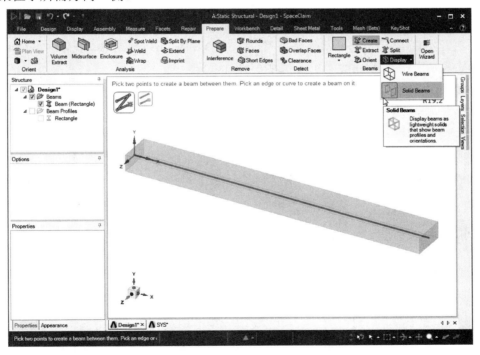

点击 Design 选项卡，然后点击 Select 工具。在 Structure 窗口中，点击 Beam（Rectangle）。

在 Properties 窗口中，第二个类别是 Beam，在第二行 Orientation（方向）处输入 90 并按 Enter 键，这时梁旋转到相应的方向。

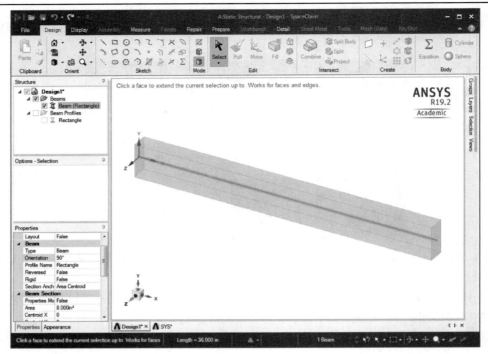

退出 SpaceClaim 程序。在 Workbench 中，双击 Static Structural 系统中的 Model 单元，等待几何图形连接到 Mechanical 程序中的模型。

从顶层开始直至展开 Geometry 文件夹，点击 SYS\Beam（Rectangle）线体。在 Details 窗口的 Material 类别中，将 Assignment 设置为 Aluminum。

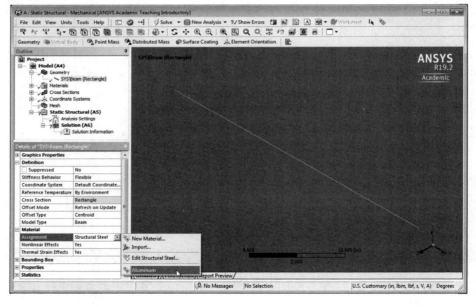

点击 Mesh，将 Element Size 从默认值改为 40 in，将 Element Order 从 Program Controlled 改为 Linear。右键点击 Mesh，在弹出的菜单中选择 Generate Mesh，这样在线体上将创建一个单元。

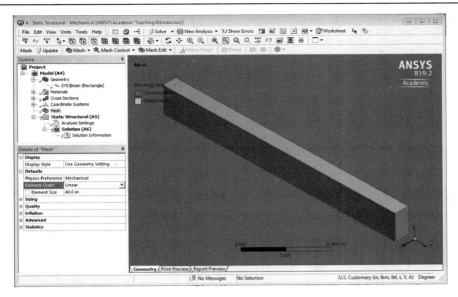

点击 Static Structural 项。然后点击 View 按钮，取消选中 Thick Shells and Beams，这样可以更容易地选择线体的顶点。选择 Vertex 几何体过滤器后，选取线体的左顶点，并在工具条上选择 Supports→Fixed Support。选择线体的右端顶点，然后在工具条上选择 Loads→Force，将 Define By 参数设置为 Components，在 X Component 行输入 100，在 Y Component 行输入 −50，在 Z Component 行输入 75。

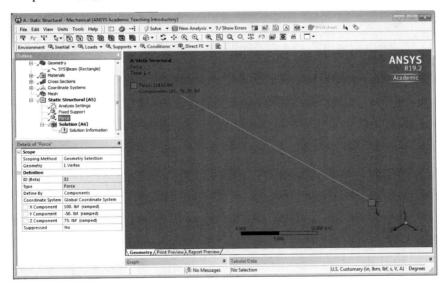

完成模型并准备求解，此时需要对结果进行设置。点击 Solution 分支。选择右顶点，点击 Deformation→Directional，用 X 后缀重命名结果。复制前一结果的名称，将其重命名为 Y，并将 Orientation 设置为 Y Axis。再复制一次，并将名称和 Orientation 中的 Y 改成 Z。

选择菜单 Tools→Beam Tool。如下图所示为 Beam Tool 的结果，右键点击 Maximum Combined Stress，在弹出的菜单中选择 Insert→Beam Tool→Stress→Maximum Bending Stress。

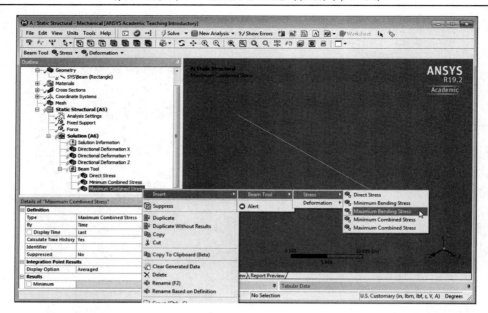

　　无须进行菜单选择，将会产生一组结果，还可以通过 User Defined Result 来绘制求解器中可用的量。可以通过点击 Solution 项，并点击 Worksheet 项生成一个表格来查看这组量。

Type	Data Type	Data Style	Component	Expression	Output U
R	Nodal	Scalar	X	RX	Angle
R	Nodal	Scalar	Y	RY	Angle
R	Nodal	Scalar	Z	RZ	Angle
REULER	Nodal	Euler An...	VECTORS	REULERVECTORS	Angle
U	Nodal	Scalar	X	UX	Displacen
U	Nodal	Scalar	Y	UY	Displacen
U	Nodal	Scalar	Z	UZ	Displacen
U	Nodal	Scalar	SUM	USUM	Displacen
U	Nodal	Vector	VECTORS	UVECTORS	Displacen
S	Element Nodal	Scalar	X	SX	Stress
S	Element Nodal	Scalar	Y	SY	Stress
S	Element Nodal	Scalar	Z	SZ	Stress
S	Element Nodal	Scalar	XY	SXY	Stress
S	Element Nodal	Scalar	YZ	SYZ	Stress
S	Element Nodal	Scalar	XZ	SXZ	Stress
S	Element Nodal	Scalar	1	S1	Stress
S	Element Nodal	Scalar	2	S2	Stress
S	Element Nodal	Scalar	3	S3	Stress
S	Element Nodal	Scalar	INT	SINT	Stress
S	Element Nodal	Scalar	EQV	SEQV	Stress
S	Element Nodal	Tensor	VECTORS	SVECTORS	Stress
S	Element Nodal	Scalar	MAXSHEAR	SMAXSHEAR	Stress
EPEL	Element Nodal	Scalar	X	EPELX	Strain
EPEL	Element Nodal	Scalar	Y	EPELY	Strain
EPEL	Element Nodal	Scalar	Z	EPELZ	Strain
EPEL	Element Nodal	Scalar	XY	EPELXY	Strain
EPEL	Element Nodal	Scalar	YZ	EPELYZ	Strain
EPEL	Element Nodal	Scalar	XZ	EPELXZ	Strain
EPEL	Element Nodal	Scalar	1	EPEL1	Strain
EPEL	Element Nodal	Scalar	2	EPEL2	Strain
EPEL	Element Nodal	Scalar	3	EPEL3	Strain
EPEL	Element Nodal	Scalar	INT	EPELINT	Strain
EPEL	Element Nodal	Tensor St...	VECTORS	EPELVECTORS	Strain
EPEL	Element Nodal	Scalar	MAXSHEAR	EPELMAXSHEAR	Strain
EPPL	Element Nodal	Scalar	X	EPPLX	Strain
EPPL	Element Nodal	Scalar	Y	EPPLY	Strain
EPPL	Element Nodal	Scalar	Z	EPPLZ	Strain
EPPL	Element Nodal	Scalar	XY	EPPLXY	Strain
EPPL	Element Nodal	Scalar	YZ	EPPLYZ	Strain
EPPL	Element Nodal	Scalar	XZ	EPPLXZ	Strain
EPPL	Element Nodal	Scalar	1	EPPL1	Strain
EPPL	Element Nodal	Scalar	2	EPPL2	Strain
EPPL	Element Nodal	Scalar	3	EPPL3	Strain
EPPL	Element Nodal	Scalar	INT	EPPLINT	Strain
EPPL	Element Nodal	Tensor St...	VECTORS	EPPLVECTORS	Strain
EPTO	Element Nodal	Scalar	X	EPTOX	Strain
EPTO	Element Nodal	Scalar	Y	EPTOY	Strain
EPTO	Element Nodal	Scalar	Z	EPTOZ	Strain
EPTO	Element Nodal	Scalar	XY	EPTOXY	Strain

顶点转角可以通过使用 Expression RZ 来求取绕 Z 轴的转角。选择 Vertex 几何体过滤器，然后点击顶点。点击 User Defined Result 项。在 Details 窗口中，在 Expression 行输入 RZ，点击 Theta Z 重命名结果。复制结果，用 Y 代替 Z，并将 Expression 行设置为 RY。

点击 Probe 工具并插入 Force Reaction，在 Details 窗口中将 Boundary Condition 设置为 Fixed Support。

点击 Probe 工具并插入 Moment Reaction，在 Details 窗口中将 Boundary Condition 设置为 Fixed Support。

点击 Solve 按钮。检查各种结果值，并将其与梁理论值进行比较。

Results using beam theory (see Table 4.1)	ANSYS Result	Workbench Quantity
$v_x = \dfrac{P_x L}{AE} = \dfrac{(100)(36)}{(8)(10 \times 10^6)} = 0.0000045$ in	0.0000045 in	Directional Deformation X
$(v_Y)_{max} = \dfrac{-P_Y L^3}{3EI} = \dfrac{-(50)(36)^3}{3(10 \times 10^6)(10.67)} = -0.00729$ in	−0.00735 in	Directional Deformation Y
$(v_Z)_{max} = \dfrac{P_Z L^3}{3EI} = \dfrac{(75)(36)^3}{3(10 \times 10^6)(2.67)} = 0.0437$ in	0.0438 in	Directional Deformation Z
$\sigma_{xx-axial} = \dfrac{P_x}{A} = \dfrac{100}{8} = 12.5 \dfrac{\text{lb}}{\text{in}^2}$	$12.5 \dfrac{\text{lb}}{\text{in}^2}$	Beam Tool Direct Stress
$(\sigma_{zz-bending})_{max} = \dfrac{M_z c}{I} = \dfrac{(50)(36)(2)}{10.67} = 337.4 \dfrac{\text{lb}}{\text{in}^2}$	$337.5 \dfrac{\text{lb}}{\text{in}^2}$	Not available in Workbench
$(\sigma_{yy-bending})_{max} = \dfrac{M_y c}{I} = \dfrac{(75)(36)(1)}{2.67} = 1011 \dfrac{\text{lb}}{\text{in}^2}$	$1012 \dfrac{\text{lb}}{\text{in}^2}$	Beam Tool Maximum Bending Stress In this problem, the maximum is yy.
$(\theta_Z)_{max} = \dfrac{-P_Y L^2}{2EI} = \dfrac{-(50)(36)^2}{2(10 \times 10^6)(10.67)} = -0.0003036$ rad	−0.0003037 rad	User Defined Result, RZ
$(\theta_Y)_{max} = \dfrac{-P_Z L^2}{2EI} = \dfrac{(75)(36)^2}{2(10 \times 10^6)(2.67)} = -0.00182$ rad	−0.00182 rad	User Defined Result, RY
$\sum F_x = 0;\ 100 + R_x = 0;\ R_x = -100$ lb; $M_x = 0$	$R_x = -100$ lb; $M_x = 0$	Force Reaction
$\sum F_y = 0;\ -50 + R_y = 0;\ R_y = 50$ lb; $M_y = (75 \text{ lb})(36 \text{ in})$ $= 2700 \text{ lb} \cdot \text{in}$	$R_y = 50$ lb; $M_y = 2700 \text{ lb} \cdot \text{in}$	Moment Reaction
$\sum F_z = 0;\ 75 + R_z = 0;\ R_z = -75$ lb; $M_z = (50 \text{ lb})(36 \text{ in})$ $= 1800 \text{ lb} \cdot \text{in}$	$R_z = -75$ lb; $M_z = 1800 \text{ lb} \cdot \text{in}$	

8.11 节（Workbench 求解） 设有一个用于支撑书架的钢托架（$E = 29 \times 10^6$ lb/in^2，$\nu = 0.3$），尺寸如图 8.33 所示。该托架上表面有均布荷载作用，其中左端固定。试在给定的荷载和约束下，绘制托架变形后的形状，并确定托架的主应力和米泽斯应力。

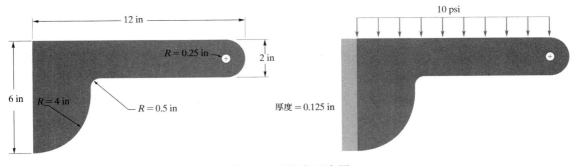

图 8.33 钢托架示意图

注：在 APDL 例 8.11 中，10 lb/in 的荷载被解释为 10 psi，因此图中标记的数值与荷载匹配。

Workbench 中的操作如下，Mechanical APDL 的操作可参考本书第 303 页。

启动 Workbench 19.2，从工具箱中将 Static Structural 系统拖至 Project Schematic 窗口上。

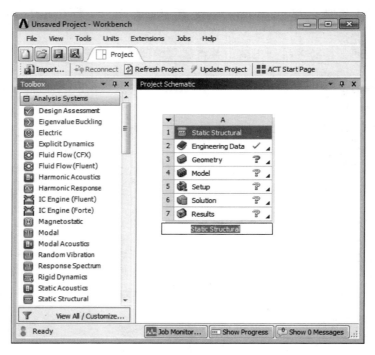

选择菜单 File→Save，为项目选择文件夹和文件名，如 Bracket。

双击 Engineering Data 单元，然后点击 Structural Steel，将 Young's Modulus 的单位设置为 psi，然后输入 29E+06 并按 Enter 键。

在将几何图形加载到 Mechanical Model 之前，对于 2D 模型，必须将 Analysis Type 设置为 2D。这是非常关键的一步，可以通过右键点击 Geometry，并在弹出的菜单中选择 Properties，在 Advanced Geometry Options 下，将 Analysis Type 设置为 2D。

点击 Project 选项卡，双击 Geometry 单元，将会启动 SpaceClaim 程序。

选择菜单 File→SpaceClaim Options，在左侧窗口选择 Units，将 Imperial 改为 Inches。向下滚动到 Grid，在 Minor grid spacing 行输入 0.5 in，这样更易于图形的绘制。

在制作 2D 模型时，在 X-Y 平面上绘制几何图形至关重要。点击图形窗口底部的 Select New Sketch Plane 按钮，并将鼠标悬停在屏幕中心的全局坐标框架上，当 X-Y 平面高亮显示时点击。然后点击 Plan View 按钮或按 V 键来更改视图。

点击 Rectangle 工具，然后点击原点并向右下方拖出一个高 2 in、宽 11 in 的矩形。点击 Circle 工具，在矩形的右端画一个圆。点击矩形的左下角，拖出一个直径为 8 in 的圆。点击 Line 工具，从大圆的中心到圆的底部画一条垂直线。

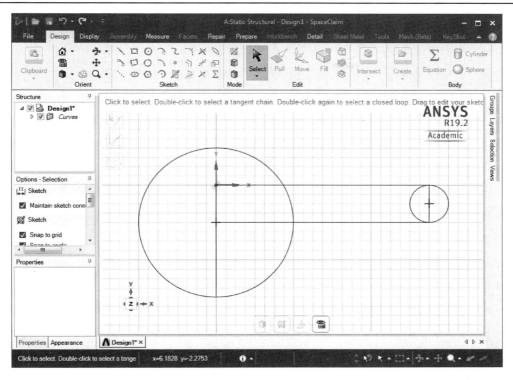

按 T 键或点击 Trim Away 工具，删除不需要的直线和圆弧。点击 Circle 工具，然后在矩形的右端绘制一个圆，直径为 0.5。

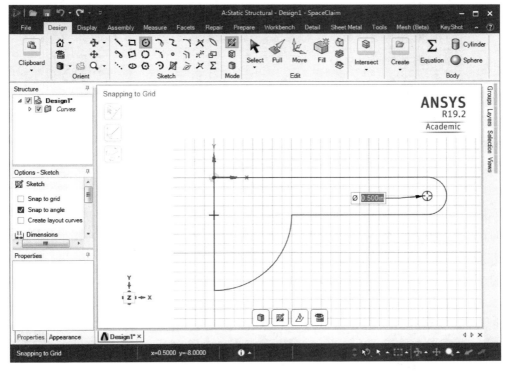

点击 Pull 工具，这时曲线将被曲面替换。选定需要曲化和拉动的角，按住鼠标键输入 0.5。

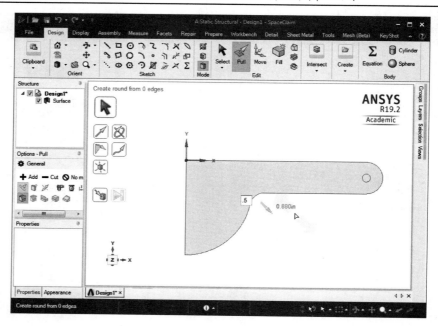

在直径为 0.5 in 的圆中选定小圆面并按 Delete 键，退出 SpaceClaim 程序。双击 Model 单元，等待 Mechanical 程序启动及几何图形加载。

在 Mechanical 程序窗口中展开 Geometry 分支，点击 SYS\Surface。在 Details 窗口中，在 Thickness 行输入 0.125 in。

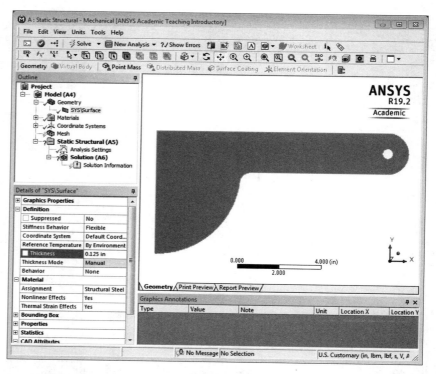

点击 Mesh，在 Details 窗口的 Element Size 行中输入 0.25 in。右键点击 Mesh，并在弹出的菜单中选择 Generate Mesh。

点击 Static Structural，点击 Edge 几何体过滤器并选定顶部边。在工具条上选择 Loads→Pressure 并输入 10 psi。选择左边缘，然后在工具条上选择 Supports→Fixed Support。

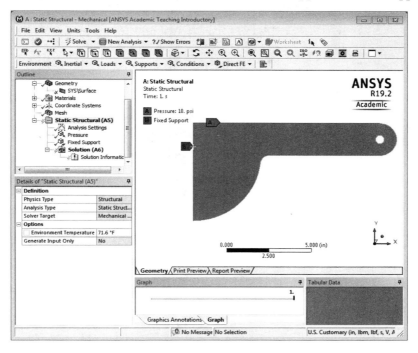

此时已完成求解此问题的设置，将产生输出。点击 Solution，选择 Deformation→Total，并选择 Stress→Equivalent(von-Mises)，点击 Solve 按钮并等待。

下图是压力测试结果。

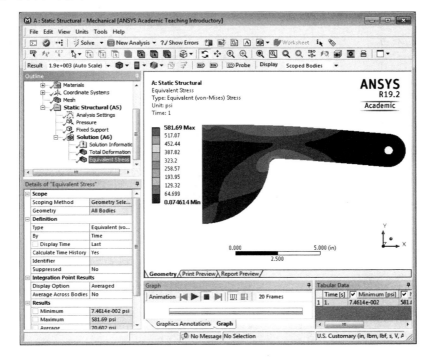

下图为总变形结果。

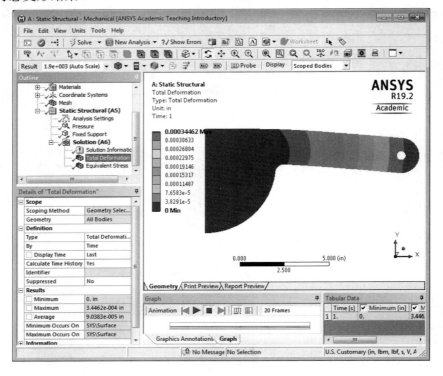

此实例求解到此结束。

9.7.1 节稳态热分析实例

设有一个由两种不同材料建造的小烟囱。内层由混凝土构成,导热系数 $k = 0.07\ \text{Btu}/(\text{hr·in·°F})$。烟囱的外层由导热系数 $k = 0.04\ \text{Btu}/(\text{hr·in·°F})$ 的砖块构成。假定烟囱内表面的热气温度为 140°F,转换传热系数为 $0.037\ \text{Btu}/(\text{hr·in}^2\text{·°F})$。外表面暴露在 10°F 的环境空气中,相应的对流传热系数 $h = 0.012\ \text{Btu}/(\text{hr·in}^2\text{·°F})$。烟囱的尺寸如图 9.20 所示。确定稳态条件下混凝土和砖层内的温度分布,并绘制通过每一层的热通量。

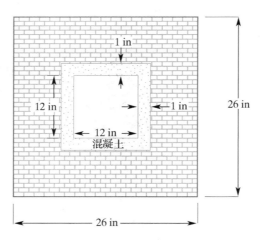

图 9.20　9.7 节中示例问题的烟囱示意图

以下步骤演示了如何在 ANSYS Workbench 求解此问题。

打开 Workbench 19.2，从工具箱中将 Steady-State Thermal 系统拖至 Project Schematic 窗口上，将文件命名为 Ch 9 Steady-State Thermal 并保存。

在将几何图形附加到力学模型之前，对于 2D 模型，必须将 Analysis Type 设置为 2D。右键点击 Geometry 并在菜单中选择 Properties，在 Advanced Geometry Options 下，将 Analysis Type 设置为 2D。

双击 Engineering Data 单元，在"Click here to add a new material"位置点击并输入 Concrete。

将 Isotropic Thermal Conductivity 系数拖至 Concrete 上，在当前单位旁边的 Units 下拉列表中选择 BTU s^−1 in^−1 F^−1。注意，问题描述中给出的是以小时为单位的电导率，可以在计算器上输入 0.07/3600 并复制结果，再将其粘贴到 Concrete 的黄色字段中。

对名为 Brick 的材料重复上述步骤，但电导率为 0.04/3600 BTU·s^{-1} in^{-1} F^{-1}。

点击 Project 选项卡。双击 Steady-State Thermal 系统 A 的 Geometry，将启动 SpaceClaim。

选择菜单 File→SpaceClaim Options。从左边选择单位，将 Type 设置为 Imperial，将 Length 设置为 Inches。向下滚动到 Grid 部分，将 Minor grid spacing 设置为 1 in，将 Major 设置为 10，这将更易于图形的绘制。

在制作2D模型时，在 X-Y 平面上绘制几何图形至关重要。点击图形窗口底部的 Select New Sketch Plane 按钮，并将鼠标悬停在屏幕中心的全局坐标框架上，当 X-Y 平面高亮显示时点击。点击 Plan View 按钮或按 V 键来更改视图。

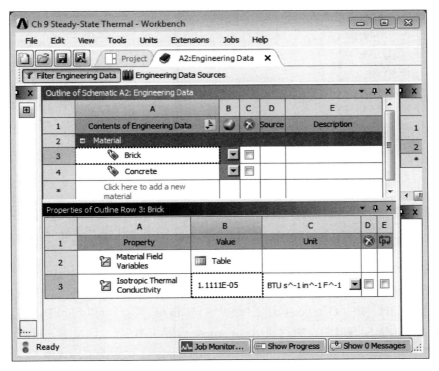

此模型使用两种材料，因此需要两个 Components。在 Structure 窗口中的 Design1 上选择 New Component 并将其命名为 Bricks。

点击 Rectangle 工具，使用窗口底部的光标坐标读数，定位 $x = -13.0000, y = -13.0000$ 的

点，点击并拖出一个 26 in × 26 in 的矩形。如果无法到达列出的坐标，可能是因其不在屏幕上，可以使用鼠标滚轮缩小图形或使用窗口右下角的缩放工具。

点击 Rectangle 工具，当坐标为 $x = -7.0000, y = -7.0000$ 时，点击鼠标并将其拖至 14 in×14 in 后再点击。点击 3D Mode 图标，曲线将变成具有两个面的曲面。选定中心面并按 Delete 键。

在 Structure 窗口中，点击 Design1 选项卡中的 New Component 项并将其命名为 Concrete。

点击 Rectangle 工具，这时光标变为网格图标。SpaceClaim 程序需要确定绘制草图的平面。点击刚刚创建的曲面，然后点击砖块的内角，并把它拖至对面的角落。定位至 $x = -6.0000, y = -6.0000$ 坐标，并拖出一个 12 in × 12 in 的矩形。点击 3D Mode 按钮，这时曲线变成具有两个面的曲面。选定中心面并按 Delete 键。

这两个表面需要沿着两种材料之间的界面共享节点。在 Sturcture 窗口和 Properties 窗口中点击 Design1 选项卡，将 Share Topology 设置为 Share，退出 SpaceClaim 程序。

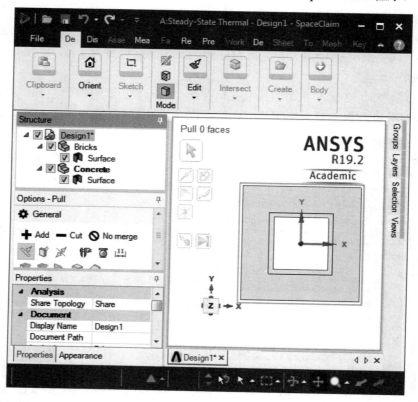

双击 Steady-State Thermal 系统中的 Model 单元，将启动 Mechanical 程序。通过 Units 菜单选择 U.S. Customary (in, etc)。

展开 Outline 窗口中的 Geometry 分支，展开 SYS 和两个表面可以看到 Bricks 和 Concrete，点击 Bricks。在 Details 窗口中，将材料 Assignment 设置为 Brick。请注意，此模型存在厚度，但该值不会影响结果。点击 Concrete，将材料的 Assignment 设置为 Concrete。

点击 Outline 窗口中的 Mesh，将 Element Size 设置为 0.5 in，右键点击 Mesh，在弹出的菜单中选择 Generate Mesh。

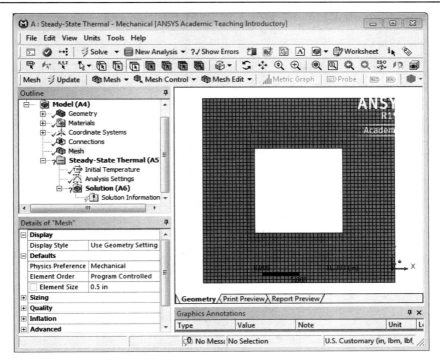

点击 Steady-State Thermal 分支。点击 Convection，点击内部的四条边，并点击 Apply 按钮。同样，Film Coefficient（膜系数）的单位为小时，但 Mechanical 程序中以秒为单位。在这种情况下，可以在黄色字段中完成计算。在 Ambient Temperature 中输入= 0.037/3600，然后输入 140。对外侧的四个边缘重复上述步骤，在 Film Coefficient 行输入= 0.012/3600，在 Ambient Temperature 行输入 10。

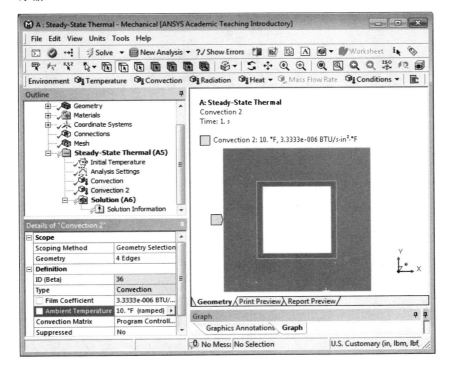

　　点击 Solution 分支，然后选择 Thermal→Temperature，将呈现出等高线图。

　　另一个输出是从内壁到外壁距离与温度的函数图，这将通过创建一条路径来绘制数据。在 Outline 窗口中，右键点击 Model，在弹出的菜单中选择 Insert Construction Geometry，然后右键点击 Construction Geometry，在弹出的菜单中选择 Insert Path。在 Path Details 窗口中，在 Start X Coordinate 行输入 6 in，在 End X Coordinate 行输入 13 in，将路径重命名为 Inner-Outer X-distance。请注意，将在该路径上选取 47 个点作为采样数据。

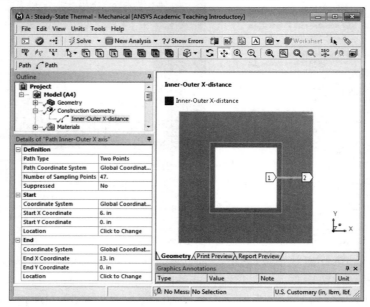

　　点击 Solution 分支，然后点击 Thermal 下拉列表并选择 Temperature。在 Details 窗口中，将 Scoping Method 设置为 Path，选择上面命名的路径，将结果重命名为 Temperature through wall。

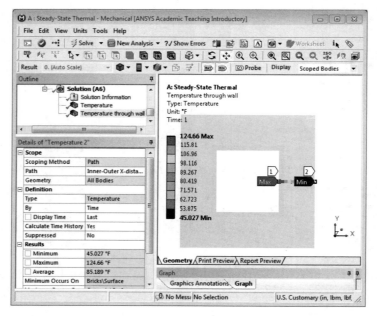

取消底部的 Graph 窗口停靠以使其更大化。如果需要图表中的数据，可以在 Tabular Data 窗口中查看。

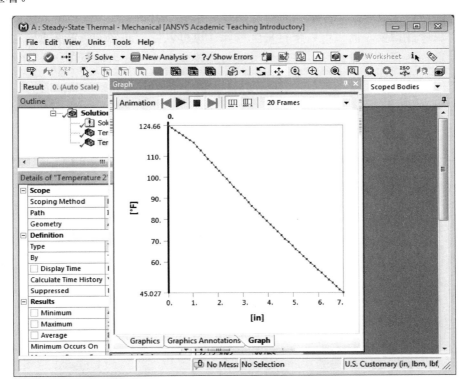

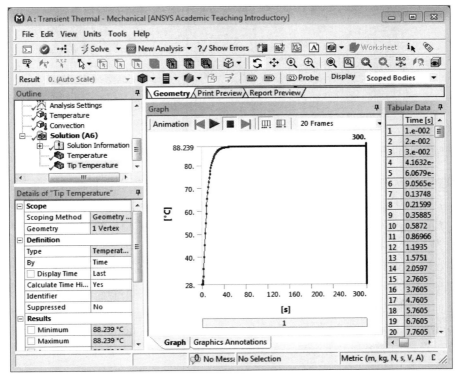

双击 Graph 窗口标题栏以停靠窗口。

点击 Solution 分支，然后点击 Thermal 下拉列表并选择 Total Heat Flux。Vector Display 工具条有许多选项可以更改显示。箭头可以与通量大小成比例，也可以是固定长度。箭头规格可以通过滑块进行设置，箭头可以来自每个单元，也可以位于网格上。箭头数量也可以通过滑块进行设置。还有一个设置，可将箭头渲染为线条或立体样式。在下图中，图例被移到了烟囱的中心。

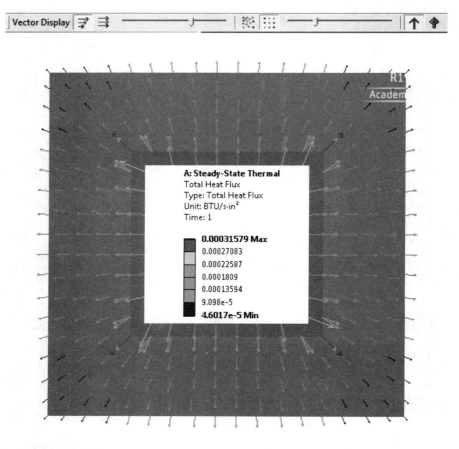

此实例求解到此结束。

9.7.2 节瞬态热分析实例

在本例中，将用 ANSYS 研究铝制散热片的瞬态反应，铝[$k = 170$ W/(m·K)，$\rho = 2800$ kg/m^3，$c = 870$ J/(kg·K)]常用于各种不同的散热设备中。散热片的截面图见图 9.26，初始温度为 28℃。假设设备开通后，散热片基座的温度很快就上升到 90℃，周围空气的温度为 28℃，相应的传热系数 $h = 30$ W/m^2·K。

启动 Workbench 19.2，从工具箱中将 Transient Thermal 系统拖至 Project Schematic 窗口上。选择菜单 File→Save，将文件命名为 Ch 9 Transient Thermal 并保存。

在将几何图形附加到力学模型之前，对于 2D 模型，必须将 Analysis Type 设置为 2D。右键点击 Geometry，并在弹出的菜单中选择 Properties，在 Advanced Geometry Options 下，将 Analysis Type 设置为 2D。

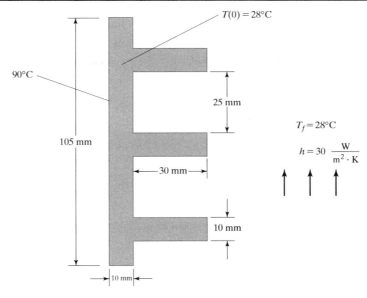

图 9.26　本例中的散热片

双击 Engineering Data 单元。在"Click here to add a new material"位置点击并输入 Aluminum。

将密度 Density 拖至 Aluminum 上，并输入 2800，单位应设置为 kg·m^{-3}，再次点击 Aluminum。

将 Isotropic Thermal Conductivity 拖至 Aluminum 并输入 170，单位将是 W m^{-1} C^{-1}。请注意，实例中的单位是 Kelvin，这可以与电导率和比热中的摄氏度互换。再次点击 Aluminum。

将 Specific Heat, C$_p$ 拖至 Aluminum 上并输入 870，单位应设置为 J kg^{-1} C^{-1}。

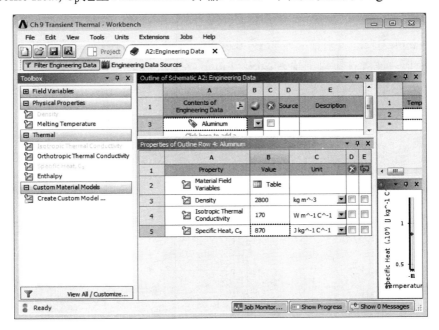

点击 Project 选项卡。双击 Transient Thermal 系统 A 中的 Geometry 单元，将启动 SpaceClaim。

选择菜单 File→SpaceClaim Options。在左侧选择 Units，可能已经设置为 mm，向下滚动到 Grid 部分，将 Minor grid spacing 设置为 0.5 mm。这种设置将易于图形绘制，因为基座在顶部和底部散热片位置有 12.5 mm 的突出部分。

在制作 2D 模型时，在 X-Y 平面上绘制几何图形至关重要。点击图形窗口底部的 Select New Sketch Plane 按钮，并将鼠标悬停在屏幕中心的全局坐标框架上，直到 X-Y 平面高亮显示时点击。通过点击 Plan View 按钮或按 V 键来更改视图。

点击 Rectangle 工具。利用窗口底部边缘的光标坐标读数，找到点 $x = 0.0000, y = -5.0000$，点击并拖出一个 10 mm 高、30 mm 宽的矩形。如果在拖至 30 之前就碰到屏幕的右边缘，可以在键盘上输入 30 并按 Enter 键。点击 Move 工具，在刚绘制的矩形周围绘制一个方框，它将高亮显示。按住 Ctrl 键，点击红色箭头并向上拖动以复制第一个矩形。在键盘上输入 35，然后按 Enter 键。重复上述操作，但是需要向下拖动以复制中间的散热片，此时已经创建好三个散热片了。

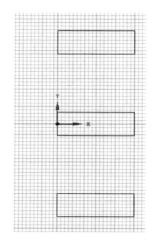

点击 Rectangle 工具，当坐标显示为 $x = 0.0000, y = -52.5000$ 时点击，并将其拖动为 105 mm 和 10 mm 的矩形，或者在键盘上输入 105、Tab 键并输入 10。

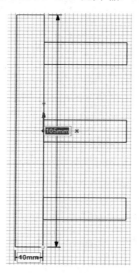

点击 Trim Away 工具，或在键盘上按 T 键并在每个散热片根部点击两次。第一次点击后可能需要将鼠标移离该线，以突出显示下一条线。

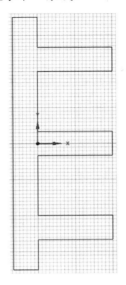

点击 3D Mode 图标，曲线将变成曲面。退出 SpaceClaim 程序。

双击 Transient Thermal 系统中的 Model 单元，将启动 Mechanical 程序。

点击 Transient Thermal 分支，点击 Edge 几何体过滤器。点击 Temperature，点击散热器上温度需设置为 90℃的散热片，点击 Apply 按钮，在 Magnitude 行输入 90。注：散热器的视图已被旋转为平面，以更好地适应图形窗口，这对结果没有影响。

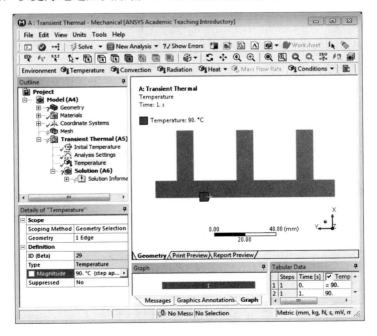

点击 Environment 工具条上的 Convection 按钮。同时按下 Ctrl + A 键选择所有边，按下 Ctrl 键点击长直线将其从选择中删除，然后点击 Apply 按钮。

注意，Film Coefficient 为 30 W/$(\mathrm{m}^2 \cdot \mathrm{℃})$。如果输入 30 就会产生计算错误，因为当前单位为 mm，应在 Units 处设置为 Metric(m, kg etc)。

在 Film Coefficient 行输入 30，在 Ambient Temperature 行输入 28，将单位改回 mm。

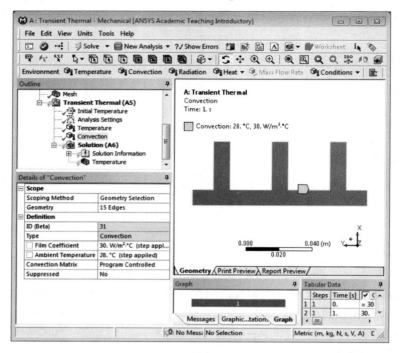

在 Transient Thermal 分支下，点击 Initial Temperature，将初始温度设为 28℃。

展开 Outline 窗口的 Geometry 分支，点击 SYS-1\Surface，在 Details 窗口中将 Material 的 Assignment 设置为 Aluminum。注意，此模型的厚度被设置为 1000 mm，但该值不会影响结果。

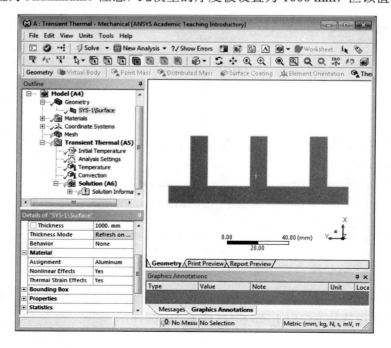

点击 Outline 窗口中的 Mesh，将 Element Size 设置为 1 mm，右键点击 Mesh，并在弹出的菜单中选择 Generate Mesh。

点击 Analysis Settings，将 Step End Time 设置为 300，将 Set Auto Time Stepping 设置为 On，将 Initial Time Step 设置为 1e-2 s，将 Minimum Time Step 设置为 1e-2 s，将 Maximum Time Step 设置为 1 s。

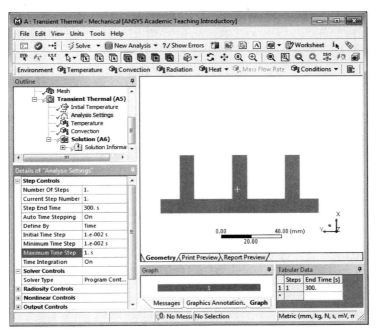

点击 Outline 窗口中的 Solution，在 Thermal 下拉列表中选择 Temperature，然后点击 Solve 按钮。求解完成后将显示温度曲线。在 Result 工具条的第三个下拉按钮中选择 No Wireframe。

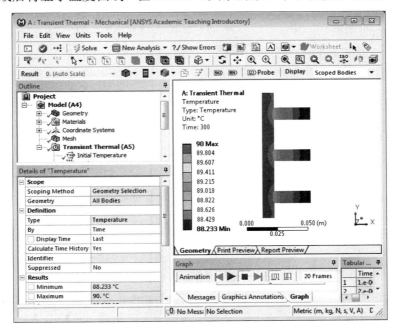

点击 Outline 窗口中的 Temperature。在主窗口下方的 Graph 窗口中，Animation 控件可用，当前设置为播放 20 帧，间隔 300 秒，当点击 Result Sets 按钮后，将播放 313 帧。点击 Play 按钮开始播放，观看完毕后，可以点击 Stop 按钮。如果将图形窗口变宽，则可以看到 Export Video File 按钮，用于导出视频文件。

下面点击 Vertex 几何体过滤器。点击 Thermal 下拉列表，再次选择 Temperature，选择中心散热片顶端的一个角，双击 Geometry scope，这表示选中整体，并设为 1 Vertex。将 Temperature 2 重命名为 Tip Temperature，按 Enter 键，右键点击 Solution，在弹出的菜单中选择 Evaluate All Results。按住 Graph 窗口的顶部并将其向上拖。如果需要设置图表中的数据，可以在 Tabular Data 窗口中查看。

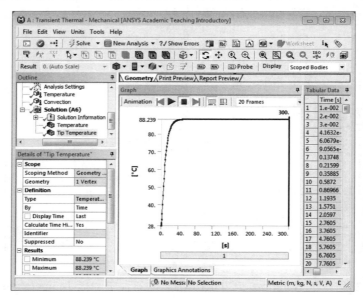

瞬态热分析实例到此结束。

例 10.1（Workbench 求解）　如图所示，例 10.1 处理的是具有矩形截面的钢杆（$G = 11 \cdot 10^3$ ksi）的扭转。假设 $\theta = 0.0005$ rad/in，并使用 ANSYS 确定最大剪应力的位置和大小，然后将 ANSYS 的计算结果与 10.1 节讨论的精确结果进行对比。

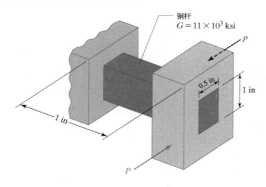

Workbench 中的操作如下，Mechanical APDL 的操作可参考本书第 413 页。

启动 Workbench 19.2，从工具箱中将 Steady-State Thermal 系统拖至 Project Schematic 窗口。在将几何图形附加到力学模型之前，对于 2D 模型，必须将 Analysis Type 设置为 2D。右

键点击 Geometry，并在弹出的菜单中选择 Properties，在 Advanced Geometry Options 下，即可将 Analysis Type 设置为 2D。

双击 Engineering Data 单元，在"Click here to add a new material"处点击并命名为 Torsion。

将 Isotropic Thermal Conductivity 拖至 Torsion 上。在旁边的 Unit 下拉列表中选择 BTU s^-1 in^-1 F^-1，在黄色区域输入 1。

点击 Project 选项卡。双击 Steady-State Thermal 系统 A 中的 Geometry 单元，将启动 SpaceClaim。

选择菜单 File→SpaceClaim Options。从左边窗口中选择 Units，将 Type 设置为 Imperial，将 Length 设置为 Inches。

在制作 2D 模型时，在 X-Y 平面上绘制几何图形至关重要。点击图形窗口底部的 Select New Sketch Plane 按钮，并将鼠标悬停在屏幕中心的全局坐标框架上，直到 X-Y 平面高亮显示时点击。通过点击 Plan View 按钮或按 V 键来更改视图。

点击 Rectangle 工具。从原点开始，点击屏幕并拖出一个 1 in × 0.5 in 的矩形，点击 3D Mode 图标。

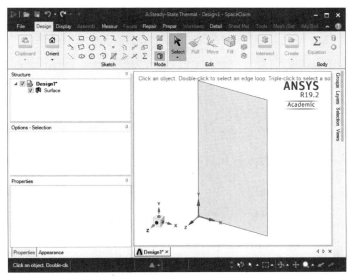

退出 SpaceClaim 程序。

双击 Steady-State Thermal 系统中的 Model 单元，将启动 Mechanical 程序。在 Units 菜单中选择 U.S. Customary (in, etc)。

展开 Outline 窗口的 Geometry 分支，点击 SYS\Surface。在 Details 窗口中，将 Material 中的 Assignment 设置为 Torsion，将厚度设置为 1 in。

点击 Outline 中的 Mesh，将 Element Size 设置为 0.025 in，右键点击 Mesh，在弹出的菜单中选择 Generate Mesh。

点击 Steady-State Thermal 分支。选择 Edge 几何体过滤器，按住 Ctrl 键同时选中四条边，点击 Temperature，将 Magnitude 设置为 0。选择 Heat→Internal Heat Generation，然后选择 Body 并点击 Apply 按钮，输入 11000 BTU/s · in^2。

点击 Solution 分支，点击 Thermal 下拉列表并选择 Total Heat Flux，然后点击 Solve 按钮。

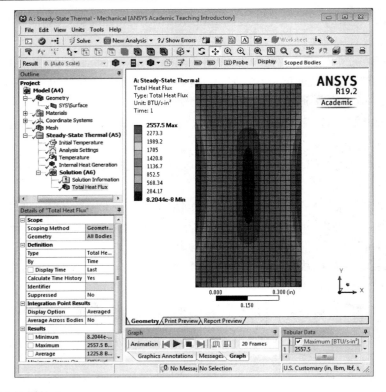

此实例求解到此结束。

例 10.3（Workbench 求解） 设有一自行车扳手如图 10.15 所示，由钢制成，弹性模量 $E = 200\,\text{GPa}\left(200 \times 10^5\,\dfrac{N}{\text{cm}^2}\right)$，泊松比 $\nu = 0.3$，扳手厚度为 3 mm。试确定给定均布荷载和边界条件下的米泽斯应力。

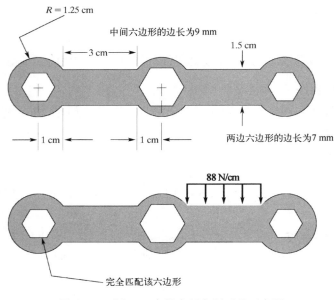

图 10.15　例 10.3 中的自行车扳手的示意图

该模型将使用 2D 平面应力模型进行求解，因为该零件厚度为 3 mm，与其他尺寸(如 125 mm 的长度和 25 mm 的高度)相比相对较薄。

启动 Workbench 19.2，添加 Static Structural 系统，并将文件另存为 Example 10.3。注意，用于保存文件的文件夹应该是运行 ANSYS 的计算机上的本地存储，而不要选择网络上的存储。

在将几何图形附加到力学模型之前，对于 2D 模型，必须将 Analysis Type 设置为 2D。右键点击 Geometry，并在菜单中选择 Properties，在 Advanced Geometry Options 下，将 Analysis Type 设置为 2D。

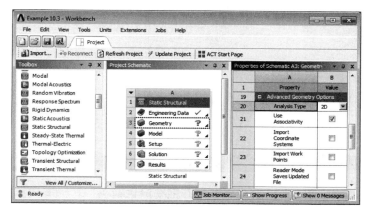

打开 Engineering Data 单元(参见例 3.2)，检查此问题中结构钢默认的杨氏模量和泊松比是否正确。双击 Geometry 单元，将启动 SpaceClaim 程序。打开 SpaceClaim 程序后，选择菜单 File→SpaceClaim Options 并选择 Units，将 Length 单位设置为 Centimeters。在该窗口中，向下滚动到 Grid 部分，将 Minor grid spacing 设置为 0.05 cm。点击 OK 按钮关闭窗口。

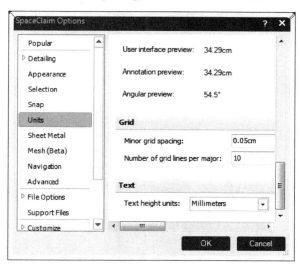

在制作 2D 模型时，在 X-Y 平面上绘制几何图形至关重要。点击图形窗口底部的 Select New Sketch Plane 按钮，并将鼠标悬停在屏幕中心的全局坐标框架上，当 X-Y 平面高亮显示时点击。通过点击 Plan View 按钮或按 V 键来更改视图。点击 Circle 工具，并点击原点，将出现一个带有直径标记的圆。输入 2.5 并按 Enter 键，或者在网格上拖动直到显示出数值 2.5 后点击屏幕。

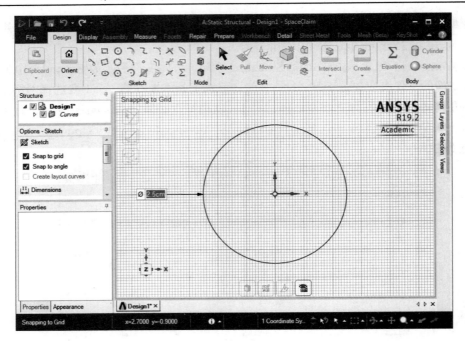

　　点击 Move 工具，点击圆并按住 Ctrl 键向右拖动绿色箭头，在方框中输入 5 并按 Enter 键。

　　按 Z 键可以缩放视图。点击 Rectangle 工具，基于光标所示的 X-Y 坐标确定矩形的两个直角位置，第一个直角在 $x = 0.000, y = 0.7500$ 处，第二个直角在 $x = 5.000, y = -0.7500$ 处，之后再进行连接。

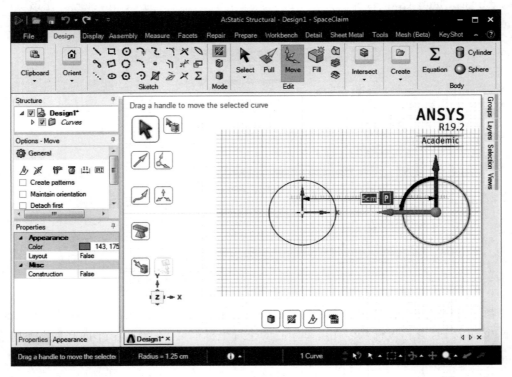

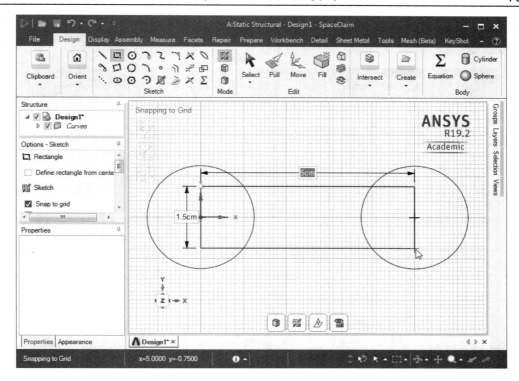

按 T 键或点击 Trim Away 工具，点击扳手中心四条线和圆弧的对应末端。

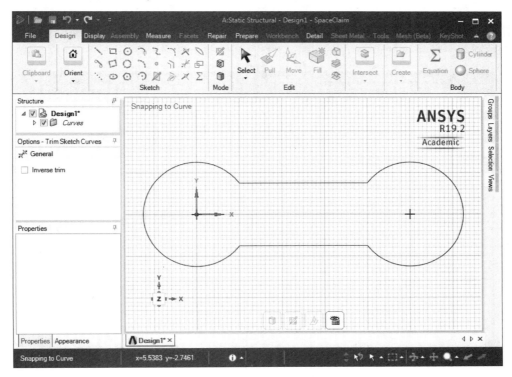

点击 Polygon 工具，并在 Options-Sketch Polygon 下取消选中 Use internal radius。点击原点使多边形居中，移动鼠标，将多边形偏向设为 30 度，输入 1.8，按 Enter 键锁定直径，半径

为 9 mm，也是多边形每条边的长度。点击右圆的圆心点，将多边形偏向设为 30 度，输入 1.4 并按 Enter 键。

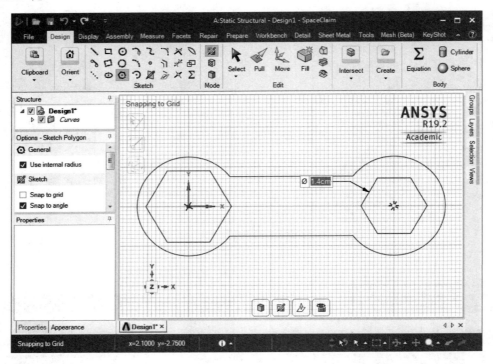

在 Create 组中选中 Mirror 工具，点击 Y 轴，然后点击两条水平线、弧线和多边形。按 Z 键以调整视图。按 T 键或点击 Trim Away 工具将其修剪为最终轮廓。

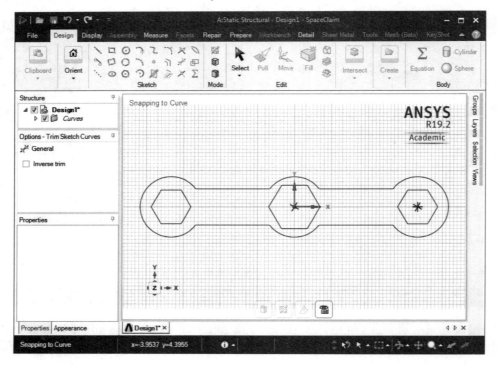

点击 3D Mode 图标，将创建一个表面。点击 Select 图标，按住 Ctrl 键并点击代表零件中孔的三个曲面。

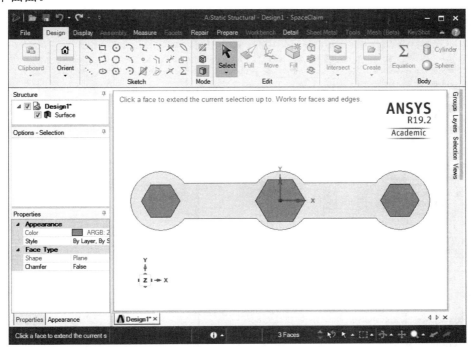

按 Delete 键退出 SpaceClaim 程序。双击 Workbench 中 Static Structural 系统中的 Model 单元，启动 Mechanical 程序。

点击 Geometry 单元，在 Details 窗口中，2D Behavior 被设置为 Plane Stress，这正是开始时对此问题的分析。如果是一个很长的挤压件，则可以将模型设置为平面应力，假设为无限长。

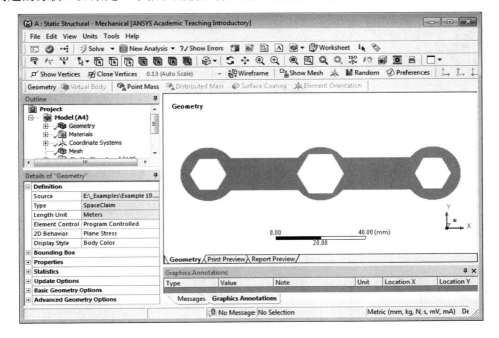

展开 Geometry 分支并选择 SYS\Surface。将 Thickness 设置为 3 mm。将 Material 中的 Assignment 设置为 Structural Steel 以正确解决此问题。

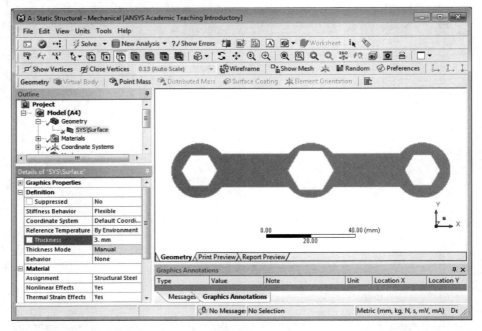

点击 Mesh，在 Details 窗口的 Defaults 类别中，在 Element Size 行输入 1 mm，右键点击 Mesh，并在弹出的菜单中选择 Generate Mesh。

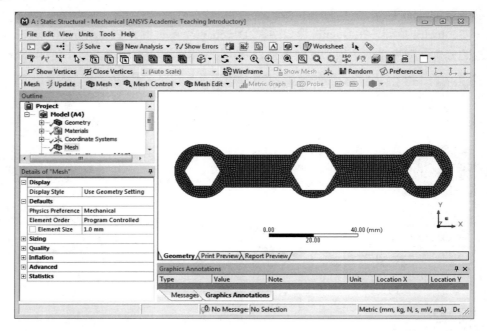

点击 Outline 窗口中的 Static Structural，下拉 Supports 工具条并选择 Fixed Support。选择 Edge 几何体过滤器，按住 Ctrl 键并点击左侧多边形周围的六条线，然后点击 Apply 按钮。

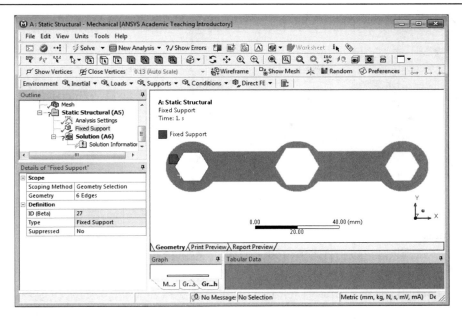

例题中指出在 3 cm 长的边缘上施加 88 N/cm 的荷载。在 ANSYS Classic 中，可以设置在 3 cm 的边缘施加 88 N/cm^2 的压力，但在 Mechanical 程序中不能选择 cm，所以需要将值除以 100 转换成 cm^2。下拉 Loads 工具条并选择 Pressure。选定此边并点击 Apply 按钮，在黄色区域输入 0.88。

点击 Solution 分支，在 Deformation 下拉列表中选择 Total。在 Stress 下拉列表中选择 Equivalent（von-Mises）。点击 Solve 按钮，当求解完成时，点击 Total Deformation，然后点击 Max flag。要获得高质量的绘图，可以点击新图形或图像下拉列表上的 Image to File。

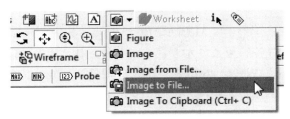

选择 High Resolution，可以在这里设置白色背景，也可放大字体以匹配图像的高分辨率。

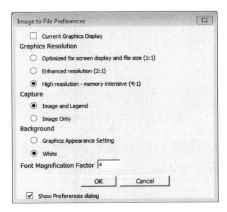

下面是该图的高分辨率版本，其 Result 因子为 10。

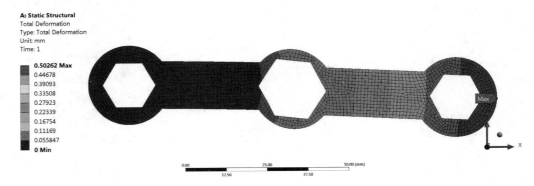

点击 Equivalent Stress 的结果。点击橙色和红色区域之间的数字并输入 45，点击蓝色区域上方的数字并输入 5，以便在绘图上更均匀地分布色标。使用 Image to File⋯按钮创建高分辨率的应力输出。

关闭 Mechanical 程序，切换到 Workbench 程序并选择菜单 File→Save 以保存文件。

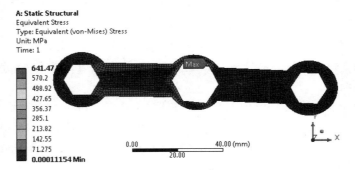

例 11.7（Workbench 求解）　如图 11.31 所示的钢质框架，其中 $E = 30 \times 10^6 \, \text{lb/in}^2$，各构件的截面积 A、惯性矩及截面高等各约束条件示于图 11.31 中。用三个单元的模型求解本系统的固有频率。构件（1）和构件（3）是 W12 × 26 型钢梁，构件（2）是 W16 × 26 型钢梁。

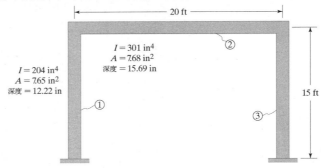

图 11.31　例 11.7 中的框架

启动 Workbench 19.2。从工具箱中将 Modal 系统拖至 Project Schematic 窗口上。双击 Engineering Data 单元，点击 Structural Steel，将杨氏模量的单位设置为 psi，输入 30E+06 并按 Enter 键。

点击 Project 选项卡，双击 Geometry 单元，将启动 SpaceClaim 程序。

在 SpaceClaim 程序中选择菜单 File→SpaceClaim Options→Units→Feet。

点击 Select New Sketch Plane 按钮，将鼠标悬停在屏幕中心的坐标系周围。

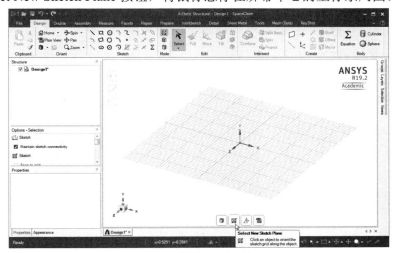

此时可选择不同的平面，当 X-Y 平面高亮时点击屏幕，然后点击 Plan View 按钮。

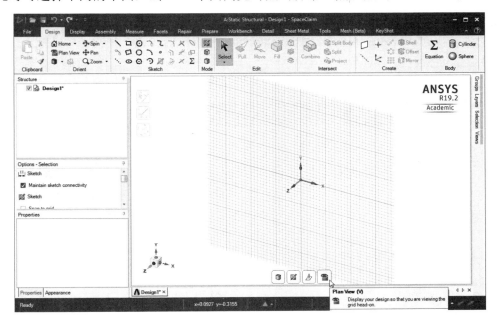

点击 Line 工具，点击 X-Y 平面坐标系的原点并向上拖动，会出现一条带有方框的线，输入 15 并按 Enter 键。向右拖动，线将变得可拉伸，输入 20 并按 Enter 键。向下拖动，直到此线段以 15 ft 的长度与 X 轴对齐。按 Esc 键两次。点击 3D Mode 图标。

此几何图形对每个梁都有单独的端点。但这些梁可通过共享一个公共端点来进行互连，点击 Design 选项卡，然后点击 Structure 中的顶层名称，在 Properties 窗口将 Share Topology 参数的 None 值改为 Share。

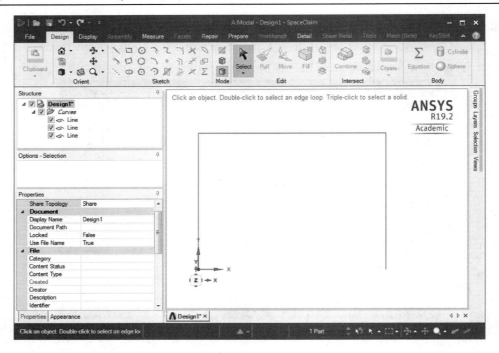

接下来需要设置部分属性。点击 Prepare 选项卡，选择 Profiles→Standard Library→AISC，向下滚动列表找到 W16x26 并点击->按钮，然后向下滚动到 W12x26 并点击->按钮，点击 Import 按钮导入。

点击 Profiles 图标，选择 AISC_W16x26 配置文件，选择顶行，点击 Create 按钮。

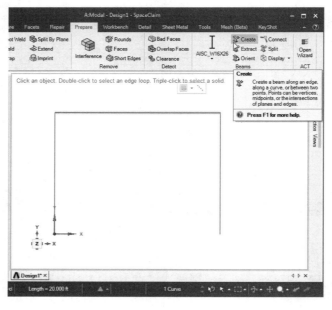

点击 Profiles 图标，选择 AISC_W12x26 配置文件，选中左边框线并点击 Create 按钮，选中右边框线并点击 Create 按钮。

Prepare 选项卡上有一个 Display 下拉列表，从中选择 Solid Beams。注意，截面的方向是深度方向，这并不正确。

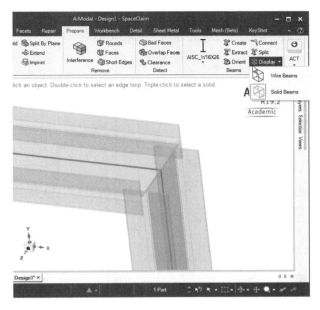

点击 Design 选项卡。在 Structure 窗口中，点击第一个梁，然后按住 Shift 键点击最后一个梁。在 Properties 窗口的 Beam category 中，Orientation 显示为 0，输入 90 并按 Enter 键。

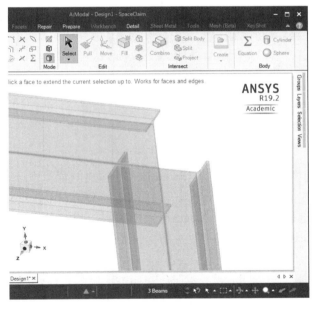

这样梁的方向就正确了。退出 SpaceClaim 程序，双击 Model 单元，等待加载 Mechanical 程序。

在 Mechanical 程序中，选择菜单 Units→U.S. Customary（in, etc）。

点击 Mesh，在 Element Size 行输入 12。

右键点击 Mesh，在弹出的菜单中选择 Generate Mesh。

点击 Modal，将 Geometry Filter 设置为 Vertex，选择一条线的底部，按住 Ctrl 键点击另一个顶点，然后选择 Supports→Fixed Support。

点击 Solve 按钮。

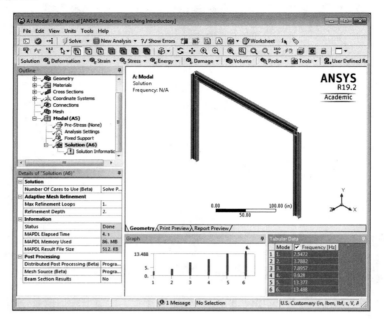

在 Tabular Data 窗口中，点击表格左上角，突出显示所有数据行。

右键点击此位置，在弹出的菜单中选择 Create Mode Shape Results。

这样将创建六个总变形结果，右键点击 Solution，在弹出的菜单中选择 Evaluate All Results。

由于变形的大小并不重要，只有模态阵型才重要，因此下拉 Contour picker 并选择 Solid Fill。如果需要，可以选择菜单 View→Legend 关闭图例。图例中确实有模态频率，但是图例保持打开状态，色标和变形值（以 in 为单位）将保持不变。

点击 Total Deformation。点击 Play 按钮播放动画，点击 Stop 按钮停止动画。

点击 Total Deformation 2。点击 Play 按钮播放动画，点击 Stop 按钮停止动画。

点击 Total Deformation 3。点击 Play 按钮播放动画，点击 Stop 按钮停止动画。

对于这些动画，都可以通过 Save 按钮来创建可用于演示文稿中的动画文件。

此实例求解到此结束。

例 11.8（Workbench 求解）　本例将利用 ANSYS 求解矩形截面铝板的固有振荡的振动频率。铝板长 10 cm，宽 3 cm，厚 0.5 mm，铝的密度为 2800 kg/m³，弹性模量 $E = 73$ GPa，泊松比为 0.33，并假定其一端固定。

启动 Workbench 19.2。从工具箱将 Modal 系统拖至 Project Schematic 窗口上。双击 Engineering Data 单元，点击"Click here to define a new material"并将其命名为 Aluminum。展开工具箱的 Physical Properties，并将 Density 拖至 Aluminum 上。输入 2800，并检查单位是否为 kg/m³。将 Isotropic Elasticity 拖至 Aluminum 上。将杨氏模量的单位设置为 Pa，输入 7.3E+10，然后将泊松比设置为 0.33。

	A	B	C	D	E
1	Property	Value	Unit	⊗	↺
2	Material Field Variables	⊞ Table			
3	Density	2800	kg m^-3 ▾	☐	☐
4	⊟ Isotropic Elasticity			☐	
5	Derive from	Young's ... ▾			
6	Young's Modulus	7.3E+10	Pa ▾		☐
7	Poisson's Ratio	0.33			☐
8	Bulk Modulus	7.1569E+10	Pa		☐
9	Shear Modulus	2.7444E+10	Pa		☐

Properties of Outline Row 4: Aluminum

点击 Project 选项卡，双击 Geometry 单元，将会启动 SpaceClaim 程序。

在 SpaceClaim 程序中，选择菜单 File→SpaceClaim Options→Units→Centimeter。

向下滚动到 Grid 部分，并将 Minor grid spacing 设置为 1 cm。

点击 Rectangle 工具，沿 Z 轴绘制一个 3 cm × 10 cm 的矩形。点击 3D Mode 图标，在表面上点击，拉动黄色箭头，输入 0.05 绘制图形。

退出 SpaceClaim 程序，双击 Model 单元。

在 Mechanical 程序中，展开 Geometry，选择 SYS\Solid，在 Details 窗口将 Assignment 设置为 Aluminum。

右键点击 Mesh，在弹出的菜单中选择 Generate Mesh。

点击 Modal，将几何体过滤器设置为 Face，然后选择带–Z 的面，点击 Supports→Fixed Support。

点击 Analysis Settings，在 Max Modes to Find 处输入 3，点击 Solve 按钮。

在 Tabular Data 窗口中，点击表格左上角以突出显示所有数据行。

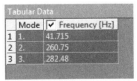

	Mode	✓ Frequency [Hz]
1	1.	41.715
2	2.	260.75
3	3.	282.48

Tabular Data

右键点击此位置，然后在弹出的菜单中选择 Create Mode Shape Results。

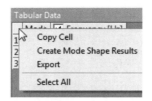

这将创建三个总变形结果。右键点击 Solution，在弹出的菜单中选择 Evaluate All Results。点击 Total Deformation 1。点击 Play 按钮播放动画，点击 Stop 按钮停止动画。

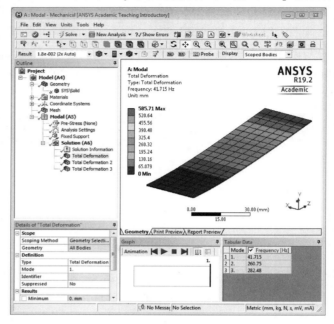

点击 Total Deformation 2。点击 Play 按钮播放动画，点击 Stop 按钮停止动画。

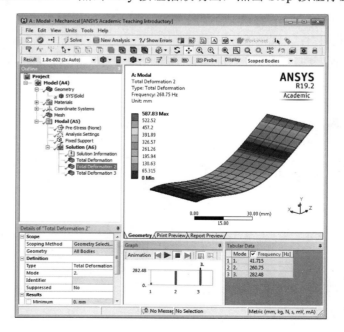

点击 Total Deformation 3。点击 Play 按钮播放动画，点击 Stop 按钮停止动画。

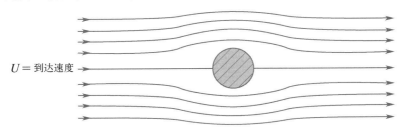

此实例求解到此结束。

例 12.3（Workbench 求解）　考虑绕圆柱体流动的理想空气流，如图 12.15 所示。圆柱体半径为 5 cm，空气流的到达速度为 $U = 10$ cm/s。利用 ANSYS 确定圆柱体周围的速度分布。假定空气在圆柱体周围 5 倍直径的范围内，其上游和下游的自由流流速为一常数。

$U =$ 到达速度

图 12.15　绕圆柱体流动的理想空气流

Workbench 中的操作如下，Mechanical APDL 的操作可参考本书第 506 页。

启动 Workbench 19.2，从工具箱中将 Steady-State Thermal 系统拖至 Project Schematic 窗口上。

在将几何图形附加到力学模型之前，对于 2D 模型，必须将 Analysis Type 设置为 2D。右键点击 Geometry 并在菜单中选择 Properties，在 Advanced Geometry Options 下，将 Analysis Type 设置为 2D。

双击 Engineering Data 单元。在 "Click here to add a new material" 位置点击并输入 airflow。

将 Isotropic Thermal Conductivity 拖至 airflow 处，在 Unit 中选择 W mm^–1 K^–1，在黄色区域输入 1。

	A	B	C	D	E
	Properties of Outline Row 3: airflow				
1	Property	Value	Unit	⊗	
2	Material Field Variables	Table			
3	Isotropic Thermal Conductivity	1	W mm^-1 K^-1	☐	☐

点击 Project 选项卡，双击 Steady-State Thermal 系统 A 中的 Geometry 单元，将启动 SpaceClaim 程序。

选择菜单 File→SpaceClaim Options。从左侧选择 Units，并将 Length 设置为 cm。向下滚动到 Grid 部分，在 Minor Grid Spacing 行输入 1。

在制作 2D 模型时，在 X-Y 平面上绘制几何图形至关重要。点击图形窗口底部的 Select New Sketch Plane 按钮，并将鼠标悬停在屏幕中心的全局坐标框架上，当 X-Y 平面高亮显示时点击屏幕。通过点击 Plan View 按钮或按 V 键来更改视图。

点击 Rectangle 工具。从原点开始，点击并拖出一个 50 cm × 50 cm 的矩形。点击 Circle 工具，使用屏幕底部边缘的光标位置读数来确定 $x = 25.0000, y = 25.0000$ 的位置，点击并拖动，输入 10 作为圆的直径。点击 3D Mode 图标。

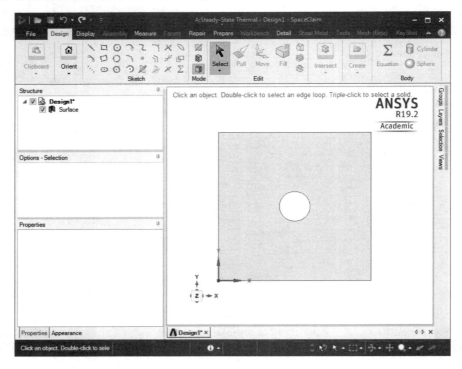

退出 SpaceClaim 程序。

双击 Steady-State Thermal 系统中的 Model 单元，将启动 Mechanical 程序，选择菜单 Units →Metric(cm, etc)。

展开 Outline 窗口的 Geometry 分支。点击 SYS\Surface。在 Details 窗口中，将 Material 中的 Assignment 设置为 airflow，将厚度设置为 1 cm。

点击 Outline 窗口中的 Mesh。将 Element Size 设置为 1 cm。右键点击 Mesh，在弹出的菜单中选择 Generate Mesh。

点击 Steady-State Thermal 分支。选择 Edge 几何体过滤器。按住 Ctrl 键点击左边缘，选择 Heat→Heat Flux，将 Magnitude 设置为 10 W/cm^2。对右边缘重复相同操作，将 Magnitude 设置为 –10 W/cm^2。

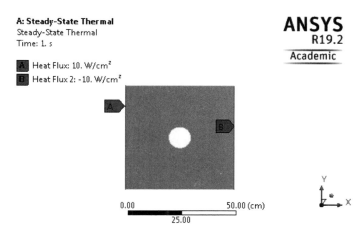

点击 Solution 分支，点击 Thermal 下拉列表并选择 Total Heat Flux，点击 Solve 按钮。

下面将创建两条路径，用于绘制该区域沿路径的热通量。右键点击 Model，在弹出的菜单中选择 Insert→Construction Geometry。右键点击 Construction Geometry，在弹出的菜单中选择 Insert→Path。命名路径并填写起点和终点的坐标。

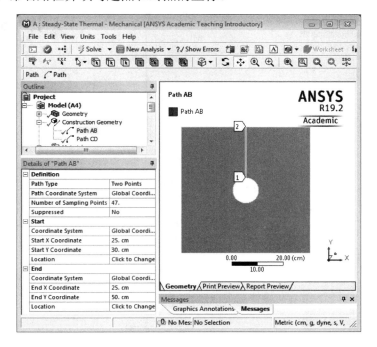

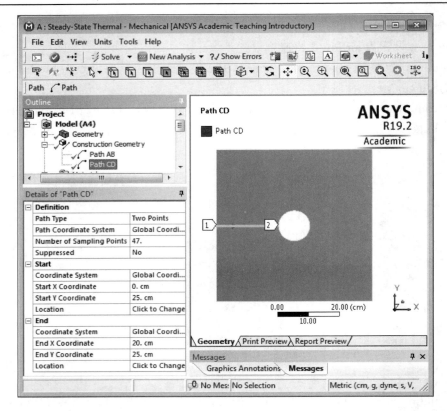

　　点击 Outline 窗口中的 Solution，然后选择 Thermal→Total Heart Flux。在 Scoping Method 中，将 Geometry 更改为 Path 并选择 Path AB，然后重命名结果。对 Path CD 重复上述步骤。右键点击 Solution，并从弹出的菜单中选择 Evaluate All Results。

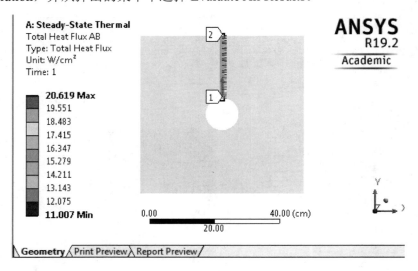

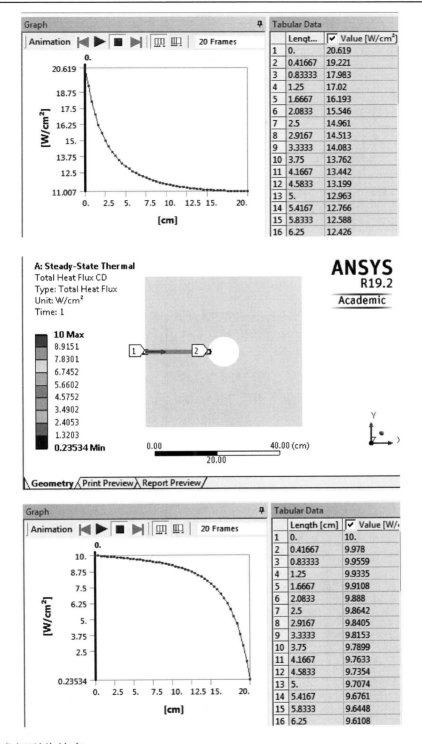

此实例求解到此结束。

例 12.4（Workbench 求解）　　如图 12.20 所示，考虑混凝土大坝下的水渗流。假定坝下多孔土壤的渗透率 $k = 15$ m/day，确定该土壤中渗流速度分布。

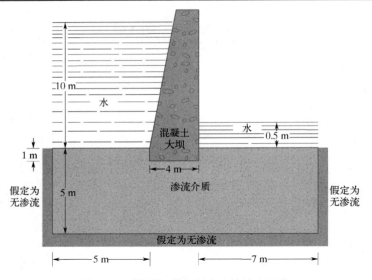

图 12.20　　通过混凝土坝底土壤的水渗流

Workbench 中的操作如下，Mechanical APDL 的操作可参考本书第 515 页。

启动 Workbench 19.2，从工具箱中将 Steady-State Thermal 系统拖至 Project Schematic 窗口上。

在将几何图形附加到力学模型之前，对于 2D 模型，必须将 Analysis Type 设置为 2D。右键点击 Geometry，并在弹出的菜单中选择 Properties，在 Advanced Geometry Options 下，将 Analysis Type 设置为 2D。

双击 Engineering Data 单元，在"Click here to add a new material"位置点击并输入 soil。

将 Isotropic Thermal Conductivity 拖至 soil 中，在旁边的 Unit 下拉列表中选择 W m^–1 C^–1，在黄色区域输入 15。

	A	B	C	D	E
Outline of Schematic A2: Engineering Data					
1	Contents of Engineering Data			Source	Description
2	⊟ Material				
3	🏷 soil	▾	☐		

	A	B	C
Properties of Outline Row 4: soil			
1	Property	Value	Unit
2	Material Field Variables	Table	
3	Isotropic Thermal Conductivity	15	W m^-1 C^-1 ▾

点击 Project 选项卡。双击 Steady-State Thermal 系统 A 中的 Geometry 单元，将启动 SpaceClaim 程序。

选择菜单 File→SpaceClaim Options。从左侧窗口中选择 Units，将 Length 设置为 m。向下滚动到 Grid 部分，在 Minor Grid Spacing 行输入 1。

制作 2D 模型时，在 X-Y 平面上绘制几何图形至关重要。点击图形窗口底部的 Select New Sketch Plane 按钮，并将鼠标悬停在屏幕中心的全局坐标框架上，当 X-Y 平面高亮显示时点击屏幕。点击 Plan View 按钮或按 V 键来更改视图。

点击 Rectangle 工具。从窗口底部显示的坐标(−5, −5)处点击并拖出一个 16 m × 5 m 的矩形，从原点拖出另一个 4 m × 1 m 的矩形。按 T 键或点击 Take Away 工具，点击两次，为大坝制作切口。

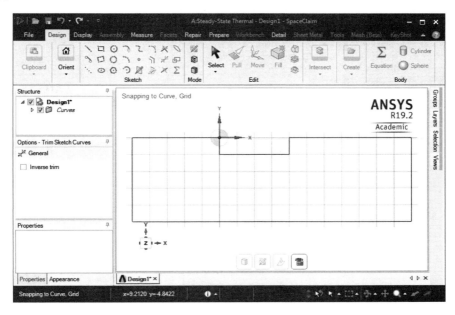

点击 3D Mode 图标，将创建一个曲面来替换曲线，退出 SpaceClaim 程序。

双击 Steady-State Thermal 系统中的 Model 单元，将启动 Mechanical 程序，选择菜单 Units →Metric(m, etc)。

展开 Outline 窗口的 Geometry 分支，点击 SYS\Surface，在 Details 窗口中，将 Material 中的 Assignment 设置为 soil。

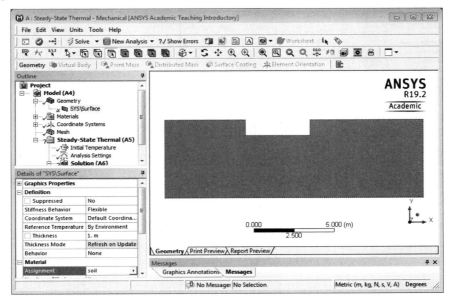

点击 Outline 窗口中的 Mesh，将 Element Size 设置为 0.5 m，右键点击 Mesh，在弹出的菜单中选择 Generate Mesh。

点击 Steady-State Thermal 分支。选择 Edge 几何体过滤器。选择左上角，点击 Temperature，输入 10。选择右上边缘，点击 Temperature，输入 0.5。

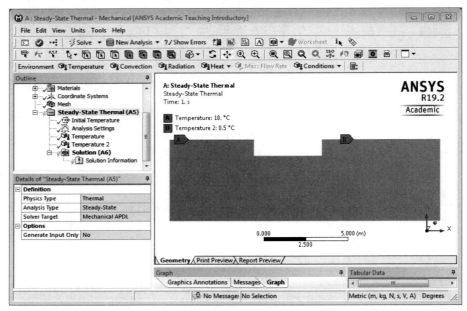

点击 Solution 分支，点击 Thermal 下拉列表并选择 Total Heat Flux，点击 Solve 按钮。

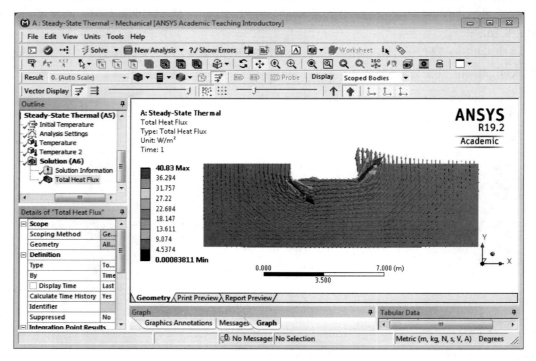

下面，创建两条路径，用于在沿着渗流流出的表面绘制热流。右键点击 Model，在弹出

的菜单中选择 Insert→Construction Geometry。右键点击 Construction Geometry，在弹出的菜单中选择 Insert→Path→Path Type→Edge，并选择右上角的边缘，点击 Apply 按钮。

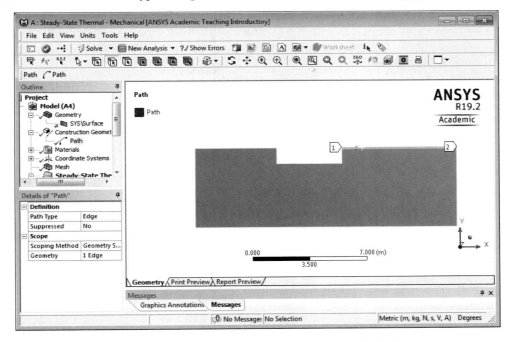

点击 Outline 窗口中的 Solution，然后点击 Thermal 下拉列表并选择 Total Heat Flux。在 Scoping Method 中，从 Geometry 更改为 Path 并选择 Path，然后重命名结果。对 Path CD 重复上述步骤。右键点击 Solution，并从弹出的菜单中选择 Evaluate All Results。

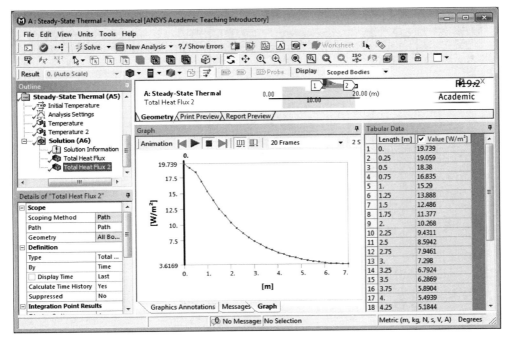

此实例求解到此结束。

例 13.1（Workbench 求解）　铝散热器常用于电子设备散热。在本例中，假设其用于计算机中微处理器的散热设备，图 13.23 是其前视图。通过 ANSYS 来生成其实体模型。由于对称性，仅需对真正实体的 1/4 进行建模，此时散热片纵向长为 20.5 mm，是前视图中长度的二分之一。

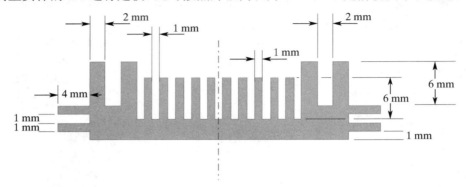

图 13.23　例 13.1 中的散热器的前视图

Workbench 中的操作如下，Mechanical APDL 操作可参考本书第 544 页。

启动 Workbench 19.2，从工具箱中将 Steady-State Thermal 系统拖至 Project Schematic 窗口，双击 Geometry 单元，将会启动 SpaceClaim 程序。

使用 Windows 10 截图工具拍摄上图的屏幕快照，并将其命名为 Figure.jpg。

点击 Select New Sketch Plane，将鼠标悬停在屏幕中心的坐标系上可以选择不同的平面。当 X-Y 平面高亮时点击，然后点击 Plan View 按钮。

点击 Assembly 选项卡，通过 File 菜单打开文件，在 Open 窗口中，将 filter 更改为 All Files（*.*），然后选择 Figure.jpg 文件并点击 Open 按钮。这时图形会自动附着到光标上，移动光标使其靠近原点。

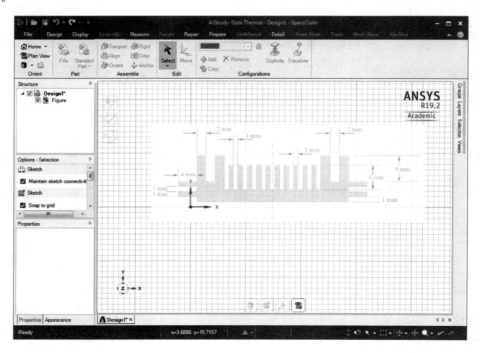

在网格中仔细定位并缩放图像。点击 Structure 窗口中的 Figure。注意，将 Properties 窗口中的 Keep Aspect Ratio is No 设置为 Yes。

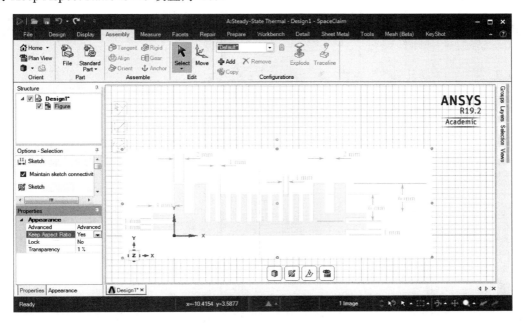

网格间距为 1 mm。拖动图形并拉动手柄以拉伸或收缩图形，直至在视觉效果上与网格大致对齐，而实际上与网格是对齐的。点击 Design 表格，然后点击 Line 工具。

下面将勾勒轮廓的一部分。如果要返回并调整图形比例或位置，在离开 Design 选项卡之前点击 Select 工具。点击 Assembly 选项卡，调整图形以更好地适应绘制的线条。

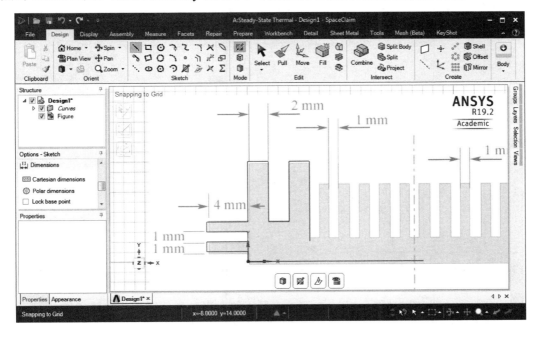

注意，1 mm 的散热片没有与 1 mm 的网格对齐，而是垂直偏移了 0.5 mm。点击 Move Grid 按钮（在新草图的右侧），并使用箭头工具 Move 将网格垂直移动 0.5 mm。

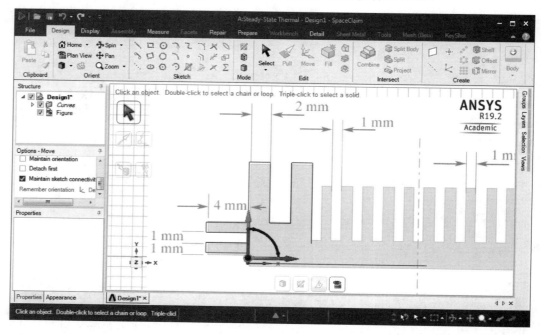

点击 Line 工具并继续绘制，点击 Cartesian Dimensions 按钮以精确获得 6 mm 的高度。

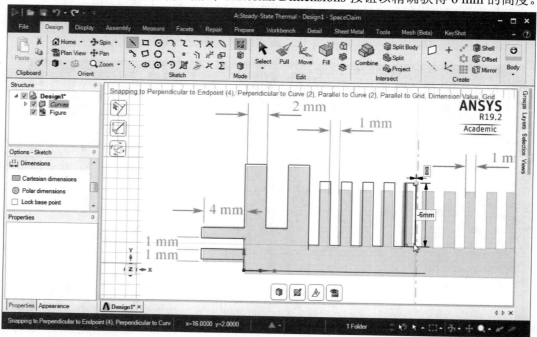

基座的最后一部分与对称面相差 0.5 mm，所以绘制下一条线时在框中输入 0.5。

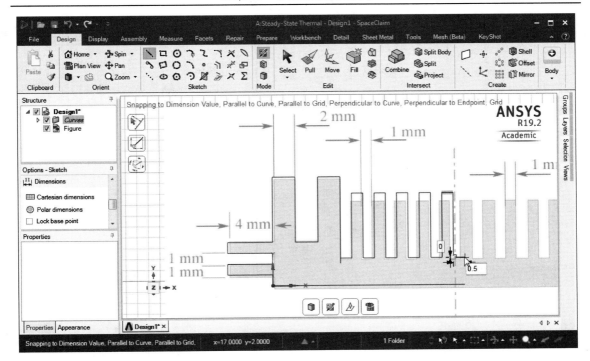

取消选中 Structure 中的 Figure，将其隐藏，选择 Trim Away 工具（T）并修剪两条悬垂线。

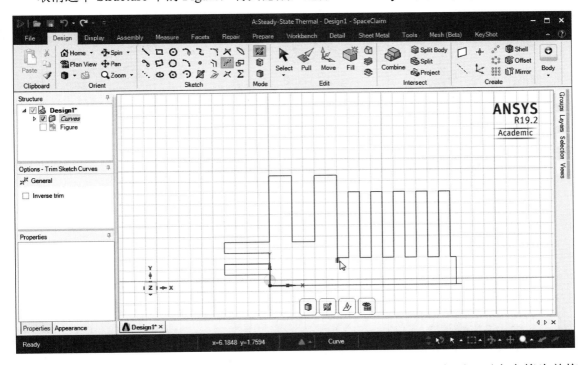

点击 3D Mode 图标，点击 Home 按钮，然后点击 Pull 工具，点击表面，再点击箭头并拖动，在文本框中输入 20.5。

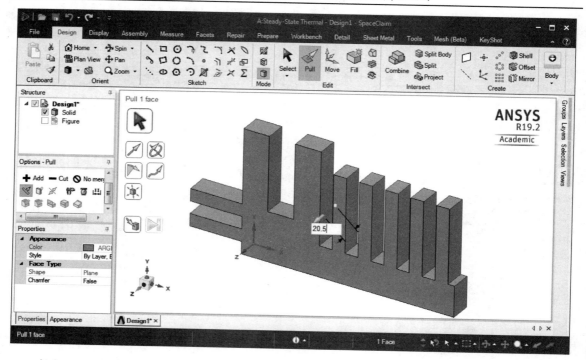

点击 Select 工具，按 Z 键以调整视图，下图为绘制的对称几何图形的一半。

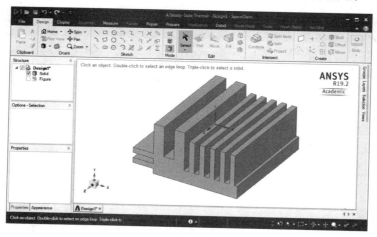

此实例求解到此结束。

例 13.2（Workbench 求解） 图 13.25 是一个水族馆墙壁的截面及其尺寸。墙壁是由混凝土和其他绝热材料建造而成的，其平均导热系数 $k = 0.81$ Btu/$(hr·ft·°F)$。墙壁的截面上还有一扇 6 in 厚的透明塑胶观察窗，其平均导热系数 $k = 0.195$ Btu/$(hr·ft·°F)$。内部空气的温度保持在 70°F，传热系数 $h = 1.46$ Btu/$(hr·ft^2·°F)$。假设水箱的温度为 50°F，传热系数 $h = 10.5$ Btu/$(hr·ft^2·°F)$，使用 ANSYS 来分析墙壁截面的温度分布。这个例子的目的是演示在建立三维实体模型时，如何使用 ANSYS 的选择功能及变换工作面。通过公式 $q = U_{overall}(T_{inside} - T_{water})$，以及计算该墙壁的总 U 因子，可以精确地算出热量损失。

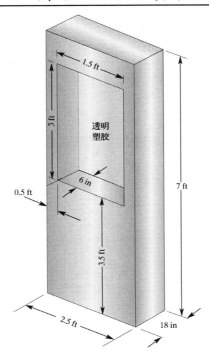

图 13.25　例 13.2 中的墙壁及透明塑胶观察窗的尺寸

Workbench 中的操作如下，Mechanical APDL 的操作可参考本书第 548 页。

以下步骤演示了如何在 ANSYS Workbench 求解该模型。

启动 Workbench 19.2，从工具箱中将 Steady-State Thermal 系统拖至 Project Schematic 窗口上。选择菜单 File→Save，并将文件命名为 Example 13.2。

双击 Engineering Data 单元，在"Click here to add a new material"位置点击并输入 Concrete，右键点击 Structural Steel，并从弹出的菜单中选择 Delete。

将 Isotropic Thermal Conductivity 拖至 Concrete 上。在 Unit 处并选择 BTU/(ft^-2 hr (F/ft))，并在黄色字段中输入 0.81。对 Clear Plastic 材料重复进行上述步骤，但电导率为 0.0195 BTU/(ft^-2 hr(F/ft))。

点击 Project 选项卡，双击 Steady-State Thermal 系统 A 中的 Geometry 单元，将启动 SpaceClaim 程序。

选择菜单 File→SpaceClaim Options，从左侧窗口选择 Units，并将 Type 设置为 Imperial，将 Length 设置为 Feet。向下滚动到 Grid 部分，在 Minor grid spacing 行输入 0.25。

在 Structure 窗口中，右键点击 Design1，选择 New Component，将其命名为 concrete。

点击 Rectangle 工具，绘制 2.5 ft ×1.5 ft 的底部。点击 3D Mode 图标，Pull 工具将自动接合，点击表面，然后拉动黄色箭头并在蓝色框输入 7。点击 Select 工具，拾取正面，点击 Sketch Mode 按钮，按 V 键以获得平面视图，按 Z 键以缩放至适合视图。点击 Rectangle 工具，在 Options-Selection 窗口中点击 Cartesian dimensions，这时光标上会出现一个蓝色虚线圆，点击原点定位坐标，然后移动到 0.5, 3.5 点，点击并拖出一个 3 ft × 1.5 ft 的矩形。按两次 Esc 键，点击 3D Mode 图标，点击 Home 按钮，然后拉动面穿过块以创建洞口。

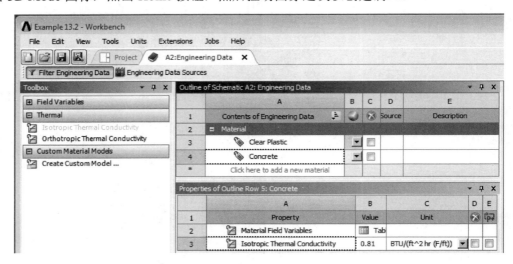

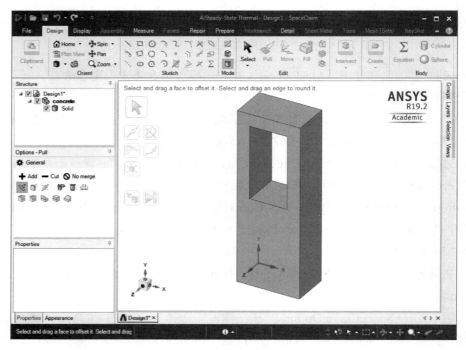

　　在 Structure 窗口中，右键点击 Design1，并从弹出的菜单中选择 New Component，将其命名为 window。点击正面，点击 Sketch Mode，点击 Rectangle 工具，然后绘制窗口。点击 3D Mode 图标，拖动工具激活，点击表面，点击并拖动黄色箭头，输入 0.5 并按 Enter 键。点击 Select 工具。

　　这两个实体具有不同的属性，但在公共面上共享一组公共端点。点击 Design1，并在 Properties 窗口的 Share Topology 行选择 Share。

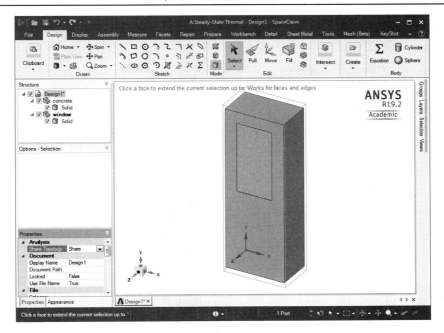

　　另外，如果窗口需要设置透明效果，可以点击 Solid，然后点击 Display 选项卡，点击 Color 图标并拖动 Opacity 滑块来调整不透明度。

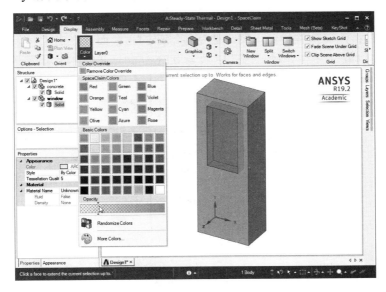

　　退出 SpaceClaim 程序，双击 Steady-State Thermal 系统中的 Model 单元，等待机械荷载和几何图形加载。

　　在 Mechanical 程序中，选择菜单 Units→U.S. Customary(ft, etc)。

　　展开 Geometry 分支，点击 concrete\Solid，然后在 Details 窗口中，将 Material 中的 Assignment 设置为 concrete。点击 window\Solid 将 Assignment 设置为 Clear Plastic。

　　点击 Outline 窗口中的 Mesh，并在 Details 窗口中将 Element Size 设置为 0.25。右键点击 Mesh，并在弹出的菜单中选择 Generate Mesh。

选择墙的 Z 正方向上的两个空气侧。点击 Outline 窗口中的 Steady-State Thermal，点击工具条上的 Convection 图标。在黄色框中，由于单位是秒，因此输入=1.46/3600，并将环境温度设置为 70，最后将荷载重命名为 Convection air-side。

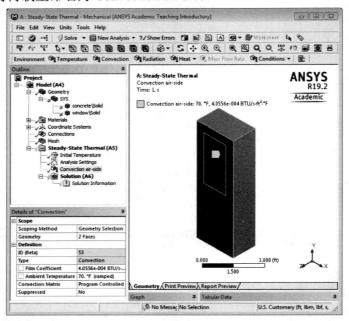

使用旋转工具将几何体旋转到水侧。选定接触水的六个面，点击工具条上的 Convection 图标。在黄色框中，由于单位是秒，因此输入 = 0.81/3600，并将环境温度设置为 50，将荷载重命名为 Convection water-side。

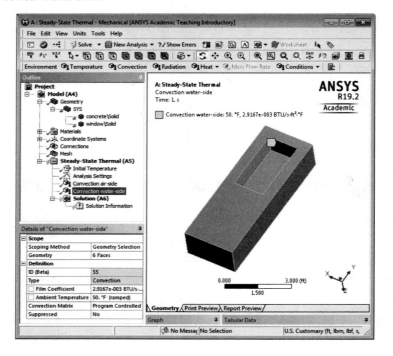

点击 Solution 按钮，在工具条上选择 Thermal→Temperature 及 Thermal→Total Heat Flux，点击 Solve 按钮。

点击 Temperature。

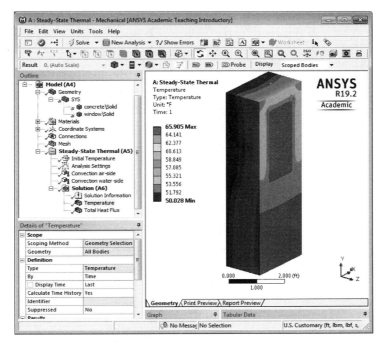

点击 Total Heat Flux，然后选择菜单 View→Wireframe。

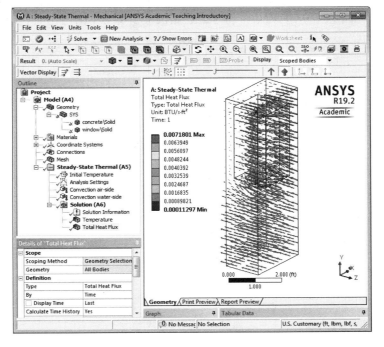

此实例求解到此结束。

例 13.3（Workbench 求解）　如图 13.28 所示的托架，其顶面承受 50 lb/in² 的均布荷载。托架通过有孔的表面固定在墙上，托架是钢制的，弹性模量 $E = 29 \times 10^6$ lb/in²，泊松比 $v = 0.3$。利用 ANSYS 绘出其变形图，以及托架上的米泽斯应力分布。

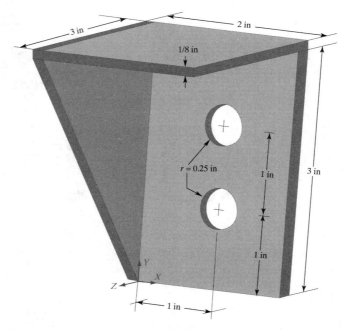

图 13.28　例 13.3 中的托架尺寸示意图

Workbench 中的操作如下，Mechanical APDL 的操作可参考本书第 558 页。

启动 Workbench 19.2，从工具箱中将 Static Structural 系统拖至 Project Schematic 上。

选择菜单 File→Save 并为项目选择一个文件夹和文件名，如 3D Truss。

双击 Engineering Data 单元，在"Click here to add a new material"位置点击并输入 Steel，从工具箱将 Isotropic Elasticity 拖至 Steel。将单位从 Pa 更改为 psi，将杨氏模量设置为 29E+06 后按 Enter 键。一个常见的错误就是没有更换单位，将 Poisson's Ratio 设置为 0.3。

点击 Project 选项卡，双击 Geometry 单元，将会启动 SpaceClaim 程序。

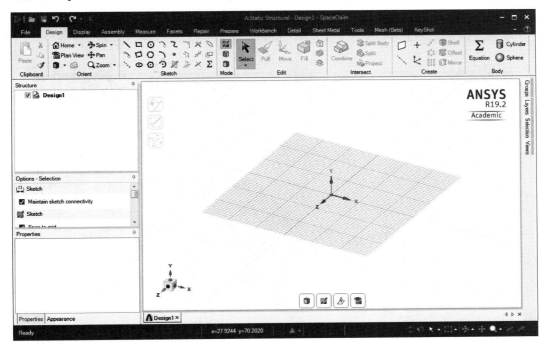

选择菜单 File→SpaceClaim Options，从左侧列表中选择 Units，将 Type 设置为 Imperial，将 Length 设置为 Inches。向下滚动查看 Grid，注意间距为 0.125 in。

注意，在图 13.28 中，坐标系原点位于壁的内部，壁厚为 0.125 in，这是当前的网格截图。俯视图的尺寸为 3 in × 2 in。

在 SpaceClaim 程序中，在坐标系位置滚动滚轮放大图形，直到可以选定单个网格正方形。点击 Rectangle 工具，在 $x = -0.125, y = -0.125$ 处选定第一个点向前拖动。

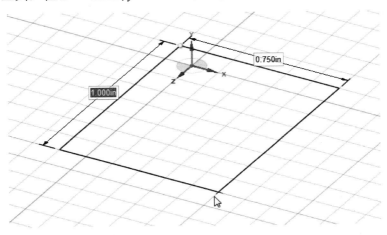

在键盘上依次按 3 键、Tab 键和 2 键并按 Enter 键。

点击 Pull 工具，曲线将被曲面替换。点击曲面并将其向上拖动。释放鼠标前，请输入 3.125。如果点击并释放以选择曲面，将出现黄色箭头，也可以拉动箭头并释放鼠标来输入值，以避免在输入时仍需按住鼠标。在白色背景上点击一次以取消选择顶面，否则将在选择下一个工具时仍应用于该面。

选择 Shell 工具，点击要移除的三个面。注意，外壳壁厚的蓝色尺寸框内已经是 0.125 in 的正确值。点击 Complete 复选标记。

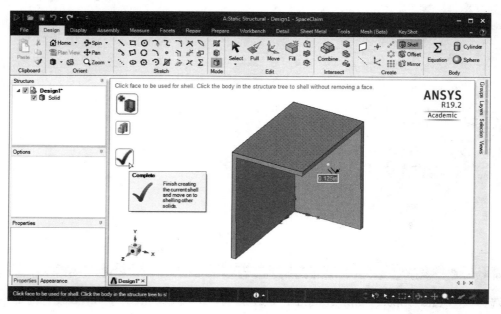

点击 Select 工具，选择左侧面，点击 Sketch Mode 按钮，按 V 键以获得平面视图，按 Z 键以缩放视图，从左上方内侧到右下方内侧绘制一条对角线。

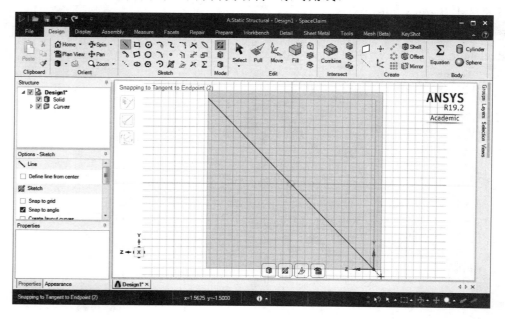

点击 3D Mode 图标，点击 Home 按钮（或按 H 键）。点击 Pull 工具，点击三角形面拖移删除该面，点击 Select 工具。

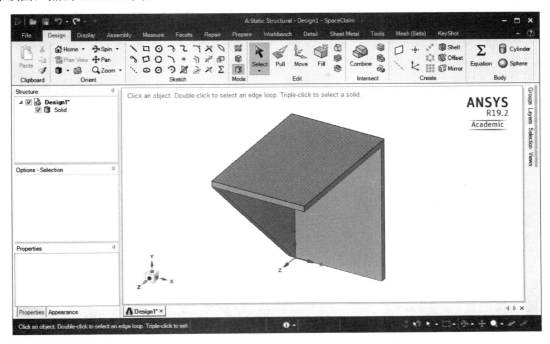

背面需要绘制两个孔，点击此面，点击 Sketch Mode 按钮（或按 K 键），按 V 键以获得平面视图。点击 Circle 工具，在 Options-Sketch 窗口中，选择 Cartesian Dimensions，这时光标上会出现一个蓝色虚线圆圈。

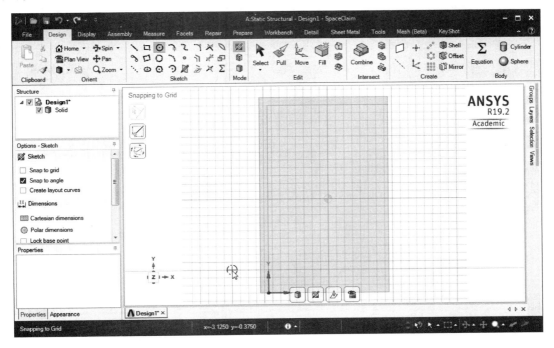

点击原点，并将其拖至面的中心，观察是否有两个坐标。

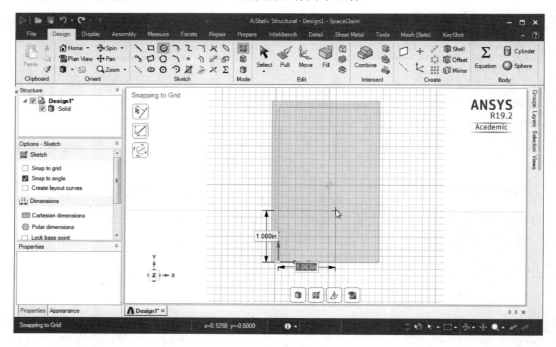

按一次 Tab 键，并按 Enter 键，拖动鼠标，在坐标(1, 1)处绘制一个圆，输入 0.5 就可以设置圆的直径。

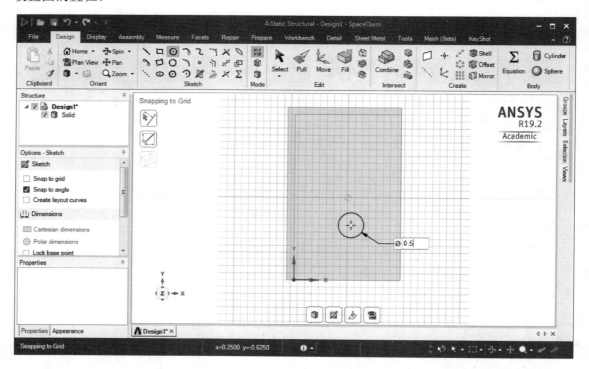

按 Esc 键。下面重复绘制 Y 坐标为 2 in 的第 2 个圆，按两次 Esc 键。点击 3D Mode 图标，按 H 键或点击 Home 按钮，获得等距视图。选择 Pull 工具，点击下面的圆形面，将其拖过墙壁以绘制一个孔。对上部的圆形面重复上述步骤，完成几何图形的绘制。

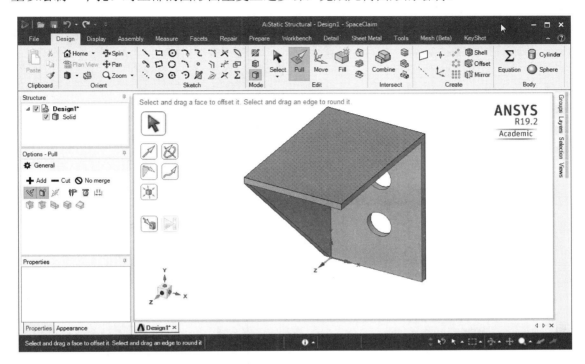

退出 SpaceClaim 程序，双击 Workbench 中的 Model 单元以启动 Mechanical 程序，并等待几何图形加载。出现这种情况时，可以按 F7 键缩放至合适的大小。

在 Outline 窗口中，展开 Geometry 分支并选择 SYS\Solid。在 Details 窗口的 Material 类别中将 Assignment 设置为 Steel。

点击 Mesh 分支。在 Details 窗口展开 Sizing 类别，在 Resolution 行输入 6，右键点击 Mesh，并在弹出的菜单中选择 Generate Mesh。

确保已选中 Face 几何体过滤器。按住 Ctrl 键点击孔的两个圆形面，选择工具条 Supports →Fixed Support。

点击顶面，选择工具条 Loads→Pressure，然后输入 50，这时单位应该已设置为 U.S. Customary（in, etc）。

点击 Outline 窗口的 Solution 分支，点击 Deformation 并选择 Total。点击 Stress 并选择 Equivalent（von-Mises）以待求解。

点击 Solve 按钮，求解完成后点击 Total Deformation。

点击 Equivalent Stress，点击 MAX 标志。

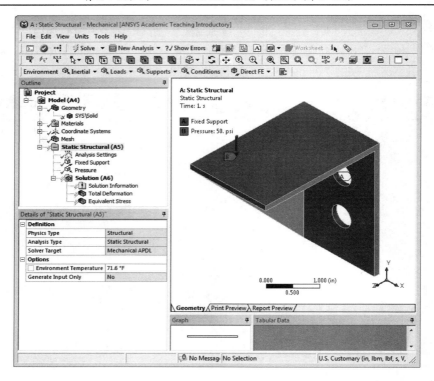

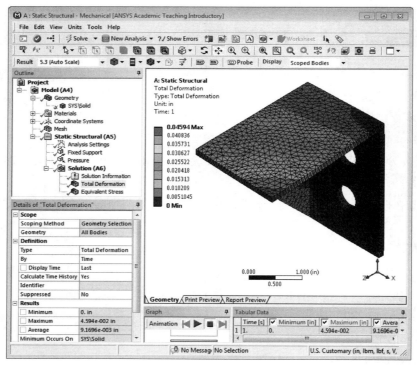

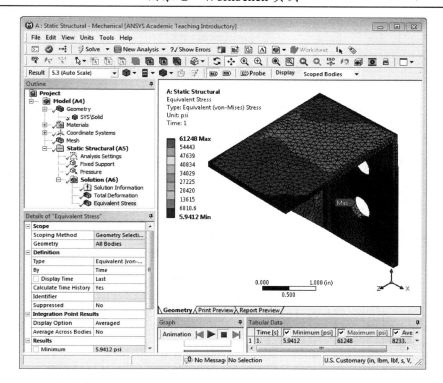

此实例求解到此结束。

尊敬的老师:

您好!

为了确保您及时有效地申请培生整体教学资源,请您务必完整填写如下表格,加盖学院的公章后传真给我们,我们将会在 2~3 个工作日内为您处理。

请填写所需教辅的开课信息:

采用教材			□中文版 □英文版 □双语版
作　者		出版社	
版　次		**ISBN**	
课程时间	始于　年　月　日	学生人数	
	止于　年　月　日	学生年级	□专　科　　□本科 **1/2** 年级 □研究生　　□本科 **3/4** 年级

请填写您的个人信息:

学　校			
院系/专业			
姓　名		职　称	□助教 □讲师 □副教授 □教授
通信地址/邮编			
手　机		电　话	
传　真			
official email(必填) **(eg:XXX@ruc.edu.cn)**		**email** **(eg:XXX@163.com)**	
是否愿意接收我们定期的新书讯息通知:　　□是　　□否			

系 / 院主任:＿＿＿＿＿＿＿＿　　（签字）

（系 / 院办公室章）

＿＿年＿＿月＿＿日

资源介绍:

--教材、常规教辅（PPT、教师手册、题库等）资源。

（免费）

--MyLabs/Mastering 系列在线平台:适合老师和学生共同使用;访问需要 Access Code。

（付费）

100013　北京市东城区北三环东路 36 号环球贸易中心 D 座 1208 室

电话:（8610）57355003　　传真:（8610）58257961

Please send this form to: